徹底攻略

試験番号 100-105J
         200-125J

Cisco
CCENT/
CCNA Routing & Switching
ICND1編 [100-105J] [200-125J] V3.0対応
教科書

株式会社ソキウス・ジャパン [編・著]

インプレス

■読者無料特典「徹底攻略スマホ問題集」について

「徹底攻略スマホ問題集」は、スマートフォンやタブレットなどの端末で使える問題集アプリです。各種試験の専門家が、試験の特性を徹底的に分析して制作した実践問題を収録しています。これらの実践問題を理解して解くことで、本番の試験で合格するための力を養うことができます。通勤・通学などのスキマ学習や、試験直前の最終チェックなどにご活用ください。

下記サイトにアクセスすることで、アプリをご利用いただけます。

https://book.impress.co.jp/books/1116101030

※サイトにアクセスしましたら、画面の指示に従って操作してください。
※特典のご利用には、無料の読者会員システム「CLUB Impress」への登録が必要となります。

本アプリは、スマートフォンやタブレット・パソコンなどのインターネットWebブラウザだけで動作する【Webアプリ】です。Safari・Google Chrome・Android端末の「標準ブラウザ」・Microsoft Edge・Internet Explorerなど、さまざまなブラウザで動作します。
端末へのインストールは必要なく、Flash・Silverlight等のWebブラウザプラグインも不要です。

◎アプリの概要は右記URLサイトにてご案内しております。　https://book.impress.co.jp/items/qgi

本書は、CCENT（Cisco Certified Entry Networking Technician）、CCNA（Cisco Certified Network Associate）Routing and Switchingの受験用教材です。著者、株式会社インプレスは、本書の使用による対象試験への合格を一切保証しません。

本書の内容については正確な記述に努めましたが、著者、株式会社インプレスは本書の内容に基づくいかなる試験の結果にも一切責任を負いません。

CCENT、CCNA、Cisco、Cisco IOS、Catalystは、米国Cisco Systems, Inc.の米国およびその他の国における登録商標です。
その他、本文中の製品名およびサービス名は、一般に各開発メーカーおよびサービス提供元の商標または登録商標です。なお、本文中には™、®、© は明記していません。

インプレスの書籍ホームページ

書籍の新刊や正誤表など最新情報を随時更新しております。

https://book.impress.co.jp/

Copyright © 2016 Socius Japan, Inc. All rights reserved.
本書の内容はすべて、著作権法によって保護されています。著者および発行者の許可を得ず、転載、複写、複製等の利用はできません。

はじめに

　CCENT（Cisco Certified Entry Networking Technician）およびCCNA（Cisco Certified Network Associate）は、米国シスコシステムズ社が主催するシスコ技術者認定資格です。

　CCENTは、ネットワークに関わるさまざまな職種を目指す方に挑戦していただきたい入門（エントリー）レベルの資格です。CCNA取得のための第一歩となるだけでなく、ネットワークのプロに要求される技術力の礎を築くための重要な学習チャンスでもあります。CCNAは初級（アソシエイト）レベルの資格で、10の技術カテゴリに分類されています。本書が対象としている資格は、ルーティング＆スイッチングカテゴリのCCNA Routing and Switchingです。この資格を取得することで、ネットワーク技術者としての本格的なキャリアへの扉が開けます。

　シスコ技術者認定では、ネットワークに求められる役割の拡大や技術の進歩に伴い、試験の内容がきめ細かに見直されます。2016年にはCCNA Routing and Switching v3.0（バージョン3.0）の試験が開始されました。最新の動向を反映したv3.0は、カバーする範囲も広がり、難易度もより高いものになっています。

　本書は、CCENTと、CCNA Routing and Switchingの試験範囲のうち基本的な事項を対象にしているICND1試験受験のための学習書です。ネットワークの初心者の方でも無理なく学習に取り組んでいただけるように、ネットワークの基礎知識から解説しています。また、日頃自由に機器を使って学習する機会を得られない方にも、できるだけ臨場感のある学習をしていただけるように、ネットワーク構成図や出力も豊富に掲載しました。多くの情報を得ながら効率的に知識を吸収できるように、受験対策や学習に役立つ情報は「試験対策」の囲みにまとめています。また、章末の演習問題は、その章で学習した内容が理解できているか確認すると同時に、実際の試験の雰囲気をつかむための模擬試験の役割も果たしています。

　本書をご活用いただき、一人でも多くの方が価値ある資格を取得されることを願ってやみません。

2016年8月
著者

シスコ技術者認定の概要

シスコ技術者認定（Cisco Career Certification）は、インターネットワーキングや同社ルータ製品に関する技術の証明および、エンジニアの育成を目的とした認定資格です。認定基準は米国シスコシステムズにより厳格に定められ、最新のIPネットワークに対応した技術者資格として世界的に認知されています。

シスコ技術者認定資格は、技術分野別の10のトラックに分類されており、エントリー、アソシエイト、プロフェッショナル、エキスパート、アーキテクトの5つの認定レベルがあります。本書が対象としているルーティング＆スイッチングトラックは、5つの認定レベルのうちエントリーからエキスパートまでの4つの資格で構成されています。

【ルーティング＆スイッチングトラックの認定資格】

認定レベル	資格
エントリー	CCENT
アソシエイト	CCNA Routing and Switching
プロフェッショナル	CCNP Routing and Switching
エキスパート	CCIE Routing and Switching

CCENTおよびCCNA Routing and Switchingの取得方法

●CCNETの取得方法
　　CCENTはICND1試験（試験番号100-105J）に合格することで取得できます。
　　・ICND1（試験番号100-105J）
　　　試験時間：90分、出題数：45〜55問、受験料：19,800円＋税

●CCNA Routing and Switchingの取得方法
　　CCNAは、次の2つの方法で取得することができます。

　・1科目で取得
　　・CCNA（試験番号200-125J）
　　　試験時間：90分、出題数：50〜60問、受験料：39,000円＋税
　・以下の2科目に合格することで取得
　　・ICND1（試験番号100-105J）
　　　試験時間：90分、出題数：45〜55問、受験料：19,800円＋税
　　・ICND2（試験番号200-105J）
　　　試験時間：90分、出題数：45〜55問、受験料：19,800円＋税

　　◎試験時間、問題数、受験料は変更になる可能性があります。

受験申し込み方法

シスコ技術者認定試験を受験するには、ピアソンVUEもしくはピアソンVUEのテストセンターに受験を申し込みます。各試験会場で随時、受験することができます。

● ID番号の取得

ピアソンVUEで初めて受験する場合は、ピアソンVUE IDを取得する必要があります。以下のURLの指示に従って、登録します。

URL：https://www.pearsonvue.co.jp/test-taker/Tutorial/WebNG-Registration.aspx

①ピアソンVUEのWebサイトで申し込み

以下のURLにログイン後、試験名、会場、日時を指定します。

URL：https://www.pearsonvue.co.jp/

②テストセンターに申し込み

以下のサイトで受験を希望するテストセンターを選択し、電話で申し込みます。テストセンターによっては、受験当日の申し込みを受け付けているところもあります。

URL：https://www.pearsonvue.co.jp/Documents/Japan-Downloads/TC_List/pvue_jp_TC_all.aspx

・ピアソンVUEのカスタマーセンター

Tel：0120-355-173 または 0120-355-583
営業時間：土日祝日および年末年始を除く平日、午前9時～午後6時
URL：https://www.pearsonvue.co.jp/test-taker/Customer-service.aspx

シスコ技術者認定についての問い合わせ先

試験の概要、受験後の認定証の取得に関する詳細および問い合わせについては、シスコのWebサイトを参照してください。

・シスコシステムズ

URL：https://www.cisco.com/web/JP/index.html

※本書に掲載したURLは2018年2月現在のものです。URLとWebサイトの内容は変更になる可能性があります。

本書の活用方法

本書は解説ページ、演習問題、用語集の3部構成になっています。

解説

● 用語

ネットワーク技術の習得に、用語の理解は不可欠です。すぐに参照したい用語には「※1」のように米印を付け、脚注で解説しました。また、アスタリスク（*）を付けた用語は巻末の用語集で説明しています。

● 構文

ルータやスイッチの設定・管理操作に必要な構文を多数掲載しています。構文は次のルールで記述しています。

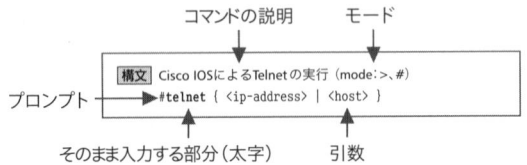

- **太字**……………表記されたとおり入力する。省略形で入力できるコマンドもある
- < >……………引数。該当する文字や値を入力する
  例）<username> →ユーザ名を入力する
- [ ]………………オプション。必要に応じて設定する要素
- { | }…………選択。{ }で括られたものから、いずれか1つを選択して入力する
  例）{ a | b } → 「a」か「b」のいずれかを入力する
- モード…………ユーザEXECモードと特権EXECモードのいずれに対応しているかを表示（コンフィギュレーションモードを除く）
- プロンプト……ユーザEXECモードと特権EXECモードのいずれも可能な場合は「#」で示した。コンフィギュレーションモードの具体的なモードはこのプロンプトで確認できる

● 出力

実際の設定作業を理解しやすくするために、本書ではコマンドの出力結果を数多く掲載しています。出力の中で、ユーザが入力する部分は太字で示しました。また、必要な事項を的確に参照できるように、重要なポイントには適宜下線や説明を付加してあります。

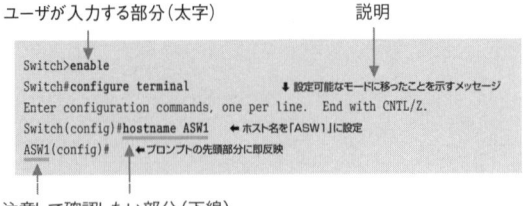

本書のCisco IOSコマンドの説明は、主にCatalyst 2960（IOS15）とCatalyst 3560（IOS15）およびCisco ISR 1812（IOS15）とCisco ISR 2811（IOS15）に基づいています。

本書の活用方法

機器の挙動や出力結果は、IOSのバージョンや機種によって異なることがあります。詳細はシスコシステムズのWebサイトを参照してください。

● **本書で使用したマーク**

解説の中で重要な事項や補足情報は次のマークで示しています。

試験対策	効率的な受験のための情報、必ず理解しておきたい重要事項
	解説の内容を理解したり知識を深めたりするために役立つ情報
暗記	暗記しておくと役立つ事項
注意	機器の操作やコマンド設定上の注意点

演習問題

シスコ技術者認定試験には、さまざまな出題形式があります。各章の演習問題は、次の出題形式に対応した問題を掲載しています。いずれも必要に応じてネットワーク図や出力を参照します。

● **問題**

多肢選択形式

選択肢の中から、1つまたは複数の正解を選択する

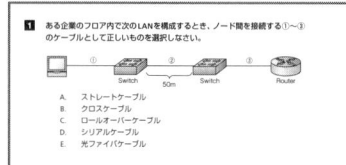

ドラッグアンドドロップ形式

画面に表示された複数の項目に対する記述と選択肢を、ドラッグアンドドロップで適切に結びつける

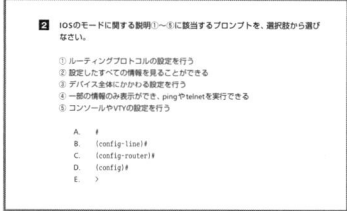

入力形式

キーボードを使って正解を入力する

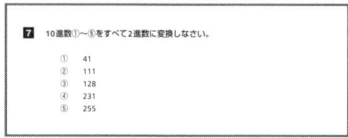

● **解答と解説**

解答のポイントを説明しています。正解の選択肢は太字で表記しています。

7

目次

はじめに …………………………………………………………… 3
シスコ技術者認定の概要 ………………………………………… 4
本書の活用方法 …………………………………………………… 6

第1章　ネットワーク基礎

1-1　ネットワークの概要 ……………………………………… 14
1-2　ネットワークトポロジ …………………………………… 21
1-3　ケーブルの種類 …………………………………………… 25
1-4　OSI参照モデル …………………………………………… 36
1-5　2進数／10進数／16進数 ………………………………… 43
1-6　演習問題 …………………………………………………… 48
1-7　解答 ………………………………………………………… 50

第2章　イーサネット

2-1　イーサネット ……………………………………………… 54
2-2　CSMA/CD ………………………………………………… 63
2-3　ネットワーク機器 ………………………………………… 71
2-4　レイヤ2スイッチング …………………………………… 79
2-5　演習問題 …………………………………………………… 86
2-6　解答 ………………………………………………………… 89

第3章　TCP/IP

3-1　TCP/IPプロトコルスタック ……………………………… 94
3-2　インターネット層 ………………………………………… 97
3-3　トランスポート層 ………………………………………… 113
3-4　アプリケーション層プロトコル ………………………… 126
3-5　DHCP ……………………………………………………… 128
3-6　DNS ………………………………………………………… 135
3-7　HTTPとHTTPS …………………………………………… 141
3-8　FTPとTFTP ………………………………………………… 146
3-9　SMTPとPOP ……………………………………………… 151
3-10　TelnetとSSH ……………………………………………… 153
3-11　演習問題 …………………………………………………… 156
3-12　解答 ………………………………………………………… 160

第4章　IPv4アドレスとサブネット

4-1	IPv4アドレス	166
4-2	サブネットワーク	172
4-3	IPアドレッシングの計算	180
4-4	VLSM	186
4-5	演習問題	190
4-6	解答	193

第5章　Cisco IOSソフトウェアの操作

5-1	Ciscoデバイスへの接続	200
5-2	Cisco IOSのモード	205
5-3	IOS操作とヘルプ機能	210
5-4	コンフィギュレーションの保存	222
5-5	Cisco IOSの接続診断ツール	228
5-6	演習問題	234
5-7	解答	238

第6章　Catalystスイッチの導入

6-1	Catalystスイッチの初期起動	246
6-2	スイッチの基本設定	252
6-3	スイッチの基本設定の確認	256
6-4	MACアドレステーブル	265
6-5	二重モードと速度の設定	270
6-6	演習問題	273
6-7	解答	277

第7章　Ciscoルータの導入

7-1	Ciscoルータの初期起動	282
7-2	ルータの基本設定	287
7-3	ルータの基本設定の確認	294
7-4	演習問題	307
7-5	解答	310

第8章　ルーティングの基礎

8-1	ルーティング	314
8-2	スタティックルーティング	317
8-3	ダイナミックルーティング	325
8-4	経路集約	330
8-5	メトリックとアドミニストレーティブディスタンス	334
8-6	演習問題	337
8-7	解答	340

第9章　VLANとVLAN間ルーティング

9-1	キャンパスネットワークの設計	344
9-2	VLANの概要	350
9-3	VLANの動作	354
9-4	スタティックVLANの設定と検証	362
9-5	トランクポートの設定と検証	373
9-6	音声VLAN	386
9-7	VLAN間ルーティング	390
9-8	演習問題	411
9-9	解答	415

第10章　IPv4アクセスリスト

10-1	IPv4アクセスリストの概要	420
10-2	ワイルドカードマスク	431
10-3	番号付き標準ACL	435
10-4	名前付き標準ACL	441
10-5	ACLの検証	444
10-6	ACLのトラブルシューティング	449
10-7	演習問題	455
10-8	解答	458

第11章 インターネット接続

- 11-1 DHCPによるインターネット接続 …………………………… 462
- 11-2 NATとPATの概要 ……………………………………………… 477
- 11-3 NATの設定 ……………………………………………………… 485
- 11-4 PATの設定 ……………………………………………………… 489
- 11-5 NATとPATの検証 ……………………………………………… 495
- 11-6 NATとPATのトラブルシューティング ……………………… 505
- 11-7 演習問題 ………………………………………………………… 512
- 11-8 解答 ……………………………………………………………… 515

第12章 RIPv2

- 12-1 ディスタンスベクター ………………………………………… 520
- 12-2 RIPv2の特徴 …………………………………………………… 530
- 12-3 RIPv2の基本設定 ……………………………………………… 533
- 12-4 RIPv2の検証 …………………………………………………… 536
- 12-5 RIPv2のオプション設定 ……………………………………… 548
- 12-6 演習問題 ………………………………………………………… 557
- 12-7 解答 ……………………………………………………………… 561

第13章 ネットワークデバイスのセキュリティ

- 13-1 パスワードによる管理アクセスの保護 ……………………… 566
- 13-2 管理アクセスに対するセキュリティの強化 ………………… 576
- 13-3 スイッチのセキュリティ機能 ………………………………… 603
- 13-4 未使用サービスの無効化 ……………………………………… 619
- 13-5 演習問題 ………………………………………………………… 623
- 13-6 解答 ……………………………………………………………… 626

第14章　ネットワークデバイスの管理

- 14-1　Ciscoデバイスの管理機能 ……………………………………… 630
- 14-2　Ciscoルータの管理 ……………………………………………… 669
- 14-3　Cisco IOSイメージの管理 ……………………………………… 680
- 14-4　コンフィギュレーションファイルの管理 …………………… 695
- 14-5　NTPによる時刻同期 …………………………………………… 701
- 14-6　Cisco IOSイメージのライセンス ……………………………… 709
- 14-7　パスワードリカバリ …………………………………………… 726
- 14-8　演習問題 ………………………………………………………… 737
- 14-9　解答 ……………………………………………………………… 741

第15章　IPv6の導入

- 15-1　IPv6の概要 ……………………………………………………… 748
- 15-2　IPv6アドレス …………………………………………………… 757
- 15-3　IPv6の主要プロトコル ………………………………………… 771
- 15-4　IPv6アドレスの設定と検証 …………………………………… 780
- 15-5　IPv6ルーティング ……………………………………………… 791
- 15-6　演習問題 ………………………………………………………… 801
- 15-7　解答 ……………………………………………………………… 803

付録

- 用語集 ………………………………………………………………… 806
- 索引 …………………………………………………………………… 848
- Cisco IOSコマンド構文索引 ………………………………………… 860

第1章

ネットワーク基礎

1-1 ネットワークの概要

1-2 ネットワークトポロジ

1-3 ケーブルの種類

1-4 OSI参照モデル

1-5 2進数／10進数／16進数

1-6 演習問題

1-7 解答

1-1 ネットワークの概要

ネットワークとは、複数のコンピュータをケーブルや電波などで相互に接続し、情報をやり取りできるようにした仕組みをいいます。正式にはコンピュータネットワークと呼ばれ、企業や学校、家庭などで幅広く利用されており、欠かせないインフラ[※1]になっています。

■ ネットワークの構成要素

コンピュータネットワークを構成する物理的な要素に、**ノード**と**リンク**があります。
ノードとはネットワークを構成する1つ1つの要素のことを意味し、スイッチやルータなどのネットワーク機器、ネットワークに接続されたコンピュータやプリンタ、NIC[※2]などを総称してノードと呼んでいます。ノード間はリンクで接続されます。

【ネットワークの基本的な構成要素】

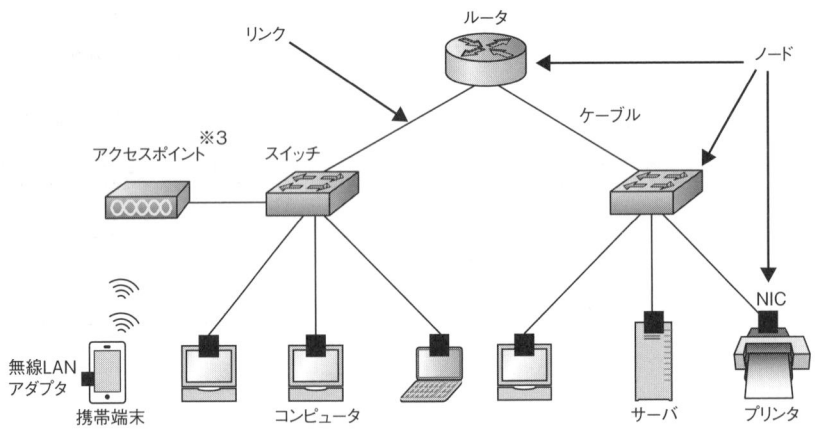

- [※1] 【インフラ】infrastructure：基盤や下部構造などの意味。何らかのサービスを提供するための土台（基盤）として必要となる設備や制度のこと。ITの世界では、システムやソフトウェアを機能させるための基盤となるハードウェアや設備のことを指す
- [※2] 【NIC】(ニック)Network Interface Card：LANカード、ネットワークカード。コンピュータやプリンタなどの機器をネットワークに接続するためのカード
- [※3] 【アクセスポイント】Access Point(AP)：無線LANアクセスポイント。無線LANクライアントを有線LANに接続したり、無線LANクライアント同士を相互接続するための機器

LANとWAN

ネットワークは接続範囲によって、LANとWANの2種類に分類することができます。

●LAN

LAN（Local Area Network）は、限定されたエリアにおけるネットワークです。ある建物または敷地内など限られた範囲にある機器を接続して構築されたネットワークを指します。

【LAN】

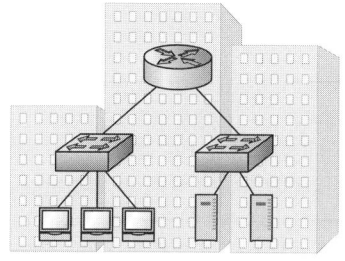

企業内LAN

試験対策　無線LANの場合、ユーザはアクセスポイントと電波をやり取りすることでネットワークに接続します。アクセスポイントは有線LANにおけるハブ（リピータハブ）に相当します。

●WAN

WAN（Wide Area Network）は、地理的に離れたLANとLANを相互に接続したネットワークです。企業であれば本社と支社との接続などがWANに相当します。WANでは、電気通信事業者*が提供するWANサービスや、インターネットサービスプロバイダを利用して通信を行います。

【WAN】

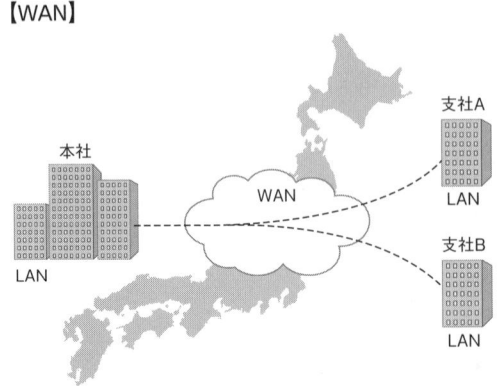

● LANとWANの比較

　LANとWANにはいくつかの違いがあります。最大の違いは地理的な範囲と所有者です。LANは建物内や地理的に近い範囲に存在するコンピュータ、周辺機器およびデバイスを接続します。一方、WANでは遠距離にある端末間でのデータ通信が可能です。
　LANは通常、企業または組織が自前でネットワークを構築し、運用・管理をします。WANは電気通信事業者(ネットワークプロバイダ)が構築・運用するネットワークを利用するため、サービスの利用者は利用料金を毎月支払う必要があります。

【LANとWANの比較】

	LAN	WAN
エリア	単一の建物または地理的に近いエリア	地理的に離れたエリア
所有者	企業・組織	通信事業者
コスト	固定	継続

インターネット

　インターネット(the Internet)は、世界中のさまざまなネットワークをTCP/IP*によって相互接続した巨大な世界規模のネットワークです。インターネットはだれでも自由に利用することができ、パソコンだけでなく携帯電話やPDA(個人用の携帯情報端末)、ゲーム機などからも手軽に接続して情報をやり取りできます。
　インターネットに接続する場合、ISP*(Internet Service Provider)と呼ばれるサービス事業者と契約する必要があります。

インターネットの技術を使って構築された企業内ネットワークを**イントラネット**といいます。イントラ(intra)は「内部の」という意味を持ち、利用者は特定の企業内や地域内のユーザのみに限定されます。イントラネットを利用すると、ユーザはWebブラウザや電子メールなどの使い慣れたアプリケーションソフトをそのまま利用し、外出先からインターネット経由で社内情報システムや電子掲示板を利用することができます。なお、関連会社なども含めて構成されるネットワークを**エクストラネット**と呼びます。

ネットワークユーザアプリケーション

ネットワークを利用するユーザ向けのアプリケーションをネットワークユーザアプリケーションといいます。次のようなものが一般的です。

●電子メール

電子メールは、ユーザ同士がメッセージやファイルを気軽にやり取りできるアプリケーションです。ユーザはメールソフトを使用し、メールサーバを介して情報をやり取りします。代表的なメールソフトとしては、OutlookやThunderbirdなどがあります。

●Webブラウザ

Webブラウザは、Webページ*を閲覧するためのアプリケーションです。Webブラウザを使用すると、インターネット上に公開されている豊富な情報を閲覧することができるほか、メーカーや顧客との連絡、注文や調達処理、情報検索などの作業を共通のインターフェイスで実行できるため、全体的な生産性を向上させることができます。代表的なWebブラウザには、Microsoft Internet ExplorerやMicrosoft Edge、Firefox、Google Chromeなどがあります。

●インスタントメッセージング

インスタントメッセージングとは、インターネットに接続中のユーザを確認し、その中の任意のユーザとリアルタイムにチャット(会話)することができるシステムです。これを実現するアプリケーションソフトをインスタントメッセンジャー(IM)と呼び、代表的なものにSkypeやLINEなどがあります。

●コラボレーション(グループウェア)

コラボレーションとは、業務に関連する複数の担当者が互いに協調しながら進めていく共同作業を指します。コンピュータネットワークを利用することで、情報共有やコミュニケーションの円滑化を図り、グループでの協調作業を支援することが容易にできます。コラボレーションソフトウェアは、グループ内の連携作業から大規模なプロジェクトまで幅広い範囲で利用することができます。なお、コラボレーションソフトウェアは**グループウェア**とも呼ばれます。

● データベース

　データベースとは、大量のデータを一定の規則に従って蓄積し、データの検索と管理を効率的に行えるようにしたものです。データベースの操作や保守、管理をするためのソフトウェアを DBMS(DataBase Management System)といいます。ユーザはアプリケーションソフトから DBMS へアクセスしてデータを操作することで、情報を一括管理し効率的に活用することができます。代表的なデータベースソフトウェアには、Oracle Database や Microsoft SQL Server があります。

ユーザアプリケーションが及ぼすネットワークへの影響

　アプリケーションはネットワークのパフォーマンスに影響を与えることがあります。逆に、ネットワークパフォーマンス*がアプリケーションに影響を与えることもあります。ネットワークで輻輳※4が発生すると、ルータなどのネットワーク機器はパケットの処理を待ったり破棄したりします。

　ユーザアプリケーションは次の3つに分類され、ネットワークへ与える影響も異なります。

● バッチアプリケーション

　バッチアプリケーションとは、ユーザが処理を開始(あるいは自動実行)することによって動くプログラムのことで、バッチ処理を開始したあとはユーザとの直接の対話なしにあらかじめ定められた処理を完了します。そのため、帯域幅※5は重要ですがバッチ処理の終了までにかかる時間はある程度許容されます。

● インタラクティブアプリケーション

　ユーザからの要求とサーバからの応答による双方向的な対話が存在するアプリケーションのことです。ユーザは特定の情報をサーバに要求し、その後応答を待ちます。ネットワークで輻輳が発生すると、サーバから応答が返ってくるまでに時間がかかってしまい、ユーザはストレスを感じるようになります。

● リアルタイムアプリケーション

　VoIP*やビデオアプリケーションなどのリアルタイムアプリケーションでは、ユーザとの対話が必要になります。アプリケーション実行中は、音声や動画などのパケットが連続的に伝送されるため、帯域幅が重要になります。さらに、遅延*やジッタ※6もリアルタイムアプリケーションに影響を及ぼします。いずれの問題も、ネットワークの正しい設計により回避することができます。

1-1 ネットワークの概要

通信の種類

ネットワークの通信方式は、情報を送信する通信相手(宛先)によって、次の3種類に大別することができます。

● ユニキャスト

「1対1」の通信方式を**ユニキャスト**といいます。データの宛先には「単一」のアドレスが使用されます。

【ユニキャスト】

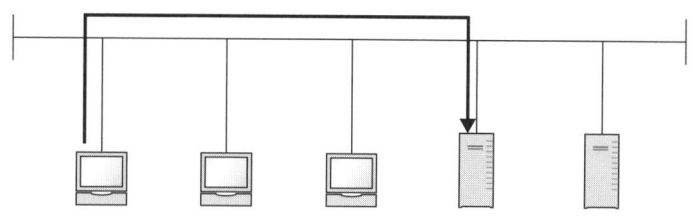

● ブロードキャスト

「1対全員」の通信方式を**ブロードキャスト**といいます。ブロードキャストは、同一リンク上のすべてのノードにデータを送信します。データの宛先にはブロードキャスト用のアドレスが使用されます。

【ブロードキャスト】

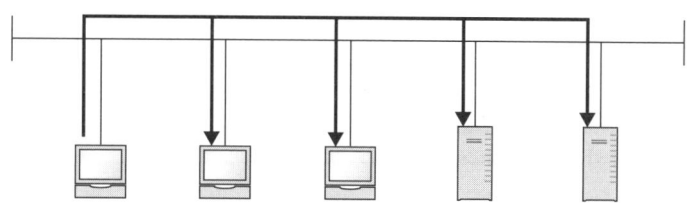

※4 【**輻輳**】(フクソウ)congestion:ネットワーク上で処理能力を超えるほどのトラフィックが発生し、ネットワークが混雑して通常の送受信が困難な状態になること

※5 【**帯域幅**】(タイイキハバ)bandwidth:通信などに用いる周波数の範囲のこと。周波数の範囲が広ければ広いほど転送速度が向上するため、「通信速度」とほぼ同義に使用されている

※6 【**ジッタ**】jitter:遅延のばらつき(ゆらぎ)のこと。たとえば、音声通信を行う際に、パケットを一定間隔で送信しても伝送遅延や処理遅延の影響で到達間隔にばらつきが生じる。そのまま再生すると品質が劣化するのでバッファに格納してジッタを補正してから再生する

19

●マルチキャスト

「1対グループ宛」の通信方式を**マルチキャスト**といいます。マルチキャストは、特定のアプリケーションを使用するノードのグループ宛に同じデータを送信したい場合に利用されます。データの宛先にはマルチキャスト用のアドレスが使用されます。

【マルチキャスト】

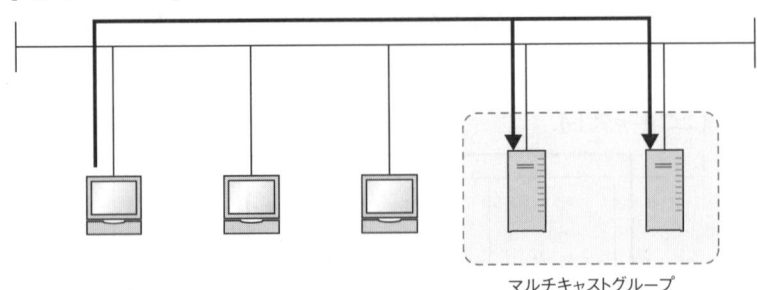

試験対策
・ユニキャスト　………1対1（特定の相手と通信）
・ブロードキャスト　……1対全（全員宛の通信）
・マルチキャスト　………1対N（グループ宛の通信）

参考　ブロードキャストドメイン

ルータは複数のネットワークを相互接続し、パケットを中継するネットワーク機器です。ただし、ルータはブロードキャストパケットを受信しても中継せずに破棄します。このため、ブロードキャストが届く範囲は、ネットワーク全体ではなくルータまでといえます。この範囲を**ブロードキャストドメイン**と呼びます。

参照➔「2-3 ネットワーク機器」（71ページ）

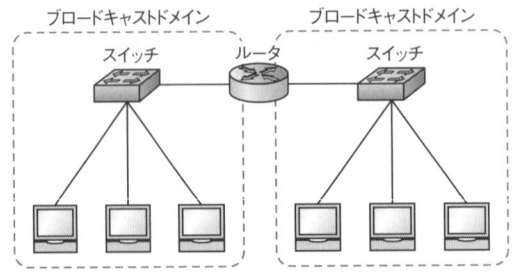

1-2 ネットワークトポロジ

トポロジとは、コンピュータやネットワーク機器の「接続形態」のことです。トポロジにはいくつかの種類があり、どのトポロジにするかは利用するプロトコル*によって決められている場合があります。ここでは、LANとWANで利用される代表的なトポロジについて説明します。

バス型

バス型トポロジでは、1本のバスと呼ばれるケーブルに各コンピュータを接続します。バスには同軸ケーブルが利用され、両端にターミネータ(終端抵抗)を取り付けて、ケーブルの端に到達した電気信号が反射してノイズになるのを防ぎます。

バス型はすべてのノードが1本のケーブル(バス)を共有するため、ケーブルが1カ所でも断線するとネットワーク全体が機能しなくなってしまいます。また、拡張性にも欠けるため、現在は利用されていないトポロジです。

【バス型トポロジ】

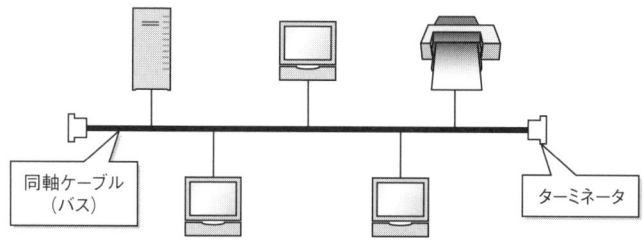

スター型

スター型トポロジでは、1つの集線装置を中心に、その他のノードをケーブルで接続します。集線装置(ハブ)にスポーク(車輪の軸に放射状に付けられる棒)状にリンクが接続されるため、**ハブアンドスポーク**とも呼ばれます。

スター型では、1本のケーブルが断線しても影響を受けるのはそのケーブルを使用しているノードだけで、ほかのノードは影響を受けることなく通信し続けることができます。スター型は扱いやすく、拡張性にも優れているため、現在のLAN構築で一般的に使用されているトポロジです。

【スター型トポロジ】

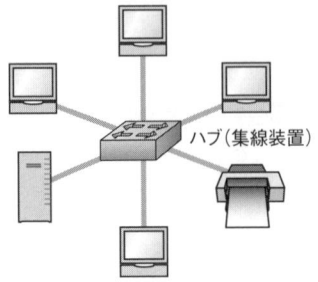

　ネットワークに接続するコンピュータの台数が多い場合、集線装置同士を接続してスター型を拡張することがあります。このようなトポロジを**拡張スター型**と呼びます。

【拡張スター型トポロジ】

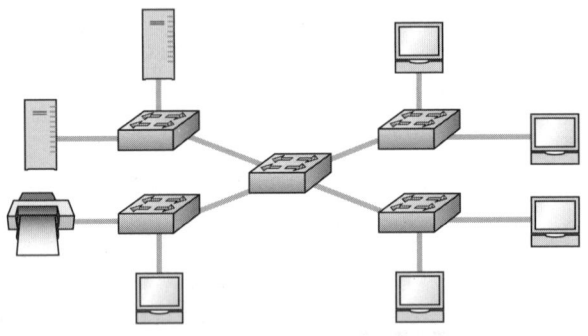

試験対策

各トポロジの特徴を覚えておきましょう！
スター型トポロジは、すべてのトラフィックが中央のハブ（集線装置）を通過します。

リング型

　リング型トポロジは、隣り合うノード同士をリング状に接続します。トークンリング*やFDDI*などがこのトポロジを用います。
　リング内では、トークンと呼ばれる信号が一方向で周回しています。データはトークンに付加して送信され、各ノードを順番に巡回していきます。自分宛のデータを受け取ったノードは、トークンからデータを取り出します。このトポロジでは、ノードが同時にデータを送信することによるデータの衝突は発生しないという利点があります。

【リング型トポロジ】

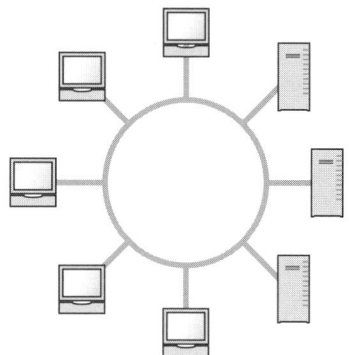

メッシュ型

メッシュ型トポロジは、複数のノードを網目状に接続する構成です。メッシュ型は主にWANで使用される接続形態であり、「フルメッシュ」と「パーシャルメッシュ」の2つに分類できます。

フルメッシュ型トポロジは、すべての拠点を相互に接続して直接通信することができます。特定のケーブルやノードに障害が発生しても、ほかのケーブルやノードを経由して通信を継続することが可能です。フルメッシュ型は高い冗長性[※7]を持ち、最も信頼性が高いトポロジといえますが、コストも高くなってしまいます（VPN[※8]など一部のWANサービスでは、コストを抑えながらフルメッシュ型の接続が可能です）。

【フルメッシュ型トポロジ】

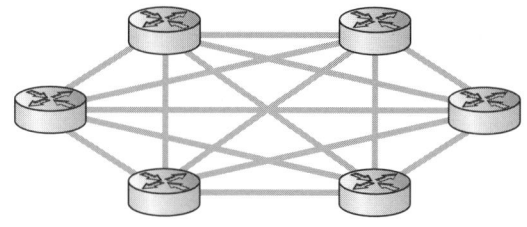

※7 【**冗長性**】redundancy：設備的に余裕を持った構成のこと。故障が発生してもほかの設備でカバーできるように備えておくこと

※8 【**VPN**】(ブイピーエヌ)Virtual Private Network：インターネットなど信頼性の低いネットワークを介して、トラフィックを安全に転送するための技術(サービス)。VPNを利用すると公衆回線をあたかも専用回線であるかのように利用でき、コストを大幅に抑えることができる

パーシャルメッシュ型トポロジでは、重要な拠点だけを相互接続し、直接接続されない部分もあります。フルメッシュ型に比べてリンク数が少ないためコストを抑えることができ、ある程度の信頼性も確保することができます。

【パーシャルメッシュ型トポロジ】

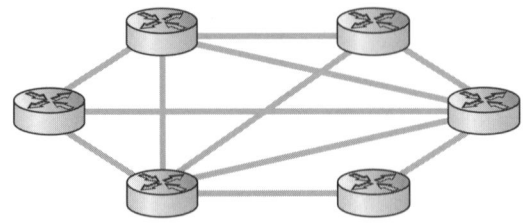

 フルメッシュで必要なリンクの数

フルメッシュで必要になるリンク数を求めるには、次の計算式を使用します。

　　　n(n－1)÷2　　　n＝ノード数

たとえば、ノード数が6の場合、6(6－1)÷2＝15でリンク数は15となります。

 物理トポロジと論理トポロジ

トポロジには実際の配線でみる**物理トポロジ**と、データの流れでみる**論理トポロジ**があります。物理トポロジと論理トポロジは、次のように一致しない場合があります。

　　例）10BASE-T*の場合
　　　・物理トポロジ…… スター型
　　　・論理トポロジ…… バス型

1-3 ケーブルの種類

コンピュータネットワークを構成するケーブルにはいくつかの種類があります。本節では、一般的なケーブルおよびコネクタの種類と特徴について説明します。

■ツイストペアケーブル

ツイストペアケーブルは、8本の芯線を2本ずつより合わせて4対(4ペア)とし、その周りを塩化ビニルなどで覆っています。ケーブルの「より」によってノイズの発生と影響を抑える効果があり、通信可能な距離を延長することができます。「より対線」とも呼ばれ、現在のLANで最もよく使用されています。

●UTPとSTPケーブル

ツイストペアケーブルはシールドの有無によって、**UTP**と**STP**に分類されます。

・UTP(Unshielded Twisted-Pair) …… シールド保護なしのツイストペアケーブル
・STP(Shielded Twisted-Pair) ……… シールド保護されたツイストペアケーブル

シールドとは、より線の周りをアルミなどで被覆加工したものです。これによってノイズの影響を抑える効果がありますが、その分コストは高くなります。一般的なオフィスや家庭ではUTPが利用され、STPはノイズの発生源が多い工場や研究所のような特殊な環境で利用されます。

【UTPケーブル】

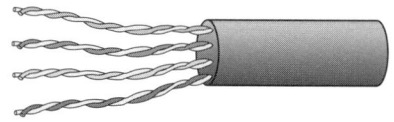

【STPケーブル】

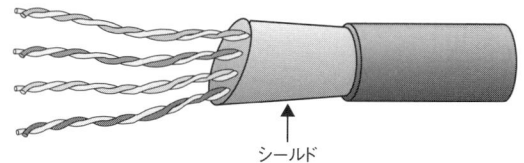

シールド

●カテゴリ

ツイストペアケーブルは次の表のように、いくつかの「カテゴリ(Category)」に分かれて規格化されています。なお、LANではカテゴリ3(Cat3)以上のものが使用されます。

【ツイストペアケーブルのカテゴリ】

カテゴリ	伝送速度	最大周波数	適用範囲
1	20kbps	規定なし	電話線(4線2対)。コネクタは電話用のRJ-11
2	4Mbps	1MHz	ISDN、デジタルPBX。低速データ通信用
3	16Mbps	16MHz	10BASE-T、トークンリング
4	20Mbps	20MHz	トークンリング(16Mbps)
5	100Mbps	100MHz	100BASE-TX
5e※	1Gbps	100MHz	1000BASE-T。Cat5よりも性能が高い
6	1.2Gbps	250MHz	1000BASE-T、10GBASE-T(ただし、最大ケーブル長は55m)
6a※	10Gbps	500MHz	10GBASE-T。Cat6よりも安定した10Gbpsの通信が可能
7	10Gbps	600MHz	10GBASE-T。シールドが施されたSTPケーブルを使用

※ 5eは、エンハンスドカテゴリ5 (enhanced category 5)
※ 6aは、オーグメンテッドカテゴリ6 (augmented category 6)

カテゴリは、伝送速度を高速にするための手段によって分類されており、数字が大きいほど高品質で高速伝送を実現します。上位カテゴリのケーブルを下位カテゴリのケーブルの代替として用いることが可能です。たとえばCat6のケーブルを100BASE-TXで使用することができます。

●RJ-45コネクタ

ツイストペアケーブルの両端には、**RJ-45**(Registered Jack 45)という規格のコネクタが取り付けられています。ケーブルのRJ-45コネクタ部分を、NICやネットワーク機器のポートに差し込んで接続します。

【RJ-45コネクタ】

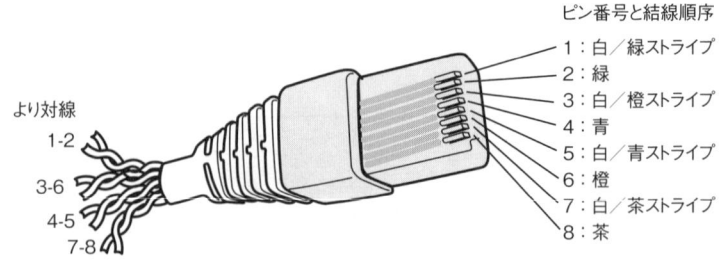

1-3 ケーブルの種類

　1本のツイストペアケーブルをバラバラにしてみると、8本の色分けされた芯線が入っていることがわかります。それらはEIA/TIA-568規格により、どの色とどの色の芯線がペアになり、RJ-45コネクタ内の何番目のスロットに結線するかが決められています。EIA/TIA-568には、568-Aと568-Bの2つの規格があります。

【EIA/TIAピンの配列】

	1	2	3	4	5	6	7	8
T568-A	白/緑	緑	白/橙	青	白/青	橙	白/茶	茶
T568-B	白/橙	橙	白/緑	青	白/青	緑	白/茶	茶

　芯線の色の順番は規格によって一部異なりますが、1番と2番ピンの芯線がペアに、3番と6番、4番と5番、7番と8番がそれぞれペアになってより合わされます。機器のポート内部には8つのピン（端子）が結線されています。これによって、8本の芯線と接続し電気信号を流しています。

【RJ-45モジュラージャック（ポート）】

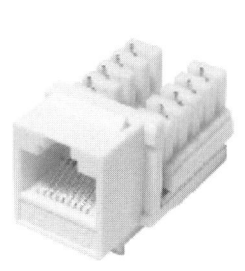
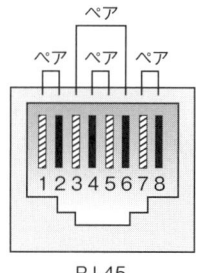

ピン番号と結線順序
1：白／緑ストライプ
2：緑
3：白／橙ストライプ
4：青
5：白／青ストライプ
6：橙
7：白／茶ストライプ
8：茶

RJ-45

● ストレートケーブルとクロスケーブル

　ツイストペアケーブルには**ストレートケーブル**と**クロスケーブル**の2種類があります。

- ストレートケーブル ……ケーブルの両端を同じピン配列（規格）で結線したケーブル。ストレートスルーケーブルとも呼ばれる
- クロスケーブル …………ケーブルの両端を異なるピン配列（規格）で結線したケーブル。クロスオーバーケーブルとも呼ばれる

　ストレートケーブルは、一方の受信端子がもう一方の受信端子につながり、送信端子も同じになります。なお、100BASE-TX（および10BASE-T）の通信では、1、2、3、6番のピンを接続する線（2対）のみ使用します（次ページの図を参照）。

【ストレートケーブル】

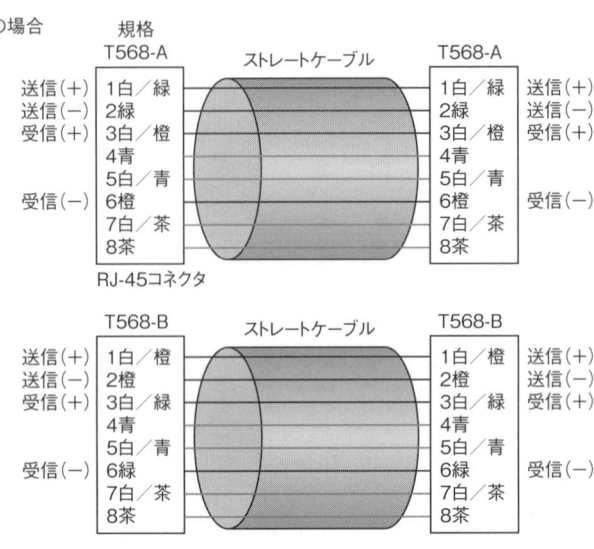

※実際には2本ずつペアにより合わされている

　クロスケーブルは、一方の受信端子がもう一方の送信端子につながり、送信端子が受信端子につながります。1000BASE-Tの通信では、すべての線(4対)を使用します。

【クロスケーブル】

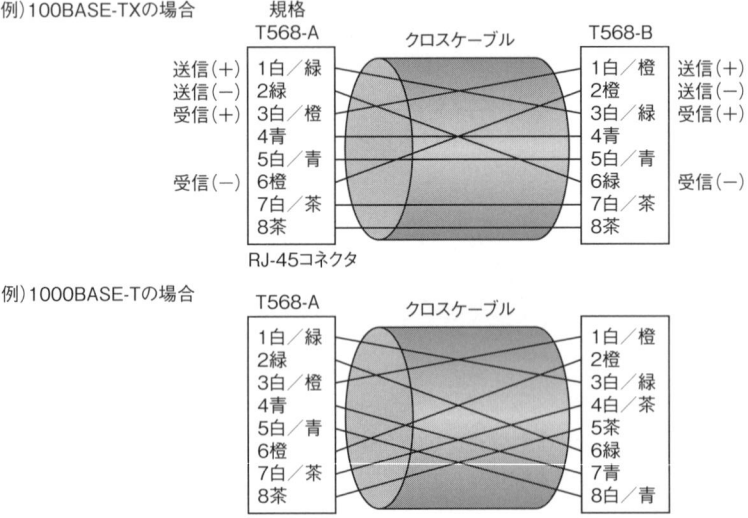

※送信と受信はピンによって固定されていない

ストレートケーブルとクロスケーブルの見分け方

ツイストペアケーブルの「ストレート」と「クロス」を見分けるには、1本のケーブルの両端にあるコネクタ部分を並べて、芯線の並び順を比べます。

・ストレートケーブル …… 芯線の並び順が同じ
・クロスケーブル ………… 芯線の並び順が異なる

● MDIとMDI-X

実際にケーブル配線を行う場合にストレートケーブルとクロスケーブルのどちらを使用するかは、接続するデバイスの組み合わせによって決まります。モジュラージャック（ポート）には、各ピンへの信号の割り当てによって**MDI**(Medium Dependent Interface)と**MDI-X**(Medium Dependent Interface X)の2種類があります。

【MDIとMDI-Xの送受信端子】

タイプ	送信	受信
MDI	1番、2番	3番、6番
MDI-X	3番、6番	1番、2番

電気信号の衝突を回避するために、送信側の送信用端子から送出された電気信号を、受信側の受信端子で着信するように接続しなければなりません。したがって、MDIとMDI-Xを接続する場合はストレートケーブルを使用し、MDIとMDIまたはMDI-XとMDI-Xを接続する場合はクロスケーブルを使用します。

MDIとMDI-Xのどちらのコネクタタイプを持っているかは、ノードによって異なります。コンピュータのNICやルータのポートはMDI、リピータハブやスイッチのポートはMDI-Xです。

【ノードとコネクタタイプ】

タイプ	ノード
MDI	コンピュータ(NIC)、ルータ
MDI-X	リピータハブ、スイッチ

したがって、ツイストペアケーブルを使ってLANの配線を行う場合の組み合わせは、次のようになります。

【ストレートケーブルとクロスケーブルの組み合わせ】

ストレートケーブル

スイッチ ←→ ルータ
スイッチ ←→ コンピュータ(NIC)
ハブ ←→ ルータ
ハブ ←→ コンピュータ(NIC)

MDI-X　　　　　　　MDI

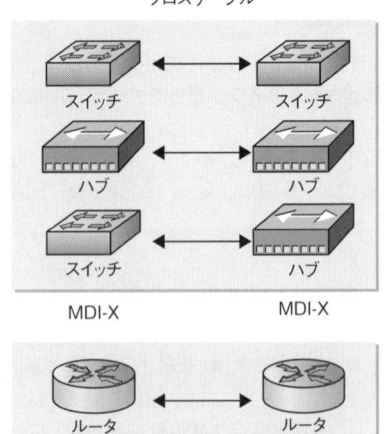

クロスケーブル

スイッチ ←→ スイッチ
ハブ ←→ ハブ
スイッチ ←→ ハブ

MDI-X　　　　　　　MDI-X

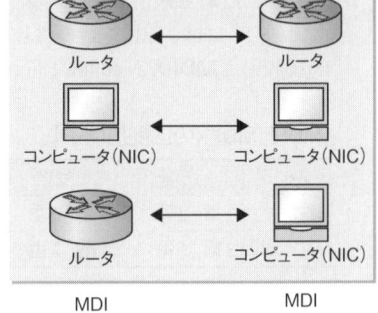

ルータ ←→ ルータ
コンピュータ(NIC) ←→ コンピュータ(NIC)
ルータ ←→ コンピュータ(NIC)

MDI　　　　　　　MDI

試験対策

ストレートケーブルとクロスケーブルのどちらで接続するかを見極めることは重要です。しっかり頭に入れておきましょう。

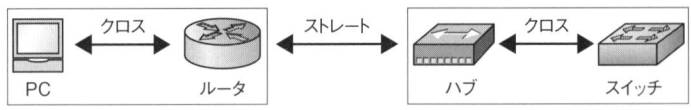

PC ←クロス→ ルータ ←ストレート→ ハブ ←クロス→ スイッチ

Auto MDI/MDI-X

Auto MDI/MDI-Xとは、接続相手のポートがMDIかMDI-Xかを判別し自動的にポート内部の接続を切り替える機能で、Auto-MDIXともいいます。Auto-MDIX機能によって、ストレートケーブルとクロスケーブルの種類や、接続するポートを考慮する必要がなくなるため、ケーブル配線ミスによる通信トラブルを回避できます。なお、シスコのネットワーク機器がAuto MDI/MDI-Xをサポートしているかどうかは、製品によって異なります。

光ファイバケーブル

光ファイバは、コンピュータの電気信号を光信号に変換して伝送する通信ケーブルです。光ファイバはコアと呼ばれる屈折率が高い素材を中心部とし、クラッドと呼ばれる屈折率の低い素材でコアの周囲を包んだ構造をしています。コアの素材には石英ガラスやプラスチックが用いられ、コアとクラッドの屈折率の違いからクラッドとコアとの境界面で光が全反射することを利用してコア内に光を閉じ込めるため、光の通路を自由に曲げることができます。

複数の光ファイバケーブルを1本に束ねても干渉しないため電磁気ノイズの影響を受けることがなく、超遠距離通信を行うことができます。また、光信号は電気信号に比べてはるかに大量のデータを一度に伝送できるため、超高速データ通信を実現します。

● シングルモードとマルチモード

光ファイバの伝送距離は、コア径(ファイバの直径)によって異なります。コア径が小さいほど長距離の伝送が可能になります。光ファイバケーブルは、**シングルモードファイバ**(Single Mode Fiber：**SMF**)と**マルチモードファイバ**(Multi Mode Fiber：**MMF**)の2種類に分類されます。

・SMF(シングルモードファイバ)

コア径は約9μm[※9]と小さく、1つの光信号(モード)のみを使って伝送します。ケーブル内を進んでいくレーザー光には1つのモードしか存在しないため、分散を起こすことなく高速の長距離伝送を実現します。コア部分が細く折り曲げに弱いためケーブルの取り扱いが難しく、コストがかかります。

【シングルモードファイバ(SMF)】

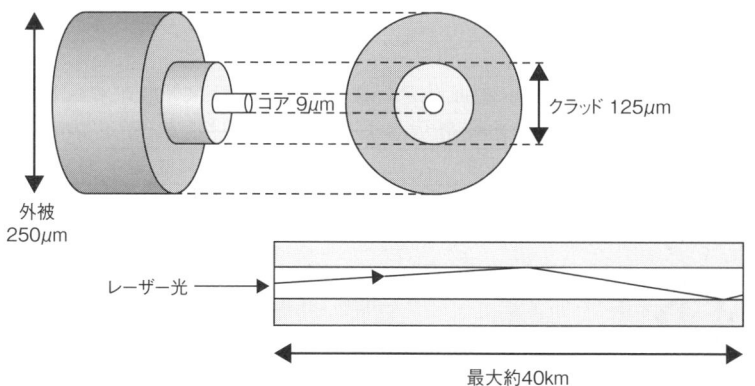

※9 【μm】(マイクロメートル)micrometer：メートル法の長さの単位のひとつ。1マイクロメートルは1000分の1ミリのこと。記号は「μm」

・MMF（マルチモードファイバ）
　コア径は約50μmまたは62.5μmと大きく、複数の光信号（モード）を使って伝送します。ケーブルに入射したLED光源は全反射を繰り返しながら進むため光が多くのモードに分散して伝送されることから、信号の到達時間にズレが生じ、SMFに比べると低速で短距離伝送となります。ケーブルの取り扱いは比較的容易で安価です。

【マルチモードファイバ（MMF）】

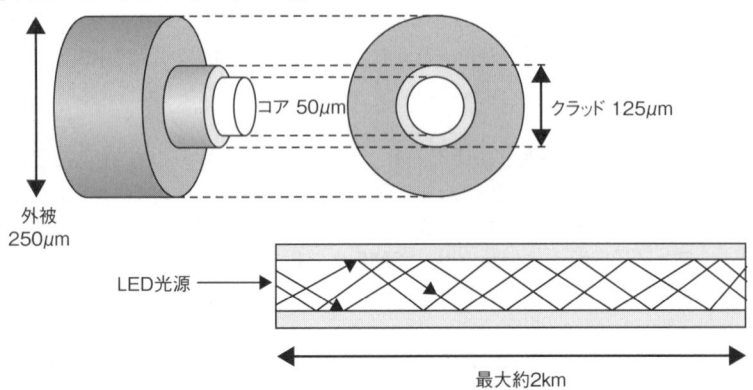

【シングルモードとマルチモードの比較】

	シングルモード	マルチモード
コア径	約9μm	約50μmまたは62.5μm
発光源	レーザーダイオード（LD）	発光ダイオード（LED）（LDの場合もあり）
伝搬モード	1つのみ	複数存在
モード分散	なし	あり
ケーブルの扱い	細くて曲げに弱く、取り扱いにくい	太くて曲げに強く、取り扱いやすい
伝送距離	長距離（最大約40km）	短距離（最大約2km）
帯域	広帯域	低帯域
コスト	高価	安価

試験対策　光ファイバケーブルの特徴を理解しておきましょう。
・ノイズの影響がない
・長距離の伝送が可能（UTPケーブルは最大100m）
・UTPに比べてコストが高い

1-3 ケーブルの種類

●光ファイバコネクタ

　光ファイバケーブルのコネクタにはさまざまな種類があり、接続する機器のインターフェイスの形状に合ったコネクタを利用します。結合方法にプッシュプル型およびバヨネット(Bayonet)締結型を使用したコネクタは、着脱が容易にできます。着脱が容易なSCコネクタが一般的に使用されています。

【主な光ファイバコネクタ】

【SC】プッシュプル型

【ST】バヨネット締結型

【FC】ねじ締結型

【LC】プッシュプル型

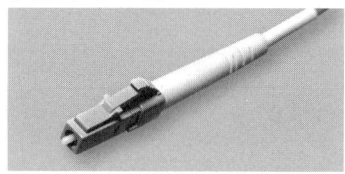

 SFP

SFP(Small Form factor Pluggable)は、スイッチやルータのポート密度を上げる(ポート数を増やす)ためのモジュール*機器です。SFPは小型(57×14×10mm)で外部からコネクタを着脱可能なことから、従来スイッチやルータにギガビットイーサネットポートを追加するために使われていたGBIC(Gigabit Interface Converter：ジービック)に代わり広く利用されています。

【ギガビットイーサネットSFP】

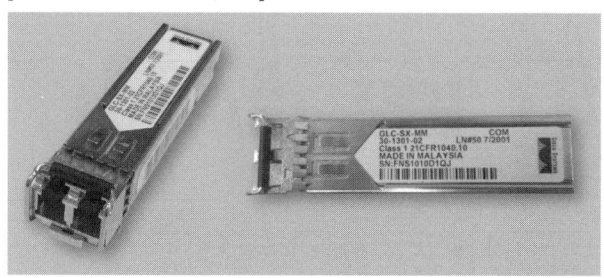

● 同軸ケーブル

同軸ケーブルは、初期のイーサネット※10である10BASE5、10BASE2で使用されていたケーブルです。外部からのノイズを遮断するため、高周波でも品質の高い信号を伝送することが可能であり、活躍の場こそ少なくなりましたが、いまでもテレビやCATV（ケーブルテレビ）などで利用されています。

【同軸ケーブル】

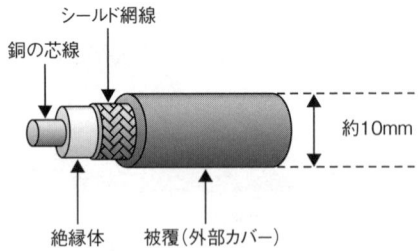

シリアルケーブル

シリアルケーブルは、1本の信号線を使って1ビットずつデータを転送する方式の通信ケーブルで、一般的にWAN接続で使用されます。

シリアルケーブルで使用する信号形式を定義する規格にはいくつか種類があり、Ciscoルータがサポートしているものは次のとおりです。

・EIA/TIA-232
・EIA/TIA-449
・V.35
・X.21
・EIA-530

【シリアルケーブルの規格】

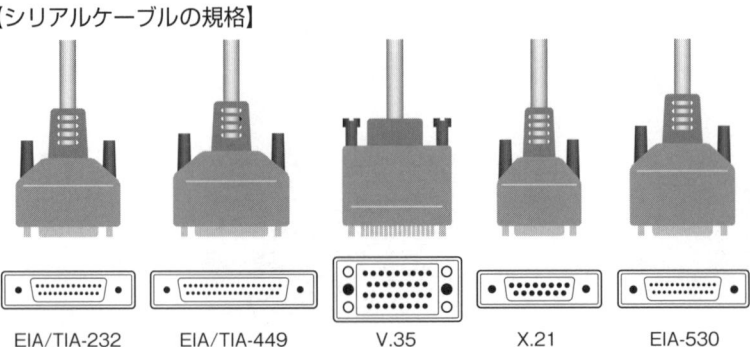

規格ごとにケーブル上の信号が定義されており、ケーブルの端のコネクタ形状も指定されています。どのシリアルケーブルを使用するかは、WAN接続するルータのシリアルポートのコネクタ形状とDCE*デバイスのインターフェイスを確認して選択する必要があります。ルータ側のシリアルポートには、通常、DB-60*コネクタやスマートシリアルインターフェイスを使用します。

【シリアルWAN接続の例】

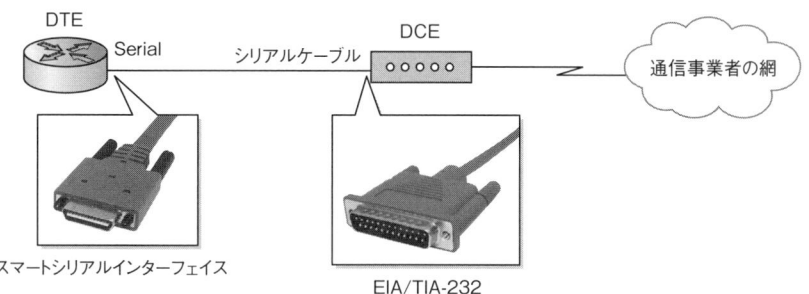

> **DTEとDCE**
>
> シリアルインターフェイス上の通信に使用するデバイスは、DTEとDCEに分類されます。
>
> ● DTE(Data Terminal Equipment：データ端末装置)
> 実際にデータを送受信するユーザ側の機器を表します。DTEはDCEを介してWAN回線に接続し、DCEから提供されるクロック信号を利用して通信が実行されます。
> ルータ、コンピュータ、電話機、ファクシミリ機などが該当します。
>
> ● DCE(Data Circuit-terminating Equipment：データ回線終端装置)
> DTEから送られてきた信号と通信回線に適した信号を相互変換したり、DTEとの同期を取るためのクロック信号を送信したりする装置です。モデムやDSU、ターミナルアダプタなどがこれに該当します。

※10 【イーサネット】Ethernet：現在最もよく使用されているLANの規格。米国の企業、Xerox(ゼロックス)とDECが考案し、のちにIEEE 802.3委員会によって標準化された。トポロジにはバス型とスター型の2種類があるが、現在はスター型が多く使用されている

1-4 OSI参照モデル

OSI参照モデルは、通信プロトコルの位置付けや関連性を把握するのに役立つ基本モデルです。OSI参照モデルの各階層の役割を理解することは、通信の仕組みなどを学ぶ上でとても重要です。

プロトコル

プロトコルとは、通信を行う上での約束事（ルール）のことです。通信時には、必ず相手と同じプロトコルを使用します。双方で使用しているプロトコルが異なる場合、正しくデータをやり取りすることはできません。

プロトコルにはさまざまな種類があり、通信はたくさんのプロトコルが連携することによって実現しています。連携するいくつかのプロトコルを体系的に組み合わせたものを、**ネットワークアーキテクチャ**（またはプロトコルスタック、プロトコルスイート）と呼びます。

OSI参照モデル

OSI参照モデルは、ネットワークで必要とされる機能を7つの階層（レイヤ）に分割したモデルで、それぞれの階層の役割を果たすためのプロトコルを定義しています。OSIとは、Open Systems Interconnection（開放型システム間相互接続）の略で、**異なる機種間のデータ通信を実現する**ためにISO（International Organization for Standardization：国際標準化機構）によって策定されました。

【OSI参照モデル】

階層	名前	役割
第7層	アプリケーション層	ネットワークアプリケーションの機能を提供する
第6層	プレゼンテーション層	データの表現形式を決定する
第5層	セッション層	セッションの管理を行う
第4層	トランスポート層	信頼性のある通信を提供する
第3層	ネットワーク層	最適経路を決定し、エンドツーエンドの通信を行う
第2層	データリンク層	隣接するノードと通信を行う
第1層	物理層	ケーブルや電気信号などを定義し、ビットを正しく伝送する

1-4 OSI参照モデル

> **参考　階層化のメリット**
>
> OSI参照モデルのように通信機能を階層化すると、次のような利点があります。
>
> ・標準インターフェイスを定義することにより、ベンダ*に依存することなく相互接続ができる
> ・ネットワーク処理を役割ごとに分割することで、どの機能のプロトコルなのかがわかりやすくなる
> ・ある階層のプロトコルを変更しても、ほかの階層のプロトコルに与える影響を最小限に留めることができる
> ・新しいプロトコルの開発が容易になる

● 物理層（レイヤ1）

　物理層の役割は、コンピュータをケーブルに接続し、0と1のデジタルデータを伝送メディア*で扱う信号に相互に変換することです。

　物理層では、次のような電気的・機械的なハードウェアの物理仕様が定義されています。

・コネクタの形状、ピンの数や配置
・ケーブルの種類や長さ
・電圧レベル、電圧変化のタイミング
・通信速度、符号化[※11]の方式

【物理層】

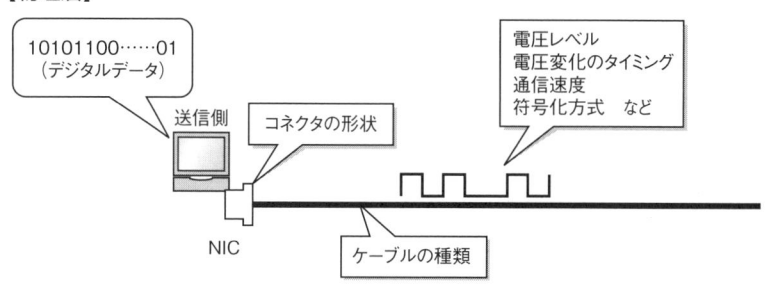

```
10101100……01
（デジタルデータ）
              送信側
                    コネクタの形状
                              電圧レベル
                              電圧変化のタイミング
                              通信速度
                              符号化方式　など
              NIC
                    ケーブルの種類
```

※11　[符号化]encoding：データを一定の規則に基づいてビット化すること。たとえば、音声や映像などのアナログデータをデジタルのネットワークで伝送するには、アナログ信号をデジタル信号に変換する必要がある。この処理も符号化という。逆に符号化されたデータを符号化前のデータに戻す処理を復号（デコード）という。

37

●データリンク層(レイヤ2)

データリンク層の役割は、同一リンク上に接続された隣接ノードと正しく通信することです。このとき、通信相手を特定するための情報としてMACアドレス*などの**物理アドレス**が使用されます。

データリンク層では、次のようなことを定義しています。

- 通信媒体にデータを送り出すときのタイミング
- 伝送中に発生したエラーの検出と対処方法
- データ(フレーム)の構造
- データの送信元および宛先の識別方法

【データリンク層】

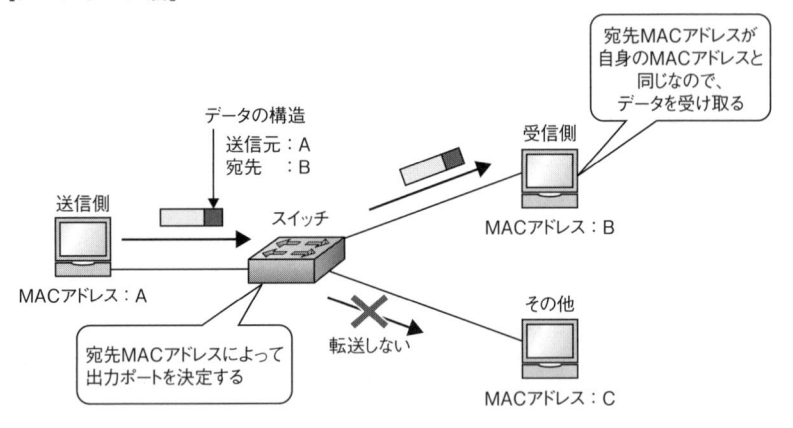

●ネットワーク層(レイヤ3)

ネットワーク層の役割は、異なるネットワークを相互に接続し、エンドツーエンド[※12]で通信するための経路選択(ルーティング)を行うことです。このとき、データの転送先を決定するための情報としてIPアドレス*などの**論理アドレス**を使用します。

ネットワーク層では、次のようなことを定義しています。

- データの送信元および宛先を識別するアドレスの割り当て方法
- データ(パケット)の構造
- 経路選択(ルーティング)の方法
- 選択した経路上にデータを送出する方法

※12 【エンドツーエンド】end to end：「両端で」「端から端まで」という意味を持ち、通信を行う二者(送信元と宛先)間を結ぶ通信区間全体を指す

【ネットワーク層】

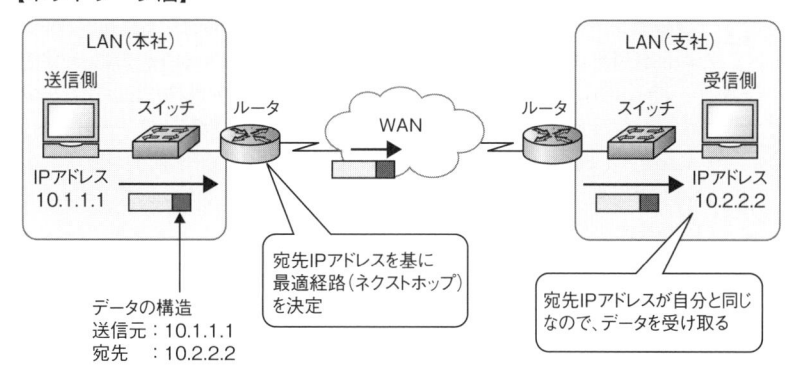

```
LAN(本社)                                    LAN(支社)
送信側                                           受信側
   スイッチ   ルータ           ルータ   スイッチ
                      WAN
IPアドレス                                    IPアドレス
10.1.1.1                                     10.2.2.2
```

データの構造
送信元：10.1.1.1
宛先　：10.2.2.2

宛先IPアドレスを基に
最適経路(ネクストホップ)
を決定

宛先IPアドレスが自分と同じ
なので、データを受け取る

● トランスポート層(レイヤ4)

　トランスポート層の役割は、データを確実に届けるための信頼性を提供することです。

　トランスポート層では、信頼性の高い通信を実現するために、主に次のことを定義しています。

・仮想回線(コネクション)の確立・維持・終了
・フロー制御(受信側の状態に合わせて送信量を調整する)
・順序制御(分割されたデータを受信側で元の順番に再構成する)
・確認応答(データが正しく相手に届いたかどうか確認する)
・再送制御(データが届かなかった場合に再送信する)

● セッション層(レイヤ5)

　セッション層は、通信を行うプロセス(プログラム)同士の論理的な通信路(セッション)の確立・維持・終了などを定義しています。

　セッションとは、2つのシステム間で実行される通信の論理的な接続の開始から終了までを指しています。たとえば、ホームページを参照するとき、Webブラウザを起動しURLを入力して実行すると通信が開始され、ページがすべて表示されると通信が終了します。この一連の通信がセッションに相当します。1台のコンピュータでさまざまなアプリケーションが同時に通信できるのは、セッションが適切に管理されているからです。

●プレゼンテーション層（レイヤ6）

プレゼンテーション層の役割は、データを受信側でも正しく読み取れるようにするために表現形式を定義し、共通の形式にデータを変換することです。具体的には文字コード（ASCII、EBCDIC）、静止画像（GIF、JPEG）、動画（MPEG）などを規定しています。

たとえば、異なる文字コードを使用しているコンピュータ同士が通信すると、「文字化け」が発生してしまいます。このような問題を解決するのがプレゼンテーション層の役割です。

なお、プレゼンテーション層では必要に応じてデータの圧縮や暗号化も行います。

【プレゼンテーション層】

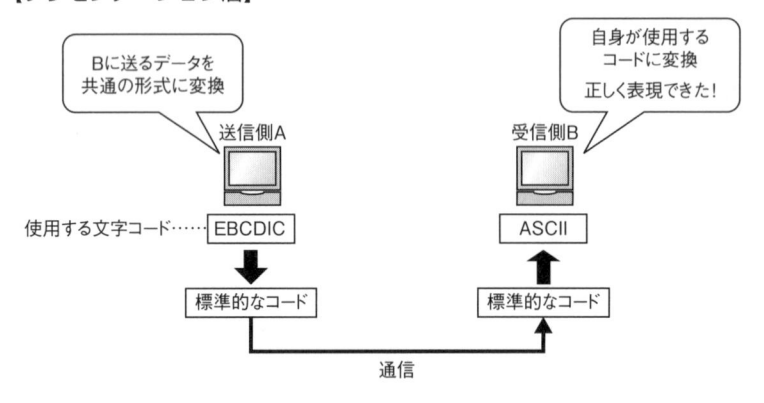

```
                Bに送るデータを              自身が使用する
                共通の形式に変換              コードに変換
                                            正しく表現できた!
                    送信側A                  受信側B

使用する文字コード……  EBCDIC               ASCII
                        ↓                    ↑
                    標準的なコード          標準的なコード
                        └────── 通信 ──────┘
```

●アプリケーション層（レイヤ7）

アプリケーション層はユーザに最も近い層で、利用するアプリケーションに対してネットワークサービスを提供します。そのため、電子メールやWebページの閲覧、ファイル転送などネットワークサービスに応じたさまざまなアプリケーション層プロトコルが存在します。

たとえば電子メールを送る場合、相手のメールアドレス、件名、および本文はメールソフトの決められたフィールドに入力しなくてはなりません。これらは、アプリケーションプログラムで細かくルールを取り決めているからです。そのため、受信側で使用しているメールソフトが異なっていても、件名や本文を決められたフィールドに正しく表示することができます。

> **試験対策**
> OSI参照モデルの各階層の名前と役割をしっかり理解しておきましょう。
> 特に、データリンク層、ネットワーク層、トランスポート層は重要です。

カプセル化と非カプセル化

ネットワークを介してデータをやり取りする場合、送信側ではデータのカプセル化と呼ばれる処理を行ってデータを送出し、受信側では受け取ったデータを非カプセル化することで通信を実現しています。

●カプセル化

送信側で作成されたデータは、上位層プロトコルでデータの先頭に**ヘッダ**と呼ばれる制御情報を付加します。この処理を**カプセル化**といいます。カプセル化されたデータは下位層のプロトコルに渡され、下位層でも同様にカプセル化を行い、さらに下位層のプロトコルに渡していきます。なお、データリンク層ではデータの後ろにも**トレーラ**と呼ばれるエラーチェック用の情報を付加します。最終的に、データは信号としてケーブル上に送出されます。

【送信側のカプセル化処理】

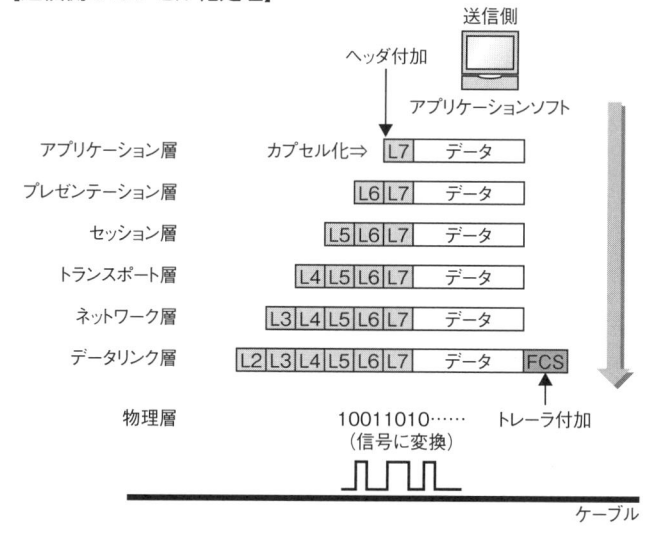

層	カプセル化
アプリケーション層	L7 データ
プレゼンテーション層	L6 L7 データ
セッション層	L5 L6 L7 データ
トランスポート層	L4 L5 L6 L7 データ
ネットワーク層	L3 L4 L5 L6 L7 データ
データリンク層	L2 L3 L4 L5 L6 L7 データ FCS
物理層	10011010…… (信号に変換)

●非カプセル化

受信側では、受信した信号を下位層から上位層に向かって順番に処理します。受信側の各階層のプロトコルは送信側と同じ層で付加されたヘッダを参照して処理を行ったあと、ヘッダを外して上位層プロトコルにデータを渡します(データリンク層ではトレーラも外します)。この処理を**非カプセル化**といいます。

【受信側の非カプセル化処理】

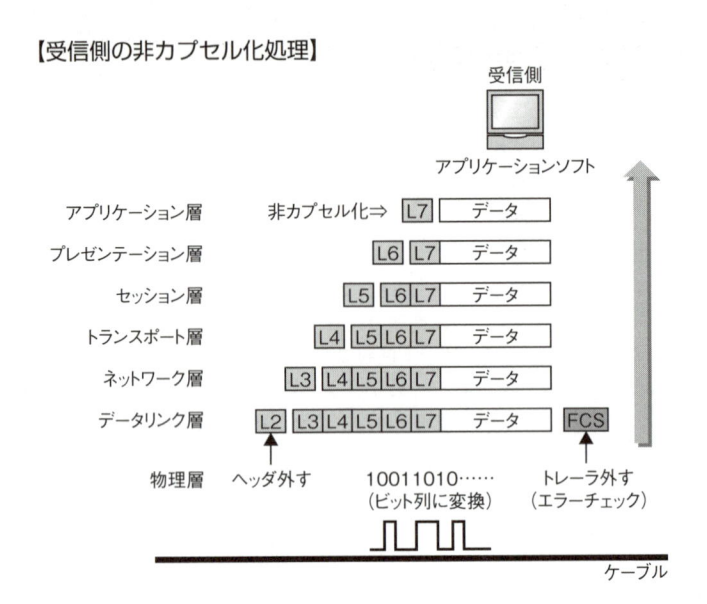

```
アプリケーション層    非カプセル化⇒ |L7|データ|
プレゼンテーション層            |L6|L7|データ|
セッション層                  |L5|L6|L7|データ|
トランスポート層               |L4|L5|L6|L7|データ|
ネットワーク層                |L3|L4|L5|L6|L7|データ|
データリンク層     |L2|L3|L4|L5|L6|L7|データ|FCS|
物理層        ヘッダ外す   10011010……      トレーラ外す
                      (ビット列に変換)     (エラーチェック)
                                                ケーブル
```

受信側 / アプリケーションソフト

PDU

　データにヘッダが付加されて扱われるデータの単位を、**PDU**(Protocol Data Unit)といいます。PDUは、プロトコルや構成によって呼び方が異なります。
　OSI参照モデルでは、どの階層のプロトコルヘッダが付加されたかによって次のように呼び方が決まっています。

参照 ➔ TCP/IPのPDU(96ページ)

【OSI参照モデルのPDU名称】　　　　　　　　　　　　　　　　　暗記

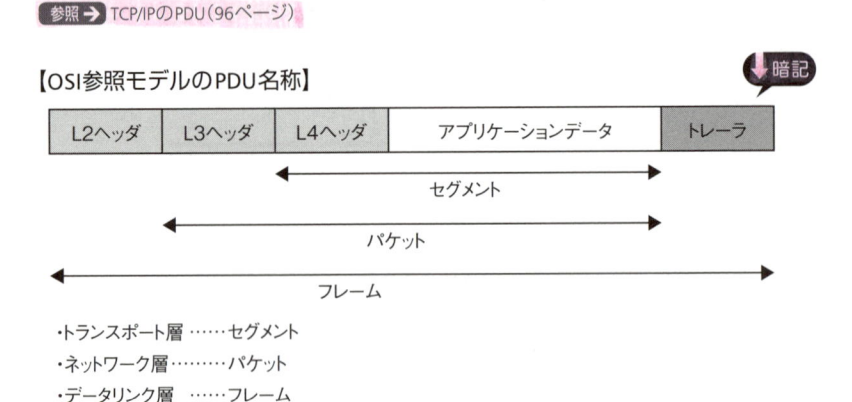

| L2ヘッダ | L3ヘッダ | L4ヘッダ | アプリケーションデータ | トレーラ |

- セグメント：L4ヘッダ～アプリケーションデータ
- パケット：L3ヘッダ～アプリケーションデータ
- フレーム：L2ヘッダ～トレーラ

・トランスポート層……セグメント
・ネットワーク層………パケット
・データリンク層 ……フレーム

　なお、データにヘッダが付加された情報を一般的には、単にパケットと呼んでいます。

1-5 2進数／10進数／16進数

私たちが日常的に使用している数値の表現形式は10進数ですが、コンピュータやネットワーク機器では2進数が使われています。しかし、2進数は桁数が多く人間には扱いにくいため、10進数や16進数を用いて表現されています。

数値の表現形式

●2進数
0と1の2種類の数字を使って数を表現します。2進数では、0、1の次で位が繰り上がって10になります。

●10進数
0〜9の10種類の数字を使って数を表現し、9の次で位が繰り上がって10になります。

●16進数
0〜9の数字とA〜Fのアルファベットの合計16種類で数を表現します。16進数では、0、1、2、3、4、5、6、7、8、9、A、B、C、D、E、Fの次で位が繰り上がって10になります。なお、16進数であることを明確にするために、数値の先頭には「0x(ゼロエックス)」を付けて表記します。

例）10進数 5 ⇒ 16進数 0x5　　　10進数 12 ⇒ 16進数 0xC

【10進数、2進数、16進数の対応表】

10進数	0	1	2	3	4	5	6	7	8	9	10	11	12	13	14	15	16
2進数	0	1	10	11	100	101	110	111	1000	1001	1010	1011	1100	1101	1110	1111	10000
16進数	0	1	2	3	4	5	6	7	8	9	A	B	C	D	E	F	10

<以下省略>

2進数、10進数、16進数の相互変換

●2進数から10進数への変換
2進数を10進数へ変換するには、**2進数の各桁の重みを掛けてそれを合計**します。

桁の重み	2^7	2^6	2^5	2^4	2^3	2^2	2^1	2^0
10進数	128	64	32	16	8	4	2	1

第1章 ネットワーク基礎

たとえば、2進数「10110101」の場合、次のようになります。

$$(1\times2^7)+(0\times2^6)+(1\times2^5)+(1\times2^4)+(0\times2^3)+(1\times2^2)+(0\times2^1)+(1\times2^0)=181$$
$$128 \quad\; 64 \quad\; 32 \quad\; 16 \quad\; 8 \quad\; 4 \quad\; 2 \quad\; 1$$

⬇

$$(1\times128)+(0\times64)+(1\times32)+(1\times16)+(0\times8)+(1\times4)+(0\times2)+(1\times1)=181$$

このように、「128、64、32、16、8、4、2、1」が2進数の各桁に掛ける基準の数値になります。

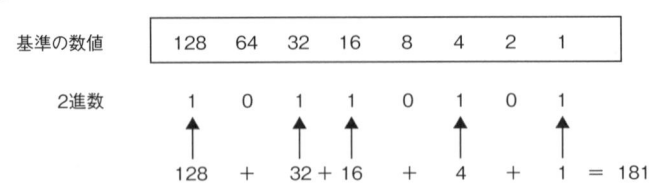

基準の数値	128	64	32	16	8	4	2	1
2進数	1	0	1	1	0	1	0	1

128 + 32 + 16 + 4 + 1 = 181

例)2進数　10100010の場合 ⇒ 128+32+2=162
　　　　　01011100の場合 ⇒ 64+16+8+4=92
　　　　　11111111の場合 ⇒ 128+64+32+16+8+4+2+1=255

試験対策

試験では、2進数⇔10進数の変換をすばやく行う必要があります。
基準の数値を活用して効率的に計算しましょう。

128	64	32	16	8	4	2	1

●10進数から2進数への変換

10進数から2進数へ変換するには、「128、64、32、16、8、4、2、1」の基準の数値を使用し、10進数から減算します。

たとえば、10進数「204」の場合、次のように「128、64、8、4」を用いて0になるまで減算します。

204 － 128 ＝ 76　……「204」以下の最大の基準の数値「128」を引く
　76 － 64 ＝ 12　……「76」以下の最大の基準の数値「64」を引く
　12 －   8 ＝ 4　……「12」以下の最大の基準の数値「8」を引く
　 4 －   4 ＝ 0　……「4」以下の最大の基準の数値「4」を引く

減算に用いた基準の数値の桁を1、それ以外を0にすることで、2進数「11001100」が得られます。

基準の数値	128	64	32	16	8	4	2	1	
減算に用いた桁	1	1	0	0	1	1	0	0	(2進数)

変換対象の10進数の数値が大きい場合には、引き算を繰り返すのは煩雑になります。その場合、10進数の数値を0になるまで2で割り続け、そのときの余りを下から順に並べる方法でも2進数を求めることができます。

たとえば、10進数「193」の場合、次の計算から2進数は「11000001」になります。

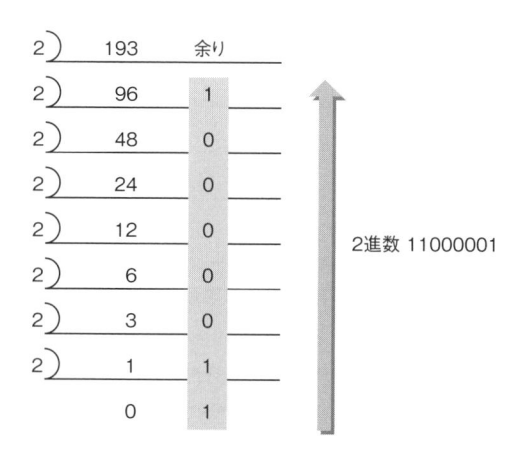

```
2) 193    余り
2)  96     1
2)  48     0
2)  24     0
2)  12     0
2)   6     0
2)   3     0
2)   1     1
     0     1
```

2進数 11000001

● 2進数から16進数への変換

2進数から16進数へ変換するには、2進数を4桁ずつ区切って個別に変換します。これは、2進数4桁で表現できる値の数と16進数1桁で表現できる値の数が同じだからです。

たとえば、2進数「01101010」を16進数へ変換する場合、「0110」と「1010」に分割して変換します。このとき、「8、4、2、1」を基準の数値として使用します。

基準の数値	8	4	2	1			8	4	2	1	
2進数	0	1	1	0	⇒ 4+2=6		1	0	1	0	⇒ 8+2=10

※10進数の「10」は、16進数では「A」

2進数　0110　1010
16進数　0 x 6 A

例)2進数　00111100の場合、0011⇒3、1100⇒12(10進数)→ 0xC ……「0x3C」
　 2進数　10011110の場合、1001⇒9、1110⇒14(10進数)→ 0xE ……「0x9E」

● 16進数から2進数への変換

　16進数から2進数へ変換する場合、「2進数⇒16進数」の手順とは逆の方法になります。

　たとえば、16進数「0x7B」を2進数へ変換する場合、「7」と「B」に分割して変換します。

　　　16進数　　　0 x 7 B

　　　2進数　　　0111　1011　……「01111011」

　例）0x42の場合、4⇒0100、2⇒0010　……「01000010」
　　　0xF8の場合、F⇒1111、8⇒1000　……「11111000」

> **2進数をオクテットで表現する**
>
> **オクテット**とは、コンピュータで扱う情報の単位のことです。1オクテットは8ビットに相当します。2進数をオクテットで表現する場合、桁数が8ビットに満たないときは、足りない桁数だけ上位に「0」を足します。たとえば、「101100」の場合は6桁しかないので、上位2桁に0を補って「00101100」と表記します。

> **2進数と16進数の換算表**
>
> | 2進数 | 16進数 |
> |---|---|
> | 0000 | 0 |
> | 0001 | 1 |
> | 0010 | 2 |
> | 0011 | 3 |
> | 0100 | 4 |
> | 0101 | 5 |
> | 0110 | 6 |
> | 0111 | 7 |
>
> | 2進数 | 16進数 | |
> |---|---|---|
> | 1000 | 8 | |
> | 1001 | 9 | 10進数 |
> | 1010 | A | ←10 |
> | 1011 | B | ←11 |
> | 1100 | C | ←12 |
> | 1101 | D | ←13 |
> | 1110 | E | ←14 |
> | 1111 | F | ←15 |

● 10進数から16進数への変換

　10進数から16進数へ変換する場合も、基本的な考え方はこれまでと同じです。ただし、10進数の数値が比較的大きい場合には、まずは2進数に変換してから16進数へ変

換することで容易に16進数を求めることができます。

たとえば、10進数「222」を16進数へ変換する場合は次のとおりです。

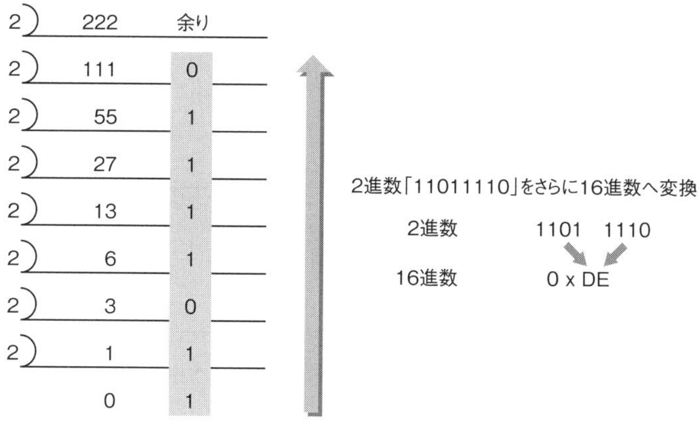

```
2) 222    余り
2) 111     0
2)  55     1
2)  27     1
2)  13     1
2)   6     1
2)   3     0
2)   1     1
     0     1
```

2進数「11011110」をさらに16進数へ変換

2進数　　1101　1110
16進数　　　0 x DE

● 16進数から10進数への変換

16進数から10進数へ変換する場合も、まずは2進数に変換してから10進数へ変換します。

たとえば、16進数「0x91」を10進数に変換する場合は次のとおりです。

16進数　　0 x 9 1
2進数　　1001　0001　　さらに10進数へ変換

基準の数値	128	64	32	16	8	4	2	1
2進数	1	0	0	1	0	0	0	1

128 ＋ 16 ＋ 1 ＝ 145

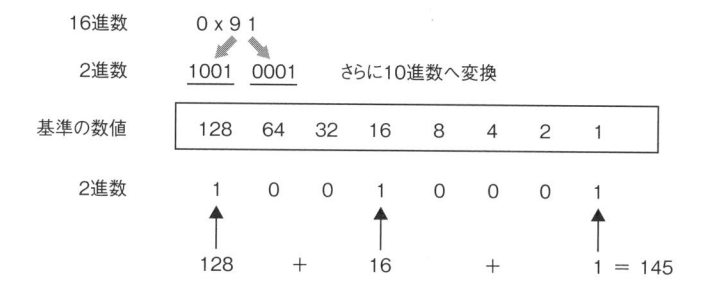

試験対策

2進数と10進数の変換は、IPアドレッシングの計算などで重要です。

参照 → 「4-3 IPアドレッシングの計算」(180ページ)

変換対象となる10進数の値が「基準の数値」にある数字よりも1つだけ小さい場合、その桁より下位をすべて1にすると変換できます。

たとえば10進数「63」の場合、64よりも1つ小さい値なので、2進数では「00111111」になります。また、1オクテットで表現できる最大の値は10進数で「255」、2進数では「11111111」になります。

1-6 演習問題

1 ある企業のフロア内で次のLANを構成するとき、ノード間を接続する①〜③のケーブルとして正しいものを選択しなさい。

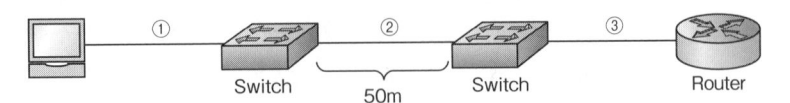

```
[PC] ─①─ [Switch] ─②─ [Switch] ─③─ [Router]
                  50m
```

- A. ストレートケーブル
- B. クロスケーブル
- C. ロールオーバーケーブル
- D. シリアルケーブル
- E. 光ファイバケーブル

2 電磁ノイズの影響を受けないケーブルを選択しなさい。

- A. 同軸ケーブル
- B. ツイストペアケーブル
- C. 光ファイバケーブル
- D. 該当なし

3 OSI参照モデルによる階層化のメリットの説明として正しいものを選択しなさい。（2つ選択）

- A. 標準インターフェイスを定義することにより、異なる機種間のデータ通信を実現する
- B. 新しい機能やプロトコルの開発および変更が容易になる
- C. 階層ごとの機能を定義することにより、高速なデータ通信を実現する
- D. ある階層のプロトコルを変更し、即時にほかの階層に反映させることができる

4 次のOSI参照モデルの階層①〜③に該当する説明を、選択肢から選びなさい。

① データリンク層　② ネットワーク層　③ トランスポート層

A. 信頼性の高い通信を保証する
B. MACアドレスなどの物理アドレスを基に通信相手を特定する
C. デジタルデータを伝送メディアで扱う信号へ変換する
D. プロセス同士の論理的な通信路の確立・維持・終了を定義する
E. データのフォーマットを共通の形式に変換する
F. ある宛先ネットワークへの最適経路を決定する
G. 直接接続されたノード間の通信を実現する
H. アプリケーションごとにネットワークサービスを提供する
I. 論理アドレスを基に異なるネットワーク間の通信を実現する
J. フロー制御や順序制御を行う

5 次の階層①～③に該当するPDU名称を答えなさい。

① トランスポート層
② ネットワーク層
③ データリンク層

6 2進数「11011001」を10進数と16進数に正しく変換しているものを選択しなさい。(2つ選択)

A. 185
B. 0xB9
C. 201
D. 0xC9
E. 217
F. 0xD9
G. 249
H. 0xF9

7 10進数①～⑤をすべて2進数に変換しなさい。

① 41
② 111
③ 128
④ 231
⑤ 255

1-7 解答

1 ①A ②B ③A

同一フロア内におけるLANのケーブル配線には、通常はツイストペアケーブルが使用されます。ツイストペアケーブルにはストレートケーブルとクロスケーブルの2種類があり、どちらを使用するかは接続するノードの組み合わせによって決まります。

タイプ	ノード
MDI	コンピュータ（NIC）、ルータ
MDI-X	リピータハブ、スイッチ

① コンピュータ（NIC）とスイッチ ……ストレートケーブル（**A**）
② スイッチとスイッチ ………………クロスケーブル（**B**）
③ スイッチとルータ …………………ストレートケーブル（**A**）

ツイストペアケーブルの最大ケーブル長は「100m」です。2台のスイッチ間の距離は50mなので、一般的にツイストペアケーブルで接続します。なお、100mを超える場合には光ファイバケーブル（E）で接続します（100m未満であっても、ビル間のLAN接続などは光ファイバケーブルで接続）。
ロールオーバーケーブル（C）は、ルータやスイッチに管理アクセスするためのコンソール接続で使用します。シリアルケーブル（D）はシリアルWAN接続で使用するケーブルであり、一般的にスイッチにはシリアルインターフェイスはありません。

参照 → P25、29

2 C

電磁ノイズは、機器から漏れた電磁波をほかの機器が拾うことなどが影響して発生します。光を伝送する光ファイバケーブルは、電磁ノイズの影響を受けません（**C**）。

参照 → P31

1-7 解答

3 A、B

OSI参照モデルは「異なる機種間の通信を容易にするため」に、ISO（国際標準化機構）によって定められたネットワークプロトコルの標準です。
OSI参照モデルでは、通信機能を7つの階層に分離し各階層に役割を明確に定義することによって、次のようなメリットがあります。

・ベンダに依存することなく、異機種間の相互接続ができる（**A**）
・各階層の独立性を高めることで、新機能の開発に専念でき変更も容易になる（**B**）
・複雑なネットワークを階層化することでわかりやすくなり、管理も容易になる
・階層での変更や拡張が、ほかの階層に影響を与えることなく実現できる（D）

階層化は、高速データ通信の直接的な要因ではありません（C）。

参照 → P37

4 ①B、G ②F、I ③A、J

データリンク層（第2層）は、直接接続されたノード間の通信を実現するための機能を定義しています（**G**）。通信相手を特定する宛先アドレスとして、MACアドレスなどの物理アドレスを使用します（**B**）。
ネットワーク層（第3層）は、異なるネットワーク上の相手と通信を実現するための機能を定義しています。宛先アドレスとして、IPアドレスなどの論理アドレスを使用します（**I**）。ネットワーク層デバイスのルータは、異なるネットワークを相互に接続し、受信したデータの最適経路を決定します（**F**）。
トランスポート層（第4層）の役割は、信頼性のある通信を保証することであり（**A**）、これを実現するために、フロー制御や順序制御などさまざまな制御機能を定義しています（**J**）。
なお、選択肢Cは物理層（第1層）、Dはセッション層（第5層）、Eはプレゼンテーション層（第6層）、Hはアプリケーション層（第7層）の役割です。

参照 → P36

5 ①セグメント　②パケット　③フレーム

PDUとは、OSI参照モデルにおいて各階層で扱われるデータの単位のことです。

① トランスポート層(第4層)　……　**セグメント**
② ネットワーク層(第3層)　………　**パケット**
③ データリンク層(第2層)　………　**フレーム**

参照 → P42

6 E、F

2進数から10進数への変換は、次の「基準の数値」を使用します。

128	64	32	16	8	4	2	1
1	1	0	1	1	0	0	1

「11011001」の場合、128 + 64 + 16 + 8 + 1 = 217(**E**) になります。
2進数から16進数への変換は、2進数を4桁ずつ区切って変換します。
「11011001」の場合、「1101」と「1001」に分割し、8 4 2 1 の基準の数値を使って変換します。
「1101」⇒ 8 + 4 + 1 = **13**　「1001」⇒ 8 + 1 = **9**　10進数「13」は、16進数では「D」なので、**0xD9**(**F**)になります。

参照 → P43

7 下記参照

①00101001(101001)　②01101111(1101111)　③10000000
④11100111　⑤11111111

10進数から2進数への変換は、値が比較的小さい場合は「基準の数値」を使用し10進数から減算することで求めます。①はこの方法で変換するとよいでしょう。
値が大きい場合は「0になるまで2で割り、そのときの余りを並べる」ことで求めます。②と④はこの方法が適しています。
③の128は、「基準の数値」にある値と合致するので、同じ桁を1に、その他はすべて0にするだけですばやく2進数へ変換できます。
⑤の255は基準の値をすべて加算した「11111111」になります。「255(10進数)⇔11111111(2進数)」は覚えておきましょう。

参照 → P44

第2章

イーサネット

2-1 イーサネット

2-2 CSMA/CD

2-3 ネットワーク機器

2-4 レイヤ2スイッチング

2-5 演習問題

2-6 解答

2-1 イーサネット

イーサネット（Ethernet）はコンピュータネットワーク規格のひとつであり、現在のLANで最もよく使用されています。

イーサネットの概要

　イーサネットの基本仕様は、OSI参照モデルの物理層とデータリンク層を規定しています。
　イーサネットの原型は、1970年代に米国の企業XeroxのRobert Metcalfe（ロバート・メトカーフ）によって開発されました。その後、米国のDEC、Intelも開発に加わり、イーサネットの仕様を取りまとめました。この仕様は、3社の頭文字を取って**DIXイーサネット**と呼ばれており、1980年に標準規格として公開されました。その後もいくつかの仕様が改訂され、最終的には1982年にDIXイーサネットVer.2.0の仕様が公開されました。
　LANの標準化を推進するIEEE（米国電気電子技術者協会）では、プロジェクトを発足した1980年2月にちなんで規格の名称を802とし、イーサネットに関する仕様は**IEEE 802.3**で標準化しています。
　イーサネットは当初、太い同軸ケーブルを使い、建物内などの比較的狭い範囲にある複数のコンピュータを相互接続するためのネットワークとして利用されました。10Mbpsというデータ伝送の最高速度も、当時としては十分でした。しかし、1990年代に入りパーソナルコンピュータの高速化および小型化が進んで扱うデータ量が増加してくると、より高速な伝送が求められるようになりました。そこでIEEEは、1995年に100Mbpsの伝送速度に対応するイーサネットを標準化しました。さらに1998年に1Gbps、2002年に10Gbps、2010年には40Gbpsおよび100Gbpsを標準化するなど、イーサネット規格の高速化が進んでいます。
　このようにイーサネットは進化し続けており、現在ではLANだけでなく広域イーサネットのようなWANにおいても利用されています。

MAC副層とLLC副層

　先述したとおり、イーサネットの仕様には最初に公開されたDIXイーサネットと、IEEE 802.3の2種類があります。IEEEの仕様では、データリンク層をMAC副層とLLC副層の2つに分け、ほかのLAN規格と共通する部分については802.2で標準化しています。

●MAC副層

　MAC（Media Access Control）は媒体アクセス制御の意味で、ケーブルなどの媒体

に「どのようにフレームを転送するか」を定義しています。

● LLC副層

　LLC（Logical Link Control）は論理リンク制御の意味で、イーサネットやトークンリングなどLANの種類に依存することなく、ネットワーク層のプロトコルから同じ手順で利用できるように定義しています。

【DIXイーサネットとIEEE 802】

OSI参照モデル		DIX	IEEE 802			
アプリケーション層						
プレゼンテーション層						
セッション層						
トランスポート層						
ネットワーク層						
データリンク層	LLC副層	DIXイーサネット	IEEE 802.2			← MAC副層に依存しない共通の規格
	MAC副層					
物理層			IEEE 802.3	IEEE 802.5	IEEE 802.11	など ← 主なLANの種類

※IEEE 802.3：イーサネット、IEEE 802.5：トークンリング、IEEE 802.11：無線LAN

参考　通信速度の単位

コンピュータネットワークにおける通信速度の単位には、**bps**（bits per second）が用いられます。1bpsは1秒間に1ビットのデータを転送できることを表します。
通信技術の進歩によって、bpsには次のような上位の単位が用いられるようになりました。

・1,000bps　………1kbps（キロビット毎秒）
・1,000kbps………1Mbps（メガビット毎秒）
・1,000Mbps……1Gbps（ギガビット毎秒）

データ容量を表す単位には、一般的に**バイト**（byte）が使用されているので注意が必要です。

・8bit　……………1B（バイト）＊環境によっては、8bit＝1Bでないことがある
・1,024B　…………1KB（キロバイト）
・1,024KB　………1MB（メガバイト）
・1,024MB　………1GB（ギガバイト）
・1,024GB　………1TB（テラバイト）

なお、通信速度とほぼ同じ意味で帯域幅が使用されることがあります。「広帯域（帯域幅が広い）」は、通信速度が速いことを意味しています。

イーサネットフレーム

イーサネットのフレームフォーマットには、DIX仕様とIEEE 802.3仕様の2種類があります。イーサネット上に接続されるすべてのノードは両方のフレームフォーマットを扱うことができます。どちらの形式を使うかは実装しだいですが、TCP/IPではDIX仕様を使用するため、LAN上ではイーサネットv2のフレームフォーマットが最もよく使われています。

イーサネットの最小フレームサイズは64バイトで、1つのフレームはいくつかのフィールドと呼ばれるセクションで構成されています。

【イーサネットのフレームフォーマット】

<DIX(イーサネットv2)>

6	6	2	46〜1,500	4 (単位:バイト)
dst 宛先MACアドレス	src 送信元MACアドレス	タイプ	データ	FCS

←―――――――――― 64〜1,518 ――――――――――→

<IEEE 802.3>

6	6	2		46〜1,500	4 (単位:バイト)
dst 宛先MACアドレス	src 送信元MACアドレス	長さ/タイプ	802.2ヘッダ	データ	FCS

←―――――――――― 64〜1,518 ――――――――――→

- 宛先MACアドレス ……… 宛先のMACアドレス
- 送信元MACアドレス …… 送信元のMACアドレス
- タイプ …………………… 上位層のプロトコルを識別するための番号。たとえばIPv4は「0x0800」、ARPは「0x0806」、IPv6は「0x86DD」(0xは16進数を表す)
- 長さ/タイプ …………… データフィールドの長さを表す。値は「0x0600」(10進数で1536)未満で、DIXイーサネットのタイプと重複しない
- データ …………………… イーサネットフレームで運ばれるデータ部分。データのサイズは46〜1,500バイトの可変長。データが短すぎて最小フレームサイズに満たない場合は、データの後ろに46バイトに達するまで0を補って調整する。イーサネットのMTU[※1]は1,500バイトであり、これを超えることはできない
- 802.2ヘッダ …………… IEEE 802.2規格でリンクするサービスの識別情報などを含む
- FCS ……………………… Frame Check Sequenceの略。フレームのエラーチェックを行うためのCRC[※2]値。送信側でフレームヘッダとデータに含まれる情報で計算したCRC値を格納し、受信側でも同様の計算を行って両方の値が一致する場合、伝送中のエラーはないと判断される。不一致の場合は、エラーが発生したと判断してフレームを破棄する

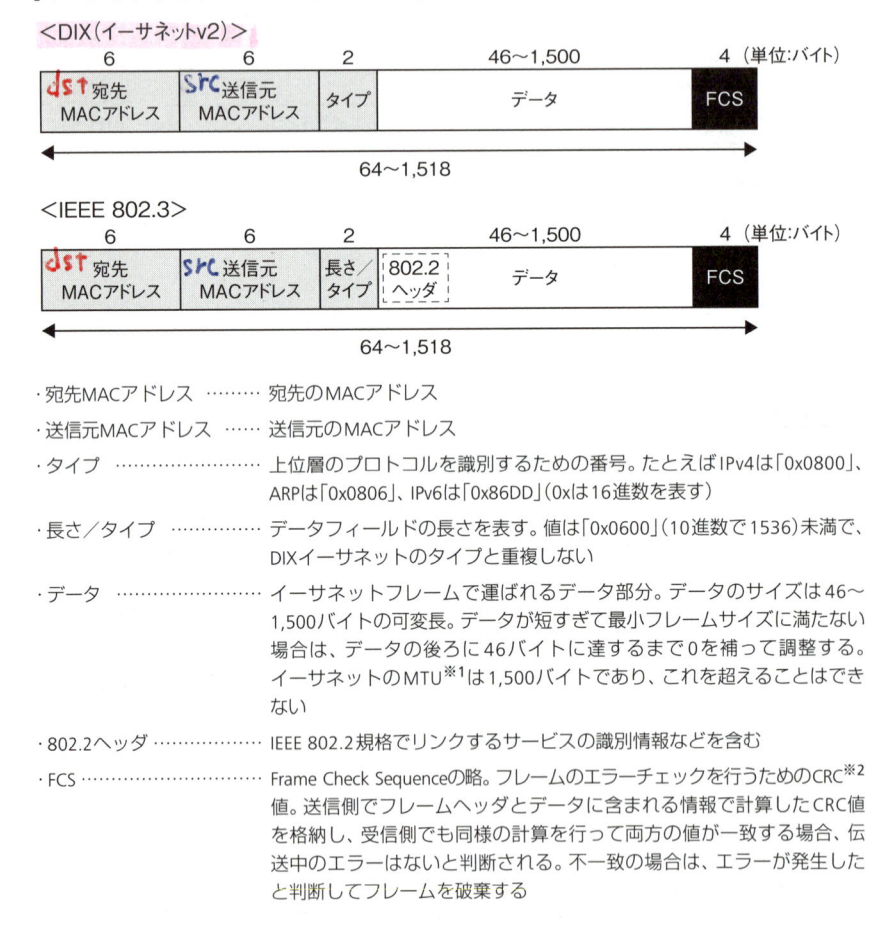

> **試験対策**
> データリンク層では、ヘッダとトレーラを付加します。
> データは最大1,500バイトで、FCS(CRC値)はエラーチェックで使用します。
> イーサネットのフレームフォーマット(特にDIX仕様)を覚えておきましょう!

MACアドレス

MACアドレスは、イーサネットや無線LANにおいてフレームの送信元や宛先を識別するためのアドレスです。コンピュータのNICやネットワーク機器のポートなどにあらかじめ割り当てられているため、「ハードウェアアドレス」または「物理アドレス」とも呼ばれています。

MACアドレスの長さは48ビット(6バイト)であり、「-(ハイフン)」や「:(コロン)」、「.(ドット)」で区切って16進数で表記します。

◎ 本書では、状況に応じてMACアドレスの表記を使い分けています。

【MACアドレスの表記】
例)2進数で「00000000 00000000 00001100 00010010 00110100 01010110」の場合
↓
「00-00-0C-12-34-56」、「00:00:0C:12:34:56」、「0000.0C12.3456」と表記

> **参考　プリアンブル**
>
> イーサネットフレームには伝送時にフレームの先頭に**プリアンブル**と呼ばれる信号が付加されます。プリアンブルは、受信側にフレームの開始位置を知らせたり、同期を取るタイミングを与えたりするために使用されます。
> プリアンブルは1と0の繰り返しであり、「10101010……」のパターンで1と0が交互に続くことにより、コンピュータはフレームが送信されてきたことを認識してデータを受信するタイミングを計ります。そして、プリアンブルの最後を示す「10101011」を検出すると、その次のビットから宛先MACアドレスが始まると解釈します。

※1 【MTU】(エムティーユー)Maximum Transmission Unit:最大伝送ユニット。一度に転送することができるデータの最大値を示す値。単位はバイトで、イーサネットでは1,500バイトが一般的
※2 【CRC】(シーアールシー)Cyclic Redundancy Checksum:巡回冗長検査。送信側でデータのビット列を生成多項式と呼ばれる計算式に当てはめてチェック用のビット列を算出し、それをデータの末尾に付けて送る。受信側でも同じ計算式を使い、その結果が同じであればエラーがないと判断する誤り検出方式のひとつ

第2章 イーサネット

●MACアドレスの構成

MACアドレスの前半24ビットは**OUI**（Organizationally Unique Identifier）といい、MACアドレスを持つ機器のベンダを示す識別子です。OUIは「ベンダコード」とも呼ばれ、IEEEが各ベンダに異なる値を割り当てて管理をしています。

【主なOUI】

OUI	ベンダ名
00-00-0C	シスコシステムズ
00-00-0E	富士通
00-00-4C	NEC
00-A0-24	3COM
00-AA-00	Intel

※ 1つのベンダに複数のOUIが割り当てられている場合もある

後半24ビットは、ベンダが自由に割り当てできる製品番号です。各ベンダは製造した機器に製品番号を重複しないように割り当てます。これによって、MACアドレスは一意であり、LAN上のすべてのノードは異なるMACアドレスを持つことができます。

なお、先頭1バイトの下位2ビットは特別な用途に予約されているため、実際は22ビットでベンダに割り当てています。

【MACアドレス】

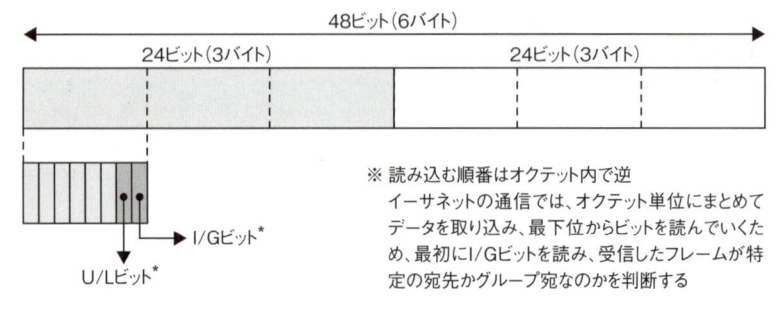

48ビット（6バイト）
24ビット（3バイト） ／ 24ビット（3バイト）

U/Lビット*
I/Gビット*

※ 読み込む順番はオクテット内で逆
イーサネットの通信では、オクテット単位にまとめてデータを取り込み、最下位からビットを読んでいくため、最初にI/Gビットを読み、受信したフレームが特定の宛先かグループ宛なのかを判断する

試験対策

MACアドレスの特徴
・レイヤ2（データリンク層）のアドレス
・前半24ビットは「OUI」
・重複しないように割り当てられている
・48ビット（16進数表記で12桁）
・アルファベットは「F」まで
・ブロードキャストの場合「FFFF.FFFF.FFFF」

●MACアドレスの種類

MACアドレスには次の3種類があります。

- ・ユニキャストMACアドレス ………… 特定ノードへの通信（1対1）に使用
- ・マルチキャストMACアドレス ……… 特定グループへの通信（1対n）に使用
- ・ブロードキャストMACアドレス …… 全ノード宛の通信（1対全）に使用

NICやネットワーク機器などにあらかじめ割り当てられているMACアドレスは、ユニキャスト用のアドレスです。通信の種類がブロードキャストおよびマルチキャストの場合、それぞれで定義されている専用のMACアドレスを宛先アドレスとして使用します。

イーサネットの場合、ブロードキャストMACアドレスとしてFFFF.FFFF.FFFF（48ビットすべて1）を定義しています。また、マルチキャストMACアドレスは、I/G（Individual/Group）ビットが1になっています。

> **試験対策**
> 宛先MACアドレスが
> **FFFF.FFFF.FFFF**のフレーム ⇒ **ブロードキャストフレーム**

イーサネット規格の命名規則

IEEE 802.3規格ではさまざまな伝送媒体が規格化されており、次の命名規則によって名前が付けられています。

【イーサネット規格の命名規則】

例）<u>100</u> <u>BASE</u> - <u>TX</u>　（読み方：ヒャクベースティーエックス）
　　①　　②　　③

① 通信速度：100の場合は100Mbpsを表す
② 伝送方式：BASEはデジタル信号をそのまま送信する「ベースバンド方式」を表す。現在のLANのほとんどがベースバンド方式を採用している。アナログ信号に変換して送信する場合はBROADと表記される
③ ケーブルの種類：5と2の場合は最大ケーブル長を表し、その他の数字やアルファベットの場合はケーブルの種類や符号化などを示している。Tはツイストペアケーブル、XはANSI[*]の技術仕様を一部利用していることを示す

イーサネットの規格

IEEEは最初にIEEE 802.3の10BASE5を標準化しました。IEEE 802.3uやIEEE 803.2abのように、英小文字の付いた規格はIEEE 802.3の拡張規格になります。

●イーサネット(10Mbps)

10BASE5は、直径の大きい1本の同軸ケーブル(Thickケーブル)に複数のコンピュータを接続するバス型トポロジの規格です。後に、直径の小さい同軸ケーブル(Thinケーブル)が登場し、ケーブルが以前に比べて少しだけ扱いやすくなりました。10BASE-Tでは、ハブと呼ばれる集線装置にスター型でコンピュータを接続します。安価で扱いやすいツイストペアケーブルを使うので敷設時の負担も軽く、ネットワークの導入が容易になりました。

【主な10Mbpsのイーサネット規格】

策定年	規格名	IEEE標準	ケーブル	トポロジ	最大ケーブル長
1983年	10BASE5	IEEE 802.3	太い同軸(Thick)	バス型	500m
1988年	10BASE2	IEEE 802.3a	細い同軸(Thin)	バス型	185m
1990年	10BASE-T	IEEE 802.3i	UTPカテゴリ3以上	スター型	100m
1993年	10BASE-F	IEEE 802.3j	光ファイバ(MMF[*])	スター型	2km

●ファストイーサネット(100Mbps)

ファストイーサネット(Fast Ethernet)は、伝送速度が100Mbpsのイーサネット規格です。代表的な規格は次のとおりです。

【主な100Mbpsのイーサネット規格】

策定年	規格名	IEEE標準	ケーブル	最大ケーブル長
1995年	100BASE-TX	IEEE 802.3u	UTP(2対カテゴリ5)	100m
	100BASE-FX		光ファイバ(MMF)	2km
			光ファイバ(SMF[*])	20km

2-1 イーサネット

● ギガビットイーサネット（1Gbps）

ギガビットイーサネット（Gigabit Ethernet）は、伝送速度が1,000Mbpsのイーサネット規格です。代表的な規格は次のとおりです。

【主な1,000Mbpsのイーサネット規格】

策定年	規格名	IEEE標準	ケーブル	符号化	最大ケーブル長
1998年	1000BASE-SX	IEEE 802.3z	光ファイバ（MMF）	8B10B/NRZ	550m
	1000BASE-LX		光ファイバ（MMF）		550m
			光ファイバ（SMF）		5km
1999年	1000BASE-T	IEEE 802.3ab	UTP（4対カテゴリ5e）	8B1Q4/4D-PAM5	100m
2004年	1000BASE-BX	IEEE 802.3ah	光ファイバ（SMF）	8B10B/NRZ	10km

● 10ギガビットイーサネット（10Gbps）

10ギガビットイーサネット（10 Gigabit Ethernet）は、伝送速度が10Gbpsのイーサネット規格です。初期のイーサネットでアクセス制御に使用されていたCSMA/CDは、10ギガビットイーサネットでは完全に削除されました。

光ファイバケーブルを使用した10ギガビットイーサネットは、LANだけでなくWANのバックボーンにおいても利用できるように、用途別に規格が定義されています。

10ギガビットイーサネットの規格もこれまで同様にMAC副層と物理層の仕様を定義しています。たとえば、MAC副層ではフレームの生成や送出速度の調整などの取り決めを行い、物理層ではフレームを符号化して実際に送信する信号を作るためのPHY（ファイ）チップや、電気信号と光信号を相互変換するためのトランシーバなどの規格を定めています。

物理層は用途に合わせて、LAN向けのLAN PHYとWAN向けのWAN PHYの2つのグループに分けられています。LAN PHYは、従来のイーサネットとの互換性を重視しており、WAN PHYはSONET/SDH[3]との接続性を重視しています。さらに、符号化方式や光信号（レーザー）の波長の組み合わせから、次のように7種類の規格が定義されています。ユーザはこの中から用途、距離、コストに合わせて使い分けることができます。

※3 【**SONET/SDH**】（ソネットエスディーエイチ）Synchronous Optical Network/Synchronous Digital Hierarchy：光ファイバによる高速デジタル通信方式の国際規格で、主にOSI参照モデルの物理層の仕様を規定している。インターネットサービスプロバイダ間を結ぶインターネットのバックボーン回線などに広く用いられる。米国の企業Bellcoreによって開発されたSONETを、国際電気通信連合・電気通信標準化セクタ（TU-TS）がSDHとして標準化した。SDHという名称は主にヨーロッパで用いられ、北米ではSONETと呼ばれることが多いため、混乱を避けるために一般的にSONET/SDHと表記する。

【10Gbpsのイーサネット規格】

策定年	規格名	IEEE標準	ケーブル	符号化	最大ケーブル長
2002年	10GBASE-SR	IEEE 802.3ae	MMF（LAN PHY）	64B/66B	300m
	10GBASE-LR		SMF（LAN PHY）		10km
	10GBASE-ER		SMF（LAN PHY）		40km
	10GBASE-SW		MMF（WAN PHY）	64B/66B	300m
	10GBASE-LW		SMF（WAN PHY）		10km
	10GBASE-EW		SMF（WAN PHY）		40km
2006年	10GBASE-T	IEEE 802.3an	UTP/STP（カテゴリ6）	LDPC[※4]	100m

　以上のように、イーサネットは10BASE5から大きな変化を遂げてきましたが、フレームフォーマットは昔から変更されていません。共通のフレームフォーマットを使用することで、従来のイーサネットとの互換性が保たれています。

※4　**【LDPC】**Low Density Parity Check（エルディーピーシー）：低密度パリティ検査。誤り訂正符号のひとつ。非常に高い誤り訂正能力が特徴であり、無線LANや10ギガビットイーサネット、長距離光通信、携帯電話機へのコンテンツ配信などで採用されている

2-2 CSMA/CD

IEEE 802.3標準の媒体アクセス制御方式であるCSMA/CDでは、送信前にケーブルの空きを確認してから送信を開始し、衝突を検出した場合はランダムな時間だけ待ってから再送信を行います。CSMA/CDではどのホストにも平等に送信権を与え、再送信による衝突が起こる可能性を抑えるよう、さまざまな工夫がなされています。

CSMA/CD

CSMA/CD(Carrier Sense Multiple Access with Collision Detection)は、「搬送波感知多重アクセス／衝突検出方式」の略で、イーサネットで採用されている媒体アクセス制御(Media Access Control：MAC)方式です。媒体アクセス制御とは、媒体へのフレーム送出(アクセス)をコントロールするための仕組みのことです。つまり、複数のホスト(ステーション)で共有しているケーブルなどの伝送媒体にどのようなタイミングでフレームを送信するかなどを決めています。

媒体アクセス制御方式は、LANの規格によって異なります。イーサネットはCSMA/CD、トークンリングやFDDIではトークンパッシング[5]と呼ばれる方式を規定しています。

CSMA/CDの動作は、次の3つの要素で構成されています。

●CS(キャリアセンス)

キャリア(Carrier)はネットワーク媒体上に流れている信号で、伝送媒体(ケーブル)上に信号が流れていないか確認する処理を**キャリアセンス**(Carrier Sense：CS)といいます。

信号が流れていない状態をアイドルといい、ホストはアイドル状態がIFG[6]と呼ばれるフレーム間隔時間だけ継続するとデータ送信を開始できます。

※5 【トークンパッシング】token passing：トークンと呼ばれる「送信権」を示すデータを利用した媒体アクセス制御方式。ネットワーク上にトークンを循環させ、トークンを保持するノードだけがデータを送信できる。これによって、複数のノードが同時にデータを送信しないように制御する
※6 【IFG】Interframe Gap：フレーム間隔時間。イーサネットでフレームを連続して伝送する場合に、最小限空けなければならない時間間隔のこと

● MA（多重アクセス）

伝送路が空いていることを確認すると、ネットワーク上のどのホストも送信を開始することができます。すべてのホストに対して送信権利が平等に与えられていることを**多重アクセス**（Multiple Access：MA）といいます。

● CD（衝突検出）

2台以上のホストが同じタイミングでキャリアセンスを行ってデータを送信してしまうと、衝突（コリジョン）が発生します。衝突の発生を検出することを**衝突検出**（Collision Detection：CD）といいます。

ホストはデータ送信中に衝突を検出すると、送信するのを停止し、衝突が発生したことをネットワーク上のすべてのホストに認識させるために32ビット長のジャム信号を送信します。ジャム信号の送出が終わると、ホストはランダムな待ち時間を選択し、その待ち時間のあとで再送を試みます。

衝突によるこの処理を**バックオフ**といいます。衝突を起こしたすべてのホストが待ち時間をランダムに選択することによって、再送信で再び衝突が起こる可能性は低くなります。再送信でも衝突が発生した場合は、バックオフを繰り返し、16回目のバックオフでフレームは破棄され、上位層にエラーが通知されます。

【CSMA/CD】

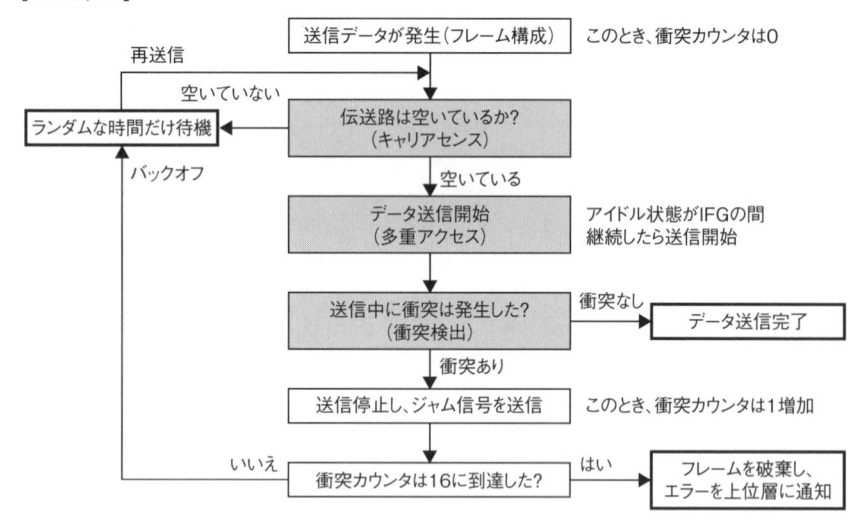

送信データが発生（フレーム構成）　このとき、衝突カウンタは0

↓

伝送路は空いているか？（キャリアセンス）

- 空いていない → ランダムな時間だけ待機 → 再送信
- 空いている ↓

データ送信開始（多重アクセス）　アイドル状態がIFGの間継続したら送信開始

↓

送信中に衝突は発生した？（衝突検出）

- 衝突なし → データ送信完了
- 衝突あり ↓

送信停止し、ジャム信号を送信　このとき、衝突カウンタは1増加

↓

衝突カウンタは16に到達した？

- いいえ → バックオフ → ランダムな時間だけ待機
- はい → フレームを破棄し、エラーを上位層に通知

CSMA/CDの動作

初期のイーサネットである10BASE5や10BASE2は、一芯の同軸ケーブルに複数のホストを接続し、全ノードで帯域を共有する共有ネットワークです。
次のようなバス型トポロジにおけるCSMA/CDの通信手順を説明します。

①キャリアセンスしてから、フレーム送信開始

ホストAは、上位層からのデータをカプセル化してフレームを作成して送信データの準備を行うと、伝送路の空きを確認します（CS：キャリアセンス）。
伝送路が空いている（アイドル状態がIFGの間継続）と、フレームの送信を開始します。

【CSMA/CD（CS：キャリアセンス）】

Aはデータを送信したい！
①伝送路が空いているか確認（キャリアセンス）し、データを送信

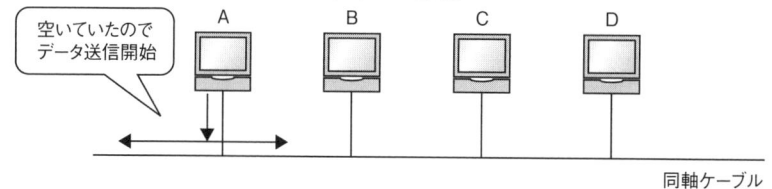

空いていたのでデータ送信開始

A　B　C　D

同軸ケーブル

②多重アクセス

ホストCも、同じ瞬間にキャリアセンスを行ってアイドル状態が継続したために、データの送信を開始しました（MA：多重アクセス）。

【CSMA/CD（MA：多重アクセス）】

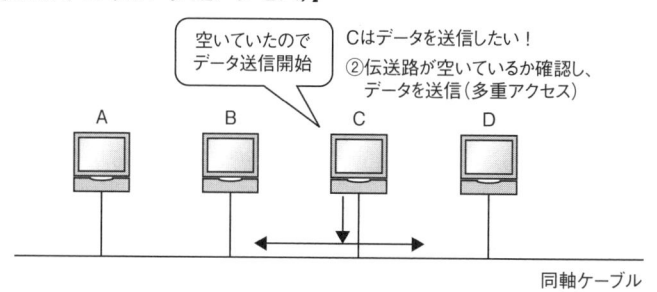

空いていたのでデータ送信開始

Cはデータを送信したい！
②伝送路が空いているか確認し、データを送信（多重アクセス）

A　B　C　D

同軸ケーブル

③ 衝突（コリジョン）の検出

ホストAとCは、データ送信中にケーブル上を監視しています。送信中に衝突を検出すると、送信するのを停止し、代わりに**ジャム信号**を送信します（CD：衝突検出）。

なお、データが衝突するとケーブル上に異常な信号波形が発生します。各ホストは異常な信号波形を感知すると、ジャム信号を待つことなく衝突を検出することができますが、ジャム信号を送信することによって、衝突が発生したことをすべてのホストに確実に伝えることができます。ジャム信号を受信した各ホストは、データの受信処理を中断してデータを破棄します。

ホストAとCは、ランダムな時間だけ待機してから再度データの送信を試みます（バックオフ）。待ち時間はランダムであるため、再送信で衝突が起こる確率は低くなります。なお、ネットワークに障害が発生しているような場合、バックオフを繰り返しても意味がないため、16回目にフレームは破棄されます。

【CSMA/CD（CD：衝突検出）】

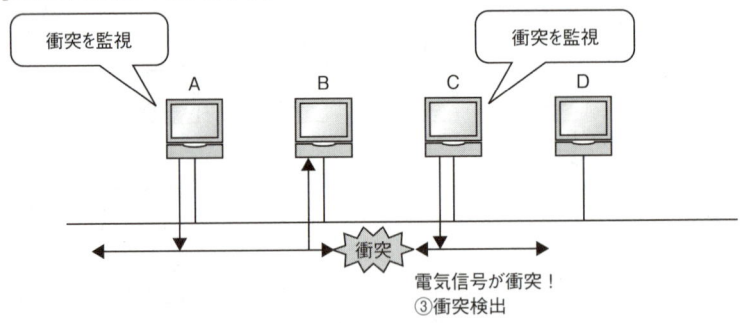

衝突を監視　　　　　　衝突を監視
　A　　B　　C　　D

衝突
電気信号が衝突！
③衝突検出

試験対策

CSMA/CDの概要や動作をしっかり理解しておきましょう。
・媒体アクセス制御方式のひとつ
・半二重通信で使用（全二重の通信では不要）
　参照→ 全二重通信→83ページ
・ケーブルが空いているか確認してから送信する
・コリジョンが発生したら、「ランダム時間」だけ待機（バックオフアルゴリズム）

リピータハブを使用した10BASE-TにおけるCSMA/CD

10BASE5や10BASE2は、同軸ケーブルを共有して送信と受信を同時に行わない半二重の通信でした。後にUTPケーブルを用いてスター型の配線をする10BASE-Tが登場しました。

初期の10BASE-Tの実装では、リピータハブを用いて複数のホストをUTPケーブルで接続していました。UTPケーブル内では、送信用と受信用で物理的に異なるツイストペアケーブルを使用するため、信号同士が衝突することはありません。ただし、リピータハブは送信と受信が同時にできないため、複数のポートから同じタイミングで信号を受信してもそれを処理することができません。リピータハブによる10BASE-T（100BASE-TXも含む）のトポロジは、物理的にスター型であり、論理的にはバス型になります。

リピータハブは信号の中継中に、別のホストから送信された信号が入ってきた場合、信号を破棄してすべてのポートからジャム信号を送出します。つまり、擬似的に衝突が発生したことにしてジャム信号を送信することで、リピータハブに接続されたホストも送信と受信を同時に行わないようにしています。

【リピータハブを使用したCSMA/CD】

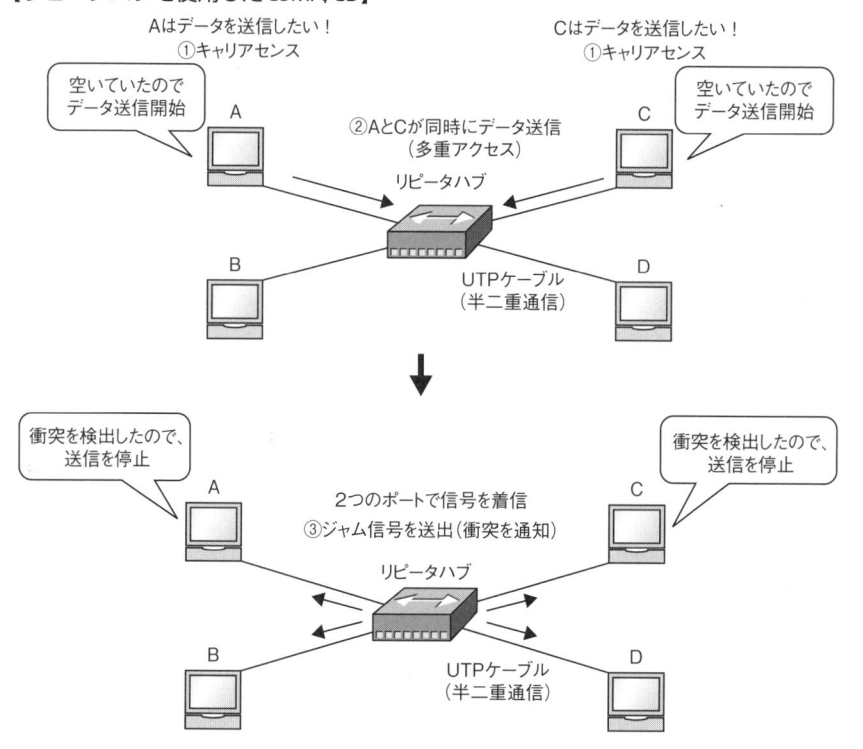

ホストAとCは、リピータハブからのジャム信号を受信したことによって衝突を検出すると、データ送信を停止し、すべてのホストに確実に衝突を通知するためにジャム信号を送信します。その後、ランダムな時間だけ待機してデータの送信を再開します。

参考 無線LANのアクセス制御はCSMA/CA

無線LANでは衝突検出ができないため、媒体アクセス制御方式としてCSMA/CA（Carrier Sense Multiple Access with Collision Avoidance）を採用しています。

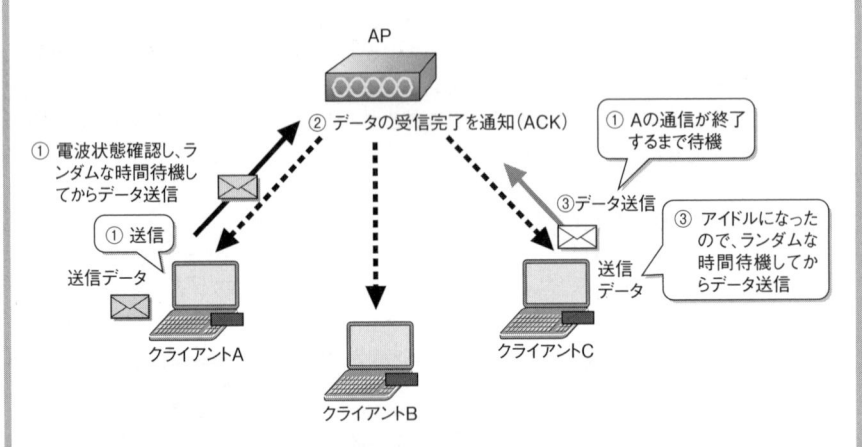

AP

② データの受信完了を通知（ACK）

① 電波状態確認し、ランダムな時間待機してからデータ送信

① 送信

送信データ

クライアントA

クライアントB

① Aの通信が終了するまで待機

③ データ送信

③ アイドルになったので、ランダムな時間待機してからデータ送信

送信データ

クライアントC

CSMA/CAではACKを送受信することで、ほかの無線LANクライアントが送信完了したことを通知および確認し、信頼性を高めています。また、データを送信する前には毎回待ち時間（バックオフ時間）を置き衝突を回避しています。この方式をCSMA/CA with ACKといいます。

> **参考　スロット時間とキャリアエクステンション**
>
> CSMA/CDでは、すべてのホストが衝突を検出できなくてはなりません。したがって、ケーブルの端に接続されたホストがフレームを完全に送信し終わるまでに、最も離れたホストからの信号が到着する必要があります。
> イーサネットフレームの最小サイズは64バイト（512ビット）です。この512ビット分のデータを送信するのにかかる時間をスロット時間と呼び、スロット時間がコリジョン検出の可能な限界時間といえます。なお、10Mbpsのスロット時間は51.2マイクロ秒、100Mbpsでは5.12マイクロ秒です。
> ギガビットイーサネットでは、フレームにダミーのデータを付け足して512バイト（4,096ビット）まで大きくすることで、擬似的にCSMA/CDを実現しています。この機能を**キャリアエクステンション**といいます。

全二重のイーサネット

　CSMA/CDによって、コリジョン制御をしながら共有ネットワークで通信することができます。しかし、ホストの台数が増えてネットワークのトラフィック量が多くなると、衝突の発生率が増し、再送信を行っても衝突する可能性は高くなってしまいます。この問題を回避するのが全二重通信*です。

参照➡ 全二重通信→83ページ

　全二重の通信では、UTPケーブルの複数のツイストペアを利用して、送信と受信を同時に行います。ただし、全二重で通信するには集線装置にスイッチングハブを用いて配線する必要があります。
　現在のイーサネットLANはスイッチングハブの普及と全二重通信の採用によって、複数のホストで帯域を共有する共有ネットワークではなくなったため、媒体アクセス制御（CSMA/CD）は必要ありません。10ギガビットイーサネットは全二重モードのみの仕様であるため、CSMA/CDは使用されませんが、イーサネットの仕組みを理解するために、CSMA/CDを知ることは重要です。

参照➡ スイッチングハブの詳細→74ページ

試験対策　全二重通信の特徴

・送信と受信を同時にできる→コリジョンは発生しない（CSMA/CD不要）
・ツイストペアケーブルで2つのノード間を1対1（ポイントツーポイント）接続する
・集線装置はスイッチを使用（ハブを使うと半二重になる）
・半二重よりもスループットが高い

参考　フレームの受信手順

各ホスト（NIC）は、伝送媒体上の信号を検知すると次の手順で受信処理を行います。

① フレームの構成
　受信した信号からフレームに加工します。

② フレームサイズを確認
　受信したフレームが最小サイズ（64バイト）以上かどうかを確認します。フレームサイズが63バイト以下の小さなフレームを**ラントフレーム**（runt frame）といい、ホストはラントフレームをコリジョンフレームと判断して破棄します。

③ フレームの宛先を確認
　受信したフレームが自分宛かどうかを確認し、自分に関係がないと判断したフレームを破棄します。ホストは、フレームの宛先アドレスが自身のMACアドレスと一致するとき、またはブロードキャストアドレス（自身を含むマルチキャストアドレス）の場合、自分宛と判断してフレームを受信します。

④ フレームの正当性を確認
　受信したフレームの正当性を確認し、正常なフレームを上位層に渡します。ホストは、次のような場合にフレームが不正であると判断し、フレームを破棄してエラーを上位層に通知します。
　・最大フレームサイズ（1,518バイト）を超えている場合
　・受信したFCS内のCRC値と、受信フレームを基に計算したCRC値が一致しない場合

2-3 ネットワーク機器

ネットワーク機器はOSI参照モデルの階層に従って、エンドユーザ間のデータを中継します。各ネットワーク機器がどの階層に位置付けられるかを確認し、それぞれのネットワーク機器の機能を理解しましょう。

【ネットワーク機器の位置付け】

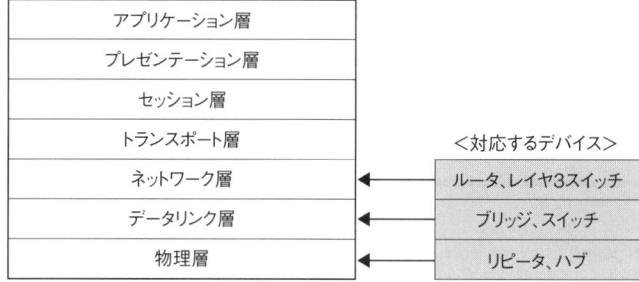

OSI参照モデル	<対応するデバイス>
アプリケーション層	
プレゼンテーション層	
セッション層	
トランスポート層	
ネットワーク層	ルータ、レイヤ3スイッチ
データリンク層	ブリッジ、スイッチ
物理層	リピータ、ハブ

リピータ、ハブ

　リピータおよびハブは、フレームを単なる電気信号として扱う物理層で動作するデバイスです。通信の距離が長くなると、伝送途中にノイズや減衰の影響で電気信号の波形が歪んでしまいます。歪みがひどくなると、受信側で解釈できずに正しいビット列に戻せないことがあります。**リピータ**は、電気信号を増幅し波形を再生して中継を行います。

　リピータは、初期のイーサネット(10BASE5/10BASE2)において、最大ケーブル長を延長してネットワークを拡張(あるいは分岐)する目的で使われていた信号増幅装置です。

【リピータ】

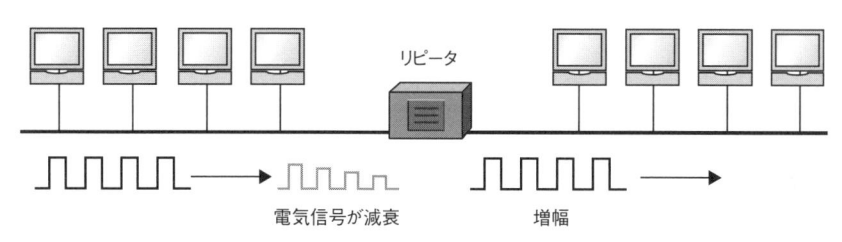

第2章 イーサネット

ハブは、リピータの機能を持つ集線装置であり、他のタイプのハブと区別するために**リピータハブ**とも呼ばれています。ハブは複数のポートを持ち、あるポートで受信した電気信号を増幅して波形を再生し、受信ポートを除くすべてのポートに信号を中継します。

◎ シスコではリピータハブをハブと呼んでいるため、本書でもこれ以降はハブという語を用います。

【ハブ】

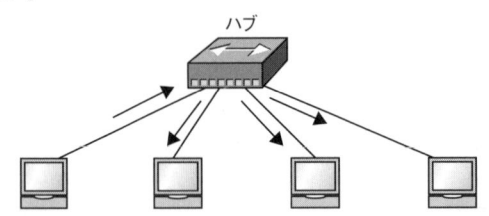

試験対策
- L3デバイス（ネットワーク層）……ルータ、レイヤ3スイッチ
- L2デバイス（データリンク層）……スイッチ、ブリッジ
- L1デバイス（物理層）……………ハブ、リピータ

● コリジョンドメイン

イーサネットのネットワークにおいて、電気信号の衝突が伝わる範囲のことを**コリジョンドメイン**（またはセグメント）と呼んでいます。リピータを用いてバス型ネットワークを拡張したり、ハブをカスケード接続したりすると、コリジョンドメインの範囲は拡大します。1つのコリジョンドメインに多数のホストが接続されると、衝突が頻繁に発生して再送信の可能性が高くなり、結果的にネットワークのパフォーマンスが低下します。

【コリジョンドメイン】

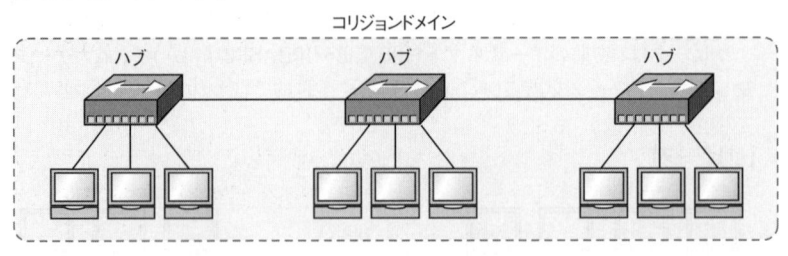

試験対策
ハブは、コリジョンドメイン1つで構成するデバイスです。

> **参考 カスケード接続**
>
> 接続するポートの数が不足した場合、ハブを相互にカスケード接続(多段接続)することによってネットワークを拡張することができます。ただし、CSMA/CDのスロット時間の制約があるため、カスケード接続の段数は10BASE-Tでは4段まで、100BASE-TXでは2段までに制限されています。

ブリッジ、スイッチ

　ブリッジおよびスイッチは、MACアドレスを使用してフレームの中継を行うデータリンク層で動作するデバイスです。

　ブリッジは、ネットワークを拡張してコリジョンドメインが拡大したとき、ネットワークのパフォーマンスが低下する問題を解決するために、スイッチよりも先に登場しました。

　ブリッジはフレームヘッダに含まれるMACアドレスを基に、あるセグメントから別のセグメントへのフレームの中継や、別のセグメントにフレームが送信されるのをフィルタリング(選択遮断)することができます。フレームのフィルタリングはMACアドレステーブルを使って次のように行われます。

【ブリッジ】

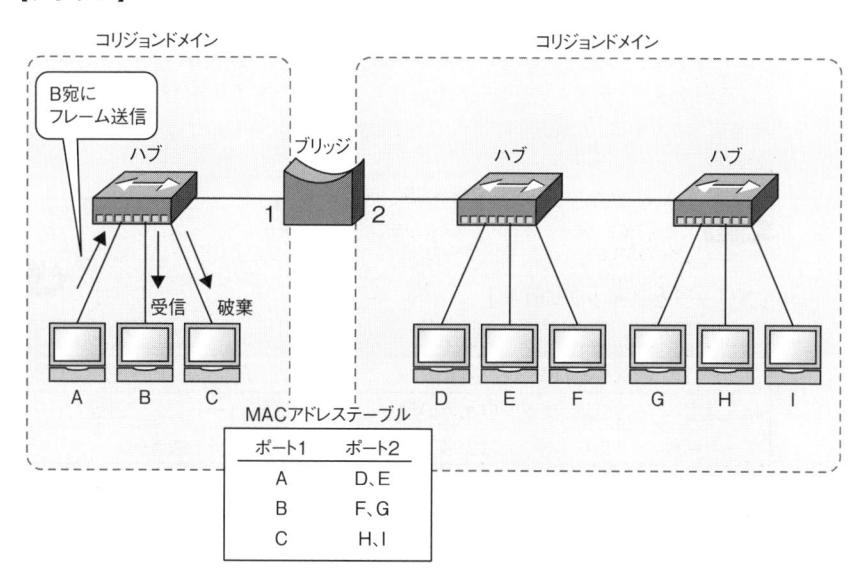

MACアドレステーブル

ポート1	ポート2
A	D、E
B	F、G
C	H、I

この図が示すように、ブリッジはMACアドレステーブルにMACアドレスに対応するポート情報を保持しています。このとき、ホストAがB宛にフレームを送信したとします。
　ブリッジは1番ポートでフレームを受信すると、宛先MACアドレスを基にMACアドレステーブルを検索し、宛先Bが受信ポートと同じポートであるためフレームを破棄します。つまり、送信元(A)と宛先(B)が同じコリジョンドメイン(セグメント)に接続されているため、フレームを中継する必要はないと判断したのです。
　なお、1番ポートで受信したフレームの宛先MACアドレスが、別のポートでMACアドレステーブルに学習されていた場合、ブリッジはフレームを中継します。
　このようにして、ブリッジは不要なフレームの中継を抑制することができ、ホスト(ノード)数の増加に伴って増大するコリジョンを減少させます。
　ブリッジは当初、2つのポートを持つ装置として登場しました。ブリッジ(橋)という名前が示すとおり、2つのセグメントを相互に接続して橋渡しを行います。
　スイッチは複数のポートを持ち、たくさんのセグメントを相互に接続する集線装置であり、スイッチングハブまたはレイヤ2スイッチ(L2スイッチ)とも呼ばれています。

●ブリッジとスイッチの違い

　スイッチもブリッジと同様にMACアドレステーブルを持ち、コリジョンドメインの分割とセグメント間のフレームの中継およびフィルタリングを行います。ブリッジとスイッチの基本原理は同じですが、スイッチとブリッジにはいくつかの違いがあります。元々の違いは「スイッチはマルチポート(3個以上のポートを持つ)であり、どのポートにフレームを中継するかまで判断する」という点です。
　2ポートのブリッジは、フレームの宛先MACアドレスが送信元と同じセグメントかそうでないかを判断し、必要に応じてセグメント間の中継を行います。
　スイッチは、MACアドレステーブルを基に各ポートに接続されているホストを識別し、適切なポートを選んでフレームを転送します。またスイッチは、フレームの中継を高速化するために、ASIC*と呼ばれるスイッチング処理専用のICチップを搭載しています。
　現在、LANの構築ではスイッチが利用されています。

参照→ スイッチの詳細→「2-4 レイヤ2スイッチング」(79ページ)

【ブリッジとスイッチの比較】

	ブリッジ	スイッチ
フレーム処理	中継か抑制かを判断※	マルチポート(転送先まで識別)
転送速度	低速(ソフトウェア処理)	高速(ハードウェア処理)
ポート密度	低い(ポート数少ない)	高い(ポート数多い)

※マルチポートのブリッジにはスイッチ同様の転送機能がある

> 試験対策：ブリッジとスイッチは、どちらもデータリンク層デバイスです。違いをしっかり理解しておきましょう。

ルータ、レイヤ3スイッチ

ルータは、IPアドレスなどの論理アドレスを使用して効率的にパケットを中継するネットワーク層で動作するデバイスです。

ルータはパケットを受信すると、パケットのヘッダに含まれる宛先アドレスを基に、ルーティングテーブルを参照し、最適経路を選択してパケットを転送します。この処理を**ルーティング**といいます。

ルータの基本的な機能は、次のとおりです。

・複数の経路から最適経路を選択し、パケットを効率的に転送する（ルーティング）
・異なるネットワークを相互に接続する
・ブロードキャストドメインを分割する

ルータは、イーサネット、シリアル、ATM、ISDN BRI/PRIなど豊富なインターフェイスを利用して、さまざまな物理層とデータリンク層のプロトコルのネットワークを相互に接続することができます。

【ルータ】

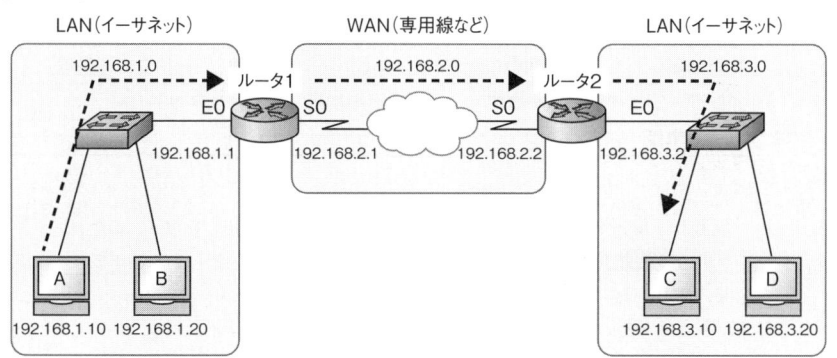

LAN（イーサネット）　　　　WAN（専用線など）　　　　LAN（イーサネット）

192.168.1.0　　ルータ1　192.168.2.0　ルータ2　192.168.3.0
　　　　　　E0　　S0　　　　　　S0　　E0
192.168.1.1　192.168.2.1　192.168.2.2　192.168.3.2

A　B　　　　　　　　　　　　　　　　　C　D
192.168.1.10　192.168.1.20　　　　　　192.168.3.10　192.168.3.20

ルータ1のルーティングテーブル

ネットワーク	インターフェイス
192.168.1.0	E0
192.168.2.0	S0
192.168.3.0	S0

ルータ2のルーティングテーブル

ネットワーク	インターフェイス
192.168.1.0	S0
192.168.2.0	S0
192.168.3.0	E0

前ページの図が示すように、ルータはルーティングテーブルに、ネットワークに対応する経路情報を保持しています。このとき、ホストAがC宛にパケットを送信したとします。

ルータ1はE0インターフェイスでパケットを受信すると、宛先IPアドレスを基にルーティングテーブルを参照し、次の転送先を192.168.2.2(ルータ2のS0)であると決定し、パケットをS0インターフェイスから送出します。

ルータ2も同様にS0インターフェイスでパケットを受信すると、ルーティングテーブルを参照して次の転送先を決定し、パケットをE0インターフェイスから送出します。これによって、パケットは宛先Cに到着します。

参照 → ルータの詳細→「第8章 ルーティングの基礎」(313ページ)

レイヤ3スイッチ(**L3スイッチ**)は、レイヤ2スイッチの機能とレイヤ3のルーティング機能を1つの筐体で高速に実現するネットワーク機器です。レイヤ3スイッチはOSI参照モデルの複数層で動作するため、**マルチレイヤスイッチ**とも呼ばれています。

● ルータとレイヤ3スイッチの違い

ルータはソフトウェア的にルーティング処理を行うのに対して、レイヤ3スイッチはレイヤ2スイッチと同様にASICを使用したハードウェアによる高速なルーティング処理が可能です。

レイヤ3スイッチはイーサネットスイッチの拡張であり、イーサネットのポートのみを備えていますが、ルータはイーサネットのほかに、シリアルインターフェイスなどさまざまなWANサービスを接続できるインターフェイスと機能を備えています。また、ルータのインターフェイスに比べると、スイッチのイーサネットポートの単価は安くなります。

【ルータとレイヤ3スイッチの比較】

	ルータ	レイヤ3スイッチ
転送速度	低速(ソフトウェア処理)	高速(ハードウェア処理)
インターフェイス	イーサネット、シリアルなど	イーサネット
ポート単価	高い	安い

現在は、ルータにも高速転送技術を採用した製品が増えており、また、レイヤ3スイッチも多機能化されているため、両者の明確な違いは少なくなっています。一般的に企業内のLANの構築にはレイヤ3スイッチを使用し、WANやインターネットなど外部ネットワークとの接続にルータが使用されています。

● ブロードキャストドメイン

イーサネットなどのネットワークにおいて、ブロードキャストのフレームが届く範囲を**ブロードキャストドメイン**と呼びます。ハブやスイッチ(およびブリッジ)はブロードキャストのフレームを中継しますが、ルータはブロードキャストをほかのインターフェ

イスへ転送しません。このため、ルータはポート単位でブロードキャストドメインを分割します。

【ブロードキャストドメイン】

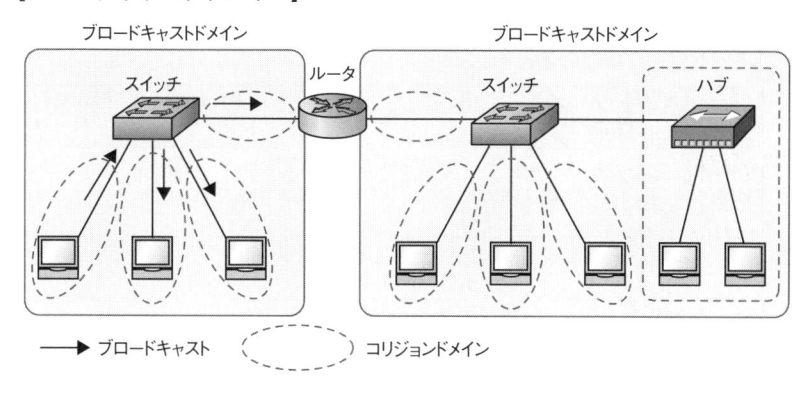

→ ブロードキャスト　　(　) コリジョンドメイン

デフォルトゲートウェイ

通信相手が別のネットワークにいる場合、パケットはルータに転送してもらう必要があります。ルータは異なるネットワークへの「出入口」となり、これを**デフォルトゲートウェイ**といいます。各ホストは、デフォルトゲートウェイのアドレスを設定しておかなければ、外部のネットワークと通信することはできません。デフォルトゲートウェイには、自身のブロードキャストドメインに接続されたルータのインターフェイスを指定します。

【デフォルトゲートウェイ】

ホストA、B、Cのデフォルトゲートウェイ
⇒192.168.1.254（ルータのE0インターフェイス）

ホストD、E、Fのデフォルトゲートウェイ
⇒192.168.2.254（ルータのE1インターフェイス）

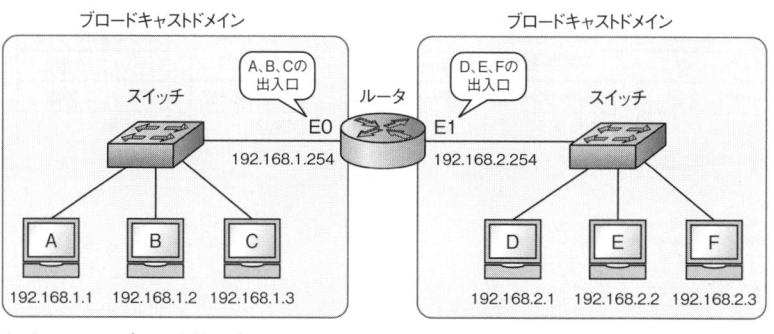

ネットワーク機器のまとめ

各ネットワーク機器の特徴と、ホスト間の通信におけるOSI参照モデルの関係を示します。

【ネットワーク機器のまとめ】　　　　　　　　　　　　　　　　　　　　↓暗記

階層	ネットワーク機器	特徴	コリジョンドメインの分割	ブロードキャストドメインの分割
L3	ルータ／レイヤ3スイッチ	IPアドレスを基に最適経路を選択してパケットを転送する	○	○
L2	スイッチ／ブリッジ	MACアドレスを基にフレームを転送する	○	×※
L1	ハブ／リピータ	電気信号を増幅して中継する	×	×

※ スイッチのVLAN機能によって分割可能

【ホスト間通信におけるOSI参照モデルの関係】

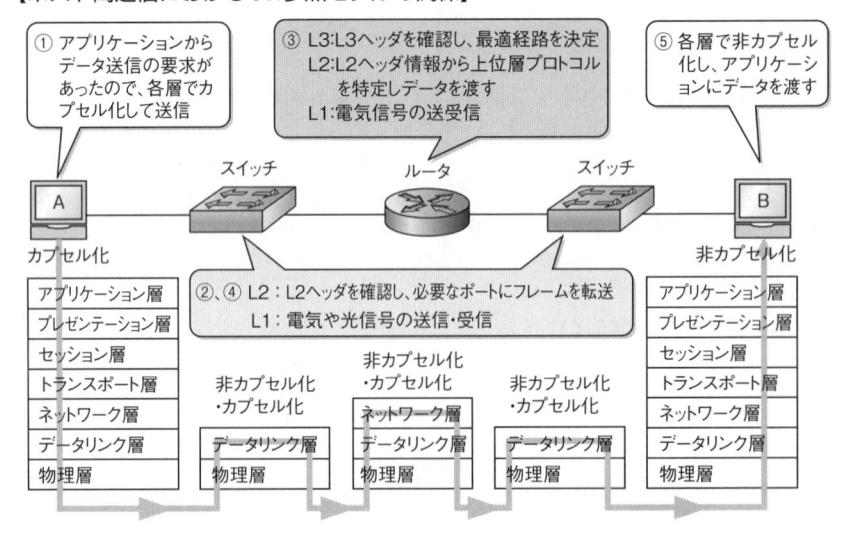

① アプリケーションからデータ送信の要求があったので、各層でカプセル化して送信

③ L3:L3ヘッダを確認し、最適経路を決定
L2:L2ヘッダ情報から上位層プロトコルを特定しデータを渡す
L1:電気信号の送受信

⑤ 各層で非カプセル化し、アプリケーションにデータを渡す

②、④ L2：L2ヘッダを確認し、必要なポートにフレームを転送
L1：電気や光信号の送信・受信

A　スイッチ　ルータ　スイッチ　B
カプセル化　　　　　　　　　　　　　非カプセル化

| アプリケーション層 |
| プレゼンテーション層 |
| セッション層 |
| トランスポート層 |
| ネットワーク層 |
| データリンク層 |
| 物理層 |

非カプセル化・カプセル化

| データリンク層 |
| 物理層 |

非カプセル化・カプセル化

| ネットワーク層 |
| データリンク層 |
| 物理層 |

非カプセル化・カプセル化

| データリンク層 |
| 物理層 |

| アプリケーション層 |
| プレゼンテーション層 |
| セッション層 |
| トランスポート層 |
| ネットワーク層 |
| データリンク層 |
| 物理層 |

2-4 レイヤ2スイッチング

レイヤ2スイッチングとは、データリンク層でフレームを効率的に転送するためのスイッチングテクノロジーです。本節では、レイヤ2スイッチの基本機能とその動作について説明します。

スイッチの基本機能

レイヤ2スイッチには、次のような機能があります。

- MACアドレスの学習
- フィルタリング
- 全二重通信
- マイクロセグメンテーション

MACアドレスの学習

スイッチは、内部にMACアドレスとポートの対応表である**MACアドレステーブル**を管理しています。このテーブルには、各ポートとその配下に接続されているホスト(ステーション)のMACアドレスが記録されています。MACアドレステーブルに記録されているホスト宛のフレームは、対応するポートにだけ転送するので、ほかのポートに接続されたホストに影響を与えません。なお、シスコではMACアドレステーブルのことを**CAMテーブル***(Content-Addressable Memory table)とも呼んでいます。

MACアドレステーブルの作成手段として、次の2種類の方法があります。

- 動的(ダイナミック) ……スイッチが自動でMACアドレスを学習
- 静的(スタティック) ……管理者が手動でMACアドレスを登録

動的なMACアドレスの学習では、スイッチがフレームを受信するごとに送信元MACアドレスと受信ポート番号をMACアドレステーブルに登録していきます。

第2章 イーサネット

● 動的なMACアドレス学習

① スイッチ起動直後（MACアドレステーブルは未学習）

スイッチの電源を投入した時点では、MACアドレステーブルにはどのホストのMACアドレスも学習されていません。

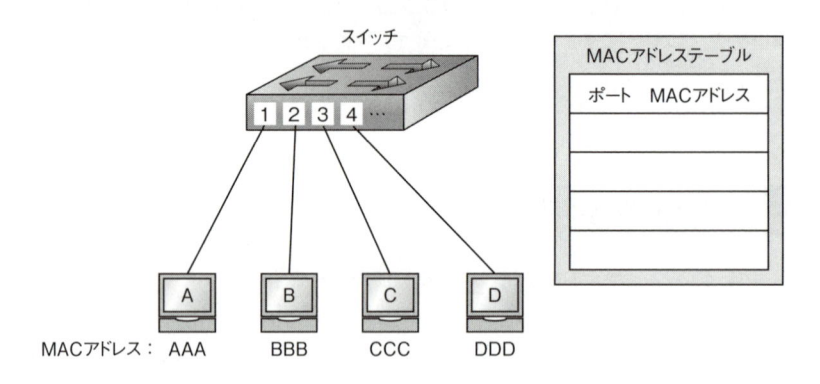

② MACアドレス学習

スイッチはフレームを受信すると、イーサネットヘッダ内にある送信元MACアドレスと受信したポートを関連付けてMACアドレステーブルに登録します。

次の図は、ホストAがフレームを送信したときのMACアドレステーブルを示しています。

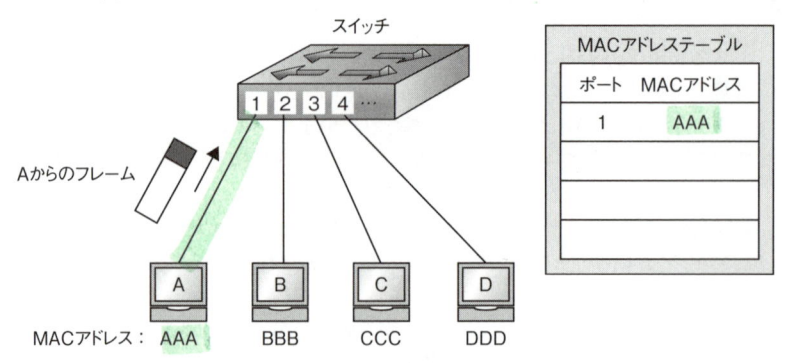

MACアドレステーブルに登録可能なアドレス数には限りがあり、その数はスイッチ製品によって異なります。動的に学習されたMACアドレスは、エージングタイムと呼ばれる時間だけ保持され、その間に通信がなければ、MACアドレステーブルから自動的に消去されます。なお、CatalystスイッチのエージングタイムはデフォルトでMAC 300秒（5分）です。

フィルタリング

スイッチは、受信したフレームの宛先MACアドレスを確認し、MACアドレステーブルに同じアドレスがあるかどうか調べます。宛先MACアドレスがテーブルにある場合、そのアドレスに関連付けられているポートだけにフレームを転送します。この処理を**フィルタリング**といいます。

次の図は、ホストAからB宛のフレームを受信したときのフィルタリングを示しています。

【フィルタリング】

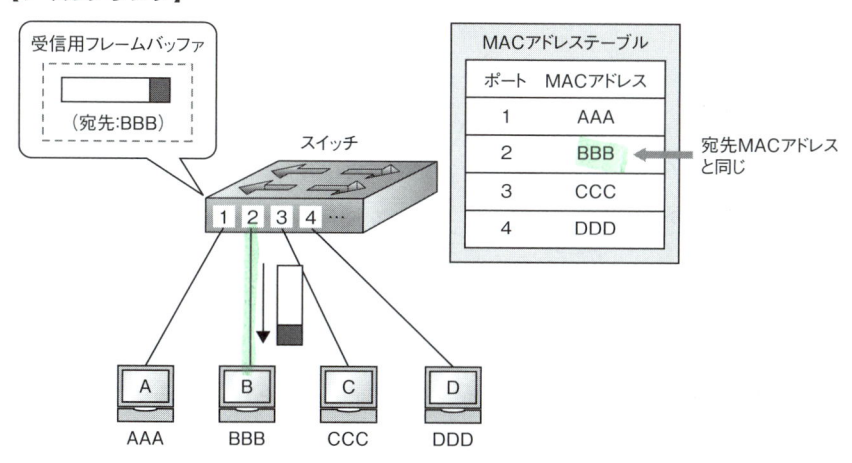

フラッディング

該当する宛先MACアドレスがテーブルにない場合、受信したポートを除くすべてのポートにフレームを転送します。この処理を**フラッディング**といいます。スイッチは、基本的に次のときにフラッディングを行います。

- 宛先MACアドレスが未学習のユニキャストフレーム
- ブロードキャストフレーム
- 未学習のマルチキャストフレーム

第2章　イーサネット

次の図は、ホストAがブロードキャストを送信したときのフラッディングを示しています。

【フラッディング】

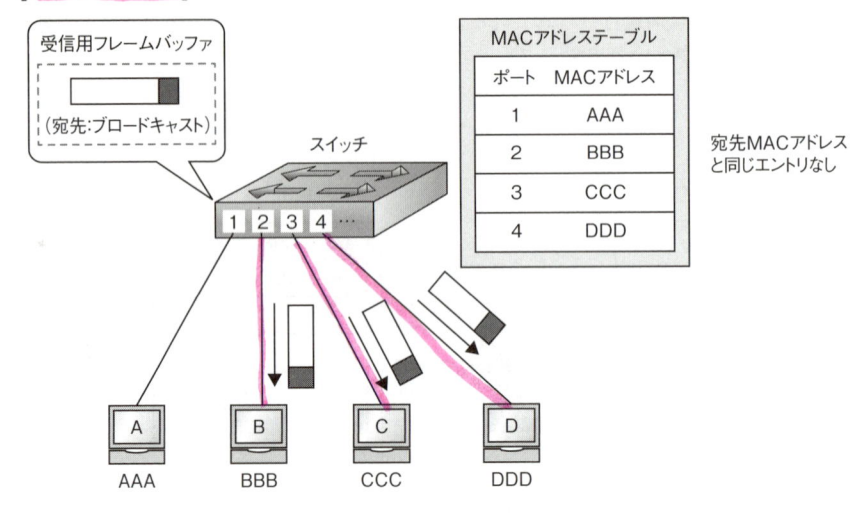

ブロードキャストは全ノード宛の通信であり、送信元にブロードキャストアドレス（FFFF.FFFF.FFFF）が設定されることはありません。MACアドレステーブルにブロードキャストアドレスが学習されることはなく、フレームは常にフラッディングされます。

試験対策

スイッチのフレーム処理の流れを理解しましょう。
- 受信したフレームの「送信元MACアドレス」を学習
- 受信したフレームの「宛先MACアドレス」を基に転送先決定
- 宛先MACアドレスがMACアドレステーブルに学習済みのときは「フィルタリング」
- 宛先MACアドレスがMACアドレステーブルに未学習のときは「フラッディング」
- フラッディングは受信ポートを除くすべての有効なポートからフレームを転送
- ブロードキャストフレーム（宛先MACアドレスFFFF.FFFF.FFFF）はフラッディング

全二重通信

全二重(full duplex)通信とは、データの送信と受信を双方から同時に行える通信方式です。それに対して、データの送信と受信を同時に行うことができない通信方式を**半二重**(half duplex)通信といいます。全二重通信は、送受信を同時に行うことができるため半二重通信よりも通信効率がよく、衝突は起こらないためCSMA/CDによるアクセス制御は不要です。

全二重通信を実現するには、次の条件が必要になります。

> 暗記
> ・双方の機器が全二重通信をサポート
> ・スイッチポートで接続(集線機器にスイッチを使用する)
> ・ポイントツーポイント接続

全二重の通信には、ケーブルの両端に接続される機器が全二重をサポートしている必要があります。ポートの先にハブを接続すると、そのポートを複数のホストで共有するため半二重通信になってしまいます。ノード間の接続はポイントツーポイントにする必要があります。

【全二重の条件】

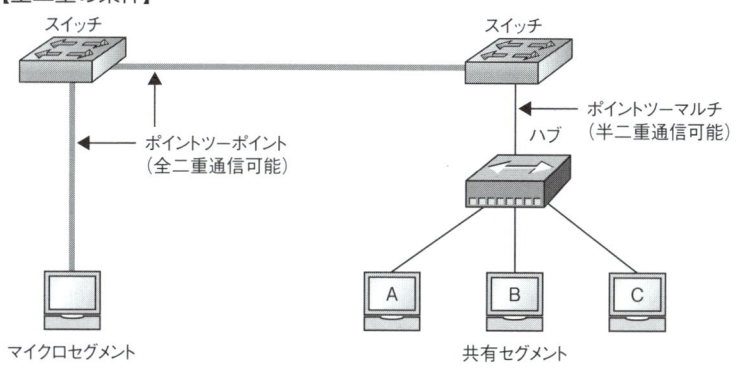

上図の例では、ホストAがデータを送信すると、ハブで接続されているホストBとCにも電気信号が流れていきます。3台で伝送路を共有しているため、あるホストが通信中の場合にはデータの送信ができません。

スイッチが登場した初期の頃はポート単価が高かったため、1つのスイッチポートにハブを接続して数台のコンピュータを接続する構成が一般的でした。しかし、現在はスイッチのポート単価は安くなり、スイッチポートに直接コンピュータを接続する構成が一般的です。1つのスイッチポートにホストを接続してコリジョンドメインを最小分割することを**マイクロセグメンテーション**と呼びます。

●オートネゴシエーション

オートネゴシエーション(auto-negotiation)とは、イーサネットケーブルで接続している2つのポート同士が、対応している通信規格や通信モードの違いを自動的に判定し、最適な設定で通信を行うための機能です。1995年にIEEE 802.3uのファストイーサネットで規定されました。

イーサネットには、通信速度が異なる複数の規格や通信モード(全二重/半二重)があるため、接続される機器間で通信速度と通信モードを合わせないと、正しい通信ができなくなってしまいます。オートネゴシエーション機能を利用すると、接続された機器の双方でサポートしている通信速度と通信モードを自動的に選択してくれます。

オートネゴシエーションが有効な機器は、**FLP**(Fast Link Pulse)バーストという信号をお互いに送出します。この中に対応している通信速度と通信モードを含んで交換することで、相手がサポートしている情報を知ることができます。そして、お互いがサポートする最適な技術を次の優先順位に従って選択します。

【オートネゴシエーションの優先順位】

優先度	規格/モード
高 1	1000BASE-T 全二重
2	1000BASE-T 半二重
3	100BASE-T2 全二重
4	100BASE-TX 全二重
5	100BASE-T2 半二重
6	100BASE-T4 半二重
7	100BASE-TX 半二重
8	10BASE-T 全二重
低 9	10BASE-T 半二重

オートネゴシエーション
1000BASE-T
100BASE-TX } の全二重/半二重をサポート
10BASE-T

FLP →
← FLP

オートネゴシエーション
100BASE-TX
10BASE-T } の全二重/半二重をサポート

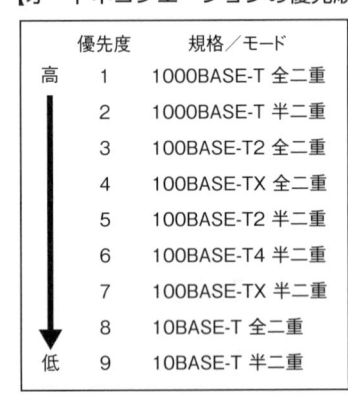

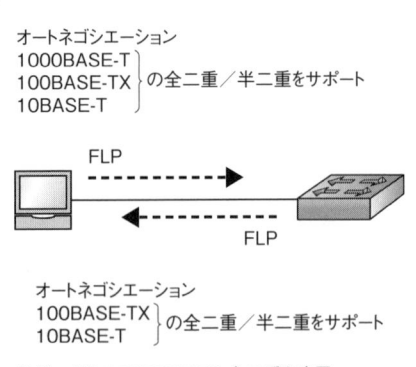

結果:共に100BASE-TX 全二重を適用

オートネゴシエーションが無効の場合でも接続性を確認するために、10BASE-T機器では**NLP**(Normal Link Pulse)を、100BASE-TX機器では**アイドル**(Idle)という信号を定期的に送出しています。

次の図では、片側のみオートネゴシエーション機能を使用した場合のトラブルの例を示しています。

【オートネゴシエーション機能のトラブルの例】

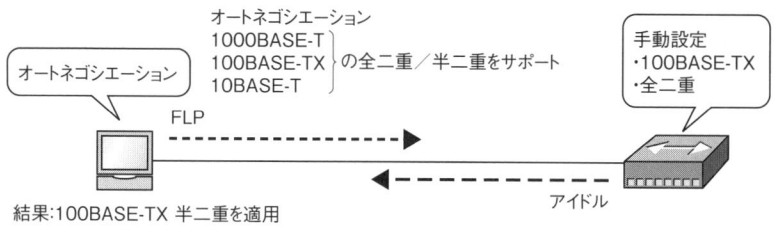

オートネゴシエーション
1000BASE-T
100BASE-TX の全二重／半二重をサポート
10BASE-T

オートネゴシエーション

手動設定
・100BASE-TX
・全二重

FLP

アイドル

結果:100BASE-TX 半二重を適用

通信モード 不一致！

　ホストはアイドル信号の受信によって、相手が100BASE-TXであると認識できます。しかし、通信モードは不明なので、半二重を適用します。その結果、通信モード（全二重／半二重）の不一致が発生し、正しく通信することができません。

　オートネゴシエーション機能は便利ですが、機器同士の相性などによってネゴシエーションが正しく機能しないことがあるので注意が必要です。このようなトラブルを避けるには、両端の機器に接続されているポートを手動で設定し、条件を揃える必要があります。

参照→ 通信速度と通信モードの設定→「6-5 二重モードと速度の設定」（270ページ）

2-5 演習問題

1 イーサネットフレームのヘッダに存在するフィールドを選択しなさい。
（3つ選択）

- A. 宛先IPアドレス
- B. 送信元MACアドレス
- C. FCS
- E. タイプ
- D. 宛先MACアドレス
- F. 送信元IPアドレス

2 物理アドレスの説明として正しいものを選択しなさい。（2つ選択）

- A. 管理者によって任意に割り当てることができる
- B. 異なるネットワークに存在するデバイス間の通信で使用される
- C. NICやルータなどのインターフェイスに一意に割り当てられている
- D. レイヤ3アドレスである
- E. MACアドレスの前半24ビットはOUIである

3 ギガビットイーサネットの規格として正しいものを選択しなさい。（2つ選択）

- A. IEEE 802.3u
- B. IEEE 802.3ab
- C. IEEE 802.11g
- D. IEEE 802.3ae
- E. IEEE 802.3z

4 CSMA/CDの動作の説明として正しいものを選択しなさい。(2つ選択)

- A. ケーブル上に信号が流れていない場合のみ、データの送信を開始する
- B. CSMA/CDによって、ケーブル上に信号が流れているかどうかに関係なく、データの送信を開始できる
- C. 一定の待ち時間が経過した送信者はフレームの送信を再開する
- D. ランダムな待ち時間が経過すると、コリジョン発生前に送信していたホストは優先的にデータの送信ができる
- E. コリジョンを検知した各ホストはランダムな時間だけ待機し、その時間が経過すると各ホストはあらためてデータの送信を開始できる
- F. ケーブルを使用していないことを確認してからデータ送信を開始するため、コリジョンは発生しない

5 レイヤ1のネットワークデバイスを選択しなさい。(2つ選択)

- A. リピータ
- B. スイッチ
- C. ルータ
- D. ブリッジ
- E. ハブ

6 全二重通信の説明として正しいものを選択しなさい。(3つ選択)

- A. スイッチとハブは全二重通信をサポートしている
- B. 全二重通信ではCSMA/CDが必要である
- C. スイッチポートとPCをポイントツーポイントで接続する必要がある
- D. 半二重に比べて全二重の通信ではコリジョンが起こりにくい
- E. スイッチとPCの間にハブを接続した場合、全二重通信はできない
- F. 半二重よりも全二重通信の方が高速にデータを送信できる

7 図のようなネットワークにおけるコリジョンドメイン数とブロードキャストドメイン数の組み合わせとして正しいものを選択しなさい。

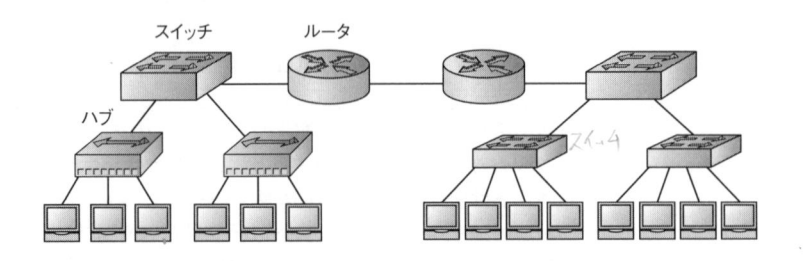

- A. コリジョンドメイン：14、ブロードキャストドメイン：2
- B. コリジョンドメイン：15、ブロードキャストドメイン：3
- C. コリジョンドメイン：7、ブロードキャストドメイン：3
- D. コリジョンドメイン：15、ブロードキャストドメイン：15
- E. コリジョンドメイン：14、ブロードキャストドメイン：7

8 スイッチに接続されたホストがブロードキャストフレームを送信したが、スイッチはMACアドレステーブルにブロードキャストアドレスを学習していません。原因として最も可能性が高いものを選択しなさい。

- A. ブロードキャストアドレスは送信元MACアドレスにならないため
- B. スイッチはブロードキャストフレームを転送しないため
- C. スイッチはブロードキャストドメインを分割できないため
- D. MACアドレステーブルに学習するための空きがなかったため

2-6 解答

1 B、D、E

イーサネットのフレームヘッダ内には、フレームの先頭から順に次の3つのフィールドが存在します。

・宛先MACアドレス（**D**）
・送信元MACアドレス（**B**）
・タイプ（**E**）または長さ

なお、FCS（C）はフレーム内のエラー検出に使用されるフィールドであり、ヘッダ内ではなくデータの後ろにトレーラとして付加されます。
宛先IPアドレス（A）と送信元IPアドレス（F）は、IPパケットのヘッダ内に含まれます。

参照→ P56

2 C、E

データリンク層（レイヤ2）は、同じネットワークに存在するノード間の通信を実現します（B、D）。通信の宛先を特定するためのアドレスには、機器の製造時に書き込まれている物理アドレスを使用します。
イーサネットの物理アドレスを**MACアドレス**といいます。MACアドレスは48ビットで、前半24ビットはOUI（Organizationally Unique Identifier）と呼ばれるベンダ固有の番号です（**E**）。後半24ビットは各ベンダが重複しないように割り当てます。MACアドレスは、コンピュータのNIC（Network Interface Card）、ルータやスイッチのインターフェイスに対して一意に割り当てられているアドレスです（**C**）。
基本的に、MACアドレスはネットワーク管理者によって割り当てできない一意の物理アドレスであるため、Aは不正解です（最近ではMACアドレスを変更できる機器や仮想的にMACアドレスを割り当てることもあります）。

参照→ P57

3 B、E

ギガビットイーサネットは、伝送速度が1,000Mbpsのイーサネット規格です。代表的なギガビットイーサネットの規格は、次の3つです。

- UTPケーブル ………… IEEE 802.3ab（1000BASE-T）（**B**）
- 光ファイバケーブル …… IEEE 802.3z（1000BASE-SX/LX）（**E**）
  　　　　　　　　　　　 IEEE 802.3ah（1000BASE-BX）

なお、802.3u（A）はファストイーサネット、802.3ae（D）は10ギガビットイーサネットの規格です。また、802.11g（C）は2.4GHz帯で論理値最大54Mbpsの通信を行う無線LANの規格です。

参照 → P61

4 A、E

CSMA/CDは、初期のイーサネットLANで使用されていたアクセス制御方式です。CSMA/CDの動作は、CS（キャリアセンス）、MA（多重アクセス）、CD（衝突検出）の3つから構成されています。
CSMA/CDの動作は、次の手順で行います。

① ステーション（ホスト）はキャリアセンス（ケーブルの空き状況の確認）を行い、ケーブルが使用されていなければデータの送信を開始する（**A**、B）
② 同じタイミングでキャリアセンスを行うと、複数のステーション（ホスト）がデータの送信を開始する（多重アクセス）ため、コリジョン（衝突）が発生する（F）
③ コリジョンを検出するとデータ送信を停止してジャム信号を送信し、すべてのホストにコリジョンの発生を通知する
④ ジャム信号を受信した各ホストはランダムな時間だけ待機する（バックオフアルゴリズム）
⑤ 待機時間が経過すると、再度データの送信を試みる

コリジョンを検出したすべてのホストはバックオフアルゴリズムを実行し、ランダムな時間だけ待機します。このとき、待ち時間が経過したホストから順番にデータを送信できます（**E**）。コリジョン発生前にデータ送信していたホストを優先することはありません（D）。
待ち時間は一定ではないため、Cは不正解です。

参照 → P63

5 A、E

リピータとハブはフレームを単なる電気信号として扱うため、レイヤ1(物理層)で動作するデバイスといえます。

・レイヤ3(ネットワーク層) ……ルータ(C)、レイヤ3スイッチ
・レイヤ2(データリンク層) ……スイッチ(B)、ブリッジ(D)
・レイヤ1(物理層) ………………ハブ(**E**)、リピータ(**A**)

参照 → P71

6 C、E、F

全二重通信とは、データの送信と受信を同時に行うこと(双方向の通信)ができる通信方式です。それに対して、データの送信と受信を同時に行うことができない通信方式を半二重通信といいます。全二重通信では半二重通信の2倍の帯域幅を利用することができ、伝送効率を大幅に上げることができます(**F**)。また、全二重通信ではコリジョン(衝突)が発生しないため、CSMA/CDは使用しません(B、D)。
全二重で通信する場合、集線装置はスイッチを使用します。スイッチは全二重と半二重の通信が可能ですが、ハブは半二重通信のみサポートします(A)。
全二重通信には、次のような要件があります。

・スイッチとPC(またはスイッチとスイッチ)をポイントツーポイントで接続する(**C**)
・両側の機器で全二重モードに設定する

下図のように、スイッチとPCの間にハブを接続した場合、共有セグメントとなって全二重の通信はできません(**E**)。

【全二重と半二重】

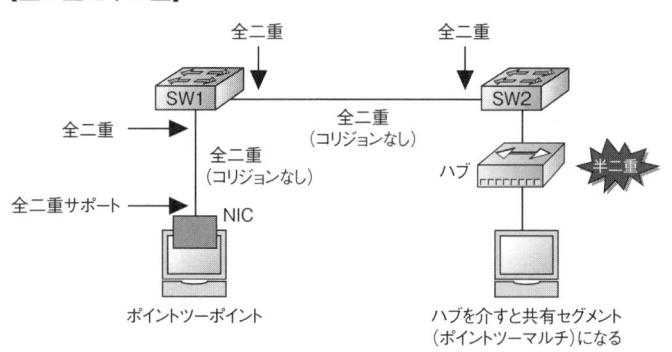

参照 → P83

7 B

コリジョンドメインは、コリジョン（信号の衝突）が起こり得る範囲のこと、ブロードキャストドメインは、ブロードキャストが届く範囲のことです。ルータ、スイッチ、ハブはそれぞれ、コリジョンドメインとブロードキャストドメインを次のように分割します。

デバイス	コリジョンドメインの分割	ブロードキャストドメインの分割
ルータ	○	○
スイッチ	○	×（ただしVLANで実現）
ハブ	×	×

以上から、コリジョンドメイン数は「15」、ブロードキャストドメイン数は「3」になります（**B**）。

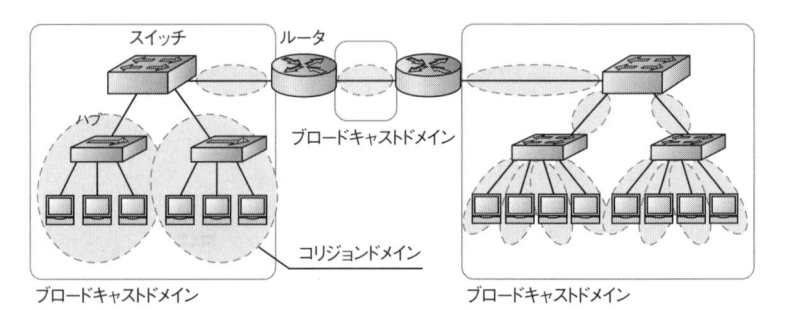

参照 → P72、P76

8 A

スイッチは、受信したフレームのレイヤ2ヘッダ内にある「送信元MACアドレス」をMACアドレステーブルに動的に学習します。ブロードキャストは全ノード宛の通信に使用するアドレスであり、送信元MACアドレスになることがないためMACアドレステーブルに学習されません（**A**）。
スイッチはブロードキャストフレームを受信した場合、受信ポートを除くすべてのポートからブロードキャストフレームを転送します（フラッディング）(B)。スイッチはブロードキャストドメインを分割しませんが、ブロードキャストアドレスを学習できない原因ではありません(C)。MACアドレステーブルの空き状況に関係なく、スイッチはブロードキャストアドレスを学習しません(D)。なお、VLANを実装すると、スイッチでブロードキャストドメインを分割できます。

参照 → P82

第3章

TCP/IP

3-1 TCP/IPプロトコルスタック

3-2 インターネット層

3-3 トランスポート層

3-4 アプリケーション層プロトコル

3-5 DHCP

3-6 DNS

3-7 HTTPとHTTPS

3-8 FTPとTFTP

3-9 SMTPとPOP

3-10 TelnetとSSH

3-11 演習問題

3-12 解答

3-1 TCP/IPプロトコルスタック

TCP/IPはインターネットの標準プロトコルであり、現在最も利用されている通信プロトコルです。TCP/IPは単一のプロトコルではなく、TCP（Transmission Control Protocol）とIP（Internet Protocol）の2つのプロトコルを中心とするプロトコル群の総称です。

TCP/IPプロトコルスタック

TCPとIPを中心とするプロトコルの集まりを**TCP/IPプロトコルスタック**（またはTCP/IPプロトコルスイート）といいます。TCP/IPでは、ネットワークで必要な機能を4つの階層に分割して構成しています。

【TCP/IPプロトコルスタック】

階層	名前	役割
第4層	アプリケーション層	主にアプリケーション固有の規定を行い、ネットワークアプリケーションの機能を実現する
第3層	トランスポート層	通信における信頼性の機能を提供する
第2層	インターネット層	最適経路の決定など、エンドツーエンドの通信を行う機能を提供する
第1層	リンク層※	主に隣接するノードと通信を行うための規定を行い、ネットワークを介したデータ通信を実現する

※ リンク層は、ネットワークアクセス層、ネットワークインターフェイス層とも呼ばれる

TCP/IPプロトコルスタックの各階層とOSI参照モデルを対比すると、次のようになります。

【TCP/IPプロトコルスタックとOSI参照モデル】

OSI参照モデル	TCP/IPプロトコルスタック	
アプリケーション層	アプリケーション層	HTTP、SMTP、POP3、FTP、TFTP、DNS、DHCP...
プレゼンテーション層		
セッション層		
トランスポート層	トランスポート層	TCP、UDP
ネットワーク層	インターネット層	IP、ICMP、ARP...
データリンク層	リンク層（ネットワークインターフェイス層）	Ethernet、HDLC、PPP...
物理層		

3-1 TCP/IPプロトコルスタック

> **試験対策**
> TCP/IPでは、OSI参照モデルのネットワーク層を「インターネット層」と呼びます。役割は同じですが、名称が異なるので注意してください。
> リンク層の呼び方はいろいろあります。「ネットワークインターフェイス層」と呼ばれることも覚えておきましょう。

TCP/IPのカプセル化と非カプセル化

　先述したとおり、TCP/IPは階層構造で構成されるプロトコルスタックです。送信側で作成されたデータは、上位層プロトコルで作成されたデータの先頭に各階層の機能をヘッダとして付加してカプセル化*します（リンク層ではデータの後ろにトレーラも付加）。一方、受信側では逆の下位層から上位層に向かって非カプセル化の処理を行います。
　たとえば、LAN上にあるコンピュータがWebページを閲覧する場合、HTTPデータに対して次の手順でカプセル化と非カプセル化の処理が行われます。

【カプセル化】

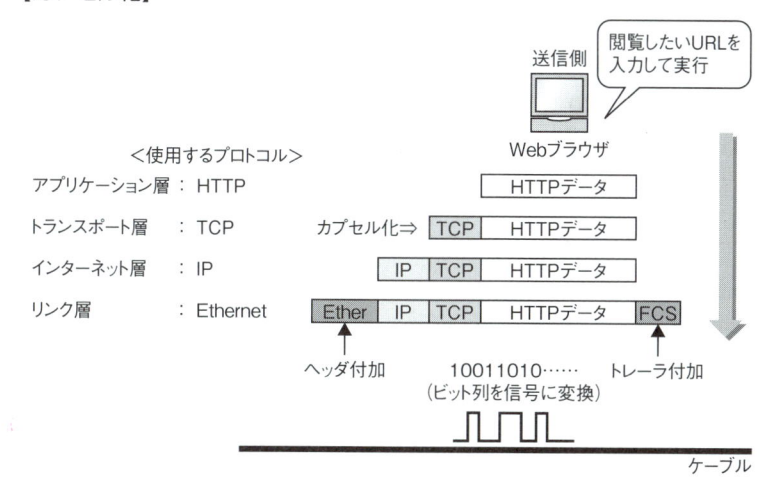

<使用するプロトコル>

層	プロトコル
アプリケーション層	HTTP
トランスポート層	TCP
インターネット層	IP
リンク層	Ethernet

送信側：閲覧したいURLを入力して実行 → Webブラウザ

- HTTPデータ
- カプセル化⇒ TCP | HTTPデータ
- IP | TCP | HTTPデータ
- Ether | IP | TCP | HTTPデータ | FCS

ヘッダ付加　10011010……（ビット列を信号に変換）　トレーラ付加

ケーブル

95

第3章 TCP/IP

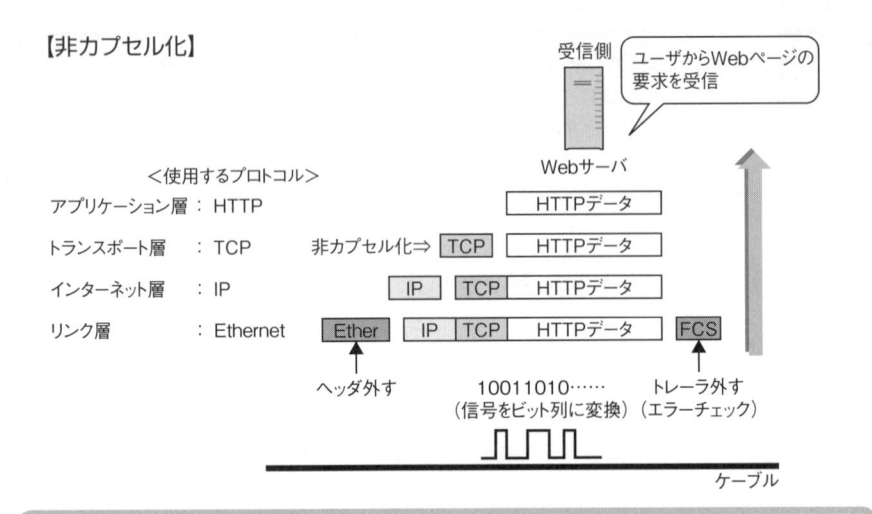

【非カプセル化】

<使用するプロトコル>
- アプリケーション層 ： HTTP
- トランスポート層 ： TCP
- インターネット層 ： IP
- リンク層 ： Ethernet

受信側：Webサーバ（ユーザからWebページの要求を受信）

アプリケーション層：HTTPデータ
トランスポート層：非カプセル化⇒ TCP HTTPデータ
インターネット層： IP TCP HTTPデータ
リンク層： Ether IP TCP HTTPデータ FCS

ヘッダ外す
10011010……（信号をビット列に変換）
トレーラ外す（エラーチェック）
ケーブル

📖 参考　TCP/IPのPDU

TCP/IPにおけるPDU[※1]の名称は、どのプロトコルによってヘッダが付加されたかで次のように異なります。

【TCP/IPのPDU名称】
- アプリケーション層プロトコル … メッセージ
- TCP ………………………………… TCPセグメント
- UDP ………………………………… UDPデータグラム
- IP …………………………………… IPデータグラム※
- Ethernet …………………………… フレーム

※ 正式な伝送単位はデータグラムだが、通常はパケットと呼ばれる

📖 参考　RFC

RFC(Request for Comments)は、インターネットに関連する技術仕様を公開している文書で、インターネットの技術標準を定めるIETF(Internet Engineering Task Force)という組織が管理しています。
現在のインターネットでは、このRFCに準拠したプロトコルで通信が行われています。RFCは番号で管理され、各文書はIETFのWebサイトなどでだれでも閲覧することができます。

※1　**【PDU】**(ピーディーユー)Protocol Data Unit：OSI参照モデルのように、階層化されたプロトコルの各層で扱われるデータの単位のこと。一般的なPDUの形式は、データ本体の先頭にヘッダ(宛先などの制御情報)が付加される

3-2 インターネット層

インターネット層は、パケットの伝送経路の決定や送信元や宛先の特定にかかわるアドレッシング方法などを定義し、異なるネットワーク上にあるノード間の通信を実現します。インターネット層の中心となるプロトコルであるIPのほか、ARPやICMPなどがあります。

IP

IP(Internet Protocol)は、インターネット層で中心的な役割を果たすプロトコルです。IPには次のような特徴があります。

● コネクションレス型プロトコル

送信側と受信側の間で通信できるかどうかを確認しないコネクションレス型プロトコルであり、データが正しく届いたかどうかの確認などの制御は行いません。

● ベストエフォート型の配信

「パケット配送の保証はしないが最善の努力はする」という、ベストエフォートの通信タイプです。信頼性を高めた通信が必要な場合は、TCPなどの信頼性の機能を提供する上位層プロトコルに任せます。

● データ回復機能なし

IP自体には破棄されたパケットの再送信を要求するエラー回復機能はありません。この場合も、必要であれば上位層で対応します。

● 階層型アドレッシング

IPは階層構造のアドレス体系を持ちます。IPアドレス*の上位の桁はネットワークを識別し、下位の桁はそのネットワークに接続されたノードを識別します。

● IPv4とIPv6

現在はIPv4(IPバージョン4)とIPv6(IPバージョン6)の2種類があります。この節では、IPv4について説明します。

参照 → IPv6→「第15章 IPv6の導入」(747ページ)

第3章 TCP/IP

> **試験対策**
>
> IPはコネクションレス型のプロトコルで、ベストエフォート型（保証なし）の配信を行います。
> ベストエフォートの反対語は「ギャランティ型（保証あり）」です。間違えないように注意しましょう！

IPv4ヘッダ

IPv4ヘッダのフォーマットは次の図のとおりです。

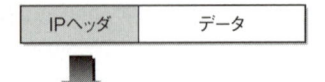

【IPv4ヘッダのフォーマット】

| IPヘッダ | データ |

0 1 2 3 4 5 6 7 8 9 10 11 12 13 14 15 16 17 18 19 20 21 22 23 24 25 26 27 28 29 30 31（ビット）

バージョン	ヘッダ長	サービスタイプ	最大長
識別子		フラグ	フラグメントオフセット
生存時間(TTL)		プロトコル	ヘッダチェックサム
src 送信元アドレス			
dst 宛先アドレス			
オプション			パディング
データ			

20バイト
（オプションを使用する場合、最大60バイト）

- ・バージョン(4ビット) …………… IPプロトコルのバージョン番号。IPv4では4が入る
- ・ヘッダ長(4ビット) ……………… IPヘッダの長さ。32ビット単位で表し、オプションフィールドがなければ5が入る
- ・サービスタイプ(8ビット) ……… TOSフィールドとも呼ばれ、IPパケットの優先制御(QoS[2])を行う
- ・最大長(16ビット) ……………… パケット全体(IPヘッダ+データ)の長さをオクテット(8ビット)単位で表す
- ・識別子(16ビット) ……………… 転送するデータがリンクで許容されるMTU[3]を超え、フラグメンテーション[4]によって複数のパケットに分割されたパケットに割り当てられる識別子。分割された複数パケットの識別子には同じID番号が割り当てられ、復元に使用される
- ・フラグ(3ビット) ………………… パケットのフラグメント処理を禁止するなどのフラグメンテーション制御に使用される。第1ビットは未使用のため0。第2ビットではフラグメント処理を許可するか禁止するかを指定。第3ビットはフラグメント処理されている場合に、そのフラグメントが途中のパケットか最後のパケットなのかを表す

・フラグメントオフセット（13ビット）
　　　……　フラグメント処理されている場合に、元のデータのどの位置にあったデータかを示す位置情報
・生存時間（8ビット）…………　一般的には単にTTL（Time To Live）と呼ばれ、パケットの生存時間を示すが、実際には時間ではなく「パケットが通過できるルータの数」が入る。ルータはパケットを中継するたびにTTL値を1ずつ減らし、0になるとパケットを破棄することによって、パケットがネットワーク上で永遠に転送され続ける問題を回避する。TTLは8ビットであるため0～255の範囲が入る
・プロトコル（8ビット）…………　上位プロトコルを識別するための番号。受信側では、プロトコルフィールドを参照することによって、どの上位プロトコルにデータを渡せばよいかを判断する。IANA*が管理しており、代表的なものは次のとおり

　　　　　　　　　　　・ICMP：1　　・TCP：6　　・UDP：17

・ヘッダチェックサム（16ビット）
　　　……　IPヘッダのエラーチェックを行う（データ部分のチェックはTCPなどの上位層に任せる）
・送信元アドレス（32ビット）……　パケットの送信元IPアドレス
・宛先アドレス（32ビット）………　パケットの宛先IPアドレス
・オプション（可変長）……………　通常は使用されず、テストやデバッグなどの処理時のみ使用される
・パディング（可変長）……………　オプションの使用時に、IPヘッダが32ビットの倍数になるよう調整するために0が挿入される

ARP

　ARP（Address Resolution Protocol）は、IPアドレスからMACアドレス*を取得するためのプロトコルです。TCP/IPの通信では、宛先IPアドレスを基にパケットを送信しますが、イーサネットLANで通信を行うには物理的なアドレスである宛先MACのアドレスも必要になります。

　通常、送信元である自身のIPアドレスとMACアドレスは認識していますが、宛先のMACアドレスは不明です。このとき、IPアドレスからMACアドレスを自動的に調べるための仕組みとしてARPを使用します。

※2　**[QoS]**（キューオーエス）Quality of Service：パケットの優先度に応じて扱いを区別し、重要なアプリケーションの通信を輻輳や遅延から守るための仕組み。特に音声や動画などのリアルタイム性が要求される通信で必要となる技術

※3　**[MTU]**（エムティーユー）Maximum Transmission Unit：最大伝送ユニット。一度に転送することができるデータの最大値を示すサイズ。単位はバイトで、イーサネットでは1,500バイトが一般的

※4　**[フラグメンテーション]** fragmentation：断片化。本来は連続しているデータが、小さな不連続のブロックに分断された状態を指す。物理層の制限（たとえば、イーサネットの場合は1,500バイトまで）によってデータを一度に送信することができない場合に、データを分割して送り、受信側で再構成する

●ARPの動作

　ARPは、宛先IPアドレスを含むARPリクエスト(要求)をブロードキャストし、それを受信したホストは、ARPリクエストの内容が自分のIPアドレスと同じであればARPリプライ(応答)に自身のMACアドレスを入れて送信(返信)します。

　ARPによって取得した情報は、ARPテーブルにしばらく保持されます。ARPテーブルにキャッシュすることにより、頻繁に同じ相手と通信する場合、その都度ARPでアドレス解決する(ブロードキャストされる)ことを防ぎます。キャッシュされた情報は、一定の時間だけ使われなければ消去されます。ARPキャッシュが消去される時間はOSなどによって異なります。

　ARPは、次の手順で宛先のMACアドレスを取得します。

① ARPテーブル参照
② ARPリクエスト(要求)送信
③ ARPリプライ(応答)送信
④ ARPテーブル更新

　次に、ホストAがDと通信する場合を例にARPの動作を説明します。

① ARPテーブル参照

　ホストAがD宛にデータ送信を実行すると、アプリケーション層プロトコルに渡されて、各層のプロトコルで処理が行われます。レイヤ2では上位層から渡されたパケットをフレームにカプセル化するため、宛先IPアドレスに対応するMACアドレスを調べます。

　ホストAはARPテーブルを参照し、宛先D(172.16.1.4)のMACアドレスが学習されているか確認します。今回は、ホストDのMACアドレスは学習されていないとします。

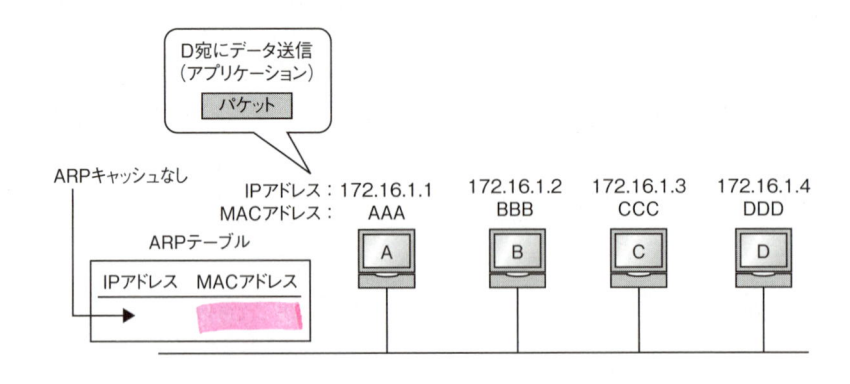

② ARPリクエスト(要求)送信

ホストAはARPリクエスト(要求)を生成し、全員宛のブロードキャスト(宛先MACアドレス：FF-FF-FF-FF-FF-FF)で送信します。

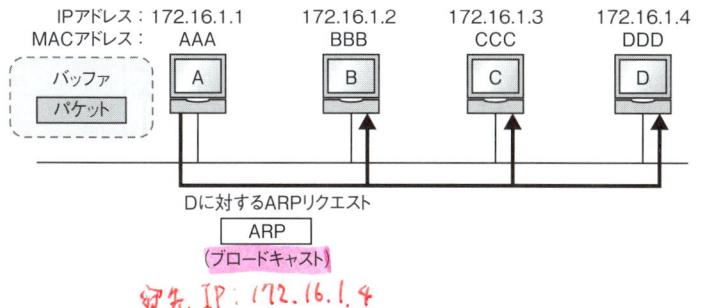

```
IPアドレス：172.16.1.1    172.16.1.2    172.16.1.3    172.16.1.4
MACアドレス： AAA          BBB           CCC           DDD
              A            B             C             D
バッファ
パケット

         Dに対するARPリクエスト
              ARP
          (ブロードキャスト)
          宛先 IP：172.16.1.4
```

③ ARPリプライ(応答)送信

全ホストはARPリクエストを受信し、パケットの内容を確認します。ホストDは自分のIPアドレスと一致するため、自分に対するARP要求だと判断しますが、その他のホスト(BとC)はIPアドレスが異なるので、関係ないと判断してARPメッセージを破棄します。

ホストDはARPリプライ(応答)を生成し、ホストAからのARP要求にユニキャストで応答します。このとき、ホストDは自身のARPテーブルにARPリクエストの送信元であるホストAのIPアドレスとMACアドレスを登録します。

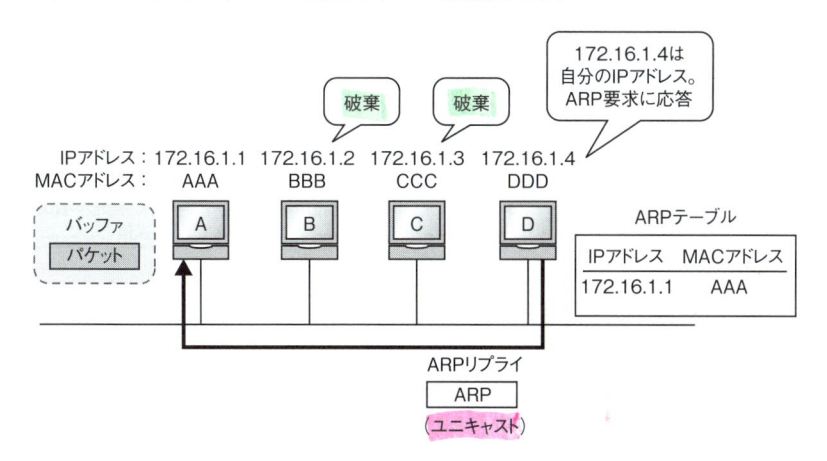

```
                                              172.16.1.4は
                                              自分のIPアドレス。
                                              ARP要求に応答
                       破棄    破棄
IPアドレス：172.16.1.1  172.16.1.2  172.16.1.3  172.16.1.4
MACアドレス： AAA        BBB         CCC         DDD         ARPテーブル
              A          B           C           D
バッファ                                                    IPアドレス   MACアドレス
パケット                                                    172.16.1.1   AAA

                              ARPリプライ
                                 ARP
                             (ユニキャスト)
```

④ ARPテーブル更新

ホストAはARPリプライを受信し、取得したホストDのMACアドレスとIPアドレスをARPテーブルに登録し、バッファに保留しておいたD宛のパケットをイーサネットフレームにカプセル化してネットワーク上に送信します。

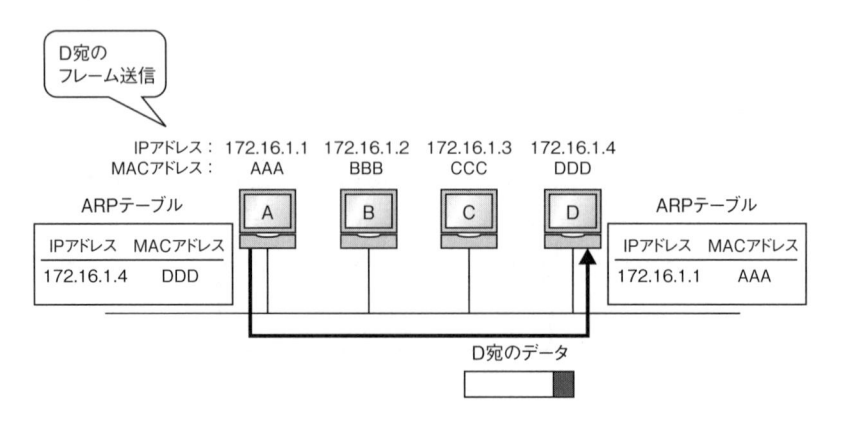

```
  D宛の
  フレーム送信
```

IPアドレス： 172.16.1.1 172.16.1.2 172.16.1.3 172.16.1.4
MACアドレス： AAA   BBB   CCC   DDD

ARPテーブル
IPアドレス	MACアドレス
172.16.1.4	DDD

ARPテーブル
IPアドレス	MACアドレス
172.16.1.1	AAA

D宛のデータ

このとき、ホストAからDへ送信されるデータのレイヤ2とレイヤ3のヘッダには、次のアドレスが含まれます。

【ホストAからDへ送信されるデータに含まれるアドレス】

	レイヤ2（イーサネットヘッダ）	レイヤ3（IPヘッダ）
送信元アドレス	ホストAのMACアドレス	ホストAのIPアドレス
宛先アドレス	ホストDのMACアドレス	ホストDのIPアドレス

参考　ARPフロー

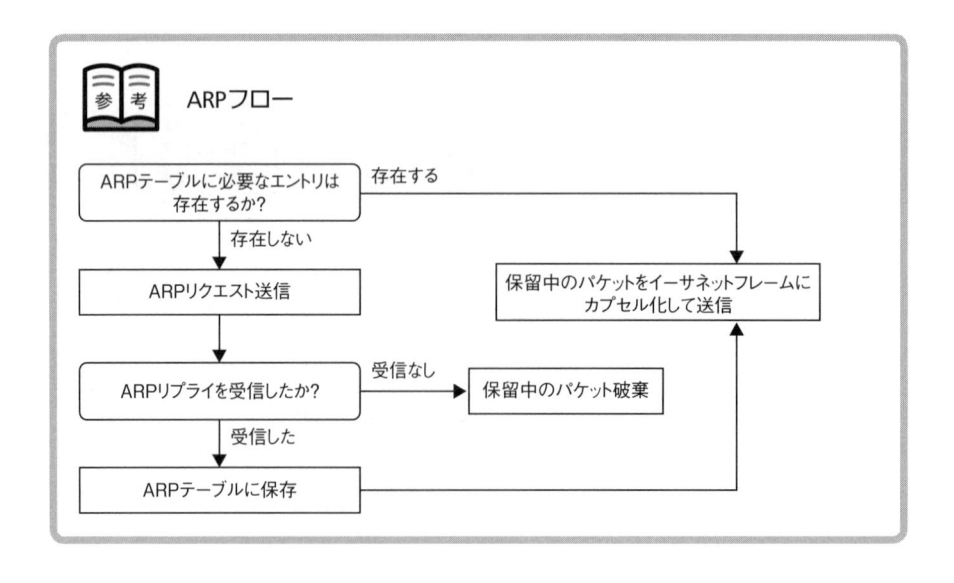

ARPテーブルに必要なエントリは存在するか？
- 存在する → 保留中のパケットをイーサネットフレームにカプセル化して送信
- 存在しない → ARPリクエスト送信

ARPリプライを受信したか？
- 受信なし → 保留中のパケット破棄
- 受信した → ARPテーブルに保存 → 保留中のパケットをイーサネットフレームにカプセル化して送信

> **参考　アドレス解決**
>
> プロトコル上のアドレスを物理的なアドレスに置き換えることを**アドレス解決**（address resolution）といいます。ARPは、IPアドレスからイーサネットのMACアドレスを得るための代表的なアドレス解決プロトコルであり、インターネット層とリンク層にまたがったプロトコルということができます。

●別ネットワークの相手と通信する場合のARP

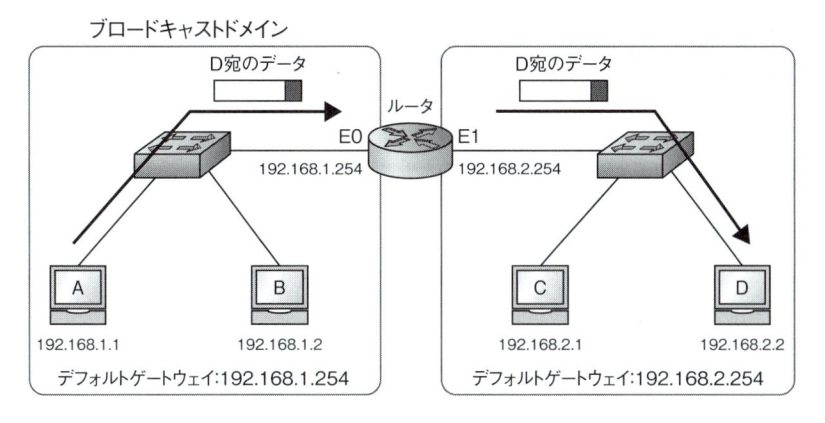

　ARPリクエストはブロードキャストで送信されますが、ルータはブロードキャストをほかのネットワークへ転送しないため、ルータの先にある別ネットワークの宛先ホストのMACアドレスを取得できません。通信相手が別のネットワークにいる場合、パケットはデフォルトゲートウェイであるルータに渡して転送してもらう必要があります。

　たとえば、次の図でホストAからDへ通信する場合、ホストAはデフォルトゲートウェイ（ルータのE0）のMACアドレスをARPで取得し、アドレス解決したあとにパケットをデフォルトゲートウェイに渡します。同様に、ルータもホストDのMACアドレスをARPで取得したあとにパケットを宛先Dへ転送します。

【別ネットワークの相手と通信する場合のARP】

ブロードキャストドメイン

D宛のデータ　　　　　　　　　　　D宛のデータ

ルータ
E0　　　E1
192.168.1.254　192.168.2.254

A　　　　　　B　　　　　　　　　C　　　　　　D
192.168.1.1　192.168.1.2　　　192.168.2.1　192.168.2.2
デフォルトゲートウェイ：192.168.1.254　　　デフォルトゲートウェイ：192.168.2.254

このとき、ホストAがデフォルトゲートウェイ（ルータのE0）に渡したパケットのレイヤ2とレイヤ3のヘッダには、次のアドレスが含まれます。

【ホストAからデフォルトゲートウェイへ送信されるデータのアドレス】

	レイヤ2（イーサネットヘッダ）	レイヤ3（IPヘッダ）
送信元アドレス	ホストAのMACアドレス	ホストAのIPアドレス
宛先アドレス	ルータのE0のMACアドレス	ホストDのIPアドレス

↑
ARPで取得

ルータがホストDへ転送したパケットのレイヤ2とレイヤ3のヘッダには、次のアドレスが含まれます。

【ルータからホストDへ転送されるデータのアドレス】

	レイヤ2（イーサネットヘッダ）	レイヤ3（IPヘッダ）
送信元アドレス	ルータのE1のMACアドレス	ホストAのIPアドレス
宛先アドレス	ホストDのMACアドレス	ホストDのIPアドレス

↑
ARPで取得

送信元と宛先のレイヤ3アドレスは、通信の途中にどのようなネットワークを介しても変更されることはありません。しかし、レイヤ2アドレスは、ルータを経由する前とあとで送信元と宛先のアドレスが変化します。

> **試験対策**
> ルータはパケットを転送する際に、フレームヘッダのレイヤ2のアドレスおよびFCSを書き換えます。レイヤ3のアドレスは変更されないので注意しましょう。
> また、スイッチはフレームを転送する際にアドレスを書き換えることはありません。

● ARPテーブルの表示

　Windows PCでARPテーブルに保存されたキャッシュを表示する場合、arp -aコマンドを使用します。次の画面は、Windowsのコマンドプロンプトでのコマンドで ARPテーブルの内容を表示したものです。

【ARPテーブル】

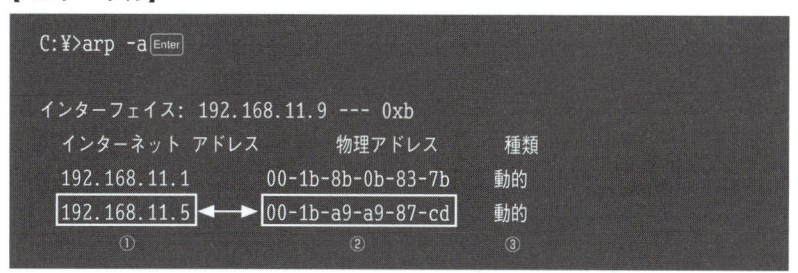

```
C:¥>arp -a Enter

インターフェイス: 192.168.11.9 --- 0xb
  インターネット アドレス     物理アドレス         種類
  192.168.11.1         00-1b-8b-0b-83-7b    動的
  192.168.11.5         00-1b-a9-a9-87-cd    動的
         ①                  ②             ③
```

① インターネットアドレス：IPアドレス
② 物理アドレス：MACアドレス
③ 種類：アドレスの保存種別
　・動的 …… 自動的に学習されたエントリ。一定時間使用されないと自動的に消去される
　・静的 …… 静的に登録されたエントリ。永続的に保存される

　キャッシュエントリを即時に消去するには、arp -dコマンドを実行します。なお、CiscoルータでARPテーブルを表示する場合、**show ip arpコマンド**(あるいはshow arpコマンド)を使用します。

試験対策

ARPのまとめ
・IPアドレスを基にMACアドレスを取得する
・インターネット層の(インターネット層とリンク層にまたがった)プロトコル
・ARPパケットにIPヘッダは含まれない
・ARPリクエストはブロードキャストで送信する
・ホストはフレームの宛先MACアドレスを決定するためにARPを使用
・転送途中のルータもネクストホップのMACアドレスを取得するために、ARPを実行する
・ARPテーブルの表示：Windowsの場合「arp -a」、Cisco IOSの場合「show ip arp」

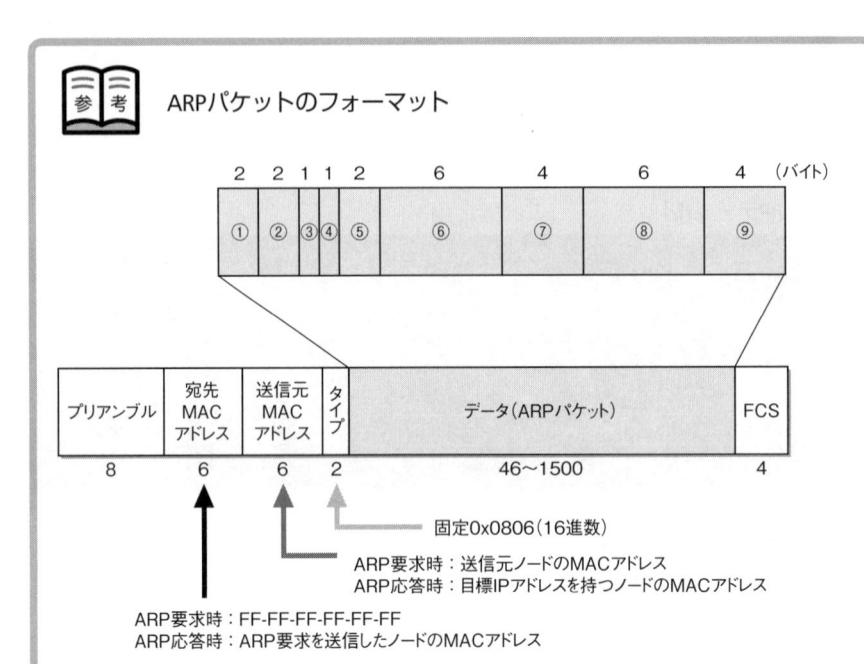

ARPパケットのフォーマット

```
  2  2 1 1 2    6      4      6      4   （バイト）
 ┌──┬──┬─┬─┬──┬──────┬────┬──────┬────┐
 │① │② │③│④│⑤ │  ⑥  │ ⑦ │  ⑧  │ ⑨ │
 └──┴──┴─┴─┴──┴──────┴────┴──────┴────┘
```

プリアンブル	宛先MACアドレス	送信元MACアドレス	タイプ	データ（ARPパケット）	FCS
8	6	6	2	46～1500	4

固定0x0806（16進数）

ARP要求時：送信元ノードのMACアドレス
ARP応答時：目標IPアドレスを持つノードのMACアドレス

ARP要求時：FF-FF-FF-FF-FF-FF
ARP応答時：ARP要求を送信したノードのMACアドレス

① Hardware Type：ハードウェア種別。イーサネットの場合「0x0001（16進数）」
② Protocol Type：プロトコル種別。IPの場合「0x0800（16進数）」
③ Hardware Length：MACアドレスの長さ。イーサネットの場合は「0x0006（16進数）」で6バイト（48ビット）を示す
④ Protocol Length：上位プロトコルで利用されるアドレスの長さ。IPv4の場合は「0x0004（16進数）」で4バイト（32ビット）を示す
⑤ Opcode：requestの場合「0x0001（16進数）」、replyの場合「0x0002（16進数）」
⑥ Sender MAC address：送信元MACアドレス
⑦ Sender IP address：送信元IPアドレス
⑧ Target MAC address：宛先のMACアドレス。requestの場合は「00-00-00-00-00-00」
⑨ Target IP address：宛先のIPアドレス。このアドレスが自身と一致するとARPに応答する

※ ARPパケットのデータサイズが28バイト（46バイト未満）なので、パディング*データ（18バイト分）が付加される

ICMP

ICMP(Internet Control Message Protocol)は、IPプロトコルのエラー通知や制御メッセージを転送するためのプロトコルです。

IPはベストエフォートといわれる通信形態であり、パケットが宛先に送られるように努力はしますが、必ず到達するという保証はありません。したがって、通信途中でエラーが発生してもそれを知らせたり、ネットワークに関する情報を入手したりできません。

TCP/IPの通信ではICMPを利用して、パケットが転送できなかったときのエラーを送信者に通知したり、ネットワークの状態を診断したりします。ICMPはIPにとって必要不可欠な要素であり、IPを実装するすべてのノードがICMPに対応しています。

ICMPはインターネット層のプロトコルであり、IPの上位に位置しています。ICMPメッセージは、次の図で示すとおり4つのフィールドで構成されています。

【ICMPのフォーマット】

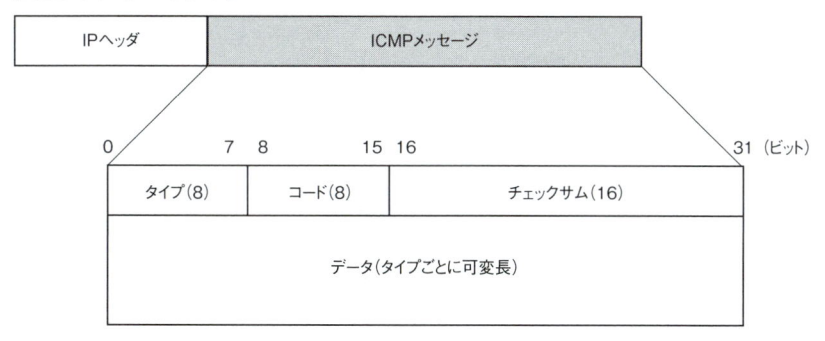

```
┌─────────┬──────────────────────────────┐
│ IPヘッダ │        ICMPメッセージ         │
└─────────┴──────────────────────────────┘

0        7 8       15 16                    31 （ビット）
┌─────────┬─────────┬──────────────────────┐
│ タイプ(8)│ コード(8)│    チェックサム(16)    │
├─────────┴─────────┴──────────────────────┤
│          データ（タイプごとに可変長）          │
└──────────────────────────────────────────┘
```

タイプフィールドでメッセージの種類を示し、コードによってさらに分類しています。通知する必要がある情報は、データ部分に格納します。RFCでは15種類のタイプが定義されています。よく使用されるタイプとコードの組み合わせは、次ページの表のとおりです。

ICMPメッセージには、大きく分けてエラー通知(Error)と問い合わせ(Query)の2種類があります。

●エラー通知(Error)

伝送経路に障害が発生したり、パケットが何らかの理由で転送途中に破棄されてしまったりした場合、エラーレポートを送信元に通知するメッセージです。エラー通知の例としては、タイプ3の「Destination Unreachable：宛先到達不能」がありますが、そのエラーの理由はさまざまです。たとえば、コード0は「宛先ネットワークに到達できない」、コード4は「パケットを分割する必要があるのに分割を禁止しているために、転送できなかった」ことをそれぞれ示しています。このように、タイプ3だけでも0～15のコードが用意されています。

●問い合わせ（Query）

特定のノードに対して問い合わせを実行し相手からの応答を受け取ることで、あるテーマに対するネットワークの診断を行います。このICMPの問い合わせの仕組みを利用した代表的なコマンドがpingとtracerouteです。

【代表的なICMPタイプとコードの組み合わせ一覧】

タイプ	コード	名前	意味	種類
0：Echo Reply（エコー応答）	0	Echo Reply Message	エコー応答	Query
3：Destination Unreachable（宛先到達不能）	0	Net Unreachable	宛先ネットワークに到達できない	Error
	1	Host Unreachable	宛先ホストに到達できない	
	2	Protocol Unreachable	プロトコルに到達できない（存在しない）	
	3	Port Unreachable	宛先ポートに到達できない	
	4	Fragmentation Needed and Don't Fragment was Set	パケットの分割が必要だが、分割禁止のフラグが立っているため破棄	
	5	Source Route Failed	ソースルーティングが失敗した	
	6	Destination Network Unknown	宛先ネットワークが不明である	
	7	Destination Host Unknown	宛先ホストが不明である	
	8	Source Host Isolated	送信元がネットワークにアクセスできない	
	9	Communication with Destination Network is Administratively Prohibited	宛先ネットワークとの通信が管理的に禁止されている	
	10	Communication with Destination Host is Administratively Prohibited	宛先ホストとの通信が管理的に禁止されている	
	11	Destination Network Unreachable for Type of Service	指定された優先制御の値では、宛先ネットワークに到達できない	
	12	Destination Host Unreachable for Type of Service	指定された優先制御の値では、宛先ホストに到達できない	
	13	Communication Administratively Prohibited	通信が管理的に禁止されている	
	14	Host Precedence Violation	ホストの優先度違反	
	15	Precedence Cutoff in Effect	優先制御が事実上切断された	
5：Redirect（経路変更）	0	Redirect Datagrams for the Network (or subnet)	指定されたネットワークへの最適経路変更を通知	Error
	1	Redirect Datagrams for the Host	指定されたホストへの最適経路を通知（ICMPリダイレクト）	
	2	Redirect Datagrams for the Type of Service and Network	優先制御時に指定されたネットワークへの最適経路を通知	
	3	Redirect Datagrams for the Type of Service and Host	優先制御時に指定されたホストへの最適経路を通知	
8：Echo Request（エコー要求）	0	Echo Request Message	エコー要求	Query
11：Time Exceeded（時間超過）	0	Time to Live exceeded in Transit	転送中にTTLの値が0になった（TTL超過）	Error
	1	Fragment Reassembly Time Exceeded	分割されたパケットの組み立て中に時間切れになった	

●ping

pingは、特定のノードとIP通信できるかどうかを確認するためのツール(コマンド)です。pingはICMPのエコー要求(Type8)メッセージとエコー応答(Type0)メッセージを使用します。エコー要求を受信したノードは、エコー応答を返信するルールになっており、エコー応答を受信できれば、自分から宛先までのネットワークの接続性に問題がないと判断できます。応答が返ってこなかったり、時間がかかり過ぎたりすると、ネットワーク上に何らかの問題があると考えます。

次の図では、Windowsのコマンドプロンプトから**pingコマンド**を実行し、指定したサーバ(192.168.11.1)とのIP通信が可能かどうか確認しています。

【ping】

① pingコマンド実行
ユーザ
② エコー要求送信(デフォルト4回)
ICMPエコー要求(タイプ=8、コード=0)
サーバ
③ エコー応答返信
④ エコー応答が返ってきたので、サーバとIP通信が可能
ICMPエコー応答(タイプ=0、コード=0)
IPアドレス:192.168.11.1

```
C:¥ping 192.168.11.1

192.168.11.1 に ping を送信しています 32 バイトのデータ:
192.168.11.1 からの応答: バイト数 =32 時間 =2ms TTL=255
192.168.11.1 からの応答: バイト数 =32 時間 =2ms TTL=255
192.168.11.1 からの応答: バイト数 =32 時間 =2ms TTL=255
192.168.11.1 からの応答: バイト数 =32 時間 =2ms TTL=255
                         ❶         ❷         ❸
192.168.11.1 の ping 統計:
    パケット数: 送信 = 4、受信 = 4、損失 = 0 (0% の損失)、
ラウンド トリップの概算計算 (ミリ秒) :
    最小 = 2ms、最大 = 2ms、平均 = 2ms
```

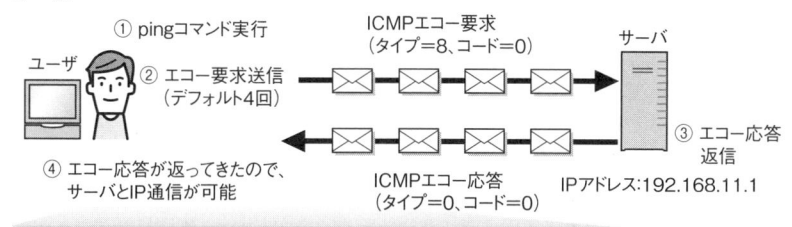

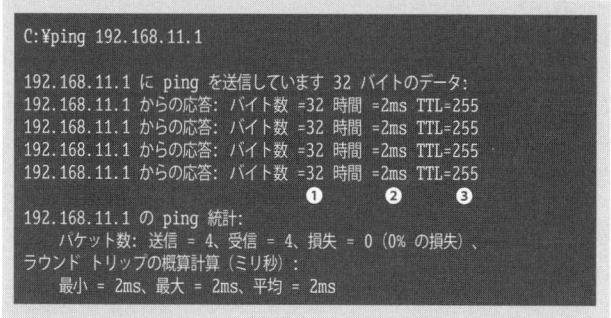

❶ 送信したデータサイズ
❷ エコー要求を送信し、エコー応答を受信するまでに経過した時間
❸ ルータを通過できる数(255の場合、残り254台通過できる)

Windowsの場合、エコー要求を4つ送信します。「192.168.11.1からの応答:バイト数 =32 時間 =2ms TTL=255」は、エコー応答メッセージを受信できたことを示しており、192.168.11.1へのpingが成功したことがわかります。

> **pingのタイムアウト**
>
> pingを実行したとき、指定した宛先IPアドレスに対応するMACアドレスが不明な場合、MACアドレスを取得するためにARPの要求と応答のやり取りが発生します。そのため、pingの1回目はARPによるMACアドレス取得に時間がかかってしまいタイムアウト（失敗）することがあります。ARPで取得したMACアドレスは、しばらくの間はARPテーブルで保持されます。

● traceroute

tracerouteは、送信元から宛先までの経路情報を取得するためのツール（コマンド）です。tracerouteでは、IPヘッダ内のTTL値を1にセットして指定したノードにICMPエコー要求メッセージを送ります。TTLの値は、パケットを受け取った途中のルータによって1ずつ減らされていきます。値が0になったところのルータはパケットを破棄し、ICMP時間超過メッセージを使って送信元にエラー通知します。tracerouteはこの仕組みを利用してTTL値を徐々に増やしていくことで、各エラー通知によって送信元から指定した宛先までの間に通過するルータがわかり、実際にパケットが転送されるときの経路情報を確認することができます。

次の図では、Windowsのコマンドプロンプトからtracertコマンドを実行し、指定したサーバ（172.16.14.2）と通信するときの経路情報を調べています。

Windowsの場合、tracerouteを実行するのにtracertコマンドを使用します。今回の出力（図の下部を参照）は3行ですが、これは宛先までに2台のルータを経由したことを意味します。また、最終行に指定した宛先のIPアドレスが表示されているのは、tracerouteが最後まで完了したことを示しています。

宛先への経路途中で何らかのトラブルが発生している場合、途中から時間超過メッセージが送られてこなくなります。たとえば、「2 ＊＊＊ 要求がタイムアウトしました。」と表示された場合は、1台目と2台目のルータ間のリンクに障害があるか、2台目のルータに問題が発生していると考えられます。

3-2 インターネット層

【traceroute】

サーバ宛のパケットは、ルータA→Bを通過しているか？

① tracertコマンド（tracert 172.16.14.2）実行
② TTL=1でIPパケット送信
③ TTL値−1で0になったのでパケットを破棄し、時間超過で通知
④ ルータAから時間超過が到着 今度はTTL=2でIPパケット送信
⑤ 受け取ったときのTTL値から1減らして、ルータBにパケット（TTL=1）を転送
⑥ TTL値−1で0になったのでパケットを破棄し、時間超過で通知
⑦ ルータBから時間超過が到着 今度はTTL=3でIPパケット送信
⑧ サーバ（宛先）にエコー要求メッセージが届き、送信元へエコー応答を返信する
⑨ 宛先からエコー応答を受信したので、tracerouteは終了

デフォルトで3回送信

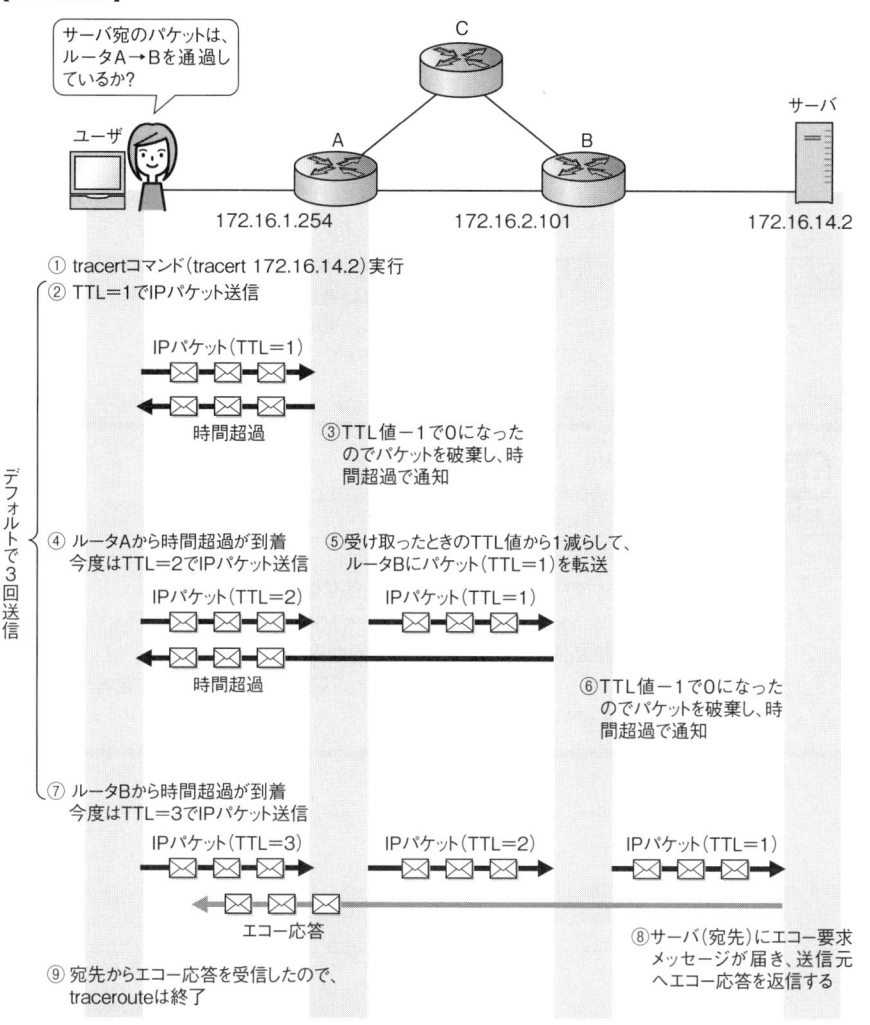

```
C:\>tracert 172.16.14.2      ←172.16.14.2へtracerouteを実行

[172.16.14.2]へのルートをトレースしています
経由するホップ数は最大 30 です：

  1    <1 ms    <1 ms    <1ms   172.16.1.254
  2    <1 ms    <1 ms    <1ms   172.16.2.101
  3    <1 ms    <1 ms    <1ms   172.16.14.2
  ❶      ❷                       ❸
トレースを完了しました。
```

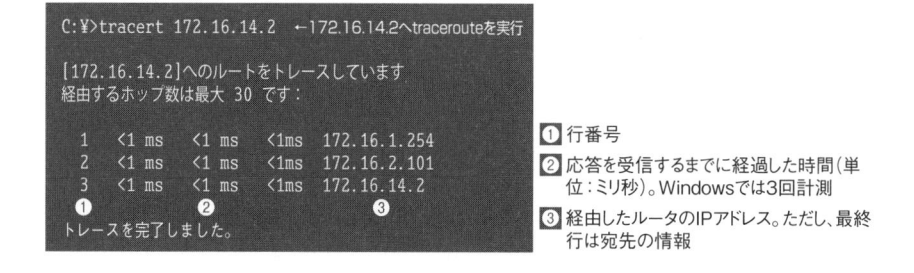

❶ 行番号
❷ 応答を受信するまでに経過した時間（単位：ミリ秒）。Windowsでは3回計測
❸ 経由したルータのIPアドレス。ただし、最終行は宛先の情報

tracerouteを使用すると、パケットが適切な経路を通っているか、つまり、ルータが正しく設定されているかどうかを調べることができます。また、トラブルが発生して通信ができない場合には、トラブルの原因がどのルータにあるかを突き止めたり、パケットの往復時間によってネットワークの混雑具合を調べたりするのにも役立ちます。

tracerouteを実行したときに送信されるパケットは、使用するOSやソフトウェアによって実装が若干異なる場合があります。たとえば、WindowsではICMPエコー要求メッセージを送信し、最終の宛先はICMPエコー応答メッセージを返信しますが、Cisco IOSではUDP[※5]メッセージを送信し、最終の宛先はICMPメッセージ(タイプ3：宛先到達不能、コード3：ポート到達不能)を送信します(UDPの場合でも、IPヘッダ内のTTLを使用しているため、基本的な仕組みはWindowsの場合と同じ)。

参照 → Ciscoルータにおけるpingとtracerouteコマンドの使用方法
→「5-5 Cisco IOSの接続診断ツール」(228ページ)

試験対策

ICMPのまとめ
・IPのエラー通知や制御メッセージを送信する
・インターネット層のプロトコル
・ICMPメッセージはIPでカプセル化される
・pingは、ICMPのエコー要求とエコー応答を使用
・traceroute(Windowsの場合はtracert)もICMPのエコー要求を使用
・エコー要求(エコーリクエスト)は、メッセージタイプ8
・ルータはパケットを転送できないとき、パケットを破棄して送信者にICMP (宛先到達不能)で通知する

[※5] 【UDP】(ユーディーピー)User Datagram Protocol：TCP/IPプロトコルスタックのトランスポート層プロトコル。信頼性を保証するための制御を行わないので処理が軽く、高速転送が可能

3-3 トランスポート層

トランスポート層の役割は、アプリケーションに対して信頼性のある通信を提供することです。つまり、送信したデータが宛先に正しく届けられることが保証されている通信を実現するのがこの層の役割です。この節では、トランスポート層のプロトコルであるTCPとUDPについて説明します。

トランスポート層の機能

トランスポート層には、**TCP**(Transmission Control Protocol)と**UDP**(User Datagram Protocol)という2つのプロトコルがあり、これによって、アプリケーションに直接通信サービスを提供します。

トランスポート層が提供する基本サービスにセッションの多重化があります。**セッションの多重化**とは、ある1つのIPアドレスを持つコンピュータで複数のアプリケーションを同時に使用できるようにする機能をいい、これはTCPとUDPの両方でサポートされます。

TCPは「コネクション型」のプロトコルで、エンドツーエンド間で信頼性の高い通信を行います。一方、UDPは「コネクションレス型」で、基本的なデータ転送サービスのみを提供する単純なプロトコルです。どちらを使用するかは、アプリケーション層プロトコルによって決定されます。

IPは コネクションレス

【TCP/IPトランスポート層のプロトコル】

| アプリケーション層 |
| トランスポート層 | ← TCP(コネクション型) UDP(コネクションレス型) |
| インターネット層 |
| リンク層 |

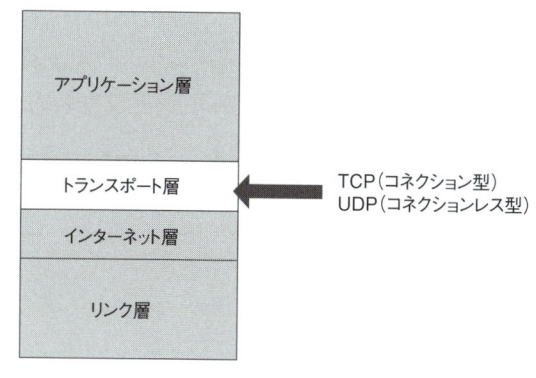

> **試験対策**
> ・TCP …… コネクション型(信頼性あり／同期化された通信)
> ・UDP …… コネクションレス型(信頼性なし)

ポート番号

ポート番号とは、コンピュータがデータ通信を行う際に通信先のアプリケーションを特定するための番号です。

TCP/IP通信では、IPアドレスによって通信相手を特定することはできますが、そのコンピュータ上で動作している複数のアプリケーションを識別することができません。宛先のコンピュータにデータを届けるまでがIPの役割で、その先のアプリケーションにデータを届けるのがポート番号の役割です。

ポート番号を使用すると、ユーザは1台のコンピュータで複数のアプリケーションを同時に利用することができます。たとえば、Webブラウザのウィンドウを複数開いているときにWebページが適切なウィンドウに表示されるのも、Webページを閲覧しながら電子メールの送受信ができるのも、ポート番号によってそれぞれのプログラムを識別し、正しくデータを渡すように処理しているためです。

ポート番号は16ビットの整数で、0～65535の範囲です。具体的なポート番号はIANA[*]によって管理され、次の3種類に分かれています。

【ポート番号の種類】

ポート番号	種類	説明
0～1023	ウェルノウンポート	プロトコル別に予約され、主にサーバで使用される番号
1024～49151	登録済みポート	番号とアプリケーションの関係をIANAに登録できる番号。1024番は予約されているため、実際には1025番以降を使用する
49152～65535	ダイナミックポート	自由に使用でき、主にクライアントが送信元ポートとして使う番号

※ IANAでは、ユーザ側で使用するポート番号に49152～65535を用いるように提言しているが、実際にクライアント側で使用するポート番号はOSによって異なる

ウェルノウン(well-known)とは「既知の」「よく知られた」という意味を持ち、一般的に使用されるアプリケーションごとに割り当てられています。

たとえば、Webサーバにアクセスして Webページを要求する場合、ユーザ側(クライアント)では80番(HTTP)を宛先ポートとしてアクセスします。Webサーバ側では80番のポートを開いて接続を待ちます。同様に、メールサーバは25番のポートを開いて待ちます。このように、アプリケーションごとにあらかじめポート番号が決められているため、クライアントはこの番号を宛先に指定することで、特定のアプリケーションにアクセスすることができます。

一方、サーバからのデータを適切なアプリケーションで受け取るためには、ユーザ側にもポート番号が必要になります。ユーザ側で使用するポート番号は、通常、アプリケーション同士で重複しないようにOSがランダムに割り当てます。

【ポート番号】

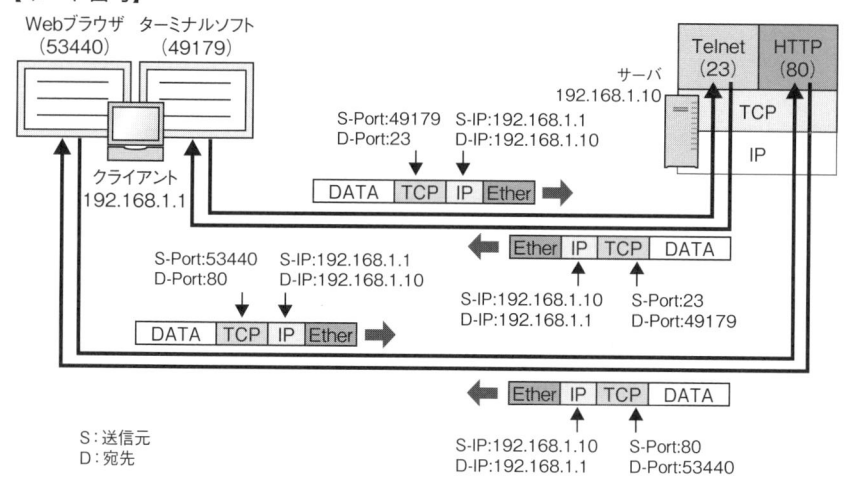

※ サーバからクライアントへ返信されるとき、各層のヘッダにある送信元と宛先は入れ替えて送信される

> **試験対策**
>
> 代表的なウェルノウンポートには、次の表のようなものがあります。IANAでは、ほとんどのプロトコルにTCPとUDPで共通のポートを予約していますが、一般にアプリケーションで使用されているのは、以下のとおりです。
>
> | ポート | プロトコル | TCP/UDP |
> | --- | --- | --- |
> | 20 | FTP-Data | TCP |
> | 21 | FTP | TCP |
> | 22 | SSH | TCP |
> | 23 | Telnet | TCP |
> | 25 | SMTP | TCP |
> | 53 | DNS | UDP、TCP |
> | 67 | DHCP(Bootstrap Protocol Server) | UDP |
> | 68 | DHCP(Bootstrap Protocol Client) | UDP |
> | 69 | TFTP | UDP |
> | 80 | HTTP | TCP |
> | 110 | POP3 | TCP |
> | 123 | NTP | UDP |
> | 161 | SNMP | UDP |
> | 162 | SNMP(TRAPS) | UDP |
> | 443 | HTTPS | TCP |
> | 520 | RIP | UDP |
>
> http://www.iana.org/assignments/port-numbers

TCP

TCP(Transmission Control Protocol)は、コネクション型のプロトコルです。データを送信する前に通信相手とのコネクションを確立します。

TCPはアプリケーション層からデータを受け取ると、ネットワーク層のMTUに適したサイズに分割しTCPセグメントを生成します。これを**セグメンテーション**といいます。また、TCPはいくつかの高度な機能によって信頼性のある通信を提供しています。TCPセグメントのフォーマットは次のとおりです。

【TCPセグメントのフォーマット】

| IPヘッダ | TCPヘッダ | データ |

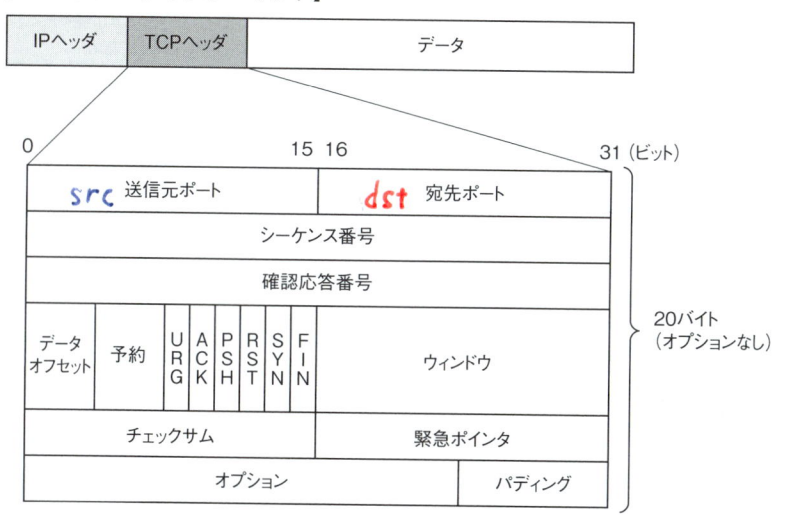

TCPヘッダ構造（0～31ビット、20バイト オプションなし）:
- 送信元ポート(src) / 宛先ポート(dst)
- シーケンス番号
- 確認応答番号
- データオフセット / 予約 / URG / ACK / PSH / RST / SYN / FIN / ウィンドウ
- チェックサム / 緊急ポインタ
- オプション / パディング

- 送信元ポート(16ビット) ……… 送信元のポート番号
- 宛先ポート(16ビット) ………… 宛先のポート番号
- シーケンス番号(32ビット) …… 断片化(分割)されたデータのどのデータ部かを示す番号。受信側で到着したデータの順序制御に使用される
- 確認応答番号(32ビット) ……… データを受信したことを通知し、次に受信したいデータのシーケンス番号を通知する
- データオフセット(4ビット) …… TCPヘッダは可変長のため、受信側はこの値によってTCPヘッダの末尾を認識し、データ部分の位置を判断する
- 予約(6ビット) ………………… 将来の拡張に備えて予約している未使用のフィールド。通常は0
- 制御ビット(6ビット) ………… 6つのビットで構成され、個々のビットに意味を持たせてさまざまな制御を行う。各ビットをフラグという。次ページの表を参照
- ウィンドウ(16ビット) ………… 受信側で受信可能なバッファの大きさを送信側に通知するために使用される。単位はオクテット
- チェックサム(16ビット) ……… TCPヘッダとデータ部のエラーチェックを行う

- ・緊急ポインタ（16ビット） ……… 緊急処理が必要なデータの場所を示す値。URGビットは1にセットされる
- ・オプション（可変長） …………… 必要に応じてオプションを追加
- ・パディング（可変長） …………… オプションを使用したとき、TCPヘッダが32ビットの倍数になるように0を挿入して調整する

【制御ビット】 コードビット

フラグ	1がセットされたときの意味
URG（Urgent Pointer）	緊急に処理すべきデータを含んでいることを示す。緊急ポインタフィールドと一緒に使用する
ACK（Acknowledgment） 了承	確認応答番号フィールドが有効であることを示す。最初にコネクションを確立するSYNセグメント以外は常に1になる
PSH（Push）	受信したデータをすぐにアプリケーションに渡す
RST（Reset）	何らかの異常が検出されたため、コネクションの強制的な切断を要求する
SYN（Synchronize）	コネクションの確立を要求する
FIN（Finish）	これ以上送信データがないため、コネクションの終了を要求する

● コネクションの確立と終了

　TCPは、アプリケーションのデータ送信を行う前に仮想のコネクションを確立してからデータのやり取りを開始します。このコネクションを確立するための手順を、**3ウェイハンドシェイク**（スリーウェイハンドシェイク）といいます。

　3ウェイハンドシェイクでは、制御ビットを使用してTCPセグメントを3回やり取りします。また、このときにシーケンス番号の初期値を決定します。

　次の図は、ホストAからBへ通信する際のコネクション確立（3ウェイハンドシェイク）を示しています。

3-3 トランスポート層

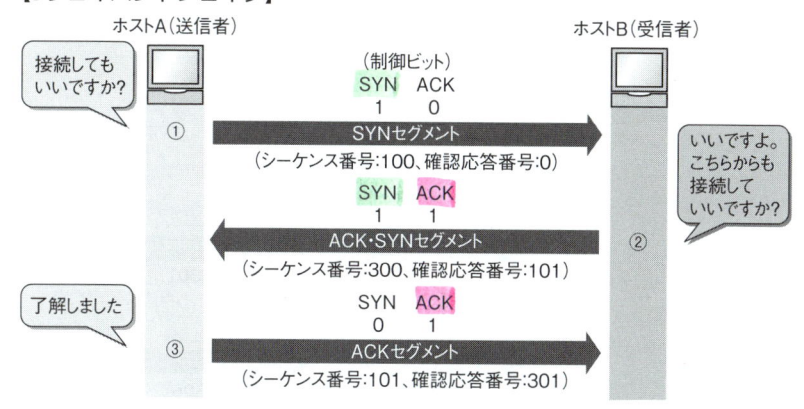

【3ウェイハンドシェイク】

ホストA(送信者) → ホストB(受信者)

① SYNセグメント (制御ビット SYN=1, ACK=0)
（シーケンス番号:100、確認応答番号:0）
「接続してもいいですか?」

② ACK・SYNセグメント (SYN=1, ACK=1)
（シーケンス番号:300、確認応答番号:101）
「いいですよ。こちらからも接続していいですか?」

③ ACKセグメント (SYN=0, ACK=1)
（シーケンス番号:101、確認応答番号:301）
「了解しました」

① ホストAからBに対してコネクション確立を要求する
 ・制御ビット：(SYN＝1、ACK＝0)
 ・初期シーケンス番号：ランダムな値（この例では100）
 ・確認応答番号：0
② ホストBは、Aからのコネクション確立の要求に応えると同時に、ホストBからAに対してもコネクション確立を要求する
 ・制御ビット：(SYN＝1、ACK＝1)
 ・初期シーケンス番号：ランダムな値（この例では300）
 ・確認応答番号：受信したときのシーケンス番号＋1
③ ホストAは、Bからのコネクション確立の要求に応える
 ・制御ビット（SYN＝0、ACK＝1）
 ・シーケンス番号：初期値＋1
 ・確認応答番号：受信したときのシーケンス番号＋1

> **試験対策**
> TCPの通信では、最初に3ウェイハンドシェイクを行ってコネクションを確立します。
> 3つのメッセージの制御ビット(どのビットに1をセットするか)がポイントです。

　以上の手順で、2つ(上りと下り)の仮想的なコネクションが確立され、それぞれの初期シーケンス番号も決定しました。このあと、実際のデータ転送が開始されます。データの転送時に使用されるシーケンス番号は、そのまま引き継がれます。また、データの送信が完了したときには、制御ビットのFINフラグによって相手に終了の要求を通知します。

次の図は前図の続きで、コネクション確立後のデータ転送と、コネクション終了の様子を示しています。

【データ転送とコネクションの終了】

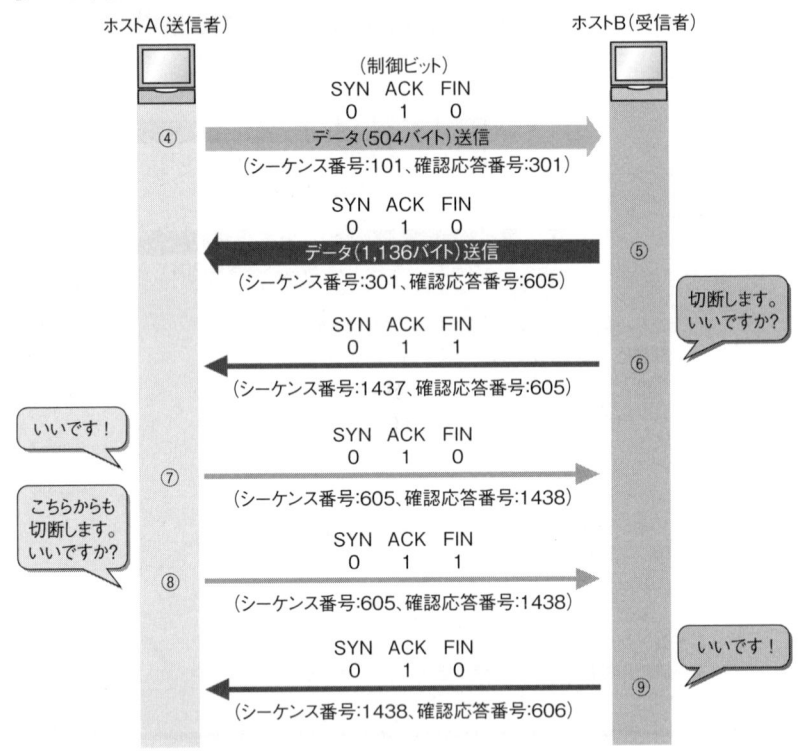

ホストA（送信者）　　　　　　　　　　　　　　　　ホストB（受信者）

（制御ビット）
SYN ACK FIN
 0　 1　 0

④ データ（504バイト）送信 →
（シーケンス番号：101、確認応答番号：301）

SYN ACK FIN
 0　 1　 0

← データ（1,136バイト）送信　⑤
（シーケンス番号：301、確認応答番号：605）

切断します。いいですか？

SYN ACK FIN
 0　 1　 1

←　⑥
（シーケンス番号：1437、確認応答番号：605）

いいです！

SYN ACK FIN
 0　 1　 0

⑦　→
（シーケンス番号：605、確認応答番号：1438）

こちらからも切断します。いいですか？

SYN ACK FIN
 0　 1　 1

⑧　→
（シーケンス番号：605、確認応答番号：1438）

SYN ACK FIN
 0　 1　 0

←　⑨
（シーケンス番号：1438、確認応答番号：606）

いいです！

※3ウェイハンドシェイク後のやり取りは、アプリケーションや通信の状況によって異なる

④ ホストAはBに対してデータ（504バイト）を送信する
　・制御ビット：ACK＝1
　・シーケンス番号、確認応答番号：3ウェイハンドシェイク直後と同じ値
⑤ ホストBはAに対してデータ（1,136バイト）を送信する
　・制御ビット：ACK＝1
　・シーケンス番号：④の確認応答番号と同じ値
　・確認応答番号：④のシーケンス番号＋受信データサイズ（この例では101＋504）
⑥ ホストBはデータの送信が完了したので、コネクションの終了を通知する
　・制御ビット：ACK＝1、FIN＝1
　・シーケンス番号：⑤のシーケンス番号＋送信データサイズ（この例では301＋1,136）
　・確認応答番号：⑤の確認応答番号と同じ値
⑦ ホストBからFIN（終了）を受信したので、ホストAは確認応答を送信する
　・制御ビット：ACK＝1、FIN＝0
　・シーケンス番号：⑥の確認応答番号と同じ値

・確認応答番号：⑥のシーケンス番号＋1
⑧ ホストAからもコネクションの終了を通知する
　　・制御ビット：ACK＝1、FIN＝1
　　・シーケンス番号、確認応答番号：⑦と同じ値
⑨ ホストAからFIN（終了）を受信したので、ホストBは確認応答を送信する
　　・制御ビット：ACK＝1、FIN＝0
　　・シーケンス番号：⑧の確認応答番号と同じ値
　　・確認応答番号：⑧のシーケンス番号＋1

　以上のように、コネクション終了時には「4回会話」することで、TCPコネクションを正常に終了します。なお、コネクション終了の手続きをどちらから先に通知するかは、アプリケーション層プロトコルなどによって異なります。

● 順序制御と確認応答

　3ウェイハンドシェイクを経てコネクションが確立されると、データ転送の段階に入ります。コネクションという仮想の通信路が確立されているとはいえ、送信した順にデータが届かなかったり、データが壊れてしまったりする可能性があります。このような状況に対処するために、TCPは信頼性確保のためのいくつかの制御機能を備えています。

　1つのTCPセグメントで運ぶことができるデータ量のことを **MSS**（Maximum Segment Size）といいます。MSSはMTUからIPヘッダとTCPヘッダを除いた値になります。

【MSS】

MTU (Maximum Transmission Unit)

フレームヘッダ	フレームデータ

IPデータ（TCPセグメント）

IPヘッダ	TCPヘッダ	TCPデータ

MSS

　MSSは、3ウェイハンドシェイクのSYNセグメント送信時に、通信相手のMSSと比較して小さい方の値を採用します。単位はバイトです。
　TCPは、アプリケーションから大きなデータを受け取るとMSSに分割し、複数のTCPセグメントとして送信します。バラバラに分割されたデータは、受信側でシーケンス番号を使って正しい順に再構成します。この処理を **順序制御** といいます。また、受信側からの確認応答によって、相手がデータを完全に受信できたことを認識します。

次の例では、ホストAが3,000バイトのデータを3つのTCPセグメントに分割して送信しています。なお、ここではわかりやすくするために、MSSを1000、シーケンス番号を1にしています。

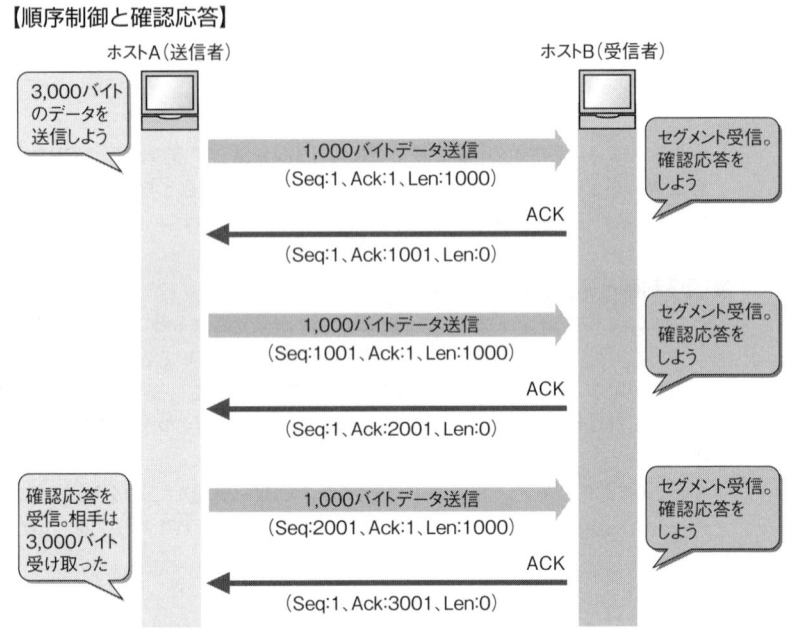

【順序制御と確認応答】

ホストA（送信者）　　　　　　　　　　　　ホストB（受信者）

3,000バイトのデータを送信しよう

1,000バイトデータ送信
（Seq:1、Ack:1、Len:1000）

セグメント受信。確認応答をしよう

ACK
（Seq:1、Ack:1001、Len:0）

1,000バイトデータ送信
（Seq:1001、Ack:1、Len:1000）

セグメント受信。確認応答をしよう

ACK
（Seq:1、Ack:2001、Len:0）

確認応答を受信。相手は3,000バイト受け取った

1,000バイトデータ送信
（Seq:2001、Ack:1、Len:1000）

セグメント受信。確認応答をしよう

ACK
（Seq:1、Ack:3001、Len:0）

※Seq:シーケンス番号、Ack:確認応答番号、Len:TCPデータ量

●再送制御

　ネットワークの状況によっては、ある1つのセグメントだけが届かなかったり、データが壊れていたり、あるいは確認応答を受信できなかったりすることがあります。このような問題を回避するため、TCPでは再送タイマーを設定し、ある一定の時間内に確認応答がこない場合、データを再送信（**再送制御**）します。なお、再送信などによって分割されたデータがバラバラの順序で到着しても、シーケンス番号を使用して元のデータに復元することができます。

●ウィンドウ制御（フロー制御）

　TCPヘッダには、**ウィンドウ**というフィールドがあります。ウィンドウは、受信したデータを一時的に溜めておくバッファ領域のことで、この大きさを**ウィンドウサイズ**といいます。

ウィンドウサイズの単位はバイト（オクテット）で、コネクションを確立するときのSYNセグメントで相手に通知しています。送信側は、受信側から確認応答を待たずにTCPセグメントを連続して送信することができ、ACKが1つでも送られて来たら次のデータを送信できます。この機能を**ウィンドウ制御（フロー制御）**といいます。

受信側はデータを受け取ると、一時的に受信バッファに保管して上位層のアプリケーションにデータを渡し、受信バッファからデータを削除して次のセグメントを処理します。受信側ではそれぞれのセグメントに対して受信できたことを確認応答で通知し、それによって、送信側は確認応答を待たずに送信できるウィンドウを徐々にスライドさせながらデータを送信します。このようなフロー制御の方式を**スライディングウィンドウ**と呼びます。

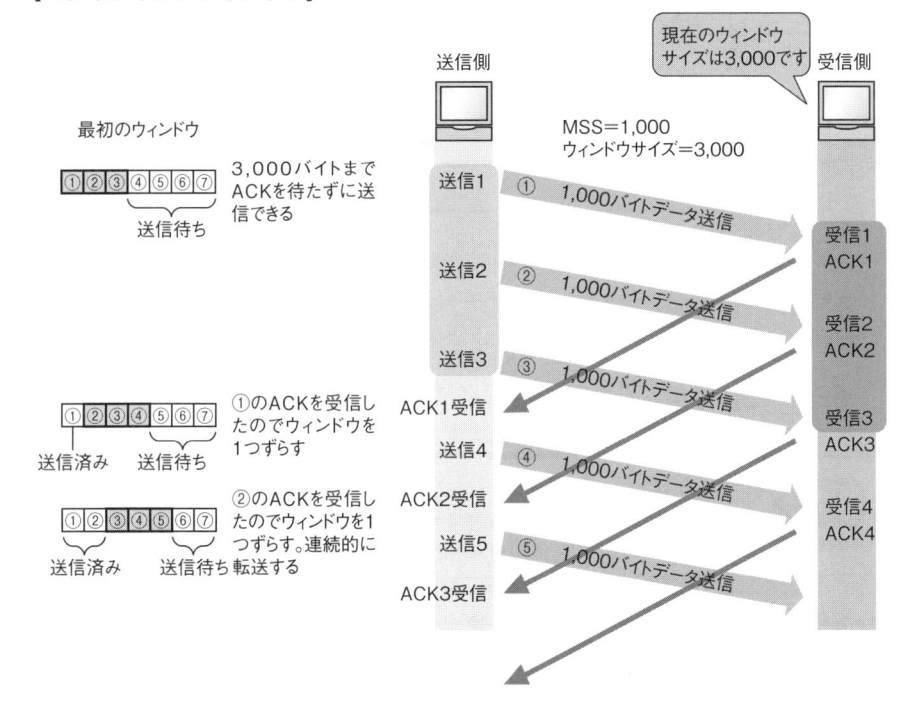

【スライディングウィンドウ】

試験対策

TCPには信頼性を保証するためのさまざまな機能があります。
・順序制御（シーケンス番号）　・エラー制御（確認応答）
・再送制御　　　　　　　　　・ウィンドウ制御（フロー制御）
・輻輳制御

UDP

UDP（User Datagram Protocol）は、コネクションレス型のプロトコルです。

UDPには、TCPのようなコネクションの確立、確認応答、シーケンス番号を使った順序制御やフロー制御などの機能はありません。UDPはポート番号でアプリケーションを識別してデータを渡すだけで、基本的には「何もしない」プロトコルです。そのため、信頼性が必要な場合にはアプリケーション層プロトコルによって行われます。

UDPヘッダは非常にシンプルな構成になっています。また、TCPでは送信するデータの単位を正式にはセグメントと呼びますが、UDPでは**データグラム**と呼びます。

【UDPデータグラムのフォーマット】

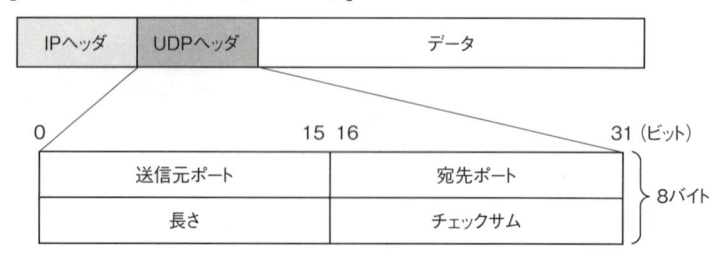

| IPヘッダ | UDPヘッダ | データ |

0	15	16	31（ビット）
送信元ポート		宛先ポート	
長さ		チェックサム	

⎫8バイト

- 送信元ポート（16ビット）…… 送信元のポート番号
- 宛先ポート（16ビット）……… 宛先のポート番号
- 長さ（16ビット）…………… UDPヘッダとデータ部の長さを合わせた値をオクテット（8ビット）単位で表したもの
- チェックサム（16ビット）…… UDPヘッダとデータ部のエラーチェックを行う

試験対策
TCPとUDPのヘッダにどのようなフィールドがあるか覚えておきましょう。
- 送信元ポート／宛先ポート、チェックサムは両方のフィールドに存在する
- TCPヘッダにはシーケンス番号が含まれる
- IPヘッダのフィールドと混同しないように

●UDPの用途

TCPによる通信では信頼性の確保はできますが、オーバーヘッド[※6]が大きいため、リアルタイムでの通信や高速性が要求される場面にはあまり向いていません。そのような場合には効率のよいUDPを利用します。

※6 【オーバーヘッド】overhead：ある処理を実行するためにかかる負荷の大きさを指す。システムの負荷によって処理に時間がかかる状態を「オーバーヘッドが大きい」などという

高速性が要求されるものの例として、音声や映像などのストリーミング配信が挙げられます。この種のパケットは、遅延が大きくなると品質が悪化し、音声の場合には音が聞き取りにくくなったり、映像の場合は画像が止まってしまったりします。したがって、信頼性よりも効率のよいデータ転送が要求されます。

　また、UDPはやり取りに必要なデータが1つのUDPデータグラムに十分に収まる、数百バイト程の小さなデータを転送する場合によく利用されます。たとえば、アプリケーション層プロトコルであるDNSやDHCPでは、クライアントが何らかの情報をサーバに問い合わせたとき、サーバから送られてくる情報が1個のデータグラムに収まります。そのため、TCPのように3ウェイハンドシェイクによって3回もパケットをやり取りしてからデータを転送するのは無駄であり、UDPが用いられるのです。

参考：TCPとUDPの比較

	TCP	UDP
タイプ	コネクション型	コネクションレス型
信頼性	高信頼性（あり）	ベストエフォート（なし）
シーケンス番号	あり	なし
オーバーヘッド	大きい※	小さい
特徴	・同期化された通信 ・コネクション確立と終了 ・シーケンス管理、確認応答 ・エラー回復機能 ・ウィンドウ制御（フロー制御）	・転送効率がよい ・データ回復機能なし
主な用途	・電子メール ・ファイル共有 ・Webページ閲覧 ・ダウンロード	・音声ストリーミング ・ビデオストリーミング ・少量データの転送

※ ウィンドウサイズ拡張（RFC1323）や選択確認応答（RFC2018）など、いくつかの「TCP最適化機能」がすでに標準化されている。これらの技術を利用すると、TCP通信でのオーバーヘッドを軽減させ、アプリケーションへの影響を最小限にすることが可能

3-4 アプリケーション層プロトコル

TCP/IPのアプリケーション層はOSI参照モデルの第5～7層に相当し、セッション層やプレゼンテーション層の機能はすべてアプリケーション層プロトコルに実装されています。本節では、主要なTCP/IPアプリケーション層プロトコルの概要を説明します。

アプリケーション層プロトコル

アプリケーション層プロトコルは、ネットワークを利用するアプリケーション特有の処理を行います。[ ]内はポート番号と、TCP/UDPのいずれかを示しています。

- DHCP(Dynamic Host Configuration Protocol)：[67、68/UDP]
  コンピュータがネットワーク接続する際に必要となる、IPアドレスなどの情報を自動的に割り当てます。

- DNS(Domain Name System)：[53/UDP、TCP]
  インターネット上のホスト名(ドメイン名)とIPアドレスを対応させる仕組みを提供します。

- HTTP(Hyper Text Transfer Protocol)：[80/TCP]
  クライアント(Webブラウザなど)とWebサーバ間でデータを送受信するときに使用します。

- HTTPS(Hyper Text Transfer Protocol Secure)：[443/TCP]
  WebブラウザとWebサーバ間の通信にSSLの暗号化を実装します。

- FTP(File Transfer Protocol)：[20、21/TCP]
  ネットワーク経由でファイルを転送するための機能を提供します。

- TFTP(Trivial File Transfer Protocol)：[69/UDP]
  ユーザ名やパスワードの検証なしにファイル転送機能を提供します。

- SMTP(Simple Mail Transfer Protocol)：[25/TCP]
  クライアントが電子メールを送信したり、メールサーバ間でメールのやり取りをするときに使用します。

- POP3（Post Office Protocol version3）：[110/TCP]
  クライアントがメールサーバから電子メールを受信するときに使用します。

- Telnet（Telecommunication network）：[23/TCP]
  ネットワーク経由で、ほかの端末を遠隔操作する仮想端末機能を提供します。

- SSH（Secure Shell）：[22/TCP]
  Telnetと同様に、ネットワーク経由の仮想端末機能を提供します。ネットワーク上を流れるデータはすべて暗号化されるため、一連の操作を安全に行えます。

- SNMP（Simple Network Management Protocol）：[161、162/UDP]
  ネットワークに接続されたルータ、スイッチ、サーバなどの通信機器をネットワーク経由で監視、制御するための機能を提供します。

- NTP（Network Time Protocol）：[123/UDP]
  ネットワーク経由でコンピュータ内部のシステムクロックを正しく調整する機能を提供します。

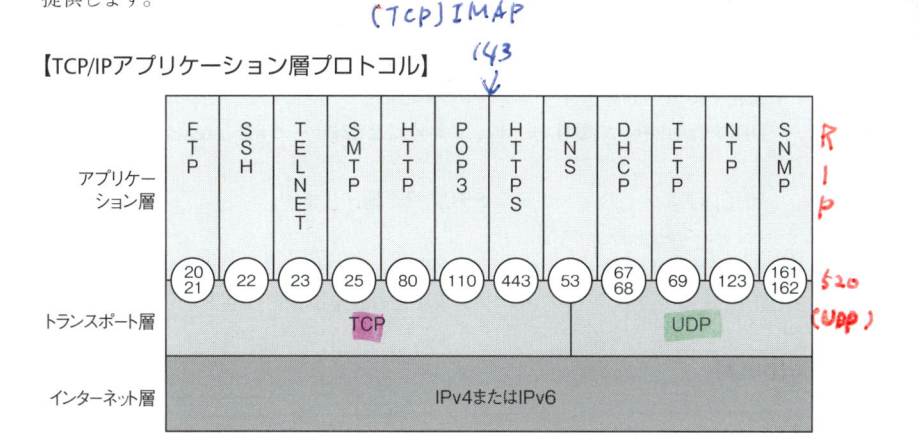

【TCP/IPアプリケーション層プロトコル】

（手書き注記：(TCP) IMAP 143）

アプリケーション層	FTP	SSH	TELNET	SMTP	HTTP	POP3	HTTPS	DNS	DHCP	TFTP	NTP	SNMP
ポート番号	20 21	22	23	25	80	110	443	53	67 68	69	123	161 162
トランスポート層	TCP							UDP				
インターネット層	IPv4またはIPv6											

（手書き注記：RIP 520 (UDP)）

試験対策：各プロトコルの役割、ポート番号、トランスポート層プロトコル（TCPとUDPのどちらか）をしっかり理解しておきましょう。

3-5 DHCP

TCP/IPアプリケーション層には、DHCP、DNS、HTTPなど、重要な役割を担うプロトコルが多数あります。DHCPは、IPアドレスの設定情報を自動的に割り当てるためのプロトコルです。DHCPを利用すると、個々のコンピュータに固有のIPアドレスを手動で割り当てる必要がなくなります。

DHCPの概要

　DHCP（Dynamic Host Configuration Protocol）は、TCP/IP通信に必要な==IPアドレスなどの設定情報を自動的に取得するためのプロトコル==です。DHCPを利用すれば、ユーザはすぐに自身のコンピュータをインターネットに接続することができます。また、自宅や会社などにノートパソコンを持ち運んで使用するモバイルユーザは、移動先でネットワーク設定をその都度、手作業で変更する手間が省けます。企業のネットワーク管理者は、従業員が使用するコンピュータのIPアドレスなどの設定および管理作業を、大幅に簡素化することができます。

　DHCPはUDP上で動作し、ポート番号には67（サーバ用）と68（クライアント用）を使用します。

　DHCPはクライアントサーバモデル[※7]で動作します。

・DHCPサーバ………………設定情報を管理してDHCPクライアントに情報を配信する
・DHCPクライアント ……IPアドレスなどの設定情報をDHCPサーバに要求する

【DHCP】

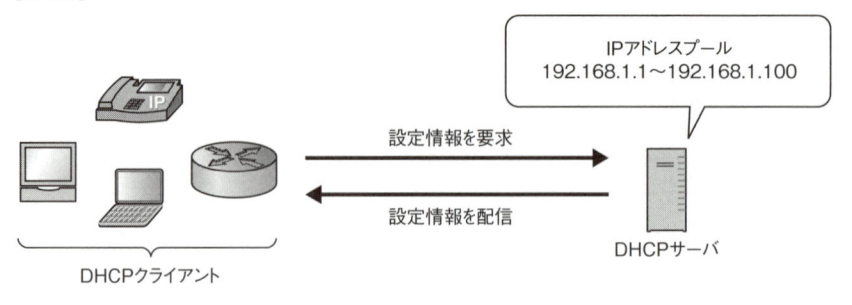

（図：DHCPクライアント ⇔ DHCPサーバ、設定情報を要求／設定情報を配信、IPアドレスプール 192.168.1.1～192.168.1.100）

[※7] 【クライアントサーバモデル】client-server model：分散処理を行うネットワーク形態のひとつ。クライアントがサーバにサービス（処理）の要求を行い、サーバがクライアントに処理結果を応答として返す

DHCPクライアント

一般的なコンピュータのOS（WindowsやMac OSなど）には、DHCPクライアントとして動作するためのプログラムが標準搭載されています。たとえば、Windowsユーザの場合、次の設定をしておくだけで、コンピュータの起動時やLANケーブルの接続時などに、自動的にTCP/IP通信に必要な設定情報を取得できます。

●DHCPクライアントの準備（Windows 10の場合）
① ［スタート］メニューから［設定］を選択し、［ネットワークとインターネット］をクリックします。
② 左のペインで［イーサネット］を選択し、［ネットワークと共有センター］をクリックします。
③ ［ネットワークと共有センター］→［アダプターの設定の変更］→［ネットワーク接続］ウィンドウ→［イーサネット］をダブルクリックします。
※無線接続の場合は［Wi-Fi(**********)］と表示される
④ ［イーサネットの状態］ウィンドウから、［プロパティ］ボタンをクリックします。
⑤ ［イーサネットのプロパティ］ダイアログボックスから、［インターネットプロトコル バージョン4(TCP/IPv4)］を選択し、［プロパティ］ボタンをクリックします。
※IPv6の場合は［インターネットプロトコル バージョン6(TCP/IPv6)］を選択
⑥ ［インターネットプロトコル バージョン4(TCP/IPv4)のプロパティ］ダイアログボックスで、次のように選択します。

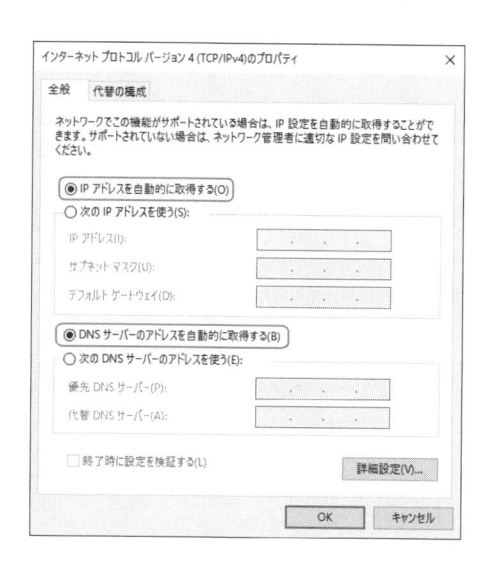

⑦ 最後に［OK］ボタンをクリックして設定を完了します。

DHCPサーバ

　DHCPサーバには、Windows Server 2016*やLinux*などのサーバOSが搭載されたコンピュータを準備します。一般の家庭でよく利用されるブロードバンドルータ[※8]には、DHCPサーバ用ソフトが内蔵され、デフォルトで使用できるように設定されているので、コンピュータを接続するだけですぐにインターネットへアクセスすることができます。
　また、CiscoルータおよびCatalystスイッチも、設定すればDHCPサーバとして利用することができます。

　参照→ DHCPサーバ（465ページ）

　DHCPサーバには、DHCPクライアントに割り当てるための各種の情報を設定します。複数のクライアントに配布するIPアドレスの範囲は、アドレスプールとして定義しておきます。それ以外にもさまざまな情報をDHCPサーバに設定し、クライアントに配布することができます。DHCPクライアントに配布可能な情報として一般的なものは、次のとおりです。

- IPアドレス
- サブネットマスク*
- リースの有効期限
- デフォルトゲートウェイ
- ドメイン名
- DNSサーバのIPアドレス
- NTP*サーバのIPアドレス　など

DHCPの仕組み

　DHCPサーバとDHCPクライアントが同一サブネット上に接続されている場合、クライアントがサーバの設定情報を取得するときにやり取りされるメッセージは次の4つです。

※8　【ブロードバンドルータ】broadband router：ルータの一種で、ADSLなどのブロードバンドによるインターネット接続を前提として販売されている製品のこと

3-5 DHCP

【クライアントが設定情報を取得するときのメッセージ】

メッセージ名	送信する側	説明
DHCP DISCOVER	クライアント	使用可能なDHCPサーバを探すためのメッセージ
DHCP OFFER	サーバ	DHCPクライアントのDHCP DISCOVERに応答し、設定情報の候補を通知する
DHCP REQUEST	クライアント	設定情報を正式に取得するためにDHCPサーバへ要求する
DHCP ACK (了承 / ACKNOWLEDGE)	サーバ	設定情報をDHCPクライアントに提供する

次に、DHCPクライアントがどのようにして設定情報を取得するか、個々の動作を具体的に見てみましょう。

【DHCPの動作】

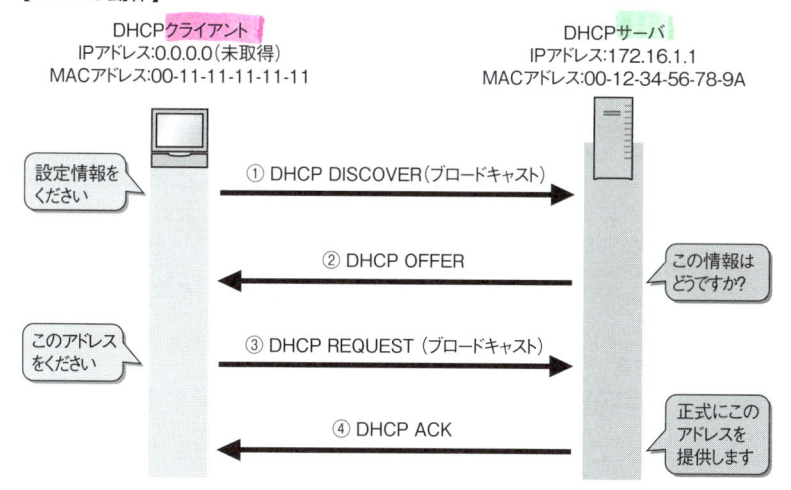

DHCPクライアント
IPアドレス:0.0.0.0(未取得)
MACアドレス:00-11-11-11-11-11

DHCPサーバ
IPアドレス:172.16.1.1
MACアドレス:00-12-34-56-78-9A

① DHCP DISCOVER（ブロードキャスト）　設定情報をください
② DHCP OFFER　この情報はどうですか?
③ DHCP REQUEST（ブロードキャスト）　このアドレスをください
④ DHCP ACK　正式にこのアドレスを提供します

① DHCPクライアントのコンピュータが起動すると、DHCPサーバを探すためにDHCP DISCOVERメッセージを送信する。このとき、DHCPサーバのアドレスは不明なため、ブロードキャストアドレス*で全員に問い合わせる。
自身のIPアドレスが決まっていないため、送信元IPアドレスには「0.0.0.0」という特別なアドレスを使用する。

【DHCP DISCOVERの内容】 ← ブロードキャスト

送信元MAC	宛先MAC	送信元IP	宛先IP	送信元Port	宛先Port	DHCP DISCOVER
00-11-11-11-11-11	FF-FF-FF-FF-FF-FF	0.0.0.0	255.255.255.255	UDP68	UDP67	Client-IP:0.0.0.0 Server-IP:0.0.0.0

↑ 自分のMACアドレス

② DHCPサーバはDHCP DISCOVERメッセージを受け取ると、クライアントが使用可能なアドレスを選択してDHCP OFFERメッセージを返す。DHCP OFFERにはIPアドレスのほかにサブネットマスクやデフォルトゲートウェイを含むいくつかの設定情報が含まれる。

【DHCP OFFERの内容】

送信元MAC	宛先MAC	送信元IP	宛先IP	送信元Port	宛先Port	DHCP OFFER
00-12-34-56-78-9A	00-11-11-11-11-11	172.16.1.1	172.16.1.50	UDP67	UDP68	Client-IP:172.16.1.50 Server-IP:172.16.1.1

DHCP OFFERメッセージの宛先アドレスには、ユニキャストまたはブロードキャストが設定される。どちらを使用するかは実装によって異なり、基本的にユニキャストで行う。たとえば、IP設定が完了するまでは自分宛のフレームを受け取れないクライアントもあり、その場合はDHCP DISCOVERの中でブロードキャストを要求する。この例では、ユニキャストアドレスを使用。

③ DHCPクライアントはDHCP OFFERメッセージを受け取ると、そのIPアドレスを正式に取得するためのDHCP REQUESTメッセージをブロードキャストする。クライアントはすでにDHCPサーバのIPアドレスを知っているにもかかわらず、ブロードキャストアドレスで送信しているのは、2台以上のDHCPサーバが存在する可能性があるため。クライアントは、どのDHCPサーバから送られてきた設定情報を使用するかを、すべてのDHCPサーバに知らせるためにブロードキャストする（このとき、特定のサーバを指定するためのサーバIDが含まれる）。

【DHCP REQUESTの内容】

送信元MAC	宛先MAC	送信元IP	宛先IP	送信元Port	宛先Port	DHCP REQUEST
00-11-11-11-11-11	FF-FF-FF-FF-FF-FF	0.0.0.0	255.255.255.255	UDP68	UDP67	Request-Client-IP:172.16.1.50 Select-Server-IP:172.16.1.1

④ 指定されたDHCPサーバは、DHCP REQUESTメッセージを確認し、IPアドレスとその他のオプション情報を提供するDHCP ACKメッセージを送信。DHCP ACKメッセージの宛先アドレスも、DHCP OFFERと同様にユニキャストまたはブロードキャストが設定されるが、基本的にユニキャストを使用する。

【DHCP ACKの内容】

送信元MAC	宛先MAC	送信元IP	宛先IP	送信元Port	宛先Port	DHCP ACK
00-12-34-56-78-9A	00-11-11-11-11-11	172.16.1.1	172.16.1.50	UDP67	UDP68	Client-IP:172.16.1.50 リース期間、Option……

以上のように、DHCPクライアントは4つのメッセージをやり取りして取得した内容に従ってアドレス情報を設定し、TCP/IP通信が可能になります。

> **試験対策**
> DHCP DISCOVERはブロードキャストで送信されるため、ルータを超えて転送されません。DHCPサーバがブロードキャストドメインに存在しないときは、**DHCPリレーエージェント**の設定が必要です。
> IOSでのDHCP設定は、「11-1 DHCPによるインターネット接続」（462ページ）で説明しています。併せて読んで、DHCPを理解しておきましょう！

DHCPサーバから取得した設定情報が割り当てられたことを確認するには、Windowsの場合、コマンドプロンプトからipconfig /allコマンドを実行します。

> **参考　Broadcastフラグによる送信方式の違い**
>
> DHCP OFFERおよびDHCP ACKメッセージは、一般的にユニキャストで送信されます。ただし、DISCOVERまたはREQUESTメッセージのBroadcastフラグの値によって次のようになります。
> 　・Broadcastフラグが0の場合 …… ユニキャスト
> 　・Broadcastフラグが1の場合 …… ブロードキャスト
> なお、フラグの値はクライアント環境に依存します。

【DHCPサーバから割り当てられた設定情報の例】

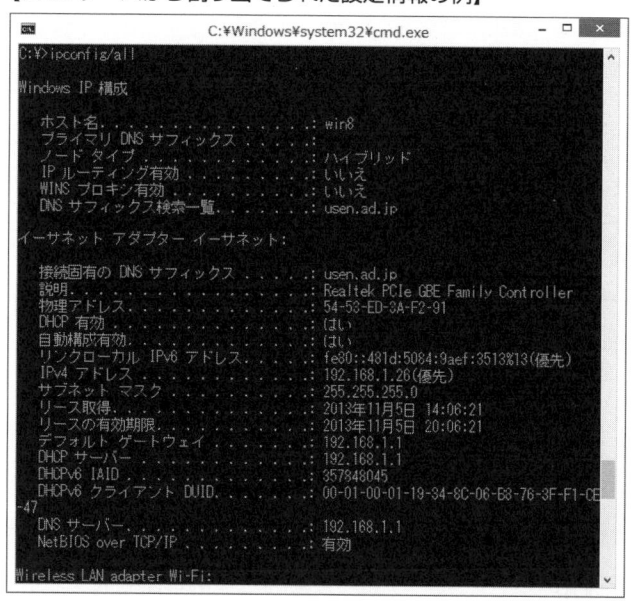

```
C:\>ipconfig/all

Windows IP 構成

   ホスト名. . . . . . . . . . . . . : win8
   プライマリ DNS サフィックス . . . :
   ノード タイプ . . . . . . . . . . : ハイブリッド
   IP ルーティング有効 . . . . . . . : いいえ
   WINS プロキシ有効 . . . . . . . . : いいえ
   DNS サフィックス検索一覧. . . . . : usen.ad.jp

イーサネット アダプター イーサネット:

   接続固有の DNS サフィックス . . . : usen.ad.jp
   説明. . . . . . . . . . . . . . . : Realtek PCIe GBE Family Controller
   物理アドレス. . . . . . . . . . . : 54-53-ED-3A-F2-91
   DHCP 有効 . . . . . . . . . . . . : はい
   自動構成有効. . . . . . . . . . . : はい
   リンクローカル IPv6 アドレス. . . : fe80::481d:5084:9aef:3513%13(優先)
   IPv4 アドレス . . . . . . . . . . : 192.168.1.26(優先)
   サブネット マスク . . . . . . . . : 255.255.255.0
   リース取得. . . . . . . . . . . . : 2013年11月5日 14:06:21
   リースの有効期限. . . . . . . . . : 2013年11月5日 20:06:21
   デフォルト ゲートウェイ . . . . . : 192.168.1.1
   DHCP サーバー . . . . . . . . . . : 192.168.1.1
   DHCPv6 IAID . . . . . . . . . . . : 357848045
   DHCPv6 クライアント DUID. . . . . : 00-01-00-01-19-34-8C-06-B3-76-3F-F1-CE-47
   DNS サーバー. . . . . . . . . . . : 192.168.1.1
   NetBIOS over TCP/IP . . . . . . . : 有効

Wireless LAN adapter Wi-Fi:
```

DHCPで割り当てるIPアドレス

DHCPサーバからDHCPクライアントにIPアドレスを配布する方法には、次の2種類があります。

・アドレスプールの範囲から動的に割り当てる
・あらかじめ決まったアドレスを固定で割り当てる

1つ目の「動的に割り当てる」場合は、クライアントに割り当て可能なIPアドレスの範囲をアドレスプールに設定しておき、クライアントからのDHCP DISCOVERメッセージを受け取ったときに、空いている番号を選択して割り当てます。一度割り当ててしまったアドレスが使用できないと、配布できるアドレスが足りなくなってしまうため、IPアドレスを貸し出すときにはリース期間を設定します。たとえDHCPサーバがダウンしても、クライアントはリース期間が切れるまで、そのIPアドレスを使用することができます。

　DHCPサーバは、割り当てたIPアドレス、クライアントのMACアドレス、およびリース期間を管理しています。有効期限を過ぎたIPアドレスは、別のクライアントに割り当てることができます（ただし、リース期間が終わるたびにIPアドレスがなるべく変わらないように、何度でもリース期間の延長要求を繰り返すことができます）。

　2つ目の「固定で割り当てる」方式は、IPアドレスを変えたくないサーバなどに対して利用します。この場合、あらかじめ割り当てるIPアドレスとクライアントのMACアドレスを登録しておく必要があります。DHCPサーバは、クライアントからのDHCP DISCOVERメッセージに書き込まれたMACアドレスをチェックして、一致した場合には固定で用意しておいたIPアドレスを配布します。

【DHCPパケット】

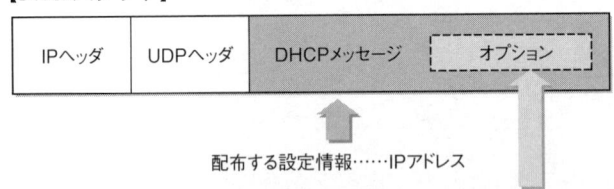

IPヘッダ	UDPヘッダ	DHCPメッセージ	オプション

配布する設定情報……IPアドレス

サブネットマスク、デフォルトゲートウェイ、DNS、リース期間など

参考　DHCPとBOOTP

DHCPはBOOTP（Bootstrap Protocol）を拡張したプロトコルです。BOOTPではクライアントに対して配布する設定情報はIPアドレスだけです。BOOTPが誕生した1985年頃はIPアドレスだけで問題ありませんでした。しかし、現在はIPアドレスに加えサブネットマスクの設定をする必要があります。また、ユーザが快適にインターネットを利用するためには、デフォルトゲートウェイやDNSサーバアドレスなどの情報が必要になります。

DHCPは、BOOTPではほとんど使用されていなかったオプションフィールドを利用してさまざまな設定情報をクライアントに配布できるように改良されています。リース期間の定義もオプションで運ばれます。

なお、BOOTPはRFC951、DHCPはRFC2131、2132などで定義されています。

3-6 DNS

DNSも代表的なTCP/IPアプリケーション層のプロトコルです。DNSはドメイン名をIPアドレスに変換するための仕組みで、現在、インターネットを利用するときに必要不可欠なシステムのひとつとなっています。

DNSの概要

DNS(Domain Name System)は、人間にとって理解しやすいホスト名(ドメイン名)からIPアドレスを検索する仕組みです。たとえば、シスコシステムズのWebサイトにアクセスするために、通常はWebブラウザで「http://www.cisco.com」とURL[※9]を指定します。しかし実際にはIPアドレスを指定して通信する必要があるので、「www.cisco.comのIPアドレスは何番ですか？」という問い合わせに対して、DNSはIPアドレスを検索して教えてくれる「電話帳」のような役割を果たしています。このように、ホスト名とIPアドレスの対応付けを行うことを**名前解決**と呼びます。

名前解決がなければ、ユーザはIPアドレスを自分で指定して通信しなければなりません。IPアドレスは、ただ数字を並べただけの番号なのでわかりにくく、記憶することも困難です。また、インターネットを利用してWebページを閲覧したり、電子メールを送ったりするとき、いちいち目的のサーバのIPアドレスを調べてから、数字の羅列を入力するのは大変です。このような問題を解決してくれるのがDNSなのです。

例)シスコシステムズのWebサイトの場合
・ホスト名で指定………http://www.cisco.com
・IPアドレスで指定……http://72.163.4.161

ドメイン名の仕組み

DNSで使用されるドメイン名の表記には、ルールがあります。

ドメイン名は、特定の組織やグループを識別する名前と、その中のホスト名(コンピュータ名)をドット「.」でつないで表記します。ドットで区切られた部分を**ラベル**と呼び、最大63文字に制限されています。また、ドメイン名全体ではドットを含めて255文

[※9] **【URL】**(ユーアールエル)Uniform Resource Locator：インターネット上のWebページなどのリソース(情報資源)にアクセスする手段と場所を指定するための記述方式。インターネット上で割り当てられた住所のようなもの

字以下でなければなりません。ラベルには英字、数字、ハイフン「-」が使用でき、大文字と小文字の区別はありません(2003年から日本語でのドメイン登録が可能になったため、カタカナ、漢字も使用できるようになりました)。

ドメイン名のラベルにはレベルが設定されています。一番右側を「トップレベルドメイン(TLD)」あるいは「第1レベルドメイン」、2番目を「セカンドレベルドメイン(SLD)」あるいは「第2レベルドメイン」、3番目を「第3レベルドメイン」……と呼びます。また、一番左のラベルは「ホスト名(コンピュータ名)」を示します。

なお、メールアドレスの場合は、アットマーク「@」より後ろの部分がドメイン名になります。

【ドメイン名の構成】

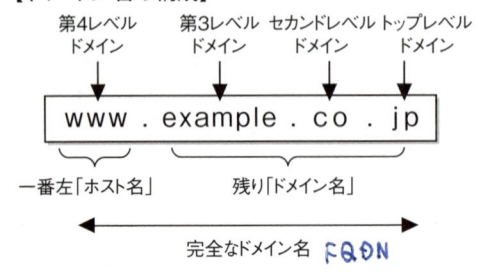

```
第4レベル   第3レベル  セカンドレベル トップレベル
ドメイン    ドメイン    ドメイン      ドメイン
   ↓          ↓           ↓            ↓
  www  .  example  .   co   .   jp
  └─────┘  └──────────────────────────┘
 一番左「ホスト名」    残り「ドメイン名」
  └────────────────────────────────────┘
           完全なドメイン名  FQDN
```

上記のようにホスト名とドメイン名を省略せずにつなげて記述した文字列のことをFQDN(Fully Qualified Domain Name:完全修飾ドメイン名)といいます。

ドメイン名の管理はICANN*によって認定された組織(レジストリ)に任されています。たとえばjpドメインの場合、JPNIC(日本ネットワークインフォメーションセンター)とJPRS(日本レジストリサービス)がレジストリになります。

●トップレベルドメイン

トップレベルドメインは、「国別」や「一般」などいくつかに分類されています。

・国別ドメイン ……英字2文字で国や地域を表している
　　　　　　　　　例)Japan→「jp」、United States→「us」、China→「cn」など
・一般ドメイン ……3文字から6文字程度の英字で組織の属性を表している
　　　　　　　　　例)商業・商用(commercial)→「com」
　　　　　　　　　　　ネットワーク関係(network)→「net」
　　　　　　　　　　　非営利団体(organization)→「org」
　　　　　　　　　　　教育機関(education)→「edu」　など

3-6 DNS

● セカンドレベルドメイン

セカンドレベルドメインは、「組織」や「地域」を表すタイプなどで分類しています。ただし、トップレベルドメインによってポリシーが異なる場合があります。

例）一般企業→「co」、会社以外の団体→「or」、ネットワークサービス→「ne」
　　政府機関→「go」、大学系の教育機関→「ac」、小・中・高校→「ed」
　　東京都→「tokyo」など

名前解決の仕組み

実際の名前解決の方法には、次の2つがあります。

・DNS　　　　　　　　DNSサーバに問い合わせる
・hostsファイル　　　hostsファイルにホスト名とIPアドレスのマッピング（対応付けた）情報を登録しておく

● DNSによる名前解決

　DNSの基本となる構成要素は、ドメイン名を基にIPアドレスの情報を検索する**リゾルバ**と、ドメイン名とIPアドレスの対照表を格納している**DNSサーバ**の2つです。

　Webブラウザや電子メールなどのアプリケーションがドメイン名で通信を開始するとき、アプリケーションはリゾルバを呼び出して名前解決を要求します。これによってリゾルバは、最寄りのDNSサーバにIPアドレスを問い合わせます。リゾルバが最初に問い合わせるDNSサーバを**ローカルDNSサーバ**と呼びます。ローカルDNSサーバは、一般的に組織で用意しているDNSサーバ、あるいはインターネットに接続しているISP[※10]が管理しているDNSサーバに相当します。

　ドメイン名とIPアドレスが対応付けられているデータベースをゾーン情報といい、DNSサーバが保持しています。1台のDNSサーバが世界中のすべてのゾーン情報を保持することは困難なため、次ページの図のようなツリー状の階層構造をとることで、名前解決を行っています。最上位にあるDNSサーバを**ルートDNSサーバ**といいます。

　次ページの図に示すように、ルートDNSサーバから順にたどっていけば、最終的には目的のドメイン名を管理するDNSサーバにたどり着くことができます。ローカルDNSサーバのリゾルバは、必要なIPアドレスを入手するまで反復的に問い合わせを繰り返します。ただし、実際には毎回ルートまでさかのぼって調べているわけではありません。DNSサーバは一度調べた情報をキャッシュメモリに記録しておくことができます。また、完全一致するドメイン名がなくても、同じドメインに属するドメイン名があれば、そのDNSサーバへ問い合わせることで手間を省くことができます。

※10　**[ISP]**（アイエスピー）Internet Service Provider：インターネット接続事業者。ADSL回線、光ファイバ回線、専用回線などを通じて、企業や家庭のコンピュータをインターネットに接続する

第3章　TCP/IP

【基本的なDNSによる名前解決の流れ】

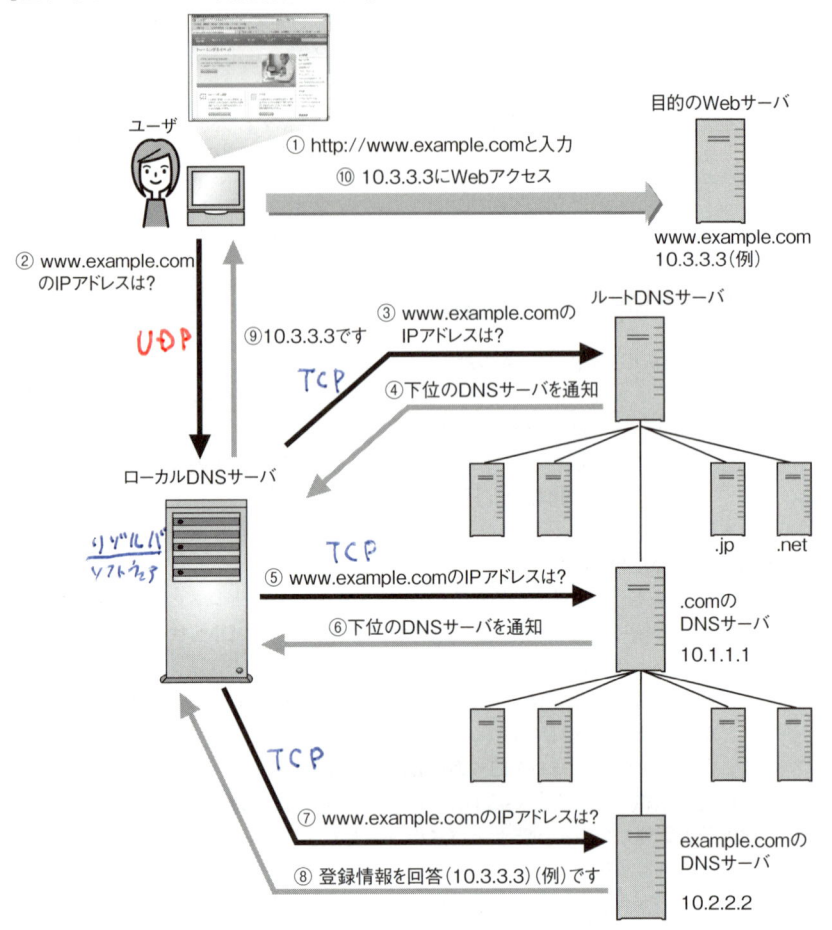

① ユーザがWebブラウザで「http://www.example.com」と入力。ブラウザはリゾルバに「www.example.com」のドメイン名を渡してIPアドレスを要求する
② 要求を受けたリゾルバは、組織内（ローカル）のDNSサーバに「www.example.com」のIPアドレスを問い合わせる
③ ローカルのDNSサーバは、自身が持つゾーン情報から「www.example.com」のIPアドレスを検索するが、該当する情報がないため、ローカルサーバのリゾルバは別のDNSサーバに問い合わせる。リゾルバは最上位のルートサーバ[※11]へ問い合わせる

※11【ルートサーバ】root server：最上位のDNSサーバで、世界中で13台（13カ所）に配置されておりA～Mまでの名前が付けられている。そのうち10台が米国に配置されている。日本は「M」で、東京のWide Projectという組織で管理・運用している

138

④ ルートサーバのゾーン情報には、com、net、jpなどの下位層（セカンドレベルドメイン）の情報が登録されている。ルートサーバは下位のDNSサーバのIPアドレスを返信する。名前がwww.example.comの場合、comドメインの下位に情報があるため、comのDNSサーバのIPアドレスを通知する
⑤ ローカルサーバのリゾルバは、教えてもらったIPアドレスのDNSサーバに問い合わせる
⑥ 同様にcomのDNSサーバは、下位のDNSサーバのIPアドレスを返信する
⑦ ローカルサーバのリゾルバは、教えてもらったIPアドレスのDNSサーバに問い合わせる
⑧ example.comのDNSサーバは、ゾーン情報から「www.example.com」のIPアドレスを取り出してローカルサーバに返信する
⑨ ローカルサーバのリゾルバは、入手したIPアドレスをWebブラウザに返信する
⑩ Webブラウザは、教えてもらったIPアドレスを利用して目的のWebサーバにアクセスする

● hostsファイルによる名前解決

hostsファイル[※12]を使った名前解決の方法はとても単純です。「hosts（拡張子なし）」というテキストファイルに頻繁にアクセスするIPアドレスとドメイン名を1行で記述しておくだけで、DNSよりも優先的に参照されます。

例）198.133.219.25 cisco.com

hostsファイルの格納場所は、OSなどによって決められています。たとえば、Windows 10の場合は「C:¥Windows¥System32¥drivers¥etc¥hosts」です。
hostsファイルは非常にシンプルですが、登録するエントリが大量にある場合や、登録された情報を使用したいコンピュータの台数が多い場合は管理が面倒になるため、DNSを利用した名前解決が一般的に使用されています。

nslookup

nslookupは、DNSを利用してドメイン名とIPアドレスの対応付けを調べるなどの目的で使用されるコマンドラインツールです。
次の出力が示すように、nslookupコマンドの引数にドメイン名（FQDN[※13]）やIPアドレスを指定すると、該当するDNS情報が表示されます。

※12 【hostsファイル】(ホスツファイル)：ホスト名とIPアドレスの対応を記述したテキストファイル。通常、名前解決にはDNSが利用されるが、DNSサーバがない小規模LANでホスト名を使ってTCP/IP通信を行いたい場合はhostsファイルにIPアドレスを記述しておくと名前解決ができる
※13 【FQDN】(エフキューディーエヌ)Fully Qualified Domain Name：完全修飾ドメイン名。DNSなどのホスト名、ドメイン名（サブドメイン名）などすべてを省略せずに指定した記述形式のこと。たとえば、www.test.co.jpはホスト名「www」とドメイン名「test.co.jp」をすべて指定したFQDNである

【nslookupの例】

```
C:\>nslookup www.cisco.com
サーバー:  cdns01.kddi.ne.jp
Address:  2001:268:fd07:4::1

権限のない回答:
名前:    e144.dscb.akamaiedge.net
Addresses:  2600:1417:47:185::90
          2600:1417:47:18b::90
          104.78.180.58
Aliases:  www.cisco.com
          www.cisco.com.akadns.net
          wwwds.cisco.com.edgekey.net
          wwwds.cisco.com.edgekey.net.globalredir.akadns.net

C:\>
```

　nslookupコマンドは、DNSサーバに対して直接DNS要求を出すため、DNSサーバと通信が正しくできているか調査するなどの、トラブルシューティングに役立ちます。

DNSのトランスポート層プロトコル

　DNSは用途に合わせてUDPまたはTCPの両方を利用し、ポート番号はどちらも「53」で予約されています。通常の名前解決にはUDPを利用し、DNSサーバ同士でゾーン情報のファイルを転送するときは、信頼性のあるTCPを利用して通信をしています。

試験対策

DNSのまとめ
・ホスト名（ドメイン名）とIPアドレスの名前解決を行う
・DNSがあると、ユーザは名前を指定して通信できるため、わかりやすくて便利
・ポート番号は53
・クライアントとDNSサーバ間　……UDP
・DNSサーバ間　……………………TCP
・DNSのほかにhostsファイルでも名前解決が可能

参考　「正引き」と「逆引き」

DNSなどによってドメイン名（またはホスト名）からIPアドレスを検索することを「正引き」といいます。逆に、IPアドレスからドメイン名（またはホスト名）を検索することを「逆引き」といいます。
逆引きは、ログ情報にあるIPアドレスからアクセス元を割り出したりするなど、主に管理的な用途で使用されます。

3-7 HTTPとHTTPS

私たちの生活やビジネスなど、さまざまな場面で欠かすことのできないWebアクセスは、HTTPによって実現されています。

HTTPの概要

HTTP(Hyper Text Transfer Protocol)は、WebブラウザとWebサーバの間でデータをやり取りするためのプロトコルです。TCP上で動作し、ポート番号には「80」が予約されています。実際にHTTPで転送されるWebページは、HTML*(Hyper Text Markup Language)と呼ばれる言語によって記述されたハイパーテキスト*です。

Webアクセスの流れ

HTTP自体は、WebブラウザとWebサーバとの間で、メッセージと要求されたWebページを転送するためのプロトコルです。要求された内容の文書を見つけ出して処理するためには、Webサーバのソフトウェアが必要です。

Webアクセスは次のような流れで行われます。

【Webアクセスの流れ】

ユーザ
① http://www.example.comを指定
② HTTPリクエスト送信
③ HTTPリクエストを処理
④ HTTPレスポンス返信
⑤ 受け取ったデータをブラウザに表示

目的のWebサーバ
www.example.com
10.3.3.3(例)

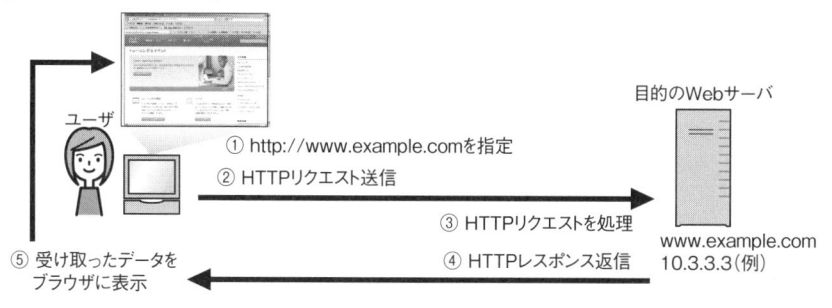

① ユーザがWebブラウザで「http://www.example.com」と入力するか、画面上のリンクをクリックしてWebアクセスを開始（すでに名前解決しているものとする）
② Webブラウザは、指定されたWebサーバに対して必要なデータをHTTPリクエストで要求する

③ Webサーバで動作するWebサーバソフト※14は、要求された内容を処理する
④ Webサーバが要求されたWebページを返信する
⑤ Webブラウザは、受け取ったデータを処理してブラウザの画面上に表示する

> **試験対策**
> Webアクセス(HTTPパケットを交換)が行われる前提条件として、Webブラウザ(クライアントPC)とWebサーバ間でTCPコネクションが確立されます。

HTTPリクエストメッセージ

　WebブラウザがWebサーバに送るメッセージを**HTTPリクエスト**といいます。メッセージは1つの項目を1行で表現しており、箇条書きのように複数行で構成されます。HTTPリクエストは次の3つに分類されます。

・リクエスト行　………Webサーバに具体的に何をしてほしいかを示すメソッドが含まれる
・メッセージヘッダ　…詳細な情報をWebサーバに示す(ブラウザがサポートするデータのタイプやデータの圧縮方法、対応している言語など)
・メッセージボディ　…Webブラウザがサーバに対してデータを送るときに使用。空白の場合もある

※14 【**Webサーバソフト**】(ウェブサーバソフト)Web server software：Webサーバとなるコンピュータ上で稼働しているソフトウェアで、WebブラウザからHTTPリクエストを受け取ると、その内容を解析する(メソッドを調べ、Webブラウザの要求内容を確認する)。さらに、リクエスト中のURIを分析し、要求しているデータの所在を調べる

【HTTPリクエストメッセージの例】

```
 メソッド         URI      ブラウザがサポートするHTTPバージョン
   ↓            ↓              ↓
  GET   /  index.html   HTTP/1.1      ←リクエスト行
  Accept: image/gif, image/x xbitmap, imagec/jpcg, */*
  Accept Language: ja
  Accept-Encoding: gzip, deflate                              ┐
  User-Agent: Mozilla/4.0 (compatible; MSIE 6.0; Windows NT 5.1) │ メッセージ
  HOST: www.cisco.com                                            │ ヘッダ
  Connection: keep-alive                                      ┘
                    ←メッセージヘッダの終わりを示すための空白行

  <以下メッセージボディが続く>
```

【HTTPリクエストの主なメソッド】

メソッド	意味
GET	データを返信するように要求する
HEAD	データに関する情報を返信するように要求する(データそのものは要求しない)
POST	サーバにデータを送信する
PUT	指定したURIにデータファイルをアップロードする
DELETE	サーバにあるデータの削除を要求する

HTTPレスポンスメッセージ

WebサーバがWebブラウザに対して送るメッセージを**HTTPレスポンス**といいます。HTTPレスポンスは次の3つに分類されます。

・ステータス行………… Webサーバソフトでの処理結果をステータスコードで伝える
・メッセージヘッダ…… 詳細な情報をブラウザに伝える部分。サーバの種類、実際に返信するデータのタイプ、データの圧縮方法など
・メッセージボディ…… HTML文書や画像ファイルなどのデータを格納するための領域

【HTTPレスポンスメッセージの例】

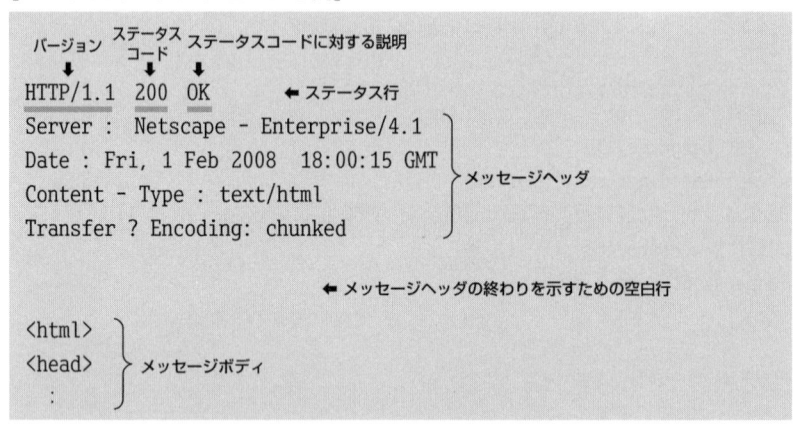

```
        バージョン  ステータス  ステータスコードに対する説明
                   コード
           ↓        ↓         ↓
        HTTP/1.1   200       OK    ← ステータス行
        Server : Netscape - Enterprise/4.1  ┐
        Date : Fri, 1 Feb 2008  18:00:15 GMT │
        Content - Type : text/html          ├ メッセージヘッダ
        Transfer ? Encoding: chunked        ┘

                    ← メッセージヘッダの終わりを示すための空白行

        <html>  ┐
        <head>  ├ メッセージボディ
          :     ┘
```

【HTTPレスポンスの主なステータスコード】

ステータスコード	意味
100番台	情報。続きの情報があることを伝える
200番台	成功。Webサーバソフトがリクエストを処理できたことを伝える
300番台	リダイレクト。別のURLにリクエストし直すように要求する
400番台	クライアントエラー。リクエストに問題があったので、処理できなかった
500番台	サーバエラー。サーバ側に問題があったので、処理できなかった

URLの仕組み

　Webアクセスを開始するには、Webブラウザのテキストボックスに**URL**を入力したり、リンク部分をクリックしたりします。このとき、Webブラウザにはアクセス先のURLが通知されます。URLの書式は、スキームとスキーム独自部分の2つに分けられ、この2つを「:」(コロン)で区切ります。

3-7 HTTPとHTTPS

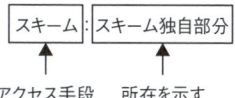

【URLの書式】

```
スキーム : スキーム独自部分
```
- スキーム：アクセス手段（プロトコル）
- スキーム独自部分：所在を示す

例）http://www.impress.co.jp/ebooklist/2016
- http：スキーム
- www.impress.co.jp：ホスト名
- /ebooklist/2016：パス名

先頭のhttpの部分は**スキーム**と呼ばれ、目的のサーバにアクセスするための手段としてプロトコルを記述します。たとえば、Webサーバへアクセスするときは「http」あるいは「https」、FTPサーバのときは「ftp」といった具合です。

スキーム独自部分には、アクセス先のホームページなどの所在を示すための情報を記述します。スキーム独自部分は、情報を提供するサーバの「ホスト名」とファイルの場所を指定する「パス名」で構成されます。

■ HTTPS

HTTPS（Hypertext Transfer Protocol Secure）は、HTTPにSSLによるデータの暗号化機能を付加したプロトコルです。HTTPSによって、Webサーバとクライアント間の通信を暗号化し、クレジットカード番号やプライバシーにかかわる情報などを安全に送受信することができます。

たとえば、ブラウザのアドレスバーにURLを入力する際に「https://example.co.jp」と指定すると、Webサーバとクライアント間でSSLによる暗号化通信が可能になります（Webサーバ側にSSLサーバ証明書[※15]をインストールしておく必要があります）。HTTPSを用いて通信しているWebページでは、アドレスの先頭が「https://」となり、そのページ上で送信される情報はHTTPSによって暗号化されていることを示しています。HTTPSのポート番号には「443」が予約されています。

【試験対策】
- HTTP ……ポート番号80（暗号化なし）
- HTTPS ……ポート番号443（暗号化あり）←安全に通信できる

※15【SSLサーバ証明書】通信を行う際に相手の身元を認証局に照会して確認できる電子証明書のこと。証明書は認証局（CA）によって発行される

3-8 FTPとTFTP

FTPとTFTPはいずれも、ファイル転送を行うためのプロトコルです。FTPがTCP上で動作し、信頼性のあるファイル転送を実現するのに対して、TFTPはUDP上で動作し、効率のよいファイル転送を実現します。

FTP

FTP(File Transfer Protocol)は、特定のコンピュータ間でファイル転送を行うためのプロトコルです。TCP上で動作し、信頼性のあるファイル転送を実現します。FTPを利用すると、サーバからファイルをダウンロードしたりアップロードしたりすることができます。たとえば、インターネット上のフリーソフト*やOSのパッチ[※16]をダウンロードするときなどに使われます。

FTPでは2つのコネクションを使用して通信を行います。各コネクションで使用するポート番号には「20(データ転送用)」と「21(制御用)」が予約されています。

【FTPでの通信】

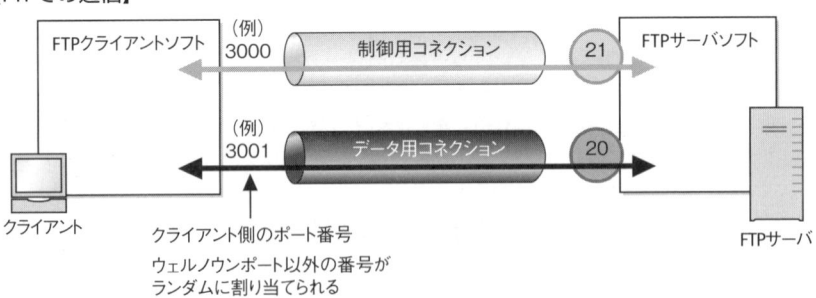

FTPクライアントソフト ←(例)3000← 制御用コネクション →21→ FTPサーバソフト
クライアント ←(例)3001← データ用コネクション →20→ FTPサーバ

クライアント側のポート番号
ウェルノウンポート以外の番号がランダムに割り当てられる

FTPを利用する場合、クライアント側のコンピュータにFTPクライアントのソフトウェアをインストールします。フリーソフトが数多く出回っているので、Webサイトからダウンロードするなどして簡単に入手することができます。

また、Webブラウザに備わっている簡易のFTP機能を利用することもできます。その場合、Webブラウザのアドレスバーに「ftp://〜」でアクセスしたいFTPサーバのドメイン名かIPアドレスを入力します。

※16 【パッチ】patch：いったん完成したソフトウェアのバグ(不具合)の修正や、追加された新機能などのために使用するファイルのこと

3-8 FTPとTFTP

インターネット上のファイルをダウンロードするという点では、HTTPとFTPは同じです。ただし、ファイル転送のためにやり取りするメッセージの内容や、手順が異なります。
FTPでは、FTP通信の最初にID(名前)とパスワードを使って相手を確認する認証プロセスが必要であり、通信にはデータ用と制御用のコネクションを確立します。

●FTPの2つのモード

FTP通信には「アクティブモード」と「パッシブモード」の2つのタイプがあります。両者の違いは、データ用コネクションの確立を要求するのがサーバかクライアントかということです。

・アクティブモード …… サーバ側からコネクション要求
・パッシブモード ……… クライアント側からコネクション要求
※制御用のコネクションは、どちらのモードでもクライアント側から要求

このように、2つのモードがあるのはセキュリティ上の理由からです。企業のネットワークでは、外部からの不正な侵入を防ぐために、内部ネットワークと外部ネットワークの境界にファイアウォール[※17]が設置されています。ほとんどのファイアウォールでは、インターネットから社内へのコネクション確立を要求するためのTCP SYNセグメントを通さないように設定されています(一部例外もあります)。
アクティブモードの場合、インターネット上(外部)に存在するFTPサーバから、社内のクライアント(内部)に対してデータ用コネクションの確立要求を送信しても、ファイアウォールを通過することができないために通信がうまくできません。

【FTPアクティブモード】

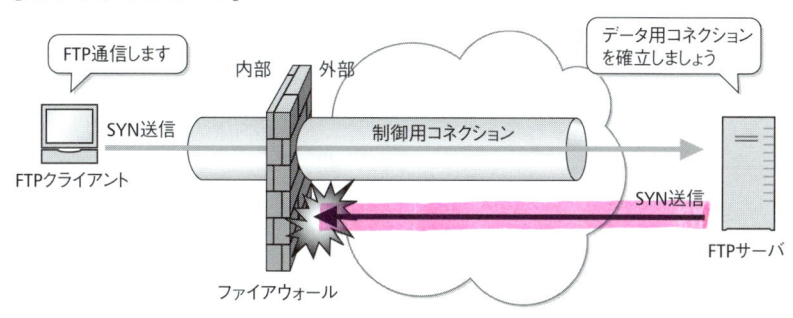

この問題を解決するのがパッシブモードです。パッシブモードでは、データ用コネクションもクライアント側から確立するため、TCP SYNセグメントがファイアウォールを通過できます。このときFTPサーバのデータ転送用ポート番号にはランダムな番号が使用されます。

※17 【ファイアウォール】firewall:組織内のコンピュータネットワークへ外部から侵入されるのを防ぐシステム、あるいはそのような機能が組みこまれた装置

【FTPパッシブモード】

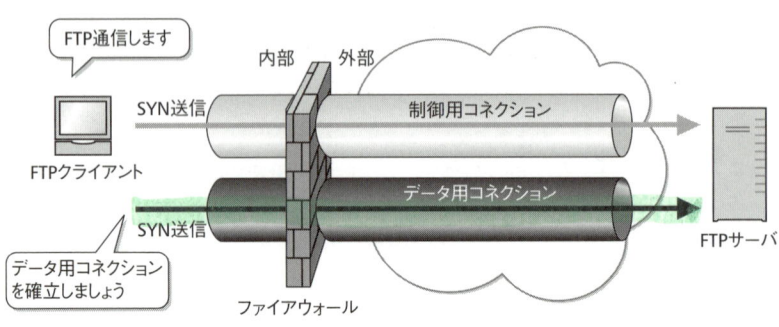

FTP通信します
SYN送信
FTPクライアント
データ用コネクションを確立しましょう
SYN送信
内部 外部
制御用コネクション
データ用コネクション
ファイアウォール
FTPサーバ

TFTP

TFTP（Trivial File Transfer Protocol）は、簡易な手続きでファイル転送を行うためのプロトコルです。TFTPはUDP上で動作しています。信頼性を提供するためのコネクションの確立や認証を行わず、効率のよいファイル転送を実現しますが、データを受け取るとTFTP自身で確認応答（ACK）を返す機能は持っています。TFTPには、ウェルノウンポート「69」が予約されていますが、複数のTFTPユーザからの要求に対応するため、ランダムなポート番号も使用します。

● TFTPサーバ

　　TFTPを利用する場合、TFTPソフトウェアを起動しているコンピュータが必要になります。TFTPもフリーソフトが数多く出回っているので、FTPと同じように入手しインストールします。TFTPソフトを準備したコンピュータはTFTPサーバになります。TFTPサーバは69番のポートでクライアントからのメッセージを待ちます。

　　TFTPでファイル転送を要求するユーザのコンピュータでは、TFTPソフトを使用するか、コマンドプロンプトなどからTFTPコマンドを実行してクライアントとして動作することもできます。

● TFTPによるファイル転送の流れ

　　TFTPでは、転送するデータを512バイト単位で区切って送ります。分割されたデータには1から順にブロック番号が割り当てられ、送信したときと同じ番号で確認応答が返ると、次の番号で続きのデータを送信します。

【TFTPのデータ転送フォーマット】

OPコード	ブロック番号	データ部分（512バイト以下）
2バイト	2バイト	

※ OPコードには常に3が入り、このPDUにデータが入っていることを示す
※ ブロック番号は1〜65535の範囲であり、最大値に達した場合は0から再度カウントされる。ただし、実装によっては、TFTPで転送可能なファイルサイズが最大約32MBに制限されている

次の図では、ユーザからTFTPを使ってファイルをダウンロードするときの流れを示しています。

【TFTPによる簡易ファイル転送の流れ】

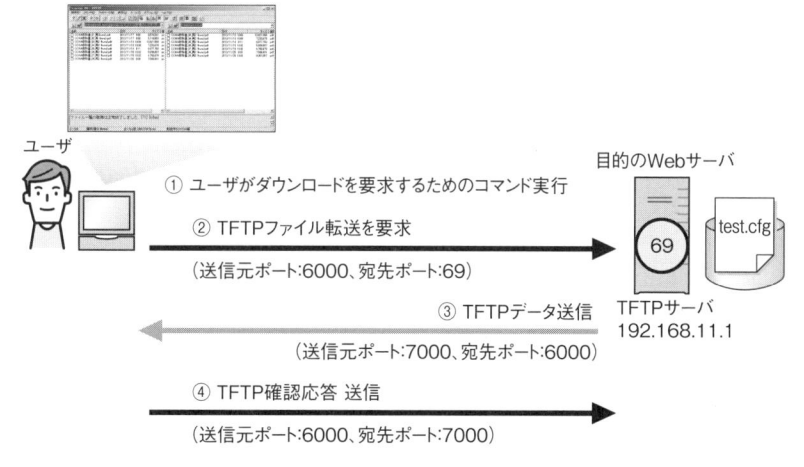

① ユーザがダウンロードを要求するためのコマンド実行
② TFTPファイル転送を要求
（送信元ポート:6000、宛先ポート:69）
③ TFTPデータ送信
（送信元ポート:7000、宛先ポート:6000）
④ TFTP確認応答 送信
（送信元ポート:6000、宛先ポート:7000）

目的のWebサーバ
test.cfg
TFTPサーバ
192.168.11.1

① ユーザはWindowsコマンドプロンプトを使用して、TFTPサーバにファイルのダウンロードを要求するためのコマンド（後述）を実行する
② クライアントコンピュータからTFTPサーバに対し、TFTPリクエストメッセージが送信される。送信元ポート番号はランダムな番号が使用され、宛先ポート番号は「69」を指定
③ TFTPサーバは、要求されたファイルを転送する。送信元ポート番号はランダムに決定した番号が使用され、宛先ポート番号は要求を受け取ったときの番号を指定
④ クライアントはデータを受信すると確認応答を返す。宛先ポート番号は「69」ではなく、データを受け取ったときの送信元ポート番号を指定
要求したファイルサイズが512バイトを超える場合、シーケンス番号を1ずつ増加させてデータ転送を続ける。最後に512バイトに満たないデータを受信すると、ファイル転送が終了したことを認識できる

TFTPサーバからファイルをダウンロードする構文は、以下のとおりです。

構文 TFTPサーバからファイルをダウンロード

tftp [<address>] get [<source>] [<destination>]
※ アップロードの場合は、「get」の代わりに「put」を指定

・address ……… サーバのIPアドレスまたはホスト名を指定
・source ……… ダウンロードするファイルを指定
・destination … ファイルのダウンロード先を指定

例) c:¥>tftp 192.168.11.1 get test.cfg

TFTPは、内部ネットワークで小さいファイルを転送するときに便利です。CiscoルータやCatalystスイッチのコンフィギュレーション(設定)ファイルをサーバにバックアップしておく場合や、サーバにあるファイルを読み込んだりするときに利用されます。

参照 → Cisco IOSのTFTP操作（685ページ）

注意 TFTPで転送可能な最大ファイルサイズは約32MBに制限される恐れがあることに注意してください。Cisco IOSソフトウェアなど32MBを超えるファイルの転送では、FTPを使用します。

試験対策
どちらもファイル転送プロトコル
・FTP ……… ポート番号20、21(TCP)
・TFTP …… ポート番号69(UDP)

3-9 SMTPとPOP

インターネットで最もよく利用されるアプリケーションに、電子メールがあります。SMTPは電子メールを送信し、POP3によって電子メールが受信できます。SMTPとPOP3はTCP上で動作し、ポート番号にはSMTP「25」、POP3「110」が予約されています。

電子メールのやり取り

手紙をポストに投函して郵便局に送るのと同じように、電子メールもいったんメールサーバを経由して相手のコンピュータのメールソフトに届けられます。ユーザがメールソフトを使ってメッセージを作成し送信したメッセージは、**SMTP**(Simple Mail Transfer Protocol)を使って送信者のメールサーバに送られます。メールサーバは受信したメッセージの宛先メールアドレスを確認して、さらにSMTPによって相手側のメールサーバへメッセージを送信し、最終的に宛先まで届けられます。メールの受信者は、**POP3**(Post Office Protocol version3)を使って自分のメールボックスにアクセスし、格納されているメールを受信します。

【電子メールの送信（SMTP）】

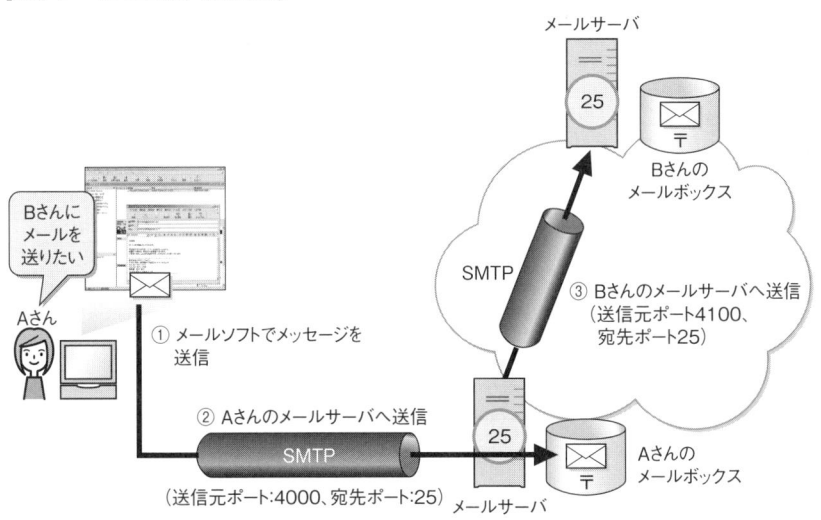

① AさんはメールソフトでBさん宛のメッセージの送信を実行する
② 電子メールがSMTPによってメールサーバへ送信される

③ メールサーバは、指定された宛先メールアドレス（@より後ろのドメイン名）からメールを届けるべきメールサーバを探す。これはDNSによる名前解決によって行われる。DNSでメールサーバのIPアドレスを取得すると、SMTPで宛先のメールサーバへメールを送信する

手順③までの過程を経て、受信者Bさんのメールサーバにメールが格納されます。SMTPの役割はここで終了します。今度は、Bさんがメールを受信する段階です。

【電子メールの受信（POP3）】

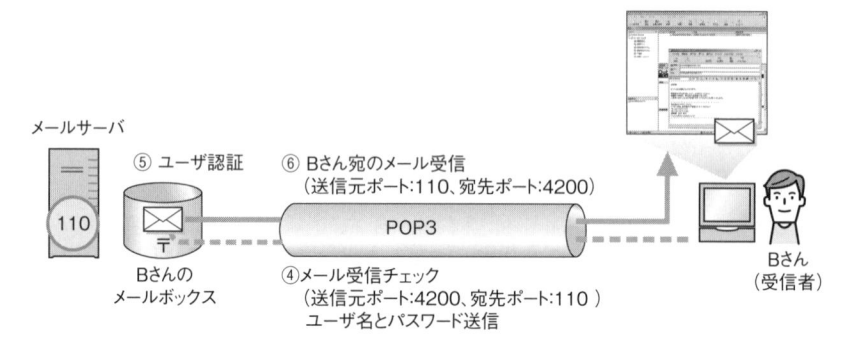

メールサーバ
110
Bさんのメールボックス

⑤ ユーザ認証
⑥ Bさん宛のメール受信
（送信元ポート：110、宛先ポート：4200）

④ メール受信チェック
（送信元ポート：4200、宛先ポート：110）
ユーザ名とパスワード送信

POP3

Bさん（受信者）

④ Bさんは自分宛のメールを受信。受信にはPOP3を使ってユーザ認証が行われる。POP3はBさんのユーザ名とパスワードを送信する。このときの送信元ポートにはランダムな番号が使用され、宛先ポートには「110」が指定される

⑤ メール受信要求を受け取ったメールサーバは、あらかじめ登録された認証データベースを検索し、Bさんの名前とパスワードでユーザ認証を実行する

⑥ ユーザ認証によってBさん本人からの要求であることが確認されると、Bさん宛のメールがPOP3によって届けられる。このときの送信元ポートには「110」番が使用され、宛先ポートには要求されたときの送信元ポート番号が指定される

なお、電子メールの受信には、POP3のほかに**IMAP**（Internet Mail Access Protocol）を利用することもあります。IMAPでは、メールボックスで管理されたメールのタイトルや発信者を確認してから受信するかどうか決めることができます。必要最小限のメールだけを受信することができるので、モバイル環境などでは特に便利なものです。

試験対策

電子メールの機能を提供する
・SMTP …… ポート番号25（メール送信）。メールサーバ間のやり取りにも使用
・POP3 …… ポート番号110（メール受信）

3-10 TelnetとSSH

Telnetは、離れた場所にあるルータやサーバを遠隔操作するためのプロトコルです。TCP上で動作し、ポート番号には「23」が予約されています。

Telnet

Telnetは、TCP/IPネットワーク上のルータやサーバなどに対してリモートログインするためのプロトコルです。TCP上で動作し、ポート番号には「23」が予約されています。

Telnetを使用すると、ネットワーク管理者はネットワークに接続されたさまざまな機器やサーバを、あたかも手元のコンピュータであるかのように遠隔操作することができるため、管理の手間と時間を軽減することができます。

Telnetでリモートログインするには、ユーザのコンピュータにターミナルソフト(通信ソフト)を用意するか、WindowsのコマンドプロンプトからTelnetコマンドを実行します。ターミナルソフトには、フリーソフトが数多く出回っています。なかでもTera Term*やPuTTY*はよく使用されている人気のソフトウェアです。
◎本書では、PuTTYを使用して操作を説明しています。

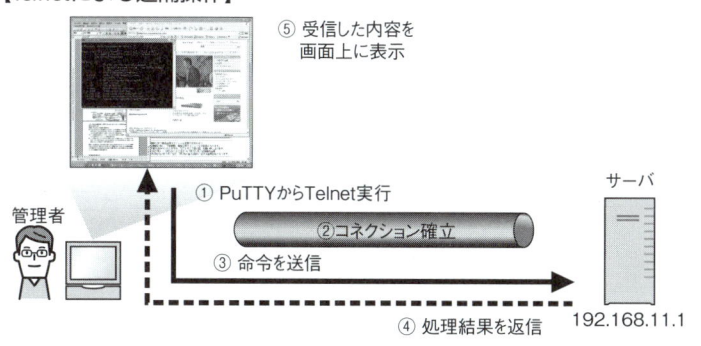

【Telnetによる遠隔操作】

① 受信した内容を画面上に表示
① PuTTYからTelnet実行
② コネクション確立
③ 命令を送信
④ 処理結果を返信
サーバ 192.168.11.1

① 管理者のコンピュータでPuTTYを起動する。[PuTTY Configuration] ダイアログボックスで [Telnet] を選択し、[Host Name] にサーバのIPアドレスを入力して [Open] ボタンをクリック (次ページの画面を参照)
② Telnet接続を要求したサーバとTCPコネクションが確立され、リモートログインができた。このとき、PuTTYの画面にコマンド入力を行うためのプロンプトが表示される
③ 管理者は必要なコマンドを実行し、サーバに対する命令を送信する
④ サーバは受け取った命令に従って処理を実行し、結果を返信する
⑤ 処理結果がPuTTYの画面に表示される

【[PuTTY Configuration] ダイアログボックス】

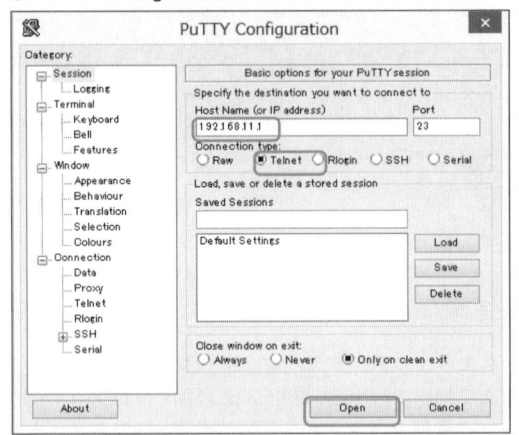

このようにして、管理者はTelnetを使用してリモートからサーバの設定および管理を行うことができます。Telnetはネットワークデバイスへリモートログインする方法として利用されていますが、パスワードすらも暗号化されずにプレーンテキスト[※18]で転送されるため、セキュリティ上の問題があります。

※18 【プレーンテキスト】plain text：平文（ヒラブン、ヘイブン）、クリアテキストともいう。暗号化されていないそのままのデータのこと。平文のデータは第三者に盗聴されると簡単に読み取られてしまう

SSH

　SSH(Secure SHell)は、TCP/IPネットワーク上のデバイスやサーバを遠隔操作する点ではTelnetと同じですが、パスワードを含む通信がすべて暗号化されます。SSHでは、クライアントとサーバ間でやり取りされる情報が暗号化されるため、インターネットを介した遠隔操作を安全に行えます。SSHには次の機能があります。

・通信の暗号化
・なりすまし[※19]防御
・認証

　なお、SSHには2つのバージョンがあり、SSHバージョン1(SSHv1)とSSHバージョン2(SSHv2)のどちらでも、クライアントとサーバの間の通信は暗号化されます。より拡張されたセキュリティ暗号化アルゴリズムを使用するため、SSHv2の実装が推奨されます。

> **試験対策**
> リモートからデバイスを遠隔操作するためのプロトコル
> ・Telnet……ポート番号23(暗号化なし)
> ・SSH………ポート番号22(暗号化あり)。安全に遠隔操作できる

※19 【なりすまし】spoofing：ネットワーク上で第三者のふりをして活動する行為全般を指す。代表的な行為に個人情報の盗用、犯罪行為の身分偽装、電子メール送信や掲示板への書き込みなどがある

3-11 演習問題

1 TCP/IPの階層モデルに含まれるものを選択しなさい。（4つ選択）

- A. ネットワーク層
- B. アプリケーション層
- C. インターネット層
- D. トランスポート層
- E. 物理層
- F. データリンク層
- G. ネットワークインターフェイス層

2 IPの特徴として正しくないものを選択しなさい。（2つ選択）

- A. コネクション型
- B. ベストエフォート
- C. エラー訂正機能
- D. 階層型アドレッシング
- E. バージョン4とバージョン6がある

3 IPアドレスを基にMACアドレスを取得するプロトコルを選択しなさい。

- A. ICMP
- B. DNS
- C. UDP
- D. DHCP
- E. ARP

4 pingの説明として正しいものを選択しなさい。

  A. pingはICMPのエコー要求とエコー応答メッセージを使用する
  B. pingはTCP上で動作するネットワーク診断プロトコルである
  C. pingは、パケットが宛先へ到達する際の経路情報を確認するためのツールである
  D. 新しく接続されたホストへpingを実行するとき、ICMPプロトコルのみが使用される

5 TCPヘッダに含まれ、UDPヘッダに含まれないフィールドを選択しなさい。（3つ選択）

  A. シーケンス番号
  B. 送信元ポート
  C. 確認応答番号
  D. チェックサム
  E. 制御ビット
  F. プロトコル
  G. 宛先IPアドレス

6 3ウェイハンドシェイクで交換される、2回目のパケットの制御ビットが1（オン）になるものを選択しなさい。

  A. SYNとACK
  B. SYNのみ
  C. SYNとRST
  D. ACKとFIN
  E. ACKのみ

7 次の図を参照しホストAからサーバ宛の通信において、①と②に含まれるものを選択しなさい。

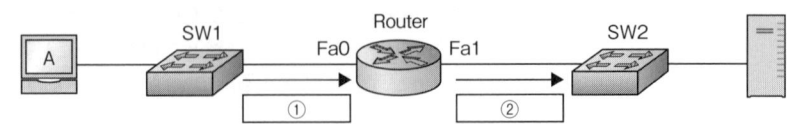

A. 送信元 レイヤ2：ホストAのMACアドレス
　　　　レイヤ3：ホストAのIPアドレス
　　宛先　レイヤ2：RouterのFa1のMACアドレス
　　　　レイヤ3：サーバのIPアドレス

B. 送信元 レイヤ2：ホストAのMACアドレス
　　　　レイヤ3：ホストAのIPアドレス
　　宛先　レイヤ2：サーバのMACアドレス
　　　　レイヤ3：サーバのIPアドレス

C. 送信元 レイヤ2：SW1のMACアドレス
　　　　レイヤ3：RouterのFa0のIPアドレス
　　宛先　レイヤ2：RouterのFa1のMACアドレス
　　　　レイヤ3：サーバのIPアドレス

D. 送信元 レイヤ2：SW1のMACアドレス
　　　　レイヤ3：ホストAのIPアドレス
　　宛先　レイヤ2：RouterのFa0のMACアドレス
　　　　レイヤ3：サーバのIPアドレス

E. 送信元 レイヤ2：RouterのFa1のMACアドレス
　　　　レイヤ3：ホストAのIPアドレス
　　宛先　レイヤ2：サーバのMACアドレス
　　　　レイヤ3：サーバのIPアドレス

F. 送信元 レイヤ2：RouterのFa1のMACアドレス
　　　　レイヤ3：RouterのFa1のIPアドレス
　　宛先　レイヤ2：SW2のMACアドレス
　　　　レイヤ3：SW2のIPアドレス

G. 送信元 レイヤ2：ホストAのMACアドレス
　　　　　レイヤ3：ホストAのIPアドレス
　　宛先　レイヤ2：RouterのFa0のMACアドレス
　　　　　レイヤ3：サーバのIPアドレス

8 次のTCP/IPアプリケーション①～⑥に該当する説明を、選択肢から選びなさい。（どれにも該当しない選択肢があります）

① TFTP　　　④ DNS
② SNMP　　　⑤ SMTP
③ SSH　　　 ⑥ NTP

A. IPアドレスを自動的に割り当てる
B. ネットワーク上のデバイスを監視および制御する
C. ホスト名（ドメイン名）とIPアドレスの名前解決を行う
D. コネクションレス型のファイル転送を行う
E. 電子メールをメールサーバへ送信する
F. データをすべて暗号化してリモートデバイスを遠隔操作する
G. ネットワーク経由でコンピュータのシステムクロックを同期する
H. 電子メールを受信する

9 次のTCP/IPアプリケーション層プロトコルの表を参照し、①～⑫を埋めなさい。

ポート番号	プロトコル	TCP/UDP
20、21	FTP、FTP-Data	①
22	②	TCP
③	Telnet	TCP
25	④	TCP
53	⑤	TCP、UDP
67、68	⑥	UDP
69	TFTP	⑦
80	⑧	TCP
⑨	POP3	TCP
123	⑩	UDP
161、162	⑪	UDP
⑫	HTTPS	TCP

3-12 解答

1 B、C、D、G

TCP/IPの階層化モデルでは、ネットワークに必要な機能を4つに分割して定義しています。

【TCP/IPプロトコルスタック】
・第4層 …… アプリケーション層(**B**)
・第3層 …… トランスポート層(**D**)
・第2層 …… インターネット層(**C**)
・第1層 …… リンク層(ネットワークインターフェイス層)(**G**)

参照 → P94

2 A、C

インターネット層の中心となるIPには、次の特徴があります。

・コネクションレス型
・ベストエフォート(B)
・階層型アドレッシング(D)

現在、IPv4(バージョン4)とIPv6(バージョン6)が使用されています(E)。IPは信頼性のないコネクションレス型のプロトコルであり、エラー訂正やエラー回復機能はありません(**A**、**C**)。

参照 → P97

3 E

ARPは、TCP/IPネットワークにおいてIPアドレスからMACアドレスを求めるためのプロトコルです(**E**)。

・ICMP(A) ……… IPパケットのエラーや制御メッセージを転送する
・DNS(B) ……… ホスト名とIPアドレスを対応させる
・UDP(C) ……… トランスポート層のコネクションレス型の転送サービスを提供する
・DHCP(D) ……… IPアドレスなどの設定情報を動的に割り振る

参照 → P99

4 A

pingは、特定のノードとIP通信ができるかどうかを確認するためのツール（コマンド）です。pingはICMPのエコー要求とエコー応答のメッセージを利用します（**A**）。ICMPはトランスポート層よりも下位のインターネット層プロトコルであり、TCPやUDP上で動作していません（B）。
pingを実行すると、指定した宛先へのエコー要求が送信され、エコー応答が受信できるかどうかで相手先との接続性が確認できます。パケットが通過する経路情報を確認する場合は、tracerouteを使用します（C）。
TCP/IP通信ではIPアドレスによって宛先を識別していますが、LAN（イーサネット）で通信を行うにはMACアドレスも必要になります。pingを実行したとき、指定した宛先IPアドレスに対応するMACアドレスが不明な場合、MACアドレスを取得するためにARPの要求と応答のやり取りが発生します。新しく接続されたホストへpingを実行するとき、通常は宛先MACアドレスが不明なため、ICMPのほかにARPも使用されます（D）。

参照 → P109

5 A、C、E

TCPとUDPはトランスポート層プロトコルであり、次の点が異なります。

＜TCP＞
・コネクション型プロトコル
・3ウェイハンドシェイク、確認応答、順序制御、再送制御、ウィンドウ制御、フロー制御などの機能により信頼性のある通信を提供する

＜UDP＞
・コネクションレス型プロトコル
・信頼性を実現するための仕組みがない
・単純な処理を行うため遅延が少ない
・単発な通信や、リアルタイム性を求めるVoIP*などの通信に適している

シーケンス番号（**A**）、確認応答番号（**C**）、制御ビット（**E**）は、TCPが信頼性を提供するための機能であり、UDPヘッダには含まれません。ただし、エラーチェックを行うチェックサム（D）はTCPとUDPの両方のヘッダに存在します。トランスポート層は、ポート番号を使用して1台のコンピュータに対して複数のセッションを同時に処理できる多重化の機能があり、これはTCPとUDPの両方でサポートしています。そのため、送信元ポート（B）はTCPとUDPの両方のヘッダに存在します。
プロトコル（F）と宛先IPアドレス（G）は、IPヘッダに含まれるフィールドです。

参照 → P117、124

6 A

コネクション型のTCPは、通信を行う前に3ウェイハンドシェイクによって仮想のコネクションを確立します。3ウェイハンドシェイクは、制御ビットを使用してTCPセグメントを3回やり取りします。SYN(Synchronize)はコネクションの確立要求、ACK(Acknowledgement)は確認応答です。このとき使用される制御ビットは次のとおりです。

- 1回目 ……SYN=1(SYNのみオン)
- 2回目 ……SYN=1、ACK=1(SYNとACKをオン)
- 3回目 ……ACK=1(ACKのみオン)

したがって、選択肢**A**が正解です。

参照 → P119

7 ① G ② E

データリンク層(レイヤ2)は、同一ネットワーク上に接続されたノードとの通信を実現するためにMACアドレスなどの物理アドレスを使用します。
ネットワーク層(レイヤ3)は、異なるネットワーク上に接続されたノード間の通信を実現するためにIPアドレスなどの論理アドレスを使用します。
送信元と宛先が同一ネットワーク上に存在する(ルータを経由しない)場合、転送の途中でレイヤ2およびレイヤ3のアドレスが変更されることはありません。

【送信元と宛先が同一ネットワーク上に存在する(ルータを経由しない)場合】

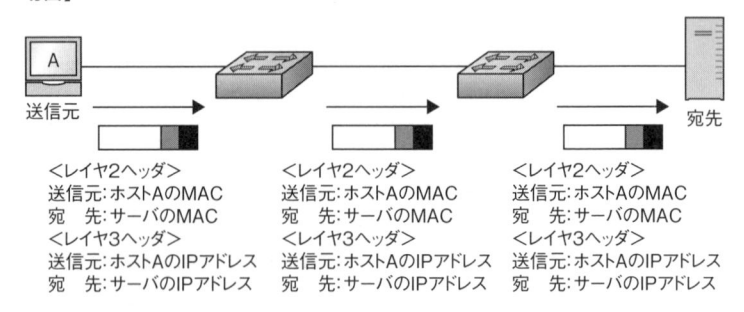

<レイヤ2ヘッダ>
送信元:ホストAのMAC
宛　先:サーバのMAC
<レイヤ3ヘッダ>
送信元:ホストAのIPアドレス
宛　先:サーバのIPアドレス

<レイヤ2ヘッダ>
送信元:ホストAのMAC
宛　先:サーバのMAC
<レイヤ3ヘッダ>
送信元:ホストAのIPアドレス
宛　先:サーバのIPアドレス

<レイヤ2ヘッダ>
送信元:ホストAのMAC
宛　先:サーバのMAC
<レイヤ3ヘッダ>
送信元:ホストAのIPアドレス
宛　先:サーバのIPアドレス

送信元と宛先が異なるネットワーク上に存在する(ルータを経由する)場合、送信者はデフォルトゲートウェイ(ルータ)に送り、ルータによってパケットは中継されます。このとき、ルータは転送の途中でレイヤ2アドレスを変更しますが、レイヤ3アドレスは変更しません。

【送信元と宛先が異なるネットワーク上に存在する（ルータを経由する）場合】

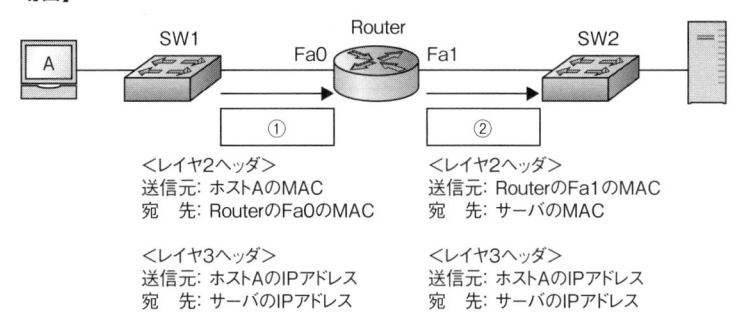

```
      SW1      Router      SW2
 A ── SW1 ── Fa0  Fa1 ── SW2 ── [server]
             ①          ②
```

＜レイヤ2ヘッダ＞
送信元: ホストAのMAC
宛　先: RouterのFa0のMAC

＜レイヤ3ヘッダ＞
送信元: ホストAのIPアドレス
宛　先: サーバのIPアドレス

＜レイヤ2ヘッダ＞
送信元: RouterのFa1のMAC
宛　先: サーバのMAC

＜レイヤ3ヘッダ＞
送信元: ホストAのIPアドレス
宛　先: サーバのIPアドレス

図より①＝**G**、②＝**E**であることがわかります。

参照→ P103

8　①D　②B　③F　④C　⑤E　⑥G

それぞれのアプリケーションの説明は次のとおりです。

- TFTP（Trivial File Transfer Protocol）：コネクションレス型（UDP）のファイル転送機能を提供する（①＝**D**）
- SNMP（Simple Network Management Protocol）：ネットワーク上の機器を監視・制御するための機能を提供する（②＝**B**）
- SSH（Secure Shell）：Telnetと同様に遠隔操作を行うが、データをすべて暗号化されるため一連の操作を安全に行える（③＝**F**）
- DNS（Domain Name System）：インターネット上のホスト名（ドメイン名）とIPアドレスの名前解決を行う（④＝**C**）
- SMTP（Simple Mail Transfer Protocol）：電子メールの送信、およびメールサーバ間のメールのやり取りを行う（⑤＝**E**）
- NTP（Network Time Protocol）：ネットワーク経由でシステムクロックを正しく調整する（⑥＝**G**）
- DHCP（Dynamic Host Configuration Protocol）：クライアントに対してIPアドレスなどの設定情報を自動的に割り当てる（A）
- POP3（Post Office Protocol）：メールサーバから電子メールを受信する（H）

参照→ P126

9 下記の表を参照

ポート番号	プロトコル	TCP/UDP
20、21	FTP、FTP-Data	①**TCP**
22	②**SSH**	TCP
③**23**	Telnet	TCP
25	④**SMTP**	TCP
53	⑤**DNS**	TCP、UDP
67、68	⑥**DHCP**	UDP
69	TFTP	⑦**UDP**
80	⑧**HTTP**	TCP
⑨**110**	POP3	TCP
123	⑩**NTP**	UDP
161、162	⑪**SNMP**	UDP
⑫**443**	HTTPS	TCP

参照 → P116

第4章

IPv4アドレスとサブネット

4-1 IPv4アドレス

4-2 サブネットワーク

4-3 IPアドレッシングの計算

4-4 VLSM

4-5 演習問題

4-6 解答

4-1 IPv4アドレス

TCP/IPネットワークではIPアドレスを使用して通信相手を識別しています。IP(Internet Protocol)には、バージョン4(IPv4)とバージョン6(IPv6)があります。本章では、現在広く使用されているIPv4アドレスについて説明します。

参照 → IPv6→「第15章 IPv6の導入」(747ページ)

IPアドレスの構成要素

IPアドレスは32ビットの階層型アドレスです。**ネットワーク部**と**ホスト部**という2つの要素で構成されています。

・ネットワーク部(ネットワークID) …… 所属するネットワークを示す。同一ネットワーク内のすべてのホストはネットワーク部が同じになる
・ホスト部(ホストID) ……………… ネットワークに所属する個々のホストを識別する

【IPアドレスの構成要素】

32ビット	
ネットワーク部	ホスト部

ただし、現在ではネットワーク部、サブネットワーク部、ホスト部の3つの要素で構成されることが一般的です。

参照 →「4-2 サブネットワーク」(172ページ)

IPアドレスは32ビットの2進数です。これを4つのオクテット(8ビット)に分割して「.」(ドット)で区切り、10進数で表記しています。IPアドレスの範囲は0.0.0.0～255.255.255.255になります。

4-1 IPv4アドレス

【IPアドレス表記の例】

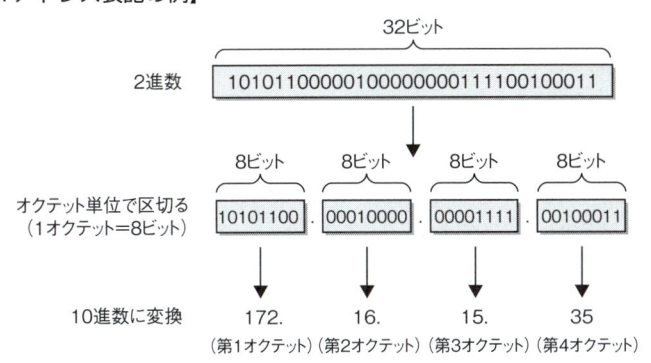

```
                    32ビット
2進数        10101100000100000000111100100011

                 8ビット  8ビット  8ビット  8ビット
オクテット単位で区切る
(1オクテット=8ビット)  10101100 . 00010000 . 00001111 . 00100011

10進数に変換    172.    16.    15.    35
            (第1オクテット)(第2オクテット)(第3オクテット)(第4オクテット)
```

アドレスクラス

さまざまな規模のネットワークに対応するため、IPアドレスは**クラス**と呼ばれるカテゴリで分類されています。

- クラスA……超大規模なネットワークに対応するアドレス
- クラスB……比較的大規模なネットワークに対応するアドレス
- クラスC……中規模なネットワークに対応するアドレス
- クラスD……マルチキャスト用に使用されるアドレス
- クラスE……実験用に予約されているアドレス(通常は使用されない)

IPアドレスの先頭から4ビットの値によって、どのクラスかが決められています。ユニキャスト用のIPアドレスとして利用できるのはクラスA〜Cです。
各クラス(クラスEを除く)は、次のルールで定義されています。

●クラスA

- **第1オクテットの先頭1ビットは「0」に固定**
  第1オクテット:**0**0000000 〜 **0**1111111の範囲です。
  ただし、00000000(10進数:0)と01111111(10進数:127)は予約されているため、ユニキャスト用のIPアドレスとしては利用できません。
  有効なクラスAのIPアドレス範囲は、1.0.0.0 〜 126.255.255.255です。

- **ネットワーク部は8ビット(第1オクテットのみ)、ホスト部は24ビット**
  1ネットワーク当たりのホストアドレス数は、16,777,214($2^{24}-2$)です。

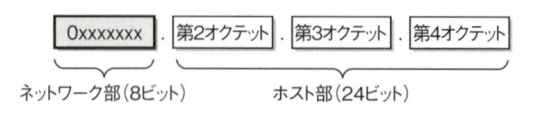

```
┌─────────┐ ┌─────────┐ ┌─────────┐ ┌─────────┐
│0xxxxxxx │.│第2オクテット│.│第3オクテット│.│第4オクテット│
└─────────┘ └─────────┘ └─────────┘ └─────────┘
 ︸―――――︸  ︸―――――――――――――――――――――︸
 ネットワーク部(8ビット)    ホスト部(24ビット)
```

● クラスB

・**第1オクテットの先頭2ビットは「10」に固定**

第1オクテット：**10**000000 ～ **10**111111の範囲です。

有効なクラスBのIPアドレス範囲は、128.0.0.0 ～ 191.255.255.255です。

・**ネットワーク部は16ビット（第2オクテットまで）、ホスト部は16ビット**

1ネットワーク当たりのホストアドレス数は、65,534（$2^{16}-2$）です。

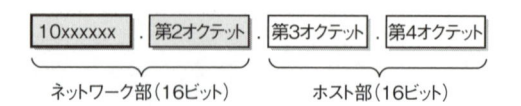

```
┌─────────┐ ┌─────────┐ ┌─────────┐ ┌─────────┐
│10xxxxxx │.│第2オクテット│.│第3オクテット│.│第4オクテット│
└─────────┘ └─────────┘ └─────────┘ └─────────┘
 ︸―――――――――――――――――︸  ︸――――――――――――︸
  ネットワーク部(16ビット)      ホスト部(16ビット)
```

● クラスC

・**第1オクテットの先頭3ビットは「110」に固定**

第1オクテット：**110**00000 ～ **110**11111の範囲です。

有効なクラスCのIPアドレス範囲は、192.0.0.0 ～ 223.255.255.255です。

・**ネットワーク部は24ビット（第3オクテットまで）、ホスト部は8ビット**

1ネットワーク当たりのホストアドレス数は、254（2^8-2）です。

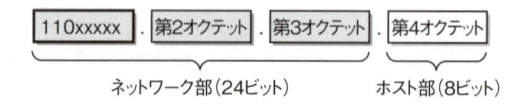

```
┌─────────┐ ┌─────────┐ ┌─────────┐ ┌─────────┐
│110xxxxx │.│第2オクテット│.│第3オクテット│.│第4オクテット│
└─────────┘ └─────────┘ └─────────┘ └─────────┘
 ︸―――――――――――――――――――――――――︸  ︸――――――︸
      ネットワーク部(24ビット)       ホスト部(8ビット)
```

● クラスD

・**第1オクテットの先頭4ビットは「1110」に固定**

第1オクテット：**1110**0000 ～ **1110**1111の範囲です。

有効なクラスDのIPアドレス範囲は、224.0.0.0 ～ 239.255.255.255です。
ただし、224.0.0.0 ～ 224.0.0.255のアドレスは同一ネットワーク上でのみ送信され、ルータによって転送されません。

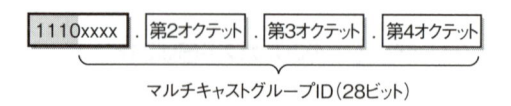

```
┌─────────┐ ┌─────────┐ ┌─────────┐ ┌─────────┐
│1110xxxx │.│第2オクテット│.│第3オクテット│.│第4オクテット│
└─────────┘ └─────────┘ └─────────┘ └─────────┘
      ︸――――――――――――――――――――――――――――――︸
           マルチキャストグループID(28ビット)
```

> **試験対策** IPv4では、クラスによってネットワーク部とホスト部が分類されています。サブネット化のアドレス計算を行うためにも、しっかり覚えておきましょう！

> **試験対策** IPアドレスがどのクラスに該当するかは、第1オクテットの数値で次のように判断します。
>
> 1〜126の範囲 …… クラスA
> 128〜191の範囲 …… クラスB
> 192〜223の範囲 …… クラスC
> 224〜239の範囲 …… クラスD
>
> 例）<u>192</u>.168.1.1
> 　　クラスC

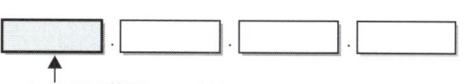

予約済みIPアドレス

　IPアドレスには、特別な用途で使用するために予約されているものがいくつかあります。そのようなアドレスは、ホストアドレスとしてコンピュータ（NIC）などに割り当てることはできません。以下のアドレスは予約済みのIPアドレスです。

●ネットワークアドレス

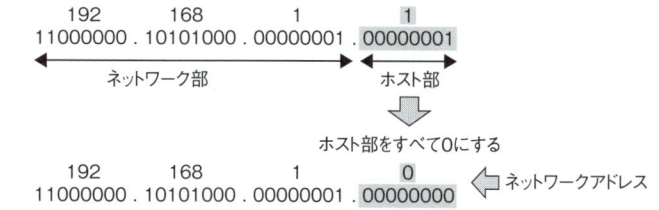

　ネットワークアドレスは、ホスト部のビットをすべて0にしたアドレスです。そのネットワーク自体を表し、ルータが経路制御（ルーティング）するときなどに使用されます。

　たとえば、クラスCのIPアドレス192.168.1.1は、ネットワーク部24ビットとホスト部8ビットです。したがって、ネットワークアドレスは192.168.1.0になります。

【ネットワークアドレスの例】

```
  192        168         1          1
11000000 . 10101000 . 00000001 . 00000001
←─── ネットワーク部 ───→   ←ホスト部→
```

⇩ ホスト部をすべて0にする

```
  192        168         1          0
11000000 . 10101000 . 00000001 . 00000000   ⇐ネットワークアドレス
```

●ブロードキャストアドレス

　ブロードキャストアドレスは、ホスト部のビットをすべて1にしたアドレスです。ネットワーク内のすべての端末に対してデータを送信する際に使用します。

IPアドレス192.168.1.1の場合、ブロードキャストアドレスは192.168.1.255になります。

【ブロードキャストアドレスの例】

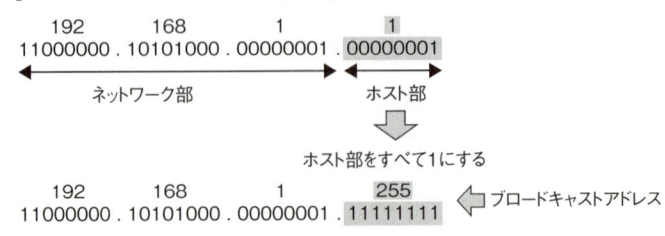

```
   192         168         1           1
11000000 . 10101000 . 00000001 . 00000001
←─────── ネットワーク部 ───────→   ←ホスト部→
                                      ↓
                              ホスト部をすべて1にする

   192         168         1          255
11000000 . 10101000 . 00000001 . 11111111   ⇐ ブロードキャストアドレス
```

送信者が所属していないネットワークへブロードキャストする際に使用するアドレスは、**ダイレクトブロードキャストアドレス**とも呼ばれます。

ダイレクトブロードキャストはルータによる転送が可能です。ただし、Ciscoルータではダイレクトブロードキャストの転送はデフォルトで無効になっています。

また、IPアドレスの32ビットをすべて1にした**255.255.255.255**のアドレスも、ブロードキャストとみなされます。宛先アドレスを255.255.255.255に設定したパケットはルーティングが許可されていないため、ローカルネットワークより外へ転送されません。ARP*やDHCP*のように、ある情報を問い合わせる際に使用されます。

> **試験対策**
> ・ネットワークアドレス　…………ネットワーク自体を表すアドレス。ホスト部はすべて「0」
> ・ブロードキャストアドレス　……そのネットワークの全員宛の通信に使用。ホスト部はすべて「1」

●ループバックアドレス

ループバックアドレスは、第1オクテットが127で始まるアドレスです。自分自身を表す仮想的なアドレスで、TCP/IPプロトコルスタックが有効であれば常に利用可能です。たとえば、PCのコマンドプロンプトからpingコマンドを127.0.0.1宛に実行し、応答が返ってくればTCP/IPが正しく動作していると判断することができます。

127.0.0.1～127.255.255.254の範囲内なら、どのIPアドレスでも利用可能ですが、一般的な用途では127.0.0.1が利用されます。

●自動設定アドレス

DHCPクライアントが何らかの障害によりIPアドレスの取得に失敗した場合、**APIPA**(Automatic Private IP Addressing)という機能によって、自動的に169.254.0.0/16プレフィックス範囲のIPアドレスが設定されます。この宛先アドレスへはルータによる転送はできません。同一ネットワーク内でのみ通信を行うため**リンクローカルアドレス**と呼ばれています。

> 参照→ 通信の種類（19ページ）

4-1 IPv4アドレス

グローバルIPアドレスとプライベートIPアドレス

IPアドレスはIANA(ICANN)を頂点にして世界的に管理されています。インターネットに接続する利用者は**グローバルIPアドレス**(または**パブリックアドレス**)を申請し、取得したアドレスを使用する必要があります。しかし、インターネットの爆発的な普及によってIPアドレスの枯渇が問題になり、新規にIPアドレスを取得するのは困難な状況になっています(アジア太平洋地域におけるIPv4アドレスの在庫はなくなり、2011年4月に割り振りを終了しています)。

この問題を回避するため、IANAはインターネットに接続しないネットワークで使用するためのアドレスとして**プライベートIPアドレス**を定義しています。

・グローバルIPアドレス………インターネットで利用可能
・プライベートIPアドレス……組織(または家庭)の内部ネットワークでのみ利用可能

プライベートIPアドレスは **RFC1918** によって、次の範囲で定義されています(これ以外のアドレスはグローバルIPアドレスになります)。

【プライベートIPアドレスの範囲】　　暗記

クラス	範囲
A	10.0.0.0 ～ 10.255.255.255
B	172.16.0.0 ～ 172.31.255.255
C	192.168.0.0 ～ 192.168.255.255

インターネット上のルータは、プライベートIPアドレスが宛先のパケットを転送しないため、プライベートIPアドレスをインターネットで使用することはできません。プライベートIPアドレスが割り当てられた内部ネットワークのホストがインターネットへアクセスする際には、NAT[※1]対応ルータなどによって送信元IPアドレスをグローバルIPアドレスに変換する必要があります。

参照 → 「11-2 NATとPATの概要」(477ページ)

試験対策
・RFC1918は、IPv4アドレスの枯渇問題を解決する
・グローバルIPアドレスは、インターネットでルータによる転送が可能
・プライベートIPアドレスは、インターネット上で使用できない
各クラスのアドレス範囲からプライベートIPアドレスを除いたものが、グローバルIPアドレスです。プライベートIPアドレスの範囲をしっかり覚えておきましょう。クラスBの第2オクテットの範囲「16～31」がポイントです!

※1 【NAT】(ナット)Network Address Translation：内部ネットワークで使用しているプライベートIPアドレスを、インターネット上で使用可能なグローバルIPアドレスに相互変換する仕組み

4-2 サブネットワーク

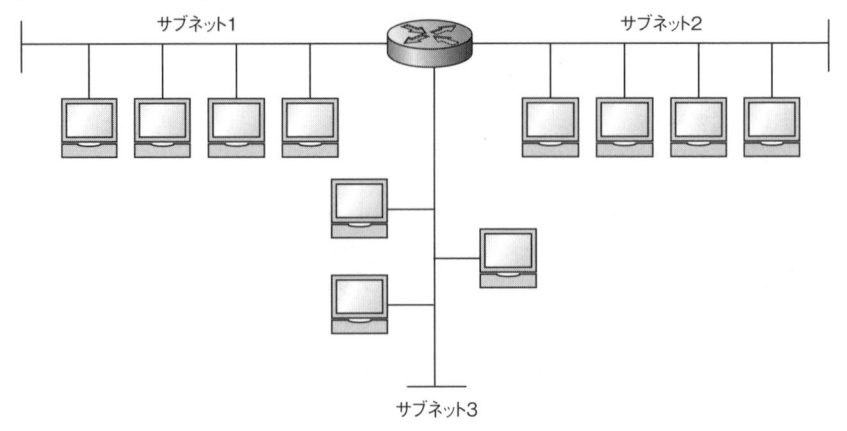

サブネットワーク（サブネット）とは、ある1つのネットワークを複数に分割した小さなネットワークを指します。また、ネットワークの管理単位をいくつかの小さい単位に分割する仕組みをサブネット化といいます。

■ サブネットワークの利点

サブネットワークには、次のような多くの利点があります。

- 1つのネットワークに収容できるコンピュータの台数には限りがあるが、サブネットによって多くの端末をネットワークに接続できる
- サブネット化によってブロードキャストドメインを分割できる
- ネットワークで扱うトラフィックを局所化するので、全体的なパフォーマンスが改善される
- ネットワーク構成が柔軟にでき、管理の手間も軽減できる
- ネットワークサイズを小さくしてトラフィックを分離することで、ネットワークセキュリティの適用が容易になる

【サブネットワーク】

サブネット化

1つのネットワークを小さなサブネットワークに分割する仕組みを**サブネット化**（またはサブネッティング）といいます。

サブネット化している状態でルーティングを行うには、分割したサブネットを識別するための番号が必要です。IPアドレスは32ビットの固定長であり、ネットワーク部はIANAによって割り当てられているため変更できません。そのため、サブネットワーク部はホスト部のビットから任意のビット長を借りて拡張します。

サブネットワーク部に何ビット利用するかは、ネットワーク管理者によって自由に決定することができます。ただし、サブネットワーク部を1ビット多く拡張するたびに分割されるサブネット数は増加しますが、サブネット当たりのホストアドレス数は減少します。管理者は「必要なサブネット数と1サブネットに必要な最大ホストアドレス数」を考慮しながらサブネット化の計画を立てることが重要です。

サブネットおよびホストアドレスの数は、次の計算で求めることができます。

↓暗記

サブネット数＝2^s（sはサブネットワーク部のビット数）
ホストアドレス数＝2^h-2（hはホスト部のビット数）

ホストアドレス数の計算では、必ずサブネットアドレス（ホスト部のビットがすべて0）とブロードキャストアドレス（ホスト部のビットがすべて1）の2つを除きます。

参考　フラットネットワークの問題点

サブネットワークのないフラットなネットワークトポロジでは、1つのセグメント*上のコンピュータが同じブロードキャストドメインを共有するため、コンピュータの台数が増えるにつれネットワークの帯域幅の使用効率が低下します。また、ホスト間の境界がないため、セキュリティポリシーの適用が困難になるという欠点があります。

【フラットなネットワークトポロジ】

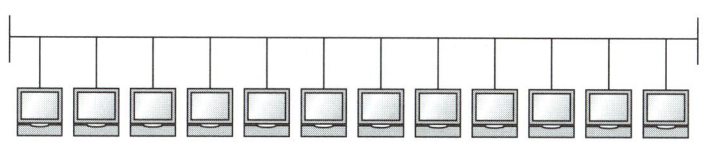

クラスCアドレスの場合、アドレスの構成はネットワーク部が24ビットでホスト部が8ビットです。たとえば192.168.1.0のホスト部を2ビット使用してサブネット化した場合、次のようになります。

【クラスCアドレス「192.168.1.0」を2ビットサブネット化した例】

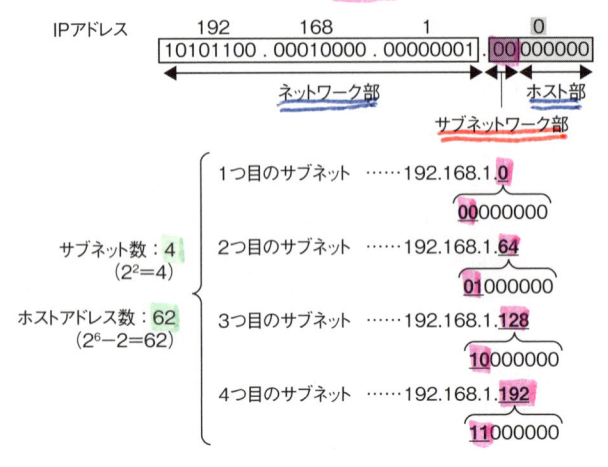

IPアドレス　192　168　1　0
10101100 . 00010000 . 00000001 . 00000000

ネットワーク部　サブネットワーク部　ホスト部

サブネット数：4
($2^2=4$)

ホストアドレス数：62
($2^6-2=62$)

- 1つ目のサブネット ……192.168.1.0
  00000000
- 2つ目のサブネット ……192.168.1.64
  01000000
- 3つ目のサブネット ……192.168.1.128
  10000000
- 4つ目のサブネット ……192.168.1.192
  11000000

クラスCアドレスを2ビットサブネット化した場合、4つのサブネットワークに分割することができ、1つのサブネットワークに割り当て可能なホストアドレス数は62個です。

たとえば192.168.1.0のサブネットワークの場合、1つ目のサブネットの有効なホストアドレスの範囲は192.168.1.1～192.168.1.62、ブロードキャストアドレスは192.168.1.63になります。

クラスCアドレスを1ビットずつサブネット化すると、サブネット数とホストアドレス数は次のようになります。

【クラスCネットワークのサブネット化】

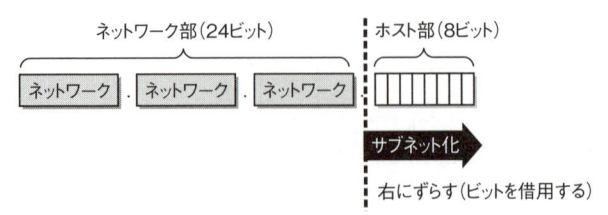

ネットワーク部（24ビット）　ホスト部（8ビット）
ネットワーク . ネットワーク . ネットワーク

サブネット化

右にずらす（ビットを借用する）

サブネット部の ビット数(s)	サブネット数 (2^s)	ホスト部のビット数 ($8-s=h$)	ホストアドレス数 (2^h-2)
1	2	7	126
2	4	6	62
3	8	5	30
4	16	4	14
5	32	3	6
6	64	2	2
7	128	1	0

同様に、クラスBおよびクラスAのネットワークでは、それぞれ次のようになります。

【クラスBネットワークのサブネット化】

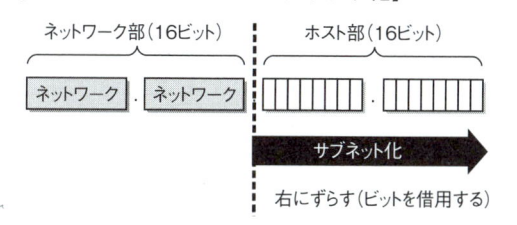

ネットワーク部（16ビット）　ホスト部（16ビット）

ネットワーク ・ ネットワーク

サブネット化 →
右にずらす（ビットを借用する）

サブネット部の ビット数(s)	サブネット数 (2^s)	ホスト部のビット数 ($16-s=h$)	ホストアドレス数 (2^h-2)
1	2	15	32,766
2	4	14	16,382
3	8	13	8,190
4	16	12	4,094
5	32	11	2,046
6	64	10	1,022
7	128	9	510
8	256	8	254
9	512	7	126
:	:	:	:

第4章　IPv4アドレスとサブネット

【クラスAネットワークのサブネット化】

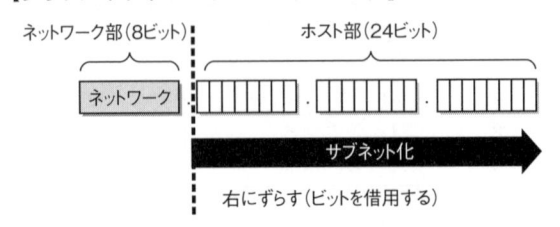

ネットワーク部(8ビット)　ホスト部(24ビット)

ネットワーク

サブネット化

右にずらす(ビットを借用する)

サブネット部の ビット数(s)	サブネット数 (2^s)	ホスト部のビット数 ($24-s=h$)	ホストアドレス数 (2^h-2)
1	2	23	8,388,606
2	4	22	4,194,302
3	8	21	2,097,150
4	16	20	1,048,574
5	32	19	524,286
6	64	18	262,142
7	128	17	131,070
8	256	16	65,534
9	512	15	32,766
:	:	:	:

● サブネット0 、サブネット1の使用

　サブネット化は当初、混乱を避けるために「サブネット0(すべて0のサブネット)」と「サブネット1(すべて1のサブネット)」はアドレッシングに使用しないようRFC950で強く推奨されていました。しかし、現在では、サブネット0やサブネット1を含むアドレス空間全体が利用できるようになっています。

　サブネット0とは、ネットワークアドレスをサブネット化したときに得られる最初のサブネットを指します。サブネット0は**ゼロサブネット**とも呼ばれています。また、**サブネット1**とは、サブネット化したとき得られる最後のサブネットを指します。

【サブネット0とサブネット1の例】

クラスCアドレス「192.168.1.0」を2ビットサブネット化した場合

- 1つ目のサブネット　………　192.168.1.**0** ← サブネット0(第4オクテット：**00**000000)
- 2つ目のサブネット　………　192.168.1.64
- 3つ目のサブネット　………　192.168.1.128
- 4つ目のサブネット　………　192.168.1.**192** ← サブネット1

　　　　　　　　　　　　　　　(第4オクテット：**11**000000)

Cisco IOSソフトウェアリリース12.0以降では、デフォルトでサブネット0のアドレスが利用できるように ip subnet-zero というコマンドが設定されています。なお、no ip subnet-zero コマンドを設定して、サブネット0のアドレスを割り当てできないようにすることも可能です。

● サブネットマスク

サブネットマスクは、IPアドレスの「先頭から何ビット目までがネットワークアドレスの部分であるか」を定義する32ビットの数値です。IPアドレスと同様にオクテット（8ビット）で区切って10進数で表記します。ビット1の部分はネットワーク部、ビット0の部分はホスト部を表し、1と0の境界によってネットワークアドレスを識別するため、2進数で表現すると必ず1の連続と0の連続になります。

サブネット化されていないネットワークのサブネットマスクは各クラスで次のようになります。なお、デフォルトのサブネットマスクは**ナチュラルマスク**とも呼ばれます。

【デフォルトのサブネットマスク（ナチュラルマスク）】　↓暗記

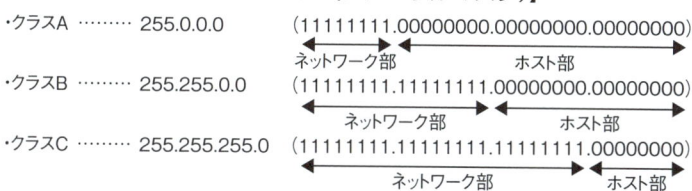

- クラスA ……… 255.0.0.0　　　（11111111.00000000.00000000.00000000）
  　　　　　　　　　　　　　　　　← ネットワーク部 →← ホスト部 →
- クラスB ……… 255.255.0.0　　（11111111.11111111.00000000.00000000）
  　　　　　　　　　　　　　　　　←　ネットワーク部　→← ホスト部 →
- クラスC ……… 255.255.255.0　（11111111.11111111.11111111.00000000）
  　　　　　　　　　　　　　　　　←　　ネットワーク部　　→← ホスト部 →

> 【試験対策】サブネット化した場合の、サブネット数、ホストアドレス数の求め方（173ページを参照）と、ナチュラルマスクをしっかり覚えておきましょう！

サブネットワークの導入によって、IPアドレスにはサブネットマスクが併記されるようになりました。これによって、サブネット0のアドレスと元のネットワークアドレスを区別することができます。次の例では、クラスBアドレス「172.16.0.0」を8ビットサブネット化したときの、サブネット0のアドレスと元のアドレスを示しています。

【サブネットマスクの例】

・デフォルトの場合
　ネットワークアドレス ……172.16.0.0
　サブネットマスク　　………255.255.0.0

> ネットワーク部　ホスト部
> 16ビット　　　16ビット

・8ビットサブネット化した場合
　サブネットアドレス ………172.16.0.0
　サブネットマスク　　………255.255.255.0

> ネットワーク部　ホスト部
> 24ビット　　　8ビット

　同じ「172.16.0.0」と書かれたアドレスであっても、サブネットマスクを見るとネットワークの長さを識別することができます。クラスによって割り振られたアドレスのことを**クラスフルアドレス**(ネットワークの場合：クラスフルネットワークまたはメジャーネットワーク)、クラスの概念を廃したアドレスのことを**クラスレスアドレス**といいます。

● プレフィックス長*

　IPアドレスのうちネットワークアドレスを示すビットの長さを**プレフィックス長**といい、「/24」のようにスラッシュ(/)の後ろにネットワーク部のビット数を書いて表記します。また、この表記のことを**CIDR**(Classless Inter-Domain Routing)*表記ともいいます。
　たとえば、サブネットマスクが255.255.255.0の場合、プレフィックス長(CIDR表記)では「/24」になります。

　　例)172.16.0.0 255.255.255.0＝172.16.0.0/24

● オクテット内でのサブネット化

　分割したいサブネットワーク数に応じてサブネットワーク部のビット数を決定すると、特定のオクテット内にネットワーク部(サブネットワーク部を含む)とホスト部の境界が発生することがあります。このときのサブネットマスクは次のとおりです。

【オクテット内でサブネット化したときのサブネットマスク】

	128	64	32	16	8	4	2	1	(10進数)
1ビットサブネット化 ……1	0	0	0	0	0	0	0	⇒	128
2ビットサブネット化 ……1	1	0	0	0	0	0	0	⇒	192
3ビットサブネット化 ……1	1	1	0	0	0	0	0	⇒	224
4ビットサブネット化 ……1	1	1	1	0	0	0	0	⇒	240
5ビットサブネット化 ……1	1	1	1	1	0	0	0	⇒	248
6ビットサブネット化 ……1	1	1	1	1	1	0	0	⇒	252
7ビットサブネット化 ……1	1	1	1	1	1	1	0	⇒	254
8ビットサブネット化 ……1	1	1	1	1	1	1	1	⇒	255

4-2 サブネットワーク

たとえば、クラスCアドレス192.168.1.0を2ビットサブネット化した場合のサブネットマスクは次のようになります。

【クラスCアドレス「192.168.1.0」を2ビットサブネット化した場合】

```
IPアドレス                    ←── ネットワーク部 ──→ ←サブネットワーク部→←ホスト部→
192.168.1.0        ➡  (2進数)11000000.10101000.00000001.00000000
2ビットサブネット化                                              ⇨
                                                          2ビットサブネット化

サブネットマスク
255.255.255.192    ⬅  (2進数)11111111.11111111.11111111.11000000
```

第4オクテット （2進数）	サブネット アドレス	サブネットマスク	ホストアドレス の範囲	ブロードキャスト アドレス
00000000	192.168.1.0	255.255.255.192 (/26)	192.168.1.1 ～ 192.168.1.62	192.168.1.63
01000000	192.168.1.64		192.168.1.65 ～ 192.168.1.126	192.168.1.127
10000000	192.168.1.128		192.168.1.129 ～ 192.168.1.190	192.168.1.191
11000000	192.168.1.192		192.168.1.193 ～ 192.168.1.254	192.168.1.255

> **試験対策**
> 各サブネットで使用可能なホストアドレスの範囲は、次のように考えることができます。
> ・先頭のホストアドレス　……　サブネットアドレス+1
> ・最後のホストアドレス　……　ブロードキャストアドレス-1
> 　　　　　　　　　　　　　　　（次のサブネットアドレス－2）

4-3 IPアドレッシングの計算

必要なサブネットワークやホストアドレス数に応じて、サブネットアドレスおよびホストアドレス範囲を求めることは、ネットワークの設計や管理の基本です。IPアドレスの計算問題にはさまざまなパターンがあります。特にCCENTおよびCCNA Routing and Switching試験では、アドレス計算にすばやさと正確さが要求されます。本節では、代表的なIPアドレスの計算問題をいくつか用意し、解き方を解説しています。

サブネットマスクを求める問題

あるネットワークアドレスから要件に合ったサブネットマスクを求める問題の場合、次の手順で解くことができます。

> 例題1） ネットワーク206.140.3.0から6つのサブネットに分割します。各サブネットには最大30のホストアドレスを必要としています。このときのサブネットマスクを求めなさい。

①アドレスクラスを確認する

アドレスクラスは第1オクテットの数値だけで識別します。206の場合、192〜223の範囲にあるため「クラスC」です。

②ホスト部（サブネットマスク）を確認する

クラスCの場合、第4オクテットのみホスト部となります。したがって、デフォルトのホスト部は8ビット、サブネットマスクは「255.255.255.0」です。

③サブネットワーク部を決定する

6サブネットを得るために必要なサブネットワーク部のビット数を、2^sの数式で決定します。

$2^1 = 2$ …… ×
$2^2 = 4$ …… ×
$2^3 = 8$ …… OK（3ビットサブネット化した場合、サブネット数は8）

④ホストアドレス数を確認する

ホスト部のビット数5は必要なホストアドレス数30を満たしているか、$2^h - 2$の数式で確認します。

$2^5 - 2 = 30$ ……OK(ホスト部5ビットの場合、ホストアドレス数は30)

⑤サブネットマスクを求める

クラスCアドレスを3ビットサブネット化した場合、サブネットマスクの第4オクテットは「**111**00000」になります。よって、「255.255.255.**224**」が正解です。

例題2) 172.30.0.0/16をサブネット化し、各サブネットで最大380のホストアドレスを確保しつつ、できるだけ多くのサブネットに分割する場合のサブネットマスクを求めなさい。

---

①ホスト部を決定する

「/16」の場合、ホスト部のビット数は16です。要件に「できるだけ多くのサブネットを作成」とあるため、ホスト部(最大380のホストアドレスを確保できる)に必要なビット数を$2^h - 2$の数式で先に決定します。

$2^8 - 2 = 254$ ……×(380に満たない)
$2^9 - 2 = 510$ ……OK(ホスト部9ビットの場合、ホストアドレス数は510)

②サブネットマスクを求める

ホスト部9ビットの場合、サブネットマスクの第3、4オクテットは1111111**0**.**00000000**になります。よって、「255.255.**254.0**」が正解です。

試験対策　オクテット内でサブネット化したときのサブネットの桁数に対応する数値を暗記しておくと、サブネットマスクをすばやく求めることができて便利です。

| 128 | 192 | 224 | 240 | 248 | 252 | 254 | 255 |

第4章　IPv4アドレスとサブネット

■ サブネットアドレスおよびブロードキャストアドレスを求める問題

あるIPアドレスが属するサブネットアドレスとブロードキャストアドレスを求める問題の場合、次の手順で解くことができます。

> 例題3）　IPアドレス192.168.1.51/28のホストが属する、サブネットアドレスとブロードキャストアドレスを求めなさい。

①サブネットマスク（プレフィックス長）を確認する

「/28」の場合、サブネットマスクの第4オクテットは「**1111**0000」で4ビットサブネット化しており、ホスト部は残り4ビット(1111<u>0000</u>)であることがわかります。

②サブネットアドレスを求める

サブネットアドレスは「ホスト部をすべて0にしたアドレス」であるため、IPアドレスの第4オクテット「51」を2進数に変換し、ホスト部の下位4ビットをすべて0にして10進数に戻すとサブネットアドレスになります。

```
IPアドレス        51  →   0011|0011  ⇒  0011**0000**  ⇒  48
プレフィックス長  /28 →   1111|0000
                         ネットワーク部 ホスト部
```

よって、サブネットアドレスは「192.168.1.48」です。

③ブロードキャストアドレスを求める

同様に、ブロードキャストアドレスは「ホスト部をすべて1にしたアドレス」であるため、ホスト部の下位4ビットをすべて1にします。

```
IPアドレス        51  →   0011|0011  ⇒  0011**1111**  ⇒  63
                         ネットワーク部 ホスト部
```

よって、ブロードキャストアドレスは「192.168.1.63」です。

適切なアドレスを求める問題

適切なアドレスを選択する問題の場合、次の手順で解くことができます。

> 例題4) 172.16.145.6/21が所属するホストアドレスとして適切なものを選択しなさい。
> （3つ選択）
>
> A. 172.16.145.255
> B. 172.16.144.1
> C. 172.16.143.0
> D. 172.16.145.0
> E. 172.16.140.1
> F. 172.16.151.255

①サブネットマスクを確認する

「/21」の場合、第3オクテットは「**11111**000」で5ビットサブネット化しており、ホスト部は残り11ビット（11111<u>000.00000000</u>）であることがわかります。

②サブネットアドレスを求める

IPアドレスの第3オクテット「145」を2進数に変換し、ホスト部の下位3ビットをすべて0にします。

```
IPアドレス      145 → 10010:001 ⇒ 10010000 ⇒ 144
プレフィックス長 /21 → 11111:000
                    ネットワーク部｜ホスト部
```

よって、サブネットアドレスは「172.16.**144.0**」になります。

③ブロードキャストアドレスを求める

同様に、ホスト部の下位3ビットをすべて1にします。

```
IPアドレス      145 → 10010:001 ⇒ 10010111 ⇒ 151
                    ネットワーク部｜ホスト部
```

よって、ブロードキャストアドレスは「172.16.151.255」になります。

④ホストアドレスの範囲を求める

　ホストアドレスの範囲は「サブネットアドレス＋1〜ブロードキャストアドレス−1」であるため、172.16.144.1〜172.16.151.254になります。

　以上から、選択肢A、B、Dが正解です。

例題5）　サブネットマスク255.255.240.0を使用しているサブネットのブロードキャストアドレスとして適切なものを選択しなさい。（2つ選択）

　　A.　100.255.250.255
　　B.　142.55.110.255
　　C.　98.256.31.255
　　D.　191.160.15.255
　　E.　172.17.16.255
　　F.　10.0.31.255

---

①サブネットマスクを確認する

　255.255.240.0の場合、第3オクテットは「**1111**0000」であるため、ホスト部は下位12ビット(1111<u>0000.00000000</u>)になります。

②ブロードキャストアドレスを特定する

　ホスト部の下位12ビットがすべて1になるアドレスを探します。
　各選択肢の第3、第4オクテットに注目します。

　　　　　　　　　　　　　　　ホスト部
　　A.　250.255　→　1111|1010.11111111　　×
　　B.　110.255　→　0110|1110.11111111　　×
　　C.　第2オクテットの値が256になっているためNG（最大255）
　　D.　15.255　　→　0000|1111.11111111　　○
　　E.　16.255　　→　0001|0000.11111111　　×
　　F.　31.255　　→　0001|1111.11111111　　○

　以上から、選択肢DとFが正解です。

アドレス計算の応用

これまでの説明とは異なるサブネットアドレスの求め方を紹介します。
次の方法では、2進数と10進数の変換を行う必要がないため、すばやく簡単にアドレス計算を行うことができます。

① サブネットマスクを見てネットワーク部とホスト部の境界があるオクテットに注目し、そのオクテットの値を取り出します（サブネットマスクが0または255以外）。
② 取り出した値を256からマイナスします。その値は、サブネットアドレスが繰り上がる数になるため、0（最初の値）から順番にその値を加算していくことで、サブネットアドレスが求められます。
③ 問題のIPアドレスが所属するサブネットを特定します。

> 例）192.168.10.25 255.255.255.240が所属するサブネットアドレスは？

① 255.255.255.**240** ⇒ 「240」（ネットワーク部とホスト部の境界は第4オクテット）
② 256－240＝**16** ⇒ 第4オクテット「16」ごとにサブネットアドレスが繰り上がる

```
1つ目のサブネット（サブネット0） …… 192.168.10.0
                                        ┐+16
2つ目のサブネット          ………… 192.168.10.16 ◀
                                        ┐+16
3つ目のサブネット          ………… 192.168.10.32 ◀
                                        ┐+16
4つ目のサブネット          ………… 192.168.10.48 ◀
         ⋮                        ⋮
```

③ 192.168.10.**25** ⇒ 「25」は16～32の間にある。

よって、サブネットアドレスは「192.168.10.16」になります。

サブネットアドレス …………… 192.168.10.**16**
ホストアドレス範囲 ………… 192.168.10.**17**～192.168.10.**30**
ブロードキャストアドレス …… 192.168.10.**31** ←次のサブネット「32」からマイナス1

なお、次の関係を覚えておけば256からマイナスせずに、サブネットアドレスが繰り上がる数を判断できます。

```
繰り上がる数：       128   64   32   16    8    4    2    1
サブネットマスク値： 128  192  224  240  248  252  254  255
                          ↑         ↑         ↑
                         例1       例2       例3
```

例1) 255.255.255.**192**のとき ……… サブネットアドレスは「64」ごとに繰り上がる
例2) 255.255.255.**240**のとき ……… サブネットアドレスは「16」ごとに繰り上がる
例3) 255.255.255.**252**のとき ……… サブネットアドレスは「4」ごとに繰り上がる

4-4 VLSM

VLSMはIPアドレスの無駄をなくして効率的に利用するための技術で、スケーラブルなネットワークにおいては欠くことのできない重要な要素です。

VLSMの概要

VLSM（Variable Length Subnet Mask：可変長サブネットマスク）は、ネットワークアドレスをサブネット化する際に、サブネットごとに異なるサブネットマスクを使う技術です。VLSMにより、サブネットに接続するコンピュータの台数に応じたサブネットマスクが利用でき、IPアドレスを無駄なく効率的に使用することができます。

一方**FLSM**（Fixed Length Subnet Mask：固定長サブネットマスク）では、すべてのサブネットにおいてサブネットマスクを同じ（固定）にしなければならないため、最も多くホストアドレスが必要なサブネットに合わせてアドレッシングを行います。その結果、ネットワークによっては未使用のアドレスが多数生じる可能性があります。

VLSMでは、1つのクラスフルアドレスを複数のサブネットに分割し、すでにサブネット化された小さなサブネットをさらにサブネット化してより小さなサブネットに分割することができます。

次に、VLSMを使用した効率的なアドレッシング計画の例を示します。

次の図では、Centralルータを中心に3つの拠点Ro-A、Ro-B、Ro-Cが接続されています。CentralのLAN側には3つのサブネットがあり、各サブネットに必要なホストアドレス数は300、拠点A～CのLAN側で必要なホストアドレス数は30、拠点間を接続するポイントツーポイントリンクには2つのホストアドレスが必要です。

【VLSMを使用したアドレッシングの計画】

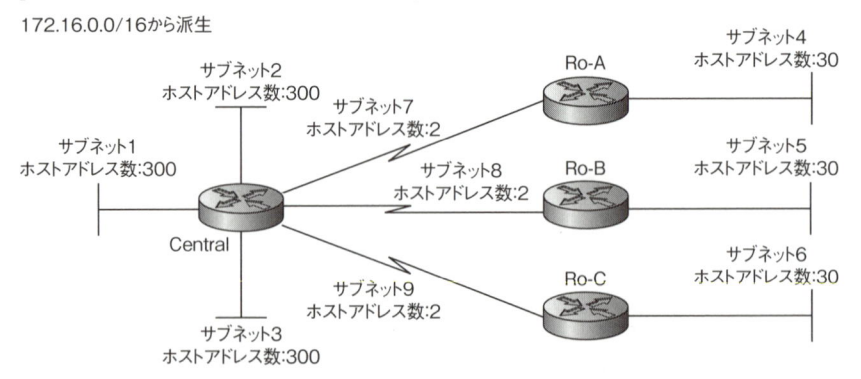

172.16.0.0/16から派生

サブネット1 ホストアドレス数:300
サブネット2 ホストアドレス数:300
サブネット3 ホストアドレス数:300
サブネット4 ホストアドレス数:30
サブネット5 ホストアドレス数:30
サブネット6 ホストアドレス数:30
サブネット7 ホストアドレス数:2
サブネット8 ホストアドレス数:2
サブネット9 ホストアドレス数:2

Central、Ro-A、Ro-B、Ro-C

4-4 VLSM

　このとき、クラスフルネットワーク172.16.0.0/16を使ってVLSMによるアドレッシングの設計を行います。いったん割り当てられたサブネットアドレスを、さらにサブネット化することはできないという制約があります。未使用のサブネットアドレスを使ってサブネット化する必要があり、通常、<mark>最も多くのホストアドレスを必要とするところから順番にサブネット化</mark>します。
　以上のことから、サブネット化の順番は次のとおりです。

① CentralのLAN　各300つ
② 各拠点のLAN　各30つ
③ ポイントツーポイントリンク　各2つ

①1回目のサブネット化（必要なホストアドレス数：300）

　ホストアドレス数を2^h-2で計算すると、ホスト部は9ビット($2^9-2=510$)必要です。したがって、サブネットマスクは255.255.254.0(/23)になります。
　ネットワーク172.16.0.0/16のホスト部を7ビット借りて「/23」にサブネット化すると、128($2^7=128$)個のサブネットに分割できます。

【172.16.0.0/16を/23にサブネット化】

```
1 ………………… 172.16.0.0/23        サブネット1に割り当て
                  (00000000)
2 ………………… 172.16.2.0/23        サブネット2に割り当て
                  (00000010)
3 ………………… 172.16.4.0/23        サブネット3に割り当て
                  (00000100)
4 ………………… 172.16.6.0/23        未使用
                  (00000110)
5 ………………… 172.16.8.0/23        未使用
                  (00001000)
6 ………………… 172.16.10.0/23       未使用
                  (00001010)
:
<途中省略>
:
128 …………… 172.16.254.0/23      未使用
                  (11111110)
```

第3オクテット7ビットまでサブネット化
(255.255.254.0のとき)
⇒サブネットアドレスは「2」ずつ増える

②2回目のサブネット化（必要なホストアドレス数：30）

　ホスト部は5ビット($2^5-2=30$)必要なため、サブネットマスクは255.255.255.224(/27)になります。
　1回目のサブネットアドレスの中からどのネットワークにも割り当てていない未使用のアドレスを1つ取り出し、「/23」から「/27」へさらにサブネット化します。次の例では、6番目のサブネット172.16.10.0/23を2回目のサブネット化に使用しています。
　ネットワーク172.16.10.0/23のサブネットワーク部を4ビット拡張して「/27」にサブネット化すると、16($2^4=16$)個のサブネットに分割できます。

【172.16.10.0/23を/27にサブネット化】

1 ・・・・・・・・・・・・・・・・ 172.16.10.**0**/27　　サブネット4に割り当て
　　　　　　　　　(00001010.**000**00000)
2 ・・・・・・・・・・・・・・・・ 172.16.10.**32**/27　　サブネット5に割り当て
　　　　　　　　　(00001010.**001**00000)
3 ・・・・・・・・・・・・・・・・ 172.16.10.**64**/27　　サブネット6に割り当て
　　　　　　　　　(00001010.**010**00000)
4 ・・・・・・・・・・・・・・・・ 172.16.10.**96**/27　　未使用
　　　　　　　　　(00001010.**011**00000)
5 ・・・・・・・・・・・・・・・・ 172.16.10.**128**/27　未使用
　　　　　　　　　(00001010.**100**00000)
6 ・・・・・・・・・・・・・・・・ 172.16.10.**160**/27　未使用
　　　　　　　　　(00001010.**101**00000)
：
<途中省略>
：
最後のサブネット… 172.16.**11**.**224**/27　未使用
　　　　　　　　　(00001011.**111**00000)

> 第4オクテット3ビットまでサブネット化
> (255.255.255.224のとき)
> ⇒サブネットアドレスは「32」ずつ増える

③3回目のサブネット化（必要なホストアドレス数：2）

　ホスト部は2ビット($2^2-2=2$)必要なため、サブネットマスクは255.255.255.252(/30)になります。

　2回目のサブネットアドレスの中から未使用のアドレスを1つ取り出し、「/27」から「/30」へさらにサブネット化します。次の例では、第6サブネットの172.16.10.160/27を3回目のサブネット化に使用しています。

　ネットワーク172.16.10.160/27のサブネットワーク部を3ビット拡張して「/30」にサブネット化すると、8($2^3=8$)個のサブネットに分割できます。

【172.16.10.160/27を/30にサブネット化】

1 ・・・・・・・・・・・・・・・・ 172.16.10.**160**/30　サブネット7に割り当て
　　　　　　　　　(101**000**00)
2 ・・・・・・・・・・・・・・・・ 172.16.10.**164**/30　サブネット8に割り当て
　　　　　　　　　(101**001**00)
3 ・・・・・・・・・・・・・・・・ 172.16.10.**168**/30　サブネット9に割り当て
　　　　　　　　　(101**010**00)
4 ・・・・・・・・・・・・・・・・ 172.16.10.**172**/30　未使用
　　　　　　　　　(101**011**00)
5 ・・・・・・・・・・・・・・・・ 172.16.10.**176**/30　未使用
　　　　　　　　　(101**100**00)
6 ・・・・・・・・・・・・・・・・ 172.16.10.**180**/30　未使用
　　　　　　　　　(101**101**00)
7 ・・・・・・・・・・・・・・・・ 172.16.10.**184**/30　未使用
　　　　　　　　　(101**110**00)
8 ・・・・・・・・・・・・・・・・ 172.16.10.**188**/30　未使用
　　　　　　　　　(101**111**00)

> 第4オクテット6ビットまでサブネット化
> (255.255.255.252のとき)
> ⇒サブネットアドレスは「4」ずつ増える

4-4　VLSM

【VLSMを使用したアドレッシング】

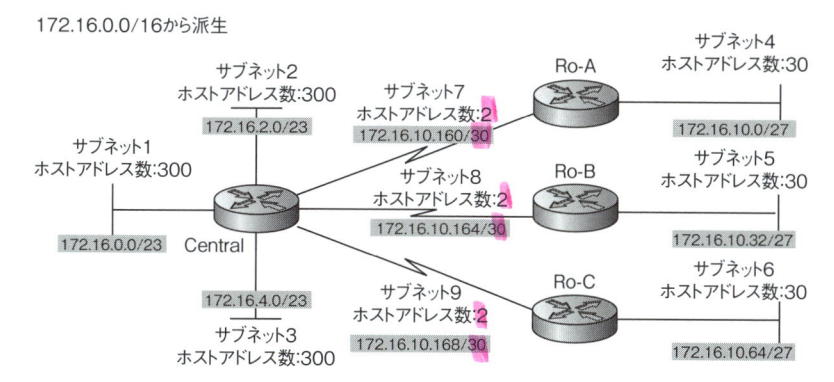

172.16.0.0/16から派生

```
                                  Ro-A    サブネット4
                サブネット2                 ホストアドレス数:30
                ホストアドレス数:300  サブネット7
                172.16.2.0/23      ホストアドレス数:2
                                   172.16.10.160/30    172.16.10.0/27
サブネット1
ホストアドレス数:300                サブネット8    Ro-B    サブネット5
                                   ホストアドレス数:2          ホストアドレス数:30
172.16.0.0/23   Central            172.16.10.164/30    172.16.10.32/27

                                                     Ro-C    サブネット6
                172.16.4.0/23      サブネット9                ホストアドレス数:30
                サブネット3         ホストアドレス数:2
                ホストアドレス数:300 172.16.10.168/30    172.16.10.64/27
```

> **試験対策**
> CentralとRo-A間のように、拠点間を接続するポイントツーポイントリンクでは、必要なIPアドレスの数は「2つ」であり、最適なサブネットマスクは「255.255.255.252（/30）」です！

> **試験対策**
> VLSM環境の場合、ルーティングプロトコルが経路情報を通知する際に、サブネットマスクを含む必要があります。サブネットマスクも通知できるルーティングプロトコルを「クラスレスルーティングプロトコル」、通知できないプロトコルを「クラスフルルーティングプロトコル」といいます。
> VLSMでアドレッシング可能かどうかは、使用するルーティングプロトコルと関係します。たとえば、RIPv1はクラスフルルーティングプロトコルなので、VLSM環境で使用できません。第8章の「クラスフルルーティングとクラスレスルーティング」(327ページ)と合わせて理解しましょう！

4-5 演習問題

1 クラスBのIPアドレスの開始ビットとして正しいものを選択しなさい。

- A. 10xxxxxx
- B. 0xxxxxxx
- C. 01xxxxxx
- D. 110xxxxx
- E. 001xxxxx

2 特定のホストが1つのデータを送信し、異なるサブネット上の複数のノードが受信するときの宛先IPアドレスに該当するものを選択しなさい。

- A. 172.17.0.1
- B. 127.0.0.1
- C. 239.255.0.1
- D. 192.168.255.1
- E. 200.20.0.1

3 インターネット上で使用できないアドレスを選択しなさい。(2つ選択)

- A. 172.16.0.1
- B. 172.32.1.1
- C. 200.100.10.1
- D. 222.12.11.100
- E. 192.168.0.1

4 クラスCアドレスを使用して8個のサブネットが確保でき、サブネット上のホストアドレスは少なくとも10個必要な場合、使用可能なサブネットマスクを選択しなさい。ゼロサブネットは使用可能とします。(2つ選択)

- A. 255.255.255.192
- B. 255.255.255.248
- C. 255.255.255.252
- D. 255.255.255.240
- E. 255.255.255.224

5 ユニキャストアドレスを選択しなさい。

- A. 255.255.255.255
- B. 224.10.2.254
- C. 172.31.62.83/30
- D. FFFF.FFFF.FFFF
- E. 190.100.4.255/20

6 下図の構成で、ホストがインターネットにアクセスできません。問題を解決する方法として正しいものを選択しなさい。

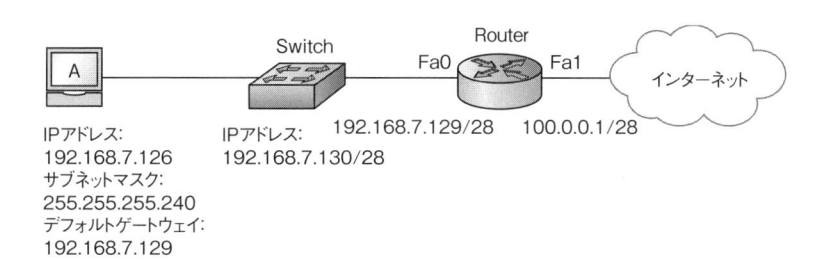

```
       Switch      Router
  [A]────[====]───Fa0[R]Fa1───(インターネット)
IPアドレス:    IPアドレス:    192.168.7.129/28  100.0.0.1/28
192.168.7.126  192.168.7.130/28
サブネットマスク:
255.255.255.240
デフォルトゲートウェイ:
192.168.7.129
```

- A. ホストのデフォルトゲートウェイを100.0.0.1に変更する
- B. スイッチにデフォルトゲートウェイを設定する
- C. ホストのデフォルトゲートウェイを192.168.7.130に変更する
- D. ホストのIPアドレスを192.168.7.142に変更する
- E. ホストのサブネットマスクを255.255.255.224に変更する

7 ネットワーク「10.0.0.0」を使用して、300個のサブネットができるようなサブネット化を行います。サブネット当たりのホストアドレス数はできるだけ多く確保しなければなりません。このときのサブネットマスクを選択しなさい。

- A. 255.255.0.0
- B. 255.255.128.0
- C. 255.255.254.0
- D. 255.254.0.0
- E. 255.255.192.0

8 172.16.0.0を/25にサブネット化したとき、5番目のサブネットアドレスを選択しなさい。ゼロサブネットは使用可能とする。

- A. 172.16.1.128/25
- B. 172.16.2.128/25
- C. 172.16.0.192/25
- D. 172.16.2.0/25
- E. 172.16.0.128/25

9 IPアドレス10.1.7.65/23について、説明が正しいものを選択しなさい。(2つ選択)

- A. ブロードキャストアドレスは10.1.7.255である
- B. 最初のIPアドレスは10.1.7.1である
- C. ネットワークアドレスは10.1.4.0である
- D. 10.1.5.254は同じサブネットのIPアドレスである
- E. 最後のIPアドレスは10.1.7.254である

10 ネットワーク管理者はVLSMを使用した効率的なアドレッシング計画を立てています。拠点間を接続するポイントツーポイントリンクの最適なサブネットマスクを選択しなさい。

- A. 255.255.255.192
- B. 255.255.255.254
- C. 255.255.255.224
- D. 255.255.255.255
- E. 255.255.255.252

4-6 解答

1 A

クラスBアドレスは、第1オクテットの先頭ビットは「10」に固定されます。したがって、10xxxxx(**A**)が正解です。

- クラスA ……0xxxxxxx
- クラスB ……10xxxxxx
- クラスC ……110xxxxx
- クラスD ……1110xxxx

参照 → P168

2 C

特定ホストが送信した1つのデータを複数(1つ以上)のノードが受信する通信方式をマルチキャストといいます。このとき、パケットの宛先IPアドレスにはクラスDのマルチキャストアドレスが使用されます。マルチキャストアドレスの第1オクテットは224～239の範囲であるため、選択肢**C**が正解です。

127.0.0.1(B)のように127で始まるアドレスはループバックアドレスであり、データ通信で使用できない予約済みIPアドレスです。その他のIPアドレスはユニキャストの通信で使用し、データを受信するのは1つのノードのみです。

参照 → P20、168

3 A、E

IANAは、RFC1918でIPアドレスをグローバルIPアドレスとプライベートIPアドレスに定義しています。
プライベートIPアドレスは次の範囲であり、この範囲に含まれるIPアドレスはインターネットで使用することはできません。

- クラスA ……10.0.0.0 ～ 10.255.255.255
   (10で始まるアドレス)
- クラスB ……172.16.0.0 ～ 172.31.255.255
   (172.16～172.31で始まるアドレス)
- クラスC ……192.168.0.0 ～ 192.168.255.255
   (192.168で始まるアドレス)

172.16.0.1（**A**）と192.168.0.1（**E**）はプライベートIPアドレスです。その他の選択肢のアドレスはすべてグローバルIPアドレスであり、インターネット上で使用できます。

参照 → P171

4 D、E

サブネット化は、ホスト部のビットをサブネットワーク部として借用して行います。

サブネット0（ゼロサブネット）が使用可能な場合、サブネット数は「2^s」（sはサブネットワーク部のビット数）の計算で求めます。また、サブネット当たりのホストアドレス数は「2^h-2」（hはホスト部のビット数）で計算します。

クラスCアドレスのホスト部は8ビットであるため、1ビットずつサブネット化したときのサブネット数とホストアドレス数は次のようになります。

【クラスCのサブネット化】

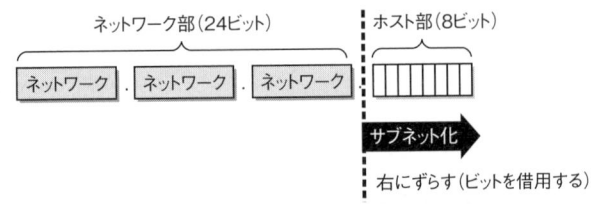

借用したビット数 (s)	サブネット数 (2^s)	ホスト部のビット数 (8−s=h)	サブネットあたりのホストアドレス数 (2^h-2)
1	2	7	126
2	4	6	62
3	8	5	30
4	16	4	14
5	32	3	6
6	64	2	2
7	128	1	0

※ 3と4が「要件を満たす」

- 8個のサブネットを確保する場合、少なくとも3ビット借用する必要がある
- 各サブネットのホストアドレス数が10の場合、ホスト部は少なくとも4ビット必要

両方の要件を満たすサブネットマスクは、次の2つになります。

・第4オクテット 11100000 ⇒ 255.255.255.224(**E**)
・第4オクテット 11110000 ⇒ 255.255.255.240(**D**)

参照 → P180

5 E

ユニキャストアドレスは、特定ノードへの通信(1対1)に使用されるホストアドレスです。つまり、サブネットアドレス(ネットワークアドレス)、マルチキャストアドレス、ブロードキャストアドレスはユニキャストアドレスではありません。

・サブネットアドレス …………… ホスト部のビットがすべて0
・ブロードキャストアドレス …… ホスト部のビットがすべて1
　　　　　　　　　　　　　　　　(255.255.255.255)
・マルチキャストアドレス ……… 224.0.0.0～239.255.255.255の範囲

選択肢Aはブロードキャストアドレス、Bはマルチキャストアドレスです。また、選択肢DのFFFF.FFFF.FFFFは、イーサネットのブロードキャストアドレスです。

● 選択肢C「172.31.62.83/30」
・「/30」の場合、ホスト部は下位2ビット
　※32－30＝2(32はIPアドレスのビット長)
・第4オクテット「83」を2進数に変換し、下位2ビットがすべて0はサブネットアドレス、すべて1はブロードキャストアドレス
・83 → 01010011 …………………… 下位2ビットが「すべて1」なので、
　　　　　　　　　　　　　　　　　　ブロードキャストアドレス
● 選択肢E「190.100.4.255/20」
・「/20」の場合、ホスト部は下位12ビット
　※32－20＝12
・第3・第4オクテット「4.255」を2進数に変換し、同様に下位12ビットを確認する
・4.255 → 00000100.11111111 …… 下位12ビットが「すべて0」や「すべて1」ではないのでホストアドレス

したがって、選択肢**E**が正解です。

参照 → P19、167、182

6 D

ホストが外部ネットワークと通信できない場合、デフォルトゲートウェイを確認します。ホストのデフォルトゲートウェイは、ルータのFa0のIPアドレス192.168.7.129であり、正しいアドレスを設定しています（A、C）。
ルータのFa0のIPアドレス192.168.7.129/28を基に、有効なホストアドレスの範囲を計算します。

① 「/28」の場合、ホスト部は下位4ビット
　　※32－28＝4
② サブネットアドレスを求める
　　第4オクテット「129」→ 1000**0001**
　　ホスト部（下位4ビット）をすべて0にする　1000**0000** ⇒ 128
　　サブネットアドレスは「192.168.7.128」
③ ブロードキャストアドレスを求める
　　ホスト部（下位4ビット）をすべて1にする　1000**1111** ⇒ 143
　　ブロードキャストアドレスは「192.168.7.143」
④ ホストアドレスの範囲を求める
　　サブネットアドレス＋1＝**129**
　　ブロードキャストアドレス－1＝**142**
　　ホストアドレスの範囲は「192.168.7.**129**～192.168.7.**142**」

ホストのIPアドレス192.168.7.126は、異なるサブネットのホストアドレスであるため、正常な通信ができません。192.168.7.142はルータのFa0と同じサブネット上のホストアドレスであるため、選択肢**D**が正解です。
レイヤ2デバイスであるスイッチがフレームを中継するために、スイッチに対してIPアドレスやデフォルトゲートウェイを設定する必要はありません（B）。
「/28」の場合、255.255.255.240が正しいサブネットマスクであるため、Eも不正解です。

参照 → P183

7 B

サブネットマスクは、IPアドレスの「先頭から何ビット目までがネットワークアドレスの部分であるか」を定義する32ビットの数値です。第1オクテットが「10」の場合、クラスAアドレスです。クラスAのデフォルトのサブネットマスクは「255.0.0.0(/8)」になります。
サブネット数は「2^s」(sはサブネットワーク部のビット数)の計算で求めます。

・$2^7=128$ …… 300に満たないので×
・$2^8=256$ …… 300に満たないので×
・$2^9=512$ …… 300以上なので○

以上から、ホスト部を9ビット借用してサブネット化すればよいことがわかります。

9ビットサブネット化した場合
　サブネットアドレス …… 10.0.0.0
　サブネットマスク ……… 255.255.128.0

ネットワーク部　17ビット
ホスト部　15ビット

したがって選択肢**B**が正解です。

参照 → P180

8 D

第1オクテットが「172」の場合、クラスBアドレスです。クラスBのデフォルトのサブネットマスクは「255.255.0.0(/16)」になります。
「/16」⇒「/25」から、9ビットサブネット化したことがわかります。

＜第3・第4オクテット＞
・1番目 …… 172.16.0.0/25 ……… **00000000.0**0000000←ゼロサブネット
・2番目 …… 172.16.0.128/25 …… **00000000.1**0000000
・3番目 …… 172.16.1.0/25 ……… **00000001.0**0000000
・4番目 …… 172.16.1.128/25 …… **00000001.1**0000000
・5番目 …… **172.16.2.0/25** …… **00000010.0**0000000(**D**)
・6番目 …… 172.16.2.128/25 …… **00000010.1**0000000

参照 → P182

9 A、E

IPアドレス「10.1.7.65/23」を基に、ネットワークアドレス（サブネットアドレス）、ブロードキャストアドレス、および有効なホストアドレスの範囲を求めます。

① 「/23」の場合、ホスト部は下位9ビット
　※32－23＝9
② サブネットアドレスを求める
　第3・第4オクテット「7.65」→　0000011**1.01000001**
　ホスト部（下位9ビット）をすべて0にする　0000011**0.00000000**
　　⇒ 6.0
　サブネットアドレスは「10.1.6.0」
③ ブロードキャストアドレスを求める
　ホスト部（下位9ビット）をすべて1にする　0000011**1.11111111**
　　⇒ 7.255
　ブロードキャストアドレスは「10.1.7.255」
④ ホストアドレスの範囲を求める
　サブネットアドレス＋1＝6.1、ブロードキャストアドレス－1＝7.254
　ホストアドレスの範囲は「10.1.**6.1**〜10.1.**7.254**」

以上から、選択肢**A**、**E**が正解です。

参照 → P182

10 E

VLSM（可変長サブネットマスク）では、必要なホストアドレス数に応じてサブネットごとに異なるサブネットマスクを使用できるため、IPアドレスを効率的に割り当てることができます。

拠点間を接続するポイントツーポイント接続のWAN回線では、2つのホストアドレスが必要なため、最適なサブネットマスクは255.255.255.252（/30）になります（**E**）。ホストアドレス数は、「2^h-2」（hはホスト部のビット数）で計算します。

参照 → P186

第5章

Cisco IOSソフトウェアの操作

5-1 Ciscoデバイスへの接続

5-2 Cisco IOSのモード

5-3 IOS操作とヘルプ機能

5-4 コンフィギュレーションの保存

5-5 Cisco IOSの接続診断ツール

5-6 演習問題

5-7 解答

5-1 Ciscoデバイスへの接続

シスコのルータおよびスイッチ製品では、Cisco IOSというソフトウェアが稼働しています。ネットワーク管理者が設定や管理を行う場合、ルータやスイッチにコンピュータを管理的に接続して、IOSコマンドを実行する必要があります。本節では、ルータおよびスイッチに管理アクセスする方法について説明します。

管理アクセスとターミナルソフト

シスコのルータやスイッチ製品へ管理アクセス(管理接続)するには、次の方法があります。

・コンソールポートによる接続
・イーサネット管理ポートによる接続
・AUXポートによる接続
・仮想端末(VTY)による接続
・Cisco WebブラウザUIの使用

それぞれの接続方法についてはこのあとで説明しますが、いずれの方法であってもIOSのコマンドを入力するには、コンピュータ側にターミナルソフト(通信ソフト)を準備する必要があります(Cisco WebブラウザUIを除く)。ターミナルソフトを介してルータやスイッチへシリアル通信[※1]でコマンドを送り、設定や管理を行います。

コンソールポートによる接続

ルータやスイッチのコンソール(Console)ポートを使って管理アクセスする方法を、**コンソール接続**と呼びます。コンソール接続では、コンピュータを専用ケーブルで直接接続し、ルータやスイッチが工場出荷時の状態であってもアクセスが可能です。そのため、機器を導入した最初の設定時にはコンソール接続を行います。

コンソール接続を行うには、スイッチやルータのコンソールポートとコンピュータのシリアル(COM)ポート間を**ロールオーバーケーブル**(コンソールケーブル)という専用ケーブルでつなぎます。

5-1 Ciscoデバイスへの接続

> **参考　ロールオーバーケーブル**
>
> ロールオーバーケーブルは、ルータなどの機器購入時に付属しています。このケーブルは、両端のコネクタ形状が異なっており、ルータに接続する側はRJ-45、コンピュータに接続する側はDB-9（D型9ピン）になっています。最近のノートPCはシリアル（COM）ポートを装備していないものが多く、その場合にはUSBシリアル変換ケーブルを用いて接続します。

【コンソールポートによる接続】

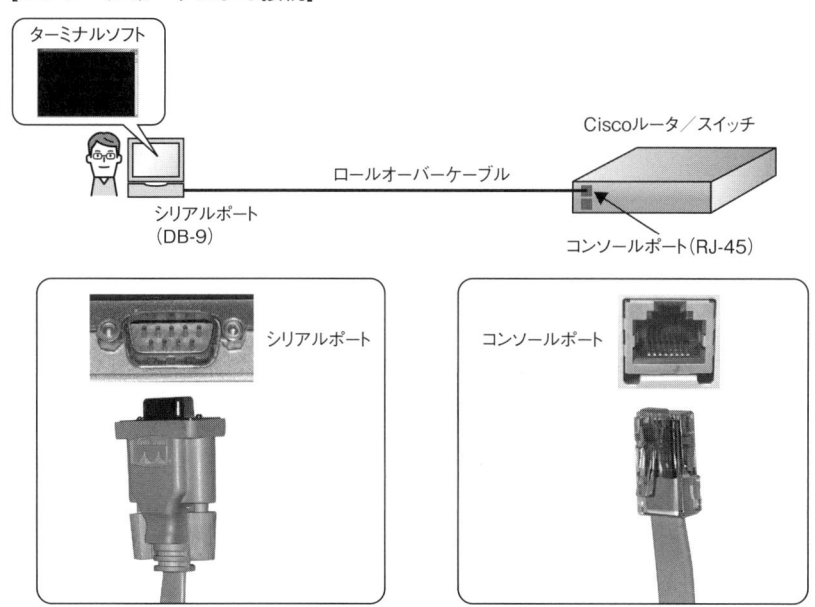

ターミナルソフト
シリアルポート（DB-9）
ロールオーバーケーブル
Ciscoルータ／スイッチ
コンソールポート（RJ-45）

シリアルポート
コンソールポート

> **注意**
>
> RJ-45コンソールポートのほかに、USBタイプのコンソールポートを備えている製品もあります。コンソールの入力は一度に1つのポートしかアクティブになりません。RJ-45よりもUSBコンソールが優先されます。なお、USBタイプのコンソールポートを使用する場合、コンピュータにはUSBポートのドライバが必要です。

※1 【シリアル通信】serial communication：データを送受信するとき、1本の伝送路（回線）を使用してデータを1ビットずつ順番に送受信する通信方式。シリアル通信方式の通信インターフェイスのことをシリアルインターフェイス（またはシリアルポート）と呼ぶ

イーサネット管理ポート

イーサネット管理ポートは、ルータまたはスイッチを管理するため物理的に装備されているイーサネットポートであり、コンソールポートの代わりとして使用できます。

イーサネット管理ポートにはIPアドレスを割り当てることが可能です。ただし、通常のネットワークポートとは完全に隔離されており、イーサネット管理ポートからネットワークポートにパケットをルーティングすることも、その逆もできません。

【イーサネット管理ポートによる接続】

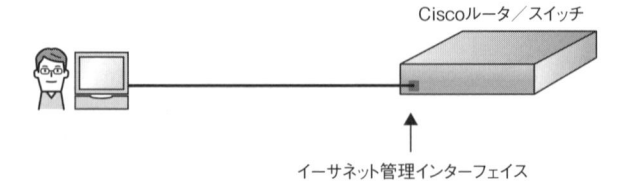

AUXポートによる接続

AUX(Auxiliary：補助)ポートは、モデム経由でルータに管理アクセスするときに使用します。この方法では、離れた場所から電話回線を利用してルータの設定や管理を行うことができます。ただし、AUXポートを装備していない製品もあります。

【AUXポートによる接続】

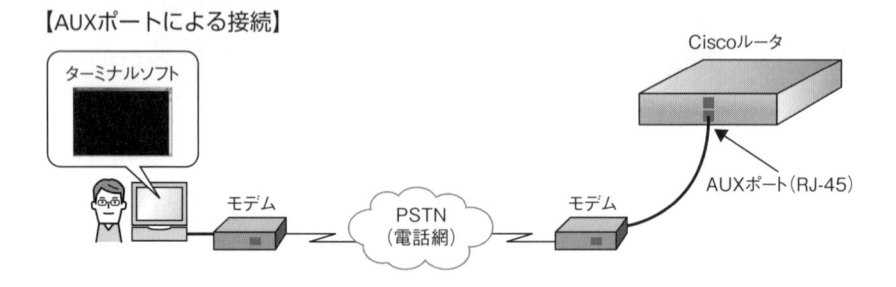

なお、ルータに特権モードパスワード[※2]を設定している場合、コンソールポートと同じようにコンピュータと直接接続して管理アクセスすることも可能です。

◎ AUXポートについては、CCNA Routing and Switchingの範囲を超えるため、本書ではこれ以上説明していません。

※2 【特権モードパスワード】特権EXECモードへのアクセスを保護するために設定するパスワード。特権モードパスワードには、enable passwordコマンドとenable secretコマンドの2つの設定方法がある

仮想端末（VTY）による接続

仮想端末（VTY：Virtual Teletype）は、TCP/IPネットワーク上でTelnet*またはSSH*によって管理アクセスを行うときに使用します。コンソールやAUXのように物理的に装備されているポートではなく、IOSによってソフトウェア的に用意される仮想ポートへアクセスします。この方法では、TCP/IP通信が可能であれば、離れた場所からルータやスイッチの設定や管理を行うことができます。

【仮想端末（VTY）による接続】

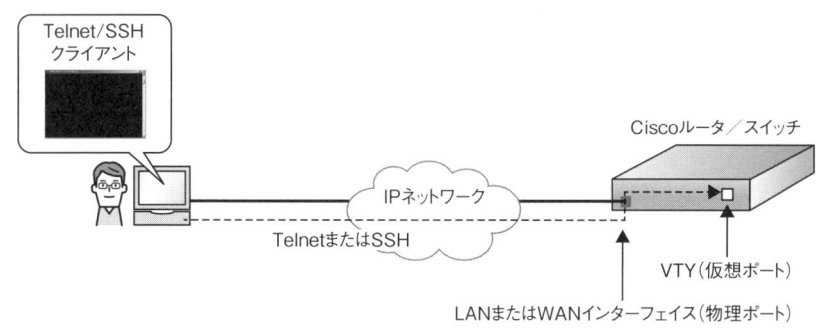

Cisco WebブラウザUIの使用

Cisco IOSソフトウェアには、Cisco IOSコマンドを発行できるWebブラウザユーザインターフェイス(UI)が含まれています。**Cisco IOS WebブラウザUI**にはルータおよびスイッチのホームページからアクセスでき、ビジネス環境に合わせて自由にカスタマイズできます。

【Cisco WebブラウザUIによる接続】

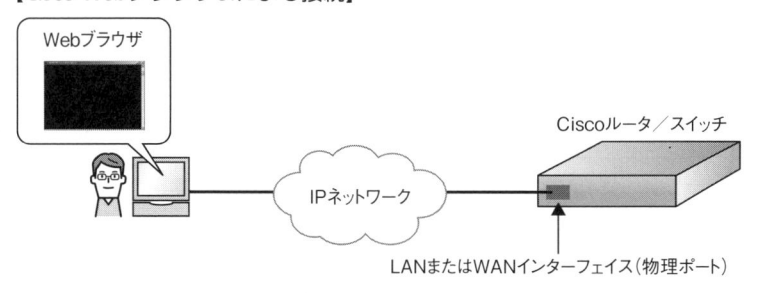

※ Cisco WebブラウザUIを使用するには、ルータ（またはスイッチ）でHTTP/HTTPSサーバ機能を有効化する必要があります。HTTP/HTTPSサーバを有効化すると、ホームページが自動生成されます。

> **試験対策**
>
> 一般的な管理アクセスは、次の2つです。
> ・コンソール接続 …… ルータ（またはスイッチ）と直接接続する（IPアドレスは不要）
> ・VTY接続………………ルータ（またはスイッチ）とTelnet/SSHでリモート接続（TCP/IP通信が必要）

> **参考** ターミナルソフトのシリアルポート設定
>
> ルータやスイッチを設定するにはターミナルソフト（通信ソフト）を使用します。現在、フリーソフトウェアのTera Term[*]やPuTTY[*]が一般的に利用されています。CiscoデバイスにEXEC接続[※3]するには、ターミナルソフトのシリアルポートを次のように設定します。
>
> 【ターミナルソフトの設定】

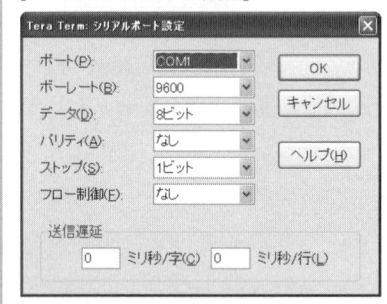

【ターミナルソフトの設定】

項目	設定	説明
ボーレート[※4]	9,600bps	このポートを通じてデータを転送するときの転送速度
データ	8ビット	送受信する各文字に使用するデータビット数
パリティ	なし	送信されたデータビットにパリティビットが追加されないことを示す。なしの場合、エラーチェックは無効
ストップ	1ビット	ストップビット。各文字が送信されたあとに付加するストップビットを1ビットとする
フロー制御	なし	データフローの制御方法を示す。なしの場合、フロー制御は無効

※3 【EXEC接続】(エグゼクセツゾク)EXEC connection：ルータやスイッチの設定や管理を行う目的でコンピュータを接続すること。コンソールポートを利用した接続や、Telnetを利用した接続方法などがある

※4 【ボーレート】baud rate：デジタル信号をアナログの搬送波で送信するときに用いる伝送速度の値で、モデムなどのアナログ回線でシリアル転送する際の単位として使用される。データ転送の単位としてはbps（bits per second）が一般的である。ボーレートは1秒間に行う変復調の回数を表し、bpsは1秒間に転送可能なデータ量を示している

5-2 Cisco IOSのモード

Cisco IOSは、シスコのほとんどのルータとスイッチで使用されているOSです。IOSで提供されるCLIはコマンド体系が統一されているため、共通機能に関してはルータとスイッチは同じコマンドで設定できます。管理者は機種をほとんど意識しないで操作できることから、デバイスの管理が容易になります。

■ Cisco IOS

シスコのルータやスイッチの内部コンポーネント(CPU、メモリ、インターフェイスなど)は、**Cisco IOS**(Internetwork Operating System)によって制御されています。IOSには機種別にさまざまな種類とバージョンがあります。

> 参照 → ルータの内部コンポーネント、Cisco IOS →「第14章 ネットワークデバイスの管理」(629ページ)

IOSの操作はCLI(Command Line Interface)が基本です。CLIはWindowsのようにアイコンやボタンなどで操作するのではなく、ターミナルソフトのコマンドプロンプトでコマンドと呼ばれる命令を入力し[Enter]キーを押して実行します。

■ IOSのEXECモード

IOSのCLIには機能や用途に応じたさまざまな「モード」が存在し、階層化されています。管理者がターミナルソフトを通じて、デバイスのコンソールポートや仮想端末(VTY)へ管理アクセスすると、最初に入るのが**EXECモード**です。EXECモードは、主に設定をモニタリングするモードで、セキュリティを強化するために**ユーザEXECモード**(ユーザモードともいいます)と**特権EXECモード**(特権モード、イネーブルモードともいいます)に分けられています。最初はユーザEXECモードから開始されます。

●ユーザEXECモード(ユーザモード)

限られた一部の情報を表示したり、pingやtelnetを実行する程度に操作が制限されています。ユーザEXECモードのプロンプトは「>」です。プロンプトの前にはデバイスのホスト名が表示されます。

例) ルータ：<u>Router</u>>　　スイッチ：Switch>
　　　　　　(ホスト名)

ユーザEXECモードで**enableコマンド**を実行すると、特権EXECモードに移ることができます。

● 特権EXECモード（特権モード、イネーブルモード）
すべての設定情報を見ることができます。設定情報の消去やコピー、デバッグ[※5]機能を有効にすることも可能です。また、特権EXECモードからコンフィギュレーション（設定）モードに移ることができます。特権EXECモードのプロンプトは「#」です。

　　例）　　ルータ：Router#　　スイッチ：Switch#

特権EXECモードで**disableコマンド**を実行すると、ユーザEXECモードに戻ります。
ユーザEXECモードや特権EXECモードからexit（またはlogout）コマンドを実行すると、管理アクセスを中止してログアウトします。また、Enterキーを押すと再びログインできます。

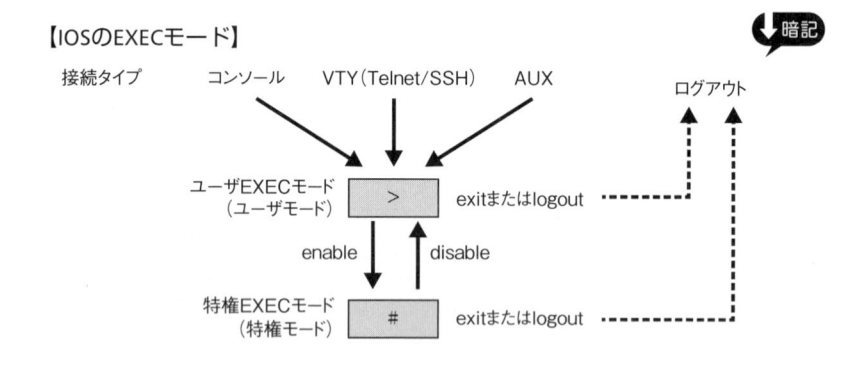

【IOSのEXECモード】　　　　　　　　　　　　　　　　　　　　　　　暗記

接続タイプ　　コンソール　　VTY（Telnet/SSH）　　AUX　　　　　　ログアウト

　　　　　　　ユーザEXECモード
　　　　　　　（ユーザモード）　　　＞　　exitまたはlogout

　　　　　　　　　　　　　enable ↓ ↑ disable

　　　　　　　特権EXECモード
　　　　　　　（特権モード）　　　　＃　　exitまたはlogout

※5　【デバッグ】debug：Cisco IOSソフトウェアにおけるデバッグは、あるプロトコル（あるいはプロセス）の動作をリアルタイムに確認することができるトラブルシューティング用のツールのこと。一般的にはソフトウェアプログラムのバグ（誤りや欠陥）を探して正常に動作するよう修正する作業を指すことが多い

IOSのコンフィギュレーションモード

デバイスに対して設定を行うには、**コンフィギュレーションモード**に移る必要があります。コンフィギュレーションモードに移行するには、特権EXECモードから**configure terminal**コマンドを実行します。最初の設定モードは**グローバルコンフィギュレーションモード**です。

●グローバルコンフィギュレーションモード

デバイス全体にかかわるグローバルな設定(ホスト名など)を行うことができます。グローバルコンフィギュレーションモードのプロンプトは「**(config)#**」です。

●その他のコンフィギュレーションモード

設定対象が特定のインターフェイスやルーティングプロセスなどの場合、さらに深い階層のコンフィギュレーションモードに移る必要があります。その他のコンフィギュレーションモードには、次のようなものがあります。

【その他のコンフィギュレーションモード】

モード	プロンプト	説明	コマンド例
ラインコンフィギュレーションモード	(config-line)#	コンソール、AUX、VTYポートに対して設定するモード	(config)#line console 0 (config-line)#
ルータコンフィギュレーションモード	(config-router)#	RIPやOSPFなどのルーティングプロトコルに対して設定するモード	(config)#router rip (config-router)#
VLANコンフィギュレーションモード	(config-vlan)#	VLAN[※6]に対して設定するモード	(config)#vlan 2 (config-vlan)#

設定した内容を確認するには、特権EXECモードまで戻る必要があります。設定モードから特権EXECモードに移るには、いくつかの方法があります。

コンフィギュレーションモードでexitコマンドを実行した場合、1つ前のレベルに移ります。グローバルコンフィギュレーションモードからは、exitコマンド1回で特権EXECモードに戻れますが、その他のコンフィギュレーションモードから特権EXECモードに戻る場合には、exitコマンドは2回(またはそれ以上)必要になります。

※6 【**VLAN**】(ブイラン)Virtual LAN：スイッチ内部で仮想的に用意されるネットワーク。レイヤ2のCatalystスイッチでは、VLAN上の仮想インターフェイス(SVI)にIPアドレス(レイヤ3アドレス)を割り当ててスイッチ自体を管理できる

endコマンドを実行するか[Ctrl]+[Z]キー（または[Ctrl]+[C]キー）を押すと、コンフィギュレーションモードを終了することができます。この方法で、すべてのコンフィギュレーションモードから1回の操作で特権EXECモードに戻ることができます。

【IOSのCLIモード】

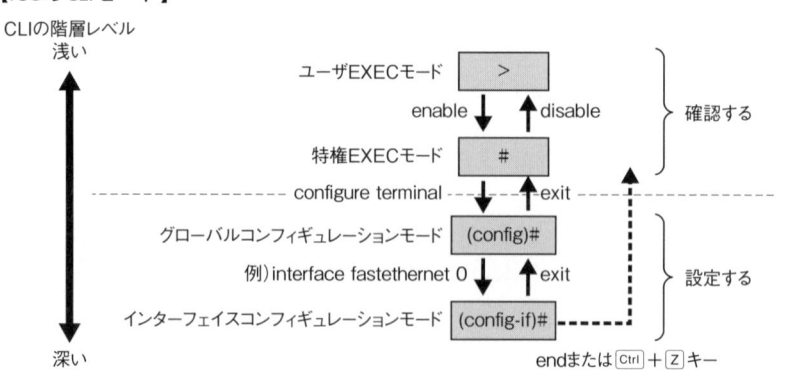

```
CLIの階層レベル
  浅い
    ↑              ユーザEXECモード    [ >  ]  ┐
    │                      enable ↓ ↑ disable   ├ 確認する
    │              特権EXECモード      [ # ]   ┘
    │         ---- configure terminal ---↓---↑ exit ----
    │              グローバルコンフィギュレーションモード  [(config)#]  ┐
    │              例) interface fastethernet 0 ↓  ↑ exit              ├ 設定する
    │              インターフェイスコンフィギュレーションモード [(config-if)#] ┘
    ↓                                           endまたは[Ctrl]+[Z]キー
  深い
```

試験対策

モードの違いをしっかり理解しましょう。IOS操作のときは、プロンプトを常に意識してください。
・ユーザEXEC・特権EXECモード …………設定情報や状態を確認するモード
・各種コンフィギュレーションモード ……設定を行うモード

参考　コマンド入力時の注意事項

CLIモードの特徴とプロンプトをよく理解し、コマンドを入力する際には、現在のプロンプトを確認してから入力するようにしましょう。入力するコマンドは大文字と小文字が区別されませんが、一般的に小文字が使用されます。不適切なモードでコマンドを実行した場合にはエラーメッセージが表示され、その設定は適用されません。

> **参考　コンフィギュレーションモードでEXECコマンドを実行**
>
> **do**コマンドを使用すると、コンフィギュレーションモードから特権EXECモードのコマンド（show、ping、debugなど）を実行することができます。この機能はルータやスイッチを設定している途中で現在の状態を確認したいときに、コンフィギュレーションモードを終了しないでEXECレベルのコマンドをすばやく実行できるため便利です。
>
> ```
> Router(config-if)#show interfaces fastethernet 0 [Enter]
>                   ^
> % Invalid input detected at '^' marker.    ←エラーメッセージが表示される
>
> Router(config-if)#do show interfaces fastethernet 0 [Enter]   ←doコマンドを使用
> FastEthernet0 is up, line protocol is up    ←実行結果が表示された
>   Hardware is PQ3_TSEC, address is 001b.5492.7754 (bia 001b.5492.7754)
>   Internet address is 172.16.1.1/24
>   MTU 1500 bytes, BW 100000 Kbit/sec, DLY 100 usec,
>      reliability 255/255, txload 1/255, rxload 1/255
> <以下省略>
> ```
>
> なお、doコマンドでは [Tab] キーによる補完機能や [?] キーによるヘルプ機能は利用できないため、コマンドは完全形または省略形で入力する必要があります。
>
> 参照 → 補完機能（217ページ）

5-3 IOS操作とヘルプ機能

Cisco IOSのCLIには多くのコマンドがありますが、ヘルプやコマンドヒストリ、拡張編集機能などいくつかの便利な機能が用意されているので、ユーザは快適にデバイスの設定や検証を行うことができます。

設定の確認（showコマンド）

ルータやスイッチに対して設定した内容や、現在の状態を確認するには、**show**コマンドを使用します。showコマンドの後ろには、表示したい情報に対応するキーワードや引数を入力します。

showコマンドは「情報を表示する」ためのコマンドで、特権EXECモード（またはユーザEXECモード）のプロンプトで実行する必要があります（ただし、doコマンドを使用すれば、コンフィギュレーションモードでも実行が可能）。たとえば、時刻を表示するには、show clockコマンドを使用します。

【showコマンドの例（show clockコマンド）】

```
Router#show clock Enter
*03:40:51.255 UTC Wed Jul 27 2016
Router#
```

設定の消去（no形式）

設定された内容を消去する（あるいはデフォルトに戻す）には、設定したときと同じモードでコマンドの先頭に「**no**」を入れて実行します（noの後ろにはスペースが必要）。

【noコマンドの例】

```
Router(config-if)#ip address 10.1.1.1 255.255.255.0 Enter   ←IPアドレスを設定
Router(config-if)#no ip address Enter   ←設定を消去
```

```
Router(config)#hostname RT1 [Enter]    ←ルータ名を設定
RT1(config)#no hostname [Enter]        ←設定を消去
Router(config)#
↑
プロンプト（名前の部分）がデフォルトに戻っている
```

> **試験対策** IPアドレスやホスト名を変更する場合、設定時と同じコマンドに引数を変えて実行します。このとき、以前の設定は新しい情報に上書きされます。

コマンドの中には、同じコマンドを使用して複数の情報を設定できるものがあります。このとき設定を消去するには、どのコマンド行を消去するのか区別できるように引数まで入力する必要があります。

出力結果の検索（フィルタ）

Cisco IOSのCLIでは、showコマンドなどによる出力結果を検索したり、特定の情報のみを表示したりする検索（フィルタ）機能があります。検索機能を利用すると、管理者は必要な情報をすばやく確認することができます。

検索機能を実行するには、コマンドの後ろに「｜（パイプ記号）」を付けてからスペースを入力し、次のようなパラメータを指定後、検索文字列を入力します。検索文字列は大文字／小文字が区別されるので注意が必要です。

・begin …… 検索内容に一致した行から表示する
・include …… 検索内容に一致した行のみ表示する
・section …… 検索内容に一致したセクションのみ表示する

【検索機能の例】

```
Router#show running-config | begin line vty [Enter]
line vty 0 4
 password cisco123
 login                       ｝「line vty」に一致した行から表示される
 transport input all
!
end
```

```
Router#show running-config | include ip route[Enter]
ip route 10.0.0.0 255.0.0.0 172.16.1.2
ip route 0.0.0.0 0.0.0.0 172.16.2.2
```
　　　　　　　　　　　　　　　　}「ip route」に一致した行のみ表示される

```
Router#show running-config | section password[Enter]
no service password-encryption
  password icnd1
  password cisco123
```
　　　　　　　　　　　　　}「password」のセクションが表示される

ヘルプ機能

IOSには、[?]キーを使用したヘルプ機能があります。[?]キーを押すと、現在のモードで実行可能なコマンドを確認したり、コマンドに必要なパラメータやオプションのキーワードを調べたりすることができます。

● [?]キーのみ入力

コマンドを何も入力しないで[?]キーを押すと、現在のモードで使用可能なコマンドのリストが表示されます。

【ユーザEXECモードで[?]キーのみを押したときの出力例】

```
Router>?
Exec commands:
  access-enable    Create a temporary Access-List entry
  access-profile   Apply user-profile to interface
  clear            Reset functions
  connect          Open a terminal connection
  crypto           Encryption related commands.
  disable          Turn off privileged commands
  disconnect       Disconnect an existing network connection
  emm              Run a configured Menu System
  enable           Turn on privileged commands
  ethernet         Ethernet parameters
  exit             Exit from the EXEC
  help             Description of the interactive help system
  ips              Intrusion Prevention System
  lig              LISP Internet Groper
```

lock	Lock the terminal
login	Log in as a particular user
logout	Exit from the EXEC
modemui	Start a modem-like user interface
mrinfo	Request neighbor and version information from a multicast router
mstat	Show statistics after multiple multicast traceroutes
mtrace	Trace reverse multicast path from destination to source
--More--	←続きがあることを示している
<以下省略>	

● コマンドの後ろにスペースを入れて ? キー

入力したコマンドやキーワードの後ろにスペースを1つ入れてから ? キーを押すと、使用可能なコマンドのパラメータやオプションがリスト表示されます。たとえば、特権EXECモードで「show ?」と入力すると、showコマンドのあとに続けて指定できるパラメータが表示されます。

【「show ?」を入力したときの出力例】

```
Router#show ?
  aaa                Show AAA values
  access-expression  List access expression
  access-lists       List access lists
  acircuit           Access circuit info
  adjacency          Adjacent nodes
  aliases            Display alias commands
  alignment          Show alignment information
  appfw              Application Firewall information
  archive            Archive functions
  arp                ARP table
  async              Information on terminal lines used as router interfaces
  auto               Show Automation Template
  backup             Backup status
  beep               Show BEEP information
  bfd                BFD protocol info
  bgp                BGP information
  bridge             Bridge Forwarding/Filtering Database [verbose]
  buffers            Buffer pool statistics
  c1800              Show c1800 information
```

```
calendar            Display the hardware calendar
call                Show call
call-home           Show command for call home
caller              Display information about dialup connections
--More--
＜以下省略＞
```

●入力した文字の後ろに続けて?キー

　入力した文字の後ろに続けて?キーを押すと、その文字で始まるコマンドのリストが表示されます。たとえば、特権EXECモードで「s?」と入力すると、特権EXECモードのsで始まるコマンドが表示されます。

【「s?」を入力したときの出力例】

```
Router#s?
*s=show      ←「s」一文字の場合はshowコマンドとみなされることを示している
send    set            setup    show
slip    spec-file      ssh      start-chat
systat


Router#s     ←「s?」と入力すると、次のプロンプトに自動的に「s」が入る
```

　コマンドのパラメータとして数値が必要な場合には、<1-193>のように入力可能な範囲が示されます。また、<cr>はキャリッジリターン（改行）を意味しており、?の位置以降にパラメータを指定せずにEnterキーを押してそのまま実行できることを示しています。

【パラメータとキャリッジリターンの表示例】

```
Router(config)#line vty 0 ?Enter
  <1-193>  Last Line number
  <cr>
```

5-3 IOS操作とヘルプ機能

> **試験対策**
> ?キーのヘルプには3通りの使い方があります。違いを理解しましょう。
> ・?だけ押す ……………………… そのモードで使用可能なコマンドをリスト表示
> ・文字入力に続けて?を押す …… その文字で始まるコマンドを表示
> ・コマンドのあとにスペースを入れて?を押す
> ……コマンドの後ろに付加できるオプションやパラメータを表示

--More--

　出力結果の末尾(画面左下)に「--More--」と表示されることがあります。これは、表示には続きがあることを表しています(213、214ページの出力例を参照)。
　「--More--」が表示された場合のキー操作には、次の3つがあります。

- space キー ……… 続きを1画面ずつ表示する
- Enter キー ………… 続きを1行ずつ表示する
- その他のキー…… 出力表示を中止する

　また、「--More--」が表示されたとき、スラッシュ(/)に続けて文字列を指定すると、それ以降の内容をフィルタリングして、その文字列で始まるところから表示します。この方法を使用すると、途中の出力を飛ばして確認したい行からすばやく表示することができます。

省略形

　IOSのCLIは、コマンドの省略形をサポートしています。省略形を利用すると、スペルミスによるエラーを防ぎ、すばやく設定を完了することができます。
　たとえば、次のようにコマンドを省略することができます。

【コマンドの完全形と省略形】

完全形	省略形
enable	en
ping	p
interface	int
configure terminal	conf t
running-config	run

省略形は、IOSがほかのコマンドと区別できるところまでは入力しなければなりません。入力が少なすぎてほかのコマンドと区別できない場合には、「% Ambiguous command:」エラーが表示されます。

【省略形の使用例】

```
Router>e Enter
% Ambiguous command:   "e"        ←eだけではコマンドが特定できなかった
Router>e?
emm  enable  ethernet  exit       ←eで始まるコマンドが複数ある

Router>en Enter     ←enableの省略形
Router#sh run Enter     ←show running-configの省略形
Building configuration...

Current configuration : 1392 bytes
!
! Last configuration change at 01:21:53 UTC Wed Jul 27 2016
version 15.1


Router#s clo Enter     ←show clockの省略形（「s」一文字はshowコマンドとみなされる）
*02:12:32.691 UTC Wed Jul 20 2016
＜以下省略＞
Router#con Enter
% Ambiguous command:   "con"      ←conだけではコマンドが特定できなかった
Router#con?
configure  connect    ←conで始まるコマンドが複数ある


Router#conf t Enter     ←configure terminalの省略形
Enter configuration commands, one per line.  End with CNTL/Z.
Router(config)#int fa 0 Enter     ←interface fastethernet 0の省略形
Router(config-if)#
```

Tabキーによるコマンド補完

IOSのCLIは、Tabキーによるコマンドの補完機能をサポートしています。コマンド補完を利用すると、ユーザは正しいコマンドを確認しながら正確にコマンドを実行することができます。

たとえば、runまで入力してTabキーを押せば、running-configに補完されます。コマンド補完も、ほかのコマンドと区別できるところまで入力する必要があります。

【Tabキーによるコマンド補完の例】

```
Router#sh r Enter
% Ambiguous command: "sh r"        ←sh rだけではコマンドが特定できなかった
Router#sh run Tab                  ←sh runと入力してTabキー
Router#sh running-config           ←runの部分がrunning-configに補完された
```

拡張編集機能

IOSのCLIにはさまざまな編集キーが用意されています。次のような編集キーを覚えておくと、入力したコマンドを簡単に編集することができるので便利です。

【CLIの主な編集キー】

キー	説明
Ctrl + A	カーソルを先頭へ移動
Ctrl + E	カーソルを末尾へ移動
Back space	カーソルの左側の1文字を削除
Ctrl + U	カーソルの左側をすべて削除
Ctrl + Shift + 6	pingまたはtracerouteのIOSプロセスを中止
Ctrl + C	現在のコマンド(copyコマンドなど)を中止
Ctrl + Z	コンフィギュレーションモードを終了して特権EXECモードに戻る

入力したコマンドが画面上の1行に収まらない場合には、コマンドの行が自動的にスペース10個分左にシフトされます。これによって、先頭の10文字は隠れてしまってその部分に「$」マークが表示されます。ただし、カーソルを先頭へ移動すれば、コマンドの最初から確認することができます。

なお、拡張編集機能を無効にするには、terminal no editingコマンドを実行します。また、再度有効化するには、terminal editingコマンドを実行します。

コマンドヒストリ

IOSには、CLIで入力したコマンドの履歴をバッファメモリに保持しておく**コマンドヒストリ**という機能があります。コマンドヒストリを利用すると、同じようなコマンドを数回実行するような場合に、コマンドを履歴から呼び出してすぐに実行できるので便利です。バッファは、EXECモードとコンフィギュレーションモードのそれぞれに用意されています。

バッファに記録されたコマンドを実際に呼び出して利用するには、次のキー操作が必要です。

- ↑（上矢印）または Ctrl + P ……直前に実行したコマンドを呼び出す。1回押すごとに直近のコマンドから順に表示される。たとえば、↑キーを3回押すと、3回前に実行したコマンドが呼び出される
- ↓（下矢印）または Ctrl + N ……↑を使用して呼び出したコマンドを前に戻す。たとえば↑キーを3回押したあと↓を2回押すと直前に実行したコマンドが表示される

コマンド履歴をリスト表示するには、**show history**コマンドを実行します。このコマンドは特権EXECモードで実行しますが、ユーザEXECモードと特権EXECモードで入力されたコマンドの履歴を表示します。直前に実行したコマンドは最終行に表示されます。

構文　コマンド履歴の表示（mode：#）
　　　　#show history

【show historyコマンドの出力例】

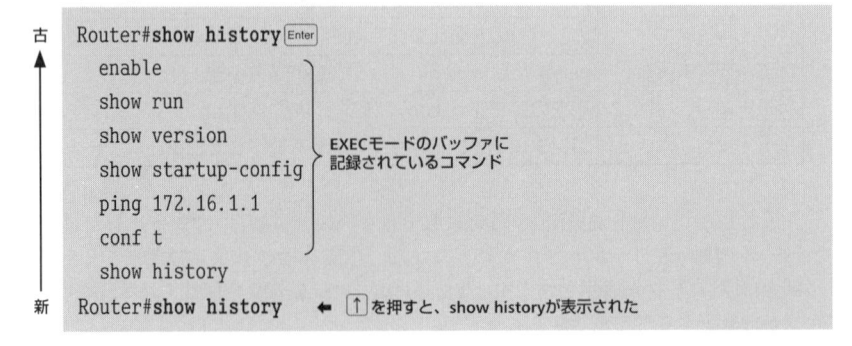

```
古   Router#show history [Enter]
        enable
        show run
        show version          ┐ EXECモードのバッファに
        show startup-config   │ 記録されているコマンド
        ping 172.16.1.1       │
        conf t                ┘
        show history
新   Router#show history   ← ↑を押すと、show historyが表示された
```

5-3 IOS操作とヘルプ機能

```
Router(config-if)#do sh history [Enter]     ←doコマンドでshow historyを実行
 line console 0
 password cisco123
 login
 exit
 enable secret cisco    ←パスワード設定も表示されるので注意！
 int fa0
 ip add 172.16.1.1 255.255.255.0
 no shutdown
 do sh history
Router(config-if)#
```

コンフィギュレーションモードのバッファに記録されているコマンド

バッファに記録されるコマンド履歴の数には制限があります。たとえば、履歴の数が20の場合、21個目を記録すると、最も古いものが消去されます。記録するコマンド履歴の数は、**terminal history size**コマンドを使って変更が可能です。ログアウトまたは、terminal no history sizeコマンドを実行するとデフォルト値に戻ります。ラインコンフィギュレーションモードからhistory size <size>コマンドを使用すると、継続してコマンド履歴数を適用することができます。

構文 コマンド履歴の数を変更（mode：#）

#terminal history size <size>

・size ……………… 0～256の範囲で指定（デフォルトは20）。0に設定するとバッファに記録しない

現在のコマンド履歴の数を確認するには、**show terminal**コマンドを使用します。

【terminal history sizeとshow terminalコマンドの出力例】

```
Router#terminal history size 10 [Enter]      ←コマンドの履歴数を10に変更
Router#show terminal [Enter]
Line 0, Location: "", Type: ""
Length: 24 lines, Width: 80 columns
Baud rate (TX/RX) is 9600/9600, no parity, 2 stopbits, 8 databits
＜途中省略＞
Modem type is unknown.
Session limit is not set.
Time since activation: 00:10:23
Editing is enabled.
History is enabled, history size is 10.       ←コマンドの履歴数が10に変更された
DNS resolution in show commands is enabled
Full user help is disabled
＜以下省略＞
```

参考 出力行数の変更

terminal lengthコマンドを使用すると、showコマンドを実行したときに出力される行数を変更することができます。デフォルト値は24になっているため、24行を表示したところで「--More--」が表示されます。

出力ログを保存しておくなどの理由で「--More--」を表示せずに最後まで出力したい場合は、terminal length 0コマンドを実行します。

構文 出力行数の変更（mode：>、#）

```
#terminal length <length>
```
　・length ……… 出力行数を0〜512の範囲で指定（デフォルトは24）。0はすべて表示

デフォルト値に戻すときはterminal no lengthを実行します。また、管理接続をログアウトした場合もデフォルト値に戻ります。継続して出力行数を適用したい場合は、ラインコンフィギュレーションモードからlength <length>コマンドを使用します。

エラーメッセージ

IOSではコマンド入力を誤って実行すると、エラーの原因がわかるようなメッセージが表示されます。一般的に表示されるエラーメッセージは次のとおりです。

【一般的なエラーメッセージ】 ambiguous：あいまいな

エラーメッセージ	原因
% Ambiguous command:	入力した文字数が不十分なため、コマンドを特定できない
% Incomplete command.	コマンドが不完全(必要なキーワードや引数が不足している)
% Invalid input detected at '^' marker.	入力したコマンドの「^」が示す部分に誤りがある

invalid：無効

【一般的なエラーメッセージの出力例】

```
Router#e [Enter]
% Ambiguous command:  "e"    ←eだけではコマンドが特定できなかった
```

```
Router(config)#hostname [Enter]
% Incomplete command.    ←hostnameコマンドの後ろにホスト名の指定が不足している
```

```
Router(config-if)#ipaddress 172.16.1.1 255.255.255.0 [Enter]
                   ^                    ←ipとaddressの間にスペースが抜けている(構文ミス)
% Invalid input detected at '^' marker.
```

```
Router(config)#show running-config [Enter]
               ^               ←コンフィギュレーションモードでshowコマンドを実行
% Invalid input detected at '^' marker.
```

> **試験対策**
> エラーメッセージの種類と対処方法を理解しておきましょう。
> 試験では、IOSコマンドの操作が必要なシミュレーション形式の問題が出題されます。IOS操作中にエラーが発生した場合などに、メッセージを読み取って対処できるようにしておくことが重要です。

5-4 コンフィギュレーションの保存

Cisco IOSはrunning-configとstartup-configという2つのコンフィギュレーションファイルによってデバイスの設定情報を管理しています。この節では、2つのコンフィギュレーション（設定情報）の役割と保存について説明します。

コンフィギュレーションファイルの保存

IOSで管理される2つのコンフィギュレーションファイルには、次の違いがあります。

- running-config ……システムが動作中に使用する設定情報。設定はrunning-configにのみ反映される。
- startup-config ……NVRAM[※7]に保持され、システム起動時に読み込まれる

CiscoルータおよびCatalystスイッチに対して設定した情報は、running-configの方に反映されます。しかし、running-configはRAMで保持しているため、システムの電源をオフに（または再起動）すると設定した内容はすべて消えてしまいます。

したがって、管理者は入力した設定値が正しいことを確認したあとには、**copy**コマンドを使用してRAM上のrunning-configの内容をNVRAM（またはフラッシュメモリのNVRAMセクション）に保存する必要があります。

参照 → NVRAM（671ページ）

構文 現在のコンフィギュレーションをNVRAMに保存（mode:#）

`#copy running-config startup-config`

（コピー元）　　　（コピー先）

copyコマンドを実行すると、コピー先のファイル名に間違いがないかを確認するメッセージが表示されます。[　]内の名前が正しいことを確認したら、Enterキーを押します。間違っている場合は、正しいファイル名を入力してEnterキーを押します。

注意 [　]内の名前が正しいときは何も入力しないでEnterキーを押します。「yes」と入力しないように注意してください。

[※7] **【NVRAM】**(エヌブイラム) Non-Volatile Random-Access Memory：不揮発性ランダムアクセスメモリ。本体の電源がオフになっても情報が維持されるメモリ。起動時設定の保管用に使われることが多い。CiscoルータおよびCatalystスイッチでもコンフィギュレーションファイル（startup-config）の格納用に利用されている

startup-configは名前が示すとおり、ルータやスイッチの電源投入時や再起動時に使用され、設定情報は自動的にRAMへrunning-configとして読み込まれます。

【コンフィギュレーションファイルの保存】

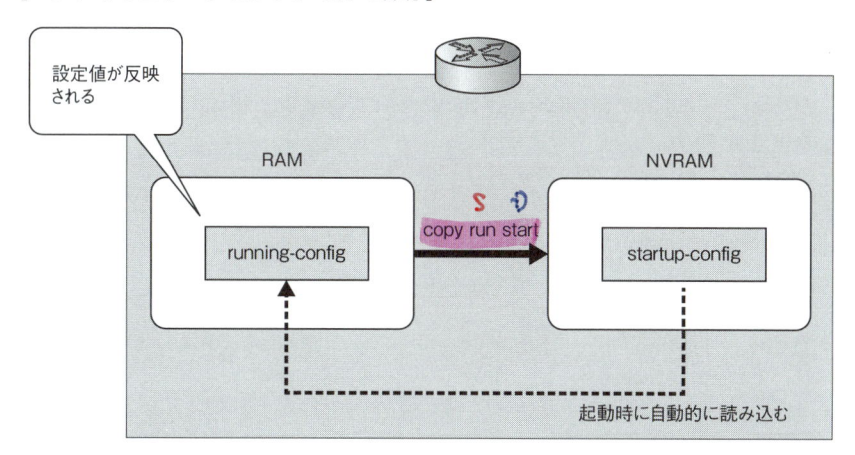

設定値が反映される

RAM: running-config
NVRAM: startup-config
copy run start
起動時に自動的に読み込む

> **試験対策** running-configとstartup-configの違いを理解することは、とても重要です。

コンフィギュレーションファイルの表示

コンフィギュレーションファイルの情報を確認するには、特権EXECモードからshowコマンドを使用します。

構文 コンフィギュレーションファイルの表示（mode：#）
```
#show running-config
```
または
```
#show startup-config
```

> **試験対策** 設定が自動的に反映されるのは、running-configです。管理者が手動でコピー（copy running-config startup-configコマンド）した場合、その時点ではrunning-configとstartup-configは同じ内容になります。
> running-configの場合は、先頭に「Current configuration」と表示されます。

【copy running-config startup-configとshow startup-configコマンドの出力例】

```
RT1#show running-config Enter        ←現在の設定情報を表示
Building configuration...

Current configuration : 1281 bytes   ←現在の設定情報であることを示している
!
! Last configuration change at 05:22:28 UTC Wed Jul 27 2016
version 15.1
service timestamps debug datetime msec
service timestamps log datetime msec
no service password-encryption
!
hostname RT1
!
boot-start-marker
boot-end-marker
!
!
enable secret 5 tnhtc92DXBhelxjYk8LWJrPV36S2i4ntXrpb4RFmfqY
!
＜以下省略＞
RT1#show startup-config Enter
startup-config is not present        ←NVRAMに設定情報は存在しない
RT1#copy running-config startup-config Enter   ←現在の設定をNVRAMへ保存
Destination filename [startup-config]? Enter   ←名前が正しいことを確認し Enter を押す
Building configuration...
[OK]
RT1#show startup-config Enter        ←NVRAMの設定情報を表示
Using 1281 out of 196600 bytes
!
! Last configuration change at 05:22:28 UTC Wed Jul 27 2016
version 15.1
service timestamps debug datetime msec
service timestamps log datetime msec
no service password-encryption
!
hostname RT1
!
boot-start-marker
boot-end-marker
!
```

```
!
enable secret 5 tnhtc92DXBhelxjYk8LWJrPV36S2i4ntXrpb4RFmfqY
!
<以下省略>
```

ルータおよびスイッチの初期化

　CiscoルータやCatalystスイッチの設定をすべて消去してファクトリーデフォルト（工場出荷時）と同じ状態に戻したいときは、次の手順を実行します。

●ルータの初期化

　ルータを初期化するには、NVRAMに保存されたstartup-configを削除してからシステムを再起動（または電源オフ）します。

① startup-configの削除
② ルータの再起動（reload）

> **構文** startup-configの削除（mode：#）
> `#erase startup-config`

> **構文** システムの再起動（mode：#）
> `#reload`

注意 reloadコマンド実行時には、現在の設定情報をstartup-configに保存するかどうかを確認するメッセージが表示されることがあります。完全に初期化する場合、noを入力して Enter キーを押します。yesにした場合、running-configがstartup-configに保存されてしまい、startup-configをあらかじめ削除した意味がなくなります。

第5章 Cisco IOSソフトウェアの操作

【ルータの初期化】

```
RT1#erase startup-config Enter    ←NVRAMの設定情報を削除
Erasing the nvram filesystem will remove all configuration files! Continue?
[confirm] Enter    ←確認して Enter キーを押す
[OK]
Erase of nvram: complete
RT1#
*Jul 24 05:35:21.835: %SYS-7-NV_BLOCK_INIT: Initialized the geometry of nvram
RT1#show startup-config Enter    ←startup-configが削除されたことを確認
startup-config is not present    ←削除されている
RT1#reload Enter    ←ルータを再起動
Proceed with reload? [confirm] Enter    ←確認して Enter キーを押す

*Jul 24 05:36:36.979: %SYS-5-RELOAD: Reload requested by console. Reload
Reason:
Reload Command.
System Bootstrap, Version 12.3(8r)YH13, RELEASE SOFTWARE (fc1)
Technical Support: http://www.cisco.com/techsupport
Copyright (c) 2008 by cisco Systems, Inc.
<以下省略>
```

● スイッチの初期化

　スイッチを初期化するにはstartup-configのほかに、フラッシュメモリ内のvlan.datファイルも削除する必要があります。**vlan.dat**には、VLAN関連情報(VLANやVTP[※8]など)が保存されています。

① startup-configの削除
② vlan.datの削除
③ スイッチの再起動(reload)
※ ①と②の順序は前後しても構わない

> **構文** vlan.datの削除 (mode：#)
> #delete vlan.dat (または delete flash:vlan.dat)

※8　**【VTP】**(ブイティーピー) VLAN Trunking Protocol：シスコ独自のVLAN管理プロトコル。複数のスイッチでVLAN情報の整合性を保つことができる

5-4 コンフィギュレーションの保存

【スイッチの初期化】

```
SW1#erase startup-config [Enter]   ←NVRAMの設定情報を削除
Erasing the nvram filesystem will remove all configuration files! Continue?
[confirm] [Enter]   ←確認して[Enter]キーを押す
[OK]
Erase of nvram: complete
SW1#delete vlan.dat [Enter]   ←VLAN情報を削除
Delete filename [vlan.dat]? [Enter]   ←確認して[Enter]キーを押す
Delete flash:vlan.dat? [confirm] [Enter]   ←確認して[Enter]キーを押す
SW1#reload [Enter]   ←スイッチを再起動

                                                    ↓「no」を入力して[Enter]
System configuration has been modified. Save? [yes/no]:no [Enter]
Proceed with reload? [confirm] [Enter]   ←確認して[Enter]キーを押す


*Jun 26 00:12:07.080: %SYS-5-RELOAD: Reload requested by console. Reload
reason: Reload command
Using driver version 1 for media type 1
Base ethernet MAC Address: dc:7b:94:5e:b3:80
Xmodem file system is available.
＜以下省略＞
```

再起動が実行されるのを中断するには、[Enter]キー以外のキーを押します。

5-5 Cisco IOSの接続診断ツール

本節では、一般的なネットワーク接続の診断に非常によく使用されるpingとtracerouteコマンドの操作について説明します。

参照→ pingおよびtracerouteの概要（109、110ページ）

ping

pingコマンドを使用すると、特定のノードとIP通信が可能かどうかを確認することができます。pingコマンドは、指定したアドレスに対してICMPのエコー要求パケットを送信し、宛先からのエコー応答が返信されるのを待機します。その結果によって、宛先とのネットワーク接続の診断を行います。

構文 pingコマンド（mode：>、#）

```
#ping [ <ip-address> | <hostname> ]
```

- ip-address …… 接続性を確認する宛先のIPアドレスを指定（オプション）
- hostname …… 接続性を確認する宛先のホスト名を指定（オプション）

pingコマンドでは定義した時間内にエコー要求パケットが宛先に到着し、エコー応答を受信した場合にのみ、pingが成功したと判断します。

Cisco IOSによるping実行時に表示される記号と意味は次のとおりです。

【pingの出力記号】

引数	説明
!	ICMPエコー応答を受信（ping成功）
.	ICMPエコー応答を受信できずに時間が経過しタイムアウトした。デフォルトは2秒
U	ICMP宛先到達不能（Destination Unreachable）を受信。転送途中にあるルータに問題があり、ルーティングできない可能性がある
Q	ICMP送信元抑制（Source Quench）を受信。宛先がビジー状態
M	フラグメンテーションに失敗
?	パケットタイプが不明
&	ICMP時間超過（Time Exceeded）を受信。転送中にTTLが0になり、ICMPエコーは破棄された

【pingの成功例】

```
RT1#ping 172.16.2.100 [Enter]

Type escape sequence to abort.
Sending 5, 100-byte ICMP Echos to 172.16.2.100, timeout is 2 seconds:   ←①
!!!!!   ←②
Success rate is 100 percent (5/5), round-trip min/avg/max = 1/2/4 ms   ←③
RT1#
```

① 172.16.2.100宛に100バイトのICMPエコーを5つ送信。タイムアウト時間は2秒
② 1つのICMPエコー応答に対して「!」を1つ表示（pingが成功）
③ エコー応答を受信してpingが成功した割合をパーセンテージで表している。「round-trip min/avg/max = 1/2/4 ms」は、ラウンドトリップ時間の間隔を最少／平均／最大時間（ミリ秒単位）で表示

【pingの失敗（タイムアウト）例】

```
RT1#ping 192.168.1.1 [Enter]

Type escape sequence to abort.
Sending 5, 100-byte ICMP Echos to 192.168.1.1, timeout is 2 seconds:
.....   ←pingの実行結果（タイムアウト）
Success rate is 0 percent (0/5)
RT1#
```

拡張ping

　ルータから通常のpingコマンドを実行した場合、パケットの送信元アドレスは出力インターフェイスのIPアドレスになります。pingコマンドの後ろに引数を指定しないで実行すると、**拡張ping**を開始します。

　拡張pingコマンドを使用すると、パケットの送信元IPアドレスをルータ上の任意のIPアドレスに変更したり、送信するパケット数やサイズを変更したり、タイムアウト時間を変更したりすることができるため、より高度な検証を行うことができます。拡張pingコマンドは、特権EXECモードで動作します。

　拡張pingコマンドを使用して変更することができる項目（フィールド）を、次の表に示します。

第5章 Cisco IOSソフトウェアの操作

【拡張pingによる変更フィールド】 [ ] 内はデフォルト値

フィールド	説明
Protocol [ip]:	プロトコルを指定。ipのほかにappletalk(AppleTalk[*])、ipx(IPX[*])、ipv6など
Target IP address:	pingの宛先ノードをアドレスまたはホスト名で指定
Repeat count [5]:	送信するエコーパケットの数を指定
Datagram size [100]:	パケットのサイズを指定(単位:バイト)
Timeout in seconds [2]:	タイムアウト間隔を指定(単位:秒)
Extended commands [n]:	一連の追加コマンドを指定するかどうかを選択
Source address or interface:	パケットの送信元アドレスとして使用するルータのインターフェイスまたはアドレスを指定。インターフェイスを指定するときは正しい構文で指定する(例:「fastethernet0/0」は可、「fa0/0」は不可)
Type of service [0]:	ToS[※9]値を指定
Set DF bit in IP header? [no]:	パケットにDF(Don't Fragment:フラグメントなし)ビットを設定するかどうかを指定
Validate reply data? [no]:	応答データを検証するかどうかを指定
Data pattern [0xABCD]:	データパターンを指定
Loose, Strict, Record, Timestamp, Verbose [none]:	IPヘッダオプションを指定 ・Verbose:その他のオプションと自動的に選択される ・Record:パケットが通過するルータのアドレスを表示する(エコー要求とエコー応答パケットが通るパス情報を取得可能) ・Loose:パケットを通過させるルータのアドレスを指定し、パスに影響を与えることが可能 ・Strict:パケットを通過させるルータを指定し、それ以外のルータを通過できないようにする ・Timestamp:特定のノードまでのラウンドトリップ時間を測定するために使用する
Sweep range of sizes [n]:	送信されるエコーパケットのサイズを変更するかどうかを指定。宛先までの途中のノードで設定されているMTUの最小サイズを判断するために使用する

各フィールドのデフォルトの設定をそのまま使用する場合には、Enter キーを押して次のフィールドに進みます。

【拡張pingの例】

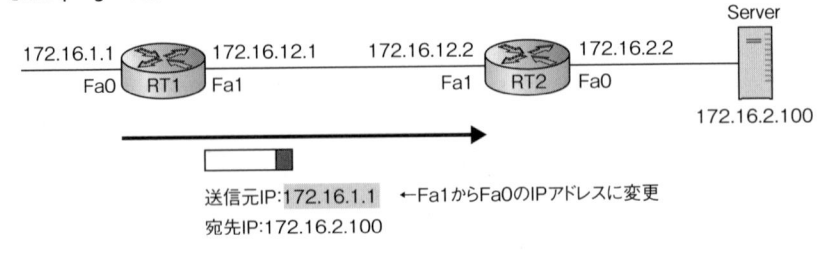

```
172.16.1.1      172.16.12.1    172.16.12.2      172.16.2.2        Server
       [RT1]                         [RT2]
   Fa0      Fa1              Fa1          Fa0
                                                              172.16.2.100

送信元IP:172.16.1.1   ←Fa1からFa0のIPアドレスに変更
宛先IP:172.16.2.100
```

※9 【ToS】(トス、ティーオーエス)Type of Service:パケットの優先制御方式のひとつ。IPヘッダのToSフィールドの3ビット(0〜7の値)を使用し、パケットの優先制御を行う

230

```
RT1#ping Enter    ←拡張pingを実行
Protocol [ip]: Enter    ←確認してEnterキーを押す
Target IP address: 172.16.2.100 Enter    ←宛先アドレスを指定
Repeat count [5]: 10 Enter    ←パケット数を指定
Datagram size [100]: Enter
Timeout in seconds [2]: Enter
Extended commands [n]: yes Enter    ←「yes」を入力
Source address or interface: fastethernet0 Enter    ←送信元アドレスをFa0に変更
Type of service [0]: Enter
Set DF bit in IP header? [no]: Enter
Validate reply data? [no]: Enter
Data pattern [0xABCD]: Enter
Loose, Strict, Record, Timestamp, Verbose[none]: Enter
Sweep range of sizes [n]: Enter
Type escape sequence to abort.
Sending 10, 100-byte ICMP Echos to 172.16.2.100, timeout is 2 seconds:
Packet sent with a source address of 172.16.1.1    ←送信元はFa0のIPアドレス
!!!!!!!!!!    ←pingが10回成功
Success rate is 100 percent (10/10), round-trip min/avg/max = 1/1/4 ms
RT1#
```

> **試験対策**
> 拡張pingは、ユーザEXECモードでは実行できません。
> 拡張pingで指定可能な項目（フィールド）を覚えておきましょう。

traceroute

tracerouteコマンドを使用すると、パケットが宛先に到着するまでの経路（通過するルータ）を確認することができます。IOSでは、tracerouteにUDPデータグラム[※10]を利用してIPヘッダ内のTTL値を1ずつ増加させながら指定したアドレスまでの経路を確認します。宛先途中のルータは、TTL値が0になるとICMP時間超過メッセージを送信し、最終の宛先ではICMPポート到達不能メッセージを送信してトレースが終了したことを通知します。

　tracerouteコマンドを実行したデバイスは、受け取ったICMP時間超過メッセージの

※10【UDPデータグラム】(ユーディービーデータグラム)UDP Datagram：UDPにおけるデータ転送の単位

送信元アドレスを記録し、その結果によってパケットが宛先に到達するまでに使用した経路を確認します。

構文 tracerouteコマンド（mode：>、#）

#**traceroute** [<ip-address> | <hostname>]

・ip-address ……宛先までの経路をトレースする宛先のIPアドレスを指定(オプション)
・hostname………宛先までの経路をトレースする宛先のホスト名を指定(オプション)

Cisco IOSによるtraceroute実行時に表示される文字と意味は、次のとおりです。

【tracerouteの出力文字】

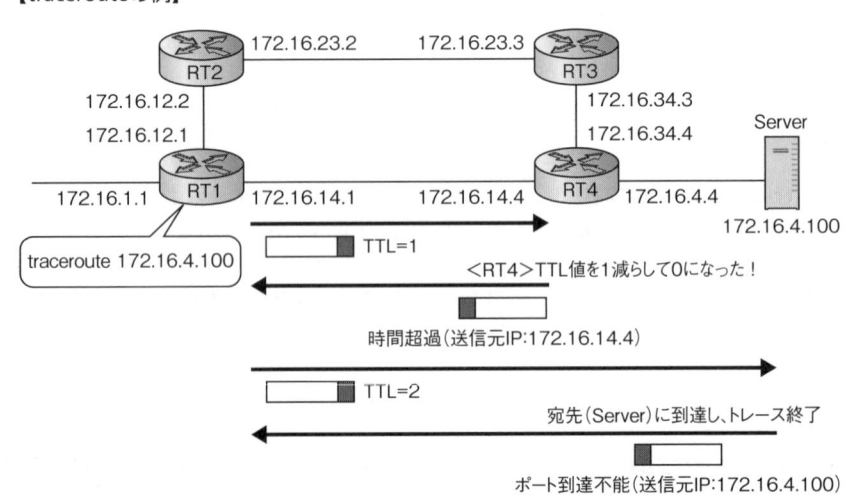

文字	説明
msec	トレースの成功。隣接ルータからICMP時間超過メッセージを受信するまでにかかった時間
*	2秒(デフォルト)以内にICMP時間超過メッセージを受信できずタイムアウトした
A	管理上の理由(パケットフィルタリングなど)によって、パケット転送が禁止された
Q	ICMP送信元抑制(Source Quench)を受信。宛先がビジー状態
I	ユーザによるテストの中断
U	ICMPポート到達不能(Port Unreachable)を受信
H	ICMPホスト到達不能(Host Unreachable)を受信
N	ICMPネットワーク到達不能(Net Unreachable)を受信
P	ICMPプロトコル到達不能(Protocol Unreachable)を受信
T	タイムアウトした
?	パケットタイプが不明

【tracerouteの例】

```
RT1#traceroute 172.16.4.100 [Enter]
Type escape sequence to abort.
Tracing the route to 172.16.4.100
VRF info: (vrf in name/id, vrf out name/id)
  1 172.16.14.4 0 msec 0 msec 0 msec      ←RT4を経由
  2 172.16.4.100 4 msec 0 msec 0 msec     ←宛先（Server）に到達
RT1#
```

トレースが成功したときは「〜msec」と3回分のラウンドトリップ(RTT)値が表示されます。なお、ICMP時間超過メッセージを受信できなかった場合は、「*」が表示されます。

IP通信できない宛先に対してtracerouteを実行すると、タイムアウトが30行表示されるまで終了しません。Cisco IOSでtracerouteコマンドを中止するには、[Ctrl] + [Shift] + [6] キーを押します。

【traceroute中止の例】

```
RT1#traceroute 172.16.4.10 [Enter]   ←存在しない宛先アドレスを指定
Type escape sequence to abort.
Tracing the route to 172.16.4.10
VRF info: (vrf in name/id, vrf out name/id)
  1 172.16.14.4 4 msec 0 msec 0 msec
  2 * * *
  3 * * *
  4 * * *
  5 * *        ← [Ctrl] + [Shift] + [6] を押してトレースルートを中止
RT1#
```

なお、ドメイン名検索を有効にしている場合は、各IPアドレスと名前を一致させようとするためtracerouteコマンドの実行に時間がかかる場合があります。ドメイン名検索を無効にするには、グローバルコンフィギュレーションモードから**no ip domain-lookupコマンド**を使用します。

> 試験対策
> トレースルートのコマンドは、WindowsのコマンドプロンプトとIOSで異なるので注意しましょう。
> ・Windows …… tracert
> ・IOS ………… traceroute

5-6 演習問題

1 ルータのコンソールポートを使用して管理アクセスをするときの説明として正しくないものを選択しなさい。(2つ選択)

　　A.　ルータとPCには同じサブネットのIPアドレスを設定しておく必要がある
　　B.　ターミナルソフトのシリアルポート設定でボーレートを14,400にする必要がある
　　C.　ロールオーバーケーブルを使用する必要がある
　　D.　ルータが工場出荷時の状態であってもアクセスが可能である
　　E.　PCのシリアルポートとルータのコンソールポートを接続する必要がある

2 IOSのモードに関する説明①～⑤に該当するプロンプトを、選択肢から選びなさい。

① ルーティングプロトコルの設定を行う
② 設定したすべての情報を見ることができる
③ デバイス全体にかかわる設定を行う
④ 一部の情報のみ表示ができ、pingやtelnetを実行できる
⑤ コンソールやVTYの設定を行う

　　A.　#
　　B.　(config-line)#
　　C.　(config-router)#
　　D.　(config)#
　　E.　>

3 特権EXECモードへ移行することができるコマンドを選択しなさい。（3つ選択）

- A.　Router#exec
- B.　Router(config)#exit
- C.　Router#enable
- D.　Router#configure terminal
- E.　Router>enable
- F.　Router#disable
- G.　Router>exec
- H.　Router(config-if)#exit
- I.　Router(config-if)#end

4 特権EXECモードへ移行するためのコマンドを実行しようとしたが、「e」で始まることしか覚えていない。このときの対処方法として正しいものを選択しなさい。

- A.　[?]キーを押す
- B.　「e」と入力したあとに続けて[Tab]キーを押す
- C.　「e」と入力したあとに続けて[?]キーを押す
- D.　「show」と入力したあとにスペースを入れて[?]キーを押す
- E.　IOSのコマンドは省略形があるので「e」だけを入力して実行する

5 少し前に実行したコマンドを表示する方法として正しいものを選択しなさい。（2つ選択）

- A.　show terminalコマンドを実行する
- B.　[↑]キーを押す
- C.　[?]キーを押す
- D.　[Ctrl]+[P]キーを押す
- E.　[Tab]キーを押す

6 pingコマンドが実行可能なモードを選択しなさい。

  A. ユーザEXECモードのみ
  B. 特権EXECモードのみ
  C. グローバルコンフィギュレーションモードのみ
  D. 特権EXECモードとグローバルコンフィギュレーションモード
  E. ユーザEXECモードと特権EXECモード

7 コマンドを実行して「% Incomplete command.」というメッセージが表示されたときの原因と考えられるものを選択しなさい。

  A. 入力した文字が不足しているため、コマンドを特定できなかった
  B. 入力したコマンドの一部に誤りがある
  C. コマンドを実行するモードが誤っている
  D. コマンドが不完全である
  E. 存在しないコマンドである

8 拡張pingの説明として正しいものを選択しなさい。(2つ選択)

  A. 特権EXECモードでのみ実行できる
  B. パケットの数やタイムアウト時間を指定できるが、プロトコルは指定できない
  C. ping <ip address>コマンドで実行する
  D. ICMPエコーパケットの送信元IPアドレスを変更することができる
  E. 拡張pingが成功した場合、*(アスタリスク)が表示される

9 ある管理者はルータのホスト名を変更した。ルータを再起動したときに変更した内容が自動的に反映されるようにするためのコマンドを選択しなさい。

  A. #copy startup-config running-config
  B. #copy running-config startup-config
  C. #copy startup-config
  D. #copy running-config
  E. 設定は自動的にコンフィギュレーションファイルへ反映されるためコマンドは不要

10 ルータを再起動したときに自動的に読み込まれる設定を確認するためのコマンドを選択しなさい。

　　A.　show nvram:
　　B.　show running-config
　　C.　show flash:
　　D.　show startup-config
　　E.　show reload-config

11 Catalystスイッチを工場出荷時の状態に戻すために必要なコマンドを選択しなさい。(3つ選択)

　　A.　#reload
　　B.　#exit
　　C.　#erase flash:vlan.dat
　　D.　#delete startup-config
　　E.　#delete vlan.dat
　　F.　#erase startup-config
　　G.　#erase running-config
　　H.　#system reload

12 管理者は新しく購入したルータに基本設定を行い、再起動しても現在の設定と同じにするために次のコマンドを実行した。このときの説明として正しいものを選択しなさい。

```
RT1#copy startup-config running-config
%% Non-volatile configuration memory invalid or not present
```

　　A.　現在の設定はNVRAMへ保存された
　　B.　コピー元とコピー先の指定が誤っている
　　C.　コマンドを実行するモードが誤っている
　　D.　NVRAMにrunning-configが存在していない
　　E.　コマンドの構文が誤っている

5-7 解答

1 A、B

ルータのコンソールポートを使って管理アクセスする場合、次の環境が必要になります。

・ルータのコンソールポートとPCのシリアル(COM)ポート間を、ロールオーバーケーブル(コンソールケーブル)で直接接続する(C、E)
・PC側にターミナルソフトが必要
・ターミナルソフトのボーレートをルータと合わせる

コンソールポートによる接続の場合、ルータは工場出荷時の状態であってもアクセスが可能です(D)。事前にIPアドレスを設定しておく必要はないため、選択肢Aの説明は正しくありません。
ルータのデフォルトのボーレート設定は9,600です。ターミナルソフトのシリアル設定のボーレートも9,600に合わせる必要があるため、Bの説明は間違いです。

参照 → P200

2 ①C ②A ③D ④E ⑤B

IOSには機能や用途に応じたさまざまな「モード」が存在します。主なモードは、次のとおりです。

【IOSの主なモード】

モード	プロンプト	説明
ユーザEXECモード	>	限られた情報のみ表示でき、pingやtelnetを実行できる(④=**E**)
特権EXECモード	#	すべての設定情報を表示でき、設定の消去やコピー、デバッグ機能の有効化などができる(②=**A**)
グローバルコンフィギュレーションモード	(config)#	デバイス全体にかかわる設定を行う(③=**D**)
ラインコンフィギュレーションモード	(config-line)#	コンソール、VTY、AUXポートの設定を行う(⑤=**B**)
インターフェイスコンフィギュレーションモード	(config-if)#	各インターフェイスの設定を行う
ルータコンフィギュレーションモード	(config-router)#	ルーティングプロトコルの設定を行う(①=**C**)
VLANコンフィギュレーションモード	(config-vlan)#	VLANの設定を行う

参照 → P205、207

3 B、E、I

ルータやスイッチへ管理アクセスすると、通常はユーザEXECモードから開始されます。ユーザEXECモードから特権EXECモードへ移行する場合、enableコマンド(**E**)を実行します。

```
Router>enable
      ↓
Router#
```

グローバルコンフィギュレーションから特権EXECモードへ戻るには、exitコマンド(**B**)、endコマンド、Ctrl + Z キーのいずれかの操作を行います。

```
Router(config)#exit(またはend)   Router(config)# Ctrl + Z キー
      ↓                 または          ↓
Router#                            Router#
```

インターフェイスコンフィギュレーションモードから特権EXECモードへ戻るには、endコマンド(**I**)か Ctrl + Z キーの操作をします。

```
Router(config-if)#end          Router(config-if)# Ctrl + Z キー
      ↓              または              ↓
Router#                                Router#
```

選択肢Cは、特権EXECモードのプロンプト(#)になっているため不正解です。Dは特権EXECモードからグローバルコンフィギュレーションモードへの移行です。Hはインターフェイスコンフィギュレーションモードからグローバルコンフィギュレーションモードへ戻ります。Fでは特権EXECモードからユーザEXECモードへ移行します。execというコマンドは存在しないため、AとGも不正解です。

参照 → P206

4 C

IOSには?キーによるヘルプ機能があります。?キーの使い方は、次のとおりです。

- ?キーのみ押す
  現在のモードで使用できるコマンドのリストが表示される

- 入力したコマンドの後ろにスペースを入れて?キーを押す
  入力したコマンドで使用できるパラメータやオプションのリストが表示される

- 入力した文字の後ろに続けて?キーを押す
  その文字で始まるコマンドのリストが表示される

「e」を入力して続けて?キーを押すと、次のようにeで始まるコマンドがリスト表示されます。コマンドの先頭しか覚えていない場合、この方法が最適です(**C**)。

```
Router>e?
emm   enable   ethernet   exit
```

IOSではコマンドの省略形をサポートしていますが、ほかのコマンドと区別できるところまでは入力する必要があります。上記のとおり、「e」で始まるコマンドは複数存在するため、eだけを入力して実行すると以下のようにエラーメッセージが表示されます(E)。

```
Router>e Enter
% Ambiguous command: "e"
```

また、Tabキーを押すことでコマンドを補完する機能がありますが、この場合もほかのコマンドと区別できるところまでは入力する必要があります。eだけを入力してTabキーを押しても、何も補完されません(B)。
選択肢Aの「?キーを押す」は、コマンドを完全に忘れてしまったときに最適な方法です。showのあとにスペースを入れて?キーを押すと、showで始まるコマンドがリスト表示されます。enableコマンドはshowで始まらないため、Dも不正解です。

参照 → P212

5 B、D

IOSには、実行したコマンドをバッファメモリに保持しておくコマンドヒストリ機能があります。次の方法で、実行したコマンドを表示できます。

- ↑ または Ctrl + P ……… 1回押すごとに直近のコマンドを順に表示する（**B**、**D**）
- ↓ または Ctrl + N ……… 1回押すごとに履歴の中で古いコマンドから順に表示する
- show history ……………… コマンド履歴をリスト表示する

show terminalコマンドは、コマンドヒストリ機能が有効であることやヒストリサイズを確認できますが、具体的にバッファに保持されたコマンドを表示することはできません（A）。? キーを押すと、そのモードで実行可能なコマンドがリスト表示されます（C）。Tab キーは、入力したコマンドを完全形に補完します（E）。

参照 → P218

6 E

IOSでpingコマンドを実行することができるのは、ユーザEXECモードと特権EXECモードです（**E**）。

グローバルコンフィギュレーションモードなどの設定モードは、pingコマンドを実行できません。ただし、先頭に「do（後ろにスペース1つ必要）」を付加すると、コンフィギュレーションモードからpingコマンドが実行可能です（IOSのバージョンによって、doコマンドをサポートしていないことがあります）。

参照 → P209

7 D

IOSでは実行したコマンドが間違っていた場合、原因がわかるようなエラーメッセージを表示します。「% Incomplete command.」のメッセージは、実行したコマンドが不完全な場合に表示されます（**D**）。

- 入力した文字数が不足していてコマンドが特定できなかった（A）
  % Ambiguous command:
- コマンドの一部に誤りがある（B）
  % Invalid input detected at '^' marker.
- 実行するモードが誤っている（C）
  % Invalid input detected at '^' marker.
- コマンドが不完全（**D**）
  % Incomplete command.
- コマンドが存在しない（E）
  Translating "abc"...domain server (255.255.255.255)
  （特権EXECモードでabcと入力して実行した場合の例）
  ※ IOSのバージョンや状況によって、メッセージが異なることがある

参照 → P221

8 A、D

IOSのpingコマンドには、標準pingと拡張pingの2種類があります。
標準pingはユーザEXECモードと特権EXECモードで実行できます。pingコマンドのあとにIPアドレス（またはホスト名）を入力して実行します。
拡張pingは特権EXECモードでのみ実行でき、IPアドレス（またはホスト名）の入力をしないでpingコマンドを実行します（**A、C**）。
拡張pingでは、実行時に次のような指定が可能です。

- プロトコル（B）
- ターゲットIPアドレス
- リピートカウント（パケットの数）
- パケットのサイズ
- タイムアウト時間
- 送信元IPアドレス（**D**）

拡張pingコマンドを実行すると、標準pingと同様にICMPエコー要求が送信されます。タイムアウト時間までにエコー応答が返ってくると、pingの成功を表す「！」が表示されます（E）。

参照 → P229

9 B

ルータやスイッチに対して設定した情報は、RAM内のrunning-configにのみ反映されます。RAMに記録した情報は電源を切ってしまうと消去されるため、running-configの内容も失われます。管理者はルータの電源を切っても設定が消去されないようにするために、次のコマンドを使用してNVRAM内にstartup-configという名前で保存する必要があります(**B**、E)。

```
#copy running-config startup-config
```

copyコマンドは、特権EXECモードで実行し、「コピー元 コピー先」の順に指定します。選択肢Aは、指定が逆になっているため不正解です。C、Dは構文が間違っています。

参照 → P222

10 D

ルータに対して特別な設定をしていない限り、通常は起動時にNVRAMへ保存しているstartup-configが自動的に読み込まれるため、show startup-config (**D**)が正解です。

show running-config(B)は、稼働中のルータで現在の設定情報を表示します。show flash:(C)は、フラッシュメモリ内のファイル名やサイズを表示します。選択肢AとEは存在しないコマンドです。

参照 → P222

11 A、E、F

スイッチの初期化(工場出荷時状態)は、NVRAMのstartup-configとフラッシュメモリのvlan.datを削除し、電源をオフ(システム再起動)にする必要があります。それぞれのコマンドは、次のとおりです。

- startup-configの削除 …… #erase startup-config (**F**)
- vlan.datの削除 ………… #delete vlan.dat (**E**)
  または
  #delete flash:vlan.dat
- スイッチの再起動 ……… #reload (**A**)

特権EXECモードでexitコマンドを実行すると、管理アクセスをログアウトします(B)。deleteコマンドはデフォルトでフラッシュメモリを読みに行きます。通常、startup-configの削除にはeraseコマンドを使用しますが、deleteコマンドで削除する場合にはdelete nvram:startup-configで格納先とファイル名の両方を指定する必要があります(D)。running-configは現在の設定情報なので、eraseやdeleteコマンドで削除することはできません(G)。選択肢CとHのコマンドは存在しません。

参照→ P226

12 B

解答9で説明したとおり、copyコマンドは特権EXECモードで「コピー元 コピー先」の順に指定します(C)。copy startup-config running-configでは、NVRAMの設定をRAMへコピーするため、問題の管理者はコピー元とコピー先の指定を誤って実行しています(A、**B**)。このとき、NVRAMに設定情報(startup-config)が保存されていない場合は、「%% Non-volatile configuration memory invalid or not present」のエラーメッセージが表示されます。
copyコマンドとしての構文は正しいので選択肢Eは不正解です。running-configはRAMに存在します(D)。

参照→ P222

第6章

Catalystスイッチの導入

6-1 Catalystスイッチの初期起動

6-2 スイッチの基本設定

6-3 スイッチの基本設定の確認

6-4 MACアドレステーブル

6-5 二重モードと速度の設定

6-6 演習問題

6-7 解答

6-1 Catalystスイッチの初期起動

Catalystスイッチに電源を投入すると、Cisco IOSソフトウェアの初期起動時の内容が出力されます。本節では、Catalystスイッチを最初に起動する際の手順を説明します。

■ Cisco Catalystスイッチ

Catalystスイッチとは、シスコシステムズが提供するスイッチ製品シリーズの名称です。シスコでは、ユーザのネットワーク規模やアプリケーション要件などあらゆるニーズを満たすために、幅広いCatalystスイッチシリーズを提供しています。

Catalystスイッチには、大きく分けてモジュール型と固定構成型の2種類があります。

●モジュール型スイッチ

モジュール（モジュラ）型スイッチは、シャーシ（筐体）と呼ばれる本体のスロット部分に、モジュールを挿入したもので、シャーシ自体にはパケットを処理するCPUやインターフェイスが存在しません。モジュールには、スーパバイザエンジン（エンジンモジュール）、インターフェイスモジュール、電源モジュールなどがあります。

モジュール型は、必要に応じてモジュールの追加や変更が可能で、拡張性や冗長性が高く、障害発生時には故障したモジュールのみ交換することもできるためメンテナンス性にも優れています。

●固定構成型スイッチ

固定構成型スイッチは、シャーシに必要な各モジュールが固定されており、ユーザによるモジュールの追加や変更はできません。モジュール型に比べると拡張性は低くなりますが、低コストで提供されています。

＜主なCisco Catalystスイッチシリーズ＞
・キャンパス コア スイッチ
　Catalyst 6800シリーズ
　Catalyst 6500シリーズ
　Catalyst 4500Eシリーズ

・キャンパス ディストリビューション スイッチ
　Catalyst 6880-Xシリーズ
　Catalyst 4500-Xシリーズ
　Catalyst 3850シリーズ

6-1 Catalystスイッチの初期起動

・キャンパス アクセス スイッチ
　Catalyst 4500Eシリーズ
　Catalyst 3860シリーズ
　Catalyst 2960-Xシリーズ（固定構成型）

　キャンパスネットワークにおけるコア／ディストリビューション／アクセススイッチについては、第9章「VLANとVLAN間ルーティング」で説明しています。
　なお、本書のCisco IOSコマンドの説明は、主にCatalyst 2960（IOS15）とCatalyst 3560（IOS15）に基づいています。
　◎Cisco Catalystスイッチの詳細は、シスコシステムズのWebサイトを参照してください。

初期起動の流れ

　Catalystスイッチの初期起動は、次の手順で行います。

① ケーブリングを行い、配線が適切かどうか確認する
② スイッチに電源ケーブルを接続する
③ 起動（ブート）時のLED*や表示メッセージを確認する

　スイッチに電源を投入すると、最初にPOST（Power-On Self Test：電源投入時自己診断テスト）と呼ばれるハードウェアのテストが自動的に開始されます。POSTが成功すると、システムLED（図の①）がグリーンに点灯します。オレンジの場合はPOSTエラー（システム障害が発生しているために正常な動作ができない状態。内容はコンソールに通知される）を示します。
　Catalystスイッチには複数のLEDがあり、スイッチが正常に動作している場合は通常グリーンに点灯し、誤動作が発生するとオレンジに変わります。
　以下は、Catalyst 2960スイッチのLEDおよびMODEボタンの説明です。

【Catalyst 2960スイッチのLEDとMODEボタン】

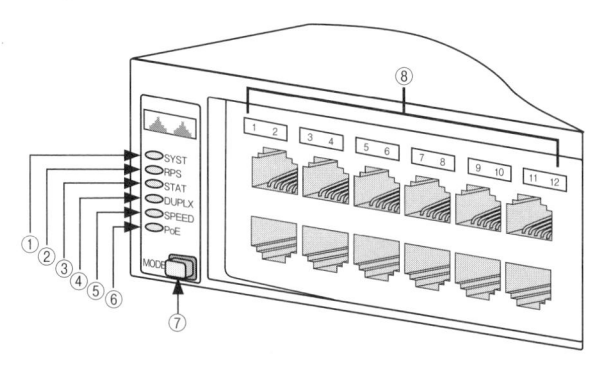

247

【LED表示の意味】

番号	LED／ボタン	説明
①	システムLED	スイッチが正常に機能しているかどうかを示す ・消灯：システムの電源が入っていない ・グリーン：正常に動作している（起動中は点滅） ・オレンジ：電力は供給されているが正常に動作していない
②	RPS （リダンダント電源） LED	RPSのステータスを示す ・消灯：RPSの電源がオフか、RPSが接続されていない ・グリーン：RPSが接続され、バックアップ電力を供給できる状態 ・グリーン点滅：別の装置に電力供給中のため使用できない ・オレンジ：RPSがスタンバイモードか障害が発生している ・オレンジ点滅：スイッチの電源装置に障害が発生し、RPSからスイッチに電力供給中
③	ステータスLED	ポートステータスを示す（デフォルト） ・消灯：原因：ケーブル接続なし（または接続先機器の電源がオフ） ・消灯：原因：ケーブルの種類が適切でない ・消灯：原因：ポートを管理的にシャットダウンしている ・消灯：原因：セキュリティ違反などによるerr-disable状態 ・グリーン：リンクはあるが、フレームの送受信なし ・グリーン点滅：アクティブな状態（フレームの送信または受信中） ・グリーンとオレンジで交互に点滅：リンク障害（過度のコリジョンなど） ・オレンジ：STP[※1]によってブロックされており、フレーム転送しない
④	DUPLEX LED	二重モードを示す ・消灯：ポートは半二重で動作している ・グリーン：ポートは全二重で動作している
⑤	SPEED LED	速度を示す ・消灯：ポートは10Mbpsで動作している ・グリーン：ポートは100Mbpsで動作している ・グリーン点滅：ポートは1000Mbpsで動作している
⑥	PoE LED	PoEを示す ・消灯：PoEがオフになっている ・グリーン：PoEがオンで、スイッチポートが電力を供給している ・グリーンとオレンジ交互に点滅：供給電力がスイッチの電力容量を超えるため、PoEが無効になっている ・オレンジ点滅：障害によりPoEがオフになっている ・オレンジ：そのポートのPoEが無効になっている
⑦	MODEボタン	モードをSTAT、DUPLX、SPEED、PoEのいずれかに切り替える
⑧	ポートLED	各ポートに1つずつあり、表示内容はモードによって異なる。モードボタンを押すごとに4種類のモードに切り替わる

　POSTが完了して正常に起動すると、コマンドを入力するためのプロンプトが表示されます。Catalystスイッチの初期起動時の出力には、スイッチの情報やPOSTステータスの情報、ハードウェアに関する情報などが含まれます。

※1　【STP】(エスティーピー)Spanning Tree Protocol：スパニングツリープロトコル。フレームのループを回避して冗長ネットワークを維持するレイヤ2プロトコル

> **試験対策**
> LEDはグリーン（緑）なら正常と覚えておきましょう（オレンジは異常あり）。
> 特に、「システムLED」と「ステータスLED」はチェックしておきましょう！

> **参考　PoE（Power over Ethernet）**
>
> PoEはLANケーブルを利用して電力を供給する技術で、IEEE 802.3afとして標準化されています。PoEは、主に電源の確保が困難な場所に設置された無線LANアクセスポイント、IP電話機、カメラなどで利用されています。これらのPoE対応機器は、PoE対応のスイッチポートを電源コンセントのように扱うことができます。
>
> IEEE 802.3afでは1ポート当たり最大15.4W（ワット）の電力をLANケーブル経由で供給できます。2009年9月に新しく策定されたIEEE 802.3at（PoE Plus）では30Wの供給ができます。また、シスコは次世代PoEとしてUPOE（Universal Power over Ethernet）を開発し、スイッチ側で受電機器を自動的に判断し、最大60Wの電力によってより多くの機器をサポートしています。

セットアップモード

　POSTを完了し、IOSイメージをロードしたCatalystスイッチは、NVRAM*内の**コンフィギュレーションファイル**（設定情報）を検索します。NVRAMにコンフィギュレーションファイルが存在する場合には、ユーザEXECモードのプロンプトが表示されます。しかし、ファクトリーデフォルト（工場出荷時）の状態で起動すると、有効なコンフィギュレーションファイルが存在しないため、IOSはセットアップモードで起動します。**セットアップモード**では、スイッチの基本設定を行うための、対話形式の初期設定プログラムを実行します。

　「Would you like to enter the initial configuration dialog? [yes/no] :」と表示されたあとのカーソルが点滅している状態で、「yes」（または「y」）と入力すると、対話形式のセットアップモードが開始されます。このとき、「no」（または「n」）と入力してEnterキーを押すと、セットアップモードに入らずに「Switch>」が表示されます。

【Catalyst2960スイッチのセットアップモードの例】

```
% Please answer 'yes' or 'no'.
Would you like to enter the initial configuration dialog? [yes/no]:y Enter   ←①
At any point you may enter a question mark '?' for help.
```
（初期設定）

```
Use ctrl-c to abort configuration dialog at any prompt.
Default settings are in square brackets '[]'.
Basic management setup configures only enough connectivity
for management of the system, extended setup will ask you
to configure each interface on the system

Would you like to enter basic management setup? [yes/no]: n[Enter]  ←②

First, would you like to see the current interface summary? [yes]: [Enter]  ←③

Interface              IP-Address      OK? Method Status                Protocol
Vlan1                  unassigned      YES unset  up                    down
FastEthernet0/1        unassigned      YES unset  down                  down
FastEthernet0/2        unassigned      YES unset  down                  down
FastEthernet0/3        unassigned      YES unset  down                  down
FastEthernet0/4        unassigned      YES unset  down                  down
FastEthernet0/5        unassigned      YES unset  down                  down
＜途中省略＞
FastEthernet0/23       unassigned      YES unset  down                  down
FastEthernet0/24       unassigned      YES unset  down                  down
GigabitEthernet0/1     unassigned      YES unset  down                  down
GigabitEthernet0/2     unassigned      YES unset  down                  down

Configuring global parameters:

   Enter host name [Switch]: SW1[Enter]  ←④

   The enable secret is a password used to protect access to
   privileged EXEC and configuration modes. This password, after
   entered, becomes encrypted in the configuration.
   Enter enable secret: CISCO[Enter]  ←⑤
＜以下省略＞
```

① 「yes」（または「y」）と入力し、[Enter]キーを押して初期設定プログラムを開始する
② ベーシックマネージメントセットアップは、最小の設定のみ行う簡易モード
③ 設定前に現在のインターフェイスのステータスを確認することができる
④ スイッチの名前を入力する。角カッコ内の［Switch］はデフォルトを示している
⑤ イネーブルシークレットパスワードを入力する

6-1 Catalystスイッチの初期起動

　セットアップモードを利用すると、CLIでのコマンド操作にまだ慣れていない初心者の管理者でも、スイッチに対する基本設定を効率よく行うことができます。

　セットアップモードは、NVRAMにコンフィギュレーションファイルがない状態でブートしたときに「yes」を選択すると開始されますが、特権EXECモードから**setup**コマンドを実行すればいつでも開始することができます。また、Ctrl + Cキーを押すことで、途中で中止することもできます。

　セットアップモードの最後の質問が終わると、次のような3つの選択項目が表示されます。

・[0] Go to the IOS command prompt without saving this config.
　設定を保存しないで、IOSのEXECプロンプトを表示する

・[1] Return back to the setup without saving this config.
　設定を保存しないで、セットアップの最初に戻る

・[2] Save this configuration to nvram and exit.
　設定をNVRAMに保存し、終了してEXECモードに移る（デフォルト）

　通常は[2]を選択し、設定をNVRAMに保存してスイッチの初期設定を完了します。

> **試験対策**
> 起動時に「セットアップモード」に入るかを確認する、次のメッセージを覚えておきましょう！
>
> Would you like to enter the initial configuration dialog? [yes/no] :
>
> 特権EXECモードでsetupコマンドを実行すると、いつでもセットアップモードに入れます。

> **参考　スイッチのインターフェイス番号付け規則**
>
> Catalystスイッチのインターフェイスは、次の規則によって名前が付けられています。
>
> 　　例) FastEthernet 0/1
> 　　　　↑　　　　　　↑
> 　インターフェイスタイプ　スロット/ポート
>
> ・スロット …… 固定構成型スイッチの場合、番号は常に0
> ・ポート ……… スイッチの場合、番号は1から始まる

251

6-2 スイッチの基本設定

スイッチの正常な起動が確認できたら、スイッチに対して基本的な設定を行います。本節では、Catalystスイッチの基本設定コマンドを説明します。

スイッチの基本設定

L2スイッチはコンピュータや機器をネットワークへ接続するための集線装置であり、スイッチに対して何も設定していなくてもフレームの転送処理を行います。ただし、初期状態のままでは管理用IPアドレスやパスワードなどが設定されていないため、管理者は離れた場所からスイッチへ管理アクセスしたり、SNMP*を使用してスイッチに関する情報収集や監視を行ったりはできません。したがって、企業で使用されるスイッチには管理目的のために、基本設定を行う必要があります。

スイッチの基本的な設定項目は次のとおりです。

・ホスト名
・管理用IPアドレス
・デフォルトゲートウェイ
・二重モードと速度の設定
・パスワード

参照 →「13-1 パスワードによる管理アクセスの保護」(566ページ)

●ホスト名の設定

ホスト名はスイッチ自体を識別するための情報で、常にプロンプトの先頭に表示されます。デフォルトでは「Switch」という名前になっているため、任意の名前に設定することで管理者はネットワーク上にある複数台のスイッチを区別し管理しやすくなります。ホスト名を設定するには、**hostname <hostname>** コマンドを使用します。

構文 ホスト名の設定

```
(config)#hostname <hostname>
```

・hostname ……スイッチの名前(ホスト名)を指定

デフォルトに戻すには、no hostnameコマンドを使用します。

6-2　スイッチの基本設定

【ホスト名の設定例】

```
Switch#configure terminal [Enter]    ←設定モードに移行
Enter configuration commands, one per line.  End with CNTL/Z.
Switch(config)#hostname ASW1 [Enter]    ←ホスト名をASW1に設定
ASW1(config)#hostname Switch-A [Enter]    ←ホスト名をSwitch-Aに変更
 ↑プロンプトに即反映
Switch-A(config)#no hostname [Enter]    ←ホスト名をデフォルトに戻す
Switch(config)#hostname SW1 [Enter]    ←ホスト名をSW1に設定
SW1(config)#
```

> **試験対策**
>
> ARPANETでは、ホスト名の規則を次のように定義しています。
>
> **ホスト名は文字で始まり、文字または数字で終わり、その間には文字・数字、またはハイフンだけが含まれなければならない。名前は63文字以下でなければならない**
>
> Catalystスイッチ ソフトウェア コンフィギュレーションガイドなどでも、hostnameコマンドで設定するときの名前は、ARPANETホスト名の規則に従う必要があると記載しています。数字で始まったり、ハイフン以外の記号が含まれる名前は無効と考えられます。
>
> ※実際には規則に準拠していない名前も設定可能

● 管理用IPアドレスの設定

　L2スイッチの物理的なポートは**スイッチポート**であり、レイヤ3のIPアドレスを割り当てることはできません。代わりに、スイッチ内部に用意された仮想的な**管理インターフェイス**にIPアドレスを割り当てます。

　CatalystスイッチにはデフォルトでVLAN1の管理インターフェイスが存在し、無効になっています。VLANの管理インターフェイスにIPアドレスを割り当てて使用する場合、次のコマンドが必要です。

　参照 →「第9章 VLANとVLAN間ルーティング」(343ページ)

第6章 Catalystスイッチの導入

構文 管理インターフェイスの設定

(config)#**interface vlan** <vlan-id>
(config-if)#**ip address** <ip-address> <subnet-mask>
(config-if)#**no shutdown**

- vlan-id ………… 管理VLAN[※2]の番号を指定(デフォルトは1)
- ip-address …… IPアドレスを指定
- subnet-mask … サブネットマスクを指定

no shutdownコマンドは、インターフェイスを有効にするための設定です。IPアドレスを削除するには、no ip addressコマンドを使用します。

注意 L2スイッチがフレーム処理を行うのに、スイッチ自身にIPアドレスを設定する必要はありません。スイッチを管理する目的でIPアドレスを設定します。

●デフォルトゲートウェイの設定

外部ネットワークからL2スイッチを管理する場合、スイッチにもデフォルトゲートウェイを設定する必要があります。デフォルトゲートウェイは、外部ネットワークへアクセスする際の「出入口」を表し、コンピュータに設定するデフォルトゲートウェイと同じようにルータのインターフェイスに割り当てられているIPアドレスを指定します。

参照→ デフォルトゲートウェイ（77ページ）

構文 デフォルトゲートウェイの設定

(config)#**ip default-gateway** <ip-address>

- ip-address …… デフォルトゲートウェイを指定(管理VLANと同じサブネットに接続しているルータインターフェイスのIPアドレス)

【管理IPアドレスとデフォルトゲートウェイの設定例】

```
SW1(config)#interface vlan 1 [Enter]    ←VLAN1の管理インターフェイスに移行
SW1(config-if)#ip address 172.16.1.2 255.255.255.0 [Enter]
                                        ↑IPアドレスとサブネットマスクを設定
SW1(config-if)#no shutdown [Enter]      ←インターフェイスを有効化
SW1(config-if)#exit [Enter]
SW1(config)#ip default-gateway 172.16.1.1 [Enter]  ←デフォルトゲートウェイを設定
```

※2 【管理VLAN】Management VLAN：レイヤ2スイッチ自体を管理する目的で管理用IPアドレスを割り当てたVLAN。スイッチ自身が所属するVLANでもある

設定したデフォルトゲートウェイのアドレスを削除するには、no ip default-gateway コマンドを実行します。

試験対策

・ホスト名の設定
(config)#**hostname** <hostname>
・IPアドレスの設定
(config)#**interface vlan 1**
(config-if)#**ip address** <ip-address> <subnet-mask>
・インターフェイスの有効化
(config-if)#**no shutdown**
・デフォルトゲートウェイの設定
(config)#**ip default-gateway** <ip-address>

参考　管理VLAN

管理VLANとは、管理用トラフィック（TelnetやSNMP）が所属するVLANです。L2スイッチの場合、トラフィックの識別はIPサブネット単位ではなく、VLAN単位で行います。L2のCatalystスイッチが管理用トラフィックを受信するには、仮想の管理インターフェイスにIPアドレスを割り当てます。
interface vlan <vlan-id>コマンドで設定したVLAN IDが、管理VLANになります。デフォルトでは、管理VLANとしてVLAN1の管理インターフェイスが作成されています。

6-3 スイッチの基本設定の確認

Catalystスイッチの基本設定および状態を確認するには、各種の検証コマンドを実行します。確認したい内容に応じて、適切な検証コマンドを使用できるようにしましょう。

スイッチ本体情報の表示

スイッチ本体に関する情報を確認するには、**show version**コマンドを使用します。このコマンドでは、スイッチ製品のモデル名、実行中のIOSに関する情報、インターフェイス、メモリ、およびスイッチを起動してからの経過時間などの情報を表示します。

構文 スイッチ本体の情報表示（mode：>、#）
```
#show version
```

【show versionコマンドの出力例】

```
SW1#show version [Enter]
Cisco IOS Software, C2960 Software (C2960-LANBASEK9-M), Version 15.0(2)SE4,
RELEASE SOFTWARE (fc1)                ①                      ②
Technical Support: http://www.cisco.com/techsupport
Copyright (c) 1986-2013 by Cisco Systems, Inc.
Compiled Wed 26-Jun-13 02:49 by prod_rel_team

ROM: Bootstrap program is C2960 boot loader
BOOTLDR: C2960 Boot Loader (C2960-HBOOT-M) Version 12.2(25r)SEE1, RELEASE
SOFTWARE (fc1)                                         ③

SW1 uptime is 6 minutes    ←④
System returned to ROM by power-on    ←⑤
System image file is "flash:c2960-lanbasek9-mz.150-2.SE4.bin"    ←⑥


This product contains cryptographic features and is subject to United
States and local country laws governing import, export, transfer and
use. Delivery of Cisco cryptographic products does not imply
```

third-party authority to import, export, distribute or use encryption.
Importers, exporters, distributors and users are responsible for
compliance with U.S. and local country laws. By using this product you
agree to comply with applicable laws and regulations. If you are unable
to comply with U.S. and local laws, return this product immediately.

A summary of U.S. laws governing Cisco cryptographic products may be found at:
http://www.cisco.com/wwl/export/crypto/tool/stqrg.html

If you require further assistance please contact us by sending email to
export@cisco.com.

⑦
cisco WS-C2960-24TT-L (PowerPC405) processor (revision B0) with 65536K bytes of memory.
Processor board ID FOC1024X38D   ⑧
Last reset from power-on
1 Virtual Ethernet interface ←⑨
24 FastEthernet interfaces ⎫
2 Gigabit Ethernet interfaces ⎬ ⑩
The password-recovery mechanism is enabled.

64K bytes of flash-simulated non-volatile configuration memory. ←⑪
Base ethernet MAC Address   : 00:18:19:1B:B9:00
Motherboard assembly number   : 73-10390-03
Power supply part number   : 341-0097-02
Motherboard serial number   : FOC102425L7
Power supply serial number   : AZS101904QU
Model revision number   : B0
Motherboard revision number   : C0
Model number   : WS-C2960-24TT-L
System serial number   : FOC1024X38D
Top Assembly Part Number   : 800-27221-02
Top Assembly Revision Number   : B0
Version ID   : V02
CLEI Code Number   : C0
M3L00BRA
Hardware Board Revision Number : 0x01

```
Switch Ports Model              SW Version           SW Image
------ ----- -----              -- -------           -- -----
*    1  26   WS-C2960-24TT-L    15.0(2)SE4           C2960-LANBASEK9-M



Configuration register is 0xF  ←⑫
```

① IOSソフトウェアの種類
② IOSソフトウェアのバージョン情報
③ ブートROMのバージョン情報
④ スイッチを起動してからの経過時間
⑤ 起動した原因(「power-on」は電源投入による起動を示す)
⑥ 起動に使用したIOSソフトウェアの場所とファイル名。「flash:」の場合、フラッシュメモリにあるIOSを使って起動したことを示す
⑦ Catalystスイッチ本体のモデル名(機種)
⑧ DRAM[※3]のサイズが64MBであることを示している
⑨ 作成されたVLANインターフェイスの数(デフォルトは1)
⑩ このスイッチに装着し認識されたインターフェイスの種類と数
⑪ NVRAMのサイズ
⑫ コンフィギュレーションレジスタ[※4]値

現在のコンフィギュレーションを表示

スイッチの現在の設定情報を表示するには、**show running-config**コマンドを使用します。このコマンドでは、管理インターフェイスやデフォルトゲートウェイなどの設定情報を表示します。

構文 現在のコンフィギュレーションを表示 (mode:#)

```
#show running-config
```

※3 【DRAM】(ディーラム)Dynamic Random-Access Memory:読み書き可能なRAMの一種で、電源を切ると内容が消えるメモリ
※4 【コンフィギュレーションレジスタ】configuration register:ルータの起動方法を制御することができる16ビットの値。コンフィギュレーションレジスタ値は4桁の16進数で表現され、一般的なCiscoルータのデフォルトは「0x2102」、Catalystスイッチのデフォルトは「0xF」

【show running-configコマンドの出力例】

```
SW1#show running-config Enter
Building configuration...

Current configuration : 1332 bytes   ←現在のコンフィギュレーションであることを示している
!
! Last configuration change at 00:05:28 UTC Mon Mar 1 1993
!
version 15.0    ←IOSのバージョン
no service pad
service timestamps debug datetime msec
service timestamps log datetime msec
no service password-encryption    ←パスワードの暗号化なし
!
hostname SW1    ←ホスト名
!
boot-start-marker
boot-end-marker
!
!
no aaa new-model
system mtu routing 1500
!
!
!
!
spanning-tree mode pvst    ←STPのモード
spanning-tree extend system-id
!
vlan internal allocation policy ascending
!
!
!
```

```
interface FastEthernet0/1
!
interface FastEthernet0/2
!
interface FastEthernet0/3          ┐
!                                   │ FastEthernetポートの情報
＜途中省略＞                         │
interface FastEthernet0/23          │
!                                   │
interface FastEthernet0/24         ┘
!
interface GigabitEthernet0/1       ┐
!                                   │ GigabitEthernetポートの情報
interface GigabitEthernet0/2       ┘
!
interface Vlan1
 ip address 172.16.1.2 255.255.255.0    ←管理用IPアドレス
!
ip default-gateway 172.16.1.1    ←デフォルトゲートウェイ
ip http server
ip http secure-server
!
!
line con 0    ←コンソールポートの情報
line vty 5 15   ←仮想端末（VTY）の情報
!
end

SW1#
```

スイッチポートの詳細情報の表示

スイッチのポートの状態や統計情報を確認するには、**show interfaces**コマンドを使用します。インターフェイスを指定せずに実行すると、全ポートの詳細情報を表示します。特定のポート情報のみ確認したい場合は、コマンドの末尾にインターフェイス名を指定して実行します。

構文 スイッチポートの詳細情報の表示（mode：>、#）

#show interfaces [<interface-id>]

・interface-id ……確認したい物理インターフェイスを指定（オプション）

【show interfacesコマンドの出力例】

```
SW1#show interfaces fastethernet 0/3 [Enter]    ←sh int fa0/3のように省略が可能
FastEthernet0/3 is up, line protocol is up (connected)   ←インターフェイスの状態 ①
  Hardware is Fast Ethernet, address is 0018.191b.b903 (bia 0018.191b.b903)
                              ↑MACアドレス
  MTU 1500 bytes, BW 100000 Kbit/sec, DLY 100 usec,
     reliability 255/255, txload 1/255, rxload 1/255
  Encapsulation ARPA, loopback not set
  Keepalive set (10 sec)
  Full-duplex, 100Mb/s, media type is 10/100BaseTX   ←二重モードと速度
                                                       （全二重モード/100Mbps）
  input flow-control is off, output flow-control is unsupported
  ARP type: ARPA, ARP Timeout 04:00:00
  Last input 00:00:04, output 00:00:01, output hang never
  Last clearing of "show interface" counters never
  Input queue: 0/75/0/0 (size/max/drops/flushes); Total output drops: 0
  Queueing strategy: fifo
  Output queue: 0/40 (size/max)
  5 minute input rate 0 bits/sec, 0 packets/sec
  5 minute output rate 0 bits/sec, 0 packets/sec
     60 packets input, 9393 bytes, 0 no buffer
     Received 33 broadcasts (33 multicasts)
     0 runts, 0 giants, 0 throttles
     0 input errors, 0 CRC, 0 frame, 0 overrun, 0 ignored
     0 watchdog, 33 multicast, 0 pause input
     0 input packets with dribble condition detected      ⎫
     209 packets output, 22193 bytes, 0 underruns         ⎬ 統計情報
     0 output errors, 0 collisions, 1 interface resets    ⎪
     0 unknown protocol drops
     0 babbles, 0 late collision, 0 deferred
     0 lost carrier, 0 no carrier, 0 pause output
     0 output buffer failures, 0 output buffers swapped out
```

① ポートのステータスを表示（ポートがリンクアップし、フレームの送受信ができる状態）。ケーブルが接続されていない（または、接続機器の電源がオフ）場合には、「is down, line protocol is down (notconnect)」と表示される

スイッチポートの要約情報の表示

show interfaces statusコマンドでは、スイッチポートの要約情報を1行で表示します。このコマンドはすべてのポート情報を一覧表示できるため、状態の確認や比較を簡単に行うことができます。

構文 スイッチポートの要約情報の表示（mode：>、#）
#show interfaces [<interface-id>] status

【show interfaces statusコマンドの出力例】

```
SW1#show interfaces status Enter
```

① Port	② Name	③ Status	④ Vlan	⑤ Duplex	⑥ Speed	⑦ Type
Fa0/1		connected	1	a-full	a-100	10/100BaseTX
Fa0/2		connected	1	a-full	a-100	10/100BaseTX
Fa0/3		connected	1	a-full	a-100	10/100BaseTX
Fa0/4		notconnect	1	auto	auto	10/100BaseTX
Fa0/5		notconnect	1	auto	auto	10/100BaseTX
Fa0/6		notconnect	1	auto	auto	10/100BaseTX
Fa0/7		notconnect	1	auto	auto	10/100BaseTX
Fa0/8		notconnect	1	auto	auto	10/100BaseTX
Fa0/9		notconnect	1	auto	auto	10/100BaseTX
Fa0/10		notconnect	1	auto	auto	10/100BaseTX
Fa0/11		notconnect	1	auto	auto	10/100BaseTX
Fa0/12		notconnect	1	auto	auto	10/100BaseTX
Fa0/13		notconnect	1	auto	auto	10/100BaseTX
Fa0/14		notconnect	1	auto	auto	10/100BaseTX
Fa0/15		notconnect	1	auto	auto	10/100BaseTX
Fa0/16		notconnect	1	auto	auto	10/100BaseTX
Fa0/17		notconnect	1	auto	auto	10/100BaseTX
Fa0/18		notconnect	1	auto	auto	10/100BaseTX
Fa0/19		notconnect	1	auto	auto	10/100BaseTX
Fa0/20		notconnect	1	auto	auto	10/100BaseTX
Fa0/21		notconnect	1	auto	auto	10/100BaseTX
Fa0/22		notconnect	1	auto	auto	10/100BaseTX
Fa0/23		notconnect	1	auto	auto	10/100BaseTX
Fa0/24		notconnect	1	auto	auto	10/100BaseTX
Gi0/1		notconnect	1	auto	auto	10/100/1000BaseTX
Gi0/2		notconnect	1	auto	auto	10/100/1000BaseTX

① Port：インターフェイス名
② Name：descriptionコマンドで設定したインターフェイスの説明文（空欄はdescriptionコマンド設定なし）
③ Status：ポートの状態（connected：ケーブルが接続されてリンクアップの状態／notconnect：ケーブルが接続されていない。または接続先の機器の電源がオフ）
④ Vlan：ポートに対応付けられているVLAN ID（デフォルトはVLAN1）
⑤ Duplex：二重モード（full：全二重、half：半二重、auto:オートネゴシエーション。「a-full」はオートネゴシエーションの結果、全二重になっていることを示す）
⑥ Speed：速度（「a-100」はオートネゴシエーションの結果、100Mbpsになっていることを示す）
⑦ Type：サポートしているインターフェイスの規格

管理インターフェイスの情報の表示

管理インターフェイスの詳細情報を確認するには、**show interfaces vlan**コマンドを使用します。たとえば、show interfaces vlan 1コマンドでは、VLAN1の管理インターフェイスに設定された管理用IPアドレスやステータスなどの情報を表示します。

構文 管理インターフェイスの詳細表示（mode：>、#）
　　　`#show interfaces vlan <vlan-id>`

【show interfaces vlanコマンドの出力例】

```
SW1#show interfaces vlan 1 [Enter]
Vlan1 is up, line protocol is up    ←インターフェイスの状態
  Hardware is EtherSVI, address is 0018.191b.b940 (bia 0018.191b.b940)
  Internet address is 172.16.1.2/24   ←IPアドレスとプレフィックス
  MTU 1500 bytes, BW 1000000 Kbit/sec, DLY 10 usec,
     reliability 255/255, txload 1/255, rxload 1/255
  Encapsulation ARPA, loopback not set
  Keepalive not supported
  ARP type: ARPA, ARP Timeout 04:00:00
  Last input 00:03:04, output 00:01:18, output hang never
  Last clearing of "show interface" counters never
  Input queue: 0/75/0/0 (size/max/drops/flushes); Total output drops: 0
  Queueing strategy: fifo
  Output queue: 0/40 (size/max)
  5 minute input rate 0 bits/sec, 0 packets/sec
  5 minute output rate 0 bits/sec, 0 packets/sec
     12 packets input, 3972 bytes, 0 no buffer
     Received 0 broadcasts (0 IP multicasts)
     0 runts, 0 giants, 0 throttles
```

```
     0 input errors, 0 CRC, 0 frame, 0 overrun, 0 ignored
     1 packets output, 64 bytes, 0 underruns
     0 output errors, 2 interface resets
     0 unknown protocol drops
     0 output buffer failures, 0 output buffers swapped out
```

show interfaces vlanコマンドの1行目に表示されるステータスの意味は次のとおりです。

【管理インターフェイスのステータス】

ステータス（VLAN1の例）	説明
VLAN1 is up, line protocol is up	管理インターフェイスが有効（通信可能な状態を示す）
VLAN1 is up, line protocol is down	同じVLANに所属する端末が1台も接続されていない
VLAN1 is administratively down, line protocol is down	管理インターフェイスがshutdownされている
VLAN1 is down, line protocol is down	そのVLANがアクティブではない

6-4 MACアドレステーブル

スイッチの基本機能はフレーム転送(ブリッジング)です。スイッチはMACアドレステーブルを使ってフレームを必要なポートに転送します。
本節では、CatalystスイッチにおけるMACアドレステーブルの管理について説明します。

参照 ➡ MACアドレステーブルの学習、フィルタリング動作(79、81ページ)

MACアドレステーブルの表示

　Catalystスイッチでは、**CAM**(Content Addressable Memory)と呼ばれるメモリを用いてMACアドレステーブルの検索機能をハードウェア化し、フレーム転送処理の高速化を実現しています。そのため、シスコではMACアドレステーブルのことを**CAMテーブル**と呼ぶこともあります。
　MACアドレステーブルに登録されるアドレスには、次の2種類のタイプがあります。

・ダイナミック(動的) …… 受信したフレームの送信元MACアドレスを動的に学習したアドレス
・スタティック(静的) …… 管理者が手動で登録したアドレス

　MACアドレステーブルを表示するには、**show mac address-table**コマンドを使用します。

構文　MACアドレステーブルの表示(mode：>、#)
```
#show mac address-table [ dynamic | static ]
```

・dynamic ……… 動的に学習した情報のみ表示(オプション)
・static ………… 静的と最初から登録されている情報を表示(オプション)

第6章　Catalystスイッチの導入

【show mac address-tableコマンドの出力例】

```
Switch#show mac address-table Enter
          Mac Address Table
-------------------------------------------------------------
      ①              ②                     ③            ④
      Vlan            Mac Address           Type         Ports
      ----            -----------           ----         -----
      All             0100.0ccc.cccc        STATIC       CPU
      All             0100.0ccc.cccd        STATIC       CPU
      All             0180.c200.0000        STATIC       CPU
      All             0180.c200.0001        STATIC       CPU
      All             0180.c200.0002        STATIC       CPU
      All             0180.c200.0003        STATIC       CPU
      All             0180.c200.0004        STATIC       CPU
      All             0180.c200.0005        STATIC       CPU
      All             0180.c200.0006        STATIC       CPU
      All             0180.c200.0007        STATIC       CPU
      All             0180.c200.0008        STATIC       CPU
      All             0180.c200.0009        STATIC       CPU
      All             0180.c200.000a        STATIC       CPU
      All             0180.c200.000b        STATIC       CPU
      All             0180.c200.000c        STATIC       CPU
      All             0180.c200.000d        STATIC       CPU
      All             0180.c200.000e        STATIC       CPU
      All             0180.c200.000f        STATIC       CPU
      All             0180.c200.0010        STATIC       CPU
      All             ffff.ffff.ffff        STATIC       CPU
       1              0018.738a.5181        DYNAMIC      Fa0/1
       1              0018.738a.5182        DYNAMIC      Fa0/2
       1              0018.738a.5183        DYNAMIC      Fa0/3
       1              0018.738a.5184        DYNAMIC      Fa0/4
       1              0018.738a.5185        DYNAMIC      Fa0/5
       1              0018.738a.5186        DYNAMIC      Fa0/6
       1              0018.738a.5187        DYNAMIC      Fa0/7
       1              0018.738a.5188        DYNAMIC      Fa0/8
       1              0018.738a.5189        DYNAMIC      Fa0/9
       1              0018.738a.51c0        DYNAMIC      Fa0/1
Total Mac Addresses for this criterion: 30
```

① Vlan：ポートに対応付けられているVLANの番号
② Mac Address：ポートに対応付けられたMACアドレス
③ Type：学習のタイプ
④ Ports：MACアドレスに対応付けられたポート名

　Ports部分に「CPU」と表示されているスタティックなエントリは、CDP[5]やSTPなどで使用されるマルチキャストMACアドレスです。これらの宛先フレームを受信すると、そのフレームはスイッチ内部のCPUへ転送されます。

> **試験対策**
> show mac address-tableの出力結果を読み取れるようにしておきましょう。MACアドレステーブルは、作業領域メモリである「RAM」上で保持され、スイッチの電源を切ると学習したエントリは消去されます。

> **注意**
> Catalyst2950シリーズなどの古い機種では、MACアドレステーブルの表示にshow mac-address-tableコマンドを使用します(「mac」の後ろにスペースではなく「-」が入る)。

スタティックMACアドレスの登録

　MACアドレステーブルに手動でエントリを登録するには、**mac address-table static**コマンドを使用します。
　静的に登録されたスタティックアドレスは、MACアドレステーブルに永続的に保持されます。登録したスタティックアドレスを削除するには、登録したときのコマンドの先頭に「no」を付けて実行します(noの後ろにはスペースが必要)。

構文 スタティックMACアドレスの登録

```
(config)#mac address-table static <mac-address> vlan <vlan-id>
interface <interface>
```

・mac-address……登録するユニキャストまたはマルチキャストMACアドレスを指定
・vlan-id…………ポートに対応付けるVLANの番号を1～4094の範囲で指定
・interface………MACアドレスに対応付けるポートを指定

---

[5]　**【CDP】**(シーディーピー)Cisco Discovery Protocol：隣接するシスコデバイスの情報を知ることができるシスコ独自のレイヤ2プロトコル

第6章 Catalystスイッチの導入

【スタティックMACアドレスの登録および削除の例】

```
Switch(config)#mac address-table static 2016.d872.1234 vlan 1 interface fa 0/5 [Enter]
Switch(config)#exit [Enter]
Switch#show mac address-table static [Enter]
          Mac Address Table
-------------------------------------------

Vlan      Mac Address         Type            Ports
----      -----------         ----            -----
 All      0100.0ccc.cccc      STATIC          CPU
 All      0100.0ccc.cccd      STATIC          CPU
 All      0180.c200.0000      STATIC          CPU
 All      0180.c200.0001      STATIC          CPU
<途中省略>
 All      0180.c200.000f      STATIC          CPU
 All      0180.c200.0010      STATIC          CPU
 All      ffff.ffff.ffff      STATIC          CPU
  1       2016.d872.1234      STATIC          Fa0/5     ←静的に登録した
                                                         MACアドレス
Total Mac Addresses for this criterion: 21   ←スタティックエントリの数
Switch#configure terminal [Enter]
Enter configuration commands, one per line.  End with CNTL/Z.
Switch(config)#no mac address-table static 2016.d872.1234 vlan 1 interface fa 0/5 [Enter]
Switch(config)#do show mac address-table static [Enter]
          Mac Address Table
-------------------------------------------

Vlan      Mac Address         Type            Ports
----      -----------         ----            -----
 All      0100.0ccc.cccc      STATIC          CPU
 All      0100.0ccc.cccd      STATIC          CPU
 All      0180.c200.0000      STATIC          CPU
 All      0180.c200.0001      STATIC          CPU
<途中省略>
 All      0180.c200.000f      STATIC          CPU
 All      0180.c200.0010      STATIC          CPU
 All      ffff.ffff.ffff      STATIC          CPU
Total Mac Addresses for this criterion: 20   ←スタティックエントリの数
```

MACアドレステーブルのエージングタイム

MACアドレステーブルに動的に学習されたダイナミックアドレスエントリは、使用されなくなると期限切れ（エージアウト）とみなされて、自動的に消去されます。Catalystスイッチでは、デフォルトで300秒間はダイナミックアドレスを保持します。この時間を**エージングタイム**といい、**show mac address-table aging-time**コマンドで確認することができます。

構文 MACアドレス エージングタイムの表示（mode：>、#）
```
#show mac address-table aging-time
```

【show mac address-table aging-timeコマンドの出力例】
```
Switch#show mac address-table aging-time[Enter]
Global    Aging Time:  300    ←エージングタイムは300秒
Vlan      Aging Time
----      ----------
Switch#
```

> **注意** エージングタイムの時間は、(config)#mac address-table aging-timeコマンドで変更することが可能です。ただし、エージングタイムを短く設定しすぎると、学習されたアドレスが使用されないままテーブルから削除される可能性があります。スイッチは宛先不明のフレームを受信した場合、受信ポートと同じVLANのすべてのポートに、そのフレームをフラッディング*するため、パフォーマンスに悪影響を及ぼす可能性があります。また、エージングタイムを長く設定しすぎると、テーブル内は使われなくなったアドレスでいっぱいになり、新しいアドレスを学習できなくなります。その結果フラッディングされ、やはりパフォーマンスに悪影響を及ぼす可能性があります。

MACアドレステーブルの最大サイズはスイッチの機種に依存します。MACアドレステーブルの空きがなくなった場合、既存のエントリが期限切れになるまで、新規アドレスはすべてフラッディングされます。管理者は特権EXECモードから**clear mac address-table dynamic**コマンドを使用することで、MACアドレステーブルから動的に学習したエントリを消去することができます。

6-5 二重モードと速度の設定

本節では、スイッチポートの二重モード(全二重/半二重)と速度に関する設定と確認方法について説明します。

参照 ➔ 全二重通信、オートネゴシエーション機能 (83ページ)

二重モードと速度の設定

Catalystスイッチのポートは、オートネゴシエーション機能がデフォルトで有効になっており、スイッチと接続された端末との間で二重モードや速度などの情報を交換し合い、双方でサポートしている技術を自動選択することができます。ネゴシエーションを行わずに固定に設定する場合、インターフェイスコンフィギュレーションモードで次のコマンドを使用します。

構文 二重モードの設定

```
(config-if)#duplex { auto | full | half }
```

- auto ……………オートネゴシエーションに設定する(デフォルト)
- full ……………全二重にする
- half ……………半二重にする(1000Mbpsで動作するポートには設定できない)

構文 速度の設定

```
(config-if)#speed { 10 | 100 | 1000 | auto }
```

- 10 ………………10Mbpsにする
- 100 ……………100Mbpsにする
- 1000 ……………1000Mbpsにする(10/100/1000Mbpsポートに対してのみ設定)
- auto ……………オートネゴシエーションに設定する(デフォルト)

【duplexとspeedコマンドの設定例】

```
Switch(config)#interface fastethernet 0/1 [Enter]
Switch(config-if)#duplex full [Enter]
Switch(config-if)#speed 100 [Enter]
```

> **試験対策**
> - 二重モード(duplex)が不一致でもリンクアップ(up/up)する
> - CDPは二重モードの不一致を検出できる

二重モードと速度の確認

二重モードと速度の設定は、ポート単位で行います。**show interfaces**コマンドは、各ポートの詳細情報を表示します。

【show interfacesおよびshow interfaces statusコマンドの出力例】

```
Switch#show interfaces fastethernet 0/1 [Enter]
FastEthernet0/1 is up, line protocol is up (connected)
  Hardware is Fast Ethernet, address is 0018.191b.b901 (bia 0018.191b.b901)
  MTU 1500 bytes, BW 100000 Kbit/sec, DLY 100 usec,
     reliability 255/255, txload 1/255, rxload 1/255
  Encapsulation ARPA, loopback not set
  Keepalive set (10 sec)
  Full-duplex, 100Mb/s, media type is 10/100BaseTX    ←全二重、100Mbps
  input flow-control is off, output flow-control is unsupported
  ARP type: ARPA, ARP Timeout 04:00:00
＜以下省略＞


Switch#show interfaces fastethernet 0/1 status [Enter]

Port      Name      Status         Vlan    Duplex  Speed  Type
Fa0/1               connected      1       full    100    10/100BaseTX
                                           ↑       ↑
                                        二重モード  速度
Switch#show interfaces status [Enter]

Port      Name      Status         Vlan    Duplex  Speed  Type
Fa0/1               connected      1       full    100    10/100BaseTX
Fa0/2               notconnect     1       auto    auto   10/100BaseTX
Fa0/3               notconnect     1       auto    auto   10/100BaseTX
Fa0/4               notconnect     1       auto    auto   10/100BaseTX
＜途中省略＞
Fa0/22              notconnect     1       auto    auto   10/100BaseTX
Fa0/23              notconnect     1       auto    auto   10/100BaseTX
Fa0/24              notconnect     1       auto    auto   10/100BaseTX
Gi0/1               notconnect     1       auto    auto   10/100/1000BaseTX
Gi0/2               notconnect     1       auto    auto   10/100/1000BaseTX
```

二重モードおよび速度をオートネゴシエーション機能で決定した場合、Duplexおよび Speedに「a-」が表示されます。固定設定の場合「a-」は表示されません。

> **参考** Auto MDI/MDI-Xの設定

ほとんどのCatalystスイッチは、Auto MDI/MDI-X機能をサポートしています。そのため、スイッチのポートに接続する端末に合わせてUTPケーブルの種類（ストレート／クロス）を使い分ける必要はありません。ただし、Auto MDI/MDI-X機能を正しく動作させるには、ポートのduplexとspeedの設定を「auto」にしておく必要があります。

構文 Auto MDI/MDI-Xの設定
```
(config-if)#mdix auto
```

デフォルトでAuto MDI/MDI-Xは有効になっています。no mdix autoコマンドを使用すると、Auto MDI/MDI-Xを無効化できます。Auto MDI/MDI-Xは、どちらか一方のインターフェイス側で有効になっていれば動作します。

【Auto MDI/MDI-Xの設定とリンクの状態】

ローカル側の設定	リモート側の設定	ケーブル接続が 正しい場合※	ケーブル接続が 正しくない場合
有効	有効	リンクアップ	リンクアップ
有効	無効	リンクアップ	リンクアップ
無効	有効	リンクアップ	リンクアップ
無効	無効	リンクアップ	リンクダウン

※ ケーブルが正しい場合（ストレートとクロスケーブルを適切に使い分けている状態）

show controllers ethernet-controller <interface-id> phyコマンドを使用すると、Auto MDI/MDI-Xの設定を確認できます。

【show controllers ethernet-controller <interface-id> phyコマンドの出力例】

```
Switch#show controllers ethernet-controller fastethernet 0/1 phy | include MDIX [Enter]
Auto-MDIX                          : On   [AdminState=1  Flags=0x00052248]
                                     ↑
                              Auto MDI/MDI-Xは有効
```

6-6 演習問題

1 CatalystスイッチのシステムLEDがグリーンに点灯しているときの状態として正しいものを選択しなさい。

- A. ブロードキャストストームが発生し、輻輳状態になっている
- B. スイッチに電力は供給されているが、正常に動作していない
- C. スイッチが正常に動作している
- D. ケーブルが接続されていないか、ポートを管理的にシャットダウンしている
- E. STPによってブロックされている状態である

2 Catalyst2960シリーズのスイッチを起動したときに「Would you like to enter the initial configuration dialog? [yes/no] :」と表示された。このときの説明として正しいものを選択しなさい。（2つ選択）

- A. yesを選択すると、セットアップモードが開始される
- B. noを選択すると、スイッチは再起動される
- C. NVRAMにコンフィギュレーションファイルが存在しない
- D. コンフィギュレーションレジスタ値が0x2142になっている
- E. RAMにコンフィギュレーションファイルが存在しない

3 スイッチにIPアドレスを設定する理由として正しいものを選択しなさい。（2つ選択）

- A. スイッチに許可していないコンピュータを接続されないようにするため
- B. リモートからスイッチに管理アクセスするため
- C. SNMPでスイッチの情報収集や監視などを行うため
- D. スイッチにVLANを構成し、ブロードキャストドメインを分割するため
- E. レイヤ2スイッチをレイヤ3スイッチとして動作させるため

4 CatalystスイッチにIPアドレスを割り当てて管理するときのコマンドを選択しなさい。(3つ選択)

A. (config)#no shutdown
B. (config)#vlan 1
C. (config-if)#ip address 192.168.100.64 255.255.255.224
D. (config)#interface fastethernet0/1
E. (config-if)#no shutdown
F. (config)#line vlan 1
G. (config-if)#ip address 192.168.200.97 255.255.255.224
H. (config-if)#ip address 192.168.150.95 255.255.255.224
I. (config)#interface vlan 1

5 スイッチにデフォルトゲートウェイを設定するコマンドを選択しなさい。

A. (config)#ip default-gateway 10.1.1.2
B. (config)#interface vlan 1
   (config-if)#default-geteway 10.1.1.2 255.255.255.0
C. (config)#default-geteway 10.1.1.2 255.255.255.0
D. (config)#interface fastethernet0/1
   (config-if)#ip default-gateway 10.1.1.2
E. (config)#ip default-gateway 10.1.1.2 255.255.255.0

6 宛先MACアドレスがffff.ffff.ffffのフレームを受信したときのスイッチの動作として正しいものを選択しなさい。

A. 受信したポートを除くすべてのポートからフレームを転送する
B. すべてのポートからフレームを転送する
C. スイッチはフレームを破棄して送信元へ通知する
D. MACアドレステーブルを参照し、特定のポートにだけフレームを転送する
E. 送信元アドレスと宛先アドレスをMACアドレステーブルに登録する

7 show mac address-tableコマンドで表示されないものを選択しなさい。
（2つ選択）

    A. VLAN
    B. MACアドレス
    C. タイプ
    D. プロトコル
    E. ポート
    F. IPアドレス

8 次の出力を参照し、下図のようなフレームをFa0/8で受信したときのSW1の動作として正しいものを選択しなさい。

```
SW1#show mac address-table
          Mac Address Table
-------------------------------------------
Vlan    Mac Address       Type      Ports
----    --------------    -------   -----
   1    0012.7f88.11c1    DYNAMIC   Fa0/5
   1    0018.738a.5186    DYNAMIC   Fa0/6
   1    001b.8f59.404b    DYNAMIC   Fa0/7
   1    5c00.dd63.e0f4    DYNAMIC   Fa0/8
   1    0018.738a.51c0    DYNAMIC   Fa0/9
   1    6817.29af.6af     DYNAMIC   Fa0/1
```

【受信フレーム】

0018.738a.51c0	5c00.dd63.e0f4	0x0800	データ	FCS
宛先アドレス	送信元アドレス	タイプ		

    A. フレームをFa0/9以外の全ポートから転送する
    B. フレームを全ポートから転送する
    C. フレームをFa0/8以外の全ポートから転送する
    D. フレームの送信元アドレスをFa0/8で登録されているMACアドレスに書き換える
    E. フレームをFa0/9からのみ転送する

9 スイッチポートを全二重で速度を100Mbpsに固定するためのコマンドを選択しなさい。(2つ選択)

- A. (config-if)#bandwidth 100
- B. (config-if)#full duplex
- C. (config-if)#speed 100000
- D. (config-if)#speed 100
- E. (config-if)#mode full
- F. (config-if)#duplex full

6-7 解答

1 C

システムLEDは、そのシステムに電力が供給され、正常に機能しているかどうかを示します。グリーンに点灯している場合、システム(スイッチ)は正常に動作しています(**C**)。

電力は供給されているが正常に動作していない場合、システムLEDはオレンジに点灯します(B)。ブロードキャストストームが発生(ループが発生)している場合、すべてのLEDが激しく点滅します(A)。ケーブル接続なし、またはポートが管理的にシャットダウンされている場合、ステータスLEDが消灯します(D)。また、STPによるブロック時はステータスLEDがオレンジ色に点灯します(E)。

参照 → P248

2 A、C

NVRAMにコンフィギュレーションファイルが存在しない状態でスイッチを起動すると、「Would you like to enter the initial configuration dialog? [yes/no] :」と表示されます(**C**、E)。このとき、yesを選択するとセットアップモードが開始されます(**A**)。noを選択してスイッチへのログインを開始すると、「Switch>」のプロンプトが表示されます(B)。

CiscoルータやハイエンドのCatalystスイッチ(4000/4500/6000/6500シリーズ)では、コンフィギュレーションレジスタ値を0x2142にして起動すると、NVRAMにコンフィギュレーションファイルが存在する場合でも無視するため、同様にセットアップを開始するためのメッセージが表示されます。

しかし、Catalyst 2960シリーズのようにローエンド(3000シリーズ以下)のCatalystスイッチの場合、コンフィギュレーションレジスタ値を変更するコマンドはありません(代わりにmodeボタンを使用してパスワードリカバリなどの処理を行います)(D)。

ルータの場合は、選択肢Dも正解になるので注意してください。

参照 → P249

3 B、C

通常、管理目的のためにスイッチにもIPアドレスを割り当てます。スイッチにIPアドレスやデフォルトゲートウェイを設定すると、次のことが可能になります。

・リモートからスイッチのVTYへTelnet（またはSSH）接続ができる（**B**）
・SNMPを使用してスイッチに関する情報収集や監視ができる（**C**）

レイヤ3スイッチは、1つの筐体でスイッチとルータ両方の機能を備えたデバイスです。レイヤ2スイッチにIPアドレスを設定してもルーティング機能を提供できるわけではなく、レイヤ3スイッチにはなりません（E）。Catalystスイッチには、接続を許可するコンピュータのMACアドレスを登録しておく「ポートセキュリティ」があります。この機能はスイッチにIPアドレスを設定することと関係はありません（A）。VLANによるブロードキャストドメインの分割は、レイヤ2の技術でありスイッチにIPアドレスを設定する理由ではありません（D）。

参照 → P252

4 E、G、I

レイヤ2スイッチにIPアドレスを設定する場合、仮想的な管理インターフェイスに対して割り当てます。デフォルトでは、VLAN1の管理インターフェイスが存在し、無効（shutdown）になっています。VLAN1の管理インターフェイスにIPアドレスを割り当てて使用するには、次のコマンドを実行します。

・VLAN1のモードへ移行 ………… `(config)#interface vlan 1`…（**I**）
・IPアドレスの設定 ……………… `(config-if)#ip address <ip-address> <subnet-mask>`
・インターフェイスの有効化 …… `(config-if)#no shutdown`…（**E**）

選択肢Aはグローバルコンフィギュレーションモードになっているため不正解です。vlan 1コマンド（B）を実行すると、プロンプトは「(config-vlan)#」になります。VLANコンフィギュレーションモードはVLANのパラメータ（名前など）を変更するためのモードであり、IPアドレスを割り当てることはできません。レイヤ2スイッチの物理的なスイッチポートにIPアドレスは設定できないため、Dは不正解です。Fは不正なコマンドです。

サブネットマスク「255.255.255.224（/27）」の場合、第4オクテットは「32」ごと（256－224＝32）にサブネットアドレスが繰り上がります。

32の倍数 | 0 32 64 96 128 ……

- 「192.168.100.**64**」は、サブネットアドレスなので不正解です(C)。
- 「192.168.200.**97**」は、サブネット192.168.200.96の有効なホストアドレスなので正解です(**G**)。
- 「192.168.150.**95**」は、サブネット192.168.150.64のブロードキャストアドレスなので不正解です(H)。

参照 → P183、253

5 A

スイッチに対してデフォルトゲートウェイを設定するには、グローバルコンフィギュレーションモードでip default-gateway <ip-address>コマンドを実行します(**A**)。

選択肢Dは設定するモードが間違っています。また、BとCはコマンドが違います。デフォルトゲートウェイの設定にサブネットマスクは不要です(E)。

参照 → P254

6 A

スイッチは通常、次のフレームを受信したときにフラッディングを行います。

- 宛先MACアドレスが未学習のユニキャストフレーム
- ブロードキャストフレーム
- 未学習のマルチキャストフレーム

フラッディングとは、受信したポートを除くすべてのポートから転送する処理をいいます。宛先MACアドレスがffff.ffff.ffffのフレームは、ブロードキャストフレームです。スイッチはブロードキャストフレームをフラッディングします(**A**)。フラッディングは、受信したポートからは転送されません(B)。

選択肢Cはルータの動作です。ルータはブロードキャストを転送せずに、パケットを破棄して送信元へICMP宛先到達不能メッセージで通知します。スイッチは、受信したフレームの送信元アドレスのみMACアドレステーブルへ動的に学習します。宛先アドレスは学習しないため、Eは不正解です。また、ブロードキャストアドレスが送信元アドレスになることはなく、MACアドレステーブルに特定ポートと対応付けて学習されることはありません(D)。

参照 → P81

7 D、F

show mac address-tableコマンドは、スイッチのMACアドレステーブルを表示します。MACアドレステーブルには、次の情報が表示されます。

・ポートに対応付けられているVLAN番号(A)
・ポートに対応付けられたMACアドレス(B)
・学習のタイプ(C)
・MACアドレスに対応付けられたポート名(E)

MACアドレステーブルに、IPアドレス(**F**)やプロトコル(**D**)は含まれません。

参照 → P266

8 E

出力はMACアドレステーブルを表示しています。スイッチは、フレームを受信すると次の手順で転送処理を行います。

・送信元MACアドレスをMACアドレステーブルに学習する
・宛先MACアドレスを学習している場合、該当するポートだけにフレームを転送する(フィルタリング)
・宛先MACアドレスを学習していない場合、受信したポートを除くすべてのポートからフレームを転送する(フラッディング)

今回の受信フレームの宛先MACアドレス「0018.738a.51c0」はMACアドレステーブルに学習されています。したがって、フレームは該当するFa0/9からのみ転送されます(**E**)。

参照 → P79、266

9 D、F

Catalystスイッチのポートは、二重モードと速度がデフォルトでautoになっています。オートネゴシエーションを行わず、固定で全二重の100Mbpsに設定するには次のコマンドを実行します。

・スイッチポートを全二重に設定 …… (config-if)#**duplex full**…(**F**)
・ポートの速度を100Mbpsに設定 …… (config-if)#**speed 100**…(**D**)

speedコマンドの単位はMbpsであるため選択肢Cは不正解です。bandwidth(A)はルータのインターフェイスで帯域幅を設定するためのコマンドです。BとEは不正なコマンドです。

参照 → P270

第7章

Ciscoルータの導入

7-1 Ciscoルータの初期起動

7-2 ルータの基本設定

7-3 ルータの基本設定の確認

7-4 演習問題

7-5 解答

7-1 Ciscoルータの初期起動

Ciscoルータの初期起動の手順は、Catalystスイッチの場合とほとんど同じです。本節では、Cisco ISR（サービス統合型ルータ）の概要と、最初に起動する際の手順を説明します。
Ciscoルータの起動の流れについては、「14-2 Ciscoルータの管理」（669ページ）で詳しく説明しています。

Cisco ISR（サービス統合型ルータ）

Cisco ISR（Integrated Services Router）は、セキュリティ機能と企業の高速なネットワーク環境に必要なサービスを統合したシスコのサービス統合型ルータです。Cisco ISRは、ルータの基本機能にインテリジェンスなサービスを統合し、TCO（総所有コスト）の削減を実現します。これまで複数の機器に分散されていたさまざまなサービスを1台で実現することができるため、導入コストを低く抑えることができ、機器によって占有されるスペースも少なくて済みます。また、設定や運用管理が1つのオペレーションだけでできるため、機器の導入後に必要となる管理コストも大幅に削減することができます。

従来のCiscoルータでは、ルータ内部の処理に低速なプロセス処理という方式が使用されていました。一方、Cisco ISRでは、ハードウェアで処理するための専用のASICを搭載し、パフォーマンスを大幅に向上させています。さらに、Cisco ISRはVPN[*]によるデータの暗号化・復号処理や、VoIPを実現するための音声処理を高速化するためのハードウェアチップを内部に搭載することができるため、特別なモジュールを購入して拡張スロットを消費することがなくなり、将来的なビジネス成長のために拡張スロットを残しておくことが可能になります。

シスコのルータ製品を大きく分類すると、ブランチ、WAN、サービスプロバイダがあります。ブランチルータ[※1]の主力製品には、次のシリーズがあります。

- Cisco 4000シリーズ サービス統合型ルータ
- Cisco 3900シリーズ サービス統合型ルータ
- Cisco 3800シリーズ サービス統合型ルータ
- Cisco 2900シリーズ サービス統合型ルータ
- Cisco 1900シリーズ サービス統合型ルータ
- Cisco 1800シリーズ サービス統合型ルータ
- Cisco 800シリーズ サービス統合型ルータ

なお、本書のCisco IOSコマンドの説明は、主にCisco ISR 1812(IOS15)とCisco ISR 2811(IOS15)に基づいています。
◎ Ciscoルータの詳細は、シスコシステムズのWebサイトを参照してください。

Ciscoルータの初期起動の流れ

Ciscoルータの初期起動は、次の手順で行います。

① ケーブリングを行い、配線が適切かどうか確認する
② ルータに電源を投入する
③ 起動(ブート)時のLEDや表示メッセージを確認する

ルータに電源を投入すると、最初にPOST(Power-On Self Test:電源投入時自己診断テスト)によるハードウェアのテストが行われます。POSTに問題がなければブートストラップコードを読み込み、Cisco IOSのロードを開始します。

起動時にコンフィギュレーションファイル(設定情報)が存在しない場合には、セットアップモードを開始するか確認のメッセージ(「Would you like to enter the initial configuration dialog? [yes/no]:」)が表示されます。その質問に「no」を入力して[Enter]キーを押して進むと、ユーザEXECモードのプロンプト「Router>」が表示されます。

【Ciscoルータの初期起動の例】

```
System Bootstrap, Version 12.3(8r)YH6, RELEASE SOFTWARE (fc1)
Technical Support: http://www.cisco.com/techsupport
Copyright (c) 2005 by cisco Systems, Inc.
C1800 platform with 393216 Kbytes of main memory with parity disabled


Readonly ROMMON initialized
program load complete, entry point: 0x80012000, size: 0xc0c0


Initializing ATA monitor library.......
program load complete, entry point: 0x80012000, size: 0xc0c0


Initializing ATA monitor library.......
```

※1 【ブランチルータ】branch router:企業の支店・拠点など、比較的小規模なオフィスで使用するのに適したルータのこと

```
program load complete, entry point: 0x80012000, size: 0x1c25cd0
Self decompressing the image : ################################################
################################################################################
################################################################################
########## [OK]
```
↑ 「#」はIOSをRAM上に展開していることを示す

              Restricted Rights Legend

Use, duplication, or disclosure by the Government is
subject to restrictions as set forth in subparagraph
(c) of the Commercial Computer Software - Restricted
Rights clause at FAR sec. 52.227-19 and subparagraph
(c) (1) (ii) of the Rights in Technical Data and Computer
Software clause at DFARS sec. 252.227-7013.

           cisco Systems, Inc.
           170 West Tasman Drive
           San Jose, California 95134-1706

Cisco IOS Software, C181X Software (C181X-ADVIPSERVICESK9-M), Version 15.1(4)M5, RELEASE
SOFTWARE (fc1)
                                       ↑
                              IOSソフトウェアの情報を表示
Technical Support: http://www.cisco.com/techsupport
Copyright (c) 1986-2012 by Cisco Systems, Inc.
Compiled Tue 04-Sep-12 20:14 by prod_rel_team

This product contains cryptographic features and is subject to United
States and local country laws governing import, export, transfer and
use. Delivery of Cisco cryptographic products does not imply
third-party authority to import, export, distribute or use encryption.
Importers, exporters, distributors and users are responsible for
compliance with U.S. and local country laws. By using this product you
agree to comply with applicable laws and regulations. If you are unable
to comply with U.S. and local laws, return this product immediately.

A summary of U.S. laws governing Cisco cryptographic products may be found at:
http://www.cisco.com/wwl/export/crypto/tool/stqrg.html

```
If you require further assistance please contact us by sending email to
export@cisco.com.

Installed image archive
Cisco 1812-J (MPC8500) processor (revision 0x400) with 354304K/38912K bytes of memory.
Processor board ID FHK111413WD, with hardware revision 0000     ↑RAMのサイズ
10 FastEthernet interfaces
1 ISDN Basic Rate interface          } ルータに搭載されているインターフェイスやモジュールの種類と数
1 Virtual Private Network (VPN) Module
131072K bytes of ATA CompactFlash (Read/Write)    ←フラッシュメモリのサイズ


        --- System Configuration Dialog ---

Would you like to enter the initial configuration dialog? [yes/no]: no [Enter]  ←ここでカーソルが点滅
                                                                ↑
                                                    セットアップモードを開始するかどうか確認
                                                    (ここでは、セットアップモードに入らないためnoと入力)
Press RETURN to get started!


*Jul 30 04:43:31.055: %IFMGR-7-NO_IFINDEX_FILE: Unable to open nvram:/ifIndex-table No such file
  or directory
*Jul 30 04:43:32.515: %VPN_HW-6-INFO_LOC: Crypto engine: onboard 0  State changed to: Initialized
*Jul 30 04:43:33.031: %VPN_HW-6-INFO_LOC: Crypto engine: onboard 0  State changed to: Enabled
*Jul 30 04:43:50.543: %LINK-3-UPDOWN: Interface FastEthernet0, changed state to up
*Jul 30 04:43:50.543: %LINK-3-UPDOWN: Interface FastEthernet1, changed state to up
                                                                         ↑
                                                    各インターフェイスのステータスが表示される
<途中省略>


Router>   ←[Enter]キーを押すと、最後にユーザEXECモードのプロンプトが表示される
```

参照➡ 「セットアップモード」(249ページ)

第7章 Ciscoルータの導入

試験対策

セットアップモードは、デバイスの基本的な設定を対話形式で入力することができます。ルータの起動時にセットアップモードを開始するかを確認するメッセージが表示されるのは、次の場合です。
・NVRAMに設定情報が存在しない場合
・コンフィギュレーションレジスタ値を0x2142で起動した場合（デフォルトは0x2102）

また、特権EXECモードから「#setup」コマンドを入力すると、セットアップモードはいつでも開始する（やり直す）ことができます。

参考

ルータのインターフェイス番号付け規則

Ciscoルータのインターフェイス番号は、次のような規則によって付けられています。

例） FastEthernet 0
　　　↑　　　　　　↑
　インターフェイス　ポート
　　タイプ　　　　（1層）

FastEthernet 0/0
　　　↑　　　　↑
　　　　スロット/ポート
　　　　　（2層）

Serial 0/0/0
　　↑
スロット/インターフェイスカードスロット/ポート
　　　　　　　（3層）

・スロット……………………………… スロットの番号で0から始まる。オンボード[※2]ポートの場合は常に0
・インターフェイスカードスロット…… インターフェイスカードのスロット番号
・ポート………………………………… 番号は0から始まる

Cisco ISR 1800/2800/3800シリーズのプラットフォームでは、WIC[※3]（WANインターフェイスカード）スロットのインターフェイスに対して3層のインターフェイス番号付け形式（スロット／インターフェイスカードスロット／ポート）を採用しています。

注意

番号付け規則は機種によって異なる場合があるため、詳しくは製品マニュアルを参照してください。

試験対策

どのようなインターフェイス名で出題されても混乱しないようにインターフェイス名の表記の種類を理解しておきましょう。インターフェイスコンフィギュレーションモードへ移行するための操作などには、インターフェイス名の理解が不可欠です。

※2 【オンボード】on board：部品が直接搭載されている状態、あるいはそのような部品のこと
※3 【WIC】(ウィック) WAN Interface Card：WANインターフェイスカード。モジュール型のルータに追加のポートを提供するために装着するカード型のモジュール

7-2 ルータの基本設定

ルータの正常な起動が確認できたら、まずはルータに基本的な設定を行います。本節では、Ciscoルータの基本設定コマンドを説明します。

ルータの基本設定

ルータは異なるネットワーク間のデータを中継する際に、ルーティングテーブルを参照します。管理者はルーティングテーブルに必要な経路情報が登録されるように、インターフェイスにIPアドレスを割り当てたり、ルーティングプロトコルを設定したりする必要があります。また、ルータを管理するための基本設定も行います。

ルータの基本的な設定項目は次のとおりです。

- ホスト名
- IPアドレスとサブネットマスク
- インターフェイスの有効化
- インターフェイスの二重モードと速度
- パスワード
- ルーティング

参照 →「13-1 パスワードによる管理アクセスの保護」(566ページ)
　　　「第8章 ルーティングの基礎」(313ページ)

●ホスト名の設定

ホスト名はルータ自体を識別するための情報で、常にプロンプトに表示されています。デフォルトでは「Router」という名前になっているため、識別しやすい名前に設定することで管理者はネットワーク上にある複数台のルータを区別し管理しやすくなります。

> **構文** ホスト名の設定
>
> (config)#**hostname** <hostname>

●IPアドレスの設定

ルータの各インターフェイスには、IPアドレスとサブネットマスクの設定が必要です。インターフェイスにIPアドレスとサブネットマスクを割り当てると、そのIPアドレスとネットワークアドレスが自動的にルーティングテーブルに登録されます(インター

フェイスが有効の場合)。

IPアドレスの設定は、インターフェイスコンフィギュレーションモードで**ip address**コマンドを使用します。

> **構文** IPアドレスの設定
>
> (config-if)#`ip address <ip-address> <subnet-mask>`

同じインターフェイスでip addressコマンドを別のアドレスに変えて実行すると、新しいIPアドレスに上書きされます。また、**no ip address**コマンドを実行すると、割り当てたIPアドレスは消去されます。

> **注意** ルータの各インターフェイスには、異なるネットワーク(サブネット)上のIPアドレスを割り当てる必要があります。誤って別のインターフェイスと同じネットワーク上のIPアドレスを設定しようとすると、「overlaps with ～」のようにネットワークアドレスが重複していることを示すメッセージが表示されます。

インターフェイスの有効化／無効化

ルータのインターフェイスは、デフォルトの状態で**shutdown**コマンドが設定され、管理的に無効になっています。通信が必要なインターフェイスには**no shutdown**コマンドを実行して有効にする必要があります。また、インターフェイスを管理的に無効にするにはshutdownコマンドを実行します。

> **構文** インターフェイスの有効化
>
> (config-if)#`no shutdown`

> **構文** インターフェイスの無効化
>
> (config-if)#`shutdown`

> **注意** no shutdownコマンドの設定情報は、running-configおよびstartup-config上には表示されません。各インターフェイスのセクション内に「shutdown」行の表示があれば無効、なければ有効(no shutdown)と判断します。

> **試験対策** ルータのインターフェイスは、初期状態で「shutdown(無効)」になっているため、初めて使用するインターフェイスでは忘れずに「no shutdown(有効化)」しましょう。

二重モードと速度の設定

Ciscoルータのイーサネットインターフェイスは、オートネゴシエーション機能がデフォルトで有効になっており、接続先の端末との間で二重モード（通信モード）や速度などの情報を交換し合い、双方でサポートしている技術を自動選択することができます。ネゴシエーションを行わずに固定に設定する場合、インターフェイスコンフィギュレーションモードで次のコマンドを使用します。

構文 二重モードの設定

```
(config-if)#duplex { auto | full | half }
```

- auto ………… オートネゴシエーションに設定する（デフォルト）
- full ………… 全二重にする
- half ………… 半二重にする（1000Mbpsで動作するポートには設定できない）

構文 速度の設定

```
(config-if)#speed { 10 | 100 | 1000 | auto }
```

- 10 ………… 10Mbpsにする
- 100 ………… 100Mbpsにする
- 1000 ………… 1000Mbpsにする（10/100/1000Mbpsポートに対してのみ設定）
- auto ………… オートネゴシエーションに設定する（デフォルト）

● 二重モードの設定例

　イーサネットインターフェイスの二重モードと速度の設定は、デフォルトで「auto」になっています。片方のインターフェイスに対してのみ固定で設定した場合、ネゴシエーションに失敗して半二重通信になります。

【片方のインターフェイスのみ固定で設定】

```
        Fa0                        Fa0/1
      RT1                           SW1
duplex：full（固定）         duplex：auto（デフォルト）
speed：100Mbps（固定）       speed：auto（デフォルト）
```

オートネゴシエーションに失敗し、半二重で通信が可能

```
RT1#show interfaces fastethernet 0 [Enter]
FastEthernet0 is up, line protocol is up       ←リンクアップ
  Hardware is PQ3_TSEC, address is 001b.5492.7754 (bia 001b.5492.7754)
  Internet address is 172.16.2.1/24
  MTU 1500 bytes, BW 100000 Kbit/sec, DLY 100 usec,
     reliability 255/255, txload 1/255, rxload 1/255
  Encapsulation ARPA, loopback not set
  Keepalive set (10 sec)
  Full-duplex, 100Mb/s, 100BaseTX/FX     ←二重モードとスピードの設定
  ARP type: ARPA, ARP Timeout 04:00:00
  Last input 00:00:36, output 00:00:06, output hang never
  Last clearing of "show interface" counters 00:54:32
  Input queue: 0/75/0/0 (size/max/drops/flushes); Total output drops: 0
  Queueing strategy: fifo
  Output queue: 0/40 (size/max)
  5 minute input rate 0 bits/sec, 0 packets/sec
     62171 packets input, 45226426 bytes
     Received 65 broadcasts (0 IP multicasts)
     7 runts, 0 giants, 0 throttles
     12 input errors, 12 CRC, 0 frame, 0 overrun, 0 ignored    ←CRCエラーが発生している
     0 watchdog                    チェックサムが一致しない数
     0 input packets with dribble condition detected
     62481 packets output, 45238018 bytes, 0 underruns
     3 output errors, 7 collisions, 3 interface resets    ←コリジョンが発生している
     2 unknown protocol drops
     0 babbles, 0 late collision, 0 deferred
     0 lost carrier, 0 no carrier
     0 output buffer failures, 0 output buffers swapped out
RT1#
*Oct 16 05:37:49.255: %CDP-4-DUPLEX_MISMATCH: duplex mismatch discovered on
FastEthernet0 (not half duplex), with SW1 FastEthernet0/1 (half duplex).
```
　　　　　　　　　　　　　↑
　　　二重モードが不一致のためFa0は半二重になっていることを示すメッセージが表示されている

```
SW1#show interfaces fastethernet 0/1 status [Enter]


Port      Name      Status        Vlan    Duplex Speed Type
Fa0/1               connected     1       a-half a-100 10/100BaseTX
SW1#                    ↑                      ↑
                    リンクアップ          ネゴシエーションの結果（半二重、100Mbps）

*Oct 16 06:02:25.779: %CDP-4-DUPLEX_MISMATCH: duplex mismatch discovered on
FastEthernet0/1 (not full duplex), with RT1 FastEthernet0 (full duplex).
```

次の例では、両方のインターフェイスで異なる二重モードを設定しています。

【両方のインターフェイスに異なる二重モードを設定】

```
        Fa0                              Fa0/1
      RT1                                SW1
duplex：full（固定）                   duplex：half（固定）
speed：auto（デフォルト）              speed：auto（デフォルト）

            固定の設定が不一致のため、リンクダウン
```

```
RT1#show interfaces fastethernet 0 [Enter]
FastEthernet0 is down, line protocol is down        ←リンクダウン
  Hardware is PQ3_TSEC, address is 001b.5492.7754 (bia 001b.5492.7754)
  Internet address is 172.16.2.1/24
  MTU 1500 bytes, BW 100000 Kbit/sec, DLY 100 usec,
     reliability 255/255, txload 1/255, rxload 1/255
  Encapsulation ARPA, loopback not set
  Keepalive set (10 sec)
  Full-duplex , Auto Speed, 100BaseTX/FX        ←二重モードとスピードの設定
  ARP type: ARPA, ARP Timeout 04:00:00
  Last input 00:12:42, output 00:12:10, output hang never
  Last clearing of "show interface" counters 00:00:01
  Input queue: 0/75/0/0 (size/max/drops/flushes); Total output drops: 0
  Queueing strategy: fifo
  Output queue: 0/40 (size/max)
  5 minute input rate 0 bits/sec, 0 packets/sec
  5 minute output rate 0 bits/sec, 0 packets/sec
     0 packets input, 0 bytes
     Received 0 broadcasts (0 IP multicasts)
```

```
      0 runts, 0 giants, 0 throttles
      0 input errors, 0 CRC, 0 frame, 0 overrun, 0 ignored
      0 watchdog
      0 input packets with dribble condition detected
      0 packets output, 0 bytes, 0 underruns
      0 output errors, 0 collisions, 0 interface resets
      0 unknown protocol drops
      0 babbles, 0 late collision, 0 deferred
      0 lost carrier, 0 no carrier
      0 output buffer failures, 0 output buffers swapped out
```

```
SW1#show interfaces fastethernet 0/1 status [Enter]

Port      Name             Status         Vlan         Duplex   Speed    Type
Fa0/1                      notconnect     1            half     auto     10/100BaseTX
SW1#                            ↑                       ↑
                           リンクダウン                  固定の半二重
```

接続機器によっては、二重モードが不一致でもリンクアップ(up/up)になります。ただし、通信は不安定な状態でありパフォーマンスが低下するため、二重モードの設定は両側の端末で一致させてください。

その他の基本設定コマンド

　ここからは、IOS CLIを使いやすくするための便利なコマンドを紹介します。Catalystスイッチに対しても同様のコマンドが使用できます。

●割り込みメッセージのコマンド再表示

　コマンド入力の途中で何らかのメッセージが割り込むように表示されると、続きのコマンドが入力しづらくなります。**logging synchronous**コマンドを設定しておくと、メッセージが表示されたときに入力していたコマンドは改行した新しい行に再表示されるため、コマンドの続きがスムーズに入力でき、メッセージの内容も読みやすくなります。

7-2　ルータの基本設定

【logging synchronousコマンドの使用例】

```
RT1(config)#exit [Enter]  ←この段階ではlogging synchronousは未設定
RT1#sh  ←「show」コマンドの入力途中でメッセージが表示されている
*Jul 31 06:34:01.111: %SYS-5-CONFIG_I: Configured from console by consoleow [Enter]
% Type "show ?" for a list of subcommands
                                            「sh」と「ow」の間に
RT1#configure terminal [Enter]              メッセージが割り込んでいる
Enter configuration commands, one per line.  End with CNTL/Z.
RT1(config)#line console 0 [Enter]
RT1(config-line)#logging synchronous [Enter]  ←割り込み入力の再表示を設定
RT1(config-line)#end [Enter]
RT1#sh  ←「show」コマンドの入力途中でメッセージが表示
*Jul 31 06:34:20.231: %SYS-5-CONFIG_I: Configured from console by console
RT1#show  ←「sh」が自動的に再表示され、「show」が分断しないで表示された
```

●インターフェイス説明文

descriptionコマンドを使用すると、各インターフェイスに説明文を設定することができます。インターフェイスの接続先や使用目的がわかるようなコメントを記述しておくと、管理やトラブルシューティングの際に役に立ちます。設定した説明文は、show running-configやshow interfaces、show interfaces statusコマンドで表示されます。

構文　インターフェイス説明文の設定

(config-if)#**description** <string>

・string ………… インターフェイスに対する説明文を入力

【descriptionコマンドの出力例】

```
SW1(config)#interface fastethernet 0/1 [Enter]  ←Fa0/1のインターフェイス設定モードに移行
SW1(config-if)#description ** to RT1 ** [Enter]  ←インターフェイス説明文を設定
SW1(config-if)#end [Enter]
00:07:52: %SYS-5-CONFIG_I: Configured from console by console
SW1#show interfaces fa0/1 status [Enter]

Port      Name            Status       Vlan    Duplex  Speed Type
Fa0/1     ** to RT1 **    connected    1       a-full  a-100 10/100BaseTX
SW1#
          ↑
     インターフェイスの説明文
```

7-3 ルータの基本設定の確認

ルータの基本設定が完了したら、各種検証コマンドを使用して正しく設定できたかどうか確認する必要があります。本節では、下図のトポロジにおけるルータの基本設定を例に、各種検証コマンドを説明しています。

【トポロジの例】

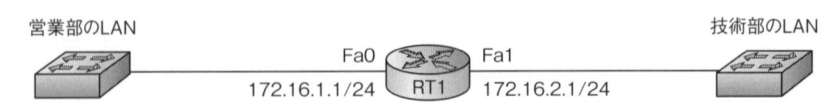

営業部のLAN ─── Fa0 [RT1] Fa1 ─── 技術部のLAN
            172.16.1.1/24   172.16.2.1/24

【ルータの基本設定】

```
Router#configure terminal [Enter]  ←設定モードに移行
Enter configuration commands, one per line.  End with CNTL/Z.
Router(config)#hostname RT1 [Enter]  ←ホスト名をRT1に設定
RT1(config)#  ←プロンプトに即反映
RT1(config)#interface fastethernet 0 [Enter]   ←Fa0のインターフェイスの設定モードに移行
RT1(config-if)#ip address 172.16.1.1 255.255.255.0 [Enter]   ←IPアドレスを設定
RT1(config-if)#no shutdown [Enter]   ←インターフェイスを有効化
*Jul 31 09:09:35.811: %LINK-3-UPDOWN: Interface FastEthernet0, changed state to down
*Jul 31 09:09:40.083: %LINK-3-UPDOWN: Interface FastEthernet0, changed state to up
*Jul 31 09:09:41.083: %LINEPROTO-5-UPDOWN: Line protocol on Interface FastEthernet0,
changed state to up   ←Fa0インターフェイスがL2レベルでアップ
RT1(config-if)#description ** to Sales Dep. Network ** [Enter]   ←説明文を設定
RT1(config-if)#interface fastethernet 1 [Enter]  ←Fa1のインターフェイスの設定モードに移行
RT1(config-if)#ip address 172.16.2.1 255.255.255.0 [Enter]
*Jul 31 09:12:02.471: %LINK-3-UPDOWN: Interface FastEthernet1, changed state to down
*Jul 31 09:12:12.631: %LINK-3-UPDOWN: Interface FastEthernet1, changed state to up
*Jul 31 09:12:13.631: %LINEPROTO-5-UPDOWN: Line protocol on Interface FastEthernet1,
changed state to up
RT1(config-if)#no shutdown [Enter]
RT1(config-if)#description ** to Engineering Dep. Network ** [Enter]
RT1(config-if)#line console 0 [Enter]   ←コンソールのラインの設定モードに移行
RT1(config-line)#exec-timeout 15 [Enter]   ←セッションのタイムアウト時間を15分に変更
RT1(config-line)#logging synchronous [Enter]   ←割り込みメッセージのコマンド再表示
```

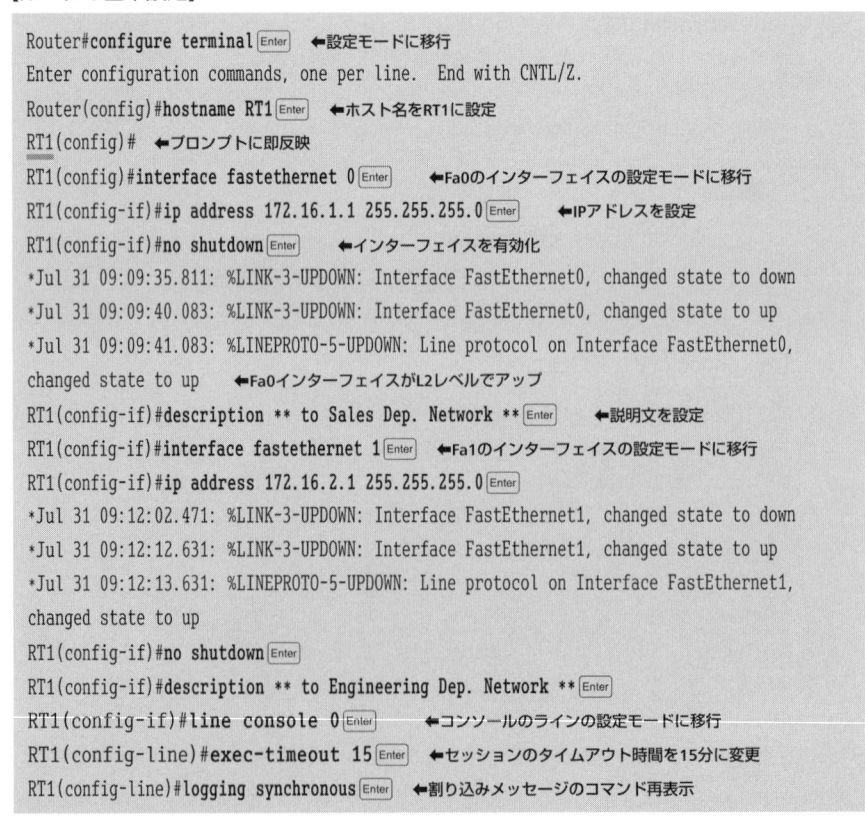

```
RT1(config-line)#end Enter  ←設定モードを抜けて特権EXECモードに戻る
*Jul 31 09:13:08.179: %SYS-5-CONFIG_I: Configured from console by console
RT1#
```

ルータ本体情報の表示

show versionコマンドを使用すると、ルータ製品のモデル名、実行中のIOSに関する情報、インターフェイスの種類と数、各種メモリサイズ、およびルータを起動してからの経過時間などの情報が表示されます。

構文 ルータ本体の情報表示（mode：>、#）
　　　#show version

【show versionコマンドの出力例】

```
RT1#show version Enter
                                     ①                    ②
Cisco IOS Software, C181X Software (C181X-ADVIPSERVICESK9-M), Version 15.1(4)M5,
RELEASE SOFTWARE (fc1)
Technical Support: http://www.cisco.com/techsupport
Copyright (c) 1986-2012 by Cisco Systems, Inc.
Compiled Tue 04-Sep-12 20:14 by prod_rel_team

ROM: System Bootstrap, Version 12.3(8r)YH13, RELEASE SOFTWARE (fc1)

RT1 uptime is 9 minutes   ←③
System returned to ROM by power-on   ←④
System image file is "flash:c181x-advipservicesk9-mz.151-4.M5.bin"   ←⑤
Last reload type: Normal Reload

This product contains cryptographic features and is subject to United
States and local country laws governing import, export, transfer and
use. Delivery of Cisco cryptographic products does not imply
third-party authority to import, export, distribute or use encryption.
Importers, exporters, distributors and users are responsible for
compliance with U.S. and local country laws. By using this product you
agree to comply with applicable laws and regulations. If you are unable
to comply with U.S. and local laws, return this product immediately.
```

```
A summary of U.S. laws governing Cisco cryptographic products may be found at:
http://www.cisco.com/wwl/export/crypto/tool/stqrg.html

If you require further assistance please contact us by sending email to
export@cisco.com.
               ⑥
Cisco 1812-J (MPC8500) processor (revision 0x400) with 354304K/38912K bytes of memory.
Processor board ID FHK1420123C, with hardware revision 0000            ⑦
10 FastEthernet interfaces
1 ISDN Basic Rate interface       ⑧
1 Virtual Private Network (VPN) Module
131072K bytes of ATA CompactFlash (Read/Write)  ←⑨



License Info:

License UDI:

----------------------------------------------------------------
Device#   PID                SN
----------------------------------------------------------------
*0        CISCO1812-J/K9     FHK1420706C




Configuration register is 0x2102   ←⑩

RT1#
```

① IOSソフトウェアの種類
② IOSソフトウェアのバージョン情報
③ 起動してからの経過時間
④ 起動した原因。(「power-on」は電源投入による起動を表し、reloadコマンドで再起動されたときは「reload」と表示される)
⑤ 現在実行中のIOSの格納場所とファイル名。「flash:」はフラッシュメモリにあるIOSを使って起動したことを示す
⑥ プラットフォーム (機種) の情報。この機種はCisco 1812Jであることを示す
⑦ DRAMのサイズ。スラッシュ (/) の左側はIOSやルーティングテーブルなどの情報が記録される領域、右側はバッファ領域 (パケットの入出力で使用) であり、DRAMのサイズはこの2つを合計した値である。この場合のDRAMサイズは380MB

⑧ このルータに搭載されている物理インターフェイスやモジュールの種類と数
⑨ フラッシュメモリのサイズ
⑩ 現在のコンフィギュレーションレジスタ値

> **試験対策** show versionコマンドで表示される情報を押さえておきましょう！
> ・現在稼働中のIOSと、IOSのバージョン
> ・起動してからの時間と起動方法
> ・ルータのプラットフォーム・各メモリ（DRAM、Flash、NVRAM）の容量
> ・物理インターフェイスの種類と数
> ・コンフィギュレーションレジスタ値

現在のコンフィギュレーション（設定）の表示

現在の設定情報を表示するには、**show running-configコマンド**を使用します。running-configは、現在稼働中のコンフィギュレーションファイル（設定ファイル）です。管理者がコンフィギュレーションモードで設定した内容が反映されます。

構文 現在のコンフィギュレーションを表示（mode：#）

```
#show running-config
```

【show running-configコマンドの出力例】

```
RT1#show running-config Enter
Building configuration...


Current configuration : 1373 bytes   ←現在のコンフィギュレーションであることを示している
!
! Last configuration change at 09:13:08 UTC Wed Jul 31 2016
version 15.1    ←IOSのバージョン
service timestamps debug datetime msec
service timestamps log datetime msec
no service password-encryption    ←パスワードの暗号化なし
!
hostname RT1    ←ホスト名
!
boot-start-marker
boot-end-marker
!
!
```

```
!
no aaa new-model
!
crypto pki token default removal timeout 0
!
!
dot11 syslog
ip source-route
!
!
ip cef
no ipv6 cef
!
multilink bundle-name authenticated
!
!
license udi pid CISCO1812-J/K9 sn FHK1420706C
!
!
!
!
interface BRI0     ←ISDN BRIインターフェイスの情報
 no ip address
 encapsulation hdlc
 shutdown    ←インターフェイスは無効化（デフォルト）
!
interface FastEthernet0      ←Fa0インターフェイスの情報
 description ** to Sales Dep. Network **    ←インターフェイス説明文
 ip address 172.16.1.1 255.255.255.0    ←IPアドレスとサブネットマスク
 duplex auto    ←二重モード（デフォルトはauto）
 speed auto    ←速度（デフォルトはオートネゴシエーション）
!
interface FastEthernet1    ←Fa1インターフェイスの情報
 description ** to Engineering Dep. Network **
 ip address 172.16.2.1 255.255.255.0
 duplex auto    ←「shutdown」の行がない（インターフェイスは有効）
 speed auto
!
interface FastEthernet2
```

```
 no ip address
!
interface FastEthernet3
 no ip address
!
<途中省略>
!
interface FastEthernet9
 no ip address
!
interface Vlan1
 no ip address
!
ip forward-protocol nd
no ip http server
no ip http secure-server
!
!
!
control-plane
!
!
line con 0      ←コンソールポートの情報
 exec-timeout 15 0     ←セッションタイムアウト時間(15分)
 logging synchronous    ←割り込みメッセージのコマンド再表示
line aux 0
line vty 0 4    ←仮想端末(VTY)の情報
 login
 transport input all
!
end

RT1#
```

インターフェイスの詳細情報の表示

インターフェイスの状態や統計情報を確認するには、**show interfaces**コマンドを使用します。インターフェイスを指定せずに実行すると、全インターフェイスの詳細情報を

表示します。特定のインターフェイス情報のみを確認したい場合は、コマンドの末尾にインターフェイス名を指定して実行します。

構文 インターフェイスの詳細情報の表示（mode：>、#）

#show interfaces [<interface-id>]

・interface-id ……確認したいインターフェイスを指定（オプション）

【show interfacesコマンドの出力例】

```
RT1#show interfaces fastethernet 0 [Enter]   ←sh int fa0のように省略が可能
FastEthernet0 is up, line protocol is up    ←インターフェイスの状態
  Hardware is PQ3_TSEC, address is 5475.d0dd.1234 (bia 5475.d0dd.1234)
  Description: ** to Sales Dep. Network **   ←インターフェイスの説明文
  Internet address is 172.16.1.1/24    ←IPアドレスとプレフィックス
  MTU 1500 bytes, BW 100000 Kbit/sec, DLY 100 usec,    ←帯域幅
     reliability 255/255, txload 1/255, rxload 1/255
  Encapsulation ARPA, loopback not set    ←カプセル化タイプ
  Keepalive set (10 sec)
  Full-duplex, 100Mb/s, 100BaseTX/FX    ←二重モードと速度
  ARP type: ARPA, ARP Timeout 04:00:00
  Last input 00:00:09, output 00:00:04, output hang never
  Last clearing of "show interface" counters never
  Input queue: 0/75/0/0 (size/max/drops/flushes); Total output drops: 0
  Queueing strategy: fifo
  Output queue: 0/40 (size/max)
  5 minute input rate 0 bits/sec, 0 packets/sec
  5 minute output rate 0 bits/sec, 0 packets/sec
     272 packets input, 32427 bytes
     Received 224 broadcasts (0 IP multicasts)
     0 runts, 0 giants, 0 throttles
     0 input errors, 0 CRC, 0 frame, 0 overrun, 0 ignored
     0 watchdog
     0 input packets with dribble condition detected
     72 packets output, 11938 bytes, 0 underruns
     0 output errors, 0 collisions, 2 interface resets
     0 unknown protocol drops
     0 babbles, 0 late collision, 0 deferred
     0 lost carrier, 0 no carrier
     0 output buffer failures, 0 output buffers swapped out
```
←統計情報

7-3 ルータの基本設定の確認

【show interfacesコマンドの出力フィールド】

出力	説明
FastEthernet0 is up,	インターフェイスが物理層レベルでアクティブ状態(正常)を示す
line protocol is up	インターフェイスがデータリンク層レベルでアクティブ状態を示す
Hardware is …	ハードウェアのタイプとこのインターフェイスのMACアドレス
Description:	インターフェイスの説明文(設定した場合のみ表示)
Internet address is …	インターフェイスに割り当てたIPアドレスとプレフィックス
MTU	最大伝送ユニット(Maximum Transmission Unit)。単位はbyte
BW	帯域幅(bandwidth)。単位はkbps
DLY	遅延(delay)。単位はマイクロ秒
reliability	信頼性。インターフェイスを5分間監視し、分母を255とした分数で表したインターフェイスの信頼性。255/255は100%(最高)の信頼性を意味する
load	負荷。インターフェイスを5分間監視し、回線の使用率を測定した値。1/255は負荷が最も低くほとんど送信していない状態。例)127/255は、5分間平均で約50Mbps使用している状態。「tx」は送信、「rx」は受信を表す
Encapsulation	データリンク層のカプセル化タイプ。LANインターフェイスの場合、次の4種類がある。Ethernet II (ARPA)、802.3Raw(novel-ether)、SNAP(snap)、802.2LLC(sap)。デフォルトはARPA
loopback	インターフェイスにループバック機能が設定されているかどうかを示す
Keepalive set	10秒ごとにキープアライブメッセージを送信して、データリンク層における回線が正常であるかどうかを確認していることを示す
Full-duplex	転送モードは全二重であることを示す
100Mb/s	速度が100Mbpsであることを示す
ARP type:	指定されているARPのタイプ
ARP Timeout	ARP情報がキャッシュされてからどのくらいの時間保持するかを示す(デフォルトは4時間)
Last input	インターフェイスが最後にパケット受信を成功してからの経過時間。インターフェイス障害がいつ起きたかを推測できる
output	インターフェイスが最後にパケット送信を成功してからの経過時間。インターフェイス障害がいつ起きたかを推測できる
output hang	インターフェイスが最後にリセットされてからの経過時間。一度もリセットしていないときは「never」
Last clearing	clear countersコマンドを入力してからの経過時間。一度もクリアしていないときは「never」
Input queue:	size：inputキュー[※4]の現在のサイズ、max：キューの最大サイズ、drops：破棄されたパケット数。75を超えるパケットがキューに格納されそうになると、dropsのカウンターが増加
Total output drops:	インターフェイスから送出できなかったパケット数
Queueing strategy:	QoS*の方式を示す。LANインターフェイスのデフォルトはFIFO
Output queue:	size：outputキューの現在のサイズ、max：キューの最大サイズ
5 minute input rate	直前の5分間における1秒当たりの平均受信ビット数およびパケット数。受信bps(bits/sec)の値は、スループットの判断材料となる

※4 【キュー】queue：待ち行列。「先に格納されたデータが先に処理される」という特徴のデータ構造の一種

出力	説明
5 minute output rate	直前の5分間における1秒当たりの平均送信ビット数およびパケット数。送信bps(bits/sec)の値は、スループットの判断材料となる
packets input	正常に受信したパケット数と合計バイト数
Received…broadcasts	正常に受信したマルチキャスト／ブロードキャストの合計数
runts	メディアの最小パケットサイズより小さいために破棄されたパケット数。64バイト未満のイーサネットフレームは「runt packet」といわれる。runtが発生する原因の多くはコリジョンである
giants	メディアの最大パケットサイズを超えているために破棄されたパケット数
input errors	runts、giants、throttles、CRC、frame、overrun、ignoredカウントの合計
CRC	巡回冗長検査[※5]に失敗した数。二重モード(duplex)不一致が発生した場合に全二重インターフェイス側でカウントされる
overrun	受信速度がデータ処理能力を超えたために、データをインターフェイスのバッファに送ることができなかった回数
ignored	受信インターフェイスのバッファ不足により破棄されたパケット数
input packets with dribble condition detected	フレームが若干長すぎたが、問題なく処理されたフレーム数。単なる情報として通知している
packets output,…bytes	正常に送信したパケット数と合計バイト数
underruns	送信時にバッファの処理能力を超える速度でパケットを送信した回数
output errors	パケットを送信する際にエラーが発生した回数
collisions	パケットを送信する際にコリジョンが発生し、再送信された回数
interface resets	インターフェイスがリセットされた回数。通常、送信待ち状態のパケットが数秒間以内に送信されなかった場合に起こる
unknown protocol drops	認識できないプロトコルのパケットを検出した回数
late collision	二重モード(duplex)不一致が発生した場合に半二重インターフェイス側でカウントされる
output buffer failures	インターフェイスからパケットを送出する際のバッファに失敗した回数
output buffers swapped	インターフェイスからパケットを送出する際のバッファをスワップ[※6]した回数

> **参考　ジャンボフレームとベビージャイアントフレーム**
>
> ・ジャンボフレーム……………イーサネットの最大フレームサイズ(1,518バイト)より大きいフレームのこと
> ・ベビージャイアントフレーム……イーサネットの最大フレームサイズを少しだけ上回る大きさのフレームのこと。通常、1,600バイト以下のフレームを指す

※5 【巡回冗長検査】Cyclic Redundancy Check(CRC)：巡回冗長符号。送信側で、データのビット列を生成多項式と呼ばれる計算式に当てはめてチェック用のビット列を算出し、それをデータの末尾に付けて送る。受信側でも同じ計算式を使い、その結果が同じであればエラーがないと判断する誤り検出方式のひとつ
※6 【スワップ】swap：物理メモリ上のデータを補助記憶領域へ移し、使用可能な記憶領域を物理メモリ上に確保するための動作

●インターフェイス状態の解釈

show interfacesコマンドの1行目の出力には、現在のインターフェイスの状態が表示されます。この部分を確認すると、インターフェイスがデータリンク層レベルでの通信が可能かどうかを判断することができます。

```
#show interfaces fastethernet 0
FastEthernet0 is up, line protocol is up
```
             ↑   ↑
       物理層の状態   データリンク層の状態
    （キャリア検知できている）（キープアライブが成功している）

「FastEthernet0 is」は、インターフェイスの状態が物理的(物理層)に使用可能な状態かどうかを示しています。

「line protocol is」は、キープアライブ信号を送り、その結果を基にした回線プロトコル(データリンク層)の状態を示しています。

インターフェイスの状態には、次の4パターンがあります。

- FastEthernet0 is up, line protocol is up
  物理層とデータリンク層が正常な状態です。ケーブルが正しく接続されリンクアップしています。

- FastEthernet0 is administratively down, line protocol is down
  インターフェイスはshutdownコマンドで管理的に無効化されている状態です。ルータのインターフェイスはデフォルトがこの状態です。

- FastEthernet0 is down, line protocol is down
  物理層が正しく動作していない状態です(物理層がdownのため、データリンク層はupしない)。この場合、次のような原因が考えられます。

   ・インターフェイスが故障している
   ・物理的にケーブルが接続されていない、または接続先機器の電源が入っていない
   ・接続先のデバイス側でインターフェイスが管理的に無効(shutdown)になっている

- FastEthernet0 is up, line protocol is down
  データリンク層が正常に動作していない状態です。この場合、次のような原因が考えられます。

   ・キープアライブがない
   ・DCE側からのクロック*供給がない(シリアルインターフェイスの場合)
   ・カプセル化*タイプが接続先インターフェイスと不一致(シリアルインターフェイスの場合)

・ケーブルが外れかけている（シリアルインターフェイスの場合）

インターフェイスの状態を簡潔に表示するには、**show ip interface brief**コマンドを使用します。

> 構文　インターフェイスの要約情報の表示（mode：>、#）
> #show ip interface brief [<interface-id>]

【show ip interface briefコマンドの出力例】

```
RT1#show ip interface brief fastethernet 0 Enter    ←Fa0インターフェイスの要約情報を表示
Interface              IP-Address      OK? Method Status                Protocol
FastEthernet0          172.16.1.1      YES NVRAM  up                    up
RT1#
RT1#show ip interface brief Enter    ←全インターフェイスの要約情報を表示
Interface              IP-Address      OK? Method Status                Protocol
BRI0                   unassigned      YES NVRAM  administratively down down
BRI0:1                 unassigned      YES unset  administratively down down
BRI0:2                 unassigned      YES unset  administratively down down
FastEthernet0          172.16.1.1      YES NVRAM  up                    up
FastEthernet1          172.16.2.1      YES NVRAM  up                    up
FastEthernet2          unassigned      YES unset  up                    down
FastEthernet3          unassigned      YES unset  up                    down
FastEthernet4          unassigned      YES unset  up                    down
FastEthernet5          unassigned      YES unset  up                    down
FastEthernet6          unassigned      YES unset  up                    down
FastEthernet7          unassigned      YES unset  up                    down
FastEthernet8          unassigned      YES unset  up                    down
FastEthernet9          unassigned      YES unset  up                    down
Vlan1                  unassigned      YES unset  up                    down
RT1#
```

> **試験対策**　インターフェイスの4つの状態は重要です。各状態はどのような場合に該当するか理解しておきましょう。
> ルータインターフェイスのデフォルト（初期状態）では、IP-Addressは「unassigned」、Status/Protocolは「Administratively down down」になっています。

> **注意** Cisco1812固定構成ルータにおける8ポート（FastEthernet2～9）は、VLANサポートのLANスイッチポートです（L2ポートのためIPアドレスの割り当てはできません）。この8ポートに限りデフォルトは有効（no shutdown）で、ケーブルを接続していなくても物理層（Status列）はup、データリンク層（Protocol列）はdown状態になります。

なお、**show protocolsコマンド**を使用すると、インターフェイスの要約情報と有効なルーティドプロトコルを表示できます。

ルーティドプロトコルは、実際にルーティングテーブルを利用するネットワーク層のプロトコルを指します。具体的には、IP、IPX、AppleTalkなどがあります。Ciscoルータでは、ルーティドプロトコルとしてIPのみデフォルトで有効化されています。

構文 ルーティドプロトコルとインターフェイスの要約情報を表示（mode:>、#）
#show protocols [<interface-id>]

【show protocolsコマンドの出力例】

```
RT1#show protocols Enter
Global values:
  Internet Protocol routing is enabled    ←有効化しているルーティドプロトコルは「IP」
BRI0 is administratively down, line protocol is down
BRI0:1 is administratively down, line protocol is down
BRI0:2 is administratively down, line protocol is down
FastEthernet0 is up, line protocol is up    ←インターフェイスの状態を表示
  Internet address is 172.16.1.1/24    ←IPアドレスとプレフィックスを表示
FastEthernet1 is up, line protocol is up
  Internet address is 172.16.2.1/24
FastEthernet2 is up, line protocol is down
FastEthernet3 is up, line protocol is down
FastEthernet4 is up, line protocol is down
FastEthernet5 is up, line protocol is down
FastEthernet6 is up, line protocol is down
FastEthernet7 is up, line protocol is down
FastEthernet8 is up, line protocol is down
FastEthernet9 is up, line protocol is down
Vlan1 is up, line protocol is down
```
↑インターフェイスの要約情報

> **試験対策** show ip interface briefとshow protocolsコマンドは似ています。インターフェイスの要約情報に加えて、ルーティドプロトコルが有効かどうか確認できるのがshow protocolsです。

> **参考　ルーティングテーブルの確認**
>
> ルータのインターフェイスにIPアドレスを割り当ててリンクアップすると、そのインターフェイスに直接接続されているネットワークの情報がルーティングテーブルに自動的に登録されます。ルーティングテーブルを表示するには、show ip routeコマンドを使用します。
>
> ```
> RT1#show ip route[Enter]  ←ルーティングテーブルを表示
> Codes: L - local, C - connected, S - static, R - RIP, M - mobile, B - BGP
>        D - EIGRP, EX - EIGRP external, O - OSPF, IA - OSPF inter area
>        N1 - OSPF NSSA external type 1, N2 - OSPF NSSA external type 2
>        E1 - OSPF external type 1, E2 - OSPF external type 2
>        i - IS-IS, su - IS-IS summary, L1 - IS-IS level-1, L2 - IS-IS level-2
>        ia - IS-IS inter area, * - candidate default, U - per-user static route
>        o - ODR, P - periodic downloaded static route, H - NHRP, l - LISP
>        + - replicated route, % - next hop override
>
> Gateway of last resort is not set
>
>       172.16.0.0/16 is variably subnetted, 4 subnets, 2 masks
> C        172.16.1.0/24 is directly connected, FastEthernet0   ←直接接続ネットワーク
> L        172.16.1.1/32 is directly connected, FastEthernet0   ←インターフェイスのアドレス
> C        172.16.2.0/24 is directly connected, FastEthernet1
> L        172.16.2.1/32 is directly connected, FastEthernet1
> RT1#
> ```
>
> **参照→** ルーティング（314ページ）

7-4 演習問題

1 セットアップモードの説明として正しくないものを選択しなさい。(2つ選択)

- A. ルータを初期化した状態で起動すると、セットアップモードが起動する
- B. ルータを起動したあとでセットアップモードをやり直すことはできない
- C. ルータのコンフィギュレーションレジスタが0x2102のとき、NVRAMの設定を無視してセットアップモードで起動する
- D. NVRAMにstartup-configを一度も保存しないで再起動すると、セットアップモードが起動する
- E. ルータを再起動したときに「Would you like to enter the initial configuration dialog? [yes/no]:」のメッセージが表示された場合、コンフィギュレーションレジスタ値は0x2142の可能性がある

2 Ciscoルータのインターフェイスステータスの説明として正しいものを選択しなさい。

- A. 「administratively down, line protocol is down」は、リンクに何らかの障害が発生したことを示している
- B. FastEthernet0インターフェイスでshutdownコマンドを実行すると、ステータスは「FastEthernet0 is down, line protocol is down」と表示される
- C. 「FastEthernet0 is up, line protocol is down」と表示されるとき、物理層は正常であるがネットワーク層に問題があることを示している
- D. FastEthernet0インターフェイスでno shutdownコマンドを実行し、ステータスが「FastEthernet0 is down, line protocol is down」と表示されるとき、ケーブルが接続されていない可能性がある
- E. 「FastEthernet0 is up, line protocol is up」と表示されるとき、対向デバイスに対するpingは成功する

3 次の図を参照し、ルータのFa0インターフェイスにIPアドレスを設定して通信できるようにするためのコマンドを選択しなさい。

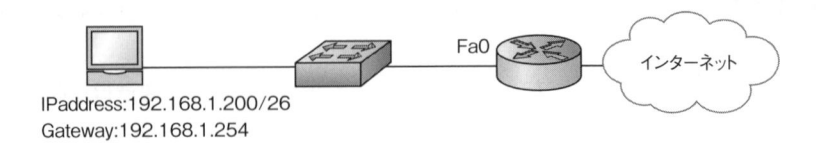

IPaddress:192.168.1.200/26
Gateway:192.168.1.254

A. (config)#interface fastethernet 0
   (config-if)#ip address 192.168.1.200 255.255.255.128
   (config-if)#no shutdown

B. (config)#interface fastethernet 0
   (config-if)#ip address 192.168.1.254 255.255.255.224
   (config-if)#no shutdown

C. (config)#interface fastethernet 0
   (config-if)#ip address 192.168.1.254 255.255.255.192
   (config-if)#shutdown

D. (config)#interface fastethernet 0
   (config-if)#ip address 192.168.1.201 255.255.255.224
   (config-if)#no shutdown

E. (config)#interface fastethernet 0
   (config-if)#ip address 192.168.1.254 255.255.255.192
   (config-if)#no shutdown

4 show versionコマンドで確認できないものを選択しなさい。

A. DRAMの容量
B. インターフェイスの種類と数
C. 稼働中のIOSの格納場所とファイル名
D. コンフィギュレーションレジスタ値
E. CPU使用率
F. システムを起動したときの状況

5 次の出力を参照し、説明が正しいものを選択しなさい。(3つ選択)

```
1   FastEthernet0 is down, line protocol is down
2     Hardware is PQ3_TSEC, address is 001b.5492.76a0 (bia 001b.5492.76a0)
3     Internet address is 172.16.80.255/21
4     MTU 1500 bytes, BW 100000 Kbit/sec, DLY 100 usec,
5        reliability 255/255, txload 1/255, rxload 1/255
6     Encapsulation ARPA, loopback not set
7     Keepalive set (10 sec)
8     Auto-duplex, Auto Speed, 100BaseTX/FX
9     ARP type: ARPA, ARP Timeout 04:00:00
10    Last input never, output never, output hang never
11    Last clearing of "show interface" counters never
12    Input queue: 0/75/0/0 (size/max/drops/flushes); Total output drops: 0
13    Queueing strategy: fifo
14    Output queue: 0/40 (size/max)
15    5 minute input rate 0 bits/sec, 0 packets/sec
16    5 minute output rate 0 bits/sec, 0 packets/sec
17       0 packets input, 0 bytes
18       Received 0 broadcasts (0 IP multicasts)
19       0 runts, 0 giants, 0 throttles
20       0 input errors, 0 CRC, 0 frame, 0 overrun, 0 ignored
21       0 watchdog
22       0 input packets with dribble condition detected
23       0 packets output, 0 bytes, 0 underruns
24       0 output errors, 0 collisions, 0 interface resets
25       0 unknown protocol drops
26       0 babbles, 0 late collision, 0 deferred
27       0 lost carrier, 0 no carrier
28       0 output buffer failures, 0 output buffers swapped out
```

- A. show interfaces fastethernet 1コマンドの出力結果である
- B. サブネットマスクには255.255.252.0を設定している
- C. ネットワークアドレスは172.16.80.0/21である
- D. 二重モードと速度は自動的に選択される
- E. ブロードキャストアドレスは172.16.80.255である
- F. 帯域幅は10Mbpsである
- G. インターフェイス説明文は設定されていない
- H. コリジョンが発生したので、インターフェイスがレイヤ1でダウンしている
- I. インターフェイスは管理的にダウンになっている

7-5 解答

1 B、C

セットアップモードを使用すると、デバイスの基本設定(ホスト名、パスワード、インターフェイスなど)を対話形式で入力することができます。システム起動時にセットアップモードを開始するか確認するためのメッセージ「Would you like to enter the initial configuration dialog? [yes/no]:」は、次の場合に表示されます。

・NVRAM内にstartup-configが存在しないとき(工場出荷時はこの状態)
・コンフィギュレーションレジスタ値を0x2142で起動したとき(E)

ルータの初期化は、NVRAMのstartup-configを消去して再起動する作業を行います。このとき、セットアップモードが起動します(A)。
初期状態(工場出荷時)では、NVRAMにstartup-configは存在しないため、管理者が一度も保存しないで再起動した場合はセットアップモードが起動します(D)。
ルータのコンフィギュレーションレジスタ値が0x2142の場合、起動時にNVRAMの設定は無視されます。そのため、セットアップモードが起動します。選択肢Cは0x2102と説明しているため誤りです。
特権EXECモードで「setup」と入力して実行すれば、何度でもセットアップモードを開始することができます(B)。

参照 → P286

2 D

インターフェイスのステータス(状態)は、show interfacesコマンドの1行目などに出力されます。カンマ(,)を挟んで左側は「物理層レベルの状態」、右側は「データリンク層レベルの状態」を表しています(C)。
「line protocol is up」は、データリンク層までの通信が可能であることを示しています。line protocolはインターフェイスにIPアドレスを割り当てていない場合でもアップします。したがって、ネットワーク層以上の通信が可能かどうかは、pingなどで接続性を確認してみないとわかりません(E)。
Ciscoルータの物理インターフェイスは、デフォルトでshutdown(無効化)されています。このとき、インターフェイスステータスは「administratively down, line protocol is down」であり、管理的に無効化している状態を示しています(A)。インターフェイスをno shutdownコマンドで有効化したときにローカル(自身)のステータスが「FastEthernet0 is down, line protocol is

down」になる場合、物理層は正しく動作していません。この場合、物理的にケーブルが接続されていない(または接続先機器の電源が入っていない)可能性があります(**D**)。

参照 → P303

3 E

ルータのインターフェイスに対するIPアドレスの設定は、次のコマンドを使用します。

・インターフェイスの設定モードへ移行
   (config)#**interface** <interface-id>
・IPアドレスの設定
   (config-if)#**ip address** <ip-address> <subnet-mask>
・インターフェイスの有効化
   (config-if)#**no shutdown**
   (すでにno shutdown(有効化)している場合は不要)

選択肢はすべて適切にFa0インターフェイスコンフィギュレーションモードへ移行し、ip addressコマンドの構文にも問題はありません。図を参照すると、Fa0インターフェイスのサブネット上にPCが接続されています。PCにはすでに、IPアドレスとデフォルトゲートウェイが設定されています。PCのデフォルトゲートウェイ「192.168.1.254」は、ルータのFa0インターフェイスのIPアドレスになります。よって、選択肢AとDは不正解です。
また、サブネットマスクはPCと同じ「/26」でなければなりません。プレフィックス長「/26」のサブネットマスクは、255.255.255.192になります(B、**E**)。
Cはshutdownコマンドでインターフェイスを無効化しているため、不正解です。

参照 → P183、287、294

4 E

show versionコマンドでは、ルータで稼働しているIOS(C)、インターフェイス(B)やメモリ(A)などのハードウェアに関する情報や、システムの起動状況(F)、コンフィギュレーションレジスタ値(D)などが確認できます。CPU使用率の確認には、show processesコマンドを使用します。show versionコマンドでは表示できません(**E**)。

参照 → P295

5 C、D、G

1行目に「FastEthernet0 is」とインターフェイス名が表示されているので、show interfaces fastethernet 0コマンドの出力結果だとわかります(A)。「FastEthernet」の部分が表示されていなくても、帯域幅(BW)とカプセル化タイプを見て判断できるようにしてください。イーサネットインターフェイスの場合、6行目のカプセル化は「Encapsulation **ARPA**」になります。
「down, line protocol is down」から、インターフェイスは物理層(レイヤ1)でダウンしています。この状態には、次の原因が考えられます。

- インターフェイスが故障している
- 物理的にケーブルが接続されていない、または接続先機器の電源が入っていない
- 接続先のデバイス側でインターフェイスが管理的に無効(shutdown)になっている

コリジョンが発生するとスループットが低下して輻輳することがありますが、24行目の「0 collisions」からコリジョンは発生していないことがわかります(H)。また、管理的にダウン(無効)しているときは「**administratively down**, line protocol is down」と表示されます(I)。
3行目の「172.16.80.255/21」は、ip address 172.16.80.255 **255.255.248.0** コマンドでIPアドレスを設定していることがわかります(B)。このときの、ネットワークアドレスとブロードキャストアドレスは次のとおりです。

- ネットワークアドレス：172.16.**80**.0/21(**C**)
  ※「/21」第3オクテットが8ごとにサブネットは増加
- ブロードキャストアドレス：172.16.**87**.255/21(E)
  ※次のサブネットは172.16.**88**.0/21

4行目の「BW 100000 Kbit/sec」から、帯域幅は100Mbpsに設定されていることがわかります(F)。これは、FastEthernetのデフォルト値です。
8行目に「Auto-duplex, Auto Speed」とあるため、二重モードと速度はオートネゴシエーション機能によって自動的に選択されています(D)。イーサネットインターフェイスのデフォルトは「auto」です。
インターフェイス説明文を設定している場合、2行目と3行目の間に「Description:〜」の行が挿入されます。この出力では表示されていないため、インターフェイス説明文は設定されていません(**G**)。

参照 → P183、299

第8章

ルーティングの基礎

8-1 ルーティング
8-2 スタティックルーティング
8-3 ダイナミックルーティング
8-4 経路集約
8-5 メトリックとアドミニストレーティブディスタンス
8-6 演習問題
8-7 解答

8-1 ルーティング

ルータはネットワークを相互接続し、パケットを中継するレイヤ3デバイスです。パケットを中継する際には、宛先IPアドレスを基にルーティングテーブルを参照して最適経路を選択します。ルーティングはルータの主要機能であり、IPネットワークを理解するには、ルーティングの知識が不可欠です。

ルーティング

ルーティングとは、パケットを宛先ホストに届けるために最適な経路を選択して転送するプロセスのことです。ルータはパケットを転送するためにルーティングテーブルを使用します。**ルーティングテーブル**とは、受信したパケットを次にどこへ転送すべきかを決定するための経路情報を保持しているデータ構造です。ルータは、受信したパケットに含まれる宛先IPアドレスとルーティングテーブルを使ってルーティングします。

●ルーティングテーブルの学習方法

ルータがルーティングテーブルに経路情報を学習する方法には、次の3つがあります。

・直接接続ルートを使用する方法
・スタティックルートを使用する方法
・ダイナミックルートを使用する方法

直接接続ルートは、ルータに直接接続されているネットワークのことです。インターフェイスにIPアドレスとサブネットマスクを設定することによって、自動的にルーティングテーブルに登録されます。これによって、ルータに直結しているネットワーク間のパケット転送が可能になります。

一方、ルータに直接接続されていないリモートネットワークの経路情報には、管理者が手動で設定する**スタティックルート**と、ルータで動作するルーティングプロトコル[*]によって自動的にルーティングテーブルに登録される**ダイナミックルート**があります。

●ルーティングテーブルの表示

正しくルーティングするために、管理者はネットワークの状態に応じてルーティングテーブルを調整し管理する必要があります。

ルーティングテーブルの表示には、**show ip route**コマンドを使用します。

構文 ルーティングテーブルの表示（mode：>、#）
#show ip route

【show ip routeコマンドの出力例】

```
RT1#show ip route [Enter]
Codes: L - local, C - connected, S - static, R - RIP, M - mobile, B - BGP
       D - EIGRP, EX - EIGRP external, O - OSPF, IA - OSPF inter area
       N1 - OSPF NSSA external type 1, N2 - OSPF NSSA external type 2
       E1 - OSPF external type 1, E2 - OSPF external type 2          ─ コード情報
       i - IS-IS, su - IS-IS summary, L1 - IS-IS level-1, L2 - IS-IS level-2
       ia - IS-IS inter area, * - candidate default, U - per-user static route
       o - ODR, P - periodic downloaded static route, H - NHRP, l - LISP
       + - replicated route, % - next hop override

Gateway of last resort is not set   ←①

②
↓     172.16.0.0/16 is variably subnetted, 5 subnets, 2 masks   ←③
C        172.16.1.0/24 is directly connected, FastEthernet0   ←④
L        172.16.1.1/32 is directly connected, FastEthernet0   ←⑤
C        172.16.2.0/24 is directly connected, FastEthernet1
L        172.16.2.1/32 is directly connected, FastEthernet1
D        172.16.3.0/24 [90/30720] via 172.16.2.2, 00:00:43, FastEthernet1   ←⑥
                        ⑦   ⑧  ⑨         ⑩           ⑪           ⑫
S     192.168.1.0/24 [1/0] via 172.16.2.2
```

　出力の最初には、経路の情報源を説明するためのコード情報が表示されます。そのあとに実際に学習された経路情報が表示されます。ルーティングテーブルに登録されている各ルートには、次の情報が含まれます。

① デフォルトルート[※1]（ラストリゾートゲートウェイ[*]）の情報：「not set」はデフォルトルートが存在しないことを表している。デフォルトルートが存在する場合にはネクストホップアドレス[※2]が表示される

② 経路情報の情報源（種類）を示すコード：経路情報をどのようにして取得したかを示す情報源をコードで表している。直接接続ルートの場合は「C」、ローカルルートは「L」、スタティックルートは「S」、EIGRP[※3]は「D」が表示される

[※1] 【デフォルトルート】default route：ルーティングテーブルに明示的に登録されていないネットワーク宛のパケットを受信したときに使用される経路

[※2] 【ネクストホップアドレス】next-hop address：受信パケットを宛先ネットワークへ転送するために、次にパケットを転送する隣接ルータのIPアドレスのこと

[※3] 【EIGRP】（イーアイジーアールピー）Extended Interior Gateway Routing Protocol：ディスタンスベクター型のIGRPを拡張したシスコ独自のルーティングプロトコル。EIGRPにはリンクステートのいくつかの機能が備わっている

③ サブネット情報：172.16.0.0/16は、2種類のマスク長で5個のサブネット情報を学習していることを示している
④ 直接接続ネットワーク：インターフェイスに直接接続されているネットワークの情報
⑤ ローカルアドレス：インターフェイスに割り当てたIPアドレス/32のローカルアドレス（ホストルート）の情報
⑥ ダイナミックルート：ルーティングプロトコル（EIGRP）によって動的に学習したダイナミックルートの情報
⑦ 宛先ネットワーク：宛先ネットワークアドレスとサブネットマスク（プレフィックス長）
⑧ アドミニストレーティブディスタンス*値：同じネットワークに対して複数のソース（情報源）がある場合に使用される管理値。ディスタンス値の小さいソースからのルート情報を信頼し、ルーティングテーブルに学習する（詳細は後述）   [AD値]
⑨ メトリック*値：最適経路を選択する際に基準となる値。同じ宛先ネットワークに対して複数の経路があるとき、メトリック値が最小の経路を選択する（詳細は後述）
⑩ ネクストホップアドレス：パケットを宛先ホストに届けるため、次のパケットを転送する隣接ルータのIPアドレス。「via」は「〜経由で」という意味を持つため、「via 172.16.2.2」の場合、宛先ネットワークへは172.16.2.2を経由して転送されることを示している
⑪ 経過時間：最後にアップデート（経路情報）を受信してから経過した時間
⑫ インターフェイス：宛先ネットワークにパケットを転送する際の出力インターフェイス。アップデートを受信したインターフェイスが出力インターフェイスとなる

　経路情報は、各インターフェイスの状態がデータリンク層のレベルでアップしていると表示されます。リンク障害やshutdownコマンドを実行すると、そのインターフェイスに関連する経路情報は自動的にルーティングテーブルから消去されます。
　ルータは、受信したパケットを転送するための経路情報がルーティングテーブルに学習されていない場合には、そのパケットを破棄し、パケットの送信元にICMPの宛先到達不能(Destination Unreachable)メッセージで通知します。

試験対策
ルーティングは、ルータの最も基本的な動作です。
ルーティングテーブルを正確に読み取れるようにしておくことが重要です。

試験対策
ルータはパケットを転送する際、レイヤ2アドレスを(イーサネットではFCSも)書き換えます(レイヤ3アドレスの書き換えは行わないので注意)。そのため、ルータはネクストホップアドレスに対するレイヤ2アドレスを検索します。

8-2 スタティックルーティング

ルータに直接接続されていない宛先ネットワークの場合、スタティックルートかダイナミックルートを使用してルーティングを行います。スタティックルートを使用したルーティングのことを、スタティックルーティングといいます。

スタティックルート

スタティックルートとは、管理者が手動で設定した経路情報のことです。ルーティングテーブルに登録されたスタティックルートは、ほかのルータに通知されないため、帯域を消費せず、ルータの負荷を最小限に抑えることができます。

しかしスタティックルートは、ネットワークの状態に変更があった場合でも別の有効な経路に自動的に切り替わることはなく、管理者が手動で経路情報を変更する必要があります。1つの宛先ネットワークに対する経路が複数存在する場合には、管理者に負荷がかかります。

スタティックルートは、一般に次のような理由で使用されます。

・メモリやCPUなどのシステムリソースに制限がある場合
・スタブネットワーク[※4]の場合
・デフォルトルートを使用する場合
・宛先へのダイナミックルートがない場合
・ISPから顧客の内部ネットワークへの経路が必要な場合
・ルーティングプロトコルの適用が困難な場合
・ダイヤルアップ[※5]接続の場合

ルーティングテーブルにスタティックルートを登録するには、**ip route**コマンドを使用します。スタティックルートは1台のルータに複数設定することが可能です。不要なスタティックルートを削除するには、no ip routeコマンドを使用して削除したいアドレスとサブネットマスクを指定します。

※4 【スタブネットワーク】stub network：外部ネットワークへの接続が1つしかない末端のネットワークのこと。スタブとは「(木の)切り株」という意味を持ち、これ以上は枝分かれしない「端っこ」のネットワークを指す。一般にスタブネットワーク上のルータは、デフォルトルートによってパケットを大規模ネットワーク側へ転送する

※5 【ダイヤルアップ】dial-up：インターネットや社内LANに接続する際に、電話回線やISDN回線などの公衆回線とモデムを使ってプロバイダに電話をかけて接続する方法のこと

第8章 ルーティングの基礎

構文 スタティックルートの設定

```
(config)#ip route <address> <mask> {<next-hop>|<interface>}
[<distance>] [ permanent ]
```

- address…………宛先のネットワークアドレスまたはIPアドレス
- mask……………宛先のサブネットマスク
- next-hop ………パケットを次に中継するルータ(ネクストホップルータ)のIPアドレス
- interface ………パケットをネクストホップルータに中継するための出力インターフェイス
- distance ………アドミニストレーティブディスタンス値(オプション)。デフォルトは1
- permanent ……インターフェイスがダウンしても、経路情報がルーティングテーブルから削除されないようにするときに指定(オプション)

参照→「8-5 メトリックとアドミニストレーティブディスタンス」(334ページ)

スタティックルートの設定には、次の2種類の方法があります。

- 宛先ネットワークに対して、**ネクストホップアドレス**を指定
- 宛先ネットワークに対して、**出力インターフェイス**を指定

●ネクストホップアドレスを指定

指定したネクストホップアドレスに到達可能な経路情報を学習していれば、ルーティングテーブルに登録されます。一般的に使用される形式です。

●出力インターフェイスを指定

登録した経路情報は「直接接続ルート」として認識されます。指定したインターフェイスがリンクアップとなっていれば、ルーティングテーブルに登録されます。

この形式はシリアルインターフェイスをポイントツーポイントで接続している場合に使用されます(イーサネットインターフェイスでの使用は推奨されていません)。

注意 出力インターフェイスを指定した場合、その経路情報は直接接続されていないにもかかわらず「直接接続ルート」として扱われます。直接接続ルートの場合、ルータはパケットの宛先アドレスに対するMACアドレスを調べるためのARPリクエストを送信します。隣接ルータがProxy-ARP[※6]によってTarget-IPアドレスのMACアドレスの代わりに自身のMACアドレスを返すことで通信が可能になりますが、パケットの宛先に対するARPエントリが順次作成され、結果としてARPテーブルサイズが大きくなってしまうことがあります。このような問題を回避するため、特別な理由がない限り、イーサネットのようなブロードキャストメディアの場合はネクストホップアドレスを指定する形式を使用します。

※6 **[Proxy-ARP]**(プロキシエーアールピー):代理ARP。ARP要求をホストに代わって、ルータが自身のMACアドレスを返答するルータ機能のひとつ

スタティックルートの設定例を以下に示します。

【スタティックルートの設定例】

```
           シリアルポイントツーポイントリンク
   Fa0/0      S0/0/0              S0/0/1      Fa0/0
172.16.1.1/24 RT1 172.16.12.1/24  172.16.12.2/24 RT2 172.16.2.2/24
```

ネクストホップアドレスを指定したスタティックルート
RT1(config)#ip route 172.16.2.0 255.255.255.0 172.16.12.2
　　　　　　　　　　　　　　　　　　　　　　　　ネクストホップアドレス

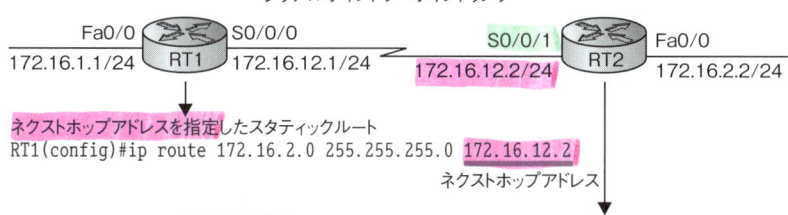

出力インターフェイスを指定したスタティックルート
RT2(config)#ip route 172.16.1.0 255.255.255.0 serial 0/0/1
　　　　　　　　　　　　　　　　　　　　　　　　出力インターフェイス
　　　　　　　　　　　　　　　　　　　　　　　　（ローカルのインターフェイス）

【RT1のルーティングテーブル】

```
RT1#show ip route Enter
Codes: L - local, C - connected, S - static, R - RIP, M - mobile, B - BGP
       D - EIGRP, EX - EIGRP external, O - OSPF, IA - OSPF inter area
       N1 - OSPF NSSA external type 1, N2 - OSPF NSSA external type 2
       E1 - OSPF external type 1, E2 - OSPF external type 2
       i - IS-IS, su - IS-IS summary, L1 - IS-IS level-1, L2 - IS-IS level-2
       ia - IS-IS inter area, * - candidate default, U - per-user static route
       o - ODR, P - periodic downloaded static route, H - NHRP, l - LISP
       + - replicated route, % - next hop override

Gateway of last resort is not set

      172.16.0.0/16 is variably subnetted, 5 subnets, 2 masks
C        172.16.1.0/24 is directly connected, FastEthernet0/0
L        172.16.1.1/32 is directly connected, FastEthernet0/0
S        172.16.2.0/24 [1/0] via 172.16.12.2     ←スタティックルート
C        172.16.12.0/24 is directly connected, Serial0/0/0
L        172.16.12.1/32 is directly connected, Serial0/0/0
```

【RT2のルーティングテーブル】

```
RT2#show ip route [Enter]
＜途中省略＞
Gateway of last resort is not set

     172.16.0.0/16 is variably subnetted, 5 subnets, 2 masks
S       172.16.1.0/24 is directly connected, Serial0/0/1   ←スタティックルート
C       172.16.2.0/24 is directly connected, FastEthernet0/0
L       172.16.2.2/32 is directly connected, FastEthernet0/0
C       172.16.12.0/24 is directly connected, Serial0/0/1
L       172.16.12.2/32 is directly connected, Serial0/0/1
```

> **試験対策**
> スタティックルートを設定するときの、2つの指定方法の違いを明確に理解しておきましょう。
> ・IPアドレスを指定するとき　……　ネクストホップアドレス(リモートルータのIPアドレス) 相手
> ・インターフェイスを指定するとき　……　出力インターフェイス(自身のインターフェイス)

● デフォルトルート

デフォルトルートは、ルーティングテーブルに明示的に登録されていないネットワーク宛のパケットを転送する際に使用する経路情報です。デフォルトルートを使用すると、ルーティングテーブルの情報を小さくすることができます。

デフォルトルートは、一般に次のような理由で使用されます。

・メモリやCPUなどのシステムリソースに制限がある場合
・支社から本社へのルーティング
・スタブネットワークのルータ　　stub＝末端、切り株
・インターネット接続をしているルータ
・特定のネットワークを学習することが望ましくないトポロジの場合

ルーティングテーブルにデフォルトルートを登録する場合にも、**ip route**コマンドを使用します。その際、宛先アドレスとサブネットマスクに0.0.0.0を指定します。デフォルトルートのエントリには情報源を示すコードにアスタリスク(*)のマークが付きます。また、デフォルトルートで指定されたネクストホップを**ラストリゾートゲートウェイ***といい、ルーティングテーブルに表示されます。

> **構文** デフォルトルートの設定
>
> (config)#ip route 0.0.0.0 0.0.0.0 {<next-hop>|<interface>}

> **注意** ip default-gatewayコマンドは、ルータでno ip routingを実行し、IPルーティング機能が無効になっている場合に使用します。L2スイッチの場合はルーティング機能がないため、ip default-gatewayコマンドを使用してデフォルトゲートウェイを設定します。

デフォルトルートの設定例を次に示します。

支社ルータ(RT2)は、スタブネットワークと本社ルータ(RT1)を接続しています。支社ルータは、本社にある複数のネットワーク宛のパケットを転送するため、デフォルトルートを設定しています。その結果、RT2のルーティングテーブルには0.0.0.0/0の経路情報が次のように登録されます。

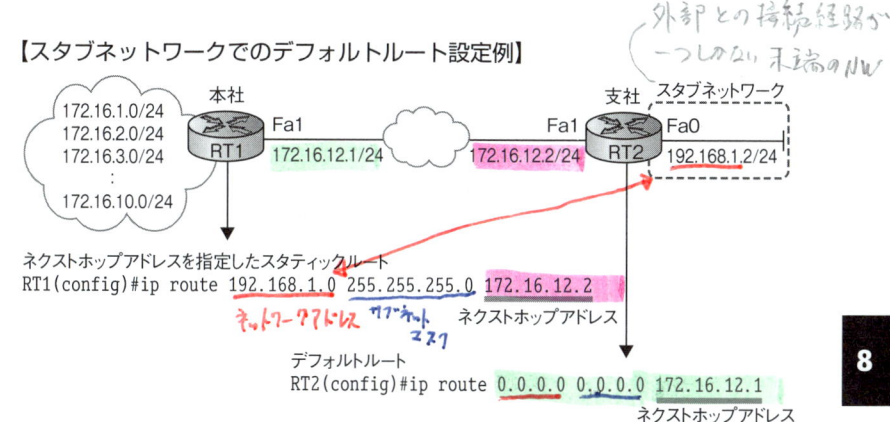

【スタブネットワークでのデフォルトルート設定例】

```
ネクストホップアドレスを指定したスタティックルート
RT1(config)#ip route 192.168.1.0 255.255.255.0 172.16.12.2
                                                ネクストホップアドレス

デフォルトルート
RT2(config)#ip route 0.0.0.0 0.0.0.0 172.16.12.1
                                     ネクストホップアドレス
```

321

【RT2のルーティングテーブル】

```
RT2#show ip route [Enter]
Codes: L - local, C - connected, S - static, R - RIP, M - mobile, B - BGP
       D - EIGRP, EX - EIGRP external, O - OSPF, IA - OSPF inter area
       N1 - OSPF NSSA external type 1, N2 - OSPF NSSA external type 2
       E1 - OSPF external type 1, E2 - OSPF external type 2
       i - IS-IS, su - IS-IS summary, L1 - IS-IS level-1, L2 - IS-IS level-2
       ia - IS-IS inter area, * - candidate default, U - per-user static route
       o - ODR, P - periodic downloaded static route, H - NHRP, l - LISP
       + - replicated route, % - next hop override

Gateway of last resort is 172.16.12.1 to network 0.0.0.0   ←ラストリゾートゲートウェイ

デフォルトルートを示す
↓
S*     0.0.0.0/0 [1/0] via 172.16.12.1     ←登録されたデフォルトルート
       172.16.0.0/16 is variably subnetted, 2 subnets, 2 masks
C         172.16.12.0/24 is directly connected, FastEthernet1
L         172.16.12.2/32 is directly connected, FastEthernet1
       192.168.1.0/24 is variably subnetted, 2 subnets, 2 masks
C         192.168.1.0/24 is directly connected, FastEthernet0
L         192.168.1.2/32 is directly connected, FastEthernet0
```

> **試験対策** 支社側がスタブネットワークの場合、本社ネットワークへの最も簡単なルーティング方法は、デフォルトルートの設定です。

インターネット上には膨大なネットワークが存在しているため、すべてのエントリをルーティングテーブルに登録するのは現実的ではありません。

次の図のように、インターネットへの接続を1つしか持たないルータに対してデフォルトルートを設定すると、ルーティングテーブルには企業の内部ネットワークの経路情報だけを登録しておけば済むため、ルーティングテーブルのエントリ数を減らすことができます。

8-2 スタティックルーティング

【インターネット接続ルータでのデフォルトルート設定例】

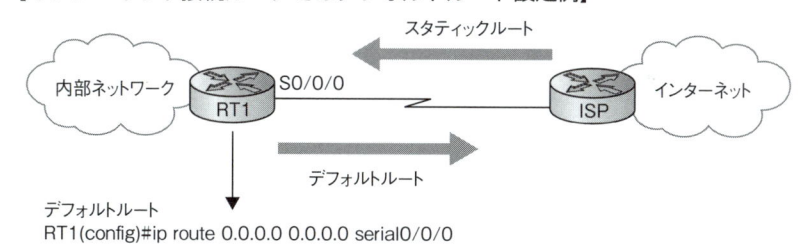

```
デフォルトルート
RT1(config)#ip route 0.0.0.0 0.0.0.0 serial0/0/0
```

デフォルトルートは、ルーティングアップデートによって内部ネットワークにあるすべてのルータに伝搬し、ルーティングテーブルに登録することも可能です。ルーティングプロトコルがデフォルトルートを伝搬する方法は、プロトコルによって異なります。

> **試験対策**
> ・ISP(または大規模ネットワーク)側 ……… スタティックルートを設定
> ・顧客(またはスタブネットワーク)側 …… デフォルトルートを設定

● ロングストマッチ(最長一致)

　　ルーティングの際に、パケットの宛先IPアドレスに該当する経路情報がルーティングテーブルに複数ある場合、通常は宛先ネットワークアドレスと一致するビットの並びが最も長い(先頭から最も長く一致する)経路情報を選択します。この規則のことをロングストマッチ(最長一致)といいます。
　　次のようなルーティングテーブルを持つルータで、いくつか例を示します。

【ルーティングテーブル】

経路	宛先ネットワーク	ネクストホップ	宛先ネットワーク(2進数表記)
A	172.16.0.0/16	via 192.168.1.2	10101100.00010000.00000000.00000000
B	172.16.1.0/24	via 192.168.2.2	10101100.00010000.00000001.00000000
C	172.16.1.32/27	via 192.168.3.2	10101100.00010000.00000001.00100000
D	172.16.1.80/30	via 192.168.4.2	10101100.00010000.00000001.01010000
E	0.0.0.0/0	via 192.168.5.2	00000000.00000000.00000000.00000000

※ 下線は完全一致が必要な部分

323

① 受信パケットの宛先IPアドレスが172.16.1.60の場合 ⇒ C

172.16.1.60は、ネットワーク172.16.1.32/27の範囲（172.16.1.32～172.16.1.63）に属しています。A経路とB経路の範囲にも属しますが、ルーティングテーブル内でプレフィックス長が最も長いのは「/27」なので、C経路を選択してパケットを192.168.3.2へ転送します。

172.16.1.60は2進数表記にすると、**10101100.00010000.00000001.001**11100です。プレフィックス長「/27」と同じ先頭から27ビットの並びが一致しています。

② 受信パケットの宛先IPアドレスが172.16.2.32の場合 ⇒ A

172.16.2.32は、ネットワーク172.16.0.0/16の範囲（172.16.0.0～172.16.255.255）に属しているため、A経路を選択してパケットを192.168.1.2へ転送します。

172.16.2.32は2進数表記にすると、**10101100.00010000**.00000010.00100000です。プレフィックス長「/16」と同じ先頭から16ビットの並びが一致しています。

③ 受信パケットの宛先IPアドレスが172.17.1.1の場合 ⇒ E

172.17.1.1は、ネットワーク0.0.0.0/0の範囲（0.0.0.0～255.255.255.255）に属しているため、E経路（デフォルトルート）を選択してパケットを192.168.5.2へ転送します。

172.17.1.1は2進数表記にすると、10101100.00010001.00000001.00000001です。プレフィックス長「/0」と同じ先頭から0ビットの並びが一致しています（全ビット不一致）。

試験対策　パケットを転送する際にどの経路を選択するかは、「プレフィックス長の長い方」を優先します。つまり、プレフィックス長（サブネットマスク）で決定します。

8-3 ダイナミックルーティング

ルーティングプロトコルによって動的に学習されたダイナミックルートを使用したルーティングのことを、ダイナミックルーティングといいます。本節では、代表的なルーティングプロトコルによるダイナミックルーティングの特徴を説明します。

ダイナミックルート

ダイナミックルートとは、ルーティングプロトコルによって動的にルーティングテーブルに学習される経路情報のことです。ルータでルーティングプロトコルを有効にすると、経路に関する情報をほかのルータと交換します。各ルータは受信した情報を基に最適経路を選択し、それをルーティングテーブルに学習します。また、リンク障害などでトポロジに変化があった場合には、変更情報をルータ間で通知し合ってルーティングテーブルを更新します。

ダイナミックルーティングでは、自動的にルーティングテーブルの保守が行われるため、管理者の負荷を大幅に削減でき、規模の大きなネットワークでは特に効果的です。

しかし、ダイナミックルートはスタティックルートに比べるとルータのメモリやCPUへの負荷がかかり、定期的にルーティングプロトコルのパケットをやり取りするため、帯域幅も消費されます。また、当然のことですが、管理者にはルーティングプロトコルを使用するための専門的な知識が要求されます。

ルーティングプロトコルの種類

ルーティングプロトコルにはいくつかの種類があります。管理者は、ネットワークの規模やトポロジ、ルーティングデバイス（機種）などに応じて適切なルーティングプロトコルを選択できるよう、各プロトコルの特徴を理解しておく必要があります。

ここでは、次の3つの分類からルーティングプロトコルの特徴を説明しています。

・IGPとEGP
・ルーティングアルゴリズム
・クラスフルルーティングとクラスレスルーティング

●IGPとEGP

ルーティングプロトコルは、IGPかEGPに大別できます。**IGP**はAS内部のルーティングに使用され、**EGP**はAS間でのルーティングに使用されるルーティングプロトコルです。

・IGP（Interior Gateway Protocol）……… AS内のルーティングに使用する
・EGP（Exterior Gateway Protocol）…… AS間でのルーティングに使用する

AS（Autonomous System）とは、同じ運用ポリシーのもとで動作するネットワークの集合（またはルータの集合）のことで、**自律システム**とも呼ばれています。ASによって、大きなネットワークを小さく分割することで管理が容易になるわけです。

インターネットは、各ASを大規模なISP（インターネットサービスプロバイダ）や企業によって形成し、ASを相互に接続することで構成されています。

【IGPとEGP】

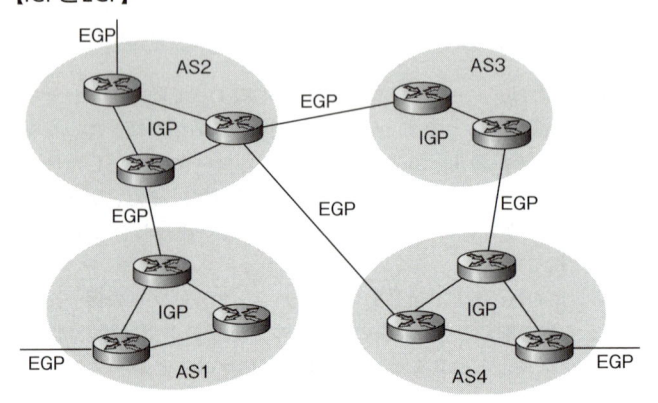

代表的なルーティングプロトコルをIGPとEGPに分類すると次のようになります。

・IGP …………………… RIP[※7]、OSPF[※8]、EIGRP、IS-IS[※9]
・EGP …………………… BGP[※10]

◎ BGPについては、CCENTの範囲を超えるため本書ではこれ以上説明していません。

※7 【RIP】（リップ）Routing Information Protocol：UDP/IP 上で動作するディスタンスベクター型のルーティングプロトコル。ホップ数を基に宛先ネットワークの最適経路を判断し、比較的小規模なネットワークで使用される

※8 【OSPF】（オーエスピーエフ）Open Shortest Path First：TCP/IPネットワークで使用されるリンクステート型のルーティングプロトコル。エリアによる階層構造によって、大規模ネットワークで使用可能。メトリックはコストを使用

※9 【IS-IS】（アイエスアイエス）Intermediate System to Intermediate System：OSIプロトコルスイートのリンクステート型のルーティングプロトコル。TCP/IPネットワーク上で使用できるように改良された「Integrated IS-IS」もあるが、OSPFが主流であり、ほとんど使用されていない

※10 【BGP】（ビージーピー）Border Gateway Protocol：インターネットにおいてISP間の相互接続時に経路情報をやり取りするために使われるEGPルーティングプロトコル。BGPは一般的に2つ以上の自律システム（AS）と接続する場合に使用する。現在はBGP4（BGP version4）が使用されている

●IGPのルーティングアルゴリズムによる分類

ルーティングプロトコルはルーティングアルゴリズムの違いにより、次のいずれかに分類できます。

・ディスタンスベクター……RIP、IGRP※11、EIGRP（拡張ディスタンスベクター）
・リンクステート　…………OSPF、IS-IS

<mark>ディスタンスベクター型</mark>は、ルーティングテーブルの情報を交換し、<mark>距離（Distance）と方向（Vector）</mark>に基づいて最適経路を決定する方式です。ここでいう方向とは、ネクストホップのことを指します。つまり、受信したパケットが宛先に到着するために、「どれだけの距離（ホップ数）が必要か」、「どのネクストホップ（ルータ）を経由するか」を基準にして最適経路を選択します。この方式は、考案者の名前からベルマンフォードアルゴリズムと呼ばれています。

<mark>リンクステート型</mark>は、各ルータが持つインターフェイスの<mark>リンク（Link）の状態（State）を交換</mark>し、そのリンク情報に基づいて最適経路を決定する方式です。各ルータはネットワーク全体のトポロジを把握し、SPF※12と呼ばれるアルゴリズムを使用して宛先ごとの最適経路を計算します。

EIGRPは、ディスタンスベクター型のルーティングプロトコルであるIGRPにリンクステートの機能を取り入れたものです。そのため、329ページの表に示したようにハイブリッド型または拡張ディスタンスベクター型に分類されることがあります。

●クラスフルルーティングとクラスレスルーティング

ルーティングプロトコルは、経路情報をアドバタイズ（通知）する際にサブネットマスクを含めるかどうかにより、次のように分類できます。

・クラスフルルーティングプロトコル ……　サブネットマスクを含まない
　　　　　　　　　　　　　　　　　　　　（RIPv1、IGRP）
・クラスレスルーティングプロトコル ……　サブネットマスクを含む
　　　　　　　　　　　　　　　　　　　　（RIPv2、EIGRP、OSPF、IS-IS）

<mark>クラスフルルーティングプロトコル</mark>では、サブネットマスクを通知しないため、受

※11 【IGRP】(アイジーアールピー)Interior Gateway Routing Protocol：シスコ独自のディスタンスベクター型ルーティングプロトコル。メトリックに帯域幅と遅延を使用し、定期的にルーティングテーブルの情報をブロードキャストでアップデート送信する。現在はIGRPを拡張したEIGRP（Enhanced IGRP）が使用されている
※12 【SPF】(エスピーエフ)Shortest Path First：リンクステート型ルーティングプロトコルにおいて、各ルータがLSDB（Link State DataBase）を基に最短パスを算出するためのアルゴリズム。ダイクストラアルゴリズムとも呼ばれる

信側のルータで経路情報にサブネットマスクを付加してルーティングテーブルに学習します。このとき、どのようなマスク長にするかは、次の規則によって決定しています。

・同じクラスフルアドレスの場合 …… 受信インターフェイスのサブネットマスクを使用
・異なるクラスフルアドレスの場合…… デフォルトのサブネットマスクを使用

クラスフルアドレスとは、クラスA、B、Cの概念に基づいたネットワークアドレスを指します。同じクラスフルアドレスから派生した経路情報を受信した場合、受信インターフェイスに割り当てられているサブネットマスクを使用します。そのため、クラスフルルーティングプロトコルを利用する場合、1つのネットワークアドレスから派生するサブネットは、マスク長を固定して割り当てる必要があり、VLSMによってIPアドレスを効率的に使用することはできません。

参照 →「4-4 VLSM」(186ページ)

【同じクラスフルアドレスの場合の例】

①172.16.1.0を通知（サブネットマスクなし）
②Fa1インターフェイスのサブネットマスクで学習

RIPv1
172.16.1.0

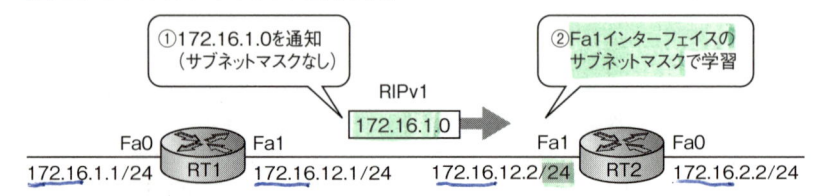

Fa0　　　Fa1　　　　　　　　　　　　Fa1　　　Fa0
172.16.1.1/24　RT1　172.16.12.1/24　172.16.12.2/24　RT2　172.16.2.2/24

RT1のルーティングテーブル
172.16.1.0/24　connected　Fa0
172.16.12.0/24　connected　Fa1

RT2のルーティングテーブル
172.16.2.0/24　connected　Fa0
172.16.12.0/24　connected　Fa1
172.16.1.0/24　172.16.12.1　Fa1

　クラスフルルーティングプロトコルの場合、クラスフルネットワーク*の境界では、通知する経路情報をクラス単位に自動集約します。この経路情報を受信したルータは、クラスA、B、Cに基づいたサブネットマスク(ナチュラルマスク*)を使用してルーティングテーブルに学習します。

8-3 ダイナミックルーティング

【異なるクラスフルアドレスの場合の例】

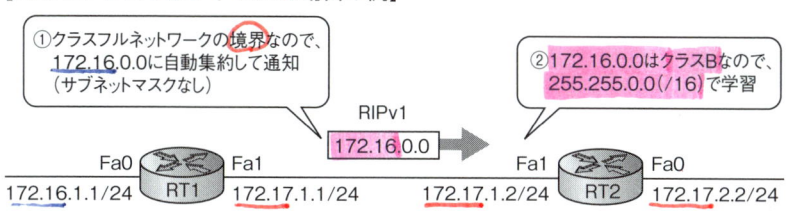

①クラスフルネットワークの境界なので、172.16.0.0に自動集約して通知（サブネットマスクなし）

②172.16.0.0はクラスBなので、255.255.0.0(/16)で学習

RIPv1
172.16.0.0

Fa0　　Fa1　　　　　　　　　　Fa1　　Fa0
172.16.1.1/24　RT1　172.17.1.1/24　　172.17.1.2/24　RT2　172.17.2.2/24

RT1のルーティングテーブル

```
172.16.1.0/24    connected   Fa0
172.17.1.0/24    connected   Fa1
```

RT2のルーティングテーブル

```
172.17.1.0/24    connected   Fa1
172.17.2.0/24    connected   Fa0
172.16.0.0/16    172.17.1.1  Fa1
```

参照➡「8-4 経路集約」(330ページ)

📖 参考　ルーティングアルゴリズムの比較

各ルーティングアルゴリズムの特徴を次の表にまとめます。

【ルーティングアルゴリズムの特徴】

	ディスタンスベクター	リンクステート	ハイブリッド
最適経路の決定	距離と方向	リンク情報	距離と方向
アルゴリズム	ベルマンフォード[※13]	SPF	DUAL[※14]
コンバージェンス[※15]	遅い	速い	非常に速い
ルータの負荷	小	大	小
ルーティングプロトコル	RIP、IGRP	OSPF、IS-IS	EIGRP

※ IGRPはEIGRPへと拡張され、現在は使用されていない

◎ IS-ISについては、CCNA Routing and Switchingの範囲を超えるため本書ではこれ以上説明していません。

※13 【ベルマンフォード】Bellman-Ford：最適経路を選択するために、経路中のホップカウントを繰り返し計算するルーティングアルゴリズム。経路情報を更新するとき、各ルータは自身のルーティングテーブルを隣接ルータへ送信する。ディスタンスベクター型のRIPで使用するアルゴリズム

※14 【DUAL】(デュアル)Diffusing Update Algorithm：EIGRPで使用されるルーティングアルゴリズム。コンバージェンスが非常に高速であり、CPUやメモリなどの消費が少ないのが特徴

※15 【コンバージェンス】convergence：収束。ルーティングアップデートが送信され、ネットワーク上のすべてのルータが最新の経路情報を学習し終えた状態。ルータが経路情報を学習し終えるまでの時間をコンバージェンス時間という

8-4 経路集約

VLSMによって、管理者はより多くの階層型アドレッシングを設計することができます。経路集約は、分割された一連のサブネットアドレスを1つの集約アドレスとして表現します。そのため、各ルータで管理される経路情報の数を減らすことができます。

経路集約とは

　ルーティングテーブルに学習された複数のネットワークアドレスを1つにまとめることを**経路集約**といいます(ルートアグリゲーションやスーパーネッティングと呼ばれることもあります)。

　経路集約には、次のような利点があります。

- ルーティングテーブルのサイズを縮小し、メモリ使用量とルーティングプロトコルのトラフィック量を削減する
- 特定サブネットがダウンしたとき、集約アドレスしか持たないルータへ通知する必要がないため、トポロジ変更時に影響が及ぶ範囲を小さくすることができる

【経路集約のメリット】

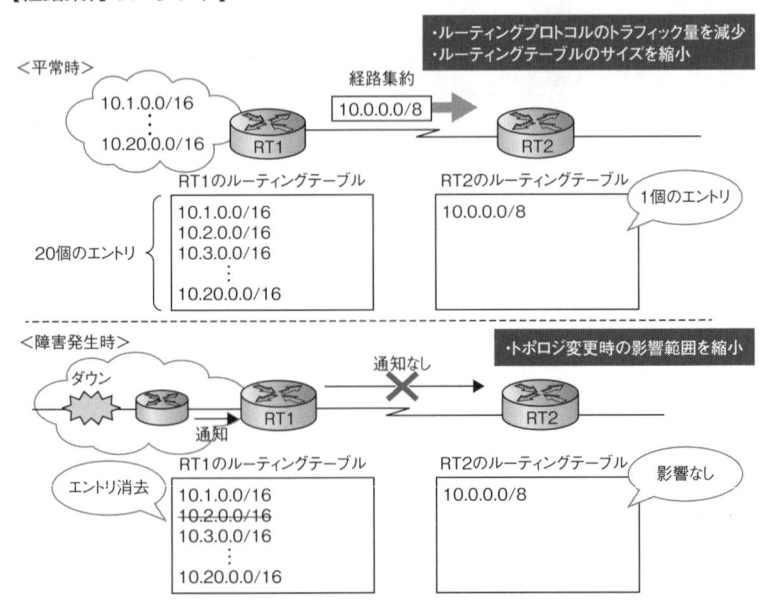

<平常時>
- ルーティングプロトコルのトラフィック量を減少
- ルーティングテーブルのサイズを縮小

経路集約 10.0.0.0/8

RT1 → RT2

雲: 10.1.0.0/16 ～ 10.20.0.0/16

RT1のルーティングテーブル（20個のエントリ）:
10.1.0.0/16
10.2.0.0/16
10.3.0.0/16
︙
10.20.0.0/16

RT2のルーティングテーブル（1個のエントリ）:
10.0.0.0/8

<障害発生時>
- トポロジ変更時の影響範囲を縮小

ダウン → 通知 → RT1 → 通知なし × → RT2

RT1のルーティングテーブル（エントリ消去）:
10.1.0.0/16
~~10.2.0.0/16~~
10.3.0.0/16
︙
10.20.0.0/16

RT2のルーティングテーブル（影響なし）:
10.0.0.0/8

経路集約の方法

経路集約の考え方では、連続するネットワークアドレスを2進数にしたとき、上位ビットの並びが共通する部分までプレフィックス長を変更して1つのアドレスに集約します。たとえば、172.16.0.0/24～172.16.31.0/24までの32個のサブネットアドレスの場合は、上位19ビットが共通するため、172.16.0.0/19に集約することができます。

【経路集約の例】

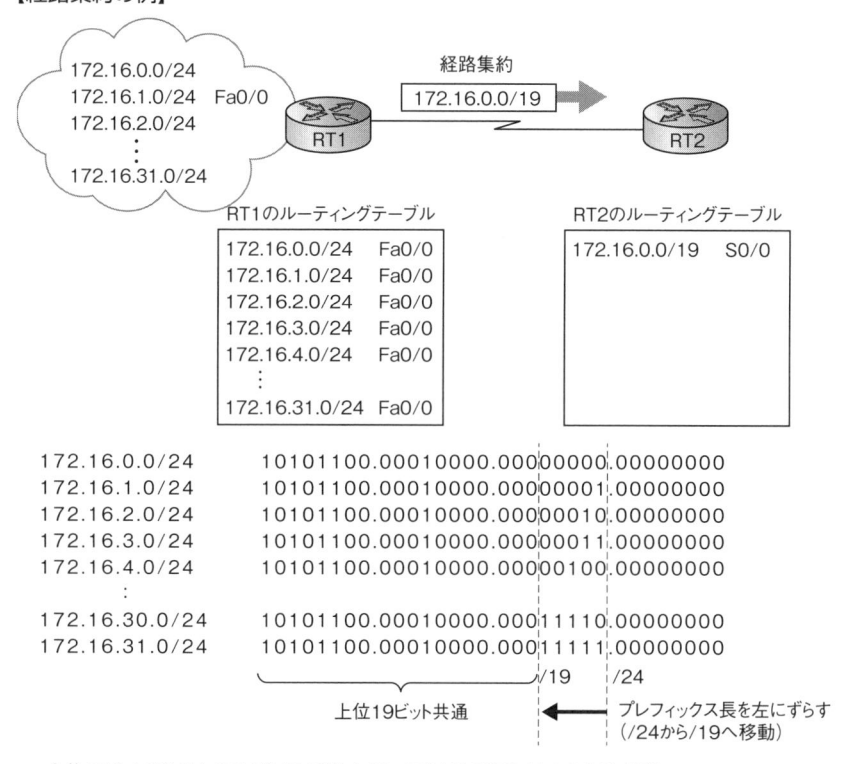

```
172.16.0.0/24
172.16.1.0/24    Fa0/0          経路集約
172.16.2.0/24          RT1   172.16.0.0/19    RT2
   ：
172.16.31.0/24
```

RT1のルーティングテーブル

172.16.0.0/24	Fa0/0
172.16.1.0/24	Fa0/0
172.16.2.0/24	Fa0/0
172.16.3.0/24	Fa0/0
172.16.4.0/24	Fa0/0
：	
172.16.31.0/24	Fa0/0

RT2のルーティングテーブル

| 172.16.0.0/19 | S0/0 |

```
172.16.0.0/24      10101100.00010000.000 00000.00000000
172.16.1.0/24      10101100.00010000.000 00001.00000000
172.16.2.0/24      10101100.00010000.000 00010.00000000
172.16.3.0/24      10101100.00010000.000 00011.00000000
172.16.4.0/24      10101100.00010000.000 00100.00000000
   ：
172.16.30.0/24     10101100.00010000.000 11110.00000000
172.16.31.0/24     10101100.00010000.000 11111.00000000
                                         /19   /24
                   ─────上位19ビット共通─────  ← プレフィックス長を左にずらす
                                               (/24から/19へ移動)
```

上位19ビットが共通なので、残りの13ビットを1つにまとめて172.16.0.0/19に集約

経路集約は階層型のアドレッシング環境で使用すると効果的です。VLSMによって設計された階層型アドレッシング環境では、経路集約をより有効に使用することができます。

ルーティングプロトコルによる経路集約

集約アドレスをルーティングプロトコルによって通知する場合、クラスフルルーティングプロトコルとクラスレスルーティングプロトコルでは経路集約の方式が異なります。

●クラスフルルーティングプロトコルの経路集約

クラスフルルーティングプロトコルでは、クラスフルネットワークの境界で経路情報をクラス単位に自動集約します。クラスフルルーティングプロトコルの場合、自動集約を無効にすることはできません。

参照→「クラスフルルーティングとクラスレスルーティング」(327ページ)

●クラスレスルーティングプロトコルの経路集約

クラスレスルーティングプロトコルでは、管理者によって手動で経路集約を行うことができます。

ディスタンスベクター型のRIPv2とEIGRPは、任意のルータのインターフェイス上で自由に手動集約が可能です。また、クラスフルネットワークの境界で自動集約を行い、環境に応じて自動集約を無効にすることもできます。

リンクステート型の場合、(エリア内の)すべてのルータが同じリンク情報を持つことが前提で動作します。したがって、経路情報を集約できるルータは限定されています。また、クラスフルネットワークの境界で自動集約されることはありません。

【経路集約のまとめ】

種別	プロトコル	説明
クラスフルルーティングプロトコル	RIPv1、IGRP	クラスフルネットワークの境界で自動集約(無効にできない)
クラスレスルーティングプロトコル	RIPv2、EIGRP	クラスフルネットワークの境界で自動集約(デフォルト有効) 任意のインターフェイスで手動集約が可能
	OSPF	エリアまたはASの境界で手動集約も可能

> **試験対策**
>
> 「クラスフルネットワーク」と「クラスフルルーティングプロトコル」は似ているので混同しないようにしましょう。
>
> ・クラスフルネットワーク
> クラスA/B/Cを基にしたネットワークアドレス(サブネット化していない)。メジャーネットワークともいう。
> 例)クラスフルネットワーク:10.0.0.0/8(クラスAアドレス)
>
> ・クラスフルルーティングプロトコル
> 経路情報にサブネットマスクを含まずに通知するルーティングプロトコル

8-4 経路集約

> **試験対策**
> データを転送する際に、パケットとしてカプセル化するためのヘッダフォーマットを定義しているネットワーク層プロトコルを「ルーティッドプロトコル」といいます。「ルーティングプロトコル」と混同しないように注意しましょう！
>
> | | 役割 | プロトコル |
> | --- | --- | --- |
> | ルーティングプロトコル | ・ルーティングテーブルを作成するためのプロトコル
・経路情報を交換し、動的にルーティングテーブルに最適経路を学習し、保守する | RIP、OSPF、EIGRP、IS-IS、BGP |
> | ルーティッドプロトコル | ・ルーティングされるネットワーク層のプロトコル | IP、IPX、AppleTalk |

参考　CIDR[※16]による経路集約

CIDRではクラスの概念を使用しないため、デフォルトのサブネットマスク(プレフィックス長)よりも短く経路集約ができます。

たとえば、クラスCアドレスの192.168.0.0/24〜192.168.15.0/24を「192.168.0.0/20」に集約することが可能です。

```
192.168.0.0/24    11000000.10101000.0000 0000.00000000
192.168.1.0/24    11000000.10101000.0000 0001.00000000
192.168.2.0/24    11000000.10101000.0000 0010.00000000
192.168.3.0/24    11000000.10101000.0000 0011.00000000
192.168.4.0/24    11000000.10101000.0000 0100.00000000
       :
192.168.14.0/24   11000000.10101000.0000 1110.00000000
192.168.15.0/24   11000000.10101000.0000 1111.00000000
                  └──────上位20ビット共通──────┘ /20  /24
```

[※16] 【CIDR】(サイダー) Classless Inter-Domain Routing：IPアドレスの枯渇問題に対応するため、クラスの概念を利用せずにネットワークアドレスを可変長にする仕組み。CIDRを使用すると、IPアドレス空間を効率的に利用できるためIPv4のアドレス枯渇を緩和することができる。また、複数のネットワークアドレスを集約することによってルーティング処理を軽減する。CIDRではIPアドレスの後ろにプレフィックス長を付けて表現される。CIDRによってネットワークを複数に分けることを「サブネッティング」、連続するネットワークアドレスを1つに集約することを「スーパーネッティング」という。

8-5 メトリックとアドミニストレーティブディスタンス

ルーティングとは、受信したパケットの最適経路を選択するプロセスです。その経路選択の基準となる値がメトリックです。同じ宛先ネットワークの情報源が複数ある場合、どれを優先すべきかアドミニストレーティブディスタンス値で判断します。

メトリック

同じ宛先ネットワークに対して複数の経路が存在する場合、各ルーティングプロトコルは最適経路を決定するため経路ごとに**メトリック**と呼ばれる数値を生成し、メトリック値が最小の経路を最適とみなします。

このメトリック値を求めるために使用する「基準」はルーティングプロトコルごとに異なります。次に代表的なルーティングプロトコルのメトリックを示します。

【ルーティングプロトコルのメトリック】 暗記

プロトコル	メトリック	説明
RIPv1、RIPv2	ホップカウント*	ルータから宛先ネットワークまでに経由するルータの数
OSPF	コスト*	インターフェイスの帯域幅から算出される値。管理者が手動で値を設定することも可能
EIGRP	帯域幅[17]、遅延[18]	インターフェイスの帯域幅と遅延から算出される値。オプションで負荷と信頼性を使用することも可能

次の図のネットワークにおいて、RT1からネットワーク172.16.5.0/24に到達するための経路は2つ（RT2経由、RT3経由）あります。

RIPを使用した場合、ホップカウント（ホップ数）が最小のRT2経由を選択します。RIPでは宛先ネットワークまでの回線速度をいっさい考慮しないため、転送速度が最大の経路が選択されるとは限りません。

OSPFを使用した場合、コスト値が最小のRT3経由を選択します。

EIGRPを使用した場合、帯域幅と遅延で算出した値が最小のRT3経由を選択します。

※17 【帯域幅】(たいいきはば) bandwidth：周波数の範囲のこと。通信速度とほぼ同義に使用されている
※18 【遅延】delay：パケットを受信してから送出するまでにかかる時間

8-5 メトリックとアドミニストレーティブディスタンス

【メトリックによる最適経路の決定】

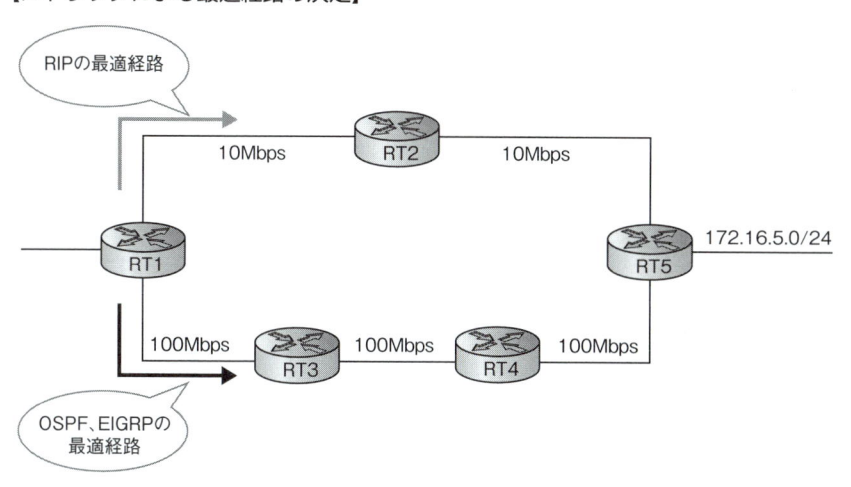

- RIPの最適経路：RT1 → 10Mbps → RT2 → 10Mbps → RT5 → 172.16.5.0/24
- OSPF、EIGRPの最適経路：RT1 → 100Mbps → RT3 → 100Mbps → RT4 → 100Mbps → RT5

アドミニストレーティブディスタンス

　企業ネットワークでは、さまざまな理由から複数のルーティングプロトコルとスタティックルートを併用することがあります。ルータは、1つの宛先ネットワークに対して複数の情報源がある場合、最も優先度の高いプロトコルからの経路情報だけをルーティングテーブルに学習します。この優先度を決定するための管理値を**アドミニストレーティブディスタンス(AD)**といいます。

　アドミニストレーティブディスタンス値は0〜255の範囲で、値が小さいほど優先度が高くなります。次ページの表に、Ciscoルータのデフォルトの値を示します。

　たとえば、あるネットワーク上のルータでRIP、OSPF、EIGRPを有効にしてそれぞれのプロトコルで同じ経路（ネットワーク）を受信した場合、ルータはアドミニストレーティブディスタンス値が最小のEIGRPで学習した経路だけをルーティングテーブルに格納します。

　さらに、スタティックルートをdistanceオプションなしで設定した場合、スタティックルートを優先してルーティングテーブルに格納します。

参照 →「8-2 スタティックルーティング」(317ページ)

試験対策
メトリックとアドミニストレーティブディスタンスの違いを理解しましょう！
- メトリック……ルーティングプロトコルが最適経路を決める値
- AD……………ルータがルーティングプロトコルの優先度を決める値

【デフォルトのアドミニストレーティブディスタンス値】

経路の情報源	デフォルトのAD値
直接接続	0
スタティックルート	1
EIGRP集約	5
EBGP（外部BGP）	20
EIGRP	90
OSPF	110
IS-IS	115
RIPv1、RIPv2	120
EIGRP（外部）	170
IBGP（内部BGP）	200
不明	255

優先度（高）→（低）

※ EIGRP（外部）は、EIGRP以外の経路情報をEIGRPルートとして再配布[※19]したときの経路を指す。最初からEIGRPの経路情報の場合は、EIGRP（90）になる

> **注意**　ADは必要に応じてルーティングプロトコル全体または特定の経路情報だけを変更することが可能です。ただし、ADを変更してもその値が反映されるのはローカルルータだけです。AD値はルーティングアップデートには含まれません。

参考　フローティングスタティックルート

フローティングスタティックルートとは、メインで使用しているプライマリ回線がダウンした場合のみ使用されるスタティックな経路情報のことです。

フローティングスタティックでは、ルーティングプロトコルのアドミニストレーティブディスタンス値よりも大きい値（低い優先度）に指定したスタティックルートを設定します。これによって、正常時にはルーティングテーブルに登録されず、プライマリ回線の障害時には「浮き出てくる（フローティング）」ようにルーティングテーブルに追加されます。

参照 →「スタティックルートの設定」（317ページ）

※19　【再配布】redistribute：あるルーティングプロセスで学習した経路情報（直接接続ネットワークおよびスタティックルートを含む）を、異なるルーティングプロセスの経路として配布する技術。たとえば、EIGRPで学習した経路情報をOSPFの経路として隣接ルータへアドバタイズすること

8-6 演習問題

1 パケットを受信したときのルータの動作として正しいものを選択しなさい。(2つ選択)

- A. 宛先IPアドレスとルーティングテーブルを参照する
- B. レイヤ3ヘッダを書き換えて転送する
- C. 送信元IPアドレスとルーティングテーブルを参照する
- D. 宛先MACアドレスとMACアドレステーブルを検索する
- E. レイヤ2ヘッダを書き換えて転送する

2 ルーティングテーブルを表示するためのコマンドを選択しなさい。

- A. `show routing-table`
- B. `show ip router`
- C. `show ip routing`
- D. `show ip route`
- E. `show protocols`

3 経路集約の利点として正しいものを選択しなさい。(2つ選択)

- A. ルーティングテーブルのサイズを拡張し、同時に複数のパケットを処理することができる
- B. ルーティングプロトコルの設定を簡素化できる
- C. ルーティングテーブルのサイズを縮小し、ルータの負荷を軽減できる
- D. VLSMのアドレス設計が可能になるため、効率的にIPアドレスの割り当てができる
- E. リンク障害が発生したときに影響が及ぶ範囲を制限することができる

4 メトリックの説明として正しいものを選択しなさい。(2つ選択)

A. メトリックが最大の経路情報をルーティングテーブルに学習する
B. RIPとOSPFは同じメトリックを使用する
C. 複数のルーティングプロトコルで同じ宛先ネットワークの経路情報を受信した場合に最適経路を選択するための優先度
D. ルーティングプロトコルが同じ宛先ネットワークの経路情報を複数受信した場合に最適経路を選択するための値
E. EIGRPは複合メトリックを使用するルーティングプロトコルである

5 図を参照し、適切なルータでデフォルトルートを正しく設定しているコマンドを選択しなさい。

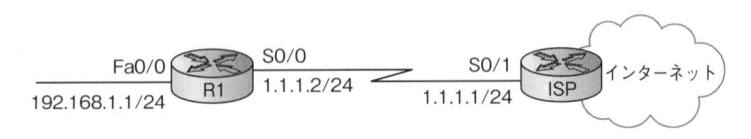

```
           Fa0/0        S0/0              S0/1
                    R1        1.1.1.2/24       ISP    インターネット
192.168.1.1/24           1.1.1.2/24       1.1.1.1/24
```

A. R1(config)#ip route 0.0.0.0 0.0.0.0 s0/0
B. ISP(config)#ip route 0.0.0.0 0.0.0.0 1.1.1.2
C. ISP(config)#ip default-route 1.1.1.2
D. R1(config)#ip route 0.0.0.0 255.255.255.255 1.1.1.1
E. R1(config)#default route 0.0.0.0 0.0.0.0 s0/0

6 図を参照し、2台のルータ間で使用されるルーティングプロトコルを選択しなさい。

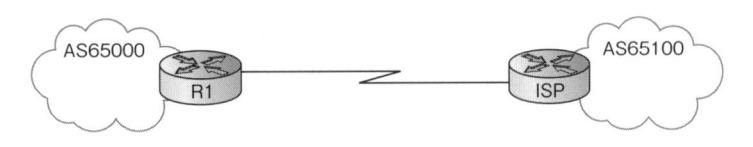

```
    AS65000              AS65100
         R1                  ISP
```

A. EIGRP
B. RIPv2P
C. OSPF
D. IS-IS
E. BGP

7 デフォルトのアドミニストレーティブディスタンス値が最小のプロトコルを選択しなさい。

  A. OSPF
  B. IBGP
  C. RIP
  D. IS-IS
  E. EIGRP

8 プライマリ回線がダウンした場合にだけ使用されるスタティックルートの実装を選択しなさい。

  A. フローティングスタティックルート
  B. スタティックデフォルトルート
  C. アドミニストレーティブルート
  D. フレームリレールート
  E. ダイナミックルート

8-7 解答

1 A、E

ルータがパケットを転送する際の手順は、次のとおりです。

① 受信フレームのカプセル化を解除（非カプセル化）し、パケットヘッダの宛先IPアドレスを確認（イーサネットでは、フレーム最後のFCSをチェック）
② ルーティングテーブルを検索し、ネクストホップのIPアドレスを確認
③ ネクストホップへ到達するためのレイヤ2アドレスを確認。イーサネットの場合、ARPでネクストホップIPアドレスに対応するMACアドレスを取得
④ 受信パケットを転送するために、レイヤ2ヘッダおよびトレーラ(FCS)を書き換えてカプセル化する。イーサネットでは、レイヤ2ヘッダに次の情報が含まれる
　　・宛先：ネクストホップアドレスのMACアドレス
　　・送信元：出力インターフェイスのMACアドレス
⑤ ネクストホップに向けてパケットをインターフェイスから出力する

以上から、選択肢 **A** と **E** が正解です。

参照 → P100、314

2 D

ルーティングテーブルの表示には、show ip routeコマンドを使用します（**D**）。
show protocols(E)はルーティッドプロトコルとインターフェイスの要約情報を表示します。選択肢A、B、Cは不正なコマンドです。

参照 → P315

3 C、E

ルーティングテーブルに学習された経路情報を1つにまとめることを経路集約といいます。経路集約によって、隣接ルータは1つに要約された集約経路だけをルーティングテーブルに学習すれば済むため、隣接ルータのルーティングテーブルのサイズを縮小できます（**C**）。ルーティングテーブルはRAM上に作成されます。経路集約によって、メモリの消費は減少します。
あるサブネット上のリンク障害が発生したとき、1つに要約された集約経路しか持たない隣接ルータへ通知する必要がないため、ルーティングテーブ

ルの更新が必要な範囲を制限できます(**E**)。
選択肢Aはルーティングテーブルのサイズが「拡張」とあるため誤りです。経路集約によって、ルーティングプロトコルの設定が簡素化されることはありません(B)。また、VLSMによるアドレス設計は、経路集約の利点とは直接関係ありません(D)。

参照 ➔ P330

4　D、E

ルーティングプロトコルは、宛先ネットワークまでの経路が複数あるとき、そのネットワークまでの距離を算出して最適経路を選択します(**D**)。この距離の役割を果たす基準をメトリックと呼び、メトリックで算出した値が最小の経路を最適とみなします(A)。

メトリックは各ルーティングプロトコルで異なります(B)。EIGRPは、デフォルトで帯域幅と遅延をメトリックに使用するため、「複合メトリック」といえます(**E**)。

・RIP‥‥‥‥‥ ホップカウント(ホップ数)
・OSPF‥‥‥‥ コスト
・EIGRP ‥‥‥ 帯域幅と遅延(デフォルト)

選択肢Cはアドミニストレーティブディスタンスの説明になります。

参照 ➔ P334

5　A

デフォルトルートは、ルーティングテーブルに存在しないネットワーク宛のパケットを受信した場合に使用する特別なルートです。デフォルトルートはインターネット上にパケットをルーティングする場合によく利用されます。

デフォルトルートは、ISPと接続している企業側のルータに対して設定します。ISP側のルータでは、インターネット上にある複数のルートを扱う必要があり、デフォルトルートを特定の顧客へ向けて設定することはありません(B、C)。

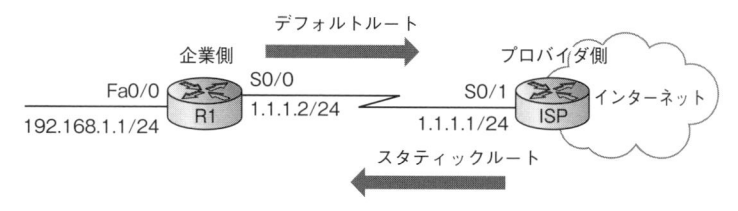

● デフォルトルートの設定
(config)#ip route 0.0.0.0 0.0.0.0 { <next-hop> | <interface> }
　　　　　　　　　　　　　　　　　　↑　　　　　　　↑
　　　　　　　　　　　　　　ネクストホップアドレス　出力インターフェイス
　　　　　　　　　　　　　　　　　　　　　　　　（シリアルポイント
　　　　　　　　　　　　　　　　　　　　　　　　ツーポイントの場合）

R1ルータとISPルータ間のリンクはシリアルポイントツーポイントなので、ip routeコマンドでインターフェイスを指定しても構いません(**A**)。選択肢Dはサブネットマスクが「255.255.255.255」になっているので誤り、Eは不正なコマンドです。

参照 ➔ P320

6　E

異なるASに所属する2台のルータ間で経路情報を交換する場合、AS間のルーティングを行うEGPプロトコルを使用します。BGPは、代表的なEGPのルーティングプロトコルです(**E**)。
なお、その他の選択肢はAS内のルーティングを行うIGPであり、不正解です。

参照 ➔ P325

7　E

Ciscoルータのデフォルトのアドミニストレーティブディスタンスの値は、次のとおりです。

・EIGRP　……90(**E**)
・OSPF　………110(A)
・IS-IS　………115(D)
・RIP…………120(C)
・IBGP　………200(B)

参照 ➔ P336

8　A

メインで使用しているプライマリ回線がダウンした場合にだけ使用されるスタティックな経路情報のことをフローティングスタティックルートといいます(**A**)。
選択肢Bのスタティックデフォルトルートは、ip routeコマンドでデフォルトルート（0.0.0.0/0）を静的に作成した経路情報のことを指します。ダイナミックルートとは、ルーティングプロトコルによって動的にルーティングテーブルに学習された経路情報のことです（E）。CとDのようなルートは存在しません。

参照 ➔ P336

第9章

VLANと
VLAN間ルーティング

9-1 キャンパスネットワークの設計

9-2 VLANの概要

9-3 VLANの動作

9-4 スタティックVLANの設定と検証

9-5 トランクポートの設定と検証

9-6 音声VLAN

9-7 VLAN間ルーティング

9-8 演習問題

9-9 解答

9-1 キャンパスネットワークの設計

キャンパスネットワークは、イーサネットおよび無線LANで構成される組織の構内ネットワーク（企業内LAN）です。本節では、キャンパスネットワークで推奨される階層型設計モデルについて説明します。

キャンパスネットワーク

キャンパスネットワークは通常、地理的に1つの接続範囲で構成され、主にイーサネットスイッチで接続されています。キャンパスネットワークの規模は、1フロア程度の小規模なものから、ビル全体、さらには大学や工場、企業の敷地内にある多数の建物のグループにまで及びます。企業や組織のキャンパスネットワークを、**エンタープライズキャンパス**といいます。

現在のキャンパスネットワークでは、従来のWebやメールなどのアプリケーション、業務系アプリケーションに加え、IPテレフォニー、IPビデオ、ワイヤレス通信などさまざまなサービスに対応することが要求されています。これらのアプリケーションやサービスを安定して稼働させるには、基盤となるキャンパスネットワークに高い安定性と柔軟性が不可欠となります。

階層型ネットワーク設計の概要

キャンパスネットワークの設計において階層型モデルを使用すると、スケーラブルで多様なビジネスニーズに対応するネットワークが構築できます。管理者が適切なトラフィックパターンを促進することによって、ネットワークの拡張、解析、トラブルシューティングが容易になります。

シスコは、エンタープライズキャンパスのネットワーク機器を役割によって階層化する設計モデルを導入しました。階層型モデルは、アクセス層、ディストリビューション層、コア（バックボーン）層からなる3つのコンポーネントで構成されます。

9-1 キャンパスネットワークの設計

【階層型キャンパスネットワークの設計】

● アクセス層

アクセス層は、エンドデバイス（PC、プリンタなど）やIP Phone、無線アクセスポイントなど多くのタイプの機器が接続されるネットワークへの最初のエントリポイントです。アクセス層は有線接続と無線接続の両方を提供します。

アクセススイッチ*は、冗長性を確保するために2つの別々のディストリビューションスイッチ*と接続します。

第9章　VLANとVLAN間ルーティング

【アクセス層】

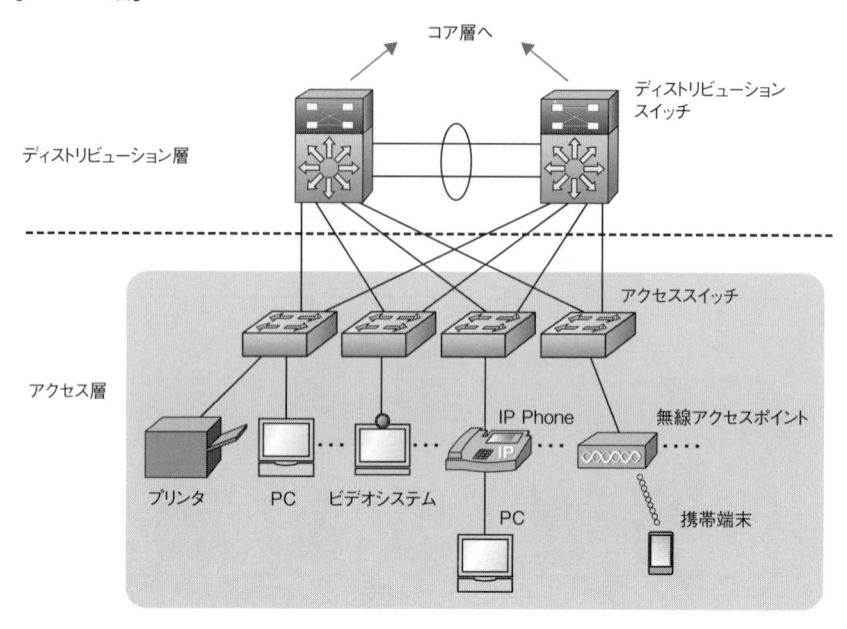

アクセス層は、主に次の機能を提供します。

・機器の接続性
　　エンドユーザにネットワークへのアクセスを提供します。

・ハイアベイラビリティ(高可用性)
　　必要なすべてのユーザに対し、ネットワークが利用可能であることを保証します。

・セキュリティサービス
　　IEEE 802.1x認証[※1]やポートセキュリティ、DHCPスヌーピング[※2]などを使用してセキュリティを強化し、人為的ミスや悪意ある攻撃からネットワークを保護します。

・音声およびビデオのサポート
　　音声やビデオなどの高度なテクノロジーをサポートするネットワークサービスを提供します。

●ディストリビューション層

ディストリビューション層は、配下のアクセススイッチからのトラフィックを集約し、必要に応じてコア層へ転送します。また、ディストリビューション層は障害の境界を形成し、アクセス層で発生した障害の論理的な分離点を提供します。

ディストリビューション層には、企業のビルやフロアを束ねるディストリビューションスイッチを配置します。通常、レイヤ3スイッチのペアを導入し、コアへの接続にL3スイッチングを、アクセス層への接続にL2サービスを使用します。

【ディストリビューション層】

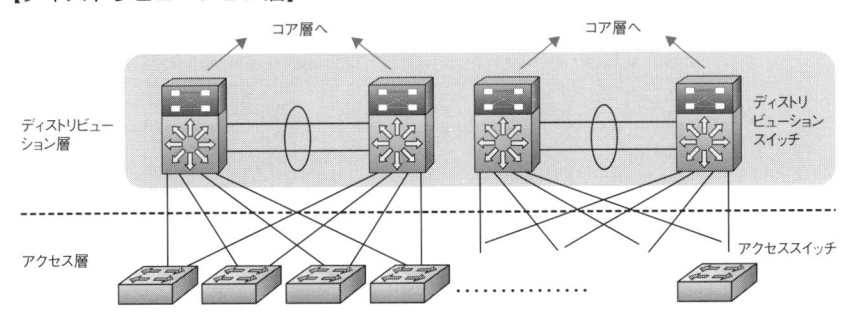

ディストリビューション層は、主に次の機能を提供します。

・ルーティングおよびパケット操作

ルーティング、パケットフィルタリング、QoSの実装により、トラフィックフローに接続とポリシーサービスを提供します。また、ダイナミックルーティングドメイン間およびスタティックルーティングとの再配布*のポイントになります。

・拡張性

アクセススイッチが3台以上あるサイトでスイッチ同士を相互接続するのは現実的ではありません。ディストリビューション層は、複数のアクセススイッチの集約ポイントとして機能し、ネットワークの拡張に合わせて新しいスイッチブロックを容易に追加することができます。

※1 【**IEEE 802.1x認証**】(アイトリプルイーハチマルニドットイチエックスニンショウ)IEEE 802.1x authentication：IEEE 802委員会が規定したスイッチや無線LANのアクセスポイントが接続するユーザを認証する技術
※2 【**DHCPスヌーピング**】(ディーエイチシーピースヌーピング)DHCP Snooping：DHCPパケットをスヌーピング（のぞき見）し、DHCPサーバやクライアントのなりすましを防ぐ機能

● コア層
　コア層は、キャンパスネットワークのすべての要素を接続する高速バックボーンであり、企業ネットワーク全体の集約ポイントとして機能します。そのため、高レベルの冗長性を提供し、変化に素早く対応する高速コンバージェンスが重要です。実装するポリシーの数は可能な限り少なくする必要があります。
　コアスイッチ*は、高速で大容量のトラフィックを処理する極めて高い信頼性を持つスイッチであり、できるだけシンプルな構成が推奨されます。

【コア層】

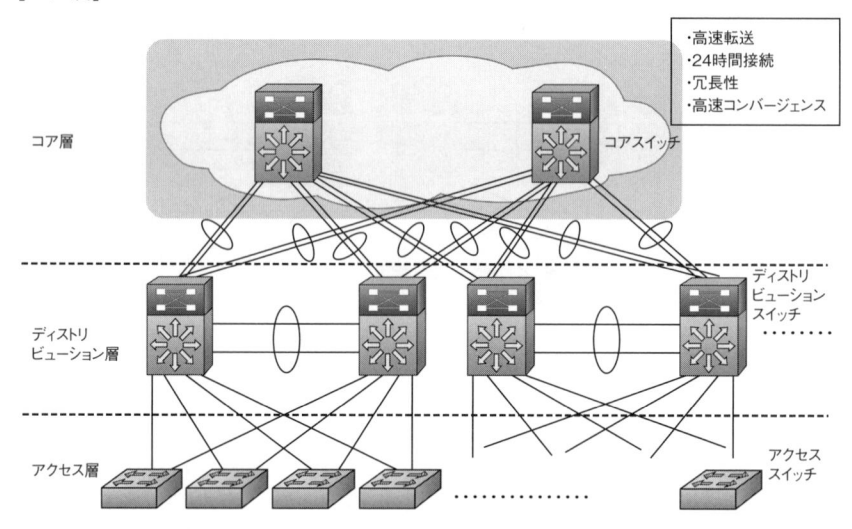

・高速転送
・24時間接続
・冗長性
・高速コンバージェンス

コア層　　コアスイッチ

ディストリビューション層　　ディストリビューションスイッチ

アクセス層　　アクセススイッチ

　大規模LAN環境において、地理的に分散された建物に複数のアクセススイッチが配置され、複数のディストリビューションスイッチがあるとき、コア層はそれらのディストリビューションスイッチを相互接続します。
　ネットワーク規模が小〜中規模の場合、ディストリビューション層がコア層の役割も兼ねるよう設計します。また、このほかにサーバ群を接続するスイッチを収容するサーバファーム（サーバアクセス層）があります。
　各階層に設置される推奨機器は、ネットワークの規模に応じて異なります。
◎ 詳しくはシスコシステムズのWebサイトやCatalystスイッチガイドを参照してください。

9-1 キャンパスネットワークの設計

【小中規模と大規模環境のネットワーク構成】

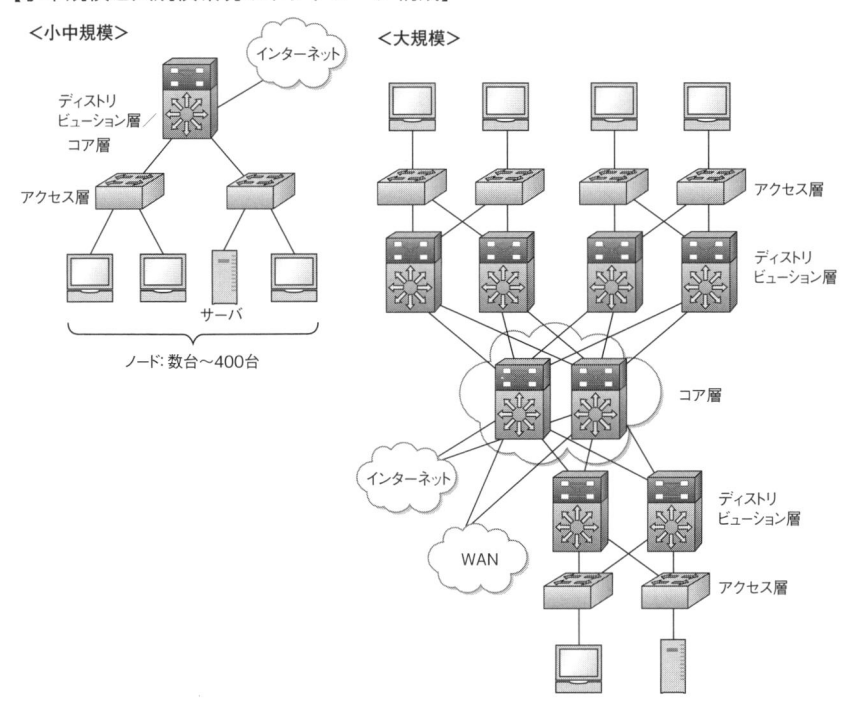

<小中規模>
ディストリビューション層/コア層
アクセス層
サーバ
ノード: 数台～400台
インターネット

<大規模>
アクセス層
ディストリビューション層
コア層
インターネット
WAN
ディストリビューション層
アクセス層

9-2 VLANの概要

VLANは、端末（PCやIP Phoneなど）の物理的な接続とは関係なく、スイッチのポート単位でグループ化し仮想的なLANセグメントを形成します。VLANは、現在のキャンパスネットワークにおいて、欠くことのできない機能です。

VLANの概要

VLAN（Virtual LAN：仮想LAN）は、スイッチでネットワークを分割する機能です。VLANを利用すると、本来はルータ（またはL3スイッチ）で行われるブロードキャストドメインの分割を、レイヤ2レベルで実現することができます。

VLANでは、1台のスイッチに接続されたコンピュータを、あたかも2台のスイッチに分けて接続しているかのように扱うことができます。同じVLANのコンピュータとは通信できますが、異なるVLANに属するコンピュータとは通信することはできません。

【VLANのイメージ】

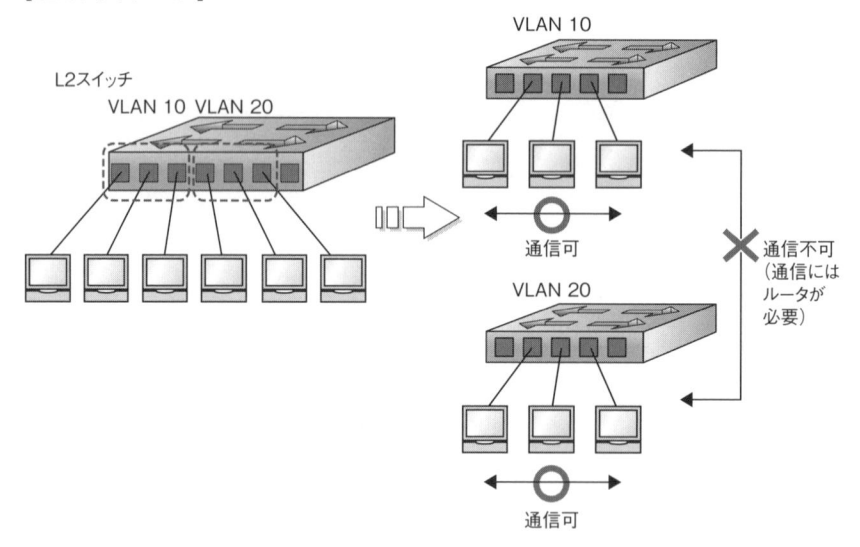

VLANは、ルータで分割されたネットワークと同じように機能します。したがって、各VLANはそれぞれ1つのサブネットに対応するため、次のように定義できます。

```
VLAN ＝ ブロードキャストドメイン ＝ サブネット（論理ネットワーク）
```

【ブロードキャストドメインの分割】

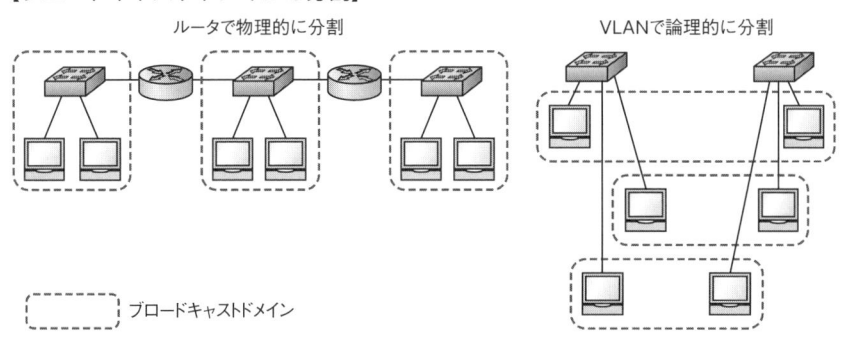

ルータで物理的に分割　　　　　　　VLANで論理的に分割

[ ] ブロードキャストドメイン

試験対策　VLANを構成すると、スイッチでブロードキャストドメインを分割することが可能になります。ブロードキャストドメインを数えるときは、VLANの数にも注意しましょう。

● VLAN導入のメリット

VLANを導入すると、次のようなメリットがあります。

・通信効率の向上
・柔軟なネットワーク設計
・セキュリティの強化

● 通信効率の向上

1つのブロードキャストドメインでLANを構築した場合、接続されるコンピュータの台数が増加すると、ARPやDHCPなどで発生するブロードキャストトラフィックによって、スイッチのフラッディング*頻度が増します。これにより、ネットワーク全体のパフォーマンスを低下させるだけでなく、コンピュータのCPUにも負荷がかかります。

第9章 VLANとVLAN間ルーティング

【1つのブロードキャストドメインによる影響】

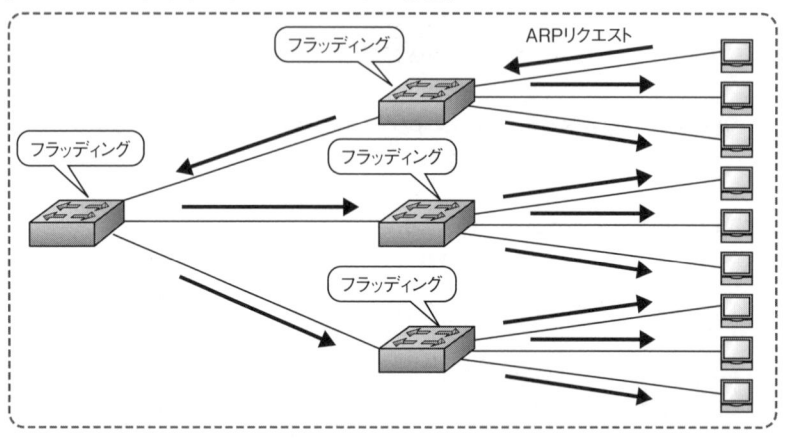

 スイッチにVLANを複数設定することで、フラッディングされる範囲が狭まり、ノード間の通信効率を高めることができます。VLANは、スイッチのポート単位でブロードキャストドメインを分割し、ブロードキャストドメインのサイズを小さくすることができます。

【VLANによるブロードキャストドメイン分割】

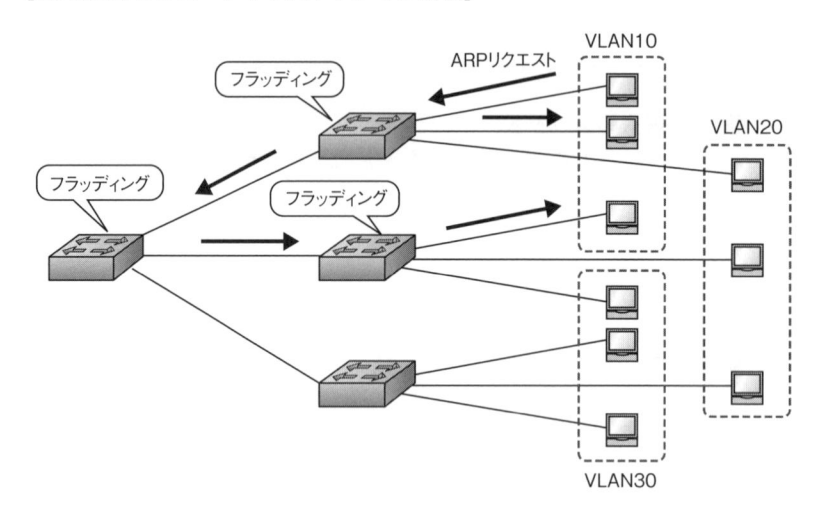

●柔軟なネットワーク設計

　VLANは、物理的な接続状況とは分離してノードの仮想的なグループを形成することができるため、管理者は柔軟にネットワークを設計することができます。論理構成であるため管理は複雑になりますが、組織変更や部署の配置変更があっても、物理的な配線はそのまま変更することなく、スイッチポートに割り当てたVLAN IDを変更するだけで柔軟に論理グループを構成できます。

●セキュリティの強化

　同じスイッチに接続しているコンピュータ同士であっても、VLANが異なるスイッチポートに対してフラッディングされることはありません。VLANを構成すると、トラフィックをレイヤ2レベルで分離することができ、異なるVLANへのアクセスにかかわるセキュリティを高めることができます。

【VLANによるセキュリティの強化】

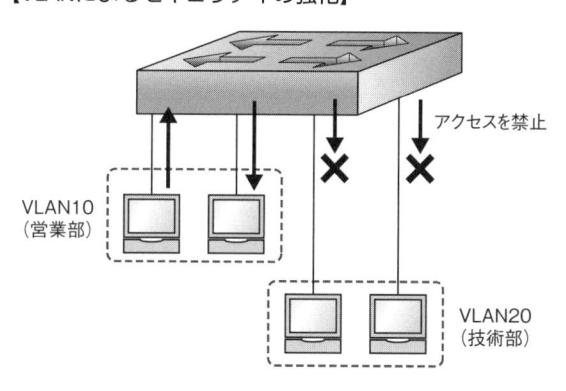

9-3 VLANの動作

VLANがどのようにしてブロードキャストドメインを分割しているかを知るためには、VLANの動作を理解する必要があります。本節では、VLANの動作とスイッチポートの種類について説明します。

VLANの動作

　VLANは**VLAN ID**と呼ばれる番号によって識別されます。Catalystスイッチには、デフォルトでVLAN1が「default」という名前で生成されており、このVLAN1を**デフォルトVLAN**といいます。スイッチのすべてのイーサネットポートには、デフォルトでVLAN1が割り当てられています。デフォルトVLANを削除することはできません。

【デフォルトVLAN】

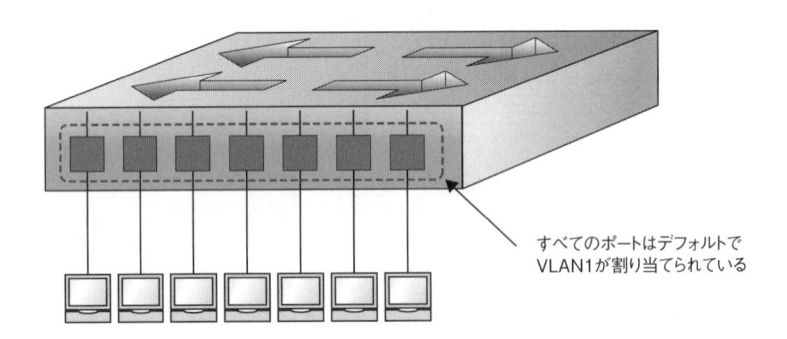

すべてのポートはデフォルトで
VLAN1が割り当てられている

> **参考　デフォルトVLAN**
>
> デフォルトではすべてのスイッチポートにVLAN1が割り当てられているため、このときのブロードキャストドメイン数は1です。

　スイッチのポートにVLANを割り当てることを**VLANメンバーシップ**といいます。スイッチはブロードキャストフレームを受信すると、受信ポートと同じVLANが割り当てられているポートだけにフラッディングします。

次の図では、スイッチポートFa0/1～Fa0/4にVLAN1、Fa0/5～Fa0/8にVLAN2をメンバーシップしています。このときFa0/1でブロードキャストフレームを受信した場合、Fa0/1と同じVLAN1が割り当てられているFa0/2、Fa0/3、Fa0/4がフラッディングの対象となります。

【VLANの動作】

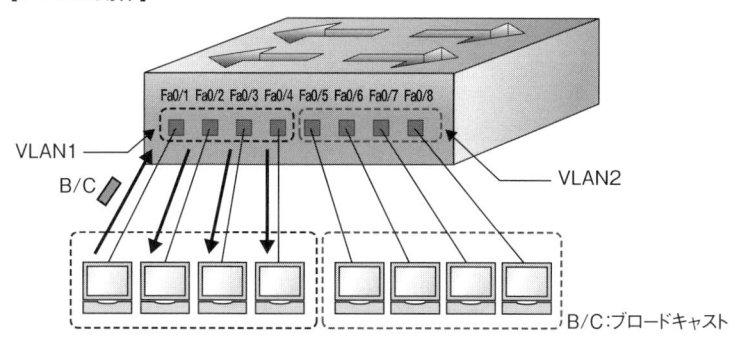

B/C:ブロードキャスト

スイッチポートの種類

スイッチポート（switchport）とは、レイヤ2専用の物理ポートを指します。L2スイッチのすべての物理ポートはスイッチポートであり、1つまたは複数のVLANに所属します。L3スイッチ（マルチレイヤスイッチ）の場合、スイッチの物理ポートはレイヤ2処理を行うスイッチポートやレイヤ3処理を行うルーティッドポートにすることができます。

スイッチポートには、アクセスポートとトランクポートがあります。

●アクセスポート

アクセスポートには1つのVLANを割り当てることができ、そのVLANのフレームのみを転送します。アクセスポートで着信したトラフィックは、そのポートに割り当てられているVLANに所属するとみなされます。一般的に、クライアントPCやサーバが接続されるポートはアクセスポートとして使用します。

アクセスポートにVLANを割り当てる方法には、次の2つがあります。

・スタティックVLAN………ポートにVLANを手動で割り当てる
・ダイナミックVLAN………VMPS[※3]によって動的にVLANが割り当てられる

※3　**【VMPS】**（ブイエムピーエス）VLAN Management Policy Server：ダイナミックVLANで使用するサーバ。VMPSは、ホストのMACアドレスと所属するVLANのマッピング情報をデータベースとして持ち、ダイナミックVLANが設定されているスイッチからリクエストがあると、データベースを検索して所属するVLANを通知する

スタティック**VLAN**は、管理者が各ポートにVLANを割り当てる方式で、ポートベースVLANとも呼ばれています。接続されたノードは、そのポートに割り当てられているVLANに所属します。接続する物理ポートを変更すると、所属するVLANも変わってしまう可能性があります。

【スタティックVLAN（ポートベースVLAN）】

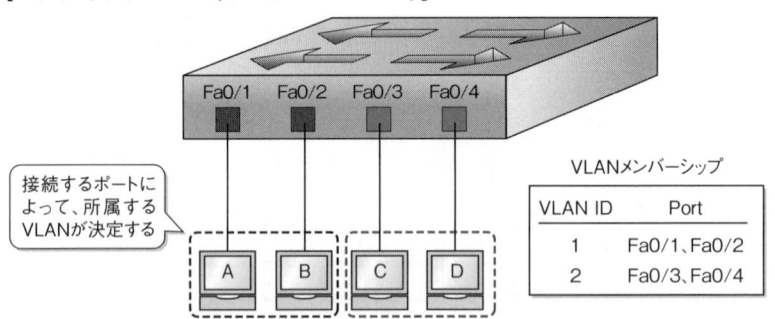

VLAN ID	Port
1	Fa0/1、Fa0/2
2	Fa0/3、Fa0/4

ダイナミック**VLAN**は、ポートで着信したフレームの送信元MACアドレスに基づいてVLANを動的に割り当てる方式で、MACベースVLANとも呼ばれています。

MACベースのダイナミックVLANを利用するには、MACアドレスとVLANのマッピング情報を保持する**VMPS**（VLAN Management Policy Server）と呼ばれるサーバが必要です。Catalyst 6500シリーズなど一部のスイッチはVMPS機能を持ち、スイッチ自身がVMPSサーバとして動作することも可能です。

【ダイナミックVLAN（MACベースVLAN）】

VMPSデータベース

MACアドレス	VLAN
1201.2E00.AAAA	2
1201.2E00.BBBB	1
:	:

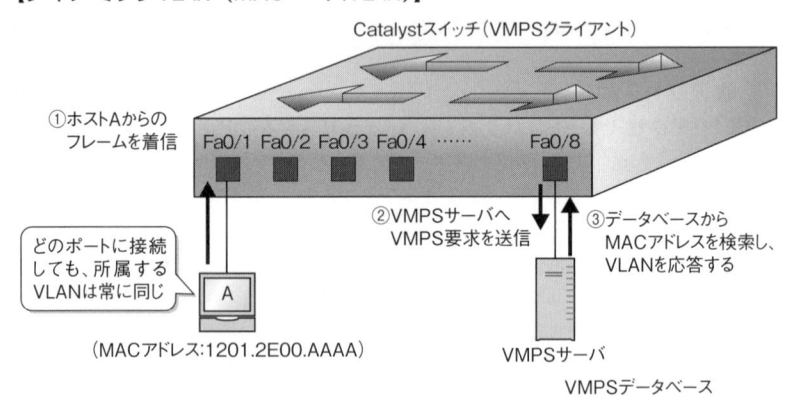

このほかに、IEEE 802.1x認証を利用して認証されたホストを特定のVLANに割り当てる方式などがあります。

> **試験対策**
> CCNA Routing and Switchingでは、スタティックVLANの設定は重要なポイントです。ダイナミックVLANについては、VMPSが必要で、どのPCを接続しても適切なVLANに所属できる点を理解しておきましょう。

● トランクポート

トランクポートには複数のVLANを割り当てることができ、複数のVLANのフレームを転送します。トランクポートから送信されるフレームには、タグと呼ばれるVLAN識別情報が挿入されます。フレームの受信側では挿入されたタグを参照し、「どのVLANのポートにフレームを転送すべきか」を決定します。

一般的に、スイッチやルータなどのネットワーク機器が接続されるポートは、トランクポートとして使用されます。

スイッチ間をアクセスポートで接続した場合、VLANの数だけスイッチ間を接続するためのスイッチポートが必要になります。

【スイッチ間をアクセスポートで接続】

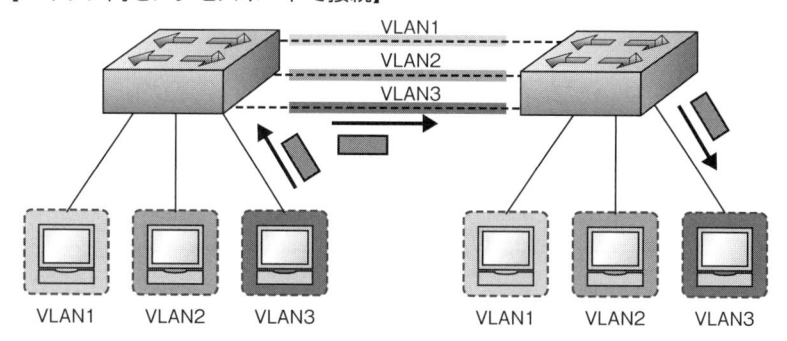

スイッチ間をトランクポートで接続した場合、VLANの数とは関係なしにスイッチ間を接続するためのスイッチポートは最低1つだけで済みます。

第9章　VLANとVLAN間ルーティング

【スイッチ間をトランクポートで接続】

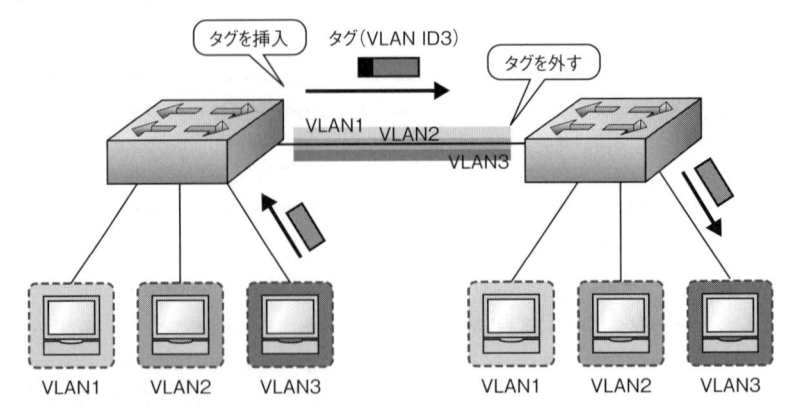

（図：トランクポートでスイッチ間を接続し、タグを挿入／タグを外す動作。タグ（VLAN ID3）がVLAN1、VLAN2、VLAN3のトラフィックに付与される）

VLAN1　VLAN2　VLAN3　　　VLAN1　VLAN2　VLAN3

● IEEE 802.1Q

　トランクは、1本の物理リンク上で複数のVLANトラフィックを伝送する技術です。**IEEE 802.1Q**は、トランクポートからフレームを送信する際にVLAN IDなどの識別情報を挿入する方法などを規定した標準プロトコルです。

　IEEE 802.1Qでは次のようにフレームにタグを挿入し、FCSには再計算した値をセットしてから送信します。

【IEEE 802.1Qフレームフォーマット】

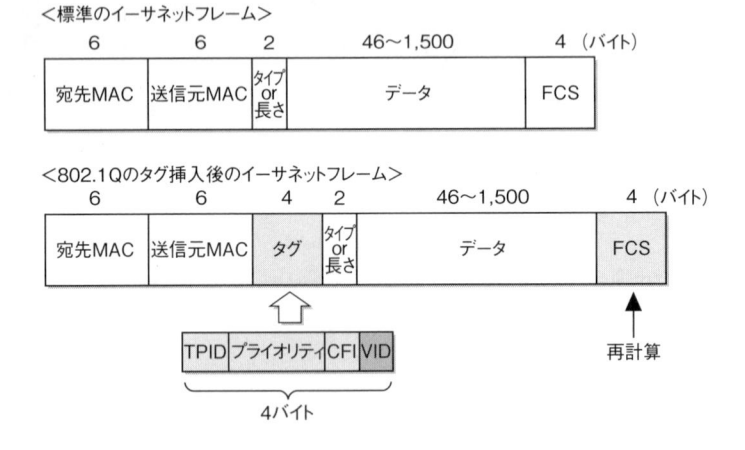

＜標準のイーサネットフレーム＞

6	6	2	46～1,500	4　（バイト）
宛先MAC	送信元MAC	タイプor長さ	データ	FCS

＜802.1Qのタグ挿入後のイーサネットフレーム＞

6	6	4	2	46～1,500	4　（バイト）
宛先MAC	送信元MAC	タグ	タイプor長さ	データ	FCS

タグ（4バイト）の内訳：TPID｜プライオリティ｜CFI｜VID

FCS：再計算

- TPID（16ビット） ……………… Tag Protocol Identifier。タグが挿入されたフレームであることを受信側に通知。イーサネットの場合「0x8100」が入る
- プライオリティ（3ビット） ……… フレームの優先度を指定。詳細はIEEE 802.1Qで規定されている
- CFI（1ビット） …………………… Canonical Format Indicator。MACアドレスの形式を示す値。トークンリングで使用され、イーサネットでは「0」が入る
- VID（12ビット） ………………… VLAN Identifier。フレームが所属するVLANの番号が入る

　タグはトランクポートからフレームを送信する際に挿入され、受信側でフレームを該当するポートから転送する際には取り除かれています。したがって、クライアントのコンピュータは標準のイーサネットフレームを受信します。

参考　トランクプロトコル

Catalystスイッチで使用されるトランクプロトコルには次の2種類があります。

・IEEE 802.1Q（IEEEで標準化）
・ISL（シスコ独自）

トランクリンクの両端のポートでは、同じ種類のトランクプロトコルを使用する必要があります。IEEE 802.1Qは標準プロトコルであるため、他ベンダのスイッチとトランクを構成することができます。
現在の主流はIEEE 802.1Qであり、ISLはほとんど使用されていません。Catalyst 2960シリーズなど一部のスイッチでは、IEEE 802.1Qのみをサポートしています。
なお、トランクリンクではIEEE 802.1QやISLによってフレームにVLAN情報が付加されるため、イーサネットフレームの最大サイズ（1,518バイト）よりも大きくなる可能性があります。Catalystスイッチは、このようなフレームを「ベビージャイアントフレーム」として扱い、そのまま送受信できます。

●ネイティブVLAN

　IEEE 802.1Qには、**ネイティブVLAN**という機能があります。トランクリンクではタグを挿入することによって、受信側でVLANトラフィックを区別していますが、ネイティブVLANのフレームはタグを挿入せずそのまま送信します。

　トランクポートでタグなしのフレームを受信すると、ネイティブVLANからのトラフィックであると認識されるため、トランクリンクの両端でネイティブVLANの番号を一致させておく必要があります。両端でネイティブVLAN番号が異なると、意図しないVLANにフレームが転送されてしまいます。

　ネイティブVLANは、トランクポートごとに番号を指定することが可能です。デフォルトのネイティブVLANは1です。

　なお、CDPやDTP*などの管理トラフィックはVLANの定義とは関係なく、トランクポートからタグなしフレームで送信されます。Catalystスイッチは、CDPを使用してネイティブVLANの不一致を警告します。

【ネイティブVLAN】

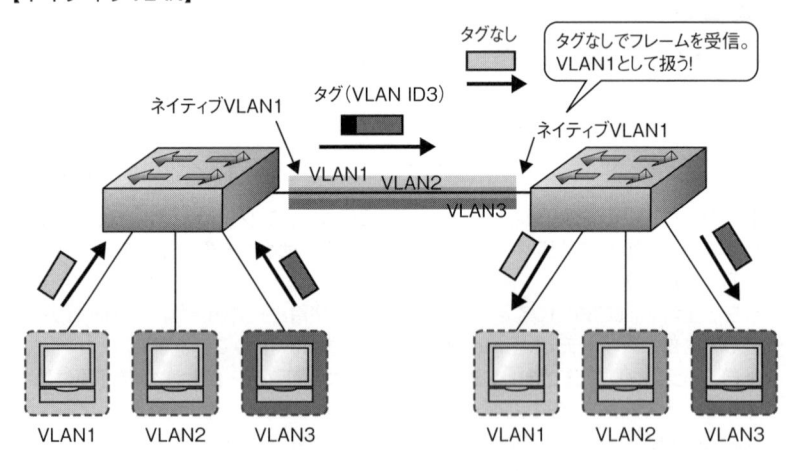

> 試験対策：CDPは、ネイティブVLAN（タグなしフレーム）で送信されます。

管理VLAN

管理VLANは、リモートからスイッチをTelnetやSNMPで管理するための仮想的なVLANです。CatalystスイッチはデフォルトでVLAN1が管理VLANに設定されています。

● 管理インターフェイス

スイッチには管理VLAN用に用意された仮想的な**管理インターフェイス**があります。管理インターフェイスにIPアドレスを割り当てることで、スイッチ自身がTCP/IP通信を行うことができます。

L2スイッチでは、トラフィックの識別をIPサブネット単位ではなくVLAN単位で行います。interface vlanコマンドを使用して、管理インターフェイスを「管理VLANインターフェイス」として構成します。

【管理VLAN】

```
interface vlan 1
 ip address 172.16.1.1 255.255.255.0
 no shutdown
 ip default-gateway 172.16.1.254
```

管理VLAN1
172.16.1.0/24

（VLAN1のGW）
172.16.1.254

トランク

172.16.2.254
（VLAN2のGW）

Telnet /SNMP
管理者

VLAN2　172.16.2.0/24

GW:デフォルトゲートウェイ

参照 → 「6-2 スイッチの基本設定の確認」（252ページ）

> ⚠ **注意** 1台のスイッチで複数の管理VLANインターフェイスを作成することができます。ただし、管理VLANインターフェイスを同時に複数有効化することはできません。

9-4 スタティックVLANの設定と検証

本節ではVLANを作成し、スイッチポートに任意のVLANを手動で割り当てるスタティックVLANの設定および検証方法について説明します。

スタティックVLANの構成

デフォルトではすべてのスイッチポートにVLAN1（デフォルトVLAN）が割り当てられています。VLANを新しく作成し、スタティックVLANを設定するための手順は次のとおりです。

① VLANの作成
② VLAN名の設定（オプション）
③ アクセスポートの設定（オプション）
④ スイッチポートにVLANを割り当てる

① VLANの作成

VLANの作成には、グローバルコンフィギュレーションモードで **vlan <vlan-id>** コマンドを使用します。このコマンドを実行すると、VLANコンフィギュレーションモードに移行します。<vlan-id>のあとに、カンマ(,)やハイフン(-)を使って同時に複数のVLANを作成することも可能です。no vlan <vlan-id>コマンドで、作成したVLANを削除できます。

構文 VLANの作成

(config)#**vlan <vlan-id>**
(config-vlan)#

・vlan-id ………… VLAN番号を指定。イーサネットでは2～1001、1006～4094の範囲で作成

【VLANの作成例】

```
Switch(config)#vlan 2 [Enter]          ←VLAN2を作成
Switch(config-vlan)#exit [Enter]       ←モードを終了し、VLAN作成を完了する
Switch(config)#vlan 6-10,20,30 [Enter] ←VLAN6～10、20、30をまとめて作成
Switch(config-vlan)#exit [Enter]
Switch(config)#
```

> **試験対策** VLANが作成されるのは、exitコマンドなどでVLANコンフィギュレーションモード「(config-vlan)#」を終了したときです。モードを終了するまで、そのVLANはまだ存在していません。

② VLAN名の設定

作成したVLANに管理しやすい名前を付けることができます。省略すると、VLAN IDを基にしたデフォルトのVLAN名が設定されます。たとえばVLAN ID2の場合、VLAN0002という名前になります。

構文 VLAN名の設定（オプション）

(config-vlan)#**name** <vlan-name>

・vlan-name ……VLAN名を指定。no nameコマンドでVLAN名を削除すると、デフォルトのVLAN名になる

【VLAN名の設定例】

```
Switch(config)#vlan 2 Enter        ←VLAN2の設定モードへ移行
Switch(config-vlan)#name Sales Enter  ←VLAN2にSalesという名前を付ける
Switch(config-vlan)#
```

> **注意** スイッチはVLANトラフィックをVLAN IDによって識別しています。VLANの名前は、管理上の観点から設定されています。

③ アクセスポートの設定

switchport mode accessコマンドは、スイッチポートのモードを明示的にアクセスポートに設定します。このコマンドは省略が可能です。デフォルトは接続先のポートとネゴシエーションを行い、アクセスまたはトランクに切り替えるダイナミックなモードになっています。no switchport modeコマンドで、デフォルトのモードに戻せます。

参照→ スイッチポートのネゴシエーション（373ページ）

構文 アクセスポートの設定（オプション）

(config-if)#**switchport mode access**

【アクセスポートの設定例】

```
Switch(config)#interface fastethernet 0/1 Enter    ←Fa0/1の設定モードへ移行
Switch(config-if)#switchport mode access Enter     ←明示的にアクセスポートに設定
Switch(config-if)#
```

④ スイッチポートにVLANを割り当てる（VLANメンバーシップ）

アクセスポートに割り当て可能なVLANは1つだけです。デフォルトではVLAN1が割り当てられています。**switchport access vlan <vlan-id>コマンド**で作成したVLANを割り当てると、VLAN1はそのポートから自動的に外れます。no switchport access vlanまたは、switchport access vlan 1コマンドを実行すると、デフォルトのVLAN1が割り当てられます。

> **構文** スイッチポートにVLANを割り当てる
> (config-if)#switchport access vlan <vlan-id>

【スイッチポートにVLANを割り当てた例】

```
Switch(config-if)#switchport access vlan 2 Enter   ←スイッチポートに
Switch(config-if)#                                    VLAN2を割り当てる
```

> **注意** 不要になったVLANはno vlan <vlan-id>コマンドで削除できますが、スイッチポートに割り当てられたVLANが自動的にデフォルトのVLAN1に戻ることはありません。したがって、削除したVLANが割り当てられているすべてのスイッチポートに対してno switchport access vlanコマンドを実行し、デフォルトの状態に戻す必要があります。

試験対策 次の2つのコマンドは似ているので、違いを理解しておきましょう！

・VLANインターフェイスの設定　　　・VLANの設定
(config)#interface vlan 2　　　　　(config)#vlan 2
(config-if)#　　　　　　　　　　　　(config-vlan)#

> **VLAN IDの範囲**

VLAN IDは0〜4095ですが、イーサネットで使用できるのは1〜1001、1006〜4094です。
VLAN IDは次の範囲で区別されています。

VLAN ID	範囲	説明
0、4095	予約	システム内部で使用
1	標準	シスコのイーサネットのデフォルトVLAN
2〜1001	標準	イーサネット用の標準VLAN
1002〜1005	標準	FDDIおよびトークンリング用のデフォルトVLAN
1006〜4094	拡張	イーサネット用の拡張VLAN

※デフォルトVLANの名前変更・削除はできない
※拡張VLANを使用するには、VTP*の動作モードをトランスペアレントにする必要がある

参照→ VTP（384ページ）

⚠注意　VLAN ID1〜1005の設定は、常にフラッシュメモリ内のVLANデータベース（vlan.datファイル）に保存されます。VTPモードがトランスペアレントの場合、すべてのVLAN IDの設定がrunning-configにも格納されます。copy running-config startup-configコマンドを使用して、NVRAMに設定を保存できます。

スタティックVLANの検証

設定したスタティックVLANの確認には、次のコマンドを使用します。

・show vlan
・show interfaces switchport

次の構成を例に、スタティックVLANの各種検証コマンドを説明します。

第9章　VLANとVLAN間ルーティング

【スタティックVLANの設定】

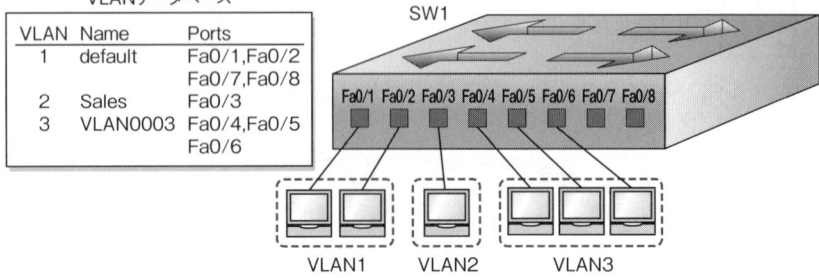

VLANデータベース

VLAN	Name	Ports
1	default	Fa0/1,Fa0/2 Fa0/7,Fa0/8
2	Sales	Fa0/3
3	VLAN0003	Fa0/4,Fa0/5 Fa0/6

SW1
Fa0/1 Fa0/2 Fa0/3 Fa0/4 Fa0/5 Fa0/6 Fa0/7 Fa0/8

VLAN1　VLAN2　VLAN3

【SW1の設定】

```
SW1(config)#vlan 2 Enter
SW1(config-vlan)#name Sales Enter
SW1(config-vlan)#exit Enter    ←このタイミングでVLAN2が作成される
SW1(config)#vlan 3 Enter
SW1(config-vlan)#exit Enter
SW1(config)#interface fastethernet 0/3 Enter
SW1(config-if)#switchport mode access Enter
SW1(config-if)#switchport access vlan 2 Enter
SW1(config-if)#interface range fastethernet 0/4 - 6 Enter   ←複数のインターフェイスを
                                                              まとめて設定
SW1(config-if-range)#switchport mode access Enter
SW1(config-if-range)#switchport access vlan 3 Enter
SW1(config-if-range)#end Enter
```

● VLAN情報の表示

　show vlanコマンドでは、スイッチに存在するすべてのVLANに関する情報を表示します。このコマンドでは、VLANが割り当てられたアクセスポートを確認することもできます。また、VLANごとのSTPの状態やMTUサイズなども表示されます。
　show vlanの後半部分を省いて簡潔に表示するには、**brief**キーワードを付加します。また、id <vlan-id>を付加すると、指定したVLAN情報だけを表示できます。

　　構文　VLAN情報の表示（mode：>、#）
　　　　#show vlan [brief] [id <vlan-id>]

　　　　・brief …………… VLANの概要情報のみ表示（オプション）
　　　　・id ……………… 指定したVLAN IDの情報だけを表示（オプション）

9-4　スタティックVLANの設定と検証

【VLAN情報の出力例】

```
SW1#show vlan Enter   ←すべてのVLAN情報を表示
     ①      ②                          ③          ④
     VLAN Name                         Status     Ports
     ---- -------------------------- ---------  -------------------------------
     1    default                    active     Fa0/1, Fa0/2, Fa0/7, Fa0/8
                                                Fa0/9, Fa0/10, Fa0/11, Fa0/12
                                                Fa0/13, Fa0/14, Fa0/15, Fa0/16
                                                Fa0/17, Fa0/18, Fa0/19, Fa0/20
                                                Fa0/21, Fa0/22, Fa0/23, Fa0/24
                                                Gi0/1, Gi0/2
     2    Sales                      active     Fa0/3
     3    VLAN0003                   active     Fa0/4, Fa0/5, Fa0/6
     1002 fddi-default               act/unsup
     1003 token-ring-default         act/unsup
     1004 fddinet-default            act/unsup
     1005 trnet-default              act/unsup

     VLAN Type  SAID    MTU   Parent RingNo BridgeNo Stp  BrdgMode Trans1 Trans2
     ---- ----- ------- ----- ------ ------ -------- ---- -------- ------ ------
     1    enet  100001  1500  -      -      -        -    -        0      0
     2    enet  100002  1500  -      -      -        -    -        0      0
     3    enet  100003  1500  -      -      -        -    -        0      0
     1002 fddi  101002  1500  -      -      -        -    -        0      0
     1003 tr    101003  1500  -      -      -        -    -        0      0
     1004 fdnet 101004  1500  -      -      -        ieee -        0      0
     1005 trnet 101005  1500  -      -      -        ibm  -        0      0

     Remote SPAN VLANs
     ---------------------------------------------------------------------------


     Primary Secondary Type              Ports
     ------- --------- ----------------- ---------------------------------------
```

① VLAN：VLAN ID（VLAN番号）
② Name：VLANの名前
③ Status：VLANの状態。「active」はVLANが有効な状態を示している
④ Ports：そのVLANに割り当てられ、アクセスポートとして動作しているポート

第9章 VLANとVLAN間ルーティング

【VLAN情報の簡潔な出力例】

```
SW1#show vlan brief [Enter]   ←VLANの概要情報を表示

VLAN Name                             Status    Ports
---- -------------------------------- --------- -------------------------------
1    default                          active    Fa0/1, Fa0/2, Fa0/7, Fa0/8
                                                Fa0/9, Fa0/10, Fa0/11, Fa0/12
                                                Fa0/13, Fa0/14, Fa0/15, Fa0/16
                                                Fa0/17, Fa0/18, Fa0/19, Fa0/20
                                                Fa0/21, Fa0/22, Fa0/23, Fa0/24
                                                Gi0/1, Gi0/2
2    Sales                            active    Fa0/3
3    VLAN0003                         active    Fa0/4, Fa0/5, Fa0/6
1002 fddi-default                     act/unsup
1003 token-ring-default               act/unsup
1004 fddinet-default                  act/unsup
1005 trnet-default                    act/unsup

SW1#show vlan id 2 [Enter]   ←VLAN2の情報のみ表示

VLAN Name                             Status    Ports
---- -------------------------------- --------- -------------------------------
2    Sales                            active    Fa0/3

VLAN Type  SAID       MTU   Parent RingNo BridgeNo Stp  BrdgMode Trans1 Trans2
---- ----- ---------- ----- ------ ------ -------- ---- -------- ------ ------
2    enet  100002     1500  -      -      -        -    -        0      0

Remote SPAN VLAN
--------------------------------
Disabled

Primary Secondary Type              Ports
------- --------- ----------------- ------------------------------------------
```

> ⚠ 注意　show vlanコマンドのPorts部分には、作成されたVLANに割り当てられたアクセスポートだけが表示されます。トランクポートや存在しないVLANが割り当てられているアクセスポートの場合、この出力には表示されません。

> **試験対策** show vlanコマンドの出力をしっかり読み取れるようにしましょう！

● スイッチポートのVLAN情報の表示

show interfaces switchportコマンドでは、スイッチポートの設定や状態を表示します。インターフェイスIDを省略すると、すべてのスイッチポートの情報が表示されます。

構文 スイッチポートのVLAN情報の表示（mode：>、#）
#show interfaces [<interface-id>] switchport

・interface-id …… 確認したいインターフェイス名を指定(オプション)

【Fa0/3スイッチポートの情報の表示】

```
SW1#show interfaces fastethernet 0/3 switchport [Enter]  ←Fa0/3スイッチポートの情報を表示
Name: Fa0/3
Switchport: Enabled     ←スイッチポートとして動作している
Administrative Mode: static access    ←設定したモード（明示的にアクセスポートとして設定）
Operational Mode: static access       ←実際の動作モード（アクセスポートとして動作）
Administrative Trunking Encapsulation: dot1q
Operational Trunking Encapsulation: native
Negotiation of Trunking: Off    ←DTPは無効化
Access Mode VLAN: 2 (Sales)     ←VLAN2（Sales）が割り当てられている
Trunking Native Mode VLAN: 1 (default)
Administrative Native VLAN tagging: enabled
Voice VLAN: none
Administrative private-vlan host-association: none
Administrative private-vlan mapping: none
Administrative private-vlan trunk native VLAN: none
Administrative private-vlan trunk Native VLAN tagging: enabled
Administrative private-vlan trunk encapsulation: dot1q
Administrative private-vlan trunk normal VLANs: none
Administrative private-vlan trunk associations: none
Administrative private-vlan trunk mappings: none
Operational private-vlan: none
Trunking VLANs Enabled: ALL
```

```
Pruning VLANs Enabled: 2-1001
Capture Mode Disabled
Capture VLANs Allowed: ALL

Protected: false
Unknown unicast blocked: disabled
Unknown multicast blocked: disabled
Appliance trust: none
```

【Fa0/4スイッチポートの情報の表示】

```
SW1#show interfaces fastethernet 0/4 switchport [Enter]
Name: Fa0/4
Switchport: Enabled
Administrative Mode: static access      ←スタティック アクセスポートの設定
Operational Mode: static access         ←アクセスポートとして動作
Administrative Trunking Encapsulation: dot1q
Operational Trunking Encapsulation: native
Negotiation of Trunking: Off    ←DTPは無効化
Access Mode VLAN: 3 (VLAN0003)   ←VLAN3が割り当てられている
Trunking Native Mode VLAN: 1 (default)
Administrative Native VLAN tagging: enabled
Voice VLAN: none
＜以下省略＞
```

【Fa0/1スイッチポートの情報の表示】

```
SW1#show interfaces fastethernet 0/1 switchport [Enter]
Name: Fa0/1
Switchport: Enabled
Administrative Mode: dynamic auto    ←ダイナミックモードになっている（デフォルト）
Operational Mode: static access      ←アクセスポートとして動作
Administrative Trunking Encapsulation: dot1q
Operational Trunking Encapsulation: native
Negotiation of Trunking: On     ←DTPは有効化（デフォルト）
Access Mode VLAN: 1 (default)   ←VLAN1が割り当てられている（デフォルト）
Trunking Native Mode VLAN: 1 (default)
Administrative Native VLAN tagging: enabled
Voice VLAN: none
＜以下省略＞
```

●その他のVLAN情報の表示

show interfaces statusコマンドでは、各スイッチポートに割り当てられたVLAN IDをリストで表示します。

【show interfaces statusコマンドの出力例】

```
SW1#show interfaces status [Enter]    ←スイッチポートをリスト表示
    ①        ②              ③          ④        ⑤       ⑥      ⑦
   Port     Name           Status     Vlan    Duplex   Speed  Type
   Fa0/1                   connected   1       a-full   a-100  10/100BaseTX
   Fa0/2                   connected   1       a-full   a-100  10/100BaseTX
   Fa0/3                   connected   2       a-full   a-100  10/100BaseTX
   Fa0/4                   connected   3       a-full   a-100  10/100BaseTX
   Fa0/5                   connected   3       a-full   a-100  10/100BaseTX
   Fa0/6                   connected   3       a-full   a-100  10/100BaseTX
   Fa0/7                   notconnect  1       auto     auto   10/100BaseTX
   Fa0/8                   notconnect  1       auto     auto   10/100BaseTX
   Fa0/9                   notconnect  1       auto     auto   10/100BaseTX
   Fa0/10                  notconnect  1       auto     auto   10/100BaseTX
   <途中省略>
   Fa0/22                  notconnect  1       auto     auto   10/100BaseTX
   Fa0/23                  notconnect  1       auto     auto   10/100BaseTX
   Fa0/24                  notconnect  1       auto     auto   10/100BaseTX
   Gi0/1                   notconnect  1       auto     auto   10/100/1000BaseTX
   Gi0/2                   notconnect  1       auto     auto   10/100/1000BaseTX
```

① Port：スイッチポート名（インターフェイス名）
② Name：名前。descriptionコマンドでインターフェイス説明文を設定していればここに表示される
③ Status：ポートのステータスを表示（connectedはポートがリンクアップし、フレームの送受信ができる状態）
④ Vlan：割り当てられているVLAN ID（トランクポートになっている場合は「trunk」と表示される）
⑤ Duplex：二重モード（「auto」はオートネゴシエーション、「a-full」はオートネゴシエーションの結果全二重になっていることを示す）
⑥ Speed：速度（「a-100」はオートネゴシエーションの結果、100Mbpsになっていることを示す）
⑦ Type：ポートの種類

show running-config interfacesコマンドでは、各スイッチポートに設定した情報を表示します。なお、スイッチポートにVLAN1（デフォルトVLAN）が割り当てられている初期状態の場合、VLANの割り当ては表示されません。

【show running-config interfacesコマンドの出力例】

```
SW1#show running-config interfaces Enter
Building configuration...

Current configuration : 83 bytes
!
interface FastEthernet0/1
!
interface FastEthernet0/2
!
interface FastEthernet0/3
 switchport access vlan 2
 switchport mode access
!
interface FastEthernet0/4
 switchport access vlan 3
 switchport mode access
!
interface FastEthernet0/5
 switchport access vlan 3
 switchport mode access
!
<以下省略>
```

9-5 トランクポートの設定と検証

本節では、スイッチポートをトランクとして動作させるために必要な設定と、その検証方法について説明します。

スイッチポートのネゴシエーション

　Catalystスイッチでは、対向機器のポートとネゴシエーションを行い、スイッチポートのモードを動的にトランクにしたりアクセスにしたりすることができます。ネゴシエーションには、DTPが使用されます。
　DTP(Dynamic Trunking Protocol)は、対向機器のポートとネゴシエーションを行い、その設定に応じてスイッチポートのタイプ(アクセス／トランク)、およびトランクプロトコル(IEEE 802.1Q／ISL)を動的に切り替えるために開発されたシスコ独自のプロトコルです。
　DTPは、スイッチポートのモード設定により動作が異なります。

> 暗記
> ・desirable …… 対向とネゴシエーションを行う(積極的)
> ・auto………… 対向がon、desirableの場合はネゴシエーションを行う(消極的)
> ・on(trunk) …… 明示的に動作モードをTrunkにする
> ・off(access)…… 明示的に動作モードをAccessにする(ネゴシエーションなし)

動的なトランクポートの設定

　スイッチポートを動的にネゴシエーションさせるには、**switchport mode**コマンドの引数にdynamic desirableまたはdynamic autoを指定します。

> **構文** スイッチポートのネゴシエーション設定
> ```
> (config-if)#switchport mode { dynamic desirable | dynamic auto }
> ```
>
> ・dynamic desirable …… DTPフレームを送受信して積極的にトランクポートになるようネゴシエーションする。対向機器のポートがtrunk、dynamic desirable、dynamic autoのいずれかの場合は、トランクポートとして動作する。対向がaccessの場合は、アクセスポートになる

373

・dynamic auto ………… DTPフレームを受信し対向からトランクになるよう働きかけられると、トランクポートになる。つまり、対向機器のポートがtrunk、dynamic desirableの場合、トランクポートとして動作する。対向がaccess、dynamic autoの場合は、アクセスポートになる

> ⚠ 注意　デフォルトの動作モードは、Catalystスイッチの製品によって異なります。Catalyst 2960のデフォルトはdynamic autoです。

【動的なトランクポートの設定例】

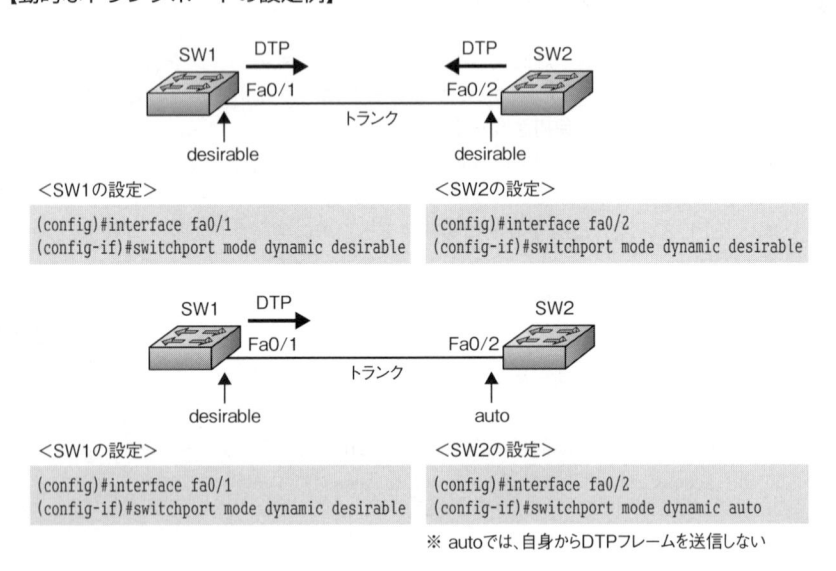

<SW1の設定>
```
(config)#interface fa0/1
(config-if)#switchport mode dynamic desirable
```

<SW2の設定>
```
(config)#interface fa0/2
(config-if)#switchport mode dynamic desirable
```

<SW1の設定>
```
(config)#interface fa0/1
(config-if)#switchport mode dynamic desirable
```

<SW2の設定>
```
(config)#interface fa0/2
(config-if)#switchport mode dynamic auto
```
※ autoでは、自身からDTPフレームを送信しない

参照 → その他の組み合わせ（378ページ）

静的なトランクポートの設定

DTPはシスコ独自プロトコルであるため、対向機器がDTPをサポートしない他ベンダ製の場合はネゴシエーションすることができません。また、ポートを固定でトランクポートとして使用することが決まっている場合には、管理者が手動でトランクポートを設定します。

スイッチポートを明示的にトランクポートとして設定するための手順は次のとおりです。

① トランクプロトコルの設定（IEEE 802.1QとISLの両方サポートの場合）
② トランクポートの設定
③ DTPの無効化（オプション）

① トランクプロトコルの設定

トランクプロトコルにIEEE 802.1QとISLの両方をサポートしているスイッチでは、**switchport trunk encapsulationコマンド**を使用してトランクプロトコルを選択します。どちらか一方しかサポートしていないスイッチではトランクプロトコルの選択が不要なので、このコマンドはサポートされていません。

構文 トランクプロトコルの設定

(config-if)#`switchport trunk encapsulation { isl |dot1q | negotiate }`

・isl …………………… トランクプロトコルをISLにする
・dot1q ………… トランクプロトコルをIEEE 802.1Qにする
・negotiate ……… 両端でネゴシエーションし、トランクプロトコルを決定する（デフォルト）

両端でnegotiateを設定した場合、ネゴシエーションを行ってISLの方が優先されます。現在の主流はIEEE 802.1Qであり、ISLはほとんど使用されていません。通常は、固定でIEEE 802.1Q(dot1q)に設定します。

② トランクポートの設定

switchport mode trunkコマンドは、スイッチポートのモードを明示的にトランクポートに設定します。

構文 トランクポートの設定

(config-if)#`switchport mode trunk`

③ DTPの停止

　switchport mode trunkコマンドで明示的にトランクに設定した場合でも、DTPフレームは送信されます。対向でDTPをサポートしていない場合や両側のポートで明示的にトランクとして設定する場合は、DTPフレームは不要なため、**switchport nonegotiateコマンド**でDTPを無効にして余計なトラフィックが流れないようにします。

> 構文　DTPの無効化（オプション）
> (config-if)#`switchport nonegotiate`

　DTPはデフォルトで有効になっています。switchport nonegotiateコマンドで無効化されたDTPを再び有効にするには、no switchport nonegotiateコマンドを使用します。

> ⚠注意　スイッチポートの設定モードがdynamic desirableまたはdynamic autoの場合、DTPを無効にすることはできません。あらかじめaccessまたはtrunkにしておく必要があります。なお、switchport mode accessコマンドを実行した場合、自動的にDTPは無効になります。

静的なトランクポートの検証

　トランクポートの設定を確認するには、次のコマンドを使用します。

> 🔽暗記
> ・show interfaces trunk
> ・show interfaces switchport

9-5 トランクポートの設定と検証

次の構成を例に、トランクポートの各種検証コマンドを説明します。

【固定でIEEE 802.1Qのトランクポートに設定する】

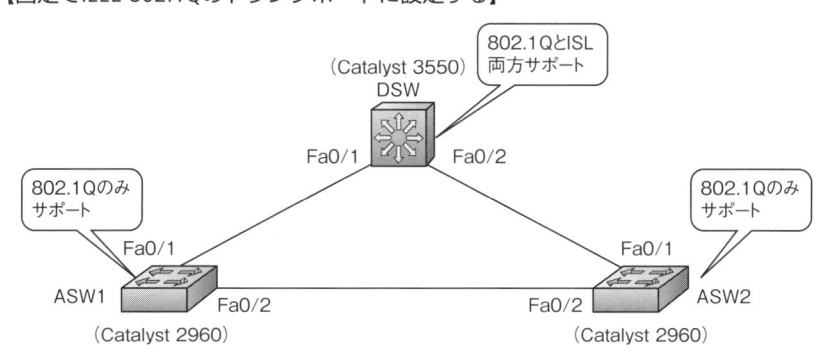

(Catalyst 3550) DSW　802.1QとISL両方サポート
Fa0/1　Fa0/2
ASW1 (Catalyst 2960)　802.1Qのみサポート
Fa0/1　Fa0/2
ASW2 (Catalyst 2960)　802.1Qのみサポート
Fa0/2

【DSWの設定】

```
DSW(config)#interface range fastethernet0/1 - 2 [Enter]  ←Fa0/1とFa0/2をまとめて設定する
DSW(config-if-range)#switchport trunk encapsulation dot1q [Enter]  ←802.1Qを選択
DSW(config-if-range)#switchport mode trunk [Enter]  ←明示的にトランクにする
DSW(config-if-range)#switchport nonegotiate [Enter]  ←DTPを無効にする
```

【ASW1の設定】

```
ASW1(config)#interface range fastethernet0/1 - 2 [Enter]
ASW1(config-if-range)#switchport mode trunk [Enter]
ASW1(config-if-range)#switchport nonegotiate [Enter]
```

※ASW2についても同様の設定をする

試験対策 IEEE 802.1QとISLの両方をサポートしているスイッチでは、switchport trunk encapsulationコマンドが必要です。802.1Qのみサポートしているスイッチには、同様のコマンドは存在しません。

参考 対向との組み合わせによるスイッチポートの動作

接続ポートの組み合わせ結果は次のリンク状態になります。

SW1＼SW2	access	trunk	dynamic desirable	dynamic auto
access	アクセス	制限付き	アクセス	アクセス
trunk	制限付き	トランク	トランク	トランク
dynamic desirable	アクセス	トランク	トランク	トランク
dynamic auto	アクセス	トランク	トランク	アクセス

【制限付きの例】

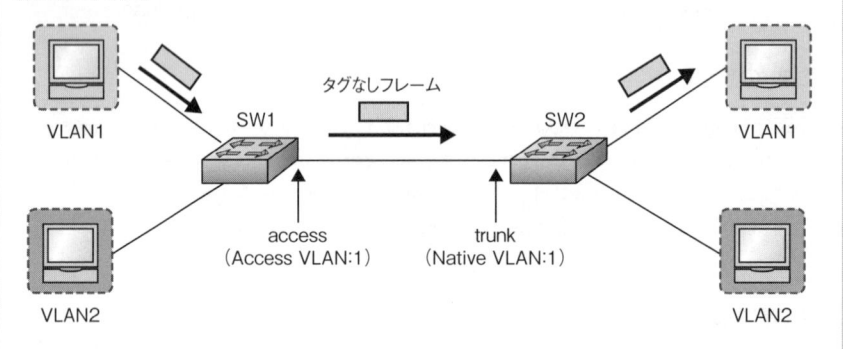

たとえば、SW1はaccess、SW2はtrunkを設定した場合、SW1はアクセスポートとして動作するため1つのVLANフレームをそのまま送信します。対向のSW2はトランクポートとして動作するためタグなしフレームはネイティブVLANとして扱います。このとき、VLAN2のユーザ間で通信はできません。

●トランクポートの情報を表示

show interfaces trunkコマンドでは、トランクポートの設定や状態を表示します。インターフェイスIDを省略すると、すべてのトランクポートをまとめて確認することができます。トランクとして動作しているポートが存在しない場合、何も表示されません。

> **構文** トランクポートの表示 (mode：>、#)
> `#show interfaces [<interface-id>] trunk`

【show interfaces trunkコマンドの出力例】

```
DSW#show interfaces trunk[Enter]  ←トランクポートの表示
 ①          ②           ③            ④         ⑤
 Port        Mode         Encapsulation Status    Native vlan
 Fa0/1       on           802.1q        trunking  1
 Fa0/2       on           802.1q        trunking  1

 Port        Vlans allowed on trunk  ←⑥
 Fa0/1       1-4094
 Fa0/2       1-4094

 Port        Vlans allowed and active in management domain  ←⑦
 Fa0/1       1
 Fa0/2       1

 Port        Vlans in spanning tree forwarding state and not pruned  ←⑧
 Fa0/1       1
 Fa0/2       1
```

① Port：トランクポートとして動作しているポート名を表示
② Mode：設定されているスイッチポートのモードを表示(固定のtrunkの場合「on」、accessの場合「off」)
③ Encapsulation：トランクプロトコルのタイプを表示(DTPによって動的に選択された場合「n-802.1q」と表示)
④ Status：現在のトランク状況を表示(非トランクの場合は「not-trunking」と表示)
⑤ Native vlan：ネイティブVLANを表示
⑥ トランクで許可されているVLAN(デフォルトではすべてのVLANを許可)
⑦ ⑥で示されたVLANのうち、アクティブなVLAN
⑧ ⑦で示されたVLANのうち、STPでフォワーディング状態およびVTPプルーニング[※4]されていないVLAN

※4 【VTPプルーニング】(ブイティーピープルーニング)VTP pruning：トランクリンクから不要なVLANのトラフィックを防いで使用可能な帯域幅を増加させる機能

●トランクポートの詳細情報の表示

show interfaces switchportコマンドを使用すると、トランクポートの詳細な情報を確認することができます(このコマンドはアクセスポートでも使用されます)。

【トランクポートの詳細情報の表示例】

```
DSW#show interfaces fastethernet 0/1 switchport[Enter]   ←ポートの詳細情報を表示
Name: Fa0/1
Switchport: Enabled
Administrative Mode: trunk   ←明示的にトランクポートに設定している
Operational Mode: trunk   ←トランクポートとして動作
Administrative Trunking Encapsulation: dot1q   ←トランクプロトコルをdot1Qに設定
Operational Trunking Encapsulation: dot1q   ←トランクプロトコルはdot1Qで動作
Negotiation of Trunking: Off   ←DTPによるネゴシエーションは無効化
Access Mode VLAN: 1 (default)
Trunking Native Mode VLAN: 1 (default)   ←ネイティブVLANは1になっている(デフォルト)
Administrative Native VLAN tagging: enabled
Voice VLAN: none
Administrative private-vlan host-association: none
Administrative private-vlan mapping: none
Administrative private-vlan trunk native VLAN: none
Administrative private-vlan trunk Native VLAN tagging: enabled
Administrative private-vlan trunk encapsulation: dot1q
Administrative private-vlan trunk normal VLANs: none
Administrative private-vlan trunk associations: none
Administrative private-vlan trunk mappings: none
Operational private-vlan: none
Trunking VLANs Enabled: ALL   ←トランクで許可されているVLAN
Pruning VLANs Enabled: 2-1001
Capture Mode Disabled
Capture VLANs Allowed: ALL

Protected: false
Unknown unicast blocked: disabled
Unknown multicast blocked: disabled
Appliance trust: none
```

なお、トランクポートとして動作している場合、show vlanコマンドのPorts部分には表示されません。

9-5 トランクポートの設定と検証

【トランクポートとして動作時のshow vlanコマンドの出力例】

```
DSW#show vlan brief [Enter]  ←VLAN情報を表示

VLAN Name                             Status    Ports
---- -------------------------------- --------- -------------------------------
1    default                          active    Fa0/3, Fa0/4, Fa0/5, Fa0/6
                                                Fa0/7, Fa0/8, Fa0/9, Fa0/10
                                                Fa0/11, Fa0/12, Fa0/13, Fa0/14
                                                Fa0/15, Fa0/16, Fa0/17, Fa0/18
                                                Fa0/19, Fa0/20, Fa0/21, Fa0/22
                                                Fa0/23, Fa0/24, Gi0/1, Gi0/2
1002 fddi-default                     act/unsup       ↑Fa0/1、Fa0/2は表示なし
1003 token-ring-default               act/unsup       （トランクポートとして動作している）
1004 fddinet-default                  act/unsup
1005 trnet-default                    act/unsup
```

参考 ブロードキャストストームの回避

下図のようなループ状のネットワークにブロードキャストフレームを送信すると、スイッチのフラッディングによって、フレームの転送が延々と繰り返されてしまいます。この現象をブロードキャストストームといいます。

ブロードキャストストームが発生すると、帯域が大量のブロードキャストフレームで埋め尽くされ、最終的にネットワークがダウンします。この問題を回避するのがSTP（スパニングツリープロトコル）です。CatalystスイッチはデフォルトでSTPが有効になっているため、冗長トポロジによるブロードキャストストームは発生しません。

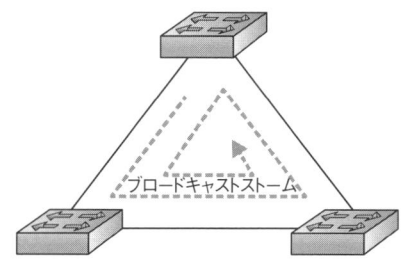

スイッチで冗長トポロジを構成すると...
ブロードキャストストーム（フレームのループ）が発生!
↓
スパニングツリープロトコルで回避

※ ルータはブロードキャストを転送しないため、ブロードキャストストームは発生しない

> **試験対策**
>
> ブリッジは現在使用されていませんが、ブリッジも同様にSTPによってブロードキャストストームを回避できます。
> ・ブロードキャストストームを防止するデバイス：スイッチ、ブリッジ

参考 サポートしているプロトコルの確認

show interfaces [<interface-id>] capabilitiesコマンドでは、使用しているCatalystスイッチがサポートしているトランクプロトコル（IEEE 802.1Q、ISL）を確認することができます。

【show interfaces capabilitiesコマンドの出力例】

```
DSW#show interfaces fastethernet 0/1 capabilities Enter
FastEthernet0/1
  Model:                   WS-C3550-24        ←製品の型番
  Type:                    10/100BaseTX       ←ポートの種類
  Speed:                   10,100,auto
  Duplex:                  half,full,auto
  Trunk encap. type:       802.1Q,ISL         ←サポートしているトランクプロトコルを表示
  Trunk mode:              on,off,desirable,nonegotiate
  Channel:                 yes
  Broadcast suppression:   percentage(0-100)
  Flowcontrol:             rx-(off,on,desired),tx-(none)
  Fast Start:              yes
  QOS scheduling:          rx-(1q0t),tx-(4q0t),tx-(1p3q0t)
  CoS rewrite:             yes
  ToS rewrite:             yes
  UDLD:                    yes
  Inline power:            no
  SPAN:                    source/destination
  PortSecure:              yes
  Dot1x:                   yes
```

ネイティブVLANの設定

先述のとおり、IEEE 802.1Qのトランクプロトコルにはネイティブ VLAN という機能があります。デフォルトではVLAN1がネイティブVLANとして設定されています。ネイティブVLANを変更するには、次のコマンドを実行します。

構文 ネイティブVLANの変更（オプション）

(config-if)#switchport trunk native vlan <vlan-id>

【ネイティブVLANの変更例】

```
Switch(config-if)#switchport mode trunk [Enter]
Switch(config-if)#switchport trunk native vlan 99 [Enter]   ←ネイティブVLANを99に変更
```

参考 ネイティブVLANの不一致

ネイティブVLANはトランクポートごとに変更することができます。VLANトラフィックが混在するのを避けるために、ネイティブVLANはトランクリンクの両端で一致させる必要があります。
トランクの両端でネイティブVLANが一致しない場合、CDP*は以下のようなメッセージでネイティブVLANの不一致を通知します。

```
*Mar  1 00:11:11.491: %CDP-4-NATIVE_VLAN_MISMATCH: Native VLAN mismatch
discovered on FastEthernet0/1 (99), with SW2 FastEthernet0/1 (1).
*Mar  1 00:11:12.481: %SPANTREE-2-RECV_PVID_ERR: Received BPDU with
inconsistent peer vlan id 1 on FastEthernet0/1 VLAN99.
*Mar  1 00:11:12.481: %SPANTREE-2-BLOCK_PVID_PEER: Blocking FastEthernet0/1 on
VLAN0001. Inconsistent peer vlan.
*Mar  1 00:11:12.481: %SPANTREE-2-BLOCK_PVID_LOCAL: Blocking FastEthernet0/1 on
VLAN0099. Inconsistent local vlan.
*Mar  1 00:11:12.497: %CDP-4-NATIVE_VLAN_MISMATCH: Native VLAN mismatch
discovered on FastEthernet0/1 (99), with SW2 FastEthernet0/1 (1).
*Mar  1 00:11:13.504: %CDP-4-NATIVE_VLAN_MISMATCH: Native VLAN mismatch
discovered on FastEthernet0/1 (99), with SW2 FastEthernet0/1 (1).
```

参照 CDP（630ページ）

> **VTP**
>
> **VTP**（VLAN Trunking Protocol）は、複数のスイッチでVLAN情報を同期するVLAN管理プロトコルです。VTPはシスコ独自のプロトコルであり、Catalystスイッチでサポートしています。
> VTPドメイン内のスイッチには、次の3つの役割を定義できます。
>
> ・サーバモード ……………………… VLANを作成・変更・削除し、ほかのスイッチにアドバタイズ（通知）する。ほかから受信したアドバタイズに基づいてVLAN設定を同期する（デフォルトのモード）
> ・クライアントモード …………… VLANの作成・変更・削除はできない。ほかから受信したアドバタイズに基づいてVLAN設定を同期し、アドバタイズを転送する
> ・トランスペアレントモード …… 受信したアドバタイズを同期しないでほかのスイッチへ転送する。VLANを作成・変更・削除し、自身のVLAN設定をほかのスイッチへアドバタイズしない
>
> VTPを利用すると、サーバモードで動作する1台のスイッチで設定したVLAN情報がトランクポートを介してほかのスイッチに伝搬されるため、管理者はすべてのスイッチでVLAN設定を手動で行う手間が省略でき、VLAN情報の一元管理も可能です。
>
> 【VTPの動作】

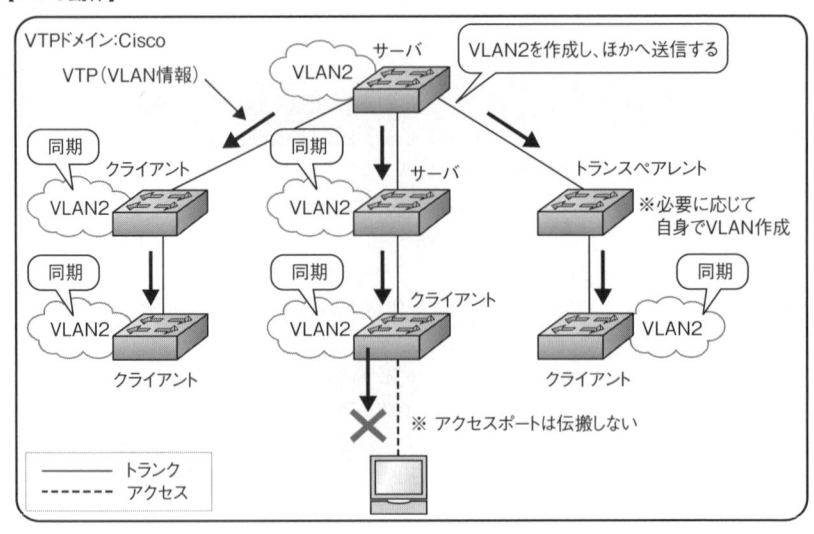

VTPは、ほかのスイッチから意図しないVLAN情報を受け取ってしまう可能性があります。セキュリティや管理上の理由からVTPでVLAN情報を同期させないようにするには、vtp mode transparentコマンドを使用して動作モードをトランスペアレントに設定します。
※ 一部のCatalystスイッチ（またはIOSソフトウェア）では、vtp mode offコマンドを使用してVTPを停止することが可能

【show vtp statusコマンドの出力例】

```
Switch(config)#vtp mode transparent[Enter]  ←トランスペアレントモードに変更
Switch(config)#exit[Enter]
Switch#show vtp status[Enter]   ←VTPの情報を表示
VTP Version capable             : 1 to 3
VTP version running             : 1
VTP Domain Name                 :          ←ドメイン名はなし（デフォルト）
VTP Pruning Mode                : Disabled
VTP Traps Generation            : Disabled
Device ID                       : 0018.191b.b900
Configuration last modified by 0.0.0.0 at 3-1-93 00:07:44

Feature VLAN:
--------------

VTP Operating Mode              : Transparent  ←動作モードはトランスペアレント
Maximum VLANs supported locally : 255
Number of existing VLANs        : 8
Configuration Revision          : 0   ←同期しないためリビジョンは常に0
MD5 digest                      : 0x8B 0x25 0xBC 0xC0 0x7B 0x0C 0x09 0x8A
                                  0xE5 0x6B 0x1D 0x93 0x5A 0xFE 0xFD 0x4E
```

9-6 音声VLAN

音声VLAN機能を使用すると、データと音声インフラストラクチャーを物理的に統合しながら、論理的にネットワークを分離することができます。

音声VLAN

　IP Phone*(IP電話)の導入を検討する際、「導入台数分の電話機をネットワークへ接続するとスイッチポートの数が足りなくなるのでは？」と心配になるかもしれません。Cisco IP Phoneは小型のスイッチを内蔵していて、このスイッチポートにスイッチやIP Phone、PCを接続することで、スイッチポート不足の問題を解決し、オフィス内のケーブル配線を簡略化することができます。

　次の図は、Cisco IP Phoneを使ったPCとCatalystスイッチの接続例を示しています。

【Cisco IP PhoneとPCをCatalystスイッチに接続】

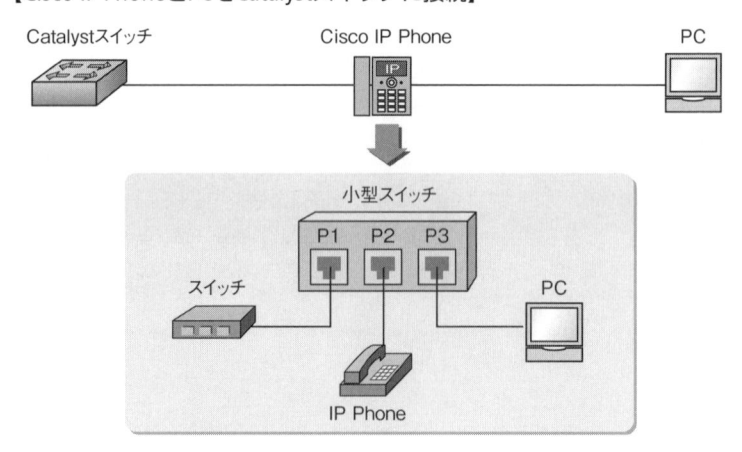

Catalystスイッチ　　　　Cisco IP Phone　　　　PC

小型スイッチ
P1　P2　P3
スイッチ
PC
IP Phone

　この例では、IP PhoneとPCは同じ物理リンク上を使用してパケットを送受信します。このままでは、音声とデータのトラフィックが同じVLANに所属することになります。

　IPテレフォニーの最適な設計では、IP PhoneとPCは異なるVLANを使用することが推奨されています。これによって、ネットワーク障害の特定やトラブルシューティングを簡素化でき、QoS(Quality of Service)やセキュリティポリシーの実装も容易になります。

　音声VLAN(Voice VLAN)の機能を使用すると、IP PhoneとPCが物理的に同一リンク上に接続されている場合でも、異なる論理ネットワークにセグメント化することができます。

9-6 音声VLAN

【音声VLAN】

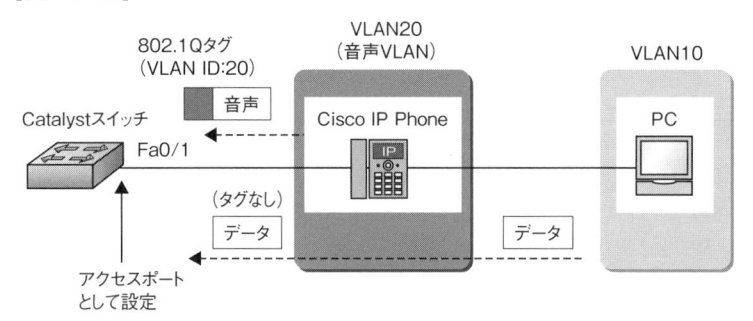

```
                    VLAN20
  802.1Qタグ        （音声VLAN）              VLAN10
  （VLAN ID:20）
                音声      Cisco IP Phone        PC
 Catalystスイッチ  ←---------
        Fa0/1
               （タグなし）
                データ    ←--------   データ
 アクセスポート
  として設定
```

　CatalystスイッチはCDPによってCisco IP Phoneを検出し、CDPでIP Phoneに音声VLAN IDを通知します。Cisco IP Phoneは音声VLAN IDを認識すると、音声トラフィックにのみ802.1Qタグを付けて送信を行います。これによって、スイッチはPCからのデータとIP Phoneからの音声を別のVLANとして識別できます。

　スイッチのアクセスポートに音声VLANを設定すると、アクセスポートでありながら1つのポートで2つのVLANトラフィックを転送することができます。このようなポートを**マルチVLANアクセスポート**といいます。

音声VLANの設定

　音声VLANの設定はCatalystスイッチ側でのみ行います。Cisco IP Phoneを接続するスイッチポート上でCDPを有効化している必要があります（デフォルトでCDPは有効）。Catalystスイッチに音声VLANを設定するためのコマンドは次のとおりです。

構文 アクセスポートの設定
```
(config-if)#switchport mode access
```

構文 アクセスポートにデータVLANを割り当てる
```
(config-if)#switchport access vlan <vlan-id>
```

構文 アクセスポートに音声VLANを割り当てる
```
(config-if)#switchport voice vlan <voice-vlan-id>
```

【音声VLANの設定例】

```
SW1(config)#vlan 10 [Enter]
SW1(config-vlan)#name data [Enter]    ←データVLANの名前を設定（オプション）
SW1(config-vlan)#vlan 20 [Enter]
SW1(config-vlan)#name voice [Enter]   ←音声VLANの名前を設定（オプション）
SW1(config-vlan)#interface fastethernet 0/1 [Enter]
SW1(config-if)#switchport mode access [Enter]      ←明示的にアクセスポートに設定
SW1(config-if)#switchport access vlan 10 [Enter]   ←データVLANを割り当て
SW1(config-if)#switchport voice vlan 20 [Enter]    ←音声VLANを割り当て
```

■ 音声VLANの検証

音声VLANの設定を確認するには、**show interfaces switchport**コマンドを使用します。

【show interfaces switchportコマンドの出力例】

```
SW1#show vlan brief [Enter]

VLAN Name                         Status    Ports
---- ---------------------------- --------- -------------------------------
1    default                      active    Fa0/2, Fa0/3, Fa0/4, Fa0/5
                                            Fa0/6, Fa0/7, Fa0/8, Gi0/1
10   data                         active    Fa0/1   ←データVLAN
20   voice                        active    Fa0/1   ←音声VLAN
1002 fddi-default                 act/unsup
1003 token-ring-default           act/unsup
1004 fddinet-default              act/unsup
1005 trnet-default                act/unsup
SW1#show interfaces fastEthernet 0/1 switchport [Enter]
Name: Fa0/1
Switchport: Enabled
Administrative Mode: static access      ←アクセスポートに設定
Operational Mode: static access         ←アクセスポートとして動作
Administrative Trunking Encapsulation: dot1q
Operational Trunking Encapsulation: native
Negotiation of Trunking: Off
Access Mode VLAN: 10 (data)             ←データVLAN
```

```
Trunking Native Mode VLAN: 1 (default)
Voice VLAN: 20 (voice)    ←音声VLAN
Administrative private-vlan host-association: none
Administrative private-vlan mapping: none
Administrative private-vlan trunk native VLAN: none
Administrative private-vlan trunk encapsulation: dot1q
Administrative private-vlan trunk normal VLANs: none
Administrative private-vlan trunk private VLANs: none
Operational private-vlan: none
Trunking VLANs Enabled: ALL
Pruning VLANs Enabled: 2-1001
Capture Mode Disabled
Capture VLANs Allowed: ALL
Protected: false
Appliance trust: none
SW1#
```

> **試験対策** Catalystスイッチに音声VLANを実装する場合、スイッチはアクセスポートに音声VLANを設定します。
> CatalystスイッチはCDPを使用して、Cisco IP Phoneが接続されたと判断します。

9-7 VLAN間ルーティング

VLANはレイヤ2のレベルで論理的にネットワークを分割する技術です。異なるVLANに所属するホスト間の通信にはルーティングデバイスが必要になります。本節では、2つの方法（ルータを使用、L3スイッチを使用）でVLAN間ルーティングを説明します。

VLAN間ルーティングの概要

　VLAN間で通信を行には、ルーティングデバイス（ルータまたはL3スイッチ）を使用して相互に接続する必要があります。また、ルーティングはIPアドレスを基に行われるため、各VLANにはそれぞれネットワークアドレスを割り当てる必要があります。

【物理的なルーティング構成】

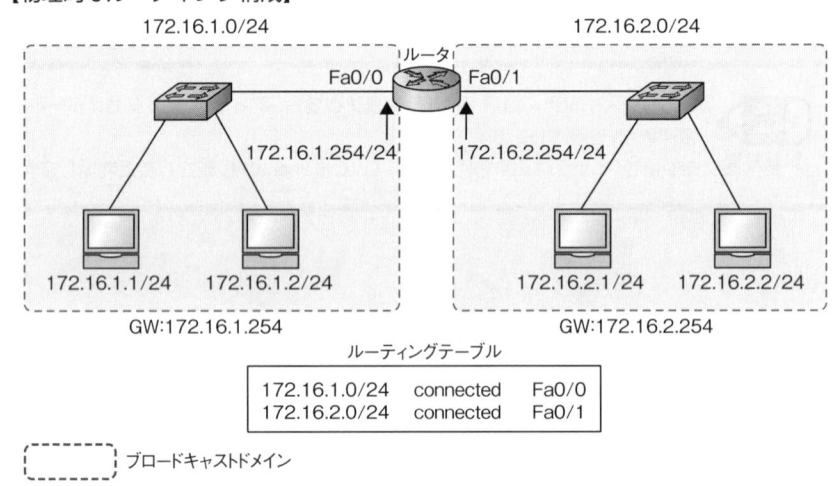

```
        172.16.1.0/24                          172.16.2.0/24
                        Fa0/0  ルータ  Fa0/1
                    172.16.1.254/24    172.16.2.254/24

   172.16.1.1/24  172.16.1.2/24      172.16.2.1/24  172.16.2.2/24
   GW:172.16.1.254                   GW:172.16.2.254

                     ルーティングテーブル
                  172.16.1.0/24   connected   Fa0/0
                  172.16.2.0/24   connected   Fa0/1
```

[- - -] ブロードキャストドメイン

　上の図は、物理的な2つのサブネット間をルータが相互に接続しています。ルータはルーティングテーブルに直接接続ネットワークを登録しています。各サブネットのホストは、外部ネットワークと通信するためのデフォルトゲートウェイとして、自身のサブネットを接続しているルータインターフェイスに割り当てられているIPアドレスを指定しています。
　VLAN間を相互に接続する場合にも、同じような環境が必要になります。

VLAN間ルーティングの実装には、次の方法があります。

・ルータを使用
・L3スイッチ(レイヤ3スイッチ)を使用

ルータを使用したVLAN間ルーティング

まず考えられる方法は、L2スイッチのアクセスポートとルータのインターフェイスを接続する構成です。次の図では、ルータのFa0/0インターフェイスはVLAN1のアクセスポートと接続し、Fa0/1インターフェイスはVLAN2のアクセスポートと接続しています。

【ルータとL2スイッチのアクセスポートを接続】

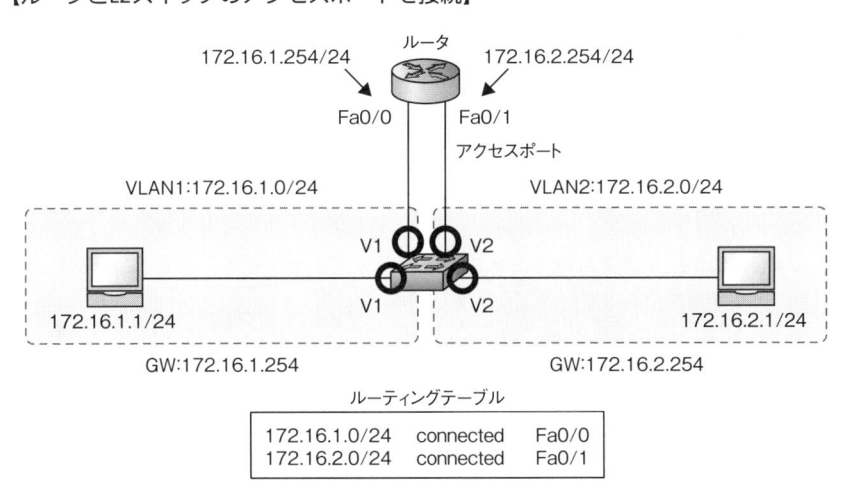

| 172.16.1.0/24 | connected | Fa0/0 |
| 172.16.2.0/24 | connected | Fa0/1 |

しかし、この構成ではVLANと同じ数のスイッチポートとルータインターフェイスが物理的に必要になるため、スケーラブルではありません。この問題は、スイッチのトランクポートとルータのインターフェイスを接続することで解決します。この場合、ルータに必要なインターフェイスは1つだけです。

L2スイッチで作成したVLAN間をトランクポートで接続した外部ルータでルーティングする構成をシスコでは**Router on a stick**と呼んでいます。

【ルータとL2スイッチのトランクポートを接続（Router on a stick）】

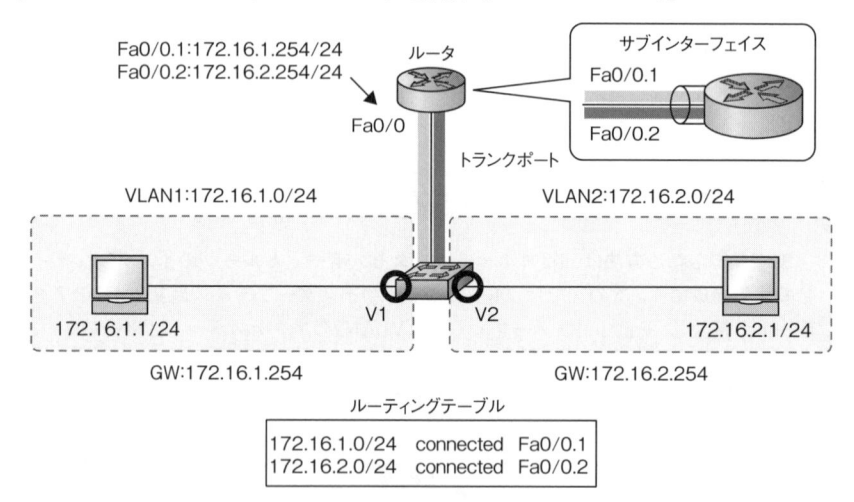

Fa0/0.1:172.16.1.254/24
Fa0/0.2:172.16.2.254/24
ルータ
サブインターフェイス
Fa0/0.1
Fa0/0
Fa0/0.2
トランクポート

VLAN1:172.16.1.0/24
VLAN2:172.16.2.0/24

172.16.1.1/24
V1　V2
172.16.2.1/24

GW:172.16.1.254
GW:172.16.2.254

ルーティングテーブル
172.16.1.0/24　connected　Fa0/0.1
172.16.2.0/24　connected　Fa0/0.2

　Router on a stick構成のメリットは、従来から使用してきたL2スイッチやルータをそのまま継続して利用できることです。安価で設定が容易なスイッチおよびルータを利用して、VLAN間の相互通信が実現できます。

　その反面、スイッチとルータ間のトランク接続がシングルトラフィックパスとなることで、遅延が発生する可能性があるといったデメリットもあります（この問題はL3スイッチを使用することで解決できます）。

　次の図は、Router on a stick構成におけるVLAN1からVLAN2へのパケット転送の様子を表しています。

【Router on a stick構成のパケット転送】

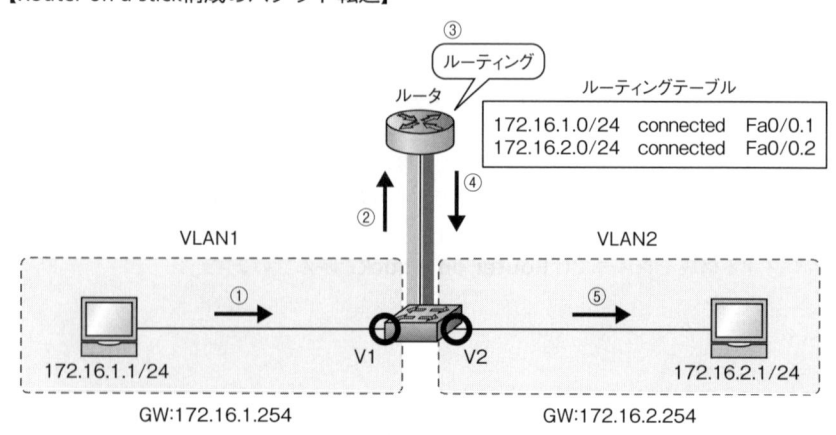

③
ルーティング
ルータ

ルーティングテーブル
172.16.1.0/24　connected　Fa0/0.1
172.16.2.0/24　connected　Fa0/0.2

②　④

VLAN1
VLAN2

①
⑤
172.16.1.1/24
V1　V2
172.16.2.1/24

GW:172.16.1.254
GW:172.16.2.254

① VLAN1のPCからスイッチへパケットが届く
② スイッチはトランク経由でルータへパケットを転送する
③ ルータは受信したパケットをルーティングする
④ ルータはトランク経由でスイッチへパケットを転送する
⑤ スイッチはVLAN2のPCへパケットを転送する

このようにルータでVLAN間ルーティングを行うため、トラフィックが同じトランクリンクを通ることにより混雑し、通信に遅延が発生する可能性があります。
Router on a stick構成の代わりにL3スイッチを使用すると、これらの機能は1台の機器で提供されるため、パケットはより高速に処理できます。

> **試験対策** Router on a stickは、ルータの1つのインターフェイスを使用して複数のサブネット間のルーティングを行います。

● Router on a stickの設定

Router on a stick構成では、次の3つの構成要素に対して設定を行います。

・ルータ ……… サブインターフェイスの設定
・スイッチ …… トランク接続の設定
・PC …………… デフォルトゲートウェイの設定

ルータとスイッチ間のトランクプロトコルには、IEEE 802.1Qを使用します。シスコ独自のISLを用いてRouter on a stickを構成することも可能ですが、現在はIEEE 802.1Qが主流であるため本書ではIEEE 802.1Qの設定のみ解説します。

ルータの物理インターフェイスには、サブインターフェイスを設定します。**サブインターフェイス**とは、1つの物理インターフェイスを論理的に複数に分割するための仮想的なインターフェイスです。Router on a stick構成では、ルータの1つの物理インターフェイスをVLANの数だけサブインターフェイスに分割し、それぞれにVLAN IDとIPアドレスを割り当てます。

Router on a stickを設定するための手順は次のとおりです。

① サブインターフェイスの作成
② トランクプロトコルとVLAN IDの指定
③ IPアドレスの割り当て

① **サブインターフェイスの作成**

サブインターフェイスの作成は、**interface <interface-id>** コマンドのあとにドット(.)と1番以降の整数を指定します。このコマンドを実行すると、サブインターフェ

イスのコンフィギュレーションモードへ移行します。作成したサブインターフェイスを削除するには、no interface <interface-id>.<subinterface number>コマンドを実行します(再起動が必要)。

サブインターフェイスとVLAN IDは1対1で割り当てるため、VLANと同じ数のサブインターフェイスを作成します。サブインターフェイスの番号は、VLAN IDと揃える必要はありませんが、揃えた方が管理しやすくなります。

> **構文** サブインターフェイスの作成
> (config)#**interface** <interface-id>.<subinterface number>
> (config-subif)#
>
> ・subinterface number …… サブインターフェイスの番号を1〜4294967293の範囲で指定

【サブインターフェイスの作成例】

```
Router(config)#interface fastethernet 0/0.2 [Enter]  ←サブインターフェイス番号「2」で作成
Router(config-subif)#   ←サブインターフェイスのコンフィギュレーションモードへ移行
```

② トランクプロトコルとVLAN IDの指定

サブインターフェイスのコンフィギュレーションモードでは、**encapsulation**コマンドを使用してサブインターフェイス上で使用するトランクプロトコルとVLAN IDを指定します。

> **構文** トランクプロトコルとVLAN IDの指定
> (config-subif)#**encapsulation dot1q** <vlan-id> [**native**]
>
> ・vlan-id ……… VLAN IDを1〜4094の範囲で指定
> ・native ……… 指定したVLAN IDがネイティブVLANの場合に指定(オプション)

【トランクプロトコルとVLAN IDの指定例】

```
Router(config-subif)#encapsulation dot1q 2   ←802.1QとVLAN ID2を指定
```

※ トランクプロトコルにISLを使用する場合、encapsulation isl 2コマンドを実行する

③ IPアドレスの割り当て

サブインターフェイスにIPアドレスとサブネットマスクを割り当てるには、物理インターフェイスのときと同様に**ip address**コマンドを使用します。

構文 サブインターフェイスにIPアドレスを割り当てる

(config-subif)#`ip address` <ip-address> <subnet-mask>

次の図の構成では、スイッチのFa0/12をIEEE 802.1Qのトランクポートに設定しています。トランクポートのネイティブVLANをデフォルトの1から99へ変更し、ルータのFa0/0インターフェイスを3つのサブインターフェイスに分割して各VLANに所属するホストに対してデフォルトゲートウェイを提供しています。

【Router on a stickの設定例】

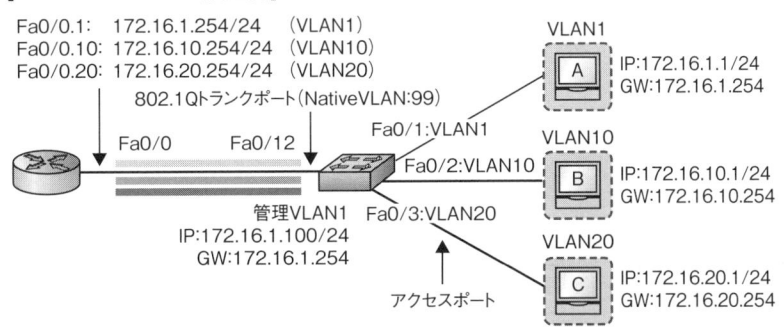

Fa0/0.1:　172.16.1.254/24　（VLAN1）
Fa0/0.10: 172.16.10.254/24　（VLAN10）
Fa0/0.20: 172.16.20.254/24　（VLAN20）
802.1Qトランクポート（NativeVLAN:99）

Fa0/0　Fa0/12
Fa0/1:VLAN1
Fa0/2:VLAN10
Fa0/3:VLAN20

管理VLAN1
IP:172.16.1.100/24
GW:172.16.1.254

アクセスポート

VLAN1　A　IP:172.16.1.1/24　GW:172.16.1.254
VLAN10　B　IP:172.16.10.1/24　GW:172.16.10.254
VLAN20　C　IP:172.16.20.1/24　GW:172.16.20.254

【ルータの設定】

```
Router(config)#interface fastethernet 0/0.1 Enter　←サブインターフェイス1を作成
Router(config-subif)#encapsulation dot1q 1 Enter　←802.1Q、VLAN1を指定
Router(config-subif)#ip address 172.16.1.254 255.255.255.0 Enter　←VLAN1のGW
Router(config-subif)#exit Enter
Router(config)#interface fastethernet 0/0.10 Enter　←サブインターフェイス10を作成
Router(config-subif)#encapsulation dot1q 10 Enter　←802.1Q、VLAN 10を指定
Router(config-subif)#ip address 172.16.10.254 255.255.255.0 Enter　←VLAN10のGW
Router(config-subif)#exit Enter
Router(config)#interface fastethernet 0/0.20 Enter
Router(config-subif)#encapsulation dot1q 20 Enter　←802.1Q、VLAN 20を指定
Router(config-subif)#ip address 172.16.20.254 255.255.255.0 Enter　←VLAN20のGW
Router(config-subif)#exit Enter
Router(config)#interface fastethernet 0/0.99 Enter　←サブインターフェイス99を作成
Router(config-subif)#encapsulation dot1q 99 native Enter　←ネイティブVLAN99を指定
Router(config-subif)#exit Enter
Router(config)#interface fastethernet 0/0 Enter　←物理インターフェイスを指定
Router(config-if)#no shutdown Enter　←インターフェイスを有効化
```

※ サブインターフェイスFa0/0.99は、ネイティブVLAN99のために作成している。今回の構成ではVLAN99のデータ通信がないため、IPアドレスの割り当ては不要

> **注意** ルータはデフォルトでVLAN1をネイティブVLANとして扱います。別のVLANでネイティブVLANの設定をしないと、encapsulation dot1q 1コマンドに「native」が自動的に付加されてコンフィギュレーションファイルに格納されます。

【スイッチの設定】

```
Switch(config)#vlan 10,20,99 Enter    ←VLAN10、20、99を作成
Switch(config-vlan)#exit Enter
Switch(config)#interface range fastethernet 0/1 - 3 Enter    ←Fa0/1～3をまとめて設定する
Switch(config-if-range)#switchport mode access Enter    ←明示的にアクセスポートに設定
Switch(config-if-range)#interface fastethernet 0/2 Enter
Switch(config-if)#switchport access vlan 10 Enter    ←VLAN10を割り当て
Switch(config-if)#interface fastethernet 0/3 Enter
Switch(config-if)#switchport access vlan 20 Enter    ←VLAN20を割り当て
Switch(config-if)#interface fastethernet 0/12 Enter
Switch(config-if)#switchport trunk encapsulation dot1q Enter    ←トランクに802.1Qを指定
Swtich(config-if)#switchport mode trunk Enter    ←明示的にトランクポートに設定
Switch(config-if)#switchport nonegotiate Enter    ←DTP送信を停止
Switch(config-if)#switchport trunk native vlan 99 Enter    ←ネイティブVLANを99に変更
Switch(config-if)#interface vlan 1 Enter    ←管理VLANインターフェイスを設定
Switch(config-if)#ip address 172.16.1.100 255.255.255.0 Enter    ←スイッチのIPアドレス
Switch(config-if)#no shutdown Enter
Switch(config-if)#exit Enter
Switch(config)#ip default-gateway 172.16.1.254 Enter    ←デフォルトゲートウェイを設定
Switch(config)#exit Enter
```

　スイッチのトランクポートのネイティブVLANをデフォルト(VLAN1)のままにしている場合、ルータのFa0/0.1サブインターフェイスには、**encapsulation dot1q 1 native**コマンドを設定する必要があります。これによって、ルータはスイッチから転送されたタグなしフレームをVLAN1のトラフィックとして扱うことができます。

　また、ネイティブVLANは、物理インターフェイスに対して設定することができます。この場合はVLAN IDの指定は必要ないため、物理インターフェイス上でencapsulationコマンドはサポートされません。

9-7 VLAN間ルーティング

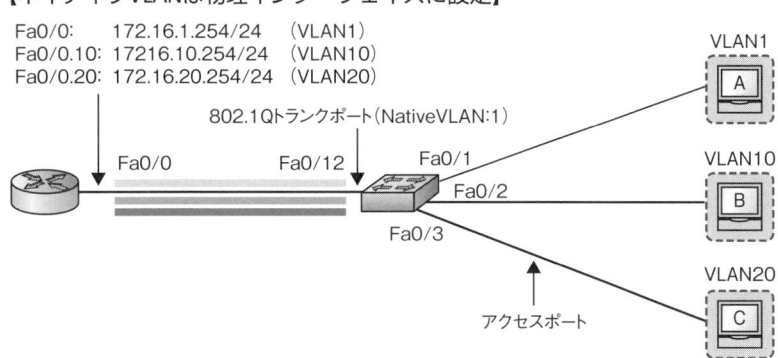

【ネイティブVLANは物理インターフェイスに設定】

Fa0/0:   172.16.1.254/24   （VLAN1）
Fa0/0.10:   17216.10.254/24   （VLAN10）
Fa0/0.20:   172.16.20.254/24 （VLAN20）

802.1QトランクポートNativeVLAN:1）

Fa0/0 ─ Fa0/12 ─ Fa0/1 ─ VLAN1 [A]
              Fa0/2 ─ VLAN10 [B]
              Fa0/3 ─ VLAN20 [C]
              アクセスポート

【ルータの設定】

```
Router(config)#interface fastethernet 0/0.10 [Enter]      ←サブインターフェイス10を作成
Router(config-subif)#encapsulation dot1q 10 [Enter]       ←802.1Q、VLAN 10を指定
Router(config-subif)#ip address 172.16.10.254 255.255.255.0 [Enter]   ←VLAN10のGW
Router(config-subif)#exit [Enter]
Router(config)#interface fastethernet 0/0.20 [Enter]      ←サブインターフェイス20を作成
Router(config-subif)#encapsulation dot1q 20 [Enter]       ←802.1Q、VLAN 20を指定
Router(config-subif)#ip address 172.16.20.254 255.255.255.0 [Enter]   ←VLAN20のGW
Router(config-subif)#exit [Enter]
Router(config)#interface fastethernet 0/0 [Enter]         ←物理インターフェイスを指定
Router(config-if)#ip address 172.16.1.254 255.255.255.0 [Enter]   ←VLAN1のGW
Router(config-if)#no shutdown [Enter]                     ←インターフェイスを有効化
```

> **試験対策**
> IEEE 802.1Qを使用するRouter on a stickの構成には、次の2つの方法があります。
> ・ネイティブVLANもサブインターフェイスに設定する
>   ……nativeオプションを付加
> ・ネイティブVLANは物理インターフェイスに設定する
>   ……encapsulationコマンドは不要

●Router on a stickの検証

Router on a stickの設定を確認するには、各ノードで次のコマンドを使用します。

＜ルータ＞
・show ip interface [brief]
・show ip route
・show vlans

＜スイッチ＞
・show interfaces trunk
・show interfaces switchport
・show vlan [brief]
・show interfaces vlan <vlan-id>
・show running-config

＜PC＞（Windowsの場合はコマンドプロンプトを使用）
・ipconfig
・ping <ip-address>

●ルータの検証 （395ページのRouter on a stickの設定に準拠）

サブインターフェイスの設定は、**show ip interface brief**コマンドを使用して各インターフェイスに割り当てたIPアドレスとup/down状態を確認します。なお、サブネットマスクは表示されないため、サブネットマスクを確認したいときは、briefオプションなしで実行します。

【show ip interface briefコマンドの出力例】

```
Router#show ip interface brief Enter   ←すべてのインターフェイスの要約情報を表示
Interface              IP-Address      OK? Method Status                Protocol
FastEthernet0/0        unassigned      YES unset  up                    up
FastEthernet0/0.1      172.16.1.254    YES manual up                    up
FastEthernet0/0.10     172.16.10.254   YES manual up                    up
FastEthernet0/0.20     172.16.20.254   YES manual up                    up
FastEthernet0/0.99     unassigned      YES manual up                    up
FastEthernet0/1        unassigned      YES unset  administratively down down
Serial0/0/0            unassigned      YES unset  administratively down down
Serial0/0/1            unassigned      YES unset  administratively down down
```

ルータにサブインターフェイスを作成し、IPアドレスを割り当てて有効になっていれば直接接続ネットワークが自動的にルーティングテーブルに登録されます。

【show ip routeコマンドの出力例】

```
Router#show ip route Enter   ←ルーティングテーブルを表示
Codes: L - local, C - connected, S - static, R - RIP, M - mobile, B - BGP
       D - EIGRP, EX - EIGRP external, O - OSPF, IA - OSPF inter area
       N1 - OSPF NSSA external type 1, N2 - OSPF NSSA external type 2
       E1 - OSPF external type 1, E2 - OSPF external type 2
       i - IS-IS, su - IS-IS summary, L1 - IS-IS level-1, L2 - IS-IS level-2
       ia - IS-IS inter area, * - candidate default, U - per-user static route
       o - ODR, P - periodic downloaded static route, H - NHRP, l - LISP
       + - replicated route, % - next hop override

Gateway of last resort is not set

      172.16.0.0/16 is variably subnetted, 6 subnets, 2 masks
C        172.16.1.0/24 is directly connected, FastEthernet0/0.1    ←VLAN1
L        172.16.1.254/32 is directly connected, FastEthernet0/0.1
C        172.16.10.0/24 is directly connected, FastEthernet0/0.10  ←VLAN10
L        172.16.10.254/32 is directly connected, FastEthernet0/0.10
C        172.16.20.0/24 is directly connected, FastEthernet0/0.20  ←VLAN20
L        172.16.20.254/32 is directly connected, FastEthernet0/0.20
```

　出力結果から、ルータはVLAN1（172.16.1.0/24）、VLAN10（172.16.10.0/24）、VLAN20（172.16.20.0/24）を相互に接続し、ルーティング可能な状態であることがわかります。

● スイッチの検証

　トランクポートの設定は、**show interfaces trunk**コマンドを使用して、適切なポートがトランクポートとして正しく動作しているかを確認します。なお、DTPネゴシエーションが無効になっているかは、**show interfaces switchport**コマンドで確認できます。

【show interfaces trunkコマンドの出力例】

```
Switch#show interfaces trunk Enter   ←トランクポートの情報を表示

Port        Mode          Encapsulation   Status      Native vlan
Fa0/12      on            802.1q          trunking    99
            ①            ②              ③          ④
Port        Vlans allowed on trunk
Fa0/12      1-4094
```

```
Port      Vlans allowed and active in management domain
Fa0/12    1, 10, 20, 99


Port      Vlans in spanning tree forwarding state and not pruned
Fa0/12    1, 10, 20, 99
```

① 明示的にトランク設定
② トランクプロトコルはIEEE 802.1Q
③ トランクポートとして動作
④ ネイティブVLANは99

【show interfaces switchportコマンドの出力例】

```
Switch#show interfaces fastethernet 0/12 switchport [Enter]    ←Fa0/12の詳細情報を
Name: Fa0/12                                                    表示
Switchport: Enabled
Administrative Mode: trunk    ←明示的なトランク設定
Operational Mode: trunk    ←トランクポートとして動作
Administrative Trunking Encapsulation: dot1q
Operational Trunking Encapsulation: dot1q
Negotiation of Trunking: Off    ←DTPは無効
Access Mode VLAN: 1 (default)
Trunking Native Mode VLAN: 99 (VLAN0099)    ←ネイティブVLANは99
Administrative Native VLAN tagging: enabled
Voice VLAN: none
Administrative private-vlan host-association: none
Administrative private-vlan mapping: none
Administrative private-vlan trunk native VLAN: none
Administrative private-vlan trunk Native VLAN tagging: enabled
Administrative private-vlan trunk encapsulation: dot1q
Administrative private-vlan trunk normal VLANs: none
Administrative private-vlan trunk associations: none
Administrative private-vlan trunk mappings: none
Operational private-vlan: none
Trunking VLANs Enabled: ALL
Pruning VLANs Enabled: 2-1001
Capture Mode Disabled
Capture VLANs Allowed: ALL
```

```
Protected: false
Unknown unicast blocked: disabled
Unknown multicast blocked: disabled
Appliance trust: none
```

作成したVLANとアクセスポートの設定は、**show vlan**コマンドで確認します。

【show vlan briefコマンドの出力例】

```
Switch#show vlan brief Enter   ←VLAN情報を表示

VLAN Name                             Status    Ports
---- -------------------------------- --------- -------------------------------
1    default                          active    Fa0/1, Fa0/4, Fa0/5, Fa0/6
                                                Fa0/7, Fa0/8, Fa0/9, Fa0/10
                        Fa0/12は表示なし➡       Fa0/11, Fa0/13, Fa0/14, Fa0/15
                        （トランクポートとして動作）Fa0/16, Fa0/17, Fa0/18, Fa0/19
                                                Fa0/20, Fa0/21, Fa0/22, Fa0/23
                                                Fa0/24, Gi0/1, Gi0/2
10   VLAN0010                         active    Fa0/2
20   VLAN0020                         active    Fa0/3      ｝アクセスポートの設定
99   VLAN0099                         active
1002 fddi-default                     act/unsup
1003 token-ring-default               act/unsup
1004 fddinet-default                  act/unsup
1005 trnet-default                    act/unsup
```

　出力結果から、3つのVLAN（1、10、20）はアクティブで、PCを接続しているFa0/1～Fa0/3にはアクセスポートとして適切なVLANが割り当てられていることがわかります。

　管理目的のためにスイッチとTCP/IP通信を行うには、スイッチに管理VLANインターフェイスとデフォルトゲートウェイの設定が必要です。管理VLANインターフェイスの状態を確認するには**show interfaces vlan <vlan-id>**コマンド、デフォルトゲートウェイの設定の確認には**show running-config**コマンドを使用します。

【show interfaces vlan 1コマンドの出力例】

```
Switch#show interfaces vlan 1 Enter   ←VLAN1の管理VLANインターフェイスの状態を表示
Vlan1 is up, line protocol is up      ←リンクアップしている
  Hardware is EtherSVI, address is 0018.191b.b940 (bia 0018.191b.b940)
  Internet address is 172.16.1.100/24   ←IPアドレスが割り当てられている
  MTU 1500 bytes, BW 1000000 Kbit/sec, DLY 10 usec,
     reliability 255/255, txload 1/255, rxload 1/255
  Encapsulation ARPA, loopback not set
  Keepalive not supported
  ARP type: ARPA, ARP Timeout 04:00:00
<以下省略>
```

【show running-configコマンドの出力例】

```
Switch#show running-config | include default-gateway Enter
ip default-gateway 172.16.1.254       ←デフォルトゲートウェイを設定している
```

● PCの検証

　ルータとスイッチの設定が正しいことが検証できました。この状態で各PCが所属するVLANのデフォルトゲートウェイが適切に設定されていれば、異なるVLANの相手とのエンドツーエンド通信が可能になります。

　エンドホストがWindows PCの場合は、コマンドプロンプトからipconfigコマンドで自身のIPアドレス、サブネットマスク、デフォルトゲートウェイを確認できます。

【PCでipconfigコマンドを実行】

　設定に問題がなければ、宛先ホストへpingコマンドを実行して通信が可能であることを確認します。ここでは、VLAN1に所属するホストAからVLAN10のホストBへ

pingを実行しています。

【宛先ホストへpingコマンドを実行】

```
C:\>ping 172.16.10.1

172.16.10.1 に ping を送信しています 32 バイトのデータ:
172.16.10.1 からの応答: バイト数 =32 時間 =1ms TTL=254
172.16.10.1 からの応答: バイト数 =32 時間 =1ms TTL=254
172.16.10.1 からの応答: バイト数 =32 時間 =2ms TTL=254
172.16.10.1 からの応答: バイト数 =32 時間 =1ms TTL=254

172.16.10.1 の ping 統計:
    パケット数: 送信 = 4、受信 = 4、損失 = 0 (0% の損失)、
ラウンド トリップの概算時間 (ミリ秒):
    最小 = 1ms、最大 = 2ms、平均 = 1ms

C:\>
```

出力結果より、VLAN間の通信ができたことが確認できます。

ルータで**show vlans**コマンドを実行すると、VLANサブインターフェイスに関する情報が表示されます。このコマンドでは、各サブインターフェイスで送受信されたパケット数を確認することができます。

構文 VLANサブインターフェイスの情報を表示（mode：>、#）
#show vlans [<vlan-id>]

【show vlansコマンドの出力例】

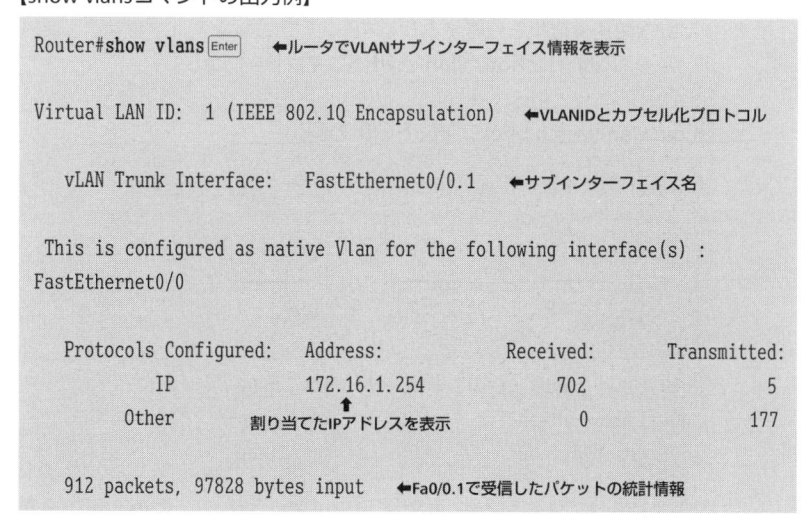

```
Router#show vlans Enter   ←ルータでVLANサブインターフェイス情報を表示

Virtual LAN ID:  1 (IEEE 802.1Q Encapsulation)   ←VLAN IDとカプセル化プロトコル

   vLAN Trunk Interface:   FastEthernet0/0.1   ←サブインターフェイス名

  This is configured as native Vlan for the following interface(s) :
FastEthernet0/0

     Protocols Configured:    Address:            Received:        Transmitted:
            IP              172.16.1.254             702                  5
           Other        割り当てたIPアドレスを表示     0                 177

     912 packets, 97828 bytes input     ←Fa0/0.1で受信したパケットの統計情報
```

```
      182 packets, 31423 bytes output    ←Fa0/0.1で送信したパケットの統計情報

Virtual LAN ID:  10 (IEEE 802.1Q Encapsulation)    ←VLAN10の情報

   vLAN Trunk Interface:    FastEthernet0/0.10

   Protocols Configured:    Address:           Received:         Transmitted:
          IP                172.16.10.254         283                   50
          Other                                     0                   15

   338 packets, 34959 bytes input
   65 packets, 5410 bytes output

Virtual LAN ID:  20 (IEEE 802.1Q Encapsulation)    ←VLAN20の情報

   vLAN Trunk Interface:    FastEthernet0/0.20

   Protocols Configured:    Address:           Received:         Transmitted:
          IP                172.16.20.254           0                    0
          Other                                     0                    8

   0 packets, 0 bytes input
   8 packets, 1320 bytes output
```

　VLAN関連の情報を確認するときスイッチではshow vlanコマンドを使用しましたが、ルータの場合は**show vlan-switch**コマンドを使用します。

【show vlan-switch briefコマンドの出力例】

```
Router#show vlan-switch brief Enter    ←ルータでVLAN情報を表示

VLAN Name                             Status      Ports
---- -------------------------------- ----------- -----------------------
1    default                          active
1002 fddi-default                     act/unsup
1003 token-ring-default               act/unsup
1004 fddinet-default                  act/unsup
1005 trnet-default                    act/unsup
```

※ 今回はルータでVLANを新規で追加していないため、デフォルトのVLAN情報のみ表示される

L3スイッチを使用したVLAN間ルーティング

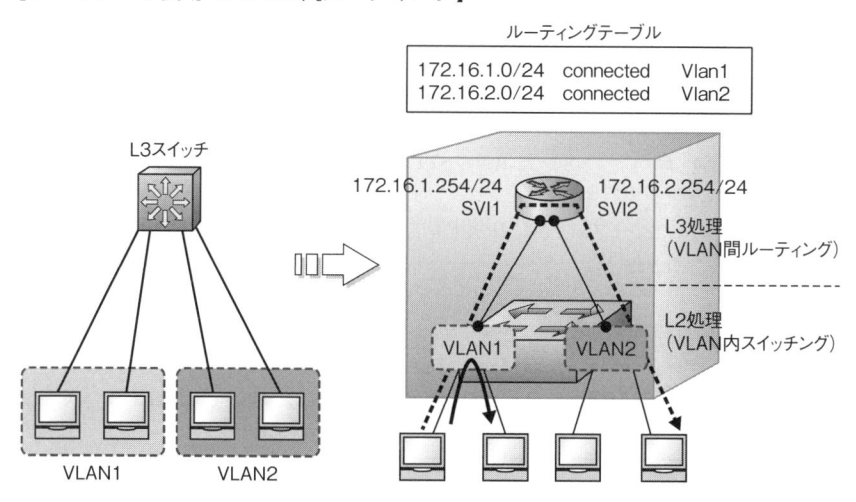

L3スイッチ（マルチレイヤスイッチ、レイヤ3スイッチ）は、L2スイッチ機能とルータ機能の両方を併せ持つ機器です。したがって、Router on a stick構成でL2スイッチとルータを接続して別々に処理してきたVLAN分離とVLAN間ルーティングの両方を、L3スイッチでは1台の筐体で実装できます。

スイッチポートに割り当てられているVLANをルーティングするために、VLANが内部ルータと接続する仮想的なインターフェイスを**SVI**（Switch Virtual Interface）といいます。SVIにIPアドレスを割り当てて有効化することで、内部ルータは直接接続ネットワークをルーティングテーブルに登録し、VLAN間ルーティングを行います。

【L3スイッチを使用したVLAN間ルーティング】

ルーティングテーブル
```
172.16.1.0/24   connected   Vlan1
172.16.2.0/24   connected   Vlan2
```

L3スイッチ

172.16.1.254/24　SVI1
172.16.2.254/24　SVI2

L3処理（VLAN間ルーティング）
L2処理（VLAN内スイッチング）

VLAN1　VLAN2

SVIは、VLANにレイヤ3機能を関連付ける仮想のインターフェイスです。ルーティング対象となるVLANごとにSVIを作成し、SVIに接続先VLAN（サブネット）のIPアドレスを割り当てます。

L3スイッチでは、物理ポート（ルーティッドポート）単位またはSVIを用いたVLAN単位でルーティングできるため、物理的な接続に依存しない柔軟なサブネット構成を利用できます。現在、企業のキャンパスネットワークにおけるVLAN間ルーティングの実装には、一般的にL3スイッチが使用されています。

●L3スイッチを使用したVLAN間ルーティングの設定

L3スイッチでVLAN間ルーティングを設定するための手順は次のとおりです。

① IPルーティングの有効化
② SVIの設定

① IPルーティングの有効化

ほとんどのCatalystのL3スイッチでは、デフォルトでルーティング機能が無効になっています。IPv4のルーティング機能を有効にするには、**ip routing**コマンドを実行します。IPルーティング機能を無効にする場合、no ip routingコマンドを使用します。なおレイヤ2スイッチは、このコマンドをサポートしていません。

構文 IPルーティングの有効化

```
(config)#ip routing
```

② SVIの設定

CatalystスイッチのデフォルトVLAN(VLAN1)に関しては、初期状態でSVIも作成されています。その他のVLANのSVIは、**interface vlan**コマンドで作成します。このコマンドを実行すると、インターフェイスコンフィギュレーションモードに移行します。SVIインターフェイスにIPアドレスを割り当て、スイッチ内部のルーティング機能とSVIを関連付けます。

構文 SVIの作成

```
(config)#interface vlan <vlan-id>
(config-if)#ip address <ip-address> <subnet-mask>
```

> **注意** 追加作成したSVIはデフォルトで有効になっています。ただし、VLAN1のSVIはデフォルトで作成されていますが、管理的に無効(shutdown)の状態です。VLAN1のルーティングが必要なときは、SVIを有効(no shutdown)にする必要があります。

次の図の例では、3台のアクセス層のL2スイッチでVLANによるブロードキャストドメインの分割を行っています。L2スイッチはトランクポートでL3スイッチと接続し、VLAN間ルーティングはディストリビューション層のL3スイッチで行っています。

9-7 VLAN間ルーティング

【L3スイッチを使用したVLAN間ルーティングの例】

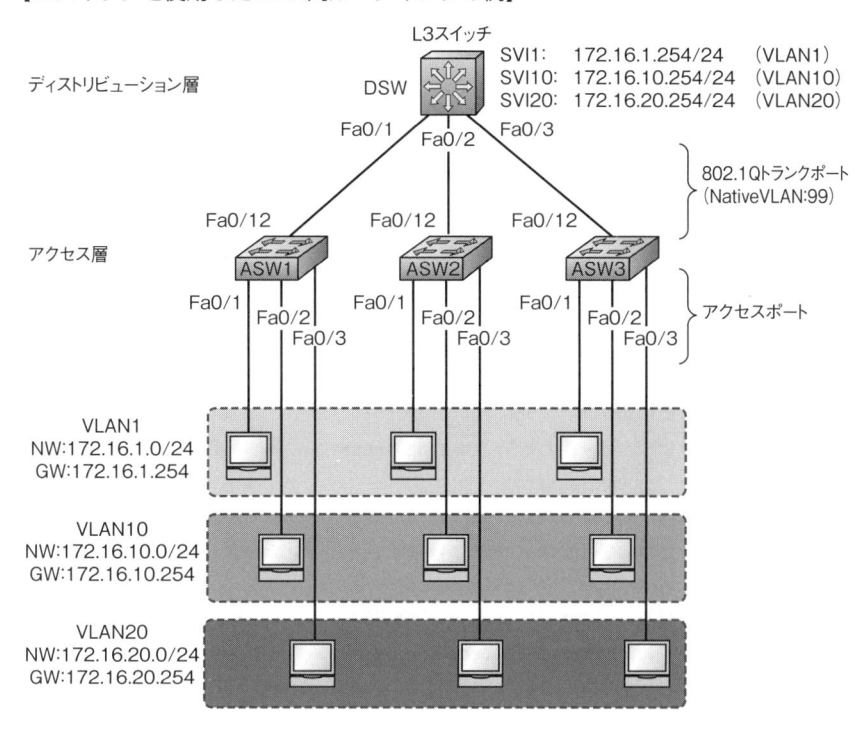

```
ディストリビューション層    L3スイッチ
        DSW              SVI1:  172.16.1.254/24   （VLAN1）
                         SVI10: 172.16.10.254/24  （VLAN10）
                         SVI20: 172.16.20.254/24  （VLAN20）
        Fa0/1 Fa0/2 Fa0/3
                                          802.1Qトランクポート
                                          （NativeVLAN:99）
        Fa0/12   Fa0/12   Fa0/12
アクセス層
        ASW1     ASW2     ASW3
        Fa0/1    Fa0/1    Fa0/1
         Fa0/2    Fa0/2    Fa0/2     アクセスポート
          Fa0/3    Fa0/3    Fa0/3

VLAN1
NW:172.16.1.0/24
GW:172.16.1.254

VLAN10
NW:172.16.10.0/24
GW:172.16.10.254

VLAN20
NW:172.16.20.0/24
GW:172.16.20.254
```

【L3スイッチの設定】

```
DSW(config)#vlan 10,20,99 [Enter]  ←VLAN10、20、99を作成
DSW(config-vlan)#exit [Enter]
DSW(config)#interface range fastethernet 0/1 - 3 [Enter]  ←Fa0/1～3をまとめて設定
DSW(config-if-range)#switchport trunk encapsulation dot1q [Enter]  ←802.1Qを選択
DSW(config-if-range)#switchport mode trunk [Enter]  ←明示的にトランクポートに設定
DSW(config-if-range)#switchport trunk native vlan 99 [Enter]  ←ネイティブVLANを99に変更
DSW(config-if-range)#switchport nonegotiate [Enter]  ←DTP送信を停止
DSW(config-if-range)#exit [Enter]
DSW(config)#ip routing [Enter]  ←IPルーティング機能を有効化
DSW(config)#interface vlan 1 [Enter]  ←SVI1の設定をする
```

第9章 VLANとVLAN間ルーティング

```
DSW(config-if)#ip address 172.16.1.254 255.255.255.0 [Enter] ←VLAN1のGW
DSW(config-if)#no shutdown [Enter] ←SVIを有効化
DSW(config-if)#interface vlan 10 [Enter] ←SVI10を作成
DSW(config-if)#ip address 172.16.10.254 255.255.255.0 [Enter] ←VLAN10のGW
DSW(config-if)#interface vlan 20 [Enter]
DSW(config-if)#ip address 172.16.20.254 255.255.255.0 [Enter] ←VLAN20のGW
DSW(config-if)#end [Enter]
```

【L2スイッチの設定(ASW1)】

```
ASW1(config)#vlan 10,20 [Enter] ←VLAN10と20を作成
ASW1(config-vlan)#exit [Enter]
ASW1(config)#interface range fastethernet 0/1 - 3 [Enter] ←Fa0/1～3をまとめて設定
ASW1(config-if-range)#switchport mode access [Enter] ←明示的にアクセスに設定
ASW1(config-if-range)#exit [Enter]
ASW1(config)#interface fastethernet 0/2 [Enter]
ASW1(config-if)#switchport access vlan 10 [Enter] ←VLAN10を割り当て
ASW1(config-if)#interface fastethernet 0/3 [Enter]
ASW1(config-if)#switchport access vlan 20 [Enter] ←VLAN20を割り当て
ASW1(config-if)#interface fastethernet 0/12 [Enter]
ASW1(config-if)#switchport mode trunk [Enter] ←明示的にトランクポートに設定
ASW1(config-if)#switchport turnk native vlan 99 [Enter] ←ネイティブVLANを99に変更
ASW1(config-if)#switchport nonegotiate [Enter] ←DTP送信を停止
ASW1(config-if)#exit [Enter]
ASW1(config)#interface vlan 1 [Enter] ←管理VLANインターフェイスを設定
ASW1(config-if)#ip address 172.16.1.100 255.255.255.0 [Enter] ←スイッチのIPアドレス
ASW1(config-if)#no shutdown [Enter] ←インターフェイスを有効化
ASW1(config-if)#exit [Enter]
ASW1(config)#ip default-gateway 172.16.1.254 [Enter] ←スイッチのデフォルトゲートウェイ
ASW1(config)#exit [Enter]
```

※ 今回のL2スイッチ（Catalyst 2960）は、トランクプロトコルにIEEE 802.1Qのみサポートしているため、switchport trunk encapsulation dot1qコマンドは使用できない

【L3スイッチでshow ip routeコマンドの出力例】

```
DSW#show ip route Enter   ←ルーティングテーブルを表示
Codes: C - connected, S - static, R - RIP, M - mobile, B - BGP
       D - EIGRP, EX - EIGRP external, O - OSPF, IA - OSPF inter area
       N1 - OSPF NSSA external type 1, N2 - OSPF NSSA external type 2
       E1 - OSPF external type 1, E2 - OSPF external type 2
       i - IS-IS, su - IS-IS summary, L1 - IS-IS level-1, L2 - IS-IS level-2
       ia - IS-IS inter area, * - candidate default, U - per-user static route
       o - ODR, P - periodic downloaded static route

Gateway of last resort is not

     172.16.0.0/24 is subnetted, 3 subnets
C       172.16.20.0 is directly connected, Vlan20
C       172.16.10.0 is directly connected, Vlan10
C       172.16.1.0 is directly connected, Vlan1
                           ↑SVI（各VLANの仮想インターフェイス）
```

参考 L3スイッチのポート構成

以下は、L3スイッチのポートをまとめています。

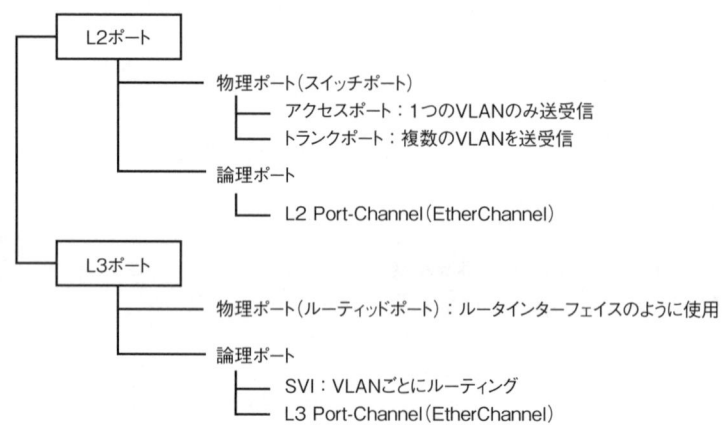

- **L2ポート**
  - 物理ポート（スイッチポート）
    - アクセスポート：1つのVLANのみ送受信
    - トランクポート：複数のVLANを送受信
  - 論理ポート
    - L2 Port-Channel（EtherChannel）
- **L3ポート**
  - 物理ポート（ルーティッドポート）：ルータインターフェイスのように使用
  - 論理ポート
    - SVI：VLANごとにルーティング
    - L3 Port-Channel（EtherChannel）

◎ Port-Channel（EtherChannel）については、『ICND2編』で説明しています。

9-8 演習問題

1 VLANを構成するメリットを選択しなさい。(3つ選択)

- A. ブロードキャストドメインのサイズを拡張することができる
- B. キャンパスネットワークの設計が柔軟にできる
- C. コリジョンドメインの数を増加することができる
- D. スイッチでVLAN間のルーティングが可能になる
- E. ネットワークのセキュリティを強化できる
- F. スイッチの管理が容易になる
- G. ブロードキャストドメインを分割することができる

2 VLAN2の名前をSalesに変更するために必要なコマンドを選択しなさい。(2つ選択)

- A. `(config)#interface vlan 2`
- B. `(config-if)#vlan name Sales`
- C. `(config)#vlan 2`
- D. `(config-if)#name Sales`
- E. `(config-vlan)#vlan 2 name Sales`
- F. `(config-vlan)#name Sales`

3 Catalystスイッチにデフォルトで存在し、削除や変更ができないVLAN IDを選択しなさい。

- A. VLAN1
- B. VLAN1と2
- C. VLAN1002〜1005
- D. VLAN1と1002〜1005
- E. 該当なし

4 24ポートあるCatalystスイッチに対して4つのVLANを構成した。このときのコリジョンドメインとブロードキャストドメインの数を選択しなさい。（2つ選択）

　　　A.　コリジョンドメイン：4
　　　B.　ブロードキャストドメイン：1
　　　C.　ブロードキャストドメイン：4
　　　D.　コリジョンドメイン：1
　　　E.　ブロードキャストドメイン：24
　　　F.　コリジョンドメイン：24

5 次の①と②に該当する説明および関連する用語を、選択肢から選びなさい。

　　　① アクセスポート　　　② トランクポート

　　　A.　VTP
　　　B.　IEEE 802.1Q
　　　C.　1つのVLANフレームのみ転送が可能
　　　D.　一般的にエンドユーザのPCを接続する
　　　E.　複数のVLANフレームの転送が可能
　　　F.　複数のVLANを構成する2台のスイッチ間を接続する
　　　G.　show vlanコマンドのPorts部分に表示される

6 ネゴシエーションによって、動的にトランクポートまたはアクセスポートに設定できるプロトコルを選択しなさい。

　　　A.　VTP
　　　B.　DTP
　　　C.　IEEE 802.1Q
　　　D.　ISL
　　　E.　CDP

7 ある管理者はCatalyst 3560スイッチと他ベンダ製のスイッチ間をトランクポートとして設定する必要がある。このとき、Catalystスイッチで必要なコマンドを選択しなさい。(2つ選択)

- A. (config-if)#switchport mode trunk
- B. (config-if)#no switchport nonegotiate
- C. (config-if)#switchport mode on
- D. (config-if)#switchport mode encapsulation 802.1q
- E. (config-if)#switchport trunk enable
- F. (config-if)#switchport trunk encapsulation dot1q
- G. (config-if)#switchport dynamic auto

8 トランクポートの設定を確認できるコマンドを選択しなさい。(3つ選択)

- A. show interfaces trunk
- B. show interfaces switchport
- C. show vlan brief
- D. show interfaces vlan
- E. show trunk status
- F. show interfaces capabilities

9 図のような構成で、ホストAとホストBとの間で通信することができません。この問題を解決するのに必要なデバイスを選択しなさい。(2つ選択)

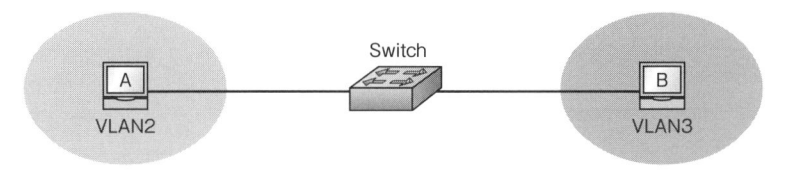

- A. ルータ
- B. ブリッジ
- C. リピータ
- D. レイヤ3スイッチ
- E. ハブ

第9章 VLANとVLAN間ルーティング

10 次の図を参照し、Router on a stickの構成でホストAとホストB間で通信するために必要な設定を選択しなさい。(3つ選択)

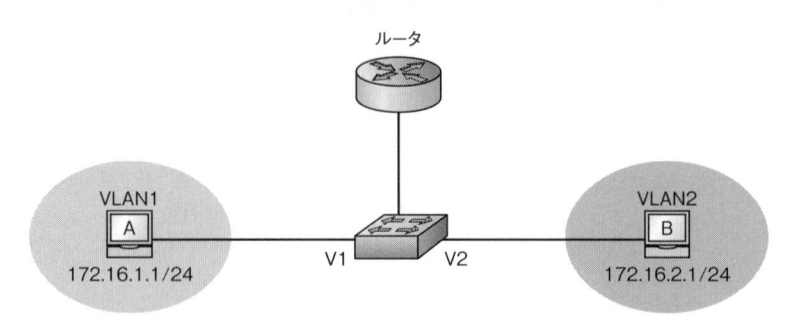

```
                    ルータ
                      |
        VLAN1         |         VLAN2
         [A]          |          [B]
     172.16.1.1/24   V1  V2   172.16.2.1/24
```

- A. ホストAとホストBに異なるデフォルトゲートウェイを設定する
- B. ルータと接続しているスイッチのポートにスタティックVLANを設定する
- C. スイッチにデフォルトゲートウェイを設定する
- D. ルータにルーティングプロトコルを設定する
- E. スイッチと接続しているルータのポートにサブインターフェイスを設定する
- F. ルータと接続しているスイッチのポートにトランクを設定する
- G. ルータとスイッチ間をクロスケーブルで接続する

9-9 解答

1 B、E、G

VLANは、コンピュータが接続されている物理的な位置に関係なく、ユーザを論理的なグループに分けて仮想LANセグメントを形成する技術です。グループの移動があっても、物理的なケーブル接続を変更する必要はなく、スイッチポートへのVLAN割り当てを変更するだけで済むため、管理者は柔軟にキャンパスネットワークの設計ができます（**B**）。

スイッチにVLANを構成すると、レイヤ2でブロードキャストドメインを分割できます（**G**）。そのため、ブロードキャストドメイン数は増加し、サイズは小さくなります（A）。スイッチはポートごとにコリジョンドメインを分割するデバイスです（C）。VLANによってトラフィックをレイヤ2レベルで分離することができ、異なるVLANへのアクセスにかかわるセキュリティを強化できます（**E**）。

VLANは、あくまでもレイヤ2によってネットワークを分割する技術であり、スイッチは分割されたVLAN同士を相互接続することはできません（D）。VLANは仮想的なグループを作るため、管理者がしっかりと設計しトラフィックの流れを把握しなくてはならず、物理的な構成よりも管理は複雑になります（F）。

参照 → P351

2 C、F

vlan <vlan-id>コマンドは、新規VLANの作成、および既存VLANのパラメータを変更するためにVLANコンフィギュレーションモードへ移行する際に使用します。デフォルトのVLAN以外は、名前を自由に変更することができます。VLANの名前を変更するには、VLANコンフィギュレーションモードでname <name>コマンドを実行します。

・VLAN2の名前をSalesに変更する設定
Switch(config)#**vlan 2**……(**C**)
Switch(config-vlan)#**name Sales**……(**F**)

選択肢AはVLAN2の管理インターフェイスを作成し、VLAN2インターフェイスへ移行するためのコマンドです。BとEは構文が間違っています。Dはモードが異なります。

参照 → P362

3 D

CatalystスイッチでサポートされるVLAN ID（VLAN番号）の範囲は0〜4095ですが、実際に使用できる範囲はIOSの種類とVTPの動作モードによって異なります。デフォルトのVLANは削除したり、名前を変更したりすることはできません。デフォルトVLANの範囲は1と1002〜1005です（**D**）。

参照 → P365

4 C、F

スイッチはポートごとにコリジョンドメインを分割するデバイスです。24ポート持つスイッチの場合、コリジョンドメイン数は24になります（**F**）。
すべてのスイッチポートはデフォルトでVLAN1が割り当てられているため、デフォルトはスイッチ全体で1つのブロードキャストドメインになります。4つのVLANを構成したとき、ブロードキャストドメイン数は4になります（**C**）。

・スイッチポート数 = コリジョンドメイン数
・VLAN数 = ブロードキャストドメイン数

参照 → P72、351

5 ①C、D、G ②A、B、E、F

アクセスポートとトランクポートの特徴は以下のとおりです。

● アクセスポート（①）
・1つのVLANフレームのみ転送（**C**）
・クライアントPCやサーバを接続するポート（**D**）
・switchport mode accessで固定のアクセスポートに設定
・show vlanコマンドのPorts部分に表示（**G**）

● トランクポート（②）
・複数のVLANフレームを転送（**E**）
・スイッチやルータと接続するポート（**F**）
・トランクプロトコルによってフレームのVLAN IDを識別
・トランクプロトコルはIEEE 802.1QまたはISL（**B**）
・VTPはトランクポートで動作する（**A**）

参照 → P355、357

6 B

DTPは、対向に接続されたスイッチポートとネゴシエーションを行い、動的にアクセスポートやトランクポートに切り替えることができるシスコ独自のプロトコルです(**B**)。

- VTP(A) ……………… ドメイン内でVLAN情報を共有(同期)するためのプロトコル
- IEEE 802.1Q(C) ……IEEE標準のトランクプロトコル
- ISL(D) ……………… シスコ独自のトランクプロトコル
- CDP(E) ……………… 隣接するCiscoデバイスの情報を収集できるプロトコル

参照 → P373

7 A、F

Catalyst 3560はIEEE 802.1QとISLの両方をサポートしているので、トランクポートの設定には次の2つのコマンドを使用します(静的に802.1Qのトランクポートを設定する場合)。

①トランクプロトコルの設定
　`switchport trunk encapsulation dot1q`……(**F**)
②トランクポートの設定
　`switchport mode trunk`……(**A**)

参照 → P375

8 A、B、C

トランクポートの設定を確認するには、次のコマンドを使用します。

- `show interfaces trunk`……(**A**)
- `show interfaces switchport`……(**B**)

show vlan(またはshow vlan brief)コマンドのPorts部分にはアクセスポートが表示されます。Ports部分にインターフェイス名が表示されないことで、結果的にトランクポートと確認できます(**C**)。show interfaces vlanコマンドは、VLAN管理インターフェイスの情報を表示します(D)。show interfaces capabilitiesコマンドは、スイッチでサポートしている機能(トランクプロトコルなど)を確認するコマンドです(F)。選択肢Eのコマンドは存在しません。

参照 → P379、380

9 A、D

図はVLAN2とVLAN3によって、2つのブロードキャストドメインが構成されています。異なるVLANに所属するホスト間の通信では、ルーティングデバイス(ルータまたはレイヤ3スイッチ)が必要になります(**A**、**D**)。

参照 → P390

10 A、E、F

L2スイッチのトランクポートに外部ルータを接続してVLAN間の相互通信を行う構成をRouter on a stickと呼びます。このとき、VLAN間ルーティングを実現するには、次の設定が必要になります。

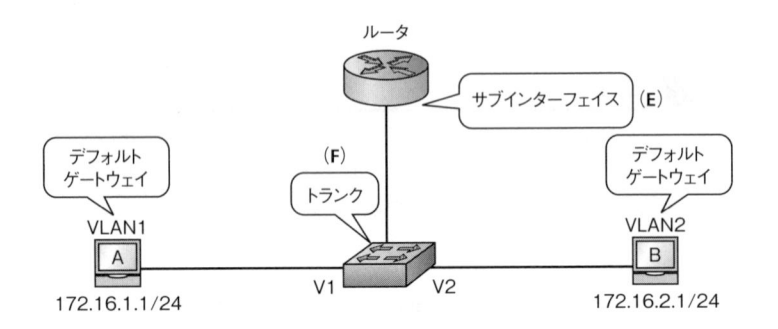

```
                        ルータ
                         │
                  サブインターフェイス (E)
              (F)
   デフォルト         │         デフォルト
   ゲートウェイ      トランク      ゲートウェイ
   VLAN1                          VLAN2
    [A]──────────[スイッチ]──────────[B]
                  V1  V2
  172.16.1.1/24                 172.16.2.1/24
```

サブインターフェイスの設定では、1つの物理インターフェイスをVLANの数だけ仮想的に分割します。各サブインターフェイスに対してVLANごとに割り当てたサブネットのホストアドレスを設定します。ホストは、自身が所属するVLANのサブインターフェイスに設定されたIPアドレスをデフォルトゲートウェイに割り当てるため、ホストAとホストBでは、異なるデフォルトゲートウェイを設定します(**A**)。

ホストAとホストB間で通信をするために、スイッチにIPアドレスやデフォルトゲートウェイを設定する必要はありません(C)。ルーティングプロトコルは、離れた宛先ネットワークと通信するための経路情報を動的にルーティングテーブルに学習するために使用します。ルータに直接接続されたサブネット間のルーティングを行う場合、ルーティングプロトコルを設定する必要はありません(D)。

Router on a stickの構成で外部ルータと接続するスイッチのポートはトランクになります。スタティックVLANの設定はアクセスポートなので、選択肢Bは不正解です。ルータとスイッチ間の接続には、ストレートケーブルを使用します(G)。

参照 → P393

第10章

IPv4アクセスリスト

10-1 IPv4アクセスリストの概要

10-2 ワイルドカードマスク

10-3 番号付き標準ACL

10-4 名前付き標準ACL

10-5 ACLの検証

10-6 ACLのトラブルシューティング

10-7 演習問題

10-8 解答

10-1 IPv4アクセスリストの概要

アクセスリスト(ACL)は、ルータを通過するパケットの転送を条件によって許可したり拒否したりするパケットフィルタリングや、NATやVPN*接続などの処理でパケットを分類するなどさまざまな用途で使用します。本節では、IPv4アクセスリストの概要とパケットフィルタリングについて説明します。

ACLとは

　アクセスリスト(ACL：Access Control List)は、トラフィックを識別し制御するための条件を記述したリストです。管理者の定義した要件でACLを作成しルータのインターフェイスに適用すると、パケットがルータを通過する際にACLと照合されます。パケットはACLの許可の条件に一致した場合のみ転送され、それ以外のパケットは転送が拒否されます。

　ACLのパケットフィルタリングを実装することによって、特定のホストがネットワーク上のどのノードにアクセスできるかを制御したり、トラフィックの種類ごとに転送を許可するか拒否するかを指定したりできるため、ネットワークの基本的なセキュリティを確保できます。

【ACLによるパケットフィルタリング】

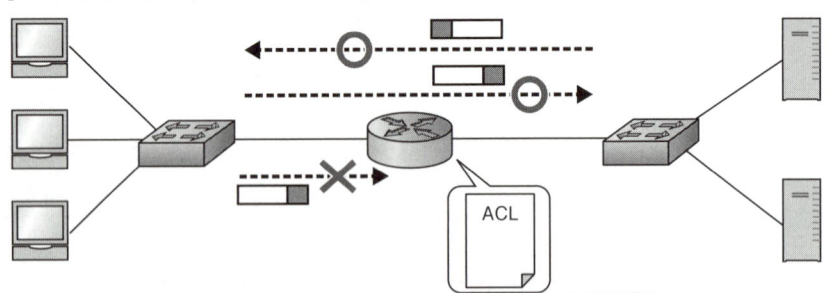

ルータは着信したパケットとACLを照合し、許可または拒否する

ACLの種類

ACLには、標準ACLと拡張ACLの2種類があります。

●標準ACL

標準ACLは、条件として送信元IPアドレスだけを指定できます。標準ACLの照合では、パケットのIPヘッダ内にある送信元IPアドレスのみチェックされ、パケット転送の許可または拒否が決定されます。

【標準ACL】

IPヘッダ			TCP/UDPヘッダ		データ
送信元IPアドレス	宛先IPアドレス	プロトコル	送信元ポート	宛先ポート	データ

↑
チェック

●拡張ACL

拡張ACLは、条件として送信元IPアドレスと宛先IPアドレスの両方を指定できます。さらに、プロトコル、送信元ポート番号、宛先ポート番号も指定することができます。拡張ACLの照合では、パケットのIPヘッダおよびTCP/UDPヘッダ内の複数の条件に基づいてパケット転送の許可または拒否が決定されるため、より柔軟で複雑な制御ができます。

【拡張ACL】

（レイヤ3）IPヘッダ			（レイヤ4）TCP/UDPヘッダ		データ
送信元IPアドレス	宛先IPアドレス	プロトコル	送信元ポート	宛先ポート	データ

↑ ↑ ↑ ↑ ↑
チェック

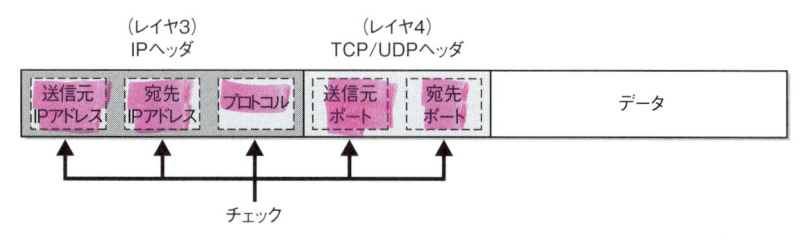

> **試験対策**
> 標準ACLと拡張ACLでチェックできるフィールドが異なります。
> つまり、標準と拡張でACLの条件に含めることができる内容が違います。

> ### 参考 ACLの用途
>
> ACLはトラフィックを分類して区別することができます。分類することによって、トラフィックを「特別な処理」の対象に割り当てることができます。
> たとえば、次のような用途でACLは利用されます。
>
> - NAT（Network Address Translation）
>   内部ネットワークからインターネット上の宛先へパケットを転送する際、NAT機能によってプライベートIPアドレスをグローバルIPアドレスに変換する対象パケットにするかどうかを、ACLで分類します。
> - ルートフィルタリング
>   ルーティングプロトコルによって経路情報をアドバタイズする際に、特定の経路情報を通知しないようにACLで指定（分類）します。
> - VPN（Virtual Private Network）
>   パケットをVPNによって転送するかどうかをACLで分類します。
> - ルート再配布[※1]
>   ルート再配布の際に、経路情報を再配布の対象にするかどうかをACLで分類します。
>
> このほかにも、ACLの条件を利用してさまざまな処理を制御することができます。また、ACLはルータやスイッチなど幅広い製品でサポートされています。

※1 【ルート再配布】redistribute：あるルーティングプロセスで学習した経路情報（直接接続ネットワークおよびスタティックルートを含む）を、異なるルーティングプロセスの経路として再配布する技術のこと。たとえば、RIPで学習した経路情報をOSPFルートとしてアドバタイズ（通知）すること

ACLの識別方法

ACLはIPやIPX、AppleTalkなどさまざまなネットワーク層のプロトコルに対応しています。ACLを識別するには、番号で識別する方法と名前で識別する方法の2つがあります。

●番号付きACL　IPv4

番号を指定して作成するACLを**番号付きACL**といいます。IOSでは、ネットワーク層プロトコルの種類と標準/拡張ACLを番号で識別します。以下に、主なプロトコルで予約されているACL番号の範囲を示します。

【代表的な番号付きACL】

プロトコル・種類	ACL番号
IPv4標準	1～99、1300～1999
IPv4拡張	100～199、2000～2699
AppleTalk	600～699
IPX標準	800～899
IPX拡張	900～999

●名前付きACL　IPv4　IPv6

名前を指定して作成するACLを**名前付きACL**といいます。名前付きACLでは、ACLの作成時に任意の名前、プロトコル、標準（standard）/拡張（extended）を指定します。たとえば、FTPトラフィックを制御する場合は「FTP-Filter」とするなど、目的に合った名前でACLを作成すると管理しやすくなります。

なお、IPv6では名前付きACLのみをサポートしています。

試験対策

番号付き標準ACLと拡張ACLで使用できるACL番号を覚えておきましょう。
- 番号付き標準ACL……1～99、1300～1999
- 番号付き拡張ACL……100～199、2000～2699

ACLの適用

インターフェイスにACLを適用することによって、そのインターフェイスでパケットを着信または発信するときにACLと照合し、パケットフィルタリングの機能を果たします。

ACLはネットワーク層のプロトコルごとに、インターフェイスの着信（インバウンド）と発信（アウトバウンド）の各方向に1つずつ適用できます。また、1つのACLを複数のインターフェイスに適用することもできます。

【ACLの適用】

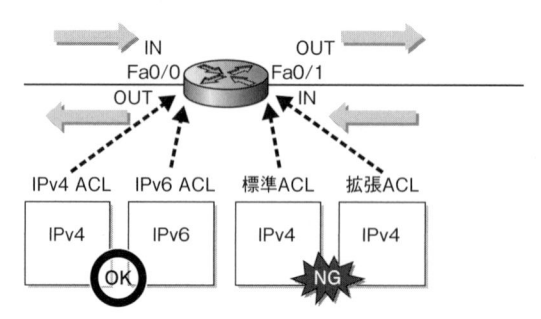

たとえば、ルータのFa0/0のインバウンドにIPv4 ACLとIPv6 ACLの両方を適用することができます。ネットワーク層プロトコルが異なるため、IPv4パケットを着信したときはIPv4 ACLと照合し、IPv6パケットを着信したときはIPv6 ACLと照合します。

しかし、Fa0/1のインバウンドにIPv4標準ACLとIPv4拡張ACLの両方を適用することはできません。この場合はネットワーク層プロトコルが同じであるため、IPv4パケットの着信時に標準と拡張のどちらのACLと照合すればよいかを判断できないためです。

インバウンドACLとアウトバウンドACL

ACLをインターフェイスのインバウンドとアウトバウンドのどちらに適用するかによって、動作は次のように異なります。

●インバウンドACL

ルータはパケットを受信すると、インターフェイスに適用されたインバウンドACLのエントリと照合します。

ACLの許可の条件に一致したパケットは、通常のルーティング処理が行われ、出力インターフェイスを決定します。一方、拒否の条件に一致したパケットは破棄されます。

10-1　IPv4アクセスリストの概要

【インバウンドACL】

パケット受信時にACL照合
・許可条件に一致 ⇒ ルーティングテーブルを参照し、出力IF決定
・拒否条件に一致 ⇒ パケット破棄

インバウンドに適用

● アウトバウンドACL

　ルータは受信したパケットの宛先IPアドレスを基にルーティングテーブルを参照し、発信インターフェイスを決定すると、そのインターフェイスに適用されたアウトバウンドACLのエントリと照合します。

　ACLの許可の条件に一致したパケットは転送され、拒否の条件に一致したパケットは破棄されます。

【アウトバウンドACL】

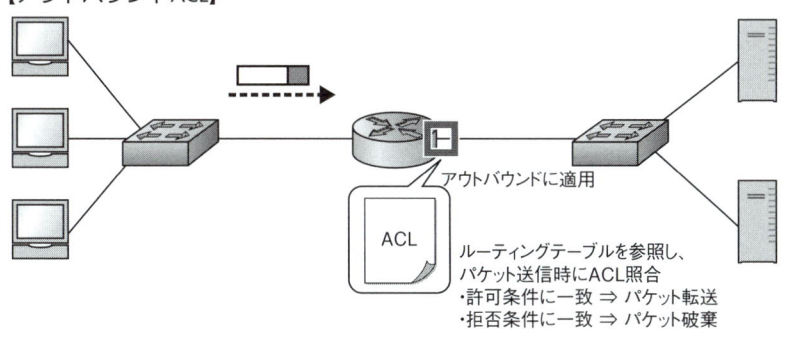

アウトバウンドに適用

ルーティングテーブルを参照し、
パケット送信時にACL照合
・許可条件に一致 ⇒ パケット転送
・拒否条件に一致 ⇒ パケット破棄

　インバウンドでパケットフィルタリングを行うと、拒否されたパケットのルーティング処理が必要なくなるため、ルータの負荷を軽減できます。

試験対策
・インバウンドACLの場合：ACL照合⇒ルーティングテーブル参照
・アウトバウンドACLの場合：ルーティングテーブル参照⇒ACL照合

ACL設定の注意事項

ACLの設定は慎重に行う必要があります。ACLの条件に誤りがあると、必要なパケットまで破棄されてしまう恐れがあります。ACLを使用する際には、次の点に注意しなければなりません。

・ステートメントの順番
・「暗黙のdeny」の存在
・適用インターフェイス
・ACLの配置
・フィルタリングの対象パケット

●ステートメントの順番

ACLに含まれる1行の条件文を**ステートメント**といいます。各ステートメントには、シーケンス番号（行番号）が指定できます。ACLの照合は、シーケンス番号の小さい順（上から順）に行われます。シーケンス番号を省略してステートメントを作成した場合、1つ目のステートメントは自動的に10番になり、2行目以降は10ずつ加算した番号が割り当てられます。

ステートメントの条件と一致したパケットはその時点で許可または拒否の処理が行われ、以降のステートメントは無視されます。そのため、ステートメントの順番は重要です。

次の例では、「172.16.1.0/24サブネット上の172.16.1.1からのパケットだけを拒否する」という要件に対し、ACL1でステートメントを次の順番で2行設定しています。

【ステートメントの順番】

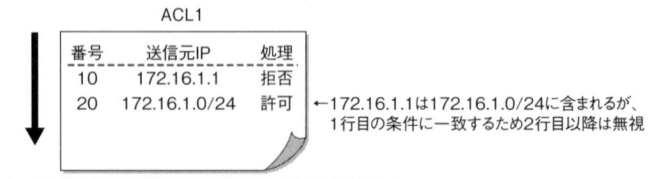

ACL1

番号	送信元IP	処理
10	172.16.1.1	拒否
20	172.16.1.0/24	許可

←172.16.1.1は172.16.1.0/24に含まれるが、1行目の条件に一致するため2行目以降は無視

ステートメントはシーケンス番号の小さい順（上から順）に評価される

この場合、172.16.1.1からのパケットは10番のステートメントに一致して拒否されます（20番は無視）。このため、限定された条件ほど上の方に置く必要があります。

> ⚠ 注意　ACLのシーケンス番号は、Cisco IOSリリース12.3からサポートされました。それ以前のIOSの場合、エントリの照合はステートメントが作成された順に従います。新規の条件文はリストの末尾に挿入されます。

10-1 IPv4アクセスリストの概要

●「暗黙のdeny」の存在

　ACLの末尾には、すべてのパケットを暗黙的に拒否するステートメントが存在します。このため、ACLの中には最低1つの許可（permit）ステートメントを含める必要があります。この最終ステートメントは「**暗黙のdeny（暗黙の拒否）**」と呼ばれます。

　「暗黙のdeny」ステートメントはshowコマンドで表示されないため、存在を忘れないように注意してください。

> **試験対策**
> ACLの最終行には必ず「暗黙のdeny（拒否）」が存在することを意識しましょう！
> permit行が最低1行は必要です。

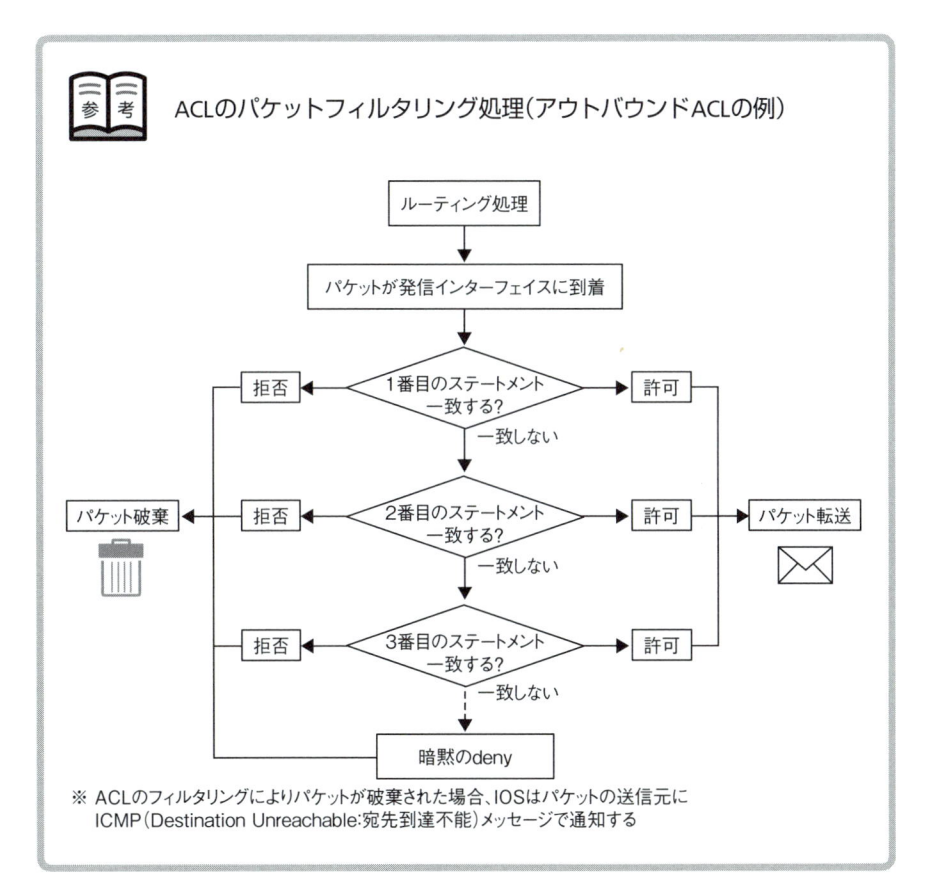

参考　ACLのパケットフィルタリング処理（アウトバウンドACLの例）

```
           ルーティング処理
                ↓
       パケットが発信インターフェイスに到着
                ↓
   拒否 ← 1番目のステートメント → 許可
           一致する?
                ↓ 一致しない
   拒否 ← 2番目のステートメント → 許可 → パケット転送
           一致する?
                ↓ 一致しない
   拒否 ← 3番目のステートメント → 許可
           一致する?
                ↓ 一致しない
            暗黙のdeny
                ↓
           パケット破棄
```

※ ACLのフィルタリングによりパケットが破棄された場合、IOSはパケットの送信元に
　ICMP（Destination Unreachable：宛先到達不能）メッセージで通知する

● 適用インターフェイス

　ACLをインターフェイスに適用することによって、パケットフィルタリングとして機能します。このときトラフィックの流れを確認し、ACLを適切なインターフェイスに適用するよう注意する必要があります。
　次の例では、「172.16.1.2からのパケットのみ外部ネットワークへのアクセスを禁止する」という要件に対し、次の標準ACLを作成してFa0/0のインバウンドに適用しています。

【ACLを適用するインターフェイス】

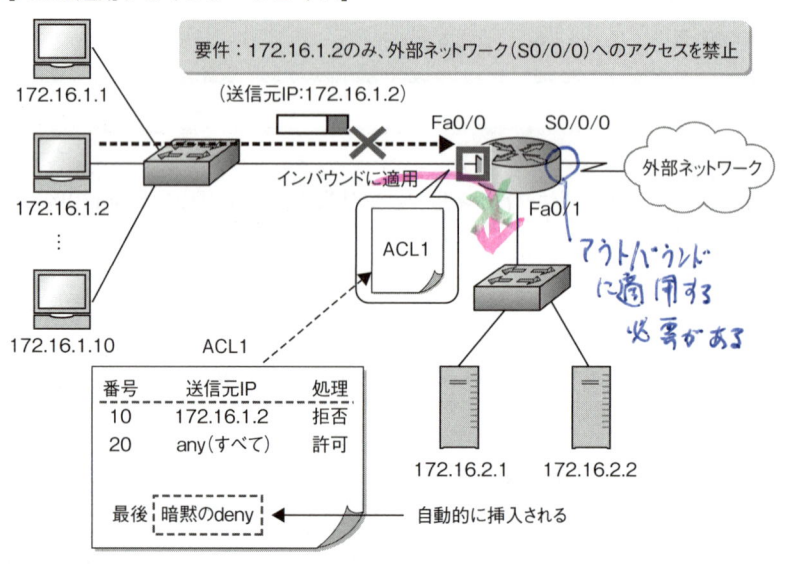

要件：172.16.1.2のみ、外部ネットワーク（S0/0/0）へのアクセスを禁止

（送信元IP：172.16.1.2）

172.16.1.1
172.16.1.2
…
172.16.1.10

ACL1

番号	送信元IP	処理
10	172.16.1.2	拒否
20	any（すべて）	許可
最後	暗黙のdeny	

自動的に挿入される

172.16.2.1　172.16.2.2

アウトバウンドに適用する必要がある

　この場合、172.16.1.2から外部ネットワークへアクセスするパケットは、ステートメント10番の条件に一致して拒否されますが、172.16.1.2からFa0/1側のサーバ宛のパケットも10番の条件に一致して拒否されてしまいます。今回の要件を満たすには、ACL1をS0/0/0のアウトバウンドに適用する必要があります。

10-1 IPv4アクセスリストの概要

● ACLの配置

　ネットワーク上に複数のルータが存在するとき、ACLをどのルータに配置するかは注意して選択する必要があります。
　たとえば次の図のような構成で、「172.16.1.1からのパケットだけ172.16.4.1へのアクセスを禁止する」という要件に対し、次の標準ACLと拡張ACLを作成したとします。

【ACLの配置】

要件：172.16.1.1からのみ、172.16.4.1へのアクセスを禁止

送信元IP:172.16.1.1
宛先IP:172.16.4.1

D:宛先
172.16.4.1

RT1　Fa0/0　S0/0/0　RT2　Fa0/1

拡張ACL

標準ACL

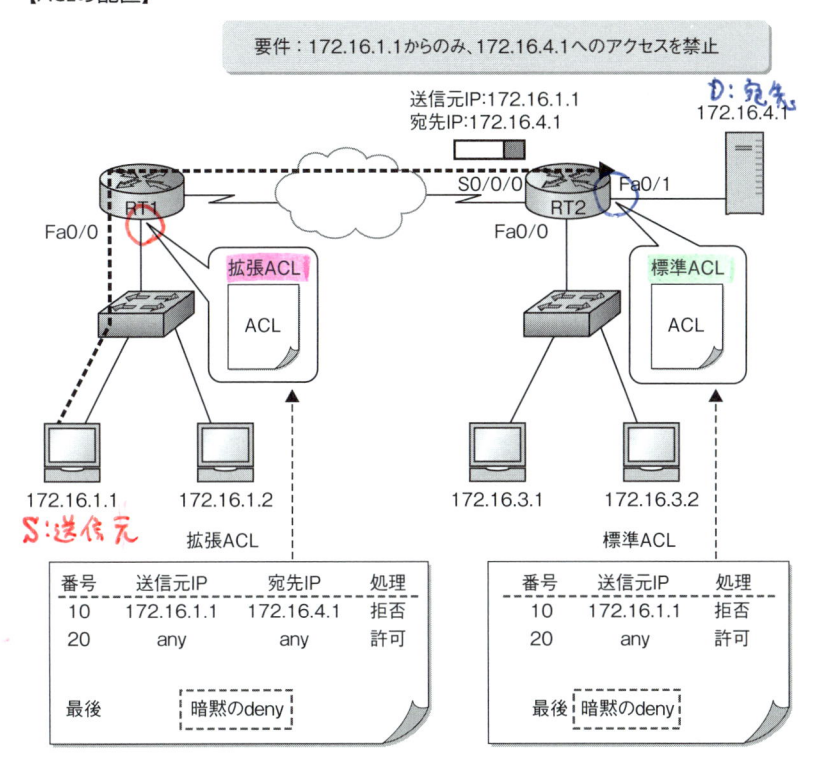

172.16.1.1　172.16.1.2　　　172.16.3.1　172.16.3.2
S:送信元
　　拡張ACL　　　　　　　　　　標準ACL

番号	送信元IP	宛先IP	処理
10	172.16.1.1	172.16.4.1	拒否
20	any	any	許可
最後	暗黙のdeny		

番号	送信元IP	処理
10	172.16.1.1	拒否
20	any	許可
最後	暗黙のdeny	

　標準ACLでは、条件に送信元IPアドレスしか指定できません。このため、標準ACLはパケットの宛先近くに配置する必要があります。今回の場合、RT2のFa0/1のアウトバウンドに適用します。RT1のFa0/0やRT2のS0/0/0のインバウンドに適用すると、172.16.1.1からのパケットはRT2のFa0/0側のコンピュータにもアクセスできません。
　拡張ACLでは、条件に送信元IPアドレスと宛先IPアドレスの両方を指定することができます。このため、どちらのルータにACLを配置しても要件を満たすパケットフィルタリングが可能です。ただし、ネットワーク上に無駄なトラフィックが流れ、帯域幅を浪費する可能性があるため、拡張ACLはできるだけパケットの送信元に近い場所に配置することが推奨されます。これにより、余計なオーバーヘッドを軽減できます。

429

なお、拡張ACLであっても、宛先IPアドレスを明示的に指定しない場合は、標準ACLと同様にパケットの宛先近くに配置する必要があります。

> **試験対策**
> ・標準ACL ⇒ パケットの宛先近くに配置
> ・拡張ACL ⇒ パケットの送信元近くに配置（推奨）

● フィルタリングの対象パケット

　ACLによるパケットフィルタリングでは、ルータを通過するパケットだけがフィルタリングの対象になります。ルータ自身から発信されるパケット（送信元がルータ自身のパケット）はフィルタリング対象とみなしません。

　次の図の例では、RT1にICMPメッセージを拒否する条件を含む拡張ACLを作成し、Fa0/1のアウトバウンドに適用しています。このとき、RT1からのpingは成功します。

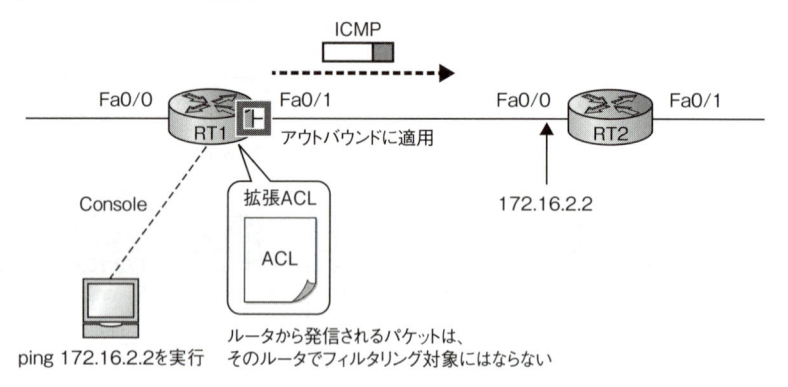

【フィルタリングの対象】

10-2 ワイルドカードマスク

ACLのステートメント(条件文)の中でIPアドレスを指定するときには、ワイルドカードマスクを使用します。

ワイルドカードマスクの概要

ワイルドカードマスクは、直前に指定したIPアドレスに対して「どの部分をチェックする必要があるか」を指定するための情報です。ACLの条件にワイルドカードマスクを使用し、許可または拒否するためのIPアドレスを指定します。

ワイルドカードマスクのガイドラインは次のとおりです。

> 暗記

- 32ビットの値
- 8ビットずつドット(.)で区切って10進数で表記
- 「0」を指定した場合、IPアドレスに対応するビットの値と一致(チェックする)
- 「1」を指定した場合、IPアドレスに対応するビットの値を無視(チェックしない)

ワイルドカードマスクによるIPアドレスの指定

以下に、ワイルドカードマスクを使用したIPアドレスの指定方法を示します。

●ホストアドレスの指定

条件に特定のホストアドレスを指定するには、IPアドレスの32ビットすべてをチェックし、指定した値と一致する必要があります。したがって、ワイルドカードマスクには「0.0.0.0」を指定します。たとえば、ホストアドレス10.1.1.1を指定する場合、次のようになります。

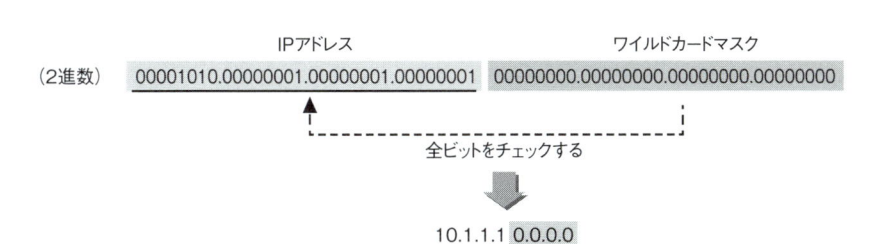

	IPアドレス	ワイルドカードマスク
(2進数)	00001010.00000001.00000001.00000001	00000000.00000000.00000000.00000000

全ビットをチェックする

10.1.1.1　0.0.0.0

0.0.0.0のワイルドカードマスクの場合、**host**キーワードを代用して省略することもできます。hostキーワードは、ホストアドレスの前に指定します。文字数を減らす効果はさほど期待できませんが、hostというキーワードを付けることによって、条件に特定ホストを指定しているのが強調されてわかりやすくなります。

```
非省略形 ……………………… 10.1.1.1 0.0.0.0
省略形   ……………………… host 10.1.1.1
```

● すべてのアドレスを指定

条件にすべてのIPアドレスを指定するには、IPアドレスの32ビットを無視します。つまり、何もチェックする必要がないということです。したがって、ワイルドカードマスクには「255.255.255.255」を指定します。また、このとき指定するIPアドレスに、どのような値を指定しても無視するため「0.0.0.0」を使用します。

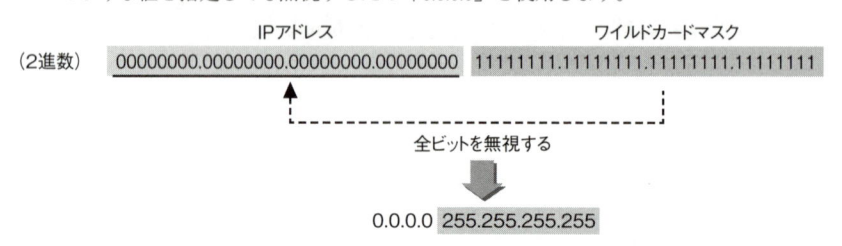

	IPアドレス	ワイルドカードマスク
(2進数)	00000000.00000000.00000000.00000000	11111111.11111111.11111111.11111111

全ビットを無視する

0.0.0.0 255.255.255.255

0.0.0.0 255.255.255.255の場合、**any**キーワードを代用して省略できます。anyキーワードは、IPアドレス部分も省略できるため、記述を短くすることができて非常に便利です。

```
非省略形 …… 0.0.0.0 255.255.255.255
省略形   ……… any
```

●サブネットアドレスの指定

　条件に特定のサブネットを指定するには、IPアドレスのサブネットアドレス部分のビットをチェックし、指定した値と一致する必要があります。サブネットマスクは、ネットワーク部（サブネット部含む）を「1」、ホスト部を「0」で表現しています。したがって、サブネットマスクの1と0を反転すると、サブネットアドレスを指定するワイルドカードマスクになります（このように、ワイルドカードマスクはサブネットマスクの反対の意味を持つことがあるため「反転マスク」とも呼ばれています）。

　次に、特定サブネットを指定する場合のワイルドカードマスクの例を2つ示します。

例1）サブネット10.1.1.0/24（サブネットマスク255.255.255.0）を指定する場合

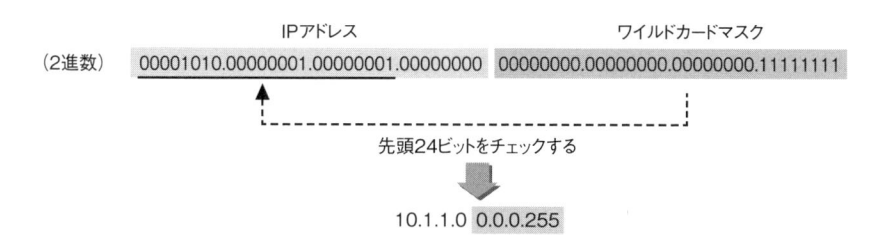

	IPアドレス	ワイルドカードマスク
（2進数）	00001010.00000001.00000001.00000000	00000000.00000000.00000000.11111111

先頭24ビットをチェックする

10.1.1.0　0.0.0.255

例2）サブネット172.30.1.128/26（サブネットマスク255.255.255.192）を指定する場合

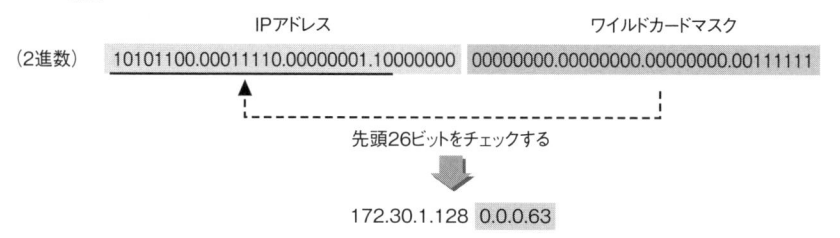

	IPアドレス	ワイルドカードマスク
（2進数）	10101100.00011110.00000001.10000000	00000000.00000000.00000000.00111111

先頭26ビットをチェックする

172.30.1.128　0.0.0.63

●サブネットアドレスの範囲を指定

特定範囲のアドレスに対して同じ条件を指定するとき、ワイルドカードマスクをうまく利用すると<mark>ステートメントを1行に集約する</mark>ことができます。

たとえば、192.168.0.0/24〜192.168.7.0/24のネットワークに対して、同じステートメントを作成する場合、上位21ビットが共通するので、8つのネットワークすべてを1行のステートメントだけで指定できます。

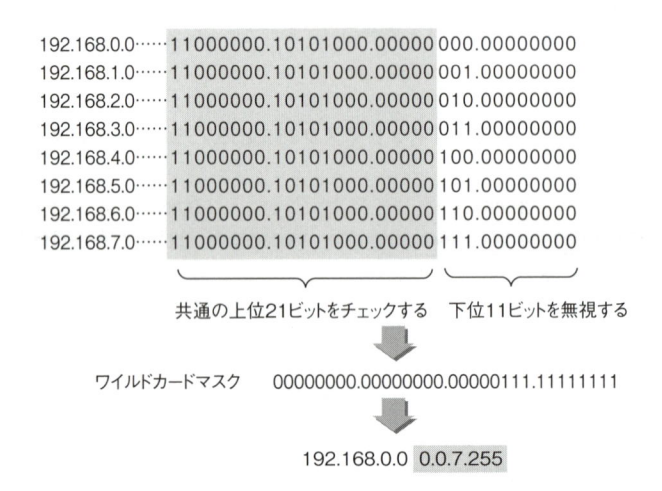

```
192.168.0.0······11000000.10101000.00000 000.00000000
192.168.1.0······11000000.10101000.00000 001.00000000
192.168.2.0······11000000.10101000.00000 010.00000000
192.168.3.0······11000000.10101000.00000 011.00000000
192.168.4.0······11000000.10101000.00000 100.00000000
192.168.5.0······11000000.10101000.00000 101.00000000
192.168.6.0······11000000.10101000.00000 110.00000000
192.168.7.0······11000000.10101000.00000 111.00000000
```

共通の上位21ビットをチェックする　　下位11ビットを無視する

⬇

ワイルドカードマスク　　00000000.00000000.00000111.11111111

⬇

192.168.0.0　0.0.7.255

ワイルドカードマスクの前に指定するアドレスは、アドレス範囲のうち1つだけで済みます。たとえば、上記例の192.168.0.0 0.0.7.255には、192.168.0.0〜192.168.7.0のすべてが含まれます。

試験対策
ACLでのワイルドカードマスクを理解しましょう！
・ワイルドカードマスクの省略形「host、any」の使い方
・ワイルドカードマスクを使用した複数のサブネットの指定の仕方

10-3 番号付き標準ACL

標準ACLは、条件に送信元IPアドレスのみ指定できます。本節では、IPv4の番号付き標準ACLの作成およびインターフェイスに適用する方法を説明します。

番号付き標準ACLの作成

番号付き標準ACLは、**access-list <acl-number>** コマンドを使用してステートメント（条件文）を作成します。1つのACLに複数のステートメントを設定する場合は、同じACL番号でaccess-listコマンドを実行します。追加のステートメントはリストの末尾に挿入されます。

no access-list <acl-number>コマンドを実行すると、指定した番号のACL全体を削除します。

構文 番号付き標準ACLの作成

```
(config)#access-list <acl-number> { permit | deny | remark }
<source> [<wildcard>] [ log ]
```

- acl-number …… 標準ACLの番号を1～99、1300～1999の範囲で指定。同一ACLの場合、2行目以降のステートメントも同じ番号を使用する
- permit ………… 条件に一致した場合に許可する
- deny …………… 条件に一致した場合に拒否する
- remark ………… ACL内にコメント文を挿入する。コメントは100文字まで入力可能
- source ………… 送信元IPアドレスを指定
- wildcard ……… ワイルドカードマスクを指定（オプション）。省略した場合は「0.0.0.0」が適用される
- log …………… パケットが条件に一致した場合にログメッセージを表示（オプション）

次の例では、「10.1.1.1（ホストA）と10.2.2.1（ホストD）からのパケットだけ外部ネットワークへのアクセスを禁止する」という要件に対し、番号付き標準ACLを示しています。

第10章 IPv4アクセスリスト

【番号付き標準ACLの例】

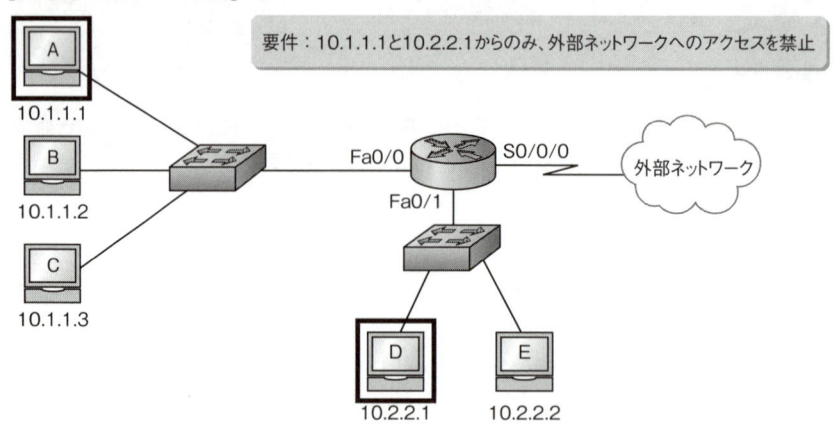

要件：10.1.1.1と10.2.2.1からのみ、外部ネットワークへのアクセスを禁止

① ACL番号の決定

作成するACLの番号を決めます。IPv4 標準ACLの場合、1～99または1300～1999番の範囲から未使用の番号を1つ選択します。ここでは、1番を使用しています。

②「10.1.1.1からのパケットを拒否する」ステートメント作成

送信元IPアドレスが10.1.1.1（ホストA）のパケットを拒否するためのステートメントを作成します。

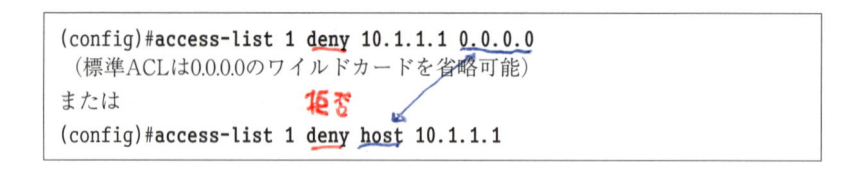

```
(config)#access-list 1 deny 10.1.1.1 0.0.0.0
 （標準ACLは0.0.0.0のワイルドカードを省略可能）
または                    拒否
(config)#access-list 1 deny host 10.1.1.1
```

【ACL1作成】

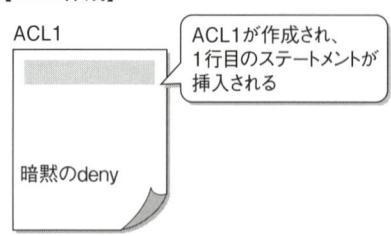

ACL1
　　　　　　ACL1が作成され、
　　　　　　1行目のステートメントが
　　　　　　挿入される

暗黙のdeny

③「10.2.2.1からのパケットを拒否する」ステートメント作成

同様に、送信元IPアドレスが10.2.2.1（ホストD）からのパケットを拒否するためのステートメントを作成します。このとき、ACL番号は必ず1行目と同じ番号を指定する必要があります（異なる番号を指定すると、別のリストが作成されます）。

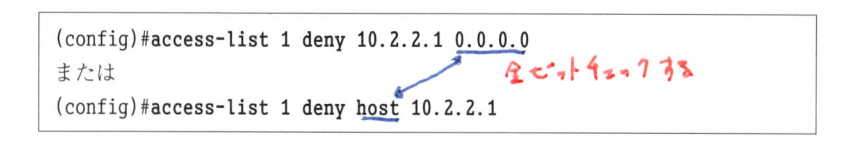

```
(config)#access-list 1 deny 10.2.2.1 0.0.0.0
または
(config)#access-list 1 deny host 10.2.2.1
```

※ 0.0.0.0 → 全ビットチェックする

【ACL1に2行目のステートメント挿入】

ACL1
ACL1に2行目のステートメントが挿入される
暗黙のdeny

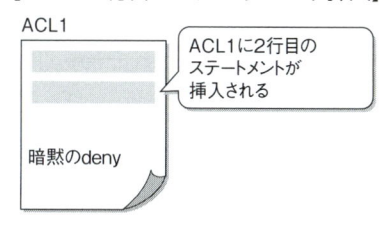

④「すべてのパケットを許可する」ステートメント作成

ACLの最後には「暗黙のdeny」が存在するため、最低1つはpermitステートメントが必要です。3行目には「暗黙のdeny」への対策として、すべてのパケットを許可するステートメントを作成します。

```
(config)#access-list 1 permit 0.0.0.0 255.255.255.255
または
(config)#access-list 1 permit any
```

※ 255.255.255.255 → any：全ビットチェックしない

【ACL1に3行目のステートメント挿入】

ACL1
ACL1に3行目のpermitステートメントが挿入される
暗黙のdeny

ACLのインターフェイスへの適用

作成したACLを**ip access-group**コマンドを使用してインターフェイスに適用すると、パケットフィルタリングが有効になります。別の番号を指定したip access-groupコマンドを実行すると、元のACLが解除されて新しく指定したACLが適用されます。また、インターフェイスからACLの適用を解除するには、no ip access-group <acl-number>｛in ｜out｝コマンドを実行します。

> **構文** 番号付きACLをインターフェイスに適用
> (config-if)#`ip access-group <acl-number> { in | out }`
>
> ・in ……………ACLを適用する方向をin（インバウンド）に指定。パケット着信時にACLと照合する
> ・out ……………ACLを適用する方向をout（アウトバウンド）に指定。パケット発信時にACLと照合する

先ほどの例で作成したACL1をS0/0/0のアウトバウンドに適用すると、10.1.1.1と10.2.2.1からの外部ネットワークへのアクセスを禁止できます。

【番号付き標準ACLの適用】

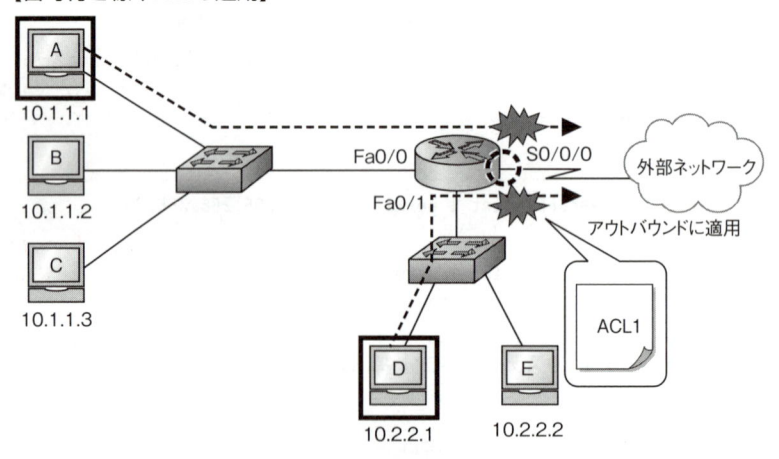

```
(config)#access-list 1 deny 10.1.1.1 0.0.0.0
(config)#access-list 1 deny 10.2.2.1 0.0.0.0
(config)#access-list 1 permit any
(config)#interface s0/0/0
(config-if)#ip access-group 1 out
```

10-3 番号付き標準ACL

> **試験対策**
> ACLを適用する際は、トラフィックの流れ（方向）に注目して、適切なインターフェイスと方向を選択します。

次に、番号付き標準ACLのステートメントの例を示します。

【番号付き標準ACLステートメントの例】

条件	標準ACLステートメントの例
IPアドレス「10.1.1.1」からのパケットを許可	access-list 1 permit host 10.1.1.1
サブネット「10.2.2.0/24」からのパケットを許可	access-list 1 permit 10.2.2.0 0.0.0.255
「10.0.0.0/8」からのパケットを拒否	access-list 1 deny 10.0.0.0 0.255.255.255
「172.16.80.0/20」からのパケットを許可	access-list 1 permit 172.16.80.0 0.0.15.255
「192.168.1.8/30」からのパケットを拒否	access-list 1 deny 192.168.1.8 0.0.0.3
すべて（任意）からのパケットを許可	access-list 1 permit any

> **試験対策**
> **番号付き標準ACLの設定**
>
> (config)#**access-list** <acl-number> { **permit** | **deny** } <source> [<wildcard>]
> 　　　　　　　　　　　　　　　　　　　　　　　（標準ACLでは0.0.0.0の場合のみ省略可能）
> (config-if)#**ip access-group** <acl-number> { **in** | **out** }

番号付き拡張ACL

番号付き拡張ACLは、標準ACLと同様にaccess-list <acl-number>コマンドを使用してステートメント(条件文)を作成します。ただし、拡張ACLでは複数の項目を条件に指定できます。
拡張ACLの条件で指定可能な項目と、その順番は次のとおりです。

① プロトコル
② 送信元IPアドレス
③ 送信元ポート(オプション)
④ 宛先IPアドレス
⑤ 宛先ポート(オプション)

構文 番号付き拡張ACLの作成

```
(config)#access-list <acl-number> { permit | deny | remark }
<protocol> <source> <wildcard> [<operator-port>] <destination>
<wildcard> [<operator-port>] [ established ] [ log ]
```

- acl-number ········ 拡張ACLの番号を100〜199、2000〜2699の範囲で指定。同一ACLの場合、2行目以降のステートメントも同じ番号を使用する
- permit ············· 条件に一致した場合に許可する
- deny ··············· 条件に一致した場合に拒否する
- remark ············· ACL内にコメント文を挿入する。コメントは100文字まで入力が可能
- protocol ··········· プロトコル名を指定(tcp、udp、icmp、ip、ospf、eigrpなど)
- source ············· 送信元IPアドレスを指定
- wildcard ··········· ワイルドカードマスクを指定
- operator-port ······ 以下の演算子(operator)の後ろにポート番号またはアプリケーションプロトコル名を指定(オプション)
  eq:等しい(equal)
  neq:等しくない(not equal)
  lt:より小さい(less than)
  gt:より大きい(greater than)
  range:範囲(inclusive range)
  例)Telnetを指定する場合 → eq 23(またはeq telnet)
- destination ········ 宛先IPアドレスを指定
- established ········ TCPのACKビットが1のパケットを条件に指定(オプション)。外部からのSYN(コネクション確立要求)を拒否することができる。プロトコルにtcpを指定した場合のみ使用可能
- log ················ パケットが条件に一致した場合にログメッセージを表示(オプション)

◎ 拡張ACLはICND1の範囲を超えるため、概要の説明に留めます。

10-4 名前付き標準ACL

標準ACLは、条件に送信元IPアドレスのみ指定できます。本節では、IPv4の名前付き標準ACLの作成およびインターフェイスに適用する方法を説明します。

名前付きACL

名前付きACLは、従来の番号の代わりに英数字の文字列(名前)を使用してリストを識別します。名前付きACLは何の用途で利用されるACLなのかがわかりやすく、間違って別のACLが適用されるようなトラブルも軽減できます。

名前付きACLでは、ACLにある特定のステートメントを削除することができます。また、Cisco IOSリリース12.3以降では、シーケンス番号を使ってACLの任意の場所にステートメントを挿入することも可能になりました。

名前付きACLでは、タイプ(標準：standard、拡張：extended)と名前を指定し、専用のモードに移行してから条件を指定します。permitまたはdenyを入力し、それ以降は番号付きACLと同様に条件を指定します。

また、インターフェイスへ適用するには、番号付きACLと同じip access-groupコマンドを使用します。このとき、ACL番号の代わりに名前を指定します。

以下に、名前付き標準ACLの設定コマンドを示します。

●名前付き標準ACLの作成

名前付き標準ACLを作成するには、**ip access-list standard**コマンドを使用してアクセスリストのコンフィギュレーションモードに移行します。ステートメントの作成は、番号付きACLでのpermitまたはdenyから入力を始めます。なお、先頭にシーケンス番号を指定することも可能です。シーケンス番号を省略した場合は、1つ目のステートメントは自動的に10番になり、2行目以降は10ずつ加算した番号が付加されます。

> **構文** 名前付き標準ACLの作成
>
> (config)#`ip access-list standard` <acl-name>
> (config-std-nacl)#[<sequence-number>] { **permit** | **deny** | **remark** } <source> [<wildcard>] [**log**]
>
> ・acl-name ………………… ACLの名前を定義。標準ACLの範囲で番号を指定することも可能
> ・sequence-number …… シーケンス番号(行番号)を1〜2147483647の範囲で指定。省略すると1行目のステートメントは10番、以降は10ずつ増加(オプション)
>
> ※その他の引数は番号付き標準ACLと同様

●名前付きACLの適用

作成した名前付きACLをインターフェイスに適用するには、**ip access-group**コマンドを使用します。

> **構文** 名前付きACLをインターフェイスに適用
>
> `(config-if)#ip access-group <acl-name> { in | out }`
>
> ・acl-name ………ACLの名前を指定。名前は大文字と小文字を区別する

次の名前付き標準ACLの例では、「192.168.1.0/24から外部ネットワークへのアクセスのみ拒否し、それ以外のトラフィックはすべて許可」という要件に対し、「SALES-Block」という名前で標準ACLを作成し、S0/0/0にアウトバウンドで適用しています。

【名前付き標準ACL】

要件：192.168.1.0/24から外部ネットワークへのアクセスのみ拒否し、それ以外のトラフィックはすべて許可する

営業部 192.168.1.0/24 — Fa0/0
技術部 192.168.2.0/24 — Fa0/1
S0/0/0 → 外部ネットワーク
アウトバウンドに適用

```
(config)#ip access-list standard SALES-Block     ← acl-name
(config-std-nacl)#deny 192.168.1.0 0.0.0.255
(config-std-nacl)#permit 0.0.0.0 255.255.255.255
(config-std-nacl)#exit
(config)#interface serial0/0/0
(config-if)#ip access-group SALES-Block out
```

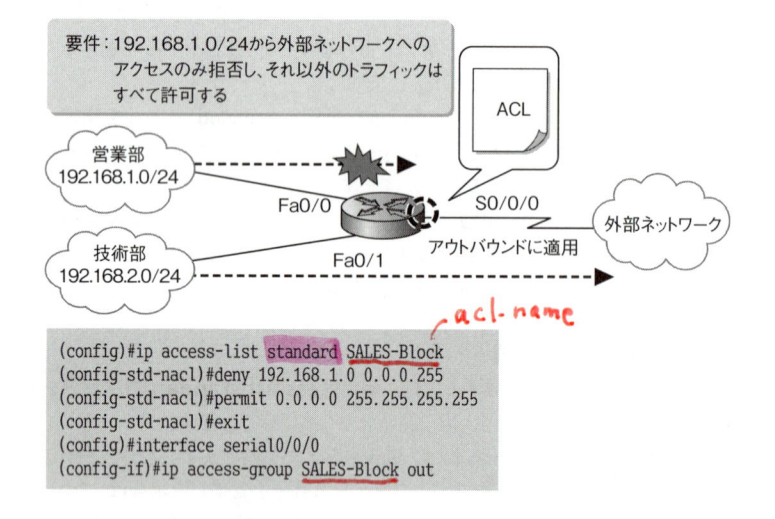

> ⚠ **注意**
> 名前付きACLのステートメントは、(config-std-nacl)#のモードで作成します。
> 番号付きACLのステートメントは、通常はグローバルコンフィギュレーションモードで作成しますが、ip access-list standard <acl-number>コマンドで専用のモードへ移行してステートメントを作成することもできます。その場合は、名前付きACLと同じモードになります。

10-4　名前付き標準ACL

> 📖 **参考**　名前付き拡張ACL
>
> **名前付き拡張ACL**を作成するには、ip access-list extendedコマンドを使用してアクセスリストのコンフィギュレーションモードに移行します。ステートメントの作成は、名前付き標準ACLと同様にpermitまたはdenyから入力を始めます。
>
> **構文**　名前付き拡張ACLの作成
>
> ```
> (config)#ip access-list extended <acl-name>
> (config-ext-nacl)#[<sequence-number>]{ permit | deny | remark }
> <protocol> <source> <wildcard> [<operator-port>] <destination>
> <wildcard> [<operator-port>] [ established ] [ log ]
> ```
> ※引数は番号付き拡張ACL、名前付き標準ACLと同様

10-5 ACLの検証

ACLの設定に誤りがあると、転送する必要があるパケットが拒否されたり、ブロックしたいパケットが転送されてしまったりする問題が発生します。作成したステートメントの確認やインターフェイスにACLが正しく適用されているかどうかを確認するための、各種検証コマンドについて理解しましょう。

ACLの検証

ACLの設定が完了したら、次のコマンドを使用して検証する必要があります。

- show access-lists
- show ip interface
- show running-config

●ACLの表示

ACLの各ステートメントを表示するには、**show access-lists**コマンドを使用します。ACLが複数存在する場合には、オプションでリストの番号や名前を付加すると指定したACLのみ表示できます。

ACLを適用したあと、実際にパケットがインターフェイスに到着してACLと照合されると、条件に一致したステートメントの後ろには「(5matches)」のようにパケット数が表示されます。

> **構文** すべてのACLの表示（mode：>、#）
> `#show access-lists`

> **構文** 特定ACLのみ表示（mode：>、#）
> `#show access-lists [ <acl-number> | <acl-name> ]`

> **構文** 特定プロトコルのACLのみ表示（mode：>、#）
> `#show <protocol> access-lists`
>
> ・protocol ………ネットワーク層のプロトコル名を指定。例）ip（IPv4）、ipv6など

> **注意** ACLの名前は大文字と小文字が区別されます。showコマンドでACL名を指定するときや、再び名前付きACLのモードへ移行するときなど、名前は作成したACL名と完全一致で入力する必要があります。

10-5 ACLの検証

【show access-listsコマンドの出力例】

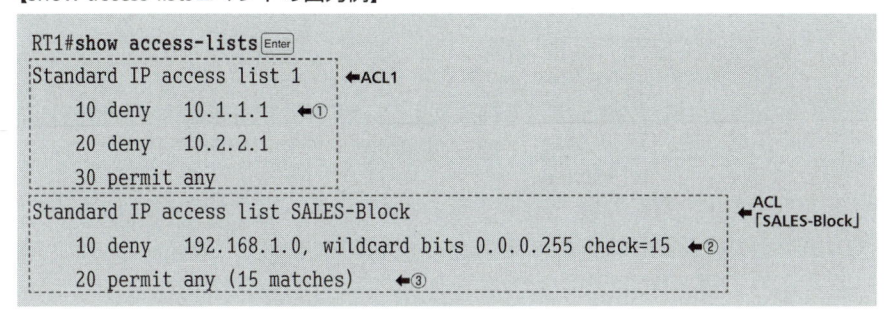

```
RT1#show access-lists Enter
Standard IP access list 1        ←ACL1
    10 deny    10.1.1.1      ←①
    20 deny    10.2.2.1
    30 permit any
Standard IP access list SALES-Block   ←ACL「SALES-Block」
    10 deny    192.168.1.0, wildcard bits 0.0.0.255 check=15  ←②
    20 permit any (15 matches)    ←③
```

①〜③の設定時のコマンドは以下のとおり

①コマンド：(config)#**access-list 1 deny 10.1.1.1**

⇒ <u>10</u> deny　<u>10.1.1.1</u>
　　↑　　　　　　↑
　シーケンス番号　コマンド実行時にワイルドカードマスクを省略したので表示なし（0.0.0.0を適用）

②コマンド：(config-std-nacl)#**deny 192.168.1.0 0.0.0.255**

⇒ 10 deny　192.168.1.0, <u>wildcard bits 0.0.0.255</u>　← ワイルドカードマスクを表示

③コマンド：(config-std-nacl)#**permit any**

⇒ 20 permit any (15 matches)　← 条件に一致したパケット数を表示

> **注意**　show access-listsコマンドの出力には「暗黙のdeny」は表示されません。しかし、ACLの最終行には必ず「暗黙のdeny」が存在していることを忘れないでください。

●インターフェイスへ適用したACLの確認

インターフェイスに対して適用したACLを確認するには、**show ip interface**コマンドを使用します。

構文　適用したACLの確認（mode：>、#）
　　　#**show ip interface** [<interface-id>]

【show ip interfaceコマンドの出力例】

```
RT1#show ip interface serial 0/0/0 Enter
Serial0/0/0 is up, line protocol is up
  Internet address is 172.16.1.1/24
  Broadcast address is 255.255.255.255
  Address determined by setup command
```

```
 MTU is 1500 bytes
 Helper address is not set
 Directed broadcast forwarding is disabled
 Outgoing access list is SALES-Block    ←アウトバウンドに名前付きACLを適用している
 Inbound  access list is not set    ←インバウンドにACLを適用していない
 Proxy ARP is enabled
 Security level is default
 Split horizon is enabled
 ICMP redirects are always sent
 ICMP unreachables are always sent
 ICMP mask replies are never sent
 IP fast switching is enabled
 IP fast switching on the same interface is enabled
 IP Flow switching is disabled
 IP Feature Fast switching turbo vector
 IP multicast fast switching is enabled
 IP multicast distributed fast switching is disabled
 IP route-cache flags are Fast
 Router Discovery is disabled
 IP output packet accounting is disabled
 IP access violation accounting is disabled
 TCP/IP header compression is disabled
 RTP/IP header compression is disabled
 Probe proxy name replies are disabled
 Policy routing is disabled
 Network address translation is disabled
 WCCP Redirect outbound is disabled
 WCCP Redirect inbound is disabled
 WCCP Redirect exclude is disabled
 BGP Policy Mapping is disabled
```

ACLの設定は、コンフィギュレーションファイルで確認することもできます。

【show running-configの出力例】

```
RT1#show running-config [Enter]
Building configuration...

Current configuration : 772 bytes
```

10-5 ACLの検証

```
!
<途中省略>
!
interface Serial0/0/0
 ip address 172.16.1.1 255.255.255.0
 ip access-group SALES-Block out      ← S0/0/0インターフェイスにアウトバウンドで
 no fair-queue                           名前付きACLを適用している
 clockrate 128000
!
<途中省略>
!
ip http server
ip classless
ip pim bidir-enable
!
ip access-list standard SALES-Block  ⎫
 deny    192.168.1.0 0.0.0.255       ⎬ 名前付き標準ACLの設定
 permit any                          ⎭
!
access-list 1 deny    10.1.1.1   ⎫
access-list 1 deny    10.2.2.1   ⎬ 番号付き標準ACLの設定
access-list 1 permit any         ⎭
!
!
line con 0
line aux 0
line vty 0 4
!
no scheduler allocate
end

RT1#
```

> **試験対策**
> ・ACLの条件を確認 …… show access-lists、show running-config
> ・ACLの適用を確認 …… show ip interface、show running-config

● ACLのカウント数をクリア

show access-listsコマンドでは、各ACLの条件文に一致したパケット数を確認できます。このカウント数をクリアするには、**clear access-list counters**コマンドを使用します。

> 構文　ACLのカウント数をクリア（mode：#）
> #clear access-list counters [<acl-number> | <acl-name>]

オプションのリストの番号や名前を省略すると、すべてのACLカウント数がクリアされます。

【ACLカウント数の確認とクリア】

```
RT1#show access-lists Enter
Standard IP access list 1
    10 deny   10.1.1.1 (78 matches)
    20 deny   10.2.2.1
    30 permit any
Standard IP access list SALES-Block
    10 deny   192.168.1.0, wildcard bits 0.0.0.255 check=15
    20 permit any (15 matches)    ←この条件に一致したパケット数は15
RT1#
RT1#clear access-list counters ?
  <1-199>      Access list number
  <1300-2699>  Access list number (expanded range)
  WORD         Access list name
  <cr>

RT1#clear access-list counters SALES-Block Enter    ←SALES-Blockの
                                                      カウント数をクリア
RT1#show access-lists Enter
Standard IP access list 1
    10 deny   10.1.1.1 (78 matches)
    20 deny   10.2.2.1
    30 permit any
Standard IP access list SALES-Block
    10 deny   192.168.1.0, wildcard bits 0.0.0.255
    20 permit any    ←カウント数がクリアされた
RT1#
```

10-6 ACLのトラブルシューティング

本節では、ACLトラブルシューティングの例を紹介します。特定の構成や要件で発生し得るトラブルの例を示し、showコマンドの出力からACL設定エラーを分析して問題を解決するまでの道筋を示しています。

■ トラブルシューティング例

要件：サブネット10.1.1.0/24からのIPパケットが、192.168.1.0/24へアクセスするのを拒否する
上記以外のすべてのIPパケットの転送を許可する

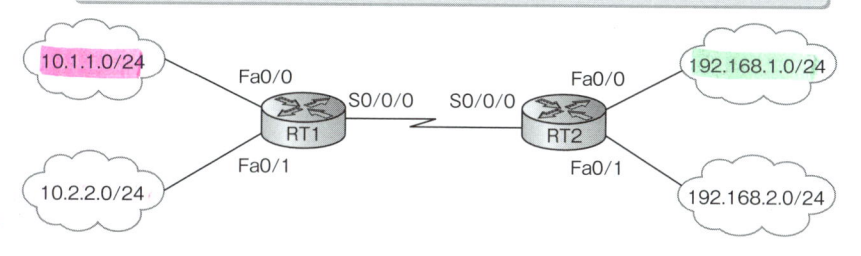

```
           10.1.1.0/24                                              192.168.1.0/24
                       Fa0/0                       Fa0/0
                            S0/0/0       S0/0/0
                       RT1                         RT2
                       Fa0/1                       Fa0/1
           10.2.2.0/24                                              192.168.2.0/24
```

● 問題1：サブネット10.2.2.0/24のホストから192.168.1.0/24へアクセスできない

```
RT2#show access-lists Enter
Standard IP access list 1
    10 deny    10.1.1.0, wildcard bits 0.0.0.255    ←【原因】permitの条件がない
RT2#show ip interface fastethernet 0/0 Enter
FastEthernet0/0 is up, line protocol is up
  Internet address is 192.168.1.1/24
  Broadcast address is 255.255.255.255
  Address determined by setup command
  MTU is 1500 bytes
  Helper address is not set
  Directed broadcast forwarding is disabled
  Multicast reserved groups joined: 224.0.0.10
  Outgoing access list is 1       ←ACL1をFa0/0のアウトバウンドに適用している
  Inbound  access list is not set
<以下省略>
```

【原因】permitステートメントが存在しない

【解決方法】
　　RT2のFa0/0にACL1がアウトバウンドで適用されています。ACL1には、『10.1.1.0/24からのアクセスを拒否する』条件を設定し、それ以外からのアクセスを許可するための条件が存在しません。最終行には自動的に「暗黙のdeny」が存在するため、すべてのIPパケットが拒否されてしまいます。
　　この問題を解決するには、『すべてからのパケットを許可する』条件を追加する必要があります。

```
RT2(config)#access-list 1 permit any [Enter]    ←permitの条件を最終行に追加
RT2(config)#do show access-lists 1 [Enter]      ←ACL1の表示
Standard IP access list 1
    10 deny 10.1.1.0, wildcard bits 0.0.0.255
    20 permit any         ←すべてからのパケットを許可する条件が追加された
RT2(config)#
```

● 問題2：サブネット10.1.1.0/24のホストが192.168.2.0/24へアクセスできない

```
RT1#show access-lists [Enter]
Standard IP access list 2
    10 deny    10.1.1.0, wildcard bits 0.0.0.255
    20 permit any
RT1#show ip interface serial 0/0/0 [Enter]
Serial0/0/0 is up, line protocol is up
  Internet address is 192.168.0.1/24
  Broadcast address is 255.255.255.255
  Address determined by setup command
  MTU is 1500 bytes
  Helper address is not set
  Directed broadcast forwarding is disabled
  Outgoing access list is 2
  Inbound  access list is not set
＜以下省略＞
```

【原因】 ACLを配置する場所が誤っている

【解決方法】
　　ACL2がRT1のS0/0/0のアウトバウンドで適用されています。このため、RT1はサブネット10.1.1.0/24からのIPパケットを、S0/0/0から転送するのを拒否します。
　　標準ACLでは、パケットの送信元アドレスのみチェックします。宛先アドレスを条件に指定できないため、標準ACLはトラフィックの宛先近くに配置しなければなりません。この問題を解決するには、RT2のFa0/0のアウトバウンドに適用する必要があります。

```
RT1(config)#interface serial 0/0/0 [Enter]  ←S0/0/0の設定モードへ移行
RT1(config-if)#no ip access-group 2 out [Enter]  ←ACL2の適用を解除する
RT1(config-if)#do show ip interface serial 0/0/0 [Enter]  ←ACL2の適用解除を確認
Serial0/0/0 is up, line protocol is up
  Internet address is 192.168.0.1/24
  Broadcast address is 255.255.255.255
  Address determined by setup command
  MTU is 1500 bytes
  Helper address is not set
  Directed broadcast forwarding is disabled
  Outgoing access list is not set    ←ACL2の適用が解除された
  Inbound  access list is not set
＜以下省略＞
RT1(config-if)#exit [Enter]
RT1(config)#no access-lists 2 [Enter]   ←ACL2を削除
```

```
RT2(config)#access-list 2 deny 10.1.1.0 0.0.0.255   ←RT2でACL2を作成
RT2(config)#access-list 2 permit any
RT2(config)#interface fastethernet 0/0 [Enter]  ←Fa0/0の設定モードへ移行
RT2(config-if)#ip access-group 2 out [Enter]
RT2(config-if)#do show access-lists 2 [Enter]  ←ACL2の表示
Standard IP access list 2
    10 deny   10.1.1.0, wildcard bits 0.0.0.255
    20 permit any
RT2(config-if)#do show ip interface fa0/0 [Enter]  ←ACL2の適用を確認
FastEthernet0/0 is up, line protocol is up
  Internet address is 192.168.1.1/24
  Broadcast address is 255.255.255.255
```

```
 Address determined by setup command
 MTU is 1500 bytes
 Helper address is not set
 Directed broadcast forwarding is disabled
 Outgoing access list is 2      ←ACL2をアウトバウンドで適用している
 Inbound  access list is not set
```

● 問題3：サブネット10.1.1.0/24のホストが192.168.1.0/24へアクセスできてしまう

```
RT2(config)#access-list 3 deny 10.1.1.0 255.255.255.0 [Enter]
RT2(config)#access-list 3 permit any [Enter]
RT2(config)#interface fastethernet 0/0 [Enter]
RT2(config-if)#ip access-group 3 out [Enter]
RT2(config-if)#end [Enter]
RT2#show access-lists 3 [Enter]
Standard IP access list 3
    10 deny   10.1.1.0, wildcard bits 255.255.255.0
    20 permit any (15 matches)
RT2#show ip interface fastethernet 0/0 [Enter]
FastEthernet0/0 is up, line protocol is up
  Internet address is 192.168.1.1/24
  Broadcast address is 255.255.255.255
  Address determined by setup command
  MTU is 1500 bytes
  Helper address is not set
  Directed broadcast forwarding is disabled
  Outgoing access list is 3
  Inbound  access list is not set
＜以下省略＞
```

【原因】ワイルドカードマスクが誤っている

【解決方法】
　　　　ACL3をRT2のFa0/0のアウトバウンドに適用しています。ワイルドカードマスクは、指定したIPアドレスに対応するビットの値と照合します。ワイルドカードマスクに「0」を指定すると一致、「1」を指定すると無視になります。このため、『10.1.1.0/24からのアクセスを拒否する』ための条件は、「0.0.0.255」で指定する必要があります。
　　　　1行目の条件「deny 10.1.1.0 255.255.255.0」は、ワイルドカードマスクを逆に指定しています。その結果、10.1.1.0/24からのパケットは2行目の条件に一致して許可

されてしまいます。
　この問題を解決するには、シーケンス番号10の条件を削除し、正しいワイルドカードマスクで設定し直す必要があります。

```
RT2(config)#ip access-list standard 3 [Enter]     ←ACL3の設定モードに移行
RT2(config-std-nacl)#no 10 [Enter]     ←シーケンス番号10の条件を削除
RT2(config-std-nacl)#10 deny 10.1.1.0 0.0.0.255 [Enter]  ←シーケンス番号10で10.1.1.0/24
                                                           からのパケットを拒否する条件を設定
RT2(config-std-nacl)#do show access-lists 3 [Enter]  ←ACL3の表示
Standard IP access list 3
    10 deny    10.1.1.0, wildcard bits 0.0.0.255   ←正しいワイルドカードで再設定された
    20 permit any (15 matches)
RT2(config-std-nacl)#
```

● 問題4：10.2.2.0/24のホストが192.168.1.0/24へアクセスできない

```
RT2(config)#ip access-list stand LAN-Block [Enter]
RT2(config-std-nacl)#deny 10.2.2.0 0.0.0.255 [Enter]
RT2(config-std-nacl)#permit any [Enter]
RT2(config-if)#end [Enter]
RT2#show access-lists [Enter]
Standard IP access list LAN-Block
    10 deny   10.2.2.0, wildcard bits 0.0.0.255 (15 matches)
    20 permit any
RT2#show ip interface fastethernet 0/0 [Enter]
FastEthernet0/0 is up, line protocol is up
  Internet address is 192.168.1.1/24
  Broadcast address is 255.255.255.255
  Address determined by non-volatile memory
  MTU is 1500 bytes
  Helper address is not set
  Directed broadcast forwarding is disabled
  Outgoing access list is LAN-Block
  Inbound  access list is not set
<以下省略>
```

【原因】10.2.2.0/24のLANが拒否（deny）されている

【解決方法】
　　LAN-Blockという名前のACLをRT2のFa0/0のアウトバウンドに適用しています。1

行目の条件「deny 10.2.2.0 0.0.0.255」は、10.2.2.0/24からのパケットを拒否しています。

この問題を解決するには、シーケンス番号10の条件を削除し、正しいネットワークを指定し直す必要があります。

```
RT2(config)#ip access-list standard LAN-Block Enter    ←LAN-Block(ACL)の設定モードに移行
RT2(config-std-nacl)#no 10 Enter    ←シーケンス番号10の条件を削除
RT2(config-std-nacl)#10 deny 10.1.1.0 0.0.0.255 Enter   ←シーケンス番号10で10.1.1.0/24から
                                                         のパケットを拒否する条件を設定
RT2(config-std-nacl)#do show access-lists LAN-Block Enter  ←LAB-Block(ACL)の表示
Standard IP access list LAN-Block
    10 deny   10.1.1.0, wildcard bits 0.0.0.255    ←正しいネットワークで再設定された
    20 permit any
RT2(config-std-nacl)#
```

10-7 演習問題

1 アクセスリストの説明として正しくないものを選択しなさい。

- A. アクセスリストによって、ルータから発信されるパケットを制御することはできない
- B. アクセスリストによって、パケットのフィルタリングを行うことができる
- C. アクセスリストの番号によって、指定できる条件が決められている
- D. アクセスリストはトラフィックの分類を行うことができる
- E. アクセスリストによって、ルータへのウイルス侵入を防止することができる

2 インバウンドのアクセスリストが処理されるタイミングとして正しいものを選択しなさい。

- A. パケットをインターフェイスで受信したとき
- B. パケットをインターフェイスから送信するとき
- C. パケットを受信してルーティングテーブルを参照したあと
- D. パケットを受信してARP処理を行ったあと
- E. パケットを受信してインターフェイスから送信したあと

3 ワイルドカードマスクの説明として正しいものを選択しなさい。(2つ選択)

- A. 特定のホストを指定するとき、ワイルドカードマスクはすべて0を指定する
- B. 特定のホストを指定するとき、ワイルドカードマスクはすべて1を指定する
- C. 任意の指定をするとき、ワイルドカードマスクはすべて0を指定する
- D. 任意の指定をするとき、ワイルドカードマスクはすべて1を指定する
- E. 特定のプロトコルを指定するとき、ワイルドカードマスクを使用する

第10章 IPv4アクセスリスト

4 標準ACLの説明として正しいものを選択しなさい。（2つ選択）

- A. ワイルドカードマスクを省略することはできない
- B. 条件に送信元IPアドレスを含めることはできない
- C. ワイルドカードマスクを省略すると0.0.0.0が適用される
- D. 条件に特定のプロトコルを指定することができる
- E. 条件に宛先IPアドレスを含めることはできない

5 次のアクセスリストのステートメントと同じ意味を持つものを選択しなさい。（2つ選択）

```
access-list 10 permit 172.16.1.1
```

- A. access-list 10 permit host 172.16.1.1
- B. access-list 10 permit ip 172.16.1.1
- C. access-list 10 permit 172.16.1.1 0.0.0.0
- D. access-list 10 permit 172.16.1.1 255.255.255.255
- E. access-list 10 permit any

6 アクセスリストの適用場所の説明として正しいものを選択しなさい。（2つ選択）

- A. 標準アクセスリストの場合、宛先近くに配置する
- B. 拡張アクセスリストの場合、宛先近くに配置する
- C. 標準アクセスリストの場合、送信元近くに配置する
- D. 拡張アクセスリストの場合、送信元近くに配置する
- E. 標準アクセスリストの場合、送信元と宛先のどちらにでも配置できる

7 アクセスリストの条件として、特定のサブネット「172.16.20.0/24」を指定するためのワイルドカードマスクを選択しなさい。

- A. 255.255.255.0
- B. 255.255.0.0
- C. 0.0.255.255
- D. 0.0.0.255
- E. 0.0.31.255

8 ある管理者はルータを通過するパケットのフィルタリングを設定したいと考えている。ルータのFa0/1インターフェイスでパケットを着信したとき、ACL10と照合させるためのコマンドを選択しなさい。

- A. (config)#interface fa0/1
  (config-if)#ip access-list 10 out
- B. (config)#interface fa0/1
  (config-if)#ip access-list 10 in
- C. (config)#interface fa0/1
  (config-if)#ip access-group 10 out
- D. (config)#interface fa0/1
  (config-if)#access-group 10 in
- E. (config)#interface fa0/1
  (config-if)#ip access-group 10 in

9 ルータのインターフェイスに適用したアクセスリストの方向を確認できるコマンドを選択しなさい。

- A. show interfaces
- B. show ip interface
- C. show access-lists
- D. show ip route
- E. show interface access-lists

10 ACLの条件に一致したパケット数を消去するためのコマンドを選択しなさい。

- A. (config)#no access-list <acl-number>
- B. #clear access-list counters
- C. (config-if)#no ip access-group <acl-number>
- D. #delete access-list counters
- E. (config)#no access-list counters

10-8 解答

1 E

ACL(アクセスリスト)は、ルータを通過するパケットのフィルタリングを行うことができます(B)。ルータ自身から発信されるパケットはフィルタリングの対象にはなりません(A)。
ACLの条件で指定できる項目は、プロトコルおよびACLの標準／拡張の種別によって異なります(C)。IOSはACLの番号によってそれらを識別します。
ACLはトラフィックを分類することができるため、さまざまな用途で利用できますが(D)、ACLによってウイルスの侵入を防止することはできません(**E**)。

参照➡ P420、423

2 A

ACLをパケットフィルタリングとして使用するとき、インターフェイスのinとoutのどちらに適用したかによって、ACL照合のタイミングは異なります。

・インバウンド(inに適用) ………パケットを受信するとACLを照合し、許可(permit)で一致した場合、ルーティングテーブルを参照して発信インターフェイスを決定(**A**)
・アウトバウンド(outに適用)……パケットを受信してルーティングテーブルを参照し、発信インターフェイスを決定したあとでACLと照合

参照➡ P424

3 A、D

ACLの条件を指定する際、IPアドレスの「どのビット部分をチェックするか」をワイルドカードマスクで指定します。ワイルドカードマスクはIPアドレスと同じ32ビット長であり、「0」を指定すると対応するビットをチェックし、「1」を指定すると対応するビットを無視します。
特定ホストアドレスの条件では、ワイルドカードマスクを「すべて0」に指定します(**A**)。任意(すべて)の条件では、ワイルドカードマスクを「すべて1」に指定します(**D**)。

参照➡ P431

4 C、E

標準ACLでは、条件に送信元IPアドレスしか指定できません(B、E、D)。標準ACLの場合、ステートメントを作成するためのaccess-listコマンドでワイルドカードマスクを省略することが可能です(A)。省略した場合は「0.0.0.0」が適用されます(C)。

参照 → P435

5 A、C

「access-list 10 permit 172.16.1.1」は、標準ACLのステートメント(条件文)です。標準ACLでは、ワイルドカードマスクを省略することが可能です。省略した場合、0.0.0.0がセットされます。特定ホストを指定する0.0.0.0のワイルドカードマスクは、hostキーワードで代用できます。

- 省略なし ……… access-list 10 permit 172.16.1.1 0.0.0.0(**C**)
- 省略あり ……… access-list 10 permit 172.16.1.1
- hostを代用 …… access-list 10 permit host 172.16.1.1(**A**)

参照 → P432、435

6 A、D

標準ACLは送信元IPアドレスのみチェックするため、パケットの宛先近くに適用する必要があります(**A**)。
拡張ACLは送信元と宛先の両方のIPアドレスをチェックできるため、パケットの送信元と宛先のどちらの近くにも適用できます。ただし、ネットワーク上に無駄なトラフィックが流れるのを防ぐために送信元の近くが推奨されます(**D**)。

参照 → P429

7 D

特定のサブネットを指定する場合は、IPアドレスのサブネットアドレス部分のビットをチェックする必要があります。サブネットマスクは、ネットワーク部(サブネット部含む)を「1」、ホスト部を「0」で表現しています。したがって、サブネットマスクの1と0を反転させると、サブネットアドレスを指定するワイルドカードマスクになります。
「/24」をサブネットマスクにすると「255.255.255.0」です。これを反転した「0.0.0.255」がワイルドカードマスクになります(**D**)。

サブネットマスク…………255.255.255.0(11111111.11111111.11111111.00000000)
　　　　　　　　　　　　　　　　　　↕ 反転
ワイルドカードマスク……0.0.0.255(00000000.00000000.00000000.11111111)

	IPアドレス	ワイルドカードマスク
(2進数)	10101100.00010000.00010100.00000000	00000000.00000000.00000000.11111111

先頭24ビットをチェックする

172.16.20.0　0.0.0.255

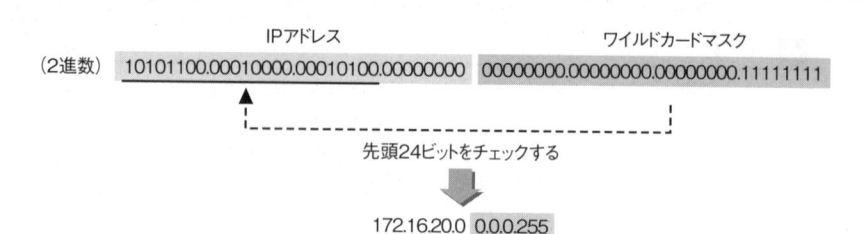

参照 ➔ P433

8 E

パケットフィルタリングとしてACLをインターフェイスに適用する場合、インターフェイスコンフィギュレーションモードから ip access-group <acl-number> { in | out } コマンドを使用します。パケットの着信時にACL10と照合するには、ip access-group 10 in コマンドを設定します(**E**)。
選択肢Cは適用する方向がoutになっています。選択肢A、B、Dは不正なコマンドです。

参照 ➔ P438

9 B

インターフェイスに適用したACLの番号(または名前)と方向を確認するには、show ip interface コマンドを使用します(**B**)。

・show interfaces ……インターフェイスの詳細情報を表示(A)
・show access-lists ……すべてのACL(ステートメント)を表示(C)
・show ip route ………ルーティングテーブルを表示(D)

選択肢Eは不正なコマンドです。

参照 ➔ P445

10 B

show access-lists コマンドで表示される各ステートメントのカウンタ数を消去するには、特権モードから clear access-list counters コマンドを使用します(**B**)。
選択肢AはACLを削除するためのコマンドです。その他の選択肢は不正なコマンドです。

参照 ➔ P448

第11章

インターネット接続

11-1 DHCPによるインターネット接続

11-2 NATとPATの概要

11-3 NATの設定

11-4 PATの設定

11-5 NATとPATの検証

11-6 NATとPATのトラブルシューティング

11-7 演習問題

11-8 解答

11-1 DHCPによるインターネット接続

DHCPサービスは、ネットワーク上のデバイスがDHCPサーバからIPアドレスとその他の設定情報を取得できるようにするためのものです。この節では、Ciscoデバイスに対してDHCPを実装するための設定について説明します。

参照 → 「3-5 DHCP」(128ページ)

DHCPクライアント

　DHCPサービスによって、クライアントはIPアドレス、サブネットマスク、デフォルトゲートウェイ、その他のパラメータを自動的に取得することができます。
　ISP(インターネットサービスプロバイダ)は、インターネットに接続される顧客の各インターフェイスに対して、静的または動的なグローバルIPアドレスを割り当てます。

・スタティックIPアドレス …… 常に同じIPアドレスが静的に割り振られる。固定IPアドレスとも呼ばれる
・ダイナミックIPアドレス …… インターネットへ接続するごとに異なるIPアドレスが動的に割り振られる

●スタティックIPアドレスの設定

　スタティックIPアドレス(固定IPアドレス)を使用すると、WebやFTPなどの公開サーバの設置や、VPNによる拠点同士の接続など、固定IPアドレスを必要とするサービスを利用できます。
　ISPによって割り当てられたスタティックIPアドレスをCiscoルータに設定するには、通常、次の2つの手順が必要です。

① スタティックIPアドレスの設定…… ルータの外部インターフェイスにスタティックIPアドレスを設定する
② デフォルトルートの作成　………… インターネットへ向かうデフォルトルートを設定する

　次の図の例では、ISPからスタティックIPアドレス200.0.0.225/27が割り当てられたときのCiscoルータの設定を示しています。

11-1 DHCPによるインターネット接続

【スタティックIPアドレスの設定】

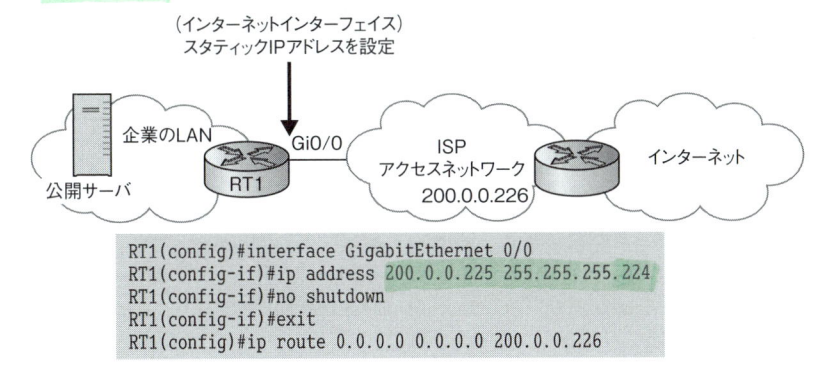

（インターネットインターフェイス）
スタティックIPアドレスを設定

```
RT1(config)#interface GigabitEthernet 0/0
RT1(config-if)#ip address 200.0.0.225 255.255.255.224
RT1(config-if)#no shutdown
RT1(config-if)#exit
RT1(config)#ip route 0.0.0.0 0.0.0.0 200.0.0.226
```

● DHCPクライアントの設定

　ISPからダイナミックIPアドレスを取得する場合、インターネットインターフェイスはDHCPクライアントとして動作するように設定します。Ciscoルータでは**ip address dhcp**コマンドを設定すると、そのインターフェイスがDHCPによってIPアドレスを取得できるようになります。このとき、割り当てられたIPアドレスと共に受信したDHCPオプションのデフォルトゲートウェイに基づいて、そのデフォルトゲートウェイを指すデフォルトルートが自動的にルーティングテーブルに挿入されます。

　構文　DHCPクライアントの設定

```
(config-if)#ip address dhcp
```

【ISPからダイナミックIPアドレスを取得】

（インターネットインターフェイス）
ダイナミックIPアドレスを取得

DHCPクライアント
として動作

463

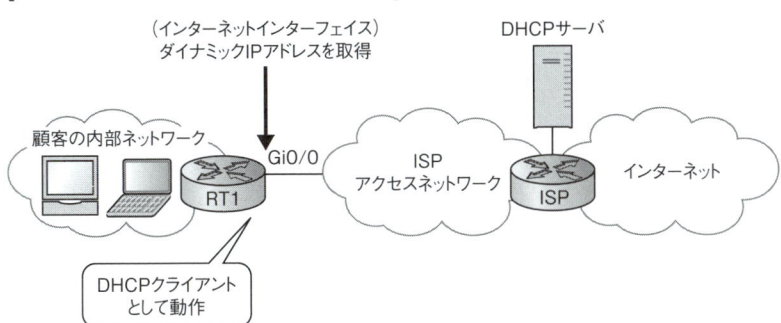

【DHCPクライアントの設定例】

```
RT1(config)#interface GigabitEthernet 0/0 [Enter]
RT1(config-if)#ip address dhcp [Enter]     ←DHCPクライアントの設定
RT1(config-if)#no shutdown [Enter]
RT1(config-if)#end [Enter]
*Sep 15 00:31:16.167: %SYS-5-CONFIG_I: Configured from console by console
RT1#
*Sep 15 00:31:22.223: %DHCP-6-ADDRESS_ASSIGN: Interface GigabitEthernet0/0
assigned DHCP address 200.0.1.14, mask 255.255.255.224, hostname RT1
RT1#show running-config interface GigabitEthernet 0/0 [Enter]   ←Gi0/0の設定を確認
Building configuration...

Current configuration : 73 bytes
!
interface GigabitEthernet0/0
 ip address dhcp     ←DHCPクライアントの設定
 duplex auto
 speed auto
end


RT1#show ip route static [Enter]   ←デフォルトルートを確認

<省略>

Gateway of last resort is 200.0.1.1 to network 0.0.0.0

S*     0.0.0.0/0 [254/0] via 200.0.1.1    ←デフォルトルートが自動挿入された
RT1#
```

● DHCPクライアントのリース情報の表示

　show dhcp leaseコマンドは、DHCPクライアントに割り当てられたIPアドレスのリース情報を表示します。

　　構文　リース情報の表示（mode：#）
```
#show dhcp lease
```

11-1 DHCPによるインターネット接続

【リース情報の表示】

```
RT1#show dhcp lease [Enter]
Temp IP addr: 200.0.1.14  for peer on Interface: GigabitEthernet0/0
Temp  sub net mask: 255.255.255.224
   DHCP Lease server: 200.0.1.30, state: 5 Bound
   DHCP transaction id: 7CE
   Lease: 43200 secs,  Renewal: 21600 secs,  Rebind: 37800 secs
Temp default-gateway addr: 200.0.1.30
   Next timer fires after: 05:58:04    ←リース残り時間
   Retry count: 0   Client-ID: cisco-5475.d0dd.34ac-Fa0
   Client-ID hex dump: 636973636F2D353437352E643064642E
                       333461632D466130
   Hostname: RT1
```

DHCPサーバ

DHCPによる動的なIPアドレスの割り当ては、次のような場面で必要になります。

- インターネット接続……インターネットへの接続が必要なときに、ISPから動的にグローバルIPアドレスを取得する場合
- 企業などのLAN………中・大規模LANで、従業員のPCにIPアドレスや設定情報を動的に割り当てるような場合
- モバイル[※1]……………オフィスの共用部、飲食店や宿泊施設などで各自のノートPCをLANへ接続するような場合

　PCの台数が少ない小規模ネットワークではIPアドレスの手動割り当ては許容されますが、中規模以上のLANで個々のPCにIPアドレスを手動で割り当てたり、時折オフィスに出社するモバイルワーカーにIPアドレスを手動で割り当てたりするのは、管理上の負担がかかり困難な場合もあります。また、設定を誤ってしまう可能性もあります。
　ローカルネットワークに**DHCPサーバ**を導入することで、IPアドレスの割り当てを簡素化できます。一般に、DHCPサーバはネットワークにおける頻繁な変更をサポートし、LANに接続されるゲストホストへ適切なIPアドレスを割り当てるのによく使用されます。
　DHCPサーバは、ホストのVLAN割り当てに従って、IPアドレスを自動的にエンドホストに割り当てることもできます。また、集中型のDHCPサーバでは、すべてのダイナミックIPアドレスの割り当てを1カ所で管理し、組織全体にわたって一貫性を確保できます。

※1　【モバイル】mobile：携帯可能な情報・通信機器や移動体通信システムのこと

> **参考　分界点**
>
> サービスプロバイダの管理範囲が終了するポイントを分界点(責任分界点)といいます。プロバイダは分界点まで正しく機能することを保証します。一方、ユーザの責任範囲となる部分はユーザ自身の判断で対策をとる必要があります。
>
> 【分界点の例】 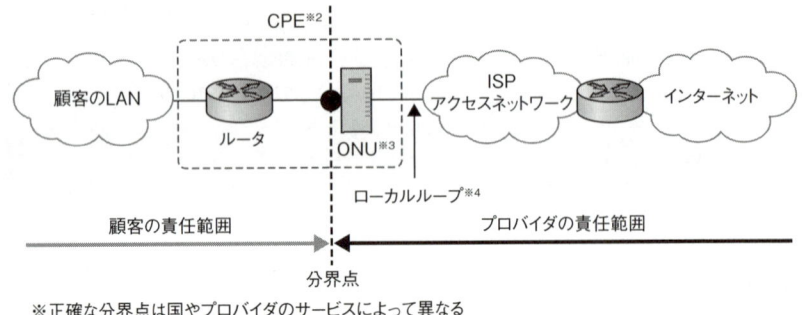
>
> ```
> 顧客のLAN ── ルータ ──[ONU※3]── ISPアクセスネットワーク ── インターネット
>           └─── CPE※2 ───┘
>                        ローカルループ※4
> 顧客の責任範囲 │ プロバイダの責任範囲
>           分界点
> ```
>
> ※正確な分界点は国やプロバイダのサービスによって異なる

● DHCPの動作

　DHCPでは、次のメッセージ交換によってIPアドレスや設定情報を動的に割り当てます。

【DHCPのメッセージ交換】　*DORA*

DHCPクライアント → ①DISCOVER(B/C) → DHCPサーバ
DHCPクライアント ← ②OFFER ← DHCPサーバ
DHCPクライアント → ③REQUEST(B/C) → DHCPサーバ
DHCPクライアント ← ④ACK ← DHCPサーバ

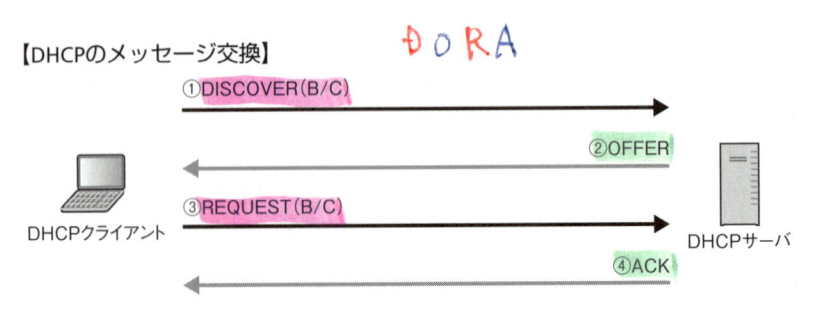

① DISCOVER …… クライアントはDISCOVERメッセージをブロードキャスト*し、使用可能なDHCPサーバを検出する
② OFFER ………… サーバはDISCOVERを受信すると、クライアント候補となるIPアドレスを予約してOFFERメッセージをクライアントに送信する
③ REQUEST ……… クライアントはOFFERを受信すると、IPアドレスを受け入れる意思を示すために、REQUESTメッセージをブロードキャストする

④ ACK ……………サーバはREQUESTを受信すると、ACKメッセージを使用してクライアントの要求に応答する。このパケットには、要求されたすべてのパラメータが含まれる

参照 ➔ DHCPの仕組み（130ページ）

> **試験対策**
> DHCPクライアントとDHCPサーバ間で4つのメッセージをやり取りします。各メッセージの役割を理解しましょう。DISCOVERはクライアントがDHCPサーバを検出するためにブロードキャストで送信します！

● DHCPサーバの設定

　Cisco IOSはDHCPサーバとしての機能をすべて備えており、CiscoルータおよびCatalystスイッチをDHCPサーバとして動作させることが可能です。
　DHCPサーバの設定手順およびコマンドは、次のとおりです。

① DHCPプールの作成
② ネットワークアドレスの指定
③ デフォルトゲートウェイの指定
④ DHCPオプションの設定
⑤ リース期間の設定（オプション）
⑥ 除外するIPアドレスの指定

① DHCPプールの作成

　DHCPサーバは、定義されたアドレス範囲から個々のクライアントに重複しないようにIPアドレスを配布します。このあらかじめ蓄えておくアドレス範囲のことを**DHCPプール**と呼びます。DHCPプールを作成するには、**ip dhcp pool**コマンドを使用します。このコマンドによりDHCPコンフィギュレーションモードが開始され、DHCPプールに対して各種パラメータの定義が可能になります。

> **構文** DHCPプールの作成
> ```
> (config)#ip dhcp pool <pool-name>
> (dhcp-config)#
> ```
> ・pool-name ……プールの識別情報として文字列または番号を指定

※2　【CPE】(シーピーイー)Customer Premises Equipment：顧客宅内機器。通信サービスの加入者宅の施設に設置される通信機器のこと
※3　【ONU】(オーエヌユー)Optical Network Unit：光回線終端装置のこと。光ファイバサービスの加入者宅に設置される機器で、光信号とLANを変換・接続する。加入者宅ではONU配下にルータやPCなどの機器を接続する
※4　【ローカルループ】local loop：加入者線。加入者の接続点（責任分界点）と電気通信事業者のネットワークの先端までをつなぐ伝送路のこと

② ネットワークアドレスの指定

networkコマンドを使用して、DHCPクライアントのネットワークアドレスとマスクを指定します。指定したネットワークアドレスに対応するホストアドレスの範囲がクライアントへ配布されます。

> 構文　ネットワークアドレスの指定
>
> (dhcp-config)#network <network> [<subnet-mask> | /<prefix-length>]

- network ……………………… DHCPプールのネットワークアドレスを指定
- subnet-mask|/prefix-length …… サブネットマスクまたはプレフィックス長を指定(オプション)。省略時には、ナチュラルマスク*が適用される

③ デフォルトゲートウェイの指定

DHCPクライアントに通知するデフォルトゲートウェイを指定するには、**default-router**コマンドを使用します。

> 構文　デフォルトゲートウェイの指定
>
> (dhcp-config)#default-router <ip-address1> [<ip-address2> …… <ip-address8>]

- ip-address …… デフォルトゲートウェイを指定(最大8つまで)

④ DHCPオプションの指定

DHCPでは、IPアドレスとデフォルトゲートウェイのほかに、ドメイン名*やDNSサーバなどの設定情報をクライアントに配布できます。

> 構文　ドメイン名の指定
>
> (dhcp-config)#domain-name <word>

- word ………… 任意のドメイン名を指定

> 構文　DNSサーバの指定
>
> (dhcp-config)#dns-server <ip-address1> [<ip-address2> …… <ip-address8>]

- ip-address …… DNSサーバのIPアドレスを指定(最大8つまで)

⑤ リース期間の指定

DHCPサーバから払い出されたIPアドレスの有効期限を**lease**コマンドで設定します。設定を省略した場合には、デフォルトの24時間(1日)が設定されます。

> **構文** リース期間の指定（オプション）
>
> (dhcp-config)#**lease** { <days> [<hours>] [<minutes>] | **infinite** }
>
> ・days ……………… 日数を0～365の範囲で指定(デフォルトは1日)
> ・hours …………… 時間を0～23の範囲で指定(オプション)
> ・minutes ………… 分を0～59の範囲で指定(オプション)
> ・infinite ………… 無期限に使用可能となる

> **試験対策** DHCPのデフォルトのリース期間は24時間(1日)です。

⑥ 除外するIPアドレスの指定

DNSサーバやデフォルトゲートウェイ（ルータ）のIPアドレスを、クライアントに割り当てないように除外する必要があります。DHCPサーバがDHCPクライアントに割り当てるアドレス範囲から除外するIPアドレスを指定するには、グローバルコンフィギュレーションモードから**ip dhcp excluded-address**コマンドで設定します。除外するIPアドレスは、単一または範囲で指定できます。

> **構文** 除外するIPアドレスの指定
>
> (config)#**ip dhcp excluded-address** <ip-address> [<last-ip-address>]
>
> ・ip-address …… 除外するIPアドレスを指定。範囲で指定する場合は「先頭」のアドレスを指定
> ・last-ip-address… 範囲で指定する際の「最終」アドレスを指定(オプション)

●DHCPサーバ機能の検証

DHCPサーバ機能の確認には、次のコマンドを使用します。

・show ip dhcp pool
・show ip dhcp binding
・show dhcp lease
・show ip dhcp conflict

次の構成を例に、DHCPサーバ機能の各種検証コマンドを説明します。

第11章 インターネット接続

【DHCPサーバの設定例】

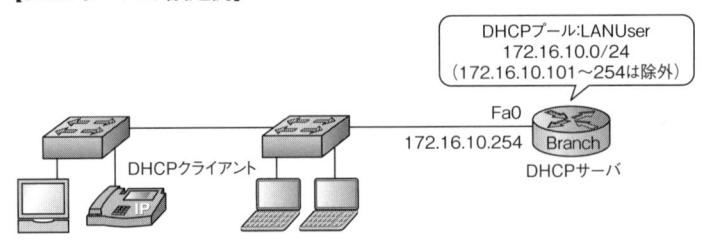

DHCPプール:LANUser
172.16.10.0/24
(172.16.10.101〜254は除外)

Fa0
172.16.10.254 Branch
DHCPクライアント DHCPサーバ

【Branchルータの設定】

```
Branch(config)#ip dhcp pool LANUser [Enter]   ←DHCPプールを作成
Branch(dhcp-config)#network 172.16.10.0 255.255.255.0 [Enter]   ←ネットワークアドレスの指定
Branch(dhcp-config)#default-router 172.16.10.254 [Enter]   ←デフォルトゲートウェイの指定
Branch(dhcp-config)#domain-name example.com [Enter]   ←ドメイン名の指定
Branch(dhcp-config)#dns-server 64.0.0.1 [Enter]   ←DNSサーバの指定
Branch(dhcp-config)#lease 0 12 [Enter]   ←リース期間を12時間に設定
Branch(dhcp-config)#exit [Enter]
Branch(config)#ip dhcp excluded-address 172.16.10.101 172.16.10.254 [Enter]
Branch(config)#exit [Enter]                    クライアントへ割り当てないアドレス範囲
Branch#

Branch#show running-config | begin dhcp [Enter]   ←DHCPサーバの設定を確認
ip dhcp excluded-address 172.16.10.101 172.16.10.254   ←除外するアドレス範囲
!
ip dhcp pool LANUser
 network 172.16.10.0 255.255.255.0
 default-router 172.16.10.254                  ┐
 domain-name example.com                        ├ DHCPプールの設定
 dns-server 64.0.0.1                            │
 lease 0 12                                    ┘
!
<途中省略>
!
interface FastEthernet0
 ip address 172.16.10.254 255.255.255.0   ←DHCPクライアントのデフォルトゲートウェイ
 ip access-group test in
 speed auto
 full-duplex
!
```

●DHCPプールの表示
　show ip dhcp poolコマンドは、設定したDHCPプールに関する情報を表示します。「Total addresses(合計アドレス)」の数は、除外したIPアドレスの数が引かれていない点に注意してください。

> **構文** DHCPプールの表示（mode：>、#）
> `#show ip dhcp pool [<pool-name>]`
>
> ・pool-name ……一部のプールのみ表示したいときはプール名を指定（オプション）

【DHCPプールの表示】

```
Branch#show ip dhcp pool [Enter]　←DHCPプールの表示

Pool LANUser :　　←プール名
 Utilization mark (high/low)    : 100 / 0
 Subnet size (first/next)       : 0 / 0
 Total addresses                : 254    ←合計アドレス数
 Leased addresses               : 3      ←リースされたアドレス数
 Pending event                  : none
 1 subnet is currently in the pool :
 Current index        IP address range                     Leased addresses
 172.16.10.4          172.16.10.1      - 172.16.10.254     3
   ↑                        ↑                                ↑
 次に割り当てるアドレス        アドレス範囲                    リースされたアドレス数
```

●アドレスバインディング情報の表示
　アドレスバインディングとは、DHCPによって提供されたIPアドレスとMACアドレスを対応付けたマッピング情報です。クライアントのIPアドレスは、管理者が手動で割り当てることも、DHCPサーバによってプールから自動で割り当てることもできます。
　自動バインディングを設定しておくことで、DHCPによって検出されたクライアントのMACアドレスとリースしたIPアドレスが自動的にマッピングされます。
　どのIPアドレスがどのクライアント（MACアドレス）へ貸し出されたかを確認するには、**show ip dhcp binding**コマンドを使用します。

> **構文** アドレスバインディングの表示（mode：>、#）
> `#show ip dhcp binding [<ip-address>]`
>
> ・ip-address ……指定したIPアドレスと関連付けられたMACアドレスを表示（オプション）

【アドレスバインディングの表示】

```
Branch#show ip dhcp binding Enter    ←アドレスバインディング情報の表示
Bindings from all pools not associated with VRF:
IP address        Client-ID/            Lease expiration        Type
                  Hardware address/
                  User name
172.16.10.1       0168.1729.af65.ae     Jul 17 2016 01:27 AM    Automatic
172.16.10.2       015c.f9dd.63e0.f4     Jul 16 2016 02:44 PM    Automatic
172.16.10.3       01e8.e0b7.7796.6a     Jul 16 2016 03:06 PM    Automatic
     ↑                 ↑                       ↑                    ↑
  IPアドレス         MACアドレス              リース失効時間          割り当てタイプ
```

● アドレス競合の表示

show ip dhcp conflict コマンドは、DHCPサーバによって検出されたアドレス競合を表示します。DHCPプールで空き状態として認識しているにもかかわらず、サブネット上の端末にすでに割り当てられている場合にアドレス競合が発生します。

DHCPサーバは競合の検出にpingを使用し、DHCPクライアントはGratuitous ARP[※5]を使用します。アドレス競合を検出すると、そのアドレスはプールから取り除かれ、管理者が競合を解決するまで割り当てません。競合するIPアドレスを消去するには、特権EXECモードから clear ip dhcp conflict <ip-address> コマンドを実行します。

構文　アドレス競合の表示（mode：>、#）
　　　#show ip dhcp conflict

【アドレス競合の表示例】

```
Branch#
*Sep 16 03:45:09.063: %DHCPD-4-PING_CONFLICT: DHCP address conflict:  server pin
ged 172.16.10.4.
Branch#show ip dhcp conflict Enter    ←アドレス競合の表示
IP address        Detection method      Detection time           VRF
172.16.10.4       Ping                  Jul 16 2016 03:45 AM
     ↑                 ↑                       ↑
 競合したアドレス   競合の検出方法            検出された時刻
```

※5　【Gratuitous ARP】(グラテュイタスアープ)：Gratuitous ARP（GARP）はARPパケットの一種であり、主にクライアントにIPアドレスが割り当てられる際にほかの端末ですでに同じIPアドレスを持っていないかどうかを確認するために使用される

DHCPクライアントの確認

　DHCPクライアントで、IPアドレスやDHCP設定情報を取得できたかどうか確認します。Windows PCの場合、コマンドプロンプトから**ipconfig /all**コマンドを実行します。

【DHCP設定情報の確認】

```
C:¥>ipconfig /all [Enter]

Windows IP 構成

    ホスト名. . . . . . . . . . . . . . . : example
    プライマリ DNS サフィックス . . . . . :
    ノード タイプ . . . . . . . . . . . . : ハイブリッド
    IP ルーティング有効 . . . . . . . . . : いいえ
    WINS プロキシ有効 . . . . . . . . . . : いいえ
    DNS サフィックス検索一覧. . . . . . . : example.com

イーサネット アダプター ローカル エリア接続:

    接続固有の DNS サフィックス . . . . . : example.com
    説明. . . . . . . . . . . . . . . . . : Realtek PCIe FE Family Controller
    物理アドレス. . . . . . . . . . . . . : 5C-F9-DD-63-E0-F4
    DHCP 有効 . . . . . . . . . . . . . . : はい
    自動構成有効. . . . . . . . . . . . . : はい
    リンクローカル IPv6 アドレス . . . . .: fe80::f822:930b:ee91:fa0d%12(優先)
    IPv4 アドレス . . . . . . . . . . . . : 172.16.10.6(優先)
    サブネット マスク . . . . . . . . . . : 255.255.255.0
    リース取得. . . . . . . . . . . . . . : 2013年9月16日 13:48:23
    リースの有効期限. . . . . . . . . . . : 2013年9月17日 1:48:22
    デフォルト ゲートウェイ . . . . . . . : 172.16.10.254
    DHCP サーバー . . . . . . . . . . . . : 172.16.10.254
    DHCPv6 IAID . . . . . . . . . . . . . : 291305949
    DHCPv6 クライアント DUID. . . . . . . : 00-01-00-01-19-B1-7D-13-5C-F9-DD-63-E0-F4
    DNS サーバー. . . . . . . . . . . . . : 64.0.0.1
    NetBIOS over TCP/IP . . . . . . . . . : 有効
```

　CiscoルータをDHCPクライアントとして設定しているときの確認方法については、464ページを参照してください。

> **試験対策**
>
> ipconfigは「IPに関する構成情報を表示」します。
> ipconfig /allでは、DHCPで取得したIPアドレスやデフォルトゲートウェイのほかに、DHCPの有効／無効、リースの有効期限、DHCPサーバのIPアドレスなどが確認できます。
> Windows PCがDHCPクライアントとして機能しているとき、次のipconfigオプションはトラブルシューティングなどに役立ちます。
> ・ipconfig /renew ……… IPアドレスのリースを更新する
> ・ipconfig /release …… DHCPサーバ取得したIPアドレスのリースを解放する

> **試験対策**
>
> Windowsのコマンドプロンプトで使用される基本的なコマンドを理解しておきましょう。
> ・ping <ip-address> …………… IP(ネットワーク層)での接続状態を確認
> ・tracert <ip-address> ………… 宛先までの経路を確認
> ・ipconfig（またはipconfig /all）…… IPの構成情報の表示
> ・telnet <ip-address> ………… リモートデバイスにログインして遠隔操作を行う
> ・arp -a ………………………… ARPテーブルの表示
> ・nslookup ……………………… DNSの動作状態を確認

DHCPリレーエージェントの設定

　DHCPサービスは同一ブロードキャストドメイン内で機能します。しかし、現在の企業LANでは、サーバはサーバルームへ一括して配置され、クライアントサブネットとサーバサブネットを分けて管理するのが一般的です。クライアントPCが配置されるさまざまな場所にDHCPサーバを設置すると、サーバの管理作業が複雑になり、人為的なトラブルが発生する可能性も高まります。

　集中型のDHCP構成において、クライアントから送信されるDHCP DISCOVERメッセージはブロードキャストであるため、ルータ（またはL3スイッチ）によって転送されません。

　DHCPリレーエージェント機能を使用すると、DHCPクライアントは異なるサブネットにあるDHCPサーバからIPアドレスを取得できるようになります。

11-1 DHCPによるインターネット接続

【DHCPリレーエージェント】 ブロードキャストをユニキャストに変換

①DISCOVER(B/C) → ②DISCOVER(U/C) →
④OFFER(U/C) ← ③OFFER(U/C) ←
⑤REQUEST(B/C) → ⑥REQUEST(U/C) →
⑧ACK(U/C) ← ⑦ACK(U/C) ←

DHCPクライアント — Fa0 [ルータ] Fa1 — DHCPサーバ
DHCPリレーエージェントとして機能
172.16.2.100/24
U/C：ユニキャスト

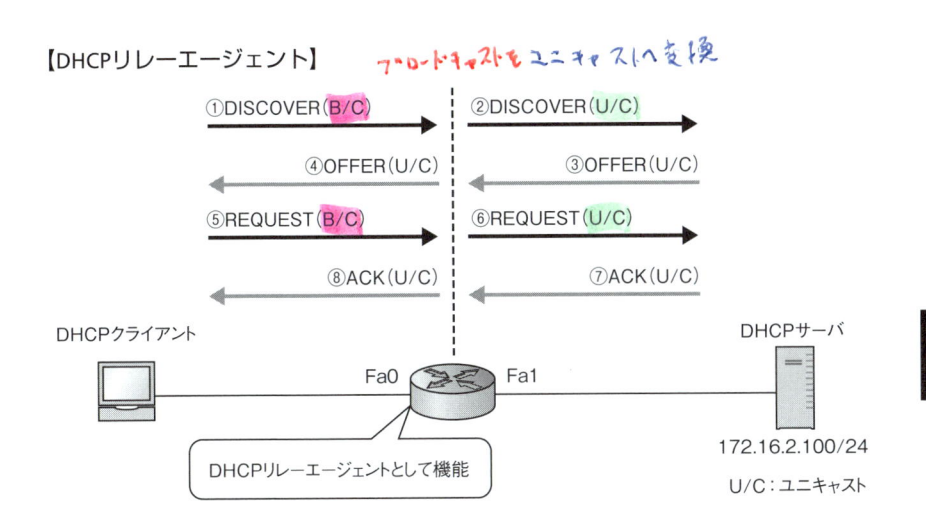

　上図が示すようにDHCPリレーエージェントでは、DHCPメッセージのブロードキャストを受信すると、ユニキャストのパケットとして中継します。
　DHCPリレーエージェント機能を使用するには、ルータ（またはL3スイッチ）のインターフェイスに対して**ip helper-address**コマンドを設定します。このコマンドは、UDPポート番号に基づいて任意のUDPブロードキャストを中継するように設定できます。大量のブロードキャストトラフィックがフラッディングされるのを抑制するために、デフォルトではTFTP(69)、DNS(53)、DHCP(67、68)など一部のUDPブロードキャストのみを中継します。

構文 IPヘルパーアドレスの設定（DHCPメッセージの中継）

(config-if)#`ip helper-address <server-address>`

・server-address …サーバのIPアドレスを指定

注意 IPヘルパーアドレスは、DHCPメッセージのみを中継する機能ではありません。詳しくは、http://www.cisco.com/cisco/web/support/JP/100/1007/1007781_100-j.html#roledhcpbootprelayを参照してください。

ip helper-addressコマンドは、クライアント（ブロードキャストを受信する）側のインターフェイスに対して設定します。設定の確認には、**show ip helper-address**コマンドを使用します。

【ip helper-addressコマンドの設定例】

```
RT1(config)#interface fastethernet 0 Enter   ←Fa0の設定モードへ移行
RT1(config-if)#ip helper-address 172.16.2.100 Enter   ←受信したB/Cパケットの宛先アドレスを
RT1(config-if)#end Enter                               172.16.2.100に書き換えてU/Cで転送する
RT1#show ip helper-address Enter   ←リレー機能の確認
Interface           Helper-Address   VPN VRG Name       VRG State
FastEthernet0       172.16.2.100     0   None           Unknown
```

> **試験対策**
> DHCP DISCOVERはブロードキャストであり、ルータを超えて転送できません。DHCPクライアントとDHCPサーバが同じサブネットに存在しないとき、ルータはip helper-addressで指定した宛先（ユニキャスト）へDHCPパケットを中継します。

11-2 NATとPATの概要

企業や組織などのプライベート(内部)ネットワークでは、通常、プライベートIPアドレスによってアドレッシングされます。一方、インターネットはグローバルIPアドレスを使用したネットワークです。そのため、内部ネットワーク上のホストをインターネットに接続する場合、プライベートIPアドレスをグローバルIPアドレスに変換する必要があります。プライベートアドレスとグローバルアドレスの変換には、NATやPATといった技術が使用されます。

NATの必要性

NAT(Network Address Translation)は、IPアドレスを相互に変換する技術です。NATは、プライベートIPアドレスとグローバルIPアドレスを相互に変換する用途で一般的に利用されます。

- IPv4アドレスは32ビット値で、約43億個(2^{32})のアドレスを表現できます。しかし、インターネットの爆発的な普及により、アドレス不足の問題が生じてきました。NATは、IPアドレスの枯渇問題を解決できるアドレス変換技術です。

具体的には、IPヘッダ内の送信元アドレスがプライベートアドレスの場合に、インターネット上で利用可能なグローバルアドレスに書き換えます。また、そのグローバルアドレスを宛先とする応答パケットでは、宛先アドレスを元のプライベートアドレスに変換します。つまり、インターネットへのアクセスが必要になったホストが一時的にグローバルアドレスを使用し、不要になればアドレスを解放して、ほかのホストがそのグローバルアドレスを使用します。これによって、インターネットを利用する内部ネットワーク上のホスト数と同じ数のグローバルアドレスを確保しなくても、複数のユーザで1つのグローバルアドレスを使い回すことが可能になるため、IPアドレスを有効に活用することができます。

また、NATを利用することで、内部ネットワークに割り当てたIPアドレスを外部からは隠蔽することができるため、セキュリティが向上する利点もあります。

NAT用語

シスコでは、NATに関する用語を次のように定義しています。

・内部ローカルアドレス………内部ホスト(内部ネットワーク上のホスト)に割り当てられたIPアドレス。一般的にプライベートIPアドレスを使用する

- 内部グローバルアドレス……外部ホスト(外部ネットワーク上のホスト)から見た、内部ホストのIPアドレス。通常はISPから割り当てられたインターネット接続に使用するグローバルIPアドレス
- 外部ローカルアドレス………内部ホストが宛先として指定する、外部ホストのIPアドレス
- 外部グローバルアドレス……外部ホストに実際に割り当てられたIPアドレス

試験対策
- 内部ローカルアドレス ………プライベートIPアドレス
- 内部グローバルアドレス ……グローバルIPアドレス
- プライベートIPアドレスは、RFC1918で定義

【NAT用語】

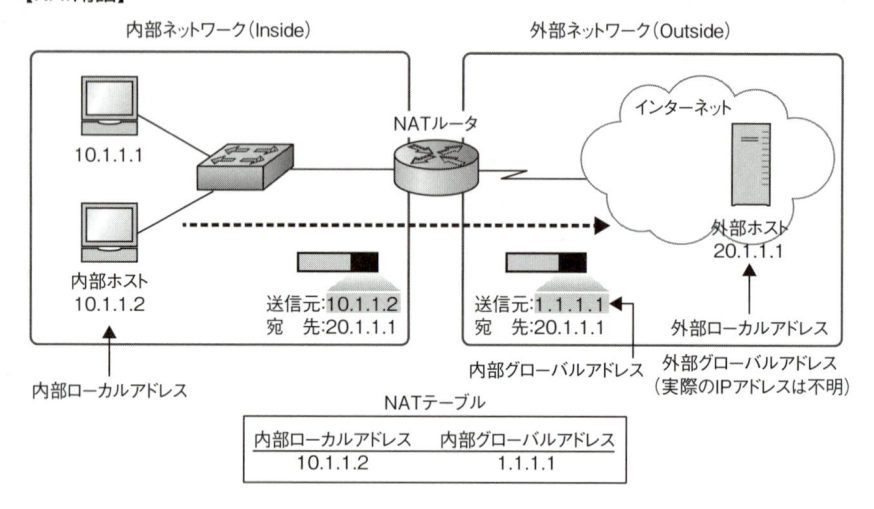

内部ネットワーク(Inside) / 外部ネットワーク(Outside)

- 10.1.1.1
- 内部ホスト 10.1.1.2
- NATルータ
- インターネット
- 外部ホスト 20.1.1.1

送信元:10.1.1.2
宛 先:20.1.1.1
→内部ローカルアドレス

送信元:1.1.1.1
宛 先:20.1.1.1
→内部グローバルアドレス

外部ローカルアドレス
外部グローバルアドレス（実際のIPアドレスは不明）

NATテーブル

内部ローカルアドレス	内部グローバルアドレス
10.1.1.2	1.1.1.1

　NATはサーバの負荷分散や、IPアドレスが重複する異なるネットワークの相互接続など、いくつかの用途があります。プライベートIPアドレスを割り当てた内部ホストがインターネットへアクセスするためのアドレス変換では、内部ローカルアドレスと内部グローバルアドレスの相互変換が行われます(外部ローカルアドレスと外部グローバルアドレスの変換は行われません)。

NATのアドレス変換の種類

　NATでは、1つのグローバルアドレスに対し、インターネットへアクセスできるユーザは、ある時点で1ユーザのみです。つまり、「1対1」の関係でアドレス変換を行います。

あるホストがインターネットにアクセス中に、別のホストがインターネットへのアクセスを要求した場合、別のグローバルアドレスを使用します。NATルータでプールされたグローバルアドレスをすべて使い果たすと、次のホストからのアクセス要求は破棄されます。グローバルアドレスはホストからのアクセスが一定時間なくなると自動的に解放され、ほかのホストのインターネットアクセスに使用されます。

NATによるアドレス変換には、スタティックとダイナミックがあります。

● スタティックNAT（1対1）

スタティックNATは、管理者があらかじめ手動で内部ローカルアドレスと内部グローバルアドレスを「1対1」で対応付けておく変換方式です。スタティックNATに登録されたアドレスは、常に同じアドレスに変換されます。

スタティックNATでは変換規則が永続的にNATテーブルに登録されるため、外部ネットワークから内部ネットワークへのアクセス（接続を確立）を開始できます。スタティックNATは、組織が外部ネットワークに対してWebやFTPサーバなどを公開する目的で使用されます。

【スタティックNAT】

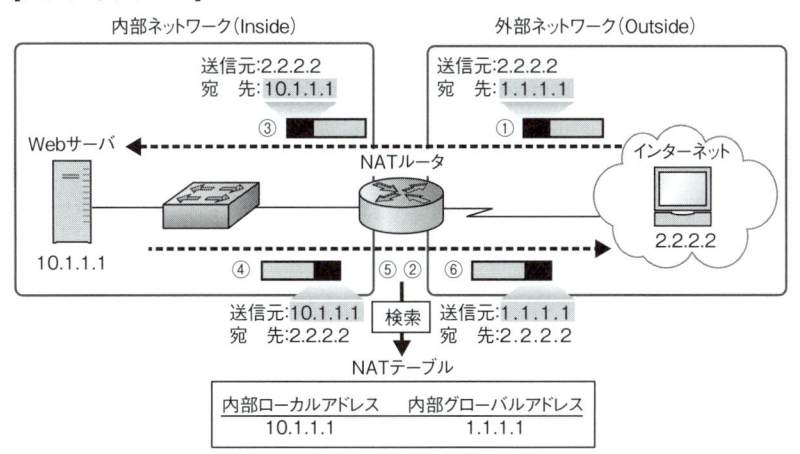

① 外部ホストがWebサーバへ通信を開始する。このときの宛先IPアドレスは「内部グローバルアドレス（1.1.1.1）」である
② NATルータは①のパケットを受信すると、NATテーブルを検索する
③ スタティックNATのエントリに基づいて、宛先IPアドレスを「内部ローカルアドレス（10.1.1.1）」に変換してパケットを転送する（OutsideからInsideの場合、NAT処理のあとルーティングを行う）
④ Webサーバは応答パケットを送信する。このときの送信元IPアドレスは「内部ローカルアドレス（10.1.1.1）」である
⑤ NATルータは④のパケットを受信すると、NATテーブルを検索する
⑥ スタティックNATのエントリに基づいて、送信元IPアドレスを「内部グローバルアドレス（1.1.1.1）」に変換してパケットを転送する（InsideからOutsideの場合、ルーティングのあとNAT処理を行う）

●ダイナミックNAT（多対多）

ダイナミックNATは、内部グローバルアドレスをあらかじめNATプールに登録し、通信が開始されたときにプール内のアドレスを使用して内部ローカルアドレスを動的に変換する方式です。

NATは1対1の関係でアドレス変換を行うため、登録された内部グローバルアドレスの数は、同時にインターネットへアクセス可能なユーザの数と同じです。ただし、プール内のどのアドレスに変換されるかは決められていないため、ダイナミックNATは「多対多」の関係ともいわれます。ダイナミックNATは、同じプライベートアドレス空間を使用している2つの企業が合併し、重複するアドレスのネットワークを相互接続するなどの用途で使用されます。

次の図の例では、NATプールに4つ（1.1.1.1〜1.1.1.4）の内部グローバルアドレスを登録しています。この場合、内部ホストが同時にインターネットへアクセスできるのは4台までで、5台目からのパケットを受信したNATルータはパケットを破棄します。

【ダイナミックNAT】

NATアドレスプール
1.1.1.1 〜 1.1.1.4

NATテーブル

内部ローカルアドレス	内部グローバルアドレス
10.1.1.1	1.1.1.1
10.1.1.2	1.1.1.2
10.1.1.3	1.1.1.3
10.1.1.4	1.1.1.4

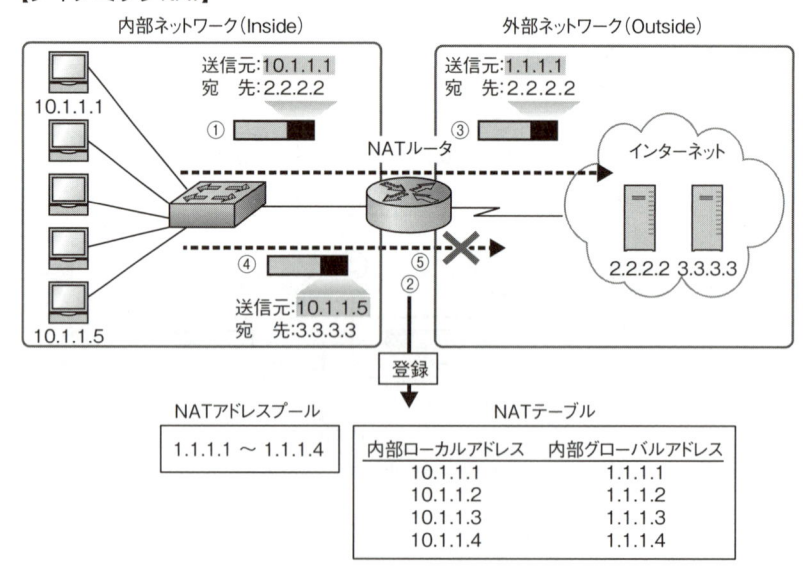

① 内部ホストがインターネットへ通信を開始する。このときの送信元IPアドレスは「内部ローカルアドレス（10.1.1.1）」である
② NATルータは①のパケットを受信すると、送信元IPアドレス（10.1.1.1）とNATプールで未使用のアドレス（1.1.1.1）を対応付けてNATテーブルに登録する
③ パケットの送信元IPアドレスを「内部グローバルアドレス（1.1.1.1）」に変換しパケットを転送する
④ 同様に複数の内部ホストがインターネットへアクセスし、5台目の内部ホスト（10.1.1.5）がインターネットへ通信を開始する
⑤ NATルータは④のパケットを受信したが、NATプールに未使用のアドレスが存在しないため、パケットを破棄する

スタティックNATとダイナミックNATの両方を設定した場合、常にスタティックNATの変換エントリを優先します。

PAT　IPマスカレードが一般的

先述したとおり、NATでは内部ネットワーク上のホスト数がグローバルアドレスの数よりも多い場合は、一部のホストがインターネットへアクセスできない問題が起こります。

PAT (Port Address Translation)はNATの技術を拡張したもので、1つの内部グローバルアドレスを複数の内部ローカルアドレスで共有します。PATを使用すると、多くの内部ホストが同時にインターネットへアクセスできます。

PATでは、IPアドレスにTCP/UDPヘッダ内にあるポート番号を対応付けた変換エントリをNATテーブルに登録します。ポート番号は、1台のコンピュータ上で動作するアプリケーションを識別するための番号です。PATは1つのグローバルアドレスに対応付けられたポート番号によって、変換エントリを識別することができます。

【PAT】

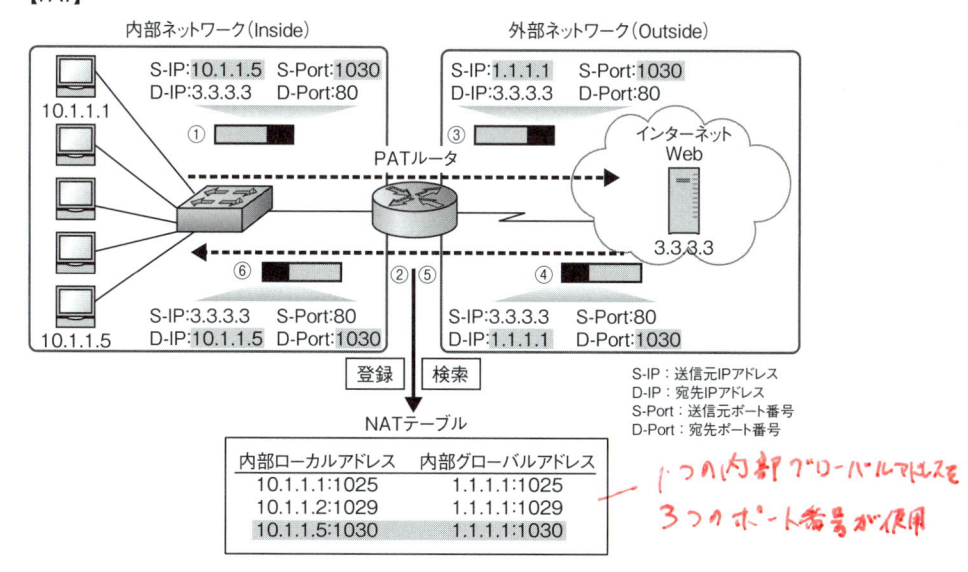

内部ネットワーク(Inside)　外部ネットワーク(Outside)

① S-IP:10.1.1.5　S-Port:1030
　 D-IP:3.3.3.3　D-Port:80

③ S-IP:1.1.1.1　S-Port:1030
　 D-IP:3.3.3.3　D-Port:80

PATルータ → インターネット Web 3.3.3.3

⑥ S-IP:3.3.3.3　S-Port:80
　 D-IP:10.1.1.5　D-Port:1030

④ S-IP:3.3.3.3　S-Port:80
　 D-IP:1.1.1.1　D-Port:1030

②⑤ 登録　検索

S-IP：送信元IPアドレス
D-IP：宛先IPアドレス
S-Port：送信元ポート番号
D-Port：宛先ポート番号

NATテーブル

内部ローカルアドレス	内部グローバルアドレス
10.1.1.1:1025	1.1.1.1:1025
10.1.1.2:1029	1.1.1.1:1029
10.1.1.5:1030	1.1.1.1:1030

1つの内部グローバルアドレスを3つのポート番号が使用

① 内部ホストがインターネットへ通信を開始する。このときの送信元IPアドレスは「内部ローカルアドレス (10.1.1.5)」である
② PAT機能を実装したルータは①のパケットを受信すると、送信元IPアドレス (10.1.1.5) と送信元ポート (1030) を対応付けてNATテーブルに登録する (このとき、NATテーブルに同じポート番号が存在する場合はポート番号も変換する)
③ パケットの送信元IPアドレスを「内部グローバルアドレス (1.1.1.1)」に変換しパケットを転送する

④ Webサーバは応答パケットを送信する。このときの宛先IPアドレスは「内部グローバルアドレス（1.1.1.1）」、宛先ポート番号は1030である
⑤ PATルータは④のパケットを受信すると、NATテーブルを検索する。変換エントリの識別は、ポート番号によって行われる
⑥ ②で登録したエントリに基づいて、宛先IPアドレスを「内部ローカルアドレス（10.1.1.5）」に変換しパケットを転送する

　　PATは、最も一般的に使用されるNATで、LAN用に使用されるグローバルIPアドレスが1つしかない場合でも、多くの端末をインターネットアクセスさせることができます。
　　PATはさまざまな名称で呼ばれています。シスコではポート番号を利用して変換エントリを区別することから、PAT（Port Address Translation）、または**NATオーバーロード**や**オーバーローディング**と呼ぶことがありますが、一般的には**IPマスカレード**や**NAPT**（Network Address Port Translation）と呼ばれています。

> **試験対策**
> ポート番号を利用したアドレス変換方式は、ベンダーによってさまざまな呼び名があり、シスコでは「PAT」と呼ばれています。RFC2663では正式に「NAPT」と規定しています。
> 「PAT」と「NAPT」の2つの名称で覚えておきましょう！

IPマスカレード＝リナックスでの呼称

参考 NATの用途

NATは、一般的にIPv4アドレスの枯渇問題を回避するための実装として利用されていますが、その機能を応用して、次のような用途で使用されることがあります。

● TCPロードディストリビューション
この機能は、外部に公開するサーバの負荷分散を目的に使用されます。人気の高いWebサーバやFTPサーバなどをインターネット上に公開している場合、1台のサーバへトラフィックが集中してしまい、ユーザへのレスポンスが悪くなる可能性があります。そこで、同じコンテンツを持つサーバを複数台用意し、トラフィックを負荷分散することでサービスの利用を高速化します。

11-2 NATとPATの概要

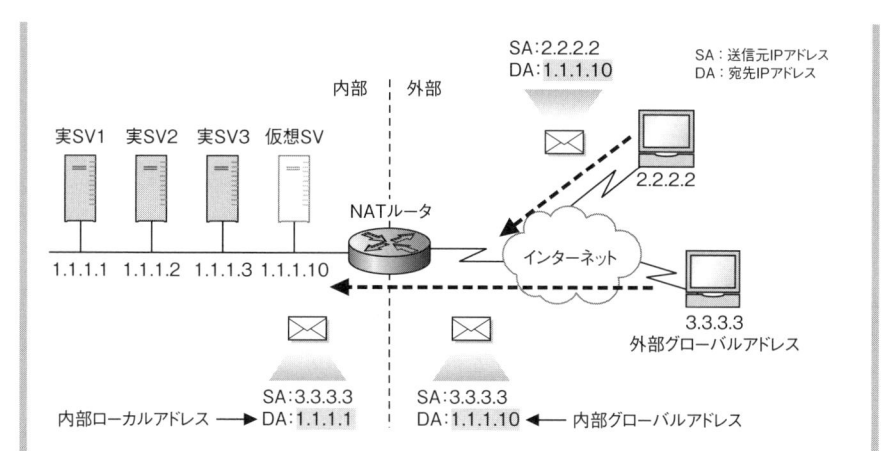

上図では、ユーザ側からは仮想サーバのIPアドレス(1.1.1.10)と通信を行っているように見えますが、実際には変換された実サーバ(1.1.1.1)との通信を行います。
負荷はラウンドロビン※6によって振り分けられ、NATルータはユーザのアクセスごとに宛先アドレスを3台のうちのいずれかの、実サーバのIPアドレスに変換します。

● 重複ネットワークのNAT
この機能は、同じプライベートアドレスを使用している2つの企業が合併した場合など、内部と外部で同じネットワークアドレスを使用している場合に使用されます。

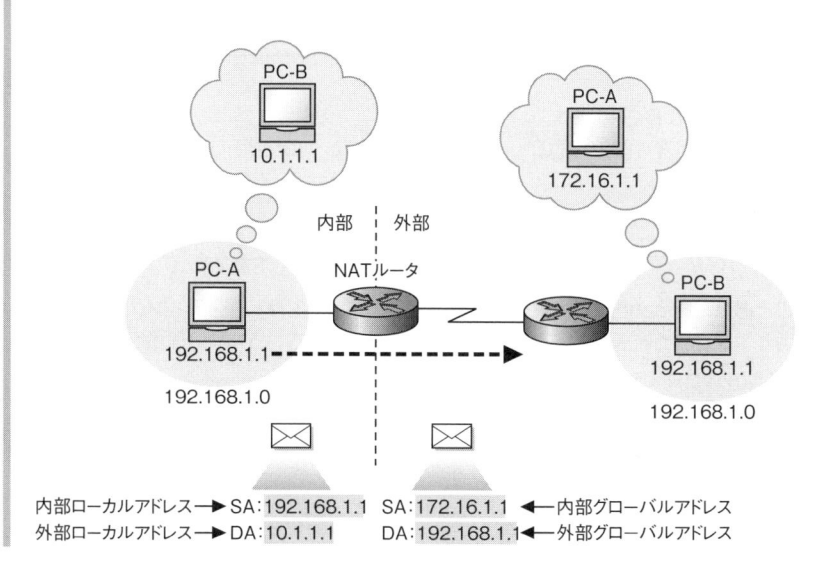

※6 【ラウンドロビン】round robin：トラフィックを順番に振り分ける方法のひとつ。ラウンドロビン方式では、すべてのプロセスが平等に扱われる。

自分（内部）からは、相手（外部）のアドレスを「10.1.1.1」とみなし、相手（外部）からは自分（内部）のアドレスを「172.16.1.1」であるように見せかけて通信を行います。これによって、実際には重複している「192.168.1.1」のアドレスを区別することができます。

◎ NATの応用機能はCCNA Routing and Switchingの範囲を超えるため、概要の説明に留めます。

参考 NATの処理順序

NATにおける処理順序は、「InsideからOutsideの方向へ転送されるパケット」と「OutsideからInsideの方向へ転送されるパケット」では、次のとおり異なります。

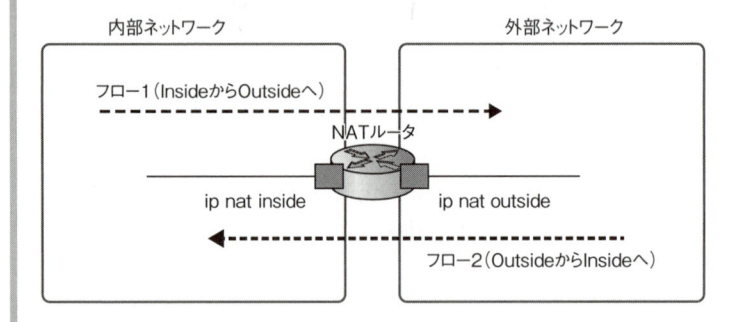

```
         内部ネットワーク            外部ネットワーク

         フロー1（InsideからOutsideへ）
         ─────────────────────────▶
                     NATルータ

         ip nat inside    ip nat outside
         ◀─────────────────────────
                     フロー2（OutsideからInsideへ）
```

- フロー1（InsideからOutsideへ）
  ルーティング処理⇒NAT処理（ローカルからグローバルへの変換）

- フロー2（OutsideからInsideへ）
  NAT処理（グローバルからローカルへの変換）⇒ルーティング

上記のとおり、InsideからOutsideへのトラフィックフローでは、ルーティング処理によって出力インターフェイス（およびネクストホップ）を決定してからNAT処理が行われます。

◎ 詳細は、シスコシステムズのWebサイト「NATの処理順序（http://www.cisco.com/cisco/web/support/JP/100/1008/1008335_5-j.html）」を参照してください。

11-3　NATの設定

本節では、スタティックNATとダイナミックNATの設定方法について説明します。

■ スタティックNATの設定

スタティックNATの設定手順およびコマンドは、次のとおりです。

① 内部／外部ネットワークの定義
② スタティックNATの定義
※①と②の順序は前後しても構わない

① 内部／外部ネットワークの定義

内部ネットワークを接続するインターフェイスにinside、外部ネットワークを接続するインターフェイスにoutsideを定義します。これによって、NATルータは内部ネットワークと外部ネットワーク間で転送されるパケットのアドレス変換を実行します。

構文　内部／外部ネットワークの定義

(config-if)#ip nat inside ……… 内部ネットワーク
(config-if)#ip nat outside……… 外部ネットワーク

② スタティックNAT（内部送信元アドレス変換）の定義

スタティックNATの設定では1対1の関係で変換エントリが作成され、特定のアドレスが指定したアドレスに変換されます。スタティックNATを設定すると、変換エントリが即座にNATテーブルに登録され、内部ホストと外部ホストのどちらからでも接続を開始できます。

不要になったスタティックエントリをNATテーブルから削除するには、設定時のコマンドの先頭にnoを付けて実行します(noの後ろにはスペースが必要)。

内部(inside)の送信元アドレス変換を行うスタティックNATでは、**ip nat inside source static コマンド**を使用します。

構文　スタティックNAT変換（内部送信元アドレス変換）の設定

(config)#ip nat inside source static <local-ip> <global-ip>

・local-ip………… 内部ローカルアドレスを指定
・global-ip ……… 内部グローバルアドレスを指定

次の例では、スタティックNATの設定を示しています。

【スタティックNATの設定例】

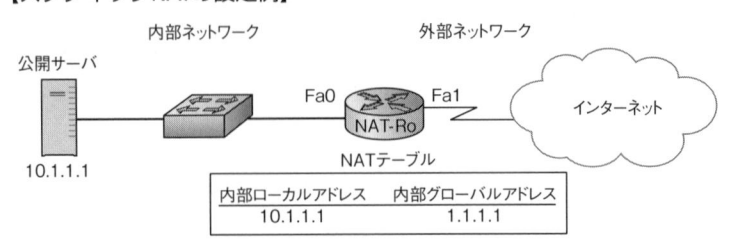

公開サーバ 10.1.1.1 — 内部ネットワーク — Fa0 [NAT-Ro] Fa1 — 外部ネットワーク — インターネット

NATテーブル

内部ローカルアドレス	内部グローバルアドレス
10.1.1.1	1.1.1.1

【スタティックNATの設定】

```
NAT-Ro(config)#interface fastethernet 0 Enter     ←Fa0の設定モードへ移行
NAT-Ro(config-if)#ip nat inside Enter             ←内部ネットワークの指定
NAT-Ro(config-if)#interface fastethernet 1 Enter  ←Fa1の設定モードへ移行
NAT-Ro(config-if)#ip nat outside Enter            ←外部ネットワークの指定
NAT-Ro(config-if)#exit Enter
NAT-Ro(config)#ip nat inside source static 10.1.1.1 1.1.1.1 Enter
                                                  ↑スタティックNATの設定
```

> **試験対策**
> スタティックNATは、単一の内部アドレスと単一の外部アドレスを変換します。スタティックNATの変換エントリは、コマンドが設定されると常にNATテーブルに登録されています。そのため、スタティックNATの場合は外部ホストから接続を開始することもできます。

ダイナミックNATの設定

ダイナミックNATの設定手順およびコマンドは、次のとおりです。

① 内部／外部ネットワークの定義
② NATプールの作成
③ 変換対象となる内部ローカルアドレスをACLで指定
④ ダイナミックNATの定義

ダイナミックNATの設定では、内部グローバルアドレスの範囲をプールに定義します。プールされたアドレスで変換できるのは、ACLによって許可（permit）されたパケットに限られます。ダイナミックNATの定義では、作成したNATプールとACLをマッピ

ングします。スタティックNATの設定と同様に、インターフェイスに対する内部ネットワーク（inside）と外部ネットワーク（outside）の定義が必要です。

① 内部／外部ネットワークの定義
　　(config-if)#`ip nat inside` ……… 内部ネットワーク
　　(config-if)#`ip nat outside` …… 外部ネットワーク

② NATプールの作成
　　NATプールに内部グローバルアドレスの範囲を定義します。アドレスを1つだけ定義する場合は、start-ipとend-ipに同じアドレスを指定します。
　　NATプールは異なる名前で複数作成が可能です。不要になったプールを削除するには、no ip nat pool <pool-name>コマンドを実行します。

> **構文** NATプールの作成
>
> (config)#`ip nat pool` <pool-name> <start-ip> <end-ip> { `netmask` <mask> | `prefix-length` <length> }
>
> ・pool-name …… NATプールの名前を指定。名前は任意の数値または文字列を指定できる
> ・start-ip ………… プールに含まれるアドレス範囲の先頭アドレスを指定
> ・end-ip ………… プールに含まれるアドレス範囲の末尾アドレスを指定。1つだけ指定するときはstart-ipと同じアドレスを指定
> ・mask ………… netmaskキーワードでは、サブネットマスクの形式で指定
> 　　　　　　　　　例）netmask 255.255.255.248
> ・length ………… prefix-lengthキーワードでは、プレフィックス長*を指定
> 　　　　　　　　　例）prefix-length 28

③ 変換対象となる内部ローカルアドレスをACLで指定
　　着信したパケットをダイナミックNATの変換対象に分類するためのACLを作成します。変換対象パケットは、permitステートメント（条件文）に一致させます。
　　参照→ ACLの作成（419ページ）

④ ダイナミックNATの定義
　　ip nat inside source list poolコマンドを設定すると、ACLに一致する内部ネットワークから外部ネットワークへ送信されるIPパケットの送信元アドレスを、NATプールで定義した内部グローバルアドレスに変換します。

> **構文** ダイナミックNATの定義
>
> (config)#`ip nat inside source list` <acl> `pool` <pool-name>
>
> ・acl ……………… ACLの番号または名前を指定
> ・pool-name …… NATプールの名前を指定

> ⚠ 注意　ip nat inside source listコマンドで定義するACLおよびプール名の文字列は、大文字と小文字が区別されます。

【ダイナミックNATの設定例】

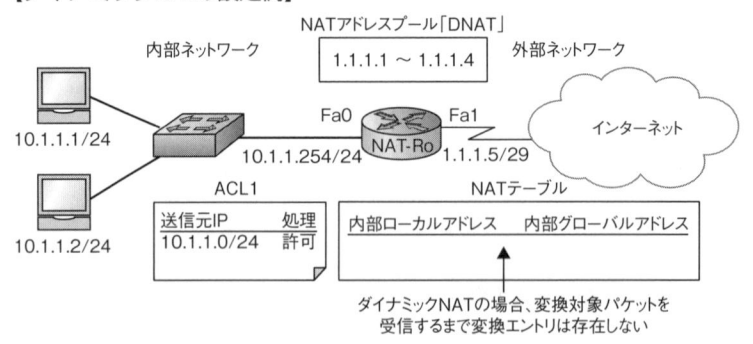

NATアドレスプール「DNAT」：1.1.1.1 ～ 1.1.1.4

内部ネットワーク：
- 10.1.1.1/24
- 10.1.1.2/24

NAT-Ro：Fa0 10.1.1.254/24、Fa1 1.1.1.5/29

外部ネットワーク：インターネット

ACL1
送信元IP	処理
10.1.1.0/24	許可

NATテーブル
内部ローカルアドレス	内部グローバルアドレス

ダイナミックNATの場合、変換対象パケットを受信するまで変換エントリは存在しない

【ダイナミックNATの設定】

```
NAT-Ro(config)#interface fastethernet 0 [Enter]   ←Fa0の設定モードへ移行
NAT-Ro(config-if)#ip nat inside [Enter]   ←内部ネットワークの指定
NAT-Ro(config-if)#interface fastethernet 1 [Enter]   ←Fa1の設定モードへ移行
NAT-Ro(config-if)#ip nat outside [Enter]   ←外部ネットワークの指定
NAT-Ro(config-if)#exit [Enter]
NAT-Ro(config)#ip nat pool DNAT 1.1.1.1 1.1.1.4 netmask 255.255.255.248 [Enter]
              ↑NATプールの作成 (ip nat pool DNAT 1.1.1.1 1.1.1.4 prefix-length 29でもよい)
NAT-Ro(config)#access-list 1 permit 10.1.1.0 0.0.0.255 [Enter]   ←ACL作成
NAT-Ro(config)#ip nat inside source list 1 pool DNAT [Enter]   ←ダイナミックNATの定義
```

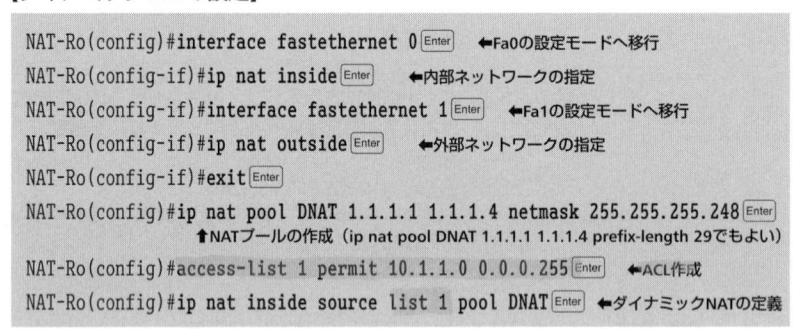

📖 参考　**NATのアクション**

NATによるアドレス変換は設定方法によって、次のとおり異なります。

● ip nat inside source listコマンド
・内部から外部へ転送されるパケットの送信元IPアドレスを変換
・外部から内部へ転送されるパケットの宛先IPアドレスを変換

● ip nat outside source listコマンド
・外部から内部へ転送されるパケットの送信元IPアドレスを変換
・内部から外部へ転送されるパケットの宛先IPアドレスを変換

11-4 PATの設定

PATは、トランスポート層のポート番号を識別子として利用します。これによって、多くの内部ホストが、1つのグローバルIPアドレスを使用して同時にインターネットへアクセスをすることが可能になります。

PATの設定

　PATの設定には、プールで定義された内部グローバルアドレスを使用する方式と、外部インターフェイスのIPアドレスを使用する方式の2つがあります。

【プールに定義されたアドレスを使用して変換】

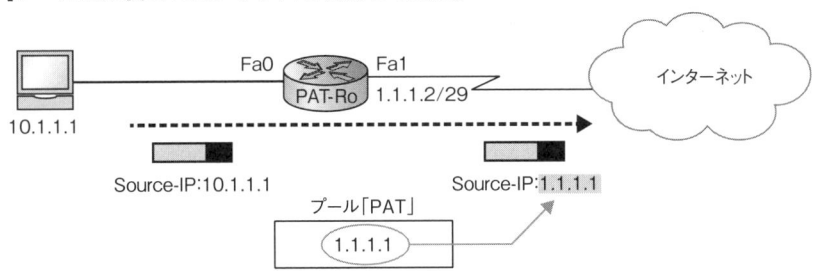

外部インターフェイスのアドレスとは異なるグローバルIPアドレスをプールに定義

【外部インターフェイスのアドレスを使用して変換】

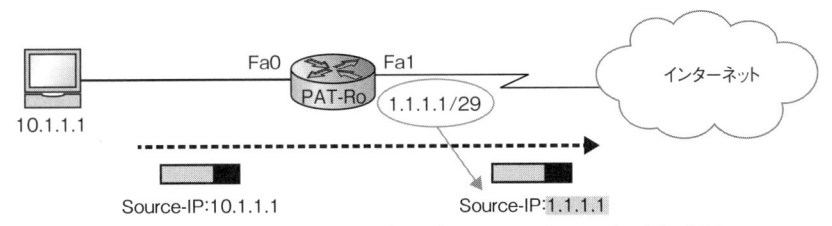

外部インターフェイスのアドレスを使用するため、グローバルIPアドレスが1つしかないときに便利

プールを使用したPATの設定

プールを使用したPATの設定手順およびコマンドは、次のとおりです。

① 内部／外部ネットワークの定義
② NATプールの作成
③ 変換対象となる内部ローカルアドレスをACLで指定
④ PATの定義

プールを使用するPATの設定手順およびコマンドは、ダイナミックNATとほとんど同じで、PATを定義するときにoverloadキーワードが必要になる点が異なるだけです。

① 内部／外部ネットワークの定義

各インターフェイスに対して内部ネットワーク（inside）と外部ネットワーク（outside）を定義します。

```
(config-if)#ip nat inside  ……… 内部ネットワーク
(config-if)#ip nat outside …… 外部ネットワーク
```

② NATプールの作成

ダイナミックNATと同様に、内部グローバルアドレスの範囲を定義します。ただし、PATでは1つのグローバルIPアドレスを共有できるため、特別な理由がなければプールに定義するアドレスは1つだけで構いません。

```
(config)#ip nat pool <pool-name> <start-ip> <end-ip> netmask <mask>
                                                   ↑ (prefix-length <length>)
                     1つだけ指定するときは<start-ip>と同じアドレスを指定
```

③ 変換対象となる内部ローカルアドレスをACLで指定

着信したパケットをPATの変換対象に分類するためのACLを作成します。変換対象パケットは、permitステートメント（条件文）に一致させます。

参照 → ACLの作成（419ページ）

④ PATの定義

プールを使用してPAT変換を定義する場合、**ip nat inside source list pool**コマンドの末尾に**overload**キーワードを付加します。これによってPAT（オーバーローディング）が有効になります。内部ネットワークから外部ネットワークへ送信されるIPパケットの送信元アドレスを、NATプールで定義した内部グローバルアドレスに変換します。

11-4 PATの設定

構文 PATの定義

(config)#ip nat inside source list <acl> pool <pool-name> overload

・overload ……… オーバーローディング(PAT)の変換を有効にする

> **注意** overloadキーワードを省略した場合、ダイナミックNATとして動作するため、プールで定義した内部グローバルアドレス数が同時にインターネットアクセス可能なホスト数となります。

【プールを使用したPATの設定例】

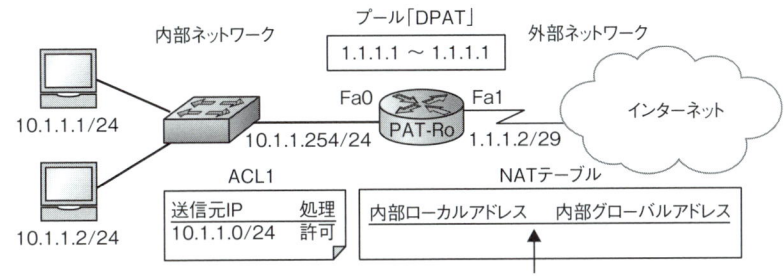

```
                    プール「DPAT」
      内部ネットワーク   1.1.1.1 ～ 1.1.1.1    外部ネットワーク

  [PC]                Fa0      Fa1
  10.1.1.1/24  [SW]  (PAT-Ro)          インターネット
              10.1.1.254/24   1.1.1.2/29
  [PC]
  10.1.1.2/24
          ACL1                  NATテーブル
          送信元IP    処理      内部ローカルアドレス  内部グローバルアドレス
          10.1.1.0/24  許可
                            ↑
                  変換対象パケットを受信するまで変換エントリは存在しない
```

【PATの設定】

```
PAT-Ro(config)#interface fastethernet 0 [Enter]   ←Fa0の設定モードへ移行
PAT-Ro(config-if)#ip nat inside [Enter]            ←内部ネットワークの指定
PAT-Ro(config-if)#interface fastethernet 1 [Enter] ←Fa1の設定モードへ移行
PAT-Ro(config-if)#ip nat outside [Enter]           ←外部ネットワークの指定
PAT-Ro(config-if)#exit [Enter]
PAT-Ro(config)#ip nat pool DPAT 1.1.1.1 1.1.1.1 netmask 255.255.255.248 [Enter]
                         ↑
            NATプールの作成（ip nat pool DPAT 1.1.1.1 1.1.1.1 prefix-length 29でも可能）

PAT-Ro(config)#access-list 1 permit 10.1.1.0 0.0.0.255 [Enter]   ←ACL作成
PAT-Ro(config)#ip nat inside source list 1 pool DPAT overload [Enter]  ←PATの定義
```

> **試験対策**
> 「overload」キーワードがあるとき ……PAT（NAPT）
> 「overload」キーワードがないとき ……ダイナミックNAT

外部インターフェイスを使用したPATの設定

外部インターフェイスを使用したPATの設定手順およびコマンドは、次のとおりです。

① 内部／外部ネットワークの定義
② 変換対象となる内部ローカルアドレスをACLで指定
③ PATの定義

外部インターフェイスに割り当てられたグローバルIPアドレスを使用して、PAT対象パケットの送信元IPアドレスを内部グローバルアドレスへ変換します。

① 内部／外部ネットワークの定義

各インターフェイスに対して内部ネットワーク（inside）と外部ネットワーク（outside）を定義します。

```
(config-if)#ip nat inside   ……… 内部ネットワーク
(config-if)#ip nat outside  …… 外部ネットワーク
```

② 変換対象となる内部ローカルアドレスをACLで指定

着信したパケットをPATの変換対象に分類するためのACLを作成します。変換対象パケットは、permitのステートメント（条件文）に一致させます。

参照 → ACLの作成（419ページ）

③ PATの定義

PAT変換を定義する場合、**ip nat inside source list interfaceコマンド**によってACLとマッピングするのはプールではなくインターフェイスです。このとき、末尾にoverloadキーワードを付加してオーバーローディングを有効にします（overloadなしで設定しても、コンフィギュレーションファイルには自動的にoverload付きで格納されます）。

構文 PATの定義

```
(config)#ip nat inside source list <acl> interface <interface-type> overload
```

　・acl ………………… ACLの番号または名前を指定
　・interface-type … 外部インターフェイス名を指定
　・overload ……… オーバーローディング（PAT）の変換を有効にする

11-4 PATの設定

【外部インターフェイスを使用したPATの設定例】

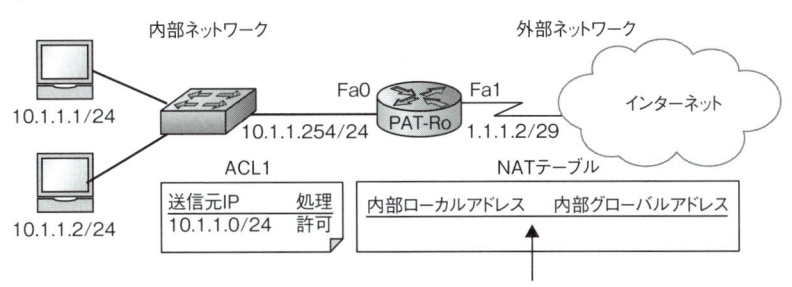

```
内部ネットワーク                        外部ネットワーク
                    Fa0        Fa1
10.1.1.1/24                              インターネット
              10.1.1.254/24  PAT-Ro  1.1.1.2/29

              ACL1              NATテーブル
10.1.1.2/24   送信元IP    処理    内部ローカルアドレス  内部グローバルアドレス
              10.1.1.0/24 許可

              変換対象パケットを受信するまで変換エントリは存在しない
```

【PATの設定】

```
PAT-Ro(config)#interface fastethernet 0 [Enter]    ←Fa0のコンフィギュレーションモードへ移行
PAT-Ro(config-if)#ip nat inside [Enter]            ←内部ネットワークの指定
PAT-Ro(config-if)#interface fastethernet 1 [Enter] ←Fa1のコンフィギュレーションモードへ移行
PAT-Ro(config-if)#ip nat outside [Enter]           ←外部ネットワークの指定
PAT-Ro(config-if)#exit [Enter]
PAT-Ro(config)#access-list 1 permit 10.1.1.0 0.0.0.255 [Enter]  ←ACL作成
PAT-Ro(config)#ip nat inside source list 1 interface fastethernet 1 overload [Enter]
                                                    ↑
                                  外部インターフェイス(Fa1)を指定し、PATを定義する
```

参考 スタティックPAT

スタティックPATは管理者があらかじめ手動でIPアドレスとポート番号を対応付けておく変換方式で、IPアドレスとポート番号の両方の変換が可能です。
スタティックPATを使用すると、複数のサーバに対して1つのグローバルIPアドレスを外部へ公開することができます。
次ページの図の例では、異なるサービス機能を提供する2台の公開サーバを設置しています。このとき、Webサーバはポート番号に通常の80ではなく8080を使用しています。管理者はPATルータに1つの内部グローバルアドレス(1.1.1.1)と各サーバで使用するポート番号をマッピングしたスタティックPATを設定しました。その結果、外部ホストが1つのIPアドレスを宛先とするFTPおよびHTTPアクセスを開始すると、PATルータは外部ホストからのパケットを受信してNATテーブルを検索し、スタティックPATのエントリに基づいて宛先IPアドレスを内部ローカルアドレスに変換(HTTPアクセスは宛先ポート番号も変換)し、それぞれのパケットを適切なサーバへ転送できます。

第11章 インターネット接続

【スタティックPAT】

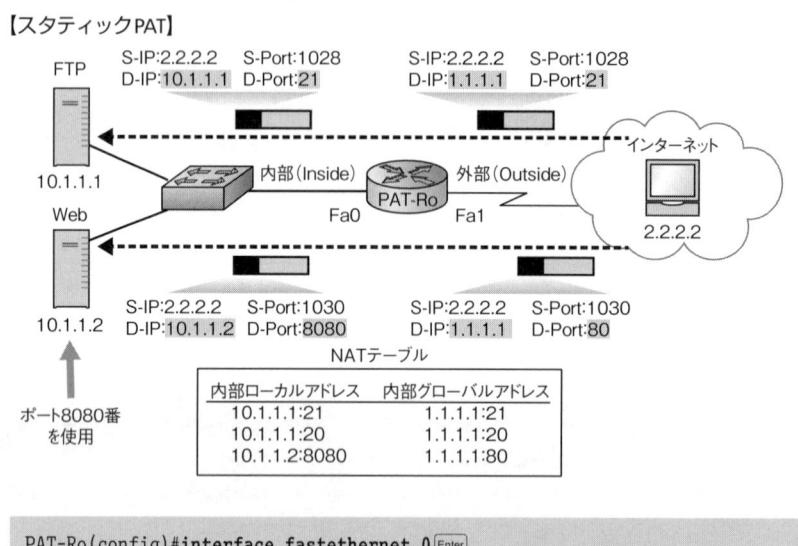

```
PAT-Ro(config)#interface fastethernet 0 [Enter]
PAT-Ro(config-if)#ip nat inside [Enter]
PAT-Ro(config-if)#interface fastethernet 1 [Enter]
PAT-Ro(config-if)#ip nat outside [Enter]
PAT-Ro(config-if)#exit [Enter]
PAT-Ro(config)#ip nat inside source static tcp 10.1.1.1 21 1.1.1.1 21 [Enter]
PAT-Ro(config)#ip nat inside source static tcp 10.1.1.1 20 1.1.1.1 20 [Enter]
PAT-Ro(config)#ip nat inside source static tcp 10.1.1.2 8080 1.1.1.1 80 [Enter]
PAT-Ro(config)#exit [Enter]
PAT-Ro#show ip nat translations [Enter]
Pro Inside global      Inside local        Outside local      Outside global
tcp 1.1.1.1:20         10.1.1.1:20         ---                ---
tcp 1.1.1.1:21         10.1.1.1:21         ---                ---
tcp 1.1.1.1:80         10.1.1.2:8080       ---                ---
```

◎ スタティックPATはCCNA Routing and Switchingの範囲を超えるため、参考程度に留めます。

11-5 NATとPATの検証

NATおよびPATの設定が適切かどうかを検証するには、NATテーブルや統計情報を確認します。また、デバッグを使用するとアドレス変換の様子をリアルタイムに確認できます。

NATの検証

NATの設定が完了したら、以下のコマンドを使用して検証する必要があります。

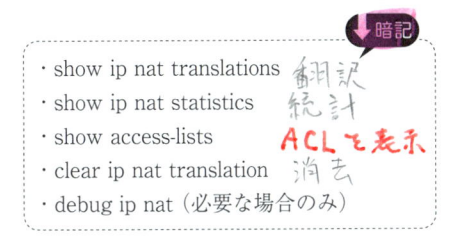

↓暗記
- show ip nat translations　翻訳
- show ip nat statistics　統計
- show access-lists　ACLを表示
- clear ip nat translation　消去
- debug ip nat（必要な場合のみ）

次の構成を例に、スタティックNATおよびPATの各種検証コマンドを説明します。

【NAT検証の構成例】

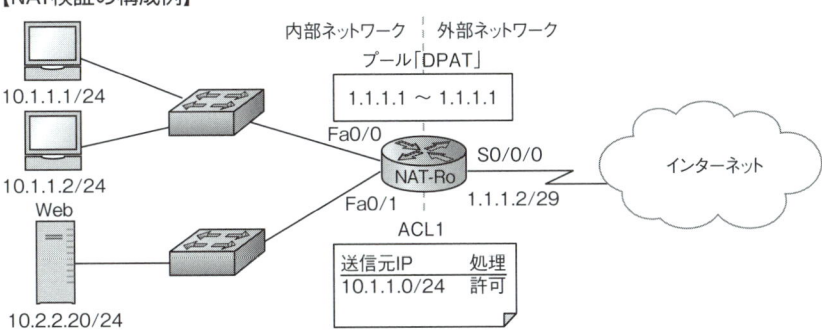

内部ネットワーク ｜ 外部ネットワーク

プール「DPAT」
1.1.1.1 ～ 1.1.1.1

10.1.1.1/24
10.1.1.2/24
Web
10.2.2.20/24

Fa0/0
NAT-Ro
S0/0/0　1.1.1.2/29
Fa0/1
ACL1

送信元IP	処理
10.1.1.0/24	許可

インターネット

第11章 インターネット接続

【NAT-Roの設定】

```
NAT-Ro(config)#interface fastethernet 0/0 [Enter]
NAT-Ro(config-if)#ip nat inside [Enter]
NAT-Ro(config-if)#interface fastethernet 0/1 [Enter]
NAT-Ro(config-if)#ip nat inside [Enter]
NAT-Ro(config-if)#interface serial 0/0/0 [Enter]
NAT-Ro(config-if)#ip nat outside [Enter]
NAT-Ro(config-if)#exit [Enter]
NAT-Ro(config)#ip nat inside source static 10.2.2.20 1.1.1.3 [Enter]
NAT-Ro(config)#ip nat pool DPAT 1.1.1.1 1.1.1.1 netmask 255.255.255.248 [Enter]
NAT-Ro(config)#access-list 1 permit 10.1.1.0 0.0.0.255 [Enter]
NAT-Ro(config)#ip nat inside source list 1 pool DPAT overload [Enter]
NAT-Ro(config)#exit [Enter]
NAT-Ro#show running-config | begin FastEthernet [Enter]
interface FastEthernet0/0
 ip address 10.1.1.254 255.255.255.0
 ip nat inside
 ip virtual-reassembly in
 duplex auto
 speed auto
!
interface FastEthernet0/1
 ip address 10.2.2.254 255.255.255.0
 ip nat inside
 ip virtual-reassembly in
 duplex auto
 speed auto
!
interface Serial0/0/0
ip address 1.1.1.2 255.255.255.248
 ip nat outside
 ip virtual-reassembly in
!
＜途中省略＞
!
ip nat pool DPAT 1.1.1.1 1.1.1.1 netmask 255.255.255.248
ip nat inside source list 1 pool DPAT overload
ip nat inside source static 10.2.2.20 1.1.1.3
ip route 0.0.0.0 0.0.0.0 serial0/0/0
```

```
!
access-list 1 permit 10.1.1.0 0.0.0.255
!
＜以下省略＞
```

● NATテーブルの表示

NATテーブルを表示するには、**show ip nat translationsコマンド**を使用します。スタティックNATを設定すると、変換エントリが永続的に登録されます。
ダイナミックNATでは、変換対象パケットの受信によってアドレス変換が実行されると、エントリが動的に追加されます。

構文 NATテーブルの表示（mode：＞、＃）

```
#show ip nat translations
```
（翻訳）

【show ip nat translationsコマンドの出力例】（変換対象パケットを受信していない状態）

```
NAT-Ro#show ip nat translations [Enter]  ←NATテーブルの表示
Pro  Inside global    Inside local    Outside local    Outside global
---- 1.1.1.3          10.2.2.20       ----             ----
 ①    ②                ③               ④                ⑤
```

① Pro：プロトコル名
② Inside global：内部グローバルアドレス
③ Inside local：内部ローカルアドレス
④ Outside local：外部ローカルアドレス
⑤ Outside global：外部グローバルアドレス

> **試験対策**
> スタティックNATの場合、設定コマンドが消去されるまでNATテーブルに登録され続けます。
> NATテーブルの内容を見て、設定したスタティックNATのコマンドがわかるようにしましょう！

次の出力は、内部ネットワーク（inside）と外部ネットワーク（outside）で相互に通信が行われたときのNATテーブルを示しています。

第11章 インターネット接続

【show ip nat translationsコマンドの出力例】

```
NAT-Ro#show ip nat translations Enter  ←NATテーブルの表示
Pro Inside global     Inside local      Outside local      Outside global
tcp 1.1.1.1:49476     10.1.1.1:49476    200.0.0.1:23       200.0.0.1:23
udp 1.1.1.1:60767     10.1.1.1:60767    192.168.11.5:161   192.168.11.5:161
icmp 1.1.1.1:9        10.1.1.2:9        2.2.2.2:9          2.2.2.2:9
tcp 1.1.1.3:80        10.2.2.20:80      100.0.0.1:50052    100.0.0.1:50052
tcp 1.1.1.3:80        10.2.2.20:80      100.0.0.1:50054    100.0.0.1:50054
tcp 1.1.1.3:80        10.2.2.20:80      100.0.0.1:50055    100.0.0.1:50055
--- 1.1.1.3           10.2.2.20         ---                ---
NAT-Ro#
```

```
tcp 1.1.1.1:49476    10.1.1.1:49476    200.0.0.1:23       200.0.0.1:23
 ↑     ↑                   ↑                ↑
プロトコル            送信元ポート番号    宛先ポート番号（23：Telnet）
```

2行目の出力は、内部ホスト10.1.1.1から外部ホスト200.0.0.1宛の変換対象パケットを受信したことによるアドレス変換を示しています。パケットの送信元IPアドレスをプールで定義された内部グローバルアドレス1.1.1.1に変換しています。

4行目の出力は、内部ホスト10.1.1.2から外部ホスト2.2.2.2宛のパケットを受信したときの変換エントリを示しています。2つの内部ローカルアドレス（10.1.1.1と10.1.1.2）は、同じ内部グローバルアドレス1.1.1.1に変換され、PATが適切に機能していることがわかります。

5～7行目の出力は、外部ホスト100.0.0.1から開始されたWebサーバ（1.1.1.3）宛のパケットを受信したときの変換エントリを示しています。これは、スタティックNATのエントリに基づいて動的に生成されたものです。

● NAT統計情報の表示

show ip nat statisticsコマンドは、NATの統計情報を表示します。このコマンドを使用すると、アドレス変換を実行した回数や変換に失敗した回数などの統計情報のほかに、inside/outsideインターフェイス、NATプール、ダイナミックNATの設定情報なども確認できます。

ヒットカウンタはNATテーブルのエントリを検索して実行されたアドレス変換ごとに増加し続けます。統計情報をいったんクリアしたい場合には、特権EXECモードで**clear ip nat statistics**コマンドを実行します。

構文　NAT統計情報の表示（mode：>、#）
```
#show ip nat statistics
```
統計

【show ip nat statisticsコマンドの出力例】

```
NAT-Ro#show ip nat statistics Enter    ←NAT統計情報の表示
Total active translations: 8 (1 static, 7 dynamic; 7 extended)  ←①
Peak translations: 10, occurred 00:00:51 ago  ←②
Outside interfaces:  ←③
  Serial0/0/0
Inside interfaces:  ←④
  FastEthernet0/0, FastEthernet0/1
Hits: 73208  Misses: 0  ←⑤
CEF Translated packets: 73112, CEF Punted packets: 96  ←⑥
Expired translations: 11  ←⑦   失交力した
Dynamic mappings:  ←⑧
-- Inside Source
[Id: 2] access-list 1 pool DPAT refcount 3  ←⑨
 pool DPAT: netmask 255.255.255.248  ←⑩
        start 1.1.1.1 end 1.1.1.1  ←⑪
        type generic, total addresses 1, allocated 1 (100%), misses 0  ←⑫
                                           割り当て
Total doors: 0
Appl doors: 0
Normal doors: 0
Queued Packets: 0
```

① アクティブな変換エントリの数
② ピーク時の変換エントリ数
③ 外部ネットワーク（outside）を指定したインターフェイス
④ 内部ネットワーク（inside）を指定したインターフェイス
⑤ アドレス変換に成功した回数と失敗した回数
⑥ CEF[※7]によって高速にスイッチングされたパケットの数
⑦ タイムアウトによってクリアされた変換エントリの数
⑧ ダイナミックNAT（PAT）の設定情報。未設定の場合は⑨〜⑫は表示されない
⑨ inside sourceの設定で、ACL1とプール「DPAT」を定義し、現在の参照カウント数を表示
⑩ プール「DPAT」で定義されたサブネットマスク
⑪ プール「DPAT」で定義されたアドレスの範囲
⑫ プール「DPAT」で定義されたアドレスの数、割り当てた数、変換に失敗した数

※7 **[CEF]**（セフ）Cisco Express Forwarding：シスコ高速転送機能。シスコが開発したレイヤ3スイッチング技術のひとつ。CEFでは隣接テーブルと呼ぶデータベースを使って、すべてのFIB*（転送情報ベース）エントリに対するネクストホップのレイヤ2アドレスを保持し、最小遅延でパケットの高速転送を実現する

●アクセスリストの表示

　ip nat inside source listコマンドで指定したACLの内容を確認するために、**show access-lists**コマンドでACLを表示します。ACLに含まれるpermit（許可）の条件に一致した場合、ステートメントの最後にパケット数が表示されます。

【show access-listsコマンドの出力例】

```
NAT-Ro#show access-lists Enter    ←ACLの表示
Standard IP access list 1
    10 permit 10.1.1.0, wildcard bits 0.0.0.255 (63 matches)
                                                      ↑
                                              条件に一致したパケット数
```

●NATテーブルのエントリ消去

　ダイナミックNATおよびPATによって、NATテーブルに動的に登録されたダイナミックエントリは、一定期間使用されない状態が続くとタイムアウトになり消去されます。設定変更やトラブルシューティングなどの理由で、タイムアウトされるよりも前に動的なエントリを消去したい場合は、状況に応じて次のコマンドを実行します。

> **構文** すべての動的な変換エントリの消去（mode：#）
> `#clear ip nat translation *`

> **構文** 一部の動的な内部変換エントリの消去（mode：#）
> `#clear ip nat translation inside <global-ip> <local-ip>`

> **構文** 一部の動的な内部と外部変換エントリの消去（mode：#）
> `#clear ip nat translation inside <global-ip> <local-ip> outside <local-ip> <global-ip>`

> **構文** 一部の動的なPATエントリの消去（mode：#）
> `#clear ip nat translation { tcp|udp } inside <global-ip> <global-port> <local-ip> <local-port> outside <local-ip> <local-port> <global-ip> <global-port>`

　次の出力は、すべてのダイナミックエントリを削除しています。clearコマンドの実行によって、4つのダイナミックエントリがすべて削除されたことが確認できます。

11-5 NATとPATの検証

【ダイナミックエントリの削除】

```
NAT-Ro#show ip nat translations [Enter]    ←NATテーブルの表示
Pro   Inside global      Inside local       Outside local        Outside global
udp   1.1.1.1:60767      10.1.1.1:60767     192.168.11.5:161     192.168.11.5:161
icmp  1.1.1.1:9          10.1.1.2:9         2.2.2.2:9            2.2.2.2:9
icmp  1.1.1.3:10         10.2.2.20:10       2.2.2.2:10           2.2.2.2:10
tcp   1.1.1.3:35983      10.2.2.20:35983    2.2.2.2:23           2.2.2.2:23
---   1.1.1.3            10.2.2.20          ---                  ---            削除するエントリ
NAT-Ro#clear ip nat translation * [Enter]   ←すべての動的な変換エントリを削除
NAT-Ro#show ip nat translations [Enter]     ←削除されたかどうか確認
Pro   Inside global      Inside local       Outside local        Outside global
---   1.1.1.3            10.2.2.20          ---                  ---
```

次の出力では、一部の動的なPATエントリを削除しています。

【動的なPATエントリの削除】

```
NAT-Ro#show ip nat translations [Enter]    ←NATテーブルの表示
Pro   Inside global      Inside local       Outside local        Outside global
udp   1.1.1.1:60767      10.1.1.1:60767     192.168.11.5:161     192.168.11.5:161
icmp  1.1.1.1:9          10.1.1.2:9         2.2.2.2:9            2.2.2.2:9
---   1.1.1.3            10.2.2.20          ---                  ---            削除するエントリ
PAT-Ro#clear ip nat translation udp inside 1.1.1.1 60767 10.1.1.1 60767 outside
192.168.11.5 161 192.168.11.5 161 [Enter]   ←動的なPATエントリを削除
PAT-Ro#show ip nat translations [Enter]     ←削除されたかどうか確認
Pro   Inside global      Inside local       Outside local        Outside global
icmp  1.1.1.1:9          10.1.1.2:9         2.2.2.2:9            2.2.2.2:9
---   1.1.1.3            10.2.2.20          ---                  ---
```

※ スタティックエントリは、スタティックNATを設定したときのコマンドの先頭にnoを付けて実行するまで永続的に登録される

●ダイナミックNAT変換エントリのタイムアウト設定

　ダイナミックNAT変換にはタイムアウト時間があり、時間が経過するとNATテーブルから変換エントリが削除されます(スタティックNATでは、設定したコマンドを削除するまでNATテーブルに存在し続けます)。

　ダイナミックNAT変換エントリのタイムアウト値は**ip nat translation timeoutコマンド**を使用して変更できます。PAT(オーバーローディング)の場合は、プロトコルごとにタイムアウト値の指定が可能です。また、neverキーワードを指定すると、タイムアウトなしに設定できます。

第11章 インターネット接続

構文 ダイナミックNATのタイムアウト値の変更

(config)#`ip nat translation timeout <seconds>`

・seconds ……… タイムアウト時間を指定（単位：秒）。デフォルトは86400秒（24時間）

構文 PATのタイムアウト値の変更

・TCPの設定：デフォルトは86400秒(24時間)
(config)#`ip nat translation tcp-timeout {<seconds>| never}`
・UDPの設定：デフォルトは300秒
(config)#`ip nat translation udp-timeout {<seconds>| never}`
・ICMPの設定：デフォルトは60秒
(config)#`ip nat translation icmp-timeout {<seconds>| never}`
・DNSの設定：デフォルトは60秒
(config)#`ip nat translation dns-timeout {<seconds>| never}`

・seconds ……… タイムアウト時間を指定（単位：秒）
・never ………… タイムアウトなし

変換エントリがタイムアウトされるまでの残り時間を確認するには、**show ip nat translations verbose**コマンドを使用します。このコマンドでは、アドレス変換エントリを作成してから経過した時間や、残り時間などが確認できます。

構文 NAT変換エントリの時間情報の表示（mode：>、#）

#`show ip nat translations verbose` 詳細

【NAT変換エントリの時間情報の表示】

```
NAT-Ro#show ip nat translations [Enter]  ←NATテーブルの表示
Pro Inside global     Inside local       Outside local      Outside global
icmp 1.1.1.1:3        10.1.1.1:3         2.2.2.2:3          2.2.2.2:3        ←ICMP変換エントリ
tcp 1.1.1.1:11013     10.1.1.1:11013     2.2.2.2:23         2.2.2.2:23       ←TCP変換エントリ


NAT-Ro#show ip nat translations verbose [Enter]  ←NAT変換エントリの時間を確認する
Pro Inside global     Inside local       Outside local      Outside global
icmp 1.1.1.1:3        10.1.1.1:3         2.2.2.2:3          2.2.2.2:3                      ┐
    create 00:01:43, use 00:00:43 timeout:60000, left 00:00:16, Map-Id(In): 1,  ├ICMPの変換
    flags:                                                                      │
extended, use_count: 0, entry-id: 2, lc_entries: 0                              ┘
tcp 1.1.1.1:11013     10.1.1.1:11013     2.2.2.2:23         2.2.2.2:23                     ┐
    create 00:00:10, use 00:00:08 timeout:86400000, left 23:59:51, Map-Id(In): 1, ├TCPの変換
              ①            ②              ③                  ④
```

```
      flags:
extended, use_count: 0, entry-id: 3, lc_entries: 0
```

① create：作成時間（エントリを作成してから経過した時間）
② use：使用時間（エントリを使用してから経過した時間）
③ timeout：タイムアウト時間（エントリが保持される時間）。neverを指定した場合は「0」を表示
④ left：残り時間（エントリが削除されるまでの時間）。neverを指定した場合は「timing-out」を表示

NATの動作検証（デバッグ）

debug ip natコマンドを実行すると、NATおよびPATによるアドレス変換の処理をリアルタイムに表示できます。

構文 NATのデバッグの有効化（mode：#）
　　　　#debug ip nat

【debug ip natコマンドの出力例】

```
NAT-Ro#show ip nat translations[Enter]  ←NATテーブルの表示
Pro Inside global      Inside local       Outside local        Outside global
--- 1.1.1.3            10.2.2.20          ---                  ---
NAT-Ro#debug ip nat[Enter]  ←NATのデバッグ有効化
IP NAT debugging is on
NAT-Ro#
*Sep 19 04:45:57.786: NAT*: s=100.0.0.1, d=1.1.1.3->10.2.2.20 [2424]
*Sep 19 04:45:57.786: NAT*: s=10.2.2.20->1.1.1.3, d=100.0.0.1 [30475]
*Sep 19 04:45:57.786: NAT*: s=100.0.0.1, d=1.1.1.3->10.2.2.20 [2425]
*Sep 19 04:45:57.786: NAT*: s=100.0.0.1, d=1.1.1.3->10.2.2.20 [2426]
*Sep 19 04:45:57.786: NAT*: s=100.0.0.1, d=1.1.1.3->10.2.2.20 [2427]
*Sep 19 04:45:57.786: NAT*: s=10.2.2.20->1.1.1.3, d=100.0.0.1 [30476]
*Sep 19 04:45:57.790: NAT*: s=10.2.2.20->1.1.1.3, d=100.0.0.1 [58340]
*Sep 19 04:45:57.790: NAT*: s=100.0.0.1, d=1.1.1.3->10.2.2.20 [2428]
*Sep 19 04:45:57.790: NAT*: s=10.2.2.20->1.1.1.3, d=100.0.0.1 [30477]
*Sep 19 04:45:57.790: NAT*: s=10.2.2.20->1.1.1.3, d=100.0.0.1 [30478]
*Sep 19 04:45:57.790: NAT*: s=100.0.0.1, d=1.1.1.3->10.2.2.20 [2429]
*Sep 19 04:45:57.790: NAT*: s=100.0.0.1, d=1.1.1.3->10.2.2.20 [2430]
*Sep 19 04:45:57.790: NAT*: s=10.2.2.20->1.1.1.3, d=100.0.0.1 [30479]
*Sep 19 04:45:57.794: NAT*: s=100.0.0.1, d=1.1.1.3->10.2.2.20 [2431]
*Sep 19 04:
```

```
NAT-Ro#45:57.794: NAT*: s=10.2.2.20->1.1.1.3, d=100.0.0.1 [58341]
*Sep 19 04:45:57.794: NAT*: s=10.2.2.20->1.1.1.3, d=100.0.0.1 [58342]
*Sep 19 04:45:57.798: NAT*: s=10.2.2.20->1.1.1.3, d=100.0.0.1 [58343]
*Sep 19 04:45:57.798: NAT*: s=100.0.0.1, d=1.1.1.3->10.2.2.20 [2432]
*Sep 19 04:45:57.798: NAT*: s=10.2.2.20->1.1.1.3, d=100.0.0.1 [58344]
*Sep 19 04:45:57.798: NAT*: s=10.2.2.20->1.1.1.3, d=100.0.0.1 [58345]
*Sep 19 04:45:57.798: NAT*: s=10.2.2.20->1.1.1.3, d=100.0.0.1 [58346]
*Sep 19 04:45:57.798: NAT*: s=100.0.0.1, d=1.1.1.3->10.2.2.20 [2433]
*Sep 19 04:45:57.802: NAT*: s=10.2.2.20->1.1.1.3, d=100.0.0.1 [58347]
*Sep 19 04:45:57.802: NAT*: s=100.0.0.1, d=1.1.1.3->10.2.2.20 [2434]
*Sep 19 04:45:57.802: NAT*: s=100.0.0.1, d=1.1.1.3->10.2.2.20 [2435]
*Sep 19 04:45:57.802: NAT*: s=10.2.2.20->1.1.1.3, d=100.0.0.1 [58348]
PAT-Ro#no debug ip nat [Enter]   ←NATのデバッグを無効にする
IP NAT debugging is off
PAT-Ro#show ip nat translations [Enter]   ←NATテーブルの表示
Pro  Inside global      Inside local       Outside local        Outside global
tcp  1.1.1.3:80         10.2.2.20:80       100.0.0.1:50092      100.0.0.1:50092
tcp  1.1.1.3:80         10.2.2.20:80       100.0.0.1:50093      100.0.0.1:50093
---  1.1.1.3            10.2.2.20          ---                  ---
NAT-Ro#
*Sep 19 04:46:57.950: NAT: expiring 1.1.1.3 (10.2.2.20) tcp 80 (80)
*Sep 19 04:46:57.950: NAT: expiring 1.1.1.3 (10.2.2.20) tcp 80 (80)
NAT-Ro#                                     ↑タイムアウトによって削除されたエントリ
NAT-Ro#show ip nat translations [Enter]   ←NATテーブルの表示
Pro  Inside global      Inside local       Outside local        Outside global
---  1.1.1.3            10.2.2.20          ---                  ---
PAT-Ro#
```

次の出力は、外部ホスト(100.0.0.1)からWebサーバ(1.1.1.3)へHTTPアクセスを開始したときのアドレス変換の様子を示しています。

パケットの関連性を識別するために自動で割り当てられた値
↓
Sep 19 04:45:57.786: NAT: s=100.0.0.1, d=1.1.1.3->10.2.2.20 [2424]
↑ ↑ ↑
source（送信元）　destination（宛先）　「->」は変換を表している

⚠注意　debug ip natコマンドの実行によって、ルータに高い負荷がかかることがあるため注意が必要です。デバッグの有効化は、ルータの技術サポート担当者などの指示に従って行うことをお勧めします。

11-6 NATとPATのトラブルシューティング

PATは、トランスポート層のポート番号を識別子として利用します。これによって、多くの内部ホストが1つしかないグローバルIPアドレスを使用してインターネットへのアクセスを実現します。

アドレス変換できない原因

NAT/PATで適切にアドレス変換が実行されない場合、一般的に次のような原因が考えられます。

- インターフェイスのinside/outside設定が不足または誤っている
- ACL設定（変換対象パケットがすべて許可されていない）
- プール設定（アドレス範囲の誤りまたはoverloadキーワードがない）
- ルーティングテーブルの問題（パケット転送に必要な経路情報がない）
- パケットフィルタリングのACLがインターフェイスに適用されている　　　など

トラブルシューティング例

次に、NATおよびPATに関する問題の識別と解決方法を説明します。

●問題1：内部ネットワークのホストがインターネットへアクセスできない

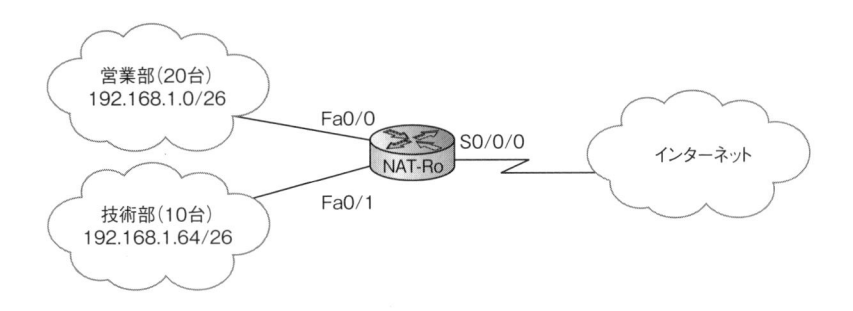

```
営業部(20台)
192.168.1.0/26     Fa0/0
                        ┌────────┐  S0/0/0
                        │ NAT-Ro │──────────  インターネット
                        └────────┘
技術部(10台)       Fa0/1
192.168.1.64/26
```

```
NAT-Ro#show running-config | begin FastEthernet[Enter]
interface FastEthernet0/0
 ip address 192.168.1.62 255.255.255.192
 ip nat inside
 ip virtual-reassembly in
 duplex auto
 speed auto
!
interface FastEthernet0/1
 ip address 192.168.1.126 255.255.255.192
 ip nat inside
 ip virtual-reassembly in
 duplex auto
 speed auto
!
interface Serial0/0/0
 ip address 1.1.1.1 255.255.255.248
 ip nat outside
 no fair-queue
 ip virtual-reassembly in
!
<途中省略>
ip nat pool CCNA 1.1.1.2 1.1.1.5 prefix-length 29     ←グローバルアドレスの数は4つ
ip nat inside source list 1 pool CCNA    ←overloadキーワードがない
!                                        ←デフォルトルート未設定
access-list 1 permit 192.168.1.0 0.0.0.63    ←ACL1の条件は営業部のみ許可している
access-list 2 permit 192.168.1.64 0.0.0.63   ←技術部を許可するための条件をACL2で作成している
!
!
<以下省略>
```

【原因】
　　・ACLの作成が誤っている
　　・ルーティングに問題がある
　　・プールに定義したアドレス範囲が不足している（overloadキーワードがない）

【解決方法】

　ACLのステートメントが2行存在しますが、1行目と2行目のACLの番号が異なっているため、1番と2番で別のACLが作成されています。ip nat inside source listコマンドでACL1を定義しているため、192.168.1.0/26（営業部）からのパケットのみ変換対象に分類されます。192.168.1.64/26（技術部）からのパケットも変換対象に分類するために、ACL1に192.168.1.64/26からを許可するステートメントを追加する必要があります。

　insideからoutsideへの転送では、ルーティングのあとにNAT処理が実行されます。コンフィギュレーションファイルではルーティングプロトコルやスタティックルートの設定がありません。よって、ルーティングテーブルに宛先への経路情報が存在しないため、パケットは破棄されてしまいます。この問題を解決するためには、デフォルトルートを作成します。

　プール「CCNA」に定義されたグローバルアドレスの数は4（1.1.1.2～1.1.1.5）です。内部ネットワークには30台のホストが存在するため、多くの内部ホストがインターネットへアクセスできない状態です。この問題は、ip nat inside source listコマンドの末尾にoverloadキーワードを付加してPATを有効化することで解消します。

【設定の修正】

```
NAT-Ro#configure terminal[Enter]   ←設定モードへ移行
Enter configuration commands, one per line.  End with CNTL/Z.
NAT-Ro(config)#access-list 1 permit 192.168.1.64 0.0.0.63[Enter]   ←ACL1に許可の条件を追加
NAT-Ro(config)#no access-list 2[Enter]   ←ACL2を削除
NAT-Ro(config)#ip route 0.0.0.0 0.0.0.0 serial 0/0/0[Enter]   ←デフォルトルート作成
NAT-Ro(config)#ip nat inside source list 1 pool CCNA overload[Enter]   ←overload付加
%Dynamic mapping in use, cannot change   ←動的エントリが使用中のためエラー表示
NAT-Ro(config)#no ip nat inside source list 1 pool CCNA[Enter]   ←いったん設定を削除する
Dynamic mapping in use, do you want to delete all entries? [no]: y[Enter]   ←Yesで削除
NAT-Ro(config)#ip nat inside source list 1 pool CCNA overload[Enter]   ←overload付きで
NAT-Ro(config)#exit[Enter]                                                あらためて設定する
NAT-Ro#show running-config | begin ip nat pool[Enter]   ←設定が反映されたか確認
ip nat pool CCNA 1.1.1.2 1.1.1.5 prefix-length 29
ip nat inside source list 1 pool CCNA overload   ←overloadが付加されている
ip route 0.0.0.0 0.0.0.0 Serial0/0/0   ←デフォルトルート
!
access-list 1 permit 192.168.1.0 0.0.0.63
access-list 1 permit 192.168.1.64 0.0.0.63   ←ACL1に許可の条件が追加された
!
!
<以下省略>
```

第11章 インターネット接続

●問題2：外部ホストがWebサーバへHTTPアクセスできない

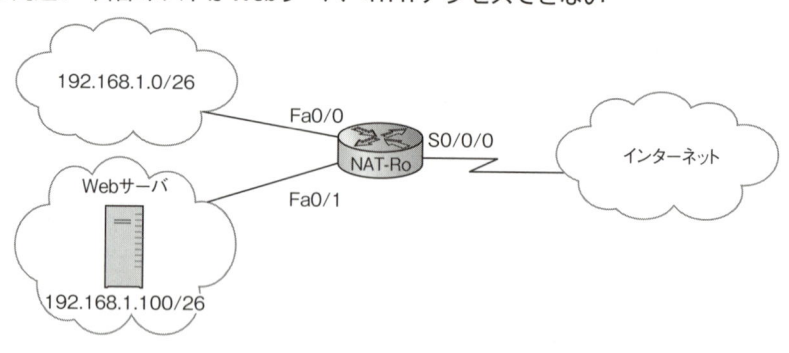

```
NAT-Ro#show running-config | begin FastEthernet [Enter]
interface FastEthernet0/0
 ip address 192.168.1.62 255.255.255.192
 ip nat inside
 ip virtual-reassembly in
 duplex auto
 speed auto
!
interface FastEthernet0/1
 ip address 192.168.1.126 255.255.255.192
 ip nat outside   → inside
 ip virtual-reassembly in
 duplex auto
 speed auto
!
interface Serial0/0/0
 ip address 1.1.1.1 255.255.255.248
 ip nat outside
 no fair-queue
 ip virtual-reassembly in
!
!
<途中省略>
ip nat pool ICND1 1.1.1.2 1.1.1.2 prefix-length 29
ip nat inside source list InSide interface Serial0/0/0 overload
ip nat inside source static 1.1.1.3 192.168.1.100   ←テレコ
ip route 0.0.0.0 0.0.0.0 Serial0/0/0
```

```
!
ip access-list standard InSide
 permit 192.168.1.0 0.0.0.63
!
access-list 1 permit 192.168.1.1
access-list 1 deny   192.168.1.0 0.0.0.63 log
!
!
!
control-plane
!
!
line con 0
line aux 0
line vty 0 4
 access-class 1 in
 password cisco
 login
 transport input all
!
end
```

【原因】

- インターフェイスのinside/outside設定が誤っている
- スタティックNATの設定が誤っている

【解決方法】

　今回の構成では、Fa0/0とFa0/1を内部ネットワークに接続し、S0/0/0を外部ネットワークに接続しています。コンフィギュレーションファイルでは、Fa0/1にip nat outsideが設定されています。Fa0/1にip nat insideコマンドを実行すると、上書きされてoutsideの設定はなくなります。

　ip nat inside source staticコマンドは、先に内部ローカルアドレス、後に内部グローバルアドレスを指定する必要があります。いったん誤った設定を削除し、正しいスタティックNATの設定を行います。

【設定の修正】

```
NAT-Ro#configure terminal [Enter]          ←設定モードへ移行
Enter configuration commands, one per line.  End with CNTL/Z.
NAT-Ro(config)#interface fastethernet0/1 [Enter]    ←Fa0/1の設定モードへ移行
NAT-Ro(config-if)#ip nat inside [Enter]    ←insideに変更する
NAT-Ro(config-if)#exit [Enter]
                                                           誤った設定を削除
                                                                ↓
NAT-Ro(config)#no ip nat inside source static 1.1.1.3 192.168.1.100 [Enter]
NAT-Ro(config)#ip nat inside source static 192.168.1.100 1.1.1.3 [Enter]
                                                                ↑
NAT-Ro(config)#exit [Enter]                          スタティックNATの設定
NAT-Ro#show running-config | begin fastethernet [Enter]  ←設定が反映されたか確認
interface FastEthernet0/0
 ip address 192.168.1.62 255.255.255.192
 ip nat inside
 ip virtual-reassembly in
 duplex auto
 speed auto
!
interface FastEthernet0/1
 ip address 192.168.1.126 255.255.255.192
 ip nat inside          ←Fa0/1に内部ネットワークが指定された
 ip virtual-reassembly in
 duplex auto
 speed auto
!
interface Serial0/0/0
 ip address 1.1.1.1 255.255.255.248
 ip nat outside
 no fair-queue
 ip virtual-reassembly in
!
!
＜途中省略＞
ip nat pool ICND1 1.1.1.2 1.1.1.2 prefix-length 29
ip nat inside source list InSide interface FastEthernet0 overload
ip nat inside source static 192.168.1.100 1.1.1.3  ←スタティックNATが正しく設定された
ip route 0.0.0.0 0.0.0.0 Serial0/0/0
!
ip access-list standard InSide
 permit 192.168.1.0 0.0.0.63
```

11-6 NATとPATのトラブルシューティング

```
!
access-list 1 permit 192.168.1.1
access-list 1 deny   192.168.1.0 0.0.0.63 log
!
!
```

11-7 演習問題

1 ルータのインターフェイスにIPアドレスを動的に割り当てるためのコマンドを選択しなさい。

```
A.  (config)#ip dhcp enable
B.  (config-if)#ip address dhcp
C.  (config)#ip dhcp address
D.  (config-if)#ip address dynamic
E.  (config-if)#ip dhcp client
```

2 DHCPの動作の説明として正しいものを選択しなさい。

```
A.  DISCOVERメッセージは、DHCPサーバがDHCPクライアントを検出
    するために送信する
B.  DHCPサーバはDISCOVERメッセージを受信すると、ACKで応答する
C.  DISCOVERメッセージはブロードキャストで送信される
D.  DHCPクライアントは、最初にREQUESTメッセージを送信してIPアド
    レスを要求する
E.  DHCPクライアントにIPアドレスが自動的に割り当てられるまでに3
    回メッセージをやり取りする
```

3 DHCPクライアントに通知するデフォルトゲートウェイを設定するためのコマンドを選択しなさい。

```
A.  (dhcp-config)#default-router <ip-address>
B.  (config)#ip default-gateway <ip-address>
C.  (config-dhcp)#ip default-gateway <ip-address>
D.  (dhcp-config)#ip dhcp gateway <ip-address>
E.  (config)#ip dhcp excluded-address <ip-address>
```

4 Windows PCでIPアドレスを自動的に割り当てる設定をしているとき、DHCPで取得したIPアドレスなどの設定情報を確認するためのコマンドを選択しなさい。

A. ipconfig /release
B. show ip dhcp pool
C. show ip dhcp binding
D. show ip dhcp conflict
E. ipconfig /all

5 ルータに ip helper-address <server-address> コマンドを設定したときの説明として正しいものを選択しなさい。

A. DHCPクライアントからの要求に対してルータが応答を返す
B. DHCPパケットを受信したルータは、指定したIPアドレスへ中継する
C. ルータがDHCPクライアントに対してDHCPサーバのIPアドレスを通知する
D. ルータのインターフェイスにIPアドレスをDHCPで自動的に割り当てる
E. ルータはDHCPサーバとして動作する

6 NATの利点として正しいものを選択しなさい。(2つ選択)

A. 内部ローカルアドレスとプライベートアドレスを変換することができる
B. 内部ネットワークと外部ネットワークを分けることで企業ネットワークを安全にインターネットに接続することができる
C. 内部ネットワークで使用しているアドレスを隠蔽し、セキュリティを向上する
D. IPアドレス不足の問題を解決する
E. ルータのルーティングテーブルのサイズを小さくし、メモリの消費を抑えることができる

7 ポート番号を使用して複数のIPアドレスを1つのグローバルアドレスに変換する方式を選択しなさい。

A. ダイナミックNAT
B. スタティックNAT
C. 多重NAT
D. グローバルNAT
E. オーバーローディング

8 NATテーブルを参照するためのコマンドを選択しなさい。

　　A.　show ip nat statistics
　　B.　show ip nat translations
　　C.　show nat translations
　　D.　show ip route nat
　　E.　show nat table

9 次の出力を参照し、ルータに設定したスタティックNATのコマンドを選択しなさい。

RT1#show ip nat translations			
Pro　Inside global	Inside local	Outside local	Outside global
---　100.150.200.1	192.168.1.1	---	---

　　A.　ip nat inside source static 192.168.1.1 100.150.200.1
　　B.　ip nat pool static 192.168.1.1 100.150.200.1
　　C.　ip nat outside source static 192.168.1.1 100.150.200.1
　　D.　ip nat static pool 192.168.1.1 100.150.200.1
　　E.　ip nat inside source static 100.150.200.1 192.168.1.1

10 PATを有効にするときのキーワードとして正しいのは次のどれですか。

　　A.　pat
　　B.　multiplex
　　C.　overload
　　D.　stack
　　E.　overloading

11 NATのIPアドレス変換の様子を確認するためのコマンドを選択しなさい。

　　A.　debug nat
　　B.　debug ip nat
　　C.　show nat
　　D.　debug ip nat translations
　　E.　show ip nat

11-8 解答

1 B

ルータのインターフェイスにip address dhcpコマンドを設定すると、DHCPクライアントとして動作し、自動的にIPアドレスを割り当てることができます（**B**）。
その他の選択肢は不正なコマンドです。

参照 → P463

2 C

DHCPは、クライアントとサーバ間で4つのメッセージを交換することによって、DHCPクライアントにIPアドレスや設定情報を提供します（E）。
DHCPクライアントは、最初にDISCOVERをブロードキャストで送信し、DHCPサーバを検出します（A、**C**、D）。DHCPサーバはDISCOVERを受信すると、OFFERメッセージでクライアント候補となるIPアドレスを送信します。REQUESTの受信に対する応答がACKになるため、選択肢Bは誤りです。

参照 → P131、466

3 A

CiscoルータをDHCPサーバとして構成するとき、DHCPクライアントに通知するデフォルトゲートウェイは次のコマンドで設定します。

```
(config)#ip dhcp pool <pool-name>
(dhcp-config)#default-router <ip-address>
```

したがって、選択肢**A**が正解です。

参照 → P468

4 E

Windows PCはTCP/IPのプロパティで「IPアドレスを自動的に取得する」を選択しているとき、DHCPクライアントとして動作します。DHCPサーバから取得したIPアドレスなどの設定情報を確認する場合、コマンドプロンプトで「ipconfig /all」を実行します(**E**)。

なお、DHCPで割り当てられたIPアドレスのリース(貸し出し)を更新するときは「ipconfig /renew」、取得したIPアドレスのリースを解放するときは「ipconfig /release」を実行します(A)。

選択肢B、C、DはCiscoルータがDHCPサーバとして動作しているときにIOSで使用するコマンドです。

・DHCPプールの表示 ………………… show ip dhcp pool…(B)
・アドレスバインディングの表示 …… show ip dhcp binding…(C)
・アドレス競合の表示 ………………… show ip dhcp conflict…(D)

参照 → P471、473

5 B

ip helper-address <server-address>コマンドを設定すると、UDPポート番号に基づいてブロードキャストのパケットをユニキャストに変換して中継します。IPヘルパーアドレスを設定すると、DHCP(ポート:67、68)はデフォルトで中継の対象になります(**B**)。

DHCPで使用するDISCOVERやREQUESTメッセージはブロードキャストなので、通常、ルータは転送しません。DHCPクライアントを接続している側のインターフェイスにip helper-addressコマンドを設定しておくと、ルータがDHCPパケットを中継してDHCPサーバへ届けられます。

参照 → P475

6 C、D

NATは、プライベートIPアドレスとグローバルIPアドレスを相互に変換し、IPアドレスの枯渇問題を解決します(**D**)。また、NATを利用することで、内部ネットワークで使用しているIPアドレスを外部から隠蔽することができます(**C**)。

通常、内部ローカルアドレスにはプライベートアドレスを使用しているため、NATによる変換は行いません(A)。

参照 → P477

7 E

NATによるアドレス変換には、いくつかの方式があります。

- スタティックNAT …………あらかじめ手動で設定したアドレスに1対1で変換する(B)
- ダイナミックNAT …………変換されるアドレス範囲をプールに登録し、その範囲のいずれかに変換される(A)
- オーバーローディング ……ポート番号を利用し、複数のノードで1つのグローバルアドレスを共有して変換する(**E**)

選択肢CとDは存在しない方式です。

参照 → P479、481

8 B

NATテーブルに登録された変換エントリを表示するには、show ip nat translationsコマンドを使用します(**B**)。
なお、show ip nat statisticsはNATの統計情報を表示するコマンドです(A)。その他の選択肢は不正なコマンドです。

参照 → P497

9 A

スタティックNATの変換エントリは、次のコマンドで登録します。

(config)#`ip nat inside source static <local-ip> <global-ip>`

出力では内部ローカルアドレスは192.168.1.1、内部グローバルアドレスは100.150.200.1になっているため、ip nat inside source static 192.168.1.1 100.150.200.1(**A**)が正解です。
選択肢Eはローカルアドレスとグローバルアドレスが逆に指定されています。Cの場合、外部ローカルアドレスと外部グローバルアドレスの変換を行うため誤りです。BとDは不正なコマンドです。

参照 → P485

10 C

PATは、複数のプライベートアドレスに対して1つのグローバルIPアドレスを共有してアドレス変換する機能です。PATにより、グローバルIPアドレスを節約しながら、複数のユーザが同時にインターネットへアクセスすることができます。PATの設定にはoverload(**C**)キーワードを使用します。

参照 → P490

11 B

NATおよびPATによるアドレス変換の様子を確認するには、特権EXECモードからdebug ip natコマンドでデバッグを有効化します(**B**)。

なお、選択肢A、C、Dは不正なコマンドです。EはNAT関連の情報を表示するコマンドですが、引数が不足しています。

参照 → P503

第12章

RIPv2

12-1 ディスタンスベクター

12-2 RIPv2の特徴

12-3 RIPv2の基本設定

12-4 RIPv2の検証

12-5 RIPv2のオプション設定

12-6 演習問題

12-7 解答

12-1 ディスタンスベクター

ルーティングプロトコルのアルゴリズムによる分類に、ディスタンスベクターとリンクステートがあります。本節ではRIPを例に、ディスタンスベクターの動作およびディスタンスベクター型ルーティングプロトコルの問題を解決するための機能について説明します。

ディスタンスベクター

ディスタンスベクターは、距離(Distance)と方向(Vector)に基づいて宛先ネットワークへの最適経路を決定するルーティングアルゴリズムです。各ルータは、ルーティングテーブルのコピーを定期的に隣のルータへ送信し、受信したルータは自身のルーティングテーブルと比較して最新情報に更新します。

ディスタンスベクター型のルーティングプロトコルには、RIPとIGRPがありますが、IGRPはEIGRPへと拡張され、現在は使用されていません。

RIPを使用したディスタンスベクターアルゴリズムの動作は、次のとおりです。

① 直接接続されたネットワークを学習
② ルーティングアップデートを隣接ルータに送信
③ 定期的にルーティングアップデートを送信
④ ルーティングテーブルの保守

①直接接続されたネットワークを学習

ルータのインターフェイスにIPアドレスが割り当てられると、ルーティングテーブルには直接接続されたネットワークの情報が学習されます。

```
        10.1.0.0/16    10.2.0.0/16    10.3.0.0/16    10.4.0.0/16
              .1    .1         .2    .1         .2    .1
           Fa0 [RT1] Fa1    Fa0 [RT2] Fa1    Fa0 [RT3] Fa1
```

RT1のルーティングテーブル

ネットワーク	メトリック	インターフェイス
10.1.0.0	−	Fa0
10.2.0.0	−	Fa1

RT2のルーティングテーブル

ネットワーク	メトリック	インターフェイス
10.2.0.0	−	Fa0
10.3.0.0	−	Fa1

RT3のルーティングテーブル

ネットワーク	メトリック	インターフェイス
10.3.0.0	−	Fa0
10.4.0.0	−	Fa1

②ルーティングアップデートを隣接ルータに送信

ここで、3台のルータにRIPを設定すると、定期的に経路情報を交換しルーティングテーブルに学習します。

まず、RIPを起動したRT1ルータは、自身のルーティングテーブルにある経路情報にメトリック(ホップカウント)を1加算して、ルーティングアップデートをアドバタイズ(通知)します。次に、アップデートを受信したRT2ルータは、未知のネットワーク「10.1.0.0」をメトリック「1」でルーティングテーブルに学習します。

ネットワーク	メトリック	インターフェイス
10.1.0.0	−	Fa0
10.2.0.0	−	Fa1

ネットワーク	メトリック	インターフェイス
10.2.0.0	−	Fa0
10.3.0.0	−	Fa1
10.1.0.0	1	Fa0

ネットワーク	メトリック	インターフェイス
10.3.0.0	−	Fa0
10.4.0.0	−	Fa1

RT1ルータと同様に、RT2ルータも自身のルーティングテーブルにある経路情報にメトリックを1加算して、ルーティングアップデートをアドバタイズし、アップデートを受信したRT3ルータは、未知のネットワーク「10.1.0.0」(メトリック2)と「10.2.0.0」(メトリック1)をルーティングテーブルに学習します。

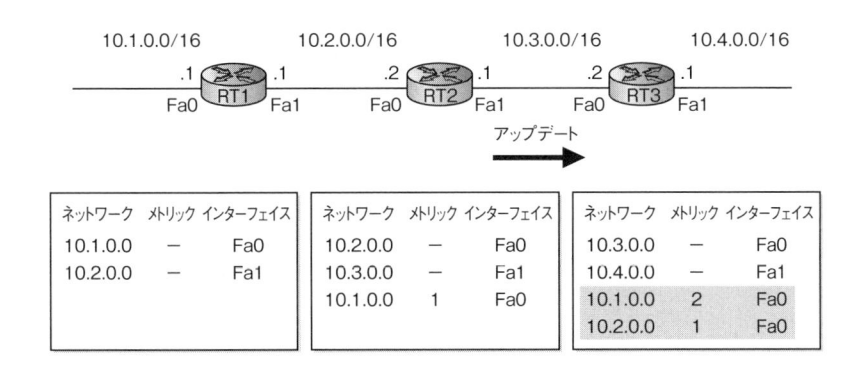

ネットワーク	メトリック	インターフェイス
10.1.0.0	−	Fa0
10.2.0.0	−	Fa1

ネットワーク	メトリック	インターフェイス
10.2.0.0	−	Fa0
10.3.0.0	−	Fa1
10.1.0.0	1	Fa0

ネットワーク	メトリック	インターフェイス
10.3.0.0	−	Fa0
10.4.0.0	−	Fa1
10.1.0.0	2	Fa0
10.2.0.0	1	Fa0

上記と同様に、RT3からRT2へ、RT2からRT1へも経路情報が伝播されます。

最終的に、各ルータはリモートネットワークへの経路情報を自動的にルーティングテーブルに学習することができます。

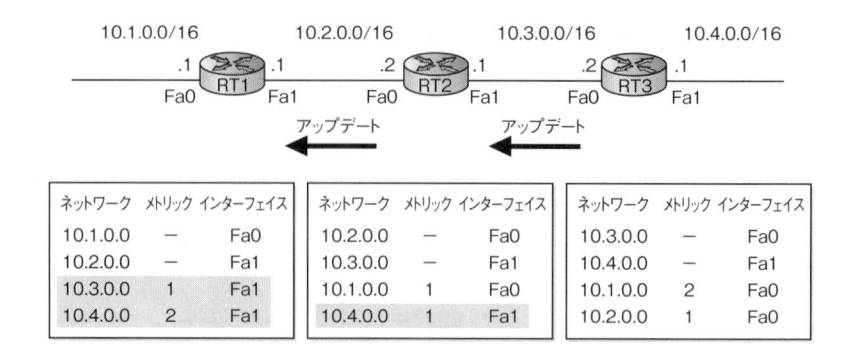

第12章 RIPv2

```
        10.1.0.0/16      10.2.0.0/16      10.3.0.0/16      10.4.0.0/16
           .1  ┌───┐ .1    .2  ┌───┐ .1    .2  ┌───┐ .1
    ───────── │RT1│ ───────── │RT2│ ───────── │RT3│ ─────────
              └───┘            └───┘            └───┘
           Fa0   Fa1        Fa0   Fa1        Fa0   Fa1
               ←アップデート         ←アップデート
```

ネットワーク	メトリック	インターフェイス
10.1.0.0	—	Fa0
10.2.0.0	—	Fa1
10.3.0.0	1	Fa1
10.4.0.0	2	Fa1

ネットワーク	メトリック	インターフェイス
10.2.0.0	—	Fa0
10.3.0.0	—	Fa1
10.1.0.0	1	Fa0
10.4.0.0	1	Fa1

ネットワーク	メトリック	インターフェイス
10.3.0.0	—	Fa0
10.4.0.0	—	Fa1
10.1.0.0	2	Fa0
10.2.0.0	1	Fa0

③定期的にルーティングアップデートを送信

ディスタンスベクターでは、トポロジに変化がなくても、完全なルーティングテーブルのアップデートを定期的に生成し、隣接ルータにアドバタイズします。これによって、各ネットワークへの経路情報が最新のものかを判断でき、ルーティングテーブル全体が維持されます。

advertise 広告する. 知らせる.

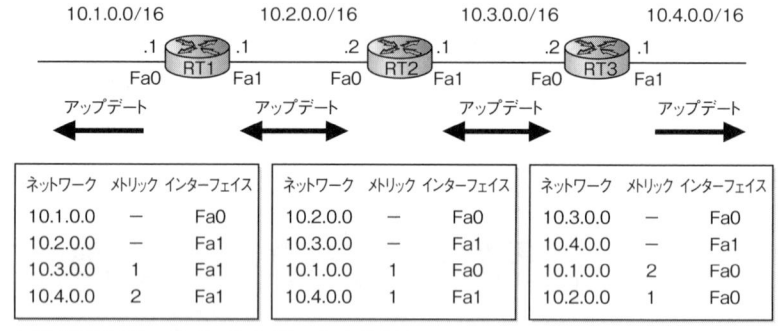

```
        10.1.0.0/16      10.2.0.0/16      10.3.0.0/16      10.4.0.0/16
           .1  ┌───┐ .1    .2  ┌───┐ .1    .2  ┌───┐ .1
    ───────── │RT1│ ───────── │RT2│ ───────── │RT3│ ─────────
              └───┘            └───┘            └───┘
           Fa0   Fa1        Fa0   Fa1        Fa0   Fa1
      ←アップデート  アップデート→  ←アップデート  アップデート→
```

ネットワーク	メトリック	インターフェイス
10.1.0.0	—	Fa0
10.2.0.0	—	Fa1
10.3.0.0	1	Fa1
10.4.0.0	2	Fa1

ネットワーク	メトリック	インターフェイス
10.2.0.0	—	Fa0
10.3.0.0	—	Fa1
10.1.0.0	1	Fa0
10.4.0.0	1	Fa1

ネットワーク	メトリック	インターフェイス
10.3.0.0	—	Fa0
10.4.0.0	—	Fa1
10.1.0.0	2	Fa0
10.2.0.0	1	Fa0

トポロジに変化がないのでルーティングテーブルも変更なし

④ルーティングテーブルの保守

ルータは、隣接ルータからアップデートを受信すると、保持するルーティングテーブルの内容と比較します。既知の経路情報のアップデートを受信した場合は、メトリックが小さい方をより適切な経路であるとみなしてルーティングテーブルを更新します。また、受信した経路情報に既知の経路情報が含まれなくなった場合は、そのネットワークがダウンしたとみなしてルーティングテーブルから削除します。

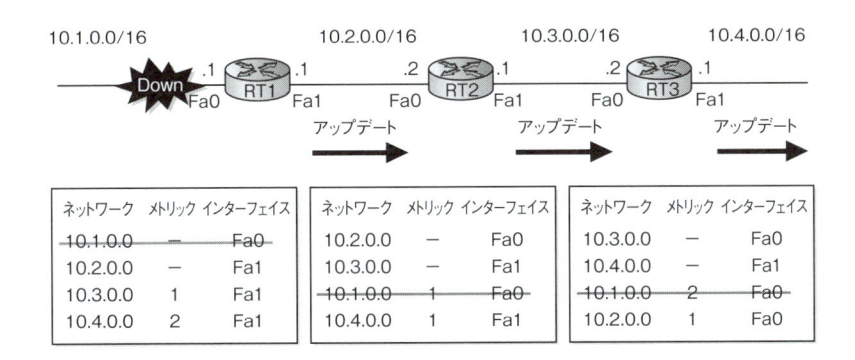

```
10.1.0.0/16        10.2.0.0/16        10.3.0.0/16        10.4.0.0/16
   .1  [Down] .1   .1     .2   .1     .2     .1
         [RT1]            [RT2]            [RT3]
         Fa0  Fa1         Fa0  Fa1         Fa0  Fa1
              アップデート →    アップデート →    アップデート →
```

ネットワーク	メトリック	インターフェイス
~~10.1.0.0~~	~~-~~	~~Fa0~~
10.2.0.0	-	Fa1
10.3.0.0	1	Fa1
10.4.0.0	2	Fa1

ネットワーク	メトリック	インターフェイス
10.2.0.0	-	Fa0
10.3.0.0	-	Fa1
~~10.1.0.0~~	~~1~~	~~Fa0~~
10.4.0.0	1	Fa1

ネットワーク	メトリック	インターフェイス
10.3.0.0	-	Fa0
10.4.0.0	-	Fa1
~~10.1.0.0~~	~~2~~	~~Fa0~~
10.2.0.0	1	Fa0

このようにして、ディスタンスベクターは、単純な動作でルーティングテーブルを完成し、最新の状態に維持することができます。

ディスタンスベクターは交換するルートの情報量が少なく、単純なアルゴリズムを使用しているため、ルータのメモリやCPUの負荷が少なくて済むという特徴があります。しかし、自身では隣接するルータとのネットワークまでしか把握できず、隣接ルータの先にあるネットワークへの経路情報はすべて隣接ルータから受信します。隣接ルータから誤った経路情報を受け取った場合でもルーティングテーブルは更新されるため、パケットが一定のリンク上をループする障害(後述)が発生する可能性があります。また、ルーティングアップデートはバケツリレーのように段階的に進むため、ルータの台数が多いと、正しい情報が隅々まで伝わりコンバージェンス*(収束)するまでに時間がかかるという欠点もあります。

ディスタンスベクターの問題点と解決法

ディスタンスベクターでは、ルーティング情報が段階的に伝播されてコンバージェンスが遅くなるため、無限カウントやルーティングループという問題が発生する可能性があります。ここでは、それぞれの問題点とその解決法を簡単に説明します。

●無限カウント

無限カウントとは、あるネットワークに障害が発生したためにそのネットワークへの誤った経路情報がルータ間で交換され、ルーティングテーブルのアップデート送信が続き、メトリック値が増え続けてしまう状態のことをいいます。無限カウントは、**最大値の定義**によって防ぐことができます。

各ディスタンスベクター型ルーティングプロトコルではメトリックに上限値を定義し、経路情報のメトリックが上限値に達した場合、ほかのルータにアドバタイズするのを止めます。RIPの場合、ホップ数の上限を15に定義しています。そのため、「ホップ数16は無効なネットワーク」と認識されます。

●ルーティングループの問題

　メトリックの最大値を定義することで無限カウントを止めることはできますが、誤った経路情報がルータ間で交換されるのを防ぐことはできません。そのため、複数のルータが到達不能なネットワークへの誤った経路情報を学習している状態で、メトリックが最大値に到達するまでにそのネットワーク宛のパケットを受信した場合、**ルーティングループ**が発生します。

　ルーティングループの問題を解決しコンバージェンスを高速化する方法には、次のようなものがあります。

・スプリットホライズン

　スプリットホライズンは、あるインターフェイスから受信した経路情報を、同じインターフェイスからは送り返さない手法です。これは、「経路情報は、それを受け取った方向に返しても意味がない」という考え方によるものです。

・ルートポイズニング

　ルートポイズニングは、リンク障害を検知したルータがメトリックを最大値（無限大）にして、隣接ルータに経路情報がダウンしたことを通知する手法です。RIPの場合はホップ数を16にして経路情報を送信します。

・ポイズンリバース

　ポイズンリバースは、メトリックが最大の経路情報を受信すると、同じインターフェイスからその経路情報のメトリックを最大値のまま送り返す手法です。

　実際には、スプリットホライズンのルールが適用されるため、同じインターフェイスからのアドバタイズは抑制されます。ただし、メトリックが最大値の経路情報を受信した場合には、スプリットホライズンよりも優先してメトリックが最大値の経路情報が送り返されます（ポイズンリバースを受信したルータは、メトリックが最大値なので無視します）。

　ポイズンリバースは、スプリットホライズンよりも優先して実行されます。

・ホールドダウンタイマー

　ホールドダウンタイマーは、ダウンした経路情報が誤って再登録されるのを防ぐための待ち時間を作る機能です。

　ホールドダウンタイマーがセットされている期間中、その経路には「possibly down」のマークが付きます。ルータはpossibly downネットワーク宛のパケットが到着した場合、通常のルーティングを行います。

　ホールドダウンタイマーがセットされている期間中に、元のメトリックと同じか、または元のメトリックより優先度の低い（値が大きい）経路情報を受信した場合には、そのアップデートを無視します。これによって、隣接ルータがダウンしたことを知らせるアップデートを受信できなかった場合でも、無限カウントを防ぐことができます。また、元のメトリックよりも優先度の高い（値が小さい）メトリックの経路情報を

受信した場合には、より適切な経路情報であると判断してホールドダウンタイマーを解除し、その経路情報をルーティングテーブルに格納します。

参照➔ ディスタンスベクタールーティングのタイマー（527ページ）

・トリガードアップデート

　ディスタンスベクタールーティングプロトコルでは、ネットワークに変更がなくても定期的にアップデートを送信します。**トリガードアップデート**は、定期的なアップデートを待たずに、ネットワークの変更を検知すると即時に送信されるアップデートです。

　トリガードアップデートを利用することで、通常よりもコンバージェンスを高速化することができます。しかし、トリガードアップデートもルータからルータへと段階的に伝わっていくため、次のような問題があります。

・トリガードアップデートがすべてのルータに瞬時に届くわけではないため、ルータがアップデートを受け取る前に定期アップデートを送信する可能性がある
・トリガードアップデートを含むパケットが転送途中で破棄されたり破損したりする可能性があり、適切なルータに到達することが保証されていない

　これらの問題を解決するために、トリガードアップデートはホールドダウンタイマーと組み合わせて使用されます。ホールドダウン期間中にそのメトリックと同じか、または元のメトリックより優先度の低い(値が大きい)経路情報を受信した場合には、そのアップデートを無視します。これにより、トリガードアップデートがすべてのルータに伝搬されます。

試験対策

リンクステート型ルーティングプロトコルの特徴
・トポロジ全体を把握
・最初にネイバー関係を確立
・リンク情報を交換
・SPFアルゴリズムによる最短パスの計算
・イベントトリガーの更新
・スケーラブル(エリアによる階層型設計)
・ディスタンスベクター型よりも高速コンバージェンス

参考 最大値の定義による経路情報学習への影響

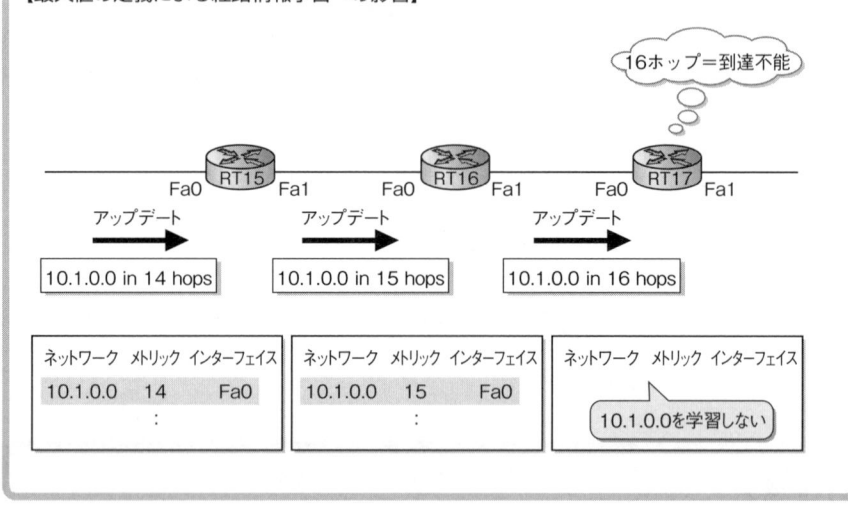

RIPは最も代表的なディスタンスベクタールーティングプロトコルです。RIPのアクセス可能なホップカウントの最大値は無限カウントを止めるために15に設定されており、16ホップ以上の宛先にはアクセスすることができません。

したがって下図のように、隣接ルータから15台先にあるネットワークへの経路情報を受信した場合、ホップカウントが16になりルーティングテーブルには学習されません。このため、RIPのアクセス可能な最大ホップカウントは「15」になります。

【最大値の定義による経路情報学習への影響】

```
                                                          ┌─ 16ホップ＝到達不能
                  RT15          RT16           RT17
           Fa0 ─────── Fa1  Fa0 ─────── Fa1  Fa0 ─────── Fa1
              アップデート       アップデート         アップデート
              ──────→          ──────→            ──────→
          [10.1.0.0 in 14 hops]  [10.1.0.0 in 15 hops]  [10.1.0.0 in 16 hops]

  ネットワーク メトリック インターフェイス   ネットワーク メトリック インターフェイス   ネットワーク メトリック インターフェイス
  10.1.0.0    14      Fa0           10.1.0.0    15      Fa0         ─ 10.1.0.0を学習しない
```

ディスタンスベクタールーティングのタイマー

ディスタンスベクタールーティングには4種類のタイマーがあります。

【ディスタンスベクタールーティングのタイマー】

タイマー	説明	RIP
Update	ルーティングテーブルのアップデートを定期的にアドバタイズする間隔	30秒
Invalid (Invalid after)	アップデートを最後に受信してから、ルートを無効だと認識するまでの時間。アップデートを受信すると、Invalidタイマーは0秒にセットされる	180秒
Hold down	あるネットワークへのルートがダウンしたとき、誤った経路情報を受信してルーティングテーブルに再学習しないように、アップデートをしばらく無視して、その経路情報を保持する時間	180秒
Flush (Flushed after)	受信した経路情報をルーティングテーブルに保持できる時間。アップデートを受信すると、Invalidタイマーは0秒にセットされる	240秒

RIPの場合、30秒間隔でルーティングテーブルに含まれる経路情報をアドバタイズしています。Invalid（デフォルト180秒）が経過しても経路情報を受信できなかった場合、そのネットワークへの経路情報が無効であると認識します。

Invalidが経過して無効だと認識されたルートには、ホールドダウンタイマーがセットされます。Hold down（デフォルト180秒）が経過すると、そのルートはルーティングテーブルから完全に削除されます。

第12章 RIPv2

【タイマーの動作】

```
10.1.0.0/16        10.2.0.0/16        10.3.0.0/16
       .1    .1              .2    .1
     Fa0  RT1  Fa1          Fa0  RT2  Fa1
Update:30秒        ① アップデート送信        Invalid:180秒
         30秒間隔              ② アップデートを受信したので
                              Invalidを0秒にセット
```

ネットワーク	メトリック	インターフェイス
10.1.0.0	―	Fa0
10.2.0.0	―	Fa1
10.3.0.0	1	Fa1

ネットワーク	メトリック	インターフェイス
10.2.0.0	―	Fa0
10.3.0.0	―	Fa1
10.1.0.0	1	Fa0

↓

```
10.1.0.0/16        10.2.0.0/16        10.3.0.0/16
       .1    .1              .2    .1
     Fa0  RT1  Fa1          Fa0  RT2  Fa1
Update:30秒                              Invalid:180秒
                    ③ 次の180秒が経過してもアッ
                    プデートを受信しないのでホール
                    ダウンタイマーが起動
```

ネットワーク	メトリック	インターフェイス
10.1.0.0	―	Fa0
10.2.0.0	―	Fa1
10.3.0.0	1	Fa1

ネットワーク	メトリック	インターフェイス
10.2.0.0	―	Fa0
10.3.0.0	―	Fa1
10.1.0.0 possibly down		Fa0

④ さらに180秒経過すると10.1.0.0を削除

Hold down:180秒

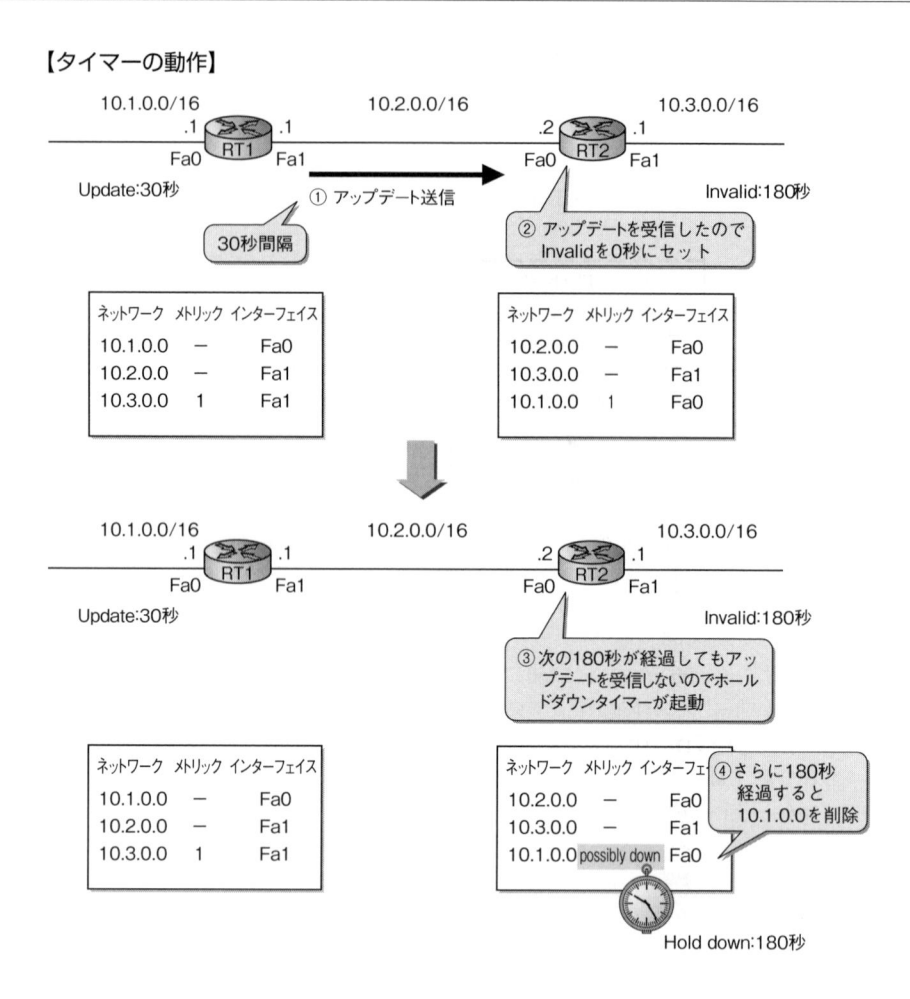

　ホールドダウンタイマーは、ルートポイズニングを受信したときにも起動します。Hold downの時間(デフォルト180秒)が経過すると終了し、ルーティングテーブルから削除されます。しかしRIPの場合には、InvalidタイマーとHold downを合計した時間(360秒)よりも、Flushが先に終了するため、実際にはセットされたホールドダウンタイマーはフラッシュタイマーによって次のように解除されます。

12-1 ディスタンスベクター

【RIPのデフォルトのタイマー】

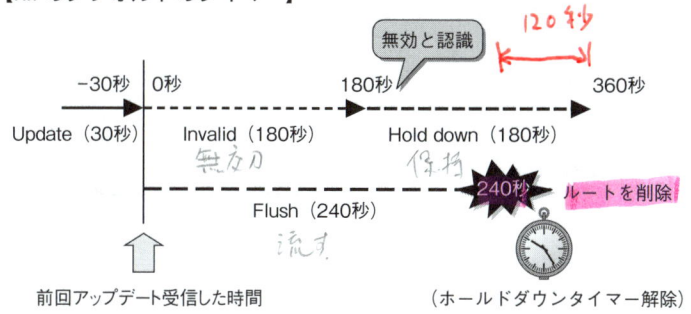

無効と認識　120秒

-30秒　0秒　　　　　　　180秒　　　　　　　360秒

Update（30秒）　Invalid（180秒）　Hold down（180秒）
　　　　　　　　無効　　　　　　　保持

　　　　　　　　　Flush（240秒）　240秒　ルートを削除
　　　　　　　　　流す

前回アップデート受信した時間　　（ホールドダウンタイマー解除）

RIPの場合、ホールドダウンタイマーは240秒で解除される

12-2 RIPv2の特徴

本節では、ディスタンスベクター型で最もよく使用されているルーティングプロトコルであるRIPv2の特徴と、RIPv1との違いについて説明します。

RIPの特徴

RIPv2（Routing Information Protocol version 2）の主な特徴は、次のとおりです。

- **RFC標準のルーティングプロトコル**
  RIPは、RFCで定義されているマルチベンダ対応のルーティングプロトコルです。

- **ディスタンスベクター型**
  ディスタンスベクター型で動作し、距離と方向を使って最適経路を決定します。定期的にルーティングテーブルに含まれる経路情報を隣接ルータと交換し、ダイナミックルートを保持します。

- **メトリックはホップ数**
  各宛先ネットワークへの最適経路（ベストパス）はホップ数（経由するルータの台数）に基づいて決定します。

- **ホップ数の上限は15**
  ルータ15台先（15ホップ）のネットワークまでを到達可能とします。16ホップを無効（最大値）とし、到達不能な経路と認識します。

- **30秒間隔でアップデートを送信**
  ネットワークの状態に変更がなくても、アップデートされたルーティングテーブルの経路情報を定期的（30秒）にマルチキャストで送信します。

- **等メトリックのロードバランシング**
  メトリックの等しい最適経路が複数ある場合、デフォルトでは最大4経路をルーティングテーブルに学習してロードバランシング（負荷分散）を行います。**maximum-paths <paths>** コマンドを使用して最大32まで変更が可能です。

- クラスレスルーティングプロトコル
  VLSMや不連続サブネットをサポートし、IPアドレスを効率的に使用できます。

- 認証機能のサポート
  RIPv2は、シンプルパスワード認証とMD5認証をサポートしています。
  認証機能が有効な場合、経路情報を交換し合うルータは同じパスワードを設定する必要があります。

RIPv1とRIPv2

RIPにはバージョン1と、改定されたバージョン2があります。これら2つのバージョンの違いは、次の表のとおりです。

【RIPv1とRIPv2の比較】

	RIPv1	RIPv2
ルーティングプロトコル	クラスフル	クラスレス
VLSMのサポート	×	○
アドレッシングタイプ	ブロードキャスト (宛先IP：255.255.255.255)	マルチキャスト (宛先IP：224.0.0.9)
手動経路集約のサポート	× (自動集約のみ)	○ (デフォルトで自動集約が有効)
認証のサポート	×	○
RFC定義	1058	1721、1722、2453

Ciscoルータは、デフォルトでRIPv1を起動します。しかし、RIPv1はアップデートにサブネットマスクを含めることができないクラスフルルーティングであるため、VLSM環境はサポートしていません。また、30秒間隔でアップデートをブロードキャストで送信するため、ネットワーク上のホストにまで余計な負荷がかかってしまいます。このような問題を解決するのがRIPv2です。現在、ディスタンスベクタールーティングでは一般的にRIPv2が使用されています。

RIPv2パケットのフォーマット

RIPv2のアップデートメッセージパケットのフォーマットは次のとおりです。

【RIPv2パケットフォーマット】

| IPヘッダ | UDPヘッダ | RIPアップデートメッセージ |

(単位:ビット)

オペレーション(8)	バージョン(8)	未使用(16)すべて「0」
アドレスファミリ識別子(16)※		ルートタグ※
ネットワークアドレス(32)		
サブネットマスク(32)		
ネクストホップアドレス(32)		
メトリック(32)		

1ルート(20バイト)

※最大25ルートまで送信可能

※ アドレスファミリ識別子：どのプロトコルで使用するか指定。通常はIP(コード：2)が入る
※ ルートタグ：外部ルートからRIPへ再配送された場合、それに関する情報が入る

12-3 RIPv2の基本設定

本節では、RIPv2の基本的な設定について説明します。

RIPv2の設定

基本的なRIPv2の設定手順は、次の3つです。

① RIPプロセスの有効化
② RIPバージョン2の有効化
③ RIPを有効化するインターフェイスの指定
※ ②と③の順序は前後しても構わない

①RIPプロセスの有効化

RIPプロセスを有効化するには、**router rip コマンド**を使用します。

> **構文** RIPプロセスの有効化
> (config)#**router rip**
> (config-router)#

router ripコマンドを実行すると、ルータコンフィギュレーションモードに移行します。このコマンドは、RIPに対する追加設定の際にも使用します。

②RIPバージョン2の有効化

RIPプロセスのデフォルトはバージョン1です（ただし、受信のみRIPv1/v2の両方が可能）。RIPv2を有効化するには、**version 2コマンド**を実行する必要があります。なお、RIPv1に戻す場合はversion 1コマンドを使用します。

> **構文** RIPバージョン2の有効化
> (config-router)#**version 2**

③RIPを有効化するインターフェイスの指定

インターフェイスでRIPが有効化されると、そのインターフェイス上でRIPパケットの送受信が可能になります。また、RIPが有効なインターフェイスのネットワークアドレスがアドバタイズ（通知）されます。

管理者は、RIPを有効化したいインターフェイスのIPアドレスに注目し、**network**コマンドを使用してインターフェイスを間接的に指定します。

> **構文** RIPを有効化するインターフェイスの指定
>
> (config-router)#**network** <network-number>
>
> ・network-number ……RIPを有効化するインターフェイスのIPアドレスをクラスフルなネットワークアドレスで指定
> 例)10.1.1.1(クラスA)の場合→ network 10.0.0.0
> 　　172.16.1.1(クラスB)の場合→ network 172.16.0.0
> 　　192.168.1.1(クラスC)の場合→ network 192.168.1.0

次に、RIPv2の設定例を示します。

【基本的なRIPv2の設定例】

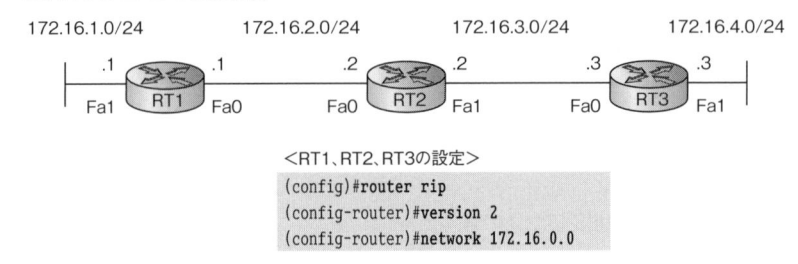

```
172.16.1.0/24    172.16.2.0/24    172.16.3.0/24    172.16.4.0/24
       .1      .1       .2      .2       .3      .3
     [RT1]           [RT2]           [RT3]
    Fa1  Fa0       Fa0  Fa1       Fa0  Fa1
```

<RT1、RT2、RT3の設定>
(config)#**router rip**
(config-router)#**version 2**
(config-router)#**network 172.16.0.0**

　この例では、ネットワーク172.16.0.0から派生したサブネットアドレスをすべてのサブネットに割り当てているため、各ルータでnetworkコマンドは1行のみです。

【show ip routeコマンドの出力例(RT1)】

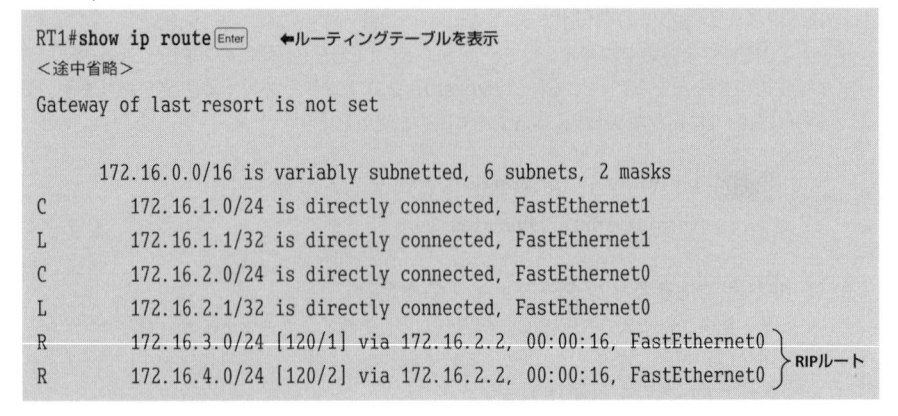

```
RT1#show ip route [Enter]    ←ルーティングテーブルを表示
<途中省略>
Gateway of last resort is not set

     172.16.0.0/16 is variably subnetted, 6 subnets, 2 masks
C       172.16.1.0/24 is directly connected, FastEthernet1
L       172.16.1.1/32 is directly connected, FastEthernet1
C       172.16.2.0/24 is directly connected, FastEthernet0
L       172.16.2.1/32 is directly connected, FastEthernet0
R       172.16.3.0/24 [120/1] via 172.16.2.2, 00:00:16, FastEthernet0  ⎫
R       172.16.4.0/24 [120/2] via 172.16.2.2, 00:00:16, FastEthernet0  ⎭ RIPルート
```

12-3 RIPv2の基本設定

起動したルーティングプロセス(プロトコル)を無効にするには、プロセスを起動したときのコマンドの先頭に「no」を付けて実行します(noの後ろにはスペースが必要)。たとえば、RIP設定全体を削除するには次のコマンドを実行します。

構文 RIP設定の削除

(config)#no router rip

networkコマンドのみを削除したいときは、ルータコンフィギュレーションモードからno network <network-number>コマンドを使用します。

> **試験対策**
> RIPv2の設定は、networkコマンドでクラスフルなネットワークアドレスを指定するのがポイントです。ただし、サブネットアドレスやインターフェイスに割り当てたIPアドレスをそのまま指定した場合でも、IOSが自動的にクラスフルなネットワークアドレスに変更し、running-configに反映されます。

12-4 RIPv2の検証

RIPv2を設定したら、各種検証コマンドを使用してルーティングテーブルに最適経路が格納されたかどうかを確認する必要があります。
ここでは、一般的なRIPv2の検証コマンドについて説明します。

RIPv2の検証

RIPv2の設定が完了したら、以下のコマンドを使用して検証する必要があります。

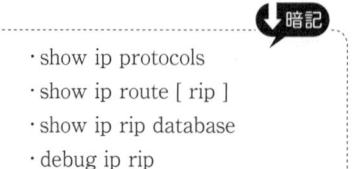

暗記

- show ip protocols
- show ip route [rip]
- show ip rip database
- debug ip rip

次の構成を例に、一般的なRIPv2の検証コマンドを紹介します。

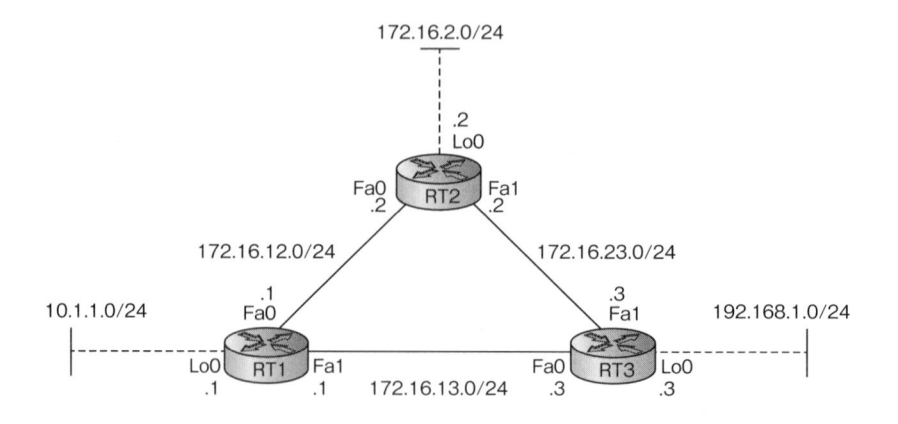

12-4　RIPv2の検証

【RT1の設定】

```
RT1(config)#router rip [Enter]
RT1(config-router)#version 2 [Enter]
RT1(config-router)#network 10.0.0.0 [Enter]      ←Lo0を指定
RT1(config-router)#network 172.16.0.0 [Enter]    ←Fa0、Fa1を指定
```

【RT2の設定】

```
RT2(config)#router rip [Enter]
RT2(config-rotuer)#version 2 [Enter]
RT2(config-router)#network 172.16.0.0 [Enter]    ←Fa0、Fa1、Lo0を指定
```

【RT3の設定】

```
RT3(config)#router rip [Enter]
RT3(config-router)#version 2 [Enter]
RT3(config-router)#network 172.16.0.0 [Enter]    ←Fa0、Fa1を指定
RT3(config-router)#network 192.168.1.0 [Enter]   ←Lo0を指定
```

参考　ループバックインターフェイス

Ciscoルータには、物理的に搭載しているインターフェイスのほかに、いくつかの仮想(論理)インターフェイスがあります。**ループバックインターフェイス**は、仮想インターフェイスの一種です。

ループバックインターフェイスは管理者が任意の数だけ作成することができ、さまざまな用途で使用されます。ここで用いたRIPv2設定例では、ルータにわずかな物理インターフェイスしか存在しないため、物理インターフェイスの代わりとしてループバックインターフェイスを使用しています。

構文　ループバックインターフェイスの設定

```
(config)#interface loopback <number>
(config-if)#ip address <ip-address> <subnet-mask>
```

- number············ループバックインターフェイスの番号を0〜2147483647の範囲で指定
- ip-address········IPアドレスを指定
- subnet-mask······サブネットマスクを指定。255.255.255.255(/32)も指定可能

第12章 RIPv2

●RIPv2の設定を確認

ルータに設定したRIPコマンドを確認するには、**show running-config**コマンドを使用します。出力のどのあたりにRIP関連の設定が反映されるかを確認しておきましょう。なお、show running-config | section ripコマンドを使用すると、RIP設定のみを表示できます。

【show running-configコマンドの出力例(RT1)】

```
RT1#show running-config Enter
Building configuration...

Current configuration : 1510 bytes
!
! Last configuration change at 05:55:02 UTC Sat Jun 18 2016
version 15.1
service timestamps debug datetime msec
service timestamps log datetime msec
no service password-encryption
!
hostname RT1
!
boot-start-marker
boot-end-marker
!
!
!
no aaa new-model
!
crypto pki token default removal timeout 0
!
!
dot11 syslog
ip source-route
!
!
!
!
!
ip cef
no ip domain lookup
```

```
no ipv6 cef
!
multilink bundle-name authenticated
!
!
!
license udi pid CISCO1812-J/K9 sn FHK111413WM
!
!
!
!
!
!
!
interface Loopback0
 ip address 10.1.1.1 255.255.255.0
!
interface BRI0
 no ip address
 encapsulation hdlc
 shutdown
!
interface FastEthernet0
 ip address 172.16.12.1 255.255.255.0
 duplex auto
 speed auto
!
interface FastEthernet1
 ip address 172.16.13.1 255.255.255.0
 duplex auto
 speed auto
!
interface FastEthernet2
 no ip address
!
＜途中省略＞
interface FastEthernet9
 no ip address
!
```

```
interface Vlan1
 no ip address
!
router rip          ⎫
 version 2          ⎬ RIPv2の設定
 network 10.0.0.0   ⎪
 network 172.16.0.0 ⎭
!
ip forward-protocol nd
no ip http server
no ip http secure-server
!
!
!
!
!
control-plane
!
!
!
line con 0
 exec-timeout 60 0
 logging synchronous
line aux 0
line vty 0 4
 logging synchronous
 no login
 transport input all
!
end

RT1#show running-config | section rip Enter    ←RIP設定のみ表示
router rip
 version 2
 network 10.0.0.0
 network 172.16.0.0
RT1#
```

RIPルートの検証

show ip routeコマンドを使用してルーティングテーブルを確認します。先頭に「R」のコードが付いているエントリは、RIPによって学習された経路情報です。
コマンドの最後にripキーワードを付加すると、RIPルートのみ表示されます。

構文 ルーティングテーブルの表示（mode：>、#）
#show ip route [rip]

・rip……………RIPルートのみを表示（オプション）

【show ip routeコマンドの出力例（RT1）】

```
RT1#show ip route Enter   ←ルーティングテーブルの表示
Codes: L - local, C - connected, S - static, R - RIP, M - mobile, B - BGP
       D - EIGRP, EX - EIGRP external, O - OSPF, IA - OSPF inter area
       N1 - OSPF NSSA external type 1, N2 - OSPF NSSA external type 2
       E1 - OSPF external type 1, E2 - OSPF external type 2
       i - IS-IS, su - IS-IS summary, L1 - IS-IS level-1, L2 - IS-IS level-2
       ia - IS-IS inter area, * - candidate default, U - per-user static route
       o - ODR, P - periodic downloaded static route, H - NHRP, l - LISP
       + - replicated route, % - next hop override

Gateway of last resort is not set

      10.0.0.0/8 is variably subnetted, 2 subnets, 2 masks
C        10.1.1.0/24 is directly connected, Loopback0
L        10.1.1.1/32 is directly connected, Loopback0
      172.16.0.0/16 is variably subnetted, 6 subnets, 2 masks
R        172.16.2.0/24 [120/1] via 172.16.12.2, 00:00:10, FastEthernet0
C        172.16.12.0/24 is directly connected, FastEthernet0
L        172.16.12.1/32 is directly connected, FastEthernet0
C        172.16.13.0/24 is directly connected, FastEthernet1
L        172.16.13.1/32 is directly connected, FastEthernet1
R        172.16.23.0/24 [120/1] via 172.16.13.3, 00:00:25, FastEthernet1
                        [120/1] via 172.16.12.2, 00:00:10, FastEthernet0
R     192.168.1.0/24 [120/1] via 172.16.13.3, 00:00:25, FastEthernet1
```

```
RT1#show ip route rip Enter    ←RIPルートのみ表示
Codes: L - local, C - connected, S - static, R - RIP, M - mobile, B - BGP
       D - EIGRP, EX - EIGRP external, O - OSPF, IA - OSPF inter area
       N1 - OSPF NSSA external type 1, N2 - OSPF NSSA external type 2
       E1 - OSPF external type 1, E2 - OSPF external type 2
       i - IS-IS, su - IS-IS summary, L1 - IS-IS level-1, L2 - IS-IS level-2
       ia - IS-IS inter area, * - candidate default, U - per-user static route
       o - ODR, P - periodic downloaded static route, H - NHRP, l - LISP
       + - replicated route, % - next hop override

Gateway of last resort is not set

     172.16.0.0/16 is variably subnetted, 6 subnets, 2 masks
R       172.16.2.0/24 [120/1] via 172.16.12.2, 00:00:21, FastEthernet0
R       172.16.23.0/24 [120/1] via 172.16.13.3, 00:00:05, FastEthernet1
                       [120/1] via 172.16.12.2, 00:00:21, FastEthernet0
R    192.168.1.0/24 [120/2] via 172.16.12.2, 00:00:27, FastEthernet0
 ①        ②            ③④         ⑤           ⑥            ⑦
```

① ルートの情報源（「C」は直接接続ネットワーク、「R」はRIPルート）
② 宛先ネットワーク（／プレフィックス長）
③ アドミニストレーティブディスタンス値
④ 宛先ネットワークまでのメトリック値
⑤ ネクストホップアドレス（ネクストホップルータのIPアドレス）
⑥ 経路情報を受信（または更新）してから経過した時間
⑦ パケットの出力インターフェイス

12-4 RIPv2の検証

【show ip routeコマンドの出力例(RT2)】

```
RT2#show ip route Enter
＜途中省略＞
Gateway of last resort is not set

R    10.0.0.0/8 [120/1] via 172.16.12.1, 00:00:08, FastEthernet0
     172.16.0.0/16 is variably subnetted, 7 subnets, 2 masks
C       172.16.2.0/24 is directly connected, Loopback0
L       172.16.2.2/32 is directly connected, Loopback0
C       172.16.12.0/24 is directly connected, FastEthernet0
L       172.16.12.2/32 is directly connected, FastEthernet0
R       172.16.13.0/24 [120/1] via 172.16.23.3, 00:00:00, FastEthernet1
                       [120/1] via 172.16.12.1, 00:00:08, FastEthernet0
C       172.16.23.0/24 is directly connected, FastEthernet1
L       172.16.23.2/32 is directly connected, FastEthernet1
R    192.168.1.0/24 [120/1] via 172.16.23.3, 00:00:00, FastEthernet1
```

【show ip routeコマンドの出力例(RT3)】

```
RT3#show ip route Enter
＜途中省略＞
Gateway of last resort is not set

R    10.0.0.0/8 [120/1] via 172.16.13.1, 00:00:02, FastEthernet0
     172.16.0.0/16 is variably subnetted, 6 subnets, 2 masks
R       172.16.2.0/24 [120/1] via 172.16.23.2, 00:00:16, FastEthernet1
R       172.16.12.0/24 [120/1] via 172.16.23.2, 00:00:16, FastEthernet1
                       [120/1] via 172.16.13.1, 00:00:02, FastEthernet0
C       172.16.13.0/24 is directly connected, FastEthernet0
L       172.16.13.3/32 is directly connected, FastEthernet0
C       172.16.23.0/24 is directly connected, FastEthernet1
L       172.16.23.3/32 is directly connected, FastEthernet1
     192.168.1.0/24 is variably subnetted, 2 subnets, 2 masks
C       192.168.1.0/24 is directly connected, Loopback0
L       192.168.1.3/32 is directly connected, Loopback0
```

RIPv2動作の検証

RIPv2の設定および動作を検証するには、以下の項目を確認します。

●各種パラメータと現在の状態を確認

ルータに設定したIPv4のルーティングプロトコルに関するパラメータと現在の状態を確認するには、**show ip protocols**コマンドを使用します。

> **構文** ルーティングプロセスのパラメータと現在の状態を表示（mode:>、#）
> #show ip protocols

【show ip protocolsコマンドの出力例(RT1)】

```
RT1#show ip protocols Enter
*** IP Routing is NSF aware ***

Routing Protocol is "rip"   ←①
  Outgoing update filter list for all interfaces is not set
  Incoming update filter list for all interfaces is not set
  Sending updates every 30 seconds, next due in 10 seconds   ←②
  Invalid after 180 seconds, hold down 180, flushed after 240   ←③
  Redistributing: rip
  Default version control: send version 2, receive version 2   ←④
    Interface          Send  Recv  Triggered RIP  Key-chain
    FastEthernet0       2     2
    FastEthernet1       2     2                 ⑤
    Loopback0           2     2
  Automatic network summarization is in effect   ←⑥
  Maximum path: 4   ←⑦
  Routing for Networks:
    10.0.0.0                    ⑧
    172.16.0.0
  Routing Information Sources:
    Gateway         Distance      Last Update
    172.16.13.3        120        00:00:11     ⑨
    172.16.12.2        120        00:00:05
  Distance: (default is 120)   ←⑩
```

① 動作中のルーティングプロトコル
② アップデートは30秒間隔で送信。次のアップデートまで10秒
③ 各種タイマー（Invalid after、Hold down、Flushed after）値を表示
④ RIPバージョン（送信：ver2、受信：ver2）
⑤ RIPが有効なインターフェイス名とバージョンを表示
⑥ 自動経路集約に関する設定（デフォルトは「in effect」で自動経路集約は有効、無効のときは「not in effect」）
⑦ ロードバランシング可能な最大数を表示（デフォルトは4）
⑧ networkコマンドで指定したネットワークを表示
⑨ RIPで経路情報を交換しているネクストホップルータのIPアドレス
⑩ アドミニストレーティブディスタンス値（デフォルトは120）

● RIPデータベースの表示

show ip rip databaseコマンドを使用すると、RIPに関連するデータベース情報が表示されます。

構文 RIPデータベースの表示（mode：>、#）
#show ip rip database

【show ip rip databaseコマンドの出力例(RT1)】

```
RT1#show ip rip database Enter    ←RIPデータベースの表示
10.0.0.0/8     auto-summary
10.1.1.0/24     directly connected, Loopback0
172.16.0.0/16    auto-summary
172.16.2.0/24
    [1] via 172.16.12.2, 00:00:01, FastEthernet0
172.16.12.0/24    directly connected, FastEthernet0
172.16.13.0/24    directly connected, FastEthernet1
172.16.23.0/24
    [1] via 172.16.13.3, 00:00:14, FastEthernet1
    [1] via 172.16.12.2, 00:00:01, FastEthernet0
192.168.1.0/24    auto-summary
192.168.1.0/24    ←①
    [1] via 172.16.13.3, 00:00:14, FastEthernet1
     ②        ③            ④         ⑤
```

① 宛先ネットワーク（／プレフィックス長）
② 宛先ネットワークまでのメトリック値
③ ネクストホップアドレス（ネクストホップルータのIPアドレス）
④ 経路情報を受信（または更新）してから経過した時間
⑤ パケットの出力インターフェイス

●RIPのデバッグ

RIPはトポロジに変更がなくても定期的にアップデートを送信します。**debug ip rip**コマンドを使用すると、送受信されるRIPパケットの情報をリアルタイムに確認できます。

> **構文** 送受信されるRIPパケットを表示（mode：#）
>
> #debug ip rip

次の例では、RT1でRIPパケットを送受信している様子を示しています。

【RIPデバッグの出力例（RT1）】

```
RT1#debug ip rip Enter    ←RIPのデバッグを有効化
RIP protocol debugging is on
RT1#
Jun 18 17:15:19: RIP: sending v2 update to 224.0.0.9 via FastEthernet1 (172.16.13.1)   ←①
Jun 18 17:15:19: RIP: build update entries
Jun 18 17:15:19:          10.0.0.0/8 via 0.0.0.0, metric 1, tag 0    ←②
Jun 18 17:15:19:          172.16.2.0/24 via 0.0.0.0, metric 2, tag 0
Jun 18 17:15:19:          172.16.12.0/24 via 0.0.0.0, metric 1, tag 0
RT1#
Jun 18 17:15:27: RIP: received v2 update from 172.16.13.3 on FastEthernet1   ←③
Jun 18 17:15:27:      172.16.2.0/24 via 0.0.0.0 in 2 hops    ←④
Jun 18 17:15:27:      172.16.23.0/24 via 0.0.0.0 in 1 hops
Jun 18 17:15:27:      192.168.1.0/24 via 0.0.0.0 in 1 hops
RT1#
Jun 18 17:15:32: RIP: received v2 update from 172.16.12.2 on FastEthernet0
Jun 18 17:15:32:      172.16.2.0/24 via 0.0.0.0 in 1 hops
Jun 18 17:15:32:      172.16.23.0/24 via 0.0.0.0 in 1 hops
Jun 18 17:15:32:      192.168.1.0/24 via 0.0.0.0 in 2 hops
RT1#
Jun 18 17:15:34: RIP: sending v2 update to 224.0.0.9 via Loopback0 (10.1.1.1)
Jun 18 17:15:34: RIP: build update entries
Jun 18 17:15:34:          172.16.0.0/16 via 0.0.0.0, metric 1, tag 0
Jun 18 17:15:34:          192.168.1.0/24 via 0.0.0.0, metric 2, tag 0
Jun 18 17:15:34: RIP: ignored v2 packet from 10.1.1.1 (sourced from one of our addresses)
RT1#
Jun 18 17:15:42: RIP: sending v2 update to 224.0.0.9 via FastEthernet0 (172.16.12.1)
Jun 18 17:15:42: RIP: build update entries
Jun 18 17:15:42:          10.0.0.0/8 via 0.0.0.0, metric 1, tag 0
```

```
Jun 18 17:15:42:       172.16.13.0/24 via 0.0.0.0, metric 1, tag 0
Jun 18 17:15:42:       192.168.1.0/24 via 0.0.0.0, metric 2, tag 0
RT1#
Jun 18 17:15:46: RIP: sending v2 update to 224.0.0.9 via FastEthernet1 (172.16.13.1)
Jun 18 17:15:46: RIP: build update entries
Jun 18 17:15:46:       10.0.0.0/8 via 0.0.0.0, metric 1, tag 0
Jun 18 17:15:46:       172.16.2.0/24 via 0.0.0.0, metric 2, tag 0
Jun 18 17:15:46:       172.16.12.0/24 via 0.0.0.0, metric 1, tag 0
RT1#no debug all [Enter]   ←デバッグを停止
All possible debugging has been turned off
RT1#
```

① RT1のFa1（172.16.13.1）からRIPv2アップデートをマルチキャスト（224.0.0.9宛）で送信
② アップデートで送信した経路情報（ネットワーク：10.0.0.0/8、メトリック：1）
③ 172.16.13.3（RT3）からのRIPv2アップデートをFa1で受信
④ アップデートで受信した経路情報（ネットワーク：172.16.2.0/24、ホップ数：2）

> **注意** debugコマンドを実行するとルータのCPUに負荷がかかるため注意が必要です。debugコマンドは必要なときのみ実行し、トラブルシューティングの終了後にはno debug allやundebug allコマンドを実行し、速やかにデバッグを停止する必要があります。

12-5 RIPv2のオプション設定

本節では、RIPv2の経路集約およびパッシブインターフェイス、デフォルトルートをアドバタイズするための設定などのオプション設定について説明します。

■ RIPv2の経路集約

経路集約を行うと、ルーティングテーブルのサイズが小さくなりルータのCPUやメモリの消費を節約できるため、集約機能の使用は推奨されています。

参照▶「8-4 経路集約」（330ページ）

RIPはバージョンによって経路集約の扱いが次のように異なります。

【RIPv1とRIPv2の経路集約】

	自動経路集約	手動経路集約
RIPv1（クラスフルルーティングプロトコル）	○（無効化できない）	×
RIPv2（クラスレスルーティングプロトコル）	○（無効化できる）	○

● 自動経路集約

自動経路集約では、クラスフルネットワークの境界で経路情報をアドバタイズするとき、自動的にクラスフルネットワークのアドレスに集約します。

たとえば、クラスフルネットワーク10.0.0.0と20.0.0.0から派生するサブネットアドレスが次の図のように割り当てられたとします。この場合、RT2がクラスフルネットワークの境界にあるため、自動経路集約を実行します。

RT1はFa0/1インターフェイスから10.1.0.0/16をそのまま通知します。RT2はそれをルーティングテーブルに格納します。そして、自身のルーティングテーブルにある2つのサブネット10.1.0.0/16、10.2.0.0/16をクラスフルネットワークに集約し、Fa0/1インターフェイスから集約ルート「10.0.0.0/8」のみをアドバタイズします。その結果、RT3は集約ルート「10.0.0.0/8」のみをルーティングテーブルに格納します（同様に、20.0.0.0のサブネットも自動経路集約が実行されています）。

12-5　RIPv2のオプション設定

【自動経路集約が有効の場合】

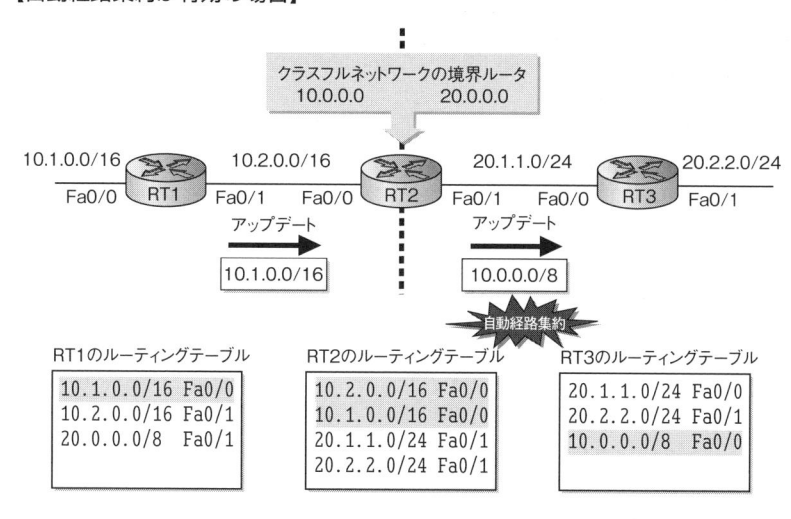

```
                    クラスフルネットワークの境界ルータ
                         10.0.0.0    20.0.0.0

10.1.0.0/16    10.2.0.0/16            20.1.1.0/24         20.2.2.0/24
Fa0/0  RT1  Fa0/1    Fa0/0  RT2  Fa0/1    Fa0/0  RT3  Fa0/1
         アップデート →           アップデート →
         10.1.0.0/16              10.0.0.0/8
                                          自動経路集約
```

RT1のルーティングテーブル
```
10.1.0.0/16  Fa0/0
10.2.0.0/16  Fa0/1
20.0.0.0/8   Fa0/1
```

RT2のルーティングテーブル
```
10.2.0.0/16  Fa0/0
10.1.0.0/16  Fa0/0
20.1.1.0/24  Fa0/1
20.2.2.0/24  Fa0/1
```

RT3のルーティングテーブル
```
20.1.1.0/24  Fa0/0
20.2.2.0/24  Fa0/1
10.0.0.0/8   Fa0/0
```

RIPv2の自動経路集約はデフォルトで有効になっています。これを無効化するには、次のコマンドを使用します。

構文　自動経路集約の無効化

(config-router)#`no auto-summary`

再び自動経路集約を有効化するときは、auto-summaryコマンドを使用します。

【自動経路集約が無効の場合】

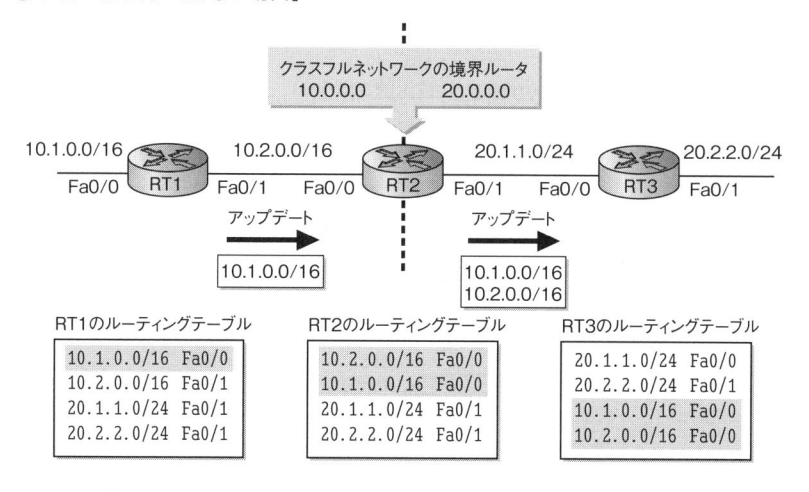

```
                    クラスフルネットワークの境界ルータ
                         10.0.0.0    20.0.0.0

10.1.0.0/16    10.2.0.0/16            20.1.1.0/24         20.2.2.0/24
Fa0/0  RT1  Fa0/1    Fa0/0  RT2  Fa0/1    Fa0/0  RT3  Fa0/1
         アップデート →           アップデート →
         10.1.0.0/16              10.1.0.0/16
                                  10.2.0.0/16
```

RT1のルーティングテーブル
```
10.1.0.0/16  Fa0/0
10.2.0.0/16  Fa0/1
20.1.1.0/24  Fa0/1
20.2.2.0/24  Fa0/1
```

RT2のルーティングテーブル
```
10.2.0.0/16  Fa0/0
10.1.0.0/16  Fa0/0
20.1.1.0/24  Fa0/1
20.2.2.0/24  Fa0/1
```

RT3のルーティングテーブル
```
20.1.1.0/24  Fa0/0
20.2.2.0/24  Fa0/1
10.1.0.0/16  Fa0/0
10.2.0.0/16  Fa0/0
```

なお、経路集約の設定はshow ip protocolsコマンドで確認できます（544ページの出力例を参照）。

自動経路集約が無効の場合、「Automatic network summarization is not in effect」と表示されます。

● 手動経路集約

RIPv2では、任意のルータにインターフェイス単位で経路集約を設定することができます。RIPの手動経路集約の設定は、次のコマンドを使用します。

> **構文** RIPv2の手動経路集約の設定
>
> (config-if)#ip summary-address rip <address> <mask>
>
> ・address ……… 集約ルートとしてアドバタイズされるIPアドレスを指定
> ・mask ………… 集約アドレスの作成で使用されるサブネットマスクを指定

◎ 手動経路集約の設定はCCNA Routing and Switchingの範囲を超えるため、本書では参考としてコマンドのみ紹介しています。

参考　不連続サブネットにおける自動集約の問題

不連続サブネット（または不連続ネットワーク）とは、ある1つクラスフルネットワークから派生したサブネット間に、別のクラスフルネットワークのサブネットが存在する構成をいいます。ネットワークが不連続の場合、自動経路集約によってルーティングに問題が生じる可能性があります。

次の例では、「10.0.0.0」から派生するサブネットが連続で割り当てられずに、間に「172.16.0.0」のサブネットアドレスが割り当てられています。このような不連続なサブネット割り当ての環境では、自動経路集約を無効にして手動経路集約を実行します。

【RT1とRT2にauto-summaryが設定されている場合】

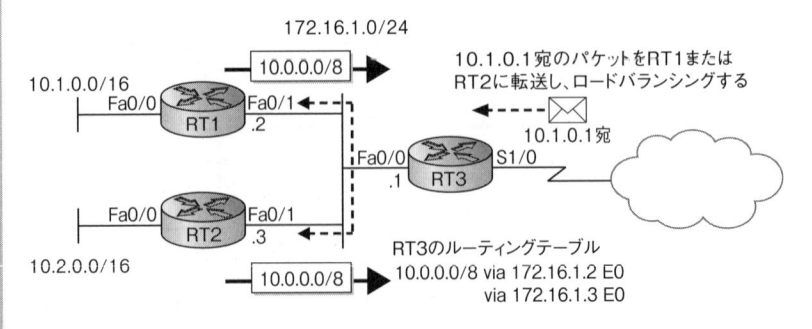

```
                        172.16.1.0/24
                                          10.1.0.1宛のパケットをRT1または
              10.0.0.0/8                  RT2に転送し、ロードバランシングする
10.1.0.0/16   Fa0/1
   Fa0/0      RT1
              .2                          10.1.0.1宛
                           Fa0/0
                             .1   RT3  S1/0
        Fa0/0  Fa0/1
              RT2
              .3
10.2.0.0/16                RT3のルーティングテーブル
              10.0.0.0/8   10.0.0.0/8 via 172.16.1.2 E0
                                      via 172.16.1.3 E0
```

RIPv2はクラスフルネットワークの境界でルートを自動集約するため、RT1とRT2はFa0/1イ
ンターフェイスから集約ルート10.0.0.0/8のみをアドバタイズします。その結果、RT3は2
つの10.0.0.0/8ネットワークをルーティングテーブルに格納してパケットをロードバラン
シング(負荷分散)するため、パケットが適切にルーティングされない場合があります。

パッシブインターフェイス

　パッシブインターフェイス(passive-interface)は、指定したインターフェイスからルー
ティングアップデートが送信されるのを抑制する機能です。パッシブインターフェイス
が設定されたインターフェイスからアップデートは送信されませんが、受信することは
できます。

　たとえば次の図のトポロジの場合、RT1とRT2はnetwork 172.16.0.0コマンドによって
Fa0/0とS1/0の両方でRIPを有効にします。このとき、Fa0/0インターフェイスの対向に
ルータが存在しないのに定期的なアップデートパケットが送信されるため、ルータの
CPUリソースとリンク帯域幅が無駄に消費されてしまいます。

【パッシブインターフェイス（設定なし）】

```
172.16.1.0/24           172.16.2.0/24              172.16.3.0/24
         .1      .1                       .2      .2
      Fa0/0  RT1  S1/0              S1/0  RT2  Fa0/0
     アップデート   アップデート      アップデート        アップデート
      不要                                               不要
```

<RT1とRT2の設定>
```
(config)#router rip
(config)#version 2
(config-router)#network 172.16.0.0
```

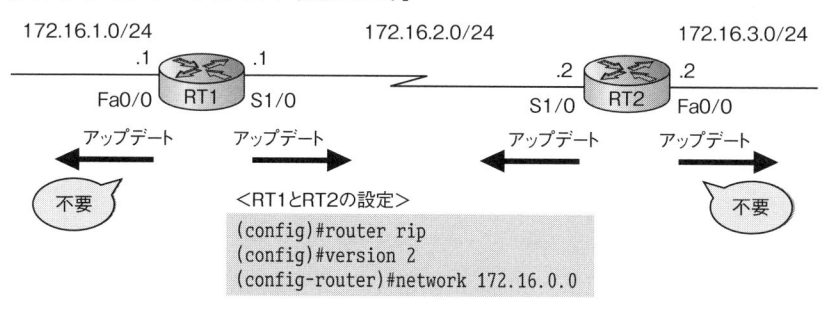

この問題を解決するには、パッシブインターフェイスを使用します。

構文 パッシブインターフェイスの設定

(config-router)#**passive-interface** { <interface> | **default** }

・interface ………パッシブインターフェイスを有効にするインターフェイスを指定
・default …………すべてのインターフェイスでパッシブインターフェイスを有効化。
　　　　　　　　　　パッシブインターフェイスを有効にしたくないインターフェイス
　　　　　　　　　　は、no passive-interfaceコマンドで個別に指定

第12章　RIPv2

【パッシブインターフェイスの設定例】

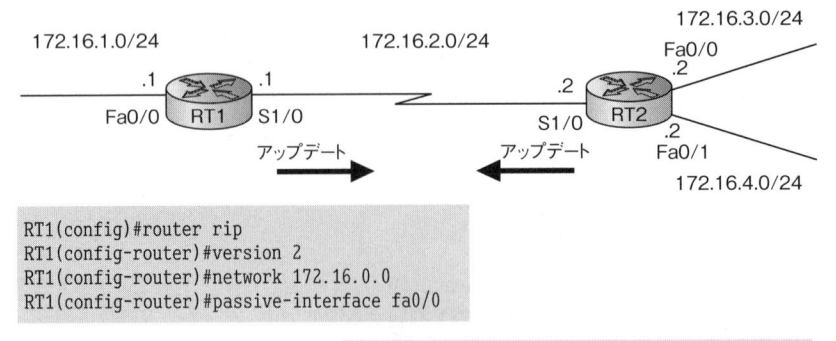

```
172.16.1.0/24        172.16.2.0/24              172.16.3.0/24
                                                Fa0/0
         .1    .1                    .2          .2
  Fa0/0  RT1  S1/0                  S1/0  RT2
                  アップデート →    ← アップデート    .2
                                                Fa0/1
                                                172.16.4.0/24
```

```
RT1(config)#router rip
RT1(config-router)#version 2
RT1(config-router)#network 172.16.0.0
RT1(config-router)#passive-interface fa0/0
```

```
RT2(config)#router rip
RT2(config-router)#version 2
RT2(config-router)#network 172.16.0.0
RT2(config-router)#passive-interface default
RT2(config-router)#no passive-interface s1/0
```

　上図の例では、RT2の3つのインターフェイスのうち、Fa0/0とFa0/1上で隣接ルータが存在しないためルーティングアップデートを送信する必要はありません。したがって、passive-interface defaultを設定し、Serial1/0ではパッシブインターフェイスを無効にするためにno passive-interface s1/0コマンドを設定しています。

　パッシブインターフェイスの設定は、show ip protocolsコマンドで確認できます。

【show ip protocolsコマンドの出力例(RT2)】

```
RT2#show ip protocols Enter
*** IP Routing is NSF aware ***

Routing Protocol is "rip"
  Outgoing update filter list for all interfaces is not set
  Incoming update filter list for all interfaces is not set
  Sending updates every 30 seconds, next due in 8 seconds
  Invalid after 180 seconds, hold down 180, flushed after 240
  Redistributing: rip
  Default version control: send version 2, receive version 2
    Interface             Send  Recv  Triggered RIP  Key-chain
    Serial1/0             2     2
  Automatic network summarization is in effect
  Maximum path: 4
  Routing for Networks:
```

```
   172.16.0.0
   Passive Interface(s):
     FastEthernet0/0       ┐
     FastEthernet0/1       ┘ パッシブインターフェイス
   Routing Information Sources:
     Gateway          Distance        Last Update
     172.16.2.1          120           00:00:25
   Distance: (default is 120)
```

> **試験対策** パッシブインターフェイスはほかのルーティングプロトコルでもサポートしています。
> OSPFやEIGRPでパッシブインターフェイスを有効にすると、そのインターフェイスからHelloパケットも送信されなくなります。

RIPのデフォルトルートの配布

デフォルトルートを使用すると、ルーティングテーブルのサイズを小さくすることができます。

RIPのルーティングアップデートにデフォルトルートを含めるには、**default-information originate**コマンドを使用します。

構文 RIPによるデフォルトルートの配布

(config-router)#**default-information originate**

【default-information originateコマンドの設定例】

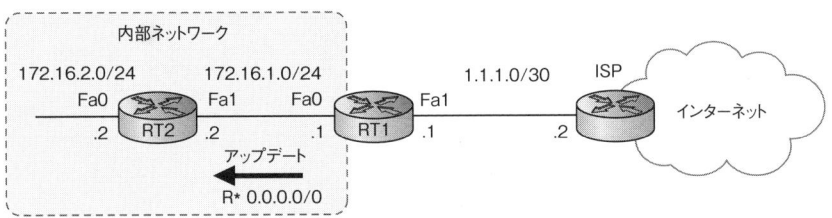

【RT1の設定】

```
RT1(config)#ip route 0.0.0.0 0.0.0.0 1.1.1.2 [Enter]   ←スタティックデフォルトルートを作成
RT1(config)#router rip [Enter]
RT1(config-router)#version 2 [Enter]
RT1(config-router)#network 172.16.0.0 [Enter]
RT1(config-router)#default-information originate [Enter]   ←RIPでデフォルトルートを配布
```

※ この例では、RT1自身もデフォルトルートが必要なため、ip routeコマンドでスタティックにデフォルトルートを作成している

【RT2のルーティングテーブル】

```
RT2#show ip route [Enter]
Codes: L - local, C - connected, S - static, R - RIP, M - mobile, B - BGP
       D - EIGRP, EX - EIGRP external, O - OSPF, IA - OSPF inter area
       N1 - OSPF NSSA external type 1, N2 - OSPF NSSA external type 2
       E1 - OSPF external type 1, E2 - OSPF external type 2
       i - IS-IS, su - IS-IS summary, L1 - IS-IS level-1, L2 - IS-IS level-2
       ia - IS-IS inter area, * - candidate default, U - per-user static route
       o - ODR, P - periodic downloaded static route, H - NHRP, l - LISP
       + - replicated route, % - next hop override

Gateway of last resort is 172.16.1.1 to network 0.0.0.0   ←ラストリゾートゲートウェイ

R*   0.0.0.0/0 [120/1] via 172.16.1.1, 00:00:06, FastEthernet1   ←デフォルトルートを受信
     172.16.0.0/16 is variably subnetted, 4 subnets, 2 masks
C       172.16.1.0/24 is directly connected, FastEthernet1
L       172.16.1.2/32 is directly connected, FastEthernet1
C       172.16.2.0/24 is directly connected, FastEthernet0
L       172.16.2.2/32 is directly connected, FastEthernet0
```

RT2はRIPのアップデートで受信したデフォルトルートをルーティングテーブルに格納し、そのルートのネクストホップアドレス172.16.1.1をラストリゾートゲートウェイとして設定しています。

なお、デフォルトルート候補が複数存在する場合、アドミニストレーティブディスタンスおよびメトリックに基づいて最適な候補を選択し、そのルートを基にしたラストリゾートゲートウェイが設定されます。

> **注意** デフォルトルートの配布は、ルーティングプロトコル（およびIOSのバージョン）によって設定方法や振る舞い方が異なります。

RIPタイマーの変更

先述したとおり、RIPを含むディスタンスベクター型のルーティングプロトコルには4種類のタイマーがあります。

参照→ ディスタンスベクタールーティングのタイマー（527ページ）

RIPのタイマー値を変更するには、次のコマンドを使用します。

構文 RIPタイマーの設定

(config-router)#**timers basic** <Update> <Invalid> <Holddown> <Flush>

- Update ………… アップデートタイマー値を1～4294967295の範囲で指定（単位：秒）。デフォルトは30秒
- Invalid ………… Invalidタイマー値を1～4294967295の範囲で指定（単位：秒）。デフォルトは180秒
- Holddown …… ホールドダウンタイマー値を0～4294967295の範囲で指定（単位：秒）。デフォルトは180秒
- Flush …………… フラッシュタイマー値を1～4294967295の範囲で指定（単位：秒）。デフォルトは240秒

各種タイマー値を確認するには、show ip protocolsコマンドを使用します。

【RIPタイマーの設定例】

```
RT1(config)#router rip [Enter]
RT1(config-router)#timers basic 5 15 15 30 [Enter]   ← タイマーをUpdate5秒、Invalid15秒、
RT1(config-router)#end [Enter]                          Holddown15秒、Flush30秒に変更
RT1#show ip protocols [Enter]
*** IP Routing is NSF aware ***

Routing Protocol is "rip"
  Outgoing update filter list for all interfaces is not set
  Incoming update filter list for all interfaces is not set
  Sending updates every 5 seconds, next due in 4 seconds   ⎫ 各種タイマー値が
  Invalid after 15 seconds, hold down 15, flushed after 30 ⎭ 変更された
  Redistributing: rip
<以下省略>
```

12-6 演習問題

1 RIPv2に関する説明として正しいものを選択しなさい。(4つ選択)

A. トポロジに変更があった場合には、即時にアップデートを送信する
B. Helloパケットを使用して隣接ルータとネイバー関係を確立後にアップデートを送信する
C. トポロジに変更がない場合には、アップデートを送信しない
D. 自動経路集約はデフォルトで有効化されている
E. クラスレスルーティングプロトコルであり、手動経路集約のみ可能である
F. トポロジに変更がない場合でも定期的にアップデートを送信する
G. メトリックはコストを使用する
H. 認証機能をサポートしている

2 次の出力を参照し、説明が正しいものを選択しなさい。(3つ選択)

```
Router1#show ip protocols
Routing Protocol is "rip"
  Outgoing update filter list for all interfaces is not set
  Incoming update filter list for all interfaces is not set
  Sending updates every 30 seconds, next due in 18 seconds
  Invalid after 180 seconds, hold down 180, flushed after 240
  Redistributing: rip
  Default version control: send version 2, receive version 2
    Interface             Send  Recv  Triggered RIP  Key-chain
    FastEthernet0/0       2     2
    Serial0/0/0           2     2
  Automatic network summarization is in effect
  Maximum path: 4
  Routing for Networks:
    172.16.0.0
  Routing Information Sources:
    Gateway         Distance      Last Update
    172.16.101.1      120         00:00:00
  Distance: (default is 120)
```

A. アップデートを送信してから18秒経過している
B. networkコマンドは1行だけ実行している
C. no auto-summaryコマンドは実行していない
D. 1つのインターフェイスでRIPv2が動作している
E. 経路情報が無効だと判断したとき、180秒後に経路が削除される
F. Router1のネクストホップルータのIPアドレスは172.16.101.1である
G. maximum-pathsコマンドを実行している

3 無限カウントを防ぐためのRIPの最大値を選択しなさい。

A. 15
B. 12
C. 20
D. 16
E. 30

4 RIPのデフォルトのタイマー値が正しいものを選択しなさい。

A. Sending updates every 60 seconds, next due in 18 seconds
   Invalid after 180 seconds, hold down 180, flushed after 220
B. Sending updates every 30 seconds, next due in 18 seconds
   Invalid after 160 seconds, hold down 160, flushed after 240
C. Sending updates every 30 seconds, next due in 18 seconds
   Invalid after 180 seconds, hold down 180, flushed after 240
D. Sending updates every 30 seconds, next due in 18 seconds
   Invalid after 120 seconds, hold down 120, flushed after 220
E. Sending updates every 30 seconds, next due in 18 seconds
   Invalid after 180 seconds, hold down 240, flushed after 180

5 ルーティングプロトコルのHelloメッセージが送信できない原因と考えられるものを選択しなさい。

- A. ネイバー関係を確立していない
- B. カプセル化タイプの不一致
- C. アドミニストレーティブディスタンス値の不一致
- D. インターフェイスにpassive-interfaceを設定している
- E. インターフェイスに誤ったbandwidth値を設定している

6 次の出力を参照し、すべてのアクティブなインターフェイス上でRIPv2を有効化するためのコマンドを選択しなさい。(5つ選択)

```
Router#show ip interface brief
Interface          IP-Address      OK? Method Status                Protocol
FastEthernet0/0    192.168.7.1     YES NVRAM  administratively down down
FastEthernet0/1    172.31.20.1     YES NVRAM  up                    up
Serial1/0          unassigned      YES NVRAM  administratively down down
Serial1/1          192.168.13.1    YES NVRAM  up                    up
Loopback0          10.1.1.1        YES NVRAM  up                    up
Loopback1          172.31.0.1      YES NVRAM  up                    up
```

- A. (config)#ip router rip
- B. (config-router)#network 10.0.0.0
- C. (config-router)#network 172.31.20.0
- D. (config-router)#network 192.168.7.0
- E. (config-router)#network 172.31.0.0
- F. (config)#router rip
- G. (config-router)#network 192.168.0.0
- H. (config-router)#version 2
- I. (config-router)#no auto-summary
- J. (config-router)#network 192.168.13.0

7 問6の出力を参照し、Fa0/1インターフェイスからRIPのアップデートが送信されるのを抑制するためのコマンドを選択しなさい。

- A. (config)#interface fa0/1
     (config-if)#passive-interface
- B. (config)#interface fa0/1
     (config-if)#ip rip update passive
- C. (config)#router rip
     (config-router)#ip passive-interface fa0/1
- D. (config)#interface fa0/1
     (config-if)#no ip rip update
- E. (config)#router rip
     (config-router)#passive-interface fa0/1

8 RIPv2の自動経路集約を無効化するためのコマンドを選択しなさい。

- A. (config-router)#auto-summary disable
- B. (config-router)#no auto-summary run
- C. (config-router)#auto-summary
- D. (config-router)#no auto-summary
- E. 自動経路集約は無効化できない

9 RIPのアップデートでデフォルトルートを配布するためのコマンドを選択しなさい。

- A. (config-if)#ip rip default-route originate
- B. (config-router)#default-information originate
- C. (config-router)#default-route originate
- D. (config-if)#ip rip default-information originate
- E. (config-router)#rip update default-route originate

12-7 解答

1 A、D、F、H

RIPはディスタンスベクター型のルーティングプロトコルであり、トポロジに変更がなくても定期的にアップデートを送信します(C、F)。また、トポロジに変更があったときは即時にアップデート送信する「トリガードアップデート」によって、コンバージェンスの高速化を図ることができます(A)。リンクステート型のようにHelloパケットを使用して隣接ルータとネイバー関係を確立することはありません(B)。メトリックにはホップカウント(ホップ数)を使用します(G)。
RIPv2はクラスレスルーティングプロトコルであり、自動経路集約と手動経路集約の両方が可能です(E)。また、認証機能をサポートしています(H)。RIPを設定すると、自動経路集約はデフォルトで有効化されます(D)。

参照 → P525、530

2 B、C、F

show ip protocolsコマンドは、起動中のルーティングプロトコルに関する情報を表示します。問題の出力から、次のことがわかります。

```
Router1#show ip protocols
Routing Protocol is "rip"
  Outgoing update filter list for all interfaces is not set
  Incoming update filter list for all interfaces is not set
  Sending updates every 30 seconds, next due in 18 seconds  ←①
  Invalid after 180 seconds, hold down 180, flushed after 240  ←②
  Redistributing: rip
  Default version control: send version 2, receive version 2
    Interface           Send  Recv  Triggered RIP  Key-chain
    FastEthernet0/0      2     2        ←③
    Serial0/0/0          2     2
  Automatic network summarization is in effect  ←④
  Maximum path: 4  ←⑤
  Routing for Networks:
    172.16.0.0  ←⑥
```

```
Routing Information Sources:
  Gateway          Distance       Last Update
  172.16.101.1         120        00:00:00      ←⑦
Distance: (default is 120)
```

① 定期アップデートは30秒間隔で、次回アップデートは18秒後。したがって、前回アップデート送信から12秒経過している（**A**）
② アップデートを受信しなくなって経路を無効と認識するまで180秒（Invalid after）、さらに180秒間Possibly downとして経路情報を保持（Hold down）。ただし、ルーティングテーブルに保持できる時間が240秒（Flushed after）であるため、無効だと認識してから60（240－180＝60）秒経過すると経路情報は削除される（**E**）
③ FastEthernetとSerial0/0/0の2つのインターフェイスでRIPv2が動作している（**D**）
④ 自動経路集約は「in effect」なので有効（デフォルト）。したがって自動経路集約を無効にするno auto-summaryコマンドは実行していない（**C**）
⑤ 等コストロードバランシングは4経路（デフォルト）。したがってmaximum-pathsコマンドは実行していない（**G**）
⑥ networkコマンドは1行（network 172.16.0.0を）だけ実行している（**B**）
⑦ 経路情報の送信元が172.16.101.1とあるため、Router 1のネクストホップルータのIPアドレスは172.16.101.1（**F**）

参照→ P544

3 D

無限カウントとは、ネットワーク障害が発生した際に誤って経路情報がルータ間で交換され、ルーティングテーブルのホップカウントが増え続けてしまう状態のことをいいます。この問題を防ぐために最大値が定義されています。RIPの最大値は16ホップです（**D**）。ただし、アクセス可能なホップカウントの最大値は15です。混同しないようにしましょう。

参照→ P523

4 C

RIPのデフォルトのタイマー値は、Sending updates＝30秒、Invalid after＝180秒、Hold down＝180秒、Flushed after＝240秒です（**C**）。

参照→ P527

5 D

パッシブインターフェイス(passive-interface)を設定すると、特定のインターフェイスからルーティングアップデートが送信されなくなります。OSPFやEIGRPではHelloパケットも送信されません(**D**)。
その他の選択肢は、Helloパケットが送信されない原因とは無関係です。
※ RIPはディスタンスベクター型であり、Helloパケットは使用しない

参照 → P551

6 B、E、F、H、J

show ip interface briefコマンドは、ルータのすべてのインターフェイスのIPアドレスおよびステータスをリスト表示します。出力から、アクティブなのは次の4つのインターフェイスであることが確認できます。

- FastEthernet0/1 …… 172.31.20.1
- Serial1/1 …………… 192.168.13.1
- Loopback0 ………… 10.1.1.1
- Loopback1 ………… 172.31.0.1

　上記4つのインターフェイス上でRIPv2を有効化するための設定は、次のとおりです。

- (config)#**router rip** …………………………… (**F**)
- (config-router)#**version 2** …………………… (**H**)
- (config-router)#**network 172.31.0.0** ……… (**E**)
- (config-router)#**network 192.168.13.0** …… (**J**)
- (config-router)#**network 10.0.0.0** ………… (**B**)

networkコマンドはクラスフルなネットワークで設定します。network 172.31.0.0コマンドによって、2つのインターフェイスFa0/1とLoopback1上でRIPが有効化されます。

参照 → P533

7 E

RIPのルーティングアップデートが特定インターフェイスから送信されるのを抑制するには、ルータコンフィギュレーションモードからpassive-interface <interface>コマンドを使用します(**E**)。

参照 → P551

8 D

RIPv2を設定すると、自動経路集約はデフォルトで有効化されます。RIPv2ではno auto-summaryコマンドを使用して自動経路集約を無効化できます（**D**）。RIPv1は自動経路集約を無効化できません。
なお、選択肢Cは自動経路集約を有効化するためのコマンドです。選択肢A、Bは不正なコマンドです。

参照 → P549

9 B

RIPのアップデートにデフォルトルートを含めるには、ルータコンフィギュレーションモードからdefault-information originateコマンドを使用します（**B**）。その他の選択肢は不正なコマンドです。

参照 → P553

第13章

ネットワークデバイスの
セキュリティ

13-1 パスワードによる管理アクセスの保護

13-2 管理アクセスに対する
セキュリティの強化

13-3 スイッチのセキュリティ機能

13-4 未使用サービスの無効化

13-5 演習問題

13-6 解答

13-1 パスワードによる管理アクセスの保護

ルータやスイッチなどのデバイスの保護は、ネットワーク全体のセキュリティ向上につながります。本節では、ルータやスイッチに対する管理アクセス（管理接続）を保護する基本的なパスワード設定について説明します。設定例としてルータを使用していますが、スイッチも共通のコマンドです。

EXECモードのパスワード保護

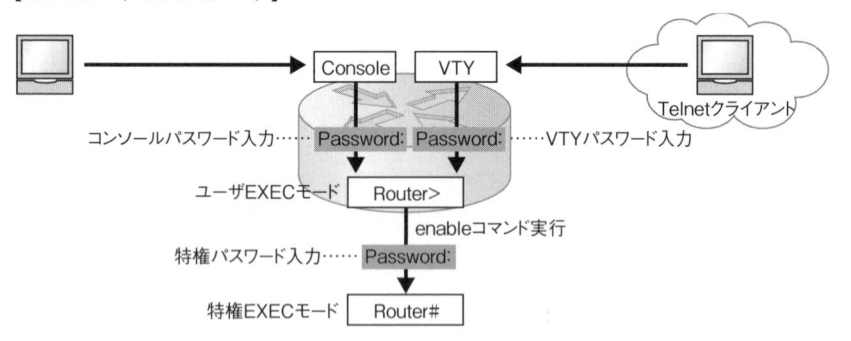

シスコのルータやスイッチへの管理アクセスには、一般にコンソールポートやVTY（仮想端末）ポートを使用してログインします。それぞれの回線設定モードに対してパスワードを設定し、次のタイミングでパスワード入力を要求することができます。

【EXECモードのパスワード】

```
コンソールパスワード入力……Password:    Password:……VTYパスワード入力
ユーザEXECモード    Router>
                    enableコマンド実行
特権パスワード入力……Password:
特権EXECモード    Router#
```

コンソールパスワード

コンソールポートに対するパスワードを**コンソールパスワード**といいます。コンソールパスワードを設定すると、コンソールポートから管理アクセスを試みたときにパスワード入力を要求するプロンプト「Password:」が表示され、正しいパスワードが入力されるまでユーザEXECモードに移行することはできません。

コンソールパスワードは、次のコマンドで設定します。

> **構文** コンソールパスワードの設定
> (config)#**line console 0**
> (config-line)#**password** <password>
> (config-line)#**login**
>
> ・password ………パスワード文字列を設定。パスワードは大文字小文字が区別される
> ・login ……………ログイン時のパスワードチェックを有効にする

コンソールポートは1つだけなので、ライン番号は常に0を指定します。

loginコマンドは、パスワードによるコンソール認証を有効化するための設定です。コンソール接続の際にパスワードを要求させるには、**password**コマンドと**login**コマンドの両方が必要です。**no login**コマンドで無効にしている場合、たとえpasswordコマンドを設定していてもパスワード要求はありません。また、no passwordコマンドでパスワードを削除すると、loginコマンドが有効でもパスワード要求はありません。

IOSではキーボードから入力されたパスワードは画面上に何も表示されないため、注意してください。回線（ライン）の設定は、コンフィギュレーションファイルの下部に格納されます。

> **注意** Cisco IOSは3回までのログインの試行を許可しています。パスワード入力を3回間違えると、パスワード要求のプロンプトが表示されなくなります。その場合、もう一度ログインするための操作を行い、正しいパスワードを入力します。

【コンソールパスワードの設定および検証例】

```
Router(config)#line console 0 [Enter]  ←コンソールポートの設定モードに移行
Router(config-line)#password CISCO [Enter]  ←パスワードを「CISCO」に設定
Router(config-line)#login [Enter]  ←パスワードによる認証を有効化
Router(config-line)#end [Enter]
Router#show running-config [Enter]  ←設定を確認する
Building configuration...

Current configuration : 1247 bytes
!
! Last configuration change at 09:15:10 UTC Thu Jul 21 2016
version 15.1
service timestamps debug datetime msec
service timestamps log datetime msec
no service password-encryption
!
```

```
hostname Router
!
<途中省略>
!
line con 0
 password CISCO      コンソールポートの設定
 login
line aux 0
line vty 0 4
 login
 transport input all
Router#logout [Enter]   ←検証のため、いったんコンソール接続を終了（exitでも可）


Router con0 is now available    ←「con0」はコンソールポートを示している



Press RETURN to get started.


[Enter]      ←[Enter]キーを押して接続を開始


User Access Verification


Password: ____       ←ここでパスワード「CISCO」を入力（入力中の文字は表示されない）
Router>              ←入力したパスワードが正しければ、ユーザEXECモードのプロンプト表示
Router>enable [Enter]  ←特権モードのパスワードなしで、特権EXECモードに移行
Router#
```

VTY（仮想端末）パスワード

　VTY（仮想端末）ポートに対するパスワードを **VTYパスワード** といいます。VTYパスワードを設定すると、離れた場所からTCP/IPネットワーク経由でTelnetを使用してルータやスイッチに管理接続できます。

　一般的なCatalystスイッチはVTYポートを16個、ルータはそれ以上持っており、各ポートには0から始まる連番でライン（回線）番号が付けられています。

13-1 パスワードによる管理アクセスの保護

構文 VTY（仮想端末）パスワードの設定

(config)#**line vty** <First-line-number> [<Last-line-number>]
(config-line)#**password** <password>
(config-line)#**login**

- First-line-number …… 先頭のライン番号を指定
- Last-line-number……… 最後のライン番号を指定（オプション）。省略した場合は1つのポートのみ設定される。先頭～最後の範囲数だけ同時にTelnet/SSH接続が可能になる

たとえば、1個のVTYポートだけに設定する場合は「line vty 0」、5個のVTYポートに対して設定する場合は「line vty 0 4」でラインコンフィギュレーションモードに移行できます。

Telnetクライアントは、ルータやスイッチにEXEC接続するため使用するVTYのライン番号を選択することはできません。IOSはTelnet接続の要求があると、その時点で空いている最も小さいライン番号を割り当てます。

【VTYパスワードの設定例】

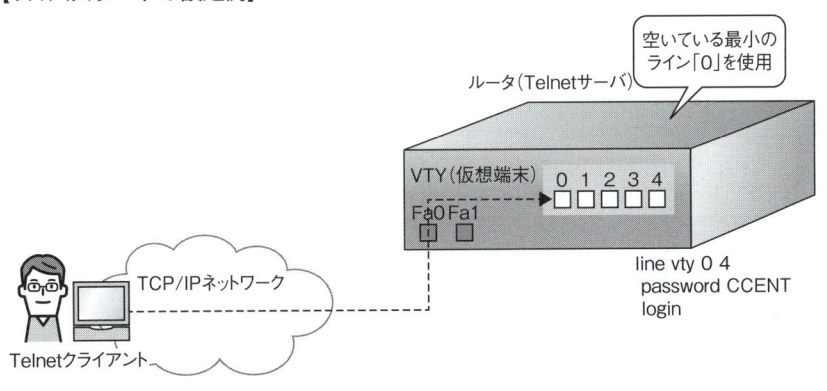

ルータ（Telnetサーバ）
空いている最小のライン「0」を使用

VTY（仮想端末） 0 1 2 3 4
Fa0 Fa1

line vty 0 4
password CCENT
login

TCP/IPネットワーク

Telnetクライアント

参照 → 「3-10 TelnetとSSH」（153ページ）

【VTYパスワードの設定】

```
Router(config)#line vty 0 4 [Enter]   ←5個（0～4）のVTYポートをまとめて設定する
Router(config-line)#password CCENT [Enter]   ←パスワードを「CCENT」に設定
Router(config-line)#login [Enter]   ←パスワードによる認証を有効化（デフォルトのため省略可）
Router(config-line)#end [Enter]
Router#show running-config [Enter]   ←設定を確認する
Building configuration...
```

```
Current configuration : 1277 bytes
!
! Last configuration change at 01:56:23 UTC Fri Jul 22 2016
version 15.1
service timestamps debug datetime msec
service timestamps log datetime msec
no service password-encryption
!
hostname Router
!
＜途中省略＞
!
line con 0
 password CISCO
 login
line aux 0
line vty 0 4
 password CCENT     ┐
 login              ├ VTY(仮想端末)ポートの設定
 transport input all┘
Router#
```

【PCからルータへTelnet接続】

```
C:¥>telnet 172.16.1.254 [Enter]



User Access Verification

Password:    ←ここでパスワード「CCENT」を入力（入力中の文字は表示されない）
Router>      ←入力したパスワードが正しければ、ユーザEXECモードのプロンプト表示
```

13-1　パスワードによる管理アクセスの保護

	コンソールパスワード	VTYパスワード
試験対策	・デフォルトは「login」なし ・0番ポート1つ（常に line 0）	・デフォルトは「login」あり ・複数の仮想ポート 　line vty 0の場合：1台だけログイン 　line vty 0 4の場合：最大5台まで
	・loginコマンドなし（認証機能は無効）⇒パスワードなしでログインできる ・loginコマンドあり（認証機能は有効）⇒パスワードなしはログインできない	

参考　Telnetによる管理アクセスはパスワードが必須

ルータおよびスイッチにはデフォルトで5個（0～4）のVTYポートに対してloginコマンドが設定され、パスワードはありません。したがって、Telnetサーバ側であるルータ（またはスイッチ）に対してあらかじめVTYパスワードを設定しておく必要があります。VTYパスワードがない状態でTelnet接続を試みた場合、次のように「Password required, but none set」メッセージが表示され切断されます。

【VTYパスワードを設定していない状態の例】Windows PCからルータへTelnet

```
Password required, but none set

ホストとの接続が切断されました。

C:¥>
```

また、ルータ（またはスイッチ）に対して特権パスワードが設定されていない場合、Telnet接続をしてもenableコマンドを実行して特権EXECモードに移行することはできません。

【特権モードのパスワードを設定していない状態の例】ルータのコンソール

```
User Access Verification

Password:            ←ここでパスワードを入力
Router>              ←Telnet接続が成功した状態
Router>enable        ←さらに特権EXECモードへの移行を試みたが失敗
% No password set
Router>
```

VTY（仮想端末）回線を利用してルータやスイッチへ管理アクセスする場合、あらかじめVTYパスワードと特権パスワードの両方を設定しておく必要があります。

特権モードのパスワード

特権モードのパスワードは、ユーザEXECモードから特権EXECモードへ移行するときに要求されるパスワードです。特権モードのパスワードを設定すると、特権EXECモードと各種コンフィギュレーションモードを保護することができます。

特権モードのパスワード設定には、次の2つがあります。

- イネーブルパスワード ……………… 設定したパスワードがプレーンテキスト*(暗号化なし)の状態でコンフィギュレーションファイルに格納
- イネーブルシークレットパスワード…… 設定したパスワードがMD5[※1]アルゴリズムを使用してハッシュ[※2]処理された状態でコンフィギュレーションファイルに格納

イネーブルパスワードは設定したパスワードがプレーンテキストで表示されてしまうため、show running-configコマンドの出力中に、背後から覗かれるなどしてパスワードが読み取られる危険性があります。特別な事情がない限り、通常はパスワードが保護される**イネーブルシークレットパスワード**のみを設定します。

設定コマンドは、それぞれ次のとおりです。

構文 イネーブルパスワードの設定

(config)#enable password <password>

構文 イネーブルシークレットパスワードの設定

(config)#enable secret <password>

シスコでは、イネーブルシークレットパスワードの使用を推奨しています。次の例では、検証のためにイネーブルパスワードとイネーブルシークレットパスワードの両方を設定しています。両方設定した場合、イネーブルシークレットパスワードが優先されるため、enable passwordコマンドで設定したパスワード(TEST)を入力しても特権EXECモードに移行できません。

※1 **【MD5】**(エムディーファイブ)Message Digest 5：一方向ハッシュ関数のひとつで、ある文字列から128ビットの固定長の乱数であるハッシュ値を生成する。ハッシュ値から元の文字列を復元することはできない。また、同じハッシュ値を持つ異なるデータを作成することは極めて困難である

※2 **【ハッシュ】**hash：元の文字列をある関数(計算式)によって出力した固定長のビット列の値。ハッシュ値から元の文字列を推定することはできない

13-1 パスワードによる管理アクセスの保護

【特権モードのパスワード設定および検証例】

```
Router(config)#enable password TEST [Enter]    ←イネーブルパスワードを「TEST」に設定
Router(config)#enable secret ICND1 [Enter]     ←シークレットパスワードを「ICND1」に設定
Router(config)#exit [Enter]
Router#
*Aug 23 04:12:48.887: %SYS-5-CONFIG_I: Configured from console by console
Router#show running-config | include enable [Enter]   ←設定を確認する
enable secret 5 $1$d8nC$gGC.9Ajw..OoQ2MszlWE/.   ←シークレットパスワードは暗号化されている
enable password TEST        ←イネーブルパスワードは暗号化なし
Router#disable [Enter]      ←検証のため、いったんユーザEXECモードに戻る
Router>enable [Enter]       ←特権EXECモードに移行する
Password:                   ←ここでパスワード「TEST」を入力して [Enter] キーを押す
Password:                   ←再びパスワードが要求された。次に「ICND1」を入力し [Enter] キーを押す
Router#                     ←特権EXECモードに移行できた
Router#configure terminal [Enter]
Router(config)#no enable password [Enter]   ←使わないのでイネーブルパスワードは削除
```

出力結果から、enable secret ICND1コマンドを実行したときに、running-configにイネーブルシークレットパスワードが次のように格納されたことが確認できます。

```
enable secret 5 $1$d8nC$gGC.9Ajw..OoQ2MszlWE/.
                ↑          ↑
         暗号化レベル(MD5)  タイプ5パスワード
```

enable secretの後ろの「5」は、タイプ5の暗号化レベルを示しています。タイプ5の場合、MD5アルゴリズムによってパスワードがハッシュ処理されます。

> ⚠ **注意**
> 一部のCisco IOSでは、旧来のタイプ5やタイプ7に加えて、入力したプレーンテキストパスワードをハッシュするための新しいアルゴリズムをサポートしています。このアルゴリズムによってハッシュ処理されたパスワードを「タイプ4パスワード」と呼びます。しかし、ブルートフォース攻撃[※3]に対するタイプ4パスワードの強度は、既存のタイプ5パスワード(MD5)よりも低下するなどの脆弱性が指摘されています。シスコは今後、タイプ4パスワードを廃止する予定です。
> タイプ4パスワードをサポートするCisco IOSを稼働するデバイスでは、enable secret <password>（またはenable secret 5 <password>）コマンドによってタイプ5パスワードを作成することができない問題が生じています。このようなデバイスでタイプ5パスワードを生成する方法については、http://www.cisco.com/cisco/web/support/JP/111/1117/1117668_cisco-sr-20130318-type4-j.htmlを参照してください。

※3 【ブルートフォース攻撃】brute force attack：考えられる文字の組み合わせを片っ端から試みてパスワードを割り出すための暗号を解読する手法。総当たり攻撃とも呼ばれる

コンフィギュレーションファイルのパスワード暗号化

イネーブルシークレットパスワード以外のパスワードは、デフォルトでは暗号化されません。そのため、show running-config（またはshow startup-config）コマンドを実行すると、パスワードがプレーンテキストのままで表示されてしまいます。

service password-encryptionコマンドは、すでに設定されたプレーンテキストのパスワードと、これから設定されるすべてのパスワードを暗号化します。

> **構文** プレーンテキストのパスワード暗号化
>
> (config)#service password-encryption

このコマンドを実行すると、パスワードはVigenere（ヴィジュネル）と呼ばれるアルゴリズムによって暗号化されます。ただし、Vigenereアルゴリズムには脆弱性が指摘されており、パスワードを復号※するプログラムをインターネット上で簡単に入手できます。そのため、service password-encryptionコマンドは簡単なパケットキャプチャ※4によるパスワードの漏洩を防ぐ程度のものになりますが、プレーンテキストに比べるとセキュリティレベルは向上します。

なお、イネーブルシークレットパスワードは、MD5アルゴリズムを使用してパスワードをハッシュ処理します。MD5は一方向暗号※という特性を持ち、暗号化されたデータからはパスワードを復元することはできません。

暗号化された文字列の前に自動的に挿入される数字を確認すると、使用されたアルゴリズムがわかります。service password-encryptionコマンドによる暗号化タイプは「7」です。

【service password-encryptionコマンドの設定例】

```
Router(config)#service password-encryption  Enter    ←パスワードを暗号化
Router(config)#exit Enter                            （イネーブルシークレットは除く）
Router#show running-config Enter   ←設定を確認する
Building configuration...

Current configuration : 1576 bytes
!
! Last configuration change at 10:26:40 UTC Fri Jul 22 2016
version 15.1
service timestamps debug datetime msec
service timestamps log datetime msec
```

※4 【キャプチャ】capture：ネットワーク上に流れているパケットを読み込んでデータの中身を解析すること

```
service password-encryption        ←パスワード暗号化が有効
!
hostname Router
!
boot-start-marker
boot-end-marker
!
!
enable secret 5 $1$d8nC$gGC.9Ajw..OoQ2MszlWE/.    ←MD5による暗号化のまま
!
no aaa new-model
!
＜途中省略＞
!
line con 0
 password 7 106D202A2638    ←暗号化されたコンソールパスワード
 login
line aux 0
line vty 0 4
 password 7 096F6D2C3731    ←暗号化されたVTYパスワード
 login
 transport input all
!
end

Router
```

　service password-encryptionコマンドによる暗号化を無効にするには、no service password-encryptionコマンドを実行します。ただし、すでに暗号化されたパスワードがプレーンテキストに戻るわけではなく、新しく設定し直したパスワードが暗号化されなくなります。

13-2 管理アクセスに対するセキュリティの強化

前節では、パスワードを使用した基本的な管理アクセスの保護について説明しました。本節では、ユーザ認証やSSH、ACLを利用した管理アクセス制御といったセキュリティを強化するための実装について説明します。

■ユーザ認証による管理アクセスの保護

コンソールポートやVTY（仮想端末）ポートを使用して管理アクセスするとき、ユーザ名とパスワードの入力を要求し、ユーザ認証するように構成できます。

ユーザ認証を利用すると、複数の管理者でパスワードを共有する必要がなくなります。また、ルータ（またはスイッチ）へのログインが許可された正規ユーザなのかを判別できます。

ユーザ認証を行うには、事前にユーザアカウント（ユーザ情報）をデータベースとして用意しておく必要があります。ユーザデータベースをローカルで保持するローカル認証と、認証サーバを利用する方法があります。

●ローカル認証

ローカル認証とは、ユーザアカウントをコンフィギュレーションファイル内に格納してルータ（またはスイッチ）自身で認証を行う方法です。ローカル認証は設定が簡単で、すぐに導入できるメリットがありますが、ネットワークデバイスごとにユーザデータベースを保持するため、ユーザ情報の管理に手間がかかるといったデメリットがあります。

ローカル認証を設定するための手順は次のとおりです。

① ユーザアカウント（ユーザ情報）の作成
② ローカル認証の有効化

① ユーザアカウントの作成

Cisco IOSでローカル認証を行う場合、ユーザアカウントに**username**コマンドを使用して「ユーザ名とパスワード」の組み合わせを登録します。**password**キーワードではコンフィギュレーションファイルへ保存時にパスワードは暗号化されませんが、**secret**キーワードを使用するとパスワードは暗号化されます。アカウントの削除は、no username <username>コマンドを実行します。

13-2 管理アクセスに対するセキュリティの強化

構文 ユーザアカウント（ユーザ情報）の作成

(config)#**username** <name> **password** <password>

または

(config)#**username** <name> **secret** <password>

- name ………… 管理アクセスを行うユーザの名前を指定
- password …… ユーザごとに異なるパスワードを指定。大文字小文字が区別される

② ローカル認証の有効化

line console 0やline vty <line-number>コマンドで、それぞれのラインコンフィギュレーションモードから**login local コマンド**を使用してローカル認証の機能を有効にします。ローカル認証を無効にするには、no login localコマンドを実行します。

構文 ローカル認証の有効化

(config-line)#**login local**

次の例では、2つのユーザアカウントを作成しています。コンソールポートとVTYポートの両方に対してローカル認証を有効にし、コンソール接続による動作確認をしています。

【ローカル認証の設定例】

```
RouterA(config)#username admin1 password ICND1 [Enter]    ←ユーザアカウントを作成
RouterA(config)#username admin2 secret ICND2 [Enter]
RouterA(config)#line console 0 [Enter]
RouterA(config-line)#login local [Enter]    ←コンソール接続時にローカル認証を行う
RouterA(config-line)#line vty 0 4 [Enter]
RouterA(config-line)#login local [Enter]    ←Telnet接続時にローカル認証を行う
RouterA(config-line)#end [Enter]
RouterA#
*Aug 24 07:33:23.843: %SYS-5-CONFIG_I: Configured from console by console
RouterA#show running-config [Enter]    ←ユーザアカウントを確認
Building configuration...

Current configuration : 1368 bytes
!
! Last configuration change at 01:19:08 UTC Fri Aug 5 2016
version 15.1
service timestamps debug datetime msec
```

```
service timestamps log datetime msec
no service password-encryption
!
hostname RouterA
!
boot-start-marker
boot-end-marker
!
!
enable secret 5 $1$d8nC$gGC.9Ajw..OoQ2MszlWE/.
!
no aaa new-model
!
!
dot11 syslog
ip source-route
!
ip cef
no ipv6 cef
!
multilink bundle-name authenticated
!
!
!
license udi pid CISCO1812-J/K9 sn FHK1420706C
username admin1 password 0 ICND1          ←ローカル認証（login local）のとき使用する
username admin2 secret 5 $1$AOuU$snbpmRjs9XrQ/.c.MJnsC0
!             ↑
!       「0」は暗号化なし、「5」はMD5による暗号化を意味している
!
!
interface FastEthernet0
 ip address 172.16.1.254 255.255.255.0
 duplex auto
 speed auto
!
interface FastEthernet1
 ip address 172.16.2.254 255.255.255.0
 duplex auto
 speed auto
```

```
!
interface Serial0/0/0
 no ip address
 shutdown
 no fair-queue
 clock rate 125000
!
interface Serial0/0/1
 no ip address
 shutdown
 clock rate 125000
!
ip forward-protocol nd
no ip http server
no ip http secure-server
!
!
!
control-plane
!
!
banner motd ^C
***********************************
    This is the RouterA
***********************************
^C
!line con 0
  login local      ←コンソールポートでローカル認証が有効
line aux 0
line vty 0 4
 password cisco123   ←ローカル認証を行うためこのパスワードは使用されない
 login local      ←VTYポートでローカル認証が有効
 transport input all
!
end

RouterA#logout [Enter]   ←検証のため、いったんコンソール接続を終了（exitでも可）
```

第13章 ネットワークデバイスのセキュリティ

```
RouterA con0 is now available     ←「con0」はコンソールポートを示している


Press RETURN to get started.

[Enter]   ←[Enter]キーを押して接続を開始

User Access Verification

Username: admin1[Enter]    ←ユーザ名「admin1」を入力
Password:  ___             ←ここでパスワード「ICND1」を入力（入力中の文字は表示されない）
RouterA>                   ←ユーザ認証が成功すれば、ユーザEXECモードのプロンプトが表示される
```

> **試験対策**
>
> line consoleとline vtyの設定に、認証機能がどのように有効化されているかがポイントです。
> ・line設定が「login」のとき ⇒「passwordコマンド」で認証
> ・line設定が「login local」のとき ⇒「usernameコマンド」で認証
> 「username」と「line」の設定は離れたところに表示されるので、見落とさないように注意！

> **注意**
>
> コンソールポートやVTYポートに対してpasswordコマンドの設定とローカル認証を設定している場合、ユーザ認証（ローカル認証）が優先されます（password設定は無視されます）。このとき、正しいユーザアカウントを入力しないとユーザEXECモードに入ることはできません。

●認証サーバ（RADIUS/TACACS+）

　ネットワークやシステムにログインを試行してきたユーザが、アクセス許可を受けている正規のユーザかどうかを判別するためのサーバを**認証サーバ**といいます。
　ルータ（またはスイッチ）のコンソールポートやVTYポートに対して管理アクセスする際に、外部の認証サーバを利用して認証するように構成できます。この方式では、ユーザデータベースをサーバ上で一元管理するため、個々の機器でユーザアカウントを作成する必要がなくなります。

【認証サーバを使用した管理アクセス】

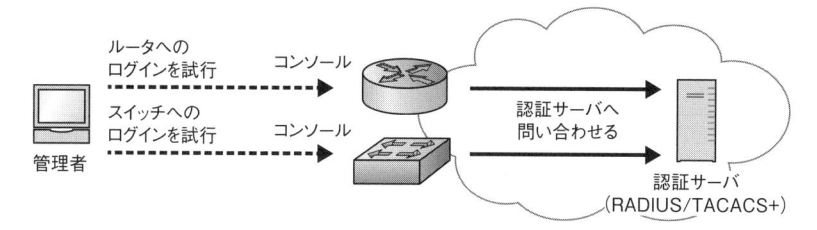

通常、ルータ(またはスイッチ)は**RADIUS**[5]や**TACACS＋**[6]などのセキュリティプロトコルを使用して認証サーバへ問い合わせを行います。RADIUSやTACACS+は、サーバのデータベースを利用してAAA機能を提供します。

AAA[7]とは、Authentication(認証)、Authorization(認可)、Accounting(アカウンティング)の頭文字を集めたもので、これら3つのセキュリティ機能を提供する仕組みを表しています。

◎ AAAの実装は、ICND2で説明しています。

●特権

Ciscoデバイスでは、**特権レベル**を使用してルータ(およびスイッチ)にログインする管理者に対して使用可能なコマンドを制限することができるセキュリティ機能を提供します。

特権レベルは0から15まで、最大で16段階あり、数値が大きいほど強い権限が与えられます。デフォルトでは、次の3つの特権レベルが存在します。

【デフォルトの特権レベル】

特権レベル	説明	プロンプト
0	5つのコマンド(disable、enable、exit、help、logout)を含む	Router>
1	特権なし。ログイン時のデフォルトレベルであり、すべてのユーザレベルコマンドを含む	Router>
15	特権あり。イネーブルモードに入ったあとのレベルであり、すべての管理者レベルコマンドを含む	Router#

---

[5] 【RADIUS】(ラディウス、ラディアス)Remote Authentication Dial-In User Service：ネットワーク上のデバイスやサーバにアクセスしてきたユーザを認証するためのプロトコル。認証装置とRADIUSサーバ間の通信で使われる

[6] 【TACACS＋】(タカクスプラス)Terminal Access Controller Access-Control System+：TACACSを拡張したシスコ独自のプロトコル。認証されたユーザIDに対してCisco IOSコマンドの認可が可能

[7] 【AAA】(トリプルエー)：Authentication(認証)、Authorization(認可)、Accounting(アカウンティング)のセキュリティ機能を指す。AAAを実装すると、アクセスしてきたユーザを認証し、権限に応じたアクセスを許可し、課金のためのデータを取得(ログを取る)することができる

第13章 ネットワークデバイスのセキュリティ

【デフォルトの特権レベル】

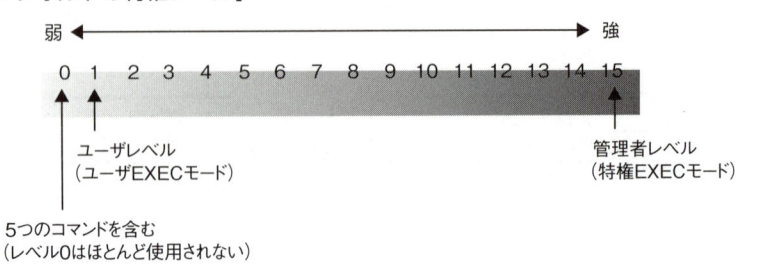

弱 ←――――――――――――――――→ 強

0 1 2 3 4 5 6 7 8 9 10 11 12 13 14 15

- 0: 5つのコマンドを含む（レベル0はほとんど使用されない）
- 1: ユーザレベル（ユーザEXECモード）
- 15: 管理者レベル（特権EXECモード）

レベルを指定した特権パスワードの設定は、次のコマンドを使用します。

構文 レベルを指定した特権パスワードの設定

```
(config)#enable secret [ level <level>] <password>
```

・level ……… 特権レベルを1～15の範囲で指定（オプション）。デフォルトは15

※ パスワード暗号化なしの場合、enable password [level <level>] <password> コマンドを使用

levelを省略したenable secret <password>コマンドは、特権レベル15に対するパスワード設定を意味します。

なお、enableやdisableコマンドを実行する際に引数を付加すると、入りたい特権レベルを指定できます。enableコマンドで引数を省略した場合は「enable 15」とみなされ、特権レベル15へ入ろうとします（disableコマンドで引数を省略した場合は「enable 1」とみなします）。

現在の特権レベルを判断するには、show privilegeコマンドを使用します。

構文 現在の特権レベルを表示（mode：>、#）※特権レベル0では不可

```
#show privilege
```
（特権）

次の例では、特権レベル7に対するパスワードを設定し、enable 7コマンドを使用してレベル7の特権EXECモードへ移行しています。プロンプトは特権レベル15と同じ「#」になりますが、デフォルトで含まれるコマンドはユーザレベル（特権レベル1）と同等です。

【特権レベルの設定例】

```
RT1#conf t [Enter]    ←設定モードへ移行（configure terminalの省略形）
Enter configuration commands, one per line.  End with CNTL/Z.
RT1(config)#enable secret level 7 CCENT [Enter]    ←レベル7に対してパスワード設定
RT1(config)#exit [Enter]
```

```
*Jul 19 05:17:01.235: %SYS-5-CONFIG_I: Configured from console by console
RT1#disable [Enter]     ←検証のため、いったんユーザEXECモードへ移行
RT1>enable 7 [Enter]    ←レベル7を指定した特権EXECモードへ移行
Password:               ←パスワード「CCENT」を入力（入力中の文字は表示されない）
RT1#show privilege [Enter]  ←現在の特権レベルを確認
Current privilege level is 7   ←特権レベル7
RT1#conf t [Enter]      ←設定モードへ移行を試みる
       ^
% Invalid input detected at '^' marker.


RT1#     ←特権EXECモードのまま
```

上記の例では、特権レベル7でログインし直したため、グローバルコンフィギュレーションモードへ移行できなくなっています。

◎ 特権レベル2〜14に関する設定は、CCNA Routing and Switchingの範囲を超えるため本書ではこれ以上説明していません。詳しくはシスコシステムズのWebページを参照してください。

コンソールやVTY（仮想端末）のラインコンフィギュレーションモードでprivilege levelコマンドを使用すると、ログインする際の特権レベルをあらかじめ設定しておくことができます。このコマンドを設定していない場合、デフォルトは特権レベル1（ユーザレベル）でログインします。

構文 特権レベルの設定

(config-line)#**privilege level** <level>

・level ……… ログイン時の特権レベルを0〜15の範囲で指定。デフォルトは1

【privilege levelコマンドの設定例（コンソール接続時の特権レベルを15に設定）】

```
Router(config)#line console 0 [Enter]           ←コンソール回線のモードへ移行
Router(config-line)#password cisco [Enter]
Router(config-line)#login [Enter]               ←パスワードによる認証を有効化
Router(config-line)#privilege level 15 [Enter]  ←特権レベルは15を設定
Router(config-line)#end [Enter]
Router#logout [Enter]   ←検証のため、いったんコンソール接続を終了（exitでも可）
```

```
Router con0 is now available


Press RETURN to get started.
        ← Enter キーを押して接続を開始


User Access Verification

Password:        ←パスワード「cisco」を入力（入力中の文字は表示されない）
Router#          ←ログイン直後のプロンプトは「#（特権EXECモードのプロンプト）」である

Router#show privilege Enter    ←現在の特権レベルを確認
Current privilege level is 15  ←特権レベル15
Router#
```

usernameコマンドにprivilegeキーワードを付加します。

構文 特権レベルを指定したユーザアカウントの作成

(config)#**username** <name> [**privilege** <level>] [0 | 7] **password** <password>

または

(config)#**username** <name> [**privilege** <level>] [0 | 5] **secret** <password>

- level ……………… 特権レベルを0～15の範囲で指定。デフォルトは1
- 0 ……………… プレーンテキストでパスワードを入力する際に指定（オプション）。デフォルトは0
- 7 ……………… Vigenereで暗号化した結果でパスワードを設定する際に指定（オプション）
- 5 ……………… MD5で暗号化した結果でパスワードを設定する際に指定（オプション）

【username privilegeコマンドの設定例（VTY回線にローカル認証を設定）】

```
Router(config)#username admin3 privilege 15 password ICND1 Enter
                                   ↑ユーザアカウントを特権レベル15で作成

Router(config)#line vty 0 4 Enter    ←0～4のVTY回線のモードへ移行
Router(config-line)#login local Enter  ←ローカル認証を有効化
Router(config-line)#end Enter
Router#
```

```
Switch#telnet 172.16.1.1 [Enter]   ←SwitchからRouterへTelnet接続
Trying 172.16.1.1 ... Open


User Access Verification

Username: admin3 [Enter]   ←ユーザ名「admin3」を入力
Password: ___              ←パスワード「ICND1」を入力（入力中の文字は表示されない）
Router#    ←ログイン直後のプロンプトは「#（特権EXECモードのプロンプト）」である

Router#show privilege [Enter]   ←現在の特権レベルを確認する
Current privilege level is 15    ←特権レベル15
Router#
```

> **試験対策**
> ・管理者レベル（特権EXECモード）のデフォルトは、特権レベル15
> ・ルータにログインしたときデフォルトで特権レベル1
> ・ローカル認証時にレベル15の権限を与えるときのコマンド
>   (config)#username <name> privilege 15 password <password>

SSHを使用した管理アクセス

　SSH（Secure SHell）は、強力な暗号化と認証機能によって安全にリモートログイン環境を提供するためのプロトコルです。SSHを使用するとデータはすべて暗号化されて送信されるため、ルータやスイッチへの管理アクセスには、セキュリティの観点からTelnetよりもSSHの使用が推奨されています。
　SSHの通信では、公開鍵暗号方式を用いて送信者側で生成した共通鍵を安全に送り、実際のデータは共通鍵で暗号化してから送信し、受信側は安全に受け取った共通鍵を使ってデータを復号します。これによって、鍵交換の脆弱性を解消しながらデータ送信にかかる処理時間を大幅に短縮することができます。

　参照→ 共通鍵暗号と公開鍵暗号（595ページ）

第13章 ネットワークデバイスのセキュリティ

> **参考 TelnetとSSH**
>
> Telnetは、離れた場所にあるルータやスイッチ、あるいはサーバを遠隔操作するためのプロトコルです。Telnetを使用すると、ネットワーク管理者はTCP/IPネットワークに接続されたさまざまな機器やサーバを、遠隔操作することができるため、管理の手間と時間を軽減することができますが、パスワードすらも暗号化されずにテキストファイルで転送されるため、セキュリティ上の問題があります。
> SSH(Secure SHell)は、強力な暗号化と認証機能によって安全にリモートログイン環境を提供するためのプロトコルです。SSHを使用すると、ログイン後にやり取りするデータがすべて暗号化されるので、管理者は安全にリモートログインを利用することができます。

【SSHによる通信手順】

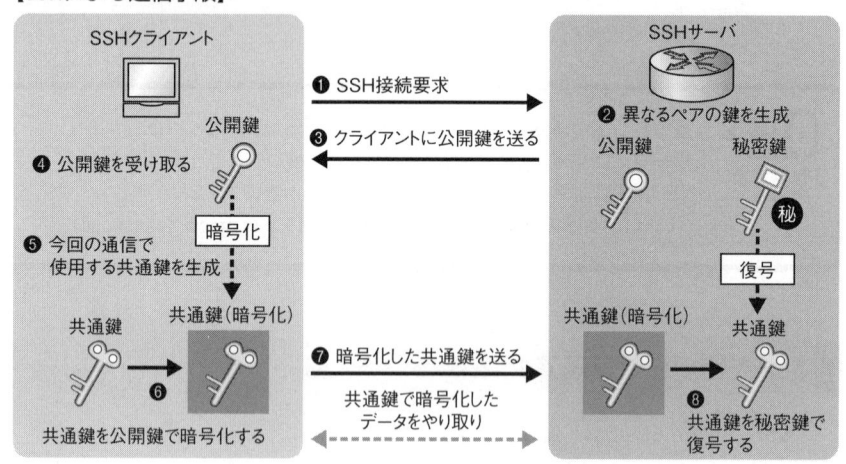

```
SSHクライアント                                    SSHサーバ
   [PC]              ❶ SSH接続要求 →                [ルータ]
                                                    ❷ 異なるペアの鍵を生成
  公開鍵           ❸ クライアントに公開鍵を送る      公開鍵   秘密鍵
                   ←                                          ↓(秘)
❹ 公開鍵を受け取る                                          復号
       ↓暗号化                                                ↓
❺ 今回の通信で                                    共通鍵(暗号化)   共通鍵
  使用する共通鍵を生成
  共通鍵   共通鍵(暗号化)
            ❻         ❼ 暗号化した共通鍵を送る →
                      共通鍵で暗号化した                    ❽ 共通鍵を秘密鍵で
  共通鍵を公開鍵で暗号化する  データをやり取り                復号する
```

Ciscoルータ(またはCatalystスイッチ)をSSHサーバとして設定するための手順は、次のとおりです。

① ユーザアカウント(ユーザ情報)の作成
② ホスト名の設定
③ ドメイン名[※8]の設定
④ 暗号鍵の生成
⑤ SSHバージョンの設定
⑥ SSHの許可
⑦ ローカル認証の有効化

13-2 管理アクセスに対するセキュリティの強化

① ユーザアカウントの作成

SSH接続を許可するためのユーザ認証は、ローカル認証とサーバ認証の方法があります。ローカル認証の場合、ユーザアカウントは**username**コマンドを使用して作成します。

> **構文** ユーザアカウント（ユーザ情報）の作成
>
> (config)#**username** <username> **password** <password>

② ホスト名の設定

ホスト名とドメイン名は、暗号鍵の生成の際に鍵の名前として反映されます。デフォルトの「Router」は許可されていないため、ホスト名を別の名前に変更しておく必要があります。

> **構文** ホスト名の設定
>
> (config)#**hostname** <hostname>

③ ドメイン名の設定

暗号鍵の名前の一部として使用されるドメイン名を設定します。鍵の生成時とその管理に使用されます。

> **構文** ドメイン名の設定
>
> (config)#**ip domain-name** <domain-name>

④ 暗号鍵の生成

公開鍵暗号で使用するペアの鍵（公開鍵と秘密鍵）を生成します。たとえば鍵の長さを1,024ビットにする場合、crypto key generate rsa modulus 1024コマンドを実行します。オプションのmodulusキーワードを省略すると、鍵の長さを指定するためのメッセージが表示されます。

> **構文** 暗号鍵の生成
>
> (config)#**crypto key generate rsa** [**modulus** <modulus-size>]
>
> ・modulus-size … キーモジュールのサイズを指定（オプション）。modulusキーワードを省略した場合、キー生成時にサイズの入力を促される

※8 【ドメイン名】domain name：インターネット上でIPアドレスの代わりに使用する、コンピュータを識別するための名前。Webサイトのアドレスや電子メールのアドレスによく使用される。たとえば、「http://www.example.co.jp」の場合、「example.co.jp」部分がドメイン名である

⑤ SSHバージョンの設定

SSHには、バージョン1とバージョン2があります。バージョン1は脆弱性の問題が指摘されているため、特別な理由がない限りはバージョン2を使用します（SSHv2を使用する場合、鍵のサイズを768ビット以上にする必要があります）。

> **構文** SSHバージョンの設定
>
> ```
> (config)#ip ssh version { 1 | 2 }
> ```

⑥ SSHの許可

VTYポートに対して、SSH接続を許可するための設定をします。**transport input ssh**コマンドを設定すると、SSH接続のみ許可されます。TelnetとSSHの両方を許可する場合、**transport input telnet ssh**コマンドを設定します。

> **構文** SSHの許可
>
> ```
> (config)#line vty <line-number>
> (config-line)#transport input ssh
> ```

⑦ ローカル認証の有効化

usernameコマンドで登録したユーザアカウントで認証を行うには、ローカル認証を有効にします。

> **構文** ローカル認証の有効化
>
> ```
> (config-line)#login local
> ```

次の例では、ルータに対してSSHサーバ機能を設定しています。

【SSHサーバ機能の設定例】

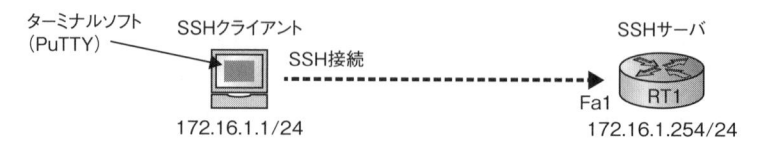

ターミナルソフト（PuTTY） — SSHクライアント === SSH接続 ===> SSHサーバ Fa1 RT1
172.16.1.1/24　　　　　　　　　　　　　　　　　　　172.16.1.254/24

【SSHサーバ機能の設定例】

```
Router(config)#username sshuser password C!sc0 [Enter]    ←ユーザアカウントを作成
Router(config)#hostname RT1 [Enter]    ←ホスト名を設定
RT1(config)#ip domain-name impress.co.jp [Enter]    ←ドメイン名を設定
RT1(config)#crypto key generate rsa [Enter]    ←公開鍵暗号のためにペアの鍵を生成
```

```
The name for the keys will be: RT1.impress.co.jp
Choose the size of the key modulus in the range of 360 to 4096 for your
  General Purpose Keys. Choosing a key modulus greater than 512 may take
  a few minutes.

How many bits in the modulus [512]: 1024 Enter   ←鍵長を1024ビットに変更
% Generating 1024 bit RSA keys, keys will be non-exportable...
[OK] (elapsed time was 1 seconds)

RT1(config)#
*Aug 26 10:23:47.395: %SSH-5-ENABLED: SSH 1.99 has been enabled
RT1(config)#ip ssh version 2 Enter   ←SSHバージョンを2に設定
RT1(config)#line vty 0 4 Enter   ←VTY回線の設定モードに入る
RT1(config-line)#transport input ssh Enter   ←SSH接続のみ許可
RT1(config-line)#login local Enter   ←ローカル認証を有効化
RT1(config-line)#end Enter
RT1#
*Aug 26 10:25:22.771: %SYS-5-CONFIG_I: Configured from console by console
RT1#show running-config Enter   ←SSHサーバ機能の設定を確認する
Building configuration...

Current configuration : 1474 bytes
!
! Last configuration change at 10:31:58 UTC Mon Aug 1 2016
version 15.1
service timestamps debug datetime msec
service timestamps log datetime msec
no service password-encryption
!
hostname RT1   ←ホスト名の設定
!
boot-start-marker
boot-end-marker
!
!
enable secret 5 $1$YI4y$W7OBdJKQKlOA/joTLtCHu1
!
no aaa new-model
!
```

```
crypto pki token default removal timeout 0
!
!
dot11 syslog
ip source-route
!
!
ip cef
ip domain name impress.co.jp    ←ドメイン名の設定
no ipv6 cef
!
multilink bundle-name authenticated
!
!
license udi pid CISCO1812-J/K9 sn FHK111413WM
username sshuser password 0 C!sc0    ←ユーザアカウントの作成
!
!
ip ssh version 2    ←SSHバージョンの設定
!
!
<途中省略>
!
interface FastEthernet1
 ip address 172.16.1.254 255.255.255.0
 duplex auto
 speed auto
!
interface FastEthernet2
 no ip address
!
<途中省略>
!
line con 0
line aux 0
line vty 0 4
 password cisco
 login local    ←ローカル認証の有効化
 transport input ssh    ←SSH接続のみ許可
```

```
!
end

RT1#
```

> **試験対策** Telnet と SSH の違いを明確にしましょう！
> どちらでリモートログインできるかは、line vty の設定で決まります。
> ・transport input ssh ………… SSH のみ許可
> ・transport input telnet ……… Telnet のみ許可
> ・transport input ssh telnet … SSH と Telnet 両方を許可
> ・transport input all …………… SSH と Telnet 両方（すべて）許可

● SSH サーバ機能の検証

SSH の設定を確認するには、次のコマンドを使用します。

・show crypto key mypubkey rsa
・show ip ssh
・show ssh

SSH で使用する公開鍵の情報を確認する場合、**show crypto key mypubkey rsa コマンド**を使用します。

構文 公開鍵の情報を表示（mode：>、#）
　　　　#show crypto key mypubkey rsa [<key-name>]

ここでは、クライアントに PuTTY*を使用して SSH 接続の動作確認をしています。

【show crypto key mypubkey rsa コマンドの出力例】

```
RT1#show crypto key mypubkey rsa Enter   ←公開鍵の確認
% Key pair was generated at: 10:23:47 UTC Aug 1 2016
Key name: RT1.impress.co.jp   ←鍵の名前
Key type: RSA KEYS
 Storage Device: private-config
 Usage: General Purpose Key
 Key is not exportable.
 Key Data:
```

```
    30819F30 0D06092A 864886F7 0D010101 05000381 8D003081 89028181 008D2478
    79A090AD F1ED6218 14EEA4DC E563D1EF 78EE7380 B48C80AA ACB5D185 2AE0CF3A
    E6D22F07 BDB83EAB D77DB288 6E7EF176 AF0331C3 E522E476 78B8206A CA9FF79A
    323CFB67 D35711AF 48536ABB 6D43B769 24B3AF26 1BF43D58 B135C6F0 6A208053
    7C554431 F981FFC5 59BBE632 3129C43D 6321B27F F135C393 7F139F04 57020301
    0001
% Key pair was generated at: 10:23:48 UTC Aug 1 2016
Key name: RT1.impress.co.jp.server
Key type: RSA KEYS
Temporary key
 Usage: Encryption Key
 Key is not exportable.
 Key Data:
  307C300D 06092A86 4886F70D 01010105 00036B00 30680261 00CE9111 B6707D17
  F414A199 3ED44771 021DC997 107DB6F9 51B310C5 43CE4D57 24D3C55E 6B32CFD2
  BCA5D9F6 451F11A7 0B3005E6 9FE14988 D66C6A20 293CB065 8199D781 EC4483A3
  76498B94 1C5CA79F 4A16EB00 432D3388 196C640B C6F4C594 B9020301 0001
RT1#
```

【PuTTYの設定画面】

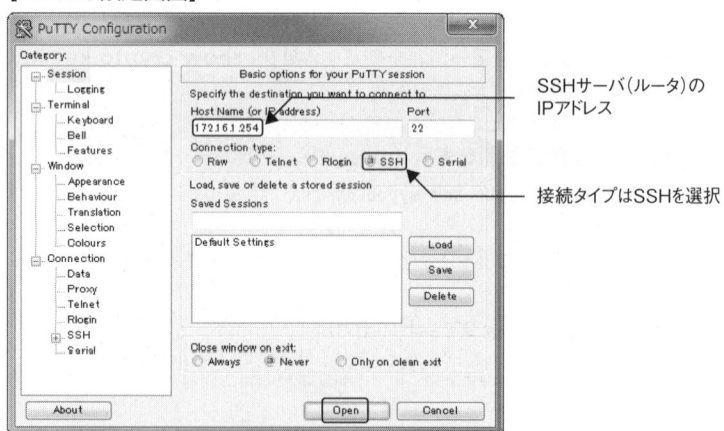

SSHサーバ(ルータ)の
IPアドレス

接続タイプはSSHを選択

初めて接続するサーバの場合、そのサーバとの接続を信用してよいのかを確認するためのダイアログが表示されます。[はい]ボタンをクリックすると、接続先のホストキーがキャッシュに保存されます。

【確認ダイアログ画面】

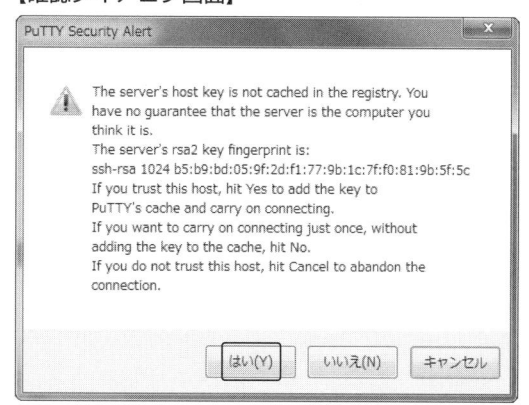

```
PuTTY Security Alert

The server's host key is not cached in the registry. You
have no guarantee that the server is the computer you
think it is.
The server's rsa2 key fingerprint is:
ssh-rsa 1024 b5:b9:bd:05:9f:2d:f1:77:9b:1c:7f:f0:81:9b:5f:5c
If you trust this host, hit Yes to add the key to
PuTTY's cache and carry on connecting.
If you want to carry on connecting just once, without
adding the key to the cache, hit No.
If you do not trust this host, hit Cancel to abandon the
connection.

          [はい(Y)]   [いいえ(N)]   [キャンセル]
```

[はい]ボタンをクリックすると、次のような画面でユーザアカウントの入力が要求されます。適切なユーザ名とパスワードを入力して認証が成功すれば、ユーザEXECモードのプロンプトが表示されます。

【ユーザEXECモードの認証画面】

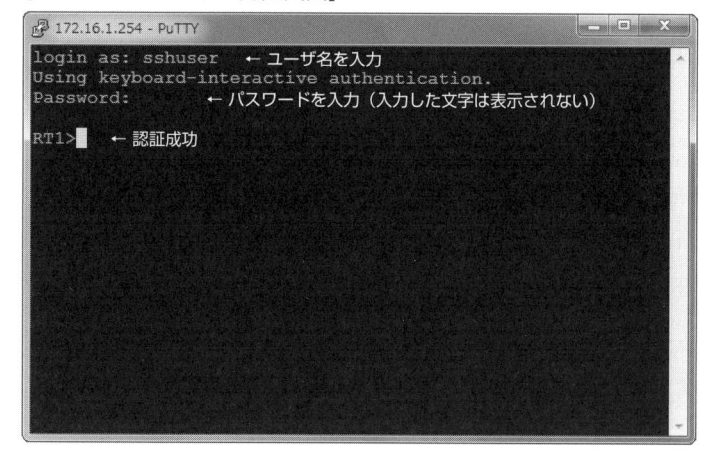

```
172.16.1.254 - PuTTY
login as: sshuser       ← ユーザ名を入力
Using keyboard-interactive authentication.
Password:               ← パスワードを入力（入力した文字は表示されない）
RT1>                    ← 認証成功
```

SSHの設定情報を確認するには、**show ip ssh**コマンドを使用します。

> 構文　SSHの設定情報を表示（mode：>、#）
>
> #show ip ssh

【show ip sshコマンドの出力例】

```
RT1#show ip ssh Enter
SSH Enabled - version 2.0    ←SSHは有効で、バージョン2を使用している
Authentication timeout: 120 secs; Authentication retries: 3
Minimum expected Diffie Hellman key size : 1024 bits    ←鍵長
IOS Keys in SECSH format(ssh-rsa, base64 encoded):
ssh-rsa AAAAB3NzaC1yc2EAAAADAQABAAAAgQCNJHh5oJCt8e1iGBTupNzlY9HveO5zgLSMgK
qstdGFKuDPOubSLwe9uD6r132yiG5+8XavAzHD5SLkdni4IGrKn/eaMjz7Z9NXEa9IU2q7bUO3
aSSzryYb9D1YsTXG8GoggFN8VUQx+YH/xVm75jIxKcQ9YyGyf/E1w5N/E58EVw==
RT1#
```

SSHでログインしているクライアントが存在するか確認するには、**show ssh**コマンドを使用します。

> 構文　SSH接続の状態を表示（mode：>、#）
>
> #show ssh

【show sshコマンドの出力例】

```
RT1#show ssh Enter
Connection Version Mode Encryption Hmac       State            Username
0          2.0     IN   aes256-cbc hmac-sha1  Session started  sshuser
0          2.0     OUT  aes256-cbc hmac-sha1  Session started  sshuser
%No SSHv1 server connections running.                         ↑
RT1#                                                          ユーザ名
```

なお、Cisco IOSのCLIからSSHクライアントとして接続を実行する場合、**ssh -l**コマンドを使用します。

> 構文　Cisco IOSからSSH接続（mode：>、#）
>
> #ssh -l <username> <ip-address>
>
> ・username………SSHクライアントのユーザ名を指定
> ・ip-address ……SSHサーバのIPアドレス（またはホスト名）を入力

13-2　管理アクセスに対するセキュリティの強化

次の例では、RT2からRT1に対してSSH接続をしています。

【ssh -lコマンドによるSSH接続】

```
RT2#ssh -l sshuser 172.16.1.254 Enter
Password:       ←パスワードを入力して Enter を押す（入力した文字は表示されない）
RT1>    ←認証が成功し、SSHサーバ（RT1）のプロンプトが表示される
```

参考　共通鍵暗号と公開鍵暗号

暗号方式には、共通鍵暗号と公開鍵暗号の2つの方式があります。

● 共通鍵暗号

暗号化と復号に共通の鍵を用い、同じ暗号化アルゴリズムを使う暗号方式で「対称鍵暗号方式」とも呼ばれます。
共通鍵暗号は扱いが簡単で処理速度が速く、多くのデータを一括して暗号化するのに適しています。しかし、通信相手ごとに鍵を生成し、受信側にあらかじめ安全な方法で鍵を渡しておく必要があり、万が一、鍵が盗まれてしまうと、第三者によってデータが復号され中身が読み取られてしまいます。
共通鍵暗号の代表的な暗号化アルゴリズムにはDES、3DES、AES、RC4などがあります。

【共通鍵暗号方式】

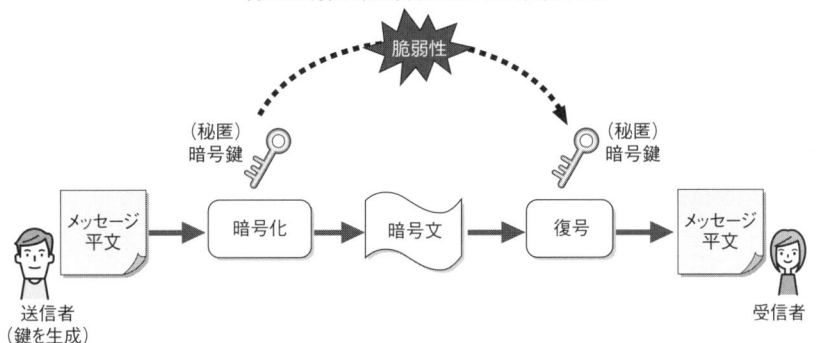

● 公開鍵暗号

公開鍵暗号は、公開鍵と秘密鍵と呼ばれる異なるペアの鍵を生成し、暗号化と復号を行う暗号方式で「非対称鍵暗号方式」とも呼ばれています。一方の鍵で暗号化した暗号文は、ペアの鍵でしか復号することができず、公開鍵から秘密鍵を生成することもできないようになっています。

公開鍵暗号方式でデータを安全に送りたい場合には、受信者側で公開鍵と秘密鍵を生成し、公開鍵だけを送信側の暗号鍵として公開し、秘密鍵は受信側では復号鍵として秘匿します。送信者はデータを公開鍵で暗号化して送信し、受信側で秘密鍵を使って復号します。万が一、第三者に公開鍵が入手されたとしても、盗まれた暗号文を復号することはできません。公開鍵暗号方式を利用すると、共通暗号方式の欠点である鍵を送る際に生じる脆弱性を解消することができます。ただし、共通鍵暗号方式に比べて負荷が高く処理時間がかかります。

公開鍵暗号の代表的な暗号化アルゴリズムにはRSA*があります。

【公開鍵暗号方式】

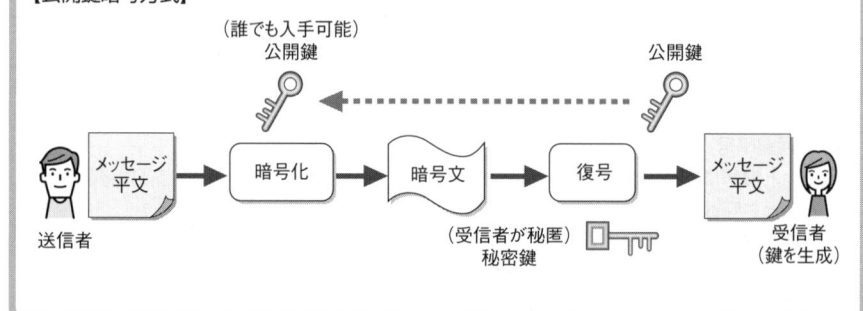

ACLを使用したVTYアクセス制御

VTY（仮想端末）回線に対するアクセスは、パスワードによって保護することができます。しかし、パスワードではTelnetまたはSSHの接続を使用するユーザまで制限することはできません。

VTYアクセス制御は、ACLステートメントを使用してVTY回線にアクセスできるホストを制限するセキュリティ機能のひとつです。拡張ACLによるパケットフィルタリングでも、Telnet（ポート23）とSSH（ポート22）を制御することは可能です。ただし、その場合にはすべての物理インターフェイスにACLを適用しなければなりません。

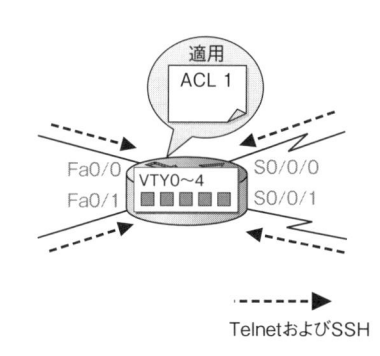

Telnet/SSHクライアントはVTY回線に接続されるため、VTYに対してだけACLを適用することで、負荷を抑えて簡単にVTY回線に管理アクセスできるホストを制限することができます。

【ACLによるVTYアクセス制御】

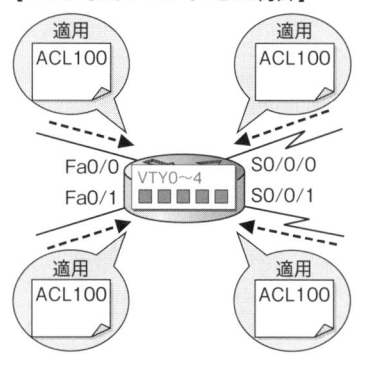

●VTYアクセス制御の設定

VTYアクセス制御は、次の手順で設定します。

① 標準ACLの作成
② VTY回線に対してACLを適用

① 標準ACLの作成

VTYアクセス制御では、条件文に送信元IPアドレスを指定すれば済むため、標準ACLを作成します。標準ACLは番号付き、名前付きのどちらでも構いません。

参照➡ 「10-3 番号付き標準ACL」（435ページ）、「10-4 名前付き標準ACL」（441ページ）

② VTY回線に対してACLを適用

VTY回線に対してACLを適用するには、**access-classコマンド**を使用します。access-classコマンドの最後には、inとoutのいずれかを指定します。inを指定した場

合、ルータ自身のVTY回線に対するTelnet/SSHセッションを制限します。outを指定した場合、ルータから別の機器に対するTelnet/SSHセッションを制限します。

> **構文** VTY回線にACLを適用
>
> (config)#`line vty` <First-line-number> [<Last-line-number>]
> (config-line)#`access-class` <acl> { `in` | `out` }
>
> ・acl……………ACLの番号または名前を指定
> ・in ……………ルータに対する着信Telnet/SSHセッションをフィルタリング
> ・out ……………ルータから別の機器への発信Telnet/SSHセッションをフィルタリング

ACLの適用を解除するには、no access-class <acl> { in | out }コマンドを実行します。

【VTYアクセス制御（in）の例】

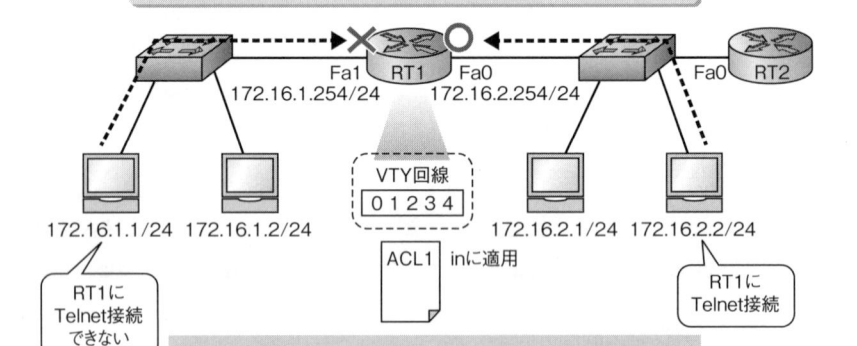

要件：RT1に対するVTYアクセスは172.16.2.0/24からのみ許可

```
                Fa1  RT1  Fa0              Fa0  RT2
          172.16.1.254/24  172.16.2.254/24

172.16.1.1/24  172.16.1.2/24    VTY回線     172.16.2.1/24  172.16.2.2/24
                                0 1 2 3 4
      RT1に                 ACL1  inに適用              RT1に
      Telnet接続                                       Telnet接続
      できない                                         
```

```
RT1(config)#access-list 1 permit 172.16.2.0 0.0.0.255
RT1(config)#access-list 1 deny any log ←この条件文は省略可
RT1(config)#line vty 0 4
RT1(config-line)#access-class 1 in
```

RT1のVTY回線（0～4）に対してACL1をinで適用しています。その結果、RT1に対して172.16.2.0/24サブネットからのVTYアクセスを許可、それ以外からは拒否します。

2行目のステートメントにlogキーワードが付けられているため、1行目の条件にマッチしないホスト（172.16.2.0/24以外）からのVTYアクセスがあると、ログメッセージを出力します。

【VTYアクセス制御（out）の例】

要件：RT1から172.16.2.0/24へのVTYアクセスのみ許可

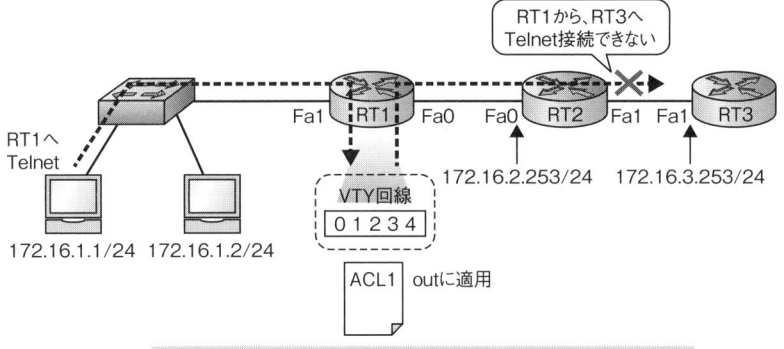

（図：RT1、RT2、RT3の構成。RT1のFa1にスイッチを介して172.16.1.1/24、172.16.1.2/24のPCが接続。RT1のFa0とRT2のFa0が172.16.2.253/24で接続。RT2のFa1とRT3のFa1が172.16.3.253/24で接続。RT1から、RT3へTelnet接続できない。VTY回線 0 1 2 3 4。ACL1をoutに適用）

```
RT1(config)#access-list 1 permit 172.16.2.0 0.0.0.255
RT1(config)#access-list 1 deny any log    ←この条件文は省略可
RT1(config)#line vty 0 4
RT1(config-line)#access-class 1 out
```

　RT1のVTY回線(0～4)に対してACL1をoutで適用しています。その結果、RT1に対してVTYアクセスしている状態から、172.16.2.0/24サブネットへTelnetおよびSSHアクセスを許可し、それ以外へは拒否されます。
　access-class inはルータに対するVTYアクセスを制御し、標準ACLの条件は「～から」になります。access-class outでは、そのルータを踏み台にしてさらに別の機器へアクセスされるのを制御するので「～へ」となり、標準ACLの条件は送信元IPアドレスではなく「宛先IPアドレス」に変わります。

試験対策

VTYアクセスをACLで制御するとき、「access-class」コマンドを使用します。「ip access-group」ではないので注意してください！
inは「～から」、outは「～へ」の意味になります。

EXECセッションのタイムアウト

ルータに管理的にアクセスしている状態で一定時間何も操作しないでいると、IOSは自動的にセッションを切断します。これによって、管理者が特権EXECモードでアクセスしたまま席を離れたり、ターミナルソフトウェアを終了してしまったりしたときに、第三者に不正にアクセスされるのを防ぐことができるため、セキュリティが向上します。

セッションのタイムアウトは、デフォルトで10分間に設定されています。このタイムアウト時間を変更するには、**exec-timeout**コマンドを使用します。なお、セッションを自動的にタイムアウトさせない場合は、**exec-timeout 0**コマンドを実行します。

構文 EXECセッションのタイムアウト時間の設定

```
(config-line)#exec-timeout <minutes> [<seconds>]
```

・minutes ………分を0～35791の範囲で指定（デフォルト10）
・seconds ………秒を0～2147483の範囲で指定（オプション）

通常、タイムアウト時間はデフォルトよりも小さく設定して、使用していない端末セッションは速やかに切断されるようにすることが推奨されています。

バナーメッセージの設定

バナーメッセージは、ルータ（またはスイッチ）に管理接続したときに表示されるメッセージのことです。ログイン時にバナーメッセージを表示することによって、セキュリティポリシーや一般的な利用ポリシーを簡単かつ効果的に強化することができます。メッセージ中には、機器に対する所有権、使用方法、アクセス、および保護のポリシーなどを含めます。

バナーメッセージには次の3種類があり、すべて設定した場合は次の順に表示されます。

① motdバナー ……「Message of The Day（本日のメッセージ）」の略で、管理者間で共有する情報を伝えるときなどに利用する
② loginバナー………管理接続に関するアクセス権限やセキュリティ警告など、変更頻度の低い情報を伝えるときに利用する
③ execバナー………パスワード入力後に表示されるため、アクセス権限のないユーザに対して隠しておきたい情報などを伝えるときに利用する

構文 バナーメッセージの設定

(config)#**banner** { **exec** | **login** | **motd** }<delimiting-character>

・delimiting-character …… バナーメッセージの始まりと終わりを示す区切り文字（例：「#」、「$」など）。メッセージは[Enter]キーで自由に改行が可能

【バナーメッセージの設定例】

```
Router(config)#banner motd $ [Enter]     ←区切り文字に「$」を使用
Enter TEXT message.  End with the character '$'. [Enter]
[Enter]
+++++ MOTD banner +++++ [Enter]          ｝motdバナーを作成
[Enter]
$ [Enter]     ←バナー作成が終了したら、区切り文字を入力
Router(config)#banner login $ [Enter]    ←区切り文字に「$」を使用
Enter TEXT message.  End with the character '$'. [Enter]
[Enter]
===== LOGIN banner ===== [Enter]         ｝loginバナーを作成
[Enter]
$ [Enter]     ←バナー作成が終了したら、区切り文字を入力
Router(config)#banner exec $ [Enter]     ←区切り文字に「$」を使用
Enter TEXT message.  End with the character '$'. [Enter]
[Enter]
##### EXEC banner ##### [Enter]          ｝execバナーを作成
[Enter]
$ [Enter]     ←バナー作成が終了したら、区切り文字を入力
Router(config)#exit [Enter]
Router#show running-config | begin banner [Enter]  ←設定を確認する
banner exec ^C

##### EXEC banner #####                  ｝execバナーを設定

^C
banner login ^C

===== LOGIN banner =====                 ｝loginバナーを設定

^C
banner motd ^C

+++++ MOTD banner +++++                  ｝motdバナーを設定

^C
!
line con 0
<以下省略>
```

バナーメッセージの作成時に使用した区切り文字は、自動的に「^C」に置き換えられてコンフィギュレーションファイルに格納されます。

今回の例では、1台のルータに3種類のバナーメッセージを設定しています。

以下は、Windowsのコマンドプロンプトからルータに対するTelnet接続を例に、バナーメッセージを確認しています。

【バナーメッセージの確認】

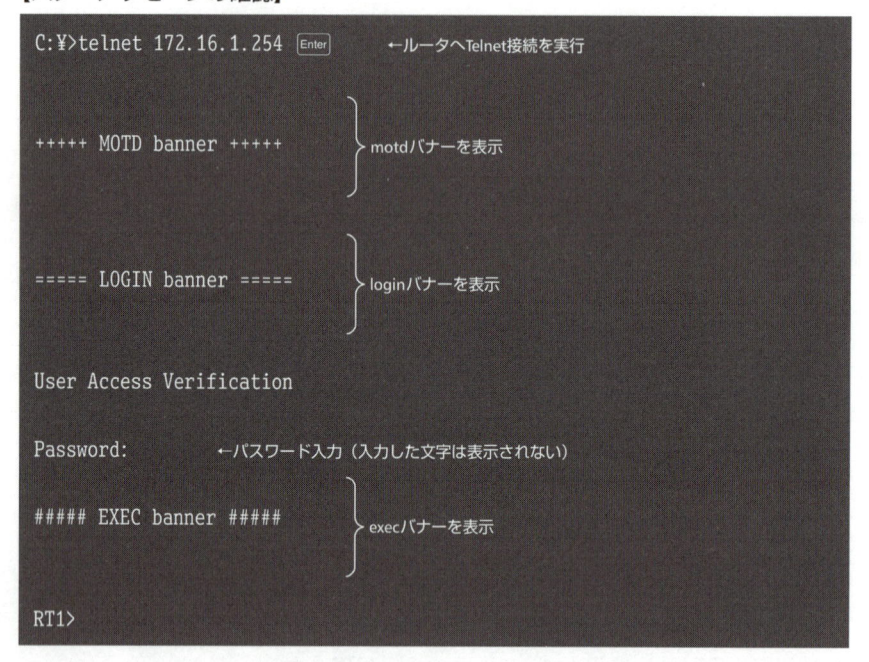

```
C:¥>telnet 172.16.1.254  Enter    ←ルータへTelnet接続を実行


+++++ MOTD banner +++++           } motdバナーを表示


===== LOGIN banner =====           } loginバナーを表示


User Access Verification

Password:         ←パスワード入力（入力した文字は表示されない）

##### EXEC banner #####            } execバナーを表示


RT1>
```

> **試験対策**
> セキュリティの観点から、バナーによって不正アクセスを防止することは重要です。バナーメッセージに侵入者をひきつけるような「welcome」や「please」といった言葉を使用しないでください。このようなバナーは、悪意のあるアクセスをも歓迎するような雰囲気を表しているため、推奨されていません。

13-3 スイッチのセキュリティ機能

スイッチのポートに対する攻撃からホストを保護するために、基本的なセキュリティ対策を実施する必要があります。この節では、Catalystスイッチに対する追加のセキュリティ機能として、ポートセキュリティと未使用ポートの保護について説明します。

■ スイッチのポートセキュリティ

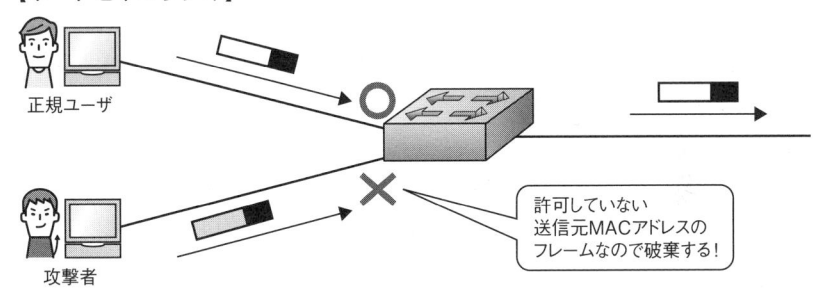

ポートセキュリティは、スイッチの物理ポートに許可するMACアドレスを登録し、許可していない送信元MACアドレスのフレームを破棄する機能です。ポートセキュリティによって、特定ポートに接続できるのは正規のコンピュータ（MACアドレス）だけに制限し、不正に接続されたコンピュータからのフレームを遮断できます。ポートセキュリティは、レイヤ2の制限に基づいて実装できるセキュリティ機能です。

【ポートセキュリティ】

正規ユーザ

攻撃者

許可していない送信元MACアドレスのフレームなので破棄する！

> 試験対策 MACアドレスを利用するポートセキュリティは、スイッチの機能です。ルータに設定することはできません。

● セキュアMACアドレスのタイプ

ポートセキュリティを有効にしたポート（セキュアポート）で許可されたMACアドレスを、**セキュアMACアドレス**といいます。

スイッチは、次のセキュアMACアドレスのタイプをサポートしています。

- スタティック …… 手動で登録し、MACアドレステーブルとrunning-configに保存される
- ダイナミック …… フレームを受信することで動的に送信元MACアドレスがMACアドレステーブルにのみ保存され、スイッチの再起動時に消去される
- スティッキー …… フレームを受信することで動的に送信元MACアドレスがMACアドレステーブルとrunning-configに保存される

● スティッキーラーニング

　スティッキーラーニングは、動的に学習したMACアドレスをスティッキーセキュアMACアドレスに変換することで、running-configに保存します。copy running-config startup-configコマンドを実行してコンフィギュレーションをNVRAMへ保存すると、スイッチの再起動後も情報は失われません。

● セキュリティ違反

　ポートセキュリティは、許可されていない送信元MACアドレスのフレームを違反フレームとして扱います。ポートセキュリティが有効なセキュアポートでは、次のいずれかの状況が発生するとセキュリティ違反になります。

・違反フレームを受信した場合

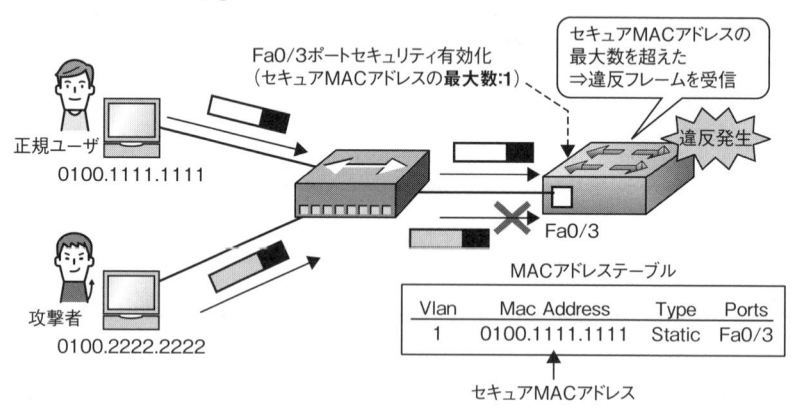

　MACアドレステーブルに最大数のセキュアMACアドレスが保存されている状態で違反フレームを受信すると、セキュリティ違反になります。

【違反フレームを受信】

Fa0/3ポートセキュリティ有効化
（セキュアMACアドレスの最大数:1）

セキュアMACアドレスの最大数を超えた
⇒違反フレームを受信

違反発生

正規ユーザ
0100.1111.1111

攻撃者
0100.2222.2222

Fa0/3

MACアドレステーブル

Vlan	Mac Address	Type	Ports
1	0100.1111.1111	Static	Fa0/3

↑セキュアMACアドレス

・**セキュアMACアドレスが別のセキュアポートで使用された場合**

　あるセキュアポートで登録されたセキュアMACアドレスを、同じVLANの別のセキュアポートで送信元MACアドレスのフレームとして受信すると、セキュ

リティ違反になります。

【セキュアMACアドレスを別のセキュアポートで使用】

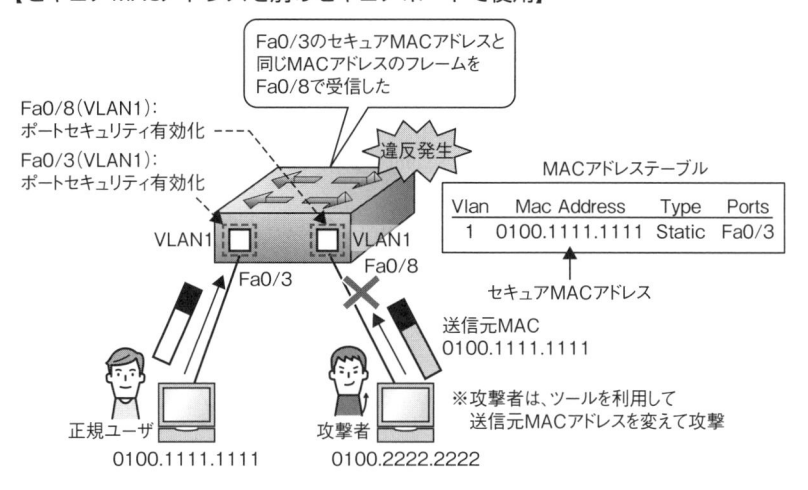

Fa0/3のセキュアMACアドレスと同じMACアドレスのフレームをFa0/8で受信した

Fa0/8(VLAN1): ポートセキュリティ有効化
Fa0/3(VLAN1): ポートセキュリティ有効化

違反発生

VLAN1 Fa0/3
VLAN1 Fa0/8

MACアドレステーブル

Vlan	Mac Address	Type	Ports
1	0100.1111.1111	Static	Fa0/3

セキュアMACアドレス

送信元MAC
0100.1111.1111

正規ユーザ
0100.1111.1111

攻撃者
0100.2222.2222

※攻撃者は、ツールを利用して送信元MACアドレスを変えて攻撃

セキュリティ違反が発生したときの対処として、次の違反モードがあります。

【違反モードの種類と対処法】

違反モード	違反フレームの破棄	SNMPトラップ/Syslogメッセージの送信	違反カウンタの増加	ポートのシャットダウン
protect	あり	なし	なし	なし
restrict	あり	あり	あり	なし
shutdown	あり	あり	あり	あり
shutdown vlan	あり	あり	あり	違反が発生したVLANのみあり

● ポートセキュリティの設定

　Catalystスイッチのすべてのポートで、ポートセキュリティはデフォルトで無効になっています。ポートセキュリティを設定するための手順は次のとおりです。

① アクセスポートまたはトランクポートに設定
② セキュアMACアドレスの最大数を指定
③ 違反モードの指定
④ セキュアMACアドレスの設定
⑤ ポートセキュリティの有効化

① アクセスポートまたはトランクポートに設定

ポートセキュリティを設定できるのは、静的なアクセスポートまたはトランクポートに限られます。スイッチポートを動的にネゴシエーションさせるdynamic autoまたはdynamic desirableが設定されたポートは、セキュアポートとして設定できません。

参照➔ 動的なトランクポートの設定（373ページ）

構文 スタティックアクセスポートの設定

```
(config-if)#switchport mode access
```

構文 スタティックトランクポートの設定

```
(config-if)#switchport mode trunk
```

② セキュアMACアドレスの最大数を指定

スイッチポートに対してセキュアMACアドレスの最大数を設定します。スイッチに設定できるセキュアMACアドレスの最大数は、システムで許可されているMACアドレスの最大数によって決まります。この設定を省略すると、デフォルトで1が指定されます。

構文 セキュアMACアドレスの最大数の指定

```
(config-if)#switchport port-security maximum <value>
```

・value ………… 許可されるMACアドレスの最大数を指定（デフォルトは1）

> **注意** 音声VLANが設定されているインターフェイスでポートセキュリティ機能を設定する際には、ポート上で許可されるセキュアMACアドレスの最大数を2に設定します。1つのスイッチポートにCisco IP PhoneとPCを接続する音声VLANの構成では、そのポートで2つのMACアドレスからのフレームを受信するためです。
>
> 参照➔ 「9-6 音声VLAN」（386ページ）

③ 違反モードの指定

違反モードを設定することで、セキュリティ違反が発生したときの対処方法を指定できます。この設定を省略すると、デフォルトはshutdownモードになります。

構文 違反モードの指定

```
(config-if)#switchport port-security violation { protect |
restrict | shutdown | shutdown vlan }
```

> **注意** トランクポートにprotectモードを設定することは推奨されません。protectモードの場合、ポートに対するセキュアMACアドレスの数が最大に達していなくてもいずれかのVLANで最大数に達すると、MACアドレスの学習を無効化します。

④ セキュアMACアドレスの設定

セキュアMACアドレスを **switchport port-security mac-address <mac-address>コマンド** によって手動で設定した場合、アドレスタイプはスタティックになります。

構文 セキュアMACアドレスの手動設定

```
(config-if)#switchport port-security mac-address <mac-address>
```

switchport port-security mac-address sticky コマンドを設定すると、スティッキーラーニングが有効になり、動的に学習したMACアドレスがrunning-configに保存されます。スティッキーラーニングを利用すると、管理者は正規ユーザのMACアドレスを調べて手動で設定する手間が省けて作業効率が大幅に向上します。

構文 スティッキーラーニングの有効化

```
(config-if)#switchport port-security mac-address sticky
```

> **注意** 上記のコマンドを省略すると、セキュアポートで受信したフレームの送信元MACアドレスがダイナミックセキュアMACアドレスとして動的に学習されますが、running-configには保存されません。スイッチを再起動するとMACアドレスは消去されてしまいます。

⑤ ポートセキュリティの有効化

ここまでの設定が完了したら、ポートセキュリティを有効化します。ポートセキュリティを有効にするには、**switchport port-securityコマンド** を実行します。

構文 ポートセキュリティの有効化

```
(config-if)#switchport port-security
```

● ポートセキュリティの検証

設定したポートセキュリティの確認には、次のコマンドを使用します。

- show port-security
- show port-security interface
- show port-security address
- show interfaces status

次の構成を例に、ポートセキュリティの各種検証コマンドについて説明します。

【ポートセキュリティの設定例】

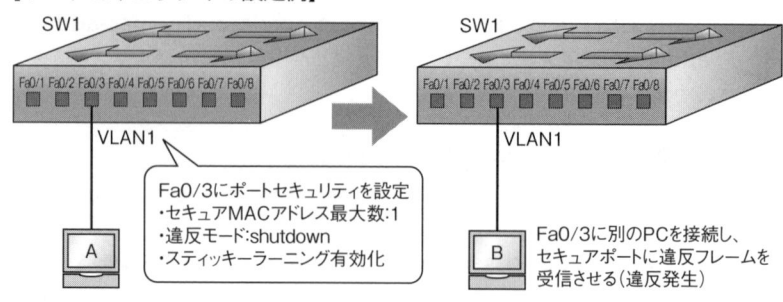

SW1 Fa0/1 Fa0/2 Fa0/3 Fa0/4 Fa0/5 Fa0/6 Fa0/7 Fa0/8
VLAN1

Fa0/3にポートセキュリティを設定
・セキュアMACアドレス最大数:1
・違反モード:shutdown
・スティッキーラーニング有効化

A

SW1 Fa0/1 Fa0/2 Fa0/3 Fa0/4 Fa0/5 Fa0/6 Fa0/7 Fa0/8
VLAN1

Fa0/3に別のPCを接続し、セキュアポートに違反フレームを受信させる（違反発生）

B

【SW1の設定】

```
SW1(config)#interface fastethernet 0/3 [Enter]   ←Fa0/3の設定モードへ移行
SW1(config-if)#switchport mode access [Enter]   ←スタティックアクセスポートに設定
SW1(config-if)#switchport port-security maximum 1 [Enter]   ←最大数を1に指定（省略可）
SW1(config-if)#switchport port-security violation shutdown [Enter]   ←shutdownモード（省略可）
SW1(config-if)#switchport port-security mac-address sticky [Enter]   ←スティッキーラーニング
SW1(config-if)#switchport port-security [Enter]   ←ポートセキュリティ有効化
SW1(config-if)#end [Enter]
SW1#
```

ポートセキュリティの設定が完了し、ホストA（MACアドレス0021.9b1b.549d）からのフレームを受信すると、running-configの設定は次のようになります。

【フレーム受信後のrunning-configの設定】

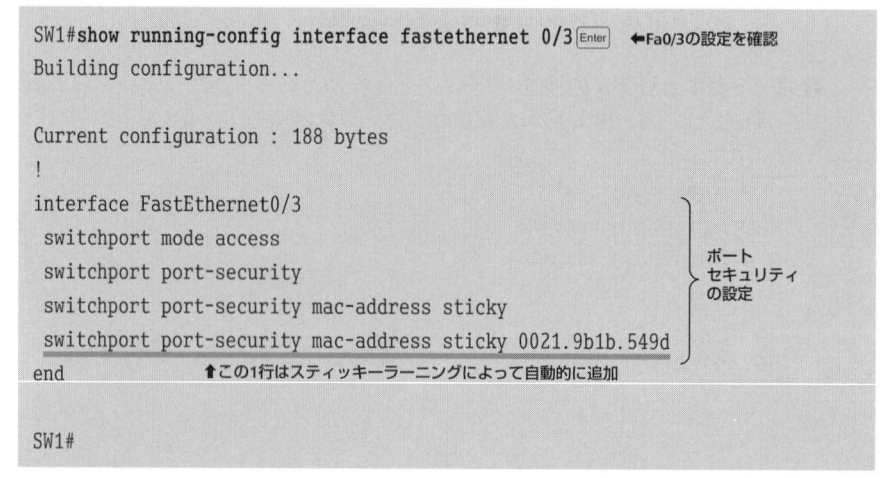

```
SW1#show running-config interface fastethernet 0/3 [Enter]   ←Fa0/3の設定を確認
Building configuration...

Current configuration : 188 bytes
!
interface FastEthernet0/3
 switchport mode access
 switchport port-security
 switchport port-security mac-address sticky
 switchport port-security mac-address sticky 0021.9b1b.549d
end                 ↑この1行はスティッキーラーニングによって自動的に追加

SW1#
```

ポートセキュリティの設定

出力結果から、Fa0/3にはスティッキーラーニングによって学習されたホストAのMACアドレスが自動的に追加されていることがわかります。なお、switchport port-security maximum 1コマンドとswitchport port-security violation shutdownコマンドは、デフォルトの設定であるためコンフィギュレーションには表示されていません。

show port-securityコマンドは、セキュアポートの状態を表示します。コマンドの後ろにインターフェイス名を指定すると、より詳細な情報を表示できます。

構文 ポートセキュリティの状態を表示（mode：#）
```
#show port-security [ interface <interface-id>]
```

【show port-securityコマンドの出力例】

```
SW1#show port-security Enter   ←セキュアポートの状態を確認
Secure Port  MaxSecureAddr  CurrentAddr  SecurityViolation  Security Action
             (Count)        (Count)      (Count)
---------------------------------------------------------------------------
   Fa0/3        1              1             0              Shutdown
---------------------------------------------------------------------------
     ①          ②              ③             ④                  ⑤
Total Addresses in System (excluding one mac per port)   : 0
Max Addresses limit in System (excluding one mac per port) : 8192
SW1#
```

① Secure Port：ポートセキュリティが有効なポート（セキュアポート）
② MaxSecureAddr：セキュアMACアドレスの最大数
③ CurrentAddr：現在の登録済みセキュアMACアドレス数
④ SecurityViolation：違反カウント
⑤ Security Action：違反モード

【セキュアポートの詳細情報の表示例】

```
SW1#show port-security interface fastethernet 0/3 Enter   ←詳細情報を確認
Port Security               : Enabled       ←①
Port Status                 : Secure-up     ←②
Violation Mode              : Shutdown      ←③
Aging Time                  : 0 mins        ←④
Aging Type                  : Absolute      ←⑤
SecureStatic Address Aging  : Disabled
Maximum MAC Addresses       : 1             ←⑥
Total MAC Addresses         : 1             ←⑦
Configured MAC Addresses    : 0             ←⑧
Sticky MAC Addresses        : 1             ←⑨
Last Source Address:Vlan    : 0021.9b1b.549d:1
Security Violation Count    : 0             ←⑩

SW1#
```

① ポートセキュリティは有効である。無効なときは「disabled」
② ポートは正常にアップしている
③ 違反モード
④ セキュアMACアドレスのエージングタイム。デフォルトは0分
⑤ セキュアMACアドレスのエージングタイプ。Absoluteはエージングタイムで指定した時間が経過したあとに削除（通信の最中でも指定時間が経過するとエージングされる）。inactivityは通信に使用されなくなってからエージングタイムの時間が経過すると削除。デフォルトはAbsolute
⑥ セキュアMACアドレスの最大数
⑦ 現在の登録済みセキュアMACアドレス数
⑧ スタティックに登録されたMACアドレス数
⑨ スティッキーラーニングによって学習されたMACアドレス数
⑩ 違反カウント。0は、まだ違反フレームを受信していないことを表す

show port-security addressコマンドは、セキュアMACアドレスを表示します。

> **構文** セキュアMACアドレスの表示（mode：#）
> ```
> #show port-security address
> ```

【セキュアMACアドレスの表示例】

```
SW1#show port-security address [Enter]  ←セキュアMACアドレスを確認
              Secure Mac Address Table
-------------------------------------------------------------------
Vlan    Mac Address      Type                       Ports   Remaining Age
                                                            (mins)
----    -----------      ----                       -----   -------------
  1     0021.9b1b.549d   SecureSticky               Fa0/3      -
-------------------------------------------------------------------
Total Addresses in System (excluding one mac per port)   : 0
Max Addresses limit in System (excluding one mac per port) : 8192
SW1#
```

　Fa0/3のセキュアポートに接続しているコンピュータを、AからBに変更します。ホストBのMACアドレスは許可されていないため、スイッチはFa0/3で違反フレームを受信します。その結果、違反フレームを破棄し、ポートを直ちにシャットダウン（err-disabled）します。このときのセキュアポートの状態を次に示します。

【セキュアポートの状態を確認】

```
SW1#show port-security [Enter]  ←セキュアポートの状態を確認
Secure Port   MaxSecureAddr   CurrentAddr   SecurityViolation   Security Action
              (Count)         (Count)       (Count)
-------------------------------------------------------------------------------
   Fa0/3         1               1              1               Shutdown
-------------------------------------------------------------------------------
                                              ↑違反フレームを受信した
Total Addresses in System (excluding one mac per port)   : 0
Max Addresses limit in System (excluding one mac per port) : 8192
SW1#
```

【セキュアポートの詳細情報を確認】

```
SW1#show port-security interface fastethernet 0/3 [Enter]    ←詳細情報を確認
Port Security              : Enabled
Port Status                : Secure-shutdown       ← このときポートはerr-disabled
Violation Mode             : Shutdown                 状態になっている
Aging Time                 : 0 mins
Aging Type                 : Absolute
SecureStatic Address Aging : Disabled
Maximum MAC Addresses      : 1
Total MAC Addresses        : 1
Configured MAC Addresses   : 0
Sticky MAC Addresses       : 1
Last Source Address:Vlan   : fc61.985f.530d:1
Security Violation Count   : 1   ←違反フレームを受信している

SW1#
```

　　　セキュリティ違反によってerr-disabled状態になったポートは、show interfacesコマンドで確認することもできます。

【セキュリティ違反によってシャットダウンされたポートの状態を確認】

```
SW1#show interfaces fastethernet 0/3 [Enter]   ←Fa0/3の状態を確認
FastEthernet0/3 is down, line protocol is down (err-disabled)   ← 「err-disabled」状態
  Hardware is Fast Ethernet, address is 0018.191b.b903 (bia 0018.191b.b903)
  MTU 1500 bytes, BW 10000 Kbit/sec, DLY 1000 usec,
     reliability 255/255, txload 1/255, rxload 1/255
  Encapsulation ARPA, loopback not set
  Keepalive set (10 sec)
  Auto-duplex, Auto-speed, media type is 10/100BaseTX
  input flow-control is off, output flow-control is unsupported
  ARP type: ARPA, ARP Timeout 04:00:00
  Last input never, output 00:02:12, output hang never
  Last clearing of "show interface" counters never
  Input queue: 0/75/0/0 (size/max/drops/flushes); Total output drops: 0
  Queueing strategy: fifo
  Output queue: 0/40 (size/max)
  5 minute input rate 0 bits/sec, 0 packets/sec
  5 minute output rate 0 bits/sec, 0 packets/sec
```

```
      360 packets input, 49664 bytes, 0 no buffer
      Received 355 broadcasts (144 multicasts)
      0 runts, 0 giants, 0 throttles
      0 input errors, 0 CRC, 0 frame, 0 overrun, 0 ignored
      0 watchdog, 144 multicast, 0 pause input
      0 input packets with dribble condition detected
      452 packets output, 53015 bytes, 0 underruns
      0 output errors, 0 collisions, 1 interface resets
      0 unknown protocol drops
      0 babbles, 0 late collision, 0 deferred
      0 lost carrier, 0 no carrier, 0 pause output
      0 output buffer failures, 0 output buffers swapped out

SW1#show interfaces status [Enter]   ←Fa0/3の状態を確認

Port      Name          Status        Vlan    Duplex  Speed Type
Fa0/1                   notconnect    1       auto    auto 10/100BaseTX
Fa0/2                   notconnect    1       auto    auto 10/100BaseTX
Fa0/3                   err-disabled  1       auto    auto 10/100BaseTX
Fa0/4                   notconnect    1       auto    auto 10/100BaseTX
Fa0/5                   notconnect    1       auto    auto 10/100BaseTX
＜途中省略＞
Fa0/21                  notconnect    1       auto    auto 10/100BaseTX
Fa0/22                  notconnect    1       auto    auto 10/100BaseTX
Fa0/23                  notconnect    1       auto    auto 10/100BaseTX
Fa0/24                  notconnect    1       auto    auto 10/100BaseTX
Gi0/1                   notconnect    1       auto    auto 10/100/1000BaseTX
Gi0/2                   notconnect    1       auto    auto 10/100/1000BaseTX
SW1#
```

● err-disabled状態からの回復

　Catalystスイッチは有効なポートでエラー状態を検出した場合、そのポートはIOSによってerr-disabledという状態としてシャットダウンし、ポートLEDを消灯します。

　err-disabled状態のポートは、フレームを送受信することはできません。いったんerr-disabledになったポートは、原因を復旧してもデフォルトではerr-disabledのままです。ポートを再度有効にしてフレーム転送を再開するには、次のコマンドを使用して手動または自動で回復する必要があります。

構文 err-disabled状態からの手動回復

```
(config-if)#shutdown
(config-if)#no shutdown
```

【err-disabled状態からの手動回復の例】

```
SW1#show interfaces fastethernet 0/3 Enter
FastEthernet0/3 is down, line protocol is down (err-disabled)
                                          ↑Fa0/3はerr-disabled状態
  Hardware is Fast Ethernet, address is 0013.c314.efc3 (bia 0013.c314.efc3)
  MTU 1500 bytes, BW 100000 Kbit, DLY 100 usec,
<以下省略>

SW1(config)#interface fastEthernet 0/3 Enter  ┐
SW1(config-if)#shutdown Enter                  │ Fa0/3をerr-disabled状態から
SW1(config-if)#no shutdown Enter               ┘ 手動回復する
00:07:50: %LINK-5-CHANGED: Interface FastEthernet0/3, changed state to
administratively down
SW1(config-if)#
00:07:54: %LINK-3-UPDOWN: Interface FastEthernet0/3, changed state to up
00:07:55: %LINEPROTO-5-UPDOWN: Line protocol on Interface FastEthernet0/3,
changed state to up
SW1(config-if)#end Enter
SW1#
00:08:01: %SYS-5-CONFIG_I: Configured from console by console
SW1#show interfaces fastethernet 0/3 Enter
FastEthernet0/3 is up, line protocol is up (connected)
                       ↑Fa0/3はリンクアップしている
  Hardware is Fast Ethernet, address is 0013.c314.efc3 (bia 0013.c314.efc3)
  MTU 1500 bytes, BW 100000 Kbit, DLY 100 usec,
<以下省略>
```

構文 err-disabled状態からの自動回復

```
(config)#errdisable recovery cause { all | <cause-name> }
```

- all .... すべての原因からの自動回復
- cause-name ...... 特定の原因を指定。ポートセキュリティ違反の場合は psecure-violation

自動回復が有効になると、そのポートは一定秒数が経過すると自動的に回復します。
自動回復までの時間を変更するには、次のコマンドを使用します。

構文 自動回復のためのインターバル設定

(config)#errdisable recovery interval <timer-interval>

・timer-interval …… 自動回復するまでの経過時間を指定（単位：秒）。デフォルトは300秒

なお、**show errdisable recovery**コマンドを使用すると、各ポートが自動回復されるまでに必要な時間を確認できます。

【err-disabled状態からの自動回復の例】

```
SW1(config)#errdisable recovery cause psecure-violation[Enter]
                    ↑自動回復の有効化（原因はポートセキュリティ違反を指定）
SW1(config)#errdisable recovery interval ?[Enter]
  <30-86400>  timer-interval(sec)


SW1(config)#errdisable recovery interval 500[Enter]
SW1(config)#exit[Enter]    ↑自動回復のインターバルを500秒に設定
SW1#
00:21:34: %SYS-5-CONFIG_I: Configured from console by console
SW1#show errdisable recovery[Enter]
ErrDisable Reason    Timer Status
-----------------    -------------
udld                 Disabled
bpduguard            Disabled
security-violatio    Disabled
channel-misconfig    Disabled
vmps                 Disabled
pagp-flap            Disabled
dtp-flap             Disabled
link-flap            Disabled
psecure-violation    Enabled     ←ポートセキュリティ違反の自動回復が有効化
gbic-invalid         Disabled
dhcp-rate-limit      Disabled
unicast-flood        Disabled
loopback             Disabled
```

```
Timer interval: 500 seconds     ←自動回復のインターバルは500秒

Interfaces that will be enabled at the next timeout:

Interface      Errdisable reason     Time left(sec)
---------      -----------------     --------------
Fa0/3          psecure-violation     419
              ↑Fa0/3はポートセキュリティ違反によってerr-disabled状態であり、419秒後に自動回復を試みる
SW1#
00:28:56: %PM-4-ERR_RECOVER: Attempting to recover from psecure-violation
err-disable state on Fa0/3          ↑
                          ポートセキュリティ違反によるerr-disabledからの回復を試みているメッセージ
```

```
<自動回復時間が経過>
SW1#
00:28:59: %LINK-3-UPDOWN: Interface FastEthernet0/3, changed state to up
00:29:00: %LINEPROTO-5-UPDOWN: Line protocol on Interface FastEthernet0/3,
changed
state to up
SW1#
SW1#show interfaces fastethernet 0/3 Enter
FastEthernet0/3 is up, line protocol is up (connected)    ←Fa0/3はリンクアップしている
  Hardware is Fast Ethernet, address is 0013.c314.efc3 (bia 0013.c314.efc3)
  MTU 1500 bytes, BW 100000 Kbit, DLY 100 usec,
<以下省略>
```

　出力から、Fa0/3は回復時間が経過したことによって自動的にリンクアップしていることがわかります。
　なお、ポートを自動回復してもエラーの原因を解決していない場合は、再度err-disabled状態となり繰り返されます。

> **参考** err-disabled状態の原因
>
> ポートがerr-disabledになる原因はさまざまです。主な原因は次のとおりです。
>
> ・ポートセキュリティ違反
> ・二重モードの不一致
> ・リンクフラッピング[※9]の検出
> ・EtherChannel[※10]の設定ミス
> ・UDLD[※11]エラー
> ・STP BPDUガード[※12]違反

未使用ポートの保護

　スイッチはトランスペアレントなブリッジングを提供する「集線装置」の役割を果たします。Catalystスイッチのすべてのポートは最初から有効（no shutdown）の状態で、通常、スイッチポートにケーブルをつなぐと接続した端末のフレームを転送します。このため、攻撃者によって未使用ポートにコンピュータを接続されてもリンクアップします。
　シスコではこの問題を防ぐために、使用していないすべてのスイッチポートに対してデフォルト設定を次のように変更しておくことを推奨しています。

【未使用ポートに対する設定】（すべてインターフェイスコンフィギュレーションモード）

コマンド	説明
shutdown	ポートを管理的に無効化する。これにより、物理層レベルでポートをダウン状態にすることが可能
switchport mode access	明示的なアクセスポートにする。これにより、不必要にトランクポートになることを防ぐ
switchport access vlan <vlan-id>	未使用のVLANを割り当てる（デフォルトはVLAN1）。これにより、使用している全VLANへのアクセスを防ぐ

※9　**【フラッピング】** flapping：何らかの障害によって特定インターフェイス（またはネットワーク）がup/downを繰り返し、正常な転送処理ができなくなる状態
※10　**【EtherChannel】**（イーサチャネル）並行する複数のリンクを束ねて論理的に1つのリンクとみなし、冗長性と耐障害性を提供する機能
※11　**【UDLD】** UniDirectional Link Detection：単一方向リンク検出。光ファイバまたはUTPケーブルで接続されたデバイスが単一方向リンクを検出するプロトコル
※12　**【BPDUガード】**（ビーピーディーユーガード）BPDU guard：シスコが独自に開発したSTP拡張機能のひとつ。PortFastが有効なポートでBPDUを受信すると、そのポートを無効にすることでレイヤ2ループの発生を防ぐ

shutdownコマンドによって物理層レベルで無効化されますが、no shutdownコマンドによって有効化されたときのために、ほかの設定もしておくとよいでしょう。

【未使用ポート保護の設定例】

```
SW1(config)#interface range fastEthernet 0/5 - 8 [Enter]   ←Fa0/5～Fa0/8を未使用ポートとする
SW1(config-if-range)#shutdown [Enter]   ←ポートを管理的に無効化
01:18:47: %LINK-5-CHANGED: Interface FastEthernet0/5, changed state to
administratively down
01:18:47: %LINK-5-CHANGED: Interface FastEthernet0/6, changed state to
administratively down
01:18:47: %LINK-5-CHANGED: Interface FastEthernet0/7, changed state to
administratively down
01:18:47: %LINK-5-CHANGED: Interface FastEthernet0/8, changed state to
administratively down
SW1(config-if-range)#switchport mode access [Enter]   ←明示的にアクセスポートに設定
SW1(config-if-range)#switchport access vlan 999 [Enter]   ←使用していない
% Access VLAN does not exist. Creating vlan 999              VLAN999を割り当て
SW1(config-if-range)#end [Enter]
SW1#
01:19:10: %SYS-5-CONFIG_I: Configured from console by console
SW1#show running-config interface fa0/5 [Enter]
Building configuration...

Current configuration : 95 bytes
!
interface FastEthernet0/5  ⎫
 switchport access vlan 999 ⎬ Fa0/5は未使用ポートとして設定
 switchport mode access    ⎪
 shutdown                  ⎭
end

SW1#
```

13-4 未使用サービスの無効化

ユーザの不注意や悪意のある行為による悪影響を緩和するために、基本的なセキュリティ対策を実施することが重要です。この節では、Ciscoデバイスのセキュリティを強化するために、不要なサービスの無効化について説明します。

未使用サービスの無効化

デバイスのセキュリティ保護を行うには、shutdownコマンドを実行して未使用のインターフェイスを遮断しておく方法と、不要なサービスを無効にする方法があります。

Ciscoデバイスには管理や既存環境への統合を容易にするために、さまざまなTCP/UDPプロトコルを実装できます。しかし、一般的なネットワークにおいてサービスのほとんどが必要とされていません。未使用のネットワークサービスを無効にすることで、それぞれのプロトコルが攻撃される脅威からデバイスを保護します。

セキュリティの観点から不要とされるサービスには、次のようなものがあります。

● **CDPは必要な場所でのみ有効化**

デバイスやIPアドレス情報が漏洩しないよう、不要な場所ではCDPを無効にします。

参照 → 「14-1 Ciscoデバイスの管理機能」(630ページ)

構文 CDPの無効化

```
(config)#no cdp run
```
または
```
(config-if)#no cdp enable
```

● **HTTPS (SSL) を使用**

Cisco WebブラウザUIを使用すると、Ciscoデバイスに対してHTTPからの管理アクセスが可能ですが、HTTPサーバ機能を無効にし、通信がSSLで暗号化されるHTTPSサーバ機能のみ有効化(または両方を無効化)することが推奨されています。

構文 HTTPサーバの無効化

```
(config)#no ip http server
```

構文 HTTPSサーバの有効化

```
(config)#ip http secure-server
```

> **試験対策**
>
> (config)#ip http serverコマンドを設定すると、Webブラウザを使用してほとんどのCisco IOSコマンドを発行できます。HTTPではすべての発行コマンドがテキストのまま転送されるため、HTTPを利用したWebサービスでは特にセキュリティに注意が必要です。
> HTTPSは通信内容を暗号化します。したがって、no ip http serverコマンドでHTTPサーバ機能を無効化し、ip http secure-serverコマンドのみ設定することが推奨されます。

● TCP/UDPスモールサーバの無効化

TCPおよびUDPスモールサーバとは、ルータ内のメモリに常駐してさまざまなサービスを提供するプログラムであり診断処理などに役立ちます。ただし、これらのサービスは対象のシステムに関する情報を得るために間接的に使用されたり、fraggle攻撃[※13]で使用されることがあります。したがって、どうしても必要な場合を除き、TCP/UDPスモールサーバは無効化することが推奨されています。

構文 TCPスモールサーバの無効化

(config)#no service tcp-small-servers

構文 UDPスモールサーバの無効化

(config)#no service udp-small-servers

※13 **【fraggle攻撃】**(フラグルコウゲキ)fraggle Attack：送信元アドレスを偽造してブロードキャストアドレスに大量のUDP(ICMPエコー)メッセージを送信し、それを受信したすべてのホストがエコー応答を実行することでネットワーク上のトラフィックが増加する攻撃。UDPメッセージを使用する点を除き、Smurfサービス不能攻撃と同じである

【その他の主な不要サービス】

サービス	説明	無効にするコマンド
IP source routing	パケットが通過する経路を送信者が指定できるようにする機能	(config)#no ip source-route
ICMP redirects	ICMP redirectメッセージを送信する機能	(config-if)#no ip redirect
Proxy ARP	ルータが別のホスト宛のARP要求に応答する機能	(config-if)#no ip proxy-arp
BOOTP server	起動時にクライアントマシンがネットワークに関する設定をサーバから読み込むことを可能にする機能	(config)#no ip bootp server
Finger	リモートから特定デバイスを使用している顧客リストを取得する機能	(config)#no ip finger (config)#no service finger
Configuration auto-loading	コンフィギュレーションをTFTPからロードするように試みる機能	(config)#no service config (config)#no boot network

※ Cisco IOSソフトウェア リリース15.0以降では、ほとんどのサービスがデフォルトで無効になっている

　どのサービスがデフォルトで有効になっているかは、使用しているIOSバージョンによって異なります。不要なサービスが有効になっていないか確認するには、**show control-plane host open-ports**コマンドが便利です。このコマンドは、開放中のポートおよびサービスを一覧表示し、ルータでどのような通信が行われているかを確認できます。

構文 開放中のポート（サービス）を表示（mode：>、#）
```
#show control-plane host open-ports
```

第13章 ネットワークデバイスのセキュリティ

【show control-plane host open-portsコマンドの出力例】

```
RT1#show control-plane host open-ports Enter
Active internet connections (servers and established)
Prot       Local Address          Foreign Address          Service    State
tcp              *:22                    *:0              SSH-Server  LISTEN
tcp              *:23                    *:0                 Telnet   LISTEN
tcp             *:443                    *:0              HTTP CORE   LISTEN
tcp             *:443                    *:0              HTTP CORE   LISTEN
udp             *:123                    *:0                    NTP   LISTEN
tcp              *:22           172.16.1.100:52264        SSH-Server  ESTABLIS
 ①                ②                    ③                     ④         ⑤
```

① Port：プロトコル
② Local Address：ローカル側で使用中のポート番号
③ Foreign Address：外部アドレス。通信相手のIPアドレスとポート番号
④ service：サービス名
⑤ State：通信の状態。「LISTEN」は待ち受け状態（リッスン状態）、「ESTABLIS」はコネクションが確立して通信している状態

13-5 演習問題

1 RT1の管理者は以下の設定を行ってログアウトした。再びRT1にアクセスしてユーザEXECモードから特権モードに移行する際に必要となるパスワードを選択しなさい。

```
RT1(config)#enable password Cisco
RT1(config)#enable secret Sanfran
RT1(config)#line vty 0 4
RT1(config-line)#password CCNA
```

A. CCNA
B. Cisco
C. Sanfran
D. CiscoまたはSanfran
E. CiscoまたはCCNA
F. CCNAとSanfran

2 次の出力を参照し、説明が正しいものを選択しなさい。(4つ選択)

```
Building configuration...

Current configuration : 1368 bytes
!
! Last configuration change at 01:19:08 UTC Fri Aug 1 2016
version 15.1
service timestamps debug datetime msec
service timestamps log datetime msec
no service password-encryption
!
hostname RT1
!
boot-start-marker
boot-end-marker
!
!
```

```
enable secret 5 $1$d8nC$gGC.9Ajw..OoQ2MszlWE/.
!
no aaa new-model
!
!
username admin1 password 0 Sanfran
!
!
interface FastEthernet0
 ip address 172.16.1.254 255.255.255.0
 duplex auto
 speed auto
!
interface FastEthernet1
 ip address 172.16.2.254 255.255.255.0
 duplex auto
 speed auto
!
!
banner motd ^C
***********************
    Welcome!
***********************
^C
!
line con 0
 login local
line aux 0
line vty 0 4
 password cisco
 no login
 transport input telnet
!
end
```

A. RT1にパスワード入力なしでリモートログインすることができる
B. show startup-configコマンドを実行したときの出力である
C. RT1にTelnetまたはSSHでリモートログインすることができる
D. コンソールポートを使用してログインする際に、ユーザ名とパス

ワードが要求される
- E. バナーメッセージの設定によってセキュリティが強化されている
- F. show running-configコマンドを実行したときの出力である
- G. RT1に同時に最大4台のPCからTelnet接続ができる
- H. Fa0インターフェイスは管理的に有効化されている
- I. ユーザEXECモードから特権EXECモードへ移行するとき、パスワードは1d8nC$gGC.9Ajw..OoQ2MszlWE/.を入力する必要がある

3 service password-encryptionコマンドを実行したときの説明として正しいものを選択しなさい。

- A. running-configにあるすべてのパスワードが暗号化される
- B. 新規で設定するパスワードは暗号化されない
- C. line consoleとline vtyに設定されたパスワードのみ暗号化される
- D. セキュリティを強化するため、デフォルトで有効化されている
- E. no service password-encryptionを実行すると、暗号化されたパスワードはプレーンテキストに復元される

4 管理者がスイッチにポートセキュリティを設定する目的を選択しなさい。

- A. 許可していないホストからスイッチに対してTelnetアクセスされるのを防ぐため
- B. スイッチポートを許可していないホストによって無効化されるのを防ぐため
- C. 許可していないホストがLANへアクセスするのを防ぐため
- D. 許可していない宛先MACアドレスへの通信を防ぐため
- E. スイッチの管理インターフェイスに対する不正なアクセスを防ぐため

5 ポートセキュリティを設定したスイッチポートに対して、受信フレームの送信元MACアドレスを動的にrunning-configに保存するためのコマンドを選択しなさい。

- A. `switchport port-security mac-address static`
- B. `switchport port-security mac-address dynamic`
- C. `switchport port-security violation protect`
- D. `switchport port-security source-address protect`
- E. `switchport port-security mac-address sticky`

13-6 解答

1 C

ユーザEXECモードからenableコマンドを実行して特権EXECモードに移るときに要求されるパスワードを特権モードのパスワード(またはイネーブルパスワード)といいます。特権モードのパスワードには、パスワード文字列を暗号化しないものと暗号化するものの2種類があり、後者をイネーブルシークレットパスワードと呼びます。

- イネーブルパスワードの設定(暗号化なし)
  (config)#**enable password** <password>

- イネーブルシークレットパスワードの設定(暗号化あり)
  (config)#**enable secret** <password>

両方のコマンドを同時に設定することも可能ですが、その場合にはイネーブルシークレットパスワードが優先されるため、enable passwordコマンドで設定したパスワード「Cisco」を入力しても特権EXECモードに移行できません(B)。つまり、enableコマンドを実行してパスワードの入力を求められたとき、enable secretで設定されている「Sanfran」を入力する必要があります(**C**)。
パスワード「CCNA」は、TelnetでVTYへリモートログインする際に入力する必要があります(A)。

参照 ➔ P572

2 A、D、F、H

3行目の「Current configuration」から、show running-configコマンドを実行したときの出力であることがわかります(B、**F**)。
enable secretコマンドで設定したパスワードは、暗号化された状態でコンフィギュレーションファイルに登録されます。ユーザEXECモードから特権EXECモードへ移行する際に入力が必要なパスワードではありません(I)。
Fa0インターフェイスの設定に「shutdown」が表示されていない場合、「no shutdown」によって管理的に有効化しています(**H**)。
セキュリティ強化のためにバナーメッセージは効果的ですが、「Welcome」のような歓迎を意味するメッセージを使用していはいけません(E)。
コンソールポートのline設定に「login local」とあるため、コンソール接続する際にはusernameコマンドで設定されたユーザ名とパスワードが必要にな

ります(**D**)。
VTYのline設定に「no login」とあるため、認証なしでVTYにリモートログインすることができます(**A**)。「transport input telnet」は、Telnetのみ許可します(C)。line vty 0 4の場合は5個(0～4)のvtyポートを示しており、最大5台まで同時にリモートログインが可能になります(G)。

```
Building configuration...

Current configuration : 1368 bytes  ←現在の設定（running-config）を示している
＜途中省略＞
enable secret 5 $1$d8nC$gGC.9Ajw..OoQ2MszlWE/.  ←イネーブルシークレット
!                         （MD5で暗号化されている）    パスワード
＜途中省略＞
username admin1 password 0 Sanfran  ←----------┐
!                                              │
interface FastEthernet0                        │
 ip address 172.16.1.254 255.255.255.0         │
 duplex auto   ←「shutdown」行がないため、Fa0は管理的に有効化
 speed auto                                    │
＜途中省略＞                                    │
banner motd ^C                                 │
                                               │ コンソール接続する
**********************                         │ ときの認証情報
    Welcome!  ←「Welcome」はセキュリティ上       │ ユーザ名「admin1」
**********************  推奨されていないバナーメッセージ │ パスワード「Sanfran」
^C                                             │
!                                              │
line con 0                                     │
 login local ----------------------------------┘
line aux 0
line vty 0 4  ←合計5個（0～4）のvtyポートの設定を示している
 password cisco  ←「no login」なのでこのパスワードは使用されない
 no login    ←認証機能が無効になっているため、パスワードなしでログイン可能
 transport input telnet  ←Telnetのみ許可される（SSHは拒否）
!
end
```

参照 → P567、576、588

3 A

enable secretコマンドおよびusername secretコマンドで設定したパスワード以外は、すべて暗号化されずにrunning-configに登録されます。service password-encryptionコマンドを実行すると、すでに設定されたパスワードとこれから設定されるすべてのパスワードが暗号化されます(**A**、B)。line consoleとline vtyのパスワードのほかに、enable passwordやusername passwordコマンドのパスワードも暗号化されます(C)。

デフォルトはno service password-encryptionになっています(D)。service password-encryptionで暗号化されたパスワードは、no service password-encryptionを実行してもプレーンテキストに復元されません(E)。

参照 → P574

4 C

ポートセキュリティはスイッチでサポートするレイヤ2のセキュリティ機能です。ポートセキュリティでは、許可したMACアドレスからのフレームを転送し、それ以外のMACアドレスからのフレームをブロックしてLANへアクセスするのを防ぐことができます(**C**)。

ポートセキュリティでは、フレームの宛先MACアドレスは関知しません(D)。選択肢A、B、Eもポートセキュリティの機能ではありません。

参照 → P603

5 E

スティッキーラーニングでは、ポートセキュリティが有効なスイッチポートで受信したフレームの送信元MACアドレスを動的にrunning-configに保存できます(セキュアMACアドレスの最大数に達するまで登録が可能)。これによって、許可されたMACアドレスを持つコンピュータの電源をオフにしたり、ケーブルを抜いたりしても、スイッチのrunning-config上でセキュアMACアドレスとして保持し続けます。

スティッキーラーニングはswitchport port-security mac-address stickyコマンドで設定します(**E**)。

選択肢Cはセキュリティ違反が発生したときの違反モードを「protect」に変更するためのコマンドです。A、B、Dは不正なコマンドです。

参照 → P607

第14章
ネットワークデバイスの管理

14-1 Ciscoデバイスの管理機能

14-2 Ciscoルータの管理

14-3 Cisco IOSイメージの管理

14-4 コンフィギュレーションファイルの管理

14-5 NTPによる時刻同期

14-6 Cisco IOSイメージのライセンス

14-7 パスワードリカバリ

14-8 演習問題

14-9 解答

14-1 Ciscoデバイスの管理機能

この節では、CDP/LLDPとCisco IOSでのTelnet操作、デバッグ機能について説明します。

CDP

CDP(Cisco Discovery Protocol：Ciscoデバイス検出プロトコル)は、隣接するCiscoデバイスを検出し、プロトコルやアドレス情報などを知ることができるシスコ独自のプロトコルです。CDPはデータリンク層で動作し、ネットワーク層プロトコルに依存しません。このため、インターフェイスの状態がデータリンク層のレベルでアップしていれば、IPアドレスが割り当てられていない場合でもCDPの動作には問題ありません。

CDPメッセージは、SNAP*でカプセル化して物理層に渡されます。SNAPはイーサネット、トークンリング、フレームリレー、ATMを含むほとんどの物理メディアでサポートされています。

【CDPの位置付け】

ネットワーク層	IPv4、IPv6など
データリンク層	CDP
メディア	イーサネット、フレームリレー、ATMなど

※ CDPはL2プロトコルであり、CDPメッセージはL3ヘッダを付加しないで転送される

> **試験対策**
> CDPはレイヤ2プロトコルです。ケーブルを接続してインターフェイスを有効化(no shutdown)すると、CDPは使用できます。つまり、IPアドレスの設定なしでもOKです！

● CDPの動作

CDPはデフォルトで有効になっているため、インターフェイスがデータリンク層レベルで有効になると、CDPメッセージが自動的に送受信されます。各Ciscoデバイスは、自身の情報を含むCDPメッセージを、マルチキャストアドレス「01-00-0C-CC-CC-CC」を使用して60秒間隔で送信します。隣接するCiscoデバイスによって受信されたCDPメッセージは、180秒間だけ保持されます。受信したCDPメッセージは、ほかの機器に転送されません。そのため、CDPは隣接するデバイス間でのみ使用されます。

たとえば、次の図のようなネットワークにおいて、RT1に管理アクセスしているとき、CDPで検出できるのはSW1とRT2になります。SW2は他社のスイッチ製品であるため、CDPで検出することはできません。また、SW3のCDPメッセージはRT2で受信しますが、ほかの機器へ転送されません。

【CDPによるデバイス検出】

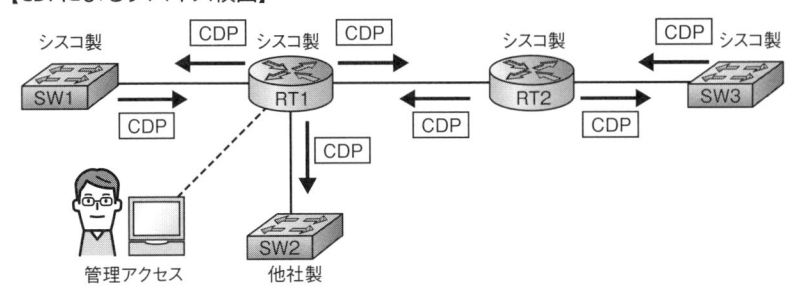

●CDPネイバー情報の表示

CDPによって収集した情報を表示するには、次のCDPコマンドを使用します。

・show cdp neighbors
・show cdp neighbors detailまたは、show cdp entry *

show cdp neighborsコマンドは、隣接デバイスから収集した情報の要約情報を表示します。各デバイスを一覧で表示するため、隣接デバイスが多く存在する場合でも容易に確認することができます。特にデバイスの接続状況を確認したりするときに便利です。

> **構文** CDPの要約情報を表示（mode：>、#）
> #show cdp neighbors

ここでは、CDPの確認をするため、次のトポロジを使用しています。

【CDP確認用トポロジ例】

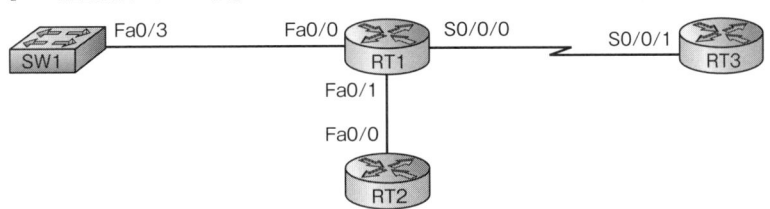

【show cdp neighborsコマンドの出力例（RT1）】

```
RT1#show cdp neighbors [Enter]    ←CDPの要約情報を表示
Capability Codes: R - Router, T - Trans Bridge, B - Source Route Bridge
                  S - Switch, H - Host, I - IGMP, r - Repeater, P - Phone,
                  D - Remote, C - CVTA, M - Two-port Mac Relay

Device ID   Local Intrfce   Holdtme   Capability   Platform    Port ID
RT2         Fas 0/1         172       R S I        2811        Fas 0/0
RT3         Ser 0/0/0       164       R S I        2811        Ser 0/0/1
SW1         Fas 0/0         122       S I          WS-C2960-   Fas 0/3
 ①           ②               ③         ④             ⑤           ⑥
```

① Device ID：隣接するCiscoデバイスのホスト名
② Local Interface：自身（RT1）のインターフェイス名
③ Holdtime：このCDP情報を保持する残り時間（デフォルト：180秒）
④ Capability：隣接デバイスがサポートしている機能（Rはルータ、Sはスイッチ）
⑤ Platform：隣接デバイスの製品型番
⑥ Port ID：隣接デバイスのインターフェイス名

【show cdp neighborsコマンドの出力例（SW1）】

```
SW1#show cdp neighbors [Enter]    ←CDPの要約情報を表示
Capability Codes: R - Router, T - Trans Bridge, B - Source Route Bridge
                  S - Switch, H - Host, I - IGMP, r - Repeater, P - Phone,
                  D - Remote, C - CVTA, M - Two-port Mac Relay

Device ID   Local Intrfce   Holdtme   Capability   Platform    Port ID
RT1         Fas 0/3         177       R S I        2811        Fas 0/0
```

　CDPで取得した詳細情報を表示するには、show cdp neighborsコマンドの後ろにdetailキーワードを追加するか、show cdp entryコマンドを使用します。この詳細情報には、ネットワーク層アドレスやIOSソフトウェアのバージョン情報などが表示されます。隣接デバイスのIPアドレスがわかるため、CDPで調べたIPアドレスを使ってpingやTelnet接続を実行したりすることができます。

14-1 Ciscoデバイスの管理機能

構文 CDPの詳細情報を表示（mode：>、#）

#show cdp neighbors detail

または

#show cdp entry { * | <device-id> }

- * .... すべての隣接デバイスの詳細情報を表示
- device-id .... 特定のデバイスIDを指定。大文字小文字は区別される

【show cdp neighbors detailコマンドの出力例（RT1）】

```
RT1#show cdp neighbors detail Enter     ←CDPの詳細情報を表示
-----------------------------------------
Device ID: RT2    ←RT2の情報
Entry address(es):
  IP address: 172.16.2.2    ←IPアドレスを表示
Platform: Cisco 2811,  Capabilities: Router Switch IGMP
Interface: FastEthernet0/1,  Port ID (outgoing port): FastEthernet0/0
Holdtime : 135 sec

Version :
Cisco IOS Software, 2800 Software (C2800NM-ADVENTERPRISEK9-M), Version 15.1(4)M6,
RELEASE SOFTWARE (fc2)                                        ↑IOSバージョン
Technical Support: http://www.cisco.com/techsupport
Copyright (c) 1986-2013 by Cisco Systems, Inc.
Compiled Thu 14-Feb-13 04:13 by prod_rel_team


advertisement version: 2
VTP Management Domain: ''
Duplex: full


-----------------------------------------
Device ID: RT3    ←RT3の情報
Entry address(es):
  IP address: 172.16.3.2
Platform: Cisco 2811,  Capabilities: Router Switch IGMP
Interface: Serial0/0/0,  Port ID (outgoing port): Serial0/0/1
Holdtime : 162 sec
```

第14章　ネットワークデバイスの管理

```
Version :
Cisco IOS Software, 2800 Software (C2800NM-ADVENTERPRISEK9-M), Version 15.1(4)M6,
RELEASE SOFTWARE (fc2)
Technical Support: http://www.cisco.com/techsupport
Copyright (c) 1986-2013 by Cisco Systems, Inc.
Compiled Thu 14-Feb-13 04:13 by prod_rel_team


advertisement version: 2
VTP Management Domain: ''

-------------------------------------------
Device ID: SW1      ←SW1の情報
Entry address(es):
  IP address: 172.16.1.2
Platform: cisco WS-C2960-24TT-L,  Capabilities: Switch IGMP
Interface: FastEthernet0/0,  Port ID (outgoing port): FastEthernet0/3
Holdtime : 151 sec


Version :
Cisco IOS Software, C2960 Software (C2960-LANBASEK9-M), Version 15.0(2)SE4,
RELEASE SOFTWARE (fc1)
Technical Support: http://www.cisco.com/techsupport
Copyright (c) 1986-2013 by Cisco Systems, Inc.
Compiled Wed 26-Jun-13 02:49 by prod_rel_team


advertisement version: 2
Protocol Hello:  OUI=0x00000C, Protocol ID=0x0112; payload len=27, value=00000000F
FFFFFFF010221FF000000000000000018191BB900FF0000
VTP Management Domain: ''
Native VLAN: 1
Duplex: full
```

14-1 Ciscoデバイスの管理機能

【show cdp entryコマンドの出力例（RT1）】

```
RT1#show cdp entry RT2 Enter    ←RT2の詳細情報を表示
------------------------
Device ID: RT2     ←RT2の情報
Entry address(es):
  IP address: 172.16.2.2   ← ①
Platform: Cisco 2811,  Capabilities: Router Switch IGMP
Interface: FastEthernet0/1,  Port ID (outgoing port): FastEthernet0/0
Holdtime : 172 sec

Version :
Cisco IOS Software, 2800 Software (C2800NM-ADVENTERPRISEK9-M), Version 15.1(4)M6,
RELEASE SOFTWARE (fc2)                                        ②
Technical Support: http://www.cisco.com/techsupport
Copyright (c) 1986-2013 by Cisco Systems, Inc.
Compiled Thu 14-Feb-13 04:13 by prod_rel_team


advertisement version: 2
VTP Management Domain: ''
Duplex: full
```

① Address：隣接デバイスのIPアドレス（ネットワーク層アドレス）
② IOS Software, Version：隣接デバイスのIOSソフトウェアとバージョン

> **試験対策**
> 各show cdpのコマンドの違いと、どんなときにどのコマンドを使用するかを区別しましょう！
> ・ポート情報を確認するとき ⇒ show cdp neighbors が最適
> ・IPアドレスを知りたいとき ⇒ show cdp neighbors detail またはshow cdp entry *

●その他のCDPコマンド

show cdpコマンドは、グローバルで有効なCDPのバージョン、およびCDPメッセージの送信間隔とホールドタイムを確認することができます。

構文 CDPのグローバルな情報を表示（mode：>、#）
```
#show cdp
```

【show cdpコマンドの出力例】

```
RT1#show cdp Enter    ←CDPの情報を表示
Global CDP information:
        Sending CDP packets every 60 seconds    ←CDPメッセージの送信間隔
        Sending a holdtime value of 180 seconds    ←ホールドタイム
        Sending CDPv2 advertisements is enabled    ←CDPバージョン、有効化
```

show cdp interfaceコマンドは、CDPが動作しているインターフェイスの状態とカプセル化タイプ、CDPのタイマー情報を表示します。オプションのインターフェイスIDを省略すると、CDPが有効なすべてのインターフェイス情報が表示されます。CDPが無効なインターフェイスの情報は表示されません。

構文 CDPが有効なインターフェイス情報を表示（mode：>、#）
#show cdp interface [<interface-id>]

【show cdp interfaceコマンドの出力例】

```
RT1#show cdp interface Enter    ←CDPが有効なインターフェイス情報の表示
FastEthernet0/0 is up, line protocol is up
  Encapsulation ARPA
  Sending CDP packets every 60 seconds
  Holdtime is 180 seconds
FastEthernet0/1 is up, line protocol is up
  Encapsulation ARPA
  Sending CDP packets every 60 seconds
  Holdtime is 180 seconds
Serial0/0/0 is up, line protocol is up
  Encapsulation HDLC
  Sending CDP packets every 60 seconds
  Holdtime is 180 seconds
Serial0/0/1 is administratively down, line protocol is down
  Encapsulation HDLC
  Sending CDP packets every 60 seconds
  Holdtime is 180 seconds
```

show cdp trafficコマンドは、CDPメッセージを送受信した統計情報やエラーを表示します。なお、特権EXECモードで**clear cdp counters**コマンドを実行すると、CDPの統計情報をクリアすることができます。

> **構文** CDPメッセージの統計情報を表示（mode：>、#）
> ```
> #show cdp traffic
> ```

【show cdp trafficコマンドの出力例】

```
RT1#show cdp traffic [Enter]   ←CDPメッセージの統計情報を表示
CDP counters :
        Total packets output: 48, Input: 43
        Hdr syntax: 0, Chksum error: 0, Encaps failed: 1
        No memory: 0, Invalid packet: 0, Fragmented: 0
        CDP version 1 advertisements output: 0, Input: 0
        CDP version 2 advertisements output: 48, Input: 43
```

● CDPの無効化

　CDPはデフォルトで有効になっています。先述したように、CDPメッセージにはホスト名やIPアドレスなどの情報が含まれているため、インターネットに接続しているインターフェイスで送信するとクラッカーに攻撃される危険性があります。また、直接接続しているのが他社製の機器やPCなどの場合は、CDPメッセージを送信する必要もありません。

　CDPを停止するには、次の2つの方法があります。

> **構文** CDPをデバイス全体で無効化
> ```
> (config)#no cdp run
> ```

> **構文** CDPを特定のインターフェイスで無効化
> ```
> (config-if)#no cdp enable
> ```

> **注意** CDPをグローバルで無効化（no cdp run）した状態で、特定のインターフェイスでのみ有効化することはできません。CDPを特定のインターフェイスでのみ無効化したい場合はCDPをグローバルで有効（cdp run）の状態で、特定のインターフェイスでno cdp enableを実行してCDPを停止させます。

● CDPのタイマー変更

CDPメッセージの送信頻度やホールドタイムの時間を変更するには、次のコマンドを使用します。

構文 CDPメッセージの送信頻度の設定

(config)#**cdp timer** <sec>

・sec ……CDPメッセージの送信頻度を指定（単位：秒）。デフォルトは60秒

構文 CDPのホールドタイムの設定

(config)#**cdp holdtime** <sec>

・sec …… CDPメッセージを保持する時間を指定（単位：秒）。デフォルトは180秒

LLDP

　CDPで検出できるのは、隣接されたCiscoデバイスに限定されます。**LLDP**（Link Layer Discovery Protocol）は、自身の情報をアドバタイズ（通知）する近隣探索プロトコルであり、IEEE 802.1ABで標準化されています。CDPと同様にレイヤ2レベルでの接続が確立できれば、異なるベンダの隣接機器の情報を取得することができます。

　LLDPでは、**TLV**と呼ばれるタイプ（Type）、長さ（Length）、値（Value）の属性を使用して情報を送受信します。

　CDP/LLDPはデフォルトで次のTLVをアドバタイズします。

・DCBXP（Data Center Bridge Exchange Protocol）TLV
・管理アドレス TLV
・ポート記述 TLV
・ポートVLAN ID TLV
・システム機能 TLV
・システム記述 TLV
・システム名 TLV

　LLDPはCDPよりも多くの情報を伝搬することができるのに対し、CDPはより軽量であるという利点があります。

● LLDPの設定

　CDPはすべてのCiscoデバイスにおいてデフォルト有効ですが、LLDPのデフォルト設定はデバイスによって異なります。

　LLDPを有効化するには、次のコマンドを使用します。

14-1 Ciscoデバイスの管理機能

構文 LLDPをデバイス全体で有効化

(config)#lldp run

再び無効化するには、先頭にnoを付けて実行します。
外部の脅威から保護するなどの理由から、特定のインターフェイスでLLDPを実行することが望ましくない場合、次のコマンドを使用してLLDP情報を送受信しないようにできます。

構文 LLDPを受信しない

(config-if)#no lldp receive

構文 LLDPを送信しない

(config-if)#no lldp transmit

● LLDPネイバー情報の表示

LLDPによって収集した情報を表示するには、次のLLDPコマンドを使用します。

構文 LLDPの要約情報を表示（>、#）

#show lldp neighbors

構文 LLDPの詳細情報を表示（>、#）

#show lldp neighbors detail
または
#show lldp entry { * | <device-id> }

ここでは、次のトポロジを使用してLLDPの確認をしています。

【LLDP確認用トポロジ例】

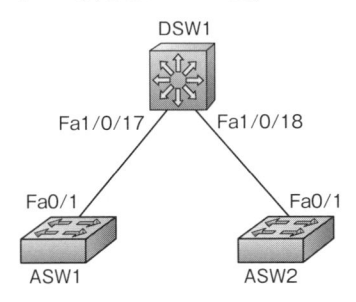

```
              DSW1
          ┌────────┐
     Fa1/0/17   Fa1/0/18
        /             \
    Fa0/1           Fa0/1
   ┌─────┐        ┌─────┐
   │ASW1 │        │ASW2 │
```

【show lldp neighborsコマンドの設定および出力例(ASW1)】

```
ASW1(config)#lldp run Enter    ←スイッチ全体でLLDPの有効化
ASW1(config)#exit Enter
ASW1#show lldp neighbors Enter    ←LLDPの要約情報を表示

Capability codes:
    (R) Router, (B) Bridge, (T) Telephone, (C) DOCSIS Cable Device
    (W) WLAN Access Point, (P) Repeater, (S) Station, (O) Other

Device ID        Local Intf    Hold-time    Capability    Port ID
DSW1             Fa0/1         120          B,R           Fa1/0/17
 ①                ②             ③            ④              ⑤
Total entries displayed: 1   ←LLDPネイバーの数

ASW1#
```

① Device ID：隣接するLLDPネイバーのホスト名
② Local Intf：自身（ASW1）のインターフェイス名（ポート番号）
③ Hold-time：このLLDP情報を保持する残り時間（デフォルトは120秒）
④ Capability：隣接デバイスがサポートしている機能（BはBridge、RはRouter）
⑤ Port ID：隣接デバイスのインターフェイス名（ポート番号）

　CDPと同様に、LLDPで取得した詳細情報を表示するには、show lldp neighborsコマンドの後ろにdetailキーワードを追加するか、show lldp entry *コマンドを使用します。

【show lldp neighbors detailコマンドの出力例(ASW1)】

```
ASW1#show lldp neighbors detail Enter    ←LLDPの詳細情報を表示


Chassis id: 0013.802f.ff93
Port id: Fa1/0/17
Port Description: FastEthernet1/0/17
System Name: DSW1.cisco.com

System Description:
Cisco IOS Software, C3750 Software (C3750-ADVIPSERVICESK9-M), Version 12.2(46)
SE, RELEASE SOFTWARE (fc2)    ↑IOSソフトウェアの情報
Copyright (c) 1986-2008 by Cisco Systems, Inc.
```

```
Compiled Thu 21-Aug-08 15:43 by nachen


Time remaining: 101 seconds
System Capabilities: B,R
Enabled Capabilities: B,R
Management Addresses:
    IP: 10.1.1.1      ←IPアドレス
Auto Negotiation - supported, enabled
Physical media capabilities:
    100base-TX(FD)
    100base-TX(HD)
    10base-T(FD)
    10base-T(HD)
Media Attachment Unit type: 16
----------------------------------------------


Total entries displayed: 1

ASW1#
```

● LLDPのグローバルな情報の確認

show lldpコマンドはLLDPが有効かどうか、LLDPメッセージの送信間隔とホールドタイムを確認することができます。

構文 LLDPのグローバルな情報を表示（>、#）
#show lldp

【show lldpコマンドの出力例】

```
ASW1#show lldp Enter    ←LLDPの情報を表示

Global LLDP Information:
    Status: ACTIVE     ←LLDPは有効
    LLDP advertisements are sent every 30 seconds    ←LLDPの送信間隔は30秒
    LLDP hold time advertised is 120 seconds    ←LLDPのホールドタイムは120秒
    LLDP interface reinitialisation delay is 2 seconds
ASW1#
```

試験対策 CDPとLLDPの比較

	CDP	LLDP
標準	シスコ独自	IEE802.1AB
動作レイヤ	データリンク層(L2)	データリンク層(L2)
アドバタイズ	マルチキャスト	マルチキャスト
マルチキャストMACアドレス	0100.0CCC.CCCC	0180.C200.000E
利点	軽量	高度にカスタマイズ可能(TLV)

Cisco IOSでのTelnet操作

CiscoデバイスにリモートからTCP/IPネットワークを経由して管理アクセスするには、TelnetまたはSSHコマンドを実行します。Cisco IOS上で、ほかのデバイス（Telnetサーバ）にTelnet接続するには、次のコマンドを使用します。

構文 IOSでTelnetサーバに接続する（mode：>、#）

`#telnet {<ip-address> | <host>}`

- ip-address …… 接続先となるTelnetサーバのIPアドレスを指定
- host …………… 接続先となるTelnetサーバのホスト名を指定（ip hostコマンドやDNSによって名前解決されている必要がある）

Telnetを実行する際に「telnet」コマンド自体を省略することも可能です。IPアドレスだけ、またはホスト名だけを入力してEnterキーを押すと、Telnetが実行されます。

Telnet接続を終了するには、exitまたはlogoutコマンドを実行します。

【IOSでTelnet接続を実行】

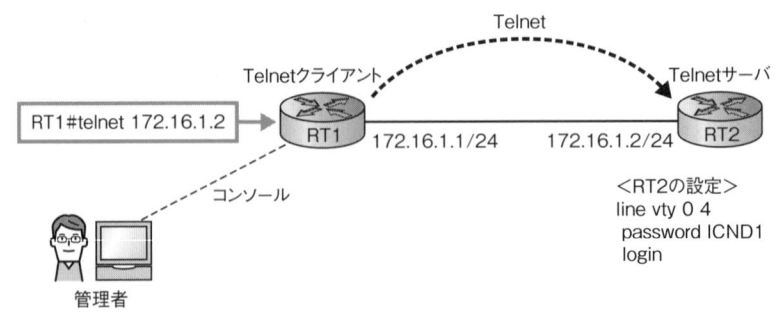

```
RT1#telnet 172.16.1.2
```

Telnetクライアント RT1 — 172.16.1.1/24 Telnet 172.16.1.2/24 Telnetサーバ RT2

コンソール — 管理者

<RT2の設定>
line vty 0 4
 password ICND1
 login

【Telnet接続の実行例】

```
RT1#telnet 172.16.1.2 Enter  ←RT2のIPアドレスを指定してTelnetを実行
Trying 172.16.1.2... Open


User Access Verification

Password:      ←パスワード「ICND1」を入力
RT2>           ←プロンプトがRT2に変わり、RT2にTelnet接続できたことを示す
RT2>exit Enter  ←Telnet接続を終了（logoutコマンドでも可）

[Connection to 172.16.1.2 closed by foreign host]
RT1#   ←元のプロンプトに戻る
```

● ip hostコマンドで名前解決

　pingやtelnetコマンドを実行する際に、デバイスのホスト名を指定することができます。ただし、実際にIP通信を行うにはIPアドレスが必要です。そのため、名前とIPアドレスのマッピング情報を事前に用意しておき、名前を基にIPアドレスを見つける名前解決の処理を行います。

　名前解決には一般的にDNSが使用されますが、Cisco IOSの**ip host**コマンドでコンフィギュレーションファイルに登録しておくと、DNSサーバと接続していない場合でも名前解決することができます。

> **構文** IOSによる名前解決
>
> (config)#`ip host` <host> <address1> [<address2> …<address8>]
>
> ・host ………… 登録するホスト名を指定（hostnameコマンドで設定したホスト名と一致させる必要はない）
> ・address1 ……… IPアドレスを指定
> ・address2～8… 1つの名前に対し最大8つまでIPアドレスをマッピング可能（オプション）。複数のアドレスをマッピングした場合、pingコマンドでは先頭に指定したIPアドレスのみ使用。telnetコマンドでは先に指定したaddress1から優先的に使用し、アクセスできない場合はaddress2を使用する。IPアドレスの間には半角スペースが必要

　名前解決を確認するには、**show hosts**コマンドを使用します。このコマンドでは、ip hostコマンドとDNSの両方で名前解決された情報を確認できます。

第14章 ネットワークデバイスの管理

構文 名前解決の確認（mode：>、#）
```
#show hosts
```

【ip hostコマンドで名前解決】

```
RT1(config)#ip host RT2 172.16.2.253 [Enter]   ←ホスト名を登録
RT1(config)#ip host SV1 172.16.1.1 [Enter]
RT1(config)#exit [Enter]
RT1#ping rt2 [Enter]   ←ホスト名を指定してpingを実行
Type escape sequence to abort.
Sending 5, 100-byte ICMP Echos to 172.16.2.253, timeout is 2 seconds:
!!!!!
Success rate is 100 percent (5/5), round-trip min/avg/max = 1/1/4 ms
RT1#telnet rt2 [Enter]   ←ホスト名を指定してtelnetを実行
Trying RT2 (172.16.2.253)... Open


User Access Verification

Password:
RT2>exit [Enter]


[Connection to rt2 closed by foreign host]
RT1#ping sv1 [Enter]
Type escape sequence to abort.
Sending 5, 100-byte ICMP Echos to 172.16.1.1, timeout is 2 seconds:
!!!!!
Success rate is 100 percent (5/5), round-trip min/avg/max = 1/2/4 ms
RT1#show hosts [Enter]   ←名前解決の情報を確認する
Default domain is impress.co.jp
Name/address lookup uses static mappings


Codes: UN - unknown, EX - expired, OK - OK, ?? - revalidate
       temp - temporary, perm - permanent
       NA - Not Applicable None - Not defined


Host                  Port     Flags        Age Type  Address(es)
RT2                   None     (perm, OK)   0   IP    172.16.2.253
SV1                   None     (perm, OK)   0   IP    172.16.1.1
RT1#
```

14-1 Ciscoデバイスの管理機能

●接続状況の確認

VTY回線の接続状況は、**show users**コマンドで確認できます。このコマンドは、管理アクセスされているサーバ側で接続中のセッションを一覧表示します。出力結果には、VTYだけでなくコンソールやAUXなどの回線情報も含まれます。

show usersコマンドを使用すると、どのクライアントからTelnetやSSHでリモート接続されているかがわかります。

> **構文** 現在の接続状況を表示（mode：>、#）
> #show users

【Telnetサーバ側でセッションを確認】

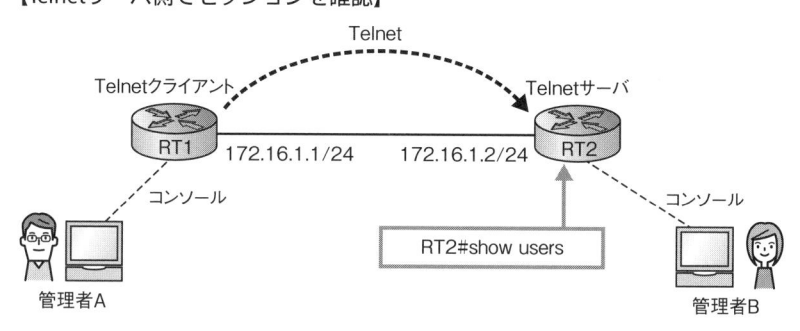

(図：管理者AのRT1（Telnetクライアント、172.16.1.1/24）から管理者BのRT2（Telnetサーバ、172.16.1.2/24）へTelnet接続。RT2でshow usersを実行)

【show usersコマンドの出力例】

```
RT2#show users [Enter]  ←RT2の接続状況を確認
    Line       User         Host(s)              Idle       Location
*   0 con 0                 idle                 00:00:00
    6 vty 0                 idle                 00:02:16   172.16.1.1
①   ②                                           ④          ⑤
  Interface    User                    Mode     Idle       Peer Address
RT2#
```

① 先頭に「*」（アスタリスク）が付いている行は、自身がこのデバイスにアクセスしている情報。この場合は、管理者AがRT2のVTY回線0にアクセスし、管理者BがRT2にコンソール接続していることを表す
② ライン（回線）番号。コンソールは「0」、VTYは機種によって異なる
③ クライアントが接続している回線。「con 0」はコンソール、「vty 0」はVTY回線0を示す
④ Idle：接続してからの経過時間。「00:02:16」の場合、2分16秒の経過を示す
⑤ Location：接続しているクライアントのIPアドレス（名前解決しているときはホスト名が表示される）

●Telnetセッションの中断

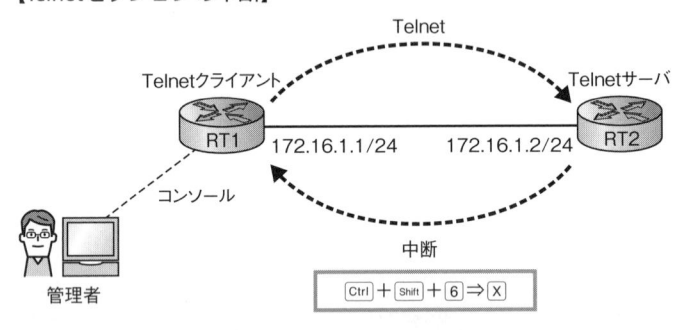

　Cisco IOSではTelnet（またはSSH）セッションを保持したままの状態で、元のデバイスのCLIに戻ること、つまり、セッションの中断ができます。中断したデバイスのセッションを再開する際は、再びパスワードを入力する必要はなく、中断前と同じプロンプトで操作をすぐに再開することができるため、管理者は目的のデバイスにすばやくアクセスして作業が行えます。

　セッションを中断するには、[Ctrl]＋[Shift]＋[6]キーを押し、3つのキーを放した直後に[X]キーを押します。この操作を行うと、セッションを保持した状態で自身（ローカル）のプロンプトに戻ります。

・セッションの中断（すべてのモードで実行可能）
　　[Ctrl]＋[Shift]＋[6]キー ⇒ [X]キー

【Telnetセッションの中断】

```
                        Telnet
         Telnetクライアント           Telnetサーバ
              RT1                       RT2
                  172.16.1.1/24  172.16.1.2/24
     コンソール
   管理者                     中断
                        [Ctrl]＋[Shift]＋[6]⇒[X]
```

【Telnetセッション中断の実行例】

```
RT1#telnet 172.16.1.2 [Enter]　←RT2のIPアドレスを指定してTelnetを実行
Trying 172.16.1.2 ... Open


User Access Verification


Password:
RT2>enable [Enter]
Password:　　←パスワードを入力
RT2#configure terminal [Enter]
Enter configuration commands, one per line.  End with CNTL/Z.
RT2(config)# [Ctrl]＋[Shift]＋[6]⇒[X]キー　←Telnetセッションを中断
RT1#　　←プロンプトがRT1に変わり、ローカル（RT1）に戻った
```

中断しているセッション情報の確認には、**show sessionsコマンド**を使用します。

構文 中断しているセッション情報の表示（mode：>、#）
```
#show sessions
```

【中断しているセッション情報の表示例】

```
RT1#show sessions Enter    ←セッション情報の表示
Conn Host            Address         Byte  Idle Conn Name
*  1 172.16.1.2      172.16.1.2       0     0  172.16.1.2
```
① ② ③　　　　　　　④　　　　　　　　　　⑤

① 「*」（アスタリスク）は直前に接続していたセッションを示す
② 接続ごとに割り当てられるコネクション番号
③ Host：接続先のホスト名（名前解決していないときはIPアドレスが表示）
④ Address：セッションを保持しているデバイスのIPアドレス
⑤ Idle：アイドル時間（単位：分）

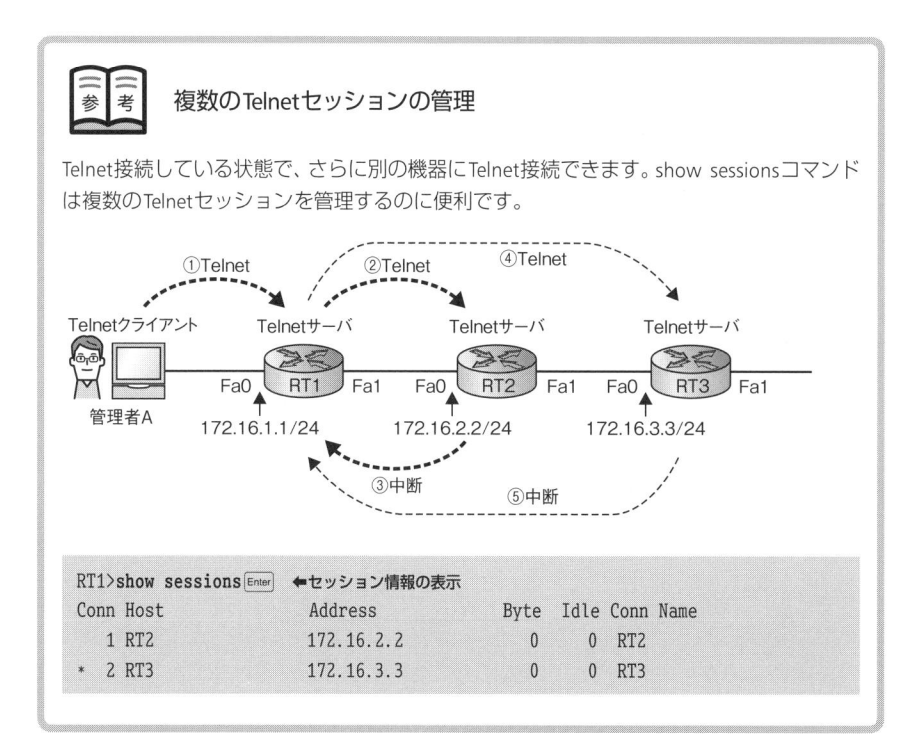

参考 複数のTelnetセッションの管理

Telnet接続している状態で、さらに別の機器にTelnet接続できます。show sessionsコマンドは複数のTelnetセッションを管理するのに便利です。

①Telnet　②Telnet　④Telnet
Telnetクライアント　Telnetサーバ　Telnetサーバ　Telnetサーバ
管理者A　Fa0 RT1 Fa1　Fa0 RT2 Fa1　Fa0 RT3 Fa1
　　　　　172.16.1.1/24　172.16.2.2/24　172.16.3.3/24
　　　　　　　　　　③中断　　⑤中断

```
RT1>show sessions Enter   ←セッション情報の表示
Conn Host            Address         Byte  Idle Conn Name
   1 RT2             172.16.2.2       0     0  RT2
*  2 RT3             172.16.3.3       0     0  RT3
```

● Telnetセッションの再開

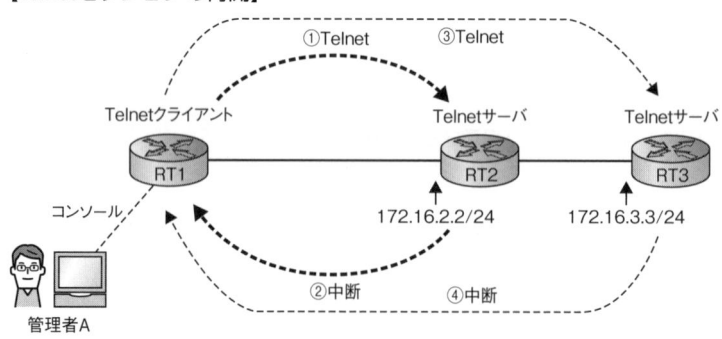

　中断しているTelnet（またはSSH）セッションを再開するには、**resumeコマンド**を使用します。resumeの後ろには再開したいセッションのコネクション番号またはホスト名を指定します。コネクション番号は、show sessionsコマンドで確認します。ただし、直前のセッションについては、Enterキーを押すだけ（resumeコマンドも不要）で再開できます。また、resumeコマンドのコネクション番号を省略しても、直前のセッションを再開します。

　構文　直前のセッションの再開（mode：＞、#）
　　　　#resume　または　Enterキー

　構文　特定のセッションの再開（mode：＞、#）
　　　　#resume { <connection-number> | <host> }

　　　　・connection-number …… show sessionsコマンドで表示されるコネクション番号を指定

　次の図が示すとおり、RT1にコンソール接続をしている管理者は、最初にRT2に対するTelnet接続を中断し、次にRT3に対するTelnet接続を中断している状態です。

【Telnetセッションの再開】

①Telnet　③Telnet
Telnetクライアント　Telnetサーバ　Telnetサーバ
RT1　RT2　RT3
コンソール
172.16.2.2/24　172.16.3.3/24
②中断　④中断
管理者A

　この状態で、セッションが再開する様子を次に示します。

14-1 Ciscoデバイスの管理機能

【セッションの再開例】

```
RT1#show sessions [Enter]   ←現在のセッションを確認
Conn Host               Address           Byte  Idle Conn Name
   1 RT2                172.16.2.2           0     1 RT2
*  2 RT3                172.16.3.3           0     0 RT3
```
↑RT3が直前のセッションであることを示している

```
RT1# [Enter]   ←直前のセッションを再開
[Resuming connection 2 to RT3 ... ] [Enter]


RT3#   ←RT3へのTelnet接続が再開された
RT3# [Ctrl] + [Shift] + [6] ⇒ [X] キー   ←Telnetセッションを中断
RT1#show sessions [Enter]   ←現在のセッションを確認
Conn Host               Address           Byte  Idle Conn Name
   1 RT2                172.16.2.2           0     3 RT2
*  2 RT3                172.16.3.3           0     0 RT3

RT1#resume 1 [Enter]   ←コネクション1（RT2）のセッションを再開
[Resuming connection 1 to RT2 ... ] [Enter]

RT2#   ←RT2へのTelnet接続が再開された
RT2# [Ctrl] + [Shift] + [6] ⇒ [X] キー   ←Telnetセッションを中断
RT1#show sessions
Conn Host               Address           Byte  Idle Conn Name
*  1 RT2                172.16.2.2           0     0 RT2
   2 RT3                172.16.3.3           0     2 RT3
```
↑RT2が直前のセッションであることを示している

```
RT1#
```

●Telnetセッションの終了

　Telnet（またはSSH）セッションの終了は、接続を実行したクライアント自身で終了する方法と、接続を受けるサーバ側で終了する方法があります。

　また、クライアント自身で終了する際には、リモートデバイス上でセッションを終了する方法と、セッションを中断した状態のローカルデバイスから終了する方法があります。

> **構文** クライアント側がリモートデバイスでセッションの終了（mode：>、#）
> `#exit` または `#logout`

> **構文** クライアント側が中断しているセッションの終了（mode：>、#）
> `#disconnect [{ <connection-number> | <host> }]`

　オプションの指定なしでdisconnectコマンドを実行すると、直前のセッションが終了されます。

> **構文** サーバ側でセッションの終了（mode：#）
> `#clear line <line-number>`
>
> 「*」付きのセッションは自分自身の接続なので、clear lineでは切断できない
>
> ・line-number……show usersコマンドで表示されるライン（回線）番号を指定

【Telnetセッションの終了】

①Telnet　③Telnet

Telnetクライアント　　Telnetサーバ　　Telnetサーバ
RT1　　　　　　　　　RT2　　　　　　　RT3
コンソール　　　　172.16.2.2/24　　172.16.3.3/24
　　　　　　　　　　　　　　　　　　　コンソール
②中断　　④中断
管理者A　　　　　　　　　　　　　　　　管理者B

　上図が示すとおり、RT1にコンソール接続をしている管理者Aは、最初にRT2に対するTelnet接続を中断し、次にRT3に対するTelnet接続を中断している状態です。管理者BはRT2にコンソール接続しています。この状態で、セッションの終了する様子を次に示します。

14-1 Ciscoデバイスの管理機能

【クライアント側が中断しているセッションの終了】（管理者Aの操作）

```
RT1#show sessions [Enter]   ←現在のセッションを確認
Conn Host                Address              Byte   Idle Conn Name
   1 RT2                 172.16.2.2              0      1 RT2
*  2 RT3                 172.16.3.3              0      1 RT3
   ↑コネクション2（RT3）が直前のセッションであることを示している
RT1#disconnect [Enter]   ←直前のセッションを終了
Closing connection to RT3 [confirm] [Enter]
RT1#show sessions [Enter]   ←現在のセッションを確認
Conn Host                Address              Byte   Idle Conn Name
*  1 RT2                 172.16.2.2              0      3 RT2
   ↑コネクション2（RT3）のセッション表示がなくなり、終了していることを示している
RT1#
```

【サーバ側でセッションの終了】（管理者Bの操作）

```
RT2#show users [Enter]   ←現在のセッションを確認
    Line       User       Host(s)              Idle        Location
*   0 con 0               idle                 00:00:00
    6 vty 0              idle                 00:04:44    172.16.2.1
   ↑ライン0と6のセッションが表示されている
    Interface  User                Mode           Idle    Peer Address

RT2#clear line 6 [Enter]   ←ライン（回線）番号6のセッションを終了
[confirm] [Enter]
[OK]
RT2#show users [Enter]   ←現在のセッションを確認
    Line       User       Host(s)              Idle        Location
*   0 con 0               idle                 00:00:00
   ↑ライン6のセッション表示がなくなり、終了していることを示している
    Interface  User                Mode           Idle    Peer Address

RT2#
```

このとき、管理者AがRT2に対するTelnetセッションを再開した場合、[Connection to RT2 closed by foreign host]というメッセージが表示され、外部からセッションが切断されたことがわかります。

【外部ホストによってセッションが切断された例】

```
RT1# Enter   ←直前のセッションを再開
[Resuming connection 1 to RT2 ... ]


[Connection to RT2 closed by foreign host]   ←外部のホストによってRT2への接続が閉鎖された
RT1#show sessions Enter    ←現在のセッションを確認
% No connections open
RT1#
```

試験対策

Telnetを中断したときのIOS操作
- クライアント側のコマンド …… show sessions、resume、disconnect
- サーバ側のコマンド …………… show users、clear line

show sessions（クライアント側）――Telnetを再開するとき
- 直前のセッション ⇒ Enter キーを押す
- 特定のセッション ⇒ resume <コネクション番号>

show sessions（クライアント側）――セッションを切断するとき
- 直前のセッション ⇒ disconnect
- 特定のセッション ⇒ disconnect <コネクション番号>

show users（サーバ側）
- 特定のセッションを切断 ⇒ clear line <ライン（回線）番号>

Syslog

　Syslogとは、ネットワーク機器（またはサーバ）上のOS、アプリケーション、サービスがシステムの動作状況やメッセージをログとして記録するためのプロトコル（またはプログラム）です。重大なログが発生した場合には、即座に管理者へメールで通知することも可能です。集めたログ（記録）は障害解析などに利用され、ログメッセージによって障害を未然に防げることもあります。Syslogは、さまざまなプラットフォーム上で広くサポートされています。

　Ciscoデバイスも、システムの稼働状況やエラーメッセージなどをログとして出力します。デバイスはSyslogメッセージを生成して、システムエラーやイベントログを次のさまざまな宛先へ転送するように設定できます。リモートサーバへ転送する際には、UDPポート514が使用されます。

14-1 Ciscoデバイスの管理機能

＜Syslogメッセージの転送先＞
- 端末回線（コンソール、AUXなど）
- ロギングバッファ（内部バッファ）
- 外部装置（外部のSyslogサーバ）

●Syslogメッセージの形式

Cisco IOSソフトウェアによって生成されるSyslogメッセージは、パーセント記号（％）で始まる次の形式で表示されます。

```
seq no : timestamp : %facility-severity-MNEMONIC : description
```

- seq no ………… シーケンス番号（オプション）。service sequence-numbersコマンドが設定されている場合のみ表示
- timestamp …… メッセージまたはイベントの日時（オプション）。service timestamps logコマンドで変更が可能
- facility ………… メッセージが参照する機能
- severity ……… メッセージの重大度を示す0～7のコード
- MNEMONIC … メッセージを一意に示す文字列
- description …… レポートされているイベントの詳細を示すテキスト文字列

上記のとおり、Syslogメッセージには「ファシリティ（facility）」と「シビリティ（severity）」が含まれます。

ファシリティはログメッセージの分類（種類）を示し、0～23の合計24種類あります。OSによってファシリティの持つ意味合いが異なり、同じ用途に異なる番号が使用されていることがあります。Cisco IOSは、Syslogメッセージを外部装置に送信する場合には、UNIX Syslogファシリティから送信されたSyslogメッセージとして送信します。

Syslogサーバへ送信する際のSyslogファシリティは、デフォルトでは「local7」になっていますが、**logging facilityコマンド**で変更が可能です。

> **構文** Syslogファシリティの変更
>
> (config)#`logging facility <facility-type>`
>
> ・facility-type …… Syslogファシリティのタイプを指定（デフォルトはlocal7）

logging facilityコマンドで指定可能なfacility-typeキーワードは、次のとおりです。

【facility-typeキーワード】

キーワード	説明
auth	許可システム
cron	cronファシリティ
daemon	システムデーモン
kern	カーネル
local0-7	ローカルに定義されたメッセージ
lpr	ラインプリンタシステム
mail	メールシステム
news	USENETニュース
sys9-14	システムで使用
syslog	システムログ
user	ユーザプロセス
uucp	UNIXからUNIXへのコピーシステム

◎ Syslogファシリティの詳細はCCNA Routing and Switchingの範囲を超えるため、本書では説明していません。ご使用のUNIXオペレーティングシステムの操作マニュアルを参照してください。

　Syslogメッセージの重大度（レベル）は、**シビリティ（severity、重大度）**という0～7の数値で定義されています。severityの値は小さいほど重大度が高く、それぞれに対応した名前が次のように決められています。

【Syslogメッセージのseverity】

severity	名前	説明
0	Emergencies（緊急）	システムが利用できなくなる緊急な状態
1	Alerts（アラート）	システムを安定させるための迅速な対処が必要な状態
2	Critical（重要）	注意すべき危険な状態
3	Errors（エラー）	問題を究明できるエラー状態
4	Warnings（警告）	重大な問題ではないが注意すべき状態
5	Notifications（通知）	正常だが注意すべき状態
6	Informational（情報）	状態通知メッセージ
7	Debugging（デバッグ）	トラブルシュート用のデバッグメッセージ

重大度　高　←→　低

　次の例は、デュプレックス（二重モード）の不一致が検出されたときに表示されるログメッセージを示しています。

14-1 Ciscoデバイスの管理機能

【ログメッセージの表示例(1)】

```
                 ファシリティ　重大度（レベル4）
                      ↓         ↓
*Mar  1 00:09:32: %CDP-4-DUPLEX_MISMATCH: duplex mismatch
discovered on FastEthernet0/7 (not half duplex), with SW1
FastEthernet0/7 (half duplex).
SW1#
```

次の例は、FastEthernet1インターフェイスでリンクダウンが検出されたときに表示されるログメッセージを示しています。

【ログメッセージの表示例(2)】

```
*Feb 11 06:56:41.099: %LINEPROTO-5-UPDOWN: Line protocol on
Interface FastEthernet1, changed state to down
*Feb 11 06:56:42.099: %LINK-3-UPDOWN: Interface FastEthernet1,
changed state to down     ↑    ↑
                      ファシリティ　重大度（レベル3）
```

デフォルトでは、コンソールへのログ表示は有効化されています。コンソールへのログメッセージの表示を無効にするには、**no logging consoleコマンド**を使用します。

構文 コンソールへのログ表示の無効化

(config)#no logging console

無効化されたログの表示を再び有効にするには**logging consoleコマンド**を実行します。また、出力するログのレベルを指定することも可能です。logging consoleコマンドのオプションでレベルを指定すると、そのレベル以上のメッセージが表示されます。

構文 コンソールログ表示のレベルを指定

(config)#logging console [<level>]

・level ………… ログのレベルを0～7の範囲で指定（オプション）。指定したレベル以上のメッセージのみ表示する（デフォルトは7以上）

● Syslogサーバの設定

ログメッセージをSyslogサーバへ送信するには、**loggingコマンド**を使用してSyslogサーバのIPアドレスまたはホスト名を指定する必要があります。

> **構文** Syslogサーバの指定
>
> (config)#**logging** {<ip-address>|<hostname>}

また、**logging trap**コマンドを使用して、Syslogサーバに送信されるシビリティレベルを制限することも可能です。指定したseverity（重大度）以下のSyslogメッセージが送信されます。

> **構文** Syslogメッセージのseverityの設定
>
> (config)#**logging trap** <severity>
>
> ・severity………severity値（0～7）または、severity名を指定

次の図の例では、Syslogサーバ（172.16.1.100）へSyslogメッセージを送信するための設定を示しています。severity（重大度）は4（Warnings）以下のSyslogメッセージに制限しています。

【Syslogの設定例】

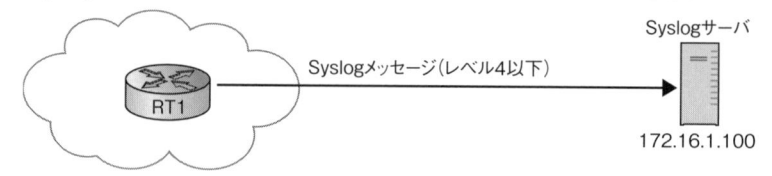

Syslogメッセージ（レベル4以下）
RT1 → Syslogサーバ 172.16.1.100

【severityの設定】

```
RT1(config)#logging 172.16.1.100 [Enter]   ←SyslogサーバのIPアドレスを指定
RT1(config)#logging trap ?                 ←指定可能なseverityをヘルプで参照
  <0-7> Logging severity level
  alerts          Immediate action needed        (severity=1)
  critical        Critical conditions            (severity=2)
  debugging       Debugging messages             (severity=7)
  emergencies     System is unusable             (severity=0)
  errors          Error conditions               (severity=3)
  informational   Informational messages         (severity=6)
  notifications   Normal but significant conditions (severity=5)
  warnings        Warning conditions             (severity=4)
  <cr>

RT1(config)#logging trap 4 [Enter]   ←severityを4以下に制限
```

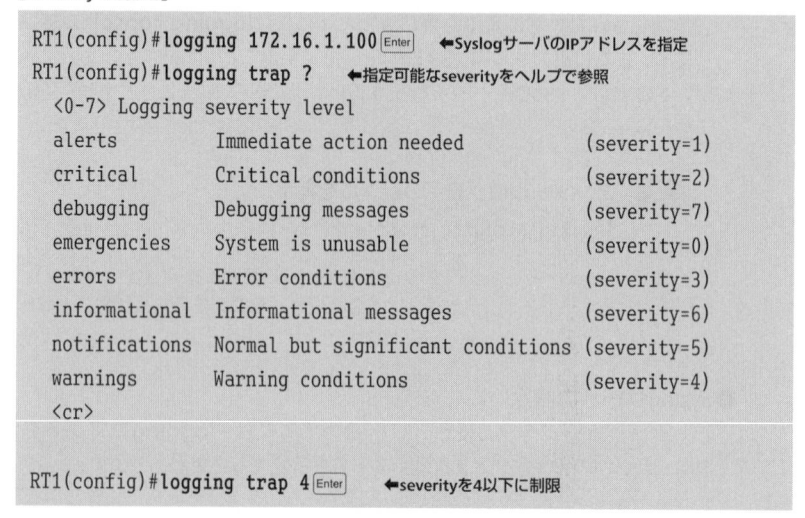

●ロギングバッファの設定

生成されたログメッセージをロギングバッファ（内部バッファ）に保存したい場合には、**logging buffered**コマンドを使用します。このコマンドでは、オプションでバッファ容量や保存するメッセージのレベル（severity）を指定できます。

> **構文** ロギングバッファの設定
>
> (config)#**logging buffered** [<size>] [<severity>]
>
> ・size ………… バッファ容量を4096～2147483647の範囲で指定（オプション）。デフォルトは4096バイト
> ・severity ……… severity値（0～7）または、severity名を指定（オプション）

次の例では、ロギングバッファのサイズを8192バイト、severityを6（informational）に設定しています。これによって、severity0（emergencies）～6（informational）までのメッセージが内部バッファに保管されます。

【ロギングバッファの設定例】

```
RT1(config)#logging buffered 8192 [Enter]      ←ログバッファのサイズ指定
RT1(config)#logging buffered 6 [Enter]         ←severityを6（0～6）に設定
RT1(config)#service timestamps log datetime localtime [Enter]
                                               ↑タイムスタンプをdatetimeに変更
```

内部バッファに保存されたログメッセージは、**show logging**コマンドで確認できます。このコマンドでは、Syslogサーバの設定情報も表示されます。

> **構文** 内部バッファの表示（mode：#）
>
> #**show logging**

【show loggingコマンドの出力例】

```
RT1#show logging [Enter]
Syslog logging: enabled (0 messages dropped, 3 messages rate-limited, 0
flushes, 0 overruns, xml disabled, filtering disabled)

No Active Message Discriminator.
```

```
No Inactive Message Discriminator.


    Console logging: level debugging, 60 messages logged, xml disabled,
                     filtering disabled
    Monitor logging: level debugging, 0 messages logged, xml disabled,
                     filtering disabled
    Buffer logging:  level informational, 22 messages logged, xml disabled,
                     filtering disabled           ←ロギングバッファseverityは6
    Exception Logging: size (4096 bytes)
    Count and timestamp logging messages: disabled
    Persistent logging: disabled

No active filter modules.

    Trap logging: level warnings, 46 message lines logged   ←severityは4に設定
        Logging to 172.16.1.100  (udp port 514, audit disabled,  ←Syslogサーバの設定
            link up),
            8 message lines logged,
            0 message lines rate-limited,
            0 message lines dropped-by-MD,
            xml disabled, sequence number disabled
            filtering disabled
        Logging Source-Interface:       VRF Name:

Log Buffer (8192 bytes):   ←ロギングバッファの設定

*Feb 12 00:26:14: %SYS-5-CONFIG_I: Configured from console by console
*Feb 12 00:26:28: %LINEPROTO-5-UPDOWN: Line protocol on Interface FastEthernet1,
changed state to down
*Feb 12 00:26:29: %LINK-3-UPDOWN: Interface FastEthernet1, changed state to down
                    ↑内部バッファに保存されたログメッセージ
```

VTY(仮想端末)回線へのログ表示

デフォルトでは、VTY回線へのログ表示は無効化されています。TelnetやSSHによってVTYへリモート接続しているときにログメッセージを表示するには、**terminal monitor**コマンドを実行します。これによって、TelnetやSSHのセッションにログメッ

セージとデバッグの両方が出力されます。デフォルトの状態に戻すときは**terminal no monitor**コマンドを実行します。また、セッションをログアウトした場合にも terminal monitorは無効に戻ります。

構文 VTY回線へのログ表示（mode：#）

```
#terminal monitor
```

デバッグ機能

Cisco IOSには、debugコマンドがあります。デバッグとは、ルータやスイッチのあるプロセスに関する動作をリアルタイムにモニタリングするための機能です。デバッグを有効にすると、デバイス内部で行われる各種プロセスの動作をターミナルソフトウェア上でリアルタイムに確認でき、特定のプロセスやプロトコルが正しく動作しているか判断できるため、トラブルシューティングや動作検証で役立ちます。

●デバッグの実行

デバッグを有効化するには、特権EXECモードから**debug**コマンドを実行します。

構文 デバッグの有効化（mode：#）

```
#debug <options>
```

・options ………モニタリング対象のプロセスやイベント名を指定

次に示すとおり、debugコマンドに続けて指定可能なオプションにはさまざまなものがあります。デバッグ機能はデバイスに負荷がかかるため、必要なものだけを有効化します。

【debug ?の出力】

```
RT1#debug ?
  aaa                AAA Authentication, Authorization and Accounting
  access-expression  Boolean access expression
  acircuit           Attachment Circuit information
  adjacency          adjacency
  all                Enable all debugging
  appfw              Application Firewall events
  archive            debug archive commands
  arp                IP ARP and HP Probe transactions
  async              Async interface information
```

```
backup          Backup events
beep            BEEP debugging
bfd             Bi-directional forwarding detection
bgp             BGP information
bing            Bing(d) debugging
bri-interface   bri network interface events
c3pl            C3PL events
call            Call Information
call-admission  Call admission control
call-home       Call-Home debugging
callback        Callback activity
cca             CCA activity
cce             Common Classification Engine
cdapi           CDAPI information
cdp             CDP information
cef             CEF address family independent operations
<以下省略>
```

> **注意** debugコマンドの使用には注意が必要です。一般に、debugコマンドは特定の障害をトラブルシューティングする場合に限り、必ずルータの技術サポート担当者の指示に従って使用することをお勧めします。ネットワークに高い負荷が生じているときにデバッグを有効にすると、デバイスの動作が中断する場合があります。

次の例ではdebug cdp packetsコマンドを実行し、CDPメッセージを送受信している動作をモニタリングしています。

【debug cdp packetsコマンドの出力例】

```
RT2#show cdp neighbors Enter   ←CDPで隣接デバイスを検出
Capability Codes: R - Router, T - Trans Bridge, B - Source Route Bridge
                  S - Switch, H - Host, I - IGMP, r - Repeater, P - Phone,
                  D - Remote, C - CVTA, M - Two-port Mac Relay

Device ID        Local Intrfce     Holdtme    Capability  Platform   Port ID
RT3              Fas 1             178        R S I       1812-J     Fas 0
RT1              Fas 0             135        R S I       1812-J     Fas 1
RT2#debug cdp packets Enter   ←CDPのデバッグを有効化
CDP packet info debugging is on   ←CDPデバッグの有効化を示すメッセージが表示される
RT2#
```

```
*Aug 30 05:01:43.290: CDP-PA: Packet received from RT3 on interface FastEthernet1
            ↑              ↑                    ↑
       タイムスタンプ     デバッグ対象    内容（RT3からのCDPパケットをFa1で受信した）

*Aug 30 05:01:43.290: **Entry  found in cache**
RT2#
*Aug 30 05:01:53.478: CDP-PA: Packet received from RT1 on interface FastEthernet0
*Aug 30 05:01:53.478: **Entry  found in cache**
RT2#
*Aug 30 05:02:00.490: CDP-PA: version 2 packet sent out on FastEthernet0
RT2#
*Aug 30 05:02:12.422: CDP-PA: version 2 packet sent out on FastEthernet1
RT2#
*Aug 30 05:02:40.350: CDP-PA: Packet received from RT3 on interface FastEthernet1
*Aug 30 05:02:40.354: **Entry  found in cache**
RT2#
*Aug 30 05:02:47.322: CDP-PA: Packet received from RT1 on interface FastEthernet0
*Aug 30 05:02:47.322: **Entry  found in cache**
RT2#
```

● デバッグの停止

デバッグの動作中はデバイスのCPUに負荷がかかっています。確認が済んだら速やかにデバッグを停止させる必要があります。

デバッグを停止するにはいくつかのコマンドがあります。**no debug all**コマンドまたは**undebug all**コマンドは、すべてのdebugをまとめて停止できます。2つ以上のデバッグを有効化している状態で、特定のデバッグだけを停止する場合は、**no debug <options>**コマンドを実行します。

> 構文　すべてのデバッグの停止（mode：#）
> ```
> #no debug all
> ```
> または
> ```
> #undebug all
> ```

> 構文　特定のデバッグの停止（mode：#）
> ```
> #no debug <options>
> ```

また、実行中のデバッグの確認には、**show debugging**コマンドを使用します。

第14章 ネットワークデバイスの管理

構文 実行中のデバッグ表示（mode：#）

#show debugging

【show debuggingとundebug allコマンドの出力例】

```
RT2#show debugging Enter    ←実行中のデバッグを確認
CDP:
  CDP packet info debugging is on    ←CDPデバッグを有効化していることを示す


RT2#u al Enter    ←デバッグを停止（undebug allコマンドの省略形）
All possible debugging has been turned off    ← 全デバッグの無効化を示す
RT2#show debugging Enter    ←実行中のデバッグを確認    メッセージが表示される


                            ←実行中のデバッグがない場合は何も表示されない
RT2#
```

> **注意** デフォルトでは、VTYへのデバッグおよびログメッセージの出力は無効化されています。TelnetやSSHで管理接続をしているときにデバッグ結果を画面上に出力するには、特権EXECモードからterminal monitorコマンドを実行する必要があります。

● デバッグおよびログのタイムスタンプ設定

デバッグやログの出力メッセージの先頭には、「現在の日付と時刻」または「システムが起動してからの経過時間」がスタンプされます。このタイムスタンプのフォーマットを変更するには、**service timestampsコマンド**を使用します。

構文 デバッグのタイムスタンプの設定

(config)#service timestamps debug [uptime | datetime [msec]]

構文 ログメッセージのタイムスタンプの設定

(config)#service timestamps log [uptime | datetime [msec]]

- ・uptime…………システムが起動してからの経過時間をスタンプする（オプション）
- ・datetime………ローカルに設定またはNTPで同期された日付と時刻をスタンプする（オプション）
- ・msec……………ミリ秒単位で表示（オプション）

次の例ではデバッグとログメッセージのタイムスタンプをルータが起動してからの経過時間に変更しています。

14-1 Ciscoデバイスの管理機能

【service timestamps debugおよびlogコマンドの設定例（uptime）】

```
RT2(config)#service timestamps debug uptime Enter  ←デバッグのタイムスタンプ設定
RT2(config)#service timestamps log uptime Enter    ←ログのタイムスタンプ設定
RT2(config)#exit Enter
RT2#
00:36:52: %SYS-5-CONFIG_I: Configured from console by console  ←ログメッセージ
RT2#debug cdp packets Enter
CDP packet info debugging is on
RT2#
00:36:59: CDP-PA: version 2 packet sent out on FastEthernet1  ←デバッグ
  ↑タイムスタンプ（RT2が起動してから36分59秒の時間が経過したことを示している）
RT2#
00:37:00: CDP-PA: Packet received from RT3 on interface FastEthernet1
00:37:00: **Entry found in cache**
RT2#
00:37:19: CDP-PA: Packet received from RT1 on interface FastEthernet0
00:37:19: **Entry found in cache**
RT2#
```

　タイムスタンプの設定がuptimeの場合、イベントが発生した正確な時刻を知ることはできません。タイムスタンプには、イベントの発生時刻をスタンプするdatetimeの設定が推奨されます。

　次の例ではデバッグとログメッセージのタイムスタンプを「現在の日付と時刻」に設定しています。

【service timestamps debugおよびlogコマンドの設定例（datetime msec）】

```
RT2#clock set 14:30:00 6 august 2016 Enter     ←システムクロックの設定
RT2#
*Aug 6 14:30:00.003: %SYS-6-CLOCKUPDATE: System clock has been updated from
05:16:21 UTC Sat Aug 6 2016 to 14:30:00 UTC Sat Aug 6 2016, configured from
console by console.
RT2#configure terminal Enter
Enter configuration commands, one per line.  End with CNTL/Z.
RT2(config)#service timestamps debug datetime msec Enter
RT2(config)#service timestamps log datetime msec Enter
RT2(config)#exit Enter
RT2#
Aug 6 14:31:19.363: CDP-PA: Packet received from RT1.impress.co.jp on
```

```
interface FastEthernet0
Aug 6 14:31:19.363: **Entry found in cache**
RT2#
Aug 6 14:31:27.859: CDP-PA: version 2 packet sent out on FastEthernet1
```
↑タイムスタンプ（現在の日付と時刻をミリ秒単位で表示）

● CPU利用率の確認

　　デバッグはCPUのオーバーヘッドが大きく、debugコマンドのオプションによっては大量のメッセージを出力するものがあります。CPUが処理しきれなくなるとIOS CLIの操作ができなくなり、デバイスがクラッシュしてしまう危険性もあります。したがって、デバッグは特定の障害をトラブルシューティングする場合にのみ使用することが推奨されます。不必要にdebugコマンドを実行しても、特定の問題の解決にはほとんど役に立たない大量のメッセージが生成される可能性があることに注意してください。
　　show processesコマンドは、アクティブなプロセスに関する情報を表示します。このコマンドによって出力されるCPU利用率は、デバッグを実行する際の判断材料として活用できます。

構文 アクティブなプロセス情報の表示（mode：>、#）

```
#show processes [ cpu | memory ]
```

・cpu　　　……………　詳細な CPU 利用率の統計を表示（オプション）
・memory　………　使用されている総メモリ容量を表示（オプション）

【show processesコマンドの出力例】

```
RT2#show processes [Enter]
CPU utilization for five seconds: 9%/0%; one minute: 1%; five minutes: 1%
                                  ①                ②                    ③
 PID QTy       PC Runtime(ms)   Invoked   uSecs    Stacks TTY Process
   1 Cwe 823DB26C           0        11       0 5368/6000   0 Chunk Manager
   2 Csp 8013625C            0      4133       0 2532/3000   0 Load Meter
   3 Mwe 8069062C            4         1    4000 23196/24000  0 LICENSE AGENT
   4 Mwe 82478C70            0         1       0 5744/6000   0 RO Notify Timers
   5 Lst 8242C490       231120      3474   17153 5360/6000   0 Check heaps
      ④ ⑤ ⑥     ⑦               ⑧        ⑨     ⑩       ⑪      ⑫      ⑬
 ＜以下省略＞
RT2#show processes | include CDP Protocol [Enter]　←CDPプロセスのみ表示
  97 Mwe 80B56990          116      5886      19 4784/6000   0 CDP Protocol
```

① 最後の5秒間のCPU利用率。2番目の数字は、割り込みレベルで使われたCPU時間の比率
② 最後の1分間のCPU利用率
③ 最後の5分間のCPU利用率
④ PID：プロセスID
⑤ Q：プロセスキュープライオリティ。C（クリティカル）、H（高）、M（中）、L（低）を表す
⑥ Ty：スケジューラテスト。プロセスの状態を次のように表す。*（現在実行中）、we（イベント待ち）、sp（一定時間スリープ）、st（タイマーが切れるまでスリープ）
⑦ PC：現在のプログラムカウンタ
⑧ Runtime：プロセスが使用したCPU時間の合計（単位：ミリ秒）
⑨ Invoked：プロセスが呼び出された回数
⑩ uSecs：各プロセスのCPU実行時間（単位：マイクロ秒）
⑪ Stacks：低水準値または使用可能な総スタック容量（単位：バイト）
⑫ TTY：プロセスを制御している端末
⑬ Process：プロセスの名前

システムクロックの設定　←→　ハードウェアクロック

ネットワーク上に接続されたデバイスのログやイベント記録などを基にして管理するとき、時刻情報はとても重要な要素です。コンピュータ内部にはクロックと呼ばれる独自の時計を備えており、システムが起動した瞬間から稼働し使用される時刻源を**システムクロック***と呼びます。

Ciscoデバイスの現在の時刻（システムクロック）を確認するには、**show clock**コマンドを使用します。

構文 システムクロックの表示（mode：>、#）

```
#show clock [ detail ]
```

・detail …………タイムゾーン、ソース（時刻源）、サマータイムを表示（オプション）

【show clockコマンドの出力例】

```
Router#show clock Enter      ←システムクロックを表示
*00:53:33.611 UTC Tue Jun 14 2016
 ↑         ↑         ↑              ↑
フラグ    時刻     タイムゾーン    日付
Router#show clock detail Enter
*00:53:38.491 UTC Tue Jun 14 2016
Time source is hardware calendar     ←システムクロックのソース（時刻源）
Router#
```

show clockコマンド出力の先頭には、表示された時刻が正確であると信じられるかどうかを示すフラグ（記号）が示されます。「*」が付くときは、その時刻が正確でない（信頼できない）ことを意味しています。システムクロックが設定されると「*」の記号はなくなります。
　Ciscoデバイスにシステムクロックを設定するには、次の3つの方法があります。

・手動設定
・NTP
・SNTP

● システムクロックの手動設定

　Ciscoデバイスのシステムクロックを手動設定するには、次のコマンドを使用します。

構文　システムクロックの手動設定（mode：#）
　　　#clock set <hh:mm:ss> <day> <month> <year>

・hh:mm:ss …… 現在の時刻を「hh:mm:ss」の形式で指定
・day ……………… 日付を指定
・month ………… 月（名前）を指定
・year …………… 年を指定

【システムクロックの手動設定】

```
Router#clock set 10:06:00 14 june 2016 Enter   ←システムクロックを手動設定
Router#
*Jun 14 10:06:00.000: %SYS-6-CLOCKUPDATE: System clock has been
updated from 00:59:19 UTC Tue Jun 14 2016 to 10:06:00 UTC Tue Jun 14
2016, configured from console by console.
Router#show clock detail Enter
10:07:10.547 UTC Tue Jun 14 2016          ←手動設定されたシステムクロック
Time source is user configuration          ←ソース（時刻源）は手動設定を示している
Router#
```

　システムクロックを設定したことにより先頭の「*」が消え、表示された時刻は正確（信頼できる情報）だと判断できます。detailキーワード付きでshow clockコマンドを実行すると、システムクロックのソース（時刻源）が表示されます。出力は「user configuration」とあるので、手動設定されたことがわかります。
　手動による時刻設定は、正確性や拡張性に欠けます。正確な時刻情報を得るためには、自動設定を使用します。システムクロックを自動設定する場合、NTPやSNTPを使用します。

参照→ NTPによる自動設定→「14-5 NTPによる時刻同期」（701ページ）
◎SNTP[※1]はCCNAの範囲を超えるため本書では説明していません。

14-1 Ciscoデバイスの管理機能

● タイムゾーンの設定

（手書き：UTC ≒ GMT（100年で18秒の誤差））

インターネットを介して世界中のコンピュータが通信するとき、共通の時刻情報を利用している必要があります。世界各国や地域で標準時を決める際に基準となる時刻を**UTC**（Universal Time Coordinated：協定世界時）といい、各地域で使用する時間帯は**タイムゾーン**と呼ばれます。

日本におけるタイムゾーンは1つでJST（Japan Standard Time：日本標準時）といい、UTCを9時間進めた時刻（UTC+9）を標準時としています。

UTC +09:00

UTC 10時　→　JST 19時

システムクロックをNTPで自動設定する場合、デフォルトでは現地時間ではなくUTCに基づいて設定されるため、日本時間より9時間前の時刻で表示されます。9時間プラスして日本時間に読み替えるのが面倒なので、通常は**clock timezone**コマンドを使用してタイムゾーンをJSTに設定します。

構文　タイムゾーンの設定

```
(config)#clock timezone <timezone> <hours-offset>
```

- timezone ……任意のタイムゾーンの名称を指定。デフォルトはUTC
- hours-offset …UTCからの時差を指定。1時間進んでいる場合「1（+1）」、1時間遅れている場合「-1」

【タイムゾーンの設定例（日本時間）】

```
Router(config)#clock timezone JST 9 Enter   ←タイムゾーンを日本時間に設定
Router(config)#
Jun 14 10:14:32.099: %SYS-6-CLOCKUPDATE: System clock has been
updated from 10:14:32 UTC Tue Jun 14 2016 to 19:14:32 JST Tue Jun 14
2016, configured from console by console.
Router(config)#exit Enter
Router#
Jun 14 10:14:47.107: %SYS-5-CONFIG_I: Configured from console by console
Router#show clock detail Enter
```

※1　【SNTP】エスエヌティーピー（Simple Network Time Protocol）：NTPを簡素化した時刻情報の転送プロトコル。自身はNTPサーバから時刻の受信を行うが、ほかのデバイスへ時刻情報を提供することはできない

```
19:14:59.627 JST Tue Jun 14 2016
Time source is user configuration
Router#
```

出力の「from 10:14:32 UTC Tue Jun 14 2016 to 19:14:32 JST Tue Jun 14 2016」より、UTCからJSTに変更され、時刻が9時間プラスされたことがわかります。

> **注意** サマータイム(夏時間)が導入されている国・地域では、(config)#clock summer-time <timezone> recurringコマンドを使用してサマータイムも設定する必要があります。日本はサマータイムを実施していないため、設定は不要です。

参考 ハードウェアクロックの設定

Ciscoデバイスの多くには、バッテリ駆動式の**ハードウェアクロック**(calendar)とOSが管理する**ソフトウェアクロック**(clock)という2つのクロックがあります。
システムの再起動時には、ハードウェアクロックの時刻に基づいてソフトウェアクロックが初期設定され、その後、手動設定やNTPなどによって更新できます。
ハードウェアクロックは、**システムカレンダー**(またはカレンダー)とも呼ばれています。
ハードウェアクロッククロックを設定し、確認するコマンドは、次のとおりです。

構文 ハードウェアクロックの設定 (mode：#)
```
#calendar set <hh:mm:ss> <day> <month> <year>
```

構文 ハードウェアクロックの表示 (mode：>、#)
```
#show calendar
```

ソフトウェアクロック(システムクロック)とハードウェアクロックは個別に管理され、同期していません。ソフトウェアクロックの方がより正確な時刻である場合、ソフトウェアクロックの時刻情報をハードウェアクロックに同期させることができます。

構文 ソフトウェアクロックをハードウェアクロックに同期 (mode：#)
```
#clock update-calendar
```

14-2 Ciscoルータの管理 (試験はほぼ出ない)

Ciscoルータはブート時に、特定の順序で一連の手順を実行します。Ciscoルータのトラブルシューティングを行う際には、ブートシーケンスの知識が非常に役立ちます。本節では、Ciscoルータの内部コンポーネントと、起動プロセス、コンフィギュレーションレジスタについて説明します。

ルータの内部コンポーネント

Ciscoルータの主要な内部コンポーネントには、CPU、インターフェイス、メモリがあります。

● CPU
　ルーティング機能やシステムの初期化など、オペレーティングシステムの指示を実行します。

● インターフェイス
　ルータを外部と物理的に接続します。インターフェイスには次のようなタイプがあります。また、USBによって、ルータ構成（設定情報）とCisco IOSソフトウェアイメージの保存と配置ができます。

・イーサネット、ファストイーサネット、ギガビットイーサネット
・同期／非同期シリアル
・コンソールポートおよび補助(AUX)ポート
・USBポート

● メモリ
　メモリにはサイズや特性の違いにより、いくつかの種類があります。Ciscoルータには、次の4種類のメモリが内蔵されています。

・ROM
・フラッシュメモリ
・NVRAM
・RAM

【ルータの内部コンポーネント】

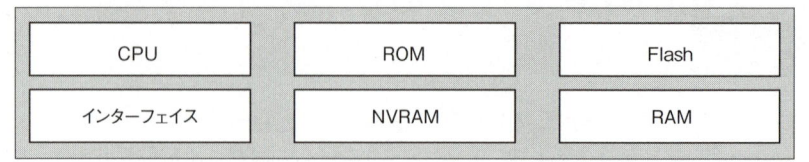

| CPU | ROM | Flash |
| インターフェイス | NVRAM | RAM |

メモリの種類

Ciscoルータには、次の4種類のメモリが内蔵されています。

【Ciscoルータのメモリ】 🔽暗記

メモリ	格納されているもの
ROM	POST、ブートストラップ、ROMモニタ、Mini IOS
フラッシュメモリ	IOSソフトウェアイメージ
NVRAM	コンフィギュレーションレジスタ*、 startup-config（手動で保存した場合）
RAM	running-config、IOS、ルーティングテーブル、ARPテーブルなど

●ROM

ROM（Read Only Memory）は読み込み専用のメモリで、ルータを起動するためのマイクロコード[※2]や、パスワードリカバリ[※3]など、障害復旧を行うためのプログラムが格納されています。

【ROMに格納されているプログラム】

プログラム	説明
POST	電源投入時にCPUや各種メモリ、インターフェイスなどのハードウェア検査を実施する自己診断プログラム
ブートストラップ	IOSをロードするためのプログラム。コンフィギュレーションレジスタ値に基づいてIOSを検索してロードする（デフォルトはフラッシュメモリを検索してロードする）
ROMモニタ （ROMMON）	パスワードリカバリやIOSダウンロードなど、トラブルシューティングの際に使用する
Mini IOS （ブートヘルパー）	IOSの一部の機能だけを実装したプログラム。Mini IOSはレガシーな機器でサポートしており現在は格納されていない

※2 【マイクロコード】microcode：CPUの処理内容を記述したコードまたは言語のこと。マイクロコードで記述されたプログラム（命令）によってハードウェアの動作を制御する
※3 【パスワードリカバリ】password recovery：パスワード復旧。万が一パスワードを忘れてしまった場合に行う復旧（回復）作業のこと

● フラッシュメモリ

　フラッシュメモリは自由に読み書き可能なメモリで、ルータの電源を切っても内容は消えません。フラッシュメモリには、主にIOSソフトウェアイメージが格納されています。IOSソフトウェアは圧縮されているため、ルータ起動時にブートストラップによってRAM上に展開して読み込まれることになります。

　フラッシュメモリの内容を確認するには、**show flash:コマンド**を使用します。このコマンドでは、フラッシュメモリに格納されているファイル名やサイズ、メモリの空き容量などが表示されます。

> **構文**　フラッシュメモリの表示（mode：>,#）
> #show flash:

【show flash:コマンドの出力例】

```
Router#show flash: [Enter]
-#- ----length-- -----date/time------ path
1        29515416 Jul 16 2013 09:38:06 +00:00 c181x-advipservicesk9-mz.151-4.M5.bin
                                              ↑IOSファイル名

104419328 bytes available (29519872 bytes used) ←空き容量
```

> **注意**　Catalystスイッチや一部のルータ製品（VLAN作成が可能なルータ）では、VLAN設定情報を含む「vlan.datファイル」もフラッシュメモリ内に格納されています。

● NVRAM

　不揮発性ランダムアクセスメモリとも呼ばれる**NVRAM**＊（Non-Volatile Random Access Memory）は、電源を切っても内容が消えないメモリです。管理者は、NVRAM内のルータの起動時に使用される設定情報を**startup-config**という名前のコンフィギュレーションファイルとして格納しておきます。NVRAMには、コンフィギュレーションレジスタ（後述）も格納されています。コンフィギュレーションレジスタ値は、show versionコマンドを使って確認することができます。

● RAM

　RAM（Random Access Memory）は読み書き可能ですが、ルータの電源を切ると記録した内容が消えてしまうメモリです。ルータが起動しているときの作業領域として使用され、稼働中のコンフィギュレーションファイル（**running-config**）、IOS、ルーティングテーブル、ARPテーブルなどが保持されます。

ルータの起動シーケンス

ルータの電源投入時（ブート時）に発生するイベントのシーケンス[※4]を知ることは、不具合が発生したときのトラブルシューティングに役立ちます。Ciscoルータの電源を投入したときに実行されるイベントの順序は次のとおりです。

① POSTの実行

POST（Power-On Self-Test：電源投入時自己診断テスト）が起動し、ルータのすべてのコンポーネント（CPU、インターフェイス、メモリ）が機能するかどうかを確認します。テスト中に、ルータに存在するハードウェアを特定する作業も行います。

② ブートストラップコードのロードと実行

ブートストラップコードは、Cisco IOSソフトウェアの検出、RAMへのロード、Cisco IOSソフトウェアの実行などのイベントを実行します。

ブートストラップコードは実行されるCisco IOSソフトウェアを特定するために、NVRAM内のコンフィギュレーションレジスタのブートフィールド値をチェックします。ブートストラップは、ルータの起動時にのみ使用されます。 0x2102

③ Cisco IOSソフトウェアのロード

ブートストラップコードが適切なIOSイメージを検出すると、それをRAMに読み込んでロードします。Ciscoルータのほとんどの機種でIOSは圧縮されており、RAM上に展開して起動します。

④ コンフィギュレーションファイルの検出

NVRAMに保存済みのコンフィギュレーションファイル（startup-config）が存在する場合、それをRAMに読み込んでrunning-configとして実行します。一方、NVRAMにstartup-configが存在しない場合は、セットアップモードを起動します。

⑤ Cisco IOSソフトウェアの実行

running-configを使用してCisco IOSソフトウェアを実行し、プロンプトが表示されます。

[※4]　【シーケンス】sequence：並んだ順番にデータを処理していくこと、あるいは、連続して起こる順序などを指す

コンフィギュレーションレジスタ

コンフィギュレーションレジスタは、ルータの動作を制御する16ビットの値です。各ビットの値によって、次回の再起動または電源投入時のルータ動作に影響を与えます。

コンフィギュレーションレジスタを使用して、次のことができます。

・パスワードリカバリ（パスワード復旧） 0x2142
・ROMモニタで強制的にブートする
・ブート元およびデフォルトのブートファイル名を選択する
・ブロードキャストアドレスを制御する
・コンソールの回線速度を変更する

コンフィギュレーションレジスタはNVRAMに保存されており、現在の値は**show version**コマンドで確認できます。

【show versionコマンドの出力例】

```
RT1#show version [Enter]
Cisco IOS Software, C181X Software (C181X-ADVIPSERVICESK9-M), Version 15.1(4)M5,
RELEASE SOFTWARE (fc1)
Technical Support: http://www.cisco.com/techsupport
Copyright (c) 1986-2012 by Cisco Systems, Inc.
Compiled Tue 04-Sep-12 20:14 by prod_rel_team

ROM: System Bootstrap, Version 12.3(8r)YH6, RELEASE SOFTWARE (fc1)

RT1 uptime is 20 minutes
System returned to ROM by power-on
System image file is "flash:c181x-advipservicesk9-mz.151-4.M5.bin"
Last reload type: Normal Reload
＜途中省略＞
Configuration register is 0x2102    ←現在のコンフィギュレーションレジスタ値

RT1#
```

出力の最終行に表示されている16進数4桁の値が、ルータのコンフィギュレーションレジスタです。「0x2102」はデフォルト値です。
コンフィギュレーションレジスタの各ビットには、次のような意味があります。

【コンフィギュレーションレジスタの各ビットの意味】

ビット番号	意味
0〜3	ブートフィールド。この値によって、ルータがIOSをロードするかどうか、どのようにしてIOSイメージをロードするかが決まる
6	NVRAMの設定(startup-config)を制御する ・1にすると、起動時にstartup-configは無視する ・0にすると、起動時にstartup-configを読み込む(デフォルト)
7	OEM(Original Equipment Manufacturer)ビットをイネーブルにする
8	コンソールの Break キーによるブレーク[※4]信号を制御する。ただし、ルータの電源を投入してから60秒間は、以下の設定に関係なくブレーク信号を受け付ける ・1にすると、コンソールのブレークキーを無視(デフォルト) ・0にすると、強制的にROMモニタモード(ROMMON)にする
9	システムブートを制御する。このビットは通常、変更することはない ・1にすると、セカンダリブートストラップを使用 ・0にすると、フラッシュメモリから起動する(デフォルト)
10	ブロードキャストアドレスのホスト部のビットをすべて1またはすべて0のどちらにするか決定する。このビットは、ビット14と連動して動作する ・1にすると、プロセッサはすべて「0」を使用する ・0にすると、プロセッサはすべて「1」を使用する(デフォルト)
5、11、12	コンソールの回線速度(ボーレート)を制御する。デフォルトの回線速度は9600ボー(値)で、この場合はビット5、11、12がすべて0である。CLIのspeedコマンドを使って変更が可能
13	ネットワークブートの失敗時の対応を指示する ・1にすると、ネットワークブート失敗時にデフォルトのROMソフトウェア(通常はROMモニタ)を起動する(デフォルト) ・0にすると、無限にネットワークブートを試みる
14	ブロードキャストアドレスのネットワーク(サブネット部を含む)部のビットをすべて1またはすべて0のどちらにするか決定する。このビットは、ビット10と連動して動作する ・1にすると、プロセッサはすべて「0」を使用する ・0にすると、プロセッサはすべて「1」を使用する(デフォルト)
15	1にすると、診断メッセージを表示して、NVRAMのstartup-configを無視する(デフォルトは0)

※ 各ビットの意味は、製品によって異なる場合がある

試験対策　ルータの起動順序
POST実行 → IOS検索 → IOSロード → 設定ファイルの検索 → 設定のロード

14-2 Ciscoルータの管理

● ブートフィールド

コンフィギュレーションレジスタの下位4ビット（ビット番号0～3）を**ブートフィールド**といいます。ブートフィールドは、ルータがCisco IOSソフトウェアを特定する方法を制御します。

【ブートフィールド】

ブートフィールド値	意味
0000 (0x0)	ROMモニタ (ROMMON) で起動する
0001 (0x1)	ROM内のブートヘルパーイメージ (Mini IOS) で起動する。Mini IOSがない場合は、フラッシュメモリのIOSをRAMに読み込む
0010～1111 (0x2～0xF)	NVRAM内のstartup-configのboot systemコマンドで指定されたとおりIOSを起動する。boot systemコマンドによる指定がない場合は、フラッシュメモリのIOSをRAMに読み込む（デフォルト）

デフォルトのコンフィギュレーションレジスタ値は「0x2102」で、ブートフィールドの値は「0010 (0x2)」です。したがって、ルータの起動時にNVRAMのstartup-configにboot systemコマンドがあればそれに従い、なければフラッシュで検出された最初のCisco IOSイメージで起動します。

【デフォルトのコンフィギュレーションレジスタ値】

```
                                                    <ブートフィールド>
ビット番号   15 14 13 12  11 10 9 8  7 6 5 4  3 2 1 0
0x2102……    0  0  1  0   0  0  0 1  0 0 0 0  0 0 1 0
                 2              1        0        2
```

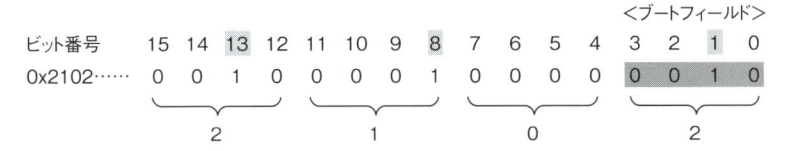

● パスワードリカバリでのコンフィギュレーションレジスタ値

管理者がルータに設定したパスワードを忘れてしまった場合、パスワード復旧（パスワードリカバリ）の作業が必要になります。パスワード復旧時にはコンフィギュレーションレジスタ値を「0x2142」に変更する必要があります。

レジスタ値をデフォルトの「0x2102」から「0x2142」に変更して、ビット番号「6」の値を1に設定します。これによって、ルータはNVRAMのstartup-configを無視して起動することができるため、パスワードを忘れてしまった場合でも特権EXECモードに遷移することができます。

参照→ パスワード復旧の手順→「14-7 パスワードリカバリ」(726ページ)

【パスワードリカバリ時のコンフィギュレーションレジスタ値】

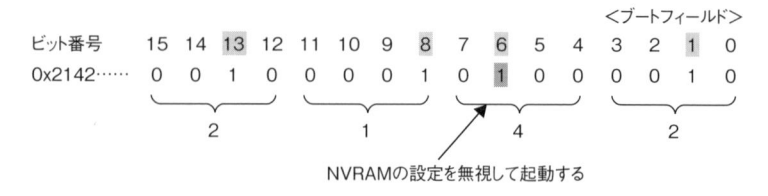

```
                                        <ブートフィールド>
ビット番号  15 14 13 12  11 10 9 8   7 6 5 4   3 2 1 0
0x2142……   0  0  1  0   0  0 0 1   0 1 0 0   0 0 1 0
              └──┬──┘   └──┬──┘   └┬┘         └──┬──┘
                 2           1     ↑             2
                                   4
                        NVRAMの設定を無視して起動する
```

● コンフィギュレーションレジスタ値の変更

　Cisco IOSのCLIでコンフィギュレーションレジスタ値を変更するには、**config-register**コマンドを使用します。

　変更されたレジスタ値は、次回ルータを起動するときに反映されます。次回起動時に使用されるコンフィギュレーションレジスタ値の確認には、show versionコマンドを使用します。

> **構文** コンフィギュレーションレジスタ値の変更
>
> (config)#**config-register** <value>
>
> ・value …… コンフィギュレーションレジスタ値を0x0～0xFFFF（16進数）の範囲で指定

【コンフィギュレーションレジスタ値の変更例】

```
RT1(config)#config-register 0x2142 Enter    ←コンフィギュレーションレジスタ値を変更
RT1(config)#exit Enter
RT1#show version Enter
Cisco IOS Software, C181X Software (C181X-ADVIPSERVICESK9-M), Version
15.1(4)M5, RELEASE SOFTWARE (fc1)
Technical Support: http://www.cisco.com/techsupport
Copyright (c) 1986-2012 by Cisco Systems, Inc.
Compiled Tue 04-Sep-12 20:14 by prod_rel_team

ROM: System Bootstrap, Version 12.3(8r)YH6, RELEASE SOFTWARE (fc1)

RT1 uptime is 24 minutes
System returned to ROM by power-on
System image file is "flash:c181x-advipservicesk9-mz.151-4.M5.bin"
Last reload type: Normal Reload
<途中省略>
```

```
Configuration register is 0x2102 (will be 0x2142 at next reload)
                                              ↑
                                 次回起動時のコンフィギュレーションレジスタ値
RT1#
```

> **試験対策**
> コンフィギュレーションレジスタについて、次の点を覚えておきましょう。
> ・NVRAMに格納
> ・ルータのデフォルト値は「0x2102」
> ・パスワードリカバリを行うときは「0x2142」
> ・0x2142で起動すると、NVRAMの設定を無視して起動する(セットアップモード)
> ・show versionコマンドで確認

Cisco IOSソフトウェアの検索順序

先述したとおり、Cisco IOSソフトウェアの検出はブートストラップコードが行います。ブートストラップコードは、最初にコンフィギュレーションレジスタ値をチェックします。管理者は、レジスタ値のブートフィールドを変更することで、ルータをどのように起動（ブート）させるかを制御できます。たとえば、コンフィギュレーションレジスタ値がデフォルトの「0x2102」の場合、NVRAMの設定（startup-config）にboot systemコマンドの設定を解析します。

boot systemコマンドは、Cisco IOSソフトウェアイメージの場所とファイル名を指定します。このコマンドを使用することで、管理者はIOSの起動を制御できます。

構文 boot systemの設定

```
(config)#boot system { flash <filename>| tftp <filename> <server-address>| rom }
```

・filename ………IOSソフトウェアのファイル名を指定
・server-address …TFTPサーバのIPアドレスを指定

次の例では、TFTPサーバ（10.1.1.1）から「c181x-advipservicesk9-mz.151-4.M5.bin」という名前のCisco IOSソフトウェアイメージを起動します。

【boot systemコマンドの設定例】

```
RT1(config)#boot system tftp c181x-advipservicesk9-mz.151-4.M5.bin 10.1.1.1 Enter
RT1(config)#exit Enter
RT1#copy running-config startup-config Enter
Destination filename [startup-config]? Enter
Building configuration...
[OK]
RT1#
```

boot systemコマンドは、デフォルトでは設定されていません。設定がない場合は、フラッシュメモリ内のIOSを使って起動します。フラッシュメモリに適切なIOSがなかったり、IOSの起動に失敗したりした場合は、ネットワーク上のTFTPサーバからの起動を試みます（TFTPサーバからの起動方法は、実際ではほとんど使用されていません）。

TFTPサーバの検出に6回失敗すると、ROMからMini IOSを起動します。ただし、現在のルータはMini IOSを備えていないため、最終的にROMモニタをロードします。

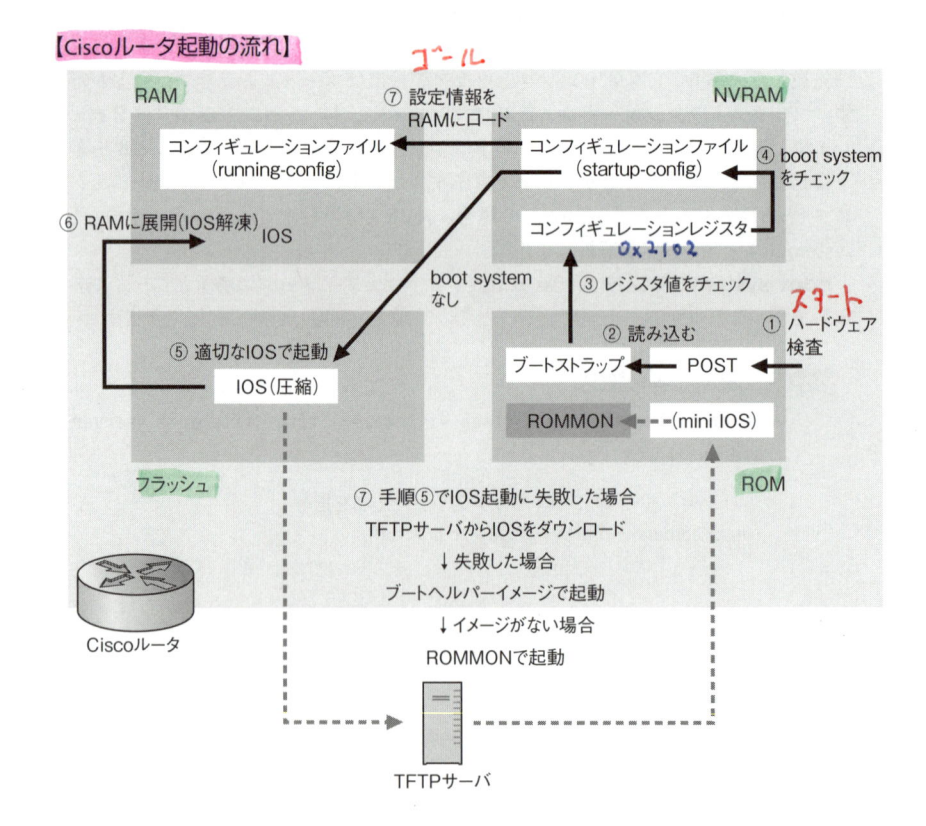

【Ciscoルータ起動の流れ】

RAM
⑦ 設定情報をRAMにロード
コンフィギュレーションファイル（running-config）
⑥ RAMに展開（IOS解凍）
IOS
⑤ 適切なIOSで起動
IOS（圧縮）

NVRAM
コンフィギュレーションファイル（startup-config）
④ boot systemをチェック
コンフィギュレーションレジスタ
boot systemなし
③ レジスタ値をチェック
② 読み込む
ブートストラップ
ROMMON ---- (mini IOS)

ROM
① ハードウェア検査
POST

フラッシュ
Ciscoルータ

⑦ 手順⑤でIOS起動に失敗した場合
TFTPサーバからIOSをダウンロード
↓ 失敗した場合
ブートヘルパーイメージで起動
↓ イメージがない場合
ROMMONで起動

TFTPサーバ

① ROM内のPOSTがハードウェア検査を行う
② ROM内のブートストラップが起動
③ NVRAMのコンフィギュレーションレジスタ値に従って起動モードを決定。レジスタ値がデフォルトの0x2102の場合、NVRAMのboot systemの設定に従う
④ NVRAM内のコンフィギュレーションファイル（startup-config）にboot systemの設定があれば、その指示に従ってIOSを起動（デフォルトはboot system設定なし）
⑤ boot system設定がない場合、フラッシュメモリにあるIOSを読み込む
⑥ 通常、IOSは圧縮されているため、RAM上に展開する
⑦ NVRAMにコンフィギュレーションファイル（startup-config）が存在する場合、それをRAMへrunning-configとしてロードし実行。コンフィギュレーションファイルが存在しない場合は、セットアップモードを促すメッセージを表示

試験対策　IOSの検索順序
フラッシュメモリ → TFTPサーバ → ROM

※手書き: ROMMON → パスワード復旧

参考　システム起動時のプロンプト

ルータを起動したときに表示されるプロンプトを読み取ることで、管理者はIOSの起動状態を識別することができます。たとえば、ホスト名が「Router」の場合、プロンプトは、次のようになります。

・通常のIOS　………Router＞
・Mini IOS　…………Router(boot)＞
・ROMモニタ　……rommon 1＞

14-3 Cisco IOSイメージの管理

Ciscoイメージファイルには、Ciscoデバイスの運用に必要なCisco IOSソフトウェアが含まれています。本節では、Cisco IOSイメージをロードするプロセス、ファイルシステム、TFTPサーバへのバックアップ、Cisco IOSのアップグレード方法について説明します。

■ Cisco IOSイメージのロード

ルータのブートストラップコードがフラッシュメモリ内で有効なCisco IOSイメージを検出すると、通常、IOSイメージファイルは圧縮されているため、ファイルを展開してRAMにロードしてIOSが実行されます。IOSイメージの展開中は、次のようなシャープ記号「#」の文字列が表示されます。

【Cisco IOSイメージファイルのロード】

```
System Bootstrap, Version 12.3(8r)YH6, RELEASE SOFTWARE (fc1)
Technical Support: http://www.cisco.com/techsupport
Copyright (c) 2005 by cisco Systems, Inc.
C1800 platform with 393216 Kbytes of main memory with parity disabled

Readonly ROMMON initialized
program load complete, entry point: 0x80012000, size: 0xc0c0

Initializing ATA monitor library.......
program load complete, entry point: 0x80012000, size: 0xc0c0

Initializing ATA monitor library.......

program load complete, entry point: 0x80012000, size: 0x1c25cd0
Self decompressing the image : ##########################################
###############################################################
###############################################################
########################################################### [OK]
<以下省略>
```

show versionコマンドを使用すると、実行中のCisco IOSソフトウェアのバージョン、ブートストラッププログラムのバージョン、ハードウェア構成（インターフェイスやメモリサイズなど）に関する情報が確認できます。show versionコマンドでは、ルータの基本ハードウェアおよびソフトウェアコンポーネントを確認することができ、トラブルシューティングの際にも役立ちます。

【show versionコマンドの出力例】

```
RT1#show version Enter
Cisco IOS Software, C181X Software (C181X-ADVIPSERVICESK9-M), Version
15.1(4)M5, RELEASE SOFTWARE (fc1)         ←使用中のIOSソフトウェアのバージョン
Technical Support: http://www.cisco.com/techsupport
Copyright (c) 1986-2012 by Cisco Systems, Inc.
Compiled Tue 04-Sep-12 20:14 by prod_rel_team


ROM: System Bootstrap, Version 12.3(8r)YH6, RELEASE SOFTWARE (fc1)
RT1 uptime is 5 minutes       ←ブートに使用されたブートストラップソフトウェアのバージョン
System returned to ROM by reload at 05:21:27 UTC Tue Feb 2 2016
System image file is "flash:c181x-advipservicesk9-mz.151-4.M5.bin"
Last reload type: Normal Reload   ←Cisco IOSイメージが配置されている場所と完全なファイル名
This product contains cryptographic features and is subject to United
States and local country laws governing import, export, transfer and
use. Delivery of Cisco cryptographic products does not imply
third-party authority to import, export, distribute or use encryption.
Importers, exporters, distributors and users are responsible for
compliance with U.S. and local country laws. By using this product you
agree to comply with applicable laws and regulations. If you are unable
to comply with U.S. and local laws, return this product immediately.

A summary of U.S. laws governing Cisco cryptographic products may be
found at:
http://www.cisco.com/wwl/export/crypto/tool/stqrg.html

If you require further assistance please contact us by sending email to
export@cisco.com.

Cisco 1812-J (MPC8500) processor (revision 0x400) with 354304K/38912K
bytes of memory.                         RAMのサイズ（2つの値の合計）↑
Processor board ID FHK111413WM, with hardware revision 0000
10 FastEthernet interfaces   ←ルータに存在する物理インターフェイスの数と種類
```

```
1 ISDN Basic Rate interface
1 Virtual Private Network (VPN) Module
131072K bytes of ATA CompactFlash (Read/Write)    ←フラッシュメモリの容量


License Info:

License UDI:

----------------------------------------------------
Device#    PID                    SN
----------------------------------------------------
*0         CISCO1812-J/K9         FHK111413WM




Configuration register is 0x2102    ←コンフィギュレーションレジスタ値

RT1#
```

Cisco IOSファイルシステム（IFS）

ファイルシステムとは、オペレーティングシステムがファイルを階層的に整理し、管理するための包括的な概念を指します。たとえば、Windowsには「C:ドライブ」があり、階層的に用意された複数のフォルダにファイルを整理して保存しています。

Cisco IOSデバイスには、**Cisco IFS**（Integrated File System）と呼ばれるファイルシステムがあります。このシステムにより、Ciscoデバイス上でディレクトリ[5]を作成、移動、および操作できます。

次の表に、Ciscoデバイスで一般的に使用されるプレフィックスを示します。

---

[5]【ディレクトリ】directory：記憶媒体でファイルを分類・整理するための階層構造を持つグループ（保管場所）のこと。Windowsにおける「フォルダ」と同じ意味を持つ

【Ciscoデバイスで一般的に使用されるプレフィックス】

プレフィックス	説明
flash:	フラッシュメモリ。すべてのプラットフォームで使用可能
system:	RAM。実行中のrunning-configを含むシステムメモリ
nvram:	NVRAM
ftp:	ネットワーク上のFTPサーバ
tftp:	ネットワーク上のTFTPサーバ
usbflash0、usbflash1	USBポート

※ プレフィックスは、PCの「C:」のようなドライブ文字と同様の意味を持つ識別子

　使用可能なディレクトリは、プラットフォームによって異なります。**show file systemsコマンド**を使用すると、デバイス上で使用可能なすべてのファイルシステムがリスト表示されます。また、使用可能な空きメモリやファイルシステムのタイプとその権限など、状態を把握するのに役立つ情報も表示します。

構文 ファイルシステムの表示（mode：#）

```
#show file systems
```

【show file systemsコマンドの出力例】

```
RT1#show file systems [Enter]
File Systems:

       Size(b)      Free(b)      Type       Flags    Prefixes
             -            -      opaque     rw       archive:
             -            -      opaque     rw       system:
             -            -      opaque     rw       tmpsys:
             -            -      opaque     rw       null:
             -            -      network    rw       tftp:
             -            -      opaque     ro       xmodem:
             -            -      opaque     ro       ymodem:
*    133939200    104419328      disk       rw       flash:#
        196600       191006      nvram      rw       nvram:
             -            -      opaque     wo       syslog:
             -            -      network    rw       rcp:
             -            -      network    rw       pram:
             -            -      network    rw       http:
             -            -      network    rw       ftp:
             -            -      network    rw       scp:
```

		opaque	ro	tar:
-	-	network	rw	https:
-	-	opaque	ro	cns:

1列目に付加されているアスタリスク「*」は、デフォルトのファイルシステムであることを示しています。

5列目のFlagsは、権限を示しています。権限には、読み取り専用（ro）、書き込み専用（wo）、読み取り／書き込み（rw）があります。

Cisco IOSの命名規則

Cisco IOSイメージのファイル名は、どのような機能を持っているかを識別できるように、次のような命名規則に基づいています。

【Cisco IOSイメージの命名規則】

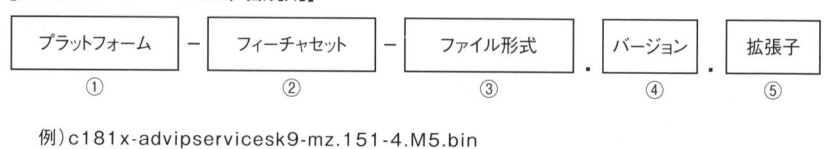

プラットフォーム — フィーチャセット — ファイル形式 . バージョン . 拡張子
① ② ③ ④ ⑤

例）c181x-advipservicesk9-mz.151-4.M5.bin
　　　①　　　　②　　　　③　　④　　⑤

① Ciscoデバイスのプラットフォーム。「c181x」の場合、Cisco 181x サービス統合型ルータ
② フィーチャセット（機能セット）。「advipservicesk9」の場合、Advanced IP Servicesを指す
③ イメージの実行場所とファイルが圧縮されているかどうかを示している。「m」はRAMメモリ、「z」はZIP形式で圧縮されていることを示す
④ バージョンおよびリリース番号。「151-4.M5」の場合、15.1(4).M5を指す
⑤ ファイル拡張子。「bin」の場合、バイナリ実行可能ファイルであることを示す

●IOSのバージョン表記

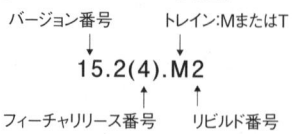

IOSバージョン15.0以降では、バージョン表記は次のようになります。

【IOSのバージョン表記】

バージョン番号　　トレイン：MまたはT
　　　↓　　　　　　　↓
　　15.2(4).M2
　　　　↑　　　↑
　フィーチャリリース番号　リビルド番号

トレインとは、特定のプラットフォームおよびフィーチャセットにCiscoソフトウェアを提供するための手段を指します。「M」は拡張メンテナンスリリースを示し、バグ修正などのサポート期間は44か月間提供されます。「T」は標準メンテナンスリリースを示し、サポート期間は18か月間になります。

リビルド番号は、機能追加なしでバグ修正などが行われた回数を示し、数字が大きいほど安定性が高いといえます。ユーザは、基本的に最新版のMリリース（リビルド数が大きいもの）を選択します。

Cisco IOSイメージのバックアップ

Cisco IOSイメージファイルはフラッシュメモリに格納されています。IOSイメージの破損や誤って消去するようなトラブルに備えて、IOSファイルをTFTPやFTPサーバにコピーし、バックアップを作成しておくことで、すばやくリカバリすることができます。IOSソフトウェアをTFTPサーバへコピーする前に、次の準備が必要です。

●TFTPサーバへの接続を確認
pingを実行して、ネットワーク上のTFTPサーバにアクセスできることを確認します。

●TFTPサーバのディスク領域を確認
TFTPサーバにCisco IOSイメージを保存できるだけの十分なディスク領域があることを確認します。

●IOSイメージのファイル名を確認
コピー元となるIOSイメージの正確なファイル名を確認します。

show flash:コマンドを使用すると、IOSイメージのファイル名とサイズを確認できます。

構文 フラッシュメモリの表示（mode：>、#）
```
#show flash:
```

ルータのフラッシュメモリにあるIOSイメージを、ネットワーク上のTFTPやFTPサーバにバックアップするには、**copyコマンド**を実行します。このとき、コピー元のファイル名、リモートホストのIPアドレス、コピー先のファイル名を入力するように求められます。コピー時に表示される感嘆符（!）は、コピープロセスが実行中であることを意味しています。それぞれの感嘆符は、10個のパケットが正常に転送されたことを示しています。

第14章　ネットワークデバイスの管理

構文　フラッシュメモリのファイルをTFTPサーバへコピー（mode：#）
#copy flash: tftp:

【IOSイメージのバックアップ】

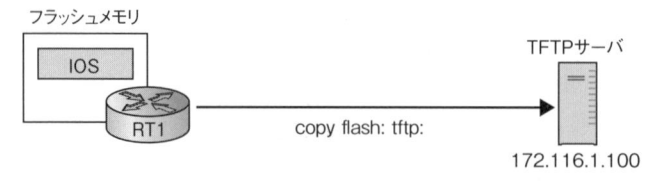

```
フラッシュメモリ
  IOS                                      TFTPサーバ
   RT1        copy flash: tftp:
                                          172.116.1.100
```

【IOSイメージのバックアップ例】

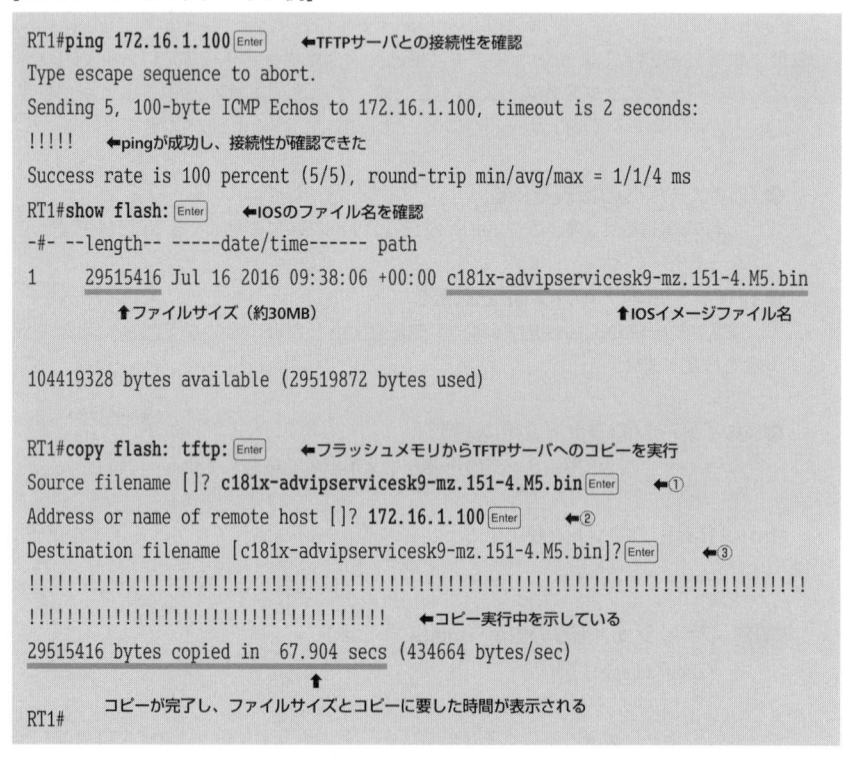

```
RT1#ping 172.16.1.100 Enter   ←TFTPサーバとの接続性を確認
Type escape sequence to abort.
Sending 5, 100-byte ICMP Echos to 172.16.1.100, timeout is 2 seconds:
!!!!!   ←pingが成功し、接続性が確認できた
Success rate is 100 percent (5/5), round-trip min/avg/max = 1/1/4 ms
RT1#show flash: Enter    ←IOSのファイル名を確認
-#- --length-- -----date/time------ path
 1   29515416 Jul 16 2016 09:38:06 +00:00 c181x-advipservicesk9-mz.151-4.M5.bin
      ↑ファイルサイズ（約30MB）                        ↑IOSイメージファイル名

104419328 bytes available (29519872 bytes used)

RT1#copy flash: tftp: Enter   ←フラッシュメモリからTFTPサーバへのコピーを実行
Source filename []? c181x-advipservicesk9-mz.151-4.M5.bin Enter  ←①
Address or name of remote host []? 172.16.1.100 Enter   ←②
Destination filename [c181x-advipservicesk9-mz.151-4.M5.bin]? Enter  ←③
!!!!!!!!!!!!!!!!!!!!!!!!!!!!!!!!!!!!!!!!!!!!!!!!!!!!!!!!!!!!!!!!!!!!!
!!!!!!!!!!!!!!!!!!!!!!!!!!!!!!!!!!   ←コピー実行中を示している
29515416 bytes copied in  67.904 secs (434664 bytes/sec)
                          ↑
RT1#       コピーが完了し、ファイルサイズとコピーに要した時間が表示される
```

① 送信元（コピー元）のファイル名を入力。show flash:コマンドで確認したIOSイメージのファイル名を入力
　　※ 以前の情報が反映されて[ ]内にファイル名があるときは、何も入力せずに Enter キーを押す
② TFTPサーバのIPアドレスまたはホスト名（名前解決している場合）を入力
③ 宛先（コピー先）のファイル名を入力。デフォルトでは、送信元で指定したファイル名になる。[ ]内のファイル名でよければ、何も入力せずに Enter キーを押す。宛先ファイル名を変更する場合は、ファイル名を入力してから Enter キーを押す

Source filenameでは、コピー元のファイル名を正確に入力する必要があります。たとえば、次のように大文字と小文字が異なっていた場合には、エラーになってコピーは開始されません。

【ファイル名の誤りによるエラーメッセージの表示例】

```
RT1#copy flash: tftp:[Enter]
Source filename []? c181x-advipservicesk9-mz.151-4.m5.bin[Enter]    ←「M」を
                                                                     小文字で入力
Address or name of remote host []? 172.16.1.100[Enter]
Destination filename [c181x-advipservicesk9-mz.151-4.m5.bin]?[Enter]
%Error opening flash:c181x-advipservicesk9-mz.151-4.m5.bin (File not found)
RT1#                   ↑エラーのログメッセージ
```

Cisco IOSイメージのファイル名は命名規則に従って付けられているため、特別な理由がない限り、Destination filename（コピー先のファイル名）は変更しないでコピーします。

> ⚠注意　RFC1350準拠のTFTPでは、転送可能な最大ファイルサイズは約32MBに制限されます。32MBを超えるCisco IOSイメージファイルを転送する場合、TFTPの代わりにFTPサーバを利用するか、32MB以上のファイルサイズをサポートするTFTPサーバソフトを利用するなどの対応が必要になります。

> ### 参考 スイッチのIOSイメージのバックアップ
>
> CatalystスイッチのCisco IOSイメージをTFTPサーバへバックアップする際にも、ルータと同様にcopyコマンドを実行します。ただし、Catalystスイッチの場合、デフォルトではIOSイメージファイルはフラッシュメモリ直下ではなく、IOSディレクトリ（IOS名のディレクトリ）配下に格納されています。そのため、cd（change directory）コマンドを使用してディレクトリを移動してから、IOSのコピーを行います。
>
> ```
> Switch#ping 172.16.1.100 [Enter]   ←TFTPサーバとの接続性を確認
>
> Type escape sequence to abort.
> Sending 5, 100-byte ICMP Echos to 172.16.1.100, timeout is 2 seconds:
> !!!!!   ←pingが成功し、接続性が確認できた
> Success rate is 100 percent (5/5), round-trip min/avg/max = 1/202/1004 ms
> Switch#show flash: [Enter]   ←IOSのファイル名を確認
>
> Directory of flash:/
>
>     2  -rwx      24     Jan 28 2014 23:07:35 +00:00  private-config.text
>     4  drwx     192     Mar 01 1993 00:23:22 +00:00  c2940-i6k2l2q4-mz.121-22.EA14
>        ↑ディレクトリを示す                                   ↑IOSディレクトリ
>   324  -rwx     676     Mar 01 1993 03:07:08 +00:00  vlan.dat
>   325  -rwx    1446     Jan 28 2014 23:07:35 +00:00  config.text
>
> 7612416 bytes total (2060800 bytes free)
> Switch#copy flash: tftp: [Enter]   ←フラッシュメモリからTFTPサーバへのコピーを実行
> Source filename []? c2940-i6k2l2q4-mz.121-22.EA14.bin [Enter]   ←コピー元のファイル名を入力
> Address or name of remote host []? 172.16.1.100 [Enter]   ←TFTPサーバのIPアドレスを入力
> Destination filename [c2940-i6k2l2q4-mz.121-22.EA14.bin]? [Enter]   ←コピー先のファイル名
> %Error reading flash:c2940-i6k2l2q4-mz.121-22.EA14 (Is a directory)
> Switch#cd c2940-i6k2l2q4-mz.121-22.EA14 [Enter]   ←IOSディレクトリに移動
> Switch#show flash: [Enter]   ←IOSのファイル名を確認
>
> Directory of flash:/c2940-i6k2l2q4-mz.121-22.EA14/
>
>     5  drwx    4416     Mar 01 1993 00:20:57 +00:00  html
>   322  -rwx 3758409     Mar 01 1993 00:23:22 +00:00  c2940-i6k2l2q4-mz.121-22.EA14.bin
>        ↑「d」ディレクトリを示す表示なし                        ↑IOSイメージのファイル名
>   323  -rwx     285     Mar 01 1993 00:23:22 +00:00  info
>
> 7612416 bytes total (2060800 bytes free)
> Switch#copy flash: tftp: [Enter]   ←フラッシュメモリからTFTPサーバへのコピーを実行
> ```

```
Source filename []? c2940-i6k2l2q4-mz.121-22.EA14.bin [Enter]   ←コピー元ファイル名を入力
Address or name of remote host []? 172.16.1.100 [Enter]   ←TFTPサーバのIPアドレスを入力
Destination filename [c2940-i6k2l2q4-mz.121-22.EA14.bin]? [Enter]   ←コピー先ファイル名を確認
!!!!!!!!!!!!!!!!!!!!!!!!!!!!!!!!!!!!!!!!!!!!!!!!!!!!!!!!!!!!!!!!!!!!!!!!!!!!!!!
!!!!!!!!!!!!!!!!!!!!!!!!!!!!!!!!!!!!!!!!!!!!!!!!!
<途中省略>
!
3758409 bytes copied in 21.584 secs (174129 bytes/sec)   ←コピーが完了した
Switch#
```

参考 tar[6]ファイルの作成

CatalystスイッチのフラッシュメモリにあるIOSディレクトリ配下には、infoファイルやhtmlディレクトリが存在します。これらは、Catalystスイッチにブラウザからアクセスして状態の確認や設定変更などを行えるデバイスマネージャ[7]を使用する際に必要となるファイルです。
IOSイメージのほかに、これらを含めてすべてのファイルをバックアップしたい場合、**archive**コマンドを使用して「tarファイル」を作成します。

構文 tarファイルの作成（mode：#）
　　　　`#archive tar /create <filename> <dir>`

- filename … tarファイルをTFTPサーバに作成する場合、TFTPサーバのIPアドレスと作成するtarファイル名を指定
- dir ………… アーカイブ[8]するファイルが保存されているディレクトリを指定

次の例では、Catalystスイッチのフラッシュメモリ内にあるIOSディレクトリ配下のすべてのファイルをtarファイルとしてTFTPサーバ（172.16.1.100）にバックアップしています。

※6 【tar】(ター)：Tape ARchive formatの略で、ファイルフォーマットの一種。tarはアーカイブファイルであり、1つ512バイトのブロックが複数まとまって構成される
※7 【デバイスマネージャ】device manager：デバイスを管理するためのユーティリティソフトのひとつ。デバイスの状態を確認したり、設定内容を変更したりできる
※8 【アーカイブ】archive：archiveは書庫の意味を持ち、複数のファイルを1つにまとめることを指す。アーカイブによって1つにまとめられたファイルをアーカイブファイルという

【tarファイルを使用したバックアップ例】

```
Switch#cd c2940-i6k2l2q4-mz.121-22.EA14 Enter    ←ディレクトリを移動
Switch#show flash: Enter    ←IOSディレクトリ配下のファイルを確認

Directory of flash:/c2940-i6k2l2q4-mz.121-22.EA14/

    5  drwx        4416   Mar 01 1993 00:20:57 +00:00  html     ←htmlディレクトリ
  322  -rwx     3758409   Mar 01 1993 00:23:22 +00:00  c2940-i6k2l2q4-mz.121-22.EA14.bin
  323  -rwx         285   Mar 01 1993 00:23:22 +00:00  info     ←infoファイル

7612416 bytes total (2060800 bytes free)
Switch#cd Enter       ←フラッシュメモリ直下に移動
Switch#archive tar /create tftp://172.16.1.100/c2940-i6k2l2q4-mz.121-22.EA14.tar flash:
c2940-i6k2l2q4-mz.121-22.EA14 Enter           ファイルの拡張子は「tar」を指定↑
!!
archiving html (directory)
archiving html/graph_dash.js (19448 bytes)!!!!
archiving html/ajax.js (28348 bytes)!!!!!
archiving html/graph.js (39650 bytes)!!!!!!!!
archiving html/appsui.js (1749 bytes)!
archiving html/combo.js (9353 bytes)!!
archiving html/framework.js (24955 bytes)!!!!!
archiving html/helpframework.js (865 bytes)
archiving html/layers.js (1616 bytes)
archiving html/toolbar.js (6383 bytes)!!
archiving html/converter.js (4829 bytes)!
archiving html/ip.js (3500 bytes)!
archiving html/more.txt (62 bytes)
archiving html/stylesheet.css (22059 bytes)!!!!
archiving html/title.js (577 bytes)!
archiving html/forms.js (13756 bytes)!!!
archiving html/fpv.js (41655 bytes)!!!!!!!!
<途中省略>
archiving c2940-i6k2l2q4-mz.121-22.EA14.bin (3758409 bytes) !!!!!!!!!!!!!!!!!!!!!!!!!
!!!!!!!!!!!!!!!!!!!!!!!!!!!!!!!!!!!!!!!!!!!!!!!!!!!!!!!!!!!!!!!!!!!!!!!!!!!!!!!
!!!!!!!!!!!!!!!!!!!!!!!!!!!!!!!!!!!!!!!!!!!!!!!!!!!!!!!!!!!!!!!!!!!!!!!!!!!!!!!
!!!!!!!!!!!!!!!!!!!!!!!!!!!!!!!!!!
archiving info (285 bytes)
Switch#
```

Cisco IOSイメージのアップグレード

シスコは、ソフトウェアの不具合の解決や新機能の提供のために、常に新しいバージョンのCisco IOSイメージをリリースしています。ルータのIOSイメージファイルをアップグレードする前に、次の準備が必要です。

●新しいイメージファイルの選択

プラットフォーム、フィーチャ、ソフトウェアの欠陥などを考慮し、要件に合ったCisco IOSイメージファイルを選択します。選択したIOSイメージファイルはダウンロードしてTFTPやFTPサーバに保存しておきます。

●TFTPサーバへの接続を確認

pingを実行して、ネットワーク上のTFTPサーバにアクセスできることを確認します。

●フラッシュメモリのディスク領域を確認

show flash:コマンドを使用して、ルータのフラッシュメモリに新しいCisco IOSイメージを保存できるだけの十分な空き領域があることを確認します。

●RAMの容量を確認

RAMが新しいシステムイメージにアップグレードできるだけの容量を備えているかどうか、show versionコマンドを使用して確認します。

TFTPやFTPサーバにダウンロードした新しいIOSイメージを、ルータのフラッシュメモリにコピーします。

> **構文** TFTPサーバのファイルをルータのフラッシュメモリへコピー (mode：#)
> #copy tftp: flash:

【IOSイメージのアップグレード】

フラッシュメモリ
IOS
RT1
copy tftp: flash:
TFTPサーバ
新しいIOS
172.16.1.100

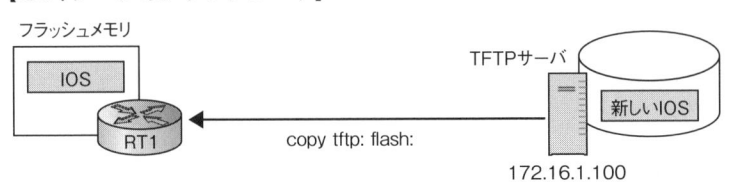

【IOSイメージのアップグレード例】

```
RT1#ping 172.16.1.100 Enter      ←TFTPサーバとの接続性を確認
Type escape sequence to abort.
Sending 5, 100-byte ICMP Echos to 172.16.1.100, timeout is 2 seconds:
!!!!!      ←pingが成功し、接続性が確認できた
Success rate is 100 percent (5/5), round-trip min/avg/max = 1/1/4 ms
RT1#show flash: Enter     ←フラッシュメモリの空き領域を確認
-#- --length-- -----date/time------ path
1     29515416 Jul 16 2013 09:38:06 +00:00 c181x-advipservicesk9-mz.151-4.M5.bin
104419328 bytes available (29519872 bytes used)
             ↑空き領域は約104MB

RT1#copy tftp: flash: Enter       ←TFTPサーバからフラッシュメモリへのコピーを実行
Address or name of remote host []? 172.16.1.100 Enter    ←TFTPサーバのIPアドレスを入力
Source filename []? c181x-adventerprisek9-mz.151-4.M6.bin Enter    ←新しいIOSを入力
Destination filename [c181x-adventerprisek9-mz.151-4.M6.bin]? Enter   ←コピー先の
Accessing tftp://10.1.1.1/c181x-adventerprisek9-mz.151-4.M6.bin...      ファイル名を確認
Loading c181x-adventerprisek9-mz.151-4.M6.bin from 172.16.1.100
(via FastEthernet0): !!!!!!!!!!!!!!!!!!!!!!!!!!!!!!!!!!!!!!!!!!!!!!!!
!!!!!!!!!!!!!!!!!!!!!!!!!!!!!!!!!!!!!!!!!!!!!!!!!!!!     ←コピー中を示している
[OK - 30554380 bytes]     ←コピーが完了し、ファイルサイズが表示される

30554380 bytes copied in 89.210 secs (369286 bytes/sec)

RT1#show flash: Enter
-#- --length-- -----date/time------ path
1     29515416 Jul 16 2013 09:38:06 +00:00 c181x-advipservicesk9-mz.151-4.M5.bin
2     30554380 Aug 5 2014 08:37:20 +00:00 c181x-adventerprisek9-mz.151-4.M6.bin

75942516 bytes available (60074612 bytes used)

RT1#
```

　コピーが完了したら、ルータが新しいIOSイメージでブートするために、boot systemコマンドを設定する必要があります。

参照→ boot systemコマンド（677ページ）

14-3 Cisco IOSイメージの管理

最後に、copy running-config startup-configコマンドを実行して現在の設定をNVRAMに保存し、ルータを再起動します。

【現在の設定をNVRAMに保存してルータを再起動】

```
RT1#configure terminal[Enter]
Enter configuration commands, one per line.  End with CNTL/Z.
RT1(config)#boot system flash://c181x-adventerprisek9-mz.151-4.M6.bin[Enter]
RT1(config)#exit[Enter]              ↑boot systemコマンドを設定
RT1#
*Aug  5 09:15:05.190: %SYS-5-CONFIG_I: Configured from console by console
RT1#copy running-config startup-config[Enter]    ←現在の設定をNVRAMへ保存
Destination filename [startup-config]?[Enter]
Building configuration...
[OK]
RT1#show startup-config | include boot system[Enter]  ←boot systemの設定があるか確認
boot system flash://c181x-adventerprisek9-mz.151-4.M6.bin
RT1#reload[Enter]    ←ルータを再起動する
Proceed with reload? [confirm][Enter]  ←[Enter]キーを押して再起動を開始する
＜以下省略＞
```

新しいIOSイメージでロードされたことを確認するには、show versionコマンドを使用します。

【show versionコマンドの出力例】

```
RT1#show version[Enter]
Cisco IOS Software, C181X Software (C181X-ADVENTERPRISEK9-M), Version 15.1(4)M6,
RELEASE SOFTWARE (fc2)         ↑新しいIOSイメージ
Technical Support: http://www.cisco.com/techsupport
Copyright (c) 1986-2013 by Cisco Systems, Inc.
Compiled Thu 14-Feb-13 09:39 by prod_rel_team

ROM: System Bootstrap, Version 12.3(8r)YH6, RELEASE SOFTWARE (fc1)

RT1 uptime is 21 minutes
System returned to ROM by reload at 09:18:02 UTC Wed Feb 5 2014
System image file is "flash: c181x-adventerprisek9-mz.151-4.M6.bin"
Last reload type: Normal Reload     ↑新しいIOSイメージでロードしている
＜以下省略＞
```

> **注意** フラッシュメモリに新しいIOSイメージファイルを保存するための空き領域がない場合、フラッシュメモリを追加するか、delete flash:<filename>コマンドを実行してフラッシュメモリから既存のIOSを削除する必要があります。既存のIOSを削除する前に、念のためにバックアップしておくことをお勧めします。

> **参考　IOSイメージが存在しない場合のIOSダウンロード**
>
> フラッシュメモリ内のIOSイメージが破損したり、誤って消去されたりすると、ルータはROMMON(ROMモニタ)モードで起動します。そのような場合には、ROMMONモード(ROMモニタ)からtftpdnldコマンドを使用して、TFTPサーバからIOSイメージをフラッシュメモリにダウンロードします。
> なお、Catalystスイッチの場合は、XMODEM[9]を利用してIOSをダウンロードする必要があります。
> ◎ 具体的な手順はCCNA Routig and Switchingの範囲を超えるため、本書では説明していません。

※9 **【XMODEM】**(エックスモデム)：ファイルを128バイト単位に分けて、非同期通信のファイル転送を行うデータ転送プロトコル。ネットワーク接続できない状況で、Ciscoデバイスのコンソール経由でIOSイメージをダウンロードすることができる

14-4 コンフィギュレーションファイルの管理

コンフィギュレーション(設定)ファイルには、管理者が定義した設定情報が含まれています。この節では、コンフィギュレーションファイルの保存場所と管理について説明します。

コンフィギュレーションの保存

コンフィギュレーションファイルであるrunning-configとstartup-configは、通常それぞれ次の場所に格納されます。

・running-config ……RAM
・startup-config ……NVRAM

CiscoルータおよびCatalystスイッチに対して設定した情報は、running-configの方に反映されます。しかし、running-configはRAMで保持しているため、電源をオフに(または再起動)すると設定した内容はすべて消えてしまいます。
したがって、管理者は入力した設定値が正しいことを確認したあと、copyコマンドを使用してRAM上のrunning-configの内容をNVRAM(またはフラッシュメモリのNVRAMセクション)に保存する必要があります。copyコマンドの構文には、プレフィックスを明示的に指定する方法もあります。

参照 ▶ Cisco IOSファイルシステム(IFS)(682ページ)

構文 現在のコンフィギュレーションをNVRAMに保存(mode:#)
```
#copy running-config startup-config
```
または
```
#copy system:running-config nvram:startup-config
```

【copy running-config startup-configコマンドの例】
```
RT1#copy running-config startup-config [Enter]   ←現在の設定をNVRAMへ保存
Destination filename [startup-config]? [Enter]
Building configuration...
[OK]
RT1#
```

startup-configは名前が示すとおり、ルータやスイッチの電源投入時や再起動時に使用され、設定情報は自動的にRAMへrunning-configとして読み込まれます。

参照→ ルータの起動シーケンス（672ページ）

なお、現在の設定を消去して、NVRAMの設定（startup-config）の状態に戻したいときは、ルータを再起動（reload）します。この場合、再起動時に設定を保存しないように注意してください。

●コンフィギュレーションの消去

erase startup-configコマンドを使用すると、NVRAMに保存されたstartup-configを消去できます。このコマンドを実行してルータの電源を切断または再起動すると、ルータは初期化された状態になります。

構文　NVRAMのコンフィギュレーションファイルの消去（mode：#）
```
#erase startup-config
```

コンフィギュレーションの外部サーバへのバックアップ

コンフィギュレーションファイルをTFTPなどの外部サーバにバックアップしておくと、機器にトラブルが発生した場合や、変更した設定を元の状態に戻したいときなどに便利です。

ルータ（またはスイッチ）の現在のコンフィギュレーション（running-config）をTFTPサーバへコピーする場合は、**copy running-config tftp:コマンド**を使用します。また、NVRAMの設定（startup-config）をTFTPサーバへコピーする場合には、**copy startup-config tftp:コマンド**を使用します。

構文　コンフィギュレーションをTFTPサーバへ保存（mode：#）
```
#copy running-config tftp: (または #copy system:running-config tftp:)
#copy startup-config tftp: (または #copy nvram:startup-config tftp:)
```

【コンフィギュレーションをTFTPサーバへ保存】

RAM　running-config　　#copy running-config tftp:　→　TFTPサーバ

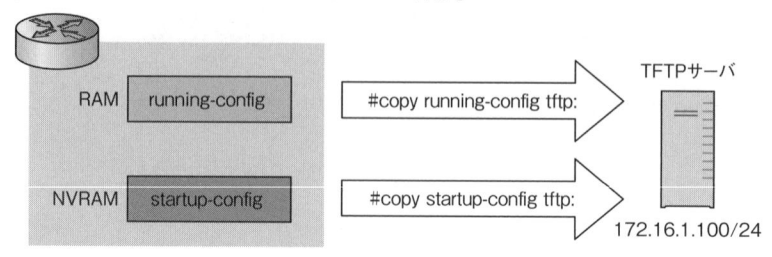

NVRAM　startup-config　　#copy startup-config tftp:　→　172.16.1.100/24

copyコマンドを実行すると、サーバのIPアドレスと宛先ファイル名を入力するためのメッセージが表示されます。デフォルトのファイル名は「<hostname>-confg」です。別のファイル名で保存するときは、ファイル名を入力して[Enter]キーを押します。ファイルはテキスト形式で保存されるため、メモ帳などのエディタで開いて内容を確認できます。

【copy running-config tftp:コマンドの例】

```
RT1#ping 172.16.1.100 [Enter]    ←サーバとの接続性を確認するためにpingを実行
Type escape sequence to abort.
Sending 5, 100-byte ICMP Echos to 172.16.1.100, timeout is 2 seconds:
!!!!!   ←成功した
Success rate is 100 percent (5/5), round-trip min/avg/max = 1/1/4 ms
RT1#copy running-config tftp: [Enter]    ←現在の設定をTFTPへコピー
Address or name of remote host []? 172.16.1.100 [Enter]   ←TFTPサーバのIPアドレスを指定
Destination filename [rt1-confg]? [Enter]   ←保存時のファイル名はデフォルトのままで実行
!!    ←「!」はパケットが正常に転送されたことを示している
1244 bytes copied in 0.488 secs (2549 bytes/sec)    ←コピーが完了した

RT1#
```

外部サーバと通信できないときのエラー

バックアップを行う前に、pingで外部サーバとの接続性を確認します。外部サーバとのIP通信ができない、またはサーバ機能が無効になっているような状態でコピーを実行すると、次のようなエラーメッセージが表示されます。

```
RT1#copy running-config tftp: [Enter]
Address or name of remote host []? 172.16.1.200 [Enter]  ←通信できないIPアドレスを指定
Destination filename [rt1-confg]? [Enter]
.....
%Error opening tftp://172.16.1.200/rt1-confg (Timed out)  ←エラーメッセージ
RT1#
```

外部サーバからコンフィギュレーションをダウンロード

TFTPなどの外部サーバにバックアップしたコンフィギュレーションを、running-configやstartup-configにコピーすると、以前の設定にすばやく戻すことができます。

TFTPサーバからRAM上にコピーする場合は、**copy tftp: running-config**コマンドを使用します。また、TFTPサーバからNVRAMにコピーする場合には、**copy tftp:startup-config**コマンドを使用します。

構文 TFTPサーバからコンフィギュレーションをダウンロード（mode：#）
```
#copy tftp: running-config （または #copy tftp: system:running-config）
#copy tftp: startup-config （または #copy tftp: nvram:startup-config）
```

【TFTPサーバからコンフィギュレーションをダウンロード】

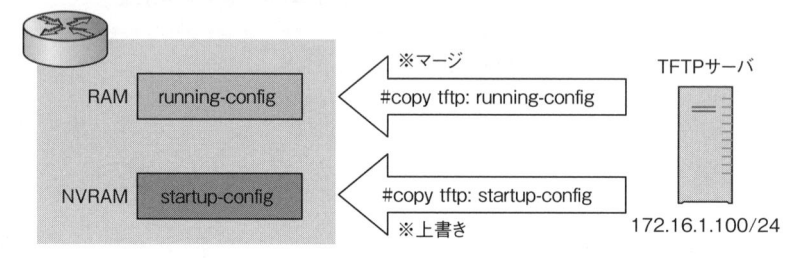

このとき、サーバのIPアドレス、送信元ファイル名、宛先ファイル名を入力するためのメッセージが表示されます。送信元ファイル名は、TFTPサーバに保存してあるファイル名を指定します。宛先ファイル名についてはcopyコマンドで指定したファイル名がデフォルトで認識されているため、そのまま[Enter]キーを押します。

【copy tftp: running-configコマンドの例】

```
RT1#copy tftp: running-config[Enter]  ←TFTPに保存したファイルをRAM上にコピー
Address or name of remote host []? 172.16.1.100[Enter]  ←サーバのIPアドレスを指定
Source filename []? rt1-confg[Enter]  ←コピー元のファイル名を指定
Destination filename [running-config]?[Enter]  ←デフォルトのままで実行
Accessing tftp://172.16.1.100/rt1-confg...
Loading rt1-confg from 172.16.1.100 (via FastEthernet0): !
[OK - 1185 bytes]

1185 bytes copied in 9.112 secs (130 bytes/sec)  ←コピーが完了した

RT1#
```

> ⚠注意　copy tftp: startup-configコマンドを実行した場合、その設定を反映させるにはルータ（またはスイッチ）を再起動する必要があります。

● コンフィギュレーションのマージ

　copy tftp: running-configやcopy startup-config running-configコマンドのように、コピー先がrunning-configの場合、RAM上の既存のコンフィギュレーションを上書きする単純なコピーではなく、既存のコンフィギュレーションとマージ（併合）されるため注意が必要です。

　マージでは、コピー元とコピー先（running-config）の両方に存在する項目がある場合、コピー元の設定が優先されます。

　次に、TFTPサーバ上のコンフィギュレーションをRAMにコピーするときのマージの様子を示します。

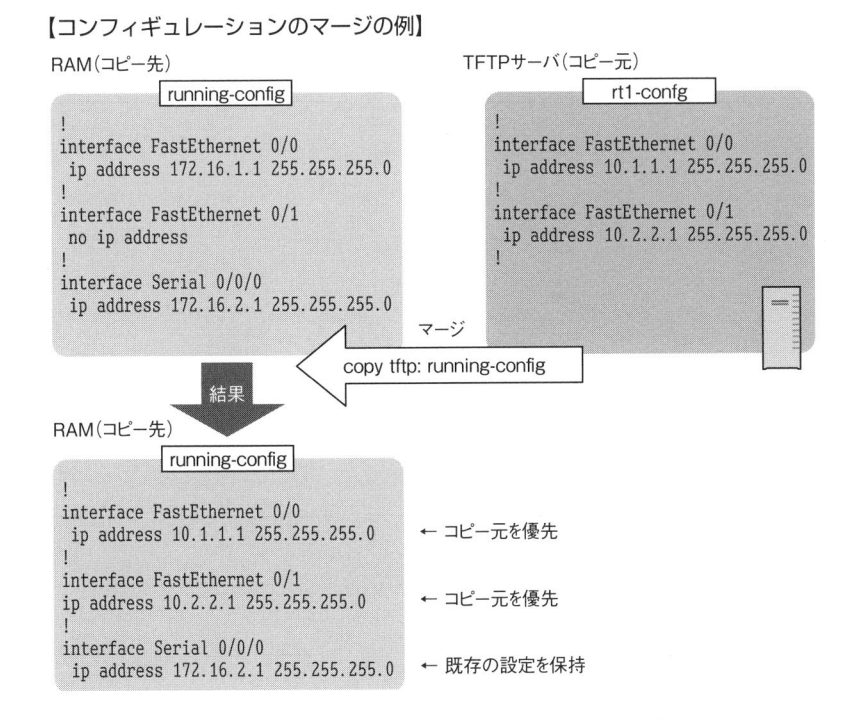

【コンフィギュレーションのマージの例】

RAM（コピー先）　running-config
```
!
interface FastEthernet 0/0
 ip address 172.16.1.1 255.255.255.0
!
interface FastEthernet 0/1
 no ip address
!
interface Serial 0/0/0
 ip address 172.16.2.1 255.255.255.0
```

TFTPサーバ（コピー元）　rt1-confg
```
!
interface FastEthernet 0/0
 ip address 10.1.1.1 255.255.255.0
!
interface FastEthernet 0/1
 ip address 10.2.2.1 255.255.255.0
!
```

マージ　copy tftp: running-config

結果

RAM（コピー先）　running-config
```
!
interface FastEthernet 0/0
 ip address 10.1.1.1 255.255.255.0       ← コピー元を優先
!
interface FastEthernet 0/1
 ip address 10.2.2.1 255.255.255.0       ← コピー元を優先
!
interface Serial 0/0/0
 ip address 172.16.2.1 255.255.255.0     ← 既存の設定を保持
```

　マージの結果は、コピー元に存在しない項目のSerial 0/0/0の設定はそのまま保持され、それ以外はコピー元の設定を優先しています。

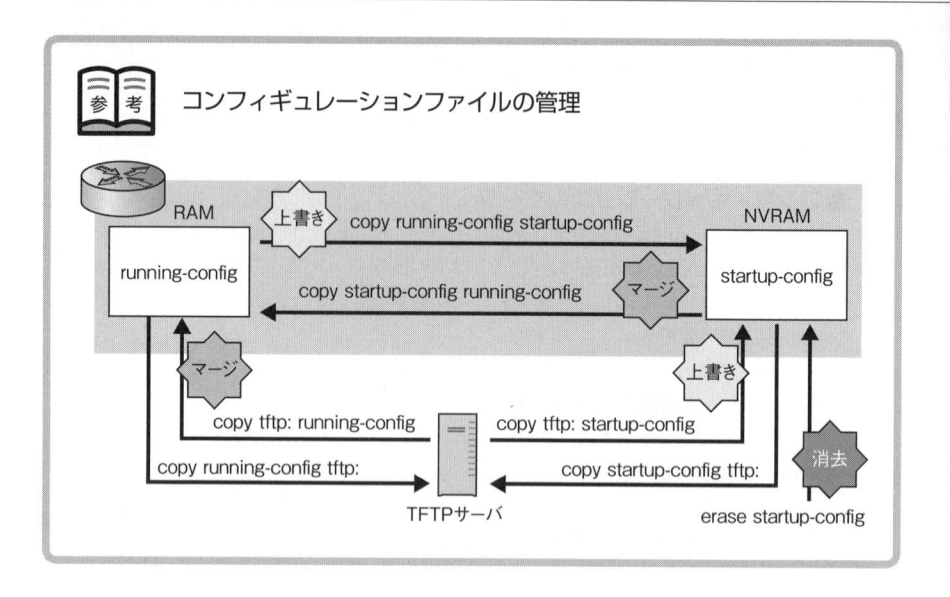

第14章　ネットワークデバイスの管理

参考　コンフィギュレーションファイルの管理

- RAM: running-config
- NVRAM: startup-config
- 上書き: copy running-config startup-config
- マージ: copy startup-config running-config
- マージ: copy tftp: running-config
- 上書き: copy tftp: startup-config
- copy running-config tftp:
- copy startup-config tftp:
- TFTPサーバ
- 消去: erase startup-config

14-5 NTPによる時刻同期

NTPは、ネットワークに接続される機器の時刻情報を同期させるためのプロトコルです。ネットワーク管理者にとってシステム時刻を正確に合わせておくことは、ログの解析を行ったり、サービスを指定時間に動作させたりするのにとても重要なことです。

NTPによる時刻同期

NTP(Network Time Protocol)は、ネットワークに接続される機器の時刻情報を同期させるためのプロトコルです。NTPはUDP上で動作し、ポート番号は123を使用します。

ネットワーク上の各デバイスが保持する時刻をすべて同じにしておくと、収集したログの正確なタイムスタンプを基にしてイベントの関連付けや解析を行うことができます。

NTPは通常、NTPサーバに接続された原子時計やGPSなどを情報源にして正確な時刻を取得します。時刻同期は**Stratum**(ストラタム)と呼ばれる階層の概念を使用し、効率よく上位のNTPサーバから多数のデバイスへ時刻情報が配信できるようにしています。

Stratum1は最上位のNTPサーバを表し、原子時計やGPSから正確な時刻を直接受けます。Stratum1から時刻を受信したNTPサーバはStratum2になります。一方で、Stratum2はStratum3に対して時刻を提供します。つまり、1台のデバイスがサーバとクライアントの両方の機能を持っています。NTPサーバは最大15台まで構築でき、Stratum16とは同期することができません。

インターネット上にはいくつかのStratum1、Stratum2サーバが公開されています。企業内で用意したNTPサーバの時刻は、インターネットで利用可能なパブリックNTPサーバから取得することをお勧めします。

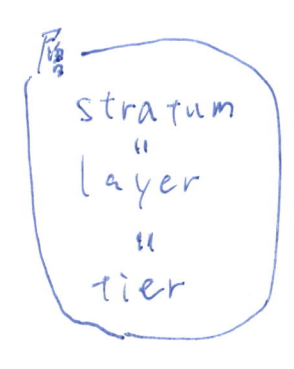

【階層化されたNTPサーバのネットワーク】

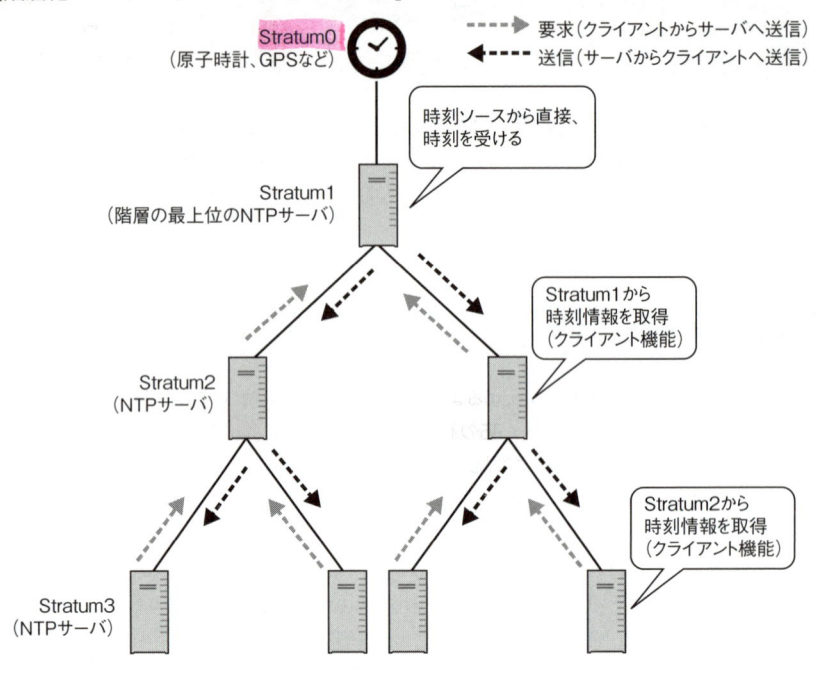

Stratum0
（原子時計、GPSなど）

・・・▶ 要求（クライアントからサーバへ送信）
◀・・・ 送信（サーバからクライアントへ送信）

時刻ソースから直接、時刻を受ける

Stratum1
（階層の最上位のNTPサーバ）

Stratum1から時刻情報を取得
（クライアント機能）

Stratum2
（NTPサーバ）

Stratum2から時刻情報を取得
（クライアント機能）

Stratum3
（NTPサーバ）

● NTPアソシエーションモード

　NTPを実行しているマシン間の通信をアソシエーションといいます。相互に関連付けるためのアソシエーションモードには、次の3つがあります。

・Client/Server ……………………… クライアントがサーバに要求を送信して同期を行う一般的なモード
・Symmetric Active/Passive …… グループ化された同じ階層のNTPサーバで構成され、相互にバックアップとして機能する
・Broadcast ………………………… サーバがブロードキャスト（またはマルチキャスト）でNTPパケットを送信する。クライアントで特定サーバを指定する必要がなくなり、設定作業が容易になる

◎ 本書では、一般的なClient/Serverアソシエーションモードの設定方法のみ説明しています。

● NTPの基本設定

　NTPサーバとアソシエーションを形成し同期を行うには、**ntp server**コマンドを使用します。2台以上のNTPサーバを指定することも可能です。その場合、コマンドの最後にpreferオプションを付加すると、ほかのサーバよりも優先するように指定できます。

> **構文** NTPサーバと時刻同期をする（NTPクライアントとして設定）
>
> `(config)#ntp server {<ip-address> | <hostname>} [ prefer ]`
>
> ・ip-address …… 時刻同期を行うNTPサーバのIPアドレスを指定
> ・hostname …… 時刻同期を行うNTPサーバのホスト名を指定（名前解決が必要）
> ・prefer ………… ほかのNTPサーバよりも優先する（オプション）

　ルータをNTPサーバとなるように構成するには、**ntp master**コマンドを使用します。ストラタム番号は1～15の範囲で指定可能です。外部のNTPサーバよりも大きなストラタム番号を指定すると、外部サーバと同期できなくなったときのみマスターとして動作します。

> **構文** NTPサーバ（マスタークロック）として設定
>
> `(config)#ntp master [<stratum>]`
>
> ・stratum ……… ストラタム（階層）を1～15の範囲で指定（オプション）。デフォルトは8

● NTPの検証

　設定したNTPの確認には、次のコマンドを使用します。

・show ntp associations
・show ntp status
・show clock detail

　次の構成を例に、NTPの各種検証コマンドを説明します。

【NTPの基本設定例】

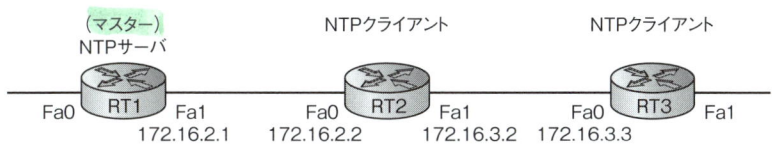

```
            （マスター）
            NTPサーバ              NTPクライアント              NTPクライアント
         Fa0 [RT1] Fa1          Fa0 [RT2] Fa1              Fa0 [RT3] Fa1
                172.16.2.1      172.16.2.2   172.16.3.2    172.16.3.3

         <RT1の設定>            <RT2の設定>                <RT3の設定>
         ntp master 3           ntp server 172.16.2.1      ntp server 172.16.2.1 prefer
                                                           ntp server 172.16.3.2
```

RT1をStratum3のNTPサーバ（マスター）として設定し、RT2とRT3をNTPクライアントに設定しています。RT3では2台のNTPサーバ（RT1とRT2）を設定し、RT1を優先するようにpreferオプションを指定しています。

【RT1の設定】

```
RT1#clock set 10:00:00 2 august 2016 Enter    ←システム時刻を設定
RT1#
*Aug  2 10:00:00.000: %SYS-6-CLOCKUPDATE: System clock has been updated from
00:26:12 UTC Tue Aug 2 2016 to 10:00:00 UTC Tue Aug 2 2016, configured from
console by console.
RT1#configure terminal Enter
Enter configuration commands, one per line.  End with CNTL/Z.
RT1(config)#ntp master 3 Enter    ←NTPサーバとして設定
```

show ntp associationsコマンドは、NTPアソシエーションを表示します。このコマンドは、時刻同期の状況を確認できます。先頭の「*」（アスタリスク）のマークは、そのサーバと同期していることを示しています。

> **構文** NTPアソシエーションの表示（mode：>、#）
> `#show ntp associations`

【NTPアソシエーションの表示例（RT1）】

```
RT1#show ntp associations Enter
        ①            ②         ③    ④     ⑤     ⑥     ⑦      ⑧      ⑨
     address       ref clock    st  when  poll  reach  delay  offset   disp
 *~127.127.1.1     .LOCL.        2    4    16    177   0.000  0.000   62.752
 * sys.peer, # selected, + candidate, - outlyer, x falseticker, ~ configured
```

① address：NTPサーバのIPアドレス（またはホスト名）。「*」は同期しているサーバを示す
② ref clock：NTPサーバが同期している参照先を示す。「127.127.1.1」は自身を表している（次ページのRT2、RT3の例を参照）
③ st：Stratum値
④ when：NTPパケットを受信してからの経過時間（単位：秒）
⑤ poll：ポーリング間隔（単位：秒）
⑥ reach：到達可能性
⑦ delay：NTPサーバとの往復の遅延（単位：ミリ秒）
⑧ offset：オフセット値（単位：ミリ秒）
⑨ disp：揺らぎ値（単位：ミリ秒）

14-5 NTPによる時刻同期

【NTPアソシエーションの表示例（RT2）】

```
RT2#show ntp associations Enter
   address         ref clock       st   when   poll  reach   delay   offset    disp
*~172.16.2.1      127.127.1.1      3     8      64     3     1.150   -0.078   0.840
* sys.peer, # selected, + candidate, - outlyer, x falseticker, ~ configured
```

【NTPアソシエーションの表示例（RT3）】

```
RT3#show ntp associations Enter
   address         ref clock       st   when   poll  reach   delay   offset    disp
*~172.16.2.1      127.127.1.1      3     9      64     1     1.636   -0.089   0.097
 ~172.16.3.2      172.16.2.1       4     1      64     1     0.998    0.195  437.63
* sys.peer, # selected, + candidate, - outlyer, x falseticker, ~ configured
```

　RT1はclock setコマンドで設定した時刻が参照先であるため、ref clockには「LOCL」と表示されています。また、RT1のstフィールドの値はntp masterで設定した値の−1になっています。

　RT3には2つのアソシエーションがありますが、先頭に「*」マークが付いているRT1（172.16.2.1）と同期していることがわかります。

　show ntp statusコマンドは、NTPのステータスを表示します。このコマンドによって、自身のStratumを確認できます。

構文 NTPステータスの表示（mode：>、#）

```
#show ntp status
```

【show ntp statusコマンドの実行例（RT1）】

```
RT1#show ntp status [Enter]
Clock is synchronized, stratum 3, reference is 127.127.1.1    ←RT1はStratum3
                ↑              ↑                  ↑
          同期したことを示す  自身のストラタム  参照先のサーバ
nominal freq is 250.0000 Hz, actual freq is 250.0000 Hz, precision is 2**15
reference time is D5D0324D.947E0F40 (10:02:53.580 UTC Tue Aug 2 2016)
clock offset is 0.0000 msec, root delay is 0.00 msec
root dispersion is 0.53 msec, peer dispersion is 0.27 msec
loopfilter state is 'CTRL' (Normal Controlled Loop), drift is 0.000000000 s/s
system poll interval is 16, last update was 15 sec ago.
```

【show ntp statusコマンドの実行例（RT2）】

```
RT2#show ntp status [Enter]
Clock is synchronized, stratum 4, reference is 172.16.2.1    ←RT2はStratum4
nominal freq is 250.0000 Hz, actual freq is 250.0001 Hz, precision is 2**15
reference time is D5D0324F.95BEC511 (10:02:55.584 UTC Tue Aug 2 2016)
clock offset is -0.0780 msec, root delay is 1.22 msec
root dispersion is 7939.47 msec, peer dispersion is 0.84 msec
loopfilter state is 'CTRL' (Normal Controlled Loop), drift is -0.000000520 s/s
system poll interval is 64, last update was 104 sec ago.
```

【show ntp statusコマンドの実行例（RT3）】

```
RT3#show ntp status [Enter]
Clock is synchronized, stratum 4, reference is 172.16.2.1    ←RT3はStratum4
nominal freq is 250.0000 Hz, actual freq is 250.0000 Hz, precision is 2**15
reference time is D5D032E1.BCDB123A (10:05:21.737 UTC Tue Aug 2 2016)
clock offset is -0.0899 msec, root delay is 1.63 msec
root dispersion is 6.10 msec, peer dispersion is 0.09 msec
loopfilter state is 'CTRL' (Normal Controlled Loop), drift is -0.000000304 s/s
system poll interval is 64, last update was 41 sec ago.
```

なお、時刻同期がうまくできていない場合には、次のように表示されます。

```
Clock is unsynchronized, stratum 16, no reference clock
```

出力結果から、RT2とRT3で時刻を同期していることがわかります。RT2とRT3はStratum3のサーバ（RT1）と同期したので、自身はStratum4になっています。

次の出力は、**show clock detail**コマンドを使用して各ルータの時刻を示しています。RT3では、異なる日時を設定したあとでRT1のシステム時計に同期していることを確認しています。

【各ルータの時刻を表示（RT1）】

```
RT1#show clock detail [Enter]    ←現在の時刻を表示
10:09:35.107 UTC Tue Aug 2 2016    ←2016年8月2日 10時9分35秒
Time source is NTP
```

【各ルータの時刻を表示（RT2）】

```
RT2#show clock detail [Enter]
10:09:42.191 UTC Tue Aug 2 2016    ←2016年8月2日 10時9分42秒
Time source is NTP
```

【各ルータの時刻を表示(RT3)】

```
RT3#clock set 9:00:00 31 July 2016 [Enter]    ←異なる日時（2016年7月31日9時）に設定
RT3#
.Jul 31 09:00:00.000: %SYS-6-CLOCKUPDATE: System clock has been updated from
10:11:18 UTC Tue Aug 2 2016 to 09:00:00 UTC Sun Jul 31 2016, configured from
console by console.
RT3#show clock detail [Enter]    ←すぐに現在の時刻を表示
.09:00:05.875 UTC Sun Jul 31 2016    ←2016年7月31日9時0分5秒（同期していない）
Time source is NTP
RT3#show ntp associations [Enter]    ←アソシエーションを確認

    address       ref clock      st   when   poll  reach   delay   offset   disp
  ~172.16.2.1     .STEP.         16    22     64     0     0.000   0.000  16000.
  ~172.16.3.2     .STEP.         16    72     64     0     0.000   0.000  16000.
↑
「*」マークなし（まだ同期していない）

 * sys.peer, # selected, + candidate, - outlyer, x falseticker, ~ configured
RT3#
RT3#show ntp associations [Enter]    ←少し時間を空けて、再びアソシエーションを確認
```

```
 address         ref clock      st   when   poll  reach  delay  offset   disp
*~172.16.2.1     127.127.1.1    3    41     64    3      1.633  -0.145   3937.7
 ~172.16.3.2     172.16.2.1     4    7      64    3      1.123  1.513    0.116
```
↑
「*」マークが付いた（同期している状態）

```
* sys.peer, # selected, + candidate, - outlyer, x falseticker, ~ configured
RT3#show clock detail [Enter]    ←時刻を表示
10:13:59.611 UTC Tue Aug 2 2016  ←2016年8月2日10時13分59秒
Time source is NTP                （日付と時刻が変わり、同期していることがわかる）
```

◎ NTP認証やNTPサービスへのアクセス制御など追加のオプション設定については、CCNA Routing and Switchingの範囲を超えるため、本書では説明をしていません。

試験対策
- ルータをNTPクライアントに設定 …… ntp server <ip-address>
- ルータをNTPサーバに設定 …………… ntp master

14-6 Cisco IOSイメージのライセンス

Cisco IOSソフトウェアアクティベーション機能は、Ciscoソフトウェアライセンスを取得および確認し、Cisco IOSソフトウェアのフィーチャセットをアクティブにします。本節では、ライセンスの概念およびライセンスの確認やインストール方法について説明します。

新しいライセンスモデル

シスコは第2世代サービス統合型ルータ（Cisco ISR G2）のCisco ISR 1900/2900/3900シリーズから、Cisco IOSソフトウェアの新しいライセンスモデルを採用しています。

これら次世代ルータでは、プラットフォーム*ごとに1つのユニバーサルCisco IOSソフトウェアイメージがインストールされます。

ユニバーサルイメージには、すべてのフィーチャ（機能）が含まれています。どの機能が利用できるかは、購入したライセンスによって決定されます。追加で必要な機能がある場合には、対応するライセンスを購入してアクティブにする必要があります。これまでのようにわざわざIOSソフトウェアイメージをインストールしなくても、各フィーチャ（機能）の有効／無効は、ライセンスキーによって簡単に切り替えることができます。

シスコソフトウェアアクティベーション（Cisco Software Activation：CSA）は、ソフトウェアフィーチャやコンポーネントを有効にするために使用されるメカニズムです。ソフトウェアアクティベーションは、特定デバイスのフィーチャセットに一意のライセンスキーを生成し、ライセンスに対応する機能をアクティブにします。

次世代ルータの導入によって、Cisco IOSソフトウェアのパッケージ方法が変わります。従来は、各製品とリリースが複数個の異なるソフトウェアイメージとして提供され、利用する顧客がすべての製品に対して正しいライセンスを選択し、製品ごとに適切なイメージをインストールするなどの手間がかかりました。

新しいライセンスモデルでは、ソフトウェアテクノロジーパッケージを選択する手間が簡略化され、サービスをより迅速に導入できるようになります。

【Cisco IOSソフトウェアイメージの体系】

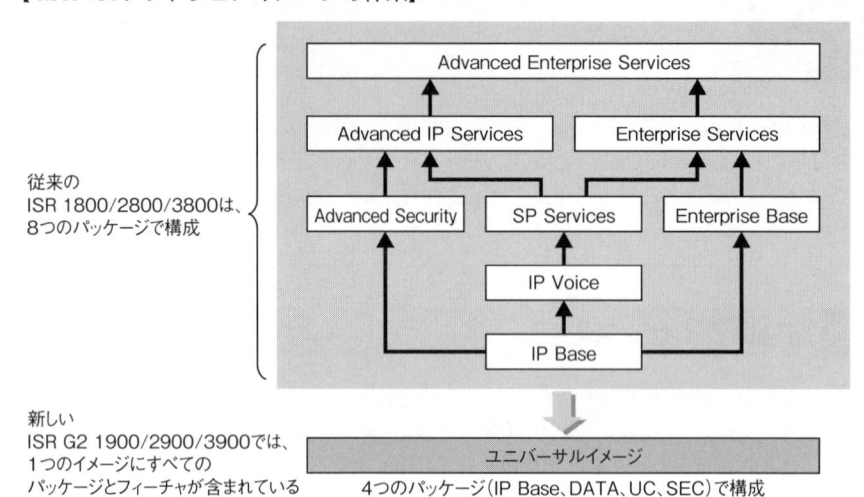

従来の
ISR 1800/2800/3800は、
8つのパッケージで構成

```
                Advanced Enterprise Services
                  ↑                    ↑
        Advanced IP Services    Enterprise Services
           ↑       ↑              ↑         ↑
    Advanced Security  SP Services    Enterprise Base
           ↑       ↑       ↑              ↑
                      IP Voice
                         ↑
                      IP Base
```

新しい
ISR G2 1900/2900/3900では、
1つのイメージにすべての
パッケージとフィーチャが含まれている

ユニバーサルイメージ
4つのパッケージ（IP Base、DATA、UC、SEC）で構成

　テクノロジー固有のフィーチャはテクノロジーパッケージとしてグループ化されています。Cisco ISR 1900/2900/3900シリーズのサービス統合型ルータは、複数のテクノロジーパッケージライセンスがデフォルトでインストールされています。ユーザは必要なライセンスを購入してアクティブ（有効）にするだけで済みます。

＜テクノロジーパッケージライセンス＞
・IP Base ……………………… 基本的なIP制御機能を提供するテクノロジーセット。
　　　　　　　　　　　　　　　　DATA、SEC、UCライセンスを使用するための前提条件
・Data（DATA）……………… 包括的なIP制御機能を提供するテクノロジーセット
・Security（SEC）…………… IPセキュリティ機能を提供するテクノロジーセット
・Unified Communications（UC）… IPテレフォニー機能を提供するテクノロジーセット
※このほかにも、プレミアム機能で使用可能な機能ライセンスがある

ライセンスタイプ

　ソフトウェアアクティベーションには、さまざまな種類のライセンスが提供されています。主要なライセンスは次のとおりです。

●永久（パーマネント）ライセンス

　ライセンスに期限切れはなく、いったん永久ライセンスをインストールするとデバイスの寿命が尽きるまでライセンスが有効になります。たとえば、DATAライセンスをルータにインストールした場合、ルータを新しいCisco IOSソフトウェアリリースに

アップグレードしても、以降のフィーチャに対してライセンスはアクティブ化されます。永久ライセンスは、デバイスにフィーチャセットを購入する場合に最も一般的なライセンスタイプです。

● 評価（一時）ライセンス

評価ライセンスは一時ライセンスとも呼ばれ、限定された期間（60日間）だけ有効です。評価ライセンスは一時的なものであり、新しい機能の評価や緊急時に使用されます。期間が満了しても、デバイスは再起動されるまで正常に機能し続けますが、再起動されると一時ライセンスがアクティブになる前の機能に戻ります。すべての次世代ルータには、DATA、SEC、UC用の評価ライセンスが含まれています。顧客はフィーチャセットを評価したあとに、永久ライセンスの購入とアップグレードする時期を柔軟に決定することができます。

このほかにも、時間に基づいて定期的に更新する必要がある「サブスクリプションライセンス」や、指定された使用回数だけ有効になる「カウントライセンス」などがあります。

ライセンスの確認

現在アクティブなライセンスは、**show version**コマンドで確認できます。以下は、Cisco ISR 1921ルータにおけるshow versionコマンドの出力を示しています。

【show versionコマンドの出力例】

```
Router#show version Enter
Cisco IOS Software, C1900 Software (C1900-UNIVERSALK9-M), Version 15.1(4)M4,
RELEASE SOFTWARE (fc1)
Technical Support: http://www.cisco.com/techsupport
Copyright (c) 1986-2012 by Cisco Systems, Inc.
Compiled Tue 20-Mar-12 17:58 by prod_rel_team

ROM: System Bootstrap, Version 15.0(1r)M15, RELEASE SOFTWARE (fc1)

Router uptime is 2 minutes
System returned to ROM by power-on
System restarted at 01:53:38 UTC Sun Mar 16 2014
System image file is "usbflash0:c1900-universalk9-mz.SPA.151-4.M4.bin"
Last reload type: Normal Reload
```

```
This product contains cryptographic features and is subject to United
States and local country laws governing import, export, transfer and
use. Delivery of Cisco cryptographic products does not imply
third-party authority to import, export, distribute or use encryption.
Importers, exporters, distributors and users are responsible for
compliance with U.S. and local country laws. By using this product you
agree to comply with applicable laws and regulations. If you are unable
to comply with U.S. and local laws, return this product immediately.

A summary of U.S. laws governing Cisco cryptographic products may be found at:
http://www.cisco.com/wwl/export/crypto/tool/stqrg.html

If you require further assistance please contact us by sending email to
export@cisco.com.

Cisco CISCO1921/K9 (revision 1.0) with 491520K/32768K bytes of memory.
Processor board ID FTX164083NM
2 Gigabit Ethernet interfaces
1 terminal line
DRAM configuration is 64 bits wide with parity disabled.
255K bytes of non-volatile configuration memory.
249840K bytes of USB Flash usbflash0 (Read/Write)


License Info:

License UDI:

-------------------------------------------------
Device#   PID                 SN
-------------------------------------------------
*0        CISCO1921/K9        FTX164083NM


Technology Package License Information for Module:'c1900'
```

```
-----------------------------------------------------------------
Technology    Technology-package            Technology-package
              Current         Type          Next reboot
-----------------------------------------------------------------
ipbase        ipbasek9        Permanent     ipbasek9        ←IP Baseのみ有効化されている
security      None            None          None
data          None            None          None


Configuration register is 0x2102
```

ライセンスに関する情報は、show versionコマンドの下部に表示されます。出力から、現在はIP Base (ipbasek9) のみ有効化されていることが確認できます。IP Baseライセンスは、DATA、SEC、UCライセンスをインストールするための前提条件になります。

Cisco IOSソフトウェアライセンスに関する情報を確認するには、**show license**コマンドを使用します。このコマンドでは、ライセンスの残りの期間（永久ライセンス以外）やカウント情報（カウントライセンスの場合）などが確認できます。コマンドのあとにfeatureキーワードを付加すると、各ライセンスの要点をリスト表示します。

構文 ライセンスの確認（mode：#）

#show license [feature]

・feature ………テクノロジーパッケージライセンスとフィーチャライセンスをリスト表示（オプション）

【show licenseコマンドの出力例】

```
Router#show license Enter
Index 1 Feature: ipbasek9    ←ライセンス名「ipbasek9 (IP Base)」
        Period left: Life time    ←有効期間は「なし」
        License Type: Permanent    ←ライセンスタイプ「永久」
        License State: Active, In Use    ←ライセンスステート「有効（使用可能）」
        License Count: Non-Counted    ←非カウントライセンス（使用回数の制限なし）
        License Priority: Medium    ←現在の優先度は「中間」
Index 2 Feature: securityk9
        Period left: Not Activated
        Period Used: 0  minute  0   second
        License Type: EvalRightToUse
        License State: Not in Use, EULA not accepted
        License Count: Non-Counted
```

```
          License Priority: None
Index 3 Feature: datak9      ←ライセンス名「datak9（DATA）」
          Period left: Not Activated    ←有効化していない
          Period Used: 0 minute 0 second
          License Type: EvalRightToUse
          License State: Not in Use, EULA not accepted
          License Count: Non-Counted
          License Priority: None
Index 4 Feature: SSL_VPN
          Period left: Not Activated
          Period Used: 0 minute 0 second
          License Type: EvalRightToUse
          License State: Not in Use, EULA not accepted
          License Count: 0/0  (In-use/Violation)
          License Priority: None
Index 5 Feature: ios-ips-update
                    Period left: Not Activated
                    Period Used: 0 minute 0 second
                    License Type: EvalRightToUse
                    License State: Not in Use, EULA not accepted
                    License Count: Non-Counted
                    License Priority: None
Index 6 Feature: WAAS_Express
                    Period left: Not Activated
                    Period Used: 0 minute 0 second
                    License Type: EvalRightToUse
                    License State: Not in Use, EULA not accepted
                    License Count: Non-Counted
                    License Priority: None

Router#show license feature Enter
Feature name     Enforcement  Evaluation  Subscription  Enabled  RightToUse
ipbasek9         no           no          no            yes      no
securityk9       yes          yes         no            no       yes
datak9           yes          yes         no            no       yes
SSL_VPN          yes          yes         no            no       yes
ios-ips-update   yes          yes         yes           no       yes
WAAS_Express     yes          yes         no            no       yes
```

評価ライセンスの有効化

購入したルータには、そのルータがサポートしているほとんどのパッケージと評価（一時）ライセンスが付属されます。新しいパッケージまたはフィーチャを試す場合は、評価ライセンスをアクティブにする必要があります。

評価ライセンスを有効にするには、**license boot module**コマンドを使用します。ルータでサポートしているモジュール名およびパッケージ名は、license boot moduleコマンドに「?」を付加して確認します。

> **構文** 評価ライセンスの有効化
>
> (config)#**license boot module** <module-name> **technology-package** <package-name>
>
> ・module-name … モジュール名を指定
> ・package-name　テクノロジーパッケージライセンス名を指定

Cisco 1900/2900/3900シリーズのISRルータでサポートされるテクノロジーパッケージライセンスは、次のとおりです。

・ipbasek9（IP Base）
・datak9（DATA）
・uck9（Unified Communications）（Cisco 1921は非対応）
・securityk9（Security）

次の例では、Cisco ISR 1921でdatak9の評価ライセンスを有効化しています。

【評価ライセンスの有効化例】

```
Router(config)#license boot module ?
  c1900   license boot module for c1900
Router(config)#license boot module c1900 technology-package ?
  datak9      data technology
  securityk9  security technology
Router(config)#license boot module c1900 technology-package datak9 Enter
PLEASE READ THE FOLLOWING TERMS CAREFULLY. INSTALLING THE LICENSE OR
LICENSE KEY PROVIDED FOR ANY CISCO PRODUCT FEATURE OR USING SUCH
PRODUCT FEATURE CONSTITUTES YOUR FULL ACCEPTANCE OF THE FOLLOWING
TERMS. YOU MUST NOT PROCEED FURTHER IF YOU ARE NOT WILLING TO BE BOUND BY
ALL THE TERMS SET FORTH HEREIN.

Use of this product feature requires  an additional license from Cisco,
```

```
together with an additional  payment.  You may use this product feature on an
evaluation basis, without payment to Cisco, for 60 days. Your use of the
product,  including  during the 60 day  evaluation  period,  is subject to
the Cisco end user license agreement
http://www.cisco.com/en/US/docs/general/warranty/English/EU1KEN_.html
If you use the product feature beyond the 60 day evaluation period, you must
submit the appropriate payment to Cisco for the license. After the 60 day
evaluation  period,  your  use of the  product  feature will be governed
solely by the Cisco  end user license agreement (link above), together  with
any supplements  relating to such product  feature.  The above  applies  even
if the evaluation  license  is  not  automatically terminated  and you do
not receive any notice of the expiration of the evaluation  period.  It is
your  responsibility  to  determine when the evaluation  period is complete
and you are required to make  payment to Cisco for your use of the product
feature beyond the evaluation period.

Your  acceptance  of  this agreement  for the software  features on one
product  shall be deemed  your  acceptance  with  respect  to all  such
software  on all Cisco  products  you purchase  which includes the same
software. (The foregoing  notwithstanding, you must purchase a license for
each software  feature you use past the 60 days evaluation  period, so  that
if you enable a software  feature on  1000  devices, you must purchase 1000
licenses for use past  the 60 day evaluation period.)

Activation  of the  software command line interface will be evidence of your
acceptance of this agreement.


ACCEPT? [yes/no]: yes[Enter]
% use 'write' command to make license boot config take effect on next boot
```

　ライセンスの有効化を実行し、reloadコマンドを使用してルータを再起動します。目的のライセンスが有効になっていることをshow versionやshow licenseコマンドを使用して確認します。

【ライセンスの確認】

```
Router#show version [Enter]
＜途中省略＞


License Info:

License UDI:

--------------------------------------------------
Device#    PID                 SN
--------------------------------------------------
*0         CISCO1921/K9        FTX164083NM



Technology Package License Information for Module:'c1900'

------------------------------------------------------------------
Technology    Technology-package          Technology-package
              Current      Type           Next reboot
------------------------------------------------------------------
ipbase        ipbasek9     Permanent      ipbasek9
security      None         None           None
data          datak9       EvalRightToUse datak9      ←DATAライセンスが有効化された

Configuration register is 0x2102

Router#show license [Enter]
Index 1 Feature: ipbasek9
        Period left: Life time
        License Type: Permanent
        License State: Active, In Use
        License Count: Non-Counted
        License Priority: Medium
Index 2 Feature: securityk9
        Period left: Not Activated
        Period Used: 0  minute  0  second
        License Type: EvalRightToUse
        License State: Not in Use, EULA not accepted
```

```
             License Count: Non-Counted
             License Priority: None
Index 3 Feature: datak9    ←datak9ライセンス
             Period left: 8  weeks 3  days    ←有効期間は「8週間と3日」
             Period Used: 1  minute  23 seconds   ←使用された期間「1分23秒」
             License Type: EvalRightToUse
             License State: Active, In Use    ←ライセンスステート「有効(使用可能)」
             License Count: Non-Counted
             License Priority: Low
<以下省略>
```

「Period left」および「Period Used」の出力より、datak9ライセンスが60日間有効になっていることが確認できます。

永久ライセンスのインストール

購入したルータには、IP Baseソフトウェアアクティベーションキーがデフォルトでインストールされています。発注時の追加キーは、顧客の発注に応じてプリインストール[*]されて出荷されます。

購入後の追加ライセンスについては、次の手順が必要になります。

① インストールするパッケージまたはフィーチャを購入する。購入したPAKを受け取る
② 次のいずれかの方法で、ライセンスファイルを取得する
　　・Cisco License Manager……………… http://www.cisco.com/go/clm
　　　　　　　　　　　　　　　　　　　 Cisco IOSソフトウェアライセンスを容易に取得してライセンス状態を管理できる無料のソフトウェアアプリケーション
　　・Cisco License Registration Portal …… http://www.cisco.com/go/license/
　　　　　　　　　　　　　　　　　　　 ライセンスを個別に取得して登録するためのWebポータル
③ Cisco IOS CLIからライセンスのインストールを実行する

【ライセンスのインストール】

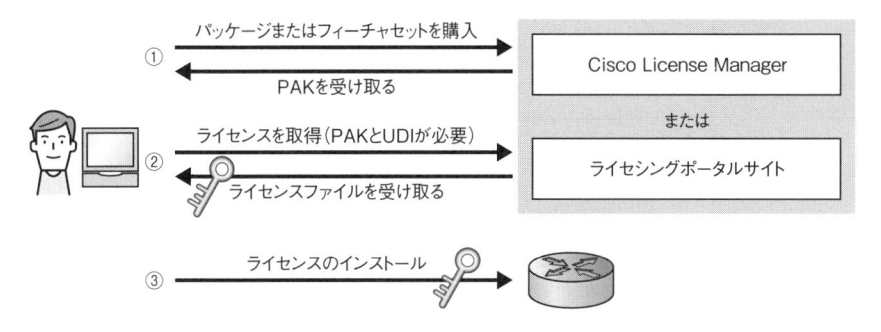

ライセンスを取得する際には、PAKとUDIの入力が必要になります。

- PAK …… Product Authorization Key（製品認証キー）。11桁の英数字を組み合わせたキーであり、特定のソフトウェア購入を認証する。PAKは書面または電子的に発行される
- UDI ……… Unique Device Identifier（固有デバイス識別情報）。Product ID（PID：製品番号）とSerial Number（SN：シリアル番号）の2つのコンポーネントから構成される

UDIは、**show license udi**コマンドを使用して確認できます。なお、シリアル番号はデバイスを一意に識別する11桁の数字であり、製品番号はデバイスのタイプを識別します。

構文 UDIの表示（mode：#）
```
#show license udi
```

【show license udiコマンドの出力例】

```
Router#show license udi [Enter]
Device#   PID              SN              UDI
--------------------------------------------------------------
*0        CISCO1921/K9     FGL123123D6     CISCO1921/K9:FGL123123D6
```

●永久ライセンスのインストール

永久ライセンスをインストールするための要件は、次のとおりです。

・PAKを取得する
・Cisco.comに登録済みのユーザ名とパスワード
・UDIの情報（show license udiから入手）

次の画面では、Cisco.comのユーザ名とパスワードを使用してCisco License Registration Portalにログインし、購入済みのPAKを入力しています。

PAKの入力後、「Fulfill Single PAK/Token」ボタンをクリックします。

次の画面ではUDI Product IDとUDI Serial Numberを入力し、使用機器との関連付けを行います。

14-6 Cisco IOSイメージのライセンス

UDI Product IDとUDI Serial Numberの入力後、「Assign」ボタンをクリックすると、画面右側の「Device, PAK and SKU Assignments」の部分に、紐づけられたPAKとUDIが表示されます。

次の画面では、ライセンスに合意するためのチェックボックスをオンにして「Get License」ボタンをクリックします。これによって、シスコから電子メールが送られてきます。メールの添付ファイルからライセンスをダウンロードし、さらに、ダウンロードしたライセンスファイルをルータへアップロードします。

以下はcopy tftp: flash:コマンドを使用し、TFTPサーバ (10.1.1.250) からフラッシュメモリへライセンスファイルをアップロードしている様子を示しています。

【ライセンスファイルのアップロード】

```
Router#copy tftp: flash: [Enter]
                                    ↓TFTPサーバのIPアドレスを入力
Address or name of remote host []? 10.1.1.250 [Enter]
                                                       送信元の
Source filename []? FTX164083NM_20140315193358467.lic [Enter] ← ファイル名を入力
                                                              宛先ファイル
Destination filename [FTX164083NM_20140315193358467.lic]? [Enter] ← 名を確認し [Enter]
                                                                  キーを押す
Accessing tftp://10.1.1.250/FTX164083NM_20140315193358467.lic...
Loading FTX164083NM_20140315193358467.lic from 10.1.1.250
(via GigabitEthernet0/1): !
[OK - 1147 bytes]   ←コピーが正常に完了した
```

```
1147 bytes copied in 0.452 secs (2538 bytes/sec)

Router#
```

ライセンスファイルのアップロードが完了したら、**license install**コマンドを使用して新しいライセンスをインストールします。

ライセンスのインストール後、ライセンスをアクティブ化にするためにルータを再起動します。ただし、評価ライセンスがアクティブな場合、再起動の必要はありません。

> **構文** ライセンスのインストール
> #license install <stored-location-url>
>
> ・stored-location-url …… ライセンスファイルの格納先とファイル名を指定

以下の出力は、Cisco ISR 1912ルータに対してDATAライセンスをインストールしています（ルータのフラッシュメモリ内に、ライセンスファイルは存在しています）。

【license installコマンドの出力例】
```
Router#license install flash:FTX164083NM_20140315193358467.lic[Enter]
Installing licenses from "flash:FTX164083NM_20140315193358467.lic"
Installing...Feature:datak9...Successful:Supported
1/1 licenses were successfully installed
0/1 licenses were existing licenses
0/1 licenses were failed to install

Router#
```

show versionやshow licenseコマンドを使用して、目的のライセンスがアクティブになっていることを確認します。

【show versionコマンドの出力例】
```
Router#show version[Enter]
<途中省略>
Technology Package License Information for Module:'c1900'
```

```
-----------------------------------------------------------------
Technology    Technology-package         Technology-package
              Current       Type         Next reboot
-----------------------------------------------------------------
ipbase        ipbasek9      Permanent    ipbasek9
security      None          None         None
data          datak9        Permanent    datak9
                            ↑永続的にアクティブ
Configuration register is 0x2102
```

【show licenseコマンドの出力例】

```
Router#show license Enter
Index 1 Feature: ipbasek9
        Period left: Life time
        License Type: Permanent
        License State: Active, In Use
        License Count: Non-Counted
        License Priority: Medium
Index 2 Feature: securityk9
        Period left: Not Activated
        Period Used: 0  minute  0  second
        License Type: EvalRightToUse
        License State: Not in Use, EULA not accepted
        License Count: Non-Counted
        License Priority: None
Index 3 Feature: datak9      ←DATAライセンス
        Period left: Life time    ←有効期間は「なし」
        License Type: Permanent    ←ライセンスタイプ「永久」
        License State: Active, In Use
        License Count: Non-Counted
        License Priority: Medium
<以下省略>
```

　出力のライセンスタイプが「Permanent」になっていることから、DATAライセンスが永続的にアクティブであることが確認できます。

ライセンスのバックアップ

ルータのライセンスをバックアップするには、**license save**コマンドを使用します。このコマンドでは、デバイス内のすべてのライセンスのコピーを指定した場所へ保存できます。ルータでサポートしている保存場所は、license saveコマンドに「?」を付加して確認します。

[構文] ライセンスのバックアップ（mode：#）

#**license save** <file-sys:license>

・file-sys ………… 保存場所となるファイルシステムを指定
・license ………… 保存先のライセンス名を指定

次の出力では、ライセンスの保存場所としてUSBメモリ（usbflash0:）を指定しています。

【licence saveコマンドの出力例】

```
Router#license save usbflash0:all_license.lic Enter
license lines saved ..... to usbflash0:all_license.lic

Router#
```

なお、保存したライセンスは、license installコマンドを使用して復元が可能です。

> ### 参考 ライセンスのアンインストール
>
> 有効な永久ライセンスをルータから削除するには、次の手順を実行します。
> なお、削除できるのは、license installコマンドを使用して追加されたライセンスに限ります。評価ライセンスは削除できません。
>
> ① アクティブなライセンスの無効化
>   (config)#`license boot module` <module-name> `technology-package` <package-name> `disable`
>
> ② ルータ再起動(#`reload`)
>
> ③ テクノロジーパッケージライセンスの削除
>   #`license clear` <feature-name>
>
> ④ license boot module disableコマンドの削除
>   (config)#`no license boot module` <module-name> `technology-package` <package-name> `disable`
>
> ⑤ ルータ再起動(#`reload`)

14-7 パスワードリカバリ

ルータやスイッチへの管理アクセスには、コンソールやVTY(仮想端末)を使用してログインします。それぞれの回線(line)や特権モード(イネーブル)パスワードを設定し、デバイスのセキュリティを高めておくことは重要です。しかし、これらのパスワードを忘れてしまうと、デバイスへのログインや特権EXECモードに遷移できなくなってしまいます。本節では、CiscoルータおよびCatalystスイッチのパスワードリカバリ(復旧)について説明します。

ルータのパスワードリカバリ

　ルータのパスワードを忘れてしまった場合、パスワードを設定したコンフィギュレーションをNVRAMへ保存する前ならば、ルータを再起動することで問題を解決することができます（ただし、すでに設定したほかの内容も消えてしまいます）。
　パスワードリカバリ（復旧）は、NVRAMのstartup-configを無視してルータを再起動させ、デフォルトのrunning-configで特権EXECモードに遷移し、そのあとはcopyコマンドを使用してNVRAMのstartup-configをrunning-configへコピー（マージ）してから新しくパスワードを設定し直します。
　具体的な手順は、次のとおりです。

① コンソール接続
② ルータの電源の切断
③ ROMモニタ(ROMMON)で起動
④ コンフィギュレーションレジスタ値を「0x2142」に変更
⑤ 特権EXECモードに移行
⑥ startup-configをrunning-configにコピー
⑦ パスワードの再設定
⑧ インターフェイスの有効化
⑨ コンフィギュレーションレジスタ値を「0x2102」に戻す
⑩ running-configをstartup-configにコピー

①コンソール接続をする

　　PCをルータのコンソールポートに接続し、ターミナルソフト（Tera TermやPuTTYなど）を起動します。

②ルータの電源を切断する

　　ルータの電源スイッチをオフにして、電源を切断します。

③ ROMモニタ（ROMMON）で起動する

再びルータの電源を投入し、60秒以内にターミナルソフトからブレーク信号を送信すると、ブートシーケンスが中断されROMMONモード（ROMモニタ）で起動します。このときのプロンプトは「rommon 1 >」になります。

ブレーク方法は、使用するターミナルソフトによって異なります。代表的なターミナルソフトのブレークキーは次のとおりです。

- Tera Term ……………… [Alt] + [B] キー
- PuTTY ………………… [Ctrl] + [Break] キー

④ コンフィギュレーションレジスタ値を「0x2142」に変更する

ROMMONモードからconfregコマンドを使用してコンフィギュレーションレジスタ値を「0x2142」に変更し、ルータを再起動します。これによって、ルータは起動時にNVRAMの設定（startup-config）を無視します。

参照→ パスワードリカバリでのコンフィギュレーションレジスタ値（675ページ）

> **構文** ROMMONモードでコンフィギュレーションレジスタ値の変更
>
> rommon >confreg <register-value>
>
> ・register-value …… コンフィギュレーションレジスタ値を0x0〜0xFFFFの範囲で指定

> **構文** ROMMONモードでルータの再起動
>
> rommon >reset

⑤ 特権EXECモードに移行する

startup-configを読み込まないでルータを起動したため、セットアップモードの開始を確認するメッセージが表示されます。no（またはn）を入力し、セットアップモードを使用しないで特権EXECモードに移行します。

⑥ startup-configをrunning-configにコピーする

NVRAMの設定情報を反映させるために、startup-configをrunning-configにコピーします。

NVRAMの設定が反映されたかどうかは、プロンプトの左にあるホスト名やshow running-configコマンドで確認できます。なお、ここでは、普段使っているcopy running-config startup-configコマンドを実行しないように注意する必要があります。

⑦ パスワードを再設定する

show running-configコマンドを使用して、忘れてしまったパスワードを確認します。ただし、パスワードが暗号化されている場合は確認ができないため、新たに設定し直す必要があります。

⑧ インターフェイスを有効にする

　　NVRAMの設定を無視して起動したため、ルータインターフェイスは管理的に無効になっています。no shutdownコマンドを実行し、必要なインターフェイスを有効にします。

⑨ コンフィギュレーションレジスタ値を「0x2102」に戻す

　　コンフィギュレーションレジスタ値をデフォルトの「0x2102」に戻します。この作業を忘れると、次回ルータを起動したときに再びNVRAMの設定を無視してセットアップモードで起動してしまうので注意してください。IOSのCLIでコンフィギュレーションレジスタ値を変更するには、**config-register**コマンドを使用します。

> **構文** IOSのCLIでコンフィギュレーションレジスタ値の変更
> (config)#**config-register** <register-value>

⑩ running-configをstartup-configにコピーする

　　再設定したパスワードを保存するためにcopy running-config startup-configコマンドを使用して、現在の設定を保存します。

【ルータのパスワードリカバリの例】

```
RT1>enable Enter
Password:
Password:    ←入力したパスワードが異なるため、特権モードに入れない
Password:
% Bad secrets


RT1>    ←パスワードリカバリのため、ここでルータの電源を切断して再投入する
System Bootstrap, Version 12.3(8r)YH6, RELEASE SOFTWARE (fc1)
Technical Support: http://www.cisco.com/techsupport
Copyright (c) 2005 by cisco Systems, Inc.
C1800 platform with 393216 Kbytes of main memory with parity disabled

Readonly ROMMON initialized
program load complete, entry point: 0x80012000, size: 0xc0c0

Initializing ATA monitor library.......
program load complete, entry point: 0x80012000, size: 0xc0c0

Initializing ATA monitor library.......
```

```
monitor: command "boot" aborted due to user interrupt
rommon 1 > confreg 0x2142 [Enter]   ←60秒以内にブレーク信号を送ったため、
                                      ROMMONモードに入れた。レジスタ値を変更


You must reset or power cycle for new config to take effect
rommon 2 > reset [Enter]   ←ルータを再起動する
<途中省略>
        --- System Configuration Dialog ---


Would you like to enter the initial configuration dialog? [yes/no]: no [Enter]
                                                                    ↑
                                                      セットアップモードの開始は「no」を入力する


Press RETURN to get started!
[Enter]   ←[Enter]キーを押してログインを開始
<途中省略>
Router>enable [Enter]   ←特権モードのパスワード設定がないため、特権EXECモードに移行できる
Router#copy startup-config running-config [Enter]   ←NVRAMの設定を読み込む
Destination filename [running-config]? [Enter]   ←確認して [Enter] キーを押す
1494 bytes copied in 0.144 secs (10375 bytes/sec)


RT1#configure terminal [Enter]
Enter configuration commands, one per line.  End with CNTL/Z.
RT1(config)#enable secret cisco [Enter]   ←イネーブルシークレットパスワードを再設定する
RT1(config)#interface fastethernet 0 [Enter]
RT1(config-if)#no shutdown [Enter]   ←Fa0インターフェイスを有効化
RT1(config-if)#
*Feb  6 09:09:11.827: %LINK-3-UPDOWN: Interface FastEthernet0, changed state to down
RT1(config-if)#
*Feb  6 09:09:14.543: %LINK-3-UPDOWN: Interface FastEthernet0, changed state to up
*Feb  6 09:09:15.543: %LINEPROTO-5-UPDOWN: Line protocol on Interface FastEthernet0,
changed state to up
RT1(config-if)#interface fastethernet 1 [Enter]
RT1(config-if)#no shutdown [Enter]   ←Fa1インターフェイスを有効化
RT1(config-if)#
*Feb  6 09:09:23.647: %LINK-3-UPDOWN: Interface FastEthernet1, changed state to down
RT1(config-if)#
*Feb  6 09:09:27.287: %LINK-3-UPDOWN: Interface FastEthernet1, changed state to up
*Feb  6 09:09:28.287: %LINEPROTO-5-UPDOWN: Line protocol on Interface FastEthernet1,
changed state to up
RT1(config-if)#exit [Enter]
```

```
RT1(config)#config-register 0x2102 [Enter]   ←レジスタ値をデフォルトに戻す
RT1(config)#exit [Enter]
RT1#
*Feb  6 09:09:53.683: %SYS-5-CONFIG_I: Configured from console by console
RT1#show ip interface brief [Enter]   ←インターフェイスの状態を確認する
Interface              IP-Address      OK? Method Status                Protocol
BRI0                   unassigned      YES unset  administratively down down
BRI0:1                 unassigned      YES unset  administratively down down
BRI0:2                 unassigned      YES unset  administratively down down
FastEthernet0          10.1.1.3        YES TFTP   up                    up
FastEthernet1          172.16.1.1      YES TFTP   up                    up
FastEthernet2          unassigned      YES unset  up                    down
FastEthernet3          unassigned      YES unset  up                    down
FastEthernet4          unassigned      YES unset  up                    down
FastEthernet5          unassigned      YES unset  up                    down
FastEthernet6          unassigned      YES unset  up                    down
FastEthernet7          unassigned      YES unset  up                    down
FastEthernet8          unassigned      YES unset  up                    down
FastEthernet9          unassigned      YES unset  up                    down
Vlan1                  unassigned      YES unset  up                    down
RT1#show version [Enter]
Cisco IOS Software, C181X Software (C181X-ADVIPSERVICESK9-M), Version 15.1(4)M5,
RELEASE SOFTWARE (fc1)
Technical Support: http://www.cisco.com/techsupport
Copyright (c) 1986-2012 by Cisco Systems, Inc.
Compiled Tue 04-Sep-12 20:14 by prod_rel_team
＜途中省略＞
Configuration register is 0x2142 (will be 0x2102 at next reload)   ←次回起動時のレジスタ値はデフォルトの0x2102
RT1#copy running-config startup-config [Enter]   ←現在の設定をNVRAMに保存
Destination filename [startup-config]? [Enter]   ←確認して [Enter] キーを押す
Building configuration...
[OK]
RT1#
```

> **試験対策** ROMMONモード
> ・ルータの電源投入から60秒以内にブレーク信号を送る
> ・パスワードやIOSのリカバリなどで使用する

スイッチのパスワードリカバリ

　Catalystスイッチのパスワードリカバリ手順は、ルータやスイッチのプラットフォームによって異なります。ここでは、Catalyst 2940/2950/2960/2970/3560/3750シリーズなどで適用されるスイッチのパスワードリカバリ手順について説明しています。
　具体的な手順は、次のとおりです。

① コンソール接続
② スイッチの電源の切断
③ MODEボタンを押して電源を投入
④ フラッシュファイルシステムの初期化
⑤ ヘルパーファイルの読み込み
⑥ フラッシュメモリの確認
⑦ コンフィギュレーションファイル名の変更する
⑧ IOSの起動
⑨ 特権EXECモードへ移行
⑩ コンフィギュレーションファイル名を元に戻す
⑪ config.textをrunning-configにコピー
⑭ パスワードの再設定
⑮ VLANインターフェイスの有効化
⑯ running-configをstartup-configにコピー

①コンソール接続をする
　　PCをスイッチのコンソールポートに接続し、ターミナルソフトを起動します。

②スイッチの電源を切断する
　　スイッチの電源コードのプラグを抜くなどして、電源の投入をオフにします。

③MODEボタンを押して電源を投入する
　　再びスイッチの電源を投入し、15秒以内にスイッチの前面パネル左側にあるMODEボタンをしばらく押し続けます。このときのプロンプトは「switch:」になります。

④フラッシュファイルシステムを初期化する
　　flash_initコマンドを実行し、フラッシュファイルシステムを初期化します（フラッシュメモリのIOSイメージファイルが消去されるわけではありません）。

⑤ヘルパーファイルを読み込む
　　load_helperコマンドを実行し、ヘルパーファイルをロードします。プラットフォームによって、ヘルパーファイルが存在しないことがあります。その場合、この手順は省略します。

⑥フラッシュメモリを確認する

dir flash:コマンドを使用して、フラッシュメモリにどのようなファイルが存在するか確認します。

⑦コンフィギュレーションファイル名を変更する

rename flash:config.text flash:config.oldコマンドを使用して、コンフィギュレーションファイルの名前を変更します（スイッチのstartup-configは、実際にはフラッシュメモリにconfig.textとして保存されています）。

⑧IOSを起動する

bootコマンドを実行し、IOSを起動します。

⑨特権EXECモードへ移行する

enableコマンドを使用してユーザEXECモードから特権EXECモードへ移行します。

⑩コンフィギュレーションファイル名を元に戻す

rename flash:config.old flash:config.textコマンドを使用して、コンフィギュレーションファイルの名前を元に戻します。

⑪config.textをrunning-configにコピーする

copy flash:config.text system:running-configコマンドを使用して、フラッシュメモリのコンフィギュレーションファイルをRAMのrunning-configにコピーします。

⑭パスワードを再設定する

show running-configコマンドを使用して、忘れてしまったパスワードを確認します。ただし、パスワードが暗号化されている場合は確認ができないため、新たに設定し直す必要があります。

⑮VLANインターフェイスを有効にする

VLANインターフェイスが管理的に無効になっている場合には、no shutdownコマンドを使用してインターフェイスを有効にします。

⑯running-configをstartup-configにコピーする

再設定したパスワードを保存するためにcopy running-config startup-configコマンドを使用して、現在の設定を保存します。

【スイッチのパスワードリカバリの例】（Catalyst 2940シリーズを使用）

```
SW1>enable [Enter]
Password:
Password:  ←入力したパスワードが異なるため、特権モードに入れない
Password:
% Bad secrets

SW1>  ←パスワードリカバリのため、ここでスイッチの電源を切断して再投入する

C2940 Boot Loader (C2940-HBOOT-M) Version 12.1(13r)AY1, RELEASE SOFTWARE (fc1)
Compiled Mon 30-Jun-03 15:16 by antonino
WS-C2940-8TT-S starting...
Base ethernet MAC Address: 00:13:c3:14:ef:c0  ←15秒以内にMODEボタンを押し続ける
Xmodem file system is available.
The password-recovery mechanism is enabled.
                            ←このあたりでMODEボタンを放す
The system has been interrupted prior to initializing the
flash filesystem.  The following commands will initialize
the flash filesystem, and finish loading the operating
system software:

    flash_init   ⎫
    load_helper  ⎬ このあと入力すべきコマンドが順番に表示されている
    boot         ⎭

switch: flash_init [Enter]  ←フラッシュファイルシステムを初期化
Initializing Flash...
flashfs[0]: 318 files, 6 directories
flashfs[0]: 0 orphaned files, 0 orphaned directories
flashfs[0]: Total bytes: 7612416
flashfs[0]: Bytes used: 5551616
flashfs[0]: Bytes available: 2060800
flashfs[0]: flashfs fsck took 6 seconds.
...done initializing flash.
Boot Sector Filesystem (bs:) installed, fsid: 3
Parameter Block Filesystem (pb:) installed, fsid: 4
Variable Block Filesystem (vb:) installed, fsid: 5
```

```
Setting console baud rate to 9600...
switch: load_helper [Enter]   ←ヘルパーファイルのロード
switch: dir flash: [Enter]    ←フラッシュメモリの内容を確認する
Directory of flash:/

2    -rwx  24     <date>      private-config.text
4    drwx  192    <date>      c2940-i6k2l2q4-mz.121-22.EA14
324  -rwx  676    <date>      vlan.dat
325  -rwx  1362   <date>      config.text  ←設定情報（startup-config）

2060800 bytes available (5551616 bytes used)
switch: rename flash:config.text flash:config.old [Enter]   ←ファイル名を変更する
switch: dir flash: [Enter]
Directory of flash:/

2    -rwx  24     <date>      private-config.text
4    drwx  192    <date>      c2940-i6k2l2q4-mz.121-22.EA14
324  -rwx  676    <date>      vlan.dat
325  -rwx  1362   <date>      config.old   ←ファイル名が変更された

2060800 bytes available (5551616 bytes used)
switch: boot [Enter]   ←IOSを起動する
Loading "flash:/c2940-i6k2l2q4-mz.121-22.EA14/c2940-i6k2l2q4-mz.121-22.EA14.bin"...###
################################################################################
################################################################################
#########################

File "flash:/c2940-i6k2l2q4-mz.121-22.EA14/c2940-i6k2l2q4-mz.121-22.EA14.bin"
uncompressed and installed, entry point: 0x80010000
executing...

              Restricted Rights Legend
＜途中省略＞
32K bytes of flash-simulated non-volatile configuration memory.
Base ethernet MAC Address: 00:13:C3:14:EF:C0
Motherboard assembly number: 73-8784-05
Power supply part number: 341-0085-01
Motherboard serial number: FOC09122U22
Power supply serial number: HIC090800K7
```

```
Model revision number: D0
Motherboard revision number: A0
Model number: WS-C2940-8TT-S
System serial number: FHK0913Z0FK


        --- System Configuration Dialog ---


00:00:15: %SPANTREE-5-EXTENDED_SYSID: Extended SysId enabled for type vlan
00:00:19: %SYS-5-RESTART: System restarted --
Cisco Internetwork Operating System Software
IOS (tm) C2940 Software (C2940-I6K2L2Q4-M), Version 12.1(22)EA14, RELEASE SOFTWARE (fc1)
Technical Support: http://www.cisco.com/techsupport
Copyright (c) 1986-2010 by cisco Systems, Inc.
Compiled Tue 26-Oct-10 10:17 by nburra
00:00:19: %SNMP-5-COLDSTART: SNMP agent on host Switch is undergoing a cold start
00:00:22: %LINK-3-UPDOWN: Interface FastEthernet0/1, changed state to up
00:00:24: %LINEPROTO-5-UPDOWN: Line protocol on Interface FastEthernet0/1, changed state
to up
00:00:54: %LINEPROTO-5-UPDOWN: Line protocol on Interface Vlan1, changed state to up
% Please answer 'yes' or 'no'.
Would you like to enter the initial configuration dialog? [yes/no]: no Enter
                                                                    ↑
                                                        セットアップモードの開始は「no」を入力する
Press RETURN to get started!
 Enter  ← Enter キーを押してログインを開始


00:01:24: %LINK-5-CHANGED: Interface Vlan1, changed state to administratively down
00:01:25: %LINEPROTO-5-UPDOWN: Line protocol on Interface Vlan1, changed state to down
Switch>enable Enter   ←特権モードのパスワード設定がないため、特権EXECモードに移行できる
Switch#show flash: Enter   ←フラッシュメモリの内容を確認する


Directory of flash:/

    2  -rwx         24  Mar 01 1993 00:00:45 +00:00  private-config.text
    4  drwx        192  Mar 01 1993 00:23:22 +00:00  c2940-i6k2l2q4-mz.121-22.EA14
  324  -rwx        676  Mar 01 1993 03:07:08 +00:00  vlan.dat
  325  -rwx       1362  Mar 01 1993 00:00:45 +00:00  config.old   ←設定情報


7612416 bytes total (2060800 bytes free)
Switch#rename flash:config.old flash:config.text Enter   ←ファイル名を変更する
```

```
Destination filename [config.text]?[Enter]    ←確認して[Enter]キーを押す
Switch#copy startup-config running-config[Enter]    ←ルータのように送信元にstartup-configを
                                                       指定するとエラーになる
%% Non-volatile configuration memory invalid or not present
Switch#copy flash:config.text system:running-config[Enter]    ←送信元をconfig.textにする
Destination filename [running-config]?[Enter]    ←確認して[Enter]キーを押す
1362 bytes copied in 0.808 secs (1686 bytes/sec)
SW1#configure terminal[Enter]
Enter configuration commands, one per line.  End with CNTL/Z.
SW1(config)#enable secret cisco[Enter]    ←イネーブルシークレットパスワードを再設定する
SW1(config)#do show interfaces vlan 1[Enter]    ←VLANインターフェイスの状態を確認する
Vlan1 is administratively down, line protocol is down    ←管理的に無効
  Hardware is CPU Interface, address is 0013.c314.efc0 (bia 0013.c314.efc0)
  Internet address is 10.1.1.2/24
＜以下省略＞


SW1(config)#interface vlan 1[Enter]
SW1(config-if)#no shutdown[Enter]    ←VLAN1インターフェイスを有効化
SW1(config-if)#
*Mar  1 00:06:03: %LINK-3-UPDOWN: Interface Vlan1, changed state to up
*Mar  1 00:06:04: %LINEPROTO-5-UPDOWN: Line protocol on Interface Vlan1, changed state
to up
SW1(config-if)#end[Enter]
SW1#
*Mar  1 00:06:12: %SYS-5-CONFIG_I: Configured from console by console
SW1#copy running-config startup-config[Enter]    ←現在の設定を保存
Destination filename [startup-config]?[Enter]    ←確認して[Enter]キーを押す
Building configuration...
[OK]
SW1#
```

> **試験対策** 試験では、ルータのパスワードリカバリ(復旧)手順を把握しておくことが重要です。

14-8 演習問題

1 CDPを無効化するためのコマンドを選択しなさい。(2つ選択)

- A. `(config)#no cdp run`
- B. `(config-if)#no cdp run`
- C. `(config)#no cdp enable`
- D. `(config-if)#no cdp enable`
- E. `(config)#cdp disable`

2 次の出力を参照し、172.16.3.2に対するTelnetセッションを再開する方法を選択しなさい。

```
RT1#show sessions
Conn Host              Address           Byte  Idle Conn Name
   1 172.16.3.2        172.16.3.2           0     0 172.16.3.2
*  2 192.168.1.10      192.168.1.10         0     0 192.168.1.10
```

- A. disconnect 1 コマンドを実行する
- B. [Ctrl] + [Shift] + [6] キーを押したあと、[X] キーを押す
- C. resume 1 コマンドを実行する
- D. [Enter] キーを押す
- E. session 1 コマンドを実行する

3 ある管理者がルータのVTYへアクセスし、debugコマンドを実行したところ何も表示されなかった。この問題を解決するために必要なコマンドを選択しなさい。

- A. `terminal monitor`
- B. `logging synchronous`
- C. `no debug all`
- D. `show debug`
- E. `show processes`

4 次の図の構成で、管理者がSW2に対してTelnet接続する必要がある。SW2の
IPアドレスを調べることができるコマンドを選択しなさい。

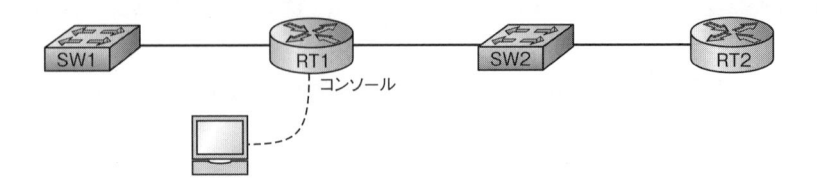

```
SW1 ─── RT1 ─── SW2 ─── RT2
         │
       コンソール
         │
        [PC]
```

- A. show interfaces
- B. show cdp interface
- C. show ip interface brief
- D. show cdp neighbors
- E. show cdp entry *

5 Ciscoルータに内蔵されているメモリの説明に関連する用語をすべて①～④
に分類しなさい。

- ① ルータが起動するために必要なプログラムが格納されている
- ② ルータが稼働中、動作するために必要な多くの情報を格納している
- ③ 電源をオフにしても内容が消えないメモリで、ルータの起動時に使用される設定を格納しておく
- ④ 読み書き可能なメモリで、ルータの電源をオフにしても内容は消えない

- A. running-config
- B. ブートストラップ
- C. ROMモニタ
- D. ROM
- E. RAM
- F. startup-config
- G. Cisco IOSソフトウェア
- H. コンフィギュレーションレジスタ
- I. ルーティングテーブル
- J. NVRAM
- K. Flash
- L. POST

6 ルータの稼働中のコンフィギュレーションをサーバへバックアップすることができるコマンドを選択しなさい。

- A. copy tftp: startup-config
- B. copy startup-config tftp;
- C. copy running-config startup-config

D. copy tftp: running-config
E. copy running-config tftp:

7 ルータのコンフィギュレーションレジスタに関する説明として正しいものを選択しなさい。(2つ選択)

A. デフォルトのコンフィギュレーションレジスタ値は0x2102である
B. 現在のコンフィギュレーションレジスタ値を確認するには、show versionコマンドを使用する
C. パスワードリカバリでは、コンフィギュレーションレジスタ値を0x2124に変更する必要がある
D. コンフィギュレーションレジスタ値はフラッシュメモリ内に格納されている
E. コンフィギュレーションレジスタは12ビットの値であり、16進数で表示される

8 あるネットワークで稼働中のルータに「(config)#config-register 0x2142」コマンドを実行しました。このルータを再起動したときの状態として正しいものを選択しなさい。

A. ROMモニタモードで起動する
B. Mini IOSで起動する
C. システムメニューが起動する
D. セットアップモードで起動する
E. 特に何も変わらずに起動する

9 boot systemコマンドでIOSイメージの格納場所として指定可能なものを選択しなさい。(2つ選択)

A. RAM
B. フラッシュメモリ
C. HTTPサーバ
D. NVRAM
E. TFTPサーバ

10 新規にCisco IOSイメージをアップグレードします。このとき、ルータ上で確認する事項と、その情報を収集するために使用するコマンドを選択しなさい。（3つ選択）

- A. フラッシュメモリの空き容量を確認する
- B. show running-config
- C. show memory
- D. ROMの空き容量を確認する
- E. RAMに十分な容量があるか確認する
- F. show processes
- G. show version

11 ルータをNTPクライアントにするためのコマンドを選択しなさい。

- A. (config)#ntp server <ip-address>
- B. (config)#ntp client
- C. (config)#ntp client enable
- D. (config)#ntp master
- E. (config)#ntp service enable

12 シスコの第2世代サービス統合型ルータで、現在アクティブなライセンスを確認するためのコマンドを選択しなさい。（2つ選択）

- A. show version
- B. show license
- C. show license boot
- D. show boot system
- E. show license status

14-9 解答

1 A、D

CDPはデフォルトで有効になっています。CDPアドバタイズメントにはIOSやIPアドレスなどの情報が含まれているため、不用意に送信するとクラッカーに攻撃される可能性があります。また、直接接続しているデバイスが他ベンダ機器やPCの場合は、CDPアドバタイズメントを送信する意味がありません。CDPを無効にするには、次の2つの方法があります。

・デバイス全体でCDPを無効化
　　　……… (config)#no cdp run (**A**)
・特定インターフェイスのみCDPを無効化
　　　……… (config-if)#no cdp enable (**D**)

参照➔ P637

2 C

IOSではTelnet(またはSSH)セッションの中断ができます。クライアントはshow sessionsコマンドで中断中のセッション情報を確認できます。中断しているセッションを再開する方法は、次のとおりです。

・直前のセッションの再開 …… [Enter]キー、またはresumeコマンド
・特定のセッションの再開 …… resume ＜コネクション番号＞

直前のセッションの場合、show sessionsの1列目に「*」が表示されます。コネクション番号は、2列目「Conn」の部分で確認します。172.16.3.2のコネクション番号は1で、直前のセッションではないので、resume 1コマンドを実行してセッションを再開します(**C**)。
[Enter]キーの場合、192.168.1.10に対するセッションが再開されます(D)。選択肢Eは不正なコマンドです。disconnectは、クライアントが中断しているセッションを切断するためのコマンドです(A)。[Ctrl]＋[Shift]＋[6]キーを押したあと[x]キーを押すことで、TelnetやSSHを中断することができます(B)。

参照➔ P648

3 A

TelnetやSSHによってVTYへアクセスしているときに、ログメッセージやデバッグを表示するには、特権EXECモードからterminal monitorコマンドを実行する必要があります（**A**）。

- no debug all（C）……………すべてのデバッグ機能を無効にする
- show debug（D）……………どのデバッグ機能が有効になっているか確認する
- logging synchronous（B）……コマンド入力の途中でメッセージが割り込まれたときにコマンドを再表示する
- show processes（E）…………CPU利用率やプロセスに関する情報を表示する

参照➡ P658

4 E

RT1にコンソール接続している管理者が、隣に接続しているCiscoデバイスの情報を調べるにはCDPが便利です。隣接デバイスにIPアドレスが割り当てられている場合、CDPで取得した情報にはIPアドレスも含まれています。ただし、IPアドレスを表示するには、CDPの詳細情報を表示する必要があります。

CDPの詳細情報の表示
```
#show cdp neighbors detail
```
または
```
#show cdp entry { * |<device-id>}……(E)
```

選択肢Dはdetailキーワードが不足しています。この場合、CDPの要約情報が表示されますが、IPアドレスは含まれません。BはCDPが有効なインターフェイスの情報を表示するコマンドです。Aは自身のインターフェイスの詳細情報を表示し、Cは自身のインターフェイスの要約情報を表示しますが、隣接デバイスの情報は表示できません。

参照➡ P632

5 ① B、C、D、L ② A、E、I ③ F、H、J ④ G、K

CiscoルータにはROM、RAM、NVRAM、フラッシュメモリという4種類のメモリが内蔵されています。各メモリの特性と役割は、次のとおりです。

① ROM（Read Only Memory）（**D**）
読み込み専用のメモリで、ルータの電源をオフにしても内容が消えません。
ROMには、次の3つのマイクロコードが格納されています。

【ROMに格納されたマイクロコード】

プログラム	説明
POST（**L**）	インターフェイスやCPUなどハードウェアの基本的なテストを行う
ブートストラップ（**B**）	コンフィギュレーションレジスタを読み取って起動方法を決定し、指示に従ってCisco IOSソフトウェアをロードする
ROMモニタ（ROMMON）（**C**）	パスワード復旧やトラブルシューティングなどに使用する

② RAM（Random Access Memory）（**E**）

読み書き可能ですが、ルータの電源をオフにすると内容が消えてしまうメモリです。ルータの作業領域メモリとして使用され、稼働中のコンフィギュレーションファイル（running-config）（**A**）が格納されます。そのほか、ルーティングテーブル（**I**）やARPテーブルなど、ルータの動作に必要な多くの情報が格納されます。

③ NVRAM（Non-Volatile Random Access Memory）（**J**）

不揮発性ランダムアクセスメモリとも呼ばれ、電源を切っても内容が消えないメモリです。管理者は、NVRAM内にルータの起動時に使用される設定情報を、startup-config（**F**）という名のコンフィギュレーションファイルとして格納しておきます。また、コンフィギュレーションレジスタ（**H**）も格納されています。

④ Flash（**K**）

自由に読み書き可能なメモリで、ルータの電源をオフにしても内容は消えません。主にCisco IOSソフトウェア（**G**）が格納されています。ほとんどの場合、フラッシュ内のCisco IOSソフトウェアは圧縮されているため、ルータの起動時にブートストラップがRAM上に展開されて読み込まれることになります。

参照 → P670

6 E

ルータの稼働中のコンフィギュレーション(running-config)を外部サーバへバックアップする場合、一般的にTFTP(またはFTP)サーバが使用されます。running-configをTFTPサーバへコピーするには、特権EXECモードからcopy running-config tftp:コマンドを実行します(**E**)。

copyコマンドでは「コピー元、コピー先」の順に指定するため、選択肢Dは誤りです。startup-configは稼働中のコンフィギュレーションではありません(A、B)。Cは稼働中の設定をNVRAMに保存するためのコマンドです。

参照➡ P696

7 A、B

コンフィギュレーションレジスタは、ルータの動作を制御する16ビットの値で、16進数で表記されます(E)。コンフィギュレーションレジスタはNVRAMに保存されており、現在の値はshow versionコマンドで確認できます(**B**、D)。

コンフィギュレーションレジスタのデフォルト値は「0x2102」です(**A**)。パスワードリカバリでは、「0x2142」に変更します(C)。これによって、ルータはNVRAMのstartup-configを無視して起動するため、パスワード入力なしで特権EXECモードに遷移することができます。

参照➡ P673

8 D

コンフィギュレーションレジスタ値の3桁目が「4」の場合、起動時にNVRAMを無視するため、startup-configをロードせずにセットアップモードで起動します(**D**)。これはパスワード復旧などに使用されるレジスタ値ですが、ファクトリーデフォルトの起動時もセットアップモードで起動するので、勘違いしないように注意しましょう。

参照➡ P675

9 B、E

デフォルトでIOSはルータのフラッシュメモリ内にある最初のファイルを使用しますが、boot systemコマンドを使用すると、ロードするIOSソフトウェアの名前と場所を指定することができます。

●boot systemの設定
```
(config)#boot system { flash <filename>| tftp <filename> <server-address>| rom }
```

boot systemコマンドで指定可能なIOSイメージの格納場所には、フラッシュメモリ(**B**)やTFTPサーバ(**E**)、FTPサーバ、ROMなどがあります。
RAM(A)、HTTPサーバ(C)、NVRAM(D)は指定できません。

参照➡ P677

10 A、E、G

通常、IOSイメージファイルは圧縮されているため、ファイルを展開してRAMにロードしてIOSが実行されます。ルータのIOSイメージファイルをアップグレードする際には、新しいIOSイメージファイルが格納可能かどうか、2つのメモリ容量を確認します。

・フラッシュメモリ …… 圧縮されたIOSのサイズで確認(**A**)
・RAM ……………… 解凍されたIOSサイズで確認(**E**)

フラッシュメモリとRAMのサイズはshow versionコマンドで確認できます(**G**)。なお、show flash:コマンドはフラッシュメモリの空き容量を確認できます。

参照➡ P691

11 A

NTPは、ネットワーク上の機器の時刻情報を同期するためのプロトコルです。ルータをNTPクライアントとして設定する場合、グローバルコンフィギュレーションモードからntp server <ip-address>コマンドを使用します(**A**)。
ntp master(D)はルータをNTPサーバとして設定するコマンドです。それ以外の選択肢は不正なコマンドです。

参照➡ P703

12 A、B

第2世代サービス統合型ルータでは、Cisco IOSソフトウェアの新しいライセンスモデルを採用しています。現在アクティブなライセンスを確認するには、show versionコマンド(**A**)または、show licenseコマンド(**B**)を使用します。
その他の選択肢は、不正なコマンドです。

参照➡ P711、713

第15章

IPv6の導入

15-1 IPv6の概要

15-2 IPv6アドレス

15-3 IPv6の主要プロトコル

15-4 IPv6アドレスの設定と検証

15-5 IPv6ルーティング

15-6 演習問題

15-7 解答

15-1 IPv6の概要

IPv6は、現在インターネットなどで広く利用されているIPv4の問題を解決するために開発された新しいインターネットプロトコルです。

IPv4アドレスの枯渇

IPv4は32ビットのアドレス体系であり、理論的には約43億個のIPアドレスが使用できることになりますが、実際に割り当て可能なグローバルアドレスの数は約37億個ともいわれています。1980年代までは、クラスA（/8）・クラスB（/16）・クラスC（/24）の単位で各組織にIPアドレスを割り振っていました。しかし、国際的なインターネットの普及によって利用者が爆発的に増加し続け、1990年代になってIPv4アドレスが枯渇するという問題が出てきました。IPv4アドレスの枯渇はインターネット上にサーバを設置し、そのサーバによってビジネスを展開する企業にとって深刻な問題となります。

IPv4アドレス枯渇の回避策として、次のような技術が用意されました。

・プライベートアドレス（RFC1918）
　　　　　　……………内部ネットワークではプライベートアドレスを使用する
・CIDR*（RFC4632）………アドレス空間を小さなブロックに分割して割り当てる
・VLSM（RFC950）…………可変長サブネットマスクによって、IPアドレスを効率的に割り当てる
・NAT/PAT（RFC2663）…1つのグローバルアドレスを複数の端末で共有する
・DHCP（RFC2131）………IPアドレスやデフォルトゲートウェイなど必要な情報を自動的に割り当てる

ただし、いずれも延命策にすぎず、根本的な問題解決につながるものではありません。また、NAT/NAPTによるアドレス変換は、エンドツーエンド通信が必要な一部のアプリケーションで使用できないという問題もあります。さらに、携帯電話端末のIP化や、家庭および産業用の電化製品にIP接続機能を装備するためにも、より大規模なアドレス空間が必要な状況になりました。

IPv6（IP version 6）は、アドレス不足の問題を根本的に解決するためにIETFによって開発された新しいインターネットプロトコルです。1999年にはIANAによってIPv6アドレスの割り振りが開始されました。IPv4アドレスの在庫枯渇をきっかけとして、**ISP**（Internet Service Provider：インターネット接続事業者）をはじめとする多くの通信事業者でIPv6の導入が進められています。

15-1 IPv6の概要

　IPv6では、アドレスのビット数をIPv4の32ビットから128ビットに拡張しています。これによって、約340澗（かん、$\fallingdotseq 3.4 \times 10^{38}$）個ものIPアドレスを利用できます。これは天文学的な数字で、事実上は無限といえる膨大なアドレス空間であるため、コンピュータだけでなく、さまざまな端末へのIPv6アドレスの割り当てが可能になります。

- IPv4 ……32ビット（2^{32}）
  4,294,967,296個（約43億個）
- IPv6 ……128ビット（2^{128}）
  340,282,366,920,938,463,463,374,607,431,768,211,456個（約340澗個）

IPv6アドレスの管理組織

　IANA（ICANN[※1]）は世界中のIPアドレスを管理するため、5つの地域に**RIR**（Regional Internet Registry：地域インターネットレジストリ）と呼ばれる管理組織を設けました。現在、以下のRIRによって各地域のIPアドレスの割り当て業務が行われています。

【RIR】

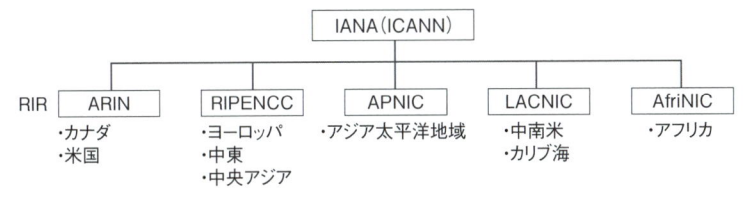

```
                         IANA(ICANN)
        ┌───────┬──────┼──────┬────────┐
RIR   ARIN    RIPENCC   APNIC    LACNIC   AfriNIC
     ・カナダ  ・ヨーロッパ ・アジア太平洋地域 ・中南米   ・アフリカ
     ・米国   ・中東              ・カリブ海
             ・中央アジア
```

　さらに、RIRの配下には国別にアドレスを管理する**NIR**（National Internet Registry：国別インターネットレジストリ）があり、そのうちの1つに**JPNIC**（Japan Network Information Center）があります。また、NIRの配下には**LIR**（Local Internet Registry）と呼ばれる組織があり、その一形態であるISPがエンドユーザにIPアドレスを割り振っています。

IPv6の特徴　覚えろ！

　IPv6ではアドレス空間が拡張されただけでなく、いくつかの機能が改良されています。また、IPv4からIPv6への移行を簡単に行うための手段も用意されています。
　IPv6には次のような特徴があります。

[※1] **【ICANN】**(アイキャン)Internet Corporation for Assigned Names and Numbers：2000年2月よりIANAの機能を引き継いで、インターネット上で重要な情報（IPアドレス、プロトコル番号、AS番号など）を管理している組織

●膨大なアドレス数

IPv6は128ビットのアドレスで、約340澗のアドレスを使用できます。この数は、グローバルIPアドレスを全世界の人口全員に100兆個ずつ割り振っても、まだ余るほどの膨大な数です。コンピュータだけでなく、IP Phone、FAX機、携帯電話やテレビのほか、家庭にあるさまざまな端末にアドレスを割り当てたとしても枯渇することはありません。あらゆるデバイスに一意なIPv6アドレスを割り当てることによって、NAT不要のエンドツーエンド通信を実現します。

●効率的な経路集約

IPv6アドレスの表記方法は、RFC4291によって標準化されました。IPv6ではアドレスに階層構造を持たせ、アドレスの配布を当初から階層を意識して行うことで、経路情報の集約を効率よく行っています。その結果、ルータがルーティングテーブルに保持しなくてはならない経路情報の数は大幅に減少し、ルーティングにかかわる負荷を削減できます。

●ヘッダの簡素化

IPv4で不要だったフィールドを削除してヘッダサイズを固定長にし、チェックサム[※2]計算を不要にするなど、いくつかの改善を施しています。これによって、ルータなどの中継機器がIPv6パケットをルーティングする際の負荷を軽減し、処理の高速化を実現します。

●自動設定

IPv6環境には、DHCP*サーバを用意しなくても、ルータからホストの端末にIPアドレスを割り当てできる自動設定（ステートレスアドレス自動設定）機能が備わっています。この機能を利用することにより、IPの知識を持たないホストの端末をプラグアンドプレイ[※3]で簡単にネットワークに接続することができます。

●ブロードキャストの廃止

IPv6では、ブロードキャストを廃止しています。これによって、ブロードキャストトラフィックによる帯域の圧迫や、ブロードキャストが引き起こすネットワーク障害を回避しています。従来のブロードキャストはマルチキャストで代用することにより、より効率的なネットワークの利用が可能になりました。

●IPモビリティ[※4]の向上

IP通信を行っている端末が異なるネットワークに移動した場合、別のIPアドレスが割り当てられるため、移動前の接続（セッション）を継続することはできません。このように異なるネットワークに移動したとしても、現在のアプリケーションセッションを切断することなく通信を継続するための技術を、**IPモビリティ**といいます。その具体的なプロトコルに、Mobile IP[※5]があります。

IPv6はMobile IPの機能を標準搭載し、IPv4よりも効率的にモビリティを提供できるよう改善されているため、モバイル機器を使用するユーザはネットワーク接続を維持

15-1 IPv6の概要

したまま自由に移動できます。

●セキュリティ機能の標準化

IPv4ではオプションとしてIPsec[※6]の実装が可能でした。IPv6はIPsecを標準サポートしています。これによって、特別な機器やソフトウェアを用意しなくても、ネットワーク層でセキュリティ機能（暗号化および認証）を実施します。

●相互運用と移行技術

大規模ネットワークほどIPv6環境への移行は困難なため、現行のIPv4ネットワーク環境からIPv6中心の環境へと段階的に移行する必要があります。IPv4とIPv6の混在環境を実現するために、デュアルスタック、トンネリング、トランスレータといった移行技術が用意されています。

ヘッダフォーマット

IPv6ヘッダは、基本ヘッダ（40バイト固定長）とオプションの拡張ヘッダ（可変長）から構成され、次のような改善が施されています。

・フィールドを簡素化（IPv4で不要だったフィールドを削除）
・40バイト固定長（基本ヘッダ）
・チェックサムのフィールド削除
・フローラベル[※7]フィールドを追加
・オプションは可変長の拡張ヘッダで対応
・ルータ（中継機器）でのフラグメント[※8]処理を禁止

※2 【チェックサム】check sum：データを送受信する際に誤りを検出する方法のひとつ。送信側でデータと一緒にチェックサムを送信し、受信側では送られてきたデータから同じ計算をしてチェックサムを比較し、一致するかどうか確認する。チェックサムが異なる場合は、伝送途中で誤りが発生したと判断し再送などの処理を行う

※3 【プラグアンドプレイ】Plug and Play（PnP）：「特別なことをしなくても接続すればすぐ使用できる」という意味を持ち、周辺機器を接続するとドライバのインストールや設定作業が自動的に行われる機能

※4 【IPモビリティ】IP mobility：IP通信を行っている端末が異なるネットワークに移動しても、IP通信を継続するための技術

※5 【Mobile IP】(モバイルアイピー)：端末が移動しても移動前と同じIPアドレスを維持できるようにする目的で設計されたプロトコル

※6 【IPsec】(アイピーセック)IP security protocol：IPネットワークにおいてセキュリティ機能を付加する仕組みのこと。IPsecを使用するとデータの機密性や整合性の確保や送信元認証を実現できる。IPsec自体は特定の暗号化、認証、セキュリティアルゴリズムに依存しないオープン規格のフレームワーク

※7 【フローラベル】flow label：IPv6基本ヘッダにあるフィールドのひとつ。送信ノードがルータに対してIPパケットの流れ（フロー）を分類するために規定された識別情報

※8 【フラグメント】fragment：断片。分割されたデータのこと。一般的に長いパケットを複数の短いパケットに作り直して中継するときに用いる

これらの変更によって、ルータなどの中継機器がIPv6パケットを転送するために消費するCPUサイクルが少なくなります。これはネットワークパフォーマンスの向上にもつながります。

次に、IPv6基本ヘッダのフォーマットと各フィールドを示します。

【IPv6基本ヘッダのフォーマット】

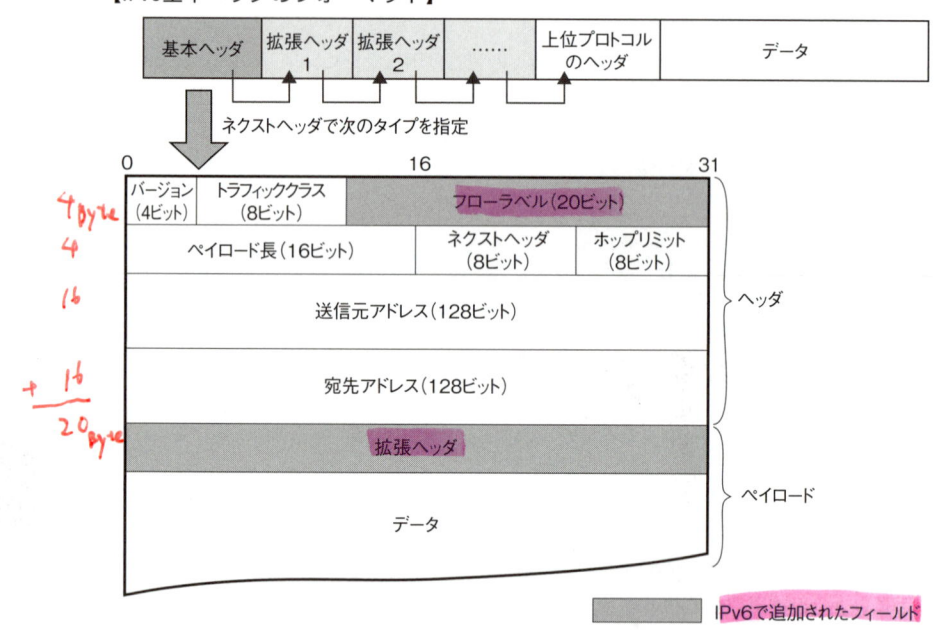

- バージョン(4ビット) ……………… IPのバージョン。IPv6では「6」が含まれる
- トラフィッククラス(8ビット) …… IPv4のToS*フィールドに相当。IPv6パケットのトラフィックの種別を指定することができる
- フローラベル(20ビット) ………… 効率的にアプリケーションフローを識別する用途を想定し、IPv6で新たに追加されたフィールド。RFC3697で規定
- ペイロード※9長(16ビット) ……… IPv6拡張ヘッダ+データの合計サイズ。IPv4とは異なり、IPv6ではペイロード長に基本ヘッダは含まない
- ネクストヘッダ(8ビット) ………… IPv4のプロトコルフィールドに相当。IPv6基本ヘッダに続く、次のヘッダのタイプを定義。TCP(6)、UDP(17)、フラグメント(44)、ICMPv6(58)など

※9 【ペイロード】payload：転送するデータのうち、通信の確立に必要な情報を除いたデータ本体のこと

・ホップリミット（8ビット）………… IPv4のTTL*フィールドに相当。IPv6パケットが経由可能な最大ホップ数（ルータ数）を定義。ホップごとに1ずつ値が減らされ、0になるとパケットを破棄し、ICMPv6 Type3メッセージ（Time Exceeded）が送信元へ送信される
・送信元アドレス（128ビット）……… パケットの送信元IPv6アドレスを識別する
・宛先アドレス（128ビット）………… パケットの宛先IPv6アドレスを識別する

● IPv6拡張ヘッダ

パケット転送の基本となる情報のみを基本ヘッダに格納し、必要に応じてオプション情報は拡張ヘッダに格納します。拡張ヘッダが存在しない場合、基本ヘッダ内のネクストヘッダフィールドにTCP（6）、UDP（17）、ICMPv6（58）といった上位プロトコルの番号がセットされます。

パケットに複数のオプション情報が含まれる場合、次に続く拡張ヘッダは各ネクストヘッダフィールドによって識別されます。

【IPv6拡張ヘッダのフォーマット】

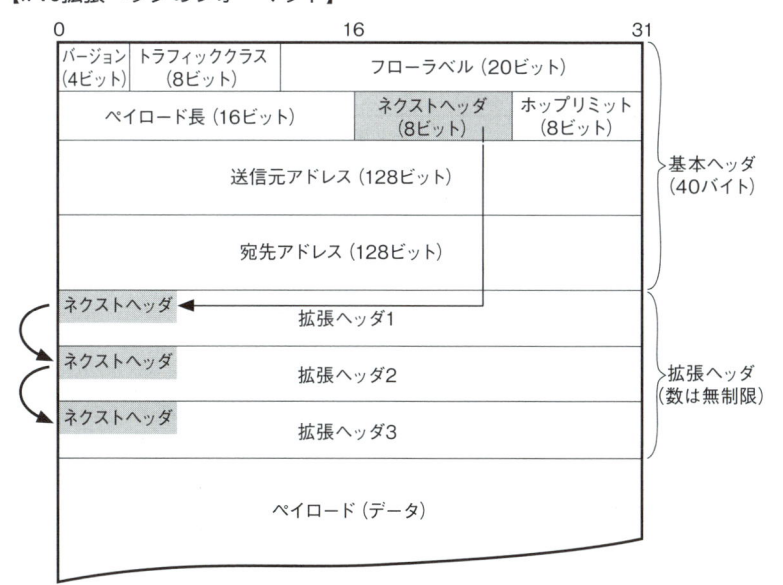

※RFC2460では、IPv6の拡張ヘッダとして次に示す順序で指定することが推奨されている。
　（　）内の数字は、ネクストヘッダで指定する値

① ホップバイホップオプションヘッダ（0）… 送信元から宛先までのパス上にある各ホップで処理すべき情報を記述する

② 宛先オプションヘッダ（60）……………… ルーティングヘッダに含まれる中継ノードが処理するパラメータを指定

③ ルーティングヘッダ（43）………………… パケットが通過する必要のある中継ノードを指定する

④ フラグメントヘッダ（44）………………… 分割されたパケットの再構成に必要な情報を記述する
⑤ 認証ヘッダ（AH）（51） ………………… 認証、データの整合性*、リプレイ攻撃防止*を提供するIPsecで使用される
⑥ 暗号ペイロードヘッダ（ESP）（50） ……… 認証、データの整合性、リプレイ攻撃防止、機密性*を提供するIPsecで使用される
⑦ 宛先オプションヘッダ（60）……………… 最終ノードのみが処理する

> **試験対策**
> IPv6ヘッダにどのようなフィールドがあるか、IPv4ヘッダと比較して覚えましょう。
> 「ネクストヘッダ」は特に重要です。また、IPv6ヘッダには「チェックサム」フィールドはありません！

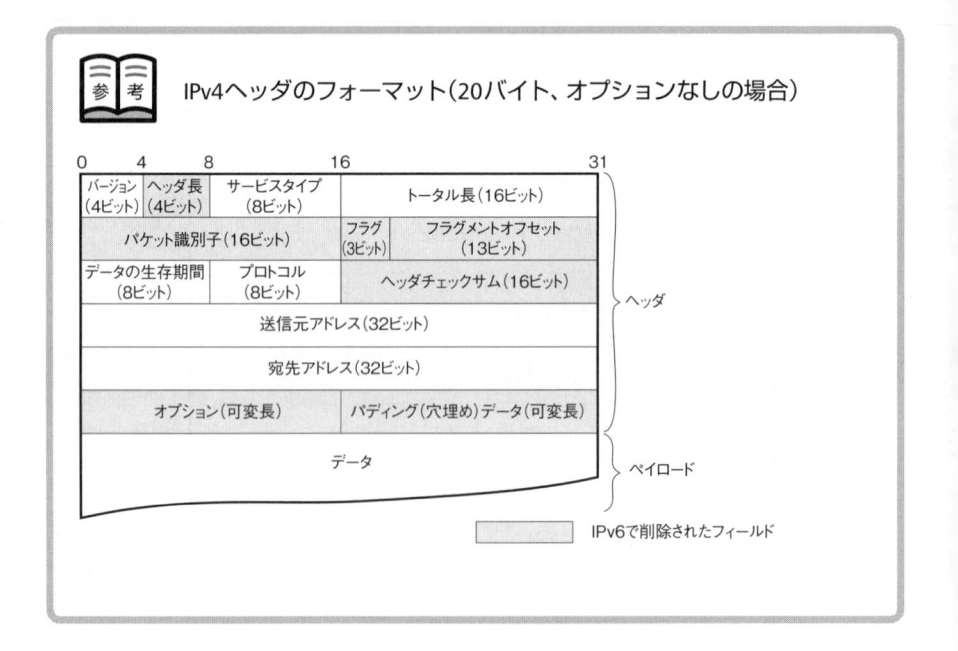

参考　IPv4ヘッダのフォーマット（20バイト、オプションなしの場合）

| 0 | 4 | 8 | 16 | 31 |

バージョン（4ビット）	ヘッダ長（4ビット）	サービスタイプ（8ビット）	トータル長（16ビット）
パケット識別子（16ビット）		フラグ（3ビット）	フラグメントオフセット（13ビット）
データの生存期間（8ビット）	プロトコル（8ビット）	ヘッダチェックサム（16ビット）
送信元アドレス（32ビット）
宛先アドレス（32ビット）
オプション（可変長）	パディング（穴埋め）データ（可変長）
データ

※ヘッダ／ペイロード／IPv6で削除されたフィールド

IPv4からIPv6への移行

　すべてのIPネットワークをIPv4からIPv6に一度に切り替えることは困難なため、移行は、通常は段階的に行われます。IPv6への移行期間においては、豊富な移行技術から状況にあった最適な手法を選択し適用します。

IPv6への移行に利用される主な技術には、次の3つがあります。

● デュアルスタック

　1台の機器でIPv4とIPv6の両方のアドレスを設定し、同じIPネットワーク間で相互に通信する移行技術です。

【デュアルスタック】

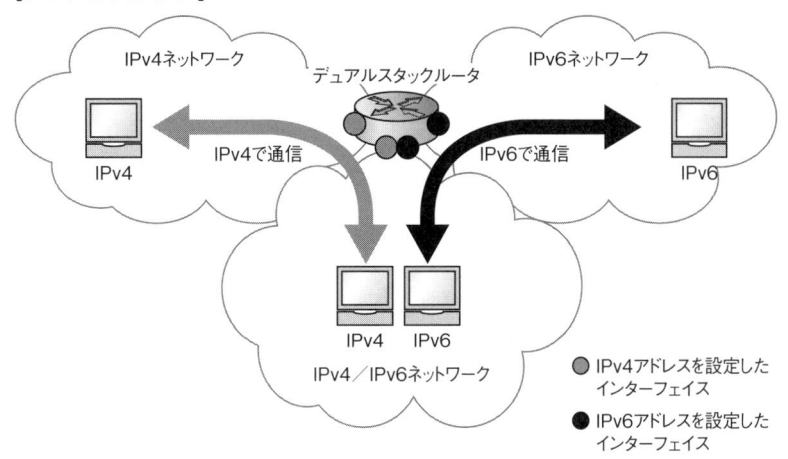

デュアルスタックルータは、受信したパケットのレイヤ2のヘッダ情報を基に（IPv4:0x0800、IPv6:0x86DD）プロトコルを識別してルーティングを行う

● トンネリング

　IPv6ネットワーク同士をIPv4ネットワーク経由で、もしくはIPv4ネットワーク同士をIPv6ネットワーク経由で通信させる技術です。

【トンネリング】

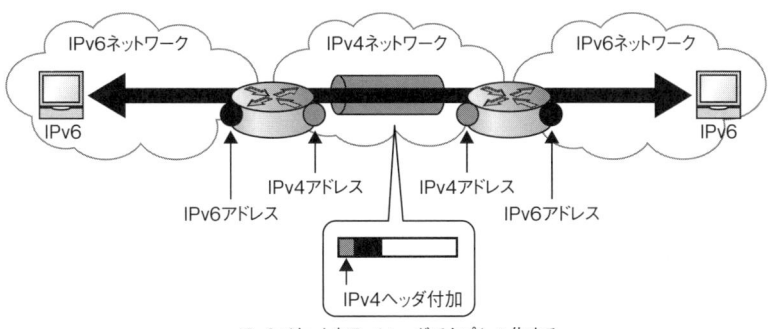

IPv6パケットをIPv4ヘッダでカプセル化する

【主なトンネリングの種類】

種類	説明
手動	トンネルの出口点となる接続先のアドレスを手動で設定
6to4	トンネルの接続先アドレスを明示的に設定せず、受信したIPv6パケットの宛先アドレスを基に自動でトンネルの接続先アドレスを識別する。6to4トンネルでは、予約された「2002::/16」プレフィックスにIPv4アドレスを連結する
ISATAP	IPv4ネットワーク上のISATAPホストとISATAPルータ間でトンネルを動的に接続し、トンネル経由でIPv6ネットワークとの通信を実現する
Teredo	ホストtoホストのトンネルで使用。IPv4のNATが必要な環境下でも自動でトンネルの接続が可能

● トランスレータ

　IPv4ホストとIPv6ホスト間で通信するために、トランスレータでIPv4パケットとIPv6パケットを相互に変換する移行技術です。代表的なものにNAT-PT[※10]（Network Address Translation - Protocol Translation）があります。

【トランスレータ】

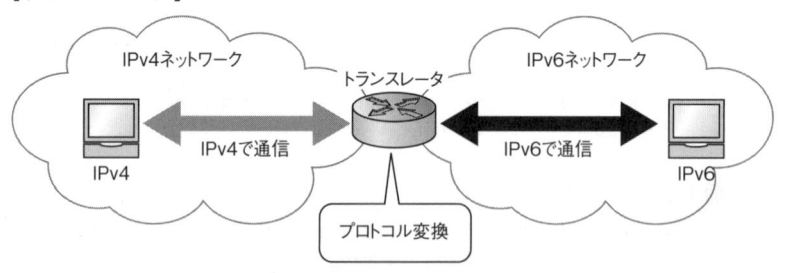

NAT-PTでは、パケットのIPv4ヘッダとIPv6ヘッダを変換する
（IPv4のNAT/PAT技術に似ている）

※10 【NAT-PT】(ナットピーティー) Network Address Translation - Protocol Translation：IPv4からIPv6への移行技術のひとつ。IPv4のグローバルIPアドレスとプライベートIPアドレスを変換するNATと同様に、アドレス部分を書き換えるのが基本であり、同時にIPv4とIPv6間でプロトコルの変換を行う

15-2 IPv6アドレス

IPv6のアドレス長はIPv4の4倍もあるため、従来の表記方法で表すことが難しくなりました。ここでは、IPv6アドレスの表記方法とアドレスの種類について説明します。

IPv6のアドレス表記

IPv6は128ビットアドレスであるためIPv4のように10進数で表記すると、かなり長い数字の羅列になってしまいます。そこで、16ビットずつ「:」(コロン) で区切って8個のフィールドに分け、16進数で表記します。

【IPv6アドレスの例】

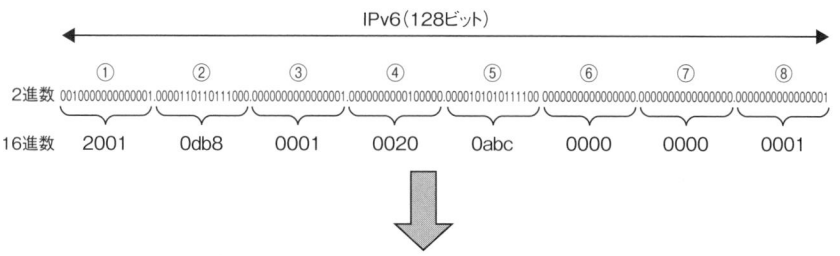

IPv6(128ビット)

	①	②	③	④	⑤	⑥	⑦	⑧
2進数	0010000000000001	0000110110111000	0000000000000001	0000000000100000	0000101011011100	0000000000000000	0000000000000000	0000000000000001
16進数	2001	0db8	0001	0020	0abc	0000	0000	0001

⇩

『2001:0db8:0001:0020:0abc:0000:0000:0001』

さらに、アドレス表記を短くするため、次の省略ルールがあります。

・各フィールドの先頭(左)の0は省略可能

(例) 2001:0db8:0001:0020:0abc:0000:0000:0001

⇩

2001:db8:1:20:abc:0:0:1

・0のフィールドが連続する場合は「::」で表現可能

(例) 2001:0db8:0001:0020:0abc:0000:0000:0001

⇩

2001:db8:1:20:abc::1

ただし、「::」は1つのアドレスにつき1回だけ使用可能

(例) 2001:0db8:0000:0000:0abc:0000:0000:0001

⇩

2001:db8::abc::1 **NG**

参考 2進数と16進数の変換

IPv6アドレスを扱ううえで、2進数と16進数の変換についての理解は不可欠です。「1-5 2進数／10進数／16進数」で詳しく説明しましたが、非常に重要ですので要点のみ再掲します。

2進数の数値を16進数へ変換する場合、2進数を4桁の数値に区切って処理します。これは、16進数の1桁を2進数では4桁で表現するためです。
たとえば、2進数「01101011」を16進数へ変換する場合、「0110」と「1011」に分割して変換します。このとき「基準の数値」として「8、4、2、1」を使用し、10進数に変換してから16進数に換算することもできます（下図を参照）。

2進数…0110 → 4 + 2 = 6　1011 → 8 + 2 + 1 = 11
16進数…6B（10進数の「11」は16進数では「B」）

2進数と16進数の対応関係を示します。

【2進数／16進数換算表】

2進数	16進数
0000	0
0001	1
0010	2
0011	3
0100	4
0101	5
0110	6
0111	7

2進数	16進数	10進数
1000	8	
1001	9	
1010	A	←10
1011	B	←11
1100	C	←12
1101	D	←13
1110	E	←14
1111	F	←15

【2進数から10進数への変換】

```
2進数      0   1   1   0
           ×   ×   ×   ×
基準の数値  8   4   2   1
           ↓   ↓   ↓   ↓
           0 + 4 + 2 + 0 = 6
```

参照 → 2進数から16進数への変換（45ページ）

> ### 📖参考 IPv6アドレスの推奨表記
>
> RFC4291で標準化されたIPv6アドレス表記は柔軟性が高く、さまざまな形で表記が可能になっています。たとえば、次のIPv6アドレスは「すべて同じアドレス」を表現しています。
>
> 2001:0db8:0000:0000:0001:0000:0000:0123
> 2001:db8:0:0:1:0:0:123
> 2001:DB8::1:0:0:123
> 2001:0db8::1:0:0:0123
> 2001:db8:0:0:1::123
> 2001:DB8::0:1:0:0:123
> 2001:0db8::1:0000:0:0123
> 2001:db8::1:0:0:123　　　←RFC5952準拠
> 2001:0DB8:0:0:1::0123
> 2001:db8::1:0000:0000:0123
>
> RFC4291準拠の表記では、運用上の問題や誤読を引き起こしてしまう可能性が懸念され、RFC5952によって、推奨される表記方法が次のように明確化されました。
>
> ・フィールド内の先頭の0は省略すること
> ・「::」は可能な限り使用すること
> ・0のフィールドが1つだけの場合、「::」を使用してはならない
> 　例）2001:db8::1:1:1:1:1 ⇒NG、2001:db8:0:1:1:1:1:1 ⇒OK
> ・0が連続するフィールドが複数ある場合、最も多く省略できる部分で使用すること
> ・0が連続するフィールドが複数あり、同じフィールド数の場合は前方を省略すること
> 　例）2001:db8:0:0:1:0:0:1の場合。2001:db8:0:0:1::1 ⇒NG、2001:db8::1:0:0:1 ⇒OK
> ・アルファベットa〜fは小文字を使用すること
>
> したがって、現在の推奨表記は2001:db8::1:0:0:123になります。

IPv6のプレフィックス

　IPv6のプレフィックスは、次の2つの用途で使用されます。

・IPv6のネットワークアドレスを表す
・IPv6アドレスの一部で固定のビット値を表す

IPv6でネットワークアドレスを示す場合、サブネットマスク（255.255.255.0など）は使用しません。IPv4のCIDR表記と同じ方法で「/」（スラッシュ）を用いてプレフィックスを表現します。IPv6アドレスは次の形式で表記します。

    <ipv6-address>/<prefix-length>

たとえば、IPv6アドレス2001:db8:1234:1::1:1/64の場合、ネットワークアドレスは次のとおりです。

2001:db8:1234:1::1:1/64　⇒　ネットワークアドレスは「2001:db8:1234:1::/64」

↑ ネットワークを示す部分

※ 64÷16＝4（1フィールド＝16ビット）

プレフィックスはアドレス範囲を示す場合にも利用されます。たとえば、「2000::/3」の場合、2進数の先頭から3ビットの値が001で始まるアドレスすべてを表現しています。

例）2000::/3　……先頭3ビットが001で始まるアドレス
　　✗ FE80::/10　…先頭10ビットが1111 1110 10で始まるアドレス
　　○ fe80::/10　　　　　　　　　f　e　1000/8

IPv6アドレスの種類

IPv6アドレスでは、次の3種類のアドレスを定義しています。

● ユニキャストアドレス（1対1の通信）
　　1対1の通信で利用される単一インターフェイス用のアドレスです。IPv4と同様に、特定のインターフェイスに割り当てられます。また、ユニキャストアドレス宛のパケットは、そのアドレスを持つインターフェイスに転送されます。

● マルチキャストアドレス（1対多の通信）
　　IPv4と同様に、特定のグループに対する通信（1対多）の際に宛先アドレスとして利用されます。

● エニーキャストアドレス（1対多の1と通信）（最も近いノードと通信）
　　エニーキャストでは、複数ノードのインターフェイスに対して同じユニキャストアドレスを割り当てます。エニーキャストアドレス宛のパケットは、そのアドレスを持つ最も近いノードのインターフェイスに転送されます。

なお、IPv6にはブロードキャストアドレスは存在しません。マルチキャストアドレスが同様の役割を果たします。

> **試験対策**
> ・IPv6のアドレスタイプ：ユニキャスト、マルチキャスト、エニーキャスト
> ・ブロードキャストは廃止された
> ・エニーキャストは最も近いノードと通信

アドレススコープ

　IPv6の各アドレスタイプには、アドレスの有効範囲を表す「スコープ」があります。スコープには次の3種類があります。

・グローバル…………有効範囲に制限はなく、通常はISPから取得するアドレス。インターネットを含め全IPv6ネットワークで利用できる
・ユニークローカル……組織内でのみ有効なユニキャストのアドレスで、IPv4のプライベートアドレスに相当する。IPv6はアドレス空間が広大なため、内部の全ホストにグローバルアドレスを割り当てることができるので、ユニークローカルアドレスは必要に応じて割り当てる
・リンクローカル………特定リンク（サブネット）でのみ有効なアドレス。リンクローカルアドレス宛のパケットはルータを超えて転送されない。アドレス自動設定やルーティングプロトコルなどで利用される

【アドレススコープ（有効範囲）】

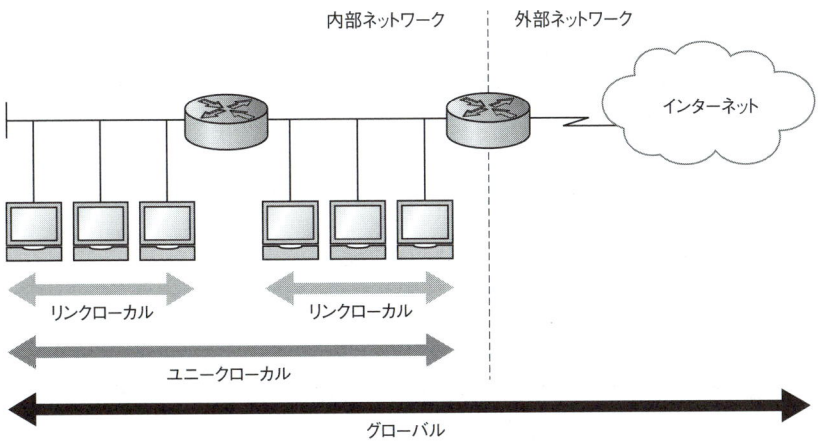

ユニキャストアドレス

　IPv4のユニキャストアドレスがネットワーク部とホスト部で構成されていたのと同様に、IPv6のユニキャストアドレスもネットワークを示すプレフィックス（**サブネットプレフィックス**）と、そのネットワークに接続されるホスト（インターフェイス）を示す**インターフェイスID**で構成されます。なお、IPv6のサブネットプレフィックスとインターフェイスIDの境界は固定であるため、アドレス設計は非常に容易です。

【IPv6ユニキャストアドレスの構造】

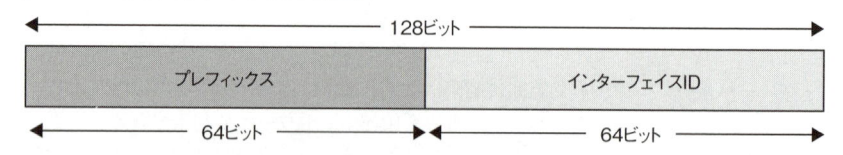

```
┌─────────────── 128ビット ───────────────┐
│      プレフィックス      │    インターフェイスID    │
└─────── 64ビット ────────┴──────── 64ビット ───────┘
```

　IPv6のユニキャストアドレスには、スコープ（有効範囲）によって次の3種類があります。

- グローバルユニキャストアドレス
- ユニークローカルユニキャストアドレス
- リンクローカルユニキャストアドレス

● グローバルユニキャストアドレス（2000::/3で始まる）

　先頭3ビットが「001（2000::/3）」で始まるインターネット上で通信が可能なアドレスで、IPv4のグローバルアドレスに相当します。ISPは組織（企業）に対して「/64～/48」のアドレスブロックを割り当てています。組織では1つのアドレスを基に**サブネットID**（16ビット）を使用して最大65,536個のサブネットを作成することができます。これは、IPv4においてクラスBアドレスを使用する場合に相当します。サブネットIDは**SLA**（Site-Level Aggregation：サイトレベル集約識別子）ともいいます。

【グローバルユニキャストアドレスの構造】

```
         ←──── 48ビット ────→
         ←── 45ビット ──→ 16ビット      64ビット
        ┌──────────────┬──────┬──────────────┐
        │ グローバル ルーティング│サブネット│  インターフェイスID  │
        │   プレフィックス    │  ID  │              │
        └──────────────┴──────┴──────────────┘
（2進）   001              ↑    ↑
（16進）  2000::/3              サブネット識別に使用
                      ISPまたはレジストリから割り当て
```

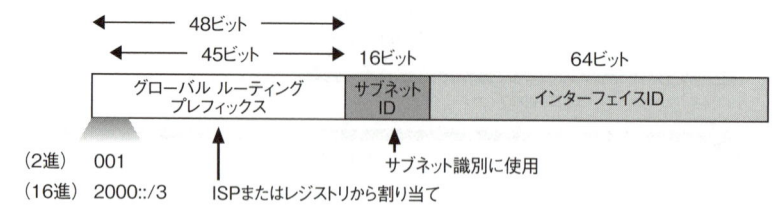

● ユニークローカルユニキャストアドレス（FC00::/7で始まる）

インターネット上で通信できないアドレスで、IPv4のプライベートアドレスに相当します。

先頭から8ビット目（L）は、グローバルIDの使用方法を指定します。L=0はIETFによって予約されており、通常はL=1になります。したがって、ユニークローカルユニキャストアドレスの上位8ビットは「1111 1101」となり、実際にはFD00::/8のみ利用可能です。

【ユニークローカルユニキャストアドレスの構造】

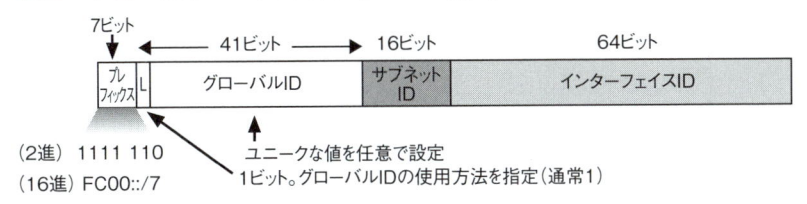

7ビット		41ビット	16ビット	64ビット
プレフィックス	L	グローバルID	サブネットID	インターフェイスID

（2進）1111 110
（16進）FC00::/7

L: 1ビット。グローバルIDの使用方法を指定（通常1）
グローバルID: ユニークな値を任意で設定

● リンクローカルユニキャストアドレス（FE80::/10で始まる）

LANケーブルなどで物理的に接続されているローカルネットワーク（サブネット）内でのみ有効なアドレスで、ルータを超えて通信できません。ノードが同一サブネット上に存在する近隣ノードと通信をするときに使用されます。リンクローカルユニキャストアドレスは、単に「リンクローカルアドレス」とも呼ばれます。

インターフェイス上でIPv6が有効になると、リンクローカルアドレスが自動的に付与されます。このとき使用されるインターフェイスIDは、MACアドレスを基にしたEUI-64フォーマット（後述）で生成されます。 ← 覚えろ！

【リンクローカルユニキャストアドレスの構造】

10ビット	54ビット	64ビット
プレフィックス	000000000000……0	インターフェイスID

（2進）1111 1110 10
（16進）FE80::/10

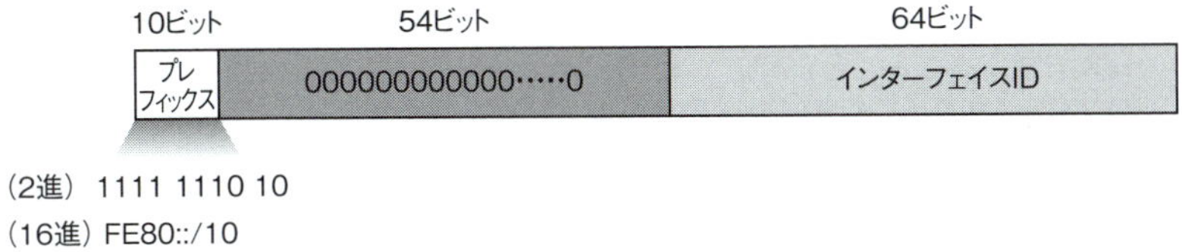

IPv4 = ARP
IPv6 = NDP (P.772〜)

特殊なIPv6アドレス

IPv6には、次のように特殊なアドレスがあります。

● ループバックアドレス (::1) ← 皆でん！

自分自身を表す特別なアドレスで、「::1（0:0:0:0:0:0:0:1）」で定義されています。IPv4の127.0.0.1に相当します。

● 未指定アドレス (::)

すべてが0のアドレス「::（0:0:0:0:0:0:0:0）」を未指定アドレスと呼びます。名前のとおり「アドレスがない」ことを意味するアドレスです。IPアドレスを自動取得しようとするデバイスが送信するパケットの、送信元アドレスなどに使われます。送信元が未指定アドレスであるパケットは、ルーティング対象外となります。

● 文書用のIPv6アドレス (2001:db8::/32)

技術文書やトレーニング資料などのドキュメントの記載に使用される文書用のIPv6アドレス（Documentation prefix）で、「2001:db8::/32（2001:0db8:0:0:0:0:0:0/32）」で定義されています。文書用のIPv6アドレスは、インターネット上で通信できません。

インターフェイスID

IPv6ユニキャストアドレスは、先述したとおりプレフィックス（64ビット）とインターフェイスID（64ビット）で構成されます。**インターフェイスID**はIPv4のホスト部に相当し、リンク上のインターフェイスの識別に使用されるため同一サブネットにおいて一意でなければなりません。なお、IPv6では1つの物理インターフェイスに複数のIPv6アドレスを割り当てることが可能です（IPv4のようにsecondaryの指定は不要）。

インターフェイスIDは手動で設定することができます。しかし、ホスト数が多くなると手動設定は困難になるため、EUI-64と呼ばれるフォーマットを使用して自動生成する仕組みがあります。

● EUI-64 ← 出る!!

EUI-64（64bit Extended Unique Identifier）は、IEEEによって標準化された64ビット長の識別子です。EUI-64はホストが持つMACアドレス（EUI-48）を基にして、一意なインターフェイスIDを生成します。

EUI-64のインターフェイスIDは、次の方法で生成されます。

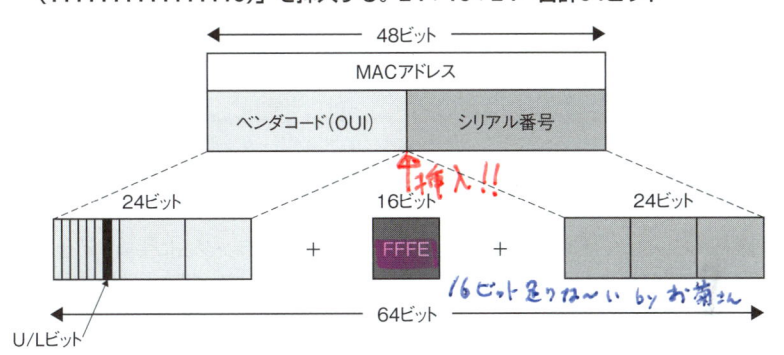

① MACアドレスを24ビットと24ビットに分割し、その間に16ビットの「FFFE（1111111111111110）」を挿入する。24＋16＋24＝合計64ビット

② U/L（universal/local）ビットと呼ばれる先頭から7番目のビットを反転する（MACアドレスとインターフェイスIDでは、U/Lビットの意味が逆のため反転）

0の場合：ユニバーサルで一意
1の場合：ローカルで管理する

たとえば、MACアドレス「00-AB-70-12-34-56」からIPv6アドレスのインターフェイスIDを生成する場合、次のようになります。

【IPv6アドレスのインターフェイスID生成例】
①2つに分割して間にFFFEを挿入
　00-AB-70-**FF-FE**-12-34-56

②U/Lビットを反転
　0x00 → 00000000 → 00000010 → 0x02

最後に、「:」区切りのIPv6表記にして「02AB:70FF:FE12:3456」のインターフェイスIDが完成です。

このように、EUI-64でインターフェイスIDを自動生成すると、多数のノードに対するIPv6アドレスの割り当て作業を容易にできますが、インターフェイスIDを基にしてMACアドレスが読み取られてしまいます。また、pingコマンドやtelnetコマンドなどの実行も面倒になるため、ルータやサーバなどに対しては、インターフェイスIDを手動で設定することをお勧めします。

> **試験対策**
> EUI-64によるインターフェイスIDの自動生成を理解しておきましょう。
> MACアドレスの真ん中に「FFFE」を挿入して、U/Lビットを反転します。

> **参考 匿名アドレス（一時的アドレス）**
>
> 匿名アドレスは、IPv6アドレスのインターフェイスIDをランダムに生成する仕組みのことで、RFC3041によって定義されています。生成されたインターフェイスIDは定期的に更新されるため、匿名アドレスは、「一時アドレス」とも呼ばれています。MACアドレスから生成されるインターフェイスIDの場合、IPv6アドレスの下位64ビットを見れば通信している機器が容易に識別されてしまいます。そこで、匿名アドレスはMACアドレスの代わりにMD5を利用してインターフェイスIDをランダムに生成することで、匿名性を維持します。

マルチキャストアドレス（FF00::/8で始まる）

　マルチキャストアドレスは、インターフェイスのグループを定義するアドレスです。マルチキャストアドレスに対して送信されたパケットは、同時にグループの複数の受信者に効率よく伝送することができます。

　IPv6マルチキャストアドレスは先頭8ビットが「1111 1111（FF00::/8）」で始まります。そのあとには4ビットのフラグ（flag）とスコープ（scope）があり、残り112ビットはグループIDとして使用されます。

【マルチキャストアドレスの構造】

```
          4ビット
   8ビット  ↓ 4ビット         112ビット
  ┌─────┬───┬───┬──────────────────┐
  │プレ  │フラグ│スコープ│    グループID         │
  │フィックス│   │   │                  │
  └─────┴───┴───┴──────────────────┘
         ↑   ↑
（2進） 1111 1111  │ 到達範囲を指定
（16進）FF00::/8   マルチキャストのタイプを指定
```

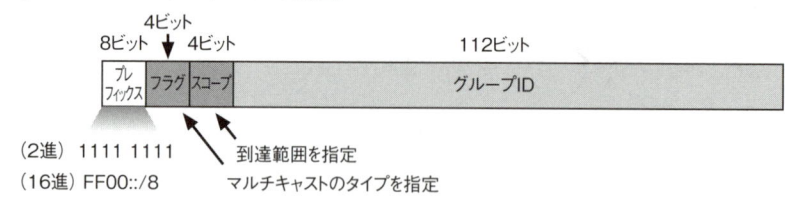

フラグは、マルチキャストのタイプを表します。RFC2373で定義されているフラグは下位ビットのT（Transient）フラグのみです。

Tフラグが「0」の場合、そのマルチキャストアドレスがIANAによって永続的に割り当てられたアドレスであり、「1」の場合は一時的なアドレスであることを示しています。上位3ビットは将来のため予約されており「000」になります。

スコープは、マルチキャストパケットの有効範囲を表します。スコープの一覧を次に示します。

【スコープ】

2進表記	16進表記	スコープ
0000	0	予約
0001	1	インターフェイスローカル
0010	2	リンクローカル
0011	3	予約
0100	4	管理ローカル
0101	5	サイト(拠点)ローカル
0110、0111	6、7	未指定
1000	8	組織ローカル
1001〜1101	9〜D	未指定
1110	E	グローバル
1111	F	予約

たとえば、全ルータ宛のIPv6マルチキャストアドレスは「FF02::2」で予約されています。

【全ルータ宛のIPv6マルチキャストアドレス】

永続的（IANAで予約）
↓
FF02::2
↑ ↑ ↑
マルチキャストアドレス　全ルータ
（FFで始まる）
リンクローカル

【予約済みのIPv6マルチキャストアドレス】

マルチキャストアドレス	説明	スコープ
FF02::1	同一リンク上の全ノード	リンクローカル
FF02::2	同一リンク上の全ルータ	リンクローカル
FF02::5	同一リンク上の全OSPFルータ	リンクローカル
FF02::6	同一リンク上の全OSPF指定ルータ	リンクローカル
FF02::9	同一リンク上の全RIPngルータ	リンクローカル
FF01::101	1台のNTPサーバ上の全NTPプロセス	インターフェイスローカル
FF02::101	同一リンク上の全NTPサーバ	リンクローカル
FF05::101	同一拠点内の全NTPサーバ	サイトローカル
FF08::101	同一組織（企業）内の全NTPサーバ	組織ローカル
FF02::1:FF00:0/104	要請ノードマルチキャスト。データリンク層のアドレス解決で使用（IPv4のARP*に相当）。残り24ビットは、ユニキャストアドレスの下位24ビット部分を用いる	リンクローカル

試験対策
- リンクローカルユニキャストアドレス　……… FE80::/10で始まる
- マルチキャストアドレス　………………………… FF00::/8で始まる

エニーキャストアドレス（1対多の1と通信）（最も近いノードと通信）

エニーキャストアドレスはIPv6で標準実装されたアドレスで、「最も近いノードとの通信」を可能にします。

　エニーキャストのアドレス自体は、グローバルユニキャストアドレス空間から割り当てます。そのため、エニーキャストアドレスはユニキャストアドレスと構造的に区別することはできません。ユニキャストアドレスが2つ以上のインターフェイスに割り当てられた場合、それはエニーキャストアドレスに切り替わります。そのアドレスを割り当てられたノードがエニーキャストアドレスであることを認識するように、明示的に設定する必要があります。また、エニーキャストアドレスはパケットの送信元アドレスとして使用することが禁止されています。

　ある送信元ノードがエニーキャストアドレス宛にパケットを送信すると、エニーキャストアドレスが割り当てられたインターフェイス群の中でネットワーク的な距離が最も近いインターフェイスに配信されます。

エニーキャストアドレスを利用すると、インターネット上に設置するサーバの分散配置が可能となり、耐障害性などを向上することができます。たとえば、複数のDNSサーバに同一のグローバルユニキャストアドレスを設定し、そのアドレスをエニーキャストアドレスとして利用すると、ユーザは最寄りのDNSサーバにアクセスできるようになります。

【エニーキャストによる通信】

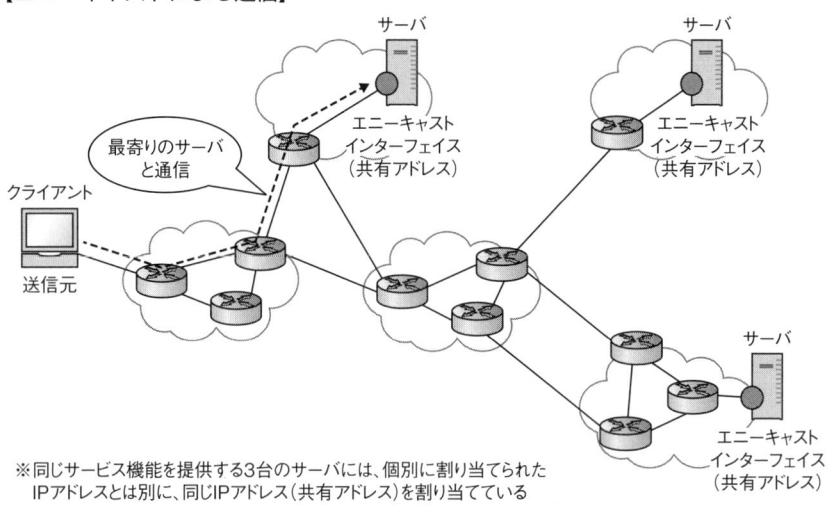

※同じサービス機能を提供する3台のサーバには、個別に割り当てられたIPアドレスとは別に、同じIPアドレス（共有アドレス）を割り当てている

● 予約済みのエニーキャストアドレス

エニーキャストアドレスには、**サブネットルータエニーキャストアドレス**と呼ばれる予約されたアドレスがあります。サブネットルータエニーキャストアドレスは、サブネットに属しているルータ群を識別するために定義されました。このアドレスの前半部分はサブネットを識別するプレフィックス（サブネットプレフィックス）、後半部分はすべて0になります。

【サブネットルータエニーキャストアドレス】

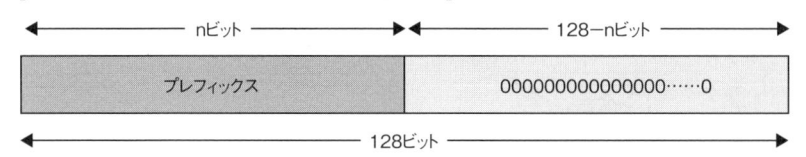

← nビット →	← 128−nビット →
プレフィックス	000000000000000……0

← 128ビット →

あるサブネット上に配置されたルータは、サブネットルータエニーキャストアドレスを認識し、そのサブネットルータエニーキャストアドレス宛にパケットを送信すると、最も近いルータへ送信されます。

IPv6の経路集約

現在、IANAでは2001::/16のアドレスブロックからグローバルユニキャストアドレスをRIRに割り振っています。RIRは/23のプレフィックスを持ち、LIRやISPに/32のプレフィックスを割り振り、さらにISPは/64～/48のプレフィックスを組織に割り振っています。たとえばISPから/48のプレフィックスを割り当てられた組織では、16ビットのサブネットIDから最大65,536個のサブネットを識別することができます。

ISPはすべての顧客に割り当てたプレフィックスを単一のプレフィックスに集約し、それをIPv6インターネット上にアドバタイズします。その結果、効率的でスケーラブルなルーティングテーブルを実現し、ユーザトラフィックの帯域および機能性を向上させます。

次の図の例では、「2001:0410::/32」のプレフィックスを持つISP Aと、「2001:0420::/32」のプレフィックスを持つISP Bがあります。各ISPは自身が持つ/32プレフィックスの範囲から、/48プレフィックスを顧客に割り当てていますが、IPv6インターネット上へネットワーク情報をアドバタイズするときには自身が持つ/32プレフィックスだけをアドバタイズしています。つまり、複数の/48プレフィックス（ネットワークアドレス）を/32に集約しています。

このように、IPv6アドレスは階層構造であるため、経路集約を効率よく行うことができます。

【IPv6アドレスの経路集約】

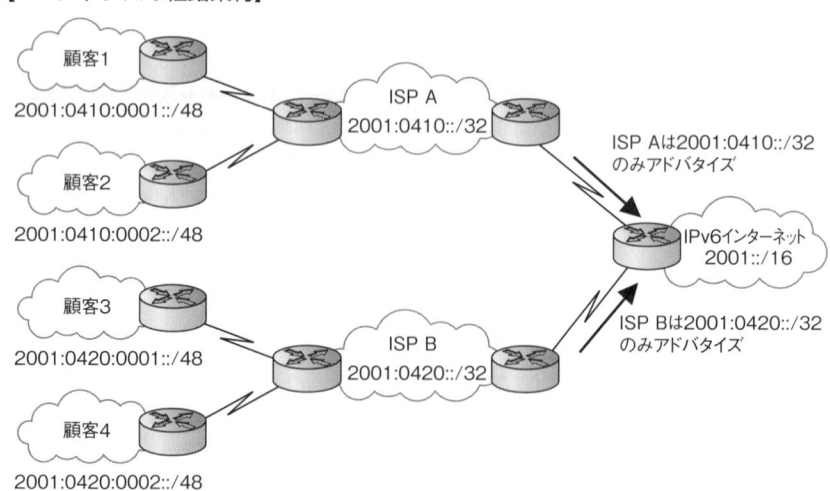

15-3 IPv6の主要プロトコル （マニアの世界）

IPv6による通信を実現するためには、IPのほかにいくつかの重要なプロトコルがあります。ここでは、IPv6を支える主要プロトコルについて説明します。

■ ICMPv6（インターネット制御メッセージプロトコル）

ICMPv6（Internet Control Message Protocol for IPv6）には、ICMPv4（IPv4版のICMP）の機能に加えて、マルチキャスト機能や、アドレス解決するための機能などが統合されています。

ICMPv6はRFC4443で定義され、直前にあるヘッダ内のネクストフィールド「58」で識別されます。

【ICMPv6フォーマット】（IPv6拡張ヘッダなしの例）

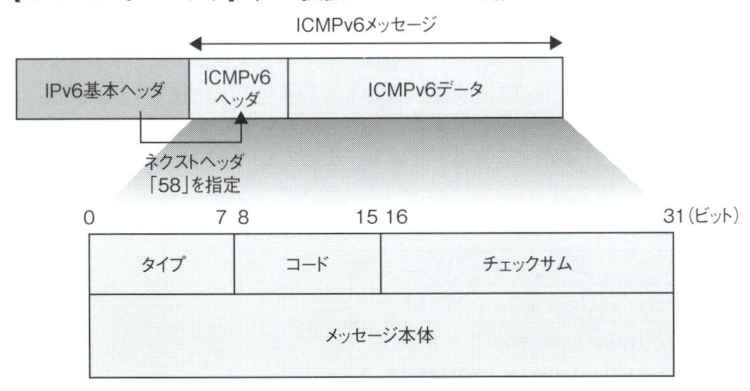

ICMPの役割には、エラー通知やネットワーク上の情報収集などがあります。たとえば、ネットワークの疎通状況を確認するためのpingコマンドは、エコー要求とエコー応答のICMPメッセージによって実現しています。

ICMPv6のメッセージは、エラーメッセージ（0～127）と情報メッセージ（128～255）に分かれています。ICMPv6のメッセージは次のとおりです。

【ICMPv6エラーメッセージ】

タイプ	メッセージ
1	Destination Unreachable（到達不可能）
2	Packet Too Big（パケット過大）
3	Time Exceeded（時間超過）
4	Parameter Problem（パラメータ問題）

IPv4 p.108参照

【ICMPv6情報メッセージ】（基本的な情報メッセージのみ表示）

タイプ	メッセージ
128	Echo Request（エコー要求）
129	Echo Reply（エコー応答）

近隣探索（ND：Neighbor Discovery）（実務では重要）

　近隣探索（ネイバーディスカバリー）とは、同一リンク（セグメント）上にあるノードを発見することをいいます。近隣探索プロトコル（**NDP**：Neighbor Discovery Protocol）は、MACアドレス解決やルータ検出、アドレス重複検出などさまざまな機能を提供します。また、NDPは同一リンクに接続しているノードへ到達可能か不可能かを積極的に追跡し、リンクローカルアドレスの変化を検出するためにも使用されます。
　IPv6の近隣探索はRFC4861で定義されており、次のICMPv6のメッセージがあります。

【ICMPv6 近隣探索メッセージ】

タイプ	メッセージ
133	RS：Router Solicitation（ルータ要請）
134	RA：Router Advertisement（ルータ広告）
135	NS：Neighbor Solicitation（近隣要請）
136	NA：Neighbor Advertisement（近隣通知）
137	Redirect（リダイレクト）

　近隣探索は、上記のICMPメッセージとマルチキャストアドレスを使用して次のような機能を実現します。

● RS/RA
・アドレス自動設定　………DHCPサーバなしに、ホストにIPv6アドレスを自動的に割り当てる
・プレフィックス検出　……接続されたリンクのプレフィックスを検出し、直接通

信可能なアドレス範囲とルータ経由で通信可能な範囲を識別する
・ネクストホップ決定 ………… パケットの転送先を決定する
・ルータ検出 ………………… ノードが同一リンク上で接続可能なルータを検出する
・パラメータ検出 …………… リンクMTUやホップリミットの値を検出する

● NS/NA
・アドレス解決 ……………… リンク層アドレス（MACアドレス）とIPv6アドレスを関連付ける（IPv4のARPに相当）
・重複アドレス検出（DAD） ……… 設定したアドレスがほかのノードと重複していないかを検出する
・近隣ノードの到達不能検出 …… 近隣ノードの通信不能状態を検出する

● Redirect
・リダイレクト …… 最も効率のよい転送先を通知する（IPv4のICMPリダイレクトに相当）

IPv6のアドレス解決

　パケットはレイヤ2ヘッダが付加されてネットワーク上に伝送されます。このとき、通信相手のIPアドレスに対応するデータリンク層のアドレスが必要になるため、アドレス解決を行います。
　IPv4の場合、ARPをブロードキャストすることでアドレス解決をしています（イーサネットLANの場合）。IPv6では、近隣探索のNSメッセージをマルチキャストすることでアドレス解決を行います。
　IPv6インターフェイスにIPv6アドレスが設定されると、そのアドレスのインターフェイスIDに対応する要請ノードマルチキャストアドレス[※11]のグループに参加しなければならないと規定されています。NSは**要請ノードマルチキャストアドレス**を宛先にして送信します。

※11 【要請ノードマルチキャストアドレス】solicited-node multicast address：ノードまたはルータのインターフェイスに設定されたユニキャストアドレス、エニーキャストアドレスから自動的に生成されるマルチキャストアドレスで、重複アドレス検出やリンク層アドレス解決で使用される。アドレス形式は「FF02:0:0:0:1:FFxx:xxxx」で、ユニキャストまたはマルチキャストアドレスの下位24ビット(xの部分)にプレフィックスとしてFF02:0:0:0:0:1:FF00::/104を付加する

次の図の例は、ホストAからホストCに対してIPv6パケットを送信するときの、近隣探索によるリンク層アドレス解決の動作を示しています（IPv6のマルチキャストアドレスに対するMACアドレスは、「33-33」にマルチキャストアドレスの下位32ビットを連結します）。

【リンク層アドレス解決】

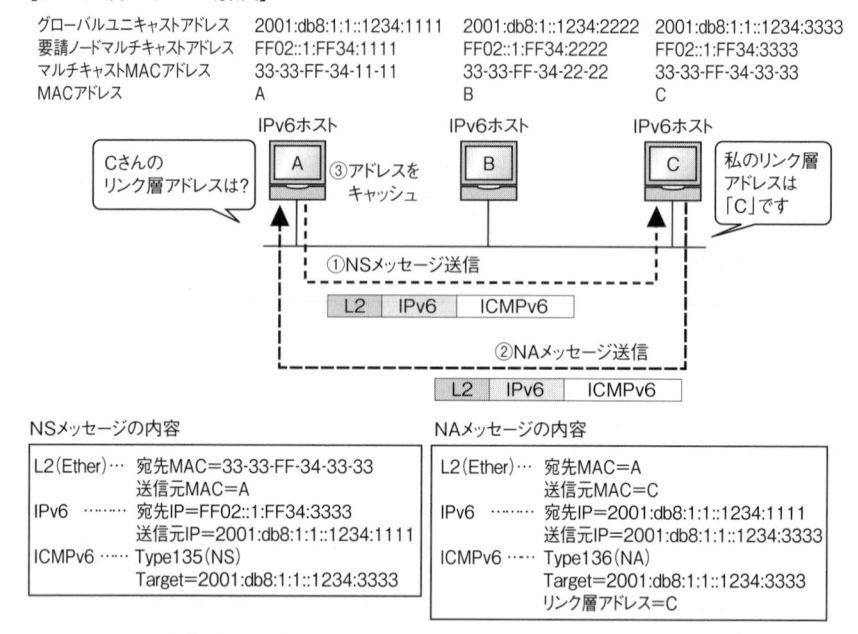

グローバルユニキャストアドレス	2001:db8:1:1::1234:1111	2001:db8:1::1234:2222	2001:db8:1:1::1234:3333
要請ノードマルチキャストアドレス	FF02::1:FF34:1111	FF02::1:FF34:2222	FF02::1:FF34:3333
マルチキャストMACアドレス	33-33-FF-34-11-11	33-33-FF-34-22-22	33-33-FF-34-33-33
MACアドレス	A	B	C

```
NSメッセージの内容
L2(Ether)…   宛先MAC=33-33-FF-34-33-33
             送信元MAC=A
IPv6 ………   宛先IP=FF02::1:FF34:3333
             送信元IP=2001:db8:1:1::1234:1111
ICMPv6 ……   Type135(NS)
             Target=2001:db8:1:1::1234:3333
```

```
NAメッセージの内容
L2(Ether)…   宛先MAC=A
             送信元MAC=C
IPv6 ………   宛先IP=2001:db8:1:1::1234:1111
             送信元IP=2001:db8:1:1::1234:3333
ICMPv6 ……   Type136(NA)
             Target=2001:db8:1:1::1234:3333
             リンク層アドレス=C
```

① ホストA：NSを送信（リンク層アドレスの問い合わせ）
ホストAはIPv6アドレスに対するリンク層アドレス（MACアドレス）を問い合わせるためのNSを送信する

② ホストC：NAを送信（NSメッセージに対する応答）
ホストCはNSを受信すると、リンク層アドレス（MACアドレス）を応答するためのNAを送信する

③ ホストA：リンク層アドレスをキャッシュに保存
ホストAは取得したリンク層アドレス（MACアドレス）をキャッシュに保存する

●要請ノードマルチキャストアドレス

IPv6の要請ノードマルチキャストアドレスは、データリンク層のアドレス解決に使用され、IPv4アドレスのARPに相当します。

要請ノードマルチキャストアドレスは「FF02::1:FF00:0/104」のプレフィックスと、IPv6ユニキャストアドレスの下位24ビットで構成されます。このアドレスのスコープ（有効範囲）は、リンクローカルです。

【要請ノードマルチキャストアドレス】

```
IPv6ユニキャストアドレス
┌─────────────────────┬──────────────────┬────────┐
│     プレフィックス      │  インターフェイスID   │ 24ビット │
└─────────────────────┴──────────────────┴────────┘
←────────────────── 128ビット ──────────────────→

                                                  ↓

要請ノードマルチキャストアドレス
┌──────┬───────────────────────┬──────┬────┬──────┐
│ FF02 │           0           │ 0001 │ FF │下位  │
│      │                       │      │    │24ビット│
└──────┴───────────────────────┴──────┴────┴──────┘
←────────────────── 128ビット ──────────────────→
```

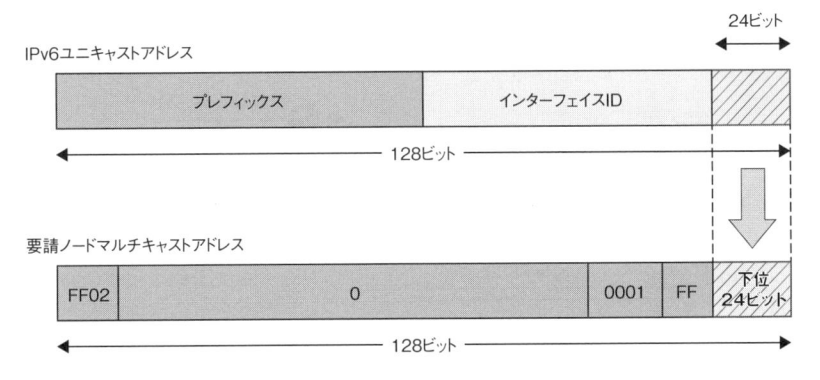

IPv4はARPをブロードキャストで送信していたので、関係のないノードもARPパケットを受信していました。IPv6では通信相手のユニキャストアドレスから要請ノードマルチキャストアドレスを推測することで効率よくリンク層アドレスを解決することができ、アドレス解決の影響を受けるノードはごく少数になります。

重複アドレス検出（DAD）

リンクローカルアドレスはリンク上で一意でなければなりません。EUI-64によってMACアドレスから生成された場合、同一リンク上に同じアドレスが生成される可能性は非常に低いですが、手動で設定した場合には重複する可能性は十分にあります。

IPv6ではノード（インターフェイス）に仮のリンクローカルアドレスが生成されると、同一リンク上ですでに使用されていないかどうか確認するための**重複アドレス検出**（**DAD**：Duplicate Address Detection）と呼ばれる処理を実行します。

DADは、生成した仮リンクローカルアドレスをICMPv6のNSメッセージに挿入して問い合わせます。NSの送信元IPv6アドレスは未指定アドレス（::）、宛先IPv6アドレスは仮リンクローカルアドレスの要請ノードマルチキャストアドレスになります。仮リンクローカルアドレスと同じアドレスが使用されていなければ、NSに対する応答は返ってきません。つまり、返信がなければ「アドレスの重複はない」と判断され、仮リンクローカルアドレスは正式アドレスとして実際に使用可能になります。

【重複アドレスの検出 (DAD)】

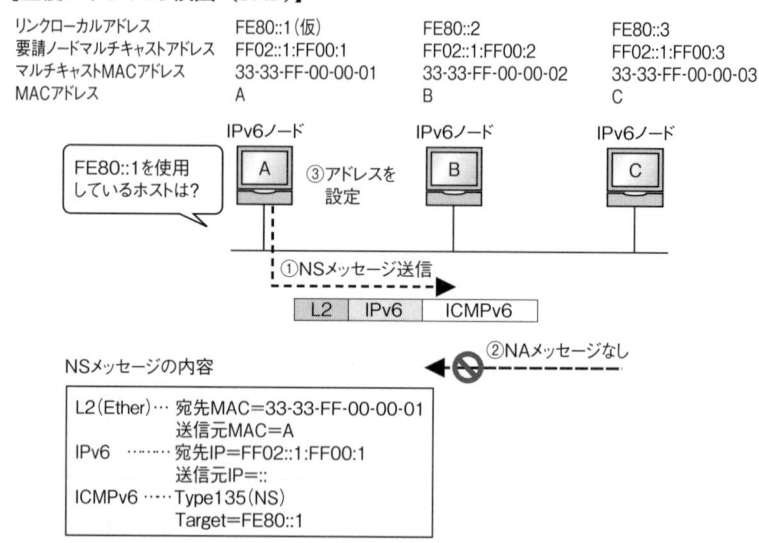

リンクローカルアドレス	FE80::1（仮）	FE80::2	FE80::3
要請ノードマルチキャストアドレス	FF02::1:FF00:1	FF02::1:FF00:2	FF02::1:FF00:3
マルチキャストMACアドレス	33-33-FF-00-00-01	33-33-FF-00-00-02	33-33-FF-00-00-03
MACアドレス	A	B	C

```
IPv6ノード        IPv6ノード        IPv6ノード
   A               B               C
```

FE80::1を使用しているホストは？
③アドレスを設定
①NSメッセージ送信
　　L2　IPv6　ICMPv6
②NAメッセージなし

NSメッセージの内容
L2(Ether)… 宛先MAC=33-33-FF-00-00-01
　　　　　　送信元MAC=A
IPv6　……宛先IP=FF02::1:FF00:1
　　　　　　送信元IP=::
ICMPv6……Type135(NS)
　　　　　　Target=FE80::1

① NSを送信（アドレスが使用されていないか照会）
ホストAはインターフェイスに設定しようとしているアドレスが、同一セグメント上ですでに使用されていなかどうかを確認するためのNSを送信する

② 重複アドレスがないことを確認（NSに対する応答なし）
リンク上に同じアドレスを使用しているホストが存在しない場合、NSに対する応答はないため、「重複しているホストは存在しない」と判断する

③ 正式なアドレスとしてインターフェイスに設定
ホストAは仮リンクローカルアドレスを正式アドレスとして、インターフェイスに設定する

万が一、同じアドレスを使用しているホストがすでに存在している場合、そのホストからNAによって重複アドレスが通知されます。アドレス重複を検出した場合、一般的には手動による再設定が必要となります。

自動設定

自動設定には、ステートレスとステートフルのアドレス自動設定があります。

●ステートレスアドレス自動設定

ステートレスアドレス自動設定（SLAAC:Stateless Address Autoconfiguration）は、近隣探索メカニズムを使用してルータを検出し、動的にIPv6アドレスを生成します。IPv6で新しく導入された自動設定方法であり、RFC2462で定義されています。アドレスに関する状態（ステート）を管理しないことから、ステートレスと呼ばれています。
IPv4におけるアドレス自動設定では、DHCPサーバがホストに対してIPアドレスを

払い出していました。ステートレスアドレス自動設定では、DHCPのように特別なサーバを設置してアドレスの割り当て状況を管理する必要はありません。また、IPv6ホストを簡単にネットワークへ接続することができ、ネットワークアドレス（プレフィックス）を変更する場合、ルータの設定を変更すると、IPv6ホストに変更後のプレフィックスが自動的に通知されます。

ステートレスアドレス自動設定は、近隣探索（ND）のRS/RAメッセージを使用します。
ステートレスでIPv6アドレスが自動設定されるときの動作は次のとおりです。

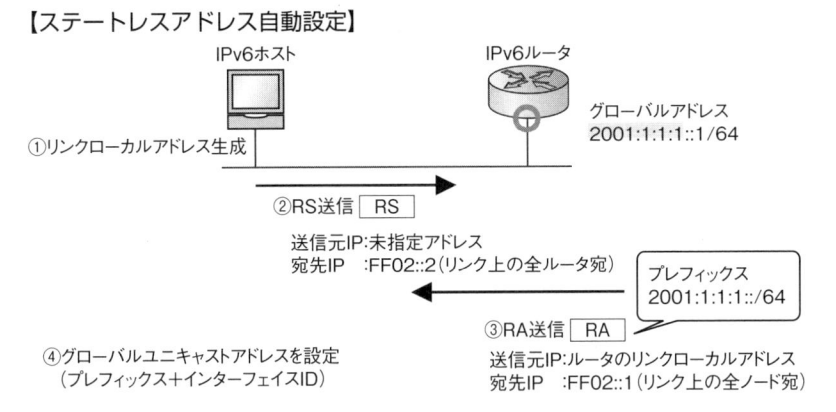

【ステートレスアドレス自動設定】

IPv6ホスト
IPv6ルータ
グローバルアドレス 2001:1:1:1::1/64
①リンクローカルアドレス生成
②RS送信 RS
送信元IP：未指定アドレス
宛先IP ：FF02::2（リンク上の全ルータ宛）
プレフィックス 2001:1:1:1::/64
③RA送信 RA
④グローバルユニキャストアドレスを設定
（プレフィックス＋インターフェイスID）
送信元IP:ルータのリンクローカルアドレス
宛先IP ：FF02::1（リンク上の全ノード宛）

① ホスト：リンクローカルアドレスの生成
ホストはEUI-64でインターフェイスIDを生成し、リンクローカルユニキャストアドレスを生成する。生成したリンクローカルアドレスが同一リンク上で使用されていないことを確認するために重複検知（DAD）を行う

② ホスト：RS（Router Solicitation：ルータ要請）を送信
ホストはリンク上の全ルータにRSを送信し、プレフィックス（ネットワークアドレス）を要求する（ルータはRAを定期的に送信するため、ホストがRSを送信する前にRAを受信することがある）

③ ルータ：RA（Router Advertisement：ルータ広告）を送信
ルータはRSを受け取ると、RAで応答する。RAにはプレフィックスのほかに、デフォルトゲートウェイ、ライフタイム、フラグ／オプションなどが含まれる（DNSサーバ情報は含まない）

④ ホスト：IPv6グローバルユニキャストアドレスを設定
RAに含まれるプレフィックス（64ビット）と、①で生成したインターフェイスID（64ビット）を結合することによって、IPv6グローバルユニキャストアドレスが完成する

ホストが実際にインターネットを利用する場合、IPアドレスのほかにいくつかのパラメータが必要になります。特にDNSサーバのアドレス情報は必要不可欠です。しかし、ステートレスアドレス自動設定では、RAにDNSの設定情報を含むことができません。IPv6ノードには、手動またはDHCPv6を利用してDNSサーバのIPv6アドレスを設定する必要があります。

DHCPv6のステートレスDHCP機能は、IPアドレスの払い出しをせずにDNSなどのサーバ情報をクライアントに提供します。

> ⚠ 注意　以前は、RAのみではDNSサーバの情報を設定できませんでしたが、RFC6106（IPv6 Router Advertisement Options for DNS Configuration）の標準化によってDNSサーバの設定が可能になりました。

●DHCPv6（ステートフルアドレス自動設定）

　DHCPv6（DHCP for IPv6）は、DHCPサーバによってIPv6ホストにIPアドレスやDNSなどのネットワーク設定情報を動的に割り当てるためのプロトコルで、RFC3315で定義されています。「ステートレス」とは逆に、ホストのアドレスに関する状態（ステート）を管理するため、**ステートフルアドレス自動設定**とも呼ばれています。

　DHCPv6の基本的なプロセスはDHCPv4と同じです。ただし、DHCPv6は単体で機能するのではなく、ルータが送信するRA（ルータ広告）のMフラグとOフラグという2つのフィールドと連携し、フラグの値によってDHCPサーバから配布する設定情報を決定します。

・Mフラグ …… IPアドレスをDHCPサーバから取得するか、RAで取得したプレフィックスから自身で生成するかを決定する
・Oフラグ …… IPアドレス以外のパラメータをDHCPサーバから取得するかどうかを決定する

　IPv6ホストはルータからRAを受信し、その中の2つのフラグによってIPv6アドレスの設定方法を決定します。たとえば、Mフラグがオンの場合はDHCPサーバからIPアドレスを取得し、さらにOフラグもオンの場合はIPアドレス以外のパラメータ情報もDHCPサーバから取得します。

　なお、IPアドレスはRAのプレフィックスから自動生成し（Mフラグ：オフ）、付加情報をDHCPサーバから取得する（Oフラグ：オン）実装を、「ステートレスDHCPv6」といいます。

> **参考 IPv6アドレスの割り当て方法**
>
> IPv6ホストに対するIPv6アドレスおよびネットワーク設定情報の割り当て方法を、次の表にまとめます。
>
> | | 手動 | SLAAC | ステートフル DHCPv6 | ステートレス DHCPv6 |
> |---|---|---|---|---|
> | RA | 不要 | 必要 | 必要 | 必要 |
> | RAのプレフィックス情報 | – | 必要 | 不要 | 必要 |
> | Mフラグ | – | オフ | オン | オフ |
> | Oフラグ | – | オフ | オン | オン |
> | 付加情報(DNSサーバアドレスなど) | 手動設定 | 手動設定※ | DHCPで配布 | DHCPで配布 |
>
> ※ルータがRFC6106に対応している場合、RAでDNSなどの付加情報も配布が可能

15-4 IPv6アドレスの設定と検証

本節では、Ciscoルータに対するIPv6アドレスの設定と検証方法について説明します。

IPv6アドレスの手動設定

ルータのインターフェイスに対してIPv6ユニキャストアドレス（グローバルまたはユニークローカル）を手動設定するには、**ipv6 address**コマンドを使用してIPアドレスとプレフィックス長を指定します。インターフェイスIDをEUI-64で自動生成する場合は、コマンドの末尾に**eui-64キーワード**を付加します。

> **構文** IPv6アドレスの手動設定
>
> (config-if)#**ipv6 address** <ipv6-address>/<prefix-length> [**eui-64**]
> [**anycast**]
>
> ・ipv6-address …… IPv6ユニキャストアドレスを指定（リンクローカルを除く）。
>   eui-64を付加する場合、インターフェイスIDはすべて0 (::) を指定
> ・prefix-length … プレフィックス長を指定
> ・eui-64   ………… インターフェイスIDをEUI-64で自動生成する（オプション）
> ・anycast   ………… エニーキャストアドレスとして設定する場合に指定（オプション）

IPv6では、1つのインターフェイスに対して複数のユニキャストアドレスを割り当てることができます。ipv6 addressコマンドを別のアドレスに変えて実行すると、新しいIPアドレスが追加設定されます。no ipv6 addressコマンドを実行すると、そのインターフェイスのIPv6アドレスがすべて消去されます。一部のIPv6アドレスを消去するには、no ipv6 addressコマンドのあとに、消去するIPアドレス、プレフィックス長などを指定して実行します。

> **注意** IOSリリース12.xでは、最初にIPv6ルーティングを有効化するipv6 unicast-routingコマンドをグローバルコンフィギュレーションモードで実行する必要があります。デフォルトのno ipv6 unicast-routingの場合、ipv6 addressコマンドを実行してもエラーが表示され、IPv6アドレスの設定は反映されません。

> **試験対策** IPv6では、1つのインターフェイスに複数のIPv6アドレスを割り当てることができます。
> 「eui-64」を付加すると、インターフェイスIDはEUI-64で自動生成されます。

リンクローカルアドレスの設定

各インターフェイスでIPv6を有効化すると、リンクローカルアドレス（リンクローカルユニキャストアドレス）が自動的に割り当てられます。このリンクローカルアドレスのインターフェイスIDは、インターフェイスのMACアドレスに基づいてEUI-64で自動生成されます。

構文 インターフェイスに対するIPv6の有効化
(config-if)#ipv6 enable

> **注意** ipv6 addressコマンドを使用してインターフェイスにIPv6アドレスを割り当てると、自動的にIPv6は有効化されます。その場合、ipv6 enableコマンドを実行する必要はありません。

リンクローカルアドレスを手動で指定するには、ipv6 addressコマンドの末尾に**link-localキーワード**を付加します。

構文 リンクローカルアドレスの手動設定
(config-if)#ipv6 address <ipv6-address> link-local

・ipv6-address…「FE80」で始まるリンクローカルアドレスを指定

リンクローカルアドレスは各インターフェイスに1つしか設定できないため、同じインターフェイスで別のアドレスのipv6 addressコマンドを実行すると、新しいIPv6アドレスに上書きされます。

IPv6アドレスの検証

IPv6アドレスが正しく設定され、IPv6パケットのルーティングが可能な状態を検証するには、インターフェイスおよびルーティングテーブルを確認します。IPv6のコマンドはIPv4と似ており、ほとんどの場合「ip」を「ipv6」に置き換えて実行できます。
以下の図のトポロジで、IPv6アドレスの各種検証コマンドを説明します。

【検証用トポロジ例】

営業部のLAN ― Fa0 [RT1] Fa1 ― 技術部のLAN
2001:db8:1:1::1/64　　　　2001:db8:2:2::1/64
2001:db8:1:1::/64 eui-64

※Fa0は同じサブネット「2001:db8:1:1」に対して、2つのIPv6アドレス
（インターフェイスID「::1」と「EUI-64」で生成）を設定している

第15章 IPv6の導入

【RT1の設定】

```
RT1(config)#interface fastethernet 0 Enter     ←Fa0の設定モードに移行
RT1(config-if)#ipv6 address 2001:db8:1:1::1/64 Enter    ←IPv6アドレス設定
                                                          （インターフェイスIDは1）
RT1(config-if)#ipv6 address 2001:db8:1:1::/64 eui-64 Enter  ←インターフェイスIDを
                                                              EUI-64で生成
RT1(config-if)#no shutdown Enter    ←インターフェイスの有効化
RT1(config-if)#interface fastethernet 1 Enter   ←Fa1の設定モードに移行
RT1(config-if)#ipv6 address 2001:db8:2:2::1/64 Enter   ←IPv6アドレス設定
                                                         （インターフェイスIDは1）
RT1(config-if)#no shutdown Enter
RT1(config-if)#end Enter
RT1#
*Oct  1 08:08:28.158: %SYS-5-CONFIG_I: Configured from console by console
RT1#show running-config | begin FastEthernet Enter   ←インターフェイスの設定を確認
interface FastEthernet0
 no ip address
 duplex auto
 speed auto
 ipv6 address 2001:DB8:1:1::1/64      ←IPv6アドレス設定（インターフェイスIDは「::1」を指定）
 ipv6 address 2001:DB8:1:1::/64 eui-64   ←IPv6アドレス設定
                                           （インターフェイスIDはEUI-64で生成）
!
interface FastEthernet1
 no ip address
 duplex auto
 speed auto
 ipv6 address 2001:DB8:2:2::1/64      ←IPv6アドレスの設定
!
＜以下省略＞
```

● IPv6インターフェイスの確認

IPv6アドレスを設定したインターフェイスの状態を確認するには、**show ipv6 interface**コマンドを使用します。特定のインターフェイス名を指定しない場合、IPv6が有効になっているすべてのインターフェイスの情報が表示されます。

> **構文** IPv6インターフェイスの設定を表示（mode：＞、#）
> #show ipv6 interface [<interface-id>]
>
> ・interface-id……インターフェイス名を指定（オプション）。省略時はすべてを表示

【show ipv6 interfaceコマンドの出力例】

```
RT1#show ipv6 interface Enter   ←IPv6が有効なインターフェイスの情報を表示
FastEthernet0 is up, line protocol is up   ←Fa0インターフェイスの状態
  IPv6 is enabled, link-local address is FE80::5675:D0FF:FEDD:34AC
             ↑                                        ↑
    インターフェイスでIPv6が有効化                    リンクローカルアドレス

  No Virtual link-local address(es):
  Global unicast address(es):   ←グローバルユニキャストアドレス
    2001:DB8:1:1::1, subnet is 2001:DB8:1:1::/64   ←インターフェイスID「::1」
    2001:DB8:1:1:5675:D0FF:FEDD:34AC, subnet is 2001:DB8:1:1::/64 [EUI]
                          ↑                              ↑
            インターフェイスIDはEUI-64で生成         サブネットアドレス

  Joined group address(es):   ←インターフェイスが属するマルチキャストアドレス
    FF02::1        ←全ノード宛マルチキャストアドレス
    FF02::1:FF00:1   ←全ルータ宛マルチキャストアドレス
    FF02::1:FFDD:34AC   ←要請ノードマルチキャストアドレス
  MTU is 1500 bytes
  ICMP error messages limited to one every 100 milliseconds
  ICMP redirects are enabled
  ICMP unreachables are sent
  ND DAD is enabled, number of DAD attempts: 1   ←近隣探索（ND）の情報
  ND reachable time is 30000 milliseconds (using 30000)
FastEthernet1 is up, line protocol is up   ←Fa1インターフェイスの状態
  IPv6 is enabled, link-local address is FE80::5675:D0FF:FEDD:34AD
  No Virtual link-local address(es):              ↑
                                           リンクローカルアドレス
  Global unicast address(es):
    2001:DB8:2:2::1, subnet is 2001:DB8:2:2::/64   ←グローバルユニキャストアドレス
  Joined group address(es):
    FF02::1
    FF02::1:FF00:1
    FF02::1:FFDD:34AD
  MTU is 1500 bytes
  ICMP error messages limited to one every 100 milliseconds
  ICMP redirects are enabled
  ICMP unreachables are sent
  ND DAD is enabled, number of DAD attempts: 1
  ND reachable time is 30000 milliseconds (using 30000)
```

構文 IPv6インターフェイスの要約情報の表示（mode：>、#）
#show ipv6 interface brief [<interface-id>]

【show ipv6 interface briefコマンドの出力例】

```
RT1#show ipv6 interface brief fastethernet 0 Enter   ←Fa0の要約情報を表示
FastEthernet0          [up/up]    ←インターフェイスの状態
   FE80::5675:D0FF:FEDD:34AC    ←リンクローカルアドレス
   2001:DB8:1:1::1    ←グローバルユニキャストアドレス
   2001:DB8:1:1:5675:D0FF:FEDD:34AC    ←グローバルユニキャストアドレス
RT1#show ipv6 interface brief fastethernet 1 Enter   ←Fa1の要約情報を表示
FastEthernet1          [up/up]
   FE80::5675:D0FF:FEDD:34AD
   2001:DB8:2:2::1
```

> **参考** IPv6インターフェイスのマルチキャストアドレス
>
> ホストのインターフェイスでIPv6が有効になると、自動的に次のマルチキャストグループのメンバーに属します。
>
> ・同一リンク上の全ノード(FF02::1)
> ・要請ノードマルチキャスト(FF02::1:FF00:0/104)
>
> Ciscoルータのインターフェイスでは、上記マルチキャストグループに加え、「同一リンク上の全ルータ(FF02::2)」にも参加します。

●IPv6ルーティングテーブル

　ルータ上でIPv6とIPv4のルーティングが有効になっているとき、ルーティングテーブルは別々に管理されます。IPv6のルーティングテーブルを表示するには、**show ipv6 route**コマンドを使用します。

　インターフェイスにIPv6アドレスを割り当てると、次の2つのエントリがIPv6ルーティングテーブルに追加されます。

・直接接続ネットワークのプレフィックス ……コード「C」
・インターフェイスアドレス(/128) ………コード「L」

構文 IPv6ルーティングテーブルの表示（mode：>、#）
#show ipv6 route

【show ipv6 routeコマンドの出力例】

```
RT1#show ipv6 route Enter   ←IPv6ルーティングテーブルの表示
IPv6 Routing Table - default - 6 entries
Codes: C - Connected, L - Local, S - Static, U - Per-user Static route
       B - BGP, HA - Home Agent, MR - Mobile Router, R - RIP
       D - EIGRP, EX - EIGRP external, ND - Neighbor Discovery, l - LISP
       O - OSPF Intra, OI - OSPF Inter, OE1 - OSPF ext 1, OE2 - OSPF ext 2
       ON1 - OSPF NSSA ext 1, ON2 - OSPF NSSA ext 2
C   2001:DB8:1:1::/64 [0/0]   ←Fa0の直接接続ネットワーク
     via FastEthernet0, directly connected
L   2001:DB8:1:1::1/128 [0/0]   ←Fa0のIPv6アドレス
     via FastEthernet0, receive
L   2001:DB8:1:1:5675:D0FF:FEDD:34AC/128 [0/0]   ←Fa0のIPv6アドレス
     via FastEthernet0, receive
C   2001:DB8:2:2::/64 [0/0]
     via FastEthernet1, directly connected
L   2001:DB8:2:2::1/128 [0/0]   ←Fa1のIPv6アドレス
     via FastEthernet1, receive
L   FF00::/8 [0/0]
     via Null0, receive
```

● IPv6ネイバーテーブル（ネイバーディスカバリーキャッシュ）

リンク層アドレスは、同一リンク上で一意である必要があります。IPv4ではARPなどでリンク層アドレスを解決していました。先述したとおり、IPv6ではリンク層アドレスの解決に近隣探索のNS/NAメッセージを使用します。

IPv6には、同一リンク上のIPv6アドレスとリンク層アドレスを解決するための**IPv6ネイバーテーブル（ネイバーディスカバリーキャッシュ）** が存在します。これは、IPv4のARPテーブルに似た役割を持ちます。

IPv6ネイバーテーブルを表示するには、**show ipv6 neighborsコマンド**を使用します。

構文 IPv6ネイバーテーブルの表示（mode：>、#）

```
#show ipv6 neighbors
```

【show ipv6 neighborsコマンドの出力例】

```
RT1#ping 2001:db8:2:2::10 [Enter]   ←pingを実行
Type escape sequence to abort.
Sending 5, 100-byte ICMP Echos to 2001:DB8:2:2::10, timeout is 2 seconds:
!!!!!
Success rate is 100 percent (5/5), round-trip min/avg/max = 0/0/0 ms
RT1#show ipv6 neighbors [Enter]   ←IPv6ネイバーテーブルの表示
IPv6 Address                    Age Link-layer Addr State Interface
FE80::F822:930B:EE91:FA0D         0 5cf9.dd63.e0f4  STALE Fa1
FE80::21B:54FF:FE92:76A1        122 001b.5492.76a1  STALE Fa0
2001:DB8:2:2::10                  0 5cf9.dd63.e0f4  REACH Fa1
2001:DB8:2:2:E9AC:9D9:8970:EB59   1 5cf9.dd63.e0f4  STALE Fa1
                                ①   ②       ③        ④     ⑤
```

① IPv6 Address：リンク上に存在するネイバーのIPv6アドレス
② Age：存続時間（単位：分）
③ Link-layer Addr：ネイバーのIPv6アドレスに対応するリンク層アドレス
④ State：ネイバーにパケットが到達可能であるかを示す
　　REACH ……到達可能な状態を確認できた（正常に通信可能）
　　STALE ……最近通信が発生していないことを示す
⑤ Interface：ネイバーを認識しているルータのインターフェイス

RA（Router Advertisement：ルータ広告）の設定

　Ciscoルータは、IPv6ルーティングおよびインターフェイスに対するIPv6を有効化すると、自動的にRAの送信を開始します。
　IPv6のルーティングを有効化するには、グローバルコンフィギュレーションモードから**ipv6 unicast-routing**コマンドを実行します。

構文 IPv6ルーティングの有効化

```
(config)#ipv6 unicast-routing
```

　リンク上のすべてのノードでIPv6アドレスを手動設定する場合、そのインターフェイスからRAを送信する必要はありません。ルータでRAが定期的に送信されるのを抑制するには、**ipv6 nd ra suppress**コマンドを実行します。

構文 RAの抑制

(config-if)#`ipv6 nd ra suppress [ all ]`

・all ……………RS（Router Solicitation：ルータ要請）に応答するRAについても抑制する（オプション）

> **試験対策**
> IPv6ルーティングはデフォルトで「無効」になっています。
> IPv6のルーティングプロトコルを設定する前にipv6 unicast-routingコマンドが必要です！

● ステートレスアドレス自動設定の有効化

　CiscoルータのインターフェイスでもIPv6アドレスを自動取得するように設定するには、**ipv6 address autoconfigコマンド**を実行します。コマンドの末尾にdefaultキーワードを付加すると、受信したRAの情報に基づいてルーティングテーブルにデフォルトルートを登録します。defaultキーワードは1つのインターフェイスでのみ設定が可能です。別のインターフェイスに対してもdefaultキーワードを付加して実行した場合、「% Default is already specified on <インターフェイス名>」のエラーメッセージが表示されます。

構文 ステートレスアドレス自動設定の有効化

(config-if)#`ipv6 address autoconfig [ default ]`

・default　………受信したRAを基にデフォルトルートを追加（オプション）

　次の図の例では、CentralルータでIPv6ルーティングを有効化し、Fa0に手動でIPv6アドレスを設定しています。また、Fa0のリンクローカルアドレスは手動でわかりやすいアドレスに設定されています。Branchルータでは、Fa1にステートレスアドレス自動設定をdefaultキーワード付きで有効化しています。その結果、BranchのFa1には自動的にIPv6グローバルユニキャストアドレスが割り当てられ、ルーティングテーブルにデフォルトルートが登録されます。

第15章　IPv6の導入

【SLAACの設定例】

支社 Fa1 ─── Fa0 本社
Branch　　　　　　Central

```
Branch(config)#interface fastethernet 1
Branch(config-if)#ipv6 address autoconfig default
Branch(config-if)#no shutdown
```

```
Central(config)#ipv6 unicast-routing
Central(config)#interface fastethernet 0
Central(config-if)#ipv6 address 2001:db8:1:1::1/64
Central(config-if)#ipv6 address fe80::1 link-local
Central(config-if)#no shutdown
```

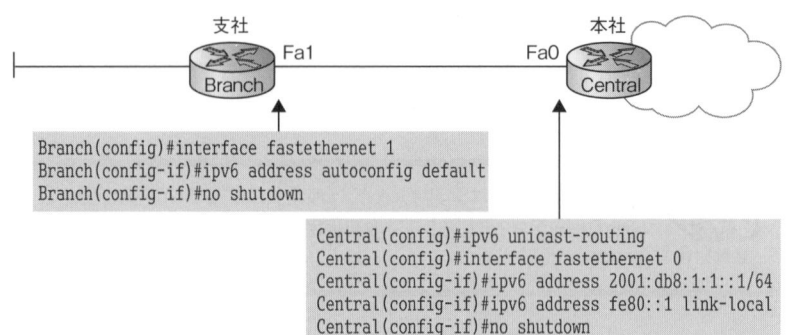

Centralは定期的にRAを送信しています。デフォルトの送信間隔は200秒です。

【CentralのIPv6インターフェイスの確認】

```
Central#show ipv6 interface fastethernet 0 [Enter]   ←IPv6インターフェイスの確認
FastEthernet0 is up, line protocol is up
  IPv6 is enabled, link-local address is FE80::1   ←リンクローカルユニキャスト
                                                     アドレス
  No Virtual link-local address(es):
  Global unicast address(es):
    2001:DB8:1:1::1, subnet is 2001:DB8:1:1::/64   ←グローバルユニキャストアドレス
  Joined group address(es):
    FF02::1
    FF02::2
    FF02::1:FF00:1
  MTU is 1500 bytes
  ICMP error messages limited to one every 100 milliseconds
  ICMP redirects are enabled
  ICMP unreachables are sent
  ND DAD is enabled, number of DAD attempts: 1
  ND reachable time is 30000 milliseconds (using 30000)
  ND advertised reachable time is 0 (unspecified)
  ND advertised retransmit interval is 0 (unspecified)
  ND router advertisements are sent every 200 seconds   ←RAを200秒間隔で送信
  ND router advertisements live for 1800 seconds
  ND advertised default router preference is Medium
  Hosts use stateless autoconfig for addresses.
```

Branchは、Fa1でRA（ルータ広告）を受信しています。RAに含まれるサブネットプレフィックスとMACアドレスを基に自動生成したインターフェイスIDによって、インターフェイスにグローバルユニキャストアドレスが自動的に割り当てられています。

このアドレスには次の2種類のライフタイム（有効期間）があります。

・最終有効期間(valid lifetime) ………… この時間を超えるとRAから取得したプレフィックスを削除する
・推奨有効期間(preferred lifetime) …… RAから取得したプレフィックスを使用できる時間

【BranchのIPv6インターフェイスの確認】

```
Branch#show running-config interface fastethernet 1 [Enter]   ←Fa1の設定を確認
Building configuration...

Current configuration : 104 bytes
!
interface FastEthernet1
 no ip address
 duplex auto
 speed auto
 ipv6 address autoconfig default    ←SLAACが有効化
end

Branch#show ipv6 interface fastethernet 1 [Enter]   ←IPv6インターフェイスの確認
FastEthernet1 is up, line protocol is up
  IPv6 is enabled, link-local address is FE80::21B:54FF:FE92:76A1   ←リンクローカルアドレス
  No Virtual link-local address(es):
  Stateless address autoconfig enabled    ←SLAACが有効化
  Global unicast address(es):
    2001:DB8:1:1:21B:54FF:FE92:76A1, subnet is 2001:DB8:1:1::/64 [EUI/CAL/PRE]
      ↑                    ↑
  RAで取得したプレフィックス    EUI-64で自動生成したインターフェイスID

      valid lifetime 2591881 preferred lifetime 604681
  Joined group address(es):        ↑
    FF02::1                配布されたアドレスのライフタイム
    FF02::1:FF92:76A1
  MTU is 1500 bytes
  ICMP error messages limited to one every 100 milliseconds
  ICMP redirects are enabled
```

```
ICMP unreachables are sent
ND DAD is enabled, number of DAD attempts: 1
ND reachable time is 30000 milliseconds (using 30000)
Default router is FE80::1 on FastEthernet1    ←RAで取得したデフォルトゲートウェイ
```

IPv6のデフォルトルートは、128ビットすべてが0の「::/0」で表します。Branchの IPv6ルーティングテーブルには、デフォルトルートが自動的に登録されています。デフォルトルートのネクストホップアドレスは、受信したRAの送信元IPv6アドレス（FE80::1）になります。RAの送信元IPv6アドレスは、発信インターフェイスのリンクローカルアドレスが指定されます。

【Branchのルーティングテーブルの確認】

```
Branch#show ipv6 route Enter   ←IPv6ルーティングテーブルを表示
IPv6 Routing Table - default - 4 entries
Codes: C - Connected, L - Local, S - Static, U - Per-user Static route
       B - BGP, HA - Home Agent, MR - Mobile Router, R - RIP
       D - EIGRP, EX - EIGRP external, ND - Neighbor Discovery, l - LISP
       O - OSPF Intra, OI - OSPF Inter, OE1 - OSPF ext 1, OE2 - OSPF ext 2
       ON1 - OSPF NSSA ext 1, ON2 - OSPF NSSA ext 2
S   ::/0 [2/0]    ←RA受信によって登録されたデフォルトルート
     via FE80::1, FastEthernet1   ←ネクストホップはCentralのリンクローカルアドレス
C   2001:DB8:1:1::/64 [0/0]
     via FastEthernet1, directly connected
L   2001:DB8:1:1:21B:54FF:FE92:76A1/128 [0/0]   ←RAによって取得したIPv6アドレス
     via FastEthernet1, receive
L   FF00::/8 [0/0]
     via Null0, receive
```

15-5 IPv6ルーティング

IPv6のルーティングは、IPv6アドレスをサポートする以外はIPv4と比較して大きな変化はありません。本節では、IPv6スタティックルートの設定とIPv6アドレスによる名前解決について説明します。

IPv6ルーティングプロトコル

IPv6対応のルーティングプロトコルは次のとおりです。

【IPv6ルーティング対応プロトコル】

ルーティングプロトコル	名前	規格
RIPng	RIP next generation	RFC2080
OSPFv3	OSPF version 3	RFC2740
EIGRP for IPv6	EIGRP for IPv6	シスコ独自
IS-IS for IPv6	IS-IS for IPv6	RFC5308
MP-BGP4	Multiprotocol BGP-4	RFC2545/RFC4760

◎ 本書では、参考としてRIPv2の設定および検証について説明しています。
OSPFv3およびEIGRP for IPv6（ICND2の範囲）については『ICND2編』で説明します。

IPv6スタティックルート

IPv6スタティックルートは、IPv4と同様に管理者が手動でルーティングテーブルに登録します。IPv6スタティックルートの設定には、**ipv6 route**コマンドを使用します。

構文 IPv6スタティックルートの設定

```
(config)#ipv6 route <prefix/prefix-length> {<next-hop>|<interface>}
[<distance>]
```

・prefix/prefix-length …… 宛先IPv6ネットワークとプレフィックス長を指定
・next-hop …………… 宛先ネットワークへ到達するために使用されるネクストホップアドレスを指定。リンクローカルアドレスを推奨
・interface …………… 宛先ネットワークへ到達するための出力インターフェイス名を指定。一般的に、宛先ネットワークがシリアルポイントツーポイントインターフェイスの先にある場合に使用

- distance ……………… アドミニストレーティブディスタンスを指定（オプション）。デフォルトは1

ipv6 routeコマンドで指定されるネクストホップアドレスには、一般的にリンクローカルアドレスが使用されます。ただし、ネクストホップにリンクローカルアドレスを使用する場合は、ネクストホップの前に発信インターフェイス名を指定する必要があります。

なお、IPv6のアドミニストレーティブディスタンスのデフォルト値は、IPv4のものと同じです。

参照➡ 「8-5 メトリックとアドミニストレーティブディスタンス」（334ページ）

次の図の例では、RT1で宛先IPv6ネットワーク「2001:db8:3:3::/64」へ到達するためのスタティックルートを設定しています。一方、RT2では宛先IPv6ネットワーク「2001:db8:1:1::/64」へ到達するためのスタティックルートを設定しています。ネクストホップには、リンクローカルアドレスを使用しています。

【IPv6スタティックルートの設定例】

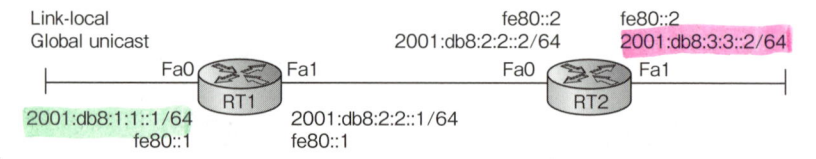

```
Link-local                          fe80::2        fe80::2
Global unicast                      2001:db8:2:2::2/64   2001:db8:3:3::2/64
              Fa0      Fa1          Fa0     Fa1
                  RT1                   RT2
2001:db8:1:1::1/64    2001:db8:2:2::1/64
      fe80::1           fe80::1
```

【RT1の設定】

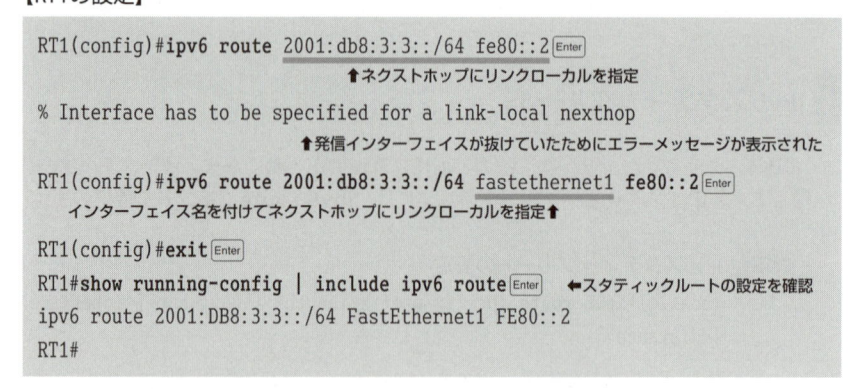

```
RT1(config)#ipv6 route 2001:db8:3:3::/64 fe80::2 Enter
                       ↑ネクストホップにリンクローカルを指定
% Interface has to be specified for a link-local nexthop
                       ↑発信インターフェイスが抜けていたためにエラーメッセージが表示された
RT1(config)#ipv6 route 2001:db8:3:3::/64 fastethernet1 fe80::2 Enter
            インターフェイス名を付けてネクストホップにリンクローカルを指定↑
RT1(config)#exit Enter
RT1#show running-config | include ipv6 route Enter  ←スタティックルートの設定を確認
ipv6 route 2001:DB8:3:3::/64 FastEthernet1 FE80::2
RT1#
```

15-5 IPv6ルーティング

【RT2の設定】

```
RT2(config)#ipv6 route 2001:db8:1:1::/64 fastethernet0 fe80::1 Enter
RT2(config)#exit Enter
RT2#show running-config | include ipv6 route Enter
ipv6 route 2001:DB8:1:1::/64 FastEthernet0 FE80::1
RT2#
```

各ルータのルーティングテーブルは、次のとおりです。

【RT1のルーティングテーブル】

```
RT1#show ipv6 route Enter
IPv6 Routing Table - default - 6 entries
Codes: C - Connected, L - Local, S - Static, U - Per-user Static route
       B - BGP, HA - Home Agent, MR - Mobile Router, R - RIP
       D - EIGRP, EX - EIGRP external, ND - Neighbor Discovery, l - LISP
       O - OSPF Intra, OI - OSPF Inter, OE1 - OSPF ext 1, OE2 - OSPF ext 2
       ON1 - OSPF NSSA ext 1, ON2 - OSPF NSSA ext 2
C   2001:DB8:1:1::/64 [0/0]
     via FastEthernet0, directly connected
L   2001:DB8:1:1::1/128 [0/0]
     via FastEthernet0, receive
C   2001:DB8:2:2::/64 [0/0]
     via FastEthernet1, directly connected
L   2001:DB8:2:2::1/128 [0/0]
     via FastEthernet1, receive
S   2001:DB8:3:3::/64 [1/0]         ←登録されたスタティックルート
     via FE80::2, FastEthernet1
L   FF00::/8 [0/0]
     via Null0, receive
```

【RT2のルーティングテーブル】

```
RT2#show ipv6 route Enter
IPv6 Routing Table - default - 6 entries
Codes: C - Connected, L - Local, S - Static, U - Per-user Static route
       B - BGP, HA - Home Agent, MR - Mobile Router, R - RIP
       D - EIGRP, EX - EIGRP external, ND - Neighbor Discovery, l - LISP
       O - OSPF Intra, OI - OSPF Inter, OE1 - OSPF ext 1, OE2 - OSPF ext 2
```

```
          ON1 - OSPF NSSA ext 1, ON2 - OSPF NSSA ext 2
S    2001:DB8:1:1::/64 [1/0]        ←登録されたスタティックルート
     via FE80::1, FastEthernet0
C    2001:DB8:2:2::/64 [0/0]
     via FastEthernet0, directly connected
L    2001:DB8:2:2::2/128 [0/0]
     via FastEthernet0, receive
C    2001:DB8:3:3::/64 [0/0]
     via FastEthernet1, directly connected
L    2001:DB8:3:3::2/128 [0/0]
     via FastEthernet1, receive
L    FF00::/8 [0/0]
     via Null0, receive
```

次の出力では、RT1でping 2001:db8:3:3::2（RT2のFa1）を実行し、IPv6の通信ができたことを示しています。また、IPv6ネイバーテーブルも表示しています。ネクストホップアドレスfe80::2に対応するリンク層アドレスのエントリがあり、アドレス解決していることが確認できます。

【IPv6通信の検証例】

```
RT1#ping 2001:db8:3:3::2 [Enter]   ←RT2のFa1へpingを実行
Type escape sequence to abort.
Sending 5, 100-byte ICMP Echos to 2001:DB8:3:3::2, timeout is 2 seconds:
!!!!!
Success rate is 100 percent (5/5), round-trip min/avg/max = 0/0/4 ms
RT1#show ipv6 neighbors [Enter]    ←IPv6ネイバーテーブルの表示
IPv6 Address                       Age Link-layer Addr   State    Interface
FE80::2                              0 5475.d0dd.34ac    REACH    Fa1

RT1#
```

> **参考** IPv6デフォルトルートの設定
>
> 静的なIPv6のデフォルトルート(::/0)は、ipv6 routeコマンドを使用して設定します。
>
> 【IPv6デフォルトルートの設定例】
> Router(config)#ipv6 route ::/0 fastethernet0 fe80::1
>   ↑   ↑
>   IPv6のデフォルトルート ネクストホップにリンクローカルアドレスを
>   使用する場合、発信インターフェイスの指定が必要

IPv6アドレスの名前解決

pingコマンドやtelnetコマンドを実行する際に、長いIPv6アドレスを指定するのは面倒です。ホスト名とIPv6アドレスのマッピング情報を事前に用意しておくと、ホスト名を指定して通信できるため便利です。

IOSで名前解決を実行するには、次の2つの方法があります。

・静的にホスト名とIPv6アドレスのマッピング情報を登録
・DNSサーバの利用

ipv6 hostコマンドを使用すると、ホスト名とIPv6アドレスのマッピング情報をローカルのコンフィギュレーションファイルに登録しておくことができます。1つのホスト名に対して、最大4つのIPv6アドレスを定義できます。登録したマッピング情報は、**show hostsコマンド**で確認できます。

構文 ホスト名とIPv6アドレスのマッピング情報の登録

(config)#**ipv6 host** <word> <ipv6-address1> [<ipv6-address2> ……<ipv6-address4>]

・word …………任意のホスト名を指定
・ipv6-address …IPv6アドレスを最大4つまで指定

ipv6 hostコマンドで登録すると簡単に名前解決が実現できますが、マッピング情報を各ルータで保持する必要があるため、ルータの台数が多くなると設定作業や管理に手間がかかります。DNSサーバを利用すると、サーバ側でマッピング情報を集中して管理できます。CiscoデバイスをDNSクライアントとして動作させるには、**ip name-serverコマンド**を使用してDNSサーバを登録します。

第15章 IPv6の導入

構文 DNSサーバの定義

(config)#**ip name-server** <address1> [<address2> ……<address6>]

・address ………DNSサーバのアドレスを最大6つまで指定可能

【ipv6 hostコマンドの設定例】

```
RT1(config)#ipv6 host RT2 2001:db8:2:2::2 [Enter]   ←「RT2」という名前で
RT1(config)#exit [Enter]                                IPv6アドレスとマッピング
RT1#
*Oct  2 04:50:18.367: %SYS-5-CONFIG_I: Configured from console by console
RT1#show hosts [Enter]   ←マッピング情報を確認
Default domain is not set
Name/address lookup uses static mappings


Codes: UN - unknown, EX - expired, OK - OK, ?? - revalidate
       temp - temporary, perm - permanent
       NA - Not Applicable None - Not defined


Host                  Port   Flags        Age  Type  Address(es)
RT2                   None   (perm, OK)   0    IPv6  2001:DB8:2:2::2
                                          ↑
                                  静的に登録したマッピング情報
RT1#
RT1#ping rt2 [Enter]   ←ホスト名でpingを実行
Type escape sequence to abort.
Sending 5, 100-byte ICMP Echos to 2001:DB8:2:2::2, timeout is 2 seconds:
!!!!!
Success rate is 100 percent (5/5), round-trip min/avg/max = 0/1/8 ms
RT1#telnet rt2 [Enter]   ←ホスト名でTelnetを実行
Translating "rt2"
Trying 2001:DB8:2:2::2 ... Open   ←登録したIPv6アドレスで実行している



User Access Verification

Password:       ←パスワードを入力して[Enter]キーを押す
RT2>   ←ホスト名が変わり、Telnetできたことを示している
```

RIPng

　IPv6対応のRIPは**RIPng**（RIP next generation）と呼ばれ、RFC2080で定義されています。RIPngはIPv4対応のRIPv2とほぼ同じ機能を備えています。RIPngもすべての経路情報（スプリットホライズンで除外された経路を除く）を定期的にマルチキャストでアップデートします。
　RIPngは、次の点がRIPv2と異なります。

- 転送にIPv6を使用
- 128ビットのネットワークプレフィックスに対応
- ネクストホップアドレスにはリンクローカルアドレスを使用
- マルチキャストアドレス「FF02::9」を使用してアップデートを送信
- UDPポート521を使用（RIPv2ではUDPポート520）
- RIPngの設定に識別名（タグ）を定義し、特定インターフェイス上でRIPngを有効化
- 認証にIPsecを利用し、より安全な認証を行う

● RIPngの基本設定

　RIPngの基本設定は、次の手順で行います。

① RIPngプロセスの起動
② インターフェイスでRIPngを有効化

①RIPngプロセスの起動

　RIPngプロセスを起動するには、**ipv6 router rip <tag>** コマンドを使用します。タグ（tag）は、1台のルータ上で複数のRIPngプロセスを有効にしたときにプロセスを識別するための文字列で、OSPFのプロセスIDに相当します。

> **構文** RIPngプロセスの起動
>
> ```
> (config)#ipv6 router rip <tag>
> (config-rtr)#
> ```
>
> ・tag ……………RIPngプロセスを識別するために内部で使用する名前を指定。隣接するルータと一致させる必要はない。名前ではなく数値を指定することも可能

　プロンプトは「(config-rtr)#」に変わります。このコマンドはRIPngに対して追加設定をする際にも使用します。**no ipv6 router rip <tag>** コマンドを実行すると、インターフェイス上のRIPng有効化を含むRIPngの設定が消去されます。

⚠️ **注意** IPv6対応のルーティングプロトコルを設定する場合、事前にipv6 unicast-routingコマンドが必要です。

②インターフェイスでRIPngを有効化

IPv4のRIPでは、networkコマンドを使用してRIPを有効にするインターフェイスを間接的に定義していましたが、IPv6ではインターフェイス上で直接的にRIPngを有効化します。このとき指定するタグは、RIPngを起動したときのものと一致させる必要があります（大文字と小文字を区別する）。

構文 インターフェイスでRIPngを有効化

```
(config-if)#ipv6 rip <tag> enable
```

【RIPngの設定例】

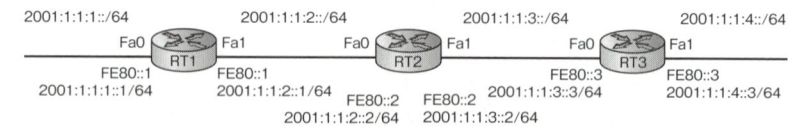

```
2001:1:1:1::/64      2001:1:1:2::/64        2001:1:1:3::/64        2001:1:1:4::/64
       Fa0       Fa1          Fa0        Fa1          Fa0       Fa1
        [RT1]                  [RT2]                   [RT3]
       FE80::1   FE80::1                   FE80::3                FE80::3
   2001:1:1:1::1/64  2001:1:1:2::1/64   FE80::2  FE80::2  2001:1:1:3::3/64   2001:1:1:4::3/64
                           2001:1:1:2::2/64  2001:1:1:3::2/64
```

【RIPngの設定（全ルータ共通）】

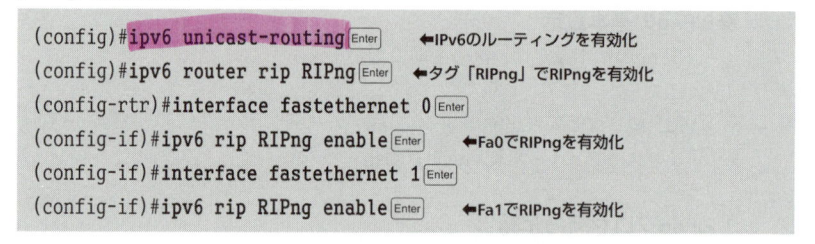

```
(config)#ipv6 unicast-routing [Enter]      ←IPv6のルーティングを有効化
(config)#ipv6 router rip RIPng [Enter]     ←タグ「RIPng」でRIPngを有効化
(config-rtr)#interface fastethernet 0 [Enter]
(config-if)#ipv6 rip RIPng enable [Enter]  ←Fa0でRIPngを有効化
(config-if)#interface fastethernet 1 [Enter]
(config-if)#ipv6 rip RIPng enable [Enter]  ←Fa1でRIPngを有効化
```

なお、ipv6 router rip <tag>コマンドを省略し、インターフェイス上でタグを定義しながらRIPngを有効化することも可能です。

RIPngの検証には、次のコマンドを使用します。

- show ipv6 protocols ………IPv6ルーティングプロトコルの要約情報を表示
- show ipv6 rip ………………RIPngの全般的な情報を表示
- show ipv6 rip database……RIPngデータベースを表示
- show ipv6 route [rip] …IPv6ルーティングテーブルを表示

15-5 IPv6ルーティング

【show ipv6 protocolsコマンドの出力(RT1)】

```
RT1#show ipv6 protocols [Enter]
IPv6 Routing Protocol is "ND"
IPv6 Routing Protocol is "connected"
IPv6 Routing Protocol is "rip RIPng"
  Interfaces:
    FastEthernet1
    FastEthernet0
  Redistribution:
    None
```

}　RIPngの設定情報

　RIPngプロセスに関する情報を確認するには、show ipv6 ripコマンドを使用します。起動したRIPngのタグ、マルチキャストグループのアドレス、各種タイマー情報、およびRIPngを有効にしたインターフェイスなどが表示されます。

【show ipv6 ripコマンドの出力(RT1)】

```
RT1#show ipv6 rip [Enter]
RIP process "RIPng", port 521, multicast-group FF02::9, pid 286    ←①
    Administrative distance is 120. Maximum paths is 16    ←②
    Updates every 30 seconds, expire after 180    ←③
    Holddown lasts 0 seconds, garbage collect after 120
    Split horizon is on; poison reverse is off    ←④
    Default routes are not generated
    Periodic updates 24, trigger updates 3, Full Advertisement 0
  Interfaces:
    FastEthernet1   ←⑤
    FastEthernet0
  Redistribution:
    None
```

① タグ：RIPng、ポート番号：521、マルチキャストグループアドレス：FF02::9
② アドミニストレーティブディスタンス：120
③ 定期アップデート時間：30秒
④ スプリットホライズン：有効
⑤ 有効化されたインターフェイス名：FastEthernet0、FastEthernet1

　RIPngで認識している経路情報を確認するには、show ipv6 rip databaseコマンドを使用します。起動したRIPngのタグ、各経路情報のメトリック値などが表示されます。

【show ipv6 rip databaseコマンドの出力(RT1)】

```
RT1#show ipv6 rip database Enter
RIP process "RIPng", local RIB
 2001:1:1:2::/64, metric 2
     FastEthernet1/FE80::2, expires in 157 secs
 2001:1:1:3::/64, metric 2, installed
     FastEthernet1/FE80::2, expires in 157 secs
 2001:1:1:4::/64, metric 3, installed
     FastEthernet1/FE80::2, expires in 157 secs
```

　RIPngで学習した経路情報のコードは「R」です。show ipv6 route ripコマンドでは、RIPngの経路情報のみを表示します。

【show ipv6 route ripコマンドの出力(RT1)】

```
RT1#show ipv6 route rip Enter
IPv6 Routing Table - default - 7 entries
Codes: C - Connected, L - Local, S - Static, U - Per-user Static route
       B - BGP, HA - Home Agent, MR - Mobile Router, R - RIP
       D - EIGRP, EX - EIGRP external, ND - Neighbor Discovery, l - LISP
       O - OSPF Intra, OI - OSPF Inter, OE1 - OSPF ext 1, OE2 - OSPF ext 2
       ON1 - OSPF NSSA ext 1, ON2 - OSPF NSSA ext 2
R   2001:1:1:3::/64 [120/2]
     via FE80::2, FastEthernet1
R   2001:1:1:4::/64 [120/3]
     via FE80::2, FastEthernet1
```

15-6 演習問題

1 エンドユーザへIPv6アドレスを割り当てるエンティティとして正しいものを選択しなさい。

　　A.　RIR　　　　D.　IETF
　　B.　IANA　　　E.　ISP
　　C.　IEEE

2 IPv6の特徴として正しいものを選択しなさい。(2つ選択)

　　A.　アドレス空間が48ビットから128ビットへ拡張された
　　B.　Mobile IPとIPsecが標準搭載されている
　　C.　ヘッダ構造を複雑化し、より高度なルーティングが可能になった
　　D.　DHCPサーバを用意しなくてもIPv6アドレスの自動割り当てができる
　　E.　ブロードキャストとマルチキャストによって効率的な通信を行う

3 グループ内の最も近いノードと通信するためのIPv6アドレスを選択しなさい。

　　A.　ユニキャストアドレス
　　B.　マルチキャストアドレス
　　C.　グループ指定アドレス
　　D.　ループバックアドレス
　　E.　エニーキャストアドレス

4 IPv6アドレスの説明として正しいものを選択しなさい。(2つ選択)

　　A.　ユニキャストアドレスの後半64ビットはインターフェイスIDである
　　B.　IPv6アドレスの1つのフィールドは8ビットである
　　C.　IPv6のループバックアドレスは「::1」のみである
　　D.　特定リンクでのみ有効なアドレススコープはユニークローカルである
　　E.　1つのインターフェイスにつき、グローバルユニキャストアドレスを1つだけ割り当てることができる

5 EUI-64フォーマットのインターフェイスIDの説明として正しいものを選択しなさい。(2つ選択)

    A.   MACアドレスを基に生成される
    B.   デフォルトゲートウェイを基に生成される
    C.   真ん中に16ビットのFFFEを挿入する
    D.   U/Lビットに1をセットする
    E.   先頭に16ビットのFFFFを挿入する

6 IPv6のリンクローカルユニキャストアドレスを選択しなさい。

    A.   FE08::1234:D0FF:FEDD:34AC
    B.   FF80::5678:D0FF:FEDD:34AC
    C.   EF80::1234:D0FF:FEDD:34AC
    D.   FE80::5678:D0FF:FEDD:34AC
    E.   EF08::1234:D0FF:FEDD:34AC

7 次の説明①～③に該当するIPv6マルチキャストアドレスを、選択肢から選びなさい。

① 同一リンク上の全RIPngルータ宛
② 同一リンク上の全ノード宛
③ 同一リンク上の全ルータ宛

    A.   FF02::9
    B.   FF02::2
    C.   FF02::5
    D.   FF02::1

8 IPv6ルーティングを有効化するためのコマンドを選択しなさい。

    A.   `(config)#ipv6 enable`
    B.   `(config)#ipv6 unicast-routing`
    C.   `(config)#ipv6 routing`
    D.   `(config)#ipv6 unicast routing`
    E.   `(config)#ipv6 routing enable`

15-7 解答

1 E

エンドユーザにIPv6アドレスの割り当てを行っているエンティティ（実態）は、ISP（Internet Service Provider：インターネット接続事業者）です（**E**）。
RIR（地域インターネットレジストリ）は、管轄地域においてIPアドレスおよびAS番号の配分と登録を管理する組織です（A）。
IANAは、IPアドレスやドメイン名、およびポート番号などの標準化・割り当て・管理などを行う組織です。エンドユーザに直接IPアドレスを割り当てることはありません（B）。
IEEE（米国電気電子学会）は、米国に本部を持つ電気・電子技術に関する学会であり、電気通信関連の仕様を標準化する団体です（C）。
IETF（インターネット技術タスクフォース）は、インターネットで利用される技術およびプロトコルの標準化を策定する組織（D）。

参照 → P749

2 B、D

IPv6では、アドレス長をIPv4の32ビットから128ビットに拡張し、事実上無限といえる膨大なアドレス空間を利用することが可能です（A）。
IPv6のヘッダ構造は、IPv4から大幅に簡素化されています（C）。固定長の基本ヘッダを定義し、パケット転送の際に必要となる制御情報のみを基本ヘッダに組み込むことで、経路上にあるルータの処理速度や転送レートを向上しています。
IPv6にはMobile IP機能が標準搭載され、IPv4よりも効率的にモビリティが提供できるよう改善されています。またIPsecも標準でサポートされています（**B**）。
IPv6にはアドレスの自動設定機能が備わっており、DHCPサーバを用意しなくてもルータからユーザの端末にIPv6アドレスを割り当てることができます（**D**）。
IPv6では、ブロードキャストは廃止されています。従来のブロードキャストにはマルチキャストを代用し、より効率的な通信を行います（E）。

参照 → P750

3 E

エニーキャストアドレスは、複数のノードに対して同じIPv6グローバルユニキャストアドレスを割り当てます。そのアドレスがエニーキャストアドレスとなって、同じエニーキャストアドレスを持つノードのグループの中で、最も近いノードとの通信を可能にします(**E**)。

参照➡ P760

4 A、C

IPv6のユニキャストアドレスは、次の2つで構成されます。

・前半64ビット……サブネットプレフィックス(プレフィックス)
・後半64ビット……インターフェイスID(**A**)

128ビット長のIPv6アドレスは、16ビットずつ「：」で区切って8個のフィールドを16進数で表記します(B)。
IPv6のループバックアドレスは「::1(0:0:0:0:0:0:0:1)」の1つだけが定義されています(**C**)。IPv4では127.0.0.0/8の範囲はすべてループバックとして定義されていますが、一般的に127.0.0.1が使用され無駄があります。IPv6には無駄がありません。
IPv6アドレスの有効範囲をアドレススコープといい、特定リンクでのみ有効なアドレスのスコープは「リンクローカル」です(D)。ユニークローカルは、組織内でのみ有効なアドレスです。
IPv6では、1つのインターフェイスに対して複数のグローバルユニキャストアドレスを割り当てることができます(E)。

参照➡ P762

5 A、C

IEEEが定めた48ビットのMACアドレスはEUI-48と呼ばれます。IPv6のインターフェイスIDは64ビットであるため、MACアドレスをそのまま流用することはできません。そこで、IEEEではMACアドレスを利用してインターフェイスIDを生成する方法を定めました。これをEUI-64といいます。EUI-64は、次の方法で生成されます。

① MACアドレスを24ビットと24ビットに分割(**A**)
② 真ん中に16ビットの「FFFE」を挿入(**C**)　24＋16＋24＝64(ビット)
③ U/Lビット(先頭から7ビット目)を反転する

参照➡ P764

6 D

IPv6のリンクローカルユニキャストアドレスは、先頭10ビットが「1111 1110 10」で始まります。これを16進数に変換すると「FE80::/10」になります。つまり、IPv6のリンクローカルユニキャストアドレスは「FE80」で始まります（**D**）。

参照 → P763

7 ①＝A、②＝D、③＝B

① 同一リンク上の全RIPngルータ宛 …… FF02::9（**A**）
② 同一リンク上の全ノード宛 ………… FF02::1（**D**）
③ 同一リンク上の全ルータ宛 ………… FF02::2（**B**）

選択肢Cは同一リンク上の全OSPFルータ宛です。

参照 → P768

8 B

IPv6のルーティングを有効化するには、グローバルコンフィギュレーションモードからipv6 unicast-routingコマンドを実行します（**B**）。

参照 → P786

用語集

数字

【μm】（マイクロメートル）
micrometer
メートル法における長さの単位のひとつ。1マイクロメートルは1,000分の1ミリのこと。記号は「μm」。

【100BASE-TX】（ヒャクベースティーエックス）
IEEE 802.3uとして標準化されたFastイーサネット規格のひとつ。UTPケーブルを利用し、通信速度は100Mbps、最大伝送距離は100m。

【10BASE2】（テンベースツー）
IEEE 802.3で標準化されたイーサネット規格のひとつ。同軸ケーブルを利用し、通信速度は10Mbps、最長伝送距離は185m。10BASE5と同様に、ケーブルの両端には終端装置（ターミネータ）を接続する必要がある。

【10BASE5】（テンベースファイブ）
IEEE 802.3iで標準化されたイーサネット規格のひとつ。通称「イエローケーブル」と呼ばれる直径1cmの同軸ケーブルを利用し、通信速度は10Mbps、最長伝送距離は500m。機器との接続にはこの同軸ケーブルに穴を開け、「タップ」と呼ばれる機器を取り付ける。タップから接続する機器まではトランシーバケーブルでつなぎ、ケーブル終端に終端部品（ターミネータ）を取り付ける必要がある。

【10BASE-T】（テンベースティー）
イーサネットの規格のひとつ。UTPケーブルを利用し、通信速度は10Mbps、最大伝送距離は100m。

【16進数】
hexadecimal number
基数（数値を表現する際に、各桁の重み付けの基本となる数）を16とした数値の表現方法。数値を表現するために「0」から「9」までの10種類の数字に加え、「A」から「F」までの6種類の文字を使用する。2進数の4桁を1桁で表現できるため、コンピュータでの数値表現によく使われる。

【2B+D】（ニービープラスディー）
2本のBチャネル（64kbps）と1本のDチャネル（16kbps）を持つISDN BRIインターフェイスのこと。

【2進数】
binary number
基数を2とした（2で位が上る）数値の表現方法。「0」と「1」の2種類の数字だけで数を表現する。バイナリともいう。

【3ウェイハンドシェイク】（スリーウェイハンドシェイク）
3-way handshake
TCP通信において、実際のパケットをやり取りする前に接続（コネクション）を確立するための手順。クライアントとサーバ間でパケットの送受信を3回行う。まずクライアント側からSYNパケットを送り接続要求を行い、サーバ側は接続許可を意味するACKとSYNを含むパケットを送る。最後に、クライアント側からもACKパケットを送ることでコネクションが確立される。

【6to4】（シックスツーフォー）
IPv6をIPv4にトンネリングするための技術のひとつ。IPv6アドレスの先頭16ビットを「2002::/16」に固定し、次の32ビットにIPv4アドレスを割り当てるアドレス体系を利用する。

【802.1Q】（ハチマルニーテンイチキュー、ドットイチキュー）
IEEEで標準化されたトランキングプロトコル。1本の物理リンクを複数のVLANトラフィックが使用できるようにするため、フレームに4バイトのタグと呼ばれるVLAN情報を埋め込んで伝送する。

A

【AAA】（トリプルエー）
Authentication（認証）、Authorization（認可）、Accounting（アカウンティング）のセキュリティ機能を指す。AAAを実装すると、アクセスしてきたユーザを認証し、権限に応じたアクセスを許可し、課金のためのデータを取得（ログを取る）することができる。

【ABR】（エー・ビー・アール）
Area Border Router
エリア境界ルータ。複数のエリアを接続し、エリア間の境界に配置されたOSPFルータのこと。ほかのエリアの情報はABRによって通知される。内部ルータがほか

のエリアと通信する際にパケットの出入り口となる。

【ACK】（アック）
Acknowledgement
TCPヘッダ内のコードビットにあるフラグのひとつ。TCPでは通信の信頼性を確保するため、データを正しく受信できたことを送信側に示す信号に使われる。

【ACL】（エーシーエル）
Access Control List
アクセスコントロールリスト（アクセスリストともいう）。アクセス制御情報を記述したリストで、主にルータのセキュリティ機能として利用される。ACLを使用するとルータを通過するパケットを条件に基づいてフィルタリングし、許可するパケットのみ通過することができる。ACLはトラフィックを分類することができるため、パケットフィルタリング機能のほかにさまざまな用途で利用される。

【ANSI】（アンジ、アンシ）
American National Standard Institute
米国規格協会。米国の工業分野の標準化組織。

【AppleTalk】（アップルトーク）
アップルのMac OSに標準搭載されているネットワーク層プロトコル。または、AppleTalkのネットワーク機能を提供するプロトコル群の総称。

【ARP】（アープ）
Address Resolution Protocol
IPアドレスを基にしてMACアドレスを得るためのTCP/IPのネットワーク層プロトコル。

【ARPA】（アーパ）
Advanced Research Projects Agency
DARPA（米国国防総省高等研究計画局）の以前の名称であり、イーサネットインターフェイスのカプセル化タイプは「ARPA」。

【AS】（エーエス）
Autonomous System
「自律システム」を参照。

【ASBR】（エーエスビーアール）
AS Boundary Router
AS境界ルータ。外部ASと接続しているOSPFルータのこと。外部ASの情報はASBRによって通知される。

【ASCII】（アスキー）
American Standard Code for Information Interchange
米国規格協会（ANSI）が定めた情報交換用の文字コード規格。7ビットで表現され、128種類のローマ字、数字、記号、制御コードで構成される。

【ASIC】（エイシック）
Application-Specific Integrated Circuit
特定用途向け集積回路のこと。用途別に設計されており、1台のCatalystスイッチにさまざまなASICが搭載されている。

【ATM】（エーティーエム）
Asynchronous Transfer Mode
物理的に1本の通信回線を使って、論理的に複数のチャネル（仮想回線）に分割して通信を行う方式。非同期転送モードとも呼ばれる。データを48バイトの固定長サイズに区切り、それに5バイトのヘッダを付加して合計53バイトの「セル」という単位で送出することで、負荷を軽減し高速化を実現している。

【Auto MDI/MDI-X】
（オートエムディーアイエムディーアイエックス）
Auto Medium Dependent Interface／Medium Dependent Interface X
接続している対向のポートがMDIかMDI-Xかを自動判別し、それに見合った方法で接続する機能。

【AUXポート】（エーユーエックスポート）
Auxiliary Port
補助ポート。モデム経由でルータを遠隔地から設定を行う場合に使用するポート。

B

【BDR】（ビーディーアール）
Backup Designated Router
バックアップ代表ルータ。マルチアクセスネットワーク上においてDRがダウンすると即時に役割を引き継ぐOSPFルータのこと。

【BGP】（ビージーピー）
Border Gateway Protocol
インターネットにおいてISP間の相互接続時に経路情報をやり取りするために使われるEGPルーティングプロトコル。BGPは一般的に2つ以上の自律システム（AS）と接続する場合に使用する。現在はBGP4（BGP

version4)が使用されている。

【BPDUガード】（ビーピーディーユーガード）
BPDU guard
シスコが独自に開発したSTP拡張機能のひとつ。PortFastが有効なポートでBPDUを受信すると、そのポートを無効にすることでレイヤ2ループの発生を防ぐ。

【bps】（ビーピーエス）
bits per second
通信回線などのデータ転送速度の単位。1秒間に1ビットのデータ転送が可能なことを表す。

【BRI】（ビーアールアイ）
Basic Rate Interface
ISDN基本インターフェイス。ISDN回線で標準的に採用されているインターフェイス規格で、2つのBチャネルと1つのDチャネル（2B+D）を持つ。Bチャネルはデータ（文字・画像・音声など）を64kbpsで送受信し、Dチャネルは通信に必要な制御信号を16kbpsで送受信する。NTTの「INSネット64」サービスなどがBRIに相当する。

C

【CAM】（キャム）
Content Addressable Memory
テーブルに記録された各行の値を検索キーとして使い、該当する検索キーがどの行にあるか判断し、特定の値をすばやく出力する特殊なメモリ。高速な検索処理自体を指すこともある。

【Catalystスイッチ】（カタリストスイッチ）
Catalyst Switch
シスコ製スイッチ製品のシリーズ名。Catalystとは「触媒（ほかの物質の反応速度に影響するもの）」という意味。

【CATV】（ケーブルテレビ）
Community Antenna TV、Cable TV
共同アンテナテレビ。テレビ塔や通信衛星などから送られてくるテレビ電波を受信し、ケーブルを通じて家庭などのテレビ受像機まで映像を届ける有線放送サービスのこと。山間部などで地上波テレビ放送の電波が受信しにくい地域でも、安定した映像を受信することができる。

【CDP】（シーディーピー）
Cisco Discovery Protocol
隣接するシスコデバイスの情報を知ることができるシスコ独自のレイヤ2プロトコル。

【CEF】（セフ）
Cisco Express Forwarding
シスコ高速転送機能。シスコが開発したレイヤ3スイッチング技術のひとつ。CEFでは隣接テーブルと呼ぶデータベースを使って、すべてのFIBエントリに対するネクストホップのレイヤ2アドレスを保持し、最小遅延でパケットの高速転送を実現する。

【CHAP】（チャップ）
Challenge Handshake Authentication Protocol
チャレンジハンドシェイク認証プロトコル。PPPなどで利用される認証方式のひとつ。認証側から送られるチャレンジ（乱数）を元にパスワードを暗号化して送るため、PAPなどに比べ安全性が高い。

【CIDR】（サイダー）
Classless Inter-Domain Routing
IPアドレスの枯渇問題に対応するため、クラスの概念を利用せずにネットワークアドレスを可変長にする仕組み。CIDRを使用すると、IPアドレス空間を効率的に利用できるためIPv4のアドレス枯渇を緩和することができる。また、複数のネットワークアドレスを集約することによってルーティング処理を軽減する。CIDRではIPアドレスの後ろにプレフィックス長を付けて表現される。CIDRによってネットワークを複数に分けることを「サブネッティング」、連続するネットワークアドレスをひとつに集約することを「スーパーネッティング」という。

【Cisco IOS】（シスコアイオーエス）
Cisco Internet Operating System
シスコが提供するほとんどのルータおよびスイッチ製品で使用される基本ソフトウェアのこと。

【CLI】（シーエルアイ）
Command-Line Interface
コマンドラインインターフェイス。ルータおよびスイッチを管理するためのユーザインターフェイスのこと。CLIのコマンド（命令）操作はテキストベース。

【CMTS】（シーエムティーエス）
Cable Modem Termination System
ケーブルテレビサービス事業者側に設置される集線装置。加入者宅内のケーブルモデムとやり取りする信号をイーサネットやATMの形式にパケットを変換することでインターネットサービスを提供する。

【COMポート】（コムポート）
communication port
モデムなどの通信機器を接続するためのシリアルポート（コネクタ）のこと。WindowsなどのOSがシリアルポートを管理する際に「COM1」「COM2」と番号を割り振っていることからCOMポートと呼ばれる。

【CPE】（シーピーイー）
Customer Premises Equipment
顧客宅内機器。通信サービスの加入者宅の施設に設置される通信機器のこと。

【CRC】（シーアールシー）
Cyclic Redundancy Checksum
巡回冗長検査。送信側でデータのビット列を生成多項式と呼ばれる計算式に当てはめてチェック用のビット列を算出し、それをデータの末尾に付けて送る。受信側でも同じ計算式を使い、その結果が同じであればエラーがないと判断する誤り検出方式のひとつ。

【CSMA/CD】（シーエスエムエーシーディー）
Carrier Sense Multiple Access with Collision Detection
搬送波感知多重アクセス／衝突検出の略。初期のイーサネット規格である10Base5や10BaseT（半二重通信）で使用されるアクセス制御方式。1つの伝送路を複数のノードで共有するネットワークで、1つのノードがケーブルの空き状況を確認してから送信を開始したときに、ほかのノードもほぼ同時に送信を開始したことによって電気信号が衝突して壊れると、衝突を検出し、ランダムな時間だけ待ってから再送信する伝送技術。

【CSU/DSU】（シーエスユーディーエスユー）
Channel Service Unit/Digital Service Unit
CSUは、ISDNやフレームリレーなどの通信回線とDTEのシリアルインターフェイスを相互接続する装置。DSUは、DTEデバイスを回線に接続し、信号の同期や通信速度の制御などを行う回線終端装置。現在ではDTEにCSUの機能が内蔵され、1台の機器に統合されているためCSU/DSUと呼ばれている。

D

【DAD】（ディーエーディー）
Duplication Address Detection
重複アドレス検出。IPv6におけるアドレス自動設定方法のひとつ。ステートレスアドレス自動設定で自身のMACアドレスから生成したIPv6アドレスが本当に利用できるかを確認する。

【DB-60】（デービーロクジュウ）
Ciscoルータのシリアルインターフェイスで使用されるシリアルコネクタ。

【DCE】（ディーシーイー）
Data Circuit-termination Equipment
データ回線終端装置。DTEから送られてきた信号を通信回線に適した信号に相互変換する機器。モデムやCSU/DSUがこれに該当する。

【DHCP】（ディーエイチシーピー）
Dynamic Host Configuration Protocol
クライアントにIPアドレスなどのインターネット接続に必要なさまざまな情報を自動的に割り当てるためのプロトコル。

【DHCPv6】（ディーエイチシーピーブイシックス）
Dynamic Host Configuration Protocol Version 6
DHCPをIPv6用に拡張したもの。

【DHCPスヌーピング】（ディーエイチシーピースヌーピング）
DHCP Snooping
DHCPパケットをスヌーピング（のぞき見）し、DHCPサーバやクライアントのなりすましを防ぐ機能。

【DHCPリレーエージェント】（ディーエイチシーピーリレーエージェント）
DHCP relay agent
異なるネットワーク上にあるDHCPクライアントとDHCPサーバの間の通信を中継する装置またはルータなどが持つ機能。

【DNS】(ディーエヌエス)
Domain Name System
インターネット上のホスト名とIPアドレスを対応させるシステム。DNSはアプリケーション層のプロトコルとして定義されている。

【DOCSIS】(ドクシス)
Data Over Cable Service Interface Specification
ケーブルテレビのネットワークを利用してデータ通信を行うために、米国のCATV会社が中心となって策定したケーブルモデムの標準仕様。DOCSISではデータ通信プロトコルや機器設定の制御手順などが定義されている。現在、変調方式などが異なる4つのバージョンがある。

【doコマンド】(ドゥコマンド)
do command
do（半角スペース必要）のあとにコマンドを入力することによって、コンフィギュレーションモードから特権EXECモード（あるいはユーザEXECモード）のコマンドを実行することができる機能。
例）(config-if)#do show running-config

【DR】(ディーアール)
Designated Router
代表ルータ。マルチアクセスネットワーク上でLSDB同期の取りまとめを行う代表のOSPFルータのこと。DRはインターフェイスのプライオリティが最大のルータ（同じ場合はルータID）に選出。

【DRAM】(ディーラム)
Dynamic Random-Access Memory
読み書き可能なRAMの一種で、電源を切ると内容が消えるメモリ。

【DS0】(ディーエスゼロ)
Digital Signaling Zero
データまたはシグナリングに使用する64kbpsのチャネル（回線）。DS1はDS0を24チャネル束ねた「1.544Mビット/秒」、DS2はDS1を4チャネル束ねた「6.312Mビット/秒」、DS3はDS2を7チャネル束ねた「44.736Mビット/秒」、DS4はDS3を6チャネル束ねた「274.176Mビット/秒」の速度になる。

【DSL】(ディーエスエル)
Digital Subscriber Line
電話線を利用して高速データ通信を行う技術の総称のこと。xDSLともいう。

【DSLAM】(ディースラム)
Digital Subscriber Line Access Multiplexer
電話局内に設置され、複数の加入者からのxDSL回線を集約してルータと接続してISPなどに信号を橋渡しする集線装置。xDSLモデムの集合体といえる。

【DTE】(ディーティーイー)
Data Terminal Equipment
データ端末装置。実際にデータを送受信する機器。コンピュータやルータなどが該当する。

【DTP】(ディーティーピー)
Dynamic Trunking Protocol
シスコが独自で開発したトランキングネゴシエーションプロトコル。DTPによってスイッチポートをアクセスにするかトランクにするかを動的に決定することができる。

【DUAL】(デュアル)
Diffusing Update Algorithm
EIGRPで使用されるルーティングアルゴリズム。コンバージェンスが非常に高速であり、CPUやメモリなどの消費が少ないのが特徴。

E

【EBCDIC】(エビシディック)
Extended Binary Coded Decimal Interchange Code
IBMが策定した8ビットの文字コード規格。汎用コンピュータなどで利用されることが多い。

【EGP】(イージーピー)
Exterior Gateway Protocol
自律システム（AS）間で経路制御を行うルーティングプロトコル。

【EIA】(イーアイエー)
Electronic Industries Alliance
米国電子工業会。電子産業に関する調査や標準化を行う団体。

用語集

【EIA/TIA-232】（イーアイエーティーアイエーニーサンニ）
Electronic Industry Alliance／
Telecommunications Industry Association-232
EIAおよびTIAによって開発された物理層のインターフェイス規格で、以前はRS-232と呼ばれていた。64kbpsまでの通信速度をサポートする。

【EIGRP】（イーアイジーアールピー）
Extended Interior Gateway Routing Protocol
ディスタンスベクター型のIGRPを拡張したシスコ独自のルーティングプロトコル。EIGRPにはリンクステートのいくつかの機能が備わっている。

【EtherChannel】（イーサチャネル）
並行する複数のリンクを束ねて論理的に1つのリンクとみなし、冗長性と耐障害性を提供する機能。

【EUI-64】（イーユーアイロクジュウヨン）
64bit Extended Unique Identifier
IPv6のデバイスを一意に識別する64ビットのIDで、アドレス体系はIEEEで標準化されている。EUI-64ではデバイスのMACアドレス（48ビット）を利用して次の手順でインターフェイスIDを自動生成する。①MACアドレスの真ん中にFFFE（16ビット）を挿入し、64ビットに拡張する。②U/Lビット（先頭7ビット目）を反転する。

【EXEC接続】（エグゼクセツゾク）
EXEC connection
ルータやスイッチの設定や管理を行う目的でコンピュータを接続すること。コンソールポートを利用した接続や、Telnetを利用した接続方法などがある。

【EXECモード】（エグゼクモード）
EXEC mode
ユーザが入力したコマンドを解析して実行し、ユーザに応答を返すIOSの対話型コマンドプロセッサの操作モード。

F

【FCS】（エフシーエス）
Frame Check Sequence
データリンク層でカプセル化する際に、データの後ろに付加するエラー検出のための制御情報。FCS内にはCRCと呼ばれる整合性を確認するための値が入る。

【FDDI】（エフディーディーアイ）
Fiber-Distributed Data Interface
アクセス制御方式としてトークンパッシングを採用し、光ファイバーケーブルを利用して100Mbpsの通信を行うLAN規格のひとつ。

【FIB】（フィブ）
Forwarding Information Base
転送情報ベース。CEFがパケットの転送先を決定するために使用する転送情報データベースのこと。概念的にはルーティングテーブルやルートキャッシュと似ているが、FIBは転送情報をツリー構造で構築することでルーティングテーブルよりも処理効率がよく高速転送ができる。

【FLP】（エフエルピー）
Fast Link Pulse
オートネゴシエーションの際に送信されるパルス信号のこと。FLPバーストを互いにやり取りすることでリンク速度や通信モードを自動的に判別する。FLPは10BASE-Tで使用するNLP信号を拡張したもの。

【FLSM】（エフエルエスエム）
Fixed Length Subnet Mask
固定長サブネットマスク。1つのネットワークを複数のサブネットに分割するとき、すべてのサブネットで同一のサブネットマスクを適用すること。FLSM環境ではIPアドレスに無駄が生じる場合がある。なお、FLSMと対比した可変長サブネットマスクの環境をVLSMという。

【FQDN】（エフキューディーエヌ）
Fully Qualified Domain Name
完全修飾ドメイン名。DNSなどのホスト名、ドメイン名（サブドメイン名）などすべてを省略せずに指定した記述形式のこと。たとえば、www.example.co.jpはホスト名「www」とドメイン名「test.co.jp」をすべて指定したFQDNである。

【fraggle攻撃】（フラグルコウゲキ）
fraggle attack
送信元アドレスを偽造してブロードキャストアドレスに大量のUDP（ICMPエコー）メッセージを送信し、それを受信したすべてのホストがエコー応答を実行することでネットワーク上のトラフィックが増加する攻撃。UDPメッセージを使用する点を除き、Smurf

サービス不能攻撃と同じ。

【FTP】（エフティーピー）
File Transfer Protocol
ファイル転送プロトコル。TCP/IPネットワーク上でファイルを転送する際に利用するアプリケーション層プロトコル。FTPはTCP上で通信し、制御用コネクションとデータ転送用コネクションが使用される。

【FTTH】（エフティーティーエイチ）
Fiber To The Home
光ファイバを各家庭まで引き込み、高速で安定したデータ通信を実現するブロードバンド回線サービスのひとつ。

G

【GIF】（ジフ、ギフ）
Graphic Interchange Format
画像ファイルの形式のひとつで、拡張子は「.gif」が付く。最大で256色までの画像を保存可能であり、イラストやアイコンなどの保存に適している。

【Gratuitous ARP】（グラテユイタスアープ）
Gratuitous ARP（GARP）はARPパケットの一種であり、主にクライアントにIPアドレスが割り当てられる際にほかの端末ですでに同じIPアドレスを持っていないかどうかを確認するために使用される。

H

【HDLC】（エイチディーエルシー）
High-level Data Link Control
ISOが策定したデータ伝送制御手順のひとつ。OSI参照モデルのデータリンク層の通信制御を行うプロトコル。

【hostsファイル】（ホスツファイル）
hosts file
ホスト名とIPアドレスの対応を記述したテキストファイル。Windows8では「C:¥Windows¥System32¥drivers¥etc¥hosts」に格納されている。通常、名前解決にはDNSが利用されるが、DNSサーバがない小規模LANでホスト名を使ってTCP/IP通信を行いたい場合はhostsファイルにIPアドレスを記述しておくと名前解決ができる。

【HTML】（エイチティーエムエル）
HyperText Markup Language
Webページを記述するための言語。HTMLでは、文書の一部を「タグ」と呼ばれる特別な文字列で囲うことで、文書の構造（見出しやハイパーリンクなど）や、修飾情報（文字の大きさや状態など）を文章中に記述していく。

【HTTP】（エイチティーティーピー）
HyperText Transfer Protocol
Webサーバとクライアント（Webブラウザ）がデータを送受信するのに使われるプロトコル。

【HTTPS】（エイチティーティーピーエス）
HyperText Transfer Protocol Security
HTTPにSSLを使った暗号化機能を付加したプロトコル。WebブラウザとWebサーバの間でやり取りするデータを暗号化することで、クレジットカードの暗証番号などを安全に転送することができる。

I

【I/Gビット】（アイジービット）
Individual/Group bit
MACアドレスの先頭から8ビット目のこと。このビットが「0」の場合はユニキャスト通信であることを、「1」の場合はブロードキャストまたはマルチキャストであることを示す。

【IANA】（アイアナ）
Internet Assigned Numbers Authority
インターネットで使用するアドレス資源（IPアドレス、プロトコル番号、ドメイン名など）の割り当てや管理を行う団体。

【ICANN】（アイキャン）
Internet Corporation for Assigned Names and Numbers
2000年2月よりIANAの機能を引き継いで、インターネット上で重要な情報（IPアドレス、プロトコル番号、AS番号など）を管理している組織。

【ICMP】（アイシーエムピー）
Internet Control Message Protocol
IPパケットのプロセスに関連したエラー情報などをメッセージとして通知するネットワーク層のプロトコル。

用語集

【IEEE】（アイトリプルイー）
Institute of Electrical and Electronics Engineers
米国電気電子学会。1963年に米国電気学会と無線学会が合併して発足し、世界約150カ国に会員が在籍している。IT分野では主にデータ伝送技術やネットワーク技術の標準を定めている。

【IEEE 802.1x認証】
（アイトリプルイーハチマルニードットイチエックスニンショウ）
IEEE 802.1x authentication
IEEE 802委員会が規定したスイッチや無線LANのアクセスポイントが接続するユーザを認証する技術。

【IETF】（アイイーティーエフ）
Internet Engineering Task Force
インターネット上で使われている各種プロトコルなどを標準化したRFCを発行する組織。

【IFG】（アイエフジー）
Interframe Gap
フレーム間隔時間。イーサネットでフレームを連続して伝送する場合に、最小限空けなければならない時間間隔のこと。

【IGP】（アイジーピー）
Interior Gateway Protocol
自律システム（AS）の内部で使われるルーティングプロトコル。

【IGRP】（アイジーアールピー）
Interior Gateway Routing Protocol
シスコ独自のディスタンスベクター型ルーティングプロトコル。メトリックに帯域幅と遅延を使用し、定期的にルーティングテーブルの情報をブロードキャストでアップデート送信する。現在はIGRPを拡張したEIGRP（Enhanced IGRP）が使用されている。

【IP】（アイピー）
Internet Protocol
OSI参照モデルのネットワーク層の中心となるプロトコル。IPによってネットワーク層で使用されるアドレスを定義したり、データの形式を定義したりしている。

【IP Phone】（アイピーフォン）
IP電話機。VoIPに対応したクライアント電話機。PCと同様にスイッチに接続し、IPネットワークへ接続する機器。

【IPsec】（アイピーセック）
IP Security protocol
IPネットワークにおいてセキュリティ機能を付加する仕組みのこと。IPsecを使用するとデータの機密性や整合性、あるいは送信元認証を実現可能。IPsec自体は特定の暗号化、認証、セキュリティアルゴリズムに依存しないオープン規格のフレームワーク。

【IPv4】（アイピーブイフォー、アイピーブイヨン）
Internet Protocol version 4
1981年に公開され、現在インターネットで最もよく利用されているインターネットプロトコル。IPv4のアドレスは32ビットに固定されているため、識別できる最大ホスト数は約43億台となる。しかし、インターネットの急速な普及により、アドレス資源の枯渇が問題となった。そこで次世代のIPv6（128ビット）アドレスが開発された。

【IPv6】（アイピーブイシックス、アイピーブイロク）
Internet Protocol version 6
IPv4をベースにさまざまな改良を施した次世代インターネットプロトコル。128ビットのIPアドレスを使用するため、事実上、無制限のアドレス範囲を確保する。

【IPX】（アイピーエックス）
Internetwork Packet eXchange
ノベルのネットワークOSであるNetWareで使用されるネットワーク層プロトコル。かつて、企業LANのプロトコルとして標準的な地位を確立していたが、1990年代のTCP/IPを使用するインターネットの普及とWindows NTの登場によって、現在はほとんど使用されていない。

【IPアドレス】（アイピーアドレス）
Internet Protocol Address
TCP/IPネットワークに接続されたコンピュータや通信機器に割り振られる識別番号。IPアドレスはネットワーク上の通信機器やコンピュータの住所に相当し、重複しないようにインターネット上では各国のNICが割り当ての管理を行っている。

用語集

【IPデータグラム】（アイピーデータグラム）
IP datagram
IPパケット。IPで送受信されるデータの単位。先頭部分は制御情報を格納したヘッダ部（IPヘッダ）であり、続くペイロード部に送りたいデータ本体が格納される。

【IPマスカレード】（アイピーマスカレード）
IP masquerade
「PAT」や「NAPT」とも呼ばれる。「PAT」を参照。

【IPモビリティ】
IP mobility
IP通信を行っている端末が異なるネットワークに移動しても、IP通信を継続するための技術。

【IS-IS】（アイエスアイエス）
Intermediate System to Intermediate System
OSIプロトコルスイートのリンクステート型のルーティングプロトコル。TCP/IPネットワーク上で使用できるように改良された「Integrated IS-IS」もあるが、OSPFが主流であり、ほとんど使用されていない。

【ISATAP】（アイサタップ）
Intra-site Automatic Tunnel Addressing Protocol
IPv6接続を可能にする自動トンネル技術のひとつ。トンネリングするためのISATAPルータがIPv4とIPv6の両者から到達可能な場所にあればどこでも設置が可能で、プライベートアドレスのみを持つIPv4ノードに対してもIPv6接続性を提供できる。IPv6アドレスのプレフィックスにはISATAPルータに割り当てたプレフィックスを利用し、インターフェイスIDはISATAPノードのIPv4アドレスを埋め込んで生成する。これによってISATAPルータは個々のISATAPノードの状態を管理せずに埋め込まれたIPv4アドレスで転送先を検出することができる。

【ISDN】（アイエスディーエヌ）
Integrated Services Digital Network
サービス統合デジタルネットワーク。電話会社が提供する電話網を利用して音声、FAX、映像、およびデータ通信などを1つのネットワークに統合し、高速アクセス（最高128Kbps）を可能にした。1回線で同時に2カ所と通信することができ、雑音が少ないのも特長。日本ではNTTが「INSネット」のサービス名称で提供している。

【ISL】（アイエスエル）
Inter-Switch Link
シスコが独自で開発したトランキングプロトコル。フレームに26バイトのISLヘッダと4バイトのISL FCSを付加してカプセル化することで、1つの物理リンクを論理的に複数のVLANで使用する。現在、トランキングプロトコルはIEEE 802.1Qが主流のためISLはほとんど使用されていない。

【ISO】（アイエスオー）
International Organization for Standardization
国際標準化機構。1947年に設立された工業製品の国際標準の策定を目的とする機関。

【ISP】（アイエスピー）
Internet Service Provider
インターネット接続事業者。ADSL回線、光ファイバ回線、専用回線などを通じて、企業や家庭のコンピュータをインターネットに接続する。

【ITU-T】（アイティーユーティー）
International Telecommunication Union-Telecommunication sector
ITU（国際通信連合）の電気通信標準化部門。スイスのジュネーブに本部を置き、電気通信に関する国際標準の策定などを行っている。

J

【JPEG】（ジェイペグ）
Joint Photographic Experts Group
インターネットなどでよく利用される静止画像ファイル形式のひとつ。

【JPNIC】（ジェイピーニック）
Japan Network Information Center
日本国内でグローバルIPアドレスの割り当てやインターネットに関する調査・研究などを行い、日本におけるインターネットの円滑な運営を支える組織。

【JST】（ジェイエスティー）
Japan Standard Time
日本標準時（日本時間）。日本で採用している標準時間のこと。UTCより9時間進んだ時刻で「+0900(JST)」のように表記することが多い。

K

【kbps】（キロビーピーエス）
kilobit per second
通信速度を表す単位のひとつ。1kbpsでは1秒間に1,000ビットのデータを送れることを表している。

L

【L3スイッチ】（エルスリースイッチ、レイヤ3スイッチ）
layer 3 switch
レイヤ2スイッチに、レイヤ3のルーティング機能を追加した機器。1つの筐体でレイヤ2とレイヤ3の機能を提供できる。

【LAN】（ラン）
Local Area Network
1つの部屋、建物、構内など、限定された比較的狭い範囲をカバーするネットワークのこと。ファイルやプリンタなどの共有、分散されたデータの処理などに使われる。

【LCP】（エルシーピー）
Link Control Protocol
リンク制御プロトコル。PPPの構成要素のひとつ。PPP通信を開始する際に両端の機器でLCPパケットをやり取りし、リンク相手の識別、最大フレームサイズやエラー検出などの制御を行う。

【LDPC】（エルディーピーシー）
Low Density Parity Check
低密度パリティ検査。誤り訂正符号のひとつ。非常に高い誤り訂正能力が特徴であり、無線LANや10GbpsEthernet、長距離光通信、携帯電話機へのコンテンツ配信などで採用されている。

【LED】（エルイーディー）
Light Emitting Diode
発光ダイオード。電流を流すと発光する半導体素子の一種。電球や蛍光灯などに比べて消費電力と発熱が少なくサイズが小さい。また、振動に強く寿命が長いといったさまざまな利点があり、幅広い分野で使用されている。

【Linux】（リナックス）
1991年にヘルシンキ大学の大学院生によって開発された、UNIX互換のOS。後にフリーソフトウェアとして公開され、全世界の開発者によって改良が重ねられた。Linuxは広く普及しており、企業のインターネットサーバとしても多く採用されている。

【LLC】（エルエルシー）
Logical Link Control
IEEE 802.2で規定された論理リンク制御プロトコル。OSI参照モデルのデータリンク層が持つ2つの副層（MAC層とLLC層）のひとつ。LLCはIEEE 802.3（イーサネット）、IEEE 802.5（トークンリング）およびIEEE 802.11（無線LAN）などMAC（媒体アクセス制御）に依存しない共通のサービスを上位層に提供する。

【LSA】（エルエスエー）
Link State Advertisement
リンクステートルーティングプロトコルのOSPFにおいて、各ルータが交換するリンクの状態を示す情報のこと。

【LSDB】（エルエスデービー）
Link State Database
OSPFにおいてLSA（リンクステート情報）が格納されるデータベース。トポロジデータベースとも呼ばれる。

M

【MACアドレス】（マックアドレス）
Media Access Control address
ネットワーク機器を識別するために、全世界で重複しないように割り当てられた48ビットのアドレス。16進数で「xx-xx-xx-xx-xx-xx」のように12桁で表記される。MACアドレスはイーサネットLANの物理層アドレスであり、NICやルータなどのネットワーク機器にはMACアドレスが割り当てられている。

【MACアドレステーブル】（マックアドレステーブル）
Media Access Control address table
スイッチ（あるいはブリッジ）のRAMで保持されるMACアドレスとポートが対応付けられているデータテーブル。スイッチは受信フレームの宛先MACアドレスとMACアドレステーブルを確認し、フレームの処理を行う。

【Mbps】（メガビーピーエス）
megabits per second
通信回線などのデータ転送速度の単位。1秒間に何百万ビットのデータ転送が可能かを表す値。1Mbpsは100万bps（1000kbps）で、1秒間に100万（＝10の6乗）ビットのデータを送れることを表す。8ビット＝1バイトのため、1Mbpsは125kbytes/s（キロバイト/秒）に相当する。

【MD5】（エムディーファイブ）
Message Digest 5
一方向ハッシュ関数のひとつで、ある文字列から128ビットの固定長の乱数「ハッシュ値」を生成する。ハッシュ値から元の文字列を復元することはできない。また、同じハッシュ値を持つ異なるデータを作成することは極めて困難。

【MDF】（エムディーエフ）
Main Distributing Frame
電話局で複数のケーブルを収容するために使用する配線分配装置。

【MDI】（エムディーアイ）
Medium Dependent Interface
より対線（ツイストペアケーブル）を利用するイーサネット機器のポートのひとつ。1・2番端子は送信、3～6番端子は受信が割り当てられている。

【MDI-X】（エムディーアイエックス）
Medium Dependent Interface Crossover
より対線（ツイストペアケーブル）を利用するイーサネット機器のポートのひとつ。1・2番端子は受信、3～6番端子は送信が割り当てられている。

【MHz】（メガヘルツ）
megahertz
1秒間に100万回を意味する、周波数や振動数の単位。

【Mobile IP】（モバイルアイピー）
「モバイルIP」を参照。

【MPEG】（エムペグ）
Moving Picture Experts Group
映像データの圧縮方式のひとつ。画像の中の動く部分だけを検出し保存するなどしてデータを圧縮している。

【MMF】（マルチモードファイバ、エムエムエフ）
Multi Mode Fiber
複数のモード（いろいろな角度の光）がコアの中を同時に伝搬する光ファイバ。マルチモードファイバにはコアの屈折率分布の違いにより、ステップ型光ファイバやグレーデッド型光ファイバなどがある。どちらも比較的コア径が大きく（50～100μm）、シングルモードファイバに比べて接続が容易。

【MSS】（エムエスエス）
Maximum Segment Size
TCPで通信する際に指定するデータのセグメント（送信単位）の最大値のこと。

【MTU】（エムティーユー）
Maximum Transmission Unit
最大伝送ユニット。一度に転送することができるデータの最大値を示す値。単位はバイトで、イーサネットでは1,500バイトが一般的。

N

【NAPT】（ナプト）
Network Address and Port Translation
「IPマスカレード」や「PAT」とも呼ばれる。「PAT」を参照。

【NAT】（ナット）
Network Address Translation
内部ネットワークで使用しているプライベートアドレスを、インターネット上で使用可能なグローバルIPアドレスに相互変換する仕組み。

【NAT-PT】（ナットピーティー）
Network Address Translation-Protocol Translation
IPv4からIPv6への移行技術のひとつ。IPv4のグローバルIPアドレスとプライベートIPアドレスを変換するNATと同様に、アドレス部分を書き換えるのが基本であり、同時にIPv4とIPv6間でプロトコルの変換を行う。

【NATテーブル】（ナットテーブル）
NAT table
NATルータのRAM内に作成され、アドレス変換エントリが登録されるデータベースのこと。

【NCP】(エヌシーピー)
Network Control Program
ネットワーク制御プロトコル。PPPの構成要素のひとつ。PPP通信において上位層(ネットワーク層)の制御を行うプロトコルの総称で、TCP/IPの場合はIPCP。

【NDP】(エヌディーピー)
Neighbor Discovery Protocol
近隣探索プロトコル。同一リンク上のノードに対し、ルータ探索、プレフィックス探索、パラメータ探索、アドレス自動設定、リンク層アドレス解決、ネクストホップ検出、近隣到達不能検知、アドレス衝突検出、リダイレクトをサポートするためのプロトコル。

【NIC】(ニック)
Network Information Center
IPアドレスやドメイン名などインターネットで使用する各種アドレスを管理する組織。レジストリとも呼ばれる。世界中の地域あるいは国のNICが協力しながら運営している。日本を担当しているNICはJPNIC(日本ネットワークインフォメーションセンター)。

【NIC】(ニック)
Network Interface Card
パソコンやプリンタなどをネットワークに接続するためのカード。ネットワークアダプタあるいはLANカードとも呼ばれる。コンピュータに装着したNICに対してもIPアドレスが割り当てられる。

【NLP】(エヌエルピー)
Normal Link Pulse
オートネゴシエーションの際に送信されるパルス信号のこと。10BASE-Tの場合にはNLPと呼ばれる信号を互いにやり取りすることでリンク速度や通信モードを自動的に判別する。100BASE-TXではFLPを使用。

【nslookup】(エヌエスルックアップ)
name server lookup
nslookupコマンドを実行し、DNSを利用してドメイン名の管理情報を調べたり、ドメイン名からIPアドレスを調べたりその逆を調べたりするためのツール。

【NTP】(エヌティーピー)
Network Time Protocol
コンピュータの内部時計を正確に維持するため、ネットワークを介して時刻の同期を取るためのプロトコル。NTPによって複数の機器の内部時計を常に同じ状態にすることができるため、プログラムやサービスの誤動作などを防ぐことができる。

【NVRAM】(エヌブイラム)
Non-Volatile Random-Access Memory
不揮発性ランダムアクセスメモリ。本体の電源がオフになっても情報が維持されるメモリ。起動時設定の保管用に使われることが多い。CiscoルータおよびCatalystスイッチでもコンフィギュレーションファイル(startup-config)の格納用に利用されている。

O

【OE変換器】(オーイーヘンカンキ)
Optical Electricity converter
光信号と電気信号を相互変換する装置のこと。OE変換器から同軸ケーブルが複数に枝分かれして接続される。

【OLT】(オーエルティー)
Optical Line Terminal
光回線終端装置。電気通信事業者の局舎側に設置される、光回線を終端するための装置のこと。

【ONU】(オーエヌユー)
Optical Network Unit
光回線終端装置のこと。光ファイバサービスの加入者宅に設置される機器で、光信号とLANを変換・接続する。加入者宅ではONU配下にルータやPCなどの機器を接続する。

【OSI参照モデル】(オーエスアイサンショウモデル)
Open System Interconnection
開放型システム間相互接続。異なる機器間でデータ通信を実現するためにISOにより制定された標準モデル。

【OSPF】(オーエスピーエフ)
Open Shortest Path First
TCP/IPネットワークで使用されるリンクステート型のルーティングプロトコル。エリアによる階層構造によって、大規模ネットワークで使用可能。メトリックはコストを使用。

用語集

【OUI】（オーユーアイ）
Organization Unique Identifier
管理組織識別子。IEEEによって各組織に割り当てられる24ビットの値。MACアドレス（イーサネットアドレス）では前半24ビットがOUIになる。

P

【PAP】（パップ）
Password Authentication Protocol
PPPなどで利用される認証方式のひとつ。パスワードを暗号化せずにクリアテキスト（平文）で送るため、CHAPに比べてセキュリティ性が低い。

【PAT】（パット）
Port Address Translation
NATの拡張機能。ポート番号を利用して複数の内部ローカルアドレスを1つの内部グローバルアドレスに変換する技術。PATで「N対1」変換を行うことにより複数の内部ユーザが同時にインターネットへアクセスできる。PATはシスコ独自の呼び方で、一般的にはIPマスカレードやNAPTと呼ばれている。

【PDA】（ピーディーエー）
Personal Digital Assistants
個人用の携帯情報端末で、手のひらに収まるくらいの大きさの電子機器のこと。

【PDU】（ピーディーユー）
Protocol Data Unit
OSI参照モデルのように、階層化されたプロトコルの各層で扱われるデータの単位のこと。一般的なPDUの形式は、データ本体の先頭にヘッダ（宛先などの制御情報）が付加される。

【ping】（ピング、ピン）
Packet Internet Groper
ICMPのエコー要求とエコー応答を使用して、リモートデバイスと通信が可能かを判断するネットワーク診断ツール。エコー応答を受信するまでにかかる時間も測定できる。

【PoE】（ピーオーイー）
Power over Ethernet
イーサネットの通信ケーブルを利用して電力を供給するための技術。主に電源の確保が困難な場所に設置される機器で利用される。2003年にIEEE 802.3afとして標準化され、1ポート当たり最大15.4Wの電力を供給可能。2009年にはカテゴリ5e以上のケーブルを使用してより多くの電力供給が可能なIEEE 802.3atが登場し、PoE+（プラス）とも呼ばれている。

【POP】（ポップ）
Post Office Protocol
TCP/IPネットワーク上で、電子メールを保存しているサーバからメールを受信するためのプロトコル。現在はPOP3（version3）が広く利用されている。

【POST】（ポスト）
Power-On Self Test
電源投入時自己診断テスト。

【POTS】（ポッツ）
Plain Old Telephone Service
0～4kHz程度のアナログ音声信号を使った音声通話サービス部分の周波数帯のこと。ISDNやDSLのようなデジタル通信サービスで用いられる用語。

【PPP】（ピーピーピー）
Point to Point Protocol
電話回線やISDNなどのWANで接続されるデバイス間において、データを正確かつ効率的に運ぶためのプロトコル。認証などのオプション機能が豊富。

【PRI】（ピーアールアイ）
Primary Rate Interface
一次群速度インターフェイス。ISDN回線において1.544Mbpsの通信速度で通信を行う大規模な組織向けのインターフェイス規格。日本や米国ではBチャネル23本とDチャネル1本が使用され「T1」または「23B+D」と表記されることもある。NTTは「INSネット1500」としてPRI T1のサービスを提供している。

【Proxy-ARP】（プロキシアープ）
「プロキシARP」を参照。

【PSTN】（ピーエスティーエヌ）
Public Switched Telephone Network
公衆電話交換網（あるいは公衆交換電話網）。一般の加入者電話回線ネットワークのこと。PSTNでデータ通信を行うには、コンピュータにモデムを接続して回線接続する必要がある。

【PuTTY】（パティ、プッティ）
WindowsおよびLinux環境で動作する、ターミナルエミュレータ（フリーソフトウェア）。

Q

【QoS】（キューオーエス）
Quality of Service
パケットの優先度に応じて扱いを区別し、重要なアプリケーションの通信を輻輳や遅延から守るための仕組み。特に音声や動画などのリアルタイム性が要求される通信で必要となる技術。

R

【RA】（アールエー）
Router Advertisement
IPv6クライアントからのRS（ルータ要請）を受信したルータが、要求に対して自身のインターフェイスに設定しているプレフィックスを返信するためのメッセージ。ルータアドバタイズメントまたはルータ広告ともいう。RAには宛先アドレス「FF02::1」のマルチキャストが使用される。

【RADIUS】（ラディウス、ラディアス）
Remote Authentication Dial-In User Service
アナログの電話回線などでアクセスしてきたユーザを認証するためのプロトコル。認証装置とRADIUSサーバ間の通信で使われる。

【RAM】（ラム）
Random Access Memory
メモリを大別すると読み取り専用の「ROM」と読み書き可能な「RAM」の2種類があり、コンピュータのメインメモリ（主記憶装置）にはRAMが利用されている。RAMは比較的動作が高速でCPUから直接アクセスできるが、電源を切ると内容が失われてしまう欠点がある。

【RFC】（アールエフシー）
Request for Comments
インターネットに関連する技術の標準を定める団体であるIETFが正式に発行する文書。RFCにより、インターネットで利用されるプロトコルやさまざまな技術の仕様および要件を公開している。各文書には識別するための通し番号が付けられている。

【RIP】（リップ）
Routing Information Protocol
UDP/IP上で動作するディスタンスベクター型のルーティングプロトコル。ホップ数を基に宛先ネットワークの最適経路を判断し、比較的小規模なネットワークで使用される。

【RIR】（アールアイアール）
Regional Internet Registry
地域インターネットレジストリ。世界の各地域においてインターネットドメインの管理責任を持つ機関。APNICはアジア太平洋地域におけるRIRである。

【RJ-45】（アールジェイヨンジュウゴ）
Registered Jack 45
8ピン式のコネクタで電話線のRJ-11よりも少し幅が広い。LANケーブル以外にもISDN回線など幅広く使用されている。

【ROM】（ロム）
Read-Only Memory
読み取り専用メモリ。電源を切っても内容が消えないので、機器を起動するために必要な基本プログラムを入れておくことが多い。

【ROMモニタ】（ロムモニタ）
ROM monitor
ブートストラップ（Bootstrap）とも呼ばれ、Ciscoルータに搭載されている初期起動に使われるプログラムのこと。

【Router on a stick】（ルータオンアスティック）
Ciscoで呼ばれている、L2スイッチに外部ルータを接続してVLAN間相互接続（VLAN間ルーティング）を行う構成のこと。

【RPS】（アールピーエス）
Redundant Power Supply
リダンダント（冗長）電源。

【RS】（アールエス）
Router Solicitation
IPv6クライアントがローカルリンク上のルータにグローバルユニキャストアドレスのプレフィックスを要求するために送信するメッセージ。ルータ要請ともいう。RSには宛先アドレス「FF02::2」のマルチキャ

ストが使用される。

【RSA】（アールエスエー）
Rivest, Shamir, and Adleman
1978年にマサチューセッツ工科大学のRivest、Shamir、Adlemanの3人によって発明された公開鍵暗号方式を使用する暗号化アルゴリズム。RSA暗号を効率よく解読する方法はまだ発見されていない。計算量が多く処理時間がかかるという欠点もある。

【running-config】（ランニングコンフィグ）
CiscoルータおよびCatalystスイッチが稼働中に使用するコンフィギュレーションファイル。RAMに格納されているため、システムの電源を切ると内容は消えてしまう。

S

【SFP】（エスエフピー）
Small Form-factor Pluggable
GBICを小型化したもので「ミニGBIC」とも呼ばれている。小さいので通常のGBICよりも多くのポートを収容することができる。

【SLAAC】（エスエルエーエーシー）
Stateless Address Auto Configuration
ステートレスアドレス自動設定。自動生成したインターフェイスIDとRAで通知されるプレフィックス情報を組み合わせてノードのIPv6ユニキャストアドレスを動的に設定する機能。

【SMF】（シングルモードファイバ、エスエムエフ）
Single Mode Fiber
1つの光路を光ファイバケーブルのコア部分にまっすぐ差し込んで信号を伝送するモード。

【SMTP】（エスエムティーピー）
Simple Mail Transfer Protocol
TCP/IPネットワーク上で電子メールを送信するためのプロトコル。サーバ間でメールのやり取りをしたり、クライアントがサーバにメールを送信する際に使用される。

【SNAP】（スナップ）
SubNetwork Access Protocol
TCP/IPなどの上位プロトコルを識別するためにIEEE 802.2のLLCヘッダに付加するフィールド。IEEE 802.3フレームヘッダ中に上位のネットワーク層プロトコルを識別するためのフィールドがないため、データ部の一部にLLCヘッダを用意した。この構造を指してSNAPという。SNAPヘッダは3バイトのOUI（管理組織識別子）と2バイトのPID（プロトコル識別子）で構成される。イーサネットフレームのタイプフィールドに相当する機能を実現する。

【SNMP】（エスエヌエムピー）
Simple Network Management Protocol
TCP/IPネットワーク上のさまざまな機器を監視および制御することができる管理プロトコル。

【SNTP】（エスエヌティーピー）
Simple Network Time Protocol
NTPを簡素化した時刻情報の転送プロトコル。自身はNTPサーバから時刻の受信を行うが、ほかのデバイスへ時刻情報を提供することはできない。

【SOHO】（ソーホー）
Small Office Home Office
在宅勤務者の自宅や離れた小さな事務所と会社をコンピュータネットワークで結んで業務を行うワークスタイルの総称。あるいは、コンピュータネットワークを利用して自宅や小さな事務所で事業を起こすこと。

【SONET/SDH】（ソネットエスディーエイチ）
Synchronous Optical Network / Synchronous Digital Hierarchy
光ファイバによる高速デジタル通信方式の国際規格で、主にOSI参照モデルの物理層の仕様を規定している。インターネットサービスプロバイダ間を結ぶインターネットのバックボーン回線などに広く用いられる。米国の企業Bellcoreによって開発されたSONETを、国際電気通信連合・電気通信標準化セクタ（TU-TS）がSDHとして標準化した。SDHという名称は主にヨーロッパで用いられ、北米ではSONETと呼ばれることが多いため、混乱を避けるために一般的にSONET/SDHと表記する。

【SPF】（エスピーエフ）
Shortest Path First
リンクステート型ルーティングプロトコルにおいて、各ルータがLSDB（リンクステートデータベース）を基に最短パスを算出するためのアルゴリズム。ダイクストラアルゴリズムとも呼ばれる。

【SSH】（エスエスエイチ）
Secure SHell
ネットワークを介して遠隔操作をする際にやり取りするデータを暗号化することにより、インターネット経由でも一連のコマンド操作を安全に行うことができるプログラム。

【SSL】（エスエスエル）
Secure Sockets Layer
TCPとアプリケーションプロトコルの中間に位置する暗号化プロトコル。インターネットを利用したオンラインショッピングなどでのクレジット決済や個人情報などを入力するWebサイトなどで広く利用されている。

【SSLサーバ証明書】（エスエスエルサーバーショウメイショ）
SSL server certificate
通信を行う際に相手の身元を認証局に照会して確認できる電子証明書のこと。証明書は認証局（CA）によって発行される。

【startup-config】（スタートアップコンフィグ）
CiscoルータおよびCatalystスイッチのNVRAMに保存しておく起動用（またはバックアップ用）のコンフィギュレーションファイル。電源投入時にRAMに読み込まれてrunning-configとして使用される。

【STP】（エスティーピー）
Spanning Tree Protocol
スパニングツリープロトコル。フレームのループを回避して冗長ネットワークを維持できるレイヤ2プロトコル。

【STPケーブル】（エスティーピーケーブル）
Shielded Twisted-Pair cable
通信ケーブルの一種。網目状の金属でケーブルを覆い、信号の歪みや干渉の原因となる外部からの電気干渉を防ぐためデータの信頼性が高い。ただし、UTPケーブルよりも高価なうえ、ケーブルが太くて扱いにくい。

【SYN】（シン）
SYNchronize
TCPヘッダのコードビットに含まれるビットのひとつ。TCPの通信では、まずクライアントがサーバ（通信相手）に対してコネクション確立を要求するが、その際にコードビットSYNに「1」をセットしてパケットを送信する。SYNビット「1」のパケットを受信した場合、コネクション確立の開始要求であると認識される。

【Syslog】（シスログ）
システムメッセージをネットワーク上で転送したり、ファイルに記録したりする仕組み。ルータ、スイッチ、サーバなどのシステムログやエラーログを管理することができる標準プロトコル。

T

【T1】（ティーワン）
最大通信速度が1.5Mbps（正確には1.544Mbps）の高速デジタル回線の規格。DS1とも呼ばれる。

【T3】（ティースリー）
通信速度45Mbpsの銅線を使ったデジタル専用回線のこと。ANSI（米国規格協会）が定めた規格で、DS3（Digital Signal level 3）とも呼ばれる。T1は64Kbpsのデジタル回線を24本まとめて多重化し1.544Mbpsにしたもの。T2はT1を4本まとめて多重化し6.312Mbpsにしたもの。T3はT2を7本まとめて多重化し44.73Mbpsにしたもの。

【TACACS+】（タカクスプラス）
Terminal Access Controller Access-Control System+
TACACSを拡張したシスコ独自のプロトコル。認証されたユーザIDに対してCisco IOSコマンドの認可が可能。

【tar】（ター）
Tape ARchive format
ファイルフォーマットの一種。tarはアーカイブファイルであり、1つ512バイトのブロックが複数まとまって構成される。

【TCO】（ティーシーオー）
Total Cost of Ownership
総所有コスト。コンピュータシステムの導入時にかかる購入費用だけでなく、維持や管理にかかる費用なども含んだ総コストのこと。

用語集

【TCP】（ティーシーピー）
Transmission Control Protocol
トランスポート層の信頼性のある通信を実現するプロトコル。

【TCP/IP】（ティーシーピーアイピー）
Transmission Control Protocol/Internet Protocol
IPネットワーク上でTCP（あるいはUDP）を使用してコンピュータ通信を行う環境、またはプロトコル群の総称のこと。

【TCPセグメント】（ティーシーピーセグメント）
TCP segment
トランスポート層のTCPで扱う分割されたTCPパケットのこと。

【Telnet】（テルネット）
Telecommunication network
ネットワークを介して遠隔地にある端末にログインし、その端末の目の前にいるのと同じように操作することができるTCP/IPアプリケーション層のプロトコル。

【Tera Term】（テラターム）
Windows環境で広く利用されている、ターミナル（通信）エミュレータ（フリーソフトウェア）。

【Teredo】（テレード）
IPv4インターネットを介してIPv6の通信を可能にするトンネリングプロトコルのひとつ。IPv4ネットワーク上で動作するIPv6プロトコルにおいて、NATを使った環境でもUDPによる透過的なユニキャスト通信を実現できる。

【TFTP】（ティーエフティーピー）
Trivial File Transfer Protocol
UDPで通信するファイル転送プロトコル。FTPのようにファイル転送の際に認証する必要がない。

【TIA/EIA】（ティーアイエーイーアイエー）
Telecommunications Industry Association / Electronic Industries Association
主に各種ケーブルの通信における電気的特性の標準化を行っている業界団体。

【ToS】（トス、ティーオーエス）
Type of Service
パケットの優先制御方式のひとつ。IPヘッダのToSフィールドの3ビット（0～7の値）を使用し、パケットの優先制御を行う。

【traceroute】（トレースルート）
送信元から宛先までの間にパケットがどのルータを経由するか、パケットの経路を調べるためのツール（あるいはコマンド）。Windowsのコマンドプロンプトでは「tracert」と入力する。

【TTL】（ティーティーエル）
Time To Live
IPv4ヘッダのフィールドのひとつ。TTLはパケットの「生存時間」を意味しパケットがルータを通過するごとに値が減算され、0になった時点でパケットは破棄される。これによって、パケットの行き先が見つからずに無限ループが生じても一定時間を経過するとパケットが消滅することで回避できる。

U

【U/Lビット】（ユーエルビット）
Universal/Local bit
MACアドレスの先頭から7ビット目のこと。このビットが「0」の場合は世界で一意のグローバルアドレスを示し、「1」の場合はローカルアドレスであることを示す。

【UDLD】（ユーディーエルディー）
UniDirectional Link Detection
単一方向リンク検出。光ファイバまたはUTPケーブルで接続されたデバイスが単一方向リンクを検出するプロトコル。

【UDP】（ユーディーピー）
User Datagram Protocol
TCP/IPプロトコルスタックのトランスポート層プロトコル。信頼性を保証するための制御を行わないので処理が軽く、高速転送が可能。

【UDPデータグラム】（ユーディーピーデータグラム）
UDP Datagram
UDPにおけるデータ転送の単位。

【URI】（ユーアールアイ）
Uniform Resource Identifier
インターネット上にあるリソース（情報資源）の場所を示す記述方式のこと。URLからスキームやドメイン名（ホスト名）を取り除いた残りのパス名の部分がURIとなる。

【URL】（ユーアールエル）
Uniform Resource Locator
インターネット上のWebページなどのリソース（情報資源）にアクセスする手段と場所を示す記述方式のこと。インターネット上で割り当てられた住所のようなもの。

【UTC】（ユーティーシー）
Universal Time Coordinated
協定世界時。全世界で時刻を記録する際に使われる公式時刻のこと。天体観測を元に定めるGMT（グリニッジ標準時）とほぼ同じだが、UTCはセシウム原子の振動数を元にした原子時計で計測し決定している。

【UTPケーブル】（ユーティーピーケーブル）
Unshielded Twist Pair cable
銅線を2本ずつより合わせたケーブルで、シールドしていない通信ケーブル。イーサネットLANなどで一般的に利用されている。

V

【V.35】（ブイサンジュウゴ）
ネットワークアクセスデバイスとパケットネットワーク間の通信に使う同期物理層プロトコルの規格。

【VC】（バーチャルサーキット）
Virtual Circuit
物理的な1本の回線を論理的に複数の回線に分割しチャネル化したもの。

【VLAN】（ブイラン）
Virtual LAN
スイッチ内部で仮想的に用意されるネットワーク。レイヤ2のCatalystスイッチでは、VLAN上の仮想インターフェイス（SVI）にIPアドレス（レイヤ3アドレス）を割り当ててスイッチ自体を管理できる。

【VLAN ID】（ブイランアイディー）
Virtual LAN IDentifier
VLANを識別するための番号。VLAN番号は12ビットであるため0～4095の範囲であるが、0と4095はシステムで予約されている。1、1002～1005の5つは最初から作られているデフォルトVLANのため削除できない。

【VLANメンバーシップ】（ブイランメンバーシップ）
VLAN membership
スイッチのポートにVLANを割り当てること、あるいはVLANが割り当てられていることを指す。VLANメンバーシップの方法にはスタティックVLANとダイナミックVLANの2つがある。

【VLSM】（ブイエルエスエム）
Variable Length Subnet Mask
可変長サブネットマスク。同じネットワークから派生するサブネットのマスク長を可変でアドレッシングする技術。

【VMPS】（ブイエムピーエス）
VLAN Management Policy Server
ダイナミックVLANで使用するサーバ。VMPSは、ホストのMACアドレスと所属するVLANのマッピング情報をデータベースとして持ち、ダイナミックVLANが設定されているスイッチからリクエストがあると、データベースを検索して所属するVLANを通知する。Catalyst 6500シリーズなど一部のスイッチは、VMPSの機能を自身で持つことが可能。

【VoIP】（ヴォイップ）
Voice over Internet Protocol
インターネットやイントラネットなどのTCP/IPネットワークを利用して音声データを送受信するための技術。社内LANを使った内線電話や、インターネット電話などに応用されている。

【VPN】（ブイピーエヌ）
Virtual Private Network
インターネットなどの公衆回線をあたかも専用回線であるかのように利用できるサービスで、仮想専用線とも呼ばれる。VPNを利用すると、専用線で接続するよりもコストをはるかに抑えることができる。

【VTP】（ブイティーピー）
VLAN Trunking Protocol
シスコ独自のVLAN管理プロトコル。複数のスイッチでVLAN情報の整合性を保つことができる。

【VTPプルーニング】（ブイティーピープルーニング）
VTP pruning
トランクリンクから不要なVLANのトラフィックを防いで使用可能な帯域幅を増加させる機能。

【VTY】（ブイティーワイ）
Virtual TeletYpe
仮想端末（Virtual Terminal Line）にアクセスするためのポート。コンソールのように物理的なポートではなく、IOSによって仮想的に用意されるポート。TelnetまたはSSHを使ってvtyポートにアクセスすることで、管理者はネットワークを介して離れた場所にあるデバイスにアクセスして遠隔操作することができる。

W

【WAN】（ワン）
Wide Area Network
離れた場所にあるLANを相互に接続するためのネットワークのこと。通常は電気通信事業者が提供するサービスを利用して接続する。

【Webサーバソフト】（ウェブサーバソフト）
Web server software
Webサーバとなるコンピュータ上で稼働しているソフトウェアで、WebブラウザからHTTPリクエストを受け取ると、その内容を解析する（メソッドを調べ、Webブラウザの要求内容を確認する）。さらに、リクエスト中のURIを分析し、要求しているデータの所在を調べる。

【Webページ】（ウェブページ）
Web page
インターネット上で公開されている文書。

【WIC】（ウィック）
WAN Interface Card
WANインターフェイスカード。モジュール型のルータに追加のポートを提供するために装着するカード型のモジュール。

【Windows Server 2016】（ウィンドウズサーバ）
マイクロソフトのサーバコンピュータ向けOSの製品シリーズの名称。

X

【X.25】（エックスニジュウゴ）
ITU-T（国際電気通信連合電気通信標準化部門）で勧告化されたコネクション型のデータ通信を行うパケット交換方式のプロトコルで、DCE（回線終端装置）とDTE（データ端末装置）間のインターフェイスを規定したもの。パケット交換ネットワークでデータを確実に伝送するため、再送処理や確認応答などの機能を持つコネクション型プロトコル。X.25で使用するフレームを大幅に簡略化することでスループットを向上させたサービスがフレームリレー。

【XMODEM】（エックスモデム）
ファイルを128バイト単位に分けて、非同期通信のファイル転送を行うデータ転送プロトコル。ネットワーク接続できない状況で、Ciscoデバイスのコンソール経由でIOSイメージをダウンロードすることができる。

ア行

【アーカイブ】
archive
「archive」には書庫という意味があり、複数のファイルを1つにまとめることを指す。アーカイブによって1つにまとめられたファイルをアーカイブファイルという。

【アウトバウンド】
outbound
「中から外へ流れ出ていくこと」を意味し、アウトバウンドにACLが適用された場合、そのインターフェイスからパケットが送出される際にACLのフィルタリングテストが行われる。

【アクセス回線】
access line
電気通信事業者（キャリア）のネットワークと顧客を結ぶ回線。通常は地理的に近い最寄りのアクセスポイント（または電話局）を結ぶ回線を指す。加入者回線、足回りなどとも呼ばれる。

【アクセスコントロールリスト】
Access Control List（ACL）
ルータが保持する制御リスト。サービスの要求時や提供時に発生するルータへのアクセスを制御するための記述。特定のIPアドレスやサービスを指定して、送られてきたパケットの受信を拒否したり、ルータからパケットを送出しないように制御できる。

【アクセススイッチ】
access switch
アクセス層に配置されるスイッチでディストリビューション層と接続する。一般的にL2スイッチが使用される。

【アクセス制御方式】
access control method
複数のクライアントが効率よく通信を行えるようにするためのデータリンク層における信号の伝送を制御する仕組み。アクセス制御方式にはいくつかあり、有線イーサネットLANでは通信中に生じる信号の衝突を回避するためCSMA/CD、無線LANではCSMA/CAを採用している。

【アクセス層】
access layer
キャンパス（企業）ネットワークの階層設計における階層のひとつ。アクセス層はクライアントPCやIP Phoneなどを収容し、ディストリビューションスイッチに接続してサーバへのアクセスなどを提供する役割を持つ。通常、アクセス層には多数のイーサネットポートを持つレイヤ2スイッチが設置される。

【アクセスポイント】
Access Point（AP）
無線LANアクセスポイントは、無線LANクライアントを有線LANに接続したり、無線LANクライアント同士を相互接続するための機器。

【アクセスポート】
access port
1つのVLANのみ所属するスイッチポート。通常、ホストやサーバを接続するポートはアクセスポート。

【アドミニストレーティブディスタンス】
Administrative Distance（AD）
経路の情報源の信頼性を判断するための管理値。0〜255の範囲で小さい方を優先する。同じ宛先ネットワークに対して複数のルーティングプロトコルからの情報源がある場合、ルータはAD値の小さい方を信頼してルーティングテーブルに登録する。

【アドレス解決】
address resolution
プロトコル上のアドレスを物理的なアドレスに置き換えること。代表的なアドレス解決を行うプロトコルにARPがある。ARPはIPアドレスからMACアドレスを取得する。

【アドレスクラス】
address class
IPアドレスをクラスに分けて使い方の範囲を規定する概念のこと。クラスは5種類（A〜E）存在し、クラスA・B・Cはユニキャストアドレス、クラスDはマルチキャストアドレスとして使用される。クラスEは実験的な目的のために予約されているため使わない。

【アプリケーション層】
application layer
OSI参照モデルの最上位（第7層）に位置し、アプリケーション固有の通信サービス（電子メールやWebページの閲覧など）を実現するための機能を定義している。アプリケーション層のプロトコルにはSMTP、HTTP、FTP、DNS、DHCPなどが含まれる。

【アルゴリズム】
algorithm
一定の計算の基準を決めるための規則や計算方法。

【暗号化】
encryption
通信途中でデータを第三者に盗み見られたり改ざんされたりしないように決まった規則に従ってデータを変換すること。

【暗黙のdeny（拒否）】（アンモクノディナイ）
implicit deny any
ACLの最終行に自動的に挿入される、全パケットを拒否するという意味の条件文。

【イーサネット】
Ethernet
現在最もよく使用されているLANの規格。米国の企

業、ゼロックスとDECが考案し、のちにIEEE 802.3委員会によって標準化された。トポロジにはバス型とスター型の2種類があるが、現在はスター型が多く使用されている。

【一方向暗号化】
one-way encryption
ハッシュ値から元のメッセージを算出（復号）することができない暗号化方式。MD5やSHA-1がこれに該当する。

【インターネット】
Internet
TCP/IPを用いて世界中のネットワークを相互接続する巨大なコンピュータネットワークのこと。米国国防総省の「ARPAnet（アーパネット）」が起源であるといわれている。1986年にARPAnetの技術を元に学術機関を結ぶネットワーク「NSFnet」が構築された。そして1990年代中頃から商用利用され始め、現在のインターネットになった。インターネットは分散型ネットワークであり、世界中に散らばった無数のサーバコンピュータを相互接続し、さまざまなサービス（WWW、FTPおよび電子メールなど）を提供することで成り立っている。

【インターネット層】
Internet layer
TCP/IPモデルにおける階層のひとつ。OSI参照モデルのネットワーク層に相当する。

【インターフェイス】
interface
トラフィックを転送するためのネットワーク接続を提供するポート。インターフェイスは、デバイスとネットワークケーブルとが接する部分となる。Ethernet、FastEthernet、GigabitEthernet、Serial、ISDN BRIなど接続するネットワークによってさまざまな種類がある。

【インバウンド】
inbound
「外から中へ入ってくること」を意味し、インバウンドにACLが適用された場合、そのインターフェイスでパケットが着信されるときにACLのフィルタリングテストが行われ、許可されたトラフィックは通常のルーティング処理が行われる。

【インフラ】
infrastructure
基盤や下部構造などの意味。何らかのサービスを提供するための土台（基盤）として必要となる設備や制度のこと。ITの世界では、システムやソフトウェアを機能させるための基盤となるハードウェアや設備のことを指す。

【ウィンドウ制御】
Window Control
TCP通信におけるパケット通信方式のひとつ。ウィンドウ制御では受信側にバッファメモリ領域を確保し、そのメモリがいっぱいになるまで連続してデータを受信できるため、より効率的な通信が可能となる。

【ウェルノウンポート】
well-known ports
IANAによって特定のアプリケーションのために使用することが予約された0〜1023番までのポート番号。たとえばTelnetは23、HTTPは80が予約されている。

【エージングタイム】
aging time
ネットワーク機器が自動的に学習した情報が自動的に消去されるまでの時間。

【エクストラネット】
extranet
イントラネットを拡張し、関連会社や取引先とインターネットを介して相互通信できるようにしたネットワークのこと。エクストラネットによって、低コストで効率的な商取引を実現する。

【エニーキャスト】
anycast
特定グループ内の最適（最寄り）なデバイスとの通信。エニーキャストは、IPv6で新しく追加されたアドレスタイプで、具体的なアドレスはグローバルユニキャストアドレス空間から割り当てられる。

【エリア】
area
OSPFルーティングでLSAを交換するルータの論理的なグループ。エリア内のすべてのOSPFルータは同じLSDBを保持し、リンク障害の発生時にはその情報を含むLSAをエリア内のすべてのルータに通知しSPF再

計算を行う。エリアを分割することで負荷を減少させることが可能。

【エリアID】 (エリアアイディー)
area ID
OSPFエリアを識別するための番号。バックボーンエリアは0で予約されている。

【エンタープライズネットワーク】
enterprise network
組織（または企業）で構築されたLAN（ローカルエリアネットワーク）のこと。

【エンドツーエンド】
end to end
「両端で」「端から端まで」という意味を持ち、通信を行う二者（送信元と宛先）間を結ぶ通信区間全体を指す。

【オートネゴシエーション】
automatic negotiation
物理的に接続された機器同士が、自動で二重モードや通信速度を決定する仕組みのこと。

【オーバーヘッド】
overhead
ある処理を実行するためにかかる負荷の大きさを指す。システムの負荷によって処理に時間がかかる状態を「オーバーヘッドが大きい」などという。

【オーバーローディング】
overloading
ダイナミックNATのひとつで、ポート番号を利用して複数のノードで1つのグローバルIPアドレスを共有する技術。シスコではPATとも呼ばれる。

【オクテット】
octet
情報量の単位。1オクテット＝8ビット（固定）。1バイト＝8ビットと確実にいえないことがあるため、「バイト」よりもビットの数が8つであることを強調したいときに使用する。

【音声VLAN】 (オンセイブイラン)
Voice VLAN
音声VLAN機能において、IP Phoneのトラフィックで使用するVLANのこと。

【オンボード】
on board
部品が直接搭載されている状態、あるいはそのような部品のこと。

カ行

【回線交換】
circuit switching
電話サービスと同様、通信が必要になると相手を選択して回線を接続し、終了後に回線を切断する回線交換方式を採用したデータ伝送用のWANサービス。

【回線交換ネットワーク】
circuit switching network
一般的な電話回線のように通信が必要になったときに相手を選択して通信回線を確保し、通信が終了した時点で回線を切断する手段の通信ネットワーク。一般の固定電話などを利用したダイヤルアップ接続やISDNが回線交換に相当する。回線交換は、接続中は通信するデータがない場合でも回線を占用するため利用効率が悪い方式。

【外部グローバルアドレス】
outside global address
外部のホストに割り当てられている一意のIPアドレス。

【外部ローカルアドレス】
outside local address
内部から見た、外部ホストに割り当てられているIPアドレス。

【拡張ping】 (カクチョウピング)
extended ping
Cisco IOSの機能（コマンド）のひとつ。拡張pingは特権EXECモードで「ping」と入力してEnterキーを押すことで開始され、表示されるメッセージに従ってICMPエコーメッセージのパケット数やサイズ、送信元アドレスやプロトコルなどを指定できる。

【拡張システムID】 (カクチョウシステムアイディー)
extended system identifier
VLANごとにSTPインスタンスを実行するためにブリッジID内にVLAN IDを含める手法。拡張システムIDを使用するとブリッジプライオリティは4ビットで表現するため、プライオリティ値は4096単位で設定し

なければならない。また、ブリッジプライオリティはプライオリティにVLAN IDを加算した値となる。

【確認応答】
acknowledgment
トラフィックが正しく受信できたことを受信側から送信側に返す応答信号のこと。ACK（アック）とも呼ばれる。

【カスケード接続】
cascading connection
スイッチなどの集線装置を介して多数の機器をつなげるスター型トポロジで、集線装置同士を接続すること。双方につながれている機器が通信できるようになり、ネットワークを拡張できる。ただし、ハブ（リピータハブ）の場合は接続段数に制限がある（10BASE-Tは4段まで、100BASE-TXは2段まで）。

【仮想端末】
Virtual Type terminal
「VTY」を参照。

【カテゴリ】
category
EIA/TIAが定めるUTPケーブルやコネクタの電気特性を分類したもの。1から7まであり、数値が大きいものほど高い品質で高速伝送ができる。

【カプセル化】
encapsulation
制御および処理用の情報（ヘッダ）をデータに付加して一体化すること。逆にヘッダを取り除いてデータを取り出すことを非カプセル化という。

【可用性】
availability
常にシステムを利用できる状態にすること。

【管理VLAN】（カンリブイラン）
Management VLAN
レイヤ2スイッチ自体を管理する目的で管理用IPアドレスを割り当てたVLAN。スイッチ自身が所属するVLANでもある。

【管理インターフェイス】
Management interface
スイッチにIPアドレスを割り当てるときに使用する仮想インターフェイス。スイッチにIPアドレスを割り当てると、スイッチ自身がTCP/IP通信を行えるため、スイッチを遠隔操作したりSNMPで管理したりできる。

【キープアライブ】
keep alive
ネットワーク上で接続が有効であることを確認するために定期的に送信されるパケット。

【機密性】
confidentiality
アクセス権を持つ者だけが、情報にアクセスできることを確実にすること。機密性がないと、不正アクセスによる情報流出（漏洩）などの危険性がある。データの機密性は、データの暗号化によって得られる。

【キャッシュメモリ】
cache memory
CPUの処理速度を低下させないように、メインメモリ（主記憶装置）にある情報を移動させて超高速な処理を可能にする高速小容量メモリのこと。

【キャプチャ】
capture
ネットワーク上に流れているパケットを読み込んでデータの中身を解析すること。

【キャリアエクステンション】
carrier extension
ギガビットイーサネットの最小フレームを512バイトへ拡張するために付加するビット列。ギガビットイーサネットの半2重通信時に使用する。

【キャリッジリターン】
carriage return
カーソルを文頭へ戻すことを意味する制御コードのこと。CRと略して表示されることが多い。

【キュー】
queue
待ち行列。「先に格納されたデータが先に処理される」という特徴のデータ構造の一種。

【共通鍵】
common key
同じ鍵を使って暗号化および復号を行う「共通鍵暗号方式」で用いる鍵のこと。同じ鍵を共有し、外部に秘密にしておく必要があるため「共有鍵」「秘密鍵」とも呼ばれる。

【共通鍵暗号方式】
common key cryptography、shared key cryptography
暗号化と復号で同じ鍵を使う暗号方式。暗号化されたデータは同じ鍵がなければ復号できない。鍵長が比較的短く処理が速いのがメリットだが、通信の両端で同じ鍵を持つ必要があり、鍵をあらかじめ安全な方法で相手に渡さなければならないため、通信相手が多くなると鍵管理が難しくなる。共通鍵暗号方式で有名なものに「DES」や「AES」がある。

【近隣探索プロトコル】
Neighbor Discovery Protocol (NDP)
同一リンク上のノードに対する動作を制御するプロトコル。ルータ探索、プレフィックス探索、パラメータ探索、アドレス自動設定、リンク層アドレス解決、ネクストホップ決定、近隣到達不能探知、アドレス衝突検出、リダイレクト機能を提供する。

【クライアントサーバモデル】
client-server model
分散処理を行うネットワーク形態のひとつ。クライアントがサーバにサービス(処理)の要求を行い、サーバがクライアントに処理結果を応答として返す。

【クラスフルアドレス】
classfull address
「クラス」の単位によって定義されたアドレス範囲や数に基づいて割り当てられたアドレス。クラスAはネットワーク部8ビット、クラスBはネットワーク部16ビット、クラスCはネットワーク部24ビットと固定される。

【クラスフルネットワーク】
classfull network
IPアドレスのクラスに基づいたネットワークアドレスで、メジャーネットワークとも呼ばれる。クラスAは第1オクテットまで、クラスBは第2オクテットまで、クラスCは第3オクテットまでがネットワークアドレス(ネットワーク部)になる。たとえば10.1.1.0/24のクラスフルネットワークは「10.0.0.0」である。

【クラスフルルーティングプロトコル】
classfull routing protocol
ルーティングアップデートにサブネットマスクを含まないルーティングプロトコル。RIPv1、IGRPが該当する。

【クラスレスアドレス】
classless address
クラスによって定義されたアドレッシング方法に依存せず、サブネットマスクを自由に変更して1つのネットワークアドレスを複数に分割して割り当てるアドレス。または、CIDRに基づいて割り当てたアドレス。

【クラスレスルーティングプロトコル】
classless routing protocol
ルーティングアップデートにサブネットマスクを含むルーティングプロトコル。RIPv2、OSPF、EIGRPが該当する。クラスレスルーティングプロトコルではVLSM(可変長サブネットマスク)をサポートする。

【グローバルIPアドレス】(グローバルアイピーアドレス)
global IP address
インターネットで接続された機器に割り当てられるIPアドレス。IANAが一元管理し、NICによって各ISPなどに割り当てられている。パブリックアドレスともいう。

【グローバルユニキャストアドレス】
global unicast address
アドレスの有効範囲が制限されていないユニキャストアドレスのこと。スコープ範囲が制限されていないため、IPv6インターネット上で使用可能。

【クロスケーブル】
cross cable
ツイストペアケーブルの配線種類のひとつ。両端にあるコネクタのピンに対して出力信号線を他方の入力信号線に、入力信号線を出力信号線に結線したケーブル。PCとPC、スイッチとスイッチ同士を接続する場合などに使用する。

【クロック】
clock
CPUなど、一定の波長をもって動作する回路が処理の歩調(タイミング)を合わせるために用いる信号のこと。

【経路集約】
route aggregation
ルーティングテーブルの複数の経路情報を1つにまとめること。ルーティングプロトコルが集約された経路情報をほかのルータへアドバタイズ（通知）することによって、ルーティングテーブルのサイズが縮小したり、リンク障害時の影響を局所化するなどの利点がある。

【コアスイッチ】
core switch
コア層に配置されるスイッチであり、配下のディストリビューションスイッチを束ねてキャンパスネットワークのバックボーンとして機能する。大容量のトラフィックを高速スイッチングできる高機能なスイッチを使用する。

【コア層】
core layer
キャンパス（企業）ネットワークの階層設計における階層のひとつ。ディストリビューションスイッチを収容し、バックボーンとなる階層。通常、コア層には高機能なレイヤ3スイッチが設置される。

【公開鍵暗号方式】
public key cryptography
公開鍵と秘密鍵と呼ばれる異なる2つの鍵を使って暗号化と復号を行う暗号方式。一方の鍵で暗号化した情報は、ペアの鍵でしか復号できない。暗号化と復号を同じ鍵で行う共通鍵暗号方式に比べ、公開鍵の共有が容易なことや接続相手の数に関係なく公開鍵は1つで構わないなど、鍵の管理が容易で安全性が高い。代表的なものにRSAがある。

【公衆ネットワーク】
public network
特定の企業が占有して利用するものではなく、不特定多数のユーザが利用できるネットワークのこと。インターネットや電気通信事業者が所有するネットワークがある。

【コスト】
cost
ある要素を基に計算した値のこと。OSPFでは、各リンクの帯域幅に基づいてコストが割り当てられ、それをメトリックに使用している。

【コネクション型通信】
connection-oriented communication
データを転送する際に通信相手との間に仮想的な専用通信路（コネクション）を確立し、コネクションを通じてデータの送受信を行う通信方式。

【コネクションレス型通信】
connectionless communication
データを転送する際に通信相手の状況を確認せずにデータを一方的に送りつける通信方式。

【コネクタ】
connector
装置間を接続するケーブルの接続部分のこと。コネクタの形状が機器のポート（差し込み口）に合わなければ接続することができないため、さまざまな規格で定義されている。代表的なケーブルのコネクタにRJ-45がある。

【コマンド】
command
ユーザがキーボードなどで特定の文字列を入力してコンピュータに与える「命令」のこと。

【コマンドプロンプト】
command prompt
Windowsに付属しているコマンド（命令）を実行するための環境（シェル）。

【コリジョン】
collision
イーサネット上で2台以上の端末からほぼ同時にデータが送信されることによって発生する電気信号の衝突のこと。

【コリジョンドメイン】
collision domain
コリジョンによって影響を及ぼす範囲のこと。スイッチおよびルータはポートごとにコリジョンドメインを分割できるが、リピータやハブでは分割できない。

【コンソールポート】
console port
ルータやスイッチなどの通信機器などにコンピュータを直接つないで管理アクセスするためのポート。CiscoルータやCatalystスイッチにはコンソールポート

が1つ存在し、ポート番号は0が割り当てられている。

【コンバージェンス】
convergence
収束。ルーティングアップデートが送信され、ネットワーク上のすべてのルータが最新の経路情報を学習し終えた状態。ルータが経路情報を学習し終えるまでの時間をコンバージェンス時間という。

【コンフィギュレーションレジスタ】
configuration register
ルータの起動方法を制御することができる16ビットの値。コンフィギュレーションレジスタ値は4桁の16進数で表現され、一般的なCiscoルータのデフォルトは「0x2102」、Catalystスイッチのデフォルトは「0xF」。

サ行

【サーバファーム】
server farm
複数のサーバが設置されている場所、あるいはサーバ群そのものを指す。

【サービスプロバイダ】
service provider
WANサービスを提供する電気通信事業者（キャリア）のこと。特にインターネット接続を提供するプロバイダをISP（インターネットサービスプロバイダ）という。

【再配布】（サイハイフ）
redistribute
あるルーティングプロセスで学習した経路情報（直接接続ネットワークおよびスタティックルートを含む）を、異なるルーティングプロセスの経路として配布する技術のこと。たとえば、EIGRPで学習した経路情報をOSPFの経路として隣接ルータへアドバタイズすること。

【サブインターフェイス】
sub-interface
1つの物理インターフェイスを複数の論理インターフェイスに分割する技術、あるいは論理インターフェイスのこと。サブインターフェイスは、VLAN間ルーティングやフレームリレー接続などで利用される。

【サブネットアドレス】
subnet address
単一のクラスフルネットワークを複数に分割したサブネットのネットワークアドレスのこと。

【サブネット化】
subnetting
ネットワークの管理単位をより小さい単位に分割すること。サブネット部はホスト部のビットを借用して定義する。サブネッティングともいう。

【サブネットマスク】
subnet mask
ネットワーク部（ビット：1）とホスト部（ビット：0）の境界を示す32ビットの値。4つのオクテットに「．」（ドット）で区切って10進数で表記する。IPアドレスはサブネットマスクによってネットワークアドレスを認識できる。

【サブネットワーク】
subnetwork
1つのネットワークアドレスをサブネット化して複数に分割したネットワークを指す。

【シーケンス】
sequence
並んだ順番にデータを処理していくこと、あるいは、連続して起こる順序などを指す。

【システムカレンダー】
system calendar
「ハードウェアクロック」を参照。

【システムクロック】
system clock
OSが管理する時刻情報。システム起動時に生成され、さまざまな時刻サービスとして使用される。ソフトウェアクロックとも呼ばれる。

【事前共有鍵】
Pre-Shared Key（PSK）
通信相手と事前に共有された鍵（パスフレーズ）のこと。TKIPと呼ばれる暗号プロトコルで暗号鍵を生成する際に用いる共有鍵(秘密鍵)を指す。実際にデータを暗号化するための暗号鍵を生成するのに用いる鍵であることから「事前共有鍵（PSK）」と呼ばれて

いる。

【ジッタ】
jitter

遅延のばらつき（ゆらぎ）のこと。たとえば、音声通信を行う際に、パケットを一定間隔で送信しても伝送遅延や処理遅延の影響で到達間隔にばらつきが生じる。そのまま再生すると品質が劣化するのでバッファに格納してジッタを補正してから再生する。

【ジャム信号】
jam signal

CSMA/CDのネットワーク（半二重のイーサネット）においてデータの衝突（コリジョン）が検出されたときに送信される衝突信号。ジャム信号を受信したホストは、コリジョンドメイン内でコリジョンが発生したことを知ることができる。

【巡回冗長検査】
Cyclic Redundancy Check（CRC）

巡回冗長符号。送信側で、データのビット列を生成多項式と呼ばれる計算式に当てはめてチェック用のビット列を算出し、それをデータの末尾に付けて送る。受信側でも同じ計算式を使い、その結果が同じであればエラーがないと判断する誤り検出方式のひとつ。

【冗長性】
redundancy

設備的に余裕を持った構成のこと。故障が発生してもほかの設備でカバーできるように備えておくこと。

【シリアルインターフェイス】
serial interface

1本の信号線で1ビットずつ順番にデータを送受信するシリアル転送方式の接続インターフェイス。Ciscoルータのシリアルインターフェイスでは、専用回線やフレームリレーなどのWAN接続を行うときに使用される。

【シリアルケーブル】
serial cable

信号の送受信に1本ずつケーブルを使用してシリアル（直列）に伝送するケーブルのこと。

【シリアル通信】
serial communication

データを送受信するとき、1本の伝送路（回線）を使用してデータを1ビットずつ順番に送受信する通信方式。シリアル通信方式の通信インターフェイスのことをシリアルインターフェイス（またはシリアルポート）と呼ぶ。

【自律システム】
Autonomous System（AS）

共通の運用ポリシー（管理）でルーティングが行われている1つのネットワークのこと。ASともいう。インターネットの実態はこのASを連結したもの。インターネット上ではIANAが管理し、日本ではJPNICがASごとの重複を避けるための番号の割り当てを担当している。

【シングルエリアOSPF】
single area OSPF

1つのエリアだけで構成されるOSPFルーティングドメインのこと。

【スイッチ】
switch

複数のネットワークセグメントを相互に接続する集線装置。ブリッジと同様にデータリンク層のデバイスであるが、ハードウェアでフレームの処理ができるためブリッジよりも高速。スイッチングハブともいわれる。

【スーパーバイザエンジン】
Supervisor Engine（SVE）

モジュール型のCatalystスイッチの心臓部に相当するモジュール。スイッチ全体を制御するためのCPUやメモリが搭載されている。SVEを2枚挿入することにより、SVE自体に障害が発生してもスイッチをそのまま稼働し続けることができる。

【スタティックNAT】（スタティックナット）
static NAT

変換前の内部ローカルアドレスと変換後の内部グローバルアドレスを1対1に固定して登録しておく変換方式。

【スタティックルート】
static route
特定の宛先ネットワークへのパケットを中継するために、管理者が手動でルーティングテーブルに登録する経路情報のこと。

【スタブネットワーク】
stub network
外部ネットワークへの接続が1つしかない末端のネットワークのこと。スタブとは「(木の)切り株」という意味を持ち、これ以上は枝分かれしない「端っこ」のネットワークを指す。一般にスタブネットワーク上のルータは、デフォルトルートによってパケットを大規模ネットワーク側へ転送する。

【ステートメント】
statement
プログラムの命令1個のこと。基本的にはプログラム1行が1ステートメントになる。ACLで設定される1行の条件文もステートメントと呼ばれる。

【ストレートケーブル】
straight cable
ツイストペアケーブルの配線種類のひとつ。両端にあるコネクタの同じピン同士を結線したケーブル。PCとスイッチ(またはハブ)などを接続する場合に使用する。

【スプリッタ】
splitter
ADSLなどの通信方式で用いられる装置で、信号を音声用信号とデータ通信用信号とに分離させるための装置のこと。

【スループット】
throughput
コンピュータやネットワークが一定時間内に処理できるデータ量(処理量)を指し、パフォーマンスの評価基準となる。

【スワップ】
swap
物理メモリ上のデータを補助記憶領域へ移し、使用可能な記憶領域を物理メモリ上に確保するための動作。

【制御ビット】
control bit
TCPヘッダ内で各ビットに意味を持たせた6ビット(URG、ACK、PSH、RST、SYN、FIN)の制御情報を格納するためのフィールド。各ビットに1をセットすることでパケットの受信側に処理を指示する。

【整合性】
consistency
ハッシュを使用し、データが伝送中に変更されていないことを保証すること。

【セグメント】
segment
ネットワークの構成単位。スイッチやルータが境界になる。ネットワークセグメントともいう。

【セッション】
session
コンピュータ通信における「セッション」にはいろいろな意味がある。プログラムが行う一連の作業あるいはその期間。または、通信に先立って2台のホスト間で必要な情報をやり取りすることを指す。

【セッション層】
session layer
OSI参照モデルの第5層(レイヤ5)に位置し、アプリケーションプロセスを識別し、セッションの開始・維持・終了するための機能を定義している。

【セットアップモード】
setup mode
ルータおよびスイッチの基本設定を対話形式で入力し、running-configおよびstartup-configを新規に作成するCisco IOSの動作オプション。起動時にNVRAMにstartup-configが存在しない、またはコンフィギュレーションレジスタ値が0x2142(ルータのみ)の場合はセットアップモードを開始するためのメッセージが表示される。

【セットトップボックス】
Set-Top Box
テレビに接続して、ケーブルTV番組の受信やテレビをインターネットに接続できるようにする機器のこと。STBと表記されることもある。

【全二重通信】
full duplex transmission
データの送信と受信を同時に行うことが可能な通信方式。理論上は半二重通信の2倍のスループットになる。

【専用線】
leased line
電気通信事業者から専用に回線を借りて特定の2地点間を接続する通信回線。共有型のWANサービスと違って、ほかのユーザがその回線を利用することがないため、通信品質が高く、常に一定速度で通信が可能。基本的に月額の利用料金は、接続される2点間の距離と通信速度に応じて決まる。ほかのWAN接続に比べて料金が高くなるため、専用線は企業の拠点間を接続したり、インターネットに接続するアクセス回線で利用される。

【ソフトウェアクロック】
software clock
「システムクロック」を参照。

タ 行

【ターミナルソフト】
terminal software
キーボードから入力した文字を接続先の端末機器に送信し、接続先の端末から送られてきた文字を表示するためのソフトウェアのこと。

【ターミネータ】
terminator
10Base5のイーサネット実装において、同軸ケーブルの端に取り付ける抵抗装置。電気信号が反射して正常な電気信号が壊れることを防ぐ。

【帯域幅】（タイイキハバ）
bandwidth
周波数の範囲のこと。最近では通信速度とほぼ同義に使用されている。

【ダイクストラアルゴリズム】
Dijkstra's Algorithm
1959年にエドガー・ダイクストラによって考案されたグラフ上の2頂点間の最短経路を効率的に求めるアルゴリズム。OSPFルーティングプロトコルなどで利用され、SPF（Shortest Path First：最短パス優先）とも呼ばれている。

【ダイナミックNAT】（ダイナミックナット）
Dynamic NAT（DNAT）
あらかじめプール内に登録しておいたグローバルIPアドレスの範囲から、必要なときに動的にアドレスを割り当てて変換する方式。

【ダイナミックVLAN】（ダイナミックブイラン）
Dynamic VLAN（DVLAN）
接続されたホストのMACアドレスに基づいて動的に所属するVLANを決定する方式。ダイナミックVLANにはVMPSと呼ばれるサーバが必要になる。

【ダイナミックルート】
dynamic route
ルーティングプロトコルによって情報交換することで自動的にルーティングテーブルに登録される経路のこと。

【タイムゾーン】
time zone
共通の標準時を使用する地域や区分のこと。タイムゾーンには名称が付けられており、その地域のUTCとの差で示すことが多い。日本時間のタイムゾーン名称は「JST」、時差は「UTC+9」。

【ダイヤルアップ】
dial-up
インターネットや社内LANに接続する際に、電話回線やISDN回線などの公衆回線とモデムを使ってプロバイダに電話をかけて接続する方法のこと。

【ダイレクトブロードキャストアドレス】
Direct Broadcast address
特定のサブネットワークでのブロードキャストに使用されるアドレスで、IPアドレスのホスト部のビットをすべて1にしたアドレス。通常、ダイレクトブロードキャストアドレスのパケットをルータは転送しない。

【チェックサム】
check sum
データを送受信する際に誤りを検出する方法のひとつ。送信側でデータと一緒にチェックサムを送信し、

受信側では送られてきたデータから同じ計算をしてチェックサムを比較し、一致するかどうか確認する。チェックサムが異なる場合は、伝送途中で誤りが発生したと判断し再送などの処理を行う。

【遅延】
delay
パケットを受信してから送出するまでにかかる時間。

【ツイストペアケーブル】
Twisted Pair cable
2本のケーブルをねじった「より対線」のケーブル。ケーブルをねじることでノイズを打ち消す効果があり、通信距離を延長できる。100Base-TXや1000Base-TなどのイーサネットLANで広く利用されている。シールドの有無によって、STP（Shielded Twisted Pair）とUTP（Unshielded Twisted Pair）に分類される。一般的なLANではUTPが利用されている。

【ディスタンスベクター】
distance vector
最適経路を決定するために使用するルーティングプロトコルの特徴・分類のひとつ。隣接ルータから受け取った簡単な情報（距離と方向）を基にルーティングテーブルを構成。ベルマンフォードとも呼ばれる。

【ディストリビューションスイッチ】
distribution switch
ディストリビューション層に配置されるスイッチであり、各フロアのアクセススイッチを束ねてルーティングやポリシー制御を行う。一般的にL3スイッチが使用される。

【ディストリビューション層】
distribution layer
キャンパス（企業）ネットワークの階層設計における階層のひとつ。ディストリビューション層はアクセススイッチを収容し、コア（バックボーン）へ接続する。また、パケットのルーティングやフィルタリングなどの各種サービスを提供する役割を持つ。通常、ディストリビューション層には高機能なレイヤ3スイッチが設置される。

【ディレクトリ】
directory
記憶媒体でファイルを分類・整理するための階層構造を持つグループ（保管場所）のこと。Windowsにおける「フォルダ」と同じ意味を持つ。

【データグラム】
datagram
UDP（コネクションレス型通信）のデータ転送の単位。

【データリンク層】
data link layer
OSI参照モデルの第2層に位置し、同一ネットワーク上の機器同士が通信をするための通信方式を規定している。データをフレーム化して送受信を行い、そのフロー制御と伝送エラー制御を行う。

【デバイスマネージャ】
device manager
デバイスを管理するためのユーティリティソフトのひとつ。デバイスの状態を確認したり、設定内容を変更したりできる。

【デバッグ】
debug
Cisco IOSソフトウェアにおけるデバッグは、あるプロトコル（あるいはプロセス）の動作をリアルタイムに確認することができるトラブルシューティング用のツールのこと。ただし、一般的にはソフトウェアプログラムのバグ（誤りや欠陥）を探して正常に動作するよう修正する作業を指すことが多い。

【デフォルトVLAN】（デフォルトブイラン）
default VLAN
工場出荷時にデフォルトで生成されているVLANのこと。VLAN1、1002～1005の5つがデフォルトVLANであり削除することはできない。

【デフォルトゲートウェイ】
default gateway
外部ネットワークと通信を行う際に、パケットの中継を依頼する代表（デフォルト）の「出入り口」となるノード。一般的にデフォルトゲートウェイにはルータを指定し、ルータによってパケットが中継される。

【デフォルトルート】
default route
ルーティングテーブルに明示的に登録されていない

ネットワーク宛のパケットを受信したときに使用される経路。

【デュアルスタック】
dual stack
IPv4とIPv6を共存させるための移行技術のひとつ。1台の機器にIPv4とIPv6の両方のアドレスを割り振って混在させることができる。現在のIPv6対応機器のほとんどがIPv4にも対応しており、デュアルスタックであるといえる。

【電気通信事業者】
carrier
WANを構築するための通信サービスを提供している企業のこと。キャリアとも呼ばれる。国内では第1種通信事業者（自前の設備でサービスを提供する）と第2種通信事業者（第1種通信事業者から設備を借りてサービスを提供する）に分けられる。NTTやKDDIなどが第1種通信事業者にあたる。

【伝送メディア】
transmission media
ネットワーク上で通信を行うために信号を伝送する物理的な媒体のこと。伝送媒体とも呼ぶ。伝送媒体には有線と無線がある。

【等コスト】
equal-cost
コスト（メトリック）値が等しい経路のこと。

【同軸ケーブル】
coaxial cable
中心に1本の導線があり、その周りに絶縁体、編組線（細い導線を網目状に編んだもの）、絶縁体の順に巻き付けられたケーブル。外部からの電波障害に強い。テレビ用アンテナケーブルやCATV用ケーブルなどの高周波信号の伝送や、初期のイーサネット10Base2、10Base5で使用されていた。

【トークンパッシング】
token passing
トークンと呼ばれる「送信権」を示すデータを利用した媒体アクセス制御方式。ネットワーク上にトークンを循環させ、トークンを保持するノードだけがデータを送信できる。これによって、複数のノードが同時にデータを送信しないように制御する。

【トークンリング】
Token Ring
IBMが提唱し、IEEE 802.5で標準化されたリング型トポロジのLAN。トークンといわれる送信権を巡回させて送信する順番を決める。通信速度は4Mbps、16Mbps。

【特権モードパスワード】
enable password
特権EXECモードへのアクセスを保護するために設定するパスワード。イネーブルパスワードは、enable passwordコマンドとenable secretコマンドの2つの設定方法がある。

【トポロジ】
topology
コンピュータネットワークの接続形態のこと。代表的なトポロジに、スター型、バス型、リング型などがある。

【トポロジテーブル】
topology table
OSPFやEIGRPなどのルーティングプロトコルにおいて、宛先ネットワークへの経路情報が格納されているテーブル。OSPFではトポロジテーブルをLSDB（リンクステートデータベース）という。

【ドメイン名】
domain name
インターネット上でIPアドレスの代わりに使用する、コンピュータを識別するための名前。Webサイトのアドレスや、電子メールのアドレスによく使用される。たとえば、「http://www.example.co.jp」の場合、「www.example.co.jp」部分がドメイン名。

【トラブルシューティング】
troubleshooting
何らかの原因によって発生した異常状態を解決して正常な状態に戻すための手段、あるいはその行為。

【トランクプロトコル】
Trunking Protocol
トランクリンク上でVLAN識別情報を付加するプロトコル。最も一般的なものはIEEE 802.1Q。

【トランクポート】
trunk port
複数のVLANに所属するスイッチポート。同じVLANが複数のスイッチにまたがって構成される場合にスイッチ間をトランクポートで接続する。

【トランスポート層】
transport layer
OSI参照モデルの第4層(レイヤ4)に位置し、通信の信頼性を保証するための機能や、アプリケーション間でセッションを開始するために必要となるポート番号の割り当てを定義している。

【トランスレータ】
translator
ある形式で記述されたデータを、意味や内容を変えずに別のデータ形式に変換するシステム(またはソフトウェア)などのこと。

【トリガードアップデート】
triggered update
ネットワークの状態が変化すると、定期アップデート時間を待たずにただちに通知することで、コンバージェンス時間を短縮するための対策。

【トレーラ】
trailer
データを送信する際にデータ部分の最後に付加される制御情報のこと。

【トンネル】
tunnel
インターネット上にトンネルのような仮想的なポイントツーポイント接続を作るための概念。トンネルの実体は「カプセル化」である。具体的にはLAN側のパケットをVPNゲートウェイが、別のIPパケットに包んで(カプセル化して)インターネットへ転送し、トンネルの出口となるピアVPNゲートウェイが非カプセル化をして元のパケット状態に戻して宛先へ転送する。

ナ行

【内部グローバルアドレス】
inside global address
内部のホストが外部で使用する一意のIPアドレス。具体的にはISPから受け取ったグローバルIPアドレスが使用される。

【内部ルータ】
inside router
すべてのインターフェイスが同じエリアに接続しているOSPFルータのこと。

【内部ローカルアドレス】
inside local address
内部のホストに割り当てるIPアドレス。具体的にはプライベートIPアドレスの範囲が使用される。

【ナチュラルマスク】
natural mask
クラスに基づいたサブネットマスクのこと。クラスA「255.0.0.0」、クラスB「255.255.0.0」、クラスC「255.255.255.0」。デフォルトマスクともいう。

【名前解決】(ナマエカイケツ)
name resolution
ネットワーク上でデバイスやコンピュータに付けられた名前からIPアドレスを割り出すこと、またはその逆をすること。名前解決によって単なる数値の羅列ではなく、人間が理解しやすい名前で通信することが可能になる。

【なりすまし】
spoofing
ネットワーク上で第三者のふりをして活動する行為全般を指す。代表的な行為に個人情報の盗用、犯罪行為の身分偽装、電子メール送信や掲示板への書き込みなどがある。

【認証】
authentication
コンピュータシステムやネットワークなどへアクセスするユーザの正当性を検証する作業(あるいはプロセス)のこと。認証方法として、ID(ユーザ名)とパスワードがよく使用される。

【認証局】
Certificate Authority (CA)
電子商取引事業者などに暗号通信などで必要となるデジタル証明書(電子証明書)を発行する機関で、CA(シーエー)とも呼ばれている。認証局は運用に

柔軟性を持たせるため、一般的に階層化されており最上位の認証局をルート認証局（ルートCA）と呼んでいる。認証局には、民間の有料で認証サービスを提供しているところや、無料でサービスを提供しているところ、企業内で設置するプライベートなものなどがある。最も代表的な民間の認証局はベリサイン（VeriSign）。

【ネイティブVLAN】（ネイティブブイラン）
Native VLAN
IEEE 802.1Qトランクリンク上で、フレームにタグを挿入しないで標準イーサネットフレームのまま伝送する特別なVLAN。タグなしVLANとも呼ばれる。ネイティブVLANは1つのトランクに1つのVLANだけ用意される。デフォルトでVLAN1がネイティブVLAN。

【ネイバーテーブル】
neighbor table
OSPFやEIGRPなどのルーティングプロトコルにおいて、隣接するルータがリスト（記載）されているテーブル。

【ネクストホップアドレス】
next-hop address
受信パケットを宛先ネットワークへ転送するために、次にパケットを転送する隣接ルータのIPアドレスのこと。

【ネットワークアーキテクチャ】
network architecture
コンピュータや端末、通信ネットワークなどの要素からなる通信システムにおいて、各要素の接続条件や要素間を通信する場合のプロトコルを体系的に定めたもの。代表的なものにOSI参照モデルがある。

【ネットワークアドレス】
network address
個々のネットワーク（サブネット）を識別するためのアドレス、またはネットワークアドレス部。

【ネットワークインターフェイス層】
network interface layer
TCP/IPプロトコルにおける階層のひとつ。OSI参照モデルにおける物理層（第1層）とデータリンク層（第2層）に相当する。

【ネットワーク層】
network layer
OSI参照モデルの第3層（レイヤ3）に位置し、異なるネットワーク上にあるノード間の通信を実現し、パケットの伝送経路選択などの機能を定義している。ネットワーク層の役割を提供する機器にルータがある。

【ネットワークデバイス】
network device
ネットワークに直接接続して通信できるようにするための機器。

【ノイズ】
noise
不要な音や情報などの「雑音」を意味し、通信の分野では機器から漏れた電磁波をほかの機器が拾うことによって発生することが多い。

【ノード】
node
ネットワークに接続されている端末やネットワークデバイスのこと。コンピュータもノードのひとつ。

ハ行

【ハードウェアクロック】
hardware clock
コンピュータの基板上に搭載された時計機能。Ciscoデバイスの多くはバッテリ駆動式のハードウェアクロックを内蔵し、システム起動時に使用してソフトウェアクロックを初期化（設定）する。ハードウェアクロックはシステムカレンダー（またはカレンダー）とも呼ばれる。

【バイト】
byte
情報の単位のひとつ。1バイト＝8ビット。ただし、一部の汎用機では1バイト＝9ビットとして扱うなどの例外もある。

【ハイパーテキスト】
hyper text
いくつかのテキスト同士を関連付けて結びつけたテキストのこと。

【パケット】
packet
コンピュータ通信において、送信先のアドレスなどの制御情報が付加されたデータの小さな単位のこと。

【パケット交換】
packet exchange
送信するデータをいったんパケットと呼ばれる小さな単位に分割して伝送するWANサービス。各パケットには宛先となる識別情報が付加されるため、複数の回線を通じて効率よく伝送することが可能。仮想回線（バーチャルサーキット）を確立し、1本のアクセス回線を使用して複数の離れた拠点と安価に通信できる。パケット交換方式のWANサービスには、フレームリレー、X.25、ATMがある。

【バス型】
bus topology
ネットワーク接続形態のひとつ。「バス」と呼ばれる1本のケーブルに端末を接続する方式。10BASE-2や10BASE-5がこの形態。ケーブルの端にターミネータ（終端抵抗）を取り付け、信号が反射してノイズになるのを防ぐ。

【パスワードリカバリ】
password recovery
パスワード復旧。万が一パスワードを忘れてしまった場合に行う復旧（回復）作業のこと。

【バックオフ】
back off
CSMA/CD方式などのネットワークでデータの衝突（コリジョン）を検出した場合に、送信までの待ち時間を算出するためのアルゴリズム。

【バックツーバック接続】
back-to-back connection
ルータのシリアルインターフェイス同士を直接つないで通信する方法。

【バックボーン】
backbone
複数のネットワークを接続する中核となる高速大容量の基幹通信回線（または基幹ネットワーク）。企業の複数のLANやWANを相互接続するための回線や、インターネット上でのサービスプロバイダ同士や、ほかのプロバイダとIX（インターネットエクスチェンジ）間を結ぶ回線をそれぞれ指す。

【バックボーンエリア】
backbone area
OSPFルーティングドメインで、複数のエリアを相互接続するエリア。バックボーンエリアはエリアID「0」で定義され、エリア間の通信はバックボーンエリアを通過するため「通過エリア」とも呼ばれている。

【バックボーンルータ】
backbone router
少なくとも1つのインターフェイスがバックボーンエリア（エリア0）と接続しているOSPFルータのこと。

【ハッシュ】
hash
元の文字列をある関数（計算式）によって出力した固定長のビット列の値。ハッシュ値から元の文字列を推定することは不可能。

【パッチ】
patch
いったん完成したソフトウェアのバグ（不具合）の修正や、追加された新機能などのために使用するファイルのこと。

【パディング】
padding
固定長データを扱う際に文字数（桁数）が足りないデータの前後に補われる意味を持たないデータのこと。

【ハブ】
hub
10BaseTなど、スター型トポロジのイーサネットLANで使用される集線装置。リピータハブともいう。フレームヘッダを認識しないため、物理層デバイスである。

【ハブアンドスポーク型】
Hub and Spoke
ネットワーク接続形態のひとつ。中心のノードである「ハブ」からケーブルなどが放射状に出る構造を指し、スター型とも呼ばれる。

【パフォーマンス】
performance
性能や処理能力のこと。

【パラメータ】
parameter
コマンドを実行する際に指定する数値や文字のこと。

【半二重通信】
half duplex transmission
1つの通信チャネルで送信と受信を切り替えながら通信を行う方式。ハブを使用した場合は半二重の通信になる。

【ピア】
peer
ピアにはいろいろな意味がある。①「OSI参照モデルにおけるピア」同じ階層のプロトコルを使用してデータをやり取りすること。②「ピアツーピア」対等の立場でネットワーク接続をするノードのこと。③「VPNピア」VPN接続をする通信相手のこと。

【光スプリッタ】
optical splitter
分配器、分岐装置。複数のユーザ宅からの光信号を1本の光ファイバで伝送、および分岐するための装置のこと。

【光ファイバ】
optical fiber
コアという中心部にレーザー光やLEDに変調したデータを通すことでデータ通信を行う伝送メディア。信号が減衰しにくく、長距離の高速伝送を実現する。

【引数】 (ヒキスウ)
argument
コマンドを実行する際にユーザが指定する値や情報（パラメータ）。

【ビット】
bit
コンピュータが扱う情報の最小単位。2進数の0と1で表現され、nビットで2のn乗の情報量を持つ。

【非同期シリアル】
asynchronous serial
複数のデータを直列に伝送する通信方式。この方式では送信側と受信側であらかじめ転送速度を合わせておく必要がある。

【ファイアウォール】
firewall
組織内のコンピュータネットワークへ外部から侵入されるのを防ぐシステム、あるいはそのような機能が組みこまれた装置。

【フィルタリング】
filtering
一定の条件に基づいてデータなどを選別・排除する仕組みのことを指す。たとえば、スイッチは受信したフレームの宛先MACアドレスがMACアドレステーブルに学習されている場合、そのMACアドレスに対応するポートにのみフレームを送出し、それ以外のポートからはフレームを転送しない処理をフィルタリングという。

【ブートストラップ】
bootstrap
コンピュータを起動すること、または電源を投入してから操作可能な状態になるまでに自動的に行われる一連の処理。

【負荷分散】
load balancing
「ロードバランシング」を参照。

【復号】
decode
暗号化されたデータを元に戻して読み取れる状態にすること。

【輻輳】 (フクソウ)
congestion
処理能力を超えるほどのトラフィックが一カ所に集中し、ネットワークが混雑している状態のこと。

【符号化】
encoding
データを一定の規則に基づいてビット化すること。たとえば、音声や映像などのアナログデータをデジ

タルのネットワークで伝送するには、アナログ信号をデジタル信号に変換する必要がある。この処理も「符号化（エンコード）」という。逆にデジタル信号をアナログ信号に変換する処理を「復号（デコード）」という。

【物理層】
physical layer
OSI参照モデルの第1層（レイヤ1）に位置し、ネットワークの電気的および機械的な通信媒体について定義している。具体的には、ケーブルの種類やコネクタ形状、およびデータと電気信号の電圧などの使用が含まれる。

【プライベートIPアドレス】
private IP address
内部ネットワークに接続された機器に一意に割り当てられるIPアドレスで、インターネットで使用することが禁止されている。ローカルアドレスともいう。

【プラグアンドプレイ】
Plug and Play（PnP）
「特別なことをしなくても接続すればすぐ使用できる」という意味を持ち、周辺機器を接続するとドライバのインストールや設定作業が自動的に行われる機能。

【フラグメンテーション】
fragmentation
本来は連続しているデータが、小さな不連続のブロックに分断された状態を指す。物理層の制限（たとえば、イーサネットの場合は1,500バイトまで）によってデータを一度に送信することができない場合に、データを分割して送り受信側で再構成する。

【フラグメント】
fragment
断片。分割されたデータのこと。一般的に長いパケットを複数の短いパケットに作り直して中継するときに用いる。

【フラッシュメモリ】
flash memory
データの読み書き、消去が自由にでき、システムの電源をオフにしても内容が消えないメモリ。CiscoルータおよびCatalystスイッチの場合、IOSが格納されている。

【フラッディング】
flooding
受信したポートを除くすべてのポートにフレームを転送する送出方法のこと。ネットワーク上のすべての端末に対してデータを洪水（flooding）のように流すことからこう呼ばれている。

【プラットフォーム】
platform
ハードウェアやソフトウェアを動作させるために必要となるハードウェア自体のこと。

【フラッピング】
flapping
何らかの障害によって特定インターフェイス（またはネットワーク）がup/downを繰り返し、正常な転送処理ができなくなる状態。

【ブランチルータ】
branch router
企業の支店・拠点など、比較的小規模なオフィスで使用するのに適したルータのこと。

【プリアンブル】
preamble
データリンク上でデータの始まりを示す制御情報。プリアンブルによって受信側で正しく信号を読み取ることができる。

【フリーソフト】
free software
使用期限がなく、誰でも自由に使用できるソフトウェアのこと。基本的に無償で提供されているが、作成者は著作権を放棄していないことが多いため、許可がない限り改変したり販売したりすることはできない。

【プリインストール】
preinstall
あらかじめインストール（導入）されていること。

【ブリッジ】
bridge
複数のネットワークセグメントを相互に接続するデータリンク層の装置。現在はブリッジの代わりに

スイッチが使用されている。

【ブルートフォース攻撃】
brute force attack
考えられる文字の組み合わせを片っ端から試みてパスワードを割り出すための暗号を解読する手法。総当たり攻撃とも呼ばれる。

【ブレーク】
break
キー操作などで即時に停止させる機能。

【フレーム】
frame
OSI参照モデルにおけるトランスポート層（第2層）のデータ単位。上位層から渡されたデータの先頭にはヘッダ（制御情報）を付加し、後ろにはエラーチェックを行うトレーラを付加してカプセル化した形式。

【フレームリレー】
frame-relay
データをパケットと呼ばれる小さな単位に分割して送受信するパケット交換方式のひとつ。光ファイバ化されたことで信頼性が向上したため、従来のX.25から誤り訂正手順を除いて簡略化することで高速伝送を実現している。

【プレーンテキスト】
plain text
平文（ヒラブン、ヘイブン）ともいう。暗号化されていないそのままのデータのこと。クリアテキストとも呼ばれる。平文のデータは第三者に盗聴されると簡単に読み取られてしまう。

【プレゼンテーション層】
presentation layer
OSI参照モデルの第6層（レイヤ6）に位置し、やり取りするデータの表現形式や圧縮方式などを定義している。

【プレフィックス長】
prefix length
ネットワーク部（サブネット部を含む）の長さをビットで表したもの。プレフィックス（prefix）とは「前に付けるもの」という意味があり、IPアドレスの先頭部分を指している。たとえばサブネットマスク「255.255.0.0」の場合、プレフィックス長は「/16」となる。

【フロー制御】
flow control
受信側の受信状況によって、送信するデータの速度を落としたり停止したりすることでデータの送信量やタイミングを調整する機能。

【フローティングスタティックルート】
floating static route
ルーティングプロトコルよりもアドミニストレーティブディスタンス値を大きく（信頼性を低く）したスタティックルートを設定しておき、普段はダイナミックルートによるルーティングを行う。リンク障害時にダイナミックルートがルーティングテーブルから削除されると、代わりにスタティックルートが「浮き出てくる」ように動的にルーティングテーブルに登録されるスタティックルートのこと。

【ブロードキャスト】
broadcast
同一ネットワークの全ノードに向けて送信される通信。

【ブロードキャストアドレス】
broadcast address
ネットワーク上のすべてのノードを対象にして、データを送るために予約されている特別なアドレス。イーサネットアドレスの場合「FF-FF-FF-FF-FF-FF」、IPアドレスの場合は「255.255.255.255」が使用される。

【ブロードキャストストーム】
broadcast storm
ループ状に構成されたネットワーク上に、ブロードキャストパケットが転送されて止まらなくなっている状態のこと。ブロードキャストストームが発生すると、帯域がブロードキャストで埋め尽くされてしまい正常な通信ができなくなってしまう。この問題を回避するのがスパニングツリープロトコル。

【ブロードキャストドメイン】
broadcast domain
宛先がすべてのノードであるブロードキャストトラフィックが流れていく範囲のこと。ルータのインタフェイスで分割されるため、ホストがルータを介さない（ルーティングしない）で直接通信することが

【ブロードバンドルータ】
Broadband Router
ルータの一種で、ADSLなどのブロードバンドによるインターネット接続を前提として販売されている製品のこと。

【フローラベル】
flow label
IPv6基本ヘッダにあるフィールドのひとつ。送信ノードがルータに対してIPパケットの流れ（フロー）を分類するために規定された識別情報。

【プロキシARP】
Proxy-ARP
代理ARP。ARP要求をホストに代わって、ルータが自身のMACアドレスを返答するルータ機能のひとつ。

【プロセスID】（プロセスアイディー）
process ID
1台のルータで複数のOSPFプロセスを動作させることができるため、ルータ内部でプロセスを識別するために使用する番号。ただし、ルータに余計な負荷がかかるため通常は1つのOSPFプロセスしか起動しない。プロセスIDはネイバールータと一致させる必要はない。

【プロトコル】
protocol
コンピュータ同士が通信を行うために決められた約束ごと。多くの通信は複数のプロトコルを組み合わせて実現している。

【プロトコルスイート】
protocol suite
コンピュータ上で通信を実現するための一連の通信プロトコル群を実装しているモジュール（プログラム部品）のこと。プロトコルスタックともいう。

【プロトコルスタック】
protocol stack
「プロトコルスイート」を参照。

【プロトコル番号】
protocol number
受信側で上位のプロトコルを識別するための番号。送信側はIPヘッダのプロトコルフィールドに上位のプロトコル番号を入れて送信し、受信側のIPはこの番号を確認して上位プロトコルにデータを渡す。

【プロンプト】
prompt
コンソール画面からコマンドを入力するときに、画面の左端に表示される文字のこと。

【ペイロード】
payload
転送するデータのうち、通信の確立に必要な情報を除いたデータ本体のこと。

【ベースバンド】
base band
コンピュータが出力するデジタルデータを符号化し、その信号をパルスとして伝える伝送方式のこと。

【ベストエフォート型】
best effort
品質非保証型。サービスの品質（QoS）の保証がない通信ネットワーク、あるいは通信サービス。逆にサービス品質（QoS）が保証されている通信ネットワークのことを「ギャランティ型」という。

【ヘッダ】
header
データを送信する際にデータ部の先頭に付加される制御情報のこと。一方、データの最後に付加する情報をトレーラという。

【ベビージャイアントフレーム】
baby giant frame
最大1,600バイトまでのイーサネットフレームのことで、パケットサイズ（MTUサイズ）は1,552バイト（ヘッダ/トレーラを含まない）。通常、スイッチの非トランクポートでは1,500バイトを超えるフレームをサポートしていないが、トランクポートとして設定することで大きなサイズのフレームをサポートすることができる。

用語集

【ベルマンフォード】
Bellman-Ford
最適経路を選択するために、経路中のホップカウントを繰り返し計算するルーティングアルゴリズム。経路情報を更新するとき、各ルータは自身のルーティングテーブルを隣接ルータへ送信する。ディスタンスベクター型のRIPで使用するアルゴリズム。

【ベンダ】
vendor
製品を販売する会社のこと。メーカーと呼ぶ場合もある。複数のベンダの製品を組み合わせて構築することをマルチベンダという。

【ポイントツーポイント】
point to point
2つのデバイス同士を直接つなぐ接続形態のこと。

【ポート番号】
port number
TCPやUDPを使用したアプリケーション（サービス）を識別するための番号で、セグメントのレイヤ4（トランスポート層）ヘッダ内に格納されている。たとえば、80番はHTTP、21番はFTPと識別される。

【ボーレート】
baud rate
デジタル信号をアナログの搬送波で送信するときに用いる伝送速度の値で、モデムなどのアナログ回線でシリアル転送する際の単位として使用される。データ転送の単位としてはbps（bits per second）が一般的。ボーレートは1秒間に行う変復調の回数を表し、bpsは1秒間に転送可能なデータ量を示している。ボーレート値は大きいほど、より多くの情報が転送可能。

【ホップカウント】
hop count
ホップ数。ネットワーク的な距離を表す数のことで、宛先までに通過するルータの数を示している。RIPはメトリックにホップカウントを使用し、宛先までに通過するホップ数（ルータ数）が最少の経路を最適経路に選択する。

マ行

【マイクロコード】
microcode
CPUの処理内容を記述したコードまたは言語のこと。マイクロコードで記述されたプログラム（命令）によってハードウェアの動作を制御する。

【マイクロ秒】
micro second、μ sec
コンピュータで使用される時間単位のひとつ。1マイクロ秒は、100万分の1秒のこと。

【マルチアクセスネットワーク】
multi access network
1つのインターフェイス上に複数の端末が接続可能なネットワークを指す。代表的なマルチアクセスネットワークはイーサネットLAN。フレームリレーも1つのアクセス回線で複数の仮想回線（VC）を多重化しているためマルチアクセスネットワーク。

【マルチエリアOSPF】
multi area OSPF
複数のエリアで構成されるOSPFルーティングドメインのこと。バックボーンエリアを中心にほかのエリアを接続する2層の階層型で設計する。

【マルチキャスト】
multicast
宛先がグループの通信方式のこと。送信元では宛先がマルチキャストアドレスのパケットを1つだけ送信し、そのパケットはネットワーク途中にあるルータなどによって必要に応じてコピーされて受信者へ配信されるため、動画など容量の大きなデータを効率よく配信することができる。

【マルチキャストアドレス】
multicast address
特定のグループを対象にして、データを送るときに使用するアドレス。IPv4の場合、マルチキャストアドレスはクラスDとして定義されており、第1オクテットが「224～239」の範囲のアドレス。

【マルチベンダ】
multi-vendor
製品やサービスの供給元のことをベンダといい、ある特定ベンダの製品だけでシステムを構築するので

はなく、さまざまなベンダ製品からそれぞれ優れたものを選んで組み合わせて構築したシステムをマルチベンダという。なお、特定ベンダの製品だけで構築されたコンピュータシステムをシングルベンダという。

【マルチレイヤスイッチ】
multi-layer switch
1台の機器でOSI参照モデルにおける複数の層（レイヤ）のデータを認識し、各層の制御情報に基づいてデータの処理を行う装置。レイヤ3スイッチともいう。

【未指定アドレス】
unspecified address
アドレスがないことを示す特別なIPv6アドレスで、128ビットすべてゼロ「0:0:0:0:0:0:0:0」のアドレス。アドレスが重複されていないかどうか検出する際などで利用される。

【無線LANアクセスポイント】
wireless-LAN access point
無線LANで無線デバイスを接続する中継装置。有線LANでいうリピータハブに相当。通常、無線LANクライアントはアクセスポイントを介して有線LANと接続する。

【メジャーネットワーク】
major network
「クラスフルネットワーク」を参照。

【メッセージダイジェスト】
message digest
与えられた値から固定長の擬似乱数を生成する演算手法のこと。生成した値はメッセージダイジェストやハッシュ値と呼ばれる。通信回線を通じてデータを送受信する際、お互いにデータのハッシュ値を求めて比較することで、データが通信途中で改ざんされていないことを確認できる。生成した値は不可逆な一方向関数を含むためハッシュ値から原文を再現することはできず、また同じハッシュ値を持つ異なるデータを作成することは極めて困難。ユーザ認証やデジタル署名などに使用されている。

【メディア】
media
情報の伝達を行う媒介物（物質）のこと。有線LANの場合、ケーブルを指す。

【メトリック】
metric
ルーティングアルゴリズムが最適経路を決定するときに使う基準となる値。たとえば、RIPはホップカウント、OSPFはコスト、EIGRPは帯域幅と遅延をメトリックにしている。

【モジュール】
module
機器単位で交換可能な部品のこと。

【モデム】
modem
コンピュータから送られてくるデジタル信号をアナログ信号（音声）に変換して電話回線に流したり、電話回線を通じて聞こえてくる音声信号をデジタル信号に変換したりする変復調装置。

【モバイル】
mobile
携帯可能な情報・通信機器や移動体通信システムのこと。

【モバイルIP】
mobile IP
IPネットワーク上で端末が移動しても、移動前と同じIPアドレスを使って通信を続けられるようにするための技術。エージェントと呼ばれる機能を持つ機器は、端末が移動する前のアドレス「ホームアドレス」と移動先を示す「気付けアドレス（Care of Address）」の2つを管理し、必要に応じてIPパケットを移動先ネットワークへ転送することで、端末は常に同一IPアドレスを利用し続けることが可能となる。

ヤ行

【ユニキャスト】
unicast
送信側と受信側が1対1で通信を行う方式のこと。パケットの宛先アドレスには特定の相手を指定して送信する。

【ユニキャストアドレス】
unicast address
特定のノードを表すアドレス。

【要請ノードマルチキャストアドレス】
solicited-node multicast address
ノードまたはルータのインターフェイスに設定されたユニキャストアドレス、エニーキャストアドレスから自動的に生成されるマルチキャストアドレスで、重複アドレス検出やリンク層アドレス解決で使用される。アドレス形式は「FF02:0:0:0:1:FFxx:xxxx」で、ユニキャストまたはマルチキャストアドレスの下位24ビット（xの部分）にプレフィックスとしてFF02:0:0:0:0:1:FF00::/104を付加する。

ラ行

【ラウンドトリップ時間】
Round Trip Time（RTT）
ある端末から発信したパケットが相手に届き、さらにその返答が返ってくるまでの時間。

【ラウンドロビン】
round robin
トラフィックを順番に振り分ける方法のひとつ。ラウンドロビン方式では、すべてのプロセスが平等に扱われる。

【ラストリゾートゲートウェイ】
last resort gateway
デフォルトルートの経路情報に指定されるネクストホップアドレスであり、文字どおり「最後の手段のゲートウェイ」を表す。

【リピータハブ】
repeater hub
イーサネットLANで複数のコンピュータを接続する集線装置で「ハブ」とも呼ばれる。ハブは送り先を制御できず、あるポートで受信したデータをほかのすべてのポートから送信する。レイヤ2の制御情報（ヘッダ）を読み取ることができないため「物理層デバイス」として定義される。

【リプレイ攻撃】
replay attack
クラッカーが不正にコピーしたパケットを対象に送りつけることで、正規の送信者になりすました不正な通信を試みる攻撃。IPsecではパケットにシーケンス番号を使用してリプレイ攻撃を防止する。

【リモートアクセス】
remote access
通信回線を利用して遠隔地にあるデバイスやコンピュータに接続すること。

【リンク】
link
データ通信を行う際の通信回線のこと。

【リンクステート】
Link State
最適経路を決定するルーティングアルゴリズムのひとつ。隣接ルータとリンクの詳細な情報を交換し合ってネットワークのトポロジを把握し、SPFアルゴリズムで最適経路を決定する。

【ルータ】
router
複数のネットワークを相互に接続するネットワークデバイス。ネットワーク層のデバイスで、離れたネットワークへデータを転送するためにルーティング処理を行うほか、メディア変換やパケットフィルタリングなどの機能を持つ。

【ルーティッドプロトコル】
routed protocol
実際にルーティングテーブルを利用するネットワーク層のプロトコルを指す。主なルーティッドプロトコルにIP、IPX、AppleTalkがある。

【ルーティングテーブル】
routing table
主にルータが持つ経路情報のこと。ルータがパケットをルーティングする際に、この情報を参照する。

【ルーティングプロトコル】
routing protocol
ダイナミックルーティングを実現するためのプロトコル。ルータ間で経路情報を交換し、ルーティングテーブルに自動的に最適経路を登録し、それを保守する。代表的なルーティングプロトコルにRIP、OSPF、EIGRP、BGPがある。

【ルーティングループ】
routing loop
誤った経路学習が原因で、同じパケットがルータ間で繰り返し転送される状態のこと。

【ルートサーバ】
root server
最上位のDNSサーバで、世界中で13台（13カ所）に配置されておりA〜Mまでの名前が付けられている。そのうち10台が米国に配置されている。日本は「M」で、東京のWide Projectという組織で管理・運用している。

【ルート再配布】
redistribute
あるルーティングプロセスで学習した経路情報（直接接続ネットワークおよびスタティックルートを含む）を、異なるルーティングプロセスの経路として再配布する技術のこと。たとえば、RIPで学習した経路情報をOSPFのルートとしてアドバタイズ（通知）すること。

【ループバックアドレス】
loopback address
自分自身を示す特別なIPアドレスのこと。IPv4では「127.x.x.x」、IPv6では「::1」が定義されている。機器が正常に動作しているかテストするために自分から自分自身へ送ってみるときなどに使われる。

【ループバックインターフェイス】
Loopback Interface
Cisco IOSでソフトウェアが論理的に定義されるインターフェイス。グローバルコンフィギュレーションモードからinterface loopback <port-number>コマンドで生成できる仮想のインターフェイスで、さまざまな用途で使用される。

【レイヤ3スイッチ】
layer 3 switch
レイヤ2スイッチに、レイヤ3のルーティング機能を追加した機器。

【ローカルループ（加入者線）】
local loop
加入者の接続点（責任分界点）と電気通信事業者のネットワークの先端までをつなぐ伝送路のこと。

【ロードバランシング】
load balancing
負荷分散。トラフィックを複数の接続パスに分配する機能。本来はシステムにかかる負荷を、利用可能な複数の資源に分散することにより安定してシステム全体が稼働できるようにする技術を指す語だが、ロードバランシングは、ネットワークトラフィックの負荷分散、デバイス間でのデータ転送時の負荷分散など、さまざまな意味で使われている。

【ロールオーバーケーブル】
rollover cable
コンソールケーブル。Ciscoルータ（またはCatalystスイッチ）とPCを直接接続して管理アクセスするためのケーブルで、ルータやスイッチの購入時に同梱されている。

【ロンゲストマッチ】
longest match
最長一致。ルーティングテーブルからパケットの宛先に該当する経路を選択するとき、該当する経路が複数ある場合にプレフィックス長が長い方のネットワークアドレスを選択する規則のこと。

ワ行

【ワイルドカードマスク】
wildcard-mask
アドレスを指定するときに、どの部分と一致しなければならないかを決める32ビットの数値で表記は10進数。アクセスコントロールリストやOSPF、EIGRPなどを設定するときに用いられる。ワイルドカードビット0の部分はチェック（一致）し、1の部分は無視を意味する。たとえば、サブネットアドレス10.1.1.0/24を指定するときのワイルドカードマスクは「0.0.0.255」になる。反転マスクとも呼ばれている。

索引

記号・数字

::	764
#	206
>	205
|	211
::1	764
--More--	215
0x2102	673, 677, 728
0x2142	675, 677, 727
1000BASE-T	26
100BASE-TX	26
10BASE5	60
10BASE-T	60
10ギガビットイーサネット	61
10進数	43
127.0.0.1	170
16進数	43, 758
2000::/3	762
2001::/16	770
2001:db8::/32	764
2002::/16	756
2進数	43, 758
3DES	595
3ウェイハンドシェイク	118
6to4	756

A

AAA	581
access-classコマンド	597
access-listコマンド	435
ACK	118, 467
ACL	420, 486
AD	335
AES	595
Alerts	654
anyキーワード	432
APIPA	170
archiveコマンド	689
ARP	99, 102, 105
arpコマンド	105
ARPテーブル	100, 105
ARPパケット	106
ARPリクエスト	101
ARPリプライ	101
AS	326
ASIC	74
auto	373
Auto MDI/MDI-X	30, 272
AUXポート	202, 669

B

BGP	326
BOOTP	134
boot systemコマンド	677, 692
bootコマンド	732
bps	55

C

CAM	265
CAMテーブル	79, 265
Catalystスイッチ	246, 247
CD	64, 66
CDP	619, 630
CIDR	178, 333
Cisco IFS	682
Cisco IOS	205, 672
Cisco IOS WebブラウザUI	203
Cisco IOSイメージ	677, 684
Cisco IP Phone	386
Cisco ISR	282
Cisco License Manager	718
Cisco License Registration Portal	718
Ciscoデバイス検出プロトコル	630
clear access-list countersコマンド	448
clear cdp countersコマンド	637
clear ip dhcp conflictコマンド	472
clear ip nat statisticsコマンド	498

clear mac address-table dynamicコマンド	269
CLI	205
clock timezoneコマンド	667
config-registerコマンド	676
configure terminalコマンド	207
copy flash:コマンド	732
copy running-configコマンド	693, 696, 728, 732
copy startup-configコマンド	696, 699
copy tftp:コマンド	698, 699
copyコマンド	222, 685, 688
CPU	666, 667, 669
Critical	654
CS	63, 65
CSA	709
CSMA/CA	68
CSMA/CD	63

D

DAD	775
DB-9	201
DB-60コネクタ	35
DCE	35
debug cdp packetsコマンド	660
Debugging	654
debug ip natコマンド	503
debug ip ripコマンド	546
debugコマンド	659
default-information originateコマンド	553
default-routerコマンド	468
DES	595
desirable	373
DHCP	126, 128, 748
DHCP ACK	131
DHCP DISCOVER	131
DHCP OFFER	131, 132
DHCP REQUEST	131, 132
DHCPv6	778
DHCPクライアント	129, 463
DHCPサーバ	465
DHCPサービス	462
DHCPプール	467
DHCPリレーエージェント	132, 474
dir flash:コマンド	732

disableコマンド	206
DISCOVER	466
DIXイーサネット	54
DNS	126, 135, 137
DNSサーバ	130, 137
doコマンド	209
DTE	35
DTP	373
DUAL	329

E

EIA/TIA-568規格	27
EGP	325
EIA-530	34
EIA/TIA	34
EIGRP	326, 329, 332, 334
EIGRP for IPv6	791
Emergency	654
enable passwordコマンド	572
enableコマンド	206, 732
encapsulationコマンド	394, 396
endコマンド	208
erase startup-configコマンド	696
erminal no editingコマンド	217
err-disabled状態	613
Errors	654
Ethernet	54
EUI-64	764
eui-64キーワード	780
exec-timeoutコマンド	600
EXEC接続	204
execバナー	600
EXECモード	205
exitコマンド	206, 207, 642

F

facility-typeキーワード	653
FC00::/7	763
FCS	56
FE80::/10	763
FF00::/8	766
FF02::2	767

849

FIN	118	Informational	654
flash:	683	interfaceコマンド	393
flash_initコマンド	731	interface vlanコマンド	361, 406
FLPバースト	84	Invalidタイマー	527
FLSM	186	IOS	679
ftp:	683	IP	97
FTP	126, 146	ip access-groupコマンド	438, 442
FTPサーバ	691	ip access-list standardコマンド	441
		ip address dhcpコマンド	463
		ip addressコマンド	288, 394

G

Gratuitous ARP	472

		IP Base	710
		ipconfig /allコマンド	132, 473, 474
		ipconfigコマンド	402, 474
		ip default-gatewayコマンド	321
		ip dhcp excluded-addressコマンド	469

H

hostnameコマンド	252	ip dhcp poolコマンド	467
hostsファイル	137, 139	ip helper-addressコマンド	475
hostキーワード	432	ip hostコマンド	643
HTTP	126, 141	ip name-serverコマンド	795
HTTPS	126, 145, 619	ip nat inside sourceコマンド	485, 487, 490, 492
HTTPSサーバ	619	ip nat translation timeoutコマンド	501
HTTPサーバ	619	IP Phone	386
HTTPリクエスト	142	ip routeコマンド	317, 321
HTTPレスポンス	143	ip routingコマンド	406
		IPsec	751
		ip subnet-zeroコマンド	177

I

		IPv4	97, 748
IANA	749	IPv4ヘッダ	98
ICANN	749	IPv6	748
ICMP	99, 107	ipv6 addressコマンド	780, 787
ICMPv6	771	ipv6 hostコマンド	795
ICMPv6メッセージ	772	ipv6 nd ra suppressコマンド	786
ICMP時間超過メッセージ	110, 231, 772	ipv6 router ripコマンド	797
ICMPのフォーマット	107	ipv6 routeコマンド	791
ICMPポート到達不能メッセージ	231, 772	ipv6 unicast-routingコマンド	786
ICMPメッセージ	107	IPv6拡張ヘッダ	753
IEEE 802.1Q	358	IPv6基本ヘッダ	752
IEEE 802.1x認証	357	IPv6ネイバーテーブル	785
IEEE 802.3	54, 59	IPアドレス	130, 166
IETF	96	IPデータグラム	96
IFS	682	IPマスカレード	482
IGP	325	IPモビリティ	750
IGRP	329, 332	ISATAP	756
IMAP	152	IS-IS	329

IS-IS for IPv6	791	MDI-X	29
ISL	359	Mini IOS	670, 678, 679
ISO	36	MMF	32
ISP	748, 770	Mobile IP	750
		MODEボタン	247
		motdバナー	600
J		MP-BGP4	791
JPNIC	749	MSS	121
		Mフラグ	778

L		**N**	
L2スイッチ	74, 355	NAPT	482, 491
L3スイッチ	76, 355, 405, 410	NAT	422, 476, 477, 495
LAN	15	NAT-PT	756
leaseコマンド	469	NATオーバーロード	482
LED	247	NATテーブル	497
license boot moduleコマンド	715	NATプール	487
license installコマンド	722	NDP	772
license saveコマンド	724	networkコマンド	468, 534
link-localキーワード	781	NIR	749
LIR	749, 770	NLP	84
LLC副層	55	no debug allコマンド	661
LLDP	638	no interfaceコマンド	394
load_helperコマンド	731	no ip access-groupコマンド	438
logging bufferedコマンド	657	no ip domain-lookupコマンド	233
logging consoleコマンド	655	no ip routeコマンド	317
logging facilityコマンド	653	no ip routingコマンド	406
logging synchronousコマンド	292	no ip subnet-zeroコマンド	177
loggingコマンド	655	no ipv6 addressコマンド	780
login localコマンド	577	no ipv6 router ripコマンド	797
loginコマンド	571	no logging consoleコマンド	655
loginバナー	600	no login localコマンド	577
logoutコマンド	206, 642	no loginコマンド	567
		no passwordコマンド	567
		no shutdownコマンド	288
M		Notifications	654
MA	64, 65	no usernameコマンド	576
mac address-table staticコマンド	267	no vlanコマンド	362
MACアドレス	57, 99	noコマンド	210
MACアドレステーブル	74, 79	nslookup	139
MAC副層	54	NTP	127, 701
MACベースVLAN	356	ntp masterコマンド	703
MD5	572	ntp serverコマンド	703
MDI	29		

索引

NTPサーバ ……………………………… 130
nvram: …………………………………… 683
NVRAM ………………………… 669, 671, 695

O

OFFERメッセージ ……………………… 466
OSI参照モデル …………………………… 36
OSPF ………………… 326, 329, 332, 334
OSPFv3 …………………………………… 791
OUI ………………………………………… 58
overloadキーワード ……………… 490, 491
Oフラグ …………………………………… 778

P

PAK ……………………………………… 719
passwordコマンド ……………………… 567
PAT …………………………… 481, 489, 491
PDU …………………………………… 42, 96
pingコマンド ………… 109, 228, 402, 474, 697
PoE ……………………………………… 249
POP3 ……………………………… 127, 151
POST …………………… 247, 283, 670, 672
PSH ……………………………………… 118
PuTTY …………………………………… 204

R

RADIUS ………………………………… 581
RAM …………………………… 669, 671, 695
RC4 …………………………………… 595
reloadコマンド ………………………… 716
rename flash:コマンド ………………… 732
REQUESTメッセージ …………………… 466
resumeコマンド ………………………… 648
RFC ……………………………………… 96
RFC1918 ………………………………… 171
RFC2462 ………………………………… 776
RFC3041 ………………………………… 766
RFC3315 ………………………………… 778
RFC4291 …………………………… 750, 759
RFC4443 ………………………………… 771
RFC5952 ………………………………… 759
RFC6106 ………………………………… 778
RIP …………………………… 326, 329, 334
RIPng …………………………… 791, 797
RIPv1 ………………………………… 332, 531
RIPv2 ………………………………… 332, 530
RIR …………………………………… 749, 770
RJ-45 ………………………………… 26, 201
ROM …………………………………… 669, 670
ROMMON ………………………… 670, 694, 727
rommonコマンド ………………………… 727
ROMモニタ …………………… 670, 678, 679, 727
Router on a stick ……………… 391, 398
router ripコマンド ……………………… 533
RSA ……………………………………… 596
RST ……………………………………… 118
running-config ………………… 222, 671, 695

S

service password-encryptionコマンド …… 574
service timestampsコマンド …………… 662
setupコマンド …………………………… 251
SFP ………………………………………… 33
show access-listsコマンド ……… 444, 447, 500
show arpコマンド ……………………… 105
show cdpコマンド ……… 631, 635, 636, 367
show clockコマンド ………………… 665, 707
show control-plane host open-portsコマンド … 621
show crypto key mypubkey rsaコマンド …… 591
show debuggingコマンド ……………… 661
show dhcp leaseコマンド ……………… 464
show errdisable recoveryコマンド …… 615
show file systemsコマンド …………… 683
show flash:コマンド ………………… 671, 685
show historyコマンド ………………… 218
show hostsコマンド …………………… 643
show interfaces capabilitiesコマンド …… 382
show interfaces statusコマンド …… 262, 371
show interfaces switchportコマンド
　　　　　　　　　　　 369, 380, 388, 399
show interfaces trunkコマンド ……… 379, 399
show interfaces vlanコマンド ……… 263, 401
show interfacesコマンド … 260, 271, 293, 299, 303
show ip arpコマンド …………………… 105

show ip dhcpコマンド	471, 472
show ip helper-addressコマンド	476
show ip interface briefコマンド	398
show ip interfaceコマンド	445、447
show ip natコマンド	497, 498, 502
show ip protocolsコマンド	544
show ip rip databaseコマンド	545
show ip routeコマンド	306, 314
show ip sshコマンド	594
show ipv6 interfaceコマンド	782
show ipv6 neighborsコマンド	785
show ipv6 routeコマンド	784
show license udiコマンド	719
show licenseコマンド	713, 716, 722
show loggingコマンド	657
show mac address-tableコマンド	265, 269
show ntp associationsコマンド	704
show ntp statusコマンド	705
show port-securityコマンド	609, 610
show processesコマンド	664
show protocolsコマンド	305
show running-configコマンド	258, 293, 297, 372, 401, 447, 538, 727, 732
show sessionsコマンド	647
show sshコマンド	594
show terminalコマンド	219
show usersコマンド	645
show versionコマンド	256, 295, 297, 673, 676, 681, 693, 711, 716, 722
show vlan-switchコマンド	404
show vlansコマンド	403
show vlanコマンド	366, 401
showコマンド	210
shutdownコマンド	288
SLA	762
SLAAC	776
SMF	31
SMTP	126, 151
SNAP	630
SNMP	127
SONET/SDH	61
SPF	327, 329
SSH	127, 155, 203, 585, 586, 642
ssh -lコマンド	594
SSL	619
SSLサーバ証明書	145
startup-config	222, 671, 695
STP	25
STPケーブル	25
Stratum	701
SVI	405
switchport access vlanコマンド	364
switchport modeコマンド	363, 373, 375
switchport nonegotiateコマンド	376
switchport port-securityコマンド	607
switchport trunk encapsulationコマンド	375
SYN	118
Syslogメッセージ	653
system:	683

T

TACACS+	581
tarファイル	689
TCP	99, 113, 117, 125
TCP/IPプロトコルスイート	94
TCPスモールサーバ	620
TCPセグメント	96
Telnet	127, 153, 203, 474, 571, 586, 642
Telnetセッション	646
Tera Term	204
Teredo	756
terminal editingコマンド	217
terminal history sizeコマンド	219
terminal lengthコマンド	220
terminal monitorコマンド	658, 662
tftp:	683
TFTP	126, 148, 691
TFTPサーバ	148, 678, 696, 694
TLV	638
tracerouteコマンド	110, 231, 233
tracertコマンド	110, 233, 474
transport inputコマンド	588

U

U/Lビット	765
UDI	719

UDP	99, 113, 124, 125
UDPスモールサーバ	620
UDPデータグラム	96, 231
undebug allコマンド	661
URG	118
URL	135, 144
USBポート	669
usernameコマンド	576, 587
UTC	667
UTP	25
UTPケーブル	25

V

V.35	34
versionコマンド	533
Vigenere	574
VLAN	350, 390
VLAN1	253, 354
vlan.dat	226
VLAN ID	354, 365
vlanコマンド	362
VLANコンフィギュレーションモード	207
VLANメンバーシップ	354
VLSM	186, 531, 748
VMPS	356
Voice VLAN	386
VoIP	18
VPN	422
VTP	384
VTY	203, 566, 568
VTYアクセス制御	597
VTYパスワード	568, 571

W

WAN	15
Warnings	654
Webアクセス	141
Webブラウザ	17

X

X.21	34
XMODEM	694

ア行

アイドル	84
アウトバウンドACL	425
アクセススイッチ	345
アクセス層	345
アクセスポート	355, 389, 401, 606
アクセスリスト	420
アソシエーションモード	702
アップデートタイマー	527
宛先MACアドレス	56
宛先アドレス	99, 753
宛先オプションヘッダ	753, 754
宛先ポート	117, 124
アドミニストレーティブディスタンス	335
アドレス解決	103
アドレスバインディング	471
アドレスプール	130, 134
アプリケーション層	40, 94, 126
暗号ペイロードヘッダ	754
暗黙のdeny	427, 445
イーサネット	54, 669
イーサネットのフレーム	56
一時アドレス	766
一方向暗号	574
イネーブルシークレットパスワード	572
イネーブルパスワード	572
違反モード	605
インスタントメッセージング	17
インターネット	16
インターネット層	94, 97
インターフェイス	669
インターフェイスID	762, 764
インタラクティブアプリケーション	18
イントラネット	17
インバウンドACL	424
ウィンドウ	117, 122
ウィンドウサイズ	122
ウィンドウ制御	123
ウェルノウンポート	114

エージングタイム	269
エクストラネット	17
エニーキャストアドレス	760, 768
エラー回復機能	97
エラー通知	107
エラーメッセージ	221
エンタープライズキャンパス	344
オートネゴシエーション	84
オーバーローディング	482
オクテット	46
オプション	99, 118
音声VLAN	386

カ行

外部グローバルアドレス	478
外部ローカルアドレス	478
カウントライセンス	711
拡張ACL	421
拡張ping	229
拡張スター型トポロジ	22
拡張性	347
拡張ディスタンスベクター	327
確認応答番号	117
カスケード接続	73
仮想LAN	350
仮想端末	203
仮想端末パスワード	568
カプセル化	41, 95
可変長サブネットマスク	186
管理VLAN	255
管理VLANインターフェイス	401
管理アクセス	200
管理インターフェイス	253, 361
ギガビットイーサネット	61, 669
キャリアエクステンション	69
キャリアセンス	63, 65
キャンパスネットワーク	344
共通鍵	585
共通鍵暗号	595
緊急ポインタ	118
近隣探索メッセージ	785
国別インターネットレジストリ	749
国別ドメイン	136

クライアントサーバモデル	128
クライアントモード	384
クラス	167, 168
クラスフルアドレス	178, 328
クラスフルネットワーク	178, 332
クラスフルルーティングプロトコル	189, 331, 332
クラスレスアドレス	178
クラスレスルーティングプロトコル	189, 331, 332
グループウェア	17
グローバルIPアドレス	171
グローバルアドレス	761
グローバルコンフィギュレーションモード	207
グローバルユニキャストアドレス	762
クロスケーブル	27
経路集約	330, 770
検索機能	211
コアスイッチ	348
コア層	348
公開鍵暗号方式	585, 596
コスト	334
固定IPアドレス	462
固定構成型スイッチ	246
固定長サブネットマスク	186
コネクション型プロトコル	113, 117
コネクションレス型プロトコル	97, 113, 124
コネクタ	201
コマンドの省略形	215
コマンドの補完機能	217
コマンドヒストリ	218
固有デバイス識別情報	719
コラボレーションソフトウェア	17
コリジョン	64
コリジョンドメイン	72
コンソールケーブル	200
コンソール接続	200, 204
コンソールパスワード	566, 571
コンソールポート	200, 201, 669
コンバージェンス	329
コンフィギュレーションのマージ	699
コンフィギュレーションファイル	249, 672
コンフィギュレーションモード	207
コンフィギュレーションレジスタ	675, 677

855

サ行

- サーバモード 384
- サービスタイプ 98
- 最終有効期間 789
- 再送制御 122
- サブインターフェイス 393
- サブスクリプションライセンス 711
- サブネッティング 173
- サブネット 173, 351
- サブネットID 762
- サブネット数 173
- サブネットプレフィックス 762
- サブネットマスク 130, 177
- サブネットルータエニーキャストアドレス 769
- サブネットワーク 172
- シーケンス番号 117, 426
- 識別子 98
- システムカレンダー 668
- ジッタ 18
- シビリティ 654
- ジャム信号 66
- 重複アドレス検出 775
- 出力インターフェイス 318
- 順序制御 121
- 障害復旧 670
- 衝突検出 64, 66
- シリアルケーブル 34
- シリアル通信 200
- シリアルポート 204
- 自律システム 326
- シングルモードファイバ 31
- スイッチ 74
- スイッチポート 253, 355
- スイッチングハブ 74
- スーパーネッティング 330
- スキーム 145
- スコープ 761, 767
- スター型トポロジ 21
- スタティックIPアドレス 462
- スタティックNAT 479, 485
- スタティックPAT 493
- スタティックVLAN 356
- スタティックルーティング 317
- スタティックルート 314, 317, 335
- スティッキーセキュアMACアドレス 604
- スティッキーラーニング 604
- ステートメント 426
- ステートフルアドレス自動設定 778
- ステートレスアドレス自動設定 750, 776, 787
- ストレートケーブル 27
- スプリットホライズン 524
- スマートシリアルインターフェイス 35
- スラインディングウィンドウ 123
- スロット時間 69
- 制御ビット 117
- 生存時間 99
- 静的 265
- 製品認証キー 719
- セカンドレベルドメイン 137
- 責任分界点 466
- セキュアMACアドレス 603
- セキュアポート 603
- セグメンテーション 117
- セグメント 42
- セッション 113
- セッション層 39
- セットアップモード 249, 677
- ゼロサブネット 176
- 全二重通信 70, 83
- ゾーン情報 137
- 送信元MACアドレス 56
- 送信元ポート 117, 124
- 送信元アドレス 99, 753
- ソフトウェアクロック 668

タ行

- ターミナルソフト 204
- 帯域幅 18, 334
- 対称鍵暗号方式 595
- ダイナミックNAT 480, 491
- ダイナミックVLAN 356
- ダイナミックポート 114
- ダイナミックルーティング 325
- ダイナミックルート 314, 325
- タイプ 56
- タイムゾーン 667
- ダイレクトブロードキャストアドレス 170

多重アクセス 64, 65
地域インターネットレジストリ 749
チェックサム 117, 124
遅延 18, 334
ツイストペアケーブル 25, 26
ディスタンスベクター 327, 329, 332
ディストリビューションスイッチ 347
ディストリビューション層 347
データオフセット 117
データ回線終端装置 35
データグラム 124
データ端末装置 35
データリンク層 38
テクノロジーパッケージライセンス 710
デバイスマネージャ 689
デフォルトVLAN 354
デフォルトゲートウェイ 77, 130, 401, 463
デフォルトルート 320, 463
デュアルスタック 755
電源投入時自己診断テスト 247, 283, 672
同期／非同期シリアル 669
同軸ケーブル 34
動的 265
登録済みポート 114
匿名アドレス 766
特権EXECモード 206
特権モード 206
特権モードパスワード 202, 572
特権レベル 581
トップレベルドメイン 136
トポロジ , 21
ドメイン名 130, 135
トラフィッククラス 752
トランクプロトコル 359, 375
トランスペアレントモード 384
トランクポート 357, 399, 606
トランスポート層 39, 94, 113
トリガードアップデート 525
トレイン 685
トレーラ 41
トンネリング 755

ナ行

内部グローバルアドレス 478
内部コンポーネント 669
内部ローカルアドレス 477
ナチュラルマスク 177
名前解決 135
名前付きACL 423, 441
名前付き拡張ACL 443
名前付き標準ACL 441
二重モード 289
認証サーバ 580
認証ヘッダ 754
ネイティブVLAN 360, 384, 396
ネイバーディスカバリーキャッシュ 785
ネクストヘッダ 752
ネクストホップアドレス 318
ネットワークアーキテクチャ 36
ネットワークアクセス層 94
ネットワークアドレス 169
ネットワークインターフェイス層 94
ネットワーク層 38
ネットワーク部 166
ノード 14

ハ行

パーシャルメッシュ型トポロジ 24
バージョン 98, 752
ハードウェアアドレス 57
ハードウェアクロック 668
バイト 55
ハイブリッドルーティング 329
パケット 42, 96
パケットフィルタリング 428
バス型トポロジ 21
パスワード 566
パスワードリカバリ 670, 673, 675, 726
バックアップ 697
バックオフ 64, 66
パッシブインターフェイス 551
パッシブモード 147
バッチアプリケーション 18
パディング 99, 118
バナーメッセージ 600

索引

ハブ	72
ハブアンドスポーク型トポロジ	21
パブリックアドレス	171
番号付きACL	423
番号付き拡張ACL	440
番号付き標準ACL	435, 439
反転マスク	433
半二重通信	83
非カプセル化	41, 95
光ファイバ	31
光ファイバコネクタ	33
非対称鍵暗号方式	596
標準ACL	421, 597
評価ライセンス	711
ファシリティ	653
ファストイーサネット	60, 669
フィーチャセット	684
フィルタリング	81
ブートストラップ	670
ブートストラップコード	672, 677
ブートフィールド	675
ブートヘルパー	670
物理アドレス	38, 57
物理層	37
物理ポート	405
プライベートIPアドレス	171, 748
フラグ	98, 118, 767
フラグメントオフセット	99
フラグメントヘッダ	754
フラッシュタイマー	527
フラッシュメモリ	669, 671, 678, 691, 694, 695
フラッディング	81, 351
プリアンブル	57
ブリッジ	73, 74
ブルートフォース攻撃	573
フルメッシュ型トポロジ	23
フレーム	42, 96
プレーンテキスト	154
プレゼンテーション層	40
プレフィックス	682, 759
プレフィックス長	178
不連続サブネット	531
フロー制御	123
フローティングスタティックルート	, 336
ブロードキャスト	19, 750
ブロードキャストMACアドレス	59
ブロードキャストアドレス	169, 760
ブロードキャストドメイン	76, 351, 20, 351
ブロードキャストフレーム	59, 381
フローラベル	751, 752
プロトコル	36, 99
プロンプト	679
分界点	466
ペイロード長	752
ベストエフォート	97
ヘッダ	41
ヘッダチェックサム	99
ヘッダ長	98
ベルマンフォード	329
ベンダコード	58
ポイズンリバース	524
ポートセキュリティ	603
ポートベースVLAN	356
補助ポート	202, 669
ホストアドレス数	173
ホスト部	166
ホスト名	252, 287
ホップカウント	334
ホップ数	530

マ行

マイクロコード	670
マイクロセグメンテーション	83
マルチキャスト	20, 750
マルチキャストMACアドレス	59
マルチキャストアドレス	760, 766
マルチモードファイバ	32
マルチレイヤスイッチ	76, 355, 405
未指定アドレス	764
未使用ポート	617
無限カウント	523
メッシュ型トポロジ	23
メトリック	335
メモリ	669
モジュール型スイッチ	246

ヤ行

- ユーザEXECモード ……………………………… 205
- ユーザモード ……………………………………… 205
- ユニークローカルアドレス ……………………… 761
- ユニークローカルユニキャストアドレス ……… 763
- ユニキャスト ……………………………………… 19
- ユニキャストMACアドレス ……………………… 59
- ユニキャストアドレス …………………………… 760
- ユニバーサルイメージ …………………………… 709
- 要請ノードマルチキャストアドレス ……… 773, 775
- 予約 ……………………………………………… 117
- より対線 ………………………………………… 25

ラ行

- ラインコンフィギュレーションモード ………… 207
- ラストリゾートゲートウェイ …………………… 321
- ラベル …………………………………………… 135
- ラントフレーム …………………………………… 70
- リアルタイムアプリケーション ………………… 18
- リース …………………………………………… 130
- リース期間 ………………………………… 134, 469
- リゾルバ ………………………………………… 137
- リピータ …………………………………………… 71
- リピータハブ ……………………………………… 72
- リンク …………………………………………… 14
- リング型トポロジ ………………………………… 22
- リンクステート ……………………… 327, 329, 332
- リンク層 ………………………………………… 94
- リンクローカルアドレス …………… 170, 761, 763
- リンクローカルユニキャストアドレス ………… 763
- ルータ ………………………………………… 75, 76
- ルータ広告 ………………………………… 772, 778
- ルータコンフィギュレーションモード ………… 207
- ルータの起動順序 ……………………………… 674
- ルーティッドプロトコル ………………… 305, 333
- ルーティッドポート ……………………………… 405
- ルーティング …………………………………… 75, 314
- ルーティングアルゴリズム ……………………… 329
- ルーティングテーブル …………… 306, 314, 784
- ルーティングプロトコル ………………… 325, 333
- ルーティングヘッダ ……………………………… 753
- ルーティングループ ……………………………… 524
- ルートDNSサーバ ……………………………… 137
- ルートアグリゲーション ………………………… 330
- ルート再配布 …………………………………… 422
- ルートフィルタリング …………………………… 422
- ルートポイズニング …………………………… 524
- ループバックアドレス ……………………… 170, 764
- ループバックインターフェイス ………………… 537
- レイヤ ………………………………… 37, 38, 39, 40
- レイヤ2スイッチ ………………………………… 74
- レイヤ3スイッチ ………………………… 76, 405
- ローカルDNSサーバ …………………………… 137
- ローカル認証 …………………………………… 576
- ロールオーバーケーブル ……………………… 200
- ロギングバッファ ……………………………… 657
- ログメッセージ ………………………………… 526
- ロンゲストマッチ ……………………………… 323
- 論理アドレス ……………………………………… 38
- 論理ネットワーク ……………………………… 351

ワ行

- ワイルドカードマスク ………………………… 431

Cisco IOSコマンド構文索引

A

access-class	598
access-list	435, 440
archive tar /create	689

B

banner	601
boot system	677

C

calendar set	668
cdp holdtime	638
cdp timer	638
clear access-list counters	448
clear ip nat translation	500
clear line	650
clock set	666
clock timezone	667
clock update-calendar	668
config-register	676, 728
copy flash: tftp:	686
copy nvram: startup-config tftp:	696
copy running-config startup-config	222, 695
copy running-config tftp:	696
copy startup-config tftp:	696
copy system: running-config	695, 696
copy tftp: flash:	691
copy tftp: nvram:startup-config	698
copy tftp: running-config	698
copy tftp: startup-config	698
copy tftp: system:running-config	698
crypto key generate rsa	587

D

debug <options>	503, 546, 659
default-router	468
delete flash:vlan.dat	226
delete vlan.da	226
description	293
disconnect	650
dns-server	468
domain-name	468
duplex	270, 289

E

enable password	572
enable secret	572, 582
encapsulation dot1q	394
erase startup-config	225, 696
errdisable recovery	614, 615
exec-timeout	600
exit	650

H

hostname	252, 287, 587

I

interface	394
interface loopback	537
interface vlan	254, 406
ip access-group	438, 442
ip access-list extended	443
ip access-list standard	441
ip address	254, 288, 395, 406, 463, 537
ip default-gateway	254
ip dhcp excluded-address	469
ip dhcp pool	467
ip domain-name	587
ip helper-address	475
ip host	643
ip http secure-server	619
ip name-server	796
ip nat inside	485, 487, 491, 492
ip nat outside	485

Cisco IOS コマンド構文索引

ip nat pool	487
ip nat translation	502
ip route	318, 321
ip routing	406
ip ssh version	588
ip summary-address rip	550
ipv6 address	780, 781, 787
ipv6 enable	781
ipv6 host	795
ipv6 nd ra suppress	787
ipv6 rip enable	798
ipv6 route	791
ipv6 router rip	797
ipv6 unicast-routing	786

L

lease	469
license boot module	715, 725
license clear	725
license install	722
license save	724
line console	567
line vty	569, 588, 598
lldp run	639
logging	653, 655, 656, 657
login	567, 569
login local	577, 588
logout	650

M

mac address-table static	267
mdix auto	272

N

name	363
network	468, 534
no auto-summary	549
no cdp enable	619, 637
no cdp run	619, 637
no debug	661
no ip http server	619
no license boot module	725
no lldp	639
no logging console	655
no router rip	535
no service tcp-small-servers	620
no service udp-small-servers	620
no shutdown	254, 288, 614
ntp master	703
ntp server	703

P

passive-interface	551
password	567, 569
ping	228
privilege level	583

R

reload	225, 725
resume	648
router rip	533

S

service password-encryption	574
service timestamps	662
show access-lists	444
show calendar	668
show cdp	635
show cdp entry	633
show cdp interface	636
show cdp neighbors	631, 633
show cdp traffic	637
show clock	665
show control-plane host open-ports	621
show crypto key mypubkey rsa	591
show debugging	662
show dhcp lease	464
show file systems	683
show flash:	671, 685
show history	218
show hosts	644
show interfaces	261, 300

show interfaces status	262
show interfaces switchport	369
show interfaces trunk	379
show interfaces vlan	263
show ip dhcp binding	471
show ip dhcp conflict	472
show ip dhcp pool	471
show ip interface	445
show ip interface brief	304
show ip nat statistics	498
show ip nat translations	497, 502
show ip protocols	544
show ip rip database	545
show ip route	315, 541
show ip ssh	594
show ipv6 interface	782
show ipv6 interface brief	783
show ipv6 neighbors	786
show ipv6 route	785
show license	713, 719
show lldp	639, 641
show logging	657
show mac address-table	265, 269
show ntp associations	704
show ntp status	705
show port-security	609, 610
show privilege	582
show processes	664
show protocols	305
show running-config	223, 258, 297
show sessions	647
show ssh	594
show startup-config	223
show users	645
show version	256, 295
show vlan	366
show vlans	403
shutdown	288, 614
speed	270, 289
ssh -l	594
switchport access vlan	364, 387
switchport mode	373
switchport mode access	363, 387, 606
switchport mode trunk	375, 606
switchport nonegotiate	376
switchport port-security	607
switchport trunk	375, 383
switchport voice vlan	387

T

telnet	642
terminal history size	219
terminal length	220
terminal monitor	659
timers basic	555
traceroute	232
transport input ssh	588

U

undebug all	661
username	577, 584, 587

V

version 2	533
vlan	362

STAFF

編集　　　　松井智子（株式会社ソキウス・ジャパン）
　　　　　　畑中二四
制作　　　　森川直子
表紙デザイン　馬見塚意匠室
　　　　　　阿部 修（G-Co. Inc.）

編集長　　　玉巻秀雄

本書のご感想をぜひお寄せください

https://book.impress.co.jp/books/1116101030

読者登録サービス CLUB IMPRESS
アンケート回答者の中から、抽選で**商品券（1万円分）**や**図書カード（1,000円分）**などを毎月プレゼント。
当選は賞品の発送をもって代えさせていただきます。

■ 商品に関する問い合わせ先

インプレスブックスのお問い合わせフォームより入力してください。

https://book.impress.co.jp/info/

上記フォームがご利用頂けない場合のメールでの問い合わせ先
info@impress.co.jp

- 本書の内容に関するご質問は、お問い合わせフォーム、メールまたは封書にて書名・ISBN・お名前・電話番号と該当するページや具体的な質問内容、お使いの動作環境などを明記のうえ、お問い合わせください。
- 電話やFAX等でのご質問には対応しておりません。なお、本書の範囲を超える質問に関しましてはお答えできませんのでご了承ください。
- インプレスブックス（https://book.impress.co.jp/）では、本書を含めインプレスの出版物に関するサポート情報などを提供しておりますのでそちらもご覧ください。

■ 落丁・乱丁本などの問い合わせ先

TEL 03-6837-5016
FAX 03-6837-5023
MAIL service@impress.co.jp
（受付時間／10:00～12:00、13:00～17:30 土日、祝祭日を除く）
- 古書店で購入されたものについてはお取り替えできません。

■ 書店／販売店の窓口

株式会社インプレス 受注センター
TEL 048-449-8040
FAX 048-449-8041

株式会社インプレス 出版営業部
TEL 03-6837-4635

徹底攻略Cisco CCENT/CCNA Routing & Switching教科書
ICND1編 [100-105J] [200-125J] V3.0対応

2016年9月1日　初版発行
2018年3月1日　第1版第3刷発行

編著者　株式会社ソキウス・ジャパン

発行人　土田米一

編集人　高橋隆志

発行所　株式会社インプレス
　　　　〒101-0051　東京都千代田区神田神保町一丁目105番地
　　　　ホームページ　https://book.impress.co.jp/

本書は著作権法上の保護を受けています。本書の一部あるいは全部について（ソフトウェア及びプログラムを含む）、株式会社インプレスから文書による許諾を得ずに、いかなる方法においても無断で複写、複製することは禁じられています。

Copyright © 2016 Socius Japan, Inc. All rights reserved.

印刷所　日経印刷株式会社

ISBN978-4-8443-8152-5 C3055

Printed in Japan